Solo, Planta e Atmosfera:
conceitos, processos e aplicações

Solo, Planta e Atmosfera:
conceitos, processos e aplicações

4ª edição

Klaus Reichardt

Pesquisador Sênior do Laboratório de Física de Solos do Centro de Energia Nuclear na Agricultura (CENA) e Professor Titular Aposentado do Departamento de Ciências Exatas da Escola Superior de Agricultura "Luiz de Queiroz" (ESALQ), ambos da Universidade de São Paulo, em Piracicaba, SP.

Luís Carlos Timm

Professor Titular do Departamento de Engenharia Rural da Faculdade de Agronomia "Eliseu Maciel" da Universidade Federal de Pelotas (UFPel), em Capão do Leão, RS.

manole
editora

Copyright © Editora Manole Ltda., 2022 por meio de contrato com os autores.

Editora responsável: Cristiana Gonzaga S. Corrêa
Projeto gráfico: Departamento Editorial da Editora Manole
Diagramação: Lira Editorial
Capa: Ricardo Yoshiaki Nitta Rodrigues
Imagem da capa: Klaus Reichardt

CIP-BRASIL. CATALOGAÇÃO NA PUBLICAÇÃO
SINDICATO NACIONAL DOS EDITORES DE LIVROS, RJ

R276s
4. ed.

    Reichardt, Klaus, 1940-
    Solo, planta e atmosfera : conceitos, processos e aplicações / Klaus Reichardt, Luís Carlos Timm. - 4. ed. - Barueri [SP] : Manole, 2022.

    Inclui bibliografia
    ISBN 9786555764673

    1. Solos - Conservação. 2. Solos - Formação. I. Timm, Luís Carlos, 1965-. II. Título.

22-76089   CDD: 631.4
                                                                                    CDU: 631.4

Meri Gleice Rodrigues de Souza - Bibliotecária - CRB-7/6439

Todos os direitos reservados.
Nenhuma parte desta publicação poderá ser reproduzida, por qualquer processo, sem a permissão expressa dos editores.
É proibida a reprodução por fotocópia.

A Editora Manole é filiada à ABDR – Associação Brasileira de Direitos Reprográficos.

4ª edição – 2022

EDITORA MANOLE LTDA.
Alameda América, 876 – Tamboré
Santana de Parnaíba
06543-315 – SP – Brasil
Fone: (11) 4196-6000 | www.manole.com.br | https://atendimento.manole.com.br
Impresso no Brasil | *Printed in Brazil*

Durante o processo de edição desta obra, foram tomados todos os cuidados para assegurar a publicação de informações técnicas, precisas e atualizadas conforme lei, normas e regras de órgãos de classe aplicáveis à matéria, incluindo códigos de ética, bem como sobre práticas geralmente aceitas pela comunidade acadêmica e/ou técnica, segundo a experiência do autor da obra, pesquisa científica e dados existentes até a data da publicação. As linhas de pesquisa ou de argumentação do autor, assim como suas opiniões, não são necessariamente as da Editora, de modo que esta não pode ser responsabilizada por quaisquer erros ou omissões desta obra que sirvam de apoio à prática profissional do leitor.

Do mesmo modo, foram empregados todos os esforços para garantir a proteção dos direitos de autor envolvidos na obra, inclusive quanto às obras de terceiros, imagens e ilustrações aqui reproduzidas. Caso algum autor se sinta prejudicado, favor entrar em contato com a Editora.

Finalmente, cabe orientar o leitor que a citação de passagens da obra com o objetivo de debate ou exemplificação ou ainda a reprodução de pequenos trechos da obra para uso privado, sem intuito comercial e desde que não prejudique a normal exploração da obra, são, por um lado, permitidas pela Lei de Direitos Autorais, art. 46, incisos II e III. Por outro, a mesma Lei de Direitos Autorais, no art. 29, incisos I, VI e VII, proíbe a reprodução parcial ou integral desta obra, sem prévia autorização, para uso coletivo, bem como o compartilhamento indiscriminado de cópias não autorizadas, inclusive em grupos de grande audiência em redes sociais e aplicativos de mensagens instantâneas. Essa prática prejudica a normal exploração da obra pelo seu autor, ameaçando a edição técnica e universitária de livros científicos e didáticos e a produção de novas obras de qualquer autor.

Sobre os autores

Klaus Reichardt

Natural de Santos, São Paulo, nasceu em 14 de dezembro de 1940; formou-se engenheiro agrônomo pela Escola Superior de Agricultura "Luiz de Queiroz", Piracicaba, da Universidade de São Paulo (ESALQ-USP), em 1963, e fez sua carreira acadêmica no Departamento de Ciências Exatas, ESALQ-USP, passando por Doutoramento em Agronomia (1965), Livre Docência em Física e Meteorologia (1968), Ph.D. em Ciência do Solo (1971, Universidade da Califórnia, EUA), Professor Titular em Física e Meteorologia em 1981. Hoje atua no Centro de Energia Nuclear na Agricultura (CENA), da USP, como pesquisador sênior do Laboratório de Física de Solos. Também é orientador de alunos de mestrado e de doutorado no Curso de Pós-Graduação em Fitotecnia da ESALQ- USP.

Até a presente data orientou 88 alunos de pós-graduação em doutorado e mestrado. Publicou até o momento 339 trabalhos, entre didáticos, de extensão e de pesquisa, culminando neste livro, um espelho de sua vida acadêmica. Destacou-se por seu intercâmbio nacional (Embrapa, Unesp, Unicamp, Universidades Federais, CNPq, Capes, Fapesp) e internacional (Universidade da Califórnia, EUA; Agência Internacional de Energia Atômica, Áustria; Instituto de Mecânica de Grenoble, França; Universidade de Ghent, Bélgica; Universidade de Viena, Áustria; Universidade de Praga, República Tcheca; e Instituto Internacional de Física Teórica, Itália). De 1982 a 1985 foi chefe da seção de Fertilidade de Solos, Irrigação e Nutrição de Plantas, da Divisão Conjunta FAO/IAEA das Nações Unidas, em Viena, Áustria, o que o levou, também, a atuar como perito em física de solos na Tailândia, em 1986. Em 1991 foi indicado "Personalidade da Agricultura" pelo Sindicato dos Engenheiros do Estado de São Paulo e, em 2001, recebeu a "Medalha de Mérito Científico", oferecida pelo Governo do Estado de São Paulo. Como colaborador da Enciclopédia Agrícola Brasileira recebeu o prêmio Jabuti em 1996 e, pela edição do livro do centenário da ESALQ, recebeu o prêmio "Clio de História", em 2002. Como reconhecimento a seu intercâmbio internacional, a Soil Science Society of

America (SSSA) e a American Society of Agronomy (ASA) lhe conferiram, em 2003, o título de *Fellow*. Em 2009 passou a pertencer à Academia de Ciências do Terceiro Mundo (TWAS), sediada em Trieste, Itália.

Em 1993 transformou os então "Anais da Escola de Agricultura "Luiz de Queiroz" na atual e moderna revista *Scientia Agricola*, hoje totalmente em língua inglesa, para uma inédita inserção mundial, através da biblioteca eletrônica SciELO.

Em 2006 passou a pertencer à Academia Brasileira de Ciências (ABC); em 2010 foi designado Comendador da Ordem de Mérito Científico pela presidência da República e em 2013, após 56 anos de residência em Piracicaba, recebeu o título de cidadão piracicabano.

Luís Carlos Timm

Natural de Pelotas, Rio Grande do Sul, nasceu em 24 de maio de 1965; formou-se engenheiro agrícola pela Faculdade de Engenharia Agrícola da Universidade Federal de Pelotas, em 1990.

De 1991 a 1993 fez mestrado no curso de Engenharia Agrícola do Departamento de Engenharia Agrícola da Universidade Federal de Viçosa; defendeu a dissertação "Avaliação de alguns modelos matemáticos para a determinação da condutividade hidráulica de solos não saturados", na qual aborda aspectos importantes ao desempenho de modelos matemáticos para estimar o valor da condutividade hidráulica do solo não saturado, a partir da curva de retenção de água e na estimativa dos parâmetros desses modelos para vários solos de interesse agronômico do país.

De 1998 a 2002 doutorou-se na Escola Superior de Agricultura "Luiz de Queiroz", da Universidade de São Paulo (ESALQ-USP), Curso de Irrigação e Drenagem, defendendo a tese "Efeito do manejo da palha da cana-de-açúcar nas propriedades físico-hídricas de um solo". Nesse doutoramento, tipo sanduíche, teve a oportunidade de se especializar em modelos de "espaço de estados" no Zentrum für Agrarlandschafts und Landnützungsforschung (ZALF), em Müncheberg, Alemanha, tendo participado do College on Soil Physics, no International Centre for Theoretical Physics (ICTP), em Trieste, Itália. Também realizou estudos ligados à Física de Solos, Hidrologia e Análise de Séries Temporais/Espaciais no Department of Land, Air and Water Resources (LAWR) da Universidade da Califórnia, Davis, EUA, e um curso de Análise e Previsão de Séries Temporais no Departamento de Estatística da Universidade Estadual de Campinas (Unicamp).

Foi Pós-Doutor no Laboratório de Física de Solo do CENA, desenvolvendo projeto sobre Balanço Hídrico em café adubado com fertilizante marcado no nitrogênio 15 e estudos sobre variabilidade espacial e temporal do sistema solo-planta-atmosfera por meio de análise de séries temporais e espaciais, técnicas geoestatísticas e redes neurais artificiais.

Em 2006 tornou-se Regular Associate do ICTP, atuando como professor convidado do College on Soil Physics em 2007, 2010 e 2013 e da Escola Latino-americana de Física de Solos em 2009 e 2012. Também tem realizado estudos ligados à Física de Solos no Departament of Soil Management da Faculty of Bioscience Engineering, Universidade Ghent, em Ghent, Bélgica. De 2015 a 2020, foi Senior Associate do ICTP.

Em 2020, tornou-se Professor Titular do Departamento de Engenharia Rural da Faculdade de Agronomia "Eliseu Maciel" da Universidade Federal de Pelotas.

Até a presente data orientou 38 alunos de pós-graduação, 21 obtiveram o título de mestre e 17 de doutor. Publicou 108 trabalhos científicos em revistas nacionais e internacionais indexados e 26 capítulos de livros nacionais e internacionais, culminando nesta coautoria com o professor Klaus Reichardt. Também tem atuado como revisor de revistas nacionais e internacionais, dentre elas: *Geoderma, Soil and Tillage Research, Soil Science Society of America Journal*, Catena, Geoderma, Plant and Soil, Agricultural Water Management, Vadose Zone Journal, European Journal of Agronomy, Land Degradation & Development, *Revista Brasileira de Ciência do Solo, Pesquisa Agropecuária Brasileira* e *Ciência Rural*.

Para ter acesso a figuras coloridas, entre em https://conteudo-manole.com.br/cadastro/solo-planta-atmosfera-4aedicao e utilize a palavra-passe sspa.

Agradecimentos

Aos meus pais, Bertha e Hans (ambos *in memoriam*), com afeto;

Para Ceres, minha companheira de lutas e alegrias, que deixou sua profissão para que eu conseguisse chegar aqui e que continua uma companhia insubstituível;

Para meu filho Roberto (*in memoriam*), que até os 42 anos nos ensinou que "as coisas" não precisam ser perfeitas;

Para meus filhos Gustavo e Fernanda, na esperança de que seus filhos Alice, Pedro e Davi Seremanbriwe ainda possam beber em fontes naturais de água pura;

To Joanne and Don (Donald R. Nielsen) for their unconditional support to my academic life;

To Chuck (Chakrapani Misra), my spiritual "Guru", today Monk Sri Sri Nigamananda Ashram;

Para a Escola Superior de Agricultura "Luiz de Queiroz" e Centro de Energia Nuclear na Agricultura, aos quais devo minha formação acadêmica e minha vida científica;

A meus alunos de pós-graduação, pela oportunidade que me deram de um contato contínuo com a juventude.

Klaus

A meus pais, Elly (*in memoriam*) e Edemar (*in memoriam*), pelo carinho, constante incentivo e amizade;

A meus irmãos Carla, Sérgio e Carlos (*in memoriam*), que me ensinaram que nem tudo na vida é perfeito;

A minha esposa Cristiane, minha filha Ana Clara e meus filhos Luís Augusto e José Henrique, que alegram nossas vidas diariamente;

Ao prof. Klaus, pelo incentivo, pela amizade e pelas oportunidades durante meu período de doutoramento, bem como a coautoria deste texto;

À prof. Ângela Pinto Maestrini, pelo incentivo a seguir pelos caminhos e desafios da ciência no início de minha carreira profissional;

Aos profs. Donald Nielsen (*in memoriam*) (University of California - Davis, EUA) e Ole Wendroth (University of Kentucky - Lexington, EUA), pela amizade, incentivo e auxílio durante minha carreira científica;

Às colegas profas. Tirzah Moreira Siqueira (Universidade Federal de Pelotas) e Alessandra dos Santos (Universidade Estadual do Oeste do Paraná) pela parceria técnico-científica;

Aos doutores Maurício Fornalski Soares e Rodrigo César de Vasconcelos dos Santos e a doutora Luana Nunes Centeno e ao doutorando Miguel David Fuentes-Guevara, pelo auxílio durante esta edição.

Timm

CUIDADO! Passando por esta porta
poderá mudar para sempre
sua forma de ver as coisas!
Z. L. Kovács

Sumário

Homenagem ao Professor Nielsen (*in memoriam*) XV
Apresentação. XVII
Prefácio XIX

1 O homem e sua atuação no sistema solo-planta-atmosfera. 1

PARTE I OS SISTEMAS

2 A água: solvente universal para elementos minerais e orgânicos. 10
3 O solo: reservatório de água, nutrientes e gases para as plantas 18
4 A planta: absorvedor da radiação solar para a fotossíntese 54
5 A atmosfera: ambiente gasoso que envolve as plantas. 68

PARTE II OS PROCESSOS

6 A água em estado de equilíbrio: princípios básicos 88
7 Equipamentos utilizados na medida do conteúdo e da energia
   da água no solo 120
8 Como quantificar o movimento da água no solo? 140
9 A água do solo como uma solução nutritiva 181
10 O movimento da solução do solo 194
11 Movimento de gases no solo 205
12 Como o calor se propaga no solo 212

PARTE III CICLO DA ÁGUA NA AGRICULTURA E VARIABILIDADE ESPACIAL DE ATRIBUTOS DO SOLO

13 Infiltração da água no solo 223
14 Redistribuição da água no solo após a infiltração 243

15 Evaporação e evapotranspiração. 261
16 Passagem da água do solo para a planta 276
17 Balanço hídrico em sistemas agrícolas 292
18 Absorção de nutrientes pelas plantas 312
19 Erosão, manejo e conservação do solo e da água 331
20 Variabilidade espacial e temporal de atributos do SSPA: geoestatística clássica e geoestatística baseada em modelos 344
21 Variabilidade espacial e temporal de atributos do SSPA: análise no domínio da frequência ou do espaço (ou do tempo) 393
22 Inteligência artificial no SSPA: seu uso em funções de pedotransferência . . . 453
23 Análise dimensional, escalonamento e fractais aplicados aos conceitos de solo, planta e atmosfera 478
24 Epílogo 500

Índice remissivo 503

Homenagem ao Professor Nielsen
(*in memoriam*)

Nosso grande guru, Prof. Donald Rodney Nielsen, faleceu em 2020. Deixou um legado científico incomensurável. Seu professor Don Kirkham já foi considerado o melhor físico de solos do século XX. Contudo, na nossa modesta opinião, ele ultrapassou o mestre, pois se ocupou de um espectro mais amplo, cobrindo o tema ciências da terra de uma forma mais global. Nosso contato com ele se iniciou em 1968, quando Klaus foi à Califórnia fazer seu Ph.D. em ciência do solo. Já naquela época ele orientava um grupo de pós-graduandos vindos de vários cantos do globo, mostrando seu interesse internacional. Nas disciplinas mostrou ser um professor de primeira linha e como orientador, melhor ainda. Terminado o Ph.D. nós nos encontramos inúmeras vezes em congressos e reuniões científicas. Ajudou bastante na publicação de trabalhos científicos, naquela época sem internet, quando era muito difícil para pesquisadores do terceiro mundo publicarem seus trabalhos em revistas de peso. A década de 1970 foi muito boa no financiamento de pesquisas e de viagens, principalmente para o CENA, onde Klaus desenvolvia a maior parte de suas atividades. Ele veio para o Brasil por diversas vezes e continuávamos a nos ver nesse mundo afora. O convênio do CENA com as Nações Unidas através da Agência Internacional de Energia Nuclear (IAEA), localizada em Viena, Áustria, muito contribuiu para nossos relacionamentos. Outra contribuição de grande importância do Prof. Nielsen foi como membro do Comitê de Avaliação do CNPDIA, da Embrapa, em São Carlos, uma unidade que iniciou o desenvolvimento de instrumentação agropecuária que, sem dúvida, foi a mola propulsora para o estado avançado de tecnologia aplicada hoje no campo. Em 1995 foi organizado um congresso em homenagem a sua aposentadoria pela Universidade da Califórnia (UCD), no qual Klaus foi apresentado ao Dr. Ole Wendroth, que também travou uma grande amizade conosco e, logicamente, com o Prof. Nielsen. Ele imigrou para os EUA a convite do Prof. Nielsen e hoje é Full Professor da Universidade de Kentucky.

Em 1998 Timm passou a ser orientado por Klaus para o Ph.D. na ESALQ. Durante seu curso, Timm mostrou interesse em intercâmbio científico e tudo deu certo para passar 4 meses na Alemanha, Müncheberg, próximo a Berlim, no antigo instituto do Prof. Ole, ZALF, Zentrum für Agrarlandschafts und Landnützungsforschung, onde aprimorou seus conhecimentos sobre a metodologia "*state-space*" para análise de séries espaciais e temporais. A amizade e o envolvimento científico perduram até hoje. De qualquer forma, o contato com o Prof. Nielsen não esmoreceu. Tanto Klaus como Timm participaram de vários Cursos Internacionais de Física de solos, no ICTP, International Center for Theoretical Physics, Trieste, Itália, liderados pelo Prof. Nielsen. Esta é mais uma das atividades de intercâmbio científico do professor, nas quais participavam, em cada Curso de Física de Solos desde 1983 a 2013, cientistas e estudantes de pós-graduação de 40 a 50 nacionalidades diferentes, sendo que com vários deles mantemos contato até os dias de hoje. Além disso, nos anos 2000, Nielsen colaborou conosco em uma série de trabalhos científicos.

Vale a pena salientar o grande afeto entre o casal Joanne e Don, que se propagou até nós, seus ex-alunos. Joanne sempre escreveu cartas para nós, o que faz até hoje, batidas à máquina e enviadas pelo correio tradicional, em aniversários, festas de fim de ano e outras mais. O casal era muito unido, ela o acompanhava em quase todas as viagens, principalmente para Trieste, onde interagiam bastante com os estudantes. Joanne só não chegou a nos visitar no Brasil.

Prof. Nielsen já faz falta desde seu falecimento, em 24 de julho de 2020. Com estas palavras queremos fazer mais uma homenagem ao Prof. Donald Rodney Nielsen e a sua esposa Joanne Nielsen, pelos pilares sólidos que nos ofereceram na elaboração deste livro e pela amizade durante toda nossa caminhada.

Apresentação

Sinto-me muito honrado pelo convite de fazer uma breve apresentação da 4ª edição do livro *Solo, planta e atmosfera: conceitos, processos e aplicações*, publicada pelos professores e pesquisadores Klaus Reichardt e Luís Carlos Timm. O Prof. Klaus Reichardt é atualmente Prof. Titular aposentado da Escola Superior de Agricultura "Luiz de Queiroz" da Universidade de São Paulo (ESALQ-USP) e pesquisador Sênior nível 1A do Conselho Nacional de Pesquisa e Desenvolvimento (CNPq), atuando no Laboratório de Física do Solo do Centro de Energia Nuclear na Agricultura da Universidade de São Paulo (CENA-USP). O Prof. Timm é Professor Titular do Departamento de Engenharia Rural da Faculdade de Agronomia "Eliseu Maciel" da Universidade Federal de Pelotas (FAEM-UFPel) e também pesquisador do CNPq nível 1C. Maiores informações sobre a vasta biografia desses autores podem ser obtidas nos seus respectivos Currículos Lattes. Confesso que fui aluno, em 1982, do primeiro autor, ao nível de doutorado, no Curso de Solos e Nutrição de Plantas da ESALQ-USP, onde pude cursar a disciplina Água no Sistema Solo-Planta-Atmosfera. Posteriormente, em 1988, tive a honra de conhecer o segundo autor como aluno do curso de Engenharia Agrícola da UFPel, na disciplina Relações Solo-Água-Planta, mostrando desde já ser um aluno de destaque. Em 2005, o Prof. Timm, já como professor do Departamento de Engenharia Rural da FAEM-UFPel, compartilhou comigo a disciplina Dinâmica da Água no Sistema Solo-Planta-Atmosfera, ofertada inicialmente ao nível de Pós-Graduação, no Programa de Pós-Graduação em Agronomia: Área de Concentração Solos, e posteriormente no Programa de Pós-Graduação em Manejo e Conservação do Solo e da Água, criado pelo Departamento de Solos e de Engenharia Rural da FAEM-UFPel e Faculdade de Engenharia Agrícola da UFPel em 2011, sendo a obra citada um dos livros básicos recomendados. Como aluno do Prof. Klaus Reichardt tive a oportunidade de folhear, ainda na forma de apostila, o que se transformaria, posteriormente, no livro *Processos de Transferência no Sistema Solo-Planta-Atmosfera*, publicado em 1985. Em 1996, essa publicação foi revisada e ampliada com a inclusão de novos temas e forma de apresentação e publicada pelo então Departamento de Física e Meteorologia da ESALQ-USP, sob o título *Dinâmica da Matéria e da Energia em Ecossistemas*. Em 2004, foi publicada a primeira edição do livro *Solo, planta e atmosfera: Conceitos, Processos e Aplicações*, com a participação do então aluno Pós-Doutor do Laboratório de Física do Solo do CENA-USP, Luís Carlos Timm. Essa edição foi reimpressa em 2008. Em 2012, foi lançada a segunda edição e reimpressa em 2014, mantendo a mesma estrutura da primeira. Já em 2016, foi publicada a terceira edição (*e-book*) com ampla revisão, atualização e dividindo o capítulo sobre variabilidade espacial dos atributos do Sistema Solo-Planta-Atmosfera (SSPA) em um capítulo sobre geoestatística e outro sobre análises de série espaciais e temporais. Nesta quarta edição, os autores reestruturaram e ampliaram a apresentação, incluindo tópicos relacionados a erosão, manejo e conservação do solo e da água, geoestatística clássica e geoestatística baseada em modelos lineares mistos, e análise no domínio da frequência e do espaço (ou tempo) no tratamento da variabilidade espacial e temporal de atributos do SSPA. Foi incluído também um capítulo que trata da inteligência artificial no SSPA: seu uso em funções de pedotransferência.

O livro é compilado em três partes, sendo a Parte I: Os Sistemas, com cinco capítulos. O capítulo 1 é desmembrado como um capítulo a parte, com o título: O homem e o sistema solo-planta-atmosfera. A Parte II apresenta os Processos, com 7 capítulos, dando destaque aos equipamentos utilizados na medida do conteúdo e da energia da água no solo; e a Parte III: O ciclo da água na agricultura e variabilidade espacial de atributos do solo, com 11 capítulos.

O livro é apresentado inicialmente de forma didática e simples e, à medida que os capítulos avançam, toma maior complexidade, mostrando aprofundamento e atualização do conhecimento nos diferentes assuntos abordados. É um livro amplo e interdisciplinar dedicado a alunos de graduação e pós-graduação, principalmente das áreas de ciências agrárias e ambientais, bem como em áreas afins, sendo adotado como livro-texto em programas de Pós-Graduação ao nível nacional e internacional. A Parte I trata de conceitos básicos relacionados ao solo, à planta e à atmosfera, que servem de base para melhor entendimento dos processos e das aplicações no ciclo da água em agroecossistemas. A Parte II apresenta os fundamentos termodinâmicos e matemáticos que permitem quantificar o fluxo da água, de solutos e gases, e de calor no solo. A Parte III trata da aplicabilidade dos conceitos anteriormente estudados, dando ênfase a aspectos ligados à infiltração e redistribuição da água no solo, disponibilidade de água para as plantas, movimento de nutrientes do solo para as plantas, evaporação e evapotranspiração e estudo do balanço hídrico em sistemas agrícolas. Nesta parte foi feita uma nova atualização com maior aprofundamento nos temas relacionados às funções de pedotransferência, na análise de fractais aplicados ao conceito de solo, planta e atmosfera e na abordagem da variabilidade espacial e temporal dos atributos do solo no SSPA. Os diversos capítulos apresentados são contemplados com ilustrações esclarecedoras, de fácil entendimento, e uma lista de exercícios com as respectivas respostas, que permitem ao leitor melhor entendimento dos temas tratados.

Eloy Antonio Pauletto
Professor Titular do Departamento de Solos da
Faculdade de Agronomia "Eliseu Maciel" da
Universidade Federal de Pelotas

Prefácio

Por se tratar de um texto essencialmente didático, seu usuário, desde estudante de graduação ou de pós-graduação, profissional de ciências agrárias e áreas afins, deve estar ciente da forma pela qual ele foi escrito. O objetivo principal foi ser didático, explicando os fenômenos e os processos de forma evolutiva, com crescente complexidade, até alcançar seu estágio atual. Por isso, o texto deve ser lido e estudado em sequência, capítulo por capítulo, sem grandes saltos. A maioria dos leitores se assusta com o tratamento matemático e teórico da pesquisa científica e é nossa intenção afastar esse medo e mostrar que, passo a passo, com esforço, todos podem chegar lá. Se você abrir o livro casualmente nas últimas páginas do Capítulo 8, que trata do movimento da água no solo, irá se deparar com uma solução de uma equação diferencial que realmente poderia assustá-lo. Esperamos que com a leitura dos capítulos em sequência o leitor consiga "dar a volta por cima" dessas dificuldades. A primeira vez que se faz uso de uma integral é no Capítulo 3 e, nele, o assunto é abordado em detalhe, com interpretação prática e teórica, para que o conceito possa ser aplicado nos capítulos seguintes. Logicamente, se necessário, o leitor deve recorrer a textos especializados. No Capítulo 3 também é abordado o assunto das derivadas que, no Capítulo 6, é ampliado incluindo derivadas e diferenciais parciais e totais. No Capítulo 8 é mostrada em detalhe a filosofia da solução de equações diferenciais parciais, que é a base do entendimento das equações mencionadas.

Este livro originou-se de anotações de aula do Dr. Benjamin Zur, primeiro perito das Nações Unidas, que esteve em Piracicaba em 1966, mediante o convênio com a Agência Internacional de Energia Atômica (AIEA) de Viena, Áustria. O texto foi depois complementado com notas de aulas de pós-graduação da Universidade da Califórnia, Davis, EUA, 1968-1971, quando o primeiro autor obteve seu título de Ph.D. sob orientação do Prof. Dr. Donald R. Nielsen. A publicação inicial foi feita por intermédio do Centro de Energia Nuclear na Agricultura (CENA), em três volumes, na forma de apostila, em 1975. A primeira revisão e ampliação foi publicada pela Fundação Cargill, em 1985, quando atuava como presidente Glauco Pinto Viegas. Seu título era *Processos de Transferência no Sistema Solo-Planta-Atmosfera*. Em 1996, foi feita a segunda revisão e ampliação, com a inclusão de exercícios com resolução, publicada pelo então Departamento de Física e Meteorologia da ESALQ/USP, sob o título *Dinâmica da Matéria e da Energia em Ecossistemas*. Uma terceira revisão foi feita em coautoria com o Dr. Luís Carlos Timm, que se dispôs em digitá-lo na íntegra incluindo suas contribuições e fazendo correções, resultando na 1ª edição do texto *Solo, Planta e Atmosfera* pela Editora Manole. Nesta 4ª edição o texto se apresenta completamente revisado, eliminando as falhas da 3ª edição. Ele foi complementado com tópicos importantes em cada capítulo, capítulos muito extensos foram subdivididos e novos capítulos foram incluídos, um sobre aspectos da conservação do solo e do uso da inteligência artificial no estudo das relações entre os atributos do Sistema Solo-Planta-Atmosfera. Os autores têm certeza de que esta nova edição está em muito melhores condições para que os objetivos mencionados em seu Epílogo tenham maior chance de serem alcançados.

Klaus Reichardt e Luís Carlos Timm
2022

1
O homem e sua atuação no sistema solo-planta-atmosfera

> Este capítulo tem por objetivo mostrar aos leitores (principalmente estudantes de agronomia, engenharia agrícola, ciências ambientais, silvicultura e outras relacionadas) a necessidade do estudo detalhado dos sistemas agrícolas para que estes possam ser manejados de forma sustentável, com um mínimo de interferência no ambiente, e também para contribuir no incentivo de uma mentalidade mais conservacionista na população. O capítulo apresenta em detalhe o porquê dessa necessidade, discorrendo sobre o funcionamento complicado desses sistemas, sua sensibilidade a perturbações e a atuação do homem, que os tira do equilíbrio conquistado há milênios. São mostrados aspectos da poluição das águas, dos solos e da atmosfera, finalizando com a preocupação do homem em relação ao chamado aquecimento global.

INTRODUÇÃO

O século XX sofreu mudanças nunca antes ocorridas na evolução do homem, sobretudo no que se refere a avanços científicos e tecnológicos. O trecho a seguir mostra essas mudanças de forma romântica e se encaixa bem em discussões que abordam problemas ambientais enfrentados neste início do século XXI:

> [...] publiquei o primeiro livro em 1939 e o segundo precisamente vinte e cinco anos depois. Entre *Olha para o céu, Frederico!* e *O coronel e o lobisomem*, o mundo mudou de roupa e de penteado. Apareceu o imposto de renda, apareceu Adolf Hitler e o enfarte apareceu. Veio a bomba atômica, veio o transplante. E a lua deixou de ser dos namorados. Sobrevivi a todas estas catástrofes. E agora, não tendo mais o que inventar, inventaram a tal poluição, que é a doença própria das máquinas e parafusos. Que mata os verdes da terra e o azul do céu. Esse tempo não foi feito para mim. Um dia, não vai haver mais azul, não vai mais haver pássaros e rosas. Vão trocar o sabiá pelo computador. Estou certo de que esse monstro feito de mil astúcias e mil ferrinhos não leva em conta o canto do galo nem o brotar das madrugadas. Um mundo assim, primo, não está mais por conta de Deus. Já está agindo por conta própria.
>
> José Cândido de Carvalho
> O coronel e o lobisomem
> 1964

O homem é o único ser vivo que integra o sistema solo-planta-atmosfera (SSPA) com a capacidade de influenciar diretamente seu curso ou sua dinâmica. E é isso que se pretende abordar neste primeiro capítulo.

As plantas, os animais e os microrganismos que vivem em determinada área do SSPA, e que constituem uma comunidade biológica, estão interligados por uma complexa rede de relações funcionais que inclui o ambiente no qual existem. Essa rede opera por si só há milênios, por meio de mecanismos próprios de evolução, como aqueles tão brilhantemente descobertos por Darwin. O conjunto dos componentes físicos, químicos e biológicos do SSPA, interdependentes entre si, constitui o que os biólogos denominam **ecossistema**. Esse conceito se baseia sobretudo nas relações funcionais entre os organismos vivos e o ambiente em que vivem.

A biosfera como um todo pode ser considerada um ecossistema, pois representa um envelope extraordinariamente pequeno em relação às dimensões de nosso planeta e sustenta a única forma de vida conhecida no universo. Há cerca de 400 milhões de anos, condições favoráveis ao desenvolvimento vegetal permitiram o enriquecimento da atmosfera até uma mistura de aproximadamente 20% de oxigênio, mais nitrogênio, argônio, gás carbônico e vapor-d'água. Essa mistura gasosa foi praticamente mantida constante ao longo dos milênios por plantas, animais e microrganismos, que a usavam e a reconstituíam em taxas iguais. O resultado foi um sistema fechado, um ciclo balanceado no qual nada se perde, tudo se aproveita, em **equilíbrio dinâmico**. Equilíbrio dinâmico é um conceito que vai aparecer repetidamente neste livro e por isso precisa ser muito bem compreendido. Ele é uma forma de equilíbrio no qual há movimento, mas as "coisas" são invariáveis no tempo. Um exemplo simples e elucidativo é o de um reservatório de água que recebe continuamente uma quantidade de água por minuto e perde pelo "ladrão" a mesma quantidade por minuto. O nível de água no tanque permanece constante e a água se move e se renova constantemente.

Para manter esse equilíbrio dinâmico (*steady state*), todos os ecossistemas requerem quatro elementos básicos: 1) **substâncias inorgânicas** (gases, minerais, íons); 2) elementos **produtores** (plantas), que convertem essas substâncias inorgânicas em orgânicas, isto é, em alimentos; 3) elementos **consumidores** (animais e plantas), que se utilizam dos alimentos; e 4) elementos **decompositores** (microrganismos), que transformam o protoplasma em substâncias que possam ser reusadas por produtores, consumidores e mesmo por decompositores, fechando assim o ciclo. Apenas os produtores têm capacidade de usar a energia solar, produzindo tecido vivo. Ou seja, o reino vegetal sustenta o reino animal, e ambos deixam seus restos para os decompositores. É oportuno lembrar que o uso eficiente dos produtos de decomposição pela natureza é também fator fundamental na formação de um solo, um dos nossos objetos de estudo. E o processo é tão delicado e complexo que se estima que a formação de alguns centímetros de solo fértil a partir da rocha leva séculos.

Os ecossistemas são regidos por uma série de leis fundamentais à manutenção do equilíbrio e da vida. Uma delas é a da adaptação: cada espécie encontra um lugar preciso no ecossistema que lhe fornece alimento e ambiente. Ao mesmo tempo, todas as espécies têm o poder defensivo de se multiplicar mais rapidamente do que sua própria taxa de mortalidade. Como resultado, predadores tornam-se necessários para manter a população dentro dos limites de sua disponibilidade de alimento. O jaguar que caça um antílope é necessário para a manutenção da comunidade de antílopes, mesmo que isso não pareça justo para o indivíduo eliminado. A diversidade é outra lei necessária. Quanto mais espécies diferentes existirem em uma área (**biodiversidade**), tanto menor a chance de uma delas proliferar e dominar a região. A diversidade é a tática de sobrevivência na natureza.

O SSPA, como parte da biosfera, está sujeito a todas essas leis e princípios. O homem é um elemento consumidor e decompositor nos reinos vegetal e animal, deixando seus dejetos à mercê da natureza, assumindo que o ciclo se feche. Entretanto, o homem violou todas as leis do equilíbrio e tem ameaçado tanto a natureza como sua própria existência no planeta. O principal fator de desequilíbrio é a explosão demográfica, que contraria a lei da diversidade da natureza. Estima-se que a população de *Homo sa-*

piens tenha passado de 5 milhões, há 8 mil anos, para 1 bilhão, em 1850, o que mostra que nesse longo período havia razoável equilíbrio entre homem e natureza. No entanto, de 1850 para cá o tempo necessário para a duplicação da população mundial tem diminuído seguidamente. Em 1930 a população mundial já alcançava os 2 bilhões, mas em 1991 ultrapassava a casa dos 5 bilhões. Na Figura 1 pode-se verificar esse crescimento exponencial. A Divisão de População da ONU disponibilizou, no dia 17 de junho de 2019, as novas projeções populacionais para todos os países, para as regiões e para o total mundial. A população mundial para 2019 foi estimada em 7,70 bilhões, chegou a 7,79 bilhões em 2020 e deverá chegar a 8 bilhões de habitantes em 2023. Felizmente, nestes primeiros anos do século XXI já se pode verificar alguma desaceleração desse crescimento. Mesmo assim, estimativas para 2100 são:

1. Pessimista, sempre crescente, chegando a 16 bilhões.
2. Média, estabilizando-se em 10 bilhões.
3. Otimista, crescendo devagar até 2040 e depois decrescendo para 6 bilhões em 2100.

Essa grande população é o fundamento de uma série de outros problemas que ameaçam os ecossistemas, dentre os quais se destaca a **poluição ambiental**, que ocasiona uma alteração tal no ambiente que este, muitas vezes, não tem meios de reagir. Em termos científicos, trata-se de um afastamento tão grande e brusco do estado de equilíbrio dinâmico mantido ao longo dos séculos que, na maioria das vezes, pode ser considerado irreversível. As fontes de poluição podem ser as mais variadas possíveis. De origem urbana podemos destacar os efluentes (esgoto), o lixo sólido e a drenagem de águas pluviais, que arrasta consigo toda sorte de resíduos; de origem industrial, os efluentes inorgânicos e orgânicos, como também o calor; de origem agrícola, materiais inorgânicos (adubos) e orgânicos (pesticidas, inseticidas, herbicidas) e a erosão. São ainda de grande importância os resíduos radioativos e as grandes obras de engenharia de construção, inclusive as barragens.

No SSPA cada constituinte sofre uma influência típica do homem. Em primeiro lugar trataremos da **poluição da água**. Essencial à vida, é encontrada na face da Terra em maiores quantidades do que qual-

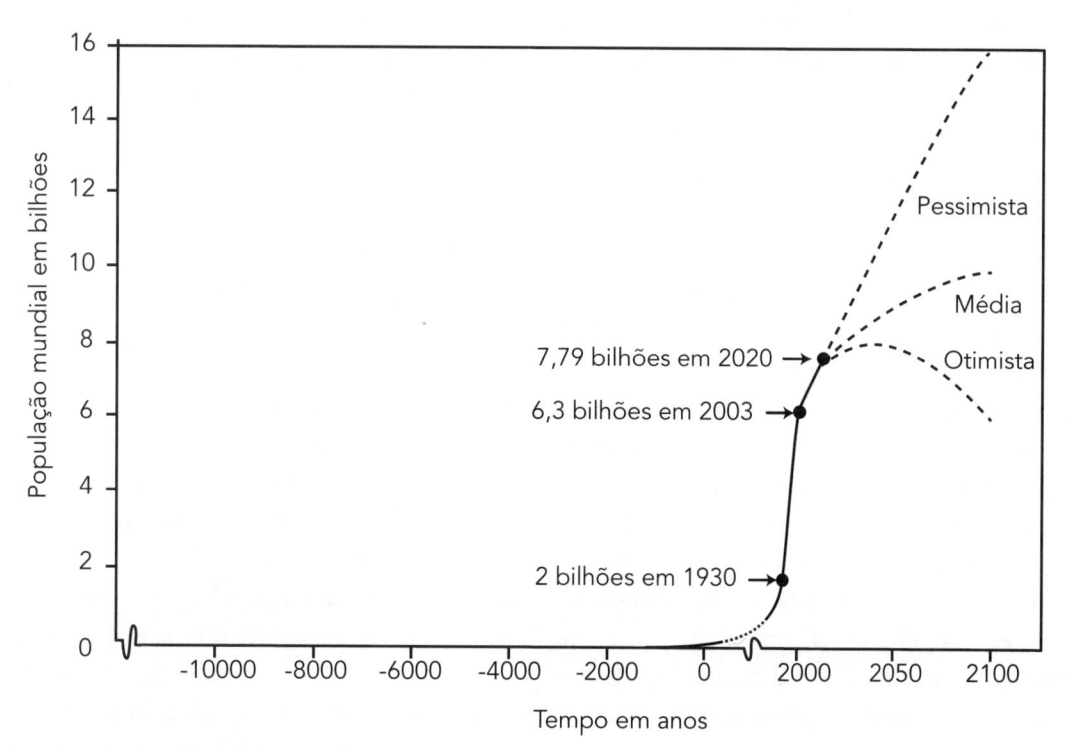

FIGURA 1   Evolução da distribuição da população mundial indicando tendências futuras.

quer outra substância pura. A água cobre cerca de 70% da superfície do planeta, mas 97% dessa água está nos oceanos, ou seja, é água salgada. Os 2,5% da água doce estão distribuídos, aproximadamente, da seguinte forma: 69% representam geleiras e neves eternas, 30%, a água subterrânea, 0,7% outros reservatórios não prontamente disponíveis e 0,3% está em lagos e rios prontamente disponíveis para o homem. Destes últimos, 65% são utilizados em atividades agrícolas, 22%, pela indústria e 7%, pelos municípios, sendo perdidos os 6% restantes, perdidos para o uso do homem, razão pela qual a escassez de água potável já pode ser sentida há muito tempo. Os 65% de água doce utilizados na agricultura vão quase totalmente para a irrigação. Assim sendo, um manejo mais racional da irrigação pode levar à economia de grandes volumes de água. É importante notar que para produzir 1 kg de batata gastamos 133 L de água, de arroz 2.500 L, de carne de frango 3.700 L e de boi 17.000 L e que é por isso que a agricultura consome muita água. Mas é importante lembrar que a água usada na agricultura (irrigação) é para nós mesmos. Hoje, no mercado de exportação/importação de *commodities* agrícolas, já se começa a falar na cobrança da água necessária para produzi-las (chamada água virtual), quando exportadas. É o caso da exportação de milho e soja, que atinge milhares de toneladas. O problema da água é um grande problema mundial, um desafio para o século XXI. Em livro editado há 42 anos, Reichardt (1978) já se preocupava com a situação da água, escrevendo esta dedicatória: "Dedico estas páginas ao bom senso dos homens, na esperança de que em um breve futuro a água cristalina e potável volte a ser o recurso natural mais abundante na face da Terra".

A **poluição da água** pode ocorrer com os mais variados agentes: 1) produtos biodegradáveis e substâncias orgânicas em geral; 2) produtos químicos (minerais, metais pesados, ácidos, bases); 3) produtos orgânicos não degradáveis (plásticos, detergentes, pesticidas e outros produtos da indústria petroquímica). Esses **agentes poluidores** entram nas **cadeias de alimentos** dos ecossistemas em determinadas fases e podem chegar ao homem. Problemas sérios são intoxicações com metais pesados, como chumbo, mercúrio (utilizado sem critério nos garimpos de ouro), arsênico, cádmio etc.

Para o caso de águas paradas ou semiparadas, como lagos e represas, é comum o uso do termo **eutroficação** para o aumento na concentração de íons na água, sobretudo nutrientes, como substâncias que contêm nitrogênio (N) e fósforo (P). Esse aumento dos níveis de N e P de origem orgânica (industrial, urbana ou agrícola) ou de origem inorgânica (industrial) provoca um desbalanceamento nesses ecossistemas. Certas espécies de plantas, como as algas, desenvolvem-se de forma assombrosa em relação às outras, modificando as condições de oxigenação, penetração de luz, temperatura, fauna e flora. A eutroficação é um processo praticamente irreversível, e, nos poucos casos em que algo pôde ser feito, grandes somas foram despendidas para sua recuperação.

Para avaliar a ação dos rejeitos biodegradáveis no que se refere a seu potencial de poluição, utiliza-se como índice a **demanda bioquímica de oxigênio (DBO)**. Esses agentes são tóxicos indiretamente, pois para sua decomposição biológica roubam o oxigênio dissolvido na água. Assim, quanto maior o DBO de um produto lançado em um curso de água, mais oxigênio é retirado dela. Essa diminuição do nível de oxigênio dissolvido na água tem grande influência sobre a fauna e a flora. É o caso do despejo de esgoto urbano e de resíduos das indústrias de papel e de restilo das usinas de açúcar e álcool. DBO é a quantidade de oxigênio necessária para a decomposição de material biodegradável, em condições aeróbicas, por ação biológica. Assim, uma água servida de DBO = 6.000 mg por litro (ou ppm) refere-se a uma água tal que, a cada litro despejado em um rio, fará com que 6.000 mg do oxigênio dissolvido sejam consumidos por litro de água. O esgoto urbano tem DBO entre 200-400 ppm, e o restilo de usinas de açúcar entre 15.000-20.000 ppm. Logicamente a quantidade de material lançado em relação ao volume do corpo de água também é de grande importância na diminuição do teor de oxigênio dissolvido. Em geral, as águas têm teor de oxigênio dissolvido da ordem de 12 ppm. A maioria dos peixes exige um mínimo de 4-6 ppm. O lançamento de detritos com alto DBO em corpos d'água faz com que sejam atingidos valores de oxigênio dissolvido próximos de zero, sendo dramática a consequência sobre a fauna aeróbica.

A **poluição do solo** acontece por agentes poluidores que podem ser classificados da mesma forma como se fez no caso da água. Aqui nos limitaremos a discutir três aspectos da **poluição do solo**: pela irrigação, pela fertilização e pelo uso de agrotóxicos. Não é qualquer água que é adequada para a irrigação. A irrigação depende tanto da quantidade como da **qualidade da água**, tendo o aspecto qualidade da água sido desprezado por muitos anos, pela abundância de água de boa qualidade e fácil utilização que as fontes apresentavam. A concentração da água em sais minerais é de grande importância, tanto qualitativa como quantitativamente. Quantitativamente, a concentração salina de águas de irrigação é avaliada pela **condutividade elétrica da água** (CE). As águas são classificadas de acordo com sua viabilidade e risco para a irrigação. Por exemplo, nos EUA, as águas com condutividade elétrica abaixo de 0,75 mmhos/cm (a 25°C) são consideradas de primeira classe. No Brasil, os critérios seguem os dos EUA, e a qualidade da água para irrigação deve ser analisada baseando-se em 6 parâmetros básicos:

1. Concentração total de sais solúveis, dada pela CE, devido ao risco de tornar o solo salino.
2. Proporção relativa de sódio (Na), cálcio (Ca) e magnésio (Mg), dada pela Relação de Adsorção de Sódio (RAS), para evitar o risco de alcalinização ou sodificação do solo.
3. Concentração de elementos tóxicos às plantas.
4. Concentração de bicarbonatos, pois estes tendem a precipitar o Ca e o Mg, aumentando a proporção de Na.
5. Aspectos sanitários.
6. Aspectos de entupimento de emissores em sistemas de irrigação localizada.

Uma desvantagem do critério da condutividade elétrica é o fato de que ele não leva em conta a qualidade do íon. Ca, Na, Mg e potássio (K), possuem efeitos distintos no solo, sendo o Na o íon mais problemático. Muitas águas disponíveis para irrigação têm CE muito acima de 0,75, e irrigações descontroladas podem provocar dispersão do sistema coloidal do solo por ação do Na, alterando de modo significativo suas propriedades físicas e determinar sua salinização e torná-lo infértil. Essas irrigações podem ainda contaminar os reservatórios de água subterrânea. Na Califórnia, por exemplo, o Vale Imperial – região entre as mais produtivas do globo – já nas décadas de 1960-1970 encontrava-se ameaçado de gradativa salinização em decorrência das práticas de irrigação adotadas. A recuperação de áreas salinizadas é trabalho difícil e dispendioso, em especial por exigir muita água de boa qualidade e a construção de sistemas de drenagem.

Em muitas partes do planeta, doses excessivas de **fertilizantes** têm sido utilizadas, sobretudo o N, cuja resposta na produtividade é compensadora, mas cujo uso tem sido exagerado. Em extensas regiões, as águas subterrâneas acham-se condenadas devido à alta concentração de nitrato (NO_3). Outro problema é o uso de inseticidas e herbicidas. A demanda por alimento para populações cada vez maiores tem aumentado tanto que o uso de **agrotóxicos** em doses crescentes tornou-se imprescindível. Entre essas substâncias orgânicas, muitas não são biodegradáveis e são muito resistentes à decomposição por qualquer outro processo, sempre deixando resíduos. Exemplos típicos são o DDT, o BHC e o 2.4 D, que, absorvidos por plantas e insetos, são levados pela água e, em dado momento, entram na cadeia alimentar dos ecossistemas pelas mais variadas portas. O glifosato, que é tido como o agrotóxico mais importante do mundo, é o mais utilizado. O Brasil, em 2017, comercializava mais de 100 produtos com glifosato em cerca de 30 empresas diferentes. No ano de 2017 foram vendidas 173 mil toneladas de glifosato, três vezes mais que o 2,4-D.

A **poluição atmosférica** é brutal, resultante, sobretudo, da atividade industrial, como indústrias de papel, siderúrgicas, petrolíferas e químicas em geral, e proveniente de gases residuais de motores de combustão interna. A agricultura contribui com as queimadas, tanto de florestas como de resíduos de culturas. Entre os principais poluentes da atmosfera, encontramos os óxidos de carbono, enxofre, nitrogênio, substâncias orgânicas e metais pesados. O monóxido de carbono combina-se com a hemoglobina do sangue, tornando-a incapaz de transportar oxigênio. A consequência é sufocamento, problemas cardíacos e pulmonares. Da mesma forma, os óxidos de nitrogênio também reduzem a capacidade de transporte de oxigênio do sangue, enquanto os óxidos de enxofre contribuem para o aparecimento de moléstias pulmonares.

Outro efeito importante da poluição atmosférica é a modificação de suas propriedades físico-químicas. Como veremos no Capítulo 5, sobre a atmosfera, passaram-se milênios para que esse invólucro gasoso entrasse em razoável equilíbrio dinâmico, apresentando concentrações características de seus diferentes constituintes, concentrações essas, da ordem de 340 ppm para o CO_2, que permitiram o estabelecimento da vida no planeta. Relatórios do IPCC, International Pannel of Climate Change, indicam que a poluição atmosférica, principalmente devida à combustão de combustíveis fósseis como o petróleo e o carvão, aumentou esse teor para 415 ppm em 2020. Notadamente em áreas localizadas, como centros urbanos e industriais, de grande importância é a modificação da qualidade e da quantidade de energia solar que atinge o solo. Em certas áreas a poluição já chega a reduzir a energia solar em 40% de seu valor normal. Qualitativamente, certos comprimentos de onda são absorvidos (sobretudo por CO, CO_2) quase por completo, de forma que um espectro de características diferentes chega à superfície do solo. Essas modificações no balanço de energia afetam a distribuição de temperatura, a pressão atmosférica, o vento, a chuva etc. Como consequência surgem problemas de visibilidade, inversão térmica e o **efeito estufa**. Este, que será abordado em mais detalhe no Capítulo 5, é um efeito natural da maior importância, sem o qual não haveria condições para a vida sobre a Terra. Por meio dele a atmosfera atua como um "filtro" da radiação solar, permitindo que praticamente toda radiação que vem diretamente do Sol chegue à superfície do solo, aquecendo-a. A superfície da Terra, por sua vez, aquecida emite radiação terrestre, que é parcialmente bloqueada pela atmosfera. Assim, o balanço entre a radiação solar que chega e a radiação terrestre que sai é controlado pelo efeito estufa. Os chamados **gases do efeito estufa** (GEE), principalmente CO_2, CH_4 e N_2O, alteram as características da atmosfera e afetam o balanço de radiações, que fica mais positivo, aumentando a temperatura do ar. No fim da década de 1990 a preocupação com as **mudanças globais** – *global change* – na atmosfera terrestre aumentou tremendamente. O Protocolo de Quioto, firmado em 1997, pede a redução das emissões de CO_2, em especial para as potências do grupo dos países desenvolvidos, que, de longe, são os maiores poluidores da atmosfera. Há uma diferença fundamental entre o CO_2 proveniente da combustão de materiais fósseis (fontes não renováveis), como o petróleo e o carvão, e o proveniente de materiais biológicos atuais (fontes renováveis), como o álcool e o biodiesel e as madeiras. Os primeiros representam uma adição de CO_2 à atmofera que vem de fonte de carbono (C), que de outra forma permaneceria nas profundezas da Terra, e os segundos são de fontes de C que participam dos biossistemas onde ciclam entre formas fixadas e o CO_2 atmosférico. De qualquer modo, todas as queimas contribuem para a poluição atmosférica e precisam ser minimizadas ou mitigadas. O termo **sequestro de carbono** é empregado para processos que fixam o carbono, e dentre eles se destacam os que ocorrem na agricultura. O manejo correto do solo pode colaborar para o sequestro de carbono atmosférico, segundo demonstram pesquisas recentes. Atualmente 35 milhões de ha são cultivados no Brasil pelo sistema de plantio direto, e essa área é responsável por aproximadamente 18 milhões de toneladas de CO_2 sequestrados da atmosfera por ano. O solo tem nele fixado cerca de três vezes mais CO_2 do que existe na atmosfera.

Hoje se fala em **créditos de carbono**, também chamados de redução certificada de emissões de CO_2, que são certificados emitidos para uma pessoa ou empresa que reduziu sua emissão de GEE. Por convenção, uma tonelada de CO_2 corresponde a um crédito de carbono. Kutilek e Nielsen (2010), em seu livro *Facts about global warming*, discutem principalmente os aumentos recentes do teor de CO_2 e das temperaturas do ar nas diferentes partes do globo.

O plástico, indiretamente (porque mais polui quando queimado), é um dos maiores poluidores da atmosfera, pois não há microrganismo capaz de se aproveitar da energia existente no plástico e, físico-quimicamente, ele é muito resistente, pelo menos em condições ambientais. Poucas pessoas têm consciência de que o plástico no qual carne e vegetais são embrulhados no supermercado não pode ser destruído sem prejuízos à natureza e, se for simplesmente nela deixado, ali permanecerá intacto por gerações. A forma mais fácil de destruí-lo é por combustão, daí sua relevância como poluidor da atmosfera. Hoje, o uso de plásticos chamados biodegradáveis é mais comum, como o POLY ECO, que é feito de resina biodegradável e é reciclável, já encontrado em supermercados.

Uma palavra ainda deve ser dita sobre a destruição pelo homem dos ecossistemas naturais em todo mundo, em especial na Amazônia. O **desmatamento**, além de afetar a biodiversidade vegetal e animal, ameaça populações indígenas que habitam regiões longínquas de nosso território. Só esse assunto merece e tem merecido livros. Há décadas já nos preocupamos com a **agricultura sustentável**, que avança em passos lentos. É o caso de sistemas agrossilvopastoris, do plantio mínimo e do corte mecanizado da cana de açúcar.

Analisada em termos muitos gerais, a influência do homem sobre o ambiente e, em particular, sobre o SSPA evidencia-se a importância de conhecer, em detalhe, os processos que se desenrolam nesse sistema. A maior demanda por alimentos em razão do aumento da população, problemas de poluição ambiental, armazenamento e tratamento de lixo, recarga de reservatórios de água subterrânea e controle efetivo das propriedades naturais do SSPA torna indispensável ao homem o estudo básico dos processos físico-químicos responsáveis por qualquer alteração no estado de equilíbrio dinâmico desse sistema.

Em fins da década de 1980 teve início uma fase de grande conscientização ecológica em que se reconheceu que o atual modelo de produção agropecuária precisava de mudanças profundas visando à maior conservação do ambiente. O termo em moda hoje é, como mencionado acima, a "**agricultura sustentável**" – aquela que tornaria possível a produção agrícola em equilíbrio com o ambiente por gerações. Esse é um grande desafio que precisa ser enfrentado no século XXI, e vencê-lo depende do conhecimento profundo dos processos que regem a dinâmica do SSPA, com os quais este livro pretende contribuir.

> Neste capítulo introdutório é mostrada a vulnerabilidade de nossos ecossistemas em face do modo como nossa sociedade se desenvolveu nos últimos 100 anos. É mostrada a necessidade de grandes cuidados na adoção de práticas agrícolas para a conservação do solo, da qualidade da água e também da atmosfera, mantendo esses recursos naturais para gerações futuras.

EXERCÍCIOS

1. O que você entende por ecossistema?
2. Enumere agentes poluidores da água, do solo, da planta e da atmosfera.
3. O que é DBO?
4. O que são processos de transferência?
5. O que é o efeito estufa?
6. O que se sabe sobre o buraco na camada de ozônio?
7. O que é agricultura sustentável?
8. O que se entende por sequestro de carbono?
9. De que mudanças globais trata o Protocolo de Quioto (1997)?
10. Qual a posição do Brasil perante a mudança global de temperatura?

LITERATURA CITADA

KUTILEK, M.; NIELSEN, D. R. *Facts about global warming.* Cremlingen-Destedt, Catena Verlag, 2010. p. 227.

REICHARDT, K. *A água na produção agrícola.* São Paulo, McGraw-Hill, 1978. p. 119.

Parte I

Os sistemas

Ao iniciar os estudos sobre o comportamento físico do sistema solo--planta-atmosfera (SSPA), são imprescindíveis a definição e a descrição dos elementos desse sistema. O SSPA é dinâmico e tem, ao mesmo tempo, caráter fechado e aberto. Conjunto articulado de inter-relacionamentos entre as partes de um todo, busca seu equilíbrio e se autorregula permanentemente mediante processos regidos por leis muito bem definidas. É considerado fechado por ter consistência real, relativa autonomia e lógica interna pela qual se auto-organiza e se autorregula. É, também, aberto porque se dimensiona para fora, por uma teia de interdependência com o meio circundante, perdendo e ganhando energia e matéria. Troca "informações" em uma interdependência ecológica em que tudo está ligado a tudo. Na Parte I deste livro abordaremos cada elemento que o compõe, que, por sua vez, pode ser considerado um novo sistema. Dessa forma, água, solo, planta e atmosfera são descritos de modo a fornecer as informações necessárias para que possamos estudar os processos dinâmicos de matéria e de energia que neles ocorrem – o que será visto na Parte II.

Se eu não for por mim, quem o será?
Mas se eu for só por mim, que serei eu?
Se não agora, quando?

Hilel

2

A água: solvente universal para elementos minerais e orgânicos

> A água é o veículo de todos os processos vitais, daí a importância de conhecer suas propriedades. Sua estrutura é fundamental em suas características como absorvente, dissolvente e transportador de materiais de uma parte para outra dentro do SSPA. Essas características ou propriedades dependem de seu estado físico, sendo a água líquida a mais abundante, vindo em seguida a sólida e finalmente a gasosa. Na fase líquida sua tensão superficial e sua viscosidade são aqui definidas para o entendimento das forças que regem o movimento da água. Ao final do capítulo ainda são mostrados aspectos da importância da água na produção vegetal.

INTRODUÇÃO

A água é uma das mais importantes substâncias da crosta terrestre, tanto para os processos vitais como para os físico-químicos. Nas formas líquida e sólida, cobre mais de 2/3 de nosso planeta, e na forma gasosa é constituinte da atmosfera, estando presente em toda parte. Sem água, e nas temperaturas que prevalecem na Terra, não seria possível a vida como a conhecemos. Os organismos vivos originaram-se em meio aquoso e se tornaram absolutamente dependentes dele no decurso de sua evolução. A água é constituinte do protoplasma em proporções que podem alcançar 95% ou mais de seu peso total. No protoplasma participa em importantes reações metabólicas, como a fotossíntese, que utiliza a energia solar para a transformação de matéria mineral em matéria orgânica, e a fosforilação oxidativa, que é uma das etapas metabólicas da respiração celular, necessária para oxidar moléculas intermediárias, participar de reações para formação da molécula de ATP (trifosfato de adenosina) e produzir energia vital. É o solvente universal, pois possibilita a maioria das reações químicas. Nas plantas tem ainda a função de manter o turgor celular, responsável pelo crescimento vegetal.

Neste capítulo abordaremos as propriedades físicas da água, deixando as propriedades químicas para o Capítulo 9, onde sua discussão é mais pertinente. O conhecimento de suas propriedades físicas é essencial para o estudo das funções da água na natureza, em particular seu comportamento no sistema solo-planta-atmosfera (**SSPA**) como um todo.

ESTRUTURA MOLECULAR DA ÁGUA E MUDANÇA DE FASE

A fórmula química da água é H_2O, isto é, constitui-se de dois átomos de hidrogênio e um de oxigênio. Na natureza há 3 isótopos de hidrogênio (^1H = hidrogênio; ^2H = deutério; e ^3H = tritium) e 3 isótopos de oxigênio (^{16}O, ^{17}O e ^{18}O). Esses diferentes átomos possibilitam 18 combinações diferentes na formação de uma molécula de água, todavia, ^2H, ^3H, ^{17}O e ^{18}O são pouco abundantes. As moléculas compostas desses diferentes isótopos comportam-se da mesma forma do ponto de vista químico e biológico, diferindo apenas no peso. O tritium (^3H) é um radioisótopo natural por ser constantemente produzido na atmosfera em reações nucleares com a radiação cósmica, é emissor de radiações beta, mas em concentrações tão baixas que não prejudica a vida.

O diâmetro médio da molécula de água é de aproximadamente 3 Å (Angstron) (3×10^{-10} m), e os dois hidrogênios estão ligados ao átomo de oxigênio formando um ângulo de cerca de 105° (Figura 1), ligação responsável pelo desequilíbrio espacial das cargas elétricas na molécula de água. Assim, o polo voltado para o oxigênio se torna mais negativo, o polo voltado para os hidrogênios mais positivo e a molécula torna-se eletricamente bipolar.

Essa distribuição assimétrica de cargas cria um dipolo elétrico responsável por uma série de propriedades físico-químicas da molécula de água. Devido a essa polaridade, as moléculas de água orientam-se formando estruturas. A polaridade é, também, a razão pela qual a água é um bom solvente, é adsorvida sobre superfícies sólidas ou hidrata íons e coloides.

Cada hidrogênio de uma molécula é atraído pelo oxigênio da molécula vizinha, com o qual forma uma ligação secundária, mais fraca, denominada ponte de hidrogênio. A ponte de hidrogênio possui uma energia de ligação bem mais fraca que a ligação intramolecular do oxigênio com o hidrogênio. Como resultado, a água constitui-se de uma cadeia de moléculas ligadas por pontes de hidrogênio (polímero). Essa estrutura possui bem menos falhas quando a água se acha no estado sólido (gelo). Nessas condições, cada molécula é ligada a 4 moléculas vizinhas, formando uma estrutura cristalina hexagonal, relativamente aberta. Com a fusão do gelo, ao passar para o estado líquido, essa estrutura é parcialmente destruída, de modo que outras moléculas possam entrar nos espaços intramoleculares. Por essa razão, cada molécula pode ter mais do que 4 moléculas vizinhas, e a densidade da água, no estado líquido, passa a ser maior que a do gelo. Essa é uma exceção interessante, pois nos materiais puros

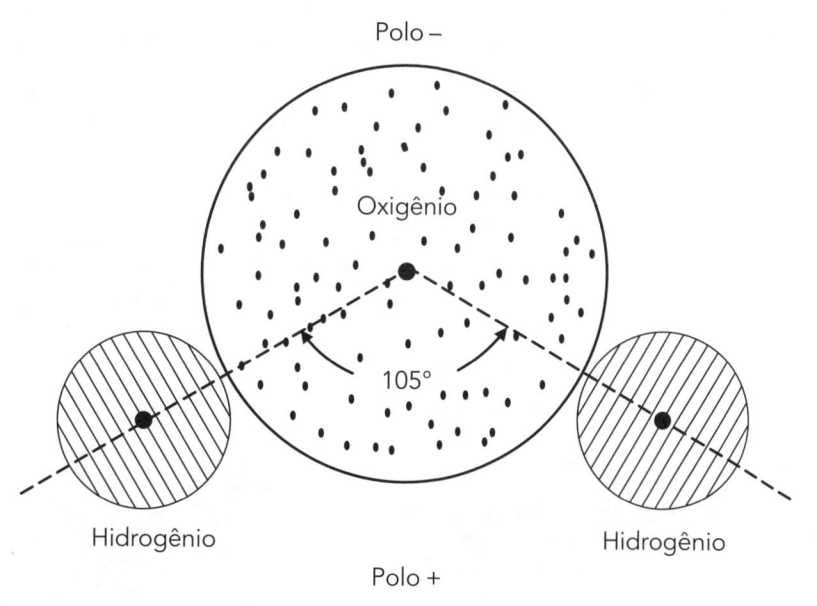

FIGURA 1 Modelo esquemático da molécula de água.

durante a fusão o sólido é mais denso que o líquido e afunda no seio do líquido. Caso o gelo não boiasse na água (como os *icebergs* com 1/9 para fora d'água e 8/9 no seio do líquido), ele afundaria e se acumularia no fundo dos oceanos e com o passar do tempo as quantidades de gelo iriam se acumulando até a superfície, sem a possibilidade de haver água líquida para a formação da vida.

Para a água no estado líquido, uma estrutura do mesmo tipo da do gelo continua a existir, mas essa estrutura não é rígida e permanente, mas flexível e transitória. No estado gasoso, essa estrutura desaparece por completo e as moléculas têm máxima liberdade.

Na passagem do estado sólido para líquido e gasoso, as pontes de hidrogênio são rompidas, ao passo que nas passagens inversas são restabelecidas. Assim, na fusão de 0,001 kg de gelo, 335 J precisam ser fornecidos (calor latente de fusão), e, na solidificação de 0,001 kg de água, a mesma quantidade de energia é liberada por ela. O ponto de fusão da água sob pressão atmosférica normal é 0°C, ao passo que o ponto de ebulição é 100°C. Nesse intervalo de temperatura a água se acha no estado líquido, e seu calor específico varia. Esse valor é muito alto em comparação com o gelo (–10°C): 2093; alumínio: 900; ferro: 447,9; mercúrio: 138,1; oxigênio: 920,9. Por isso, a água se comporta como um ótimo sistema tampão para a energia disponível na atmosfera, ou seja, é necessária muita energia para que sua temperatura se eleve pouco. Essa propriedade da água torna os sistemas biológicos (cuja porcentagem em água é muito alta) mais resistentes a variações de temperatura.

No ponto de ebulição (100°C, a 1 atm), a água passa do estado líquido para o gasoso (ou vice-versa) e o calor envolvido na mudança de fase é de $2,26 \times 10^6$ J · kg^{-1} (calor latente de vaporização ou de condensação). A água pode também passar ao estado gasoso a temperaturas menores que 100°C, mas tal vaporização, denominada evaporação, requer maior quantidade de calor. Assim, por exemplo, a 25°C seu calor latente de vaporização ou calor latente de evaporação é de $2,441 \times 10^6$ J · kg^{-1}. No Quadro 1 vê-se que até o gelo pode passar para vapor. É o caso da sublimação.

De acordo com a teoria cinética dos gases, as moléculas de um líquido estão em movimento contínuo, movimento esse que é uma expressão de sua energia térmica. As moléculas colidem frequentemente e várias vezes absorvem energia suficiente para escapar do líquido e entrar na fase gasosa. Sua energia cinética é dissipada durante a passagem pela barreira de energia potencial originada pela atração intermolecular na superfície líquida (medida pela tensão superficial). Escapando do líquido, a molécula passa a fazer parte da fase gasosa. Da mesma forma, moléculas da fase gasosa retornam à fase líquida.

A taxa na qual as transferências de moléculas se dão do líquido para o vapor, e vice-versa, depende da concentração de vapor de água na atmosfera em contato com a superfície líquida. Uma atmosfera em equilíbrio com a superfície da água é considerada saturada de vapor de água (o mesmo número de moléculas que abandona o líquido e passa para a fase gasosa volta para a fase líquida). A pressão do vapor do

QUADRO 1 Algumas propriedades físicas da água em função das temperaturas que podem ocorrer no sistema solo-planta-atmosfera

Temperatura (°C)	Densidade (kg · m^{-3})	Calor específico (J · kg^{-1})	Calor latente de vaporização (× 10^6 J · kg^{-1})	Tensão superficial (kg · s^{-2})	Viscosidade (kg · s^{-1} · m^{-1})
–5	999,18	4.227,86	2,511	0,0764	–
0	999,87	4.215,30	2,919	0,0756	0,001787
4	1.000,00	4.206,93	2,491	0,0750	0,001567
5	999,99	4.202,74	2,489	0,0748	0,001519
10	999,73	4.190,19	2,477	0,0742	0,001307
15	999,13	4.186,00	2,465	0,0732	0,001139
20	998,23	4.181,81	2,453	0,0727	0,001002
25	997,08	4.177,63	2,441	0,0719	0,000890
30	995,68	4.177,63	2,430	0,0711	0,000798
40	992,25	4.177,63	2,406	0,0695	0,000653
50	988,07	4.181,81	2,382	0,0679	0,000547

ar em equilíbrio com a superfície de água depende da pressão e da temperatura do sistema. De maneira geral, pode-se dizer que em condições normais de pressão o ar pode reter tanto mais vapor quanto maior for sua temperatura. No Capítulo 5, sobre a atmosfera, esse assunto será discutido em mais detalhe.

A água também pode passar diretamente do estado sólido para o gasoso (ou vice-versa), fenômeno denominado **sublimação**. O calor latente de sublimação é igual à soma dos calores latentes de fusão e vaporização. Quando a chuva, ao cair, atravessa regiões frias abaixo de 0°, forma-se o granizo por solidificação, que é gelo com estrutura amorfa. Mas, quando o vapor-d'água entra em regiões abaixo de 0°, forma-se a neve por sublimação, com estrutura cristalina de beleza extraordinária.

TENSÃO SUPERFICIAL

Tensão superficial é fenômeno típico de uma interface líquido-gás que se manifesta nos líquidos em repouso. A maioria dos líquidos se comporta como se estivesse coberta por uma membrana elástica, sob tensão, com tendência permanente a se contrair (assumir área mínima). Em nosso SSPA nos interessa a **tensão superficial da água**. Ela ocorre porque as forças coesivas atuantes sobre cada molécula de água são diferentes se a molécula se encontra no seio do líquido ou em sua superfície (Figura 2).

Moléculas no interior do líquido são atraídas em todas as direções por forças iguais, enquanto moléculas de superfície são atraídas para dentro da fase líquida, mais densa, com forças maiores do que as forças com que são atraídas para a fase gasosa, menos densa. Essas forças não balanceadas fazem as moléculas da superfície tenderem para o interior do líquido, isto é, delas resulta a tendência de a superfície se contrair. Forma-se uma película, cuja resistência permite até que alguns insetos caminhem sobre a água.

Se tomarmos uma linha arbitrária de comprimento L na superfície do líquido, uma força F estará atuando de ambos os lados da linha, tentando contrair a superfície. O quociente entre F/L (que é uma constante, pois quanto maior L, maior F) é denominado tensão superficial σ, cuja dimensão é força por unidade de comprimento (d/cm no sistema CGS e N/m no sistema internacional). O mesmo fenômeno pode ser descrito em termos de energia. O aumento da superfície de um líquido exige dispêndio de energia, que permanece armazenada na superfície ampliada e que pode realizar trabalho se a super-

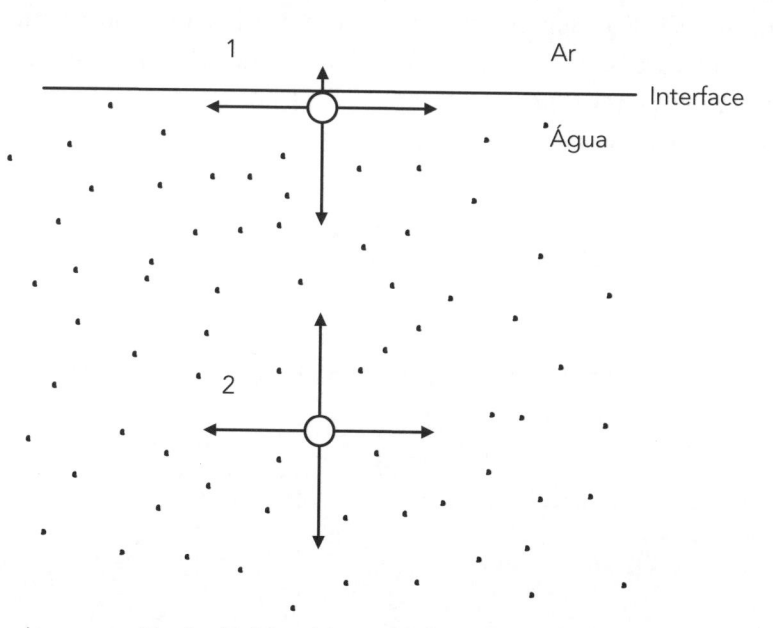

FIGURA 2 Esquema de uma molécula de água (1) na interface água-ar, com forças de coesão desbalanceadas e molécula (2) no seio do líquido, com forças balanceadas.

fície se contrair novamente. Energia por unidade de área tem a mesma dimensão de força por unidade de comprimento. Assim, a tensão superficial também pode ser expressa em erg/cm² no sistema CGS e J/m² no sistema internacional.

A tensão superficial é, então, a medida da resistência à formação da membrana elástica que se forma em uma interface líquido-gás. Ela depende da temperatura: em geral decresce com seu aumento (veja Quadro 1). O decréscimo da tensão superficial é ainda acompanhado por um aumento de pressão de vapor. Substâncias dissolvidas na água acarretam variações na tensão superficial em ambas as direções. Eletrólitos, de maneira geral, aumentam a tensão superficial, porque a afinidade entre um íon e uma molécula de água é maior do que a afinidade entre moléculas de água, e, como resultado, o soluto tende a penetrar no solvente. Em caso contrário, isto é, quando a afinidade entre o soluto e o solvente é menor do que a afinidade entre moléculas do solvente, o soluto tende a se concentrar na superfície do líquido, reduzindo sua tensão superficial. Tal é o caso de solventes orgânicos, em particular de detergentes, que vão para a superfície.

Para superfícies planas de líquido, caso de lagos, represas, tanque classe A, não há diferença de pressão entre pontos imediatamente superiores e inferiores à interface líquido-gás. Para superfícies curvilíneas, como gotas e meniscos em capilares, já há uma diferença de pressão, responsável por uma série de fenômenos capilares. Esses fenômenos serão estudados no Capítulo 6, em que serão analisadas as interações entre sólido (solo), líquido (solução do solo) e gás (ar do solo).

VISCOSIDADE

A viscosidade é uma propriedade dos líquidos que se manifesta quando em movimento. Ela representa sua resistência interna para fluir e deve ser vista como a medida do atrito interno do fluido. Dizemos informalmente que a água é "fina", pois tem baixa viscosidade, ao passo que o óleo vegetal ou mineral é "grosso", com alta viscosidade. Quando a água se encontra em movimento, ou em canais, tubulações e mesmo no solo, sua viscosidade deve ser considerada em suas formulações. Um fluido, ao se mover, pode ser imaginado constituído de lâminas superpostas que deslizam umas sobre as outras (escoamento laminar) (Figura 3), umas atritando com as outras. Em um escoamento laminar, que ocorre nos fluidos newtonianos (água e os gases de maneira geral), sendo a velocidade v do fluido na direção x, a força (F) necessária para o movimento das lâminas é proporcional ao gradiente do módulo da velocidade de deslizamento na direção r perpendicular ao movimento (dv/dr) e da área de contato entre as lâminas (A). Pela Figura 3, pode-se ver que dv/dr tem um valor máximo na parede do tubo que vai diminuindo até o centro dele, onde vale zero.

Assim:

$$F = \eta A \frac{dv}{dr} \qquad (1)$$

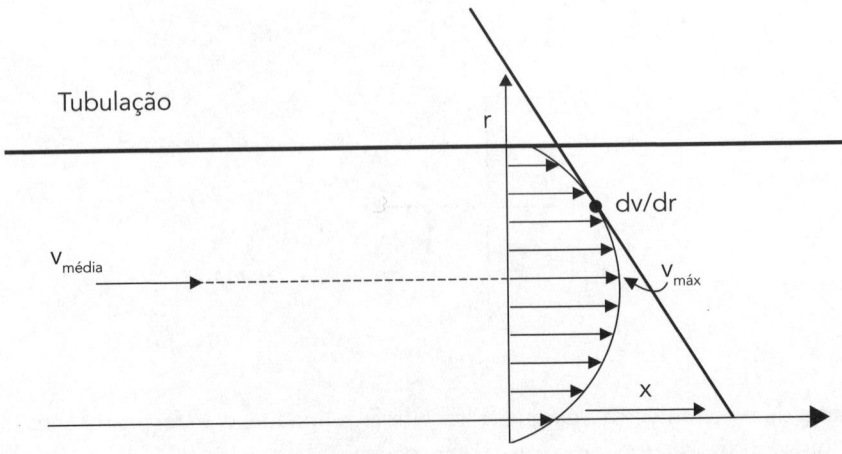

FIGURA 3 Fluxo laminar em tubulação mostrando a distribuição das velocidades do fluido.

O coeficiente de proporcionalidade η é denominado **viscosidade absoluta ou viscosidade dinâmica**, e a Equação 1 também é conhecida como equação da viscosidade de Newton. Como já foi dito, a viscosidade pode ser vista como a propriedade do fluido que mede sua resistência ao deslizamento ou à fricção interna. A viscosidade η é definida no sistema CGS como a força por unidade de área (F/A) necessária para manter uma diferença de velocidade de 1 cm/s entre duas lâminas paralelas separadas por uma distância de 1 cm. É fácil verificar na Equação 1 que F/A = η quando dv/dr = 1. As dimensões de viscosidade absoluta η são $ML^{-1}T^{-1}$, isto é, $kg \cdot m^{-1} \cdot s^{-1} = N.s.m^{-2} = Pa.s$. Ela varia com a temperatura (ver Quadro 1) e também é afetada pelo tipo e pela concentração de solutos. Além do coeficiente de viscosidade absoluta, na prática se utiliza muito o coeficiente de **viscosidade cinemática**, de dimensões L^2T^{-1}, que é obtida dividindo-se η pela massa específica do fluido.

Libardi (2018), assim como Azevedo Netto e Fernández y Fernández (2015), entram em detalhes em relação à estrutura da água, tensão superficial e viscosidade. Trata-se de textos que precisam ser consultados para aprofundamento nesses temas. Também existem textos bastante aprofundados nesses temas na área de mecânica dos fluidos.

A IMPORTÂNCIA DA ÁGUA NA PRODUÇÃO VEGETAL

A água é fator fundamental na produção vegetal. Sua falta ou excesso afeta de maneira decisiva o desenvolvimento das plantas e, por isso, seu manejo racional é imperativo na maximização da produção agrícola.

Qualquer cultura, durante seu ciclo de desenvolvimento, consome enorme volume de água, e cerca de 98% desse volume apenas atravessa a planta, passando posteriormente para a atmosfera pelo processo de transpiração. Esse fluxo de água, contudo, é necessário para o desenvolvimento vegetal, e por esse motivo sua taxa deve ser mantida dentro de limites adequados para cada cultura. Já a água fixada pela fotossíntese (Capítulo 4) é incorporada na formação de açúcares, e sua quantidade em relação à água transpirada é mínima.

O reservatório das águas de uma cultura agrícola é o solo, que, temporariamente, armazena água, podendo fornecê-la às plantas conforme suas necessidades. Mas sua capacidade de armazenar e fornecer água às plantas é limitada. Como a recarga natural desse reservatório (chuva) é descontínua, o volume disponível às plantas é variável. Quando as chuvas são excessivas, sua capacidade de armazenamento é superada e grandes perdas podem ocorrer. Essas perdas são possíveis por escoamento superficial, provocando ainda a erosão do solo, ou por percolação profunda, perdendo-se no lençol freático. Essa água percolada é perdida do ponto de vista da planta, mas é ganha do ponto de vista dos aquíferos subterrâneos.

Quando a chuva é esparsa, o solo funciona como um reservatório de água imprescindível ao desenvolvimento vegetal. O esgotamento desse reservatório por uma cultura, caso não chova, exige sua recarga artificial, que é o caso da irrigação.

Devido a esses fatores, o manejo correto da água é ponto fundamental em uma agricultura racional. Em regiões áridas e semiáridas, o manejo correto implica práticas de economia de água e cuidados com problemas de salinidade. Em regiões superúmidas, o problema fundamental é a lixiviação de materiais no solo e a drenagem. Em regiões onde a chuva é suficiente, geralmente há problemas de distribuição que acarretam a existência de períodos de falta de água. Nessas áreas é de suma importância obter a maior eficiência possível no uso da água pelas culturas, bem como o uso da irrigação suplementar.

O Brasil, dada sua extensão territorial e a diversidade de condições climáticas, apresenta toda sorte de situações. O Norte, representado pela Bacia Amazônica, é região superúmida, com média de precipitação acima de 2.000 mm por ano. Seus solos são, na maioria, pobres, e problemas de lixiviação são de grande importância. Com o desenvolvimento recente dessa área, muito se tem a aprender para que nela se implantem métodos de cultivo viáveis e produtivos. O Nordeste apresenta áreas semiáridas, nas quais uma agricultura produtiva só pode se desenvolver à custa da irrigação. Muitos projetos nacionais de irrigação já foram implantados nessas áreas, que visam à utilização de águas de açudes e, sobretudo, do rio São Francisco. O projeto de transposição das águas do São Francisco para o Nordeste é de importância fundamental, mas por problemas políticos e ambientais ainda não se encontra totalmente consolidado. Como dissemos, cuidados especiais devem ser levados em conta com respeito à qualidade da água nesses projetos de irrigação. Águas aparentemente boas para a irrigação podem, no decorrer dos anos, salinizar extensas áreas, tornando-as improdutivas. O processo de recuperação é, em geral, economicamente proibitivo.

Cerca de 25% do território nacional constituía-se de cerrado, um SSPA peculiar, cuja característica principal é a baixa fertilidade do solo, com um regime pluviométrico médio de 1.300 mm anuais, mas com estações chuvosa e seca bem definidas. Nessas áreas tem sido demonstrado que práticas racionais de agricultura podem levar a produtividades altamente compensadoras. Essas práticas envolvem em especial a correção do pH do solo (calagem), fertilização adequada e um manejo correto da água. Veranicos podem afetar a produtividade em muitos casos, fazendo-se necessária a irrigação suplementar. Um exemplo importante é o oeste baiano, onde a disponibilidade de água para a irrigação é boa, no qual irrigações e fertirrigações (aplicação de fertilizantes via água de irrigação) são realizadas com sucesso por meio de pivôs centrais, que cobrem áreas da ordem de 100 ha. Nas regiões Sul e Centro-Sul, a precipitação pluvial em geral supre as necessidades da agricultura. Problemas de distribuição, porém, podem ser fatais em muitas ocasiões. Dessa forma, o manejo da água precisa ser conduzido de maneira adequada para maximizar a produção e obter minimização de problemas, como erosão, percolação profunda e poluição das águas superficiais e subterrâneas. Textos que entram em detalhes sobre métodos de irrigação e manejo da irrigação são os de Frizzone et al. (2018), Bernardo et al. (2019), entre outros.

Falamos bastante em manejo racional da água e expressões sinônimas. O que representam elas, afinal? Em termos gerais, representam o uso mais adequado dos recursos naturais disponíveis com respeito aos diferentes sistemas solo-planta-atmosfera. Para isso, são necessários conhecimentos básicos e aplicados por parte dos responsáveis por projetos agrícolas. Neste texto são apresentados – de forma bastante objetiva, para serem acessíveis mesmo aos não envolvidos diretamente com os problemas de manejo de água – conhecimentos básicos essenciais para a compreensão dos processos que ocorrem com a água no SSPA.

> Mostra-se que as propriedades físicas da água, tais como sua estrutura molecular, suas fazes sólida, líquida e gasosa, a tensão superficial e a viscosidade, afetam sua condição dentro do sistema solo-planta-atmosfera. Essas propriedades são fundamentais para a vida no planeta, afetando seus estados dentro do ciclo da água onde se encontra nas fases líquida, sólida e gasosa. É também mostrada a importância da água na produção vegetal, destacando as eco-regiões do território nacional.

EXERCÍCIOS

1. Escreva os 18 tipos de moléculas de água utilizando os 3 isótopos de H e os 3 isótopos de O.
2. 100 g de água, 100 g de alumínio, 100 g de mercúrio e 100 g de ar, todos a 20°C, recebem 100 cal. Os calores específicos do Al, Hg e ar são, respectivamente, 0,2, 0,03 e 0,172 cal · g^{-1} · $°C^{-1}$. Quais os respectivos aumentos de temperatura (DT)?
3. Considerando as densidades dos materiais em 2.2: 1; 2,7; 13,6 e 0,0013 g · cm^{-3}, respectivamente, calcular o DT quando 100 cm^3 de cada material recebem 100 cal.

4. Uma superfície de água recebe 1,2 cal . cm^{-2} . min^{-1}, e toda energia é utilizada na evaporação. Quantos gramas de água são evaporados por hora e por m^2 de superfície, quando a água está a 10, 20 ou 30°C?
5. Qual o estado atual do projeto polêmico de transposição de água do Rio São Francisco?

RESPOSTAS

1. $^1H^1H^{16}O$; $^1H^1H^{17}O$; $^1H^1H^{18}O$; $^1H^2H^{16}O$; ...; $^1H^3H^{17}O$; ...; $^3H^3H^{18}O$.
2. DT = 1; 5; 33,3 e 5,8 °C.
3. DT = 1; 1,9; 2,4 e 4.472 °C.
4. 1.217; 1.229 e 1.241 g.
5. Iniciado em 2007, hoje (2022) funciona apenas parcialmente.

LITERATURA CITADA

AZEVEDO NETTO, J. M. de; FERNANDEZ Y FERNANDES, M. *Manual de hidráulica*. 9.ed. São Paulo, Edgard Blücher, 2015. p. 632.

BERNARDO, S.; MANTOVANI, E. C.; DA SILVA, D. D.; SOARES, A. A. *Manual de irrigação*. 8.ed. Viçosa, UFV, 2019. p. 545,.

FRIZZONE, J. A.; ROBERTO, R.; CAMARGO, A. P.; COLOMBO, A. *Irrigação por aspersão*: sistema pivô central. Maringá, Eduem, 2018. p. 355.

LIBARDI, P. L. *Dinâmica da água no solo*. 3.ed. São Paulo, Edusp, 2018. p. 346.

3

O solo: reservatório de água, nutrientes e gases para as plantas

> No manejo agrícola, o solo é o personagem central. É preciso conhecer suas propriedades para definir seu uso em termos de tipo de cultura a ser instalada e para saber quais as correções a serem feitas nele para maximizar a produção. À primeira vista parece um sistema poroso simples, mas na verdade é bastante complexo e se constitui de um material poroso no qual podem se acomodar tanto a água como o ar. Ele sustenta as plantas, cujas raízes penetram nele em busca de água (que tem nutrientes) e de ar (oxigênio). A proporção água/ar tem grande importância, e, como os dois são essenciais e podem ocupar o mesmo espaço (poros), é preciso controlar suas quantidades para o crescimento saudável das plantas. A parte mineral sólida define sua estrutura e textura, propriedades fundamentais dos solos. Juntamente com a matéria orgânica ficam definidas as propriedades de armazenagem de água e da aeração. Suas partículas, separadas em areia, limo (ou silte) e argila, definem mais uma série de propriedades relacionadas com a fertilidade do solo, e com a dinâmica da água dentro dele. Na fração argila encontram-se os minerais de argila, como a caulinita, a montmorilonita e a vermiculita, de grande importância na dinâmica que leva os nutrientes do solo para a planta. Dada a importância da água no crescimento e desenvolvimento das plantas, sua quantificação torna-se necessária em unidades úteis para o manejo correto da água. Assim, o conhecimento detalhado do sistema solo, dentro do macrossistema solo-planta-atmosfera, é essencial e básico para os capítulos das Partes II e III deste livro.

INTRODUÇÃO

O termo "solo" refere-se aqui à camada externa e agricultável da superfície terrestre. Estende-se também aos ecossistemas naturais e vegetados, como os da Amazônia, cerrado e florestas da Sibéria. O solo se origina dos materiais geológicos disponíveis na superfície terrestre, em geral rochas que, por ação de processos físicos, químicos e biológicos de desintegração, decomposição e recombinação, transformaram-se, no decorrer das eras geológicas, em material poroso de características peculiares. Reconhecem-se cinco **fatores de formação do solo**: material original (rocha) M; tempo (idade) I; clima (C); topografia (T); e organismos vivos (O). Utilizando a linguagem matemática, pode-se dizer que:

$$\text{Solo} = f(M, I, C, T, O) \quad (1)$$

Da combinação dos quatro últimos fatores atuando em diferentes intensidades sobre o mesmo material original M resulta a grande diversidade de tipos de solo.

Fazendo um corte vertical no perfil de um solo bem formado, obtém-se uma seção constituída de uma série de camadas superpostas, denominadas **horizontes do solo**. O conjunto recebe o nome de **perfil do solo** (Figura 1). Um solo completo é formado por quatro horizontes – A, B, C e D –, que podem ainda ser subdivididos. O **horizonte A do solo** é a camada superficial do solo, exposta diretamente à atmosfera. É conhecido como horizonte de eluviação, horizonte mais suscetível a perdas de elementos químicos por lavagens sucessivas com a água da chuva. Subdivide-se em A_{oo} (camadas superficiais em solos de florestas com grande quantidade de material orgânico não decomposto: galhos, folhas, frutos e restos animais); A_o (situa-se abaixo do A_{oo}, constituído de material orgânico decomposto, isto é, humificado); A_1 (já é horizonte mineral, mas com alta porcentagem de matéria orgânica humificada, que lhe confere cor escura); A_2 (é o típico horizonte A, de cor mais clara, e corresponde à zona de máxima perda de elementos minerais, isto é, eluviação) e A_3 (horizonte de transição entre A e B, com características de ambos). O **horizonte B do solo** é conhecido como horizonte de iluviação, isto é, horizonte mais suscetível ao ganho de elementos químicos provenientes do horizonte A, situado imediatamente acima dele. Subdivide-se em B_1 (transição entre A e B, mas possui mais características de B); B_2 (formado pela zona de máxima iluviação, ou seja, acúmulos de materiais lixiviados de A, compostos, sobretudo, de Fe, Al e Ca) e B_3 (transição entre B e C). O **horizonte C do solo** é formado pelo material que deu origem ao solo, em estado de decomposição e com pedaços visíveis da rocha matriz, e o **horizonte D do solo**, composto principalmente pela rocha matriz. As espessuras dos horizontes são variáveis, e a falta de alguns horizontes em determinados solos é bastante comum. Tudo isso depende da intensidade da ação dos fatores de formação I, C, T e O sobre M.

A	A_{00}	MO não decomposta
	A_0	MO humificada
	A_1	Horizonte mineral com MO
	A_2	Horizonte de perdas
	A_3	Horizonte de transição
B	B_1	Horizonte de transição
	B_2	Horizonte de iluviação
	B_3	Horizonte de transição
C		Rocha em decomposição
D		Rocha matriz

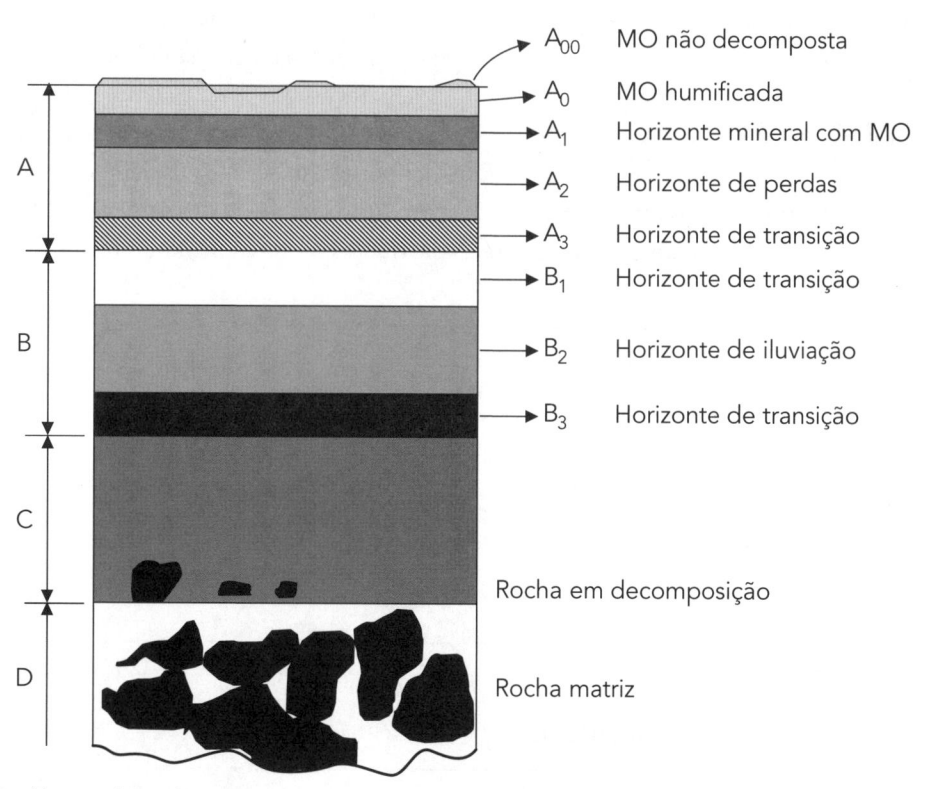

FIGURA 1 Perfil completo do solo.
MO: matéria orgânica.

A parte ou **fração sólida do solo** constitui-se de matéria mineral e orgânica. A mineral provém da rocha na qual o solo se formou e se chama primária quando possui a mesma estrutura e composição dos minerais que constituem a rocha. Chama-se secundária quando a matéria é nova, de composição e estruturas diferentes, constituída durante o processo de formação do solo. Matérias primárias são fragmentos de rocha ou de minerais, como o quartzo e o feldspato. Matérias secundárias são, por exemplo, argilas montmoriloníticas e cauliníticas, e carbonato de cálcio.

A parte ou **fração líquida do solo** constitui-se de uma solução de sais minerais e componentes orgânicos, cuja concentração varia de solo para solo e, certamente, com seu teor de água.

A parte ou **fração gasosa do solo** é constituída de ar com composição um pouco alterada em relação ao ar que circula sobre o solo, variando ainda segundo um grande número de fatores. Em geral, a quantidade de O_2 é reduzida em comparação com o ar sobre o solo e a quantidade de CO_2 é maior, consequência das atividades biológicas que ocorrem no solo. Sua umidade relativa em condições naturais é quase sempre saturada ou muito próxima à saturação.

FRAÇÃO SÓLIDA DO SOLO

As partículas sólidas do solo variam enormemente em qualidade e em tamanho. Quanto ao tamanho, algumas são grandes o suficiente para serem vistas a olho nu, ao passo que outras são diminutas, apresentando propriedades coloidais. O termo **textura do solo** refere-se à distribuição das partículas do solo tão somente quanto ao seu tamanho. Cada solo recebe uma designação referente à sua textura, designação essa que nos dá uma ideia do tamanho das partículas constituintes mais frequentes. Tradicionalmente, as partículas do solo são divididas em três frações de tamanho, chamadas **frações texturais: areia**, **silte** ou **limo** e **argila**. Ainda não há um acordo nas definições dessas classes. Na Figura 2 são mostrados os dois esquemas de classificação mais utilizados.

Feita a análise mecânica ou textural de um solo, isto é, determinadas as quantidades relativas das três frações – areia, silte e argila –, o solo recebe uma designação, sendo encaixado em determinada **classe textural**. Assim, solos com diferentes proporções de areia, silte e argila recebem diferentes designações.

A determinação da distribuição dos tamanhos das partículas do solo é conhecida como **análise mecânica do solo**. Para isso padronizou-se utilizar uma amostra passada em peneira de 2 mm, pois partículas maiores, como pedregulhos ou mesmo pedras, não são importantes na definição da classe textural. A separação das frações em geral é feita por peneiramento do solo em água (para destruir agregados que poderiam ser considerados partículas maiores), com uma sequência de peneiras, até um diâmetro de partículas de cerca de 0,05 mm. A fim de separar as

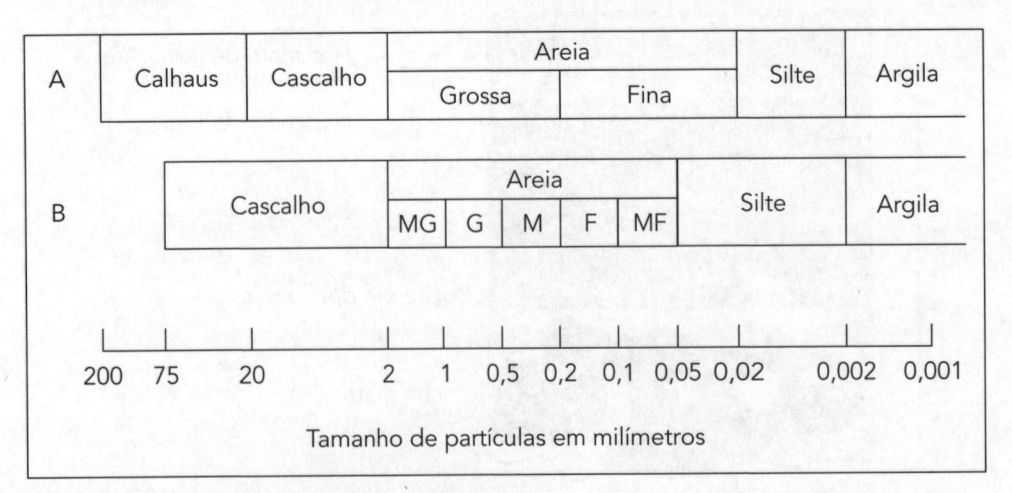

FIGURA 2 Duas classificações texturais do solo: (A) Atterberg e (B) americana (EUA, 1951).
MG: muito grossa; G: grossa; M: média; F: fina; MF: muito fina.

partículas de diâmetro menor, utiliza-se, em geral, o método da sedimentação, que consiste em dispersar uma amostra de solo em suspensão aquosa e medir as velocidades de decantação (ou sedimentação) das partículas de diferentes tamanhos.

Uma partícula em queda livre no vácuo não encontra resistência ao movimento e, por isso, aumenta sua velocidade ao longo de sua trajetória em movimento retilíneo acelerado, de aceleração g. Já uma partícula esférica em queda dentro de um fluido encontra resistência (fricção) proporcional a seu raio r, velocidade v e **viscosidade dinâmica** do fluido η. Veja bem no Capítulo 2 a definição de viscosidade, pois ela é muito importante nesse processo de sedimentação. Pela lei de Stokes (1851), a força de fricção f_r que atua sobre a partícula é dada por:

$$f_r = 6 \pi v r \eta \quad (2)$$

Devido a essa resistência, depois de algum tempo a partícula atinge velocidade constante de queda, isto é, sem aceleração. Nessas condições, o somatório de todas as forças que atuam sobre a partícula deve ser nulo (v = constante ou aceleração = 0). Além da força de fricção, dirigida de baixo para cima, a partícula está sujeita a uma força de empuxo f_e (Arquimedes) também dirigida de baixo para cima, a qual é dada pelo peso do volume do fluido deslocado, que, para uma esfera de raio r, é:

$$f_e = \frac{4\pi}{3} r^3 \rho_f g \quad (3)$$

em que ρ_f é a densidade do fluido, g a aceleração da gravidade, e $4\pi r^3/3$ o volume da partícula. A última força que atua sobre a partícula é seu peso f_p, dirigida de cima para baixo e dada pelo produto de sua massa pela aceleração da gravidade. Como a massa é igual ao volume multiplicado pela densidade, temos:

$$f_p = \frac{4\pi}{3} r^3 \rho_g g \quad (4)$$

em que ρ_r é a densidade da partícula.

Fazendo o balanço das forças, obtém-se:

$$-6\pi v r \eta - \frac{4\pi}{3} r^3 \rho_f g + \frac{4\pi}{3} r^3 \rho_g g = 0 \quad (4a)$$

resultando:

$$v = \frac{2}{9} \frac{r^2 g}{\eta} (\rho_g - \rho_f) = \frac{d^2 g}{18\eta} (\rho_g - \rho_f) \quad (5)$$

sendo d = 2r, o diâmetro da partícula, pois durante a análise mecânica a separação é feita por diâmetro. Isso é assim porque nas peneiras as partículas que passam são aquelas que têm diâmetro menor que a malha da peneira.

Assumindo que a velocidade de equilíbrio é atingida quase instantaneamente, o que nesse caso é verdadeiro quanto maior a partícula, pode-se calcular o tempo necessário para uma partícula de diâmetro d = 2r percorrer em queda uma altura h, pois velocidade é espaço percorrido por unidade de tempo (v = h/t):

$$t = \frac{18 h \eta}{d^2 g (\rho_g - \rho_f)} \quad (6)$$

Considerando que as partículas do solo sejam esféricas, de densidade uniforme, que elas decantem individualmente, que o fluxo do fluido ao redor delas é laminar e que as partículas são grandes o suficiente para não serem afetadas pelos movimentos térmicos das moléculas do fluido, a lei de Stokes, representada por (5) ou (6), pode ser empregada na determinação da distribuição das partículas do solo. Para tanto, toma-se massa (0,05-0,1 kg) de solo (passado por peneira de 2 mm), disperso em 1 L de água, em um cilindro de laboratório. Vários dispersantes, como a soda e o Calgon, são utilizados, sendo eles necessários para manter as partículas de solo separadas (não aglutinadas, isto é, dispersas). Desejando saber a quantidade de material que possui diâmetro d menor que um dado valor escolhido, espera-se que a solução dispersa decante por um tempo t (calculado pela Equação 6), de tal forma que uma altura h (a partir da superfície) fique livre de partículas de diâmetro maior que d. Isso acontece porque a velocidade de queda é proporcional à massa. Em geral a altura h é escolhida como 0,10 m, altura suficiente para que um densímetro seja introduzido (entre 0 e h), sendo assim determinada a densidade da suspensão.

Exemplo 1: Quanto tempo deve-se esperar para que a camada superior de 10 cm de espessura de uma suspensão dispersa de solo fique livre de: a) areia e b) areia e silte? Considerar as propriedades da solução iguais às da água a 20°C. Considerar a densidade das partículas de solo igual a 2,65 g . cm^{-3}.

$$t_a = \frac{18 \times 10 \times 0,01}{(0,002)^2 \times 980 \times (2,65 - 1,0)} = 278,3 \text{ s} = 4,64 \text{ min} \quad (6a)$$

isto é, depois de 4,64 minutos os primeiros 0,10 m da suspensão não têm mais areia (partículas de diâmetro 0,002 cm), apenas silte e argila.

$$t_b = \frac{18 \times 10 \times 0,01}{(0,0002)^2 \times 980 \times (2,65 - 1,0)} = 27.829 \text{ s} = 7,73 \text{h} \quad (6b)$$

isto é, depois de 7,73 h nos primeiros 0,10 m só há argila.

Exemplo 2: Na solução do exemplo anterior, mediu-se a concentração de sólidos suspensos (na camada superior de 0,10 m) por meio de um densímetro e obteve-se $C_a = 30$ g . L^{-1} e $C_b = 18$ g . L^{-1}, nos instantes t_a e t_b, respectivamente. Qual a **classe textural do solo**, sabendo-se que 50 g de solo foram dispersos em 1 L de água? Solução: a concentração inicial C_o é 50 g . L^{-1}, e esta inclui areia, silte e argila. C_a inclui silte e argila, e C_b apenas argila. Dessa forma:

$$\text{areia} = \frac{C_o - C_a}{C_o} \times 100 = \frac{50 - 30}{50} \times 100 = 40\%$$

$$\text{silte} = \frac{C_a - C_b}{C_o} \times 100 = \frac{30 - 18}{50} \times 100 = 24\% \quad (6c)$$

$$\text{argila} = \frac{C_b}{C_o} \times 100 = \frac{18}{50} \times 100 = 36\%$$

De acordo com o clássico triângulo de classificação textural (Moniz, 1972; Lemos e Santos, 1996), o solo desse exemplo pertence à classe textural: franco argiloso (Figura 3).

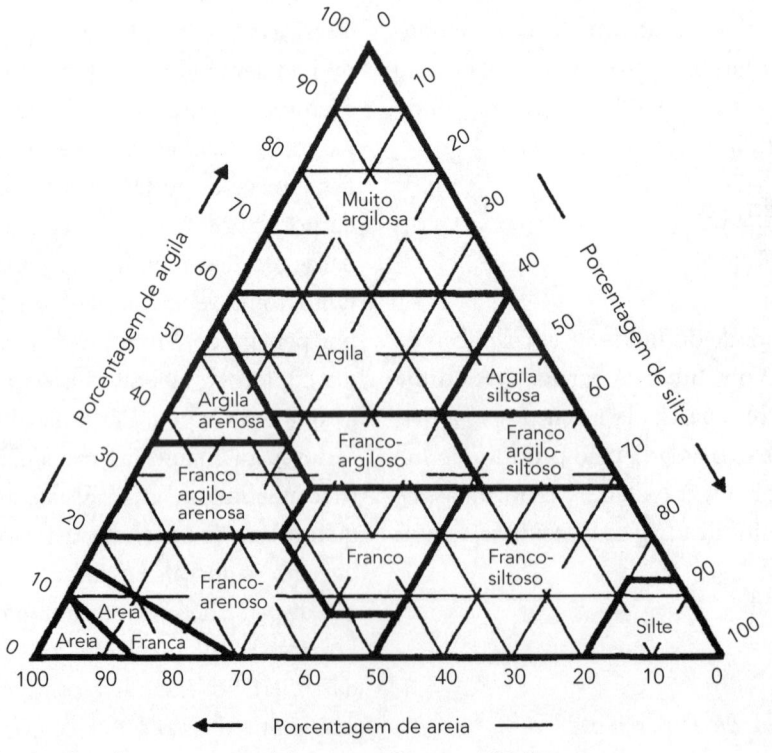

FIGURA 3 Triângulo de classificação textural (Lemos e Santos, 1996).

Os resultados obtidos na análise mecânica de um solo são, em geral, apresentados como um quadro ou um gráfico (porcentagem de partículas com diâmetro menor que d em função do logaritmo do diâmetro), como pode ser visto na Figura 4. Mais detalhes sobre a análise mecânica de solos podem ser vistos em Dane e Topp (2020).

Outra característica das partículas do solo é sua **superfície específica**. Se tomarmos 1 g só de areia de diâmetro médio 0,05 mm, o número de partículas será bastante grande. Se medirmos a superfície de cada uma delas e fizermos a soma dessas áreas, teremos sua superfície, geralmente dada em m² g⁻¹, que é a superfície específica da amostra. Por incrível que pareça, o valor que obteremos será da ordem de 1 m²! Uma colherinha de café dessa areia apresenta uma área exposta de 1 m²! Quanto menor a partícula, maior a área específica; assim, por exemplo, a argila caulinita pura apresenta 20 m² g⁻¹ e a montmorilonita 800 m² g⁻¹. Se uma planta explorar 1 m³ de solo com teor médio de argila de 40%, seu sistema radicular terá à sua disposição uma superfície de contato da ordem de 50 km². Essa é também a ordem de grandeza do contato entre as frações sólida e líquida do solo, que veremos a seguir e que será discutida em vários capítulos deste livro.

Em 1992, Vaz et al. publicaram um novo método para análise mecânica de solos muito promissor, que mede as concentrações C pela atenuação de radiações gama por uma suspensão solo-água, método esse que foi melhorado por Oliveira et al. (1997). O recipiente para sedimentação é prismático, sendo constante a espessura (x) atravessada pelo feixe de radiações gama (ver o princípio da atenuação gama no Capítulo 6), e as concentrações C de partículas em suspensão podem ser estimadas em qualquer tempo t e profundidade h, pela equação:

$$C = \frac{\ln(I_o/I)}{x(\mu_p - \mu_a d_a / d_p)} \qquad (7)$$

em que I_o e I são as intensidades incidente e emergente no recipiente, μ_p e μ_a os coeficientes de atenuação das partículas e da água, d_p e d_a as densidades da água e das partículas. O método tornou-se muito mais rápido pelo fato de os autores terem reconhecido que na Equação 6 a relação t/h é constante, o que significa que existem infinitas combinações de t e h, nas quais o volume de água acima de h está livre de partículas de diâmetro maior que d. Assim, esses autores abandonaram a profundidade tradicional h = 0,10 m e fizeram o feixe de radiações incidir em alturas h variáveis, iniciando pela parte mais profunda do frasco sedimentador. Assim, foi possível medir as partículas grossas (areias) com mais discriminação e, subindo a incidência do feixe, ao chegar próximo à superfície do líquido (h = 1 cm), puderam medir a argila em um tempo muito menor (não horas, mas

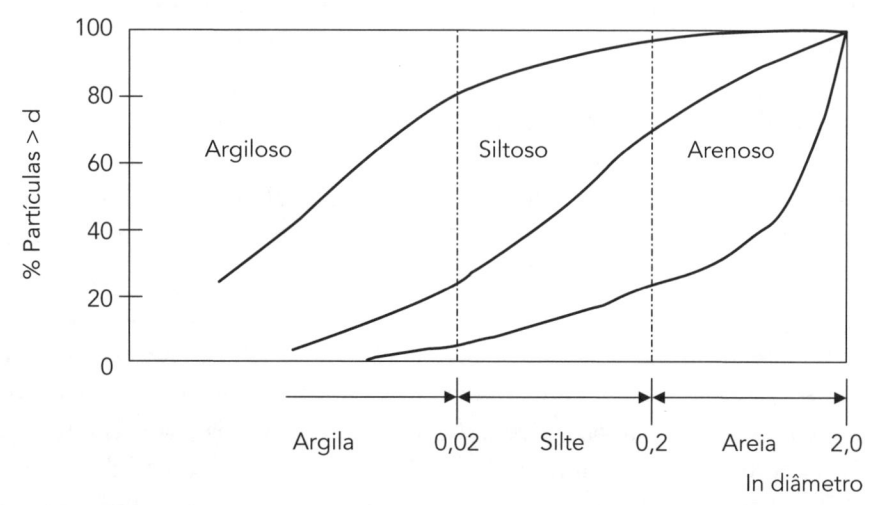

FIGURA 4 Distribuição das partículas em três solos típicos. Solo superior: argila 80%; silte 18%; areia 2%; solo intermediário: argila 25%; silte 43%; areia 32%; solo inferior: argila 3%; silte 22%; areia 75%.

da ordem de 20 minutos). Como resultado, o método foi automatizado em aparelho patenteado pelo CNPDIA/Embrapa, São Carlos, SP.

O termo **estrutura do solo** é usado para descrever o solo no que se refere a arranjo, orientação e organização das partículas sólidas. A estrutura define também a geometria dos espaços porosos. Como o arranjo das partículas do solo em geral é muito complexo para permitir qualquer caracterização geométrica simples, não há meio prático de medir a estrutura de um solo. Por isso, o conceito de estrutura do solo é qualitativo. A junção de partículas do solo dá origem a agregados, os quais são classificados segundo a forma (prismáticos, laminares, colunares, granulares e em bloco) e o tamanho do agregado (de acordo com seu diâmetro). Também tem sido dada importância ao grau de desenvolvimento e estabilidade de agregados. Um solo bem agregado (ou estruturado) apresenta boa quantidade de poros de tamanho relativamente grande. Dizemos que possui alta macroporosidade, qualidade que afeta a penetração das raízes, circulação de ar (aeração), manejo do ponto de vista agrícola (operações de cultivo) e a infiltração de água. É comum também a medida da **estabilidade em água dos agregados**. Ela é feita por peneiramento de uma amostra de solo em água, utilizando peneiras de várias graduações, mas a interpretação dos dados obtidos também é bastante qualitativa. Uma avaliação indireta da estrutura do solo também pode ser feita por meio de **penetrômetros**, instrumentos que medem a resistência de um solo à penetração, assunto abordado em maior detalhe no final do Capítulo 6.

Nos últimos anos, os métodos padrões utilizados como indicadores da **qualidade estrutural do solo** foram complementados com métodos simples de avaliação visual a campo. Mueller et al. (2009) citam que vários métodos de descrição visual do solo estão disponíveis e podem diferir em muitos aspectos, incluindo a profundidade do solo considerada, ênfase em características particulares de estrutura do solo e direção de escalas de pontuação. Dentre esses, os métodos conhecidos como "**Avaliação Visual do Solo**" (VSA – *Visual Soil Assessment*), descrito em Shepherd (2009), e "Avaliação Visual da Estrutura do Solo" (VESS – *Visual Evaluation of Soil Structure*), descrito em Ball et al. (2007), têm sido amplamente utilizados na avaliação da estrutura do solo em campo. Garbout et al. (2013) mencionam que as vantagens da avaliação da condição física do solo diretamente no campo são: o consumo de tempo relativamente curto, a disponibilidade imediata dos resultados, o uso de um equipamento simples, a observação de alterações rápidas nas condições físicas do solo que podem ser difíceis de determinar por qualquer outro meio e a flexibilidade necessária para lidar com uma vasta gama de situações.

Entretanto, é necessário que os indicadores da qualidade estrutural do solo medidos diretamente no campo sejam correlacionados com propriedades do solo determinadas por metodologias padrões. Mueller et al. (2009) mencionam que, em geral, existem correlações significativas entre as propriedades do solo (resistência do solo à penetração, densidade do solo e porosidade total) medidas pelos procedimentos padrões e pelos parâmetros de avaliação visual a campo. Guimarães et al. (2013), que avaliaram em uma propriedade agrícola localizada no município de Maringá (estado do Paraná) a correlação entre o VESS e o método padrão de determinação do **intervalo** hídrico ótimo (IHO, veja definição no Capítulo 16) em solo muito argiloso sob condições de semeadura direta por um longo período de tempo. Com o objetivo de avaliar o uso e a habilidade dos métodos de campo VSA e VESS em descrever a qualidade estrutural de dois solos com texturas contrastantes e sob dois diferentes manejos (convencional e semeadura direta), e identificar as similaridades entre eles e algumas propriedades físico-hídricas do solo (estabilidade de agregados, densidade do solo, porosidade total do solo, condutividade hidráulica do solo saturado e não saturado), Moncada et al. (2014) constataram que ambos os métodos são confiáveis e promissores e podem proporcionar medidas semiquantitativas rápidas de indicadores da qualidade física do solo, bem como proporcionar aos agricultores uma metodologia mais simples e rápida de avaliar a qualidade estrutural do solo. Ball et al. (2017) descrevem aplicações, oportunidades e limitações dos métodos VESS e VSA para avaliação da estrutura do solo usando dados coletados em propriedades rurais no Brasil, Nova Zelândia e Reino Unido. Guimarães et al. (2017) sugerem que o método VSE deva ser combinado com técnicas de sensoriamento remoto com o objetivo de integrar informações sobre a planta e a fauna do solo gerando indicadores de qualidade do solo e estimadores de fatores de riscos ambientais relacionados com o armazenamento de carbono do solo, lixiviação de nutrientes e emissão de gases que provocam efeito estufa.

Qualitativamente, separaremos a fração sólida do solo em quatro subfrações: matéria primária, óxidos e sais, matéria orgânica e matéria secundária.

No Quadro 1 faz-se descrição qualitativa das espécies de materiais primários existentes no solo. Como se pode verificar, os elementos nutrientes às plantas Ca, Mg, K e Fe (ferro) são abundantes nos materiais primários. O fósforo P já é menos frequente, sendo notável a ausência dos macronutrientes N e S (enxofre) e dos micronutrientes cobre (Cu), zinco (Zn), cobalto (Co), molibdênio (Mo) e boro (B).

Óxidos e sais e sais do solo, principalmente carbonatos e sulfatos, podem conter elementos nutrientes, como Ca, Mg, S e Fe. Entretanto, os carbonatos, quando presentes, são, provavelmente, mais importantes como tampões para pH. Os óxidos de ferro são importantes como agentes de cimentação (formação de agregados) entre partículas. No Quadro 2 apresenta-se a composição dos principais óxidos encontrados em solos de climas tropical e temperado. Os óxidos e hidróxidos de Fe e Al (alumínio) existem em muitos solos, tanto na forma cristalina como na forma amórfica. Dependendo do pH externo e da concentração salina da solução do solo, eles dissociam grupos H^+ ou OH^-, tornando-se eletricamente carregados, podendo adsorver cátions e ânions em pontos de carga negativa e positiva, respectivamente, contribuindo assim para a capacidade de troca iônica, que será estudada em detalhe no Capítulo 9.

A **matéria orgânica** é fonte de N, S e P às plantas. Seu conteúdo, na maioria dos solos, varia entre 1-10%. A matéria orgânica também possui grande

QUADRO 1 Composição química (%) aproximada dos principais materiais primários do solo

Mineral	SiO_4	Al_2O_3	Fe_2O_3	CaO	MgO	K_2O	P_2O_5
Quartzo	100	–	–	–	–	–	–
Ortoclase	64	19	–	1,5	–	12	–
Albita	65	23	–	4,5	–	2	–
Anortita	42	33	–	15	–	1	–
Muscovita	45	35,5	1	–	1,5	9,5	–
Biotita	34,5	21	10	1	11	7,5	–
Hornblenda	48	9,5	3	7,5	14	1	–
Angita	50	6,5	3	21	13	–	–
Olivina	39	–	1,5	–	40	–	–
Apatita	–	–	–	54,5	–	–	41
Magnetita	–	–	69	–	–	–	–

QUADRO 2 Composição de solos minerais de zonas tropical e temperada, expressa em porcentagem

Óxidos	Solo tropical	Solo temperado
SiO_4	3-30	60-95
Al_2O_3	10-40	2-20
Fe_2O_3	10-70	0,5-10
CaO	0,05-0,5	0,3-2
MgO	0,1-3	0,05-1
K_2O	0,01-1	0,1-2
P_2O_5	0,01-1,5	0,03-0,3

superfície específica, que é reativa em virtude da dissociação de grupos COOH, OH e NH_2, produzindo ainda complexos com Fe, Mn (manganês), Ca, Mg e outros. A matéria orgânica (MO) do solo é a parte da fração sólida constituída de compostos orgânicos de origem vegetal ou animal, em seus mais variados graus de transformação. O estágio mais avançado de transformação é denominado **húmus**, formado pela ação de microrganismos, cujas características típicas são: estado coloidal, cor escura e alta estabilidade no solo.

A composição da MO crua é muito variável, sendo comum seu agrupamento em 10 categorias, relacionadas à facilidade de transformação:

1. Carboidratos: açúcares, amido, celulose e hemicelulose.
2. Ligninas.
3. Taninos.
4. Glicosídios.
5. Ácidos, sais e ésteres orgânicos.
6. Gorduras, óleos e ceras.
7. Resinas.
8. Compostos nitrogenados: proteínas, aminoácidos etc.
9. Pigmentos: clorofila, xantofila etc.
10. Constituintes minerais: sais, ácidos, bases etc.

Sua decomposição é feita por grande número de microrganismos nativos do solo e segue a reação:

$$C_{org} + O_2 \xrightarrow[\text{microrganismos}]{\text{enzimas}} CO_2 + H_2O + \text{energia}$$

que é, em essência, o inverso da fotossíntese (ver Capítulo 4).

Característica importante da MO para a agricultura é sua **relação C/N** com respeito à liberação de nutrientes e produção de húmus. A reação acima varia muito de acordo com a origem da MO. Resíduos de leguminosas são mais proteicos (elas fixam N_2 atmosférico por simbiose) e têm baixa relação C/N, isto é, entre 20/1 e 50/1, com menos C e mais N. Já palhas de cereais têm valores entre 50/1 e 200/1 e madeiras entre 500/1 e 1.000/1. O interessante é que, qualquer que seja a relação C/N do resíduo a ser decomposto, sua transformação no solo leva a um decréscimo exponencial da relação, chegando a valores da ordem de 10/1 a 12/1, típicos do húmus. O tempo de transformação é variável para cada tipo de resíduo. De acordo com essa reação, os microrganismos tiram a energia do carbono e utilizam o nitrogênio em seu metabolismo. Este último também é liberado por processos de mineralização, chegando à solução do solo na forma de NO_3^-. A relação C/N ideal para a decomposição é de 30/1; os microrganismos consomem no mínimo 2/3 da matéria orgânica para obter energia e fixam 1/3 em seus tecidos. Por exemplo, para um resíduo de C/N = 30/1:

$$31 \text{ kg resíduo} \begin{cases} 10 \text{ kg C} + 1 \text{ kg N} \Rightarrow \text{húmus } 10/1 \\ 20 \text{ kg C} \Rightarrow CO_2 \end{cases}$$

Essa relação 30/1 é a de máximo aproveitamento de C e N do resíduo. Qualquer outra relação, tanto maior como menor, acarretará perdas excessivas de C ou N. Por exemplo, uma relação C/N = 100/1 (alta):

$$101 \text{ kg resíduo} \begin{cases} 10 \text{ kg C} + 1 \text{ kg N} \Rightarrow \text{húmus } 10/1 \\ 90 \text{ kg C} \Rightarrow CO_2 \end{cases}$$

Pode-se notar que, neste caso, 9/10 de C são perdidos, a quantidade de húmus produzida é menor e o tempo de decomposição é bem maior pelo fato de o N ter se tornado fator limitante. Seja, agora, uma relação baixa de C/N = 15/1, que caracteriza um excesso de N, cuja sobra é eliminada pelos microrganismos na forma de NH_3^-. Para comparar esse caso com o da relação 30/1, façamos a conversão de 15/1 para 30/2, o que seria a mesma coisa:

$$32 \text{ kg resíduo} \begin{cases} 10 \text{ kg C} + 1 \text{ kg N} \Rightarrow \text{húmus } 10/1 \\ 20 \text{ kg C} \Rightarrow CO_2 \\ 1 \text{ kg C} \Rightarrow NH_3 \end{cases}$$

Estercos animais têm relações C/N baixas, por isso é recomendável misturá-los com a palha da cana ou de outras culturas de alto C/N. Pelo que vimos, a decomposição de MO leva à produção de: 1) energia;

2) produtos simples (CO_2, H_2O, sais minerais contendo, sobretudo N e P); e 3) húmus, constituído de numerosos compostos de elevado peso molecular (2.000-4.000). Sua presença no solo aumenta a capacidade de troca de cátions – CTC (por causa do grande número de radicais livres presentes em sua estrutura), aumenta a disponibilidade de nutrientes, aumenta o poder tampão, tende a aumentar o pH de solos ácidos e diminui a toxicidade de Al às plantas. Mais detalhes sobre a MO podem ser encontrados em Malavolta (2006) e Santos et al. (2008), e um exemplo de aplicação de decomposição de matéria seca em relação ao nitrogênio é discutido no experimento de Dourado-Neto et al. (2010), no qual é utilizado o isótopo ^{15}N como traçador.

O solo possui poros de variadas formas e dimensões, que condicionam um comportamento peculiar a cada solo. A fração do solo que mais decisivamente determina seu comportamento físico é a fração argila, que é matéria secundária. Ela possui a maior área específica (área por unidade de massa) e, por isso, é a fração mais ativa em processos físico-químicos que ocorrem no solo. Partículas de argila retêm água e são responsáveis pelos processos de expansão e contração quando um solo retém ou perde água. A maioria delas é carregada negativamente e, por isso, forma uma "camada eletrostática dupla" ou "**dupla camada iônica**" (*electrostatic double layer*) com íons da solução do solo e mesmo com moléculas de água que são dipolos. A areia e o silte têm superfícies específicas relativamente pequenas, e, em consequência, não mostram grande atividade físico-química. Eles são importantes na macroporosidade do solo onde predominam fenômenos capilares, quando o solo se encontra próximo à saturação. Junto com a argila, o silte e a areia formam a matriz sólida do solo, também chamada de **fração mineral do solo**.

A **argila**, constituída de partículas de diâmetro menor que 2 µm (10^{-6} m), compreende grande grupo de minerais, alguns dos quais são amorfos, mas boa parte deles é constituída de microcristais de tamanho coloidal e estrutura definida. Entre esses cristais, ou **minerais de argila**, destacam-se os **aluminossilicatos**.

Basicamente, eles se constituem de duas unidades estruturais: um tetraedro de átomos de oxigênio envolvendo um átomo de silício (Si^{+4}) e um octaedro de átomos de oxigênio (ou grupo hidroxílico OH^-), envolvendo um átomo de alumínio (Al^{+3}). Os tetraedros e octaedros são unidos pelos seus vértices por meio de átomos de oxigênio que são compartilhados. Por esse motivo formam-se camadas ou lâminas de tetraedros e octaedros, que podem ser vistos em corte na Figura 5. Há dois tipos principais de aluminossilicatos, dependendo da relação entre camadas de tetraedros e octaedros. Em **minerais 1:1**, como **caulinita**, uma camada de octaedros compartilha oxigênios de uma camada de tetraedros. Em **minerais 2:1**, como a **montmorilonita** e a **vermiculita**, uma camada de octaedros compartilha oxigênios de duas camadas de tetraedros.

Essas estruturas descritas, também denominadas **micelas**, são ideais e eletricamente neutras. Na natureza, porém, ocorrem substituições de átomos (**substituições isomórficas** ou isomorfas) durante sua formação, que produzem um não balanceamento de cargas. Assim, é comum a substituição de Si^{+4} por Al^{+3} nos tetraedros e a substituição de Al^{+3} por Mg^{+2} e/ou Fe^{+2} nos octaedros. Isso acontece porque, quanto ao tamanho, esses átomos podem perfeitamente substituir uns aos outros na rede cristalina e, como resultado, cargas negativas de oxigênio permanecem não balanceadas, tornando as micelas em superfícies eletricamente carregadas.

Outra fonte de carga não balanceada nos minerais de argila é a neutralização incompleta dos átomos nas extremidades das redes cristalinas e de materiais orgânicos. As cargas das argilas são neutralizadas externamente pela solução aquosa do solo, isto é, íons trocáveis (Ca^{2+}, H^{1+}, Mg^{2+}, $H_2PO_4^{1-}$, NO_3^{1-}, PO_4^{3-}, ...) em solução ou mesmo dipolos de água. Esses íons também penetram entre as micelas justapostas, a fim de neutralizar as cargas originadas pela substituição isomórfica. Um caso típico é o potássio, elemento essencial às plantas, que, ao penetrar entre as lâminas de alguns alumino-silicatos, torna-se praticamente indisponível. Os íons adsorvidos eletricamente não fazem parte da estrutura cristalina e podem ser "trocados" ou substituídos por outros.

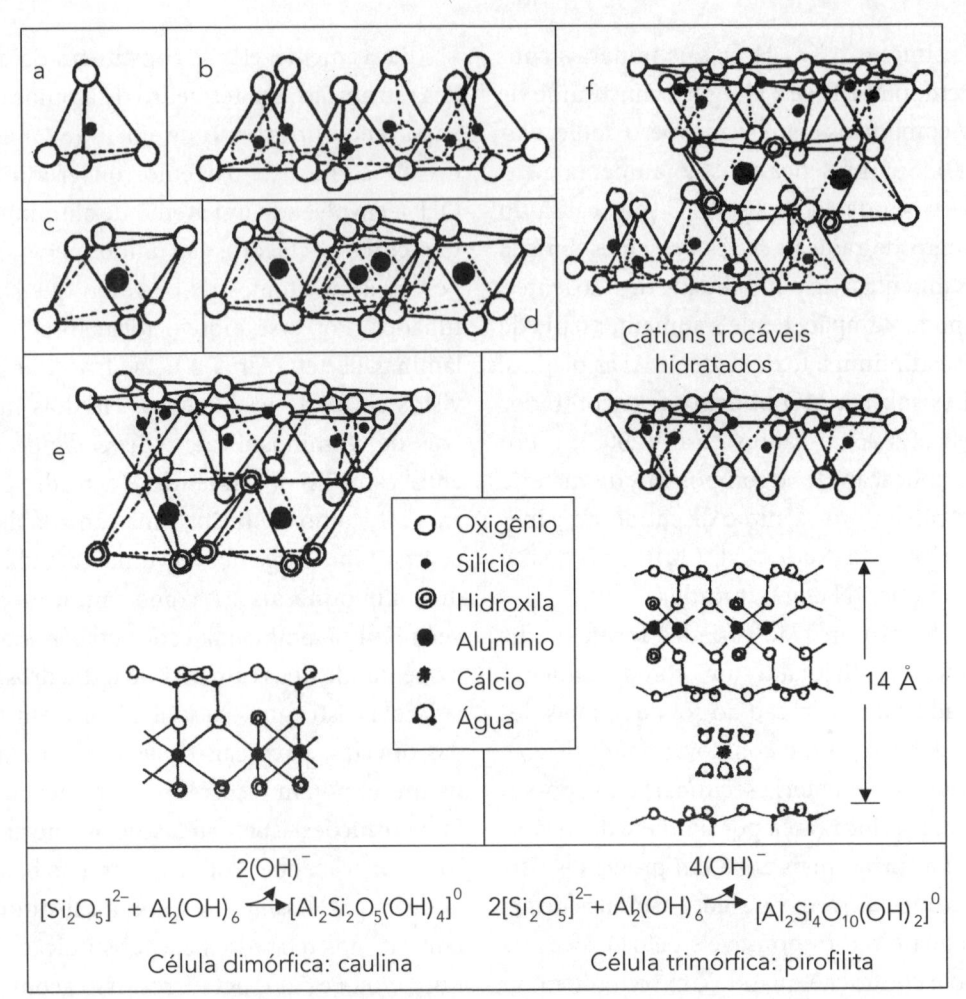

FIGURA 5 Aluminossilicatos da fração argila: a: tetraedro de sílica. b: camada de tetraedros. c: octaedro. d: camada de octaedros. e: estrutura do grupo caulinita. f: estrutura do grupo montmorilonita.

$[Si_2O_5]^{2-} + Al_2(OH)_6 \overset{2(OH)^-}{\rightleftarrows} [Al_2Si_2O_5(OH)_4]^0$

Célula dimórfica: caulina

$2[Si_2O_5]^{2-} + Al_2(OH)_6 \overset{4(OH)^-}{\rightleftarrows} [Al_2Si_4O_{10}(OH)_2]^0$

Célula trimórfica: pirofilita

Esse fenômeno de substituição é denominado **troca iônica** e tem vital importância em físico-química de solos, pois afeta a retenção ou a liberação dos nutrientes às plantas, dos sais minerais e dos processos de floculação e dispersão dos coloides do solo.

A carga das micelas de argila apresenta-se, em geral, como densidade superficial de carga (número líquido de posições de troca por unidade de área de micela), mas a caracterização de um solo pela **capacidade de troca catiônica** (CTC) é mais comum. A capacidade de troca será estudada em detalhe no Capítulo 9. Esta é dada normalmente em centimoles de carga por decímetro cúbico de solo ($cmol_c \cdot dm^{-3}$). Assim, um solo com CTC de 15 $cmol_c \cdot dm^{-3}$ tem a capacidade de reter 15 cmol de qualquer cátion em cada 1 dm^3 de solo. A CTC depende de uma série de fatores, distinguindo-se entre eles o pH da solução do solo. Para o caso dos cátions, amostras de montmorilonita pura em pH = 6 têm capacidade de troca catiônica CTC ao redor de 100 $cmol_c \cdot dm^{-3}$, ao passo que a caulinita tem CTC de apenas 4 a 9 $cmol_c \cdot dm^{-3}$. Essas diferenças são devidas, sobretudo, a diferenças na densidade superficial de carga e superfície específica, esta definida como a superfície total das partículas sólidas por unidade de massa do solo. Montmorilonita e caulinita puras apresentam, aproximada e respectivamente, 800 e 100 $m^2 \cdot g^{-1}$. A título de comparação, a superfície específica da areia não é maior que 1 $m^2 \cdot g^{-1}$.

A matéria orgânica também contribui de maneira sensível para a capacidade de troca catiônica. A CTC do ácido húmico varia entre 250-400 $cmol_c$

. dm⁻³, isto é, três vezes maior que a montmorilonita, dependendo muito do pH. A matéria orgânica exerce também grande influência na estrutura de um solo. Algumas relações massa-volume têm sido usadas para descrever as três frações do solo: sólida, líquida e gasosa e suas inter-relações. Se tomarmos uma amostra de solo (suficientemente grande para conter as três frações e que represente certa porção do perfil – Figura 6 –, digamos, um torrão de 0,100-0,500 kg, por exemplo), poderemos discriminar as massas e os volumes de cada fração:

$$m_T = m_s + m_l + m_g \quad (8)$$

$$V_T = V_s + V_l + V_g \quad (9)$$

em que m_T é a massa total da amostra; m_s é a massa das partículas sólidas; m_l é a massa da solução do solo, que, por ser diluída, é tomada como massa de água; m_g é a massa de gás, isto é, ar do solo, que é uma massa desprezível em relação a m_s e m_l. V_T é o volume total da amostra; V_s é o volume ocupado pelas partículas sólidas; V_l, pela água e V_g é o volume dos gases (não desprezível como no caso de sua massa).

As seguintes definições relacionadas à fração sólida são importantes e de uso frequente em Física de Solos:

1. **Massa específica das partículas**, na literatura de ciência do solo chamada de **densidade das partículas** (que também foi chamada **densidade real do solo**):

$$d_p = \frac{m_s}{V_s} \;(kg \cdot m^{-3}) \quad (10)$$

Em Física, o termo correto é "massa específica", com as dimensões dadas na equação (10), porque densidade é uma grandeza relativa e adimensional, no caso seria a relação entre a massa específica do solo e a massa específica da água a 25°. Como o uso do termo "densidade" com unidades acima citadas está consagrado na Ciência do Solo, neste livro também iremos utilizá-lo.

2. **Massa específica do solo** ou **densidade do solo** (que também foi chamada **densidade aparente** ou **densidade global do solo**):

$$d_s = \frac{m_s}{V_T} \;(kg \cdot m^{-3}) \quad (11)$$

Se tivermos um torrão de solo com $m_s = 0,335$ kg, $V_s = 0,000126$ m³ e $V_T = 0,000255$ m³, teremos:

$$d_p = \frac{0,335}{0,000126} = 2.658,7 \; kg \cdot m^{-3}$$

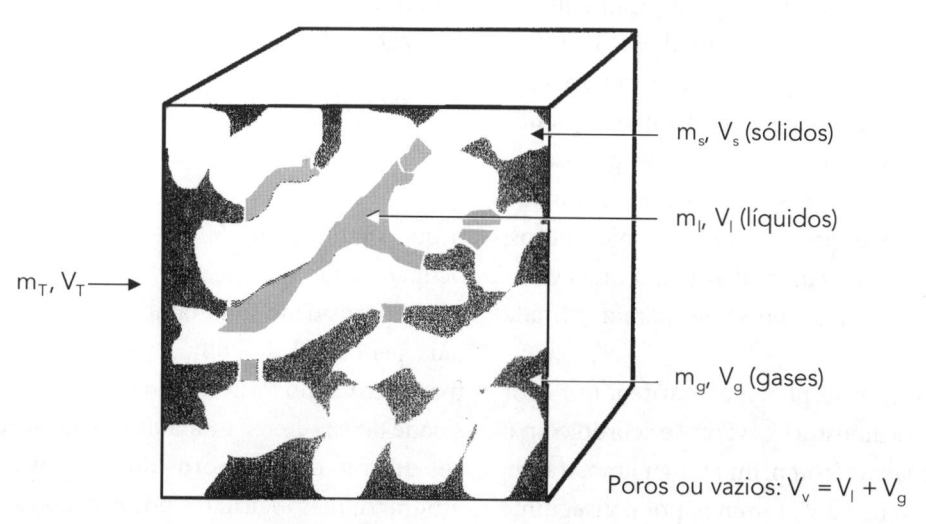

FIGURA 6 Amostra de solo indicando as frações.

$$d_s = \frac{0,335}{0,000255} = 1.313,7 \text{ kg} \cdot \text{m}^{-3}$$

A densidade das partículas depende da constituição do solo, e, como esta varia relativamente pouco de solo para solo, ela não varia de modo excessivo entre diferentes solos. A densidade das partículas aproxima-se da das rochas. O quartzo tem d_p = 2.650 kg . m^{-3}, e como é um componente frequente nos solos, a densidade das partículas oscila em torno desse valor. A média para uma grande variedade de solos é 2.700 kg . m^{-3}. Se a constituição do solo for muito diferente, como é o caso de solos turfosos (com muita matéria orgânica), seu valor pode ser mais baixo. Alguns exemplos são:

Argissolos, fração arenosa:

$$d_p = 2.650 \text{ kg} \cdot \text{m}^{-3}$$

Nitossolos:

$$d_p = 2.710 \text{ kg} \cdot \text{m}^{-3}$$

A determinação da densidade das partículas é feita pela pesagem do solo seco (m_s), isto é, após peso constante em estufa a 105°C (cerca de 24-48 horas), e pela medida do volume V_s, obtida pela variação de volume registrada quando m_s é imerso em um líquido. Por exemplo, 458 g de solo seco (m_s) são colocados em uma proveta contendo 200 cm³ de água. O volume final é 369 cm³. Logicamente, V_s = 369 − 200 = 169 cm³ e, portanto, d_p = 458/169 = 2,710 g . cm^{-3} (= 2.710 kg . m^{-3}). Nessa metodologia são usados frascos especiais, chamados **picnômetros**, que permitem a determinação precisa de volumes. Um cuidado especial que deve ser tomado é evitar bolhas de ar em agregados ou microporos, que levam a erro na medida. Por isso, muitas vezes utiliza-se álcool ou água sob vácuo para a retirada do ar dissolvido.

A densidade do solo, por ter no seu denominador o volume total da amostra V_T, varia de acordo com o V_T. Ao se compactar (comprimir) uma amostra, m_s permanece constante e V_T diminui, por conseguinte d_s aumenta. A densidade do solo é, portanto, um indicador do grau de **compactação do solo**. Para solos de textura grossa, mais arenosos, as possibilidades de arranjo das partículas não são muito grandes e, por isso, os níveis de compactação também não são grandes. Pelo fato de possuírem partículas maiores, o espaço poroso também é constituído, sobretudo, de poros maiores denominados, de modo arbitrário, **macroporos**; de forma aparentemente paradoxal, nesses solos o volume total de poros é pequeno. As densidades de solos arenosos oscilam entre 1.400-1.800 kg . m^{-3}. Para um mesmo solo arenoso, esse intervalo de variação, em diferentes níveis de compactação, é bem menor.

Para solos de textura fina, mais argilosos, as possibilidades de arranjo das partículas são bem maiores. Seu espaço poroso é constituído, essencialmente, de **microporos** e o volume de poros V_V é grande, razão pela qual apresentam intervalo pouco maior de densidade do solo (900-1.600 kg . m^{-3}).

Diretamente ligada à definição de densidade está a **porosidade do solo**, uma medida do espaço poroso do solo. A **porosidade total** α, também denominada volume total de poros (VTP), de um solo é definida por:

$$\alpha = \frac{V_V}{V_T} = \frac{V_T - V_S}{V_T} = 1 - \frac{V_S}{V_T} \quad (12)$$

onde V_v é o volume de vazios, igual a $V_g + V_l$. Ela é adimensional (m³ · m^{-3}), e em geral expressa em porcentagem. Para o exemplo do torrão utilizado para exemplificar as Equações 10 e 11, temos:

$$\alpha = \frac{0,000255 - 0,000126}{0,000255} = 0,506 \text{ ou } 50,6\%$$

o que significa que 50,6% da amostra podem ser ocupados por ar e água.

A porosidade total também é, logicamente, afetada pelo nível de compactação. Quanto maior d_s, menor α. Como foi aventado na discussão sobre densidade do solo, é feita uma distinção entre **macroporos do solo** e **microporos do solo**. Essa definição é arbitrária, mas lógica. Os poros maiores, representados pela macroporosidade, são os mais importantes na aeração do solo e nos fluxos mais rápidos de água, ao passo que os menores, representados pela microporosidade, contêm a água mais retida pelo solo. O limite entre a macro e a microporosidade será discutido em conexão com o Capítulo 6, pois envolve o conceito de retenção de água pelo solo.

Pode-se ainda demonstrar que:

$$\alpha = \left(1 - \frac{d_s}{d_p}\right) \quad (12a)$$

fórmula esta muito usada para estimar α a partir de dados de d_s e d_p.

A título de exemplo, o Quadro 3 apresenta alguns valores de d_s, d_p e α para amostras de perfis naturais de alguns solos de Minas Gerais, na camada 0-0,20 m.

QUADRO 3 Dados de densidade do solo (d_s), densidade de partículas (d_p) e porosidade total (α) para alguns solos de Minas Gerais

Solo	d_s (kg·m⁻³)	d_p (kg·m⁻³)	α (%)
Argissolo	1.200	2.600	53,8
Nitossolo	1.000	2.700	62,9
Latossolo	1.100	2.700	59,2

A porosidade de solos pode ser melhor visualizada por um simples modelo no qual um solo é representado por n^3 esferas iguais de raio r, arranjadas no sistema cúbico em uma caixa cúbica de lado L = 2rn, como indica a Figura 7 para n = 4.

Para qualquer n temos:

1. Volume das esferas: $n^3 \left(\frac{4\pi}{3}\right) r^3$, pois na caixa temos n^3 esferas, cada uma com volume $\left(\frac{4\pi}{3}\right) r^3$
2. Volume da caixa: $L^3 = (2nr)^3$
3. Porosidade (Equação 12):

$$\alpha = 1 - \frac{n^3 (4\pi/3) r^3}{8 n^3 r^3} = 1 - \frac{4\pi}{24} = 0,4764 \text{ ou } 47,64\%$$

Esse modelo mostra que sua porosidade é independente de n, isto é, do número de esferas colocadas na caixa, desde que sejam esferas e respeitado o arranjo cúbico. Até com apenas uma esfera na caixa, a porosidade é de 47,64%. Nesse arranjo, se colocarmos em 1 litro n bolinhas de mesmo tamanho dentro da faixa areia, a porosidade será da ordem de 50%. Trocando para bolinhas iguais dentro da faixa silte, ou da faixa argila, a porosidade não muda, e será da ordem de 50%. Nos solos reais, logicamente, não temos partículas de mesmo tamanho

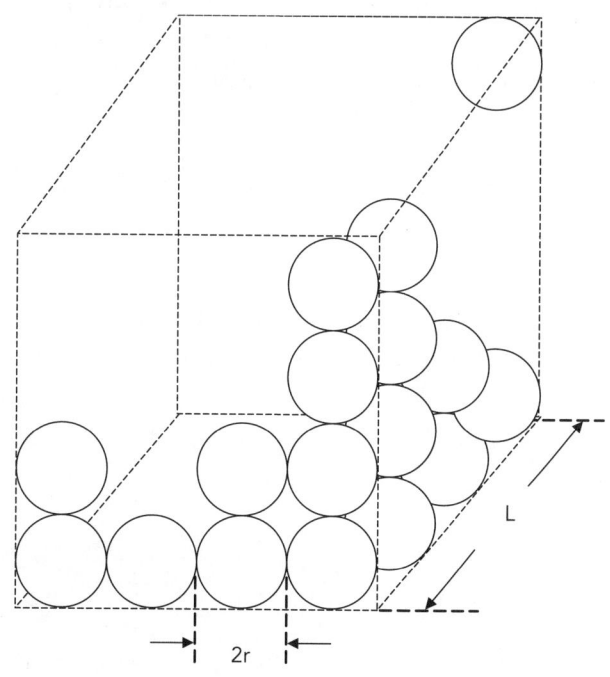

FIGURA 7 Porosidade de esferas dispostas no sistema cúbico. Exemplo com 4x4x4 = 64 esferas.

nem são esféricas. O interessante é que os valores de porosidade de solos variam em torno de 50%, o que corresponde a um solo com d_s = 1.325 kg . m^{-3} e d_p = 2.650 kg . m^{-3}, de acordo com a Equação 12a. Se esse solo for compactado para d_s = 1.725 kg . m^{-3}, α passa para 34,91%. Por outro lado, se ele se apresentar bem fofo, com d_s = 925 kg . m^{-3}, α passa para 65,09%. Esses seriam valores extremos de porosidade para este solo. Kutilek e Nielsen (1994) discutem em profundidade a modelagem da porosidade.

Na determinação da densidade do solo, o grande problema está na medida do volume total da amostra, V_T. Um torrão tem uma forma irregular e é poroso, e os poros fazem parte de V_T. Um dos métodos mais utilizados é o da parafina, em que o torrão seco de massa m_s, suspenso por uma linha, é imerso em parafina para impermeabilizá-lo e, em seguida, imerso em água, para que, pelo empuxo, se possa determinar seu volume (princípio de Arquimedes). Outra técnica bastante comum é a do anel volumétrico: um anel de volume V, de bordos cortantes, é introduzido no solo até ficar completamente cheio de solo. Depois de eliminado o excesso de solo, o volume de solo V_T é igual a V. Essa operação, porém, deve ser feita com cuidado, a fim de não se compactar o solo durante a operação, o que é muito difícil.

A Figura 8 exemplifica o caso para um torrão envolto em parafina.

O cálculo é feito da seguinte forma:

1. peso do torrão seco em estufa: 75 g;
2. peso do torrão seco parafinado: 78,5 g;
3. peso da parafina: 3,5 g (a parafina precisa estar líquida, mas não muito quente ou fluida, pois não deve penetrar nos poros do solo);
4. peso do torrão parafinado e suspenso na água: 27,3 g;
5. volume do torrão parafinado: (78,5 − 27,3) = 51,2 g = 51,2 cm^3 (pois, segundo Arquimedes, o empuxo é o peso do volume de água deslocada, cuja densidade é 1 g . cm^{-3});
6. volume da parafina: assumindo sua densidade 0,9 g · cm^{-3}, resulta 3,9 cm^3;
7. volume do torrão: 51,2 − 3,9 = 47,3 cm^3;
8. densidade do solo: d_s = 75,0/47,3 = 1,585 g · cm^{-3} ou 1.585 kg ·m^{-3}.

Outro problema na determinação da densidade do solo é a umidade. A definição envolve m_s obtido com solo seco, e, ao secar um solo, a amostra se contrai, diminuindo V_T. Isso é de alta significância em solos expansivos, argilosos, com argilas tipo 2:1, como os vertissolos. Nesses casos, o melhor é indicar a umidade do solo na qual foi determinado o V_T.

No Capítulo 6 abordamos em detalhe a parte de metodologia de medida de densidade e umidade. Mais informações sobre amostragem, número de amostras e local de amostragem podem ainda ser encontradas em Reichardt (1987) e Webster e Lark (2013).

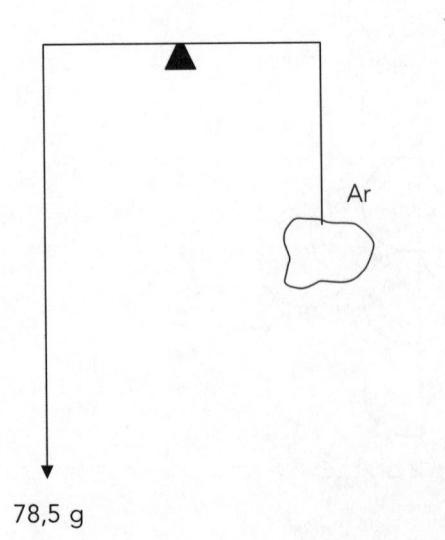

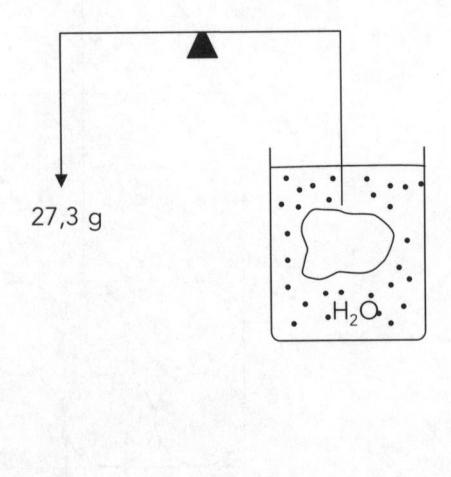

FIGURA 8 Esquema da determinação de d_s pelo método do torrão parafinado.

FRAÇÃO LÍQUIDA DO SOLO

A **fração líquida do solo** é uma solução aquosa de sais minerais e substâncias orgânicas, sendo os sais minerais de maior importância. Em geral, a solução do solo não é o reservatório principal dos íons nutrientes às plantas, exceto para o cloro e, talvez, o enxofre, que não fazem parte nem são adsorvidos pela fração sólida ou incorporados à matéria orgânica. Quando a planta retira íons da solução do solo, sua concentração pode variar com o tempo de maneira diferente para cada nutriente e cada condição ambiental especial. Há uma constante interação entre a fração sólida (reservatório de íons) e a fração líquida, interação esta complexa, regida por produtos de solubilidade, constantes de equilíbrio etc. Em razão disso, a descrição da concentração da solução do solo torna-se difícil e apenas valores médios e aproximados podem ser obtidos. Valores médios de composição da solução do solo para uma variedade de solos são apresentados nos Quadros 4, 5 e 6.

QUADRO 4 Nutrientes na solução de solos da Califórnia, EUA

Elemento	Concentração (mmol$_c$ · L^{-1})
Cálcio (Ca^{++})	1,870
Magnésio (Mg^{++})	3,086
Nitrogênio (NO$_3^-$)	8,929
Fósforo (PO$_4^{-3}$)	0,0003
Potássio (K$^+$)	1,023
Enxofre (SO$_4^{-2}$)	1,558

QUADRO 5 Composição da solução do solo (mmol$_c$ · L^{-1})

Elemento	Intervalo para todos os tipos de solo	Solo ácido	Solo calcário
Ca	0,5-38	3,4	14
Mg	0,7-100	1,9	7
K	0,2-10	0,7	1
Na	0,4-150	1	29
N	0,16-55	12,1	13
P	0,001-1	0,007	0,03
S	0,1-150	0,5	24
Cl	0,2-230	1,1	20

QUADRO 6 Composição da solução do solo (mmol$_c$/L), segundo Malavolta (2006)

Nutriente	Concentração (mmol$_c$ · L^{-1})	
	Todos os solos	Solos ácidos
N	0,16-55	12,1
P	0,0001-1	0,007
K	0,2-10	0,7
Mg	0,7-100	1,9
Ca	0,5-38	3,4
S	0,1-150	0,5
Cl	0,2-230	1,1
Na	0,4-150	1

Observando os dados desses quadros, nota-se grande diversidade entre solos, mas, em termos médios, os principais nutrientes, exceto o fósforo, estão presentes em concentrações entre 10^{-4} e 10 M. O fósforo possui normalmente a concentração mais baixa, em geral entre 10^{-5} e 1 M.

A presença de solutos confere à solução o que, no passado, foi denominado **pressão osmótica**, hoje **potencial osmótico**. A pressão osmótica h de uma solução expressa a diferença de potencial da água na solução em relação ao da água pura. Quando uma solução é separada de um volume de água pura por meio de uma membrana semipermeável (deixa passar o solvente e não deixa passar o soluto), a água tende a se difundir através da membrana, a fim de ocupar o estado de energia inferior na solução (Figura 9).

A pressão osmótica é a que pode ser aplicada à solução a fim de impedir a passagem de água para a solução. Na Figura 9, inicialmente a solução se achava sob pressão P$_o$ (igual à atmosférica) e, com a passagem da água pela membrana, sua pressão passa para (P$_o$ + ρgh), em que ρ é a densidade da solução. Na condição de equilíbrio, ρgh é uma medida da pressão osmótica da solução.

Para soluções diluídas, a pressão osmótica P$_{os}$ pode ser estimada pela **equação de Van't Hoff**, que é empírica e que utilizou conceitos da termodinâmica de gases para descrever soluções:

$$P_{os} = -RTa \qquad (13)$$

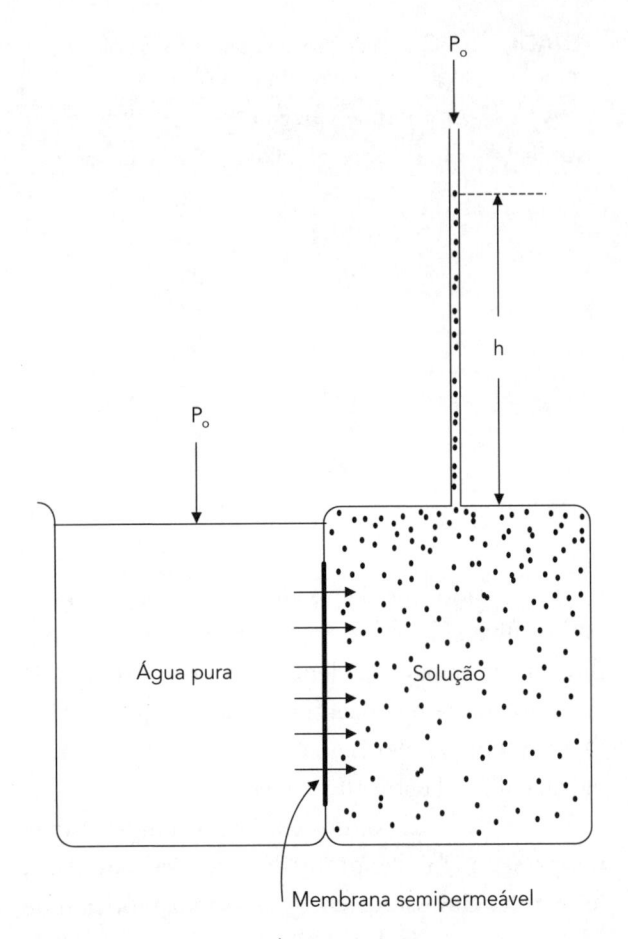

FIGURA 9 Esquema de osmômetro.

em que R é a constante universal dos gases (0,082 atm . L . K^{-1} . mol^{-1}); T, a temperatura absoluta (K) e a, a atividade da solução (ver Capítulo 10), que, para o caso de soluções diluídas, pode ser substituída pela concentração C.

A pressão osmótica é realmente o potencial osmótico da água devido à presença dos solutos e é uma energia, mais especificamente energia por unidade de volume, que é uma pressão (ver Capítulo 6). O sinal negativo na Equação 13 mostra que a energia da água na presença de solutos é menor do que a energia da água pura, considerada padrão e igual a zero. Daí a tendência espontânea de os íons se deslocarem de uma concentração maior para uma menor e a água se deslocar para regiões de maior concentração salina.

Exemplo 1: Qual a pressão osmótica de uma solução 1 M de sacarose e de uma solução 0,01 M de CaCl$_2$, ambas a 27°C?

Solução:

a. sacarose:

$$P_{os} = -0,082 \times 300 \times 1 = -24,6 \text{ atm}$$

b. cloreto de cálcio:

$$P_{os} = -0,082 \times 300 \times (0,01 + 0,02) = -0,74 \text{ atm}$$

Exemplo 2: Qual a pressão osmótica de uma solução nutritiva constituída de: KNO$_3$, a = 0,006 M; Ca(NO$_3$)$_2$. 4H$_2$O, a = 0,004 M; NH$_4$H$_2$PO$_4$, a = 0,002 M; MgSO$_4$. 7H$_2$O, a = 0,001 M e outros micronutrientes em concentração desprezível? T = 27 °C.

Solução:

$$C = (0,006 + 0,006 + 0,004 + 0,008 + 0,002 + 0,002 + 0,001 + 0,001) = 0,030 \text{ M}$$

$$P_{os} = -0,082 \times 300 \times 0,030 = -0,738 \text{ atm}$$

No esquema da Figura 9, h equivaleria, neste caso, a aproximadamente 7 m de altura, pois cada atmosfera equivale a cerca de 10 m de coluna de água.

A determinação quantitativa da fração líquida, que não leva em conta os solutos por ser muito diluída, chamada simplesmente da água do solo, é feita de várias formas, dependendo da finalidade da medida:

1. **Umidade à base de massa** u

$$u = \frac{m_l}{m_s} = \frac{m_T - m_s}{m_s} \qquad (14)$$

em que m_T, m_l e m_s foram definidos na Equação 8 e na Figura 6.

A umidade u é adimensional (kg . kg^{-1}), mas suas unidades devem ser mantidas para não se confundir com a umidade à base de volume, que também é adimensional, mas numericamente diferente. Geralmente em trabalhos científicos, o termo "umidade" tem sido substituído pela expressão **conteúdo de água no solo** (*soil water content*) para representar a fração líquida do solo. A umidade u também é, com frequência, apresentada em porcentagem. Sua medida é bastante simples: a amostra é pesada úmida m_u (= m_T) e, em seguida, deixada em estufa a 105°C, até peso constante m_s (24-48 horas ou até peso constante para garantir que toda água seja evaporada), sendo a diferença entre essas massas a massa de água m_l. Nessas condições, apesar de o solo ainda conter água de cristalização, do ponto de vista agronômico, considera-se o solo como seco, com u = 0. A amostra para a medida de u pode ter qualquer tamanho, desde que não seja muito pequena nem muito grande (ideal entre 0,050-0,500 kg), e pode ter a estrutura deformada. Para a determinação servem, portanto, amostras retiradas no campo com qualquer instrumento (trado, pá, enxada, colher etc.), devendo-se, porém, ter o cuidado de não deixar a água evaporar antes da pesagem úmida.

2. Umidade à base do volume θ

$$\theta = \frac{V_l}{V_T} = \frac{m_l}{V_T} = \frac{m_u - m_s}{V_T} \quad (15)$$

em que V_l e V_T foram definidos na Equação 9.

A umidade θ também é adimensional ($m^3 \cdot m^{-3}$) e, com frequência, é apresentada em porcentagem. Para o solo seco em estufa também consideramos $\theta = 0$, e quando estiver saturado $\theta = \theta_s = \alpha$, pois toda a porosidade está repleta de água. Sua medida é mais difícil, pois envolve a medida do volume V_T e, por isso, a amostra não pode ser deformada. Normalmente se toma como volume de água sua massa ($V_l = m_l$), considerando a densidade da solução do solo como 1.000 kg . m^{-3} (= 1 g . cm^{-3}). O volume V_T é o mais difícil de ser medido. A técnica mais comum é a do uso de anéis volumétricos para fazer a amostragem, idênticos aos utilizados para a medida da densidade do solo.

Pode-se ainda demonstrar que:

$$\theta = \frac{(u \cdot d_s)}{1.000} \quad (16)$$

sendo u dado em kg . kg^{-1} e d_s em kg . m^{-3} resultando θ em m^3 de H_2O/m^3 de solo. O procedimento mais conveniente para determinar θ é medir u e depois multiplicar o resultado por d_s. Logicamente d_s precisa ser conhecido, mas a densidade do solo não varia muito no tempo, a não ser quando são praticadas operações de manejo, como aração, gradagem e subsolagem. Mas, em geral, as maiores variações de d_s ocorrem nos primeiros 0,30 m. Para maiores profundidades, geralmente considera-se d_s constante.

Além de u e θ, utiliza-se ainda o **grau de saturação** S definido por:

$$S = \frac{\theta}{\alpha} 100 \quad (17)$$

O grau de saturação será 100% quando $\theta = \alpha$, o que indica que todo espaço poroso α está cheio de água. Um solo nessas condições é denominado solo saturado. O grau de saturação será 0 quando $\theta = 0$, isto é, quando o solo estiver seco (peso constante em estufa a 105°C). Assim, S indica a fração do espaço poroso ocupado pela água. A vantagem de se usar S está no fato de ser adimensional e variar entre 0-1 para qualquer tipo de solo (ver Capítulo 23). Também tem sido bastante usado o **grau de saturação relativa** residual S_{re}, que é definido em função do conteúdo de água residual (θ_r) em uma amostra de solo bem seca, por exemplo, conteúdo de água em uma amostra de solo seca ao ar. Um solo seco ao ar ainda tem água residual, não desprezível. Ele é definido por:

$$S_{re} = \frac{(\theta - \theta_r)}{(\theta_s - \theta_r)} \cdot 100 \quad (17a)$$

Entretanto, o grau de saturação relativa residual será 0 quando $\theta = \theta_r$ e não quando $\theta = 0$. O uso de S_{re} tem sido bastante extenso no desenvolvimento de modelos matemáticos para representar a curva de retenção de água no solo (ele será abordado no Capítulo 6) e para calcular a condutividade hidráulica do solo não saturado (Capítulo 8).

Exemplo: Coletou-se uma amostra de solo com um volume de 150 cm^3, cuja massa úmida é 258 g e a massa seca é 206 g. Dessa forma:

$$u = \frac{258 - 206}{206} = 0{,}252 \text{ g} \cdot \text{g}^{-1} \text{ ou } \text{kg} \cdot \text{kg}^{-1}$$
$$\text{ou } 25{,}2\%$$

$$\theta = \frac{258 - 206}{150} = 0{,}347 \text{ cm}^3 \cdot \text{cm}^{-3} \text{ ou } \text{m}^3 \cdot \text{m}^{-3}$$
$$\text{ou } 34{,}7\%$$

Note-se que, para a mesma amostra, u é diferente de θ, daí a necessidade de manter as unidades, mesmo sendo ambos os valores adimensionais.

$$d_s = \frac{206}{150} = 1{,}373 \text{ g} \cdot \text{cm}^{-3} \text{ ou } 1.373 \text{ kg} \cdot \text{m}^{-3}$$

$$\theta = \frac{u \cdot d_s}{1.000} = \frac{0{,}252 \times 1.373}{1.000} = 0{,}346 \text{ m}^3 \cdot \text{m}^{-3}$$

Vê-se, portanto, que só para o caso particular de $d_s = 1$ g . cm^{-3}, θ = u, que é o caso de solo bem fofo.

Ainda usando o valor médio de 2.650 kg . m^{-3} para a densidade das partículas, temos:

$$\alpha = 1 - \frac{d_s}{d_p} = 1 - \frac{1.373}{2.650} = 0{,}482 \text{ m}^3 \cdot \text{m}^{-3} \text{ ou } 48{,}2\%$$

$$S = \frac{\theta}{\alpha} = \frac{0{,}347}{0{,}482} = 0{,}72 \text{ ou } 72\%$$

Em Reichardt (1987) podem ainda ser encontrados critérios sobre como, onde e quando fazer amostragens de solo para determinações de u, θ e d_s. Em geral são feitas medidas com várias repetições e em várias profundidades, dependendo do que se estiver interessado.

Do ponto de vista agronômico, é de fundamental importância conhecer a quantidade de água armazenada em um perfil de solo em dado instante. Dados os valores de umidade do solo, que são pontuais, como se determina a quantidade de água armazenada em uma camada de solo?

Tradicionalmente, quantidades de água são medidas por uma altura. Assim, diz-se que em Piracicaba, SP, chove em média 1.200 mm por ano. O que representa isso? Logicamente se trata de uma altura de água, igual a 120 cm ou 1,2 m. A água de chuva é medida por pluviômetros, recipientes coletores de água expostos ao tempo. Eles têm uma área de captação S (m²) (seção transversal de sua boca) e coletam um volume V (m³) de água durante a chuva. A altura de chuva é h (m) = V/S, que pode ser convertida em milímetros (Figura 10). O interessante é que h independe do tamanho da boca do pluviômetro, pois um pluviômetro de boca 2S coletará o dobro do volume, isto é, 2V, resultando no mesmo h. O significado de h pode, então, ser mais bem visualizado para o caso de S = 1 m², isto é, h igual ao volume de água que cai sobre a superfície unitária.

Se jogarmos 1 L de água sobre uma superfície plana e impermeável de 1 m², obteremos uma altura de 1 mm. Assim, 1 mm de chuva corresponde a 1 L · m^{-2} e, portanto, 1.200 mm a 1.200 L · m^{-2}. Então, se toda a água que precipita em Piracicaba não infiltrasse, nem escorresse ou evaporasse, ao final de um ano teríamos 1,2 m de água distribuído por toda a área. Água fornecida por irrigação, água perdida por evaporação etc., são todas medidas em mm. Seria interessante, portanto, medir também a água retida pelo solo em mm. Esse é o **armazenamento de água** ou armazenagem de água, que veremos a seguir.

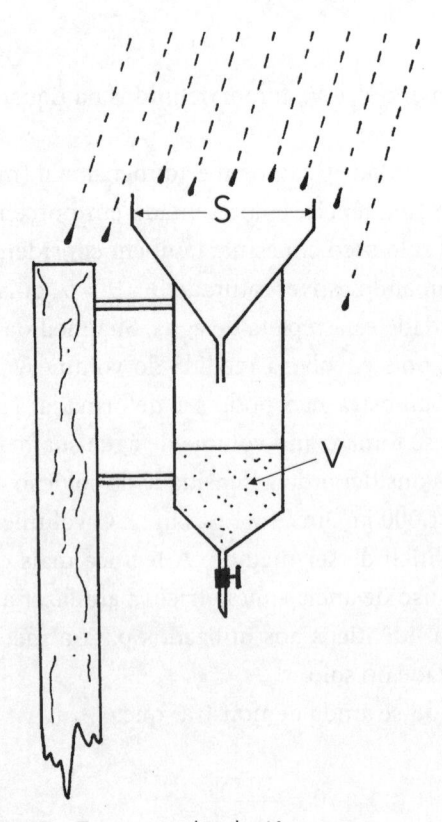

FIGURA 10 Esquema de pluviômetro.

Assim como no caso da chuva, a altura de água armazenada pelo solo independe da área e, para o caso de uma superfície unitária, h = V. Para que esse conceito possa ser mais bem visualizado didaticamente, utilizaremos o centímetro como unidade de comprimento. Tomemos, então, como superfície unitária o centímetro quadrado e consideremos o primeiro centímetro de profundidade do solo. Nesse caso V = 1 cm³ de solo com umidade θ_1 (cm³ de H_2O por cm³ de solo – ver Equação 15) e S = 1 cm². Temos, então, um volume de água V igual a θ_1 cm³ de água em uma área de 1 cm² e, então, $h_1 = \theta_1$. Vejamos um exemplo: se 1 cm³ de solo tem θ = 0,35 cm³ . cm⁻³, isso significa que naquele cubo de solo, cuja base é 1 cm², temos 0,35 cm³ de água. Portanto, a altura de água é 0,35 cm ou 3,5 mm (Figura 11).

Seguindo o mesmo raciocínio em profundidade, o segundo centímetro de solo com umidade θ_2 terá uma altura de água $h_2 = \theta_2$, e assim por diante, de forma que o enésimo centímetro de água com umidade θ_n terá uma altura de água $h_n = \theta_n$. É lógico, portanto, que, até uma profundidade de L cm, a altura de água armazenada é a soma de todas as camadinhas de 1 cm até L. Seja a quantidade de água armazenada até a profundidade L igual a A_L, então:

$$A_L = \sum_{i=1}^{n} \theta_i \quad (18)$$

Nesse raciocínio assume-se que a umidade do solo não varia na horizontal, apenas em profundidade.

Seja, por exemplo, um solo no qual a umidade varia com a profundidade, de acordo com o Quadro 7.

QUADRO 7 Exemplo para cálculo de armazenamento

Profundidade z (cm)	Umidade θ (cm³·cm⁻³)	A_5 (mm)	A_{10} (mm)
0 – 1	0,101		
1 – 2	0,132		
2 – 3	0,154		
3 – 4	0,186		
4 – 5	0,201	7,74	
5 – 6	0,222		
6 – 7	0,263		
7 – 8	0,300		
8 – 9	0,358		
9 - 10	0,399		23,16

Pelo que foi visto, cada camada possui uma altura de água em centímetros igual a θ. Dessa forma, a água armazenada entre 0-5 cm, segundo a Equação 18, é:

0,101 + 0,132 + 0,154 + 0,186 + 0,201 = 0,774 cm

ou

7,74 mm de água

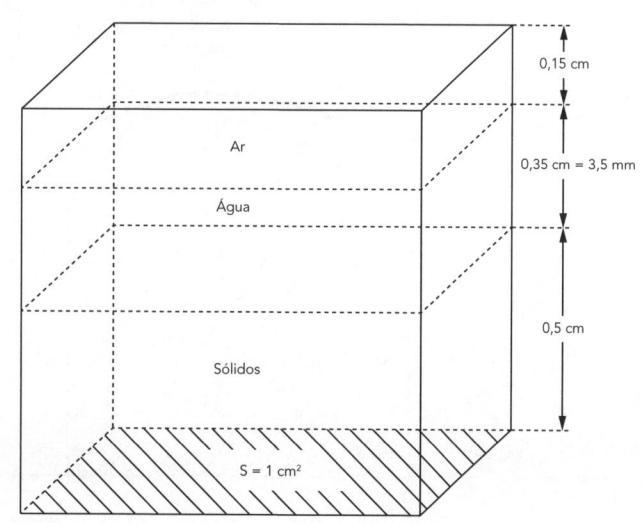

FIGURA 11 Esquema de volume de solo, separando hipoteticamente suas frações e mostrando que θ = h, quando S = 1.

A água armazenada até 10 cm será de 23,16 mm.

Utilizando cálculo superior, o somatório da Equação 18 pode ser substituído por uma integral e assim obtemos a definição correta de armazenamento de água no solo, A_L:

$$A_L = \int_0^L \theta \, dz \quad (19)$$

em que z é a variável que representa a profundidade no solo e varia de 0 (superfície do solo) até L (profundidade arbitrária de interesse); dz representa um valor infinitesimal de z, isto é, um acréscimo (camadinha de solo) de espessura tão pequena quanto se queira e que, no exemplo anterior, foi tomada arbitrariamente como 1 cm.

A Equação 19 é a definição correta de A_L. Comparando as Equações 18 e 19, é oportuno notar que na Equação 18 não aparece dz porque o incremento de profundidade Δz foi tomado como unitário (1 cm), e em 19 ele é um infinitesimal dz arbitrário. Convém, também, relembrar ao leitor que na disciplina de cálculo uma **integral** é a soma de incrementos. No caso da Equação 18 os incrementos são finitos, abrangendo 1 cm de profundidade, e no caso da Equação 19 (mais exata) são infinitesimais.

O leitor deve recordar-se de que, dada uma função y = f(x), a **integral definida** de y em relação a x, em um dado intervalo, representa a área sob a curva, como mostra a Figura 12.

A Equação 19 é uma integral do mesmo tipo; é só trocar y por θ e x por z. Na Equação 19 o θ representa f(x) e seria melhor substituir θ por $\theta(z)$. Portanto, S pode ser determinado graficamente na Figura 12 e A_L a partir de um gráfico de θ *versus* z, que, em geral, é apresentado como na Figura 13, sendo a abscissa a umidade do solo θ e a ordenada a profundidade do solo z assumida, por conveniência, como positiva de cima (superfície do solo tomada como referência) para baixo.

Na Figura 13 o gráfico $\theta(z)$ é denominado **perfil de umidade**. Vê-se que, para determinar o armazenamento de um perfil, o ideal é conhecer a função $\theta(z)$ que define o perfil de umidade e, assim, proceder a uma integração analítica. Como $\theta(z)$ é uma função do tempo e pode assumir as mais variadas formas, é praticamente impossível fazer uma **integração analítica**. Parte-se, então, para **integração numérica** e, para isso, necessita-se de dados de θ em função de z, para desenhar o perfil de umidade. É lógico também que, quanto mais dados estiverem disponíveis, melhor será o perfil e, portanto, melhor o cálculo do armazenamento.

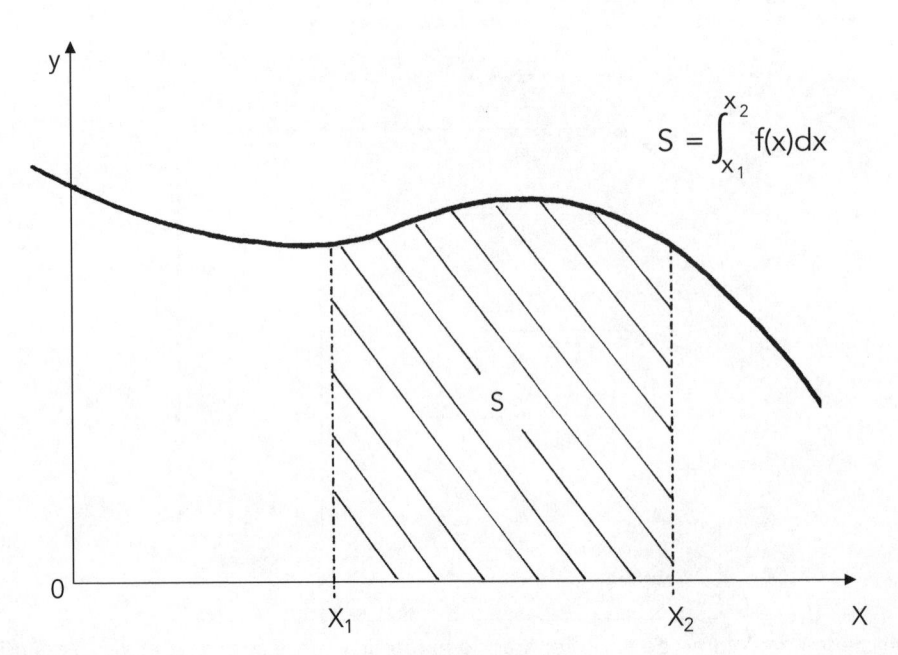

$$S = \int_{x_1}^{x_2} f(x) dx$$

FIGURA 12 Representação esquemática de uma integral definida.

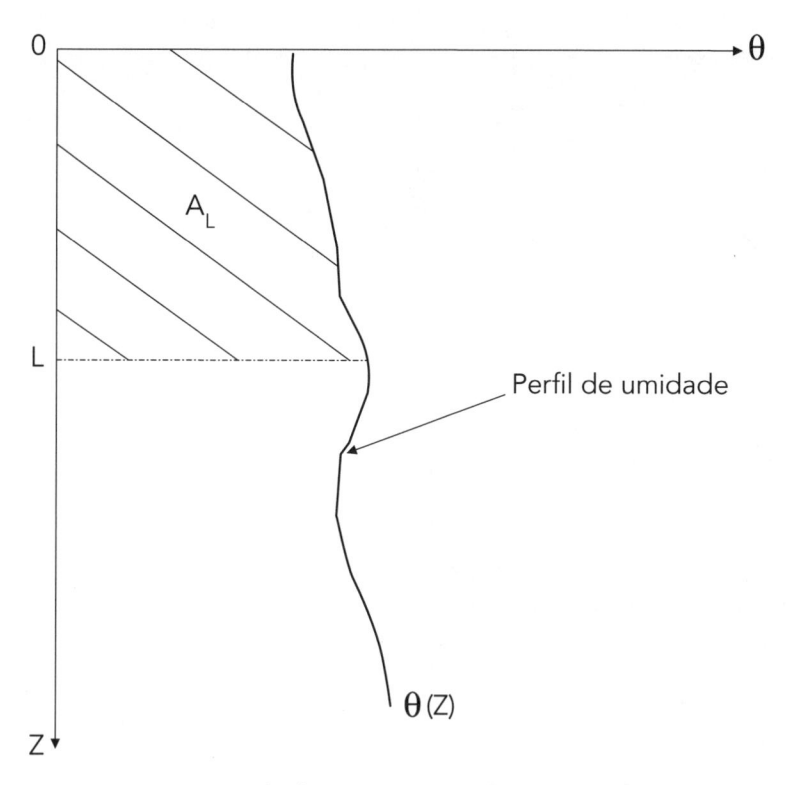

FIGURA 13 Representação esquemática da determinação gráfica do armazenamento.

Quando poucos dados estão disponíveis, ou quando os dados de umidade se originam de amostras que cobrem camadas de solo, um recurso é transformar a curva θ(z) em um histograma, como mostra a Figura 14 (**método trapezoidal**).

Neste caso, o armazenamento A_L pode ser aproximado por uma soma de retângulos da base θ_i e altura Δz, isto é:

$$A_L = \theta_1 \Delta z + \theta_2 \Delta z + ... + \theta_n \Delta z$$

ou ainda:

$$A_L = (\theta_1 + \theta_2 + ... + \theta_n) \Delta z$$

em que $\theta_1, \theta_2, \theta_n$ são os valores de θ para profundidades equidistantes Δz.

Se multiplicarmos e dividirmos o segundo membro pelo número n de camadas de espessura Δz, teremos:

$$A_L = \left[\frac{(\theta_1 + \theta_2 + ... + \theta_n)}{n}\right] n \cdot \Delta z = \bar{\theta} \cdot L \qquad (20)$$

em que $\bar{\theta}$ é a umidade média da camada 0 – L, sendo $n \cdot \Delta z = L$. Vê-se, portanto, que a altura de água contida em uma camada de solo de espessura L é igual ao produto da espessura da camada por sua umidade média.

O armazenamento não precisa necessariamente ser definido a partir da superfície. Para uma camada que se estende de uma profundidade L_1 para L_2, o armazenamento será:

$$A_{(L_2 - L_1)} = \int_{L_1}^{L_2} \theta \, dz = \bar{\theta} (L_2 - L_1) \qquad (21)$$

sendo agora $\bar{\theta}$ a umidade média do solo entre L_1 e L_2. Outras formas de determinar A_L são: a utilização de planímetro e o recorte da área A_L no gráfico θ *versus* z, que é pesada em balança de precisão e comparada com o peso de área conhecida do mesmo papel. O perfil θ(z) pode também ser ajustado por modelos para posterior integração analítica ou numérica. Exemplo desse procedimento foi aplicado por Timm (1994).

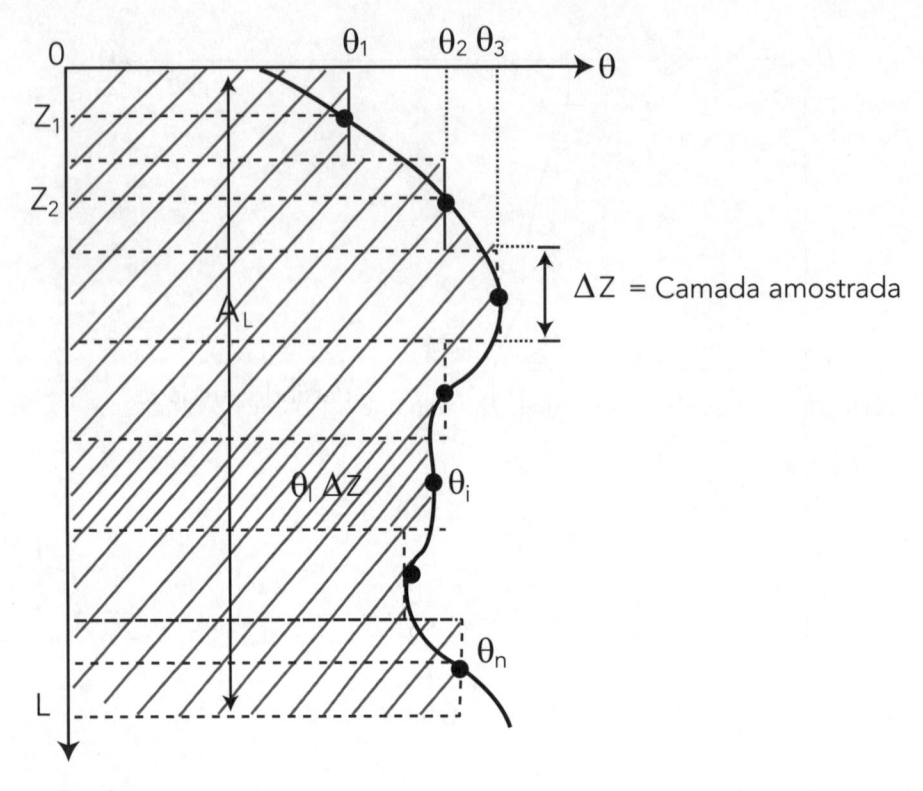

FIGURA 14 Determinação gráfica do armazenamento pelo método trapezoidal.

Exercício: Em dado instante, foram coletadas amostras de solo em uma cultura de cana-de-açúcar e obtidos os resultados apresentados no Quadro 8.

QUADRO 8 Dados de densidade e de umidade do solo (à base de peso) coletados em cultura de cana-de-açúcar

z (m)	d_s (kg · m^{-3})	u (%)
0-0,15	1.250	12,3
0,15-0,30	1.300	13,2
0,30-0,45	1.300	13,8
0,45-0,60	1.150	15,2
0,60-0,75	1.100	18,6
0,75-0,90	1.100	16,3
0,90-1,05	1.050	13,7
1,05-1,20	1.000	13,7

Determine os armazenamentos nas camadas 0-0,45 m; 0-0,90 m; 0-1,20 m; 0,45-1,20 m e 0,15-0,30 m. Para isso, transforme os dados de u em θ pela Equação 16 e calcule os armazenamentos pelas Equações 20 ou 21.

Respostas pelo método trapezoidal: $A_{0,45}$ = 75,6 mm; $A_{0,90}$ = 159,3 mm; $A_{1,20}$ = 201,6 mm; $A_{0,45-1,20}$ = 126,0 mm; $A_{0,15-0,30}$ = 25,8 mm.

Nota: Como foi visto, esses valores dependem do método de cálculo e, portanto, não se deve esperar respostas idênticas às aqui apresentadas.

Turatti e Reichardt (1991) fizeram um estudo detalhado do armazenamento de água em terra roxa estruturada (nitossolo), usando diferentes métodos de integração e estudando a variabilidade espacial do conceito.

De grande importância para a análise do comportamento de uma cultura são as variações de umidade do solo e, consequentemente, do armazenamento de água. Essas variações são um reflexo das taxas de evapotranspiração, precipitação pluvial, irrigação e movimentos de água no perfil de solo. Esses processos serão estudados detalhadamente do Capítulo 6 ao 10; aqui nos preocuparemos tão somente com o cálculo dessas variações.

Os perfis de umidade, como os indicados nas Figuras 13 e 14, são representativos de um dado instante t. Havendo movimento de água no solo, adições por chuva ou irrigação e retiradas por evapotranspiração, esses perfis mudam de forma e, logicamente, o armazenamento é diferente. A variável θ é, portanto, função da profundidade z e, em cada profundidade, função do tempo t, isto é, θ = θ(z,t). Assim, a definição de armazenamento dada por 3.19, 3.20 ou 3.21 inclui a noção de que ele é uma integral de θ em função de z, para um tempo fixo. Podemos, porém, estudar variações de armazenamento para uma profundidade fixa, em função do tempo.

Seja uma cultura de milho, em pleno desenvolvimento, na qual foram determinados quatro perfis de umidade indicados no Quadro 9 e na Figura 15 durante um período sem chuva. Os perfis foram determinados às 8 horas, nos dias 5, 9, 13 e 17 de janeiro de 2018. Apenas observando os perfis da Figura 15, verifica-se que a umidade varia em função da profundidade. Isso ocorre devido a diferenças nas propriedades físico-hídricas do solo e, sobretudo, à distribuição do sistema radicular da cultura. Nesse caso, a partir da Equação 20, a variação de armazenamento entre duas datas t_i e t_j, é dada por:

$$\Delta A_L = A_L(t_j) - A_L(t_i) = [\overline{\theta}(t_j) - \overline{\theta}(t_i)]L \qquad (22)$$

QUADRO 9 Perfis de umidade do solo ($m^3 \cdot m^{-3}$) em cultura de milho

Profundidade (m)	Umidade			
	05/01	09/01	13/01	17/01
0-0,20	0,351	0,292	0,249	0,202
0,20-0,40	0,325	0,276	0,232	0,200
0,40-0,60	0,328	0,260	0,226	0,203
0,60-0,80	0,315	0,296	0,275	0,266
0,80-1	0,316	0,316	0,315	0,314

em que $A_L(t_i)$ e $A_L(t_j)$ são os armazenamentos da camada 0-L (fixa), nos tempos t_i e t_j, respectivamente. $\overline{\theta}(t_i)$ e $\overline{\theta}(t_j)$ são as umidades médias da camada 0-L nos instantes t_i e t_j, respectivamente.

Matematicamente, dizemos que θ é uma função de t e de z e escrevemos: θ = θ(t,z). Como θ é função de duas variáveis, sua derivada em relação a uma delas é denominada **derivada parcial**. A variação de θ com t é denominada derivada parcial de θ em relação a t, mantendo-se z fixo, e escrevemos:

$$\left(\frac{\partial \theta}{\partial t}\right)_z$$

Note-se o uso do símbolo ∂ em vez de d na derivada, por se tratar de uma derivada parcial.

Esse conceito exato de derivada parcial pode ser aproximado, para efeito prático, por um cociente de variações finitas de θ e t:

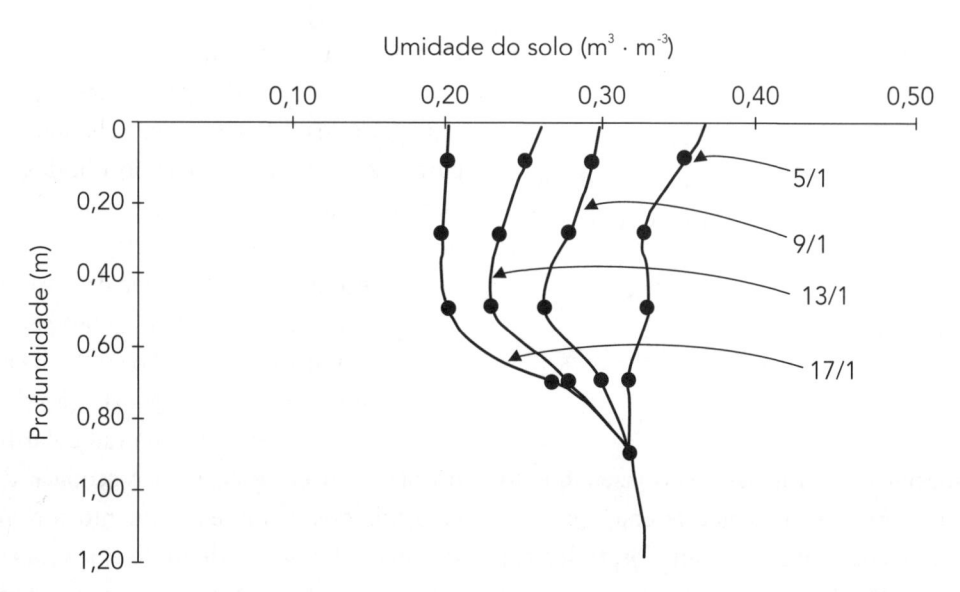

FIGURA 3.15 Representação gráfica dos perfis de umidade do Quadro 9.

$$\left(\frac{\partial \theta}{\partial t}\right)_z \cong \left(\frac{\Delta \theta}{\Delta t}\right)_z = \left(\frac{\theta_j - \theta_i}{t_j - t_i}\right)_z \quad (23)$$

sendo que o solo possuía uma umidade θ_i no instante t_i (anterior) e uma umidade θ_j no instante t_j (posterior), mas na mesma profundidade z.

Assim, por exemplo, utilizando os dados do Quadro 9, $\partial\theta/\partial t$ para z = 0,10 m, no período de 5 a 9 de janeiro é:

$$\left[\frac{\partial \theta}{\partial t}\right]_{0,20} = \frac{0,292 - 0,351}{9 - 5} = -0,0148 \text{ m}^3 \cdot \text{m}^{-3} \cdot \text{dia}^{-1}$$

Fazendo o mesmo cálculo no mesmo período para z = 0,30; 0,50; 0,70 e 0,90 m, obtemos, respectivamente: –0,0122; –0,0170; –0,0005 e 0,00 m³ . m⁻³ . dia⁻¹. O mesmo cálculo também pode ser feito para os outros períodos. $\partial\theta/\partial t$ representa a taxa na qual a umidade varia no solo com o tempo e é reflexo direto da distribuição do sistema radicular naquela profundidade. Com adições de água (chuva, irrigação) $\partial\theta/\partial t$ é positivo. Lembrando o conceito de derivada, que é a tangente à curva no ponto, ele pode assim ser feito para qualquer profundidade.

Da mesma forma como procedemos para θ, podemos proceder para o armazenamento A_L, se tivermos a função A_L versus t. Assim, a derivada parcial de A_L em função do tempo pode ser aproximada por:

$$\frac{\partial A_L}{\partial t} \cong \frac{\Delta A_L}{\Delta t} = \frac{[\bar{\theta}(t_j) - \bar{\theta}(t_i)]}{t_j - t_i} L \quad (24)$$

Desse modo, para z = 0,20 m, no período de 5 a 9 de janeiro, teremos A_{Li} = 70,2 mm e A_{Lj} = 58,4 mm, portanto:

$$\frac{\partial A_{0,20}}{\partial t} = \frac{58,4 - 70,2}{4} = -2,95 \text{ mm} \cdot \text{dia}^{-1}$$

Se calcularmos as variações de armazenamento nos diferentes períodos, para as diferentes profundidades, obtemos os seguintes resultados, todos em mm . dia⁻¹ (Quadro 10):

QUADRO 10 Taxas de perda d'água em milho (mm . dia⁻¹)

z (m)	5-9	9-13	13-17
0-0,20	2,95	2,15	2,35
0-0,40	5,40	4,35	3,95
0-0,60	8,80	6,05	5,10
0-0,80	9,75	7,10	5,55
0-1	9,80	7,15	5,60

Esse quadro nos dá uma ideia detalhada da extração de água pela cultura, para as diferentes camadas nos diferentes períodos, já que não houve chuva no período considerado. A contribuição da última camada, 0,80-1 m, é insignificante, provavelmente por não haver raízes a essa profundidade. Logicamente, o total de água perdido pela cultura até a profundidade de 1 m no período todo, a partir dos dados do Quadro 10, foi:

$$(9,80 \times 4) + (7,15 \times 4) + (5,60 \times 4) = 90,2 \text{ mm}$$

A perda média diária até a profundidade de 1 m foi:

$$(9,80 + 7,15 + 5,60)/3 = 7,52 \text{ mm} \cdot \text{dia}^{-1}$$

Esse é um valor típico de evapotranspiração no mês de janeiro em Piracicaba, SP, de uma cultura em pleno desenvolvimento e com bom suprimento de água pelo solo.

Exercício: Sugerimos que o leitor recalcule os dados de $\partial A_L/\partial t$ apresentados para todas as profundidades e os períodos. Mais uma vez chamamos a atenção para o fato de que não serão obtidos valores exatamente iguais, pois eles dependem do método de integração empregado.

Um exemplo de estimativa de extração radicular d'água é dado por Silva et al. (2009) para uma cultura de café. Outro exemplo é o de Rocha et al. (2010), que testaram um modelo de extração macroscópico de água do solo pelo sistema radicular baseando-se no processo em escala microscópica, descrevendo os resultados de um experimento com plantas cujo sistema radicular foi dividido entre camadas de solo com propriedades hidráulicas contrastantes.

Outro fator que afeta de maneira significativa a estimativa do armazenamento de água pelo solo é sua variabilidade espacial. A umidade do solo varia espacialmente, no sentido horizontal e em profundidade, devido às variações no arranjo do espaço poroso e variações da qualidade e tamanho das partículas da matriz. Surgem, portanto, perguntas sobre forma e número de amostragens necessárias para obter um valor representativo de umidade e, consequentemente, de armazenamento. Kachanoski e De Jong (1988), Turatti (1990) e Turatti e Reichardt (1991) abordam esses aspectos. Ainda, Reichardt et al. (1990) e Silva et al. (2006) discutem como a variabilidade espacial do armazenamento pode afetar a estimativa de balanços hídricos.

Os conceitos de umidade e armazenamento vistos referem-se estritamente à água do solo. Quando nosso interesse está nos solutos, isto é, na solução do solo, os "sais" precisam ser incluídos nas definições. O procedimento mais comum é usar concentração de soluto C na solução do solo, o que é feito quando se extrai a solução do solo (por filtragem, centrifugação, sucção etc.) e a concentração é expressa na seguinte forma:

$$C = \frac{\text{quantidade de soluto}}{\text{volume de solução}} \quad (25)$$

Em unidades como: g Cl⁻ . cm⁻³; mg NO_3^- . cm⁻³; g $H_2PO_4^-$. L⁻¹.

O importante é saber que, neste caso, o volume é de solução e não de solo. O caso é diferente no campo, quando se considera o solo como um todo. Seja, por exemplo, um cm³ de solo que contém 25 mg Cl⁻ e cuja umidade é 0,31 cm³ . cm⁻³. Portanto, a concentração de Cl na água que está dentro do solo é:

$$C = \frac{25 \text{ mg Cl}^-}{0{,}31 \text{ cm}^3 \text{ de solução}} =$$
$$= 80{,}6 \text{ mg Cl}^- \cdot \text{cm}^3 \text{ solução}$$

e a concentração no solo como um todo é:

$$C' = \frac{25 \text{ mg Cl}^-}{1 \text{ cm}^3 \text{ solo}} = 25 \text{ mg Cl}^- \cdot \text{cm}^{-3} \text{ solo}$$

Vê-se claramente que C é diferente de C'. Como dissemos, o mais comum é utilizar C, que é a concentração da solução que está se movendo dentro dos poros do solo. Porém, para efeito prático, muitas vezes deseja-se saber a quantidade de um sal por unidade de volume (ou massa) de solo, que é C'. É fácil verificar que:

$$C' = \theta\, C \quad (26)$$

Com os dados do exemplo anterior, vê-se que 25 mg Cl⁻ . cm⁻³ solo = 0,31 cm³ H_2O . cm⁻³ solo × 80,6 mg Cl⁻ . cm⁻³ H_2O. Se quisermos expressar C' em termos de massa de solo, basta dividir pela densidade do solo:

$$\frac{C'}{d_s} = \frac{\text{g sal} \cdot \text{cm}^{-3} \text{ solo}}{\text{g solo} \cdot \text{cm}^{-3} \text{ solo}} = \text{g sal} \cdot \text{g}^{-1} \text{ solo}$$

Neste caso, se d_s é 1,5 g . cm⁻³, teremos C'/d_s = 25/1,5 = 16,7 mg Cl⁻ . g⁻¹ solo.

Muitas vezes também é importante conhecer o total de sal dentro de um perfil de solo. É um conceito semelhante ao de armazenamento de água. Seria o caso de um "**armazenamento de sal** AS":

$$AS_L = \int_0^L (\theta\, C)\, dz \quad (27)$$

cujas unidades são:

$$\frac{\text{massa de soluto}}{\text{cm}^3 \text{ de solo}} \cdot \text{cm solo} = \frac{\text{massa de soluto}}{\text{cm}^2 \text{ de solo}}$$

e que pode facilmente ser transformado em kg . ha⁻¹. Está implícito que essa massa se encontra no volume da camada de profundidade L. Caso se deseje massa de soluto por unidade de massa de solo:

$$AS_L = \int_L^0 \left(\frac{\theta\, C}{d_s}\right) dz = \int_L^0 (u\, C)\, dz \quad (28)$$

Logicamente, para integrar as Equações 27 e 28 é necessário conhecer como C, θ e/ou d_s variam em função de z, e isso pode, muitas vezes, ser complicado. Uma simplificação razoável é o método trapezoidal já utilizado para o cálculo do armazenamento de água, empregando valores médios de θ, u ou d_s (até a profundidade L) e tomando-os como constantes e independentes de z. Assim:

$$AS_L = \bar{\theta} \cdot \bar{C} \cdot L \text{ ou } \bar{u} \cdot \bar{C} \cdot L \qquad (29)$$

Vejamos um exemplo: para dado solo foram obtidos os resultados apresentados no Quadro 11:

QUADRO 11 Nitratos em determinado solo

Profundidade (m)	mg·L⁻¹ NO₃ na solução do solo	u (kg·kg⁻¹)	d_s (kg·m⁻³)
0-0,10	25	0,18	1.310
0,0-0,20	21	0,22	1.350
0,20-0,30	18	0,26	1.340

$$\bar{C} = \frac{(25 + 21 + 18)}{3} = 21{,}33 \text{ mg} \cdot L^{-1} =$$
$$= 21{,}33 \cdot 10^3 \text{ mg} \cdot m^{-3}$$

$$\bar{u} = \frac{(0{,}18 + 0{,}22 + 0{,}26)}{3} = 0{,}22 \text{ kg} \cdot kg^{-1}$$

$$\bar{d}_s = \frac{(1310 + 1350 + 1340)}{3} = 1333{,}33 \text{ kg} \cdot m^{-3}$$

$$\bar{\theta} = \frac{0{,}22 \times 1333{,}33}{1.000} = 0{,}29 \text{ m}^3 \cdot m^{-3}$$

e assim:

$$AS_{0,30} = 0{,}29 \times 21{,}33 \times 0{,}30 = 1{,}86 \times 10^3 \text{ mg.m}^{-2} = 18{,}6 \text{ kg.ha}^{-1}$$

isto é, 1 ha até a profundidade de 0,30 m contém 18,6 kg de NO_3.

Da mesma forma que para o caso do armazenamento de água, as Equações 27, 28 e 29 podem ser aplicadas para qualquer camada de espessura $L_2 - L_1$; neste caso, os valores médios de C, θ, u ou d_s devem ser tomados dentro da camada em consideração.

FRAÇÃO GASOSA DO SOLO

A **fração gasosa do solo** constitui-se do ar do solo ou da atmosfera do solo. Sua composição química é semelhante à da atmosfera livre, junto à superfície do solo (ver Quadro 1 do Capítulo 5), apresentando, porém, diferenças sobretudo nos teores de O_2 e CO_2. O oxigênio é consumido por microrganismos e pelo sistema radicular das plantas superiores, de tal forma que sua concentração é menor do que na atmosfera livre. Ao contrário, o CO_2 é liberado em processos metabólicos que ocorrem no solo e, por isso, seu teor em geral é mais alto. Em casos de adubações com ureia, sulfato de amônia etc., os teores de NH_3 na atmosfera do solo podem aumentar de modo significativo. Outros gases orgânicos e inorgânicos também podem ter suas composições alteradas, dependendo das atividades biológicas do solo. Do ponto de vista do vapor de água do solo, o ar do solo encontra-se quase sempre muito próximo à saturação. Isso será discutido no Capítulo 6, que trata do equilíbrio da água no solo.

O ar do solo ocupa o espaço poroso não ocupado pela água. Já vimos que, para um solo seco, todo espaço vazio dado pela **porosidade** α (Equação 12) é ocupado pelo ar. Quando um solo possui um conteúdo de água θ (Equação 15), apenas a diferença entre α e θ pode ser ocupada pelo ar. Essa diferença é denominada **porosidade livre de água** (ou **porosidade de aeração**) β, sendo:

$$\beta = (\alpha - \theta) \text{ m}^3 \text{ de ar . m}^{-3} \text{ de solo} \qquad (30)$$

Para um solo saturado: θ = α e β = 0, e para um solo seco β = α.

A aeração do solo é o processo dinâmico de variações de β. Solos inundados ou após longos períodos de chuva ou irrigação intensa são mal aerados, e a falta de oxigênio para as atividades biológicas prejudica o crescimento e o desenvolvimento das culturas. Em solos bem secos, a aeração é muito boa, mas falta água para as plantas. Uma generalização de um solo "ideal" seria aquele que possui uma fração sólida que ocupa 50% do volume, sendo α = 50%, ocupada meio a meio pela água (θ = 0,25 m³ . m⁻³) e pelo ar (β = 0,25 m³ . m⁻³).

Da mesma forma que foi discutido para o caso de solutos, a concentração de gás no solo pode ser feita com base no volume ocupado pelo fluido apenas (ar do solo) ou com base no volume do solo. Assim:

$$C = \frac{\text{quantidade de gás}}{\text{volume de ar}} \quad (31)$$

como $m^3\ O_2/m^3$ ar ou mg/L de ar. O importante é que a base é o volume de ar, que para 1 cm^3 de solo é β.

$$C' = \frac{\text{quantidade de gás}}{\text{volume de solo}} \quad (32)$$

e, logicamente,

$$C' = \beta\ C \quad (33)$$

Seja um solo cujo ar contém 20% de O_2 à base de volume, cuja porosidade é 45% e cuja umidade é 0,23 $m^3 \cdot m^{-3}$. Nesse caso:

$\beta = 0{,}45 - 0{,}23 = 0{,}22\ m^3\ ar \cdot m^{-3}$ de solo

$C = 20\% = \dfrac{0{,}20\ m^3\ O_2}{1\ m^3\ ar} = 0{,}20\ m^3\ O_2 \cdot m^{-3}$ de ar

$C' = 0{,}22 \times 0{,}20 = 0{,}044\ m^3\ O_2 \cdot m^{-3}$ de solo

É preciso muito cuidado com essas formas de expressar concentração de gás. Na literatura a confusão é enorme!

Assim como fizemos para água e para os solutos (Equação 27), poderíamos falar em um armazenamento de gás em um perfil de solo, que seria a integração de βC até uma profundidade L. Essa parte é deixada como exercício para o leitor.

O processo de **aeração do solo** é de grande importância na produtividade do solo. A Equação 9 mostra a relação entre V_T, V_s, V_l e V_g para uma amostra de solo. No perfil de solo, isto é, no campo, esses volumes podem variar bastante no tempo e no espaço, mas dentro de limites. Na maioria dos casos considera-se d_s constante no tempo para uma dada situação, o que implica V_T, V_s e α constantes, variando apenas V_l e V_g, cuja soma sempre é α e o que implica variações de θ e de β. θ inclui a água disponível para as plantas e β a aeração do solo, ambos essenciais para o desenvolvimento da planta e altas produtividades agrícolas.

Quando $V_g = 0$, V_l é igual a α e o solo se apresenta saturado, $\theta = \theta_s$. É o caso de solos inundados da cultura do arroz. Quando $V_l = 0$, V_g é igual a α e o solo está completamente seco. O caso mais geral é $\theta_s > \theta > 0$ e quando θ está na faixa de água disponível (AD) as plantas têm bom desenvolvimento.

Nos casos de d_s variando, todos os volumes V variam. Na compactação do solo, V_T diminui em menor ou maior intensidade, por meio de práticas de manejo agrícola. O tráfego de maquinário compacta o solo e a aração/gradagem diminuem d_s, tornando-o mais "fofo". Com o aumento de d_s, α diminui e as relações água/ar se alteram. A porosidade total α é subdividida em macroporosidade (Ma) e microporosidade (Mi), numa tentativa de distinguir poros grandes de poros pequenos. A distribuição de poros é contínua, por isso o limite entre Ma e Mi é arbitrário (veja Capítulo 6), mas de forma geral os poros maiores da Ma conduzem melhor os fluidos, no caso a água e o ar. As forças externas responsáveis pela compactação do solo atuam mais intensamente na Ma, que é a mais reduzida na compactação. Esse fato afeta a infiltração da água no solo pela redução da condutividade hidráulica (será estudada no Capítulo 8) e a aeração do solo pela redução de β. A relação entre θ e β é delicada, um aumenta com a diminuição do outro, comprometendo ou a aeração (problema relacionado a drenagem) ou a falta d'água (problema relacionado a irrigação).

Estudos sobre o fenômeno da **compactação do solo** levaram ao estabelecimento de uma macroporosidade crítica (Ma_{crit}) de 10% (0,10 $m^3\ m^{-3}$) (Grable e Siemer, 1968) abaixo da qual os efeitos da compactação começam a afetar a produtividade agrícola (Hakansson e Lipiec, 2000). Apesar de d_s ser muito utilizada como um indicador da compactação, Stolf et al. (2012 e 2013) recomendam que a Ma pode ser estimada através de uma regressão com d_s e o conteúdo de areia (ar) do solo:

$Ma = 0{,}693 - 0{,}465\ d_s + 0{,}212\ ar$

Por exemplo, se $d_s = 1{,}38$ cm^3 cm^{-3} e ar $= 0{,}12$ kg kg^{-1}, resulta Ma $= 0{,}077$ cm^3 cm^{-3} ou 7,7%, e recomenda-se que este solo seja descompactado. Isso pode ser feito com arações profundas ou até mesmo operações de subsolagem. Arações repetidas na mesma profundidade podem também induzir camadas compactadas na soleira do arado (conhecido como "pé" de arado). Existe também a compactação genética, decorrente da própria formação do solo, como os horizontes B texturais, as "*hard pans*" e os também conhecidos como horizontes coesos (*hardsetting horizons*).

A compactação do solo também afeta a penetração de raízes. Zonas compactadas não permitem um desenvolvimento radicular satisfatório, e uma camada menor de solo fica disponível para a cultura, afetando relações hídricas e a disponibilidade de nutrientes. Um dos equipamentos que têm sido usados para avaliar a **resistência mecânica do solo** à penetração do sistema radicular é o denominado **penetrômetro**, que expressa a resistência do solo à penetração de raízes em termos de pressão (kPa ou MPa). Vários tipos de penetrômetros estão disponíveis para essa medida, destacando-se entre eles o de Stolf et al. (2012) (Capítulo 7). Na literatura, valores de resistência a penetração de até 2 MPa têm sido considerados não restritivos para um desenvolvimento adequado do sistema radicular da maioria das culturas (Taylor et al., 1966; Silva et al., 1994; entre outros).

Na maioria das plantas (com exceção daquelas especializadas, como o arroz irrigado), a transferência do oxigênio da atmosfera para as raízes precisa ser em proporções suficientes para suprir suas necessidades. O crescimento adequado de raízes requer oxigênio (aeração), de tal forma que as trocas de gases entre atmosfera e solo se deem com velocidade suficiente para não se permitir deficiência de O_2 (ou excesso de CO_2), na zona ativa das raízes. Microrganismos também requerem condições ideais para seu desenvolvimento. Medidas de consumo de oxigênio por raízes de plantas mostram que são necessários aproximadamente 10 L de O_2 por m^2 de cultura por dia. Considerando uma porosidade livre de água de 20%, que o ar possui 20% de O_2 e que a zona das raízes tem 1 m de profundidade, a quantidade de O_2 por m^2 de superfície é de 40 L, isto é, quatro vezes a demanda das raízes. Isso significa que, para manter boas condições de aeração, 25% do ar do solo precisam ser renovados diariamente. Os cálculos efetuados têm a finalidade única de dar ideia das proporções do problema. Em condições reais, as velocidades de aeração provavelmente variam entre limites mais extremos.

Troca de gases e movimento de gases no solo podem se dar: 1) na fase gasosa (difusão ou transporte de massa), em poros não ocupados por água, interconectados e em comunicação com a atmosfera; e 2) dissolvidos em água. Como a difusão dos gases no ar geralmente é maior que na fase líquida, a porosidade livre de água ($\alpha - \theta$) torna-se bastante importante na aeração.

A composição do ar do solo depende das condições de aeração. Em solo com boa aeração ele não difere significativamente do ar atmosférico, exceto por uma umidade relativa que, quase sempre, é próxima à saturação (em um solo seco ao ar, a umidade relativa do ar é de cerca de 95%) e uma concentração mais alta de CO_2, isto é, 0,2-1% em comparação com o ar atmosférico, que é 0,03%. Em condições de aeração limitada, a concentração de CO_2 pode aumentar e a concentração de O_2 diminuir, ambas drasticamente.

A concentração de gases na água em geral aumenta com a pressão e decresce com a temperatura. De acordo com a **Lei de Henry**, a concentração de gás dissolvido é proporcional à **pressão parcial** P_i do referido gás, assim:

$$C = s \frac{P_i}{P_o} \qquad (34)$$

em que s é o coeficiente de solubilidade do gás na água e P_o a pressão da atmosfera.

No Quadro 12 são dados os coeficientes s, em água, para N_2, O_2, CO_2 e ar livre de CO_2.

Exemplo: Uma superfície de água está em equilíbrio com a atmosfera (20°C e 1 atm), cuja pressão parcial do oxigênio é de 0,2 atm. Qual a concentração de O_2 na água?

$$C = 0{,}0310 \times \frac{0{,}20}{1{,}0} = 0{,}0062 \text{ g} \cdot \text{L}^{-1} \text{ ou } 6{,}2 \text{ mg} \cdot \text{L}^{-1}$$

QUADRO 12   Coeficientes de solubilidade de gases em água (g/L)

T (°C)	N_2	O_2	CO_2	Ar sem CO_2
0	0,0235	0,0489	1,713	0,0292
10	0,0186	0,0380	1,194	0,0228
20	0,0154	0,0310	0,878	0,0187
30	0,0134	0,0261	0,665	0,0156
40	0,0118	0,0231	0,530	–

Esses gases dissolvidos na água movem-se de acordo com o movimento da água. Assim, fluxos de água podem ser importantes no transporte de gases. Com a chuva, a água se infiltra no solo e ocupa os espaços ocupados por gases. Com a evaporação e a absorção de água pelas raízes, os gases voltam a ocupar o volume ocupado pela água. Esses fenômenos são importantes nas trocas gasosas no solo.

PROPRIEDADES TÉRMICAS DO SOLO

De importância no estudo termodinâmico e agronômico do solo são suas propriedades térmicas, sobretudo o calor específico do solo e a condutividade térmica do solo. A primeira se refere ao solo como reservatório de calor e a segunda, como transmissor de calor.

Calor específico é, por definição, a quantidade de calor sensível cedida ou recebida pela unidade de massa ou de volume de solo, quando sua temperatura varia em 1°C. Como a umidade do solo é variável, o calor específico do solo, em seu estado natural, não é uma característica só do solo, mas sim do conjunto solo-água. Para solos secos ele pode ser considerado constante. De solo para solo ele varia, dependendo das proporções de matéria mineral e orgânica.

O calor específico ou a capacidade térmica por unidade de volume de solo pode ser determinado pela adição das capacidades térmicas dos diferentes constituintes em 1 cm³. Em geral a capacidade calorífica da fração gasosa pode ser desprezada. Assim:

$$c_s = (1 - \alpha) c_p + \theta \cdot c_a \qquad (35)$$

em que c_s é o calor específico do solo na condição úmida (cal . cm^{-3} . °C^{-1} ou J . m^{-3} . K^{-1}), α a porosidade, c_p o calor específico da fração sólida (solo seco) (cal . cm^{-3} . °C^{-1} ou J . m^{-3} . K^{-1}), θ a umidade à base de volume e c_a o calor específico da água (1 cal . cm^{-3} . °C^{-1} ou J . m^{-3} . K^{-1}). De acordo com vários autores, um valor médio de 0,16 cal . g^{-1} . °C^{-1} pode ser tomado para a fração sólida de solos minerais. Sendo a densidade média das partículas 2,65 g . cm^{-3}, resulta um valor médio de 0,4 cal . cm^{-3} . °C^{-1} para c_p. Assim, a Equação 35, nas unidades cal . cm^{-3} . °C^{-1} pode ser reescrita:

$$c_s = 0,4 (1 - \alpha) + \theta \qquad (36)$$

Para solos orgânicos a fração sólida deve ser separada em mineral ($c_p = 0,4$) e orgânica ($c_o = 0,6$).

Exemplo: Um solo mineral com $\alpha = 49\%$ e u = 13% possui densidade do solo 1,3 g . cm^{-3}. Qual seu calor específico?

Solução:

$$C_s = 0,4 (1 - 0,49) + 0,13 \times 1,3 = 0,373 \text{ cal.cm}^{-3} \cdot °C^{-1}$$

A condutividade térmica K pode ser definida a partir da **equação de Fourier**, segundo a qual a densidade de fluxo de calor no solo q (cal . cm^{-2} . s^{-1} ou J . m^{-2} . s^{-1} ou, ainda, W . m^{-2}) é proporcional ao gradiente de temperatura dT/dx, isto é:

$$q = -K \frac{dT}{dx} \qquad (37)$$

Além de depender da composição da fração sólida de solo e, em especial, da umidade, a condutividade térmica do solo K é também uma função da densidade do solo. Para o leitor ter uma ideia da ordem de grandeza dos valores de K, apresentamos duas equações para cálculo de K em função de u (%) e d_s (g . cm^{-3}) para dois solos do estado de São Paulo:

Latossolo:

$$K = 10^{-4} [1,275 \cdot \log u - 0,71] 10^{1,007 \times d_s} \text{ cal.cm/cm}^2.\text{s.°C}$$

Argissolo, fase arenosa:

$$K = 10^{-4} [0,945 \cdot \log u - 0,445] 10^{1,365 \times d_s} \text{ cal.cm/cm}^2.\text{s.°C}$$

sendo log o logaritmo decimal ($\log_{10}$) e as amostras do latossolo apresentaram 34% de areia, 28% de silte e 38% de argila, e do argissolo (fase arenosa) 79% de areia, 19% de silte e 2% de argila.

Outro parâmetro de grande importância na caracterização térmica de um solo é a **difusividade térmica do solo** D. Ela é definida pelo cociente:

$$D = \frac{K}{c_s} \qquad (38)$$

É fácil perceber que D é também uma função de θ, d_s e da composição do solo. A difusividade é de grande utilidade em estudos de fluxo de calor, que serão vistos com mais detalhe no Capítulo 12, que trata do fluxo de calor no solo e no qual essas propriedades são utilizadas em alguns problemas práticos. Um texto recente que trata muito bem do sistema solo em todos os aspectos é o de Lepsch (2011).

MECÂNICA DOS SOLOS

Além dos aspectos vistos até aqui, os solos também são estudados do ponto de vista da Engenharia. Obrigatoriamente os cursos de Engenharia têm disciplinas sobre **mecânica de solos**, que abordam aspectos do solo como um suporte a obras de engenharia. A título de exemplo, o leitor deve procurar os textos de Ortigão (1993) e Reichert et al. (2010). Os assuntos abordados envolvem tensões e deformações em solos, sobrecargas, compressibilidade e recalque, adensamento, hidráulica de solos etc. Exemplos de aplicações em nosso meio são os de Lima et al. (2004 a e b; 2012), Dias Junior et al. (2005, 2007) e Ajayi et al. (2009 a, b e c). O enfoque é diferente do agronômico, a não ser em casos de mecânica agrícola, quando se estuda a interação solo/implemento.

CLASSIFICAÇÃO DE SOLOS

A **classificação de solos** é um tema específico da ciência do solo, que pode ser apreciado em textos especializados. Em 1999 e posteriormente em 2006, a Embrapa sugeriu um novo sistema, denominado Sistema Brasileiro de Classificação de Solos (Santos et al., 2006), que era o sistema atualmente recomendado para definir um tipo de solo. A quinta edição (Santos et al., 2018) do livro (forma de *e-book* e gratuita), que contém a classificação de solos revisada e ampliada, pode ser encontrada no endereço https://www.embrapa.br/solos/sibcs.

> O solo é um material poroso constituído por três frações: uma sólida, constituída por material mineral oriundo das rochas que o formaram e de matéria orgânica em diferentes estágios de decomposição, inclusive o húmus; uma parte líquida, que é principalmente água mas que é uma solução diluída que contém os nutrientes essenciais para as plantas; e uma parte gasosa, que é atmosfera do solo, importante para a respiração do sistema radicular das plantas e dos microrganismos essenciais para a vida no solo. A parte sólida é dividida do ponto de vista do tamanho das partículas em areia, limo (ou silte) e argila, sendo que a proporção delas define sua textura ou classe textural. O arranjo dessas partículas de diferentes tamanhos define o que chamamos de estrutura do solo, que em geral é rígida, a não ser quando o solo é trabalhado por implementos agrícolas. A textura e a estrutura definem o arranjo poroso que acomoda os fluidos: água e ar. Esse arranjo é definido por sua massa específica, comumente denominada densidade do solo. A densidade do solo determina seu nível de compactação, que, para cada tipo de solo, deve estar entre limites toleráveis pelas culturas implantadas. A parte líquida, ou água do solo, é quantificada de três formas, à base de massa, à base de volume ou em milímetros de uma camada de solo, e as conversões entre elas são a base de muitos cálculos no manejo da água. É mostrado de forma simples e compreensiva o uso das ferramentas matemáticas de integração e de derivação, utilizando exemplos de quantificação da água no solo e da quantificação dos solutos dessa mesma água. O solo também armazena e difunde calor, sendo essencial que suas propriedades térmicas sejam compreendidas para sua aplicação posterior em balanços de calor.

EXERCÍCIOS

1. Para determinar as frações areia, silte e argila de um solo, fez-se uma suspensão de 80 g de solo em 1 L de solução dispersante a 20°C. Por meio de um densímetro verificou-se que, após 4,64 minutos e 7,73 horas, as concentrações das suspensões, a 10 cm de profundidade no cilindro de sedimentação, eram 32 e 18 g . L^{-1}, respectivamente. Quais são as porcentagens de areia, silte e argila?
2. O que são minerais de argila 1:1 e 2:1?
3. Um solo tem CTC de 12 meq/100 g (12 cmol$_c$. dm^{-3}) e está completamente saturado com K+. Quantos gramas de K+ estão adsorvidos em 1 kg desse solo?
4. Coletou-se uma amostra de solo à profundidade de 0,60 m, com anel volumétrico de diâmetro e altura 0,075 m. O peso úmido do solo foi de 0,560 kg e, após 48 horas em estufa a 105°C, seu peso permaneceu constante e igual a 0,458 kg. Qual a densidade do solo? Qual sua umidade na base de peso e de volume?
5. Qual a porosidade total e livre de água da amostra de solo do problema 4?
6. No mesmo local onde foi coletada a amostra do problema 4, foram coletadas mais cinco amostras à mesma profundidade e com o mesmo anel volumétrico. Os dados obtidos encontram-se no quadro a seguir. Determine, para cada uma, d_s e θ.

Amostra	m_u (kg)	m_s (kg)	d_s (kg · m^{-3})	θ (m^3 · m^{-3})
1	0,560	0,458	1.382	0,308
2	0,581	0,447		
3	0,573	0,461		
4	0,555	0,457		
5	0,561	0,452		
6	0,556	0,463		

7. Com os dados do problema anterior, determine as médias, os desvios-padrão e os coeficientes de variação para d_s e θ.
8. Coletou-se uma amostra de solo com anel volumétrico de 0,0002 m³ a uma profundidade de 0,10 m. Obteve-se m_u = 0,332 kg e m_s = 0,281 kg. Após a coleta, fez-se um teste de compactação do solo, passando sobre ele um rolo compressor. Nova amostra coletada com o mesmo anel à mesma profundidade apresentou: m_u = 0,360 kg e m_s = 0,305 kg. Determine d_s, u e θ antes e depois da compactação.
9. No problema 8, por que u deu igual para os dois casos e θ não? E com a porosidade α, o que aconteceu?
10. Um pesquisador necessita de exatamente 0,100 kg de um solo seco e dispõe de uma amostra úmida com θ = 0,250 m³ . m^{-3} e d_s = 1.200 kg . m^{-3}. Quanto solo úmido deve pesar para obter o peso de solo seco desejado?
11. Dada uma área de 10 ha, considerada homogênea quanto à densidade do solo e à umidade até os 0,30 m de profundidade, qual o peso de solo seco em toneladas existente na camada 0-0,30 m de profundidade? A umidade do solo é 0,200 kg . kg^{-1} e sua densidade 1.700 kg . m^{-3}. Quantos litros de água estão retidos na mesma camada de solo?
12. Uma caixa-d'água retangular de base 0,40 x 0,40 m contém 9 L de água. Qual a altura de água em milímetros?
13. A umidade média de um perfil de solo até a profundidade de 0,60 m é 38,3% a base de volume. Qual a altura de água armazenada nessa camada?
14. Um solo absorveu 15 L de água em cada m². Qual a altura da água absorvida?

15. Fizeram-se medidas de umidade (% peso) e densidade do solo (kg · m⁻³) e foram obtidos os seguintes dados:

Camada (m)	ds (kg · m⁻³)	u (%)
0-0,10	1.350	22,3
0,10-0,20	1.430	24,6
0,20-0,30	1.440	26,1
0,30-0,40	1.470	27
0,40-0,50	1.500	27,7

Determine o armazenamento de água nas camadas 0-0,50; 0,10-0,30 e 0,40-0,50 m.

16. Desenhe o perfil de umidade do exercício 15 da mesma forma como na Figura 13.
17. Em uma cultura de cana-de-açúcar fizeram-se medidas de umidade em % a base de volume:

Camada (m)	10 de março	13 de março	17 de março	20 de março
0-0,15	32,5	30,1	26,7	44,3
0,15-0,30	33,4	31,2	28,8	41,2
0,30-0,45	34,1	32,6	29,3	36,8
0,45-0,60	36,8	35,9	33,6	32,1
0,60-0,75	35,4	35,5	34,3	34
0,75-0,90	37,8	37,9	37,2	36

Determine quantos milímetros de água a cultura perdeu ou ganhou em cada período, na camada de 0-0,90 m.

18. Quais as taxas de perda ou ganho de água no exercício 17?
19. Faça o gráfico de θ versus z com os dados do exercício 17, indicando as variações de armazenamento, como foi feito na Figura 15.
20. Extraiu-se a solução de um solo e mediu-se no extrato a concentração de NO_3, obtendo-se 5,3 mg · L⁻¹. Sabendo-se que o solo possuía uma umidade de 0,35 m³ · m⁻³, qual a concentração de NO_3 por m³ de solo?
21. O quadro a seguir indica concentrações de $H_2PO_4^-$ na solução de um solo:

Profundidade (m)	$H_2PO_4^-$ (mg · L⁻¹)	Umidade (m³ · m⁻³)
0-0,15	20,1	0,43
0,15-0,30	16,3	0,39
0,30-0,45	5,7	0,37

Quanto fósforo, na forma $H_2PO_4^-$, encontra-se em 1 ha deste solo, na camada 0-0,45 m?

22. Um solo de densidade 1.450 kg · m⁻³ e densidade das partículas 2.710 kg · m⁻³ tem uma umidade de 0,22 kg · kg⁻¹. Qual sua porosidade livre de água?
23. No problema anterior, o ar do solo possui 18% de O_2 à base de volume. Qual a concentração de O_2 no solo em kg · m⁻³ do solo?
24. Qual o calor específico de um solo mineral de porosidade 56% e umidade volumétrica 32%?
25. O solo do problema anterior, quando submetido a um gradiente de temperatura de 2,3°C/cm, permite um fluxo de 9,3 x 10⁻³ cal/cm² · s. Qual sua condutividade térmica nessa situação?
26. Calcule para o mesmo solo, na mesma situação, sua difusividade térmica.
27. Verifique bem a diferença entre a condutividade térmica e a difusividade térmica.

O solo: reservatório de água, nutrientes e gases para as plantas 51

RESPOSTAS

1. 60% de areia; 17,5% de silte e 22,5% de argila.
3. 120 meq de K^+ ou 4,68 g de K^+ em 1 kg de solo.
4. d_s = 1.382 kg . m^{-3}; u = 22,3 %; θ = 0,308 m^3 . m^{-3}.
5. α = 47,8%; β = 17,1%.
6. Usar as Equações 11 e 16 para calcular d_s e θ.
7. d_s = 1.378 kg . m^{-3}; s = 17,8085 kg . m^{-3}; CV = 1,3%
   θ = 0,326 m^3 . m^{-3}; s = 0,0439 m^3 . m^{-3}; CV = 13,4%
   Essa é a variabilidade típica que pode ser encontrada em determinada situação. Essas variações são devidas a desuniformidades em compactação, textura, estrutura etc., e também à metodologia de amostragem.
8. Antes: d_s = 1.405 kg . m^{-3}; u = 0,181 kg . kg^{-1}; θ = 0,254 m^3 . m^{-3}
   Depois: d_s = 1.525 kg . m^{-3}; u = 0,180 kg . kg^{-1}; θ = 0,275 m^3 . m^{-3}
9. No segundo caso, temos mais massa e mais água no mesmo volume de 0,0002 m^3. A porosidade α diminui.
10. m_u = 0,121 kg.
11. 51 mil toneladas de solo e 1,02 x 10^7 L de água.
12. 56,25 mm.
13. 0,2298 m ou 229,8 mm.
14. 15 mm.
15. 184,2 mm; 72,8 mm; 41,6 mm.
17. De 10 a 13/03: –9,9 mm; de 13 a 17/03: –19,8 mm; de 17 a 20/03: +52,3 mm.
18. –3,30 mm . dia^{-1}; –4,95 mm . dia^{-1}; +17,43 mm . dia^{-1}. No período de 17 a 20/03 deve ter chovido e a chuva pode ter caído em um só dia. Por isso, a taxa média de ganho igual a 17,43 mm não tem muito significado.
20. 1.855 mg NO_3 . m^{-3} solo.
21. 25,6 kg/ha.
22. 0,146 m^3 de ar/m^3 de solo.
23. Como a porcentagem de O_2 é por volume, 1 m^3 tem 0,18 m^3 de O_2. Como nas condições normais de pressão e temperatura, um mol de qualquer gás ocupa o volume de 22,4 L (22,4 x 10^{-3} m^3), nos 0,18 m^3 temos 8 moles. Como o mol de O_2 é 0,032 kg, temos 0,256 kg de O_2. Portanto, 1 m^3 de ar com 18% de O_2 tem 0,256 kg de O_2. Como a porosidade livre do solo é 0,146 m^3 de ar/m^3 de solo, a resposta é: 0,0374 kg O_2/m^3 de solo.
24. 0,496 cal/cm^3 . °C.
25. Aplique a Equação 37 desconsiderando o sinal. O resultado é K = 4 x 10^{-3} cal/cm . s . °C.
26. Aplique a Equação 38. A resposta é 8,1 x 10^{-3} cm^2 . s^{-1}.
27. A diferença fica clara pelas unidades. Observe que em D some a cal.

LITERATURA CITADA

AJAYI, A. E.; DIAS JUNIOR, M. de S.; CURI, N.; ARAÚJO JUNIOR, C. F.; ALADENOLA, O. O.; SOUZA, T. T. T.; INDA JÚNIOR, A. V. Comparison of estimation methods of soil strength in five soils. *Revista Brasileira de Ciência do Solo*, v. 33, p. 487-95, 2009a.

AJAYI, A. E.; DIAS JUNIOR, M. de S.; CURI, N.; ARAÚJO JUNIOR, C. F.; ALADENOLA, O. O.; SOUZA, T. T. T.; INDA JÚNIOR, A. V. Strength attributes and compaction susceptibility of Brazilian latosols. *Soil and Tillage Research*, v. 105, p. 122-7, 2009b.

AJAYI, A. E.; DIAS JUNIOR, M. de S.; CURI, N.; GONTIJO, I.; ARAÚJO JUNIOR, C. F.; VASCONCELOS JÚNIOR, A. I. Relation of strength and mineralogical attributes in Brazilian latosols. *Soil and Tillage Research*, v. 102, p. 14-8, 2009c.

BALL, B. C.; BATEY, T.; MUNKHOLM, L. J. Field assessment of soil structural quality: a development of the Peerlkamp test. *Soil Use and Management*, v. 23, p. 329-37, 2007.

BALL, B. C.; GUIMARÃES, R. M. L.; CLOY, J. M.; HARGREAVES, P. R.; SHEPHERD, T. G.; MCKENZIE, B. M. Visual soil evaluation: a summary of some applications and potential developments for agriculture. *Soil and Tillage Research*, v. 173, p. 114-24, 2017.

DANE, J. H.; TOPP, G. C. (ed.). *Methods of soil analysis*: Part 4, Physical Methods. Madison, 2020. Wiley, Soil Science Society of America. p. 1744.

DIAS JUNIOR, M. de S.; FONSECA, S.; ARAÚJO JÚNIOR, C. F.; SILVA, A. R. Soil compation due to forest harvest operations. *Pesquisa Agropecuária Brasileira*, v. 42, p. 257-64, 2007.

DIAS JUNIOR, M. de S.; LEITE, F. P.; LASMAR JÚNIOR, E.; ARAÚJO JUNIOR, C. F. Traffic effects on the soil preconsolidation pressure due to eucalyptus harvest operations. *Scientia Agricola*, v. 62, p. 248-55, 2005.

DOURADO-NETO, D.; POWLSON, D.; BAKAR, R. A. et al. Multiseason recoveries of organic and inorganic nitrogen-15 in tropical cropping systems. *Soil Science Society of America Journal*, v. 74, p. 139-52, 2010.

ESTADOS UNIDOS. Soil survey manual. Washington, p. 503, 1951. Soil Conservation Service – Department of Agriculture (USDA. Agriculture Handbook, 18).

GARBOUT, A.; MUNKHOLM, L. J.; HANSEN, S. B. Tillage effects on topsoil structural quality as-sessed using X-ray CT, soil cores and visual soil evaluation. *Soil and Tillage Research*, v. 128, p. 104-9, 2013.

GUIMARÃES, R. M. L.; BALL, B. C.; TORMENA, C. A.; GIAROLA, N. F. B.; SILVA, A. P. Relating visual evaluation of soil structure to other physical properties in soils of contrasting texture and management. *Soil and Tillage Research*, v. 127, p. 92-9, 2013.

GUIMARÃES, R. M. L.; LAMANDÉ, M.; MUNKHOLM, L. J.; BALL, B. C.; KELLER, T. Opportunities and future directions for visual soil evaluation methods in soil structure research. *Soil and Tillage Research*, v. 173, p. 104-13, 2017.

HAKANSSON, I.; LIPIEC, J. A review of the usefulness of relative bulk density values in studies of soil structure and compaction. *Soil and Tillage and Research*, v. 53, p. 71-85, 2000.

KACHANOSKI, R. G.; DE JONG, E. Scale dependence and temporal persistence of spatial pat-terns of soil water storage. *Water Resources Research*, v. 24, p. 85-91, 1988.

KUTILEK, M.; NIELSEN, D. R. *Soil hydrology*. Cremlingen-Destedt, Catena Verlag, 1994. p. 370.

LEMOS, R. C.; SANTOS, R. D. *Manual de descrição e coleta de solo no campo*. 3. ed. Campinas, Sociedade Brasileira de Ciência do Solo, 1996. p. 83.

LEPSCH, I. F. *19 lições de pedologia*. São Paulo, Oficina de Textos, 2011.

LIMA, C. L. R. de; SILVA, A. P.; IMHOFF, S.; LEÃO, T. P. Compressibilidade de um solo sob sistemas de pastejo rotacionado intensivo irrigado e não irrigado. *Revista Brasileira de Ciência do Solo*, v. 28, n. 6, p. 945-51, 2004a.

LIMA, C. L. R. de; SILVA, A. P.; IMHOFF, S.; LIMA, H. V.; LEÃO, T. P. Heterogeneidade da compactação de um latossolo vermelho-amarelo sob pomar de laranja. *Revista Brasileira de Ciência do Solo*, v. 28, p. 409-14, 2004b.

LIMA, C. L. R. de; MIOLA, E. C. C.; TIMM, L. C.; PAULETTO, E. A.; SILVA, A. P. Soil compressibility and least limiting water range of a constructed soil under cover crops after coal mining in Southern Brazil. *Soil & Tillage Research*, v. 124, p. 190-5, 2012.

MALAVOLTA, E. *Manual de nutrição mineral de plantas*. São Paulo: Agronômica Ceres, 2006. p. 651.

MONCADA, M. P.; PENNING, L. H.; TIMM, L. C.; GABRIELS, D.; CORNELIS, W. M. Visual examinations and soil physical and hydraulic properties for assessing soil structural quality of soils with contrasting textures and land uses. *Soil and Tillage Research*, v. 140, p. 20-28, 2014.

MONIZ, A. C. *Elementos de pedologia*. São Paulo, Edusp, 1972. p. 275.

MUELLER, L.; KAY, B. D.; HU, C.; LI, Y.; SCHINDLER, U.; BEHRENDT, A.; SHEPHERD, T. G.; BALL, B. C. Visual assessment of soil structure: evaluation of methodologies on sites in Cana-da, China and Germany: part I: comparing visual methods and linking them with soil physical data and grain yield of cereals. *Soil and Tillage Research*, v. 103, p. 178-87, 2009.

OLIVEIRA, J. C. M.; VAZ, C. M. P.; REICHARDT, K.; SWARTZENDRUBER, D. Improved soil parti-cle-size analysis by gamma-ray attenuation. *Soil Science Society of America Journal*, v. 61, p. 23-6, 1997.

ORTIGÃO, J. A. R. *Introdução à mecânica dos solos dos estados críticos*. Rio de Janeiro, LTC, 1993. p. 368.

REICHARDT, K. *A água em sistemas agrícolas*. São Paulo, Manole, 1987. p. 188.

REICHARDT, K.; LIBARDI, P. L.; MORAES, S. O.; BACCHI, O. O. S.; TURATTI, A. L.; VILLAGRA, M. M. Soil spatial variability and its implications on the establishment of water balances. In: CONGRESSO INTERNACIONAL DE CIÊNCIA DO SOLO, 14, Kyoto, 1990. *Anais*. Quioto, Sociedade Internacional de Ciência do Solo, v. 1, p. 41-6, 1990.

REICHERT, J. M.; REINERT, D. J.; SUZUKI, L. E. A. S.; HORN, R. Mecânica do solo. In: JONG VAN LIER, Q. (ed.). *Física do solo*. Viçosa: Sociedade Brasileira de Ciência do Solo, 2010. p. 29-102.

ROCHA, M. G. da; FARIA, L. N.; CASAROLI, D.; VAN LIER, Q. de J. Avaliação de modelo de extração da água do solo por sistemas radiculares divididos entre camadas de solo com propriedades hidráulicas distintas. *Revista Brasileira de Ciência do Solo*, v. 34, p. 1017-28, 2010.

SANTOS, G. de A.; SILVA, L. S. da; CANELLAS, L. P.; CAMARGO, F. A. O. (ed.). *Fundamentos da matéria orgânica do solo*: ecossistemas tropicais & subtropicais. 2. ed. rev. e atual. Porto Alegre: Metrópole, 2008. p. 654.

SANTOS, H. G. D.; JACOMINE, P. K. T.; ANJOS, L. H. C. D.; OLIVEIRA, V. A. D.; OLIVEIRA, J. B. D.; COELHO, M. R.; LUMBRERAS, J. F.; CUNHA, T. J. F. (ed.). *Sistema brasileiro de classificação de solos*. 2.ed. Rio de Janeiro, Embrapa Solos, 2006. v. 1. p. 306.

SANTOS, H. G. D.; JACOMINE, P. K. T.; ANJOS, L. H. C. D.; OLIVEIRA, V. A. D.; LUMBRERAS, J. F.; COELHO, M. R.; ALMEIDA, J. A. de; ARAÚJO FILHO, J. C. de; OLIVEIRA, J. B. D.; CUNHA, T. J. F. (ed.). *Sistema brasileiro de classificação de solos.* 5. ed. rev. e ampl. Rio de Janeiro, Embrapa Solos, 2018. p. 358.

SHEPHERD, T. G. *Visual soil assessment*: pastoral grazing and cropping on flat to rolling country. 2. ed. Palmerston North (New Zealand): Horizons Regional Council, 2009. v. 1. p. 119.

SILVA, A. L.; BRUNO, I. P.; REICHARDT, K.; BACCHI, O. O. S.; DOURADO-NETO, D.; FAVARIN, J. L.; COSTA, F. M. P.; TIMM, L. C. Soil water extraction by roots and Kc for the coffee crop. *Revista Brasileira de Engenharia Agrícola e Ambiental*, v. 13, n. 3, p. 257-61, 2009.

SILVA, A. L.; ROVERATTI, R.; REICHARDT, K.; BACCHI, O. O. S.; TIMM, L. C.; BRUNO, I. P.; OLIVEIRA, J. C. M.; DOURADO-NETO, D. Variability of water balance components in a coffee crop grown in Brazil. *Scientia Agricola*, v. 63, p. 105-14, 2006.

SILVA, A. P.; KAY, B. D.; PERFECT, E. Characterization of the least limiting water range. *Soil Sci-ence Society of America Journal*, v. 58, p. 1775-81, 1994.

STOKES, G. G. On the effect of the lateral friction of fluids on the motion of pendulums. *Transactions of the Cambridge Philosophical Society*, v. 9, p. 8-106, 1851.

STOLF, R.; MURAKAMI, J. H.; MANIERO, M. A.; SILVA, L. C. F.; SOARES, M. R. Incorporação de régua para medida de profundidade no projeto do penetrômetro de impacto Stolf. *Revista Brasileira de Ciência do Solo*, v. 5, n. 36, p. 1476-82, 2012.

STOLF, R.; THURLER, A. M.; BACCHI, O. O. S.; REICHARDT, K. *Método rápido de identificação da compactação e critério de decisão para descompactar o solo*. UFSCar. 2013. Disponível em: http://www.cca.ufscar.br/wpcontent/uploads/2013/10/98.c._Identificacao_compactacao_e_criterio_de_decisao_para_descompactar_solo.xlsx.

TAYLOR, H. M.; ROBERSON, G. M.; PARKER JUNIOR, J. J. Soil strength-root penetration relations to medium to coarse-textured soil materials. *Soil Science*, v. 102, p. 18-22, 1966.

TIMM, L. C. *Avaliação de alguns modelos matemáticos para a determinação da condutividade hidráulica de solos não saturados*. 1994. Dissertação (Mestrado) – Programa de Pós-Graduação em Engenharia Agrícola. Universidade Federal de Viçosa, Viçosa, 1994. p. 74.

TURATTI, A. L. *Armazenamento de água pela terra roxa estruturada*. 1990. Tese (Doutoramento) – Escola Superior de Agricultura Luiz de Queiroz, Universidade de São Paulo, Piracicaba, 1990. p. 88.

TURATTI, A. L.; REICHARDT, K. Variabilidade do armazenamento de água em terra roxa estruturada. *Revista Brasileira de Ciência do Solo*, v. 13, n. 3, p. 253-7, 1991.

VAZ, C. M. P.; OLIVEIRA, J. C. M.; REICHARDT, K.; CRESTANA, S.; CRUVINEL, P. E.; BACCHI, O. O. S. Soil mechanical analysis through gamma-ray attenuation. *Soil Technology*, v. 5, p. 319-25, 1992.

WEBSTER, R.; LARK, M. *Field sampling for environmental science and management*. New York: Routledge, 2013. p. 192.

4

A planta: absorvedor da radiação solar para a fotossíntese

> Na produção agrícola, a planta é o ator principal, produzindo alimento e fibra. É importante saber como e de onde absorve os 16 elementos essenciais para seu estabelecimento e como armazena os componentes de sua matéria seca. Modelos matemáticos de ajuste de dados experimentais nos auxiliam a entender a marcha de acúmulo da matéria seca obtida pelo processo da fotossíntese, que é a transformação da energia solar em energia química. Esse processo é responsável pelo crescimento e desenvolvimento das plantas, que com balanço positivo produzem raízes (batata, mandioca), colmos (cana-de-açúcar, aspargos), folhas (couve, espinafre), frutos e sementes (feijão, laranja) e fibras (algodão, palha), que na agricultura devem ser produzidos com alta produtividade e de forma sustentável.
>
> A água, os nutrientes e o clima são essenciais nos processos de crescimento e desenvolvimento das plantas. A água vem do solo, penetra pelas raízes carregando os nutrientes e vai até as folhas onde se dá a fotossíntese, que é tanto mais eficiente quanto mais adequado for o clima. As estruturas vegetais pelas quais a água líquida é transportada das raízes às folhas são o xilema e o floema, e nas folhas ela passa ao estado de vapor, passando para a atmosfera através dos estômatos.

INTRODUÇÃO

Os vegetais desenvolvem-se na atmosfera próxima ao solo, tendo como apoio o próprio solo, ou às vezes a água. Para seu desenvolvimento, o sistema radicular absorve água e nutrientes, representados por **elementos essenciais**. São denominados essenciais pelo fato de que cada um (e são 16) ser estritamente necessário para que a planta feche seu ciclo, de semente até a próxima semente. A falta de um deles afeta o ciclo da espécie, não permitindo um crescimento e desenvolvimento normais. Eles são subdivididos em:

Macronutrientes:

1. Nitrogênio, N: absorvido principalmente como NO_3^- e NH_4^+.
2. Fósforo, P: $H_2PO_4^-$ e HPO_4^{2-}.
3. Potássio, K: K^+.
4. Cálcio, Ca: Ca^{2+}.
5. Magnésio, Mg: Mg^{2+}.
6. Enxofre, S: SO_4^{2-},

que são assim denominados por serem absorvidos (e necessitados) em maiores quantidades.

Micronutrientes:

1. Zinco, Zn: Zn^{2+}.
2. Cobre, Cu: Cu^{2+}.
3. Manganês, Mn: Mn^{2+}.
4. Ferro, Fe: Fe^{2+}.
5. Boro, B: ácido bórico H_3BO_3.
6. Molibdênio, Mo: MoO_4^{1-}.
7. Cloro, Cl: Cl^-.

Os micronutrientes são absorvidos e necessitados em quantidades muito baixas. Sua falta, entretanto, não permite que o vegetal complete de modo pleno seu ciclo vital.

São essenciais ainda o carbono (C), o oxigênio (O) e o hidrogênio (H), fechando assim a lista dos 16 elementos essenciais. Além disso, são úteis e encontrados nos tecidos vegetais o cobalto, Co (Co^{2+}), importante para as leguminosas; o silício, Si (SiO_3^-) e o níquel, Ni (Ni^{2+}). Malavolta (2006) faz uma avaliação do estado nutricional das plantas, descrevendo detalhes importantes sobre a dinâmica e absorção de nutrientes.

Pela parte aérea da planta, especificamente através dos **estômatos**, entra o gás carbônico, CO_2, que participa da **fotossíntese**, uma síntese de açúcares realizada à custa de energia solar. A água, necessária para o processo, vem do solo passando das raízes (através do xilema) para o caule e depois para as folhas. A fotossíntese é o processo por meio do qual as plantas verdes transformam a energia radiante (eletromagnética) vinda do Sol, em energia química. Sua formulação geral é dada por:

$$CO_2 + H_2O + luz \xrightarrow{\text{Planta verde}} O_2 + \text{Matéria orgânica} + \text{Energia química}$$

e a energia química resultante é empregada pela célula em vários processos metabólicos. A matéria orgânica produzida é o carboidrato, simbolizado por $(CH_2O)_n$. O reservatório da água mostrada na equação acima é a retida nos tecidos vegetais, e é uma proporção muito pequena em relação à água da transpiração que apenas passa pela planta, mas com a função importantíssima de trazer os nutrientes do solo. Os agentes de absorção da luz solar são os pigmentos que ocorrem nos **cloroplastos** das plantas superiores (e algumas algas) (Quadro 1). Esses picos de absorção da radiação solar estão nas faixas do azul (420-480 nm) e do vermelho (643-660 nm), sendo o verde central refletido, daí a cor verde das plantas. Por isso a faixa do espectro solar que vai de 400-700 nm é denominada **radiação fotossinteticamente ativa**, cuja sigla em inglês é PAR (*photosynthetic active radiation*), adotada dessa forma em português e abordada em mais detalhe no Capítulo 5.

QUADRO 1 Pigmentos que ocorrem nas plantas superiores (e algumas algas) e que participam da fotossíntese

Pigmento	Picos de comprimento de onda de absorção máxima de luz (nm)
Clorofila a (verde-azulada)	430 e 660
Clorofila b (verde)	453 e 643
α Caroteno (amarelo-alaranjado)	420; 440; 470
β Caroteno (amarelo-alaranjado)	425; 450; 480
Luteol	425; 445; 475
Violoxantol	425; 450; 475

As reações físico-químicas da fotossíntese se dão de forma cíclica, sempre voltando ao estado inicial, com entrada contínua de energia solar para manter o processo em funcionamento. Uma planta poderia ser comparada a um motor de explosão de um automóvel, que também é uma máquina cíclica. O principal ciclo fotossintético de produção de carboidratos é o de Calvin, com a formação do PGA, um açúcar com três carbonos. Por isso, as plantas que seguem esse ciclo são denominadas **plantas C3**. Outro grupo de plantas, entre as quais algumas gramíneas (ou poáceas, família *Poaceae*), e outras espécies de plantas adaptadas ao clima árido, seguem uma variação do ciclo de Calvin, descoberto por Hatch e Slack, e produzem o malato, um carboidrato com quatro carbonos, e são denominadas **plantas C4**. A título de exemplo de nossas principais culturas agrícolas, a soja é planta C3 e o milho C4. Uma comparação da fisiologia das plantas C3 e C4, que vai desde diferenças na capacidade de transferência do sistema vascular, na resistência dos estômatos ao fluxo de CO_2, até diferenças na eficiência de utilização do nitrogênio em processos de assimilação é apresentada em Taiz et al. (2017). Ainda, várias espécies de plantas que habitam ambientes áridos e quentes apresentam um terceiro sistema de fixação do CO_2, denominado metabolismo ácido das crassuláceas, que são as **plantas CAM**. Entre elas destacam-se o cacto, o abacaxi e as orquídeas.

Para crescer e se desenvolver, as plantas consomem energia pelo processo de **respiração**, no qual açúcares produzidos na fotossíntese são "queimados" pelo O_2, resultando CO_2 e H_2O. É o processo inverso da fotossíntese. Para que as plantas acumulem matéria seca e cresçam é necessário que a produção de açúcares pela fotossíntese ultrapasse a queima pela respiração. A Figura 1 mostra esquematicamente as **taxas de assimilação de carbono** (TAC, fotossíntese) e as **taxas de respiração** (TR, respiração) em função da temperatura do ar T. A TAC se eleva com o aumento de T, passa por um máximo e depois decresce quando o ar se torna muito quente. A TR aumenta linearmente com T. Para temperaturas menores que T_{bi} (veja Figura 1 deste capítulo e Figura 5 do Capítulo 5), TR > TAC, a taxa líquida de assimilação de carbono (TLAC = TAC – TR) é negativa e a planta consome sua própria energia, consequentemente, não cresce. Para temperaturas acima de T_{bs} o mesmo ocorre. Dentro do intervalo de temperaturas T_{bs} – T_{bi} a planta acumula açúcares e cresce. Na temperatura T_0 a TLAC é máxima e esta é a temperatura ótima para o crescimento da planta. Todas essas temperaturas, T_{bi}, T_0 e T_{bs} são características de cada planta.

Como já foi dito, para o crescimento e desenvolvimento das plantas, a maior parte da água do solo passa por elas, indo acabar na atmosfera. Como nesse processo praticamente não entra energia vital, a planta é muitas vezes vista como o elo de ligação entre a água do solo e a água da atmosfera, ocupando um papel preponderante no ciclo da água.

O consumo de água por culturas agrícolas normalmente se refere a toda a água perdida pelas plantas (transpiração e gutação) e da superfície do solo, mais a água retida nos tecidos vegetais. A por-

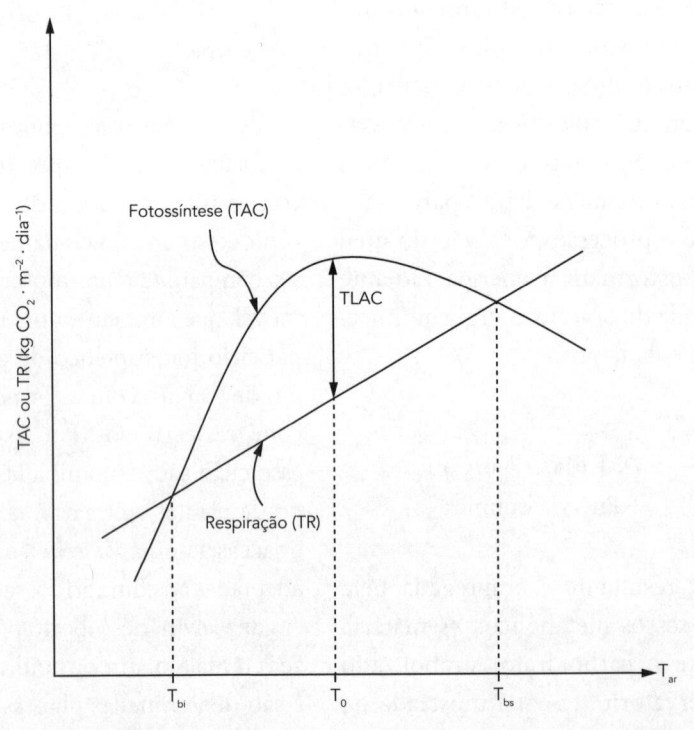

FIGURA 1 Representação esquemática da fotossíntese e da respiração vegetal em função da temperatura do ar.
TR: taxa de respiração; TAC: taxa de assimilação de carbono: TLAC: taxa líquida de assimilação de carbono.

centagem de água nos tecidos vegetais é muito alta, mesmo assim é, em geral, menor que 1% do total evaporado durante o ciclo completo de crescimento da planta. Por isso, o consumo de água das plantas normalmente se refere apenas à água perdida pela transpiração das plantas e pela evaporação da superfície do solo. Nestes estudos as seguintes definições são importantes:

a. **Transpiração:** perda de água na forma de vapor, através da superfície da planta.
b. **Evaporação:** perda de água na forma de vapor, através da superfície do solo (ou também de qualquer superfície morta).
c. **Evapotranspiração:** é a soma da transpiração com a evaporação. Na prática, a evapotranspiração de uma cultura também é denominada **uso consuntivo de uma cultura**.

O consumo de água de uma cultura é de fundamental importância do ponto de vista agrícola, pois, em geral, os recursos de água disponível são limitados. De importância na evapotranspiração é a arquitetura da planta, visto que, nesse aspecto, destaca-se a área foliar, que é a superfície evaporante exposta à atmosfera. A área foliar de uma cultura é a soma das áreas de cada folha. Muito utilizado é o **índice de área foliar** (IAF), a relação entre a área das folhas e a área de solo ocupada pela planta. Assim, se uma planta ocupa 0,8 m^2 de solo e tem uma área foliar de 3,5 m^2, o IAF é 4,375 m^2/m^2. Isso significa que a evaporação da água do solo se dá em 0,8 m^2 e a transpiração das plantas em 3,5 m^2. Para efeito de cálculo, porém, a evapotranspiração é estimada por m^2 de solo cultivado, isto é, em L/m^2 = mm.

O IAF varia com o desenvolvimento da cultura. Na semeadura não há nem planta nem folha e, com o passar do tempo, as plantas crescem e podem chegar a cobrir totalmente o solo, restando uma cobertura, ou um dossel verde. Depois da floração, frutificação e maturação, as plantas perdem folhas por senescência, e a área foliar chega a diminuir. Na Figura 7, também é apresentada esquematicamente a variação do IAF ao longo do desenvolvimento de uma cultura de milho que acompanha de forma semelhante o crescimento da área foliar.

No caso de acúmulo de matéria seca total, para a maioria dos casos, um modelo sigmoidal, como o apresentado na Figura 2, é o que melhor descreve o seu comportamento. Uma sigmoide tem forma de S semideitado, na primeira parte é crescente a taxas cada vez maiores até que na parte central a taxa (de-

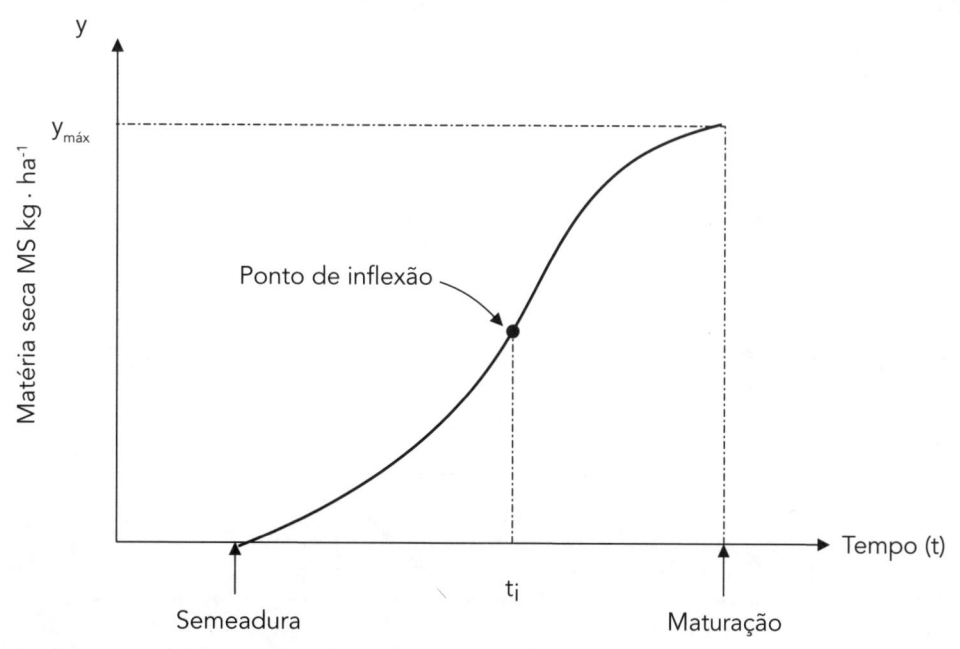

FIGURA 2 Modelo sigmoidal para descrição do acúmulo de matéria seca por uma cultura vegetal.

rivada primeira) é máxima e depois continua crescendo, mas com taxas decrescentes até chegar a uma taxa mínima e um acúmulo de matéria seca total tendendo a um valor máximo constante.

Uma equação que se adapta bem a esse **modelo sigmoide** é parte de uma senoide, com seu início no quarto quadrante, isto é, em $3\pi/2$ radianos (Figura 3).

Um **modelo de acúmulo de fitomassa** desse tipo foi sugerido por Garcia y Garcia (2002), no qual (y) representa a **fitomassa seca** de uma cultura, digamos em kg de MS. ha^{-1}, em função do tempo (t) durante seu ciclo de crescimento:

$$y = y_{máx} \left\{ \frac{1}{2} \left[sen\left(\frac{3\pi}{2} + \pi \frac{t}{t_{máx}}\right) + 1 \right] \right\}^{\alpha} \quad (1)$$

sendo $y_{máx}$ a fitomassa seca máxima atingida na maturação e $t_{máx}$ o tempo no instante da maturação, considerando t = 0 a emergência das plantas. Note-se que a relação $t/t_{máx}$ é adimensional e que no início do ciclo t = 0, portanto, $t/t_{máx} = 0$, e no fim do ciclo $t/t_{máx} = 1$, pois $t = t_{máx}$. Já $y_{máx}$ é a fitomassa seca máxima atingida no fim do ciclo (veja o Capítulo 23 para compreender melhor as variáveis adimensionais).

Para o leitor não versado em interpretar equações, vamos analisar a Equação 1 em detalhe e compreendê-la. Note que a função principal é o seno e que no colchete do seno aparece uma defasagem de $3\pi/2$, o que nos mostra que, para $t/t_{máx} = 0$, o seno começa em $3\pi/2$ (terceiro quadrante), valendo –1, como mostra a Figura 3. Esse resultado, somado ao +1 da equação, resulta em 0, que multiplicando os demais fatores leva a y = 0, que é a fitomassa do início do ciclo. Para $t/t_{máx} = 1$ (fim do ciclo), temos sen $5\pi/2 = 1$. Agora, 1 + 1 = 2, que multiplicado por 1/2 da equação resulta em 1, ou $y = y_{máx}$. O parâmetro α é um fator de forma, isto é, ele modifica o S da senoide, que é pura só para $\alpha = 1$. Conforme o valor de α ou S se alonga ou se encolhe, mexe em sua forma. O valor de α é obtido ajustando a Equação 1 a dados experimentais de y e t, pelo método dos quadrados mínimos.

A importância do ajuste de dados a modelos matemáticos à dados de MS é também a possibilidade de estimar as taxas de crescimento das plantas, que seriam as **derivadas da curva** da Figura 2, isto é, dy/dt, que podem ser dadas em kg . ha^{-1} . dia^{-1}. O primeiro ramo utilizado na senoide (de $3\pi/2$ a 2π) é crescente e as derivadas são positivas e crescentes. No ponto 2π, que é um ponto de inflexão, no qual a derivada segunda d^2y/dt^2 é nula, o que indica que daí para a frente (de 2π a $5\pi/2$) as derivadas continuam positivas, mas decrescem no tempo. O resultado é que a taxa de crescimento dy/dt, em função do tempo, passa a ter forma de cosseno (lembre-se que a primeira derivada de seno é cosseno), com um máximo, como indicam as Figuras 3 e 4.

Existe uma infinidade de modelos sigmoidais, mas um deles é muito conveniente devido a suas características, que veremos a seguir em detalhe:

$$y = \frac{a}{1 + e^{-\frac{(t-b)}{c}}} \quad (2)$$

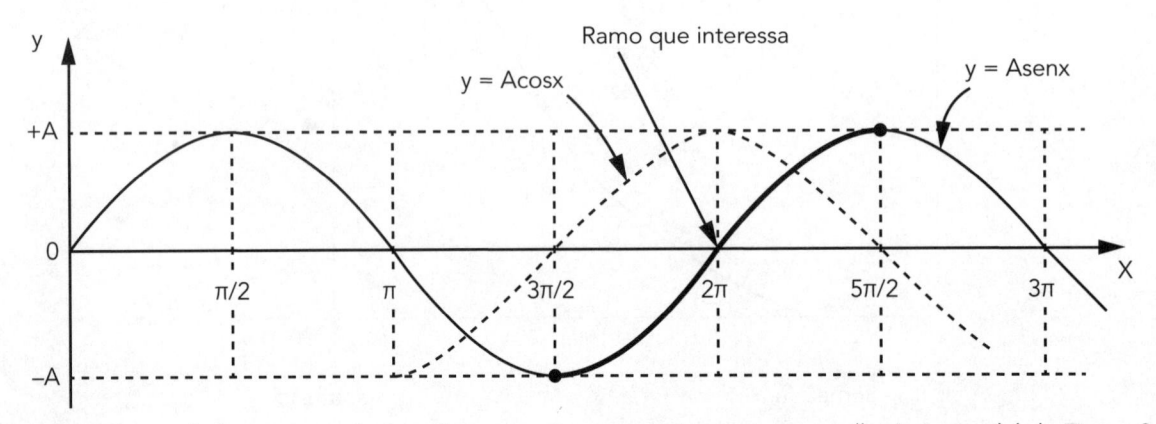

FIGURA 3 Curva da função seno indicando a parte (em negrito) que se assemelha à sigmoidal da Figura 2.

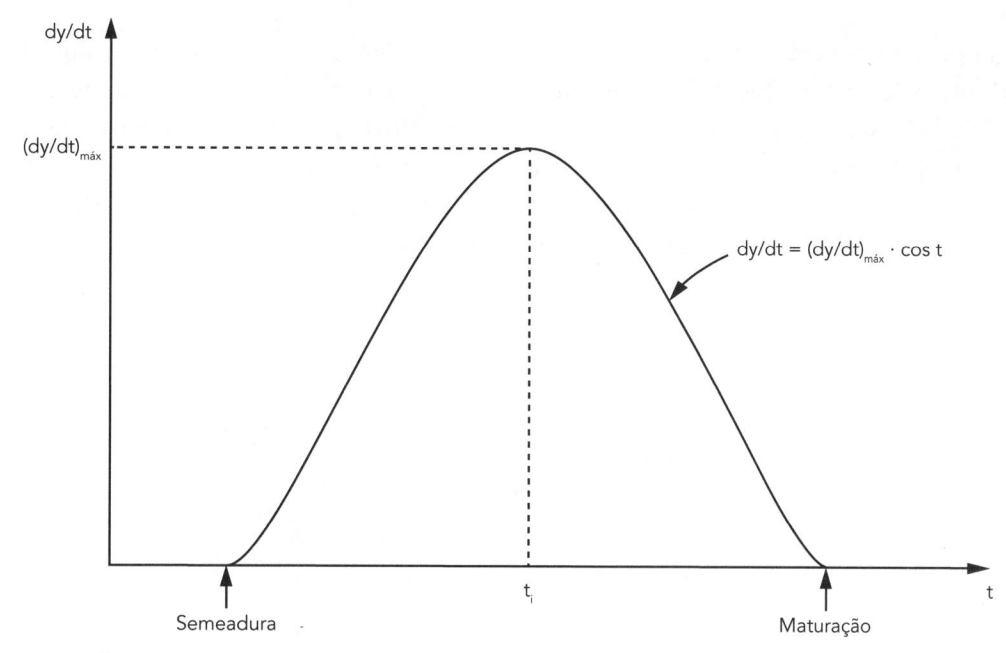

FIGURA 4 Taxa de crescimento dy/dt em função do tempo.

Utilizando o programa TableCurve 2D©, que minimiza os desvios do ajuste dos dados experimentais à Equação 2, obtêm-se os parâmetros empíricos a, b e c. A taxa de acumulação de MS é dada pela **primeira derivada** (dy/dt, kg ha^{-1} d^{-1}), que é:

$$\frac{dy}{dt} = \frac{a \cdot e^{-\frac{(t-b)}{c}}}{c \cdot \left[t + e^{-\frac{(t-b)}{c}}\right]^2} \quad (3)$$

As coordenadas da taxa máxima podem ser obtidas igualando a **segunda derivada** a zero, isto é,

$$\frac{d^2y}{dt^2} = \frac{a \cdot e^{-\frac{(t-b)}{c}} \cdot \left\{2 \cdot e^{-\frac{(t-b)}{c}} - \left[1 + e^{-\frac{(t-b)}{c}}\right]\right\}}{c^2 \cdot \left[1 + e^{-\frac{(t-b)}{c}}\right]^3} \quad (4)$$

Fazendo $d^2y/dt^2 = 0$ vemos que o momento t no qual ocorre a taxa máxima é:

$$t = b \quad (5)$$

E que a taxa máxima $(dy/dt)_{max}$ no momento t = b é:

$$\frac{dy}{dt}\left(\frac{d^2y}{dt^2} = 0\right) = \frac{a}{4 \cdot c} \quad (6)$$

Que o valor de y_{max} em t = b (ponto de inflexão da sigmoide) é:

$$y\left(\frac{d^2y}{dt^2} = 0\right) = \frac{a}{2} \quad (7)$$

E ainda que o valor máximo (y_{max}) ao fim do ciclo tende para:

$$Y_{máx} = a \quad (8)$$

Um exemplo da aplicação das Equações 2 a 8 é dado na Figura 5, na qual foi acompanhado o acúmulo de MS em uma cultura de soja.

Outro exemplo é o da Figura 6, extraída de Fenilli et al. (2007), que também utiliza o modelo da Equação 2 para MS total da parte aérea de plantas de café. A Figura 6 mostra, através da linha cheia, a precisão com que a Equação 2 se ajusta aos dados experimentais. É importante mostrar a versatilidade dos modelos em se ajustarem a diferentes dados experimentais (Figuras 5 e 6). É que para cada caso os parâmetros a, b e c são diferentes.

Até aqui falamos em **crescimento de plantas** e **desenvolvimento de plantas**, que são conceitos importantes. Não são sinônimos, são bem distintos, mas inseparáveis. Enquanto a planta cresce, ela se desenvolve. Crescimento se refere mais a tamanho da planta, mais corretamente em acúmulo de matéria seca. Desenvolvimento envolve diferenciação e a planta passa por diversos **estádios** até fechar o ciclo reprodutivo, produzindo sementes que perpetuarão a espécie. De forma genérica fala-se em fase vegetativa, floração, frutificação, maturação e senescência. Essas **fases** são períodos do ciclo que não podem ser

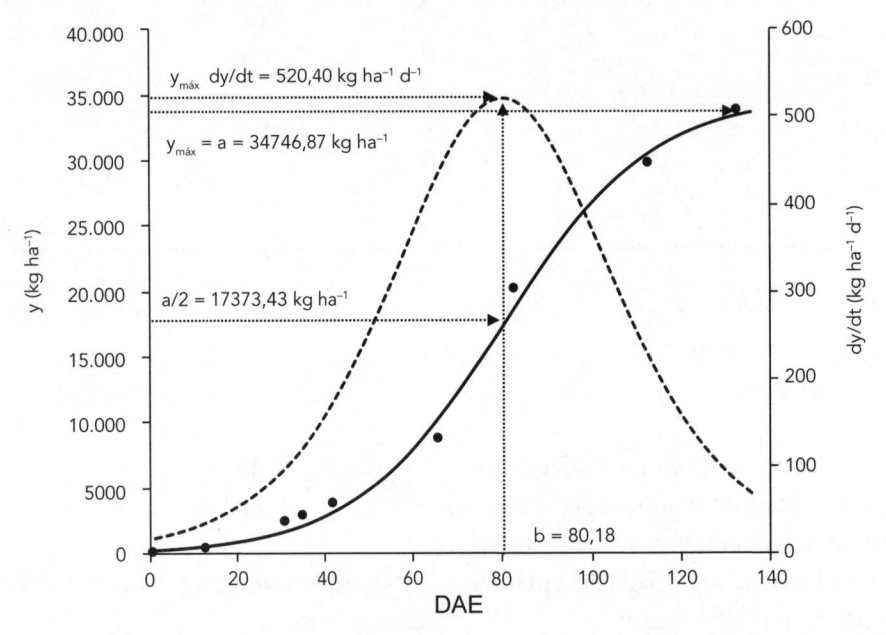

FIGURA 5 Matéria seca (MS) acumulada de uma cultura de soja em função dos dias após emergência DAE, em Piracicaba, SP, 2017/2018.

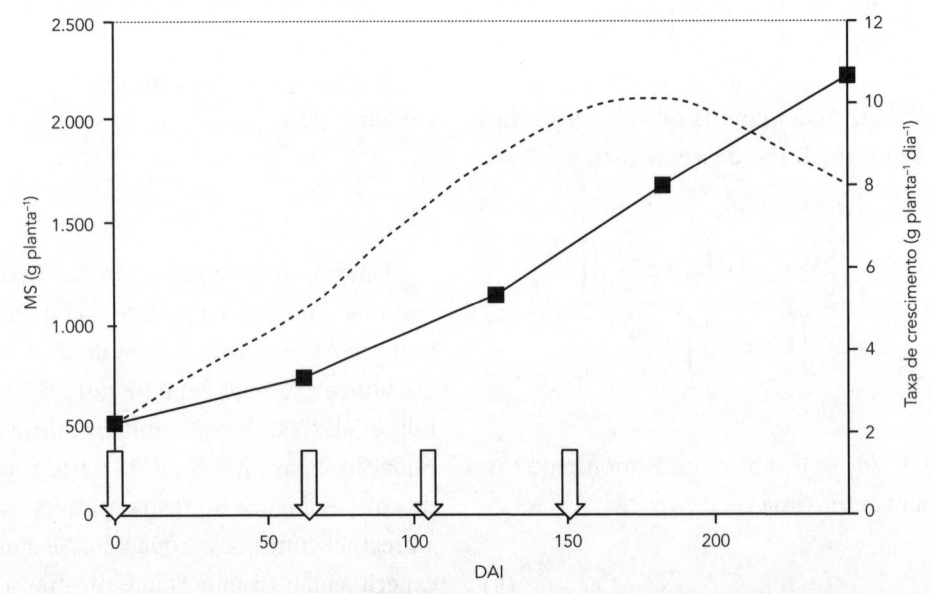

FIGURA 6 Variação da massa de matéria seca (MS) no ano 2002/2003, com dados observados (quadrados) e estimativa (linha cheia) pela Equação 2 e taxa de acúmulo (linha pontilhada) da MS (dMS/dt) obtida pela derivação da Equação 2. As setas indicam as adubações, e o ponto de taxa máxima de crescimento é aos 172 DAI (dias após o início da floração).

confundidos com **estádios de desenvolvimento**, que são momentos. A descrição das fases e estádios é denominada **fenologia**. O milho (*Zea mays* L.), da família das Poáceas (antigas Gramíneas), uma das plantas mais estudadas, apresenta 10 estádios: 0) emergência; 1) 4 folhas; 2) 8 folhas; 3) 12 folhas; 4) pendoamento; 5) florescimento; 6) grãos leitosos; 7) grãos pastosos; 8) grãos farináceos; 9) grãos duros; e 10) ponto de maturidade fisiológica. Cada estádio é considerado atingido quando 50% das plantas apresentarem os sintomas. A Figura 7 ilustra os 10 estádios de desenvolvimento do milho.

Importante ainda é o termo **DAE** (**dias após a emergência**), muito utilizado para acompanhar o ciclo de desenvolvimento das plantas. No lugar de t, usa-se DAE, por exemplo, 50 DAE ou $DAE_{máx}$, que é a duração do ciclo.

A duração do ciclo é razoavelmente constante para uma dada variedade ou cultivar, desde que as condições ambientais sejam adequadas, isto é, que haja disponibilidade de nutrientes e água, de luminosidade, temperatura adequada do ar e do solo etc. Há porém variedades precoces, de ciclo médio e tardias. Em relação à luminosidade, destaca-se a duração do dia (ver N – número possível de horas de insolação em um dado dia ou duração do dia – no Capítulo 5, item radiação solar) que leva ao fenômeno do **fotoperiodismo**. A indução da floração é afetada pelo **fotoperíodo** ou duração do dia, em muitas espécies. Há plantas que não são fotossensíveis e as que são fotossensíveis, entre as quais há as de dias longos e as de dias curtos. Na cultura da cana-de-açúcar, por exemplo, na qual a produção é representada por colmos, a indução da floração é indesejada. De qualquer forma, ela floresce quando o fotoperíodo está entre 12-12,5 horas, o que em São Paulo ocorre entre 25/2 e 20/3. Entretanto, há um efeito combinado com a temperatura, isto é, a floração só é induzida se a temperatura máxima do ar for menor que 31°C (o que é raro nessa época do ano) ou maior que 18°C. O milho é praticamente insensível ao fotoperíodo porque aqui em São Paulo ele floresce em qualquer época do ano. Já a soja é muito sensível e é denominada planta de dias curtos. Seu fotoperíodo crítico é de 13,5 horas. Aqui em SP ela é plantada a partir de setembro/outubro e tem seu período vegetativo sob dias mais longos e chuvosos. Com o abaixamento das horas de insolação, quando esta chega nas 13,5 horas, o processo de floração é induzido.

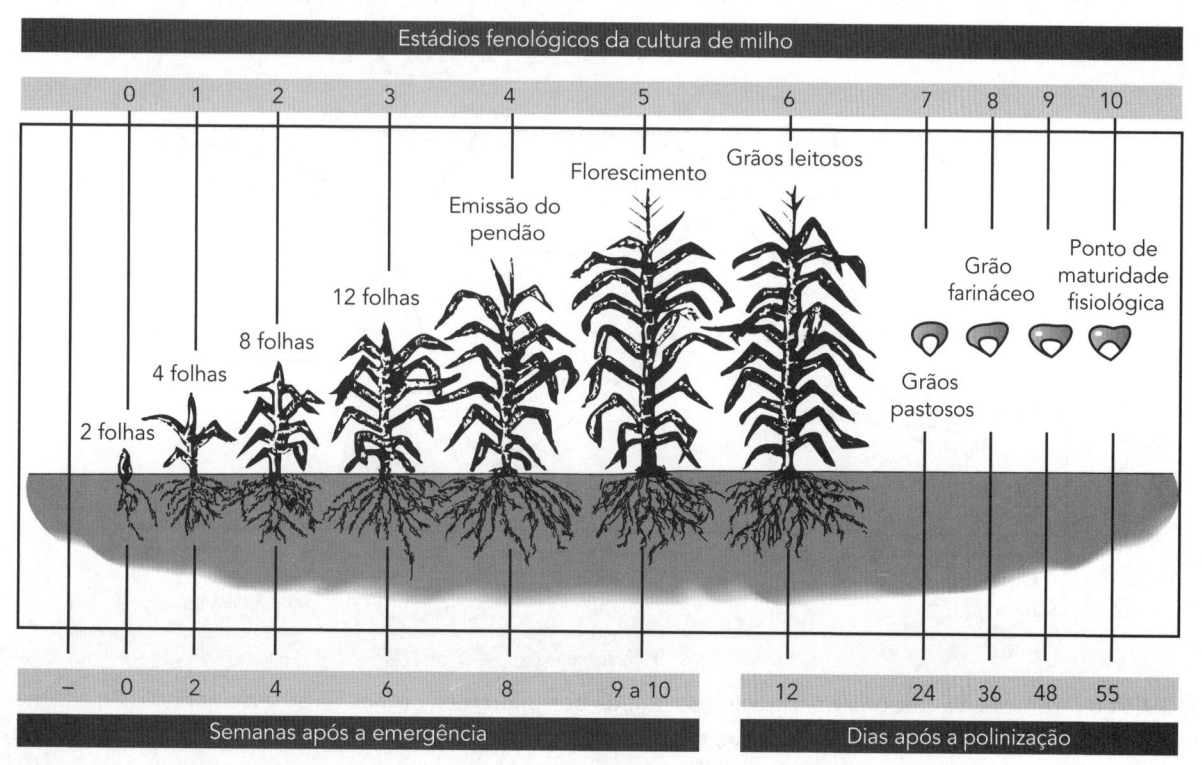

FIGURA 7 Estádios de desenvolvimento do milho, de acordo com Fancelli e Dourado-Neto (2000).

As plantas, para crescerem e se desenvolverem, utilizam energia que vem do sol. Uma forma prática de quantificá-la é pelo conceito de **graus-dia**, detalhado no próximo capítulo. Ele se baseia nas temperaturas do ar que reinam no dossel vegetal durante seu ciclo de desenvolvimento. Cada espécie vegetal possui uma temperatura ótima para seu desenvolvimento, que é uma função da radiação solar. Há ainda uma temperatura mínima em termos de crescimento (Figura 1), denominada temperatura de base inferior T_{bi}, abaixo da qual a cultura praticamente não se desenvolve, e uma temperatura de base superior T_{bs}, acima da qual o desenvolvimento da cultura é prejudicado. Assim, o intervalo ótimo para o crescimento e o desenvolvimento de uma cultura é ($T_{bs} - T_{bi}$). O conceito de graus-dia (GD) do Capítulo 5 se baseia nessas temperaturas.

Outro aspecto importante é a **partição do carbono** (C) da fotossíntese e que é alocada diferentemente a cada parte ou órgão da planta. A taxa de crescimento de matéria seca total, mostrada na Figura 4, pode ser desdobrada por órgãos. A Figura 8 mostra esquematicamente esse desdobramento em termos percentuais, quanto do total de açúcares da TLAC (veja Figura 1) é alocada à raiz, caule, folha e órgãos reprodutivos, durante um ciclo ideal da cultura de milho, desde a emergência da plântula até a maturidade fisiológica. No período entre a semeadura e a emergência, chamado de germinação, a principal fonte de C é a semente. Na emergência, quando começam os processos fotossintéticos, a alocação percentual de C é cerca de 1/3 para cada órgão: raiz, caule e folha. Durante a fase vegetativa as alocações variam como mostra a Figura 8 e desaceleram depois do florescimento, quando os principais sumidouros do C passam a ser os órgãos reprodutivos. O conhecimento desses fluxos de C durante o ciclo de desenvolvimento da planta são de grande importância no manejo da cultura, pois eles determinam os melhores momentos ou fases nas quais as plantas necessitam nutrientes e água. A Figura 8 também mostra de forma esquemática o **coeficiente de cultura** (Kc) (veja Capítulo 15) e o índice de área foliar (IAF). Ambos estão relacionados ao crescimento foliar. Devido às dificuldades das medidas de Kc, na fase inicial, quando ainda há pouca folha, ele é tomado como constante e em torno de 0,3. Em seguida assume-se que cresce linearmente até o auge do crescimento foliar, quando passa a ter valores da ordem de 1 ou mais, 1,1-1,2. Na fase reprodutiva, quando as folhas mais velhas começam a perder atividade fotossintética (**senescência**), assume-se que

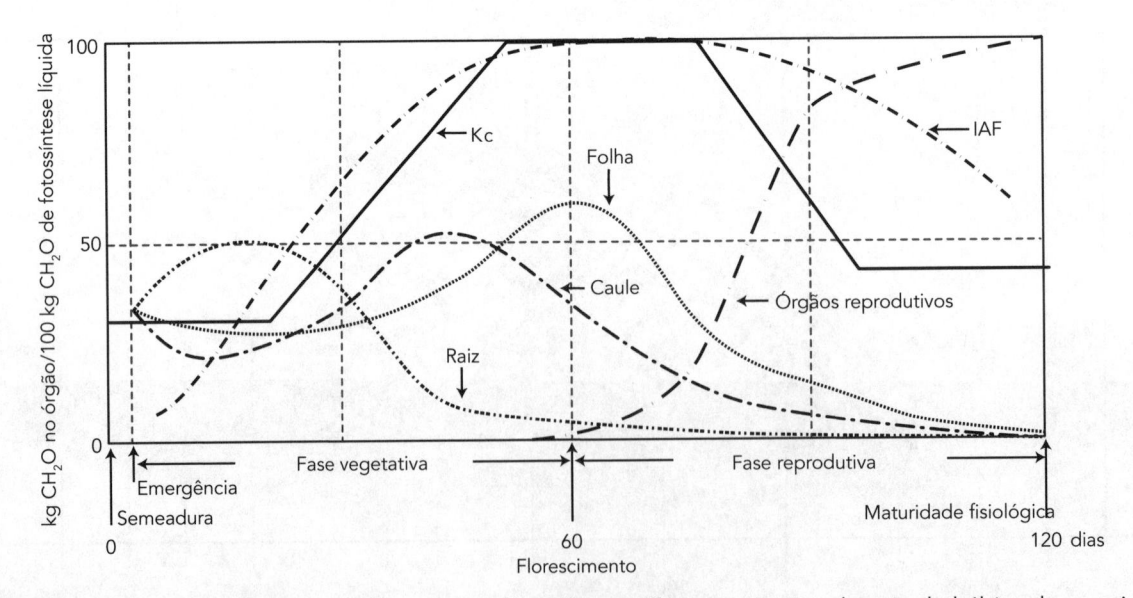

FIGURA 8 Partição de carbono da fotossíntese líquida aos diferentes órgãos da soja de hábito de crescimento indeterminado, coeficiente de cultura (Kc) e índice de área foliar (IAF), desde a emergência até a maturidade fisiológica.

ele decresce linearmente até aproximadamente 0,4 e tomado como constante daí para a frente. O IAF acompanha o crescimento foliar e também diminui nas fases finais por perda de atividade fotossintética.

Na planta, o movimento de água, desde a entrada na extremidade radicular até sua saída pelas folhas, dá-se por vias especiais, e algumas noções de **anatomia vegetal** se tornam indispensáveis para a compreensão do processo.

ANATOMIA VEGETAL

Em estudos de movimento e transporte de água nas plantas, é fundamental o conhecimento de sua anatomia, sobretudo da raiz, do caule e da folha.

A zona de **absorção de água da raiz** se estende desde sua extremidade meristemática (zona de crescimento), por alguns centímetros, até o ponto onde a suberização da epiderme se torna evidente. Os **pelos absorventes** (células epidérmicas com uma extremidade alongada, como indica a Figura 9) geralmente estão presentes na zona de absorção e podem aumentar a área de contato entre raiz e solo (para efeito de absorção de água e nutrientes) de um fator 3 ou 4. Uma seção transversal de uma raiz, na zona de absorção de água, é mostrada na Figura 9.

As células da raiz são diferenciadas em camadas e a água (e nutrientes) passa por todas essas camadas, através das células ou pelos espaços intercelulares, até atingir as células do **xilema** (elemento condutor de água), localizadas no cilindro central. A epiderme é constituída de uma camada de células, após a qual se inicia o **córtex**, que usualmente possui 5-15 camadas de células de parênquima. Após o córtex se inicia a endoderme, também constituída de uma única camada celular. Uma característica da endoderme é que parte das paredes celulares é suberizada, de tal forma que todo o movimento de água (e nutrientes) só se dá pelas células e não por espaços intercelulares ou paredes celulares. A barreira suberizada da endoderme denomina-se **banda de Cáspari**. Após a endoderme encontra-se o periciclo, constituído de uma ou duas camadas de células de paredes finíssimas e, após o periciclo encontram-se os tecidos vasculares: **xilema e floema**. O primeiro

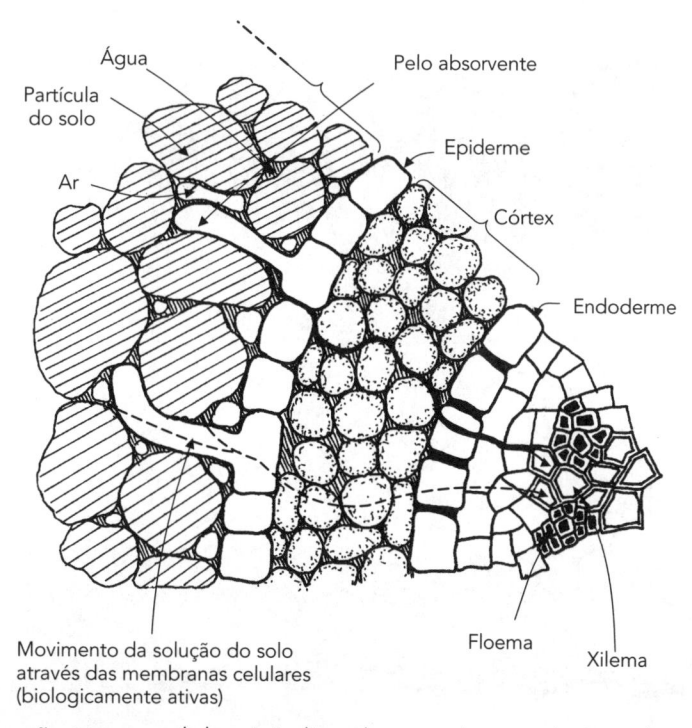

FIGURA 9 Esquema da seção transversal de raiz indicando o movimento da água do solo para o xilema, por dois caminhos: 1. através das paredes celulares (apoplasto), linha cheia; 2. através do protoplasma (simplasto), linha tracejada. As áreas escuras entre as células da endoderme são as estrias de Cáspari.

leva a seiva bruta (água e sais minerais) à parte aérea da planta, e o segundo conduz a seiva elaborada em sentido contrário (solução de materiais orgânicos elaborados na fotossíntese) das folhas às raízes.

O movimento da solução do solo pode dar-se por duas vias na raiz. A primeira via é através das paredes celulares e espaços intercelulares, em conjunto denominado **espaço externo**. Nesse caso, a água move-se devido a diferenças de potencial, e os solutos, ou são arrastados (fluxo de massa), ou movem-se por difusão. É necessário apenas que a água atravesse a banda de Cáspari. Nesse processo não é envolvida energia proveniente do metabolismo vegetal, motivo pelo qual é denominado processo de transferência inativo ou **absorção passiva de água (linha cheia na Figura 9)**. A segunda via é através de membranas celulares e células vivas ou **espaço interno**. Nesse caso, a água move-se principalmente devido a diferenças de potencial osmótico e os solutos movem-se por transporte ativo de água, isto é, transporte que envolve energia biológica e é denominado **absorção ativa de água** (linha pontilhada). As membranas celulares são membranas semipermeáveis e seletivas, nas quais há dispêndio de energia durante o transporte de íons. Até o momento, a maioria das pesquisas indica que o movimento de água é prioritariamente inativo.

O xilema estende-se das raízes até as folhas, pelo caule. Quando o feixe vascular do xilema penetra na folha, ele se subdivide em uma série de ramos até se constituir progressivamente de células simples. Estas estão em contato com as células do **parênquima lacunoso**, tecido esponjoso com grande quantidade de espaços intercelulares, onde a água evapora, isto é, passa do estado líquido para o estado de vapor. Na Figura 10 é representado, esquematicamente, o corte transversal de uma folha.

O vapor da água dos espaços intercelulares atinge a atmosfera por dois caminhos: pela **cutícula**, em menor quantidade, e pelos **estômatos**.

A **cutícula** é uma camada protetora da folha, suberizada e que recobre as células da epiderme e, por isso, as perdas de água pela cutícula são muito pequenas. **Estômatos** são orifícios de 4-12 μm de largura por 10-14 μm de comprimento, encontrados na superfície da folha (superior, inferior ou ambas,

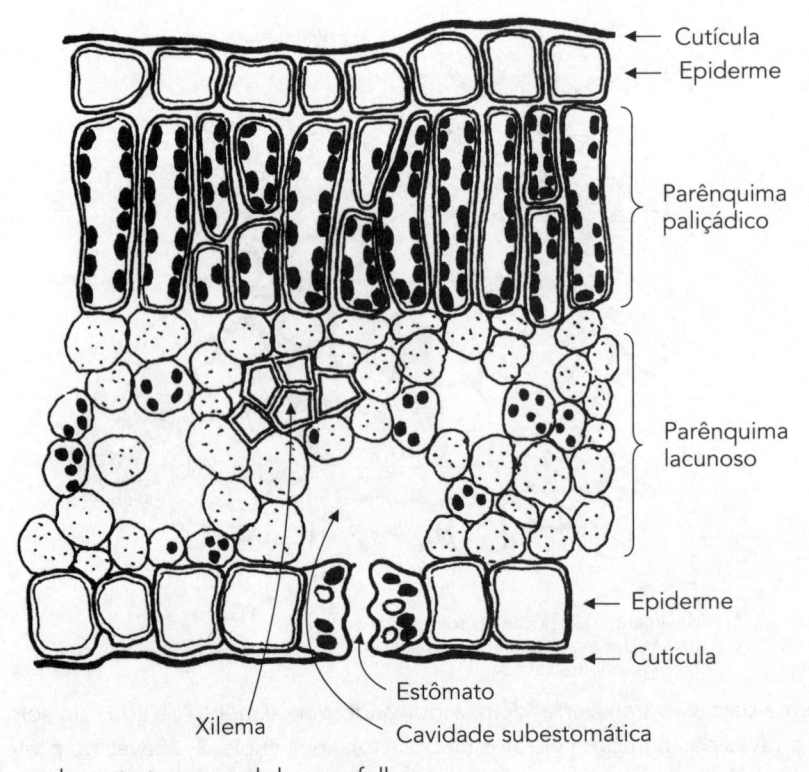

FIGURA 10 Esquema de corte transversal de uma folha.

dependendo da espécie) pelos quais se dão as principais trocas gasosas entre a planta e a atmosfera. Através deles o vapor da água sai da folha, atingindo a atmosfera, e o gás carbônico penetra nos espaços intercelulares, sendo aproveitado no processo fotossintético. Os estômatos são constituídos de duas células, entre as quais se encontra um orifício de dimensões variáveis (Figura 11). A estrutura do aparelho estomatal pode variar consideravelmente de planta para planta. Seu número médio é de cerca de 10.000/cm². As variações de sua abertura são devidas a diferenças do potencial da água dentro deles, uma função de vários fatores. Um aumento de volume de células-guarda provoca a abertura do ostíolo. Essas variações de volume podem ser devidas a variações na translocação de água na planta e à intensidade de perda de água da folha para a atmosfera. Os estômatos também são sensíveis à luz, temperatura e concentrações de CO_2 e de potássio. Seu funcionamento, bastante complexo, não será tratado aqui. Mais detalhes sobre o movimento da água na planta podem ser vistos em Angelocci (2002).

Outros aspectos importantes de fisiologia vegetal podem ser vistos em Castro et al. (2008).

ÁGUA NA PLANTA

Em capítulos posteriores (Capítulos 8 a 18), estudaremos o movimento da água no sistema solo-planta-atmosfera, como um todo. Para isso, torna-se importante o conhecimento de como a água se apresenta nos diversos tecidos vegetais:

a. Nas paredes celulares: a parede celular de uma célula adulta geralmente é considerada composta de três partes: a lamela central (pectato de cálcio); a parede primária (fibras de celulose impregnadas de materiais pécticos); e a parede secundária (celulose, pectina, lignina e cutina). As superfícies desses materiais e os grupos hidróxilos das moléculas de celulose são fortemente hidrofílicos, absorvendo água, principalmente por ligações de hidrogênio. Em células túrgidas, a água é retida nas paredes (poros dos tecidos fibrosos) por fenômenos de tensão superficial. O conteúdo de água na parede celular varia muito de célula para célula, podendo chegar a 50% (na base de volume, $m^3 H_2O/m^3$ de parede celular).

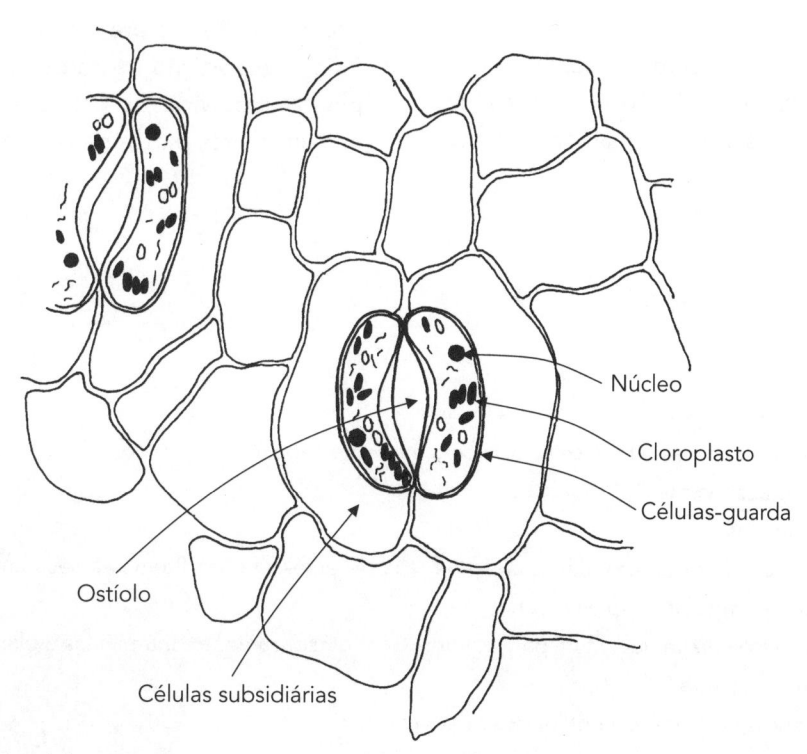

FIGURA 11 Esquema de estômato.

b. No protoplasma: em comparação com a parede celular, o conteúdo de água no protoplasma chega a alcançar 95% do volume, podendo, porém, cair para níveis bem inferiores quando ocorre a inatividade celular por temperatura extrema, falta de água etc. O protoplasma é constituído essencialmente de proteínas e água.
c. No vacúolo: aqui seu conteúdo pode chegar a mais de 98% do volume; os restantes 2% são açúcares, ácidos orgânicos e sais minerais. Todos esses componentes são de grande importância nos fenômenos osmóticos da célula.
d. No sistema vascular: constitui a seiva, cuja composição no xilema e floema geralmente é bem diferente. O xilema contém, principalmente, água como solvente dos sais minerais absorvidos do solo e o floema, água com produtos metabólitos produzidos pela fotossíntese.
e. No lenho: nas árvores de grande porte, o tronco e os ramos lenhosos constituem-se de casca (material morto, suberizado), do alburno (que contém o xilema e o floema) e do cerne (madeira propriamente dita). A madeira "verde" chega a ter 50% de água e, depois de seca, 10-15%.

Para as plantas crescerem e se desenvolverem, elas necessitam de 16 elementos da tabela periódica, a saber: i. 6 macronutrientes N, P, K, Ca, K e S; ii. 7 micronutrientes Zn, Cu, Mn, Fe, B, Mo e Cl, todos 13 provenientes da matéria mineral do solo; e iii. 3 componentes básicos C, H e O, o C e o O, vindos do CO_2 atmosférico e o H da H_2O do solo. A equação básica da fotossíntese é a transformação da energia de faixas da radiação solar em energia química das moléculas orgânicas de carboidratos. As plantas, para exercerem as atividades vitais, respiram e assim consomem carboidratos, utilizando sua energia. Só no balanço positivo entre a fotossíntese e a respiração é que sobram carboidratos para o crescimento e desenvolvimento das plantas. A radiação solar proveniente da atmosfera é absorvida principalmente pelas folhas, através dos cloroplastos de cor verde. A água e os nutrientes vêm do solo, e o C e O vêm da atmosfera penetrando pelos estômatos.

A marcha de acúmulo dos materiais produzidos pela fotossíntese, isto é, da matéria seca (MS), pode ser ajustada a modelos matemáticos, sendo a equação sigmoidal a melhor escolha, podendo-se estimar as taxas de acúmulo da MS, seu pico durante o ciclo e seu valor final em termos de produtividade da cultura. De importância são sua área foliar, o índice de área foliar e a partição de carbono, isto é, como a planta subdivide os produtos fotossintéticos nas diferentes partes da planta.

EXERCÍCIOS

1. O que é floema?
2. O que é xilema?
3. Na planta, onde a água passa da fase líquida para a fase de vapor?
4. O que são pelos absorventes?
5. O que são estômatos?
6. Derive a Equação 1 para obter uma equação da taxa de acréscimo da fitomassa seca em função do tempo. Lembre-se que derivada de seno é cosseno.
7. O índice de área foliar varia de cultura para cultura? Com o espaçamento entre linhas e plantas? Com o estádio de crescimento da cultura?
8. Quais as diferenças entre crescimento e desenvolvimento?

LITERATURA CITADA

ANGELOCCI, L. R. *Água na planta e trocas gasosas/energéticas com a atmosfera*: introdução ao tratamento biofísico. Piracicaba, Ed. do autor, 2002. p. 267.

CASTRO, P. R. C.; KLUGE, R. A.; SESTARI, I. *Manual de fisiologia vegetal*: fisiologia de cultivos. São Paulo, Agronômica Ceres, 2008. p. 864.

FANCELLI, A. L.; DOURADO-NETO, D. *Produção de milho*. Guaíba, Agropecuária, 2000. p. 360.

FENILLI, T. A. B.; REICHARDT, K.; DOURADO-NETO, D.; TRIVELIN, P. C. O.; FAVARIN, J. L.; COSTA, F. M. P.; BACCHI, O. O.S . Growth, development and fertilizer N-15 recovery by the coffee plant. *Scientia Agricola*, v. 64, p. 541-7, 2007.

GARCIA Y GARCIA, A. *Modelos para área foliar, fitomassa e extração de nutrientes na cultura de arroz*. Piracicaba, 2002. Tese (Doutorado) – Escola Superior de Agricultura Luiz de Queiroz Universidade de São Paulo, Piracicaba, 2002. p. 90.

MALAVOLTA, E. *Manual de nutrição mineral de plantas*. São Paulo, Agronômica Ceres, 2006. p. 631.

TAIZ, L.; ZEIGER, E.; MØLLER, I. M.; MURPHY, A. *Fisiologia e desenvolvimento vegetal*. 6.ed. Porto Alegre, Artmed, 2017. p. 858.

5
A atmosfera: ambiente gasoso que envolve as plantas

> A atmosfera é o invólucro que envolve a planta, sendo responsável por vários processos que afetam seu desenvolvimento. Ela é o agente da transpiração e da evapotranspiração, que por sua vez provocam os fluxos de água do solo para a atmosfera. "Fornece" a energia (solar) para o processo da fotossíntese e determina os regimes térmicos das diferentes partes do globo, determinando assim o zoneamento das plantas e, no caso da agricultura, o zoneamento agrícola. São várias formas pelas quais a atmosfera atua sobre as plantas, sendo as principais características a umidade do ar e a radiação solar, razão por que esses dois temas são tratados em detalhe neste capítulo. É preciso compreender de que forma a água se apresenta dentro do ar, nas três diferentes formas: sólida, líquida e gasosa. Esta é uma das bases dos capítulos da Parte II, onde o ciclo da água é abordado em maior profundidade. A radiação solar, sendo praticamente a única fonte de energia que vem de fora, precisa ser conhecida em detalhe quanto às propriedades de suas ondas e como estas se comportam ao atravessar a atmosfera.

INTRODUÇÃO

Em razão de suas dimensões e dos processos físico-químicos e biológicos que se desenvolveram desde sua origem, o planeta Terra possui atualmente uma camada gasosa que o envolve e constitui a atmosfera, sendo essencial às formas de vida que aqui evoluíram e ajudaram a plasmá-la. Durante as eras geológicas, a **composição química da atmosfera** variou bastante, tendo atingido um equilíbrio dinâmico nos últimos 200 milhões de anos com o aparecimento da vida. Para fins de estudos e definições meteorológicas, sua composição média atual considerada é a do Quadro 1.

A massa total da camada gasosa que constitui a atmosfera corresponde a 0,001% da massa total do planeta e está praticamente concentrada nos 10 primeiros quilômetros de altitude (que constitui a troposfera), o que corresponde a uma camada muito fina quando comparada com o raio do planeta, que é de aproximadamente de 6 mil km. Em virtude das dimensões do planeta (força gravitacional), da densidade dos gases e dos processos de aquecimento e resfriamento, a atmosfera possui uma estrutura vertical característica, que está indicada na Figura 1. A camada mais baixa, próxima ao solo, é denominada **troposfera** e se caracteriza pela diminuição da temperatura com a altitude. Essa camada contém 80% da massa total da atmosfe-

QUADRO 1   Composição da atmosfera (amostra isenta de água) em percentagem por volume e ppm, unidade não mais empregada

Gás	Volume
Nitrogênio (N_2)	780.840 ppmv* (78,084%)
Oxigênio (O_2)	209.460 ppmv (20,946%)
Argônio (Ar)	9.340 ppmv (0,934%)
Dióxido de carbono (CO_2)	390 ppmv (0,039%)
Neônio (Ne)	18,18 ppmv (0,001818%)
Hélio (He)	5,24 ppmv (0,000524%)
Metano (CH_4)	1,79 ppmv (0,000179%)
Criptônio (Kr)	1,14 ppmv (0,000114%)
Hidrogênio (H_2)	0,55 ppmv (0,000055%)
Óxido nitroso (N_2O)	0,3 ppmv (0,00003%)
Monóxido de carbono (CO)	0,1 ppmv (0,00001%)
Xenônio (Xe)	0,09 ppmv ($9 \cdot 10^{-6}$%)
Ozônio (O_3)	0,0 a 0,07 ppmv (0% a $7 \cdot 10^{-6}$%)
Dióxido de nitrogênio (NO_2)	0,02 ppmv ($2 \cdot 10^{-6}$%)
Iodo (I)	0,01 ppmv (10^{-6}%)
Amônio (NH_3)	Traços

*ppmv: partes por milhão por volume (nota: a fração de volume é igual à fração molar para apenas gases ideais).
Fonte: Adaptado de Gouveia R. O que é atmosfera? Disponível em https://www.todamateria.com.br/o-que-e-atmosfera/. Acesso em 17 de fevereiro de 2022.

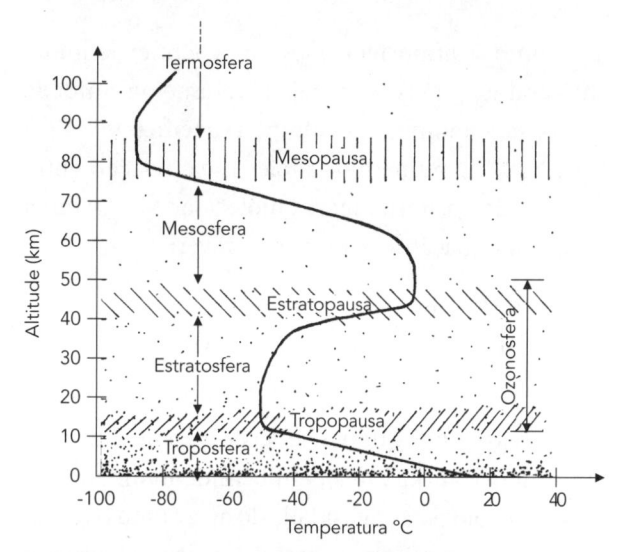

FIGURA 1   Estrutura vertical da atmosfera.

ra e é a camada mais fortemente influenciada pelas transferências de energia que ocorrem na superfície da Terra. Esses processos criam gradientes de temperatura e de pressão, os quais produzem os movimentos atmosféricos responsáveis pelo transporte de vapor de água e de calor. A espessura da troposfera é variável, estendendo-se de 16-18 km nas regiões tropicais e de 2-10 km nas regiões polares.

A troposfera tem como limite uma camada denominada **tropopausa**, onde se reduzem sensivelmente os movimentos atmosféricos, daí seu nome. Acima da tropopausa encontra-se a **estratosfera**. Nesta camada a temperatura vai aumentando, atingindo 50 km de altitude, valores correspondentes à da superfície da Terra. Esse aumento de temperatura está associado com a absorção de radiação ultravioleta pelo ozônio, presente em alta concentração (relativamente) em altitudes variando de 20-50 km. Acima da estratosfera há uma camada onde a temperatura passa por um máximo, denominada **estratopausa**. Acima dela estende-se a **mesosfera**, caracterizada pela diminuição da temperatura com a altitude. A região de menor temperatura, que é o limite superior da mesosfera, denomina-se **meso-**

pausa. Acima de 80-90 km, a temperatura parece aumentar continuamente com a altitude, até atingir temperaturas da ordem de 1.500 K a 500 km. Essa região é denominada **termosfera** ou **ionosfera**.

CARACTERÍSTICAS TERMODINÂMICAS DO AR PRÓXIMO À SUPERFÍCIE DO SOLO

Esse envoltório gasoso que circunda a Terra, com as devidas aproximações, pode ser considerado um **gás ideal** pelo conceito termodinâmico, no qual cada elemento de massa ou de volume (tamanho variável, 1 m³, 1 L, 1 cm³) é bem caracterizado pela **equação de estado dos gases ideais**:

$$\frac{PV}{T} = nR \qquad (1)$$

em que P é a pressão (**pressão atmosférica local**); V, o volume do elemento em consideração; T, sua temperatura absoluta; n, o número de moles de ar no elemento considerado; e R, a **constante universal dos gases ideais** (R = 0,082 atm . L/mol . K, ou 8,31 J/mol . K). Essa equação relaciona as três coordenadas termodinâmicas de um sistema gasoso, isto é, PVT. Conhecendo quaisquer duas destas variáveis, a terceira fica definida pela Equação 1.

Como a atmosfera não tem volume definido, em geral é comum tomar-se o volume da unidade de massa, denominado **volume específico** $v = V/m$ ($m^3 \cdot kg^{-1}$). O número de moles n é a relação entre a massa do gás e sua massa molecular M. Assim, a partir da Equação 1 podemos escrever:

$$\frac{PV}{T} = \frac{m}{M} R \quad \text{ou} \quad \frac{Pv}{T} = \frac{R}{M}$$

Note-se ainda que o inverso de v é a **massa específica** do gás d ($kg \cdot m^{-3}$), também denominada pelos meteorologistas densidade do ar, e como os gases se expandem e contraem com variações de temperatura, tanto v como d dependem de T.

A temperatura T (K) é a **temperatura do ar** t (°C), medida em abrigos meteorológicos, isto é, à sombra e em ambiente ventilado. A relação é T (K) = t (°C) + 273.

A pressão atmosférica $P = P_{atm}$, que entra no lugar de P na Equação 1, vem a ser a soma das **pressões parciais** dos elementos constituintes do ar atmosférico (Quadro 1), onde cada um deles atua independentemente, segundo a **lei de Dalton**. Assim:

$$P_{atm} = P_{N_2} + P_{O_2} + P_{argônio} + P_{vapor\ de\ água} + \ldots \quad (2)$$

Essa pressão atmosférica é medida por barômetros ou barógrafos em estações meteorológicas. Seu valor oscila em torno de 760 mmHg ao nível do mar. A pressão atmosférica corresponde ao peso por unidade de área de uma coluna de ar que se estende desde o local considerado até o limite externo da atmosfera (acima da ionosfera, ver Figura 1), variando enormemente com a altitude. Por essa razão, na comparação de dados de P_{atm} tomados em locais de diferentes altitudes, faz-se necessária uma correção, denominada redução ao nível do mar. Em Piracicaba, que está a 580 m acima do nível do mar, o valor da pressão atmosférica oscila em torno de 712 mmHg. A unidade mmHg ainda é muito utilizada em meteorologia, mas o correto é o uso do Pascal (Pa). Conversões de unidades de pressão podem ser feitas com auxílio do Quadro 2.

Como o ar é uma mistura de gases, para aplicar a ele a Equação 1 é preciso conhecer a sua massa molecular média M_a, uma vez que o número de moles n é igual a m_a/M_a, sendo m_a a massa de ar contida em V. A massa molecular média (ponderada) do ar atmosférico é definida por:

$$M_a = \frac{\sum (n_i M_i)}{\sum n_i} \quad (3)$$

em que M_i é a massa molecular de cada componente i, e n_i o seu respectivo número de moles, em um elemento de volume, respectivamente.

Adotando-se a composição do Quadro 1, teremos pela Equação 3, aproximadamente:

$$M_a = 29\ g \cdot mol^{-1}$$

que é um valor próximo à massa molecular do nitrogênio (N_2), que é $28\ g \cdot mol^{-1}$, porque o N_2 é o componente mais expressivo no ar.

Dividindo-se o valor da constante universal dos gases R pela massa molecular do gás em questão, obtém-se o valor específico de R para aquele gás. O valor de R específico (R_a) para o ar atmosférico é dado por:

$$R_a = \frac{R}{M_a} = \frac{8{,}31\ J \cdot mol^{-1} \cdot K^{-1}}{29\ g \cdot mol^{-1}} = 0{,}287\ J \cdot g^{-1} \cdot K^{-1}$$

QUADRO 2 Fatores de conversão para unidades de pressão

	atm	cmHg	cmH$_2$O	bária (b)	Pa	lib/pol^2
1 atm	1	76	1.033	1.013.250	101.325	14,696
1 cmHg	$1{,}316 \cdot 10^{-2}$	1	13,6	13.332	1.333,2	0,1934
1 cmH$_2$O	$9{,}681 \cdot 10^{-4}$	$7{,}35 \cdot 10^{-2}$	1	981	98,1	$1{,}423 \cdot 10^{-2}$
1 bária	$9{,}869 \cdot 10^{-7}$	$7{,}5 \cdot 10^{-5}$	$1{,}019 \cdot 10^{-3}$	1	0,1	$1{,}45 \cdot 10^{-5}$
1 Pascal	$9{,}869 \cdot 10^{-6}$	$7{,}5 \cdot 10^{-4}$	$1{,}019 \cdot 10^{-2}$	10	1	$1{,}45 \cdot 10^{-4}$
1 lib/pol^2	$6{,}805 \cdot 10^{-2}$	5,172	70,292	68.948	6.894,8	1

Exemplo: Qual a densidade do ar quando a pressão atmosférica é 712 mmHg e a temperatura 27°C?
Solução:

$$\frac{Pv}{T} = R_a \quad \text{ou} \quad d = \frac{P}{R_a T}$$

$$d = \frac{94.925,5 \text{ Pa}}{0,287 \text{ J} \cdot \text{g}^{-1} \text{ K}^{-1} \times 300 \text{ K}} = 1.102,5 \text{ g} \cdot \text{m}^{-3} =$$

$$= 1,1025 \text{ kg} \cdot \text{m}^{-3}$$

Nota: lembre-se que Pascal = Pa = N . m^{-2} e J = Pa . m.

A Equação 1, pela lei de Dalton, pode também ser aplicada individualmente para qualquer um dos componentes do ar. De importância é sua aplicação ao vapor-d'água. Para ele na atmosfera, a Equação 2, da pressão atmosférica, pode ser reescrita da seguinte forma:

$$P_{atm} = P_{ar\ seco} + P_{vapor\ de\ água}$$

Sendo $P_{ar\ seco}$ a soma das pressões parciais de todos os componentes menos a água, que será designada daqui por diante por P_a, e $P_{vapor\ de\ água}$ por e_a. Esta última é, então, a contribuição de vapor de água para a pressão atmosférica. Ela é simplesmente denominada **pressão parcial atual de vapor** e_a, muitas vezes erroneamente chamada de tensão de vapor. Assim:

$$P_{atm} = P_a + e_a$$

Três princípios básicos regem o comportamento do vapor da água na atmosfera:

1. A pressão parcial atual de vapor e_a, aquela que rege no momento em consideração, é proporcional à massa de vapor (m_v) existente no elemento de volume de ar considerado. Isso pode ser verificado pela equação de estado de vapor da água (Equação 1 aplicada só ao vapor-d'água):

$$\frac{e_a V}{T} = n_v R \quad \text{ou} \quad e_a = \frac{m_v}{M_v} \cdot \frac{R T}{V} \quad (4)$$

de onde se vê, claramente, que e_a é diretamente proporcional a m_v.

2. A uma dada temperatura T, há um máximo de vapor de água que o ar pode reter (trata-se do vapor que não é visto, no ar translúcido). A pressão parcial de vapor e_a, quando o ar retém o máximo de vapor, é denominada **pressão parcial de saturação de vapor** ou **pressão máxima de vapor**, e_s.

3. Quanto maior a temperatura do ar, maior a massa de vapor que o ar pode reter, isto é, quanto maior T, maior e_s. Massas de ar mais quentes retêm mais vapor que massas de ar mais frias.

Na Figura 2 é apresentada a curva de e_s *versus* t. Essa curva é uma característica física da água que faz parte de **gráficos psicrométricos**. Sua equação para t em °C (**equação de Tétens**), com o resultado de e_s dado em kPa é:

$$e_s = 0,6108 \cdot 10^{\left(\frac{7,5\ t}{t + 237,3}\right)} \quad (5)$$

O leitor deve notar que esse gráfico é a curva de P *versus* T da Equação 1, aplicada ao vapor-d'água, sendo P = e_a e T = t. Como foi dito, quaisquer duas variáveis de P, V, T caracterizam o gás; no caso e_a e t caracterizam o estado do vapor-d'água na atmosfera.

Psicrômetros medem o valor de e_a; e e_s é dado por tabelas, gráficos psicrométricos ou ainda calculado pela Equação 5.

Uma amostra de ar com valores de e_a e t, tais que quando plotados na Figura 2 recaiam abaixo da curva

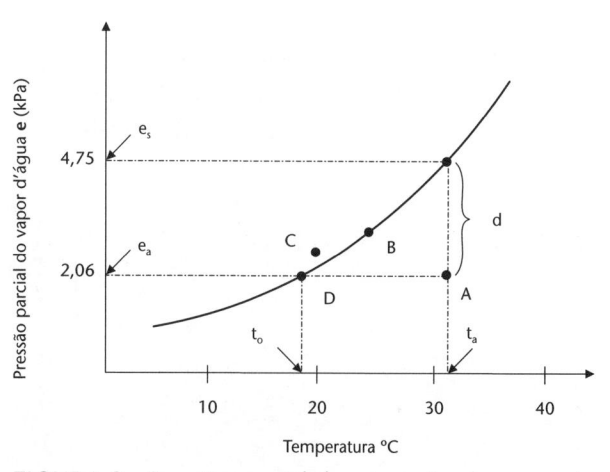

FIGURA 2 Pressão parcial de saturação do vapor da água em função da temperatura.

de saturação, como é o caso do ar caracterizado pelo ponto A, não se encontra saturada de vapor-d'água. O ar denomina-se saturado quando seus valores de e_a e t recaem sobre a curva de saturação, e nessa situação $e_a = e_s$ (ponto B). Acima da curva de saturação, a água se apresenta na fase gasosa (ponto C). Em casos muito especiais, o ar pode apresentar-se pouco acima da curva de saturação, por estar supersaturado.

Em meteorologia, na Equação 4, $\rho_v = m_v/V$ é denominada **umidade atual do ar**. Para um ar saturado ρ_v é máximo (a uma dada temperatura) e é denominado **umidade de saturação do ar** ρ_{vs}. Essas umidades podem ser facilmente calculadas a partir da Equação 4, explicitando m_v/V:

$$\rho_v = \frac{M_v}{R} \cdot \frac{e_a}{T} = \frac{288 \cdot e_a}{273 + t} = \frac{2168,1 \cdot e_a}{273 + t} \quad (6)$$

$$\rho_{vs} = \frac{M_v}{R} \cdot \frac{e_s}{T} = \frac{288 \cdot e_s}{273 + t} = \frac{2168,1 \cdot e_s}{273 + t} \quad (7)$$

Nas equações acima a constante 288 apareceu por conveniência, para se obter ρ_v e ρ_{vs} em gramas de vapor $\cdot$ m^{-3}, quando e_a e e_s são utilizados em mmHg e t em °C. No caso de e_a e e_s em kPa, a constante passa para 2.168,1.

Define-se **umidade relativa do ar** UR de uma amostra de ar pela relação porcentual entre e_a e e_s, a dada temperatura do ar. Assim:

$$UR = \frac{e_a}{e_s} \cdot 100 = \frac{\rho_v}{\rho_{vs}} \cdot 100 \quad (8)$$

Na Figura 2, o ar representado por A está a uma temperatura t_a e possui uma pressão de vapor e_a. A pressão de saturação e_s, à mesma temperatura t_a, está indicada no gráfico. Sua UR é de 43,4%. O ar representado por B possui UR = 100%. Em geral, atingida a UR de 100%, todo o excesso de vapor condensa-se em fase líquida. Um ar supersaturado, com umidade relativa acima de 100%, é estável apenas sob condições especiais. Define-se ainda como **déficit de saturação do ar** a diferença entre a pressão de saturação e a pressão atual de uma amostra de ar:

$$d = e_s - e_a \quad (9)$$

A temperatura na qual o ar atingiria a saturação, por resfriamento, sem variar sua umidade, é denominada **temperatura do ponto de orvalho** t_o, ou, simplesmente, **ponto de orvalho**. No ponto de orvalho $e_s = e_a$ e d = 0. Se, por exemplo, a amostra de ar representada por A na Figura 2 é resfriada, mantendo-se e_a constante, ela atinge a saturação no ponto D. A temperatura correspondente é o ponto de orvalho t_o. Vejamos outro exemplo didático resumido no Quadro 3: imaginemos que certa massa de ar, com e_a constante, sofra uma queda gradativa de temperatura. Sejam as condições iniciais t = 30°C; e_a = 1,71 kPa, e a queda de temperatura de 5°C/h. Passada a primeira hora, t cai para 25°C e, como consequência, e_s cai de 4,24 para 3,16 kPa e a UR sobe para 54%. Na segunda hora, t = 20°C; e_s = 2,4 kPa e UR = 73%. Na terceira hora, o ar está saturado, $e = e_s$ e UR = 100%. Ele atingiu o ponto de orvalho. Na quarta hora, como o ar se resfriou mais ainda, e_s cai para 1,23 kPa e ele não consegue mais reter todo aquele vapor. Parte se condensa, sempre equilibrando e_a com e_s.

Umidade relativa, pressão de vapor, temperatura do ar e vários parâmetros meteorológicos podem ser obtidos com um instrumento denominado

QUADRO 3 Resfriamento de massa de ar

Tempo (horas)	Temperatura (°C)	e_a (kPa)	e_s (kPa)	d (kPa)	UR (%)	v (g·m^{-3})	Vapor condensado (g·m^{-3})
0	30	1,71	4,24	2,53	40	12,15	0
1	25	1,71	3,16	1,45	54	12,36	0
2	20	1,71	2,40	0,69	73	12,57	0
3	15	1,71	1,71	0	100	12,79	0
4	10	1,23	1,23	0	100	9,38	3,41
5	5	0,87	0,87	0	100	6,78	2,60

psicrômetro. Ele consta de dois termômetros, um deles envolto por tecido constantemente umedecido, denominado termômetro úmido, e outro situado ao lado, apenas em equilíbrio térmico com o ar, o termômetro seco, que indica a temperatura do ar t. O termômetro úmido recebe sobre si, por um sistema de ventilação, um fluxo constante de ar. Em razão disso, a água será evaporada, subtraindo energia do bulbo úmido. Sua temperatura baixará e, quando o estado de equilíbrio for atingido, se estabilizará. A temperatura t_u registrada pelo termômetro úmido nessas condições é denominada temperatura de bulbo úmido. Entende-se por estado de equilíbrio a situação na qual o fluxo de calor do ar para o bulbo do termômetro é igual à energia gasta na evaporação. Nessas condições, pode-se demonstrar que:

$$e_a = e_{su} - \lambda (t - t_u) \qquad (10)$$

em que:

- e_a = pressão parcial atual do vapor da água do ar (kPa);
- e_{su} = pressão parcial de saturação à temperatura do termômetro úmido (t_u), em kPa;
- t = temperatura do ar (termômetro seco), °C;
- t_u = temperatura do bulbo úmido, °C;
- λ = constante psicrométrica: 0,062 kPa . °C^{-1} para psicrômetros ventilados e 0,074 kPa . °C^{-1} para psicrômetros comuns, não ventilados.

Uma vez conhecida, por meio do psicrômetro, a **depressão psicrométrica** (t − t_u), podemos calcular pela Equação 10, a pressão parcial atual e_a e, assim, os demais parâmetros vistos anteriormente, que caracterizam o ar.

Exemplo: Em uma estufa mediu-se com um psicrômetro não ventilado e obteve-se: t = 25,3°C e t_u = 19,8°C. Assim:

1. e_s = 3,22 kPa (Equação 5, para t = 25,3°C).
2. e_{su} = 2,31 kPa (Equação 5, para t = 19,8°C);
3. e_a = 1,90 kPa (Equação 10, para e_{su} = 2,31 kPa).
4. d = 3,22 − 1,90 = 1,32 kPa.
5. ρ_v = 13,74 g . m^{-3} (Equação 6).
6. UR = (1,90/3,22) × 100 = 59%.

RADIAÇÃO SOLAR

Um dos mais importantes capítulos da meteorologia é o estudo da energia recebida do Sol através da radiação solar. Cometendo um erro plenamente desprezível, o Sol pode ser considerado a única fonte de energia responsável pelos processos físicos, químicos e biológicos que se desenvolvem na atmosfera (Figura 3). Qualitativamente, a radiação solar se constitui de **ondas eletromagnéticas** de comprimento de onda variando entre 200-2.500 nm, aproximadamente. As ondas eletromagnéticas transportam energia do Sol para a Terra, sendo a energia E_λ de um raio ou fóton dada por E_λ = hf = hc/λ, onde h é a constante de Plank (6,63 × 10^{-34} J.s), f (µm^{-1}) a frequência da radiação, λ (µm) seu comprimento de onda e c a velocidade da luz no vácuo (300.000 km.s^{-1}). Vê-se claramente que, quanto maior a frequência ou menor o comprimento de onda, mais energética é a radiação. Quando se fala em um feixe de radiações, ele pode ser monocromático (um só comprimento de onda) ou policromático (vários comprimentos de onda), como o caso da radiação solar. Quando nos referimos a um espectro de radiação eletromagnética, subentendem-se todos os comprimentos de onda dos quais ele se constitui. Para cada comprimento de onda existe portanto, associada uma quantidade de energia (W · m^{-2} · µm^{-1}), cuja somatória (integral) em termos de comprimento de onda nos dá a energia total do espectro (W · m^{-2}). Na Figura 4, a curva superior é o espectro solar na ausência da atmosfera, isto é, no topo da atmosfera. Na mesma figura pode ainda ser visto o espectro da **radiação global** (aquela que atinge a superfície do solo).

Todos os corpos da natureza emitem radiações na forma de ondas eletromagnéticas, desde que estejam a uma temperatura absoluta T maior que 0 K, portanto também o Sol e a Terra têm seus espectros. Essa afirmação baseia-se na **lei de Stephan-Boltzmann**, cuja expressão é a Equação 18 (vista mais ao final deste capítulo), a qual mostra que a emissão de

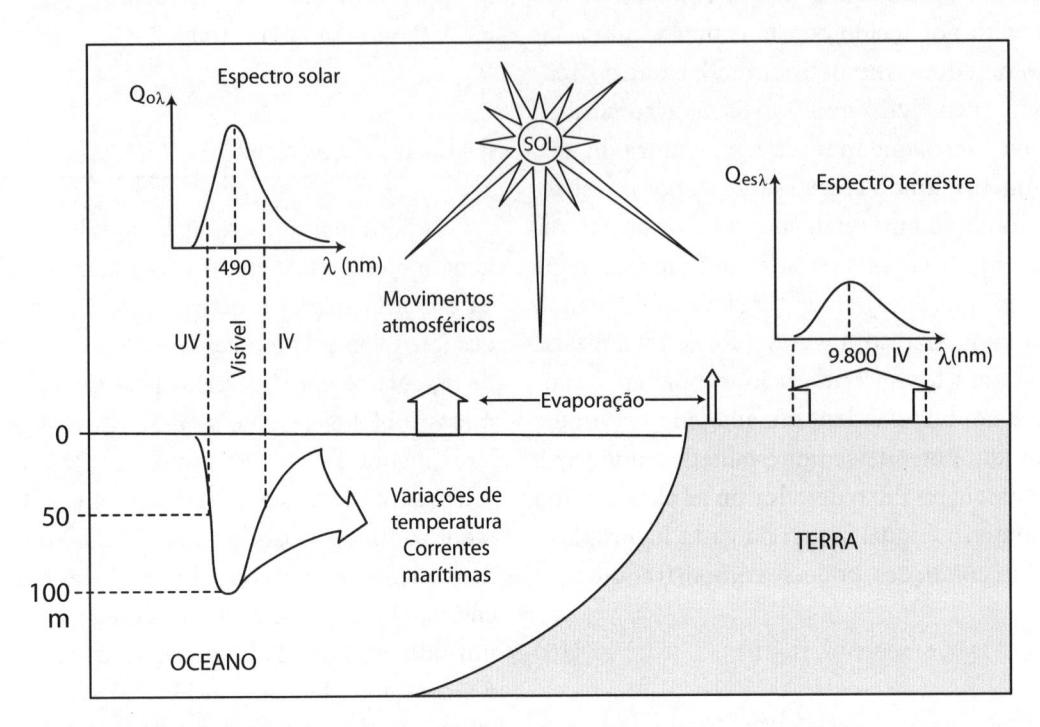

FIGURA 3 Importância da radiação solar como motor dos processos que ocorrem nos oceanos e na superfície da Terra.

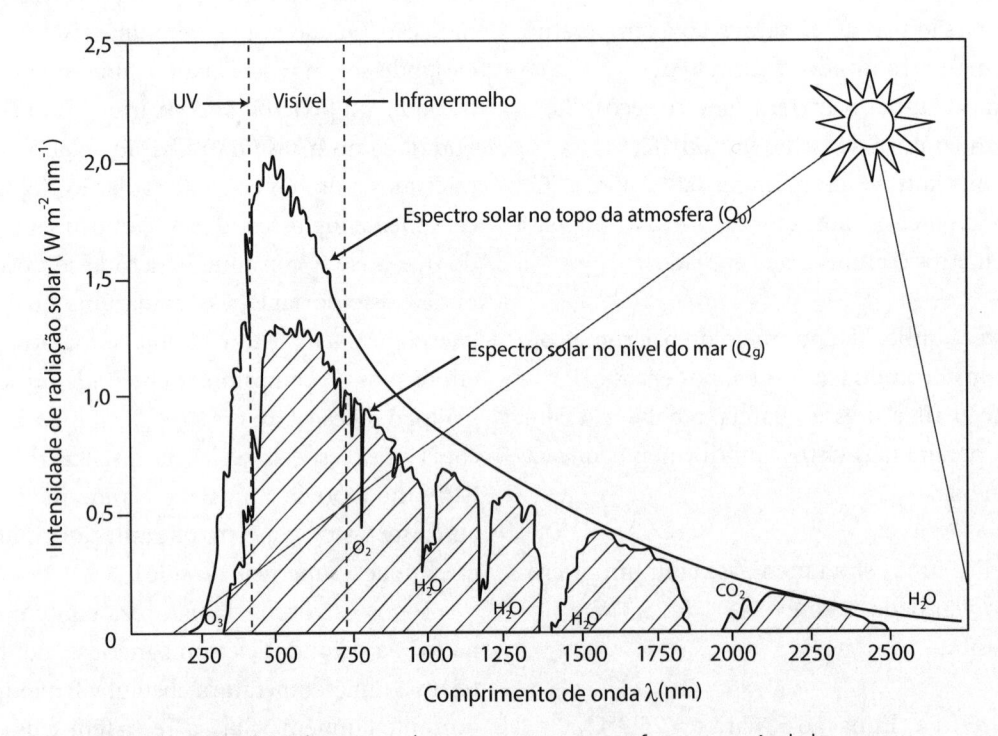

FIGURA 4 Espectros da radiação solar antes de penetrar na atmosfera e ao nível do mar.

um corpo é proporcional à quarta potência de sua temperatura T. Assim, a emissão do Sol é proporcional a $(6.000)^4$, e a emissão da Terra, a $(300)^4$. Considerando ainda o tamanho do Sol em relação ao da Terra, sua emissão total (em 3D) é muito maior ainda. Acontece que apenas uma pequeníssima fração (o cone sólido que liga a Terra ao Sol) dessa energia solar atinge nosso planeta. Os raios solares, por serem ondas eletromagnéticas, propagam-se com facilidade desde o Sol até o topo da atmosfera.

A quantidade de energia radiante que alcança uma superfície unitária por unidade de tempo, colocada perpendicularmente aos raios solares, na ausência da atmosfera e a uma distância do Sol igual à média das distâncias Terra-Sol (diferenças muito pequenas uma vez que a trajetória da Terra em torno do Sol é uma elipse de baixa excentricidade). Assim essa radiação representa a que chega no topo da atmosfera e por isso é denominada **constante solar**. Seu valor aproximado é $J_o \cong 2$ cal . cm^{-2} . min^{-1} ou 1.400 W . m^{-2}. Essa radiação solar é denominada **radiação de onda curta**, em contraste com aquela emitida pela Terra, denominada **radiação de onda longa** ou radiação terrestre (Figura 5). Pela **lei de Wien**, o comprimento de onda mais frequente λ_f na emissão de um corpo à temperatura T é dado por:

$$\lambda_f \cdot T = 2,940 \times 10^6 \text{ nm . K} \quad (11)$$

sendo, portanto:

$$\lambda_f (\text{Sol}) = \frac{2,940 \times 10^6}{T} = \frac{2,940 \times 10^6}{6.000} =$$
$$= 490 \text{ nm} = 0,49 \text{ μm}$$

que corresponde à cor verde no espectro solar, e

$$\lambda_f (\text{Terra}) = \frac{2,940 \times 10^6}{T} = \frac{2,940 \times 10^6}{300} =$$
$$= 9.800 \text{ nm} = 9,8 \text{ μm}$$

que cai na faixa do infravermelho distante (calor), não visível, por isso denominada onda longa.

Quando um feixe de radiações monocromático de comprimento de onda λ, $I_{00\lambda}$ (W · m^{-2}) incide sobre um meio transparente, ele é parcialmente refletido $I_{r\lambda}$; absorvido/difundido $I_{a\lambda}$ e transmitido $I_{t\lambda}$. O feixe emergente desse meio, que é a parte transmitida,

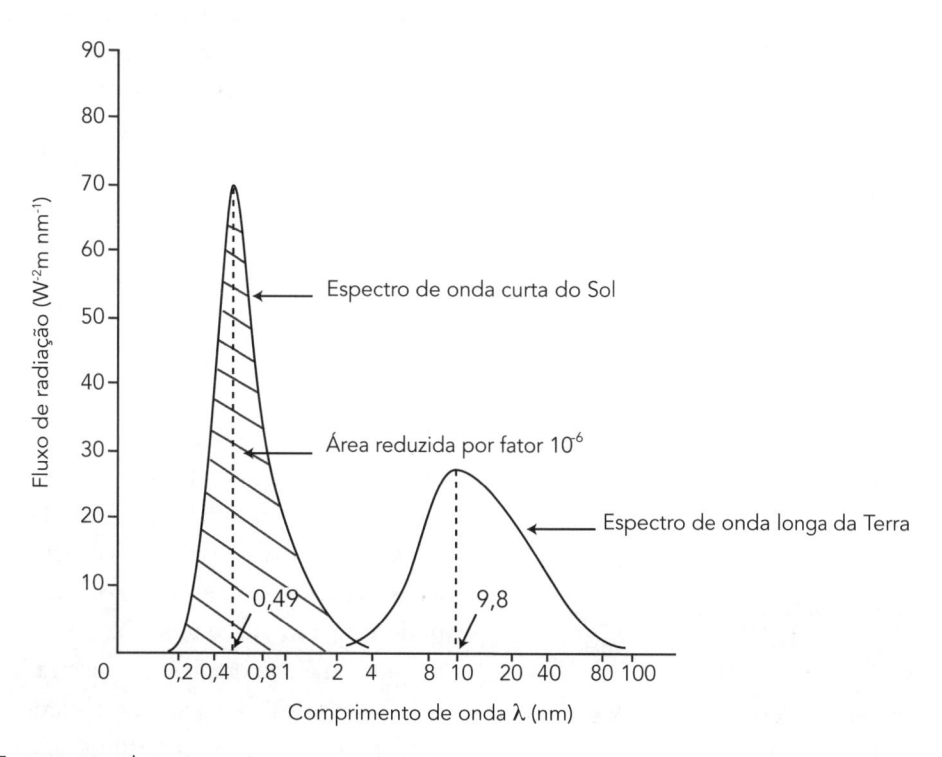

FIGURA 5 Espectros solar e terrestre.

$I_{t\lambda}$, dependente das propriedades desse meio, segue a **lei de Beer-Lambert**:

$$I_{t\lambda} = I_{00\lambda} \cdot \exp-(\mu dx) \qquad (12)$$

Onde μ é o **coeficiente de atenuação** do meio, d sua densidade e x a espessura atravessada. A Figura 6 mostra o processo, evidenciando as partes refletida $I_{r\lambda}$, absorvida/difundida $I_{a\lambda}$ e a transmitida $I_{t\lambda}$, em que $I_{00\lambda} = I_{r\lambda} + I_{a\lambda} + I_{t\lambda}$ (pela conservação da energia). As seguintes características do material translúcido são definidas de acordo com a intensidade de cada um desses feixes:

- **poder refletor** ou **refletividade** r:

$$r = I_{r\lambda}/I_{00\lambda}$$

- **poder absortivo** ou **absortividade** a:

$$a = I_{a\lambda}/I_{00\lambda}$$

- **poder transmissivo** ou **transmissividade** t:

$$t = I_{t\lambda}/I_{00\lambda}$$

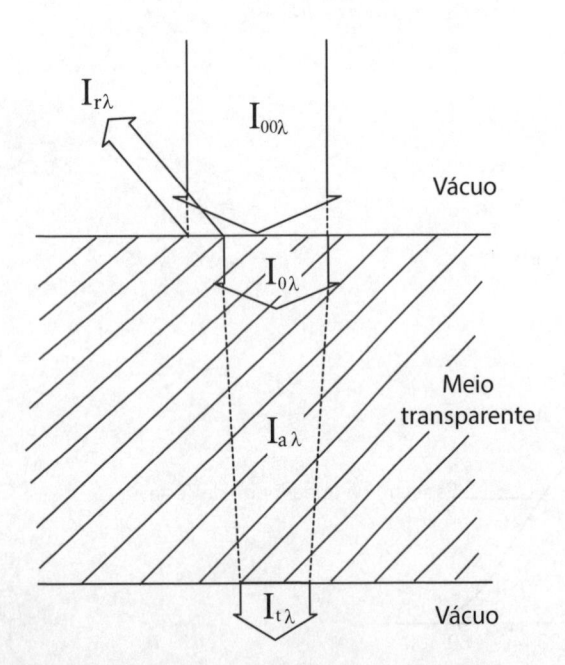

FIGURA 6 Esquema de feixe de radiações atravessando um meio translúcido.

Para comprimentos de onda na faixa do visível, por exemplo, r tende para 1 em um espelho ($I_{r\lambda} \cong I_{00\lambda}$, $I_{a\lambda} = 0$, $I_{t\lambda} = 0$); **a** tende para 1 em um corpo negro ($I_r = 0$, $I_{a\lambda} \cong I_{00\lambda}$, $I_{t\lambda} = 0$) e t tende para 1 em um vidro de quartzo puro ($I_r = 0$, $I_{a\lambda} = 0$, $I_{t\lambda} \cong I_{00\lambda}$). Na maioria dos casos r, a e t assumem valores entre 0 e 1, dependendo do meio.

A **lei de Kirchhoff** demonstra que a **absortividade** "a" é igual à **emissividade** "e" de um **corpo negro**, para um mesmo comprimento de onda. A lei diz que "todo bom absorvedor é também um bom emissor". O corpo negro é um conceito ideal, e é assim chamado porque, para a luz solar, os corpos escuros, pretos, negros, têm valores de "a" próximos de 1, isto é, absorvem quase tudo o que recebem. Como consequência, atingem uma temperatura mais alta. Pela lei de Stephan-Boltzmann (Equação 18, apresentada mais adiante), corpos negros também emitem mais, por duas razões: a emissão é proporcional a T^4, que é maior, e proporcional à emissividade "e", que é igual a = 1 pela lei de Kirchhoff.

A **transmissividade** t, como vimos, varia muito com o comprimento de onda. Para ondas curtas (do Sol), por exemplo, t é muito alto para o vidro e plásticos transparentes, deixando passar quase tudo. Porém, para ondas longas (da Terra), t é muito baixo, deixando passar muito pouco. Esse fato leva ao que chamamos de **efeito estufa**, que ocorre em casas de vidro ou de plástico utilizadas como viveiros. Nelas a radiação solar penetra com grande facilidade devido ao alto valor de t durante o dia, aquecendo seu interior. O interior aquecido emite, pela lei de Stephan-Boltzmann, radiação infravermelha distante (onda longa), que não consegue escapar da estufa devido ao baixo valor de t da cobertura, sendo refletida de volta para dentro da casa de vegetação. Com isso a temperatura interna da estufa aumenta em relação à temperatura externa e, durante a noite, a temperatura também é mantida em níveis mais altos pela baixa emissão da cobertura. No inverno as estufas são vantajosas e no verão a temperatura pode ficar tão alta que se faz necessária ventilação forçada ou o uso de plástico perfurado.

Em termos globais, a atmosfera terrestre também pode ser vista como uma grande estufa. Ela possui uma transmissividade característica, que permite a chegada da radiação solar à superfície da Terra, aquecendo-a. A superfície da Terra por sua vez emite ondas longas e, para períodos longos, observa-se um equilíbrio entre a radiação global que chega e a radiação de onda longa que sai. O resultado é que a temperatura média do ar no globo terrestre permanece praticamente constante. Esse equilíbrio, a longo prazo, é afetado por pequenas variações da atividade solar, mas, recentemente, cientistas acreditam que a poluição atmosférica antrópica tem modificado sua transmissividade principalmente em relação às ondas longas e o balanço global de energia é afetado, tendo como consequência um aumento da temperatura média do globo terrestre (Figura 7). É o fenômeno do aquecimento global, tão discutido na mídia atualmente.

Com certas limitações, a Equação 12 também pode ser aplicada a um feixe policromático como a radiação solar. Neste caso, μ é um valor médio para todos os λ do feixe de radiação em relação a todos os constituintes da atmosfera, d é variável em relação à altitude e x é a espessura da atmosfera que é principalmente função da inclinação do raios solares e da latitude. Para essas condições o termo exp $-(\mu dx)$ é denominado **transmissividade atmosférica** t e é igual à relação Q_g/Q_0. A radiação solar em seu trajeto pela atmosfera sofre diversas perdas por fenômenos de absorção e difusão. Os principais componentes da atmosfera responsáveis pela absorção são: a) ozônio, que intercepta quase completamente as radiações ultravioleta UV (o valor de μ para o ozônio é muito alto para a radiação UV) e tem ainda bandas fracas de absorção (bandas correspondem a comprimentos de onda para os quais μ é muito alto e a absorção nesta faixa é alta) na região infravermelha; b) gás carbônico, que possui absorção seletiva para os comprimentos de onda 1,5-2,8-4,3-15 μm, sendo a maior absorção na região do infravermelho (15 μm); c) vapor da água, que é o mais importante dos absorventes seletivos, apesar de seu baixo teor na atmosfera ($\pm 2\%$) e que absorve predominantemente na região infravermelha, isto é, entre 0,8 e 2,7-5,5 e 7 μm e de 15 μm para cima, como mostra o gráfico da radiação global na faixa do IV (Figura 4).

Além do processo de absorção, ocorre na atmosfera o processo de difusão da radiação solar, determinada pelos seus diferentes constituintes. Esse processo é responsável por perdas apreciáveis de radiação que retornam para o espaço. Em virtude das dimensões das partículas determinantes da difusão, cumpre notar dois efeitos distintos. Se as partículas forem de dimensões da ordem de 0,01-0,1 do comprimento de onda da radiação, a difusão será proporcional ao inverso da quarta potência do comprimento de onda da radiação ($1/\lambda^4$). Isso signi-

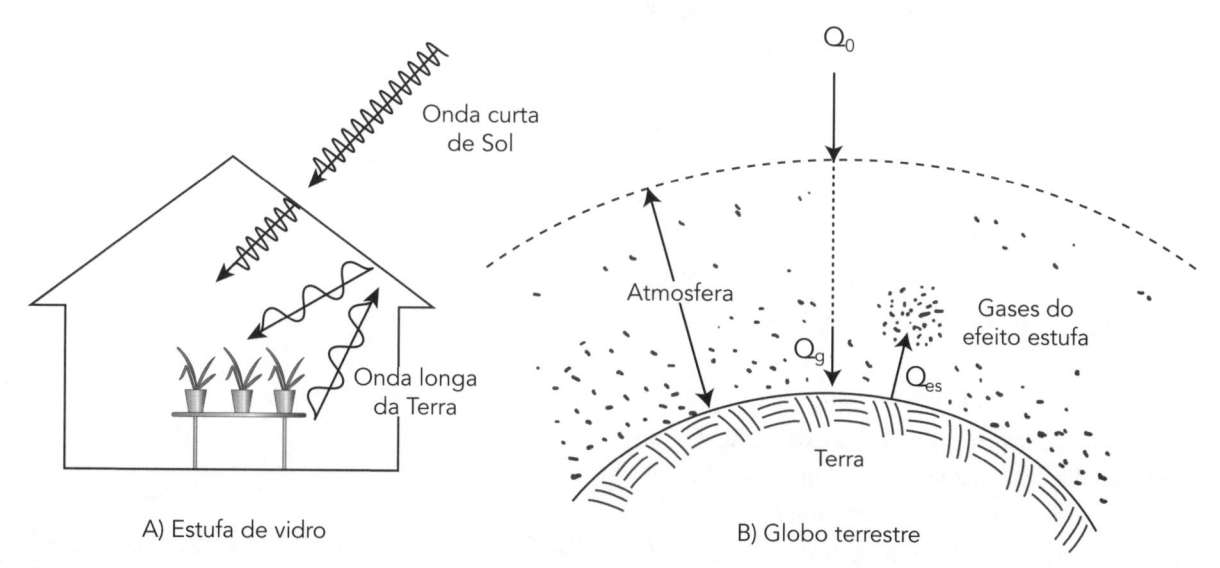

FIGURA 7 Esquema do efeito estufa. A: em casa de vegetação. B: na crosta terrestre.

fica que comprimentos de onda menores são preferencialmente difundidos e a difusão cresce de modo rápido na direção do violeta no espectro visível. Esse processo de difusão é responsável pela coloração azul viva do céu. Ele é denominado difusão seletiva, a fim de ser distinguido do processo de difusão determinado por partículas de maiores dimensões, que não é seletivo. Neste caso, a difusão já não é dependente do comprimento de onda da radiação, havendo difusão para todos os comprimentos de onda, resultando na cor branca da luz difusa. Um exemplo típico é o nevoeiro, que é branco acinzentado.

Suponha-se que um fluxo de radiação Q_0 (cal. cm^{-2} · min^{-1} ou W · m^{-2})[1] penetre na atmosfera em seu limite mais extremo (Figura 8). O leitor não deve confundir a **constante solar** J_0 com Q_0. No caso de J_0, a superfície receptora fica sempre perpendicular aos raios solares e, por isso, seu valor é constante. No caso de Q_0, a superfície é paralela à horizontal do local em consideração e, assim, seu valor depende da inclinação dos raios solares, que, por sua vez, depende da época do ano, latitude e hora do dia. A Figura 9 ilustra a **lei dos cossenos** relativa à inclinação dos raios solares. Incidindo sobre uma superfície inclinada de um ângulo α em relação à direção dos raios, o feixe atua sobre uma área A_α maior que a área correspondente perpendicular aos raios A_N e como a intensidade do feixe é dada em W · m^{-2}, ela diminui pelo fator cos α. Portanto, como o feixe é o mesmo, mas atuando sobre uma área maior inclinada, ele aparentemente enfraquece. Pela lei dos cossenos:

$$A_\alpha = A_N \cdot \cos \alpha \qquad (13)$$

Pelo fato de a translação da Terra em torno do Sol se dar com uma inclinação de seu eixo (sempre paralelo a si mesmo) de aproximadamente 23° em relação ao plano de translação (**eclíptica**), aparecem

---

[1] Q_0 é igual à integração da constante solar J_0, pelo período de um dia, isto é, é uma função da declinação do sol, hora do dia e época do ano. Existem tabelas que fornecem valores de Q_0 para diferentes latitudes. No Quadro 4 encontram-se alguns valores que cobrem as latitudes do Estado de São Paulo.

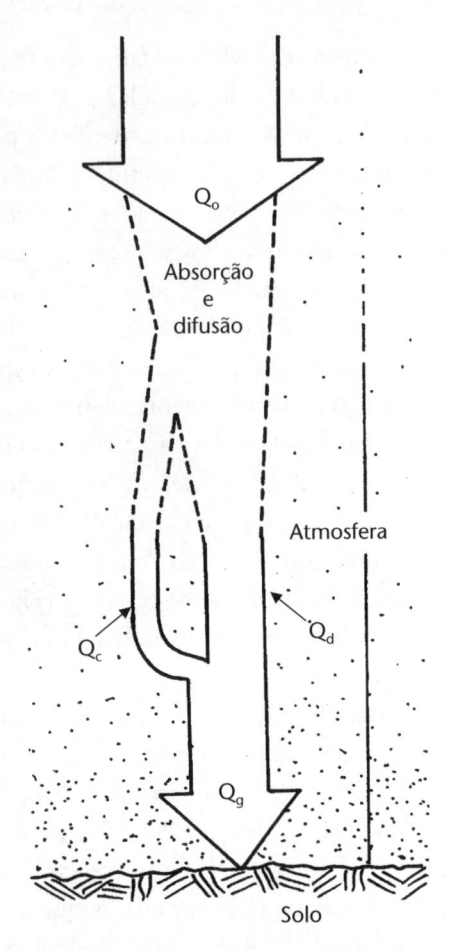

FIGURA 8 Esquema da passagem da radiação solar pela atmosfera.

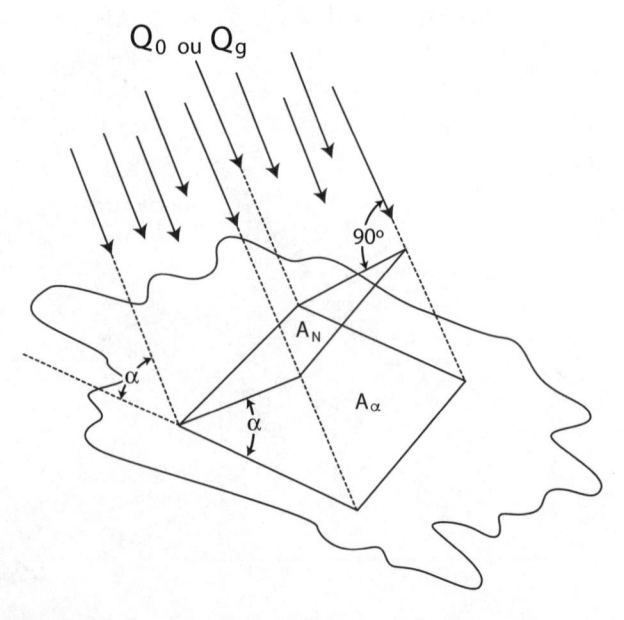

FIGURA 9 Lei dos cossenos mostrando que $A_N = A_\alpha \cdot \cos\alpha$.

as estações do ano com dias de comprimento variável. O dia tem 12 horas no equinócio de outono e no equinócio da primavera, que ocorrem em 21 de março e 23 de setembro, em qualquer latitude, isto é, qualquer parte do globo. O dia é mais longo no **solstício de verão** e mais curto no **solstício de inverno**, que ocorrem no Hemisfério Sul em 21 de dezembro e 21 de junho, respectivamente (o oposto no Hemisfério Norte). Nos solstícios, quanto maior a latitude, maior a variação dia/noite. Assim os valores de N e de Q_o variam, como indica o Quadro 4. N é o **comprimento do dia**, também chamado de **fotoperíodo**. Quando falamos do desenvolvimento das plantas no Capítulo 4, mostramos a importância do N, que leva ao **fotoperiodismo** das espécies.

Durante o percurso dessa radiação na atmosfera, como vimos, parte dela é absorvida, outra difundida e, finalmente, uma terceira atinge a superfície da Terra (Figura 8). A fração difundida pela atmosfera ou **radiação difusa** constitui-se de uma parte que retorna ao espaço sideral e de outra que atinge a superfície da Terra, que denominaremos de **radiação do céu** Q_c. À superfície da Terra chega, então, a radiação do céu mais a fração de radiação que não sofreu alteração ao atravessar a atmosfera, denominada **radiação direta** Q_d. A soma dessas duas frações é a radiação global Q_g. Assim:

$$Q_g = Q_c + Q_d \qquad (14)$$

A radiação global pode ser medida com instrumentos especiais (actinógrafos ou solarímetros), que registram a energia que atinge o solo em cal . cm^{-2} . min^{-1} ou $W . m^{-2}$.

Parte da radiação que atinge o solo Q_g é refletida de volta para a atmosfera. O **poder refletor** r de uma superfície também é chamado de **albedo** A (o mesmo r definido acima em relação à Equação 12) e é definido por:

$$A = \frac{Q_r}{Q_g} \qquad (15)$$

O albedo depende do tipo de superfície (topografia, coloração, rugosidade etc.). Para as superfícies da Terra, o albedo médio é dado no Quadro 5. O termo **energia líquida** Q_L é usado para expressar a diferença entre a radiação de onda curta que chega a um dado plano sobre o solo e a radiação de onda longa que deixa esse mesmo plano. Esse plano pode ser a superfície do solo ou um plano qualquer, imaginário, a determinada altura do solo. Considerando a radiação solar Q_g que realmente alcançou a superfície em questão, é fácil verificar que o total de energia absorvida Q_a pelo solo é:

QUADRO 4 Radiação solar (cal . cm^{-2} . dia^{-1}) que atinge a superfície horizontal no topo da atmosfera, no dia 15 de cada mês, e horas possíveis de insolação, para três latitudes

Latitude/Mês	−20°		−22° 30'		−25°	
	Q_o	N	Q_o	N	Q_o	N
Jan.	994	13,2	1.004	13,4	1.013	13,6
Fev.	952	12,8	953	12,8	952	12,9
Mar.	870	12,2	859	12,2	846	12,3
Abr.	748	11,6	726	11,6	701	11,5
Maio	635	11,2	606	11,1	576	10,8
Jun.	571	10,9	539	10,8	507	10,5
Jul.	586	11	555	10,9	523	10,7
Ago.	672	11,4	646	11,3	618	11,2
Set.	792	12	774	12	755	11,9
Out.	897	12,5	891	12,6	883	12,7
Nov.	968	13,2	973	13,8	977	13,4
Dez.	996	13,3	1.008	13,5	1.018	13,8

QUADRO 5 Albedo médio para radiação solar global de algumas superfícies

Material		Albedo
Pedras		0,15-0,25
Solo cultivado		0,07-0,14
Florestas		0,06-0,20
Areia clara		0,25-0,45
Cultura		0,12-0,25
Altura do Sol		
Água	90-40°	0,02
Água	30°	0,06
Água	20°	0,13
Água	10°	0,35
Água	5°	0,59

$$Q_a = Q_g (1 - A) \qquad (16)$$

Essa energia absorvida pela superfície vai aquecê-la e fazê-la emitir radiação Q_{es}, que é a emissão da Terra em forma de onda longa. Essas radiações, por sua vez, vão provocar um aumento na temperatura da atmosfera, a qual também emitirá em forma de onda longa Q_{ea}.

A radiação líquida é, então, definida pela expressão:

$$Q_L = Q_a - Q_{es} - Q_{ea} \qquad (17)$$

A Equação 17 também é chamada de **balanço de radiações** (BR), que é um **balanço de ondas curtas** (BOC) e um **balanço de ondas longas** (BOL). Portanto:

$$BR = BOC + BOL$$

Pereira et al. (2002) discutem em mais detalhe a importância desses balanços, principalmente em relação à evapotranspiração. É bom lembrar que eles também estão ligados ao **efeito estufa**.

A emissão radiante total de um corpo é, segundo a **lei de Stephan-Boltzmann**, proporcional à quarta potência da temperatura de sua superfície e é expressa por:

$$Q_e = e \, \sigma \, T^4 \qquad (18)$$

em que:

- Q_e = emissão radiante, em $W \cdot m^{-2}$;
- e = emissividade do corpo, adimensional;
- σ = constante de proporcionalidade de Stephan-Boltzmann ($= 5,67 \times 10^{-8} \, W \cdot m^{-2} \cdot K^{-4} = 4,903 \times 10^{-9} \, MJ \cdot m^{-2} \cdot K^{-4}$);
- T = temperatura em K.

Então, temos a radiação terrestre:

$$Q_{es} = e_s \, \sigma \, T_s^4 \qquad (19)$$

e a radiação atmosférica:

$$Q_{ea} = e_a \, \sigma \, T_a^4 \qquad (20)$$

sendo T_s a temperatura da superfície (solo, cultura etc.) e T_a a temperatura do ar.

Substituindo as Equações 16, 19 e 20 em 17, temos:

$$Q_L = Q_g (1 - A) - e_s \, \sigma \, T_s^4 - e_a \, \sigma \, T_a^4 \qquad (21)$$

que é uma expressão prática para a determinação de Q_L em função de Q_g, T_s e T_a.

A radiação líquida pode ser medida por instrumentos especiais denominados Radiômetros Líquidos. Além disso, na falta de instrumentos e para regiões do Estado de São Paulo, a radiação líquida pode ser estimada pelas equações:

$$Q_L = -12,0 + 0,56 \cdot Q_g \quad \text{(primavera-verão)}$$

$$Q_L = -23,0 + 0,45 \cdot Q_g \quad \text{(outono-inverno)}$$

sendo Q_L e Q_g dados em $cal \cdot cm^{-2} \cdot dia^{-1}$. As regressões lineares apresentadas foram todas significativas ao nível de 0,1% de probabilidade.

No caso de culturas agrícolas, são importantes para a fotossíntese as radiações das faixas do azul e do vermelho (veja Quadro 1 do Capítulo 4). Por isso, convencionou-se como radiação fotossinteticamente ativa (RFA), em inglês denominada *photosynthetically active radiation (PAR)*, a faixa do visível entre 400-700 μm. Essa faixa inclui o verde, que é quase totalmente refletido pelo dossel verde (daí sua cor). A RFA é medida por radiômetros próprios que incluem no valor apenas essa faixa do espectro. Um radiômetro desses (voltado para cima) instalado pouco acima da cultura (p. ex., milho) mede RFA_0, que é a fração fotossinteticamente ativa de Q_g. Outro instalado no mesmo nível (voltado para baixo) mede RFA_r, que é a fração refletida Q_r. Mais um instalado na superfície do solo (voltado para cima) mede a radiação transmitida pelo dossel RFA_t, todas em $W \cdot m^{-2}$ (Figura 10). A parte absorvida pela cultura RFA_a é calculada por diferença:

$$RFA_a = RFA_0 - (RFA_r + RFA_t) \quad (22)$$

Dividindo a Equação 22 por RFA_0 e chamando RFA_a/RFA_0 de **coeficiente de interceptação de radiação** do dia i (CR_{si}), e $(RFA_r + RFA_t)/RFA_0 = \exp(-k \cdot IAF_i)$, pela lei de Beer, temos:

$$CR_{si} = 1 - \exp(-k \cdot IAF_i) \quad (23)$$

em que k é o **coeficiente de extinção de luz** (RFA) e IAF_i o índice de área foliar do dia i. O valor de k gira em torno de 0,7 para várias culturas. A relação de CR_s com IAF é empírica, mas faz sentido, pois, quanto maior IAF, maior a parte de RFA que é absorvida. Dessa forma, conhecido o IAF, pode-se estimar a fração de RFA absorvida pela cultura. Esse procedimento é muito utilizado em modelagem da produtividade de culturas agrícolas.

Tanto Q_g como RFA_0 estão disponíveis para os processos físico-químicos e biológicos que ocorrem no dossel de uma cultura. Estão, portanto, também relacionadas ao crescimento e ao desenvolvimento das culturas, abordado no capítulo anterior. Seus conceitos são relativamente novos e, muito antes deles, definiu-se o conceito de graus-dia (GD), com os mesmos propósitos. A origem desse conceito vem do século XVIII, sugerido por Reaumur, na França, por volta de 1735. Nessa época, a medida mais simples (senão a única) de avaliação de energia ou quantidades de calor era a medida da temperatura. Por essa razão, ele assumiu que o somatório das temperaturas do ar durante o ciclo vegetativo de uma espécie expressa a quantidade de energia de que ela necessita para atingir a maturidade. Assim, Reaumur foi o precursor do sistema de unidades térmicas ou **graus-dia**, utilizado atualmente para caracterizar o ciclo fenológico das culturas agrícolas. Os GD são ainda muito utilizados quando só se dispõe de dados de temperatura do ar.

A Figura 11 esquematiza a variação diária da temperatura do ar T através da função T(t), que se eleva durante o dia a partir de uma temperatura mínima (T_{min}) até alcançar uma temperatura máxima ($T_{máx}$) à tarde, e depois diminui novamente até a T_{min} da madrugada seguinte. Assumindo uma temperatura basal inferior (T_{bi}) e uma superior (T_{bs}) (Figura 1 do Capítulo 4) aquém ou além das quais a planta não se desenvolve, ou o faz a taxas desprezíveis, no intervalo $T_{bs} - T_{bi}$ há desenvolvimento vegetal, que perdura pelo intervalo de tempo $t_f - t_i$. De acordo com o conceito de **unidades térmicas** ou graus-dia, a área A da Figura 11 é proporcional à energia útil recebida pela cultura naquele dia, que é parte da energia líquida dada pela Equação 24.

Como visto no Capítulo 3, a área A é dada pela integral:

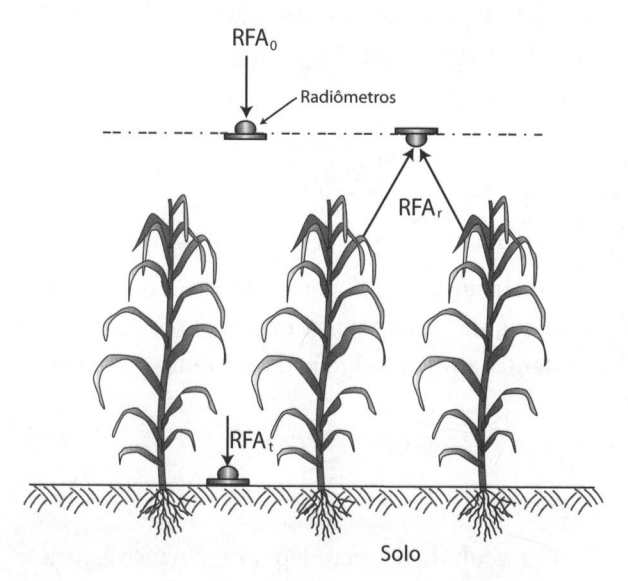

$$GD_j = A = \int_{t_i}^{t_f} T(t)\, dt - B \quad (24)$$

FIGURA 10 Esquema da interação da radiação fotossinteticamente ativa (RFA) em cultura de milho.

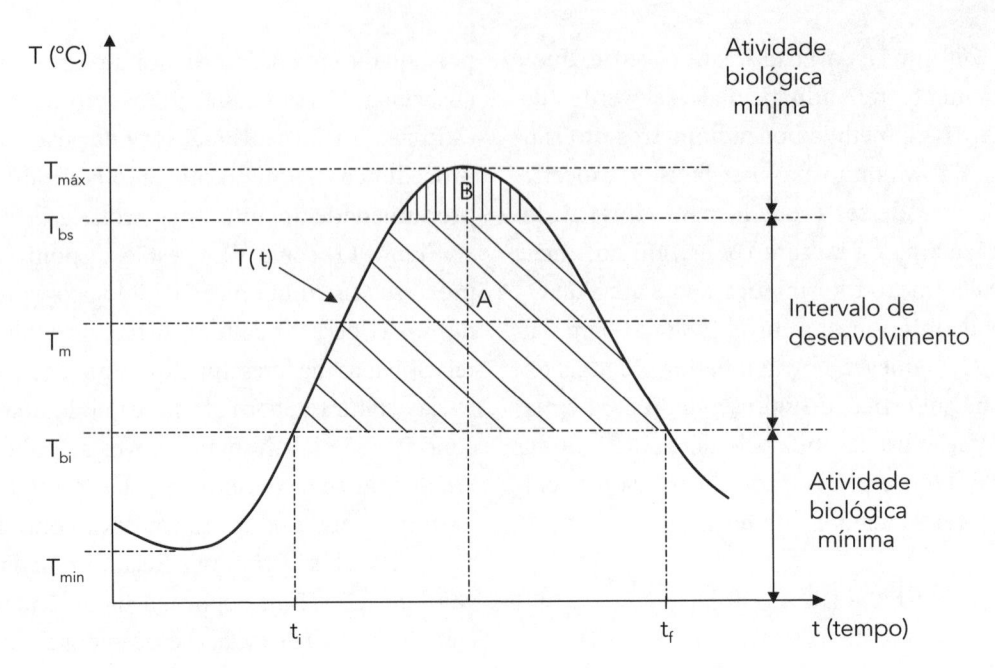

FIGURA 11 Variação diária da temperatura do ar.

cuja unidade é °C × dia, se t for dado em dias. Daí o nome de graus-dia (GD_j), em que o subscrito j se refere ao dia j.

Como a curva T(t) nem sempre é conhecida ou é difícil de ser modelada, várias fórmulas simples para cálculo de GD_j foram propostas. Ao estudarmos o armazenamento da água no solo (Capítulo 3), mostramos que uma integral também pode ser dada pelo valor médio da função, multiplicado pelo intervalo de integração. Por esse critério, pode-se dizer que:

$$GD_j \cong \overline{T}_m (t_f - t_i) - B$$

onde $\overline{T}_m$ é a média de T entre t_i e t_f. Em Meteorologia, a temperatura média do dia T_m é tomada num intervalo de tempo maior que $t_f - t_i$, isto é, aproximadamente 1 dia, e a equação anterior se simplifica em:

$$GD_j \cong T_m - B$$

Nota-se que, neste caso, a questão do tempo é tratada com muito pouco rigor, sendo $t_f - t_i$ considerado igual a 1, independentemente da época do ano e da latitude, *i.e.*, do comprimento do dia N.

Como cada cultura se adapta a um dado clima, o que é feito pelo zoneamento agrícola, são poucos os dias nos quais $T_{máx}$ é maior que T_{bs}, e a área B é considerada nula. Como para temperaturas menores que T_{bi} não há desenvolvimento, Pereira et al. (2002) sugerem calcular GD_j simplesmente por:

$$GD_j = T_m - T_{bi} \qquad (25)$$

para os casos em que T_{min} é maior que T_{bi}. Essa expressão considera que a cada grau de temperatura acima de T_{bi} têm-se 1°C · dia. Para casos em que T_{bi} é igual ou maior que T_{min}, e menor que $T_{máx}$, Villa Nova et al. (1972) sugerem a equação:

$$GD_j = \frac{(T_{máx} - T_{bi})^2}{2(T_{máx} - T_{min})} \qquad (26)$$

O somatório de GD_j para o número k de dias do ciclo da cultura (emergência à maturação) é chamado de **constante térmica** ou graus-dia acumulados (GDA):

$$GDA = \sum_{j=1}^{k} GD_j \qquad (27)$$

Cada cultura tem seu valor de GDA, isto é, para se desenvolver e completar o ciclo, ela precisa de GDA graus-dia. Em condições mais amenas de temperatura, o número k de dias para atingir o GDA é maior, isto é, o ciclo se alonga. Em condições mais quentes, o ciclo se encurta. Alguns exemplos são dados a seguir, extraídos de Pereira et al. (2002) (Quadro 6).

QUADRO 6 Exemplos de GDA e T_{bi} para algumas culturas (semeadura à maturação)

Cultura	T_{bi} (°C)	GDA (°C · d)
Arroz (IAC 4440)	11,8	1.985
Girassol (Contisol 621)	4	1.715
Soja (UFV 1)	14	1.340
Ervilha (superprecoce)	6	1.225-1.525
Ervilha (precoce)	6	1.526-1.725
Ervilha (semiprecoce)	6	1.726-2.000
Ervilha (tardia)	6	2.000-2.275

O conceito de GD ainda é amplamente empregado em estudos de fitotecnia, apesar de sua simplicidade e persistência no tempo, pois sua origem vem do século XVIII e apesar do aparecimento do conceito de PAR ou RFA que apresentam uma base teórica sólida. A título de exemplo, Scarpare et al. (2011) apresentaram uma aplicação do conceito de GD para períodos de poda da uva Niágara Rosada.

Ainda, para compensar as variações na extensão dos ciclos das culturas em diferentes ambientes, é comum o uso de uma escala de tempo relativa, a do **crescimento relativo** CR que é baseada no conceito de GD. Assim o CR_j, para um dia j no meio do ciclo é definido por:

$$CR_j = GDA_j/GDA_t \qquad (28)$$

onde GDA_j é o GD acumulado até o dia t_j e GDA_t é o GD acumulado do ciclo completo naquela região. É fácil verificar que quando a cultura emerge, dias após a emergência DAE = 0, CR_j também é zero e que ao final do ciclo $GDA_j = GDA_t$ e $CR_t = 1$; e que CR varia de zero a 1. O CR é uma medida do que falta em termos de energia solar para fechar o ciclo. Assim, por exemplo, um valor de CR = 0,5 mostra que neste instante (porque a todo CR corresponde um determinado DAE e um determinado t) a cultura já tinha recebido a metade do total de energia de que ele precisava para fechar o ciclo.

VENTO

Vento é o deslocamento de ar originado por diferenças de pressão atmosférica e de temperatura entre as diferentes posições no globo terrestre. Em escala maior, temos os **ventos alísios**, entre os trópicos e o Equador, os ventos de oeste e leste, entre os trópicos e os polos; ciclones e anticiclones; os efeitos "El Niño" e "La Niña" ocasionados por diferenças de temperatura no oceano Pacífico. Para o caso da agricultura, são de maior importância os ventos locais, aqueles que afetam uma região, ou mesmo uma cultura. Essa importância está no transporte de massas de ar de diferente temperatura, pressão e umidade. Por isso, os ventos afetam as temperaturas do ar, os regimes de chuva (nebulosidade) e os processos de evaporação e evapotranspiração. Um ar seco passando por uma cultura acelera o processo de evapotranspiração.

O vento é uma grandeza vetorial, com módulo, sentido e direção. Os dois últimos são caracterizados pela rosa dos ventos, com oito direções fundamentais: N, NE, NO, S, SE, SO, E e O. Já o módulo é medido por **anemômetros**, que registram sua velocidade instantânea ou média de um período (geralmente um dia). Na verdade, como há turbulência, mede-se a componente horizontal em m/s ou km/h, sendo 1 m/s = 3,6 km/h (Pereira et al., 2002).

Como o vento afeta a evapotranspiração, seu módulo faz parte de vários modelos de sua estimativa, como o mais utilizado de Penman-Monteith (Allen et al., 1998). Nestes casos, utiliza-se o valor médio diário da velocidade do vento, medido a 2 m da superfície do solo. No Capítulo 15, este método será apresentado em mais detalhe e o fator vento melhor apreciado em relação à seu efeito sobre a evapotranspiração.

Em certas regiões o vento pode também afetar o manejo da agricultura por seu efeito mecânico sobre o dossel, cujo resultado é o **acamamento das plantas**. Na cana de açúcar, milho e soja por exemplo, os colmos deitados por ação do vento são um problema na ocasião da colheita. Por isso existem híbridos, cultivares ou variedades mais resistentes ao acamamento. Em locais com frequência maior de ventos e em casos de ventos mais intensos utiliza-se de "**quebra ventos**", constituídos de linhas de arbustos ou até mesmo árvores que funcionam como barreiras ao vento.

Por efeito da difusão de seus gases da superfície da Terra para o espaço sideral e de sua volta por ação da gravidade, a atmosfera tem sua densidade diminuindo exponencialmente até aproximadamente 200 km de altura, onde é bem rarefeita. Nos primeiros 100 m tem a concentração de seus gases praticamente constante, e é essa que interage com as plantas. Entre seus componentes, os principais do ponto de vista agronômico são o O_2, o CO_2 e a H_2O. Na baixa atmosfera, ela retém até cerca de 4% de vapor-d'água quando atinge a umidade relativa de 100%. Com maior admissão de água, o vapor se condensa formando nevoeiros, nuvens, chuva, granizo, neve. A condição normal é de umidades relativas entre 10-100%, quando a atmosfera é um grande sumidouro de água devido a seus valores muito baixos de energia. Assim, o vapor-d'água se torna um importantíssimo elemento no ciclo da água.

O Sol nos manda radiação na forma de ondas curtas que penetram com certa facilidade na atmosfera, alcançando a superfície do solo e aquecendo-o. A terra por sua vez emite radiação na forma de onda longa, de energia muito menor, que é bastante barrada na atmosfera. Assim ocorre um balaço de energia na atmosfera que define os diferentes climas ao redor do globo, principalmente a distribuição das temperaturas do ar.

As características do vapor-d'água na atmosfera e da radiação solar são discutidas em detalhe neste capítulo, sempre com o enfoque nos processos que ocorrem na baixa atmosfera e que afetam o crescimento e desenvolvimento das plantas.

EXERCÍCIOS

1. Transformar uma pressão de 100 cmHg em cmH_2O, atm, Pa e bária.
2. Transformar 4,6 kPa em cmH_2O e atm.
3. Calibrou-se o pneu de um automóvel em 24 libras . pol^{-2}. Que pressão é essa, absoluta ou relativa? Qual seu valor em atmosfera?
4. Um vacuômetro indica "zero" quando em contato com a pressão atmosférica. Em certa condição de vácuo, lê-se "– 0,5 atm". Que pressão é essa?
5. Em um local onde a pressão atmosférica é 720 mmHg, sobe-se a uma altura de 2.000 m. Qual a queda de pressão? Utilizar a expressão: $P_r = P_o \exp(-h/8,4)$, sendo h dado em km.
6. Em certa condição, a temperatura do ar é 25°C e a pressão parcial de vapor é 12,3 mmHg. Qual a sua umidade relativa? O valor de e_s para 25°C é 23,76 mmHg.
7. Em que condição se encontra o ar da questão 6? Qual seu déficit de saturação e seu ponto de orvalho?
8. Dada massa de ar tem umidade relativa de 85% e está a 35°C. Qual a pressão parcial atual do vapor?
9. O ar da questão anterior é aquecido a 40°C sem perder ou ganhar vapor. O valor de e_s para 40°C é 55,2 mmHg. Qual sua nova UR?
10. O ar da questão 8 é resfriado para 20°C. Qual sua nova UR?
11. Um psicrômetro não ventilado indica t_u = 23°C e t = 32°C. Qual a umidade relativa do ar?
12. Pense um pouco sobre o efeito da inclinação dos raios solares, em diferentes estações do ano, considerando a declinação do Sol. O que você acha da diferença de insolação de uma encosta voltada para o Norte em comparação com uma voltada para o Sul? Não despreze a latitude.

13. Em dado local de latitude 20°S, no mês de julho, o Sol brilha em média 9,3 horas por dia. Para este local, a Equação 13 tem como parâmetros a = 0,21 e b = 0,63. Qual a radiação global nesse local no mês de julho?
14. Para o mesmo local da questão anterior, a radiação líquida para o mês de julho é 313 cal . cm^{-2} . dia^{-1}. Quantos milímetros de água podem ser evaporados com essa energia, se totalmente aproveitada? Assumir a temperatura da água igual a 20°C.

RESPOSTAS

1. 1,316 atm; 1.360 cmH$_2$O; 0,133 MPa e 1.333.200 bária.
2. 0,045 atm e 47,52 cmH$_2$O.
3. Trata-se de pressão manométrica positiva, isto é, acima da pressão atmosférica; 1,63 atm. Se a pressão atmosférica local for 0,9 atm, seu valor absoluto é 2,53.
4. Pressão de –0,5 atm, abaixo da pressão atmosférica local, também chamada de tensão ou pressão negativa.
5. Sendo P_o = 720 mmHg; h = 2 km, tem-se que P_r = 567 mmHg.
6. 51,76%.
7. Trata-se de um ar não saturado. Déficit de saturação d = 11,46 mmHg e t_o = 14,4°C.
8. 35,84 mmHg.
9. 64,8%.
10. Como o resultado da tensão de saturação para 20°C é menor do que 27,05 mmHg, o ar deve ter chegado à saturação (UR = 100%) a uma temperatura maior que 20°C. Para chegar a 20°C, ele continua saturado e todo o excesso de água se condensa. Portanto, o ar precisa perder água para chegar aos 20°C.
11. 45%.
12. No Hemisfério Sul, o Sol passa mais tempo com sua parábola voltada para o Norte e, assim, as encostas voltadas para o Norte recebem o Sol com "inclinações" menores e aproveitam mais energia solar.
13. 435 cal . cm^{-2} . dia^{-1}.
14. 5,3 mm . dia^{-1}.

LITERATURA CITADA

ALLEN, R. G.; PEREIRA, L. S.; RAES, D.; SMITH, M. Crop evapotranspiration: guidelines for computing crop water requirements. *FAO*, Roma, Paper 56, p. 326, 1998.

PEREIRA, A. R.; ANGELOCCI, L. R.; SENTELHAS, P. C. Agrometeorologia: fundamentos e aplicações práticas. Guaíba: Agropecuária, 2002. p. 478,

SCARPARE, F. V.; ANGELOCCI, L. R.; SCARPARE-FILHO, J. A.; RODRIGUES, A.; REICHARDT, K. Growing degree-days for the "Niagara Rosada" grapevine pruned in different seasons. *International Journal of Biometeorology*, v. 55, p. 545-57, 2011.

VILLA NOVA, N. A.; PEDRO JÚNIOR, M. J.; PEREIRA, A. R.; OMETTO, J. C. Estimativa de graus-dia acumulados acima de qualquer temperatura base, em função das temperaturas máxima e mínima. *Caderno de Ciências da Terra*, v. 30, p. 1-8, 1972.

Parte II

Os processos

A dinâmica da matéria e da energia é regida por leis físicas, responsáveis por sua transferência de um ponto para o outro dentro do sistema. Nesta parte do livro são abordados os processos responsáveis pelo movimento de matéria: água, solutos, nutrientes, gases; e pela transferência de energia – em especial o calor. Dada a semelhança desses processos dinâmicos, iniciamos com a água e fazemos uma análise físico-química detalhada, na qual as ferramentas matemáticas são apresentadas à medida que são empregadas. Para solutos, gases e calor a análise é feita com menos detalhe, para evitar repetições já abordadas no caso da água. Esta Parte II é fundamental para a compreensão da Parte III, que inclui aplicações.

> *Se não houver frutos*
> *valeu a beleza das flores.*
> *Se não houver flores*
> *valeu a sombra das folhas.*
> *Se não houver folhas*
> *valeu a intenção da semente.*
>
> Henfil

6

A água em estado de equilíbrio: princípios básicos

> O estado de equilíbrio da água é fundamental para que se possa entender seus movimentos no sistema solo-planta-atmosfera. A água se encontra principalmente na forma fluida (gasosa ou líquida) e por isso tem liberdade para se mover nos poros do solo, dentro das plantas e no ar. Mas, como qualquer corpo da natureza, ela segue a lei universal de sempre procurar, espontaneamente, estados de menor energia para finalmente atingir o equilíbrio. A ferramenta utilizada para avaliar os estados de energia da água é o potencial total da água com seus componentes. Neste capítulo é feita uma introdução à Termodinâmica para bem conceituar o potencial total da água, que será básico no entendimento dos demais capítulos deste livro. É visto com detalhe como pressões que atuam sobre o sistema afetam o estado de energia da água, da mesma forma como o faz a gravidade terrestre, os poros do solo e da planta, os sais nela dissolvidos. Esses conceitos são levados progressivamente, desde o sistema mais simples de um copo com água até a água contida nas diferentes partes de uma cultura agrícola

INTRODUÇÃO

A água do solo, da planta, da atmosfera etc., esteja ela no estado líquido, sólido ou gasoso, assim como qualquer corpo da natureza, pode ser caracterizada por um estado de energia. Diferentes formas de energia podem determinar esse estado. A **Termodinâmica** é a parte da Física que estuda as relações energéticas que envolvem os diversos sistemas, e define como sistema o objeto de estudo e, como meio, tudo que o cerca e com ele mantém relações energéticas (Figura 1). Em qualquer estudo termodinâmico é fundamental a definição do que será tomado como sistema e, consequentemente, como meio, cujos limites podem ou não ser bem definidos. No caso da água do solo, o sistema mais comum é considerar a água líquida, incluindo ou não tudo que nela se encontra: íons, moléculas, gases dissolvidos. Nas diferentes partes do sistema solo-planta-atmosfera (SSPA), em que se encontra a água e cujo estado de energia queremos definir, não é simples definir os limites do sistema água. A primeira dificuldade é escolher seus limites (tamanho do objeto de estudo), o que é arbitrário, mas exige critérios. Como veremos neste capítulo, nossos conceitos são, na maioria das vezes, pontuais, de dimensões consideradas infinitamente pequenas. Falaremos, por exemplo, em umidade do solo em um ponto a 30 cm de profundidade. Logicamente, precisamos de um volume mínimo de solo para definir sua umidade. Se esse volume for muito pequeno, poderemos considerar apenas um poro ou um grão de areia, que de forma alguma representam o solo. De modo arbitrário, poderíamos dizer que o volume mínimo de solo que representa um ponto no perfil é 1 cm^3. Nossas amostragens são, em geral, maiores, coletadas por cilindros de alturas de 3-10 cm, com diâmetros de 3-10 cm, resultando em volumes de 20-1.000 cm^3. Nosso sistema água tem volume ainda menor, pois ele é a água líquida contida nos poros desse volume de solo. Seu limite é o emaranhado de interfaces água-ar e água-sólido, distribuído dentro dos poros. Às vezes incluímos no sistema o vapor-d'água do ar do solo, que, em geral, está em equilíbrio com a fase líquida. O meio é a parte sólida ou matriz do solo e os outros gases do ar do solo, com o qual a água (sistema) mantém relações energéticas.

Para o caso do ponto A da Figura 2, que se encontra no seio da água de uma barragem, o sistema poderia ser definido por 1 cm^3 de água em torno do ponto A. Seu limite é hipotético e o meio seria o restante da água da barragem, que atua sobre o sistema, por exemplo, pela pressão hidrostática de uma coluna de água de altura h_A.

Na atmosfera, em dado ponto, o sistema poderia ser o vapor-d'água contido em 1 L de ar em torno do ponto. Na planta, fala-se em água da folha, do xilema, do floema, da semente, e, para cada caso, é preciso definir o sistema. Dentro de uma folha, por exemplo, poderia ser a água do vacúolo de uma célula, ou em uma porção de tecido vegetal, como o parênquima lacunoso, mostrado na Figura 10 do Capítulo 4.

As relações energéticas entre o sistema e o meio podem ser separadas em mecânicas, que aparecem por ação de forças, e em térmicas, em virtude de diferenças de temperatura. As forças dão origem aos trabalhos mecânicos e dão movimento à água. Como o movimento de água nas diferentes partes do SSPA é muito lento, sua **energia cinética** – proporcional ao quadrado da velocidade v – é, na maioria dos casos, desprezível. Não é o caso de água corrente em canais ou tubulações, onde a energia cinética é de grande importância. O teorema de Bernouille, da Hidrodinâmica (ver Capítulo 8), envolve esses aspectos. Por outro lado, a energia potencial, função da posição e condição interna da água no ponto em consideração, é de primordial importância na caracterização do seu estado de energia. Para os diferentes sistemas da água mencionados, podemos definir melhor os tipos de energia que atuam nas relações sistema-meio. No caso do vapor-d'água, são de importância o calor (energia térmica) e o trabalho de pressão. No caso da água líquida, o trabalho gravitacional pode assumir grande relevância. Todas as

FIGURA 1 Sistema e meio.

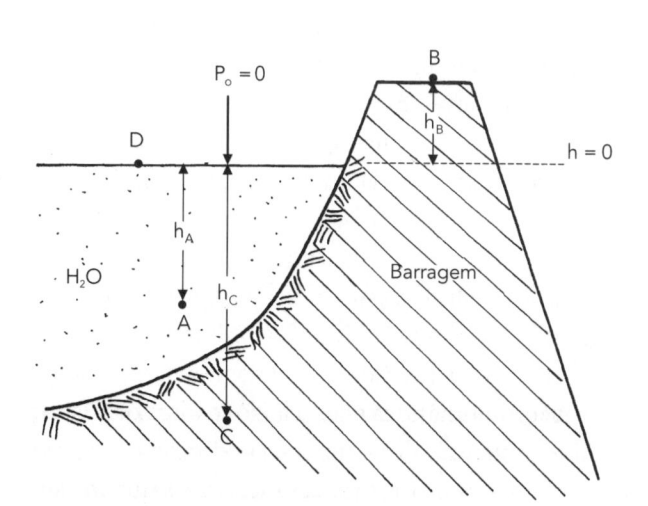

FIGURA 2 Esquema de barragem.

interações entre a água e a matriz sólida do solo, que envolvem forças capilares, de adsorção, elétricas e outras, são, por conveniência e simplicidade, denominadas forças matriciais, que levam a um trabalho matricial. A presença de solutos na água implica trabalho químico. Como consequência dessas relações sistema-meio, a água assume um estado de energia que pode ser descrito pela **função termodinâmica** energia livre de Gibbs e outros trabalhos conservativos, que no SSPA recebem o nome particular de **potencial total da água**. Diferenças desse potencial da água entre pontos distintos no sistema dão origem ao seu movimento. A tendência espontânea e universal de toda matéria na natureza é assumir um estado de energia mínima, procurando equilíbrio com o meio ambiente. A água obedece a essa tendência universal e se move constantemente no sentido da diminuição de seu potencial total. A taxa de decréscimo de potencial ao longo de uma direção é uma medida da força responsável pelo movimento. Assim, o conhecimento de seu estado de energia em cada ponto no sistema pode nos permitir o cálculo das forças que atuam sobre a água e determinar quão afastada ela se acha do estado de equilíbrio.

O conceito de potencial total da água é, por isso, de fundamental importância. Para o caso do solo, ele elimina as categorias arbitrárias nas quais a água do solo foi classicamente subdividida: água gravitacional, água capilar e água higroscópica. Na verdade, toda água do solo é afetada pelo campo gravitacional terrestre, de tal forma que toda ela é "gravitacional". Além disso, as leis da capilaridade não explicam, por completo, o fenômeno da retenção da água do solo. Por último, deve-se frisar que a água é a mesma em qualquer posição e tempo dentro do solo. Ela não difere na "forma", mas sim no estado de energia.

BASE TERMODINÂMICA DO CONCEITO DE POTENCIAL TOTAL DA ÁGUA

A termodinâmica é um capítulo vasto da Física, e não é intenção deste texto apresentar um tratado completo sobre o assunto. O leitor, se necessário, deve recorrer a textos básicos de termodinâmica, para melhor compreensão dos conceitos aqui tratados (Zemansky, 1978; Van Wylen et al., 1994; Halliday et al., 2001). Os autores esperam, porém, que o material a seguir seja suficiente para o pesquisador em Ciência do Solo compreender as relações complexas de energia em relação ao SSPA.

Iniciaremos nosso estudo aplicando conceitos termodinâmicos ao sistema mais simples, que é o do **vapor-d'água na atmosfera**. É mais simples por se tratar de um sistema gasoso inerte. Encontra-se suspenso no ar pelo fato de a força gravitacional ser balanceada pela força de empuxo. O vapor-d'água encontra-se dissolvido no ar e passa a ser um componente dele. Já vimos, no Capítulo 5, que, em condições especiais, ele se apresenta com concentração máxima (ar saturado) e todo excesso se condensa, passando para a fase líquida. Na presença de diminutos núcleos de condensação, formam-se gotículas que, ao crescerem, sofrem a ação da gravidade que predomina sobre as demais forças, e passam a se precipitar na forma de chuva.

A caracterização dos diferentes estados de um sistema (e também o vapor-d'água) é feita por **coordenadas termodinâmicas**, que são variáveis que descrevem o estado do sistema. Sistemas gasosos são perfeitamente caracterizados por três coordenadas: pressão P (Pascal, Pa); volume V (m^3); temperatura T (Kelvin, K). Assim, um estado A de um sistema gasoso é caracterizado por valores particulares P_A, V_A, T_A, sendo estes relacionados por uma equação de estado. A mais aceita é a dos gases ideais (Equação 1, Capítulo 5). A quantidade de matéria do sistema fica definida pelo volume V, que contém m kg ou n moles de material.

No estado de vapor, as energias envolvidas no sistema são apenas três: **calor** (Q), **trabalho mecânico** (W) de expansão ou compressão e a **energia interna** (U) do sistema. O **primeiro princípio da termodinâmica** é o balanço dessas energias e enuncia que umas podem ser transformadas nas outras, conservando, porém, a quantidade total constante (conservação da energia), e que geralmente é apresentado na seguinte forma:

$$Q - W - \Delta U = 0 \qquad (1a)$$

Na Equação 1a, a energia interna é apresentada como uma variação ΔU, porque seu valor absoluto U é muito difícil de ser determinado, pois é toda a energia contida no sistema em estudo. Para os gases inertes, U é só função de T: quanto mais quente um gás, maior U. Os sinais de cada termo são convencionais, em geral, assumindo-se Q como positivo quando entra no sistema e negativo quando sai. No caso de W, uma expansão (sistema atua sobre meio) é considerada trabalho positivo e uma compressão (meio atua sobre sistema), negativo. O sinal de ΔU dependerá da soma de Q e W. O calor só é considerado energia térmica durante o processo de sua transferência entre sistema e meio. Depois que o calor entrou no sistema, não se fala mais em calor, fala-se em energia interna. O fornecimento de calor pode, então, resultar em aumento de energia interna e/ou trabalho de expansão. Assim, de acordo com a Equação 1a, se um sistema, por exemplo, absorve calor do meio (Q = 600 J) e ao mesmo tempo é comprimido pelo meio (W = −200 J), sua variação de energia interna é 800 J. Para variações infinitesimais de energia, a equação pode ser escrita na forma diferencial:

$$dU = \mathbf{d}Q - \mathbf{d}W \qquad (1b)$$

A diferencial dU é um **diferencial exato**, porque U é uma **função de ponto**, isto é, depende apenas do estado inicial (i) e final (f) de uma transformação. Isso significa que $\Delta U = U_f - U_i$ é o mesmo para qualquer "caminho", "linha", ou "processo" utilizado para levar o sistema de i a f. O termo dQ representa as entradas ou as saídas de calor. Quando um sistema passa de um estado qualquer i para outro f, o calor envolvido na passagem depende do processo ou caminho que ligou i a f. Há, portanto, infinitos valores de Q para a passagem de i para f. Por isso, Q é chamada de **função de linha** (depende da linha, do processo, do caminho que liga i e f) e sua diferencial dQ é denominada **diferencial não exato**, cujo d será apresentado em negrito **d** para diferenciá-lo do diferencial exato. O diferencial **d**Q é igual a $C_v dT$ para processos isovolumétricos (C_v = capacidade calorífica a volume constante, J . K^{-1}); $C_p dT$ para processos isobáricos (C_p = capacidade calorífica à pressão constante, J . K^{-1}); para o processo isotérmico, dU = 0 porque U é só função de T e se T = constante, dT = 0 e dU = 0; como consequência da Equação 1b, **d**Q = **d**W, isto é, na isoterma todo calor é transformado em trabalho, ou vice-versa; em processos adiabáticos, nos quais não há troca de calor, **d**Q = 0, e, em geral, quando o processo não é definido, **d**Q é igual a TdS (S = entropia). A **entropia** S resolve a questão da dependência do calor em relação ao caminho, pois ela é uma função ligada a Q, mas que independe do caminho que liga i e f e, por isso, também é **função de ponto** e seu diferencial dS é exato. A definição de S é dada por:

$$S_f - S_i = \int_i^f \frac{\mathbf{d}Q}{T} \qquad (2)$$

o que mostra que, se cada dQ envolvido no processo que leva o sistema de i para f for dividido pela respectiva temperatura T, seu somatório (integral) $\Delta S = S_f - S_i$ independe do processo. Outras definições de S estão ligadas à ordem e à desordem do sistema, e os processos naturais e espontâneos sempre levam a maior desordem (um baralho empilhado em uma sequência lógica ao cair no chão muda para um estado de maior desordem, de entropia maior, ΔS positivo; para empilhá-lo de novo, é preciso despender energia, o processo não é espontâneo, e sua entropia é menor, ΔS negativo).

A entropia está bastante ligada ao **segundo princípio da termodinâmica**, que pode ser visto como uma restrição ao primeiro princípio, que mostra que qualquer energia é passível de ser transformada em outra, conservando o total. O segundo princípio, no que se refere a transformações de calor em trabalho, o que também é feito por máquinas térmicas, como os motores a álcool, gasolina e diesel, afirma que: "é impossível, em uma transformação cíclica, transformar totalmente calor em trabalho". Sempre uma parte do calor fica indisponível para a produção de trabalho. A teoria do segundo princípio é extensa e para melhor entendimento precisa ser vista em textos especializados.

Na Equação 1b, **d**W representa o trabalho mecânico de expansão ou contração, dado por PdV e que, também, é uma diferencial não exata, pois W depende do processo que liga i a f.

Além da função energia interna U, a Termodinâmica define outras funções de energia, denominadas **potenciais termodinâmicos**, cada uma de especial interesse para determinadas condições (Libardi, 2012). São elas:

a. **Função entalpia**

$$H = U + PV \qquad (3)$$

b. **Função energia livre de Helmholtz**

$$F = U - TS \qquad (4)$$

c. **Função energia livre de Gibbs**

$$G = H - TS = U + PV - TS \qquad (5)$$

A entalpia, também chamada de função de calor, é muito utilizada na Química, por exemplo, nos cálculos de calores de combustão, reação, entalpias de formação etc. A energia livre de Helmholtz, também chamada de função trabalho, é mais usada em aplicações que envolvem o trabalho mecânico. A energia livre de Gibbs também é de grande importância na Química, como em constantes de reação. Também é muito conveniente na descrição do estado de energia da água. Vejamos com mais detalhe seu significado. G é propriedade termodinâmica do sistema, assim como a entropia e a energia interna, e envolve energia. É uma função de ponto, isto é, seu valor depende apenas do estado do sistema (de suas coordenadas, no caso P, V e T), da mesma forma que a energia interna. Isso significa que, se um sistema em um estado A, possuidor de energia livre G_A, passa a outro estado B com energia livre G_B, a diferença $G_A - G_B$ é idêntica para todos os processos que levam o sistema do estado A para o estado B. G_A e G_B caracterizam os estados A e B e, por isso, são propriedades do sistema. Essa propriedade nos permite calcular a grandeza $\Delta G = G_B - G_A$ por qualquer processo que ligue os estados A e B. Podemos, então, escolher o mais conveniente ou mesmo o mais simples. Como o próprio nome indica, a energia livre de Gibbs é a parte da energia que está disponível para produzir trabalho. Diferenciando a Equação 5, temos:

$$dG = dU + PdV + VdP - TdS - SdT$$

e, como $dU = TdS - PdV$, resulta:

$$dG = VdP - SdT \qquad (6)$$

que é a equação diferencial da energia livre de Gibbs. Ela nos mostra que G foi tomado como função de T e P, isto é, $G = G(T, P)$. Essa Equação 6 também pode ser escrita de forma genérica (veja a definição de derivada parcial no Capítulo 3):

$$dG = \left(\frac{\partial G}{\partial T}\right)_P dT + \left(\frac{\partial G}{\partial P}\right)_T dP \qquad (6a)$$

em que:

$$\left(\frac{\partial G}{\partial T}\right)_P = -S \quad e \quad \left(\frac{\partial G}{\partial P}\right)_T = V$$

e os índices P e T dispostos fora dos colchetes indicam que a respectiva variável foi mantida constante durante a derivação. Essas equações mostram que as derivadas parciais têm um significado físico bem definido. A entropia S pode, portanto, também ser vista como a derivada parcial da energia livre de Gibbs em relação à temperatura, no ponto considerado. O leitor deve notar, na Equação 6a, a diferença dos símbolos usados para diferencial total "d" e diferencial parcial "∂" e, também, para derivadas totais como "dy/dx" e derivadas parciais "∂y/∂x". Quando uma função depende apenas de uma variável, como $y = y(x)$, a derivada é total dy/dx. Para mais de uma variável, aparecem as derivadas parciais, como no caso de $y = y(x, t, v)$, em que teremos:

$$dy = \left(\frac{\partial y}{\partial x}\right)_{t,v} dx + \left(\frac{\partial y}{\partial t}\right)_{x,v} dt + \left(\frac{\partial y}{\partial v}\right)_{x,t} dv$$

em que dy é o diferencial total e:

$$\left(\frac{\partial y}{\partial x}\right)_{t,v}$$

é a derivada parcial de y em relação a x, mantidos t e v constantes. Vamos adaptar a Equação 6 ao nosso sistema, que se constitui do vapor-d'água em um volume "arbitrário" de ar. De todas as variáveis que vimos até agora, pode-se fazer uma distinção em dois grupos: **variáveis intensivas** e **variáveis extensivas**. As primeiras, cujos exemplos são P e T, independem do "tamanho" ou da "extensão" do sistema. Se a temperatura de uma sala é 30°C e ela for dividida ao meio, não teremos 15°C para cada lado. Tanto faz o tamanho da amostra de ar que tomamos, a sua temperatura será 30°C. Isso já não acontece, por exemplo, com o volume V da sala, que, quando dividido, passa a ser V/2. O volume é uma variável extensiva, dependente do tamanho do sistema. São extensivas, também, U, G, m (massa) e S. Como é vantagem trabalhar com grandezas intensivas, é comum transformar extensivas em intensivas. O cociente de duas extensivas resulta em uma intensiva. Assim, m/V é densidade d. A densidade do ar da sala do exemplo anterior não muda com sua divisão. O inverso da densidade V/m é o volume específico v, também intensivo. Se a Equação 6 for dividida por m, teremos:

$$dg = vdP - sdT \qquad (6b)$$

sendo g = G/m, a energia livre específica de Gibbs e s a entropia específica.

Seguindo a nomenclatura mais empregada em Agrometeorologia (Capítulo 5), para o vapor-d'água, a pressão P é a pressão parcial de vapor e_a (Equações 4 e 5) e, chamando a energia livre específica g de potencial da água Ψ, a Equação 6b fica:

$$d\Psi = vde_a - sdT \qquad (6c)$$

Como já foi dito, G e, portanto, g e Ψ são funções de ponto, e, assim, para determinar seu valor entre dois estados, podemos escolher o caminho mais conveniente. Escolhendo o isotérmico (dT = 0), a Equação 6c se resume em $d\Psi = vde_a$. Assumindo, ainda, que o vapor-d'água da atmosfera se comporta como um gás ideal (ver Capítulo 5), sua equação de estado é:

$$e_a v = \frac{RT}{M_v}$$

tirando o valor de v dessa equação e substituindo-o na anterior, obtemos:

$$d\Psi = \frac{RT}{M_v} \frac{de_a}{e_a}$$

que, integrada desde um estado padrão e_s até o estado de interesse e_a, resulta em:

$$\Delta\Psi = \int_{e_s}^{e_a} \frac{RT}{M_v} \frac{de_a}{e_a} = \frac{RT}{M_v} \ln \frac{e_a}{e_s} \qquad (7)$$

pois, lembrando, a integral de dy/y é ln y. O estado padrão será discutido em detalhe mais adiante neste capítulo. Em síntese, como o valor absoluto de Ψ é difícil de ser obtido, mede-se $\Delta\Psi$ entre um estado padrão Ψ_o e o estado considerado Ψ, assim $\Delta\Psi = \Psi - \Psi_o$. Como o valor de Ψ_o é arbitrário, escolhendo $\Psi_o = 0$, tem-se $\Delta\Psi = \Psi$.

Tendo-se, então, uma medida da tensão de vapor e_a e da temperatura T do ar, pode-se determinar Ψ para a umidade de massa de vapor M_v. Vejamos um exemplo: calculemos o potencial da água em uma massa de ar cuja umidade relativa é 50% ou 0,5, a uma temperatura de 27°C (300 K).

$$\Psi = RT \ln \frac{e_a}{e_s} = 0,082 \frac{atm \cdot L}{mol \cdot K} \times 55,5 \frac{mol}{L} \times$$

$$300 \, K \times \ln (0,5) = -947 \, atm = -94,7 \, MPa$$

O fator 55,5 aparece porque 1 mol de água equivale a 18 g, e, em 1 L = 1.000 g, temos 55,5 moles de água. Como se pode verificar, o potencial da água na atmosfera assume valores bem negativos (logaritmos de números menores que 1 são negativos). Utilizando a Equação 7, pode-se calcular o potencial da água na atmosfera para diferentes umidades relativas, todas a 27°C, apresentadas no Quadro 1.

QUADRO 1 Potencial da água no estado de vapor como uma função da umidade relativa do ar

UR	Ψ atmosfera	
%	atm	MPa
20	−2200	−220
50	−947	−95
80	−305	−30,5
90	−144	−14,4
95	−70	−7
99	−13,7	−1,4
99,9	−1,4	−0,14
100	0	0

Vê-se, portanto, que o potencial da água na atmosfera é, em geral, muito mais negativo, menor do que na planta e no solo, como veremos a seguir. Esse fato faz a água se mover espontaneamente do solo para a planta e da planta para a atmosfera.

POTENCIAL TOTAL DA ÁGUA NO SOLO

Passemos agora para o caso mais complicado em que nosso sistema é a água do solo contida em um elemento de volume, digamos 1 cm³ de solo, e a quantidade de água nele contida é θ cm³ (Equação 15 do Capítulo 3). Esse é agora nosso sistema. As partículas de solo, que interagem com a água (potencial matricial) fazem parte do meio. O vapor-d'água que está em equilíbrio com a água líquida também faz parte do sistema. Como já dissemos, além de TdS (calor) e PdV (trabalho mecânico), aparecem outros trabalhos, uns de natureza mecânica e outros de natureza química, o que significa que G não é só função de T e P, mas também função de outras variáveis responsáveis pelas demais formas de energia. No que se refere aos **trabalhos químicos**, o número de moles n_i de cada soluto i presente na água do solo participará da energia livre de Gibbs G. Trabalho químico é realizado quando há variações de concentração de cada espécie de soluto. A tendência natural do seu deslocamento é de regiões mais para as menos concentradas. Como veremos no Capítulo 9, as quantidades soluto/solvente podem ser expressas em termos de número de moles n, concentração C, atividade **a** e fração molar N. O índice i = 1, 2, 3, ... n refere-se aos n componentes do sistema, inclusive o solvente H_2O. Os íons presentes são muitos, e entre eles podemos citar H^+ e OH^- (da dissociação da água e responsáveis pelo pH), Na^+, K^+, Ca^{2+}, Mg^{2+}, NH_4^+, ..., NO_3^-, Cl^-, SO_4^{2-}, $H_2PO_4^-$, ..., compostos orgânicos, ácidos húmicos etc. Cada um deles contribui para o potencial químico da água, medido em relação a um padrão, no caso a água pura.

Com relação aos outros trabalhos mecânicos, fazemos a distinção entre o **trabalho gravitacional** e o **trabalho matricial**. O primeiro atua sobre a água com intensidade constante e cuja variável é a altura relativa z do sistema, dentro do campo gravitacional. Esse campo é conservativo, isto é, o trabalho para levar o sistema de um nível A para outro nível B não depende do caminho, depende apenas de $z_B − z_A$. O trabalho gravitacional (mgdz, onde mg é peso, isto é, força, que multiplicada pela distância resulta em trabalho ou energia), portanto, é função de ponto como G e, assim, pode ser somado a ela. O trabalho matricial envolve as forças (também conservativas) que interagem entre o sistema (a água) e o meio (partículas sólidas do solo). Trata-se de uma soma complexa de forças, como as capilares, de adsorção, de coesão, elétricas etc., cuja descrição em separado é muito complicada e, para os propósitos deste enfoque termodinâmico, não é necessária. Sendo todas conservativas, são englobadas em uma só, sob a denominação de força matricial. Verificou-se que sua intensidade está relacionada à umidade θ do solo e, por isso, o trabalho matricial pode ser somado a G usando a variável dependente θ (mωdθ), onde mω é potencial matricial que já é energia, que não se altera multiplicada por dθ, que é adimensional. Assim, para o sistema água no solo, a Equação 6a precisa ser complementada incluindo estas energias ou trabalhos mencionados:

$$dG = \left(\frac{\partial G}{\partial T}\right)_{P, z, n_i, \theta} dT + \left(\frac{\partial G}{\partial P}\right)_{T, n_i, z, \theta} dP + \sum_{i=1}^{n} \left(\frac{\partial G}{\partial n_i}\right)_{P, T, n_j, z, \theta} dn_i + mgdz + m\omega d\theta \quad (8)$$

que, em termos de energia por unidade de massa, fica:

$$dg = -sdT + vdP + \mu_a dn_a + gdz + \omega d\theta \quad (8a)$$

onde g é a energia livre específica de Gibbs da água no solo. Para i = 1 temos a água e i = 2, 3, 4 ... n temos as outras espécies iônicas. Assim, o termo n_j na Equação 8 refere-se às outras espécies iônicas presentes na solução do solo, e o somatório dos trabalhos químicos indicado nesta equação foi simplificado para um trabalho químico apenas, $\mu_a dn_a$, que representa a atuação dos n-1 solutos sobre o componente água (solvente). Assim, μ_a representa o "potencial químico da água" e n_a, seu número de moles no volume específico. A variação dos moles de água dn_a pela adição de solutos é muito pequena, mas sua implicação em termos de energia pode ser considerável. Pelo exemplo de fração molar dado no Capítulo 9, o leitor poderá apreciar melhor esse assunto. Naquele capítulo, a situação se inverte, pois estaremos dando ênfase aos solutos e o potencial de cada um deles se torna mais importante do que o da água.

Pode-se argumentar com a constituição das Equações 8 e 8a, por serem uma "mistura" de energia livre de Gibbs e outros trabalhos, em especial gdz, que é um trabalho do campo gravitacional, externo ao sistema. Ela é assim apresentada em razão da complexidade do sistema solo-água, em termos de energia. Por exemplo, o dg da Equação 8a não pode ser estimado por qualquer caminho pelo fato de ser função de ponto. Os termos sdT, vdP e $\mu_a dn_a$ são dependentes entre si pelo conceito de energia livre, mas não dependentes de gdz, e não diretamente de $\omega d\theta$. Isso quer dizer que, se escolhermos o caminho com T, P, n_a e θ todos constantes, dg não pode ser calculado apenas pelo potencial gravitacional. Por outro lado, se tomarmos z, T, n_a e θ constantes e considerarmos como sistema o vapor-d'água do solo que está em equilíbrio termodinâmico com a água líquida do solo, dg pode ser calculado só por vdP, como foi mostrado pela Equação 7. Os psicrômetros de solo e de planta, que serão vistos no capítulo seguinte, operam nessa base. Esse aspecto da dependência entre os termos da Equação 8a é tratado teoricamente e em mais detalhe por Libardi (2012).

A variável ω não foi bem definida. Por analogia a m_a, ela poderia ser denominada "**potencial mátrico**", proveniente da combinação dos trabalhos que aparecem entre a água e a matriz sólida do solo, destacando-se entre eles o trabalho capilar σdA (σ = tensão superficial e A = área); e o trabalho elétrico εde (ε = potencial elétrico e e = carga elétrica). A variável ω relaciona Ψ a θ e, apesar de envolver outro trabalho, pode ser vista como $(\partial G/\partial \theta)_{T, P, z, n_a}$ e, sendo uma função $\omega = \omega(\theta)$, tem a ver com a **curva de retenção da água do solo**, discutida em detalhe, mais adiante, neste capítulo.

A Equação diferencial 8a vem da função **g** (não confundir este g, que é a função energia livre com a gravidade) que substituiremos por Ψ, o **potencial total da água**:

$$g = \Psi = \Psi(T, P, z, n_a, \theta) \qquad (9)$$

O potencial total da água Ψ_i em um estado i dificilmente pode ser determinado na forma absoluta. Determina-se, então, a sua diferença entre um estado tomado como padrão e o referido estado i do sistema, como já foi feito para o caso particular da Equação 7. Toma-se como **estado padrão** aquele no qual o sistema água se acha em condições normais de T e P, livre de sais minerais e de outros solutos, com interface líquido-gás plana, situado em dado referencial de posição. A esse estado é atribuído o valor arbitrário $\Psi_o = 0$ (Figura 3). Assim, o potencial Ψ_i da água no estado i é dado por:

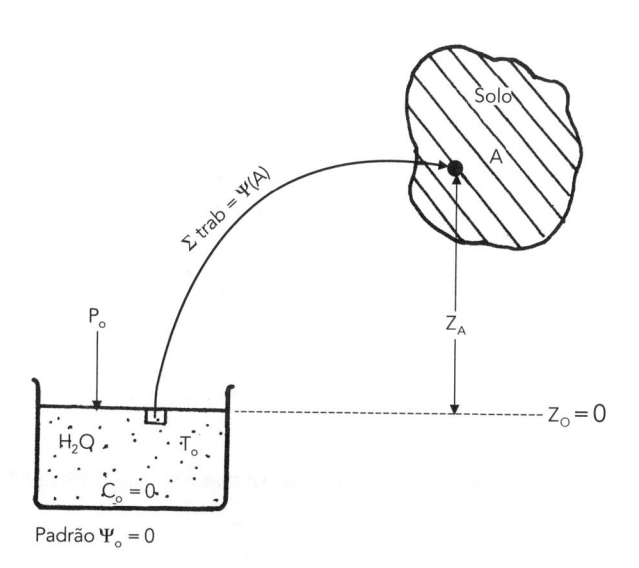

FIGURA 3 Definição de potencial da água no solo.

$$\Delta\Psi = \int_{\Psi_o}^{\Psi_i} d\Psi = (\Psi_i - \Psi_o) = \Psi_i \qquad (10)$$

Ou, ainda, detalhadamente para cada variável da Equação 8a:

$$\Psi_i = \underbrace{\int_{T_o}^{T_i} -sdT}_{\Psi_T} + \underbrace{\int_{P_o}^{P_i} vdP}_{\Psi_P} + \underbrace{\int_{h_o}^{h_i} gdz}_{\Psi_g} + \underbrace{\int_{n_o}^{n_i} \mu_a dn_a}_{\Psi_{os}} + \underbrace{\int_{\theta_s}^{\theta_i} \omega d\theta}_{\Psi_m} \qquad (11)$$

O índice inferior da última integral é o teor de água na saturação θ_s, pois a água em um sistema saturado acha-se livre de tensões ou pressões, como a água livre do estado padrão.

A Equação 11 nos mostra que o potencial total da água é a soma de cinco componentes: térmica, de pressão, gravitacional, osmótica e matricial. O **potencial térmico** Ψ_T é de difícil medida, mas em geral considerado desprezível. As pequenas variações de T que ocorrem no solo implicam, na maioria das vezes, variações desprezíveis desse potencial, de tal forma que os processos podem ser considerados isotérmicos. Ainda, se escolhermos a temperatura do padrão igual à do solo, e $\Delta T = 0$. Taylor e Ashcroft (1972) discutem aspectos do potencial térmico. As outras quatro componentes podem assumir importância considerável de situação para situação. Estas serão vistas adiante com mais detalhe.

As unidades de energia livre de Gibbs e dos outros trabalhos são unidades de energia. Como a energia de um sistema é uma **grandeza extensiva**, é oportuno expressá-la por unidade de outra grandeza proporcional à extensão (tamanho) do sistema. Três formas são as mais utilizadas: a) energia por unidade de massa; b) energia por unidade de volume; e c) energia por unidade de peso, todas as três **grandezas intensivas**. Essas três grandezas são "energias", mas têm a propriedade de ser intensivas, isto é, não dependem da extensão do sistema. São potenciais.

a. **Energia por unidade de massa**: sua dimensão é $L^2 \cdot T^{-2}$ e as unidades mais comuns são: $J \cdot kg^{-1}$; $erg \cdot g^{-1}$; $cal \cdot g^{-1}$; $atm \cdot L \cdot mol^{-1}$.

b. **Energia por unidade de volume**: possui dimensões de pressão, pois, assim como a energia, pode ser expressa como produto de pressão por volume, o cociente de energia por volume expressa uma pressão. Sua dimensão é $M \cdot L^{-1} \cdot T^{-2}$ e as unidades mais comuns são: $Pa = N \cdot m^{-2}$; d (dina); atm.

c. **Energia por unidade de peso (carga hidráulica)**: possui dimensões de comprimento L, pois, assim como a energia pode ser expressa como uma pressão, esta pode ser expressa em termos de coluna (altura) de líquido. Por exemplo: a uma pressão de 1 atm, corresponde uma coluna de 1.033 cm de água ou uma de 76 cm de mercúrio. As unidades mais comuns são: cm de água; m de água; cmHg; mmHg.

Exemplo: 10 g de água acham-se em um ponto no solo que se encontra a 10 cm do referencial de posição. Qual sua energia potencial?

Energia potencial:

$$E = mgh = 0,01 \text{ kg} \times 9,8 \text{ m} \cdot s^{-2} \times 0,1 \text{ m} = 0,00098 \text{ J}$$

a. Energia por unidade de massa:

$$\frac{E}{m} = gh = 9,8 \text{ m} \cdot s^{-2} \times 0,1 \text{ m} = 0,98 \text{ J} \cdot kg^{-1}$$

b. Energia por unidade de volume:

$$\frac{E}{V} = \rho gh = 1.000 \text{ kg} \cdot m^{-3} \times 9,8 \text{ m} \cdot s^{-2} \times 0,1 \text{ m} =$$
$$= 980 \text{ Pa}$$

c. Energia por unidade de peso (carga hidráulica):

$$\frac{E}{mg} = h = 0,1 \text{ m} \quad \text{ou} \quad 10 \text{ cm}$$

Para transformar unidades, as seguintes relações, já apresentadas no Capítulo 5, Quadro 2, são muito úteis:

$$1 \text{ atm} = 76 \text{ cmHg} = 1.033 \text{ cmH}_2\text{O} = 1.013.250 \text{ b} =$$
$$101.325 \text{ Pa} = 14,696 \text{ libras} \cdot pol^{-2}$$

Assim, o potencial total da água no solo (Ψ) pode ser reescrito da seguinte forma:

$$\Psi = \Psi_p + \Psi_g + \Psi_{os} + \Psi_m \qquad (12)$$

em que:

- Ψ = potencial total da água do solo;
- Ψ_p = componente de pressão, que aparece toda vez que a pressão que atua sobre a água no solo é diferente e maior que a pressão P_o que atua sobre a água no estado padrão. Por exemplo: a água no fundo de uma barragem está sujeita a uma pressão equivalente à coluna de água acima dela. Também em solo saturado há uma carga d'água atuando sobre o ponto considerado. Essa pressão positiva é a componente de pressão. Quando um solo expansivo (corpo não rígido) encontra-se em condições de saturação ou não saturação, ele próprio também pesa sobre a água, e fala-se em "*overburden potential*";
- Ψ_g = componente gravitacional, que aparece em decorrência da presença do campo gravitacional terrestre;
- Ψ_{os} = componente osmótica, que aparece pelo fato de a água no solo ser uma solução de sais minerais e outros solutos e a água no estado padrão ser pura;
- Ψ_m = componente matricial, que é a soma de todos os outros trabalhos que envolvem a interação entre a matriz sólida do solo e a água, como trabalho capilar, trabalho contra forças de adsorção e elétricas etc. Esses fenômenos levam a água a pressões menores que P_o, que atua sobre a água no estado padrão. São, portanto, pressões negativas, também denominadas tensões ou sucções.

Abaixo veremos cada componente em separado.

Componente de pressão

$$\Psi = \boxed{\Psi_p} + \Psi_g + \Psi_{os} + \Psi_m$$

A **componente de pressão** Ψ_p é considerada apenas quando a pressão que atua sobre a água é diferente e maior do que a pressão atmosférica P_o do padrão. Seu cálculo é feito como indicado na Equação 11, isto é:

$$\Psi_p = \int_{P_o}^{P_i} vdP$$

Seja, por exemplo, a barragem indicada na Figura 2, na qual se deseja determinar o potencial de pressão da água no ponto A.

Nessas condições, como a água é incompressível, o volume específico de água em torno de A é constante e:

$$\Psi_p(A) = \int_{P_o}^{P_A} vdP = v \int_{P_o}^{P_A} dP = v\,[P]_{P_o}^{P_A} = v\,(P_A - P_o)$$

e como a pressão P_o do padrão é tomada como nula ($P_o = 0$), pois é a referência:

$$\Psi_p(A) = v\,P_A \qquad (13)$$

Para o caso de potencial medido em energia por unidade de volume, precisamos dividir Ψ_p por v e resulta apenas P_A. Da hidrostática, sabemos que $P_A = \rho g h_A$, portanto, $\Psi_p = \rho g h_A$.

Como já discutimos, $\Psi_p(A)$ pode ser medido de três formas diferentes: energia/volume ($\rho g h_A$); energia/massa ($g h_A$); e energia/peso (ou carga hidráulica) (h_A). Assim, se $h_A = 5$ m, teremos:

$$\Psi_p(A) = \rho g h_A = 1.000 \times 9{,}8 \times 5 = 49.000 \text{ Pa}$$

ou

$$\Psi_p(A) = g h_A = 9{,}8 \times 5 = 49 \text{ J} \cdot \text{kg}^{-1}$$

ou

$$\Psi_p(A) = h_A = 5 \text{ m ou } 500 \text{ cm}$$

Como o ponto B da Figura 3 está na superfície do solo, submetido à pressão atmosférica P_o, seu potencial de pressão é nulo:

$$\Psi_p(B) = 0$$

e também $\Psi_p(D) = 0$.

O ponto C se encontra no solo saturado e, como a pressão hidrostática da água se transmite através dos poros do solo (considerado material poroso rígido), a pressão em C é dada por $\rho \cdot g \cdot h_C$. Assim:

$$\Psi_p(C) = \rho g h_C; \text{ ou } g h_C; \text{ ou } h_C$$

Como já dissemos, o potencial de pressão só é considerado para pressões positivas, isto é, acima da atmosférica. Para pressões negativas (tensões), isto é, subatmosféricas, considera-se a componente matricial Ψ_m que mede tensões capilares etc., como será visto adiante. Por isso, a componente de pressão só é de importância para solos saturados. Assim, por exemplo, em um arrozal inundado, como o esquematizado na Figura 4, o potencial de pressão não pode ser desprezado.

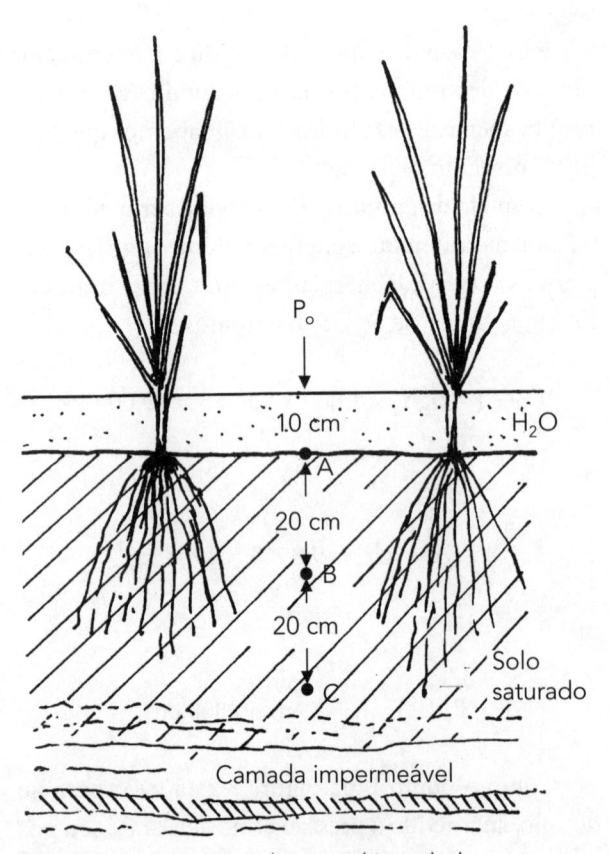

FIGURA 4 Esquema de arrozal inundado.

Os valores de Ψ_p nos pontos indicados (já vimos que em solo saturado a pressão se propaga pelos poros cheios de água), dados em termos de carga hidráulica, são:

$$\Psi_p(A) = 10 \text{ cmH}_2\text{O}$$
$$\Psi_p(B) = 30 \text{ cmH}_2\text{O}$$
$$\Psi_p(C) = 50 \text{ cmH}_2\text{O}$$

Componente gravitacional

$$\Psi = \Psi_p + \boxed{\Psi_g} + \Psi_{os} + \Psi_m$$

A **componente gravitacional** Ψ_g está sempre presente e é calculada pela terceira integral da Equação 11. Também pode ser medida em energia por unidade de volume, energia/massa ou energia/peso. Ela é a própria energia potencial do campo gravitacional, igual a mgz, sendo z medido a partir de um referencial arbitrário. Em geral, assume-se que z = 0 na superfície do solo e assim ela se confunde com a coordenada de posição vertical z:

1. Energia/volume:

$$\Psi_g = \int_0^z \rho g dz = \rho g \int_0^z dz = \rho g z \qquad (14)$$

2. Energia/massa:

$$\Psi_g = \int_0^z g dz = g \int_0^z dz = gz \qquad (14a)$$

3. Energia/peso:

$$\Psi_g = \int_0^z dz = z \qquad (14b)$$

No exemplo da barragem (Figura 2), considerando z = 0 na superfície livre da água, temos em A: $z = -h_A$; em B: $z = +h_B$; e em C: $z = -h_C$, portanto:

$$\Psi_g(A) = -\rho g h_A; \text{ ou } -g h_A; \text{ ou } -h_A$$
$$\Psi_g(B) = +\rho g h_B; \text{ ou } +g h_B; \text{ ou } +h_B$$

$\Psi_g(C) = -rgh_C$; ou $-gh_C$; ou $-h_C$
$\Psi_g(D) = 0$

Note-se que, utilizando a unidade carga hidráulica Ψ_g, fica igual a profundidade ou altura, isto é, a própria coordenada vertical z. Por causa disso, Ψ_g é indicado, na maioria dos trabalhos científicos, simplesmente por z.

Uma experiência simples demonstra muito bem a importância do potencial gravitacional e é esquematizada na Figura 5. Tome uma esponja retangular e de pequena espessura, coloque-a em uma bandeja com água e sature-a com água (estado 1).

Nesse estado z = 0 (referência arbitrária), os valores do potencial gravitacional em A e B são 0 e temos equilíbrio gravitacional, pois $\Delta\Psi_g = 0$ entre A e B. Levantando a esponja na palma da mão e com cuidado, sem comprimi-la, até z = 50 cm, deixe que ela perca toda a água livre, até praticamente parar de pingar (15-30 segundos). Nesse estado 2, ela retém, ainda, bastante água por ação do potencial matricial, que veremos a seguir, pois a esponja é um material poroso. Nessas condições, como $\Psi_g(A) = \Psi_g(B) = 50$ cmH$_2$O, ainda temos equilíbrio gravitacional, pois $\Delta\Psi_g = 0$ entre A e B. Levantando a esponja horizontalmente e cuidadosamente até z = 100 cm (estado 3), não pinga mais água. Continua o equilíbrio gravitacional com $\Psi_g(A) = \Psi_g(B) = 100$ cmH$_2$O e $\Delta\Psi_g = 0$ entre A e B. Vê-se que a passagem do estado 2 para o estado 3 não implica perda de água. O potencial gravitacional aumenta de 50 para 100 cmH$_2$O, o que significa que a água no estado 3 tem mais energia gravitacional do que no estado 2. Como o nível de referência é arbitrário, poderíamos fazer z = 0 no estado 3. Tudo bem, nessas condições $\Psi_g = -50$ cmH$_2$O no estado 2 e -100 cmH$_2$O no estado 1. O importante é que em cada estado $\Delta\Psi_g = 0$ entre A e B há equilíbrio gravitacional. Se, porém, do estado 3 passarmos para o estado 4 por rotação, mantendo o ponto B fixo e elevando o ponto A, sem comprimir a esponja, notaremos que sairá uma grande quantidade de água da esponja, só por ação do potencial gravitacional. No estado 4, $\Psi_g(A) = 130$ cmH$_2$O e $\Psi_g(B) = 100$ cmH$_2$O e como resultado $\Delta\Psi_g = 30$ cmH$_2$O entre A e B. Essa diferença de potencial gravitacional provoca a saída da água.

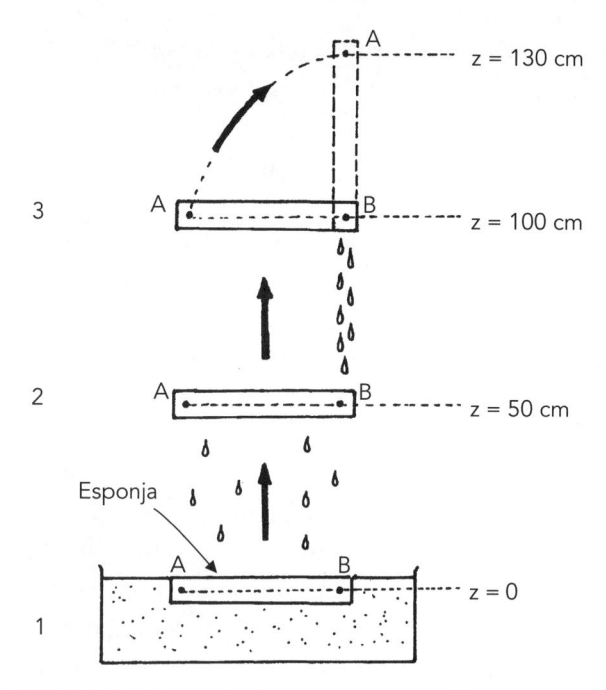

FIGURA 5 Exemplo demonstrativo de Ψ_g.

Essa demonstração evidencia bem a atuação do potencial gravitacional. Pelo fato de o campo gravitacional estar sempre presente, o potencial gravitacional sempre existe. Como já dissemos, ele é um componente do potencial total. Sua importância com relação ao potencial total depende da magnitude de todas as componentes. Em termos gerais, podemos dizer que, em solos saturados e próximos à saturação, a componente gravitacional é a de maior importância quantitativa e tem um peso significativo no potencial total. Quando um solo perde água gradualmente, a componente matricial passa a ter maior importância que a gravitacional. Porém, é oportuno frisar mais uma vez que a componente gravitacional está sempre presente.

Componente osmótica

$$\Psi = \Psi_p + \Psi_g + \boxed{\Psi_{os}} + \Psi_m$$

Ainda porque a água do solo é uma solução de sais minerais e substâncias orgânicas, ela possui uma componente osmótica de potencial Ψ_{os}, que contribui para seu potencial total Ψ. No Capítulo 3 o assunto já foi abordado, e a pressão osmótica nele vista é a própria componente osmótica do potencial total. Na Equação 8a, o potencial osmótico é definido por:

$$d\Psi_{os} = \mu_a dn_a$$

sendo dn_a a variação de moles de água e μ_a o potencial químico da água, dada a presença de solutos.

No solo esse potencial é de difícil determinação, existindo, porém, instrumentos especiais para sua medida. A equação anterior precisa ser integrada (quarta integral da Equação 11) entre os limites n_o = número de moles de água pura no elemento de volume padrão e $n = n_i$ (número de moles de água na solução do solo) e, para isso, é preciso conhecer a função $\mu_a(n_a)$, que define como μ_a varia em função de n_a em decorrência da adição de sais, o que é muito difícil. Uma forma mais simples seria calcular Ψ_{os} pelo conceito de pressão osmótica P_{os}, resultado da ação conjunta de todos os solutos sobre a água, e, sendo uma pressão, é a própria componente osmótica medida em termos de energia por unidade de volume. No osmômetro da Figura 9 do Capítulo 3, a pressão que atua sobre a água no estado padrão é $P_o = 0$ e a pressão que atua sobre a solução é $P_{os} = -RTC$, segundo a **equação de Van't Hoff**. Assim:

$$\Psi_{os} = \int_{n_o}^{n_i}\mu_a dn_a = \int_0^{P_{os}} v dP = v(P_{os}-0) = P_{os} = -RTC \quad (15)$$

considerando $v = 1$ cm^3 · g^{-1} para a solução do solo.

O osmômetro da Figura 9 do Capítulo 3 separa a água pura da solução por meio de uma membrana semipermeável que permite a passagem da água, mas não dos solutos, o que leva a solução a ficar sob uma pressão osmótica P_{os}. Uma solução por si só, isto é, sem membrana semipermeável, não fica submetida a uma P_{os}, por maior que seja C, pois tanto a água como os solutos se movem livremente, procurando equilíbrio mútuo. O movimento de soluto e de solvente dá-se por causa das diferenças de concentração, por difusão (ver Capítulo 10). Se os reservatórios do osmômetro da Figura 9 do Capítulo 3 forem colocados em contato sem a presença de membrana semipermeável, a tendência é de redistribuição de soluto e solvente, até que, depois de longo tempo, a concentração se iguale para um valor C' em ambos. Na verdade, esse movimento é consequência de diferenças de potencial osmótico (no início, $\Psi_{os} = 0$ na água pura e $\Psi_{os} = -RTC$ na solução, e no equilíbrio final, $\Psi_{os} = -RTC'$ em ambos).

O sinal negativo da Equação 15 indica que, quanto maior C, menor (mais negativo) é Ψ_{os}, que é o potencial osmótico da água, devido à presença de sais. Para o soluto acontece o contrário, e, por isso, na redistribuição de "sais", há movimento de água em um sentido e movimento de soluto no sentido contrário.

Em condições normais no solo, a concentração C da solução é, praticamente, constante e, por isso, não há movimento de água em virtude da presença de solutos. Em condições especiais, como é o caso de adubações localizadas, há movimento de água em direção ao fertilizante. A não existência de membranas semipermeáveis e a pequena variação da concentração da solução do solo em condições normais levam o potencial osmótico Ψ_{os} a não ser considerado. Na planta, como veremos a seguir, Ψ_{os} exerce papel importante.

Componente matricial

$$\Psi = \Psi_p + \Psi_g + \Psi_{os} + \boxed{\Psi_m}$$

A **componente matricial** do potencial total, representada pela quinta integral da Equação 11, dada a sua complexidade, não pode ser calculada facilmente como fizemos para Ψ_p e Ψ_g. Não foi ainda possível estabelecer uma equação razoável, com fundamentação teórica, para a função $\omega(\theta)$, uma vez que ela incluiria todas as interações entre a água e a matriz sólida do solo. Devido a isso, até o momento a medida de Ψ_m é experimental, feita por meio de **tensiômetros** ou instrumentos de pressão ou sucção, que serão descritos no capítulo seguinte. No solo, Ψ_m está relacionado com θ, isto é, quanto maior θ (mais úmido), maior Ψ_m (ou menos negativo).

O potencial matricial da água do solo foi frequentemente denominado potencial capilar, tensão da água no solo, sucção ou pressão negativa. Esse potencial é resultado de forças capilares e de adsorção que surgem em virtude da interação entre a água e as partículas sólidas, isto é, matriz do solo. Essas forças atraem e "fixam" a água no solo, diminuindo sua energia potencial com relação à água livre. Fenômenos capilares que resultam da **tensão superficial da água** e de seu ângulo de contato com as partículas sólidas também são responsáveis por esse potencial.

Para interfaces água/ar planas não há diferença de pressão entre pontos imediatamente superiores e inferiores à interface líquido-gás. Já para superfícies curvilíneas, há uma diferença de pressão responsável por uma série de fenômenos capilares.

Se colocarmos uma gota de líquido sobre uma superfície plana de um sólido, o líquido se acomodará sobre o sólido, adquirindo determinada forma (Figura 6).

A tangente da interface líquido-gás no ponto (A) e a superfície do sólido formam um ângulo (α), característico para cada combinação líquido-sólido-gás, denominado ângulo de contato. Um ângulo de contato igual a 0° representaria um espalhamento completo do líquido sobre o sólido ou um "molhamento" perfeito do sólido pelo líquido. Um ângulo de contato igual a 180° corresponderia a um "não molhamento" ou à rejeição total do líquido pelo sólido. O valor de α depende das forças de adsorção entre as moléculas do líquido e do sólido. Se essas forças entre o sólido e o líquido são maiores do que as forças coesivas dentro do líquido e maiores que as forças entre o gás e o sólido, α tende a ser agudo e diz-se que o líquido "molha" o sólido. Caso contrário, $\alpha > 90°$, diz-se que o líquido é repelido pelo sólido.

O ângulo de contato de um dado líquido sobre dado sólido é, geralmente, constante em dadas condições físicas. Ele pode ser diferente em condições dinâmicas, isto é, quando o líquido se move com relação ao sólido. O ângulo de contato para a água pura sobre superfícies planas, inorgânicas, em geral é próximo a zero, mas rugosidades ou impurezas adsorvidas pela superfície usualmente fazem α diferir de zero. No caso do quartzo (vidro), principal componente das areias, e da água, α é próximo de 0°.

Quando um **tubo capilar** é imerso em uma superfície de um líquido, este ascenderá pelo tubo e formará um menisco resultante do raio do tubo e do ângulo de contato entre as paredes do tubo e o líquido. A curvatura do menisco será tanto maior quanto menor o diâmetro do tubo e, devido a essa curvatura, estabelece-se uma diferença de pressão na interface líquido-gás. Um líquido com α agudo formará um menisco côncavo para o lado do gás (água e vidro) e um líquido com α obtuso formará um menisco convexo para o lado do gás (mercúrio e vidro). No primeiro caso, a pressão P_1, sob o menisco, é menor que a pressão atmosférica P_o; e no segundo, P_1 é maior que P_o (Figura 7). Em decorrência disso, no primeiro caso o líquido sobe no tubo capilar e, no segundo, o líquido é repelido do capilar. Se o ângulo de contato é nulo, o menisco será um hemisfério e o raio de curvatura do menisco R será igual ao raio do tubo r. Para α entre 0-90°:

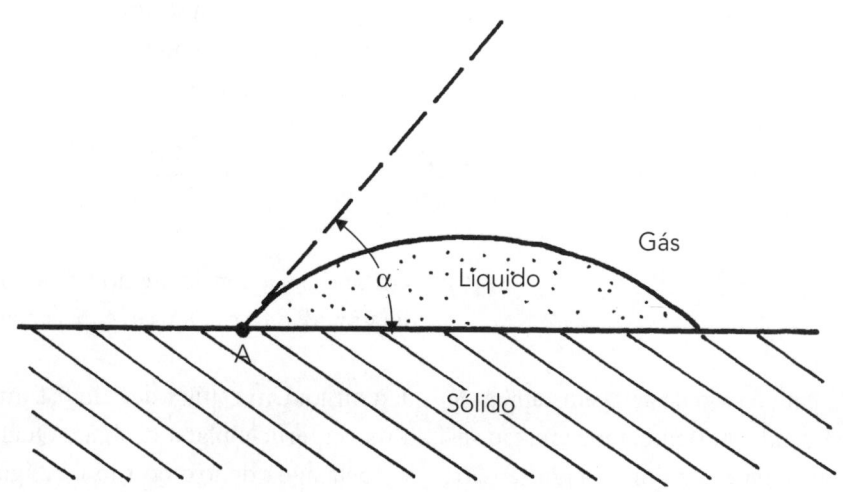

FIGURA 6 Ângulo de contato entre interfaces líquido-sólido-gás.

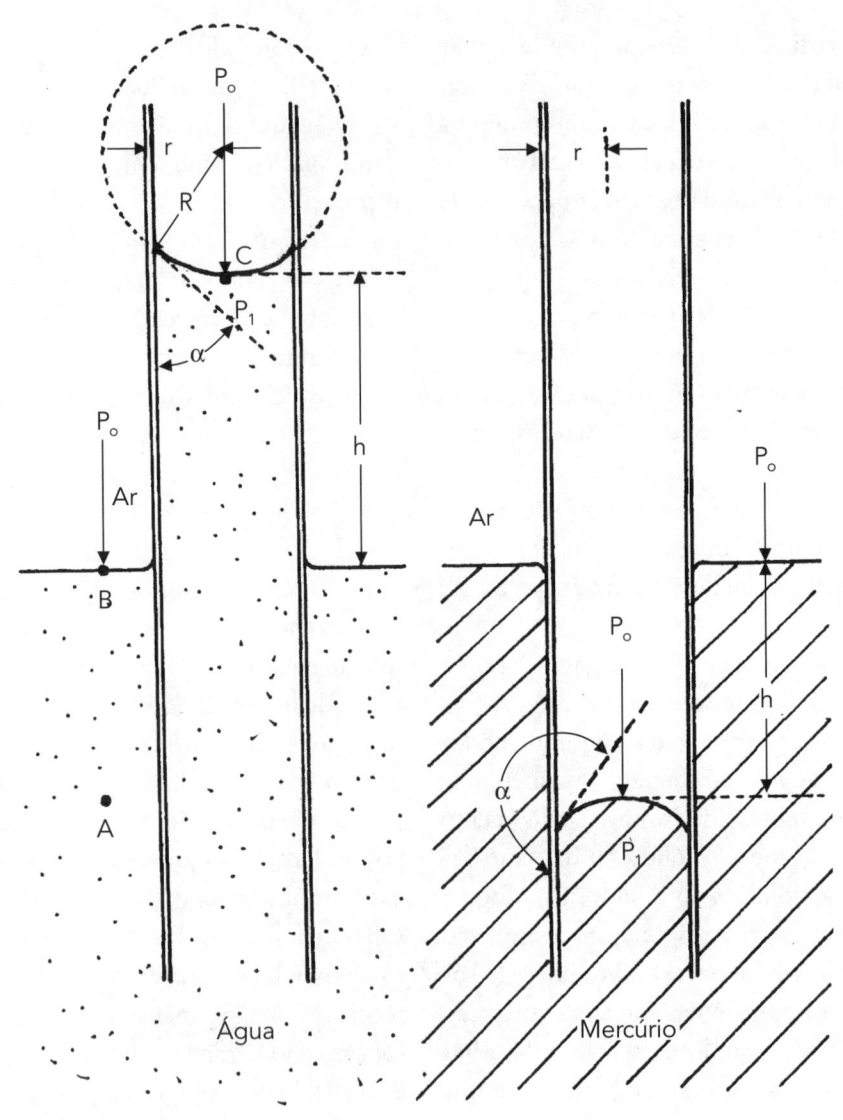

FIGURA 7 Capilares imersos em água e mercúrio.

$$R = \frac{r}{\cos \alpha} \quad (16)$$

como pode ser visto na Figura 7.

A diferença de pressão entre a água sob o menisco e a atmosfera é dada por:

$$P = P_1 - P_o = \frac{2\sigma \cos \alpha}{r} \quad (17)$$

Como $P_1 < P_o$, para o caso da água em capilar de vidro, P é negativo, sendo, portanto, uma pressão subatmosférica, normalmente denominada por tensão.

Da hidrostática sabemos que $P = \rho g h$ e, por isso, é fácil verificar que no tubo capilar de vidro a altura da água é dada por:

$$h = \frac{2\sigma \cos \alpha}{\rho g r} \quad (18)$$

em que ρ é a densidade do líquido e g, a aceleração da gravidade e σ a tensão superficial do líquido.

Exemplo: Um capilar de raio 0,1 mm é inserido em uma superfície plana de água. Qual a altura atingida pela água dentro do tubo? A água encontra-se a

30°C, sua densidade é 1,003 g . cm^{-3} e seu ângulo de contato com o material do tubo capilar é 5°.

Solução:

$$h = \frac{2 \times 71,1 \times \cos 5°}{1,003 \times 981 \times 10^{-2}} = 14,4 \text{ cm}$$

Para capilares de raios 0,01 e 0,001 mm teremos h de 144 e 1.440 cm, respectivamente.

O solo pode ser visto como um emaranhado de capilares de diferentes formas, diâmetros e arranjos. Quando a água se aloja nesses espaços capilares, formam-se meniscos de todas as sortes. Cada material sólido tem seu próprio ângulo de contato. Vê-se, portanto, que é difícil aplicar fórmulas do tipo da Equação 18 para o solo. Considerando valores médios de poros e várias aproximações, algo pode ser feito. Por exemplo: toma-se um torrão de solo, saturado de água, aplica-se sobre ele uma pressão P de 0,3 atm e espera-se o equilíbrio. Considerando o solo constituído de capilares de diâmetro r, de quais poros a água foi retirada e quais poros continuam com água? (T = 30°C; α = 5°; ρ = 1,0 g . cm^{-3}).

Solução: A partir da Equação 18 verifica-se que capilares de raio maior que r podem ser esvaziados se aplicarmos sobre a água dos capilares uma pressão P. Assim, lembrando que 1 atm corresponde a 1,013 × 10^6 b:

$$r = \frac{2 \times 71,1 \times \cos 5°}{0,3 \times 1,013 \times 10^6} = 4,66 \times 10^{-4} \text{ cm}$$

e podemos dizer que poros de raio maior que 4,66 × 10^{-4} cm foram esvaziados e poros de raio menor continuam com água.

Assim como a água sob uma superfície plana tem um potencial de pressão positivo (+ ρgh, ver ponto A na Figura 7), na superfície tem potencial nulo (ponto B, na mesma figura) e logo abaixo do menisco do capilar tem potencial de pressão negativo (– ρgh, no ponto C), no solo ela também pode estar sob pressões positivas, nulas ou negativas, sendo seu potencial, respectivamente, positivo, nulo ou negativo. Para solos não saturados, em razão da presença de meniscos (interfaces líquido-gás) e da presença de superfícies de adsorção (interfaces sólido-líquido), a pressão é negativa, o que lhe confere potencial matricial negativo. Daí sua antiga designação de **tensão da água no solo**. Em solos arenosos, com poros e partículas relativamente grandes, a adsorção é pouco importante, ao passo que fenômenos capilares predominam na determinação do potencial matricial. Para texturas finas, ocorre o contrário. Variações no potencial também se dão para um mesmo solo, com diferentes teores de água. Quando relativamente úmido, forças capilares são de importância e, à medida que sua umidade decresce, as forças adsortivas vão tomando seu lugar.

De maneira geral, podemos dizer que o potencial matricial é, sobretudo, o resultado do efeito combinado de dois mecanismos – capilaridade e adsorção –, que não podem ser facilmente separados. A água em meniscos capilares está em equilíbrio com a água de "filmes" de adsorção, e a modificação do estado de um deles implica a modificação do outro. Dessa forma, o termo mais antigo "potencial capilar" é inadequado e um termo melhor é "**potencial matricial**" ou "potencial mátrico", pois se refere ao efeito total resultante das interações entre a água e a matriz sólida do solo. Dois trabalhos que envolvem todos esses conceitos relacionados com higroscopicidade de um solo são o de Tschapek (1984) e Woche et al. (2005). Neste ultimo, os autores avaliaram os valores do ângulo de contato e as propriedades de molhamento de uma faixa grande de solos agrícolas e florestais em função da profundidade.

Como já dissemos, a descrição matemática desse potencial matricial Ψ_m é bastante difícil e sua determinação é normalmente experimental, como será visto em detalhe no capítulo seguinte.

Para cada amostra de solo homogêneo, Ψ_m tem um valor característico para cada teor θ de água. O gráfico de Ψ_m em função de θ é, então, uma característica da amostra e é comumente denominado "**curva característica da água no solo**", ou, simplesmente, "**curva de retenção**". Para altos teores de água, nos quais fenômenos capilares são de importância na determinação de Ψ_m, a curva característica depende da geometria da amostra, isto é, do arranjo e das dimensões dos poros (estrutura). Ela passa, então, a ser uma função da densidade do solo e da porosidade. Para baixos teores de água, o potencial matricial praticamente independe de fatores geométricos, sendo a densidade do solo e a porosidade de menor importância em sua determinação. Na Figura 8 são esquematizadas curvas de retenção para solos de diferentes tipos (solo argiloso e solo arenoso) e condições (solo agregado e solo compactado).

De posse da curva de retenção de um solo, pode-se estimar Ψ_m conhecendo-se θ, ou vice-versa. Na prática, a determinação de θ é bem mais simples, de tal forma que θ é medido e Ψ_m estimado pela curva de retenção. Desde que a geometria do sistema não varie com o tempo, a curva característica é única e não precisa ser determinada em cada experimento. Como pode ser verificado na Figura 8, a umidade de saturação θ_s de um solo argiloso é maior do que a de um solo arenoso. Para um solo compactado, θ_s é menor também porque a compactação diminui a porosidade α e $\alpha = \theta_s$. Em um solo saturado, em equilíbrio com água pura à mesma elevação, o potencial matricial Ψ_m é nulo. Aplicando uma pequena sucção à água do solo saturado, não ocorrerá nenhuma saída de água até o momento em que a sucção atinge determinado valor em que o maior poro se esvazia. Essa sucção ou tensão crítica é denominada "**valor** (ou sucção) **de entrada de ar**". Em inglês, *air entry value*. Para solos de textura grossa, esse valor é pequeno e para solos de textura fina pode ser bem maior. Aumentando mais a tensão, mais água é retirada dos poros que não conseguem reter água contra a tensão aplicada. Relembrando a equação da capilaridade, podemos prever imediatamente que um aumento gradual da tensão resultará em um esvaziamento de poros progressivamente menores, até que, a tensões muito altas, apenas poros muito pequenos conseguem reter água. A cada valor de tensão corresponde um valor Ψ_m; como para cada tensão o solo possui uma umidade θ, a curva de θ *versus* Ψ_m pode ser determinada com relativa facilidade. Como já dissemos, ela é determinada experimentalmente. Até o momento, não há nenhuma teoria satisfatória para a previsão da curva característica Ψ_m *versus* θ. A relação entre o potencial matricial Ψ_m e a umidade do solo θ em geral não é unívoca. Essa relação pode ser obtida de duas maneiras distintas: a) por "**secamento**", tomando uma amostra de solo inicialmente saturada de água e aplicando gradualmente sucções cada vez maiores, fazendo medidas sucessivas da sucção que é o próprio Ψ_m, em energia por volume, em função de θ; b) por "**molhamento**", tomando uma amostra de solo inicialmente seca ao ar e permitindo seu molhamento gradual por redução da sucção. Cada método fornece uma curva contínua, mas as duas, na maioria dos casos, são distintas. Essa distinção é atribuída ao fenômeno denominado **histerese**.

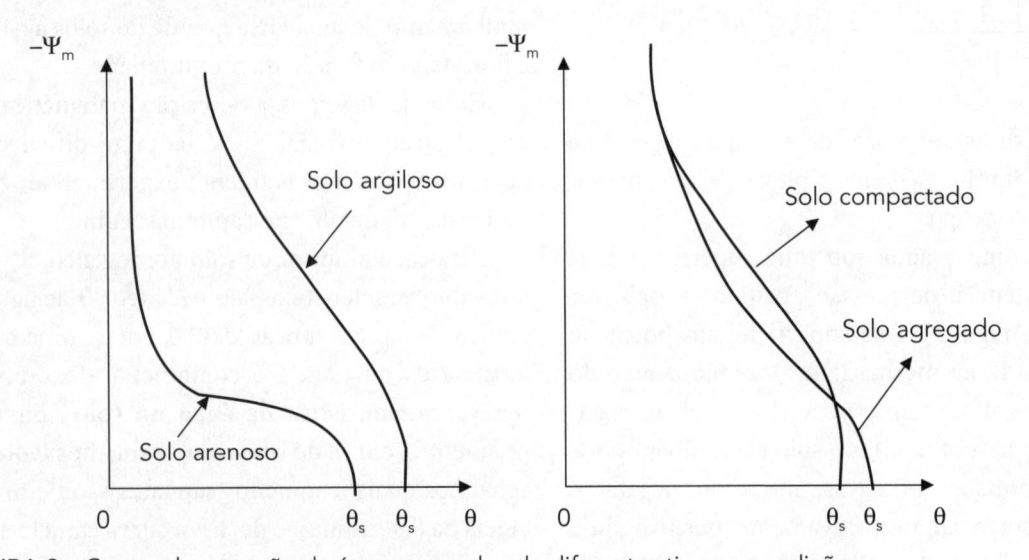

FIGURA 8 Curvas de retenção de água para solos de diferentes tipos e condições.

A umidade do solo θ na condição de equilíbrio, a um dado potencial, é maior na curva de "secamento" do que na curva de "molhamento". Na Figura 9 é apresentado o fenômeno de histerese. Como se pode verificar, θ_s é o mesmo, pois, sendo o mesmo solo, quando saturado deve sempre ter o mesmo teor de água. Se uma curva de retenção é obtida por molhamento a partir de um solo seco e, por exemplo, para o valor intermediário de Ψ_m no ponto A da Figura 9, o solo é seco aumentando-se a tensão, obtém-se outra curva, representada por AB. Essas curvas intermediárias são denominadas *scanning curves*, e as duas curvas completas são designadas como ramos principais de histerese.

A histerese traz sérios problemas para a descrição matemática do fluxo de água no solo. Veremos adiante que o gradiente de potencial é a força responsável pelo movimento da água e, se a relação $\Psi_m(\theta)$ não for unívoca, as derivadas parciais $\partial\Psi_m/\partial\theta$, $\partial\Psi_m/\partial x$ e $\partial\theta/\partial x$ também não serão. O problema é contornado parcialmente usando a curva de molhamento quando são descritos fenômenos de molhamento, como a infiltração e a curva de secamento em fenômenos de secamento, como no caso da evaporação. Quando os dois fenômenos ocorrem simultaneamente, o problema torna-se difícil, mas com os recursos atuais de computação o problema pode ser solucionado. Na maioria das vezes a histerese é desprezada.

Outra preocupação dos pesquisadores é encontrar modelos de ajuste para curvas de retenção de água em solos. Uma vez que as curvas $\Psi_m(\theta)$ ou $\theta(\Psi_m)$ são levantadas experimentalmente, há necessidade de definir a melhor curva que se ajusta aos dados experimentais. Entre os mais variados modelos, destaca-se o de Van Genuchten (1980), baseado em parâmetros de ajuste. Sua equação, explicitada em termos de θ, ou $\theta(\Psi_m)$, é:

$$\theta = \theta_r + \frac{(\theta_s - \theta_r)}{[1 + (\alpha\Psi_m)^n]^b} \qquad (19)$$

na qual os parâmetros α, n, b e θ_r são obtidos no processo de ajuste, pelo método de minimização dos quadrados dos desvios. θ_s é o ponto da curva de retenção para $\Psi_m = 0$, medido experimentalmente. É importante o leitor notar a Equação 11, que repetimos aqui:

$$\Psi_m = \int_{\theta_s}^{\theta_i} \omega(\theta)\, d\theta \qquad (19a)$$

o resultado dessa integral é uma função de θ, que é a curva de retenção (a Equação 19 no caso de Van Genuchten).

Como o modelo de Van Genuchten se ajusta bem para a maioria dos solos, pode-se dizer que $\omega(\theta) = d\Psi_m/d\theta$, que é a derivada da Equação 19a, pode ser escrita na forma $\Psi_m(\theta)$ (Equação 19b).

$$\Psi_m = \frac{1}{\alpha n}\left[\left(\frac{\theta_s - \theta_r}{\theta - \theta_r}\right)^{1/b} - 1\right]^{1/n} \qquad (19b)$$

$$\omega(\theta) = \frac{d\Psi_m}{d\theta} = \frac{-1}{\alpha nb}\left[\left(\frac{\theta_s - \theta_r}{\theta - \theta_r}\right)^{1/b} - 1\right]^{(\frac{1}{n}-1)} \cdot \frac{(\theta_s - \theta_r)^{1/b}}{(\theta - \theta_r)^{(\frac{1}{b}+1)}} \qquad (19c)$$

Assim, o modelo de Van Genuchten é uma tentativa de obtenção da integral anterior, tendo θ como variável dependente. E, assim, $d\Psi_m/d\theta = \omega(\theta)$ (Equação 19c), que foi definido empiricamente na Equação 8a.

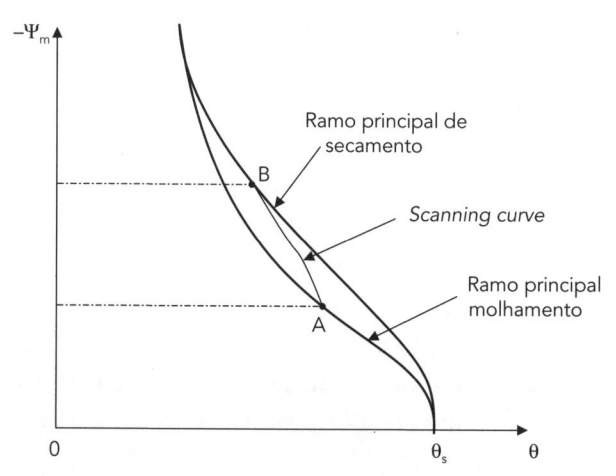

FIGURA 9   Histerese da curva de retenção.

A título de exemplo, o leitor pode verificar a aplicação desse modelo a dados experimentais de Ψ_m e de θ, obtidos em condições de campo com tensiômetros e sonda de nêutrons, por Villagra et al. (1988), Timm et al. (1995) e Martinez et al. (1995). Moraes (1991) apresenta um estudo da variabilidade espacial da curva de retenção de água, ajustada pelo modelo de Van Genuchten. Dourado-Neto et al. (2000) apresentaram um *software* para a determinação da curva de retenção, usando vários modelos, inclusive o de Van Genuchten, a partir de dados experimentais.

Outro aspecto importante das curvas de retenção de água no solo está relacionado aos conceitos de porosidade total α, **macroporosidade** (Ma) e **microporosidade** (Mi). Já foi dito que quando um solo está saturado $\theta = \alpha$ e $\Psi_m = 0$. A distribuição de poros em termos de tamanho é contínua e, por isso, é difícil achar o limite entre Ma e Mi, o que foi feito arbitrariamente com base na curva de retenção. A água em potenciais próximos à saturação encontra-se fracamente retida e, por isso, está mais sujeita à ação do potencial gravitacional e, em perfis muito molhados, ela drena para as camadas mais profundas. Já a água a potenciais mais negativos (p. ex., -1/10 ou -1/3 atm considerados como capacidade de campo e -15 atm, como o ponto de murcha permanente), encontra-se mais retida à matriz do solo. Dessa forma, o limite entre Ma e Mi mais empregado é $\Psi_m = -60$ cm de H_2O ou -6 kPa. Toma-se esse ponto na curva de retenção e a água entre $\Psi_m = 0$ e -60 cm é considerada como água retida nos macroporos. A água em potenciais menores que -60 cm é considerada água retida nos microporos.

Além da Ma e Mi, a curva de retenção também é empregada para definir a **capacidade de campo** (CC) através da umidade θ_{cc}, correspondente ao potencial matricial de -1/3 atm (-33kPa), ou às vezes -1/10 atm (-10 kPa), dependendo do tipo de solo (veja Capítulo 14); e definir o **ponto de murchamento** (ou murcha) **permanente** (PMP), através da unidade θ_{PMP}, correspondente ao potencial de -15 atm (-1.500 kPa).

POTENCIAL TOTAL DA ÁGUA NA PLANTA E NO SISTEMA SOLO-PLANTA-ATMOSFERA COMO UM TODO

Da mesma forma como no solo, os processos que ocorrem na planta podem ser considerados razoavelmente isotérmicos, e a componente térmica pode ser desconsiderada na planta. A contribuição das demais componentes depende ainda da parte da planta considerada. A componente gravitacional Ψ_g é, em geral, desconsiderada porque o nível de referência é arbitrário e pode sempre ser levado ao mesmo nível do objeto em estudo. Além disso, precisa haver uma continuidade no sistema água, para que este potencial atue. A água de um copo pode ser elevada a qualquer altura, com potenciais gravitacionais crescentes, mas em cada altura ela permanece em equilíbrio. Já para o caso da ascensão da água em árvores muito altas é preciso considerá-la, como veremos mais adiante.

Para a água de um vacúolo celular, por exemplo, são de importância apenas as componentes osmótica e de pressão. Assim:

$$\Psi = \Psi_p + \Psi_{os}$$

e a componente de pressão aparece em virtude da pressão positiva que as paredes celulares exercem sobre o suco celular quando a célula está túrgida. Essa componente é, também, denominada **potencial de parede** ou **potencial de turgor**. A componente osmótica Ψ_{os} é aqui de grande importância, pois as membranas celulares são semipermeáveis, deixando passar a água e sendo seletivas para os diversos íons. Na verdade, uma componente é consequência da outra. A célula funciona como o osmômetro da Figura 9 (Capítulo 3), pois se encontra maior concentração salina no vacúolo da célula em relação à concentração salina fora da célula. Por isso, a tendência da água é entrar na célula, o que implica aumento de seu volume. Como as paredes são elásticas só até certo ponto, a pressão dentro da célula aumenta, fica positiva em relação à água pura, e ela fica túrgida.

Valores típicos de Ψ_p (turgor) são +2 a +5 atm (0,2-0,5 MPa); Ψ_{os} de −2 a −10 atm (−0,2 a −1 MPa). Esses valores de potencial são responsáveis pelo **turgor celular** (plantas eretas ao contrário de murchas) e por seu crescimento em termos de alongamento.

Para o caso da água retida pelas paredes celulares, a componente matricial Ψ_m pode ser de importância. Da mesma forma como a água é retida pelos poros do solo, pode ser retida pelos poros dos tecidos fibrosos das paredes celulares, o que também acontece com aglomerados de amido e outras substâncias de reserva em sementes. Nesses casos:

$$\Psi = \Psi_m + \Psi_{os}$$

Ψ_m e Ψ_{os} podem ser muito negativos, dezenas de atm. Por isso é que as sementes se embebem em água com grande facilidade, muitas vezes dobrando seu volume. A literatura sobre potencial da água na planta é extensa. Recomendamos o livro de Taiz et al. (2017) para mais detalhes sobre o assunto.

Assunto polêmico é a ascensão da água em árvores muito mais altas do que 10 m. Como o potencial da água nos tecidos vegetais é negativo, a água sobe na planta, contra a gravidade, por sucção. Em tubulações não capilares, sabe-se que, ao succionar a água até tensões próximas a −1 atm (ou −10 mH_2O ou −0,1 MPa), a coluna d'água se rompe, pela formação de bolhas de ar dissolvido que é liberado e por liberação de vapor. Esse fenômeno ocorre nos tensiômetros, instrumentos usados para medir Ψ_m em solos, que serão vistos adiante. Se quisermos tirar água de um poço, por sucção, este não pode ter profundidade maior que 10 m, se for ao nível do mar, onde P_{atm} = 1 atm. A bomba eleva água por sucção, e, como esta não pode ser maior que P_{atm}, ela não opera para profundidades maiores que 10 m. O que acontece é que a P_{atm} que atua no fundo do poço empurra a água para cima. Nas plantas, a coisa é diferente pelo fato de as "tubulações" serem capilares (xilema). As sequoias da Califórnia e certa espécie de eucalipto da Austrália chegam a 100 m de altura e, certamente a água chega lá para abastecer as últimas folhas verdes. Angelocci (2002) aborda muito bem esse assunto quando se refere à dinâmica da água na fase líquida, na planta. Segundo esse autor, em plantas com baixa taxa de transpiração – o que ocorre com baixa demanda atmosférica, ou à noite, com estômatos fechados, ou pela perda de folhas por queda ou poda –, a seiva bruta do xilema fica sob pressões positivas em relação à atmosfera. A ocorrência da gutação e exudação de seiva por partes feridas comprova esse fato.

A teoria mais aceita para essa ascensão forçada da água assume que as raízes funcionam como um osmômetro da Figura 9 do Capítulo 3, quando a transpiração é baixa. Em condições de maior demanda atmosférica, a transpiração é mais intensa e o xilema tem uma estrutura de baixa resistência ao transporte da seiva, que se dá em virtude dos valores muito baixos do potencial total da água na folha. A ascensão da seiva é mais bem explicada pela "teoria da adesão-coesão", baseada em trabalhos do final do século XIX, por Bohem, Askenasi, Dixon e Joli. O segundo concebeu uma montagem que mostra que uma coluna de água sob tensão (pressão negativa) causada por uma cápsula porosa adaptada em sua extremidade superior (simulando uma folha) pode ser mantida para tensões bem mais negativas que −1 atm, sem se romper. A teoria da adesão-coesão assume que a água no xilema forma uma fase líquida contínua, desde a raiz até a folha. Nos microcapilares das paredes celulares do mesófilo das folhas a energia livre da água é reduzida em função da curvatura dos meniscos, deixando toda a coluna sob tensão. Essa tensão é transmitida por todo o xilema à custa da alta força de coesão entre as moléculas de água, mantendo-se a continuidade líquida e a transpiração. Esses aspectos fisiológicos das relações água-planta são também muito bem abordados no livro de Taiz et al. (2017), p. 100 a 110. Mas esses autores, ao explicar esse fenômeno da água subir a grandes alturas na forma líquida, também são claros ao afirmar que ainda há muito a ser entendido principalmente do ponto de vista físico da água. Voltando ao estudo do potencial total da água no SSPA como um todo, definido pelas Equações 8 e 11, vejamos a importância de cada um dos componentes em vários casos específicos:

a. No solo:
a.1. Solo saturado, imerso em água:

$$\Psi = \Psi_p + \Psi_g$$

Neste caso Ψ_g é importantíssimo e Ψ_p depende do valor da carga hidráulica que atua sobre o solo; $\Psi_m = 0$, pois não há interfaces água/ar e Ψ_{os} não é considerado por não haver membrana semipermeável (desde que não haja planta).

a.2. Solo não saturado:

$$\Psi = \Psi_m + \Psi_g$$

Neste caso Ψ_g é de grande importância na faixa mais úmida, isto é, próximo à saturação. Ele vai perdendo importância (apesar de seu valor constante) com o decréscimo de umidade. Isso porque Ψ_m, nulo na saturação, vai ganhando importância à medida que o solo perde água. Para um solo bem seco, $\Psi = \Psi_m$ e Ψ_g pode ser desprezado completamente. Como não há água livre no sistema, $\Psi_p = 0$ e Ψ_{os} não é considerado porque não há membrana semipermeável.

b. Na planta:
b.1. Em células de tecido tenro (p. ex., folha):

$$\Psi = \Psi_p + \Psi_{os}$$

Ψ_p é o turgor vegetal (pressão positiva), Ψ_{os} o potencial osmótico devido à presença de solutos e de membranas semipermeáveis. $\Psi_m = 0$ e Ψ_g não são considerados, o que significa que o nível de referência gravitacional é levado ao nível da célula.

b.2) Tecido vegetal fibroso, lenhoso ou aglomerado (p. ex., madeira, fibras do lenho, sementes):

$$\Psi = \Psi_m + \Psi_{os}$$

Neste caso, Ψ_m é o potencial negativo resultante das interações entre a água e o material poroso vegetal. Sementes e outros tecidos lenhosos em caules, raízes e frutas podem apresentar valores bem negativos de Ψ_m. Como Ψ_{os} também é negativo, o valor final de Ψ fica bem negativo. Por isso, sementes são ávidas por água e a absorvem com rapidez, muitas vezes dobrando seu volume. Ψ_g é desprezado por ser relativamente pequeno ou porque o referencial é levado até o nível do sistema.

c. Na atmosfera:

$$\Psi = \Psi_p$$

Nesse caso, Ψ_m e Ψ_{os} não entram em consideração por se tratar de vapor-d'água "dissolvido" em ar. Ψ_g também é desprezado ou é tomado como nulo, levando o referencial gravitacional do estado padrão até o mesmo nível do estado em consideração.

d. Passagem da água do solo para a planta:
d.1. Solo inundado (p. ex., arrozal inundado):

$$\Psi = \Psi_g + \Psi_p + \Psi_{os}$$

A componente Ψ_{os} aparece devido às membranas semipermeáveis da planta.

d.2. Solo aerado (p. ex., arroz de sequeiro):

$$\Psi = \Psi_g + \Psi_m + \Psi_{os}$$

Pela mesma razão, Ψ_{os} não pode ser desprezado. Vemos assim que, de situação para situação, o potencial total da água Ψ é constituído por diferentes componentes, de acordo com sua importância.

COMO O CONCEITO DE POTENCIAL DA ÁGUA É EMPREGADO PARA VERIFICAR SEU EQUILÍBRIO

Como já foi dito na introdução deste capítulo, a água obedece à tendência universal de procurar constantemente um estado de energia mínima. O potencial total da água representa seu estado de energia e é, portanto, um critério para conhecer seu estado de equilíbrio. Podemos, então, dizer que a água acha-se em equilíbrio quando seu potencial total é o mesmo em todos os pontos de um sistema. Vejamos alguns exemplos, partindo do mais simples. Seja o caso da água em um copo, como o indicado na Figura 10. Logicamente, trata-se de um sistema em equilíbrio, e, assim, o potencial total da água Ψ deve ser o mesmo em qualquer ponto do copo. Escolhemos, arbitrariamente, os pontos A, B e C para demonstrar que Ψ tem o mesmo valor. Por se tratar de água pura, as componentes Ψ_{os} e Ψ_m são nulas e a Equação 12 se reduz a:

$$\Psi = \Psi_p + \Psi_g$$

e, para os pontos A, B e C (considerando como referência gravitacional a superfície da água) e utilizando a unidade energia/peso ou carga hidráulica, temos:

$$\Psi(A) = 0 + 0 = 0 \text{ cmH}_2\text{O}$$
$$\Psi(B) = +5 - 5 = 0 \text{ cmH}_2\text{O}$$
$$\Psi(C) = +10 - 10 = 0 \text{ cmH}_2\text{O}$$

o que mostra que Ψ tem o mesmo valor (= 0), isto é, que o sistema se encontra em equilíbrio.

Graficamente, apresentam-se esses resultados da forma mostrada na Figura 11.

Se mudarmos a referência gravitacional para o fundo do copo, teremos:

$$\Psi(A) = 0 + 10 = 10 \text{ cmH}_2\text{O}$$
$$\Psi(B) = 5 + 5 = 10 \text{ cmH}_2\text{O}$$
$$\Psi(C) = 10 + 0 = 10 \text{ cmH}_2\text{O}$$

Vê-se que o valor de Ψ é o mesmo (= 10 cmH$_2$O) em qualquer ponto, novamente indicando equilíbrio. A mudança do referencial gravitacional apenas muda o valor de Ψ, que é relativo mesmo, pois depende da escolha do referencial. Com essa mudança, a Figura 11 se transforma no gráfico da Figura 12.

Se fizermos um pequeno furo na parte inferior do copo, exatamente no ponto C, sabemos que a água fluirá pelo furo, indicando que não está mais em equilíbrio. Ao abrir o furo em C, o potencial de pressão cai instantaneamente de +10 cmH$_2$O para zero, pois fica sujeito à pressão atmosférica. Mantendo a referência gravitacional no fundo do copo, temos:

$$\Psi(A) = 0 + 10 = 10 \text{ cmH}_2\text{O}$$
$$\Psi(C) = 0 + 0 = 0 \text{ cmH}_2\text{O}$$

Como vemos, agora Ψ varia dentro do copo e, por isso, a água se move. Move-se de um potencial total maior para outro menor; no caso de A para C, e sob ação da gravidade. Com a presença do furo (bem no início), o gráfico da Figura 12 se modifica, passando a ter a forma da Figura 13.

Logicamente, com o passar do tempo, o nível de água no copo abaixa e o gráfico da Figura 13 se modifica continuamente, pois agora se trata de um sistema dinâmico.

Consideremos agora um tecido vegetal com células, nas quais se determinou $\Psi_p = +5$ atm (turgor celular) e $\Psi_{os} = -7$ atm (concentração salina do vacúolo da célula). Nesse caso:

$$\Psi_{célula} = \Psi_p + \Psi_{OS} = 5 - 7 = -2 \text{ atm}$$

Se esse tecido fosse jogado no copo de água sem furo do exemplo anterior, o que aconteceria? O potencial da água no copo é igual a 0 ou 10 cmH$_2$O (0,01 atm), dependendo da referência gravitacional. De qualquer forma, podemos considerá-lo zero se o nível gravitacional for passado pela célula, como o caso da água padrão. Como o potencial da água no copo é maior que o das células (0 > –2 atm), a água penetrará nas células, procurando um potencial menor.

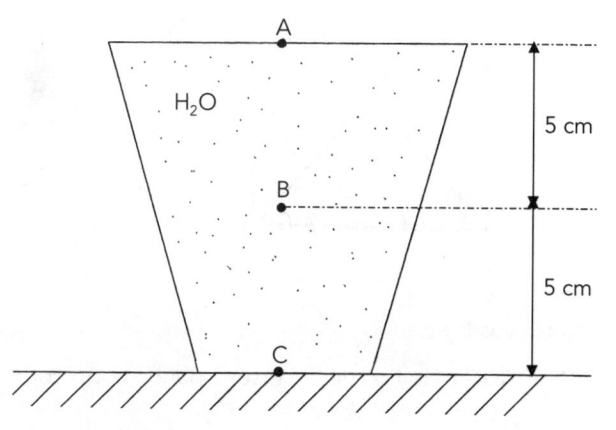

FIGURA 10 Água em equilíbrio em um copo.

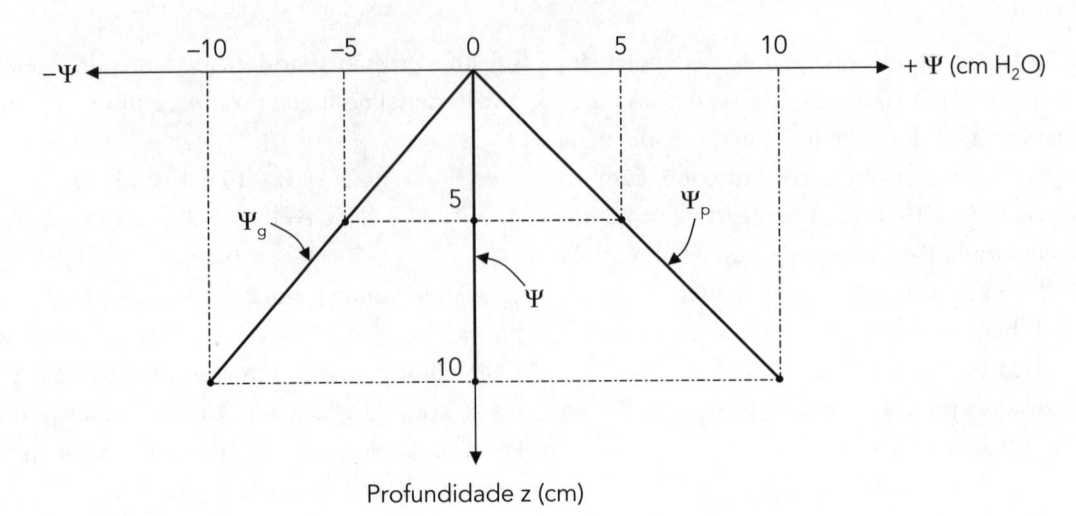

FIGURA 11 Gráfico de Ψ versus z para copo com água.

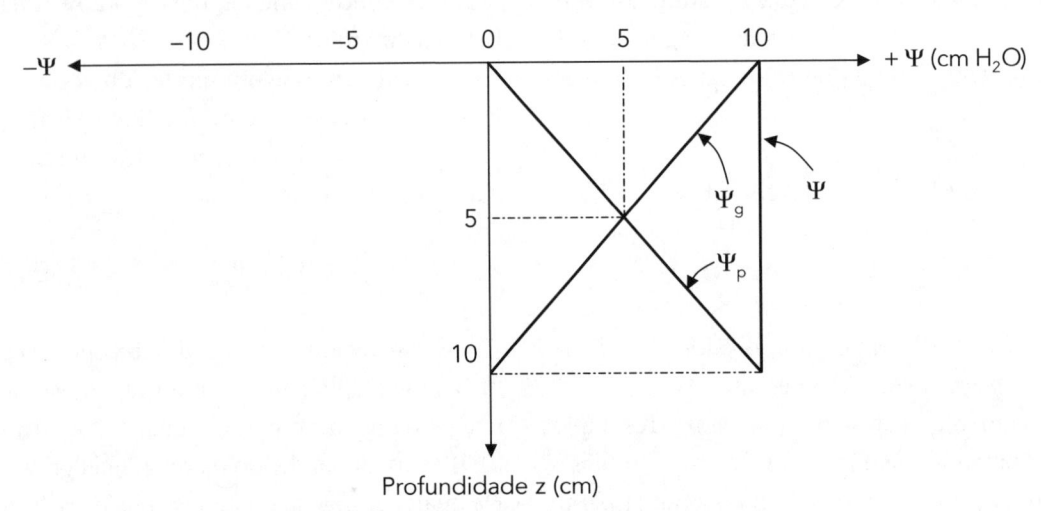

FIGURA 12 Gráfico de Ψ versus z para nova referência gravitacional do copo com água.

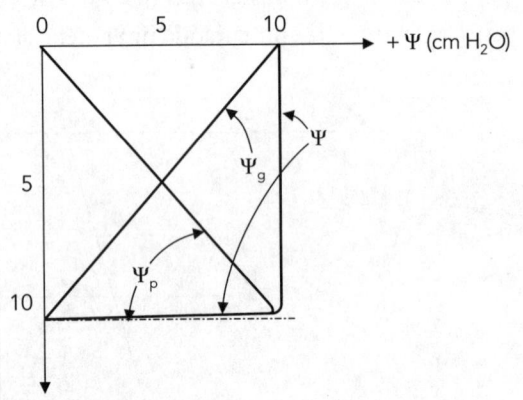

FIGURA 13 Gráfico de Ψ versus z para o copo com furo em C, logo no início.

Como as células possuem membranas semipermeáveis, a água entra e os sais não saem, havendo como consequência aumento de turgor e diminuição da concentração salina. Depois de certo tempo teremos o equilíbrio entre a célula e a água no copo.

$$\Psi_{célula} = \Psi_{água\ no\ copo} = 0$$

Nessa nova condição, determinou-se Ψ_p nas células = +6 atm e Ψ_{os} = –6 atm; portanto, Ψ = +6 – 6 = 0.

Consideremos, agora, o copo da Figura 10, com 5 cm de solo em seu fundo. Qual seria a distribuição de potenciais?

Como o solo está submerso, todos os seus poros estão cheios de água, não há interfaces água/ar e, portanto, não há fenômenos de capilaridade e $\Psi_m = 0$. A pressão devida à carga de água se propaga através dos poros do solo e os valores de Ψ_p são idênticos aos encontrados no copo só com água. Os gráficos das Figuras 11 e 12 são também válidos para esse sistema da Figura 14. Ele pode ser identificado com um solo inundado em uma várzea, na qual há uma camada impermeável à água a dada profundidade, como o do arroz inundado na Figura 4.

Seja agora o sistema indicado na Figura 15, essencialmente igual ao da Figura 14. Trata-se de uma coluna de solo dentro de um cilindro de plástico acrílico, com fundo aberto para a passagem de água, que está totalmente imersa em um frasco de água.

Na condição de solo imerso, isto é, com as torneiras 1 e 2 fechadas, e usando o ponto B como referência gravitacional, temos:

$$\Psi(A) = \Psi_p + \Psi_g = 5 + 30 = 35 \text{ cmH}_2\text{O}$$
$$\Psi(B) = \Psi_p + \Psi_g = 35 + 0 = 35 \text{ cmH}_2\text{O}$$

demonstrando o equilíbrio.

Se a torneira 2, ao nível B, for aberta, a água no frasco abaixa até o nível B. Dentro do solo, o nível de água abaixa muito mais devagar, por causa da tortuosidade da trajetória da água no solo e em virtude da resistência oferecida pelo solo. Depois de um longo tempo, sem permitir perdas por evaporação, estabelece-se o equilíbrio e, mais uma vez, o potencial total fica constante em todos os pontos do solo. A componente gravitacional não muda, mas a de pressão sim, pois o solo fica na condição não saturada; aparecem interfaces água/ar e o potencial de pressão no solo fica negativo, isto é, aparece Ψ_m. Apenas uma pequena região próxima do ponto B ainda fica saturada, apesar de sujeita a pressões negativas. Nessa região (em inglês denominada *capillary fringe*), a sucção de alguns centímetros de água não é suficiente para esvaziar nem mesmo os maiores poros do solo. É o caso do *air entry value*, já discutido anteriormente, em relação à curva de retenção de água pelo solo.

Nessa nova condição, se não houver evaporação de água na superfície do solo, seria obtida a seguinte distribuição de potenciais:

$$\Psi(A) = \Psi_m + \Psi_g = -30 + 30 = 0 \text{ cmH}_2\text{O}$$
$$\Psi(B) = \Psi_m + \Psi_g = 0 + 0 = 0 \text{ cmH}_2\text{O}$$

Os gráficos da Figura 16 mostram a situação antes e depois de atingido o novo equilíbrio.

Vejamos outro exemplo: consideremos um capilar imerso em uma superfície plana de água pura, como indica a Figura 17. Esse sistema está tipicamente em equilíbrio. Seu potencial total Ψ é composto de duas componentes, a gravitacional Ψ_g e a de pressão Ψ_p. O Quadro 2 nos dá cada componente nos pontos A a E, expressos como carga hidráulica.

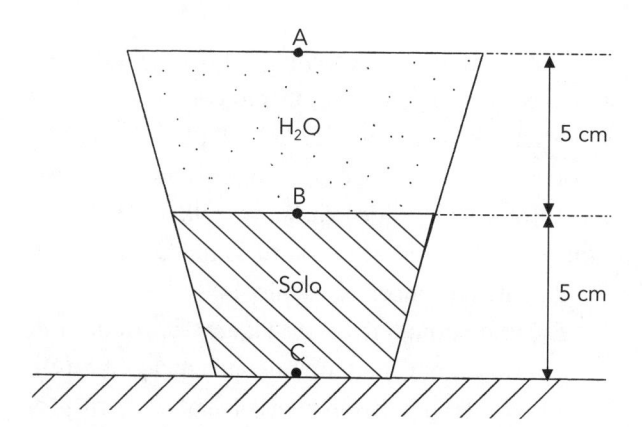

FIGURA 14   Solo e água em equilíbrio.

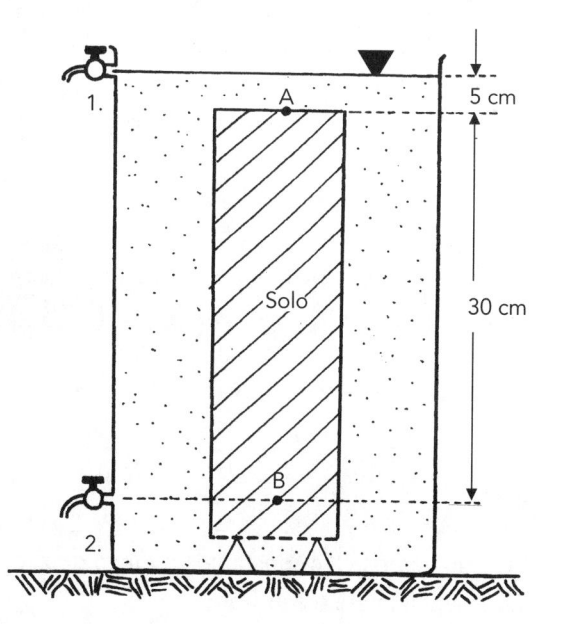

FIGURA 15   Solo imerso em água.

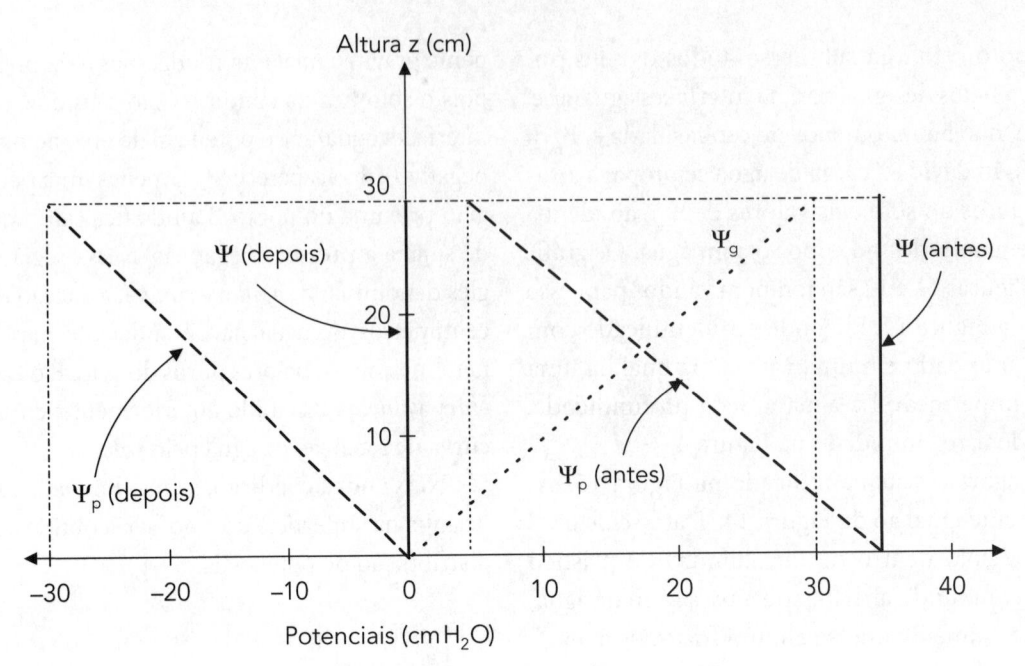

FIGURA 16 Distribuição das componentes de Ψ no sistema da Figura 15.

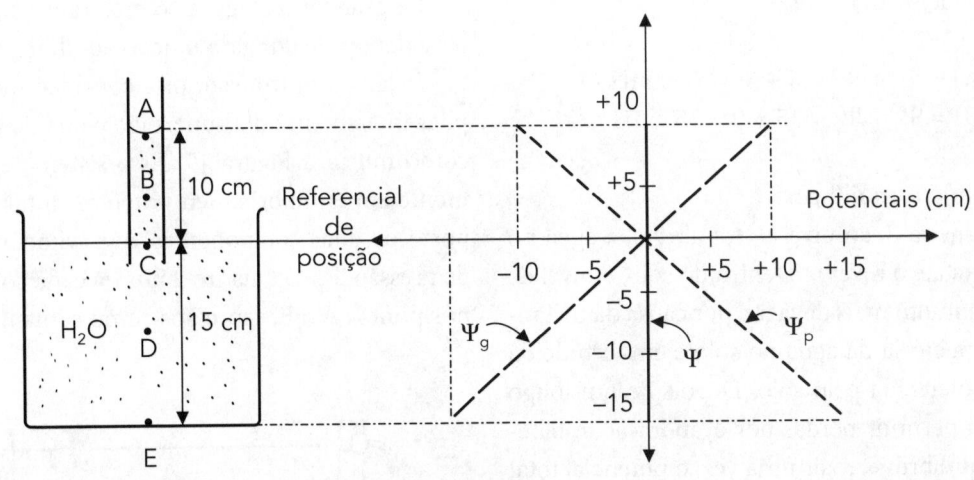

FIGURA 17 Sistema em equilíbrio; capilar imerso em água.

QUADRO 2 Distribuição das componentes de Ψ nos pontos A a E, expressos como carga hidráulica

Pontos	Ψ_g	Ψ_p	Ψ
A	+10	−10	0
B	+5	−5	0
C	0	0	0
D	−7,5	+7,5	0
E	−15	+15	0

Como vemos, Ψ é constante ao longo de z, condição essencial para o equilíbrio.

Outro exemplo, semelhante ao da Figura 15, considera uma coluna de solo em contato com uma superfície de água, como indica a Figura 18, na qual o potencial osmótico é desprezível e o potencial matricial (que foi medido) varia segundo a curva indicada. A velocidade de evaporação na sua superfície é constante (equilíbrio dinâmico).

Façamos uma análise da Figura 18. A curva de Ψ_m é obtida experimentalmente por meio de cápsulas porosas (minitensiômetros) instaladas em pro-

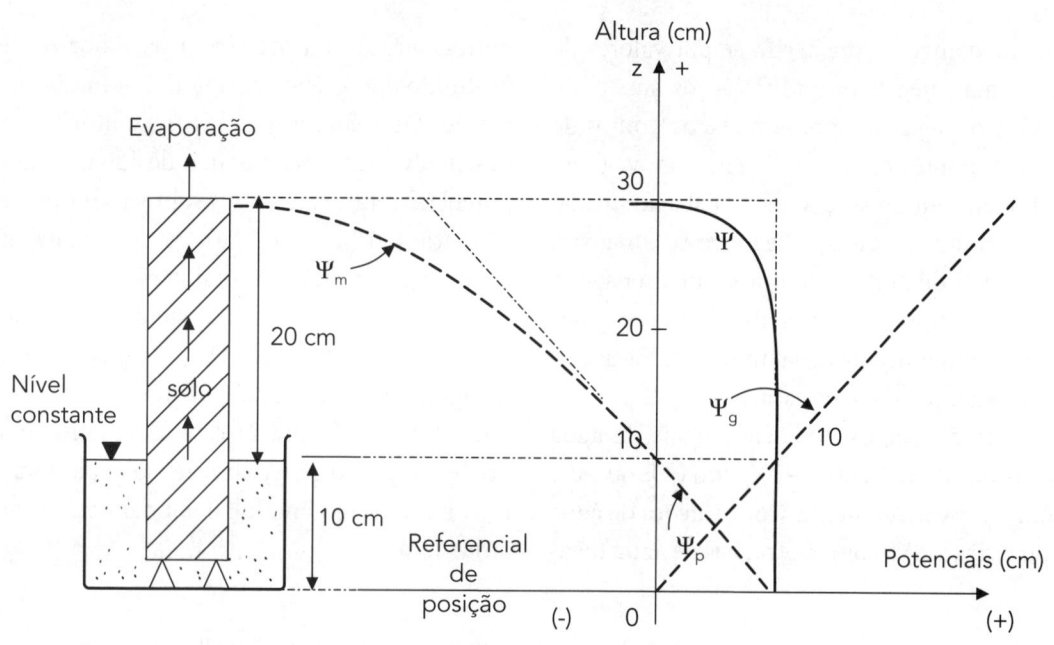

FIGURA 18 Coluna de solo com fluxo de água ascendente.

fundidade ao longo da coluna de solo. A reta Ψ_g é obtida medindo-se diretamente o potencial gravitacional com uma régua, a partir de um referencial arbitrário, e a curva Ψ é obtida pela adição de Ψ_g e Ψ_m em cada ponto. Como veremos, Ψ é variável ao longo de z. Pelo fato de Ψ ser variável, podemos afirmar que não se trata de um sistema em equilíbrio. Há, portanto, fluxo de água dentro da coluna, pelo menos na parte aérea da coluna, isto é, para valores de z variando entre 10-30 cm. Na parte imersa, Ψ é constante e não haverá fluxo. Essa parte da coluna está em equilíbrio, assemelhando-se ao exemplo da Figura 15.

Como já dissemos, as curvas de Ψ_g dependem do referencial. Mudando o referencial, as curvas mudam. Como $\Psi = \Psi_g + \Psi_m$, a curva de Ψ também varia. Isso não apresenta nenhum inconveniente, porque, para qualquer referencial escolhido, Ψ será constante para casos de equilíbrio e Ψ será variável para casos de não equilíbrio. O valor absoluto de Ψ será diferente, mas este é de pouca importância, pois as diferenças de potencial entre dois pontos serão sempre as mesmas. Sugere-se que o leitor refaça os gráficos das Figuras 17 e 18 para outros referenciais e verifique que a diferença de potencial entre dois pontos não depende do referencial.

Esse exemplo da Figura 18 é um caso particular, muito interessante, no qual Ψ varia no espaço (altura) e, por isso, há fluxo de água, mas Ψ não varia no tempo. Se o nível de água na vasilha for mantido e as condições de evaporação se mantiverem constantes, os gráficos de potencial Ψ_m, Ψ_g e Ψ não se modificam no tempo. Essa situação é denominada **equilíbrio dinâmico** (em inglês, *steady-state*). Se para manter o nível de água constante na vasilha são necessários 5 mm · dia^{-1}, esse será o valor da taxa de evaporação na superfície do solo. Essa construção de laboratório da Figura 18 simula uma situação de campo com o lençol freático situado a 20 cm abaixo da superfície de um solo nu.

Imaginemos, agora, o caso de um perfil de solo com uma cultura de milho. Em certo dia, foram coletadas amostras de solo a diversas profundidades, e os valores obtidos em relação à umidade e potencial mátrico encontram-se no Quadro 3.

Pela curva característica elaborada com amostras do mesmo perfil de solo (curvas do tipo das Figuras 8 ou 9), foram determinados os valores de Ψ_m para cada θ do Quadro 3.

A Figura 19 nos mostra, primeiro, que o potencial total Ψ varia com a profundidade e, portanto, trata-se de uma situação dinâmica. A camada de 0-50 cm, aproximadamente, caracteriza-se por valores de Ψ cada vez mais negativos na direção da superfície do solo. Como a água sempre se move de pontos de maior Ψ para pontos de menor Ψ, ela se move (nessa camada) em sentido ascendente. Já abaixo dos 50 cm ocorre o contrário, e a água se move de cima para baixo. Essa parte do perfil encontra-se sob drenagem.

Gráficos do tipo da Figura 19 são importantes para definir a dinâmica da água no solo. A Figura 20 ilustra a questão para outros casos.

No presente caso, os potenciais totais da água no solo variam entre −200 e −500 cmH$_2$O, ou −0,2 a −0,5 atm, aproximadamente. Com adições de água (chuva ou irrigação) e com subtrações de água (eva-potranspiração ou drenagem para horizontes mais profundos), o gráfico da Figura 19 muda continuamente. De maneira geral, para culturas em pleno desenvolvimento, sem déficit de água, os valores do potencial total da água no solo variam entre −0,1 e −1,0 atm (−10 a −100 kPa). Na planta, nas mesmas condições, o potencial total varia de −5 a − 40 atm (−0,5 a − 4 MPa), e na atmosfera, de −100 a −1.000 atm (−10 a −100 MPa). Daí, o movimento normal da água é do solo para a planta e da planta para a atmosfera. Na Figura 21 esse movimento é mostrado de um ponto genérico A no solo, para outro B na raiz, para outro C na folha e, finalmente, para D na atmosfera.

QUADRO 3 Valores de umidade do solo e de potencial da água em cultura de milho, em um determinado dia

Profundidade (cm)	Umidade do solo θ (cm³·cm⁻³)	Ψ$_m$ cmH$_2$O	Ψ$_g$ cmH$_2$O	Ψ cmH$_2$O
0-10	0,256	−490	−5	−495
10-20	0,295	−350	−15	−365
20-30	0,321	−313	−25	−338
30-40	0,336	−281	−35	−316
40-50	0,345	−210	−45	−255
50-60	0,351	−180	−55	−235
60-70	0,338	−270	−65	−335
70-80	0,330	−295	−75	−370
80-90	0,315	−320	−85	−405
90-100	0,313	−326	−95	−421

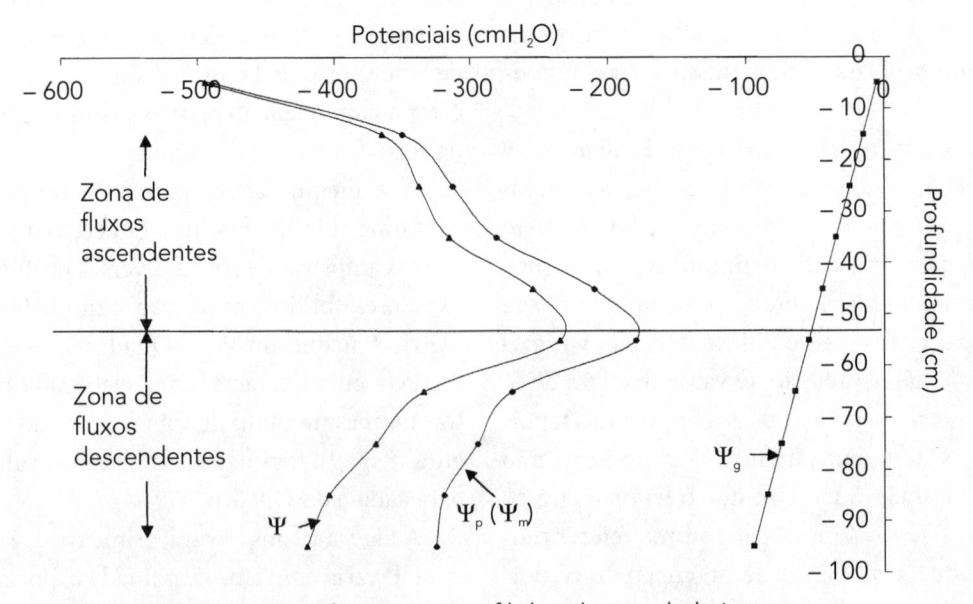

FIGURA 19 Distribuição de potenciais da água em perfil de solo, em dado instante.

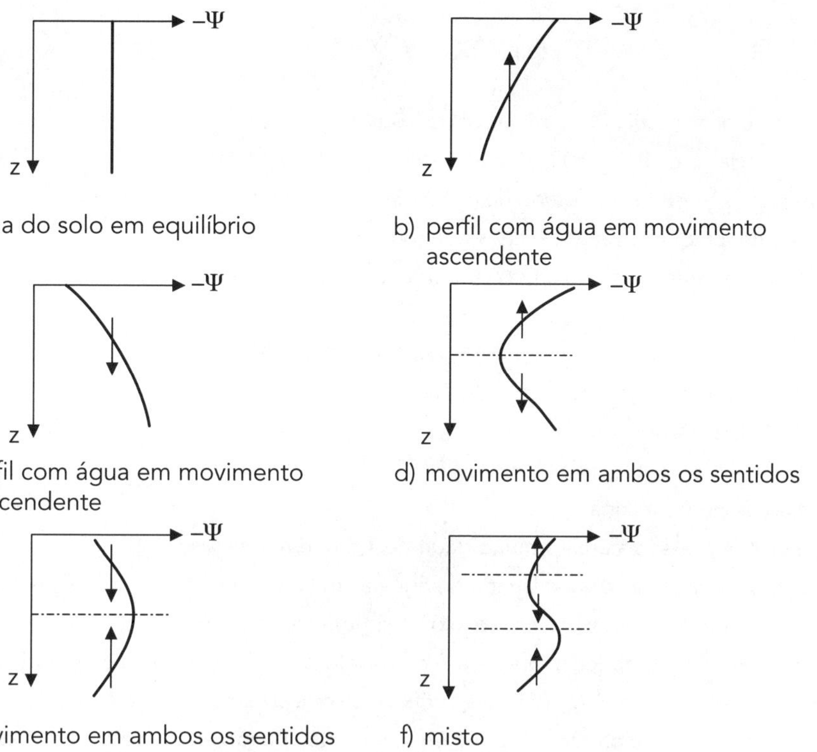

a) água do solo em equilíbrio

b) perfil com água em movimento ascendente

c) perfil com água em movimento descendente

d) movimento em ambos os sentidos

e) movimento em ambos os sentidos

f) misto

FIGURA 20 Distribuição do potencial total da água no solo em várias situações.

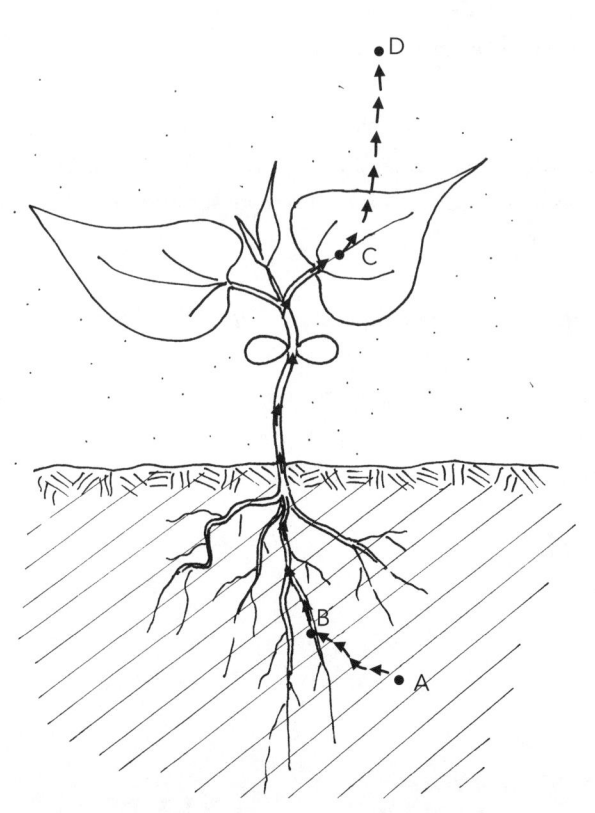

FIGURA 21 Esquema do movimento de água no sistema solo-planta-atmosfera, em condições ótimas de desenvolvimento.

O potencial total da água é uma medida de seu estado de energia, e assim define seu estado de equilíbrio dentro das diferentes partes do sistema solo-planta-atmosfera. Ele é uma função termodinâmica de ponto constituída de componentes gravitacional, de pressão, matricial e osmótica. Em cada situação uma ou mais componentes ficam preponderantes, mas sempre sua soma; o potencial total é quem define a energia em dado ponto. O critério de equilíbrio da água é que todos os pontos do sistema tenham o mesmo potencial total. Quando há diferença de potencial de um ponto para o outro, haverá movimento de água do ponto de maior potencial para o de menor. É dada atenção especial à energia da água dentro dos poros do solo, que são o reservatório de água para as plantas. Esses poros fenômenos de capilaridade e de adsorção são os principais que definem a componente matricial do potencial da água. Tais fenômenos são responsáveis pela retenção de água pelo solo e definem a quantidade de água do solo disponível para as plantas.

EXERCÍCIOS

1. O que se entende por energia? Quais suas dimensões?
2. Transforme potenciais de –0,1; –0,33; –1 e –15 atm em cmH_2O e Pascal.
3. Dada a função $u = x^2y + xz + at$, determine $\partial u/\partial x$; $\partial u/\partial y$; $\partial u/\partial z$ e $\partial u/\partial t$.
4. No problema anterior, qual o valor de $\partial u/\partial x$ quando $x = 1$, $y = 1$, $z = 2$ e $t = 3$?
5. Num solo o seu armazenamento de água A (mm) varia linearmente em profundidade z (cm) e exponencialmente no tempo t (dias), segundo a equação:

$$A = (3z + 15)e^{-0,1t},$$

   no intervalo $0 < z < 50$ e $0 < t < 5$:
   a) Determine $\partial A/\partial z$ e $\partial A/\partial t$.
   b) Para $z = 30$ cm e $t = 1$ dia, qual o valor de $\partial A/\partial t$?
6. O que é função de ponto e linha?
7. Qual o potencial de pressão a uma profundidade de 1,5 m em uma piscina?
8. Em uma cultura de arroz inundado, a lâmina de água acima da superfície do solo é de 15 cm. Qual o potencial de pressão em um ponto do solo, 15 cm abaixo da superfície do solo?
9. Para medir a profundidade do lençol freático em um solo de várzea, instalou-se um piezômetro (tubo PVC de diâmetro de 5 cm com perfurações laterais) e verificou-se que o lençol freático está a 80 cm abaixo da superfície do solo. Qual o potencial de pressão da água em um ponto situado a 1,5 m a partir da superfície do solo?
10. Determinar o potencial gravitacional da água em três pontos A, B e C, situados a 30, 60 e 120 cm abaixo da superfície de um solo não saturado. Dar os resultados em cmH_2O e atm.
11. Determinar o potencial gravitacional dos pontos das questões 8 e 9.
12. Considerando T = 27°C, calcule o potencial osmótico de soluções de concentração 10^{-6}, 10^{-5}, 10^{-4}, 10^{-3} e 10^{-2} M. Dê as respostas em atm e cmH_2O.
13. A solução de um dado solo é $1,5 \times 10^{-3}$ M. Qual é seu potencial osmótico a 27°C?
14. O suco celular de uma planta tem concentração de 0,31 M. Qual seu potencial osmótico a 27°C?
15. Um tubo capilar de vidro tem raio de 0,02 mm. Até que altura a água sobe nesse capilar, sabendo-se que o ângulo de contato é de 11° e que a água se encontra a 30°C?
16. Como você enche um capilar com água?
17. O tubo capilar do problema 15 fica totalmente imerso no fundo de um tanque a uma profundidade de 1 m. Há fenômeno capilar? Qual o potencial da água dentro dele?
18. Um tubo capilar idêntico ao do problema 15 tem comprimento de apenas 20 cm. Se fosse mais longo, a água subiria até 70,9 cm. O que acontece nesse tubo mais curto?
19. Para um dado solo, obteve-se a seguinte curva de retenção de água:

Potencial matricial (atm)	Umidade do solo ($cm^3 \cdot cm^{-3}$)
0	0,541
–0,1	0,502
–0,3	0,546
–0,5	0,363
–1,0	0,297
–3,0	0,270
–5,0	0,248
–10,0	0,233
–15,0	0,215

Faça os gráficos usando papel de gráfico comum e semilog.

20. Explique, observando a Figura 8, por que as curvas de retenção de água são diferentes para solos de texturas e estruturas diferentes.
21. Um tensiômetro com cuba de mercúrio está instalado em uma profundidade de 20 cm. Sua leitura é 37,3 cmHg e sua cuba está a 40 cm da superfície do solo. Qual o potencial matricial do solo nessa profundidade? Observação: A teoria sobre tensiômetros é abordada no próximo capítulo (Capítulo 7).
22. Considerando que a curva do exercício 21 é igual à do solo do exercício 19, qual a umidade do solo no ponto em que o tensiômetro está instalado?
23. Depois de três dias, o tensiômetro do exercício 21 tem uma leitura de 51,1 cmHg. Qual a nova umidade do solo?
24. Para dois solos, foram obtidos os seguintes dados de retenção de água:

–h (cmH$_2$O)	θ (cm^3 · cm^{-3}) Solo A	Solo B
0	0,556	0,491
10	0,540	0,398
100	0,430	0,257
300	0,403	0,236
500	0,391	0,227
1.000	0,382	0,209
3.000	0,375	0,198
10.000	0,359	0,195
15.000	0,343	0,191

a) Faça as curvas de retenção de ambos, no mesmo papel, usando papel comum e semilog.
b) Qual seria o solo mais arenoso?
c) Qual a umidade dos solos para um potencial de –0,7 MPa?
d) Um tensiômetro instalado no solo A fornece uma leitura de 28,8 cmHg. Sua cuba está a 33 cm do solo e sua cápsula a uma profundidade de 25 cm. Qual a umidade do solo?

25. Em um funil de placa porosa, colocou-se uma amostra de solo, cuja massa seca é 105,6 g. A amostra foi saturada (h = 0) e, depois, variou-se o potencial h de acordo com a tabela a seguir, esperando o equilíbrio para cada h.

h = – Ψ$_m$ (cmH$_2$O)	Peso da amostra (g) = solo + água
0	146,6
50	144,9
100	141,9
150	135,6
200	129,3
250	125,1
300	121,1

A densidade do solo é 1,41 g · cm^{-3}. Fazer a curva de retenção de água desse solo, para o intervalo 0 – 300 cmH$_2$O.

26. A umidade relativa do ar acima de uma cultura de milho é 74% e a temperatura do mesmo ar é 28°C. Qual o potencial da água no ar acima do milho?
27. Para os casos indicados no quadro a seguir, faça os gráficos de potencial total da água no solo e indique as regiões de equilíbrio e de fluxo (indicando a direção), como na Figura 20.

Profundidade	Potencial H (cmH$_2$O)					
z (cm)	A	B	C	D	E	F
0	−150	−350	−60	−60	−1500	−700
20	−130	−300	−70	−82	−600	−550
40	−115	−260	−95	−110	−300	−480
60	−107	−230	−125	−118	−250	−450
80	−103	−210	−125	−105	−220	−510
100	−100	−190	−125	−93	−210	−580
120	−100	−180	−125	−84	−205	−620
140	−100	−175	−125	−77	−200	−650

RESPOSTAS

1. ML^{2}T^{-2}.
2. −103,3; −340,9; −1.033 e −15.495 cmH$_2$O; −0,01; −0,033; −0,101 e −1,52 MPa.
3. $\partial u/\partial x = 2yx + z$
   $\partial u/\partial y = x^2$
   $\partial u/\partial z = x$
   $\partial u/\partial t = a$.
4. $\partial u/\partial x = 4$.
5. a) $\partial A/\partial z = 3\,e^{-0,1t}$
   $\partial A/\partial t = -0,1\,e^{-0,1t}(3z + 15)$
   b) $\partial A/\partial t = -9,5$ mm/dia.
7. + 150 cmH$_2$O.
8. + 30 cmH$_2$O.
9. + 70 cmH$_2$O.
10. −30, −60 e −120 cmH$_2$O; −0,029, −0,058 e −0,116 atm, considerando como referência a superfície do solo.
11. −15 e −150 cmH$_2$O, considerando como referência a superfície do solo.
12. −0,025; −0,25; −2,54; −25,4 e −254 cmH$_2$O; −24,6 × 10^{-6}; −24,6 × 10^{-5}; −24,6 × 10^{-4}; −24,6 × 10^{-3}; −24,6 × 10^{-2} atm.
13. −0,037 atm ou − 38,2 cmH$_2$O.
14. −7,63 atm ou − 7.877 cmH$_2$O.
15. 70,9 cm.
16. Basta colocar uma extremidade em contato com a água e esta sobe espontaneamente até a altura h, que no caso do Exercício 15 é 70,9 cm.
17. Não havendo interface água-ar, não há capilaridade. Seu potencial é +100 cmH$_2$O.
18. A água sobe até os 20 cm e para, mas com um menisco menos côncavo que o do problema 15.
21. −410 cmH$_2$O.
22. 0,418 cm^3 . cm^{-3}, aproximadamente, dependendo da interpolação feita.
23. 0,350 cm^3 . cm^{-3}, aproximadamente.
24. b) O solo B provavelmente é mais arenoso que o A, por ter porosidade total menor e a curva ter inflexão mais pronunciada.
    c) 0,363 e 0,205 cm^3 . cm^{-3}, respectivamente.
    d) 0,403 cm^3 . cm^{-3}.
26. −412,5 atm = −41,2 MPa.
27. A: fluxo ascendente na camada 0-100 cm e equilíbrio abaixo de 100 cm.

B: fluxo ascendente em todo o perfil amostrado.

C: fluxo descendente na camada 0-60 cm e equilíbrio abaixo de 60 cm.

D: descendente de 0-60 cm e ascendente de 60-140 cm.

E: ascendente em todo o perfil.

F: ascendente de 0-60 cm e descendente de 60-140 cm.

LITERATURA CITADA

ANGELOCCI, L. R. *Água na planta e trocas gasosas/energéticas com a atmosfera*: introdução ao tratamento biofísico. Piracicaba, Ed. do Autor, 2002. p. 267.

DOURADO-NETO, D.; POWLSON, D.; BAKAR, R. A. e outros. Multiseason recoveries of organic and inorganic nitrogen-15 in tropical cropping systems. *Soil Science Society of America Journal*, v. 74, p. 139-52, 2010.

HALLIDAΨ, D.; RESNICK, R.; WALKER, G. *Fundamentos de física*: gravitação, ondas e termodinâmica. 6.ed. São Paulo, LTC, 2001. v. 2, p. 228.

LIBARDI, P. L. *Dinâmica da água no solo*. 2.ed. São Paulo, Edusp, 2012. p. 346.

MARTINEZ, M. A.; TIMM, L. C.; MARTINS, J. H.; FERREIRA, P. A. Efeito da textura do solo sobre os parâmetros de alguns modelos matemáticos usados para estimar a curva de retenção de água no solo. *Engenharia na Agricultura*, v. 4, n. 48, p. 1-9, 1995.

MORAES, S. O. Heterogeneidade hidráulica de uma terra roxa estruturada. 1991. Tese (Doutorado) – Escola Superior de Agricultura Luiz de Queiroz, Universidade de São Paulo, Piracicaba, 1991. p. 163.

TAIZ, L.; ZEIGER, E.; MØLLER, I. M.; MURPHΨ, A. *Fisiologia e desenvolvimento vegetal*. 6.ed. Porto Alegre, Artmed, 2017. p. 858.

TAΨLOR, S. A.; ASHCROFT, G. L. *Physical edaphology*: the physics of irrigated and non-irrigated soils. New Ψork, W. H. Freeman & Company, 1972. p. 533.

TIMM, L. C.; MARTINEZ, M. A.; FERREIRA, P. A.; MARTINS, J. H. Avaliação de alguns modelos matemáticos para a determinação da condutividade hidráulica de solos não saturados. *Engenharia na Agricultura*, v. 4, n. 44, p. 1-13, 1995.

TSCHAPEK, M. Criteria for determining the hydrophilicity-hydrophobicity of soil. *Z. Pflanze-nernaer. Bodenkunde*, v. 147, p. 137-49, 1984.

VAN GENUCHTEN, M. Th. A closed-form equation for predicting the conductivity of unsaturated soils. *Soil Science Society of America Journal*, v. 44, p. 892-8, 1980.

VAN WΨLEN, G. J.; SONNTAG, R. E.; BORGNAKKE, C. *Fundamentals of classical thermodynamics*. 4.ed. New Ψork, John Willey, 1994. p. 852.

VILLAGRA, M. M.; MATSUMOTO, O. M.; BACCHI, O. O. S.; MORAES, S. O.; LIBARDI, P. L.; REICHARDT, K. Tensiometria e variabilidade espacial em terra roxa estruturada. *Revista Brasileira de Ciência do Solo*, v. 12, p. 205-10, 1988.

WOCHE, S. K.; GOEBEL, M. O.; KIRKHAM, M. B.; HORTON, R.; VAN DER PLOEG, R. R.; BACHMANN, J. Contact angle of soils as affected by depth, texture, and land management. *European Journal of Soil Science*, v. 56, p. 239-51, 2005.

ZEMANSKΨ, M. W. *Calor e transferência*. 5.ed. Rio de Janeiro: Guanabara Dois, 1978. p. 593.

7

Equipamentos utilizados na medida do conteúdo e da energia da água no solo

A importância dos conceitos de potencial da água e do teor de água no solo requerem medidas confiáveis tanto em laboratório como no campo. Este capítulo explora essa questão.

MEDIDAS DO POTENCIAL DA ÁGUA NO SOLO

Há uma série de instrumentos empregados na determinação do **potencial da água no solo**, os quais nos fornecem uma ou mais componentes, dependendo do tipo de instrumento.

Como já vimos, o potencial gravitacional é medido diretamente com o auxílio de uma régua, já que ele depende apenas da posição relativa da água no campo gravitacional terrestre.

Os potenciais de pressão e matricial aparecem apenas quando o solo está sujeito a uma carga hidráulica ou a uma sucção e essas também são proporcionais à altura de uma coluna de fluido.

O potencial osmótico pode ser estimado pela concentração da solução do solo, como vimos. Sérias dificuldades são encontradas na determinação da concentração salina da água do solo. Do ponto de vista macroscópico, ela pode ser considerada constante, mas, microscopicamente, varia muito por causa dos fenômenos de adsorção. No Capítulo 9, sobre solução do solo, o assunto será abordado em detalhe. Na prática, como a concentração salina da água do solo, em geral, varia pouco de ponto para ponto, o potencial osmótico é desprezado. Assim, na maioria dos problemas de Física de Solos, o potencial total é considerado apenas a soma do potencial gravitacional e o matricial, isso sob condições isotérmicas e isobáricas. Daí a importância da medida do potencial matricial da água do solo.

Funil de placa porosa

O **funil de placa porosa** está esquematizado na Figura 1. Consiste em uma placa porosa adaptada a um funil. A placa porosa encontra-se saturada, sendo constituída de poros de dimensões tais que a sucção h aplicada não é suficiente para retirar a água de seus diminutos poros. Essas placas e outros materiais cerâmicos porosos são fabricados com diferentes granulometrias. Elas se comportam como um solo artificial de porosidade bem homogênea. Assim, encontram-se placas e cápsulas cerâmicas de 0,5; 1; 3; 5; 15 atm, o que significa que esses materiais permanecem saturados até as sucções (ou pressões) indicadas. Para baixas sucções, de 50-500 cmH$_2$O (0,05-0,5 atm), geralmente são utilizados funis.

Na condição da Figura 1, a água dos poros da placa (apesar de saturada) encontra-se sob sucção ou tensão de –h cmH$_2$O. Se a amostra de solo tiver um bom contato com a placa, na condição de equilíbrio, o potencial matricial do solo Ψ_m será –h. Em relação ao potencial gravitacional, considera-se, no caso, a espessura da placa e a altura da amostra desprezíveis, isto é, h >> z.

Os funis de placa porosa são usados para fazer curvas de retenção de água na faixa bem úmida do solo. Depois de colocar a amostra de solo em contato com a placa, eleva-se a vasilha de água livre até o nível superior da placa. Nessas condições h = 0 e o solo se satura. Pode-se, assim, determinar θ_s, logicamente, depois de atingido o equilíbrio. Em seguida, abaixa-se a vasilha para um h preestabelecido, digamos h = 30 cm. No equilíbrio, o solo terá Ψ_m = –h = –30 cmH$_2$O. Nessa condição, determina-se o novo θ que, logicamente, será menor que θ_s. Pelo que vimos anteriormente, esvaziam-se os poros do solo cujo diâmetro é maior que o diâmetro de um poro com potencial –30 cmH$_2$O. Abaixando a vasilha para um novo h, digamos 60 cm, teremos no equilíbrio Ψ_m = –60 cmH$_2$O e um novo valor de θ. Procede-se da mesma forma para diversos valores de h, medindo os respectivos valores de θ, até chegar próximo ao limite de trabalho da placa. Se o limite for ultrapassado, esvaziam-se alguns poros da placa e o ar começa a entrar na câmara abaixo da placa, fazendo a coluna de água se romper, e o aparelho deixa de funcionar.

O procedimento visto anteriormente, apesar de simples, implica uma série de problemas que o operador aprende apenas na prática. Os principais são:

1. O contato entre a amostra de solo e a placa é bom?
2. Deve-se usar amostras deformadas ou indeformadas?
3. Como evitar perdas de água por evaporação?
4. Manter a temperatura do laboratório razoavelmente constante?
5. Deve-se usar a mesma amostra para cada ponto (potencial) ou não?
6. Qual o número ideal de repetições?
7. A histerese é desprezível?
8. Etc.

Tensiômetro de mercúrio

O tensiômetro de mercúrio consiste em uma cápsula de cerâmica em contato com o solo, ligada a um manômetro, por meio de um tubo de PVC completamente cheio de água, como indica a Figura 2. Ele, na verdade, não é muito diferente do funil de placa porosa visto no item anterior. Imagine apenas a placa plana transformada em uma cápsula, invertendo as posições, isto é, a cápsula desce e é introduzida no solo e a vasilha sobe acima da superfície do solo. A simples inversão implicaria pressões positivas na cápsula, mas isso é contornado pela construção própria, vista a seguir. No tensiômetro, a água não fica em contato direto com a pressão atmosférica, como no caso do funil. Ele é hermeticamente fechado e a P_{atm} atua apenas por meio do manômetro de mercúrio.

Quando instalado no solo, a água do tensiômetro entra em contato com a água do solo através dos poros da cápsula porosa e o equilíbrio tende a se estabelecer. De início, isto é, antes de colocar o instrumento em contato com o solo, sua água está à pressão

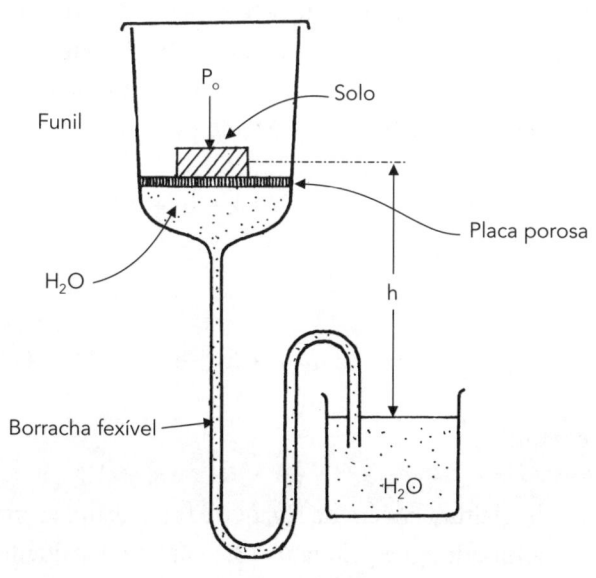

FIGURA 1 Funil de placa porosa.

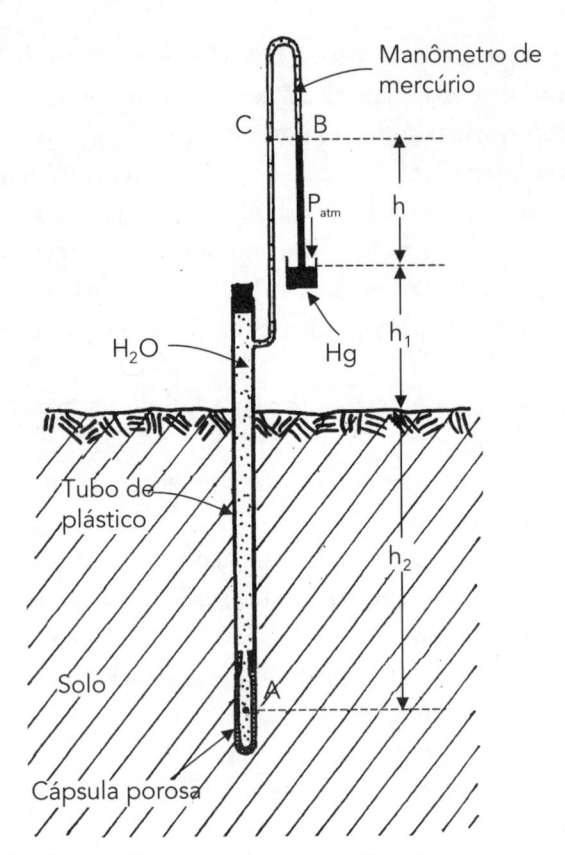

FIGURA 2 Esquema de um tensiômetro.

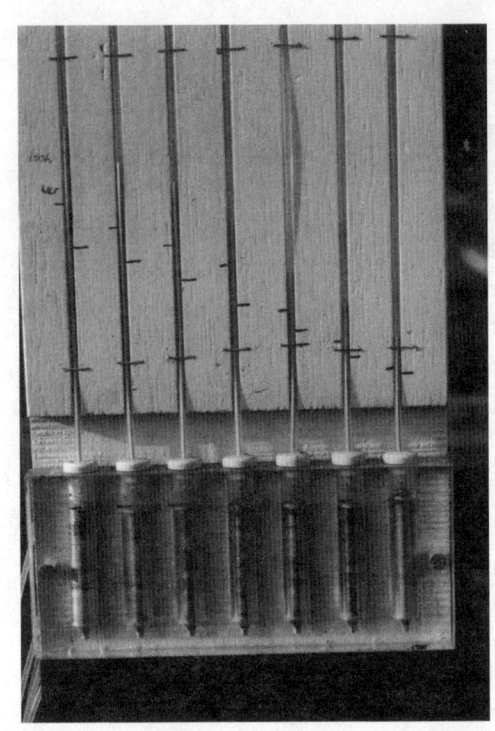

FIGURA 3 Manômetros de mercúrio de uma bateria de tensiômetros instalados a várias profundidades.

atmosférica. A água do solo, que, em geral, está sob pressões subatmosféricas, exerce uma sucção sobre o instrumento e dele retira certa quantidade de água, causando queda na pressão hidrostática dentro do instrumento. Estabelecido o equilíbrio, o potencial da água dentro da cápsula do tensiômetro é igual ao potencial da água no solo em torno da cápsula Ψ_m e o fluxo de água cessa. A diferença de pressão é indicada por um manômetro, que pode ser um simples tubo em U com água ou mercúrio, ou um indicador mecânico ou eletrônico. O tensiômetro permanece no solo por longo tempo, e, como a cápsula porosa é permeável à água e aos sais, a água no tensiômetro fica com a "mesma" composição e concentração da água do solo. A diferença de pressão não indica, portanto, o potencial osmótico. Recomenda-se, por isso, ao enchê-lo na hora da instalação, usar água da torneira, desde que razoavelmente pura. Em projetos de irrigação, utilizar a própria água de irrigação. A título de ilustração, a Figura 3 mostra uma bateria de cubas de tensiômetros de mercúrio instalados a várias profundidades.

Na Figura 2, a leitura do tensiômetro é $-h$ cmHg, feita com uma régua milimetrada. Essa leitura corresponde à tensão da água do ponto B do tensiômetro. Como estamos interessados no potencial do ponto A ("ponto no qual o tensiômetro foi colocado no solo"), precisamos descontar a carga positiva da coluna da água entre A e B, que é a altura de água de C para A, ou igual a $h + h_1 + h_2$ cmH$_2$O. As pressões dos ramos da alça do tubo acima de B e C se anulam. Assim, o potencial matricial em A, em unidade de carga hidráulica (cmH$_2$O), é dado por:

$$\Psi_m(A) = -13{,}6 \times h + h + h_1 + h_2$$

ou

$$\Psi_m(A) = -12{,}6 \times h + h_1 + h_2 \qquad (1)$$

em que:

- h = leitura em cm de Hg, que é transformada em altura de água pelo fator 13,6, que é a densidade do mercúrio;

- h_1 = altura da cuba do manômetro com relação à superfície do solo;
- h_2 = profundidade média da cápsula porosa em relação à superfície do solo.

Exemplo: No esquema da Figura 4 encontram-se dois tensiômetros em equilíbrio com o solo ao redor da cápsula.

- Tensiômetro A:

$$\Psi_m(A) = -12{,}6 \times 35{,}5 + 40 + 30$$
$$= -377{,}3 \text{ cmH}_2\text{O} = -36{,}5 \text{ kPa}$$

- Tensiômetro B:

$$\Psi_m(B) = -12{,}6 \times 26{,}2 + 30 + 60$$
$$= -240{,}1 \text{ cmH}_2\text{O} = -23{,}2 \text{ kPa}$$

O potencial total Ψ, nos dois pontos, tomando como referência gravitacional a superfície do solo será:

$$\Psi(A) = \Psi_m(A) + \Psi_g(A) = -377{,}3 - 30$$
$$= -407{,}3 \text{ cmH}_2\text{O}$$

$$\Psi(B) = \Psi_m(B) + \Psi_g(B) = -240{,}1 - 60$$
$$= -300{,}1 \text{ cmH}_2\text{O}$$

Conclui-se, portanto, que $\Psi_A < \Psi_B$ e que há movimento ascendente de água no perfil em consideração. Em situações em que $\Psi_A = \Psi_B$, a água do solo está em equilíbrio e quando $\Psi_A > \Psi_B$ o perfil está sob drenagem e pode haver lixiviação de solutos.

A medida do potencial matricial por tensiômetro é, em geral, limitada para valores menores que 1 atm. Isso porque o manômetro mede pressões manométricas (vácuo) com relação à pressão atmosférica externa. Quando a tensão atinge valores altos, próximos a 1 atm, aparecem bolhas de ar (fenômeno de cavitação) que interferem no equilíbrio, chegando até a romper a coluna de água. Esse processo é minimizado com o emprego de água desaerada no enchimento dos tensiômetros e procedendo à operação de fluxagem de tempos em tempos. A **fluxagem de tensiômetro** é a operação que força um fluxo de água pelo tubo manométrico, eliminando as bolhas de ar.

Na prática, o intervalo de uso do tensiômetro é de $\Psi_m = 0$ (saturação) e $\Psi_m = -0{,}8$ atm, aproximadamente. Esse intervalo de potencial limitado, mensurável pelo tensiômetro, não é tão limitado como parece. Ele é uma parte pequena do intervalo total de potenciais, mas, no campo, cobre o principal intervalo de umidade do solo de importância em práticas agrícolas. Cabe ressaltar que o uso de tensiômetros de mercúrio tem sido bastante limitado (ou até proibido) na prática em função de questões ambientais relacionadas à poluição com mercúrio. Mas, como já dissemos, são muito comuns tensiômetros desse tipo, mas com manômetros mecânicos ou digitais, muito utilizados em projetos de irrigação. Muitos sistemas são até automatizados para ligar e desligar a irrigação sob o comando desses tensiômetros. Além disso, a maioria dos trabalhos científicos dos anos 1950 até 2000 nas áreas de Física de Solos e irrigação ligados à água no solo utilizaram tensiômetros de mercúrio.

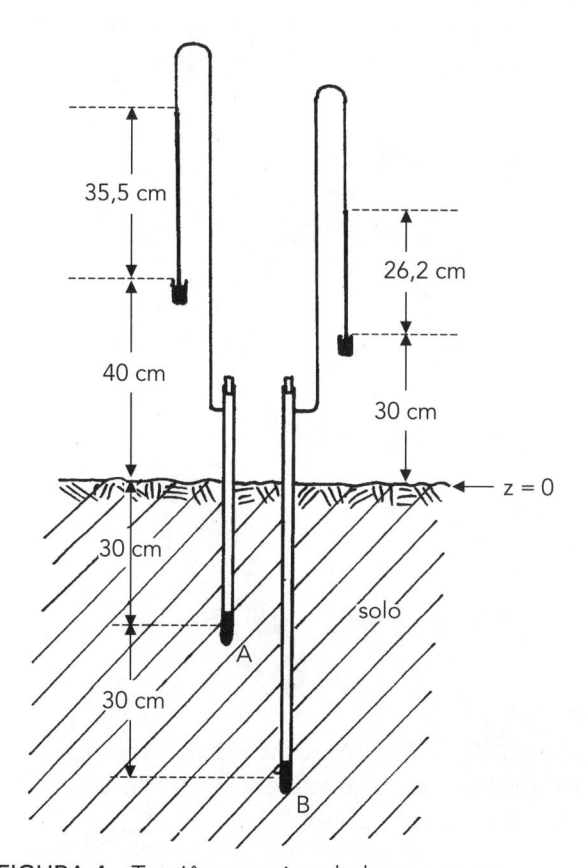

FIGURA 4 Tensiômetros instalados no campo.

Tensiômetro de polímero

Os **tensiômetros de polímero** (Figura 5) foram desenvolvidos também pelas restrições do uso do mercúrio, mas principalmente para ampliar seu intervalo de medidas, como veremos a seguir. São dispositivos desenvolvidos por Bakker et al. (2007) na Universidade de Wageningen, na Holanda. Esse tensiômetro é composto basicamente por um disco de cerâmica maciço, um revestimento de aço inoxidável onde fica alocado um polímero (de grande capacidade de expansão ao receber água e de retração ao perder água) e um transdutor de pressão (para medir as variações de pressão devidas às entradas e saídas de água através do disco de cerâmica) com um sensor de temperatura (Figura 5). Os sensores estão ligados a um armazenador de dados individual (*datalogger*) e os dados são coletados a cada 15 minutos. Mais detalhes podem ser encontrados em Bakker et al. (2007).

O reservatório preenchido com água dos tensiômetros comuns limita a sua aplicação a potenciais matriciais de água no solo acima de aproximadamente −0,08 MPa ou 0,8 atm. Já os tensiômetros preenchidos com polímeros são capazes de mensurar um intervalo bem maior de potenciais de água no solo, sendo apenas menos precisos perto da saturação. De acordo com Durigon et al. (2011) e Durigon e de Jong Van Lier (2011), esse tensiômetro tem capacidade de medir a tensão de água retida no solo ou potencial matricial (h) desde próximo à saturação até o ponto em que h = −200 m, ultrapassando a tensão de água no ponto de murcha permanente (em torno de h = −150 m). Desse modo, este equipamento vem como uma alternativa eficiente para a realização de medidas de h.

Recentemente a categoria de sensores baseados em leitura de resistência elétrica do solo (Figura 6) também tem sido utilizada para o monitoramento da tensão da água no solo. Os valores de resistência são transformados em leituras de tensão da água por meio de uma equação de calibração inserida em um medidor digital (*datalogger*) que possibilita o armazenamento de dados individuais de tensão. Sua faixa de operação é de 0-200 centibars (200 kPa), e são comercialmente denominados de Watermark®.

Membrana (ou placa) de pressão

O aparelho de membrana ou **placa de pressão de Richards** encontra-se esquematizado na Figura 7. Ele complementa o funil de placa porosa, pois opera bem desde valores de potencial próximos à saturação até 15 atm ou mais. Ao contrário da placa porosa que retira a água do solo por sucção, este trabalho opera com pressões positivas aplicadas ao solo.

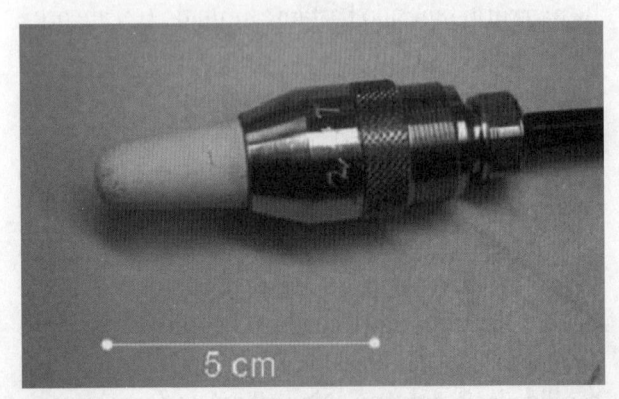

FIGURA 5 Tensiômetro de polímero.
Fonte: Durigon e de Jong Van Lier (2011).

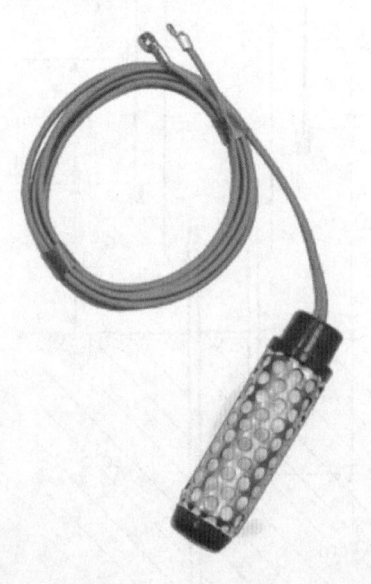

FIGURA 6 Sensor (Watermark®) de determinação da tensão de água no solo baseado em leitura de resistência elétrica do solo.
Fonte: https://www.soilcontrol.com.br/produto/149870/sensor-de-umidade-watermark.aspx .

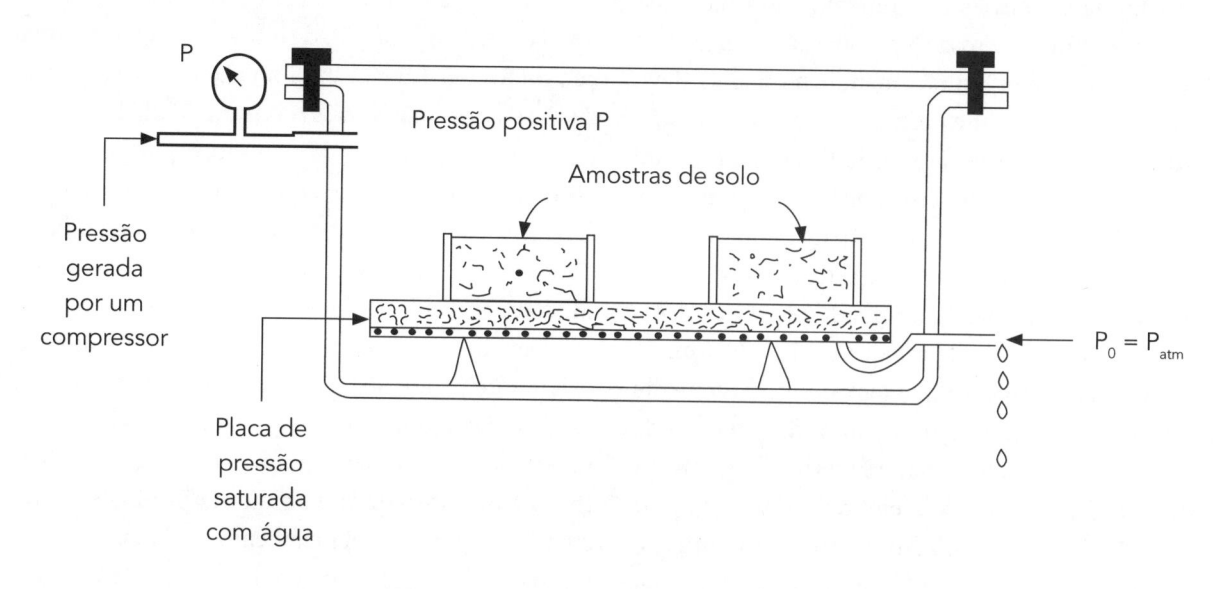

FIGURA 7 Esquema do aparelho de membrana de pressão.

Esse aparelho consiste em síntese, em uma câmara de pressão ligada à atmosfera por intermédio de uma placa (ou membrana de celofane), sobre a qual é colocada a amostra do solo. O arranjo instrumental é tal que a parte inferior à placa encontra-se continuamente sob pressão atmosférica $P_o = 0$. Nesse equipamento a água do solo é retirada por pressão, o que é uma vantagem, pois pode-se alcançar altos valores de pressão, 15 atm (1,5 MPa) ou mais.

A amostra é disposta sobre a placa que já está saturada e o solo é saturado com água por um período de 24 horas. Em seguida, aplica-se uma pressão P_i à câmara (0,1-2 atm para um tipo de membrana ou placa porosa e de 1-20 atm para outro). Em virtude da pressão aplicada, a água é retirada do solo até que o equilíbrio se estabeleça e, nessas condições, o solo terá um teor de água θ retido a um potencial matricial Ψ_m equivalente à pressão aplicada. Na condição de equilíbrio:

$$\Psi_m \text{ (solo)} = P_i$$

e a leitura do manômetro já fornece diretamente o potencial matricial da água do solo naquela condição de equilíbrio. A operação é repetida para tantos valores de P_i necessários para obter uma boa **curva de retenção de água**. Como a relação Ψ_m versus θ é exponencial, fixa-se mais valores de P_i na faixa úmida e valores mais espaçados na faixa seca. Um exemplo de escolhas para P_i é: 0; 0,06; 0,1; 0,33 (1/3 de atm, que é a clássica capacidade de campo CC – ver Capítulos 14 e 16); 0,5; 1; 3; 5 e 15 atm (este último é o clássico ponto de murcha permanente PMP, – ver Capítulo 16). Um exemplo típico é dado no Quadro 1.

QUADRO 1 Valores obtidos de potencial matricial Ψ_m e umidade do solo θ na membrana de pressão em uma amostra de solo

$P_i = \Psi_m$ (atm)	log Ψ_m	θ (m³ · m⁻³)
0 (saturação)	$-\infty$	0,575
0,06	$-1,221$	0,551
0,1	-1	0,530
0,33 (CC)	$-0,418$	0,415
0,5	$-0,301$	0,399
1	0	0,380
3	0,477	0,362
5	0,699	0,355
15 (PMP)	1,176	0,351

Como se vê, enquanto θ varia de 0,575 (saturação) a 0,351 m³ · m⁻³, o Ψ_m varia exponencialmente entre 0-15 atm. Por isso, ao apresentar os dados em gráfico, utiliza-se o log $|\Psi_m|$. Como o log 0 = não existe, esse ponto não entra no gráfico.

A limitação desses instrumentos está na placa ou na membrana porosa. No intervalo de pressões P_i utilizado, a membrana (quando molhada) deve ser impermeável ao ar e permeável à água. Ela é impermeável ao ar porque a pressão P_i não é suficiente para eliminar a água de seus capilares. Há dois tipos de aparelhos: um denominado "panela de pressão", para pressões $0 < P_i < 2$ atm, e outro com placa de alta microporosidade, denominado placa ou membrana de Richards, para pressões $1 < P_i < 20$ atm.

Outro equipamento que tem sido recentemente usado para determinação da curva de retenção da água no solo é o denominado Hyprop® (Figuras 8A e 8B), comercializado pela empresa Meter (https://www.metergroup.com/environment/products/hyprop-2/). Resumidamente, ele consiste em avaliar a massa do solo e o potencial matricial em amostras de solo durante o processo de secamento causado pela evaporação da água contida nessa amostra. O sistema também possibilita, por meio da instalação de dois minitensiômetros em duas profundidades da amostra de solo, a determinação da densidade de fluxo de água no solo desde que a aplicação da **equação de Richards** (será vista no Capítulo 8) seja válida. Dessa forma, a função condutividade hidráulica do solo em condições de não saturação poderá ser obtida. Acompanha o equipamento um *software* (Hyprop-DES) que fornece ao usuário a escolha de 7 modelos de curva de retenção de água no solo e 4 funções de condutividade hidráulica.

Devido à limitação prática do uso de tensiômetros já anteriormente mencionada, o Hyprop tem sido usado em conjunto com o equipamento WP4® (Figura 9), também comercializado pela empresa Meter (https://metergroup.com.br/agraria/produtos/wp4c), cujo princípio de funcionamento se baseia no equilíbrio da água na fase líquida de uma amostra de solo com a água na fase de vapor no espaço aéreo acima da amostra de solo em uma câmara selada. No interior dessa câmara a temperatura do ponto de orvalho do ar úmido é medida em um espelho resfriado por meio de um sensor térmico e a temperatura da amostra por

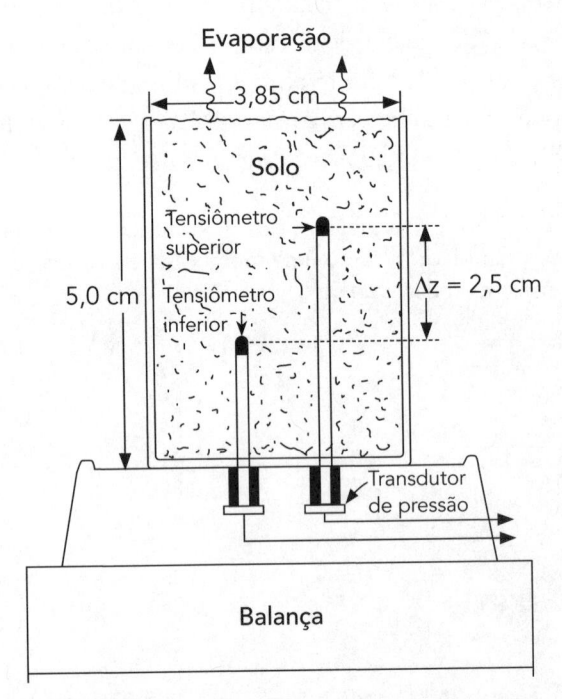

FIGURA 8A Esquema mostrando a configuração de um equipamento Hyprop® para determinação da curva de retenção da água no solo e da condutividade hidráulica do solo em condições de saturação e não saturação.

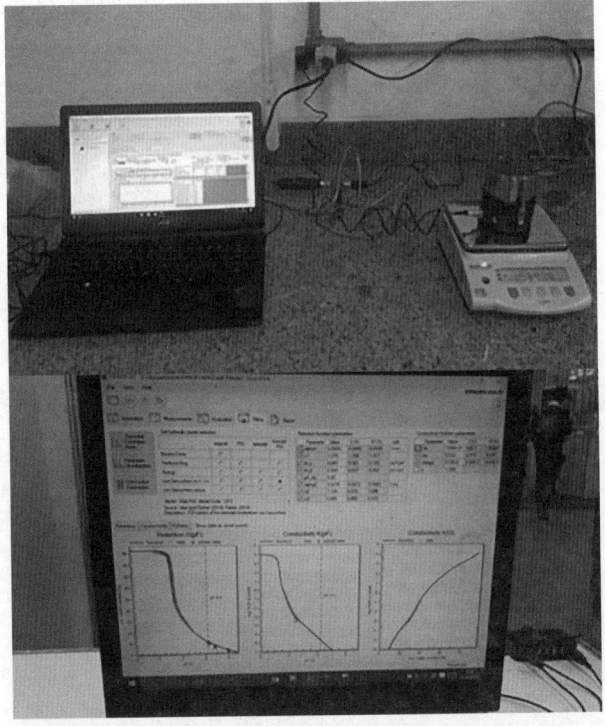

FIGURA 8B Equipamento Hyprop® usado para determinação da curva de retenção da água no solo e da condutividade hidráulica do solo em condições de saturação e não saturação.

um termômetro infravermelho. Esses dois valores de temperatura são usados para calcular a pressão parcial atual de vapor (e_a) e na saturação (e_s) já definidas no Capítulo 5. De posse dos valores de e_a e e_s, calcula-se a umidade relativa UR (Equação 8 – Capítulo 5), sendo o potencial da água no solo calculado pela Equação 7 do Capítulo 6. O WP4® é recomendado para a determinação do conteúdo de água retido em potenciais de água no solo na faixa de solo mais seco (potenciais menores), sendo que Gubiane et al. (2013) recomendam seu uso para determinação dos potenciais de água no solo menores que –0,70 MPa (–70 mca).

Psicrômetro de solo

Medidas do potencial da água do solo com **psicrômetro de solo** estão ligadas à Equação 7 do capítulo anterior. Esta nos diz que o potencial da água do solo é proporcional ao logaritmo natural da umidade relativa do ar do solo (obtida por técnicas psicrométricas). A ideia de medir o potencial da água do solo mediante sua umidade relativa não é muito recente. A principal dificuldade da medida é técnica. A umidade relativa do ar do solo, quando saturado a 20°C, é 100% e seu potencial é zero. Para um solo no qual a água se encontra com um potencial matricial de –15 atm (–1,5 MPa), o que corresponderia ao ponto de murcha permanente (PMP), a umidade relativa é de 98,88% a 20°C. Nota-se daí que, do ponto de vista agronômico, o intervalo útil de umidades relativas situa-se entre 99-100%. Daí as dificuldades técnicas.

Um psicrômetro de solo acha-se esquematizado na Figura 10. O princípio de funcionamento é o mesmo dos psicrômetros usados para medida de umidade relativa do ar atmosférico, descrito no Capítulo 5. A depressão psicrométrica $t - t_u$ é medida com um par termoelétrico, e a tensão de vapor é calculada pela Equação 10 do Capítulo 5.

Para fazer uma mensuração deve-se, de início, medir a temperatura t do ar do solo com o par termoelétrico do psicrômetro e outro de referência colocado em recipiente com gelo fundente a 0°C, que não é mostrado na Figura 11. Essa temperatura corresponde à temperatura de bulbo seco (t). Em seguida, passa-se uma corrente pelo mesmo par, de intensidade e sentido apropriados, de tal forma que o par se resfrie pelo **efeito Peltier**. Esse resfriamento, de cerca de 10 segundos, provoca a condensação de água do ar sobre o par. Cessando a corrente, o par perde água por evaporação e passa a funcionar como bulbo úmido; nesse instante, mede-se t_u. Dessa forma, t e t_u são medidos com o mesmo par. Calculada a umidade relativa pela Equação 8 (Capítulo 5), o potencial da água do solo é calculado pela Equação 7 (Capítulo 6). A umidade relativa é muito sensível a

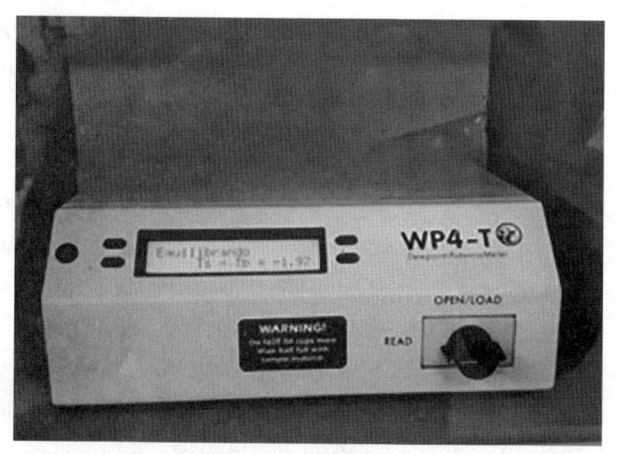

FIGURA 9 Equipamento WP4® usado para determinação da curva de retenção da água no solo.

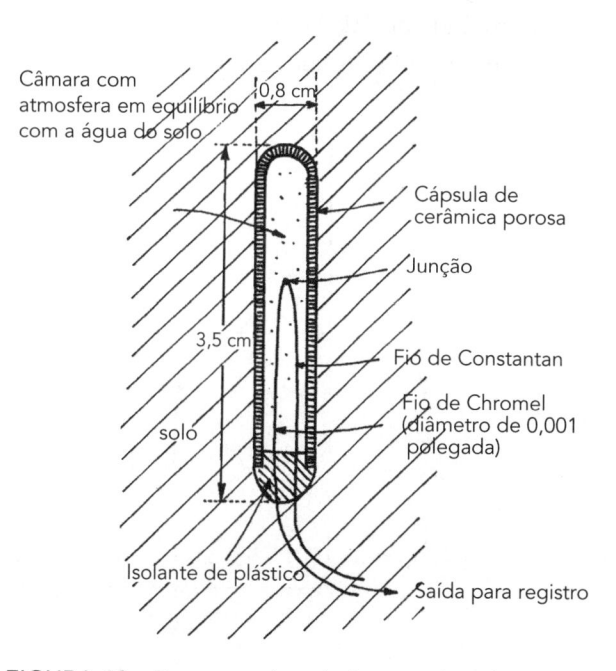

FIGURA 10 Esquema de psicrômetro de solo.

variações de temperatura, mas, se as medidas de t e t_u forem feitas rapidamente, não é necessário o controle da temperatura. A Figura 11 ilustra a medida necessária da depressão psicrométrica.

Nesta figura, vemos que, de um tempo arbitrário 0 até t_1 (5 segundos), a temperatura permanece constante e igual a T. No instante t_1, força-se a passagem da corrente pelo par, e pelo efeito Peltier a temperatura é mantida a um valor mais baixo, até o instante t_2 ($t_2 - t_1 \cong 10$ segundos). Desligada a corrente em t_2, o par perde água por evaporação a uma taxa constante e a temperatura mantém-se em T_u ($t_3 - t_2 \cong 10$ segundos). Para tempos maiores que t_3, a taxa de evaporação diminui até que em t_4 ela cessa (toda a água condensada foi evaporada). Como se vê, em pouco mais de 30 segundos pode-se fazer a medida. Há, também, instrumentos semelhantes para medida do potencial da água na folha.

É importante mencionar que essas medidas psicrométricas são de difícil execução. Raros são os laboratórios que possuem esse equipamento e obtêm resultados consistentes.

MEDIDAS DA DENSIDADE E DA UMIDADE DO SOLO

A **umidade do solo** já foi definida no Capítulo 3 pelas Equações 14 e 15, que representam, respectivamente, a umidade do solo à base de massa e a umidade do solo à base de volume θ. É oportuno relembrar, neste momento, que $\theta = u \cdot d_s$, em que d_s é a **densidade do solo**, definida pela Equação 11 do Capítulo 3.

Densidade do solo d_s

A densidade do solo pode ser determinada por qualquer processo que nos permita determinar a massa de material sólido m_s contida em um volume V de solo. Dois métodos são os mais comuns (Figura 12). O primeiro, denominado método do anel volumétrico (a), consiste na introdução de um cilindro no solo (cilindro de Uhland), que possui um volume V; depois de retirado do solo, corta-se o excesso de solo nas extremidades a fim de ter certeza de que o solo ocupa o volume V; leva-se o conjunto a uma estufa a 105°C, por 48 horas ou até peso constante, determina-se m_s e calcula-se d_s. Os diâmetros e as alturas dos anéis mais utilizados variam entre 3-10 cm. O segundo método, torrão parafinado (b), consiste na coleta de torrões de volume variável (massa seca de 50-200 g), que são secos ao ar. Em seguida, os torrões são imersos em parafina líquida para que sejam cobertos por uma camada impermeável, e o volume V dos torrões é determinado por seu empuxo quando imersos em água. O volume da parafina geralmente não é desprezível e deve ser determinado

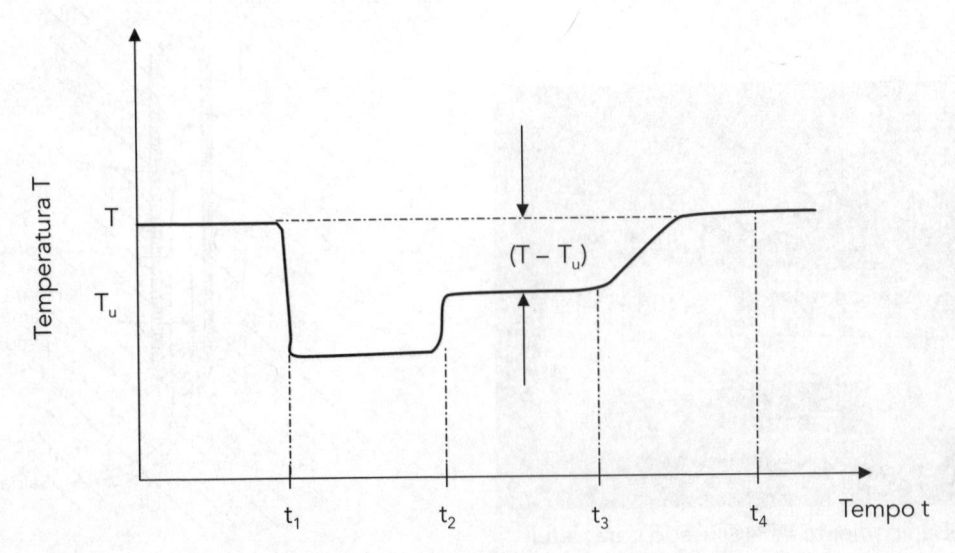

FIGURA 11 Variação da temperatura em função do tempo, no psicrômetro de solo.

por seu peso e densidade. No Capítulo 3, dá-se um exemplo numérico. A umidade residual precisa ser descontada. Para evitar isso, e se o solo permitir, o melhor é usar torrões secos em estufa. Detalhes dessas metodologias podem ser encontrados em Teixeira et al. (2017).

Outros métodos mais sofisticados de determinação da densidade do solo baseiam-se na interação de um **feixe de radiação gama** com a matéria. Como fontes de radiação gama têm sido utilizadas fontes de ^{60}Co, ^{137}Cs e ^{241}Am, de atividades variando de poucos mCi até 300 mCi (1 mCi = 3,7 × 10^7 Bq e 1 Bq = 1 desintegração/s). Dois princípios são usados nessas medidas: a absorção e o espalhamento da radiação gama pela matéria. Se introduzirmos no solo um conjunto, como o indicado na Figura 13, que é uma sonda-gama de profundidade para a determinação da densidade do solo, a radiação gama emitida pela fonte não consegue atravessar a barreira de chumbo diretamente e alcançar o detector de radiação.

Por outro lado, a radiação que penetra no solo é espalhada pelo efeito Compton em todas as direções, e o número de radiações espalhadas que atinge o detector é proporcional à densidade atual do solo (incluindo água). Um aparelho dessa natureza deve ser calibrado (de forma empírica) para cada tipo de solo.

Há também **sondas gama-nêutron de superfície** que são empregadas para medida da densidade e da umidade do solo, para camadas superficiais, no máximo até 30 cm de profundidade. Cássaro et al. (2000) fizeram uso dessas sondas para diagnosticar camadas compactadas no intervalo z = 0 a z = 30 cm. Tominaga et al. (2002) estudaram variações da umidade do solo na camada 0-15 cm, em cultura de cana com queima e com palha na superfície do solo. A mesma sonda de superfície foi utilizada por Dourado-Neto et al. (1999) para estudar as relações entre umidade e temperatura do solo, no mesmo experimento de cultura de cana. Timm et al. (2006) avaliaram a estrutura de variabilidade espacial e temporal de dados de densidade do solo e umidade ao longo de uma transeção de 200 m em um cafezal, fazendo uso da mesma sonda de superfície.

Em laboratório pode-se produzir um feixe colimado de **radiação gama**, como indica a Figura 14. Nesse caso, a absorção do feixe de intensidade I_o (antes de atravessar o solo) é proporcional à densidade do solo d_s, à umidade θ e à espessura da amostra do solo x. O princípio que rege a absorção ou a **atenuação da radiação é a lei de Beer**, dada pela Equação 2:

$$I = I_o \exp - [(\mu_s d_s + \mu_a \theta)x] \qquad (2)$$

em que I é a intensidade do feixe emergente e μ_s é um coeficiente denominado coeficiente de absorção

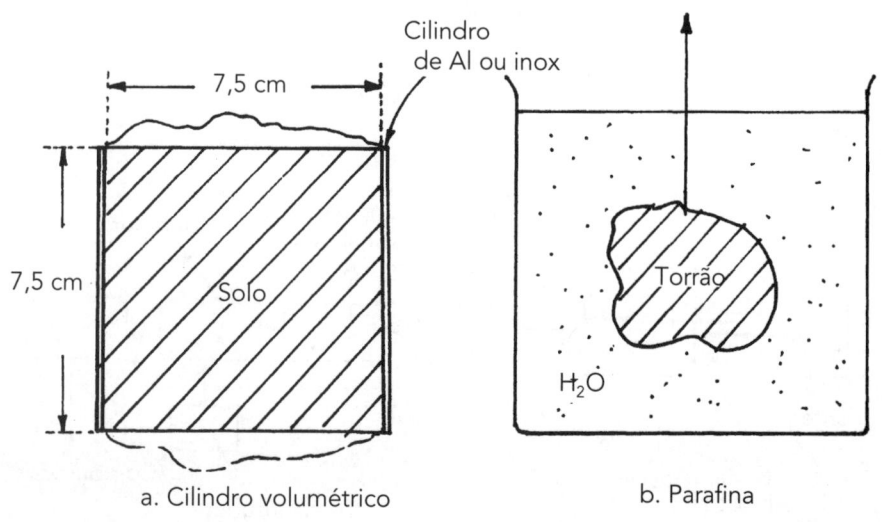

FIGURA 12 Métodos clássicos de determinação da densidade do solo: método do anel volumétrico (a) e método do torrão parafinado (b).

de massa do solo e μ_a da água. Para solo seco e para radiações gama de energia 661 keV (^{137}Cs), seu valor é praticamente independente do tipo de solo, sendo de cerca de 0,07 cm^2 . g^{-1}.

Para fazer uma medida de d_s, toma-se uma amostra de solo seco em estufa a 105°C ($\theta = 0$), cuja espessura x (atravessada pelo feixe) deve ser conhecida. Faz-se uma medida de I_o sem a amostra de solo e uma medida de I com a amostra de solo. Aplicando a Equação 2, d_s pode ser imediatamente calculada. As medidas de I são obtidas em poucos minutos. A técnica como aqui é descrita parece bastante simples, mas uma série de dificuldades surge quanto à precisão, espessura da amostra, energia da radiação etc.

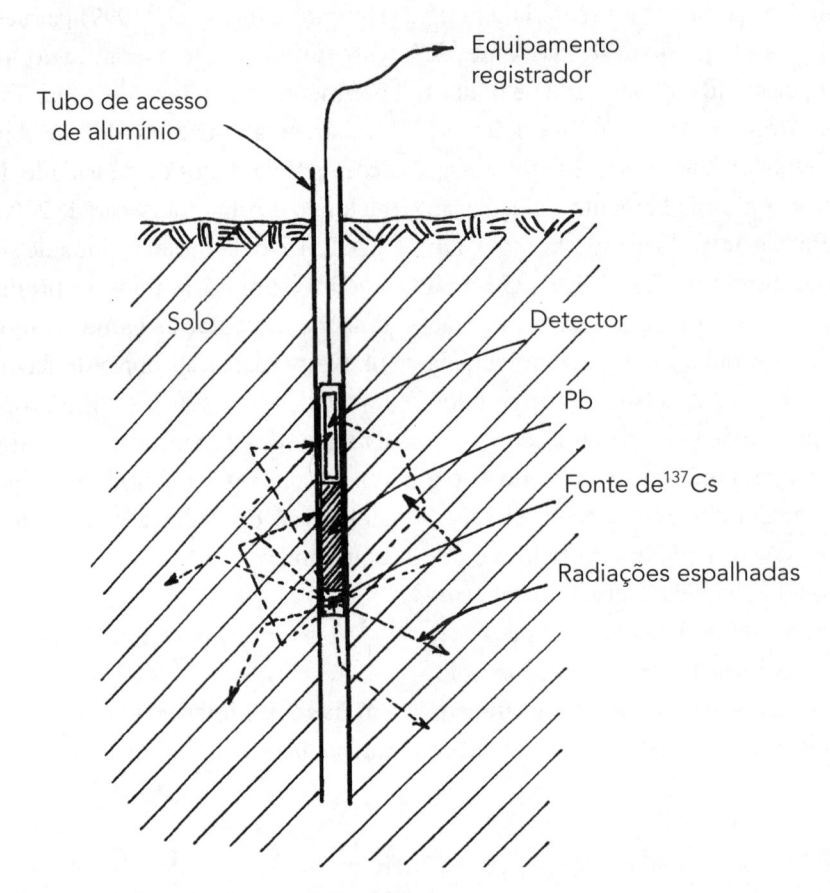

FIGURA 13 Espalhamento da radiação gama no solo.

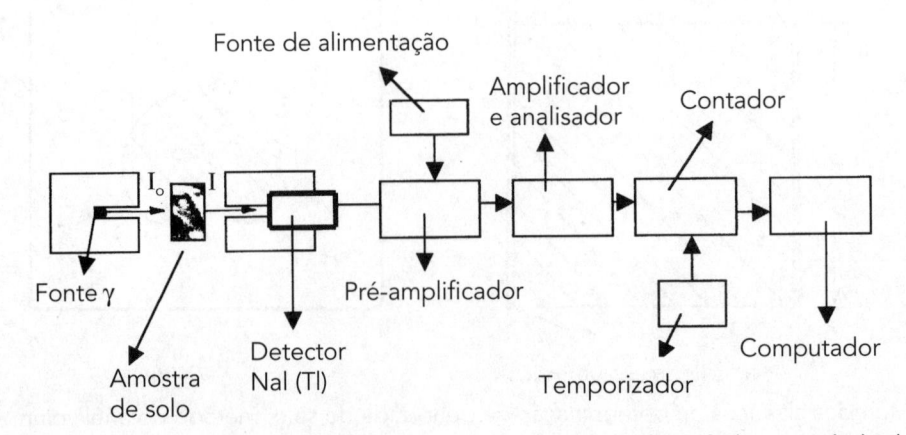

FIGURA 14 Feixe colimado de radiações gama para determinação de densidade e umidade do solo.

Umidade do solo (u e θ)

O método tradicional (gravimétrico) de medida da **umidade do solo** consiste na coleta da amostra, determinação de sua massa úmida m_u e seca m_s (em estufa a 105°C) e cálculo segundo as equações já vistas no Capítulo 3:

$$u = \frac{(m_u - m_s)}{m_s} \times 100$$

$$\theta = \left[\frac{(m_u - m_s)}{m_s} \times d_s\right] \times 100$$

Para medida de u, a amostra pode ser deformada, sendo o mais comum o uso de trados. Para a determinação de θ, o mais comum é utilizar os mesmos cilindros volumétricos empregados para determinação de d_s. Reichardt (1987) fornece detalhes sobre critérios de medida da umidade, discutindo, também, formas de amostragem, número de repetições etc.

Outra forma de determinar a umidade do solo é por instrumentos ou **blocos de resistência elétrica**, cuja resistência elétrica varia com a umidade. A resistência elétrica de um elemento de volume de solo não depende apenas de sua umidade, mas também de sua composição, textura e concentração de sais na solução do solo. Por outro lado, a resistência elétrica de um corpo poroso colocado no solo e em equilíbrio com ele pode, muitas vezes, ser calibrada em função da umidade do solo. Esses instrumentos, chamados de blocos de resistência elétrica, contêm um par de eletrodos dentro de um bloco de gesso ou de náilon (ou ainda *fiberglass*).

Quando inseridos no solo, esses instrumentos tendem a entrar em equilíbrio, e, nessas condições, o potencial da água do solo é igual ao potencial da solução (de $CaSO_4$, no caso do gesso) dentro do bloco. A cada condição de equilíbrio, à qual corresponde um valor de Ψ_m ou um de θ do solo, corresponde também um valor de R (resistência elétrica entre os eletrodos). Pode-se, então, para um dado solo, correlacionar R com θ ou Ψ_m. A curva de calibração pode assim ser estabelecida. Exemplo desse tipo de instrumento para medida de Ψ_m foi anteriormente apresentado na Figura 6.

Os principais problemas dos blocos de resistência elétrica são:

a. São afetados pela histerese.
b. Contato entre bloco e solo.
c. Variação das propriedades hidráulicas do bloco com o tempo.
d. Blocos feitos de material inerte, como *fiberglass*, são altamente sensíveis a pequenas variações de concentração salina da solução do solo (para **blocos de gesso** isso não acontece, pois a solução dentro do bloco tem concentração constante e praticamente igual à de uma solução saturada de sulfato de cálcio).
e. Blocos de gesso deterioram com o tempo, dada sua solubilidade.

Em decorrência desses fatores, a determinação de θ com blocos tem limitações. Desde que todos os cuidados sejam tomados, são instrumentos que podem perfeitamente ser utilizados. Seu intervalo de trabalho estende-se a solos bem mais secos, nos quais tensiômetros deixam de funcionar. Sua principal vantagem é o fato de poderem ser conectados a registradores, possibilitando leituras contínuas no campo.

Desde a década de 1960, o método de **moderação de nêutrons**, pelo uso de **sondas de nêutrons** (Figura 15), tem sido aplicado com sucesso na determinação da umidade do solo. Quando se introduz uma fonte de nêutrons rápidos (energia em torno de 2 MeV) no solo, estes são emitidos, penetrando radialmente no solo, onde encontram vários núcleos atômicos com os quais colidem elasticamente. A perda de energia do nêutron por colisões é, em média, máxima quando ele se choca com um núcleo de massa próxima à sua. Tais núcleos são, principalmente, os de hidrogênio da água. O número de colisões necessárias para tornar um nêutron rápido (2 MeV) em lento (0,025 eV) pode ser visto no Quadro 2.

FIGURA 15 Sonda de nêutrons posicionada sobre tubo de acesso de alumínio, pronta para medidas de umidade em profundidade.

QUADRO 2 Número de colisões necessárias para um nêutron rápido ser moderado para nêutron lento, em função de diversos isótopos-alvo

Isótopo	Nº de colisões
^{1}H	18
^{2}D	25
^{4}He	43
^{7}Li	68
^{12}C	115
^{16}O	152
^{238}U	2.172

Entende-se por moderação o processo de perda de energia de nêutrons, passando de rápidos para lentos (ou moderados). Além do processo de moderação, há, ainda, o processo de captura, no qual o nêutron é capturado por um núcleo atômico, processando-se reação nuclear, cujo resultado é a formação de um isótopo estável ou radioativo. A probabilidade de captura é medida pela seção de choque e esta depende da energia do nêutron e do núcleo bombardeado pelo nêutron. Nêutrons são, ainda, partículas instáveis, desintegrando-se com uma meia-vida de 13 segundos.

Dessa forma, quando uma fonte de nêutrons rápidos é introduzida no solo, os nêutrons são moderados, capturados ou se desintegram. Por causa desses três processos, o número de nêutrons lentos em torno da fonte atinge rapidamente o equilíbrio. Na prática, verificou-se que o número de nêutrons lentos presente em torno da fonte é proporcional à concentração de hidrogênio no solo. Esses nêutrons lentos difundem-se ao acaso no solo, formando uma "nuvem" em torno da fonte. Se um detector específico para nêutrons lentos for colocado nessa nuvem, poderá ser feita uma contagem. Esses contadores específicos para nêutrons lentos são contadores de trifluoreto de boro (BF_3) e contadores com cristal de Li. Na Figura 16 é apresentado um esquema de um instrumento de moderação de nêutrons.

Esses instrumentos podem, então, ser calibrados para medida da umidade do solo θ. A Figura 17 mostra curvas de calibração típicas para diferentes densidades de solo.

De maneira geral, os principais problemas da técnica de moderação de nêutrons são: a) a nuvem de nêutrons (esfera de raio R) que representa a amostra analisada varia com a umidade do solo (aproximadamente 10 cm para solos úmidos, podendo chegar a 40 cm para solos extremamente secos); b) o equipamento não pode ser utilizado na superfície ou perto dela em virtude de seu raio de ação (há correções que podem ser feitas e mesmo instrumentos de superfície); c) de maneira geral, pode-se dizer que, para obtenção de valores absolutos de θ, os instrumentos podem trazer grande erro. Isso advém da dificuldade de calibração. Por outro lado, variações de θ que ocorrem em um perfil em razão da evaporação, drenagem etc. podem ser medidas com ótima precisão. Isso acontece porque as curvas de calibração, apesar de variarem com d_s, são retas de mesmo coeficiente angular, de tal forma que sua inclinação (coeficiente angular) d (cpm)/

dθ é constante. Assim sendo, variações de umidade podem ser medidas com precisão, mesmo no caso de o valor absoluto de θ não ser conhecido; e d) calibração difícil. Reichardt et al. (1997) discutem o problema da calibração de sondas de nêutrons em relação à variabilidade espacial de solos. A Figura 18 ilustra a operação de amostragem do solo visando à calibração da sonda de nêutrons no campo.

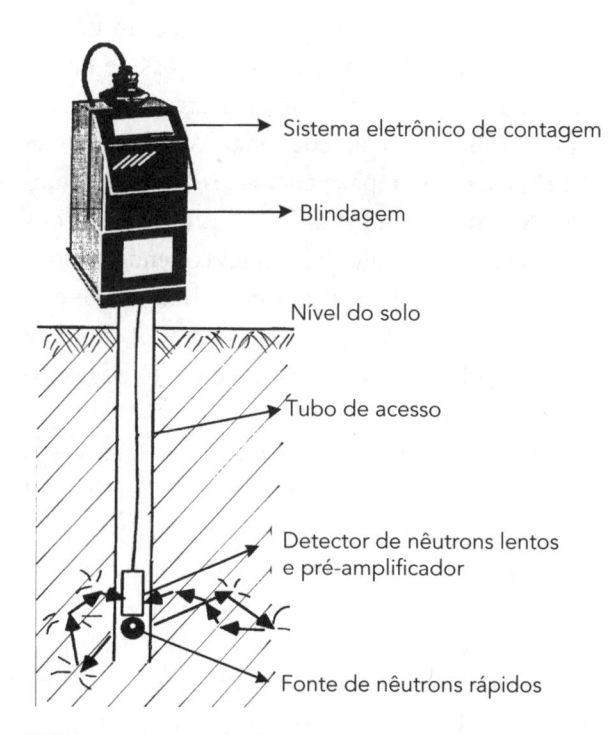

FIGURA 16 Sonda de nêutrons para medida da umidade do solo.

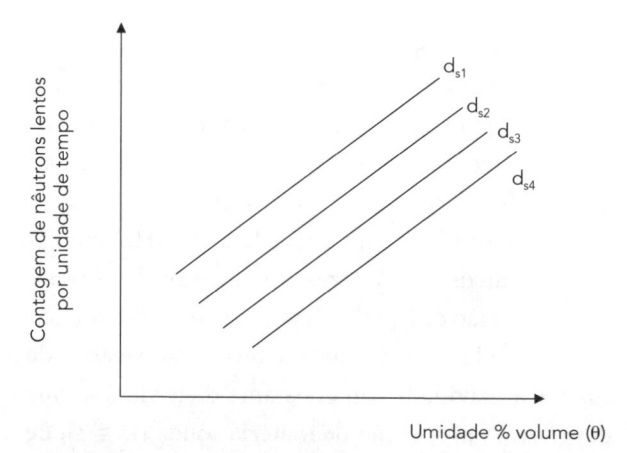

FIGURA 17 Esquema de curvas de calibração para sonda de nêutrons.
Detalhes sobre a técnica podem ser encontrados em Bacchi et al. (2002).

A grande vantagem da técnica é a possibilidade de medir variações de θ com o tempo e profundidade do solo no campo. Uma vez instalados os tubos de acesso, medidas periódicas podem ser feitas sem a perturbação do sistema (cultura, campo limpo, canteiro etc.). Essa vantagem é extremamente importante para estudos de variabilidade espacial.

Outra técnica nuclear de medida da umidade do solo θ é baseada na **atenuação da radiação gama**, já descrita pela Equação 2.

Como se nota pelo que foi exposto, para determinações em solos úmidos, tem-se uma equação, com duas incógnitas: d_s e θ. Contorna-se a situação de três formas:

1. Mede-se inicialmente d_s no solo seco e, uma vez conhecido d_s, pode-se estudar qualquer movimento de água dentro do solo pelo uso da Equação 2;

FIGURA 18 Amostragens de solo com **anel volumétrico**, feitas durante a calibração de uma sonda de nêutrons.
Fonte: figura extraída de Pires et al., 2003.

2. Quando não se está interessado na medida de d_s, mede-se I_o com a coluna de solo seco e, então, a absorção medida por I será resultante da água e a Equação 2 fica:

$$I' = I'_o \exp - (x\mu_a\theta) \qquad (2a)$$

em que I'_o é a intensidade do feixe que atravessa o solo seco; é fácil verificar, comparando 7.2 com 7.2a, que:

$$I'_o = I_o \exp - (x\mu_s d_s) \qquad (2b)$$

3. Se o feixe de radiações for composto de duas energias (p. ex., ^{137}Cs – 0,661 MeV; e ^{241}Am – 0,060 MeV), pode-se obter duas equações simultâneas do tipo 7.2 nas quais μ_s e μ_a têm valores diferentes para cada energia gama. Dessa forma, consegue-se medir simultaneamente d_s e θ em qualquer situação.

O maior problema dessa técnica é a medida exata da espessura de solo x atravessada pelo feixe de radiações. Pequenas variações em x levam a grandes erros em d_s e θ. O avanço mais recente nessa área é a introdução da **tomografia computadorizada** em ciência do solo, que praticamente eliminou a necessidade da medida da espessura x.

A tomografia pode ser feita com amostras de qualquer forma, até de um torrão de solo, e o resultado é bidimensional. Em uma medida tomográfica, a amostra se move em relação a um feixe de radiações fixo e uma série de medidas I/I_o é tomada, sem a preocupação de conhecer x. Várias medidas paralelas (com certo espaçamento ou passo linear da ordem de milímetros) são tomadas ao longo de um plano ou "corte" da amostra. Em seguida é dada uma rotação de um ângulo α (passo angular) e mais uma série de medidas é feita no mesmo plano. Com várias rotações é feita uma "varredura" naquele plano, e o conjunto de informações é processado por programa de computação apropriado. Por isso, fala-se em tomografia computadorizada TC, ou, em inglês, *computed tomography*, CT. Em tomógrafos de primeira geração, os utilizados em solos, essa varredura leva horas e, por isso, a obtenção de um corte tomográfico ainda é demorada. Em medicina, tomógrafos de terceira geração fornecem imagens em tempo real! Os tomógrafos também precisam ser calibrados, uma vez que a curva de calibração relaciona as **unidades tomográficas** UT aos coeficientes de atenuação de materiais padrão. Há uma correspondência entre UT e tons de cinza, que vão desde o branco até o preto, com o aumento do coeficiente de atenuação ou de densidade do objeto. No corte plano, são obtidas informações de densidade e/ou umidade, por pequenas áreas, chamadas de pixel, cada uma com sua tonalidade de cinza. O CNPDIA da Embrapa, São Carlos, construiu um minitomógrafo com pixel de 131 µm. O custo dos tomógrafos ainda é alto, mas o preço tende a diminuir, para que se possa alcançar medidas em tempo real, para estudos de dinâmica de água. A título de ilustração, a Figura 19 mostra um corte tomográfico em amostra de solo.

Um dos trabalhos pioneiros sobre tomografia em solos é o de Crestana et al. (1985). Bamberg et al. (2009) é um exemplo de uso da tomografia para estudar a compactação de solos. Os 25 anos de tomografia no Brasil são apresentados por Pires et al. (2010). Vaz et al. (2014) apresentaram novas oportunidades de aplicação da técnica de microtomografia computadorizada de raios x (*advanced benchop X-ray MicroCT*) na área de ciência do solo com ênfase em pesquisas na zona não saturada do perfil do solo (*vadose zone*).

A **reflectometria de micro-ondas** no domínio do tempo (TDR, *time domain reflectometry*) é uma técnica usada para medir a umidade do solo θ, baseada no efeito de θ sobre a velocidade de propagação v de micro-ondas (ondas eletromagnéticas de frequência no intervalo 50 MHz a 10 GHz) em cabos (metálicos) condutores que são introduzidos no solo, na região em que se deseja medir θ. A velocidade de v depende do meio que envolve o cabo, isto é, de sua permissividade (ou constante dielétrica) k, que depende da proporção de matéria sólida ($k_s \cong 3$), de água ($k_{água} = 80$) e ar ($k_{ar} = 1$). Essa diferença grande entre $k_{água}$ e os demais componentes do solo permite uma relação (não linear) entre k e θ, denominada

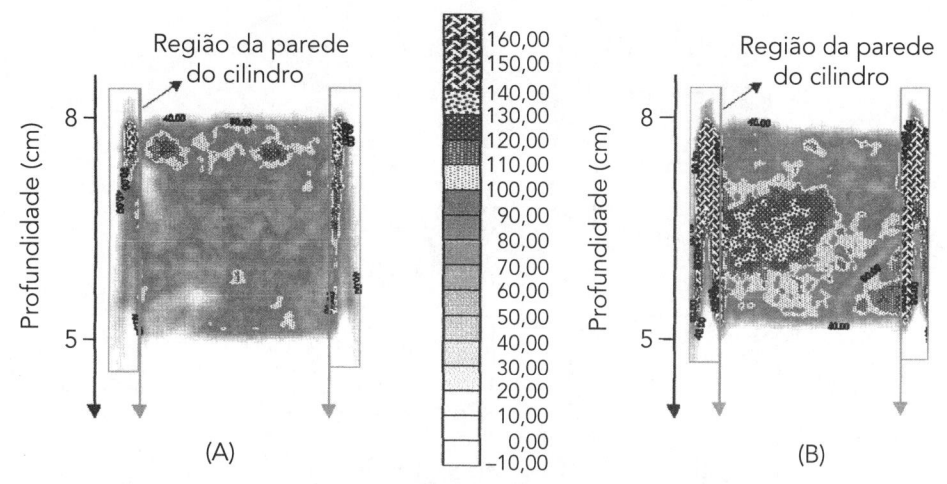

FIGURA 19 Exemplos de tomografia de solo. A: amostra de solo que recebeu aplicação de lodo de esgoto indicando selamento na parte superior. B: amostra de solo que recebeu aplicação de lodo de esgoto e duas passagens de roda do trator mostrando uma compactação mais generalizada. A barra central refere-se à graduação das unidades tomográficas (UT).
Fonte: extraída de Pires et al., 2003.

curva de calibração. O instrumento envia um pulso de micro-ondas pela haste de comprimento L, que é refletida (percorrendo, portanto, uma distância 2 L) e detectada. O tempo t de propagação na haste é proporcional à permissividade do solo k, que, por sua vez, depende de θ. Daí o nome reflectometria de micro-ondas. Como mostra a Figura 20, as hastes são introduzidas no solo (no local e profundidade desejados) e as medidas, praticamente instantâneas, são feitas fechando o circuito com o aparelho emissor/receptor de onda. No comércio são encontradas hastes de 20, 40, 60, 80 e 100 cm, e as medidas de θ referem-se a espessuras de solo correspondentes, isto é, 0-20, 0-40, 0-60 cm [...]. A umidade de uma camada intermediária, como 40-60 cm, é obtida por diferença e pode ser determinada usando um equipamento composto de hastes múltiplas (Serrarens et al., 2000), que permite medidas simultâneas de umidade em várias profundidades. O método ainda é caro devido ao preço do emissor/detector de pulsos, mas as perspectivas de barateamento estão previstas para os próximos anos. A Figura 21 mostra um aparelho TDR em operação e a Figura 22 a introdução das hastes. No Brasil, Herrmann Júnior (1993) desenvolveu um sistema baseado em um testador de cabos e alertou para a importância dos óxidos de ferro presentes em nossos solos, que alteram o valor de k. Além disso, citamos os trabalhos de Tommaselli e Bacchi (2001) e de Vaz e Hopmans (2001).

A técnica da **reflectometria de micro-ondas** no **domínio da frequência** (FDR) (Figura 23) é também usada para medir a umidade do solo θ, baseada na resposta de mudança da constante dielétrica do solo. Ela é confundida muitas vezes com a técnica de TDR, pois ambas medem a constante dielétrica do solo. Entretanto, ela se baseia no tempo de carga de um condensador, e este é função da constante dielétrica do solo que o rodeia.

A **sonda de capacitância** é composta por um par de eletrodos que funcionam como um capacitor eletrônico. Depois de ativado, é formado o meio dielétrico do capacitor através da matriz solo-água-ar ao redor do tubo de acesso da sonda FDR. O capacitor é conectado a um circuito oscilatório LC (L = indutor; C = capacitor), no qual as trocas de frequência do circuito dependem das trocas de capacitância na matriz do solo. A capacitância se eleva à medida que aumenta o número de moléculas de água livres, e seus dipolos respondem ao campo dielétrico criado pelo capacitor. Para que isso aconteça, a área dos eletrodos e a distância entre eles devem ser fixas na sonda (Paltineanu, Starr, 1997; Sentek, 2001).

Com a evolução da indústria eletrônica, existem, atualmente, sensores de alta capacidade, por exemplo, o Diviner 2000® e o EnviroScan.

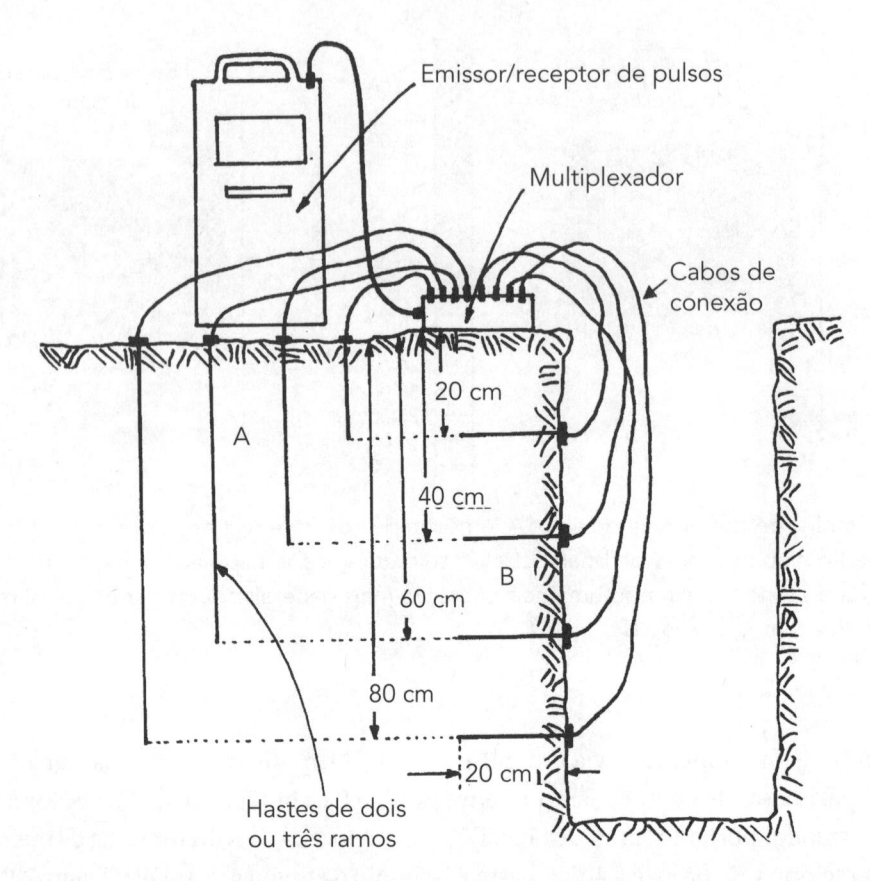

FIGURA 20 Esquema de baterias de TDR (*time domain reflectometry*) instaladas no campo: A: vertical com quatro profundidades (medidas de θ em camadas 0-20; 0-40; 0-60 e 0-80 cm). B: horizontal com hastes de 20 cm, com medidas nas profundidades 20, 40, 60 e 80 cm.

FIGURA 21 Medida da umidade do solo utilizando a técnica de TDR em cultura de café; no centro vê-se a central eletrônica acionada à bateria e os cabos que levam à sonda de duas hastes, que foi introduzida no solo (Figura 22).
TDR: *time domain reflectometry*.

FIGURA 22 Parte superior de hastes de TDR introduzidas no solo até a profundidade de 15 cm, da qual sai o cabo que leva à central eletrônica; ao lado, guia com dois orifícios utilizada para a introdução paralela das hastes.
TDR: *time domain reflectometry*.

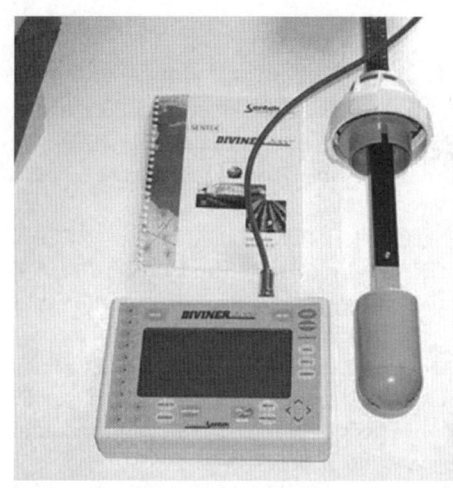

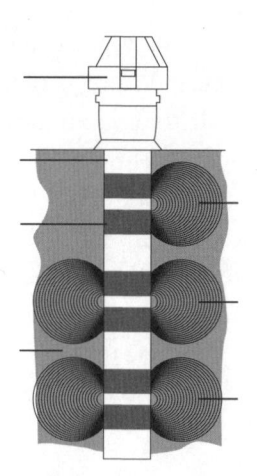

FIGURA 23 A: sonda FDR de capacitância, modelo Diviner 2000 (a: unidade de leitura; b: elemento sensor). B: tubo de acesso para a sonda FDR e esfera de influência dos elementos sensores.
Fonte A: https://www.embrapa.br/meio-norte/publicacoes
Fonte B: https://sentektechnologies.com/product-range/soil-data-probes/diviner-2000/

A técnica de FDR oferece algumas vantagens em relação a outros métodos, como a obtenção de um grande número de medidas de umidade do solo de forma contínua e sem danificar as propriedades do solo, rapidez na obtenção dos dados; o equipamento é fácil de ser transportado, não possui radioatividade e tem baixo custo em relação aos outros equipamentos. Entretanto, também necessita de calibração.

Como a maioria dos equipamentos, também possui uma equação de calibração de fábrica, mas Paltineanu e Starr (1997) ressaltam a necessidade de calibrações locais, podendo melhorar a precisão do equipamento, ainda que sejam trabalhosas e onerosas.

Para a obtenção das curvas de calibração do equipamento FDR, as quais relacionam os valores de frequência relativa (FR) e umidade θ, é necessário o conhecimento da frequência tanto em meio líquido (Fw), que é a água, como no ar (Fa). A partir dos valores dessas frequências, FR é calculado por

$$FR = \left(\frac{Fa - Fs}{Fa - Fw}\right) \quad (3)$$

onde Fs = leitura de frequência no solo com a sonda inserida dentro do tubo de acesso instalado no solo.

A partir do cálculo da frequência relativa (FR), os valores de umidade são calculados por:

$$\theta = a \times FR^b \quad (4)$$

onde:

- θ = umidade do solo a base de volume (m³ · m⁻³), a e b = coeficientes de ajustes da equação (adimensionais);
- FR = frequência relativa calculada pela equação anterior.

Maiores detalhes sobre como proceder à calibração de uma sonda FDR podem ser encontrados em Terra (2010). Exemplo de aplicação desta técnica é o de Hu et al. (2008), que a utilizaram com sucesso na medida da umidade na superfície do solo.

Outro sensor que tem sido utilizado para medir a umidade do solo θ é o sensor EC-5 (Figura 24), desenvolvido pela Decagon. Esse sensor também determina a umidade do solo θ ao medir a **constante dielétrica do meio** utilizando a tecnologia de domínio de capacitância/frequência. Sua freqüência de 70 MHz minimiza os efeitos de textura e salinidade, tornando esse sensor preciso em quase todos os solos e meios hidropônicos. As calibrações de fábrica do sensor são inclusas para solos minerais, solos de vasos, lã de rocha e perlita. O EC-5 possui 5 cm de comprimento e volume de medida de 0,3 L, sendo de fácil instalação tanto no campo como em vasos de viveiros, casas de vegetação e estufas. Ele também pode ser conectado a registradores (*dataloggers*), possibilitando leituras contínuas no tempo. Atualmente, já existem sensores mais modernos como, por exemplo, os sensores Teros 10, 11 e 12 que permitem fazer um monitoramento contínuo da umidade do solo (Teros 10), umidade do solo e temperatura do solo (Teros 11), e umidade do solo, temperatura do solo e condutividade elétrica do solo (Teros 12) (https://metergroup.com.br/agraria/produtos/solos-sensores/).

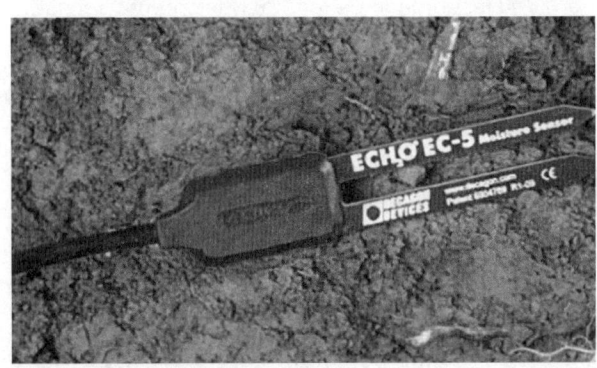

FIGURA 24 Sensor para medir a umidade do solo EC-5 da Decagon.
Fonte: http://www.decagon.com.br/produtos/sensores/umidade-solo/ec-5/.

> Neste capítulo são apresentados os principais equipamentos utilizados nas medidas de potencial da água e da umidade do solo, fazendo a discussão do emprego de cada um deles, apontando vantagens e desvantagens, problemas e soluções de seu uso.

LITERATURA CITADA

BACCHI, O. O. S.; REICHARDT, K.; CALVACHE, M. Neutron and gamma probes: their use in agronomy. *In*: international atomic energy agency, 2002. Vienna, IAEA, 2002. p. 75. (Training Course Series, 16.)

BAKKER, G.; van DER PLOEG, M. J.; DE RROIJ, G. H.; HOOGENDAM, C. W.; GOORDEN, H. P. A.; HUISKES, C.; KOOPAL, L. K.; KRUIDHOF, H. New polymer tensiometers: measuring matric pressures down to the wilting point. *Vadose Zone Journal*, v. 6, n. 1, p. 196-202, 2007.

BAMBERG, A. L.; PAULETTO, E. A.; GOMES, A. da S.; TIMM, L. C.; PINTO, L. F. S.; LIMA, A. C. R. de; SILVA, T. R. da. Densidade de um planossolo sob sistemas de cultivo avaliada por meio da tomografia computadorizada de raios gama. *Revista Brasileira de Ciência do Solo*, v. 33, p. 1079-86, 2009.

CÁSSARO, F. A. M.; TOMINAGA, T. T.; BACCHI, O. O. S.; REICHARDT, K.; OLIVEIRA, J. C. M.; TIMM, L. C. The use of a surface gamma-neutron gauge to explore compacted soil layers. *Soil Science*, v. 165, n. 8, p. 665-76, 2000.

CRESTANA, S.; MASCARENHAS, S.; PAZZI-MUCELLI, R. S. Static and dynamic three dimensional studies of water in soil using computed tomographic scanning. *Soil Science*, v. 140, n. 5, p. 326-32, 1985.

DOURADO-NETO, D.; TIMM, L. C.; OLIVEIRA, J. C. M.; REICHARDT, K.; BACCHI, O. O. S.; TOMINAGA, T. T.; CASSARO, F. A. M. State-space approach for the analysis of soil water content and temperature in a sugarcane crop. *Scientia Agricola*, v. 56, n. 4, p. 1215-21, 1999.

DURIGON, A.; DE JONG VAN LIER, Q. Determinação das propriedades hidráulicas do solo utilizando tensiômetros de polímeros em experimentos de evaporação. *Revista Brasileira de Ciência do Solo*, v. 35, n. 4, p. 1271-6, 2011.

DURIGON, A.; GOOREN, H. P. A.; DE JONG VAN LIER, Q.; METSELAAR, K. Measuring hydraulic conductivity to wilting point using polymer tensiometers in an evaporation experiment. *Vadose Zone Journal*, v. 10, n. 2, p. 741-6, 2011.

HERRMANN JÚNIOR, P. S. P. Construção de um equipamento para medida de umidade do solo através de técnica de microondas. 1993. Dissertação (Mestrado) – Escola de Engenharia de São Carlos, Universidade de São Paulo, São Carlos, 1993. p. 124.

HU, W.; SHAO, M.A.; WANG, Q. J.; REICHARDT, K. Soil water content variability of the surface layer of a loess plateau hillside in China. *Scientia Agricola*, v. 65, p. 277-89, 2008.

LIBARDI, P. L. *Dinâmica da água no solo*. 2.ed. São Paulo, Edusp, 2012. p. 346.

PALTINEANU, I. C.; STARR, J. L. Real-time soil water dynamics using multisensor capacitance probes: laboratory calibrations. *Soil Science Society of America Journal*, v. 61, p. 1576-85, 1997.

PIRES, L. F.; BORGES, J. A. R.; BACCHI, O. O. S.; REICHARDT, K. Twenty-five years of computed tomography in soil physics: a literature review of the Brazilian contribution. *Soil and Tillage Research*, v. 110, p. 197-210, 2010.

PIRES, L. F.; MACEDO, J. R.; SOUZA, M. D.; BACCHI, O. O. S.; REICHARDT, K. Gamma-ray computed tomography to investigate compaction on sewage: sludge treated soil. *Applied Radiation and Isotopes*, v. 59, p. 17-25, 2003.

REICHARDT, K. *A água em sistemas agrícolas*. São Paulo, Manole, 1987. p. 188.

REICHARDT, K.; PORTEZAN-FILHO, O.; BACCHI, O. O. S.; OLIVEIRA, J. C. M.; DOURADO-NETO, D.; PILOTTO, J. E.; CALVACHE, M. Neutron probe calibration correction by temporal stability parameters of soil water content probability distribution. *Scientia Agricola*, v. 54, p. 17-21, 1997 (número especial).

SENTEK. *Calibration of Sentek soil Moisture sensors*. Stepney (Australia), Sentek Pty Ltd, 2001.

SERRARENS, D.; MACINTYRE, J. L.; HOPMANS, J. W.; BASSOI, L.H. Soil moisture calibration of TDR multilevel probes. *Scientia Agricola*, v. 57, n. 2, p. 349-54, 2000.

TEIXEIRA, P. C.; DONAGEMMA, G. K.; FONTANA, A.; TEIXEIRA, W. G. *Manual de métodos de análise de solo*. 3.ed. rev. e ampl. Brasília: Embrapa, 2017. p. 573.

TERRA, V. S. S. *Avaliação e quantificação dos componentes do balanço hídrico em pomar de pessegueiro, cv.* Maciel, em plantas irrigadas e não irrigadas. 2010. Dissertação (Mestrado) – Programa de Pós-Graduação em Sistemas de Produção Agrícola Familiar. Faculdade de Agronomia Eliseu Maciel, Universidade Federal de Pelotas, Pelotas, 2010. p. 82.

TIMM, L. C.; PIRES, L. F.; ROVERATTI, R.; ARTHUR, R. C. J.; REICHARDT, K.; OLIVEIRA, J. C. M.; BACCHI, O. O. S. Field spatial and temporal patterns of soil water content and bulk density changes. *Scientia Agricola*, v. 63, p. 55-64, 2006.

TOMINAGA, T. T.; CÁSSARO, F. A. M.; BACCHI, O. O. S.; REICHARDT, K.; OLIVEIRA, J. C. M.; TIMM, L. C. Variability of soil water content and bulk density in a sugarcane field. *Australian Journal of Soil Research*, v. 40, p. 605-14, 2002.

TOMMASELLI, J. T. G.; BACCHI, O. O. S. Calibração de um equipamento de TDR para medida de umidade de solos. *Pesquisa Agropecuária Brasileira*, v. 36, n. 9, p. 1145-54, 2001.

VAZ, C. M. P.; HOPMANS, J. W. Simultaneous measurement of soil penetration resistance and water content with a combined penetrometer-TDR moisture probe. *Soil Science Society of America Journal*, v. 65, p. 4-12, 2001.

VAZ, C. M. P.; TULLER, M.; LASSO, P. R. O.; CRESTANA, S. New perspectives for the application of high-resolution benchtop X-ray MicroCT for quantifying void, solid and liquid phases in soils. *In*: TEIXEIRA, W. G.; CEDDIA, M. B.; OTTONI, M. V.; DONNAGEMA, G. K. (ed.). *Application of soil physics in environmental analysis*: measuring, modelling and data integration. New York: Springer, 2014. chapter 12, p. 261-81.

8

Como quantificar o movimento da água no solo?

O estado de energia da água no solo é essencial para quantificar seu movimento. Ela se move de pontos de maior potencial para menor potencial. É, portanto, importante saber determinar as componentes do potencial da água, cuja soma é o seu potencial total. O movimento da água é quantificado pela lei de Darcy-Buckingham, baseada no gradiente de potencial total da água e na con-dutividade hidráulica do solo. Neste capítulo são introduzidos os conceitos vetoriais de gradiente e de divergente, fundamentais para a compreensão da dinâmica da água no solo. A equação da continuidade é introduzida para possibilitar a medida das variações de umidade em um perfil de solo. É feita a distinção entre os fluxos de água quando o solo está saturado e quando se apresenta abaixo da saturação. São apresentados exemplos de aplicação de equações diferenciais e suas respectivas soluções. Também é dada uma introdução ao movimento da água em canais abertos e tubulações através da equação de Bernouille.

INTRODUÇÃO

A água move-se no sistema solo-planta-atmosfera (SSPA) em qualquer uma de suas fases. No solo e na planta, os principais movimentos dão-se na fase líquida, apesar de os fluxos de vapor poderem assumir grande importância quando o solo se encontra "mais seco" e em certas partes da planta, como é o caso das câmaras estomatais na folha. Na atmosfera, o principal movimento dá-se na fase gasosa (vapor-d'água), mas também nas fases líquida (chuva) e sólida (granizo ou neve), podendo assumir proporções importantes.

Neste capítulo será dada ênfase ao seu movimento no solo principalmente na fase líquida, que ocorre em resposta a diferenças de potencial total da água Ψ. Vimos no Capítulo 6 que toda vez que Ψ é constante há equilíbrio, e toda vez que Ψ é variável há movimento. Porém, nessas considerações é necessário discutir o problema das "membranas semipermeáveis", estruturas que permitem a passagem da água, mas não dos solutos. No SSPA, as principais membranas encontram-se nas células das plantas e nas interfaces água-ar, como a superfície do solo, nas quais a água passa para a forma de vapor, deixando para trás a água líquida e os solutos. Quando não há membranas, os solutos movem-se com a água, e, mesmo na existência de diferenças de potencial osmótico de uma região para outra, o movimento de água devido ao potencial osmótico é considerado desprezível; o movimento de sais é mais importante, e estes se movem procurando o equilíbrio. Por isso, no caso de movimento de água na fase líquida, sem a presença de membranas, para efeito de quantificação do movimento, o potencial total da água não inclui a componente osmótica (mesmo sendo ela não desprezível). Havendo membranas, a componente osmótica torna-se a mais importante e precisa ser incluída.

Define-se, então, para o solo o **potencial hidráulico** H, que é o **potencial total** Ψ, sem a inclusão da componente osmótica. Nessas condições, a Equação 12 do Capítulo 6 se simplifica em:

$$\Psi = H = \Psi_p + \Psi_m + \Psi_g \quad (1)$$

Como ambos Ψ_p e Ψ_m se referem a pressões, o primeiro às positivas e o segundo às negativas, podem ser agrupados em uma única componente $h = \Psi_p + \Psi_m$, que cobre toda faixa de pressões. A componente gravitacional Ψ_g pode ser expressa em termos de altura e, se a superfície do solo é tomada como referência, ela se identifica com a profundidade z. Assim, a forma mais comum de apresentar a Equação 1 na literatura de Física de Solos e em termos de carga hidráulica é:

$$H = h + z \quad (2)$$

Nessa forma é que desenvolveremos, daqui para a frente, as equações referentes ao fluxo de água na fase líquida, sem a presença de membranas semipermeáveis.

QUANTIFICAÇÃO DO MOVIMENTO DA ÁGUA NO SOLO

Equação de Darcy

A água no estado líquido move-se sempre que existirem diferenças de potencial hidráulico H nos diferentes pontos no sistema. Esse movimento se dá no sentido do decréscimo do potencial H, isto é, a água sempre se move de pontos de maior potencial para pontos de menor potencial. Darcy (1856) foi o primeiro a estabelecer uma equação que possibilitasse a quantificação do movimento de água em materiais porosos saturados. Ele verificou que a densidade de fluxo de água é proporcional ao gradiente de potencial hidráulico no solo. Sua equação foi adaptada mais tarde para solos não saturados (Buckingham, 1907), passando a chamar-se **equação de Darcy-Buckingham**, e, apesar de suas limitações, é a equação que melhor descreve o fluxo de água no solo. De maneira mais geral, ela pode ser escrita na forma:

$$q = -K \cdot \nabla H = -K \cdot \text{grad } H \quad (3)$$

em que q é a **densidade do fluxo de água** (L . m^{-2} . dia^{-1} = mm . dia^{-1}) (*flux density*), ∇H ou grad H, **gradiente de potencial hidráulico** (m . m^{-1}) e K a **condutividade hidráulica do solo** (mm . dia^{-1}). Vejamos separadamente o significado de cada termo da Equação 3.

A densidade de fluxo de água q é uma **grandeza vetorial** e deveria ser simbolizada por $\vec{q}$, tendo módulo, direção e sentido. A direção e o sentido vão depender da variação de Ψ dentro do solo. Seu módulo é o volume de água V, que passa por unidade de tempo t e pela unidade de área de seção transversal A (perpendicular ao movimento). Assim:

$$q = \frac{V}{A \cdot t} = \frac{L^3}{L^2 \cdot T} = L \cdot T^{-1} \quad (4)$$

Obs.: Não confundir o L da análise dimensional (comprimento) com L = litro (volume).

Dessa forma, se 10 L de água atravessam 5 m² de solo em 0,1 dia, a densidade de fluxo será 20 mm . dia^{-1}, pois 1 mm = 1 L . m^{-2}.

Apesar de esse fluxo ter dimensões de uma velocidade, ele não representa a velocidade com que a água se move no solo. A velocidade real da água no solo v é o volume de água V que passa por unidade de tempo pela área disponível ao fluxo, isto é, seção transversal de poros ocupados pela água. Para um solo saturado, essa seção transversal de poros é o produto da área efetiva A pela porosidade (ver Equação 12, no Capítulo 3) do solo.

Se o exemplo anterior se referir ao movimento de água por uma área de 5 m² de seção transversal sem a presença de solo (Figura 1), teremos q = v = 20 mm . dia⁻¹. A vazão Q, que é definida por V/t, é 100 L . dia⁻¹. Se a área for estrangulada para a metade da seção transversal, isto é, A' = 2,5 m², é fácil verificar que a vazão Q permanece a mesma (equação da continuidade: Q=A.v=A'.v'=....) e que a densidade de fluxo dobra para q' = V/A't = 40 mm . dia⁻¹. Mesmo assim q' = v'.

É fácil verificar que q . A = q' . A'.

A redução de área disponível ao fluxo também pode ser feita pela introdução de solo na tubulação. Se o tubo de seção transversal A = 5 m² for preenchido com solo de porosidade (α = 0,5), pode-se demonstrar que a área A disponível ao fluxo fica reduzida em A' = α . A = 0,5 × 5 = 2,5 m² (Figura 2).

Como no solo se mede A (não A'), a densidade de fluxo q permanece a mesma, igual a 20 mm . dia⁻¹, mas a velocidade v passa para v'. Portanto, a velocidade da água no poro v' é diferente de q. Por isso, a densidade de fluxo de água no solo, que tem dimensões de velocidade, não é igual à velocidade de água nos poros. Assim:

$$v = \frac{Q}{A \cdot \alpha \cdot t} = L \cdot T^{-1}$$

$$v = \frac{q}{\alpha}$$
(5)

Se o solo não está saturado, a área disponível ao fluxo é menor ainda, A' = A . θ (em que θ é a umidade a base de volume definida pela Equação 15 do Capítulo 3), pois a água só caminha pelos poros cheios de água, e:

$$v = \frac{q}{\theta}$$
(6)

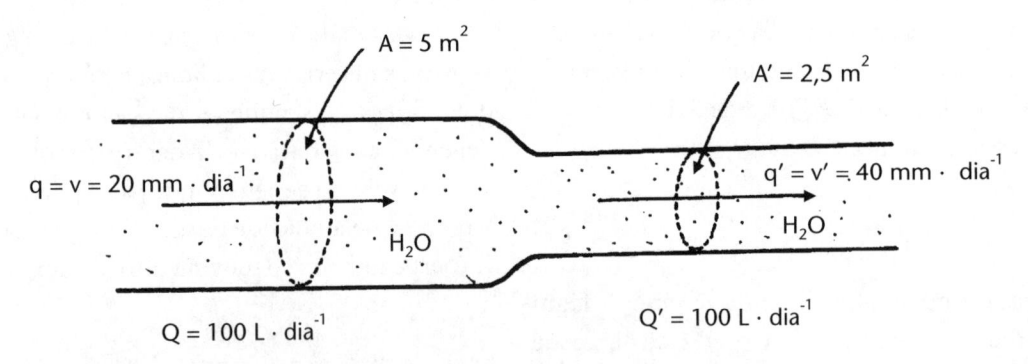

FIGURA 1 Exemplo de fluxo de água em tubulação com redução de diâmetro.

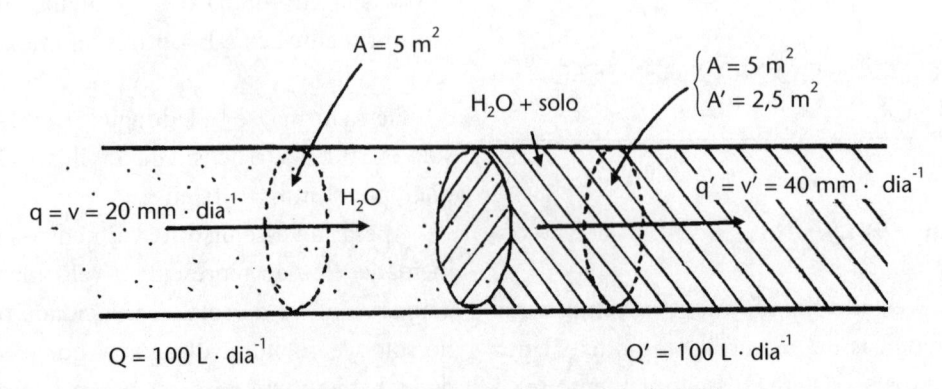

FIGURA 2 Exemplo de fluxo de água em tubo com solo de porosidade 50%.

Em virtude das variações de forma, direção e largura dos poros, a velocidade atual da água no solo é altamente variável de ponto para ponto e não se pode falar em uma única velocidade do líquido, mas, na melhor das hipóteses, em uma velocidade real média. No exemplo anterior, a velocidade real média da água nos poros do solo é de 40 mm . dia^{-1} e a densidade de fluxo é 20 mm . dia^{-1}.

Define-se **tortuosidade** de um meio poroso ao quadrado da relação entre a distância realmente percorrida por uma molécula de água e a distância em linha reta. Esse parâmetro é adimensional e, em geral, varia de 1 a 2. Também devido a esse fato, q difere de v.

Fica clara, portanto, a definição de q na equação de Darcy. Muitas vezes q é chamado simplesmente de taxa. Se um solo estiver perdendo 5 L de água por evaporação em cada m², em cada dia, sua taxa de evaporação é de 5 mm . dia^{-1}. Essa é a densidade de fluxo de evaporação. Um solo pode, ainda, estar perdendo por drenagem 2 mm . dia^{-1}. Esse é outro exemplo de q.

Vejamos, agora, na equação de Darcy (Equação 3) o significado do gradiente de H ou ∇H. O **gradiente de potencial** ∇H também é uma grandeza vetorial e deveria ser simbolizado por $\vec{\nabla}$H. Ele é definido no sistema cartesiano de três dimensões (ver sistemas de coordenadas no Capítulo 23), pela equação:

$$\text{grad } H = \vec{\nabla}H = \frac{\partial H}{\partial x}\vec{i} + \frac{\partial H}{\partial y}\vec{j} + \frac{\partial H}{\partial z}\vec{k} \qquad (7)$$

Vejamos melhor a definição de gradiente. No sistema cartesiano, todo vetor de direção e sentido quaisquer pode ser decomposto em três componentes ortogonais:

$$\vec{u} = u_x\vec{i} + u_y\vec{j} + u_z\vec{k}$$

em que u_x, u_y e u_z são os módulos das componentes; $\vec{i}$, $\vec{j}$ e $\vec{k}$ vetores unitários, (módulo = 1) de direção x, y e z, respectivamente (Figura 3).

O operador $\vec{\nabla}$ é um **operador vetorial** que, decomposto nas direções x, y e z, pode ser simbolizado por:

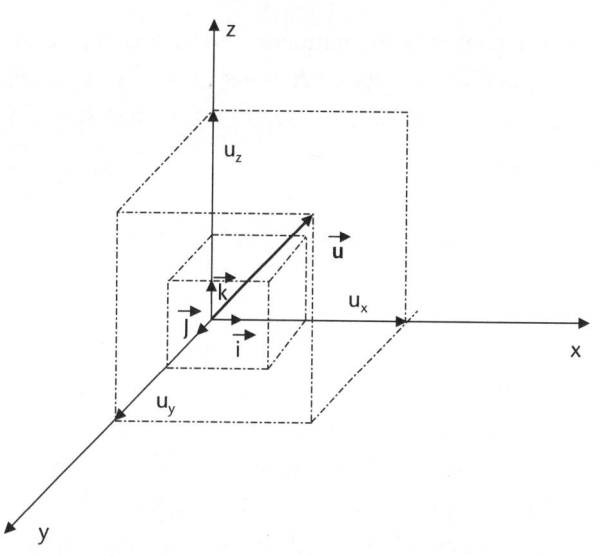

FIGURA 3 Decomposição de um vetor $\vec{u}$ em três componentes ortogonais.

$$\vec{\nabla} = \frac{\partial}{\partial x}\vec{i} + \frac{\partial}{\partial y}\vec{j} + \frac{\partial}{\partial z}\vec{k}$$

Quando ele opera sobre uma **grandeza escalar**, o resultado é o gradiente. Seja, por exemplo, a grandeza escalar T = temperatura. Então grad T é o gradiente de temperatura:

$$\vec{\nabla}T = \text{grad } T$$

Para efetuar a operação, basta operar $\vec{\nabla}$ sobre T, isto é:

$$\vec{\nabla}T = \frac{\partial T}{\partial x}\vec{i} + \frac{\partial T}{\partial y}\vec{j} + \frac{\partial T}{\partial z}\vec{k} = \text{vetor}$$

Vê-se, então, que o gradiente é o resultado da operação de ∇ sobre uma grandeza escalar e o resultado é uma grandeza vetorial. Não é possível obter o gradiente de uma grandeza vetorial. No exemplo que vimos, a temperatura é uma grandeza escalar e o gradiente de temperatura é uma grandeza vetorial, com módulo, direção e sentido.

O potencial da água do solo H é escalar (energia). Seu gradiente $\vec{\nabla}$H é vetor (força).

Muitas vezes, para simplificar a notação, não se indicam as setas → nem vetores unitários i, j e k, mesmo porque seus módulos são unitários.

Frequentemente, também se deseja o gradiente em uma direção apenas. A equação de Darcy pode, então, ser apresentada nas seguintes formas, que são equivalentes:

$$q = -K \frac{\partial H}{\partial x} = -K \cdot \text{grad } H = -K \cdot \nabla H$$

Dimensionalmente, o gradiente de potencial da água vem a ser uma força, pois ele representa uma energia por unidade de comprimento: J/m = (N . m)/m = N. Quando H é expresso em altura de água, de dimensão L, o grad H tem dimensões L · L^{-1}, isto é, é adimensional. Não se deve esquecer que, mesmo assim, ele é uma força. Ele é, então, a força responsável pelo movimento da água no solo. Quando o gradiente é nulo, não há força e, consequentemente, não há movimento de água: equilíbrio.

A equação de Darcy-Buckingham (Equação 3) nos diz apenas que a densidade de fluxo q é proporcional à força que atua sobre a água, isto é, o gradiente de potencial. O coeficiente de proporcionalidade K é a **condutividade hidráulica do solo**. Aparece, ainda, um sinal negativo na equação, que indica tão somente que o sentido da densidade de fluxo é o inverso do gradiente. O sentido do gradiente é tomado, por definição, como aquele no qual o campo potencial cresce, isto é, de um valor menor de H para um valor maior de H. Como já dissemos, a água se move de um ponto com maior H para outro de menor H, isto é, no sentido contrário do gradiente. Daí a inclusão do sinal negativo na equação de Darcy-Buckingham. A condutividade hidráulica pode, portanto, ser definida pela relação entre a densidade de fluxo e o gradiente:

$$K = \frac{q}{\nabla H} = \frac{L \cdot T^{-1}}{L/L^{-1}} = L \cdot T^{-1} \qquad (8)$$

sendo suas dimensões iguais às do fluxo L . T^{-1}, quando o potencial H é medido em energia por unidade de peso ou carga hidráulica (cm ou mH$_2$O).

A condutividade hidráulica depende das propriedades do fluido e do material poroso. Experimentalmente, verificou-se que para um material poroso rígido:

$$K = \frac{k \cdot \rho_e \cdot g}{\eta} \qquad (9)$$

em que:

- k = propriedade do solo chamada **permeabilidade intrínseca do solo** (m^2), que depende do arranjo geométrico das partículas e da umidade, que determinam a seção transversal útil para o fluxo;
- ρ_e = densidade do fluido (água), em kg . m^{-3};
- g = aceleração da gravidade, em m . s^{-2};
- η = viscosidade do fluido, em kg . m^{-1} . s^{-1}.

A viscosidade e a densidade da solução do solo dependem da temperatura, pressão, concentração de sais solúveis, teor de água no solo etc. Com exceção de solos que se expandem e se contraem, o valor de k de um solo é tido como constante para cada amostra a uma dada umidade. Para efeito prático, assume-se que ρ_e, g e η são constantes para um dado experimento, e k varia apenas com a umidade (área útil para o fluxo). Já dissemos que, para um solo saturado, a área útil é proporcional à porosidade α e que para um solo não saturado, a área útil para fluxo é proporcional à umidade θ.

Assim, podemos dizer que, com as condições mencionadas, a condutividade hidráulica de uma amostra de solo é uma função só de θ, ou K = K(θ).

Normalmente, a condutividade hidráulica de um solo saturado é simbolizada por K_0. Esse é o valor máximo de K daquela amostra. Ele decresce rapidamente com o decréscimo da umidade (ou potencial matricial h), pois, como h = h(θ) (curva de retenção da água no solo), a condutividade também pode ser expressa em termos do potencial matricial h, K = K(h). Na Figura 4 são apresentados valores de K para um dado solo, tomado como exemplo em três condições de umidade.

Além da diminuição da área útil por causa da redução de θ, a tortuosidade do solo e os fenômenos de retenção de água fazem K diminuir drasticamente com θ. Por isso, para representar a curva K(θ) aplica-se logaritmo aos dados de K e não aos de θ, que variam em proporção bem menor. Gráficos desse tipo são denominados semilog.

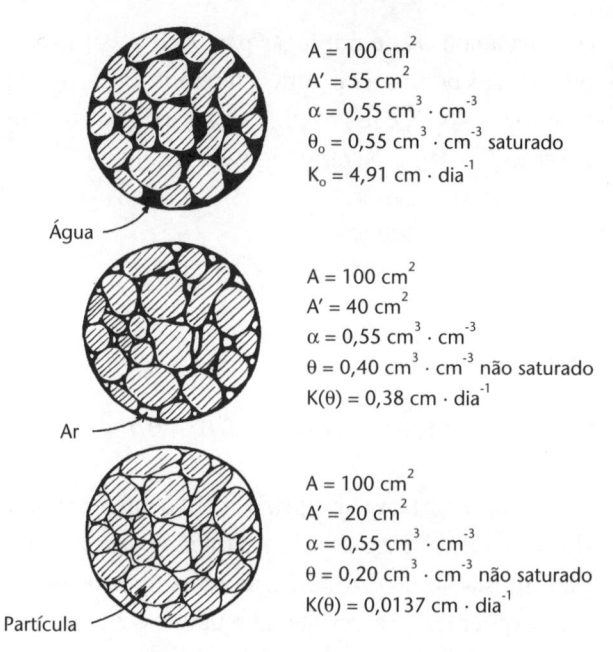

FIGURA 4 Esquema mostrando a diminuição da área útil para o fluxo de água, com a diminuição da umidade do solo.

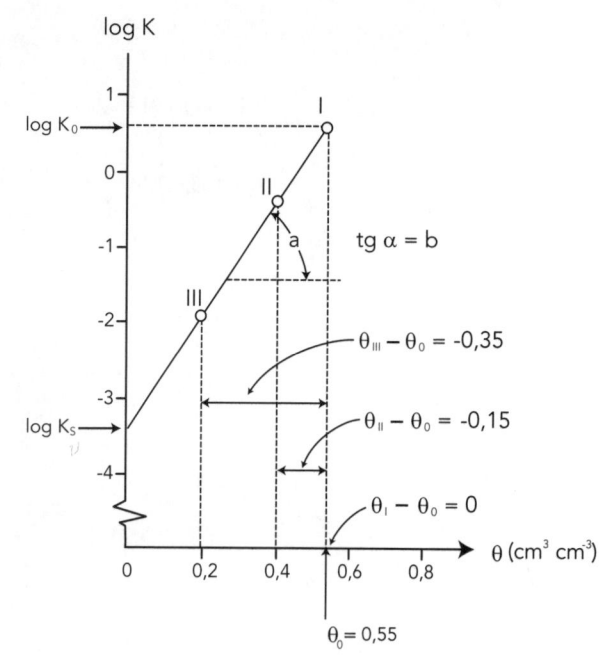

FIGURA 5 Gráfico de K(θ) para o solo do esquema da Figura 4, utilizando logaritmo decimal.

Como K também depende da geometria do espaço poroso, ele varia bastante de solo para solo e para o mesmo solo com variações estruturais, de compactação etc. Assim torna-se conveniente, para um dado solo, fazer o gráfico do logaritmo de K *versus* θ (como indica a Figura 5). A Figura 5 foi obtida com dados de K e de θ da Figura 4, na qual se pode ver que os dados se ajustam bem a uma linha reta. Nessas condições, utilizando logaritmos decimais (com base 10, $\log_{10}$) temos:

$$\log_{10} K(\theta) = a + b\theta$$

Sendo o coeficiente linear da reta a, o valor de log K para $\theta = 0$ (solo seco), no presente caso igual a $-3,34$. Assim, $\log K_s = -3,34$ e seu antilog $K_s = 0,00046$ cm . dia^{-1}. Note que estamos utilizando o subscrito s em K_s para denotar solo seco. O coeficiente angular b é a inclinação da reta ou a tangente do ângulo que a reta faz com o eixo x = θ, que no presente caso é igual a 7,28, e é adimensional. Portanto, a equação acima fica:

$$\log K(\theta) = -3,34 + 7,28 \cdot \theta$$

ou

$$K(\theta) = 0,00046 \cdot 10^{7,28 \cdot \theta} \quad (10)$$

A Figura 5 também poderia ser apresentada com logaritmos neperianos ou naturais (ln), com base no número e = 2,718.... (Figura 6). Nesse caso, aplicando ln aos três dados de K da Figura 4, teríamos:

$$\ln K(\theta) = a' + b' \cdot \theta$$

ou

$$\ln K(\theta) = -7,68 + 16,8 \cdot \theta$$

ou ainda:

$$K(\theta) = 0,00046 \cdot e^{16,8 \cdot \theta} \quad (11)$$

que muitas vezes é escrita na forma:

$$K(\theta) = 0,00046 \cdot \exp(16,8 \cdot \theta)$$

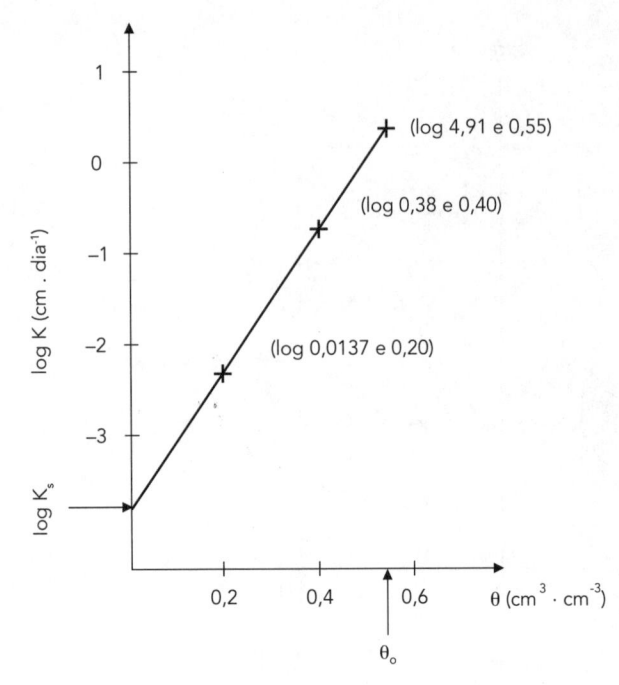

FIGURA 6 Gráfico de K(θ) para o solo do esquema da Figura 4 utilizando logaritmo neperiano.

Pontos no gráfico: (log 4,91 e 0,55); (log 0,38 e 0,40); (log 0,0137 e 0,20).

Note que nas Equações 10 e 11, na primeira, a base do expoente é 10 e na segunda é **e**, sendo K_s o mesmo e b ≠ b' e, mesmo assim, representam a equação K(θ) do mesmo solo e, por isso, para qualquer valor de θ devem fornecer o mesmo valor de K. Por exemplo, se θ = 0,5, então K = 2,05 cm . dia^{-1}, por ambas as equações, aproximadamente, é claro, dependendo das aproximações de casas decimais utilizadas.

Como pode ser verificado, as Equações 10 e 11 incluem o parâmetro K_s = **condutividade hidráulica do solo seco**. Esse parâmetro não possui significado físico, pois se o solo estiver totalmente seco nem se pode falar em movimento de água. Como vimos, K_s é um valor obtido por extrapolação e, por isso, as equações K(θ), na maioria das vezes, são escritas incluindo outro parâmetro, o K_0 (**condutividade hidráulica do solo saturado**), um parâmetro importantíssimo e de significado físico bem definido. Isso pode ser feito pela introdução de uma nova variável (θ – $θ_0$) no lugar de θ, em que $θ_0$ é a umidade do solo na saturação, que também é um parâmetro importante. Essa nova variável, nula (na saturação) quando θ = $θ_0$, é negativa para os demais valores de θ, pois θ < $θ_0$. Essa passagem de θ para (θ – $θ_0$) implica apenas uma translação da coordenada ln K de um lugar para outro. Por exemplo, para os pontos da Figura 5, teremos: I) θ – $θ_0$ = 0; II) θ – $θ_0$ = –0,15; e III) θ – $θ_0$ = –0,35, e o gráfico de ln K versus (θ – $θ_0$) fica como indicado na Figura 7.

Nesse caso temos:

$$\ln K (θ) = a'' + b'' (θ – θ_0)$$

ou

$$\ln K (θ) = 1,59 + 16,8 (θ – θ_0)$$

É importante notar que a" (ln K_s) é diferente de a' (ln K_0) e que b" é igual a b', pois trata-se de uma simples translação no eixo θ. Tornando ambos os membros expoentes de **e**, resulta na seguinte equação:

$$K(θ) = 4,91 \cdot e^{16,8 \cdot (θ – θ_0)} \qquad (12)$$

Por isso, na literatura são encontradas muitas vezes equações do tipo:

$$K(θ) = K_0 \cdot e^{γ \cdot (θ – θ_0)}$$

que, também, é escrita na forma:

$$K(θ) = K_0 \cdot \exp[γ(θ – θ_0)]$$

ou, utilizando o logaritmo decimal:

$$K(θ) = K_0 \cdot 10^{β(θ – θ_0)}$$

Essas equações têm a função de nos fornecer dados de K do solo em questão para qualquer valor de θ no intervalo 0 a $θ_0$, desde que observado o modelo exponencial. Além disso, como θ é uma função de h (curva característica ou de retenção) e vice-versa, muitas vezes é mais conveniente expressar K em função de h, isto é, estabelecer a função K(h). Sua equação vai depender da função h(θ). Um modelo muito comum quando não se têm dados de K é a combinação do modelo de Van Genuchten (1980) para a curva de retenção h(θ) com o modelo de Mualem (1976) para K (θ), utilizando a umidade do solo de forma adimensional:

exponencial como nos exemplos acima. Na literatura encontram-se inúmeros modelos para K(θ). Da combinação da Equação 14 com a 15 resulta uma curva K(h), que a título de exemplo é mostrada na Figura 8 para vários valores de l. Como ambas as amplitudes de K e de h são grandes, a figura é apresentada na forma log-log, na qual as escalas são logarítmicas e qualquer dado de K ou de h pode ser introduzido sem aplicar o logaritmo.

Feitas essas considerações, reescreveremos a equação de Darcy-Buckingham na forma pela qual iremos usá-la de maneira intensiva, isto é, para uma dimensão x (na horizontal) ou z (na vertical):

$$q = -K(\theta)\frac{\partial h}{\partial x} = -K(\theta)\frac{\partial H}{\partial z} \quad (16)$$

No caso horizontal só entra h, pois a gravidade não atua e no caso vertical temos H, igual a h + z.

Nos exemplos a seguir empregaremos colunas de solo montadas em tubos de plástico ou acrílico de diâmetros de 5-10 cm, em laboratório, geralmente com solo seco ao ar, peneirado por 2 mm. Para segurar o solo dentro da coluna utilizam-se placas porosas, que deixam a água passar. Na Figura 9 a água entra com pressão positiva e por isso a placa porosa é de textura bem porosa, para não interferir no fluxo de água dentro do solo. O mesmo acontece na saída, em que está atuando a pressão atmosférica. As entradas e saídas de água são feitas por funis conectados à coluna de solo por meio de tubos flexíveis de borracha. Por um dispositivo não mostrado, o nível de água é mantido constante, mantendo assim as cargas hidráulicas constantes. Os triângulos pretos invertidos colocados no nível de água indicam a constância do nível. Dessa forma temos um fluxo de água em equilíbrio dinâmico, em que a mesma quantidade de água que entra sai do sistema e é a mesma água que passa pelo solo. Já na Figura 11, os funis ficam abaixo da coluna de solo, para aplicar pressões negativas ou sucções. Neste caso, as placas porosas das extremidades da coluna precisam ter porosidade mais fina para que seus poros não se esvaziem com as pressões negativas. Mas também não podem ser muito finas a ponto de interferir no fluxo de água.

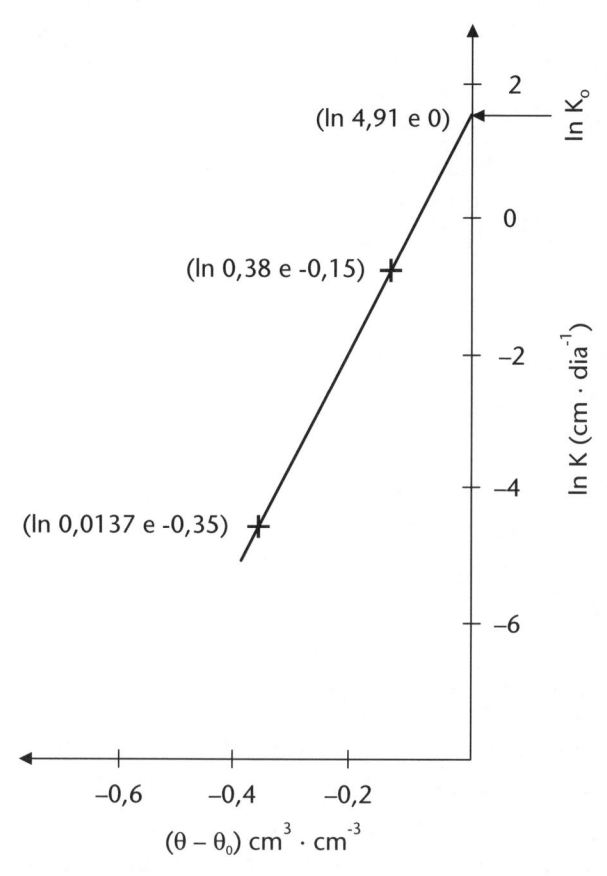

FIGURA 7 Gráfico de K(θ) para o solo da Figura 4 utilizando logaritmo neperiano, em função de (θ − θ$_0$).

$$\Theta = \frac{\theta - \theta_r}{\theta_0 - \theta_r} \quad (13)$$

$$\Theta = \left[1 + |\alpha h|^n\right]^{-m} \quad (14)$$

$$K(\Theta) = K_0 \Theta^l \left[1 - \left(1 - \Theta^{\frac{1}{m}}\right)^m\right]^2 \quad (15)$$

onde θ$_r$ é a umidade residual do solo seco ao ar; α, m e n são os parâmetros da curva de Van Genuchten; e l outro parâmetro empírico denominado **conectividade de poros** (*pore conectivity*). Para melhor entender a Equação 13, veja no Capítulo 23 o item grandezas adimensionais. A Equação 14 difere um pouco da Equação 19a do Capítulo 6 porque está escrita em termos da umidade adimensional (Equação 13) e na qual b foi trocado por m. A Equação 15 é a expressão de Mualem para K(θ), que não é uma

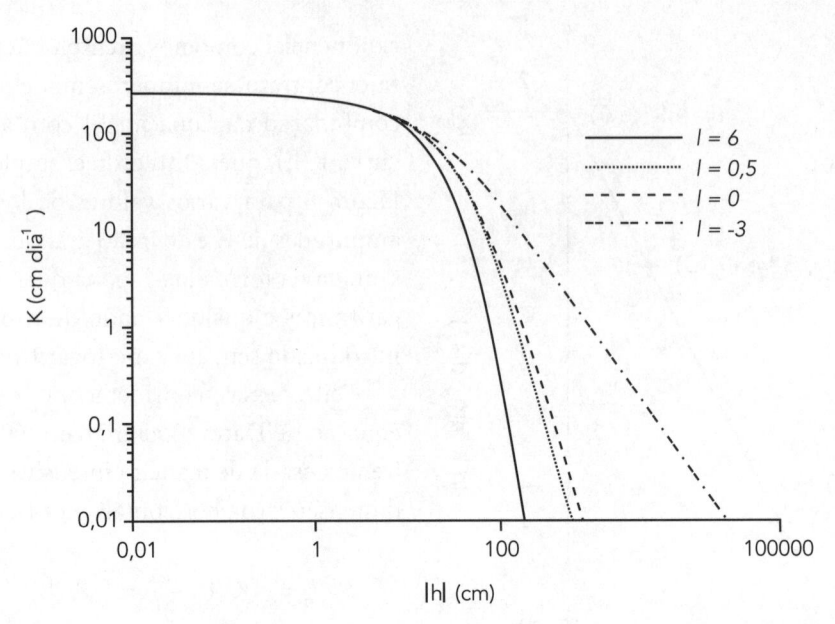

FIGURA 8 Curvas de K(h) em papel log-log.

Exemplo: Na Figura 9 a seguir, temos uma coluna de solo montada na vertical com o solo da Figura 4, pela qual passa um fluxo de água que se mede na proveta graduada. A coluna de solo tem seção transversal A = 100 cm² e comprimento L = 50 cm. Um volume de água V = 982 cm³ é coletado em um dia. Qual a condutividade do solo?

Resposta: Como o solo se acha saturado, determinaremos K_0. Na equação de Darcy, o gradiente $\partial H/\partial z$ pode ser aproximado por uma diferença finita $\Delta H/\Delta z$, ou ainda, por $(H_B - H_A)/L$, e a Equação 16 fica:

$$\frac{V}{A \cdot t} = -K_0 \left(\frac{H_B - H_A}{L} \right)$$

$$q = \frac{V}{A \cdot t} = \frac{982}{100 \times 1} = 9{,}82 \text{ cm} \cdot \text{dia}^{-1}$$

$$H_A = z_A + h_A = 0 + 150 = 150 \text{ cmH}_2\text{O}$$

$$H_B = z_B + h_B = 50 + 0 = 50 \text{ cmH}_2\text{O}$$

$$9{,}82 = -K_0 \left(\frac{50 - 150}{50} \right)$$

$$K_0 = 4{,}91 \text{ cm} \cdot \text{dia}^{-1}$$

Nas operações anteriores, vemos que o grad H tem sinal negativo que, com o sinal menos da equação levou a um valor positivo de K_0. É que, nesse caso, optamos escolher q como positivo de baixo para cima. K_0 sempre precisa ser positivo, pois é uma propriedade do solo. O grad H tem sinal negativo porque, ao calculá-lo, fizemos $H_B - H_A$. Se tivéssemos feito $H_A - H_B$, o grad H seria positivo e K_0 negativo. O melhor critério a seguir é primeiro escolher o sinal de q de acordo com a conveniência do problema em questão e, depois, calcular grad H de tal forma que K_0 sempre seja positivo (o valor absoluto sempre estará correto).

No exemplo anterior obtivemos K_0 = 4,91 cm · dia⁻¹, que é a condutividade hidráulica do solo saturado e, portanto, uma característica da amostra, não dependendo do arranjo experimental. Por exemplo, se a altura da vasilha superior for reduzida para 100 cm, o gradiente diminui, mas a densidade de fluxo de água diminui proporcionalmente e, como resultado, obtém-se o mesmo K_0. Nessa nova situação coletou-se 488 cm³ em um dia. Assim:

$$\text{grad } H = \frac{50 - 100}{50} = -1 \text{ cm} \cdot \text{cm}^{-1}$$

$$q = \frac{488}{100 \times 1} = 4{,}88 \text{ cm} \cdot \text{dia}^{-1}$$

$$K_0 = \frac{4{,}88}{1} = 4{,}88 \text{ cm} \cdot \text{dia}^{-1}$$

que é muito próximo ao valor 4,91 obtido no caso anterior. A diferença, no caso, está no erro experimental de medida do volume de 488 cm³ coletado em um dia.

No esquema da Figura 9 poderíamos colocar a coluna de solo em outra posição, na horizontal, por exemplo (Figura 10):

$H_A = z_A + h_A = 0 + 80 = 80 \text{ cmH}_2\text{O}$

$H_B = z_B + h_B = 0 + 20 = 20 \text{ cmH}_2\text{O}$

$\nabla H = \dfrac{20 - 80}{50} = -1,2 \text{ cm/cm}$

$q = \dfrac{588}{100 \times 1} = 5,88 \text{ cm} \cdot \text{dia}^{-1}$ (medido na proveta)

$K_0 = \dfrac{5,88}{1,2} = 4,90 \text{ cm} \cdot \text{dia}^{-1}$

Nesse caso, vê-se que novamente foi obtido um resultado semelhante. Ressaltando, K_0 é uma propriedade da amostra e independe do arranjo experimental de medida.

Os três exemplos anteriores tratam de solo saturado e, por isso, obtivemos K_0. Todos são casos de **equilíbrio dinâmico** (*steady-state*), em que a quantidade de água que passa por A é igual àquela que passa por B. Poderíamos, ainda, ter uma condição de solo não saturado, se aplicássemos sucções em A e B, como mostra a Figura 11, também com o mesmo solo da Figura 4. Esse experimento é difícil de ser executado, pois o solo fica aerado e a evaporação precisa ser controlada. Inicialmente, a vasilha do lado direito é elevada para que haja uma pressão positiva em A, e a vasilha esquerda é mantida praticamente na altura de B. Assim o solo é molhado, quase saturado e o fluxo de água se estabelece. Em seguida, as vasilhas são levadas para as posições indicadas na Figura 11.

Como o solo não está saturado, o fluxo de água (agora de B para A) é muito mais lento. Nesse tipo de experimento o equilíbrio é atingido somente após longo tempo (semanas, meses) e é preciso controlar perdas por evaporação e o desenvolvimento de microrganismos. De qualquer forma, também evolui para um caso de equilíbrio dinâmico. O solo não está saturado porque se aplicaram sucções em ambos os lados. Como a sucção em A é maior do que em B, a água se move de B para A. A gravidade não afeta o processo. Caso a coluna

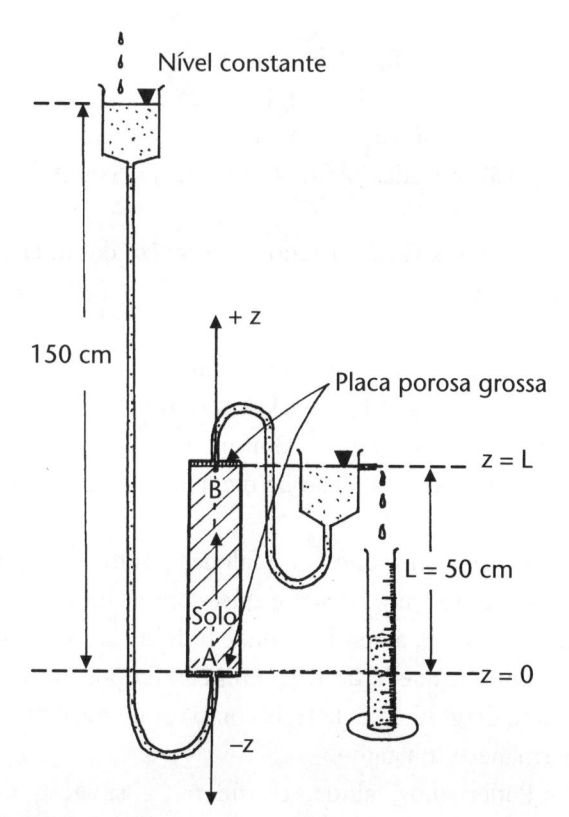

FIGURA 9 Fluxo saturado no solo com coluna na vertical.

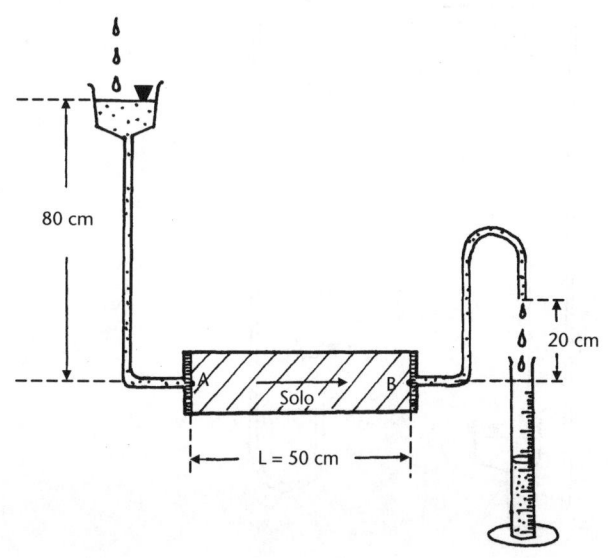

FIGURA 10 Fluxo saturado de água no solo, com coluna horizontal.

estivesse na vertical, a gravidade atuaria no transporte de água. Como $h_A = -120$ cmH$_2$O e $h_B = -100$ cmH$_2$O, o solo deve estar um pouco mais úmido em B do que em A. Para efeito de cálculo, utilizaremos a umidade média θ, que foi medida no fim do experimento, obtendo-se θ = 0,481 cm^3 . cm^{-3}. Nesse caso, teremos:

$$H_A = 0 - 120 = -120 \text{ cmH}_2\text{O}$$

$$H_B = 0 - 100 = -100 \text{ cmH}_2\text{O}$$

$$\text{grad H} = \frac{[-120 - (-100)]}{50} = -\frac{20}{50} = -0,4 \text{ cm} \cdot \text{cm}^{-1}$$

Como o movimento de água é muito mais lento, foram coletados apenas 420 cm^3 em uma semana. A densidade de fluxo é, então:

$$q = \frac{420}{100 \times 7} = 0,6 \text{ cm} \cdot \text{dia}^{-1}$$

e

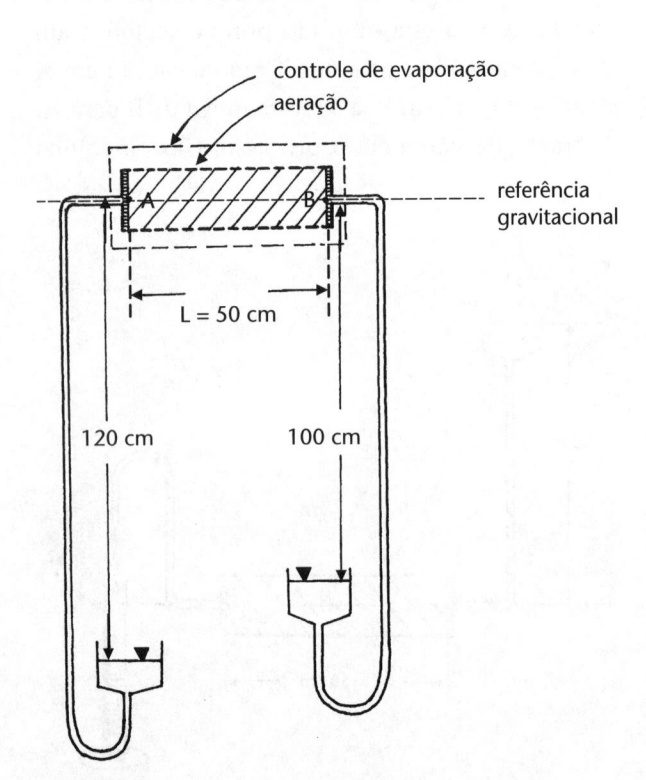

FIGURA 11 Fluxo não saturado de água no solo, com coluna horizontal.

$$K(\theta) = K(0,481) = \frac{0,6}{0,4} = 1,5 \text{ cm} \cdot \text{dia}^{-1}$$

valor muito semelhante ao obtido quando se substitui θ = 0,481 nas Equações 10 ou 11, ou ainda 12.

Outro exemplo interessante de aplicação da equação de Darcy-Buckingham, em um caso de equilíbrio dinâmico, é o esquematizado na Figura 18 do Capítulo 6. Para esse caso, consideremos uma condição de equilíbrio dinâmico de evaporação igual a 5 mm . dia^{-1}, na qual se verificaram os seguintes dados:

No ponto A (localizado no solo, ao nível de interface água-ar):

$$\theta_A = \theta_0 = 0,52 \text{ cm}^3 \cdot \text{cm}^{-3} \text{ (saturação)}$$
$$\text{grad H} = -1,0 \text{ cm} \cdot \text{cm}^{-1} \text{ (só gravidade atua)}$$
$$K(\theta_A) = K_0 = 5 \text{ mm} \cdot \text{dia}^{-1}$$
$$q_A = -5 \text{ mm} \cdot \text{dia}^{-1} \times (-1,0 \text{ cm} \cdot \text{cm}^{-1}) = 5 \text{ mm} \cdot \text{dia}^{-1}$$

No ponto B (localizado no centro da coluna de solo):

$$\theta_B = 0,50 \text{ cm}^3 \cdot \text{cm}^{-3}$$
$$\text{grad H} = -1,4 \text{ cm} \cdot \text{cm}^{-1}$$
$$K(\theta_B) = 3,57 \text{ mm} \cdot \text{dia}^{-1}$$
$$q_B = -3,57 \text{ mm} \cdot \text{dia}^{-1} \times (-1,40 \text{ cm} \cdot \text{cm}^{-1}) = 5 \text{ mm} \cdot \text{dia}^{-1}$$

No ponto C (localizado 5 cm abaixo da superfície do solo):

$$\theta_C = 0,42 \text{ cm}^3 \cdot \text{cm}^{-3}$$
$$\text{grad H} = -5,38 \text{ cm} \cdot \text{cm}^{-1}$$
$$K(\theta_C) = 0,93 \text{ mm} \cdot \text{dia}^{-1}$$
$$q_C = -0,93 \text{ mm} \cdot \text{dia}^{-1} \times (-5,38 \text{ cm} \cdot \text{cm}^{-1}) = 5 \text{ mm} \cdot \text{dia}^{-1}$$

Vê-se, assim, que em qualquer ponto o fluxo é constante (5 mm . dia^{-1}) e que, com a diminuição da umidade θ, a condutividade hidráulica cai bruscamente. A queda de K é compensada por um aumento do gradiente de H, e, como resultado, o fluxo permanece constante.

Poderíamos, ainda, considerar a situação de campo do solo mostrado na Figura 12, em que se veem dois tensiômetros instalados nos pontos A e B localizados na horizontal. Deseja-se saber o fluxo de água entre A e B. O solo é o mesmo cuja curva de K é apresentada nas Equações 10, 11 e 12, e cuja curva característica é apresentada na Figura 13.

Solução: O potencial matricial h da água nos pontos A e B pode ser calculado pela Equação 1 (Capítulo 7) dos tensiômetros (Atenção! Nela o símbolo h tem outro significado):

$$h(A) = -13{,}6 \times h + h + h_1 + h_2 = -212 \text{ cmH}_2\text{O}$$

$$h(B) = -13{,}6 \times 30 + 30 + 15 + 30 = -333 \text{ cmH}_2\text{O}$$

O potencial hidráulico nos pontos A e B, utilizando como referência para gravidade a linha que une esses pontos, será:

$$H_A = h_A + 0 = -212 \text{ cmH}_2\text{O}$$

$$H_B = h_B + 0 = -333 \text{ cmH}_2\text{O}$$

Pela curva característica do solo (Figura 13), verifica-se que os valores da umidade nos pontos A e B, correspondentes a h_A e h_B, são:

$$\theta_A = 0{,}50 \text{ cm}^3 \cdot \text{cm}^{-3}$$

e

$$\theta_B = 0{,}45 \text{ cm}^3 \cdot \text{cm}^{-3}$$

Para esses valores de θ, os correspondentes valores de condutividade hidráulica (aplicar Equações 10 ou 11 ou 12) são:

$$K(\theta_A) = K(0{,}50) = 4{,}91 \cdot \exp[16{,}8(0{,}50 - 0{,}55)]$$
$$= 2{,}12 \text{ cm} \cdot \text{dia}^{-1}$$

$$K(\theta_B) = K(0{,}45) = 4{,}91 \cdot \exp[16{,}8(0{,}45 - 0{,}55)]$$
$$= 0{,}92 \text{ cm} \cdot \text{dia}^{-1}$$

O valor médio é:

$$\overline{K}_1 = \frac{[K(\theta_A) + K(\theta_B)]}{2} = 1{,}52 \text{ cm} \cdot \text{dia}^{-1}$$

É importante notar que o valor médio de K poderia ser calculado de outra forma, primeiro calculando o valor médio de θ e depois o de K:

$$\overline{\theta} = \frac{\theta_A + \theta_B}{2} = 0{,}475 \text{ cm}^3 \cdot \text{cm}^{-3}$$

e

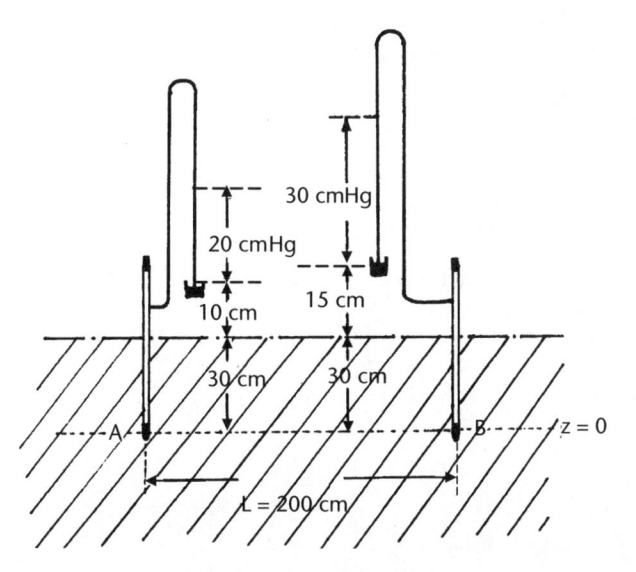

FIGURA 12   Tensiômetros indicando fluxo horizontal em coluna de solo.

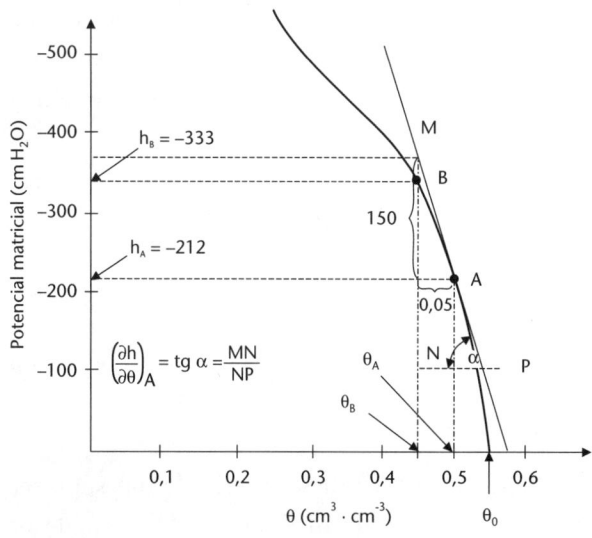

FIGURA 13   Curva característica do solo da Figura 12.

$\bar{K}_2 = K(\bar{\theta}) = 4{,}91 \cdot \exp[16{,}8\,(0{,}475 - 0{,}55)] =$
$= 1{,}39\ \mathrm{cm \cdot dia^{-1}}$

Como se vê, $\bar{K}_1 \neq \bar{K}_2$, e essa diferença torna-se maior com o aumento da diferença em θ. A escolha de cada um dos procedimentos dependerá do julgamento de cada pesquisador.

Dessa forma, o fluxo médio de água entre os dois tensiômetros fica:

$$\bar{q} = -\bar{K}_1 \frac{(H_B - H_A)}{L} \quad \text{ou} \quad -\bar{K}_2 \frac{(H_B - H_A)}{L}$$

$$\bar{q} = -1{,}52 \times \frac{[-212 - (-333)]}{200} = 0{,}92\ \mathrm{cm \cdot dia^{-1}}$$

Além da condutividade hidráulica, há outro parâmetro hídrico do solo, denominado **difusividade da água no solo**. Esse novo parâmetro foi introduzido da seguinte forma: para fluxo horizontal $H = h$, uma vez que a componente gravitacional não entra em jogo. Assim, a equação de Darcy-Buckingham (Equação 16) fica:

$$q = -K\left(\frac{\partial h}{\partial x}\right)$$

E, como $h = h(\theta)$ (curva característica), podemos reescrever esta equação introduzindo a derivada da curva característica, baseando-se no conceito de função de função. Como $h = h(\theta)$ e $\theta = \theta(x)$, a derivada $\partial h/\partial x$ passa a ser $[\partial h/\partial \theta] \cdot [\partial \theta/\partial x]$ e, assim:

$$q = -K\left(\frac{\partial h}{\partial \theta}\right)\left(\frac{\partial \theta}{\partial x}\right) = -D\left(\frac{\partial \theta}{\partial x}\right) \quad (16a)$$

em que:

$$D = K\left(\frac{\partial h}{\partial \theta}\right) \quad (17)$$

Pois, sendo $h(\theta)$ característica de um solo, sua derivada $\partial h/\partial \theta$ também é. D é a difusividade da água no solo, às vezes denominada, erroneamente, **difusividade hidráulica**, definida pela Equação 17.

Ela é, então, o produto de K (a um dado valor de θ) pela tangente à curva característica (no ponto correspondente ao mesmo valor de θ).

A equação de Darcy-Buckingham na forma 16a é, muitas vezes, preferível porque o gradiente de umidade $\partial \theta / \partial x$ é mais facilmente determinado que o gradiente de potencial $\partial h/\partial x$. O problema é que a Equação 16a envolve histerese (ver Capítulo 6) e $\partial h/\partial \theta$ não é único para um determinado valor de θ. Em geral, a histerese é desprezada ou, na melhor das hipóteses, utiliza-se a curva de "molhamento" em casos de molhamento e a curva de "secamento" em casos de secamento.

O parâmetro D foi denominado difusividade porque a equação de Darcy-Buckingham, na forma 16a, fica idêntica à equação de Fick para difusão de calor ou íons.

No caso de fluxo vertical, D também pode ser introduzido nas equações:

$$q = -K\frac{\partial H}{\partial z} = -K\frac{\partial}{\partial z}(h + z) = -K\frac{\partial h}{\partial z} - K =$$

$$= -K\frac{\partial h}{\partial \theta}\frac{\partial \theta}{\partial z} - K = -D\frac{\partial \theta}{\partial z} - K$$

isto é, para o caso de fluxo vertical, pode-se empregar a equação de Darcy-Buckingham nas duas formas:

$$q = -K\left(\frac{\partial h}{\partial z} + 1\right) \quad (18)$$

$$q = -D\frac{\partial \theta}{\partial z} - K \quad (19)$$

Para o caso do exemplo da Figura 12, temos:

$$D(\theta_A) = K(\theta_A)\left(\frac{\partial h}{\partial \theta}\right)_A \cong 2{,}12 \times \frac{150}{0{,}05} =$$

$$= 6.360\ \mathrm{cm^2 \cdot min^{-1}}$$

$$D(\theta_B) = K(\theta_B)\left(\frac{\partial h}{\partial \theta}\right)_B \cong 0{,}92 \times \frac{108}{0{,}05} =$$

$$= 1.987\ \mathrm{cm^2 \cdot min^{-1}}$$

O valor médio da difusividade é:

$$\overline{D} = \frac{[D(\theta_A) + D(\theta_B)]}{2} = 4.154 \text{ cm}^2 \cdot \text{min}^{-1}$$

e a densidade de fluxo, pela Equação 16a:

$$\overline{q} = -\overline{D}\left(\frac{\theta_A - \theta_B}{L}\right)$$

$$\overline{q} = -\overline{D}\left(\frac{0,45 - 0,50}{30}\right) = 6,92 \text{ cm} \cdot \text{min}^{-1}$$

que é um valor 7,5 vezes maior que o obtido no exemplo utilizando condutividades. Teoricamente, os valores deveriam ser iguais (na prática, semelhantes), mas como se pôde verificar, a maior fonte de erros nesses cálculos, com a equação de Darcy-Buckingham, está nas estimativas de K, D e dh/dθ, e esse erro aumenta com o aumento do gradiente. A característica física de K ou D variarem muito com pequenas variações de θ ou h introduz grandes erros nesses cálculos, isto é, um pequeno erro na medida de θ ou de h leva a grandes erros na estimativa de K ou D.

Voltando a comentar a equação de Darcy-Buckingham (Equação 3), é importante frisar que a densidade de fluxo de água no solo, sendo o produto da condutividade hidráulica do solo pelo gradiente de potencial hidráulico, depende da combinação dessas duas grandezas. Uma condutividade muito pequena na presença de um gradiente grande pode dar como resultado um fluxo razoável. Uma alta condutividade e um gradiente pequeno também podem permitir um fluxo razoável. Quando os dois são relativamente grandes, o fluxo assume grandes proporções, e, quando ambos são pequenos, o fluxo se torna desprezível. Uma camada de solo impermeável possui K = 0, e, nessas condições, sempre q = 0, mesmo na presença de um gradiente não nulo. Por outro lado, um gradiente nulo também implica q = 0, mesmo que K seja grande.

Como K e D diminuem drasticamente com θ, para um mesmo gradiente $\partial\theta/\partial x$, o fluxo é tanto menor quanto menor θ. Por isso, o movimento de água em um solo seco é geralmente bem menor que em solo úmido.

Quando a água se infiltra em um solo seco, a camada superior fica quase saturada e K é máximo (K = K_0). Além disso, o gradiente de potencial entre a parte seca e a úmida é enorme. Resulta, então, um fluxo muito grande. Daí se pensar que a água se move mais rapidamente em solo seco. Quando a água infiltra em solo úmido, K é grande, mas o gradiente é pequeno e a infiltração (fluxo) é pequena quando comparada com a infiltração em solo seco.

Equação da continuidade

Apenas o conhecimento do fluxo q pela aplicação da equação de Darcy-Buckingham não é o suficiente em estudos dinâmicos da água no solo. Na realidade, o que mais nos interessa é saber, em um dado ponto M, no perfil do solo, como a umidade varia em função do tempo. Em síntese, para qualquer situação, gostaríamos de possuir uma equação do tipo θ = θ (x, y, z, t), isto é, uma equação que nos permita determinar θ (umidade do solo), para qualquer valor de x, y e z (em qualquer posição) e para qualquer valor de t (em qualquer tempo), durante um processo qualquer de dinâmica de água. A equação da continuidade nos dará meios para estabelecer uma equação diferencial de θ (variável dependente), cuja solução para cada problema particular é a função θ = θ (x, y, z, t).

Seja um **elemento de volume** (ΔV) de solo em torno do ponto genérico M, situado no perfil de solo, no qual desejamos estudar as variações de umidade como indica a Figura 14. A **densidade de fluxo de água** q que entra no elemento de volume, por ser um vetor, pode ser decomposta nas três direções ortogonais x, y e z, resultando os módulos q_x, q_y e q_z. Seja, então, q_x a densidade de fluxo de água entrando no elemento de volume, na direção x (volume de água por unidade de tempo e de área).

A quantidade de água Q_x (vazão) que entra pela face Δy . Δz (perpendicular a x) na unidade de tempo Δt, é, então, q_x . Δy . Δz (volume de água por unidade de tempo; veja definição de densidade de fluxo, Equação 4). Portanto:

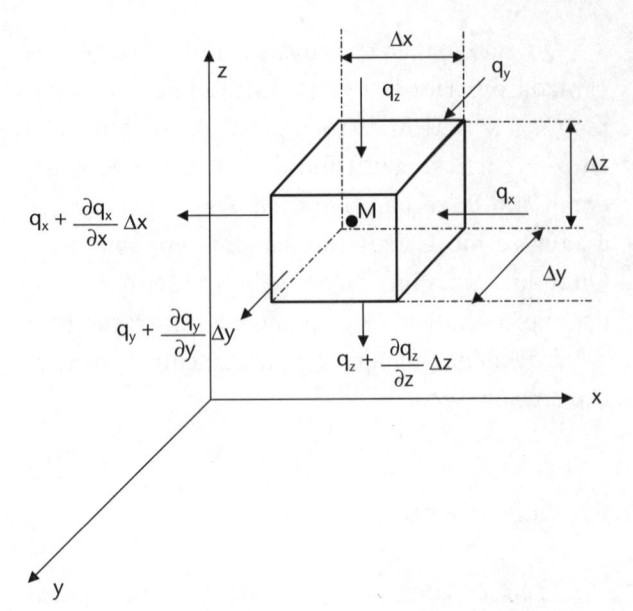

FIGURA 14 Elemento de volume de solo situado em torno de um ponto genérico M no perfil do solo.

$$\frac{Q_x}{\Delta t} = q_x \cdot \Delta y \cdot \Delta z$$

Considerando que ao longo da direção x pode haver uma variação na densidade de fluxo q_x, igual a $\partial q_x/\partial x$, a densidade de fluxo q'_x que sai pela face oposta do elemento de volume, na direção x, será:

$$q'_x = q_x + \left(\frac{\partial q_x}{\partial x}\right)\Delta x$$

É fácil perceber que $\partial q_x/\partial x$ é a variação de q_x por unidade de x e que a variação total ao longo de Δx é o produto $(\partial q_x/\partial x) \cdot \Delta x$. Se, por exemplo, $\partial q_x/\partial x = 0,01$ cm $\cdot$ dia$^{-1} \cdot$ cm^{-1} e $\Delta x = 5$ cm, a variação total é 0,05 cm $\cdot$ dia^{-1}.

A quantidade de água Q'_x que sai pela face oposta do elemento de volume, também de área $\Delta y \cdot \Delta z$, na unidade de tempo Δt, é então:

$$\frac{Q'_x}{\Delta t} = \left(q_x + \frac{\partial q_x}{\partial x}\right)\Delta y \cdot \Delta z$$

A variação da quantidade de água no elemento de volume por unidade de tempo $\partial Q_x/\partial t = \Delta Q_x/\Delta t$, na direção x é a diferença entre a quantidade que entra e a quantidade que sai (balanço):

$$\left(\frac{Q_x}{\Delta t} - \frac{Q'_x}{\Delta t}\right) = \frac{\Delta Q_x}{\Delta t} = \frac{\partial Q_x}{\partial t}$$

assim:

$$\frac{\partial Q_x}{\partial t} = q_x \cdot \Delta y \cdot \Delta z - \left(q_x + \frac{\partial q_x}{\partial x}\Delta x\right)\Delta y \cdot \Delta z$$

ou simplificando:

$$\frac{\partial Q_x}{\partial t} = -\frac{\partial q_x}{\partial x}\Delta x \cdot \Delta y \cdot \Delta z = -\frac{\partial q_x}{\partial x} \cdot \Delta V$$

pois $\Delta x \cdot \Delta y \cdot \Delta z = \Delta V$, volume do elemento escolhido em torno do ponto M.

Por raciocínio análogo para as direções y e z, teremos equações semelhantes:

$$\frac{\partial Q_y}{\partial t} = -\frac{\partial q_y}{\partial y}\Delta y \cdot \Delta x \cdot \Delta z = -\frac{\partial q_y}{\partial y} \cdot \Delta V$$

$$\frac{\partial Q_z}{\partial t} = -\frac{\partial q_z}{\partial z}\Delta z \cdot \Delta x \cdot \Delta y = -\frac{\partial q_z}{\partial z} \cdot \Delta V$$

e a variação total $\partial Q/\partial t$, no elemento ΔV, será a soma das variações nas três direções:

$$\frac{\partial Q}{\partial t} = -\left(\frac{\partial q_x}{\partial x} + \frac{\partial q_y}{\partial y} + \frac{\partial q_z}{\partial z}\right) \cdot \Delta V$$

Como o tamanho de ΔV não foi definido, é oportuno calcular a variação da quantidade de água por unidade de volume, dividindo ambos os lados da equação por ΔV e, assim, o primeiro membro passa a ser $\partial\theta/\partial t$, pois θ é a quantidade de água por unidade de volume. Assim:

$$\frac{\partial\theta}{\partial t} = -\left(\frac{\partial q_x}{\partial x} + \frac{\partial q_y}{\partial y} + \frac{\partial q_z}{\partial z}\right) \qquad (20)$$

Essa é a **equação da continuidade** que pode ser aplicada para o caso da água movendo-se em um material poroso. Vejamos como se pode entendê-la. Para isso vamos reescrevê-la em uma dimensão apenas, digamos movimento de água na horizontal, ou na direção x:

$$\frac{\partial \theta}{\partial t} = -\frac{\partial q_x}{\partial x} \quad (20a)$$

Ela nos diz que, no ponto M do solo, a variação da umidade θ com o tempo t é igual à variação do fluxo q_x na direção x. Isso significa que, apenas quando o fluxo varia ao longo de x, θ varia com o tempo. Lógico, se q_x varia em x, ou entra mais água em ΔV do que sai (e θ aumenta) ou entra menos água em ΔV do que sai (e θ diminui). Se a mesma quantidade que entra também sai, é porque q_x não variou ao longo de x, isto é, q_x = constante e $\partial q_x/\partial x = 0$ e $\partial\theta/\partial t = 0$, não há variação da umidade com o tempo. Este último caso é o de equilíbrio dinâmico (*steady-state*).

Pela equação de Darcy-Buckingham (Equação 3), sabemos que:

$$q_x = -K(\theta)_x \frac{\partial H}{\partial x}$$

$$q_y = -K(\theta)_y \frac{\partial H}{\partial y}$$

$$q_z = -K(\theta)_z \frac{\partial H}{\partial z}$$

em que os índices x, y e z na função K(θ) indicam que K pode ser diferente para a água fluindo nas três direções.

Substituindo esses valores na Equação 20, temos:

$$\frac{\partial \theta}{\partial t} = -\left\{\frac{\partial}{\partial x}\left[K(\theta)_x \frac{\partial H}{\partial x}\right] + \frac{\partial}{\partial y}\left[K(\theta)_y \frac{\partial H}{\partial y}\right] + \frac{\partial}{\partial z}\left[K(\theta)_z \frac{\partial H}{\partial z}\right]\right\} \quad (20b)$$

que é a equação diferencial mais geral do movimento da água no solo.

Esta equação é, muitas vezes, escrita como:

$$\frac{\partial \theta}{\partial t} = \nabla \cdot K \nabla H = \text{div}(K \cdot \text{grad } H) = \text{div } q$$

em que div representa o **divergente**, que é um **operador vetorial**. Quando o operador ∇ opera sobre um valor na forma de produto escalar de vetores, o resultado é o divergente. Seja, por exemplo, v = velocidade. Então ∇ . v é o divergente da velocidade.

$$\vec{\nabla} \cdot \vec{v} = \text{div } \vec{v}$$

em que o ponto (.) indica **produto escalar de dois vetores**.

Para efetuar a operação, basta fazer o produto escalar de ∇ e v. Para isso, vamos desdobrá-los em suas componentes:

$$\vec{\nabla} \cdot \vec{v} = \left(\frac{\partial}{\partial x}\vec{i} + \frac{\partial}{\partial y}\vec{j} + \frac{\partial}{\partial z}\vec{k}\right) \cdot (v_x\vec{i} + v_y\vec{j} + v_z\vec{k}) =$$

$$= \frac{\partial}{\partial x}\vec{i}\,v_x\vec{i} + \frac{\partial}{\partial x}\vec{i}\,v_y\vec{j} + \frac{\partial}{\partial x}\vec{i}\,v_z\vec{k} + \frac{\partial}{\partial y}\vec{j}\,v_x\vec{i} \dots$$

Como i . i = j . j = k . k = 1 (produto de vetores unitários de mesmo sentido e direção), e como i . j = i . k = k . j = ... = 0 (produto de vetores perpendiculares), o resultado é:

$$\vec{\nabla} \cdot \vec{v} = \frac{\partial v_x}{\partial x} + \frac{\partial v_y}{\partial y} + \frac{\partial v_z}{\partial z}$$

Vê-se, então, que o divergente é o resultado da operação de ∇ sobre uma grandeza vetorial e cujo resultado é uma grandeza escalar. Para o exemplo da velocidade, o seu divergente é uma medida da soma das variações de suas componentes ao longo das direções x, y e z.

Como o **gradiente** de um escalar é um vetor, podemos obter o divergente do gradiente de um escalar. Por exemplo:

- T = escalar
- grad T = vetor
- div (grad T) = escalar

O divergente da densidade de fluxo de água q é a variação da umidade do solo com o tempo, como indica a Equação 20b.

Um material é denominado isotrópico quando $K(\theta)_x = K(\theta)_y = K(\theta)_z$, isto é, suas características de condução de água não variam com a direção. Caso contrário, o material é **anisotrópico**. Solos estratificados são exemplos de materiais anisotrópicos.

Em uma dimensão, 20b fica:

$$\frac{\partial \theta}{\partial t} = \frac{\partial}{\partial x}\left[K(\theta)_x \frac{\partial H}{\partial x}\right] \quad (20c)$$

que também é denominada de **equação de Richards**.

Três casos particulares podem agora ser distinguidos:

a. **Fluxo em equilíbrio dinâmico** (*steady-state*), ou também denominado **regime permanente**, no qual a densidade de fluxo q é uma constante, consequentemente, suas componentes q_x, q_y e q_z também são. Como a derivada de uma constante é zero, $\partial \theta/\partial t = 0$. O regime permanente caracteriza-se pela invariabilidade do sistema com respeito ao tempo e uma variabilidade com respeito à posição. θ não varia com t ($\partial \theta/\partial t = 0$, mas varia com x, $\partial \theta/\partial x \neq 0$) e esse gradiente de umidade determina a densidade de fluxo q constante. Na Figura 9 é mostrado um sistema em regime permanente. A quantidade de água que entra no solo por A sai por B, e a umidade do solo não varia com o tempo.

Em regime permanente, a Equação 20c fica:

$$\frac{\partial}{\partial x}\left[K(\theta) \frac{\partial H}{\partial x}\right] = 0$$

No caso particular de $K(\theta_0)$ constante = K_0 (o solo está saturado), ela se simplifica ainda mais:

$$\frac{d}{dx}\left(\frac{dH}{dx}\right) = \frac{d^2H}{dx^2} = 0 \quad (21)$$

É oportuno lembrar que a Equação 21 é independente do tempo, daí as diferenciais totais d e não as parciais ∂, pois H é só função de x. A umidade do solo θ ou o potencial H variam no espaço, mas não no tempo. Como há fluxo, é necessário que θ e H variem com a distância, pois essa variação é o gradiente responsável pelo fluxo. Daí o nome: equilíbrio dinâmico. Em três dimensões, H = H (x, y, z) e a Equação 21 fica:

$$\frac{\partial^2 H}{\partial x^2} + \frac{\partial^2 H}{\partial y^2} + \frac{\partial^2 H}{\partial z^2} = 0$$

ou

$$\nabla^2 H = 0; \text{ div } q = 0$$

sendo estas últimas equações denominadas **equações de Laplace**.

b. **Fluxo variável** ou **regime transiente**: é o caso mais geral do qual os potenciais podem variar com o tempo e, logicamente, com a posição. Nesse caso, as equações diferenciais utilizadas são as Equações 20b para três dimensões e 20c para uma dimensão.

c. Sem fluxo, **equilíbrio termodinâmico**: neste caso o sistema é estático, $\partial \theta/\partial t = 0$, ou o gradiente ou, ainda, $K(\theta)$ é nulo.

Fluxo saturado de água no solo

Ao estudar o **fluxo de água no solo**, é conveniente fazer a distinção entre fluxo de água em solo saturado, que simplesmente chamaremos de fluxo saturado, e fluxo de água em solo não saturado. No primeiro caso, θ não é variável, é constante e igual à porosidade α ($\theta_0 = \alpha$), e K também é constante, assumindo o valor K_0. Para o caso de fluxo de água em solo não saturado, isso não acontece, θ e K variam e tudo se complica. No fluxo saturado, apenas as componentes gravitacional e de pressão do potencial total são consideradas. Estando o solo saturado, a água sempre estará sob pressões positivas ou nulas, nunca negativas, porque não há interfaces água/ar.

Como o solo está saturado:

- $\alpha = \theta = \theta_0$ (saturação) = constante

$$\frac{\partial \theta}{\partial t} = 0$$

- $K = K_0$ (condutividade hidráulica do solo saturado) = constante e h só assume valores positivos de cargas hidráulicas atuando sobre o solo.

$$\Psi_t = \Psi_g + \Psi_p \quad \text{ou} \quad H = z + h$$

$$q = -K_0 \frac{dh}{dx} \quad \text{(fluxo horizontal)}$$

$$q = -K_0 \frac{dH}{dz} \quad \text{(fluxo vertical)}$$

como θ é constante, $\partial\theta/\partial t = 0$ e resulta:

$$\frac{d^2h}{dx^2} = 0 \quad \text{(fluxo horizontal)}$$

$$\frac{d^2H}{dz^2} = 0 \quad \text{(fluxo vertical)}$$

Exemplo 1: Consideremos o solo saturado apresentado na Figura 10. A equação diferencial que rege o fluxo é:

$$\frac{d^2H}{dx^2} = 0$$

Naquele exemplo conseguimos calcular q e K_0. Não temos, porém, nenhuma informação sobre o que acontece com o potencial H = h dentro da coluna de solo. Nas extremidades A e B, denominadas contornos, conhecemos H_A e H_B. Nosso problema é unidimensional, na direção x. O eixo x está, portanto, passando por A e B. Sejam, então, os valores de x em A igual a zero e em B igual a 50 cm. Portanto, H = +80 cmH$_2$O em x = 0 e H = +20 cmH$_2$O em x = 50. Qual seria o valor de H em qualquer ponto entre A e B? Não temos essa informação. Ela nos será dada pela solução do problema, que é a solução da equação diferencial de H, que, no caso, é a equação d^{2}H/dx^2 = 0. Essa é a forma genérica da equação da continuidade aplicada ao nosso problema, que é um caso particular de equilíbrio dinâmico. Nosso problema é, portanto, encontrar sua solução, isto é, uma função H = H(x), que satisfaça a condição de que sua derivada segunda seja nula. Essa função nos permitirá determinar H para qualquer x, ou seja, para qualquer ponto entre A e B.

O leitor deve recordar-se de que a solução de equações diferenciais é sempre feita por tentativa. Vários métodos são utilizados até que se encontre uma solução. Muitas vezes não se encontra uma solução, e o problema só pode ser resolvido numericamente. Nosso caso, porém, é um dos mais simples. Sabemos que a função cuja derivada segunda é nula é uma reta. Assim, nossa solução deve ser uma equação genérica de reta:

$$H = ax + b \tag{22}$$

É fácil verificar que:

$$\frac{dH}{dx} = a \quad e \quad \frac{d^2H}{dx^2} = 0$$

A Equação 22 é denominada **solução geral**. Geral porque os valores de a e b não foram definidos. Ela, na verdade, representa infinitas retas e apenas nos diz que H varia linearmente ao longo de x. Já é alguma coisa.

As constantes a e b apareceram na Equação 22 porque, apesar de escolhida por tentativa, sua origem está na integração da Equação 21. Como a Equação 21 é uma derivada segunda, são necessárias duas integrações, e em cada integração aparece uma constante indefinida. Na primeira integração aparece a e na segunda aparece b.

A determinação das constantes a e b, para nosso problema particular, transforma a solução geral na **solução particular**, que é uma reta bem definida, válida só para o problema da Figura 9. Para isso precisamos das condições de contorno, já mencionadas:

- Em A: x = 0 cm; H = 80 cmH$_2$O (1ª condição)
- Em B: x = 50 cm; H = 20 cmH$_2$O (2ª condição)

Como a solução geral é válida para qualquer x, ela é, também, válida em A e B. Aplicando a Equação 22 em A e B, temos:

- Em A: 80 = a . 0 + b
- Em B: 20 = a . 50 + b

E, resolvendo esse sistema de duas equações e duas incógnitas, temos:

$$a = -1,2 \text{ e } b = 80$$

portanto, a solução particular é:

$$H = -1,2 \cdot x + 80 \qquad (22a)$$

Se o leitor quiser testar se 22a está correta, basta aplicar nela as condições de contorno e verificar se dá certo. Assim, para x = 0 indica H = 80; para x = 50 indica H = 20, portanto está correta.

A Equação 22a é a solução particular do nosso problema. Com ela podemos calcular H em qualquer ponto no interior da coluna de solo, sem fazer uma medida direta. Por exemplo, qual o valor de H em x = 10 cm? Aplicando 22a, temos H = 68 cmH$_2$O.

Quanto valerá a densidade de fluxo de água?

$$\frac{dH}{dx} = \frac{d}{dx}(-1,2 \cdot x + 80) =$$

$$= -1,2 \text{ cmH}_2\text{O/cm de solo}$$

K_0, já calculado anteriormente, vale 4,91 cm . dia^{-1}, portanto:

$$q = -4,91 \times (-1,2) = 5,89 \text{ cm . dia}^{-1}$$

Este exemplo, apesar de simples, é um exemplo típico de **Problemas de Valor de Contorno** (PVC), em inglês denominados *Boundary Value Problems* (BVP). Eles se constituem de uma equação diferencial (no caso Equação 21), de condições de contorno (condições que envolvem a coordenada de posição nas "extremidades" do sistema em análise) e de condições no tempo iniciais, intermediárias ou finais (não presentes, neste caso, por se tratar de equilíbrio dinâmico, um caso sem início e sem fim). A solução do PVC é uma equação matemática que indica como a variável de interesse, tomada como dependente, é uma função das variáveis independentes, espaço e tempo. No caso do problema em questão é a Equação 22.

De maneira bastante geral, o número de condições necessárias para a solução de um PVC depende da ordem da maior derivada parcial. No nosso exemplo (Equação 21) só temos uma derivada parcial de segunda ordem em relação ao espaço, por isso foram necessárias duas condições de contorno. Já uma equação do tipo:

$$\frac{\partial \theta}{\partial t} = \frac{\partial}{\partial x}\left[D(\theta)\frac{\partial \theta}{\partial x}\right]$$

exige uma condição em t (condição inicial) e duas condições em x (condições de contorno), pois, apesar de não estar explícito na equação anterior, seu segundo membro é uma derivada segunda de θ em relação a x.

Exemplo 2: Seja agora o caso de fluxo saturado em uma coluna vertical do solo, como indica a Figura 15. A equação diferencial será a mesma do problema anterior:

$$\frac{d^2H}{dz^2} = 0$$

cuja solução geral é:

$$H = a \cdot z + b$$

A fim de determinar a e b, necessitamos dos valores H_A e H_B (condições de contorno):

$$H_A = h_1 + L$$
$$H_B = 0 + 0$$

Então, substituindo esses valores na solução geral, teremos:

$$h_1 + L = aL + b$$
$$0 = a \cdot 0 + b$$

de onde:

$$b = 0$$
$$a = \frac{(h_1 + L)}{L}$$

e a solução particular fica:

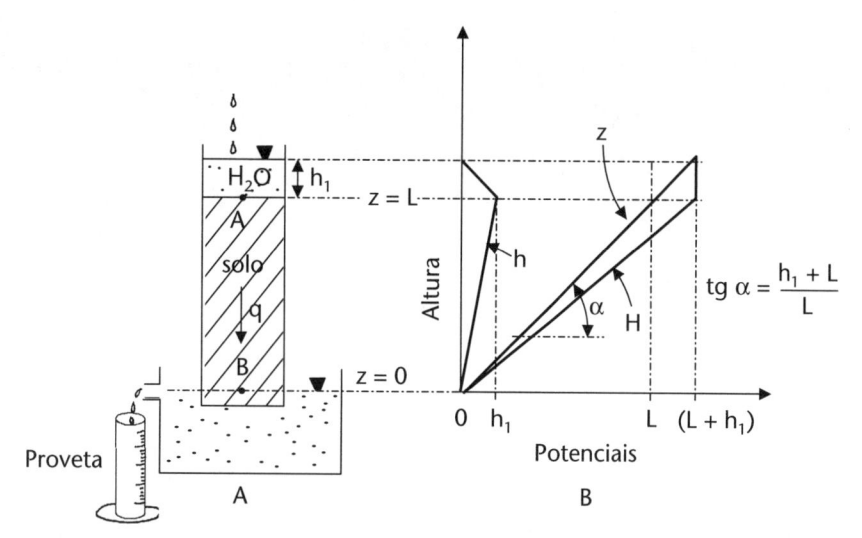

FIGURA 15 Fluxo vertical em solo saturado.

$$H = \frac{(h_1 + L)}{L} \cdot z \quad (23)$$

O gráfico da distribuição de potenciais é esquematizado na própria Figura 15B. Esses gráficos são discutidos no Capítulo 6. A densidade de fluxo será:

$$q = -K_0 \frac{\partial H}{\partial z} = -K_0 \left(\frac{h_1 + L}{L}\right) = -K_0 \frac{h_1}{L} - K_0 \quad (24)$$

O sinal negativo indica (pela nossa convenção) que o fluxo é de cima para baixo.

Imagine, agora, que com esse solo se fez um experimento variando h_1 e medindo q na proveta. Os valores obtidos foram para L = 50 cm, mostrados na tabela seguinte.

h_1 (cm)	q (cm/min)
10	–0,60
20	–0,71
30	–0,79
40	–0,90

Logicamente, quanto maior a carga h_1, maior o fluxo. Se fizermos o gráfico de q em função de h_1 (que, nesse experimento, é uma variável), obtemos uma linha reta (ver Equação 24), cujo coeficiente angular deve ser igual a K_0/L e cujo coeficiente linear é K_0. Esse gráfico se acha na Figura 16.

Nessa figura, verifica-se que o coeficiente linear é 0,5 e o angular é:

$$\tan \alpha = \frac{0,3}{30} = 0,01$$

que é $K_0/L = 0,5/50 = 0,01$.

Esse é um método mais preciso de determinar K_0. O mesmo pode ser feito com uma coluna horizontal, tal como foi visto no exemplo anterior. Pode-se, também, fazer o gráfico da densidade de fluxo q em função do gradiente de H e, nesse caso, o coeficiente angular é o próprio K_0. Na Figura 17 esse gráfico é apresentado para texturas extremas: solo arenoso e solo argiloso.

Em um solo de estrutura estável (rígido) a **condutividade hidráulica** K_0 é uma característica constante do material. A condutividade hidráulica é, obviamente, afetada pela estrutura e textura do solo, sendo maior em solo altamente poroso, fraturado ou agregado e menor em solos densos e compactados. A condutividade não depende apenas da porosidade total (α), mas em especial, das dimensões dos poros e da atividade das argilas que os formam.

Por exemplo, um solo arenoso, em geral, tem condutividade hidráulica maior do que um argiloso, apesar de o primeiro ter porosidade total menor que o último.

Se, para o caso do exemplo da Figura 15, tivermos um solo estratificado, com camadas de diferentes

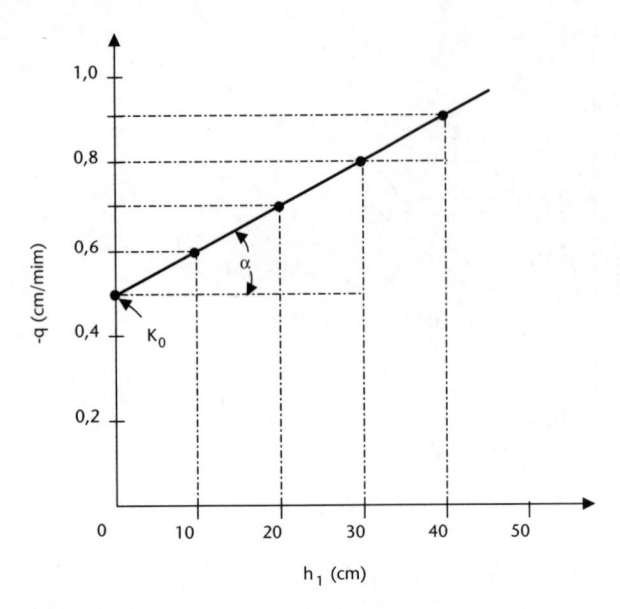

FIGURA 16 Determinação de K_0 em fluxo saturado vertical.

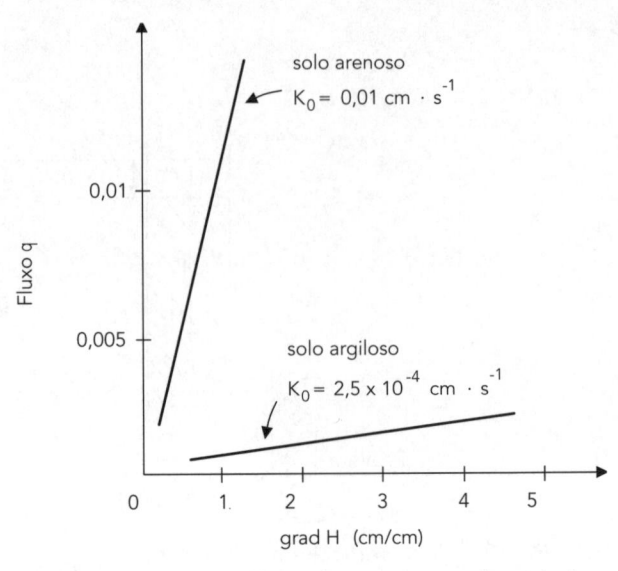

FIGURA 17 Dependência linear entre a densidade de fluxo e o gradiente $\partial H/\partial x$, em sistema horizontal saturado.

condutividades hidráulicas, logicamente a de menor K_0 limitará o fluxo. Seja o caso da Figura 18.

Como se trata de fluxo em equilíbrio dinâmico, temos:

$$q = q_1 = q_2 = -K_{01}\frac{\partial H}{\partial z} = -K_{02}\frac{\partial H}{\partial z}$$

Se, por exemplo, $K_{01} = K_{02}/3$, então, $\partial H/\partial z$ no solo 1 tem de ser três vezes maior que no solo 2. É o caso da Figura 18, de um solo mais permeável (solo 1) acima de um solo menos permeável (solo 2). Invertendo-se a situação, como na Figura 19, na qual o solo menos permeável fica acima, pode até ocorrer uma sucção (valores negativos de h) no solo mais permeável situado abaixo.

A maior condutividade do solo 1 permite uma densidade de fluxo maior que acarreta uma sucção na interface do solo 2, que pode se estender alguns centímetros no solo 2. Como resultado, não se consegue saturar o solo 1. O gráfico correto de h e, consequentemente, de H, dependerá de cada arranjo experimental.

A **equação de Darcy** não é universalmente válida para todas as condições de movimento de fluidos em materiais porosos. Há muito tempo reconheceu--se que a linearidade das relações fluxo-gradiente (Figuras 16 e 17) falha para valores muito baixos e muito altos de gradiente de H. No laboratório, a condutividade hidráulica do solo saturado é medida em permeâmetros, esquematizados na Figura 20. Mais adiante, nos capítulos de aplicações, o assunto será abordado novamente.

Fluxo não saturado de água no solo

O **fluxo de água não saturado** ocorre no solo em qualquer condição de umidade θ abaixo do valor de saturação (θ_0). A maioria dos processos que envolvem o movimento de água no solo, dentro ou fora de uma cultura, ocorre com o solo em condições não saturadas. Esses processos de fluxo não saturado são, de maneira geral, complicados e de difícil descrição quantitativa. Variações da umidade do solo durante seu movimento envolvem funções complexas entre as variáveis θ, H e K ou D, que podem ser afetadas pela histerese. A formulação e a solução de problemas de fluxo não saturado, muitas vezes, requerem o uso de métodos complexos de análise matemática e, frequentemente, técnicas numéricas aproximadas de computação são necessárias.

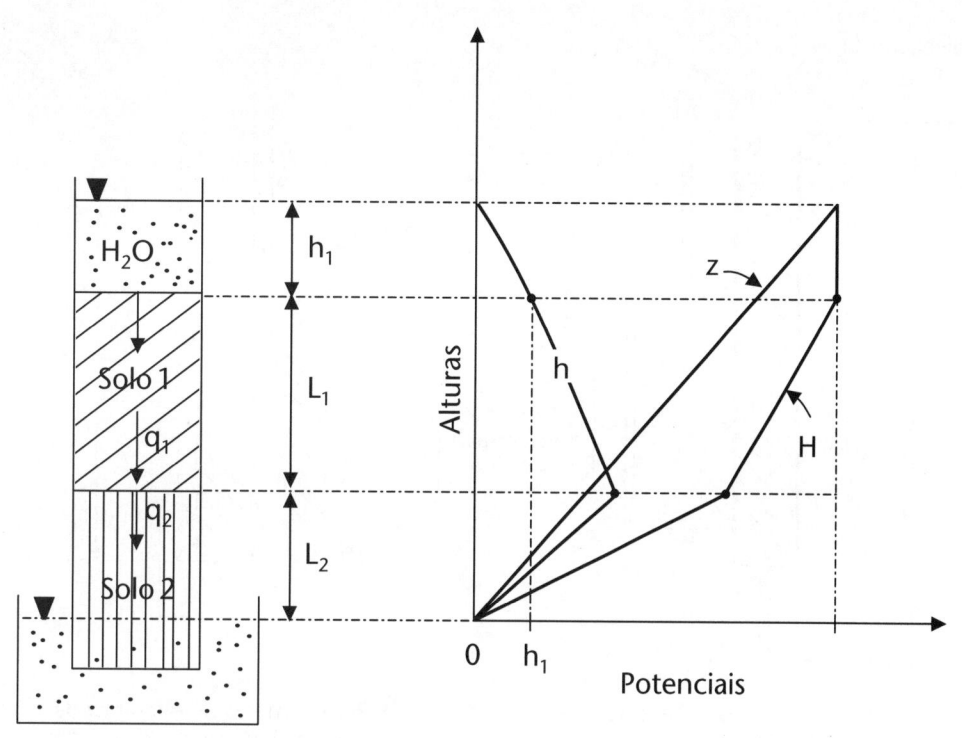

FIGURA 18 Fluxo saturado em solo estratificado, sendo a camada superior de condutividade hidráulica três vezes maior que a camada inferior.

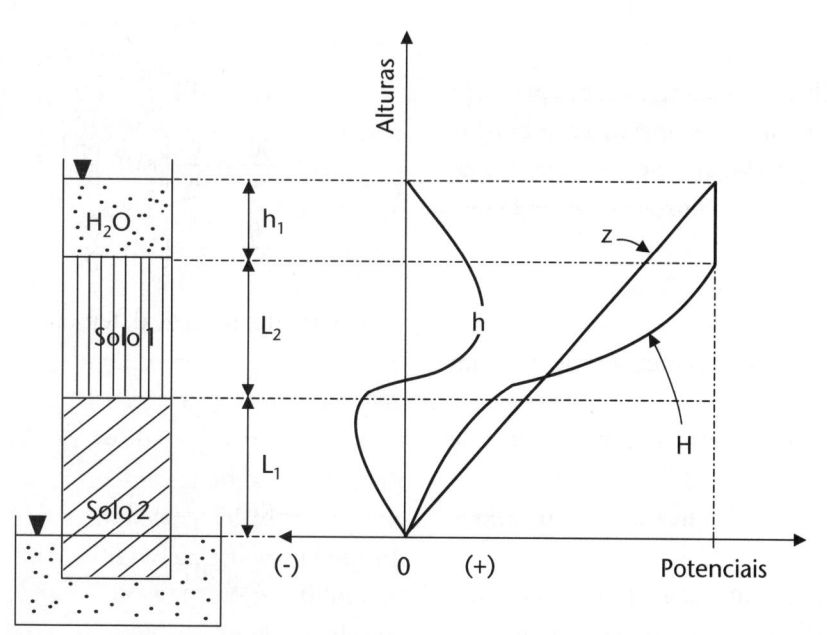

FIGURA 19 Fluxo "saturado" em solo estratificado, sendo a camada superior de condutividade hidráulica três vezes menor que a camada inferior.

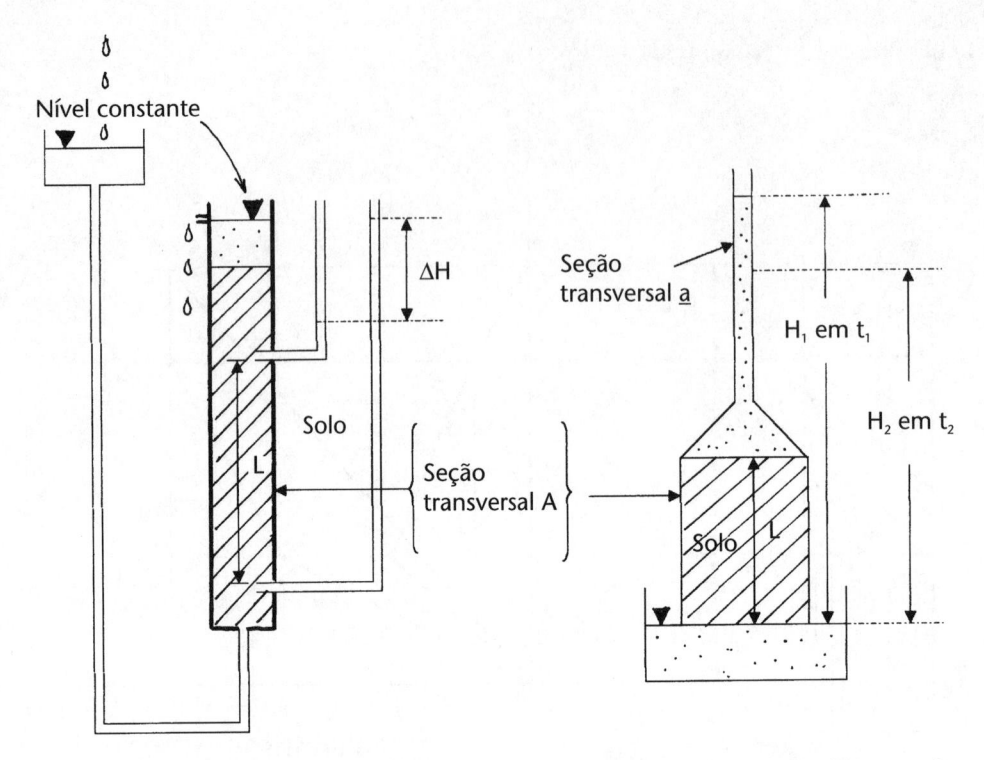

a. Permeâmetro de diferença de potencial constante

$$K_0 = \frac{V \cdot L}{A \cdot t \cdot \Delta H}$$

b. Permeâmetro de diferença de potencial variável

$$K_0 = \left[\frac{2,3\, a\, L}{A(t_2 - t_1)}\right]\left(\log \frac{H_1}{H_2}\right)$$

FIGURA 20 Medida da condutividade hidráulica do solo saturado com permeâmetros.

Para o caso do fluxo não saturado, sem a presença de membranas semipermeáveis, apenas a componente matricial h e a gravitacional z são de importância. As equações utilizadas para o fluxo não saturado são:

- $\theta_0 > \theta > 0$
- $H = h + z$
- $h = h(\theta)$, curva de retenção experimental com ajuste de modelo
- $K = K(\theta)$ ou $K(h)$ experimental com ajuste de modelo
- $D = D(\theta)$ experimental com ajuste de modelo

No caso de fluxos horizontais, considerando como coordenada de posição a variável x, temos:

$$H = h$$

$$q = -K(\theta)\frac{\partial h}{\partial x}$$

$$q = -D(\theta)\frac{\partial \theta}{\partial x}$$

$$\frac{\partial \theta}{\partial t} = \frac{\partial}{\partial x}\left[K(\theta)\frac{\partial h}{\partial x}\right]$$

$$\frac{\partial \theta}{\partial t} = \frac{\partial}{\partial x}\left[D(\theta)\frac{\partial \theta}{\partial x}\right]$$

E, para fluxo vertical, temos:

$$H = h + z$$

$$q = -K(\theta)\frac{\partial H}{\partial z} = -K(\theta)\frac{\partial h}{\partial z} - K(\theta) =$$

$$= -K(\theta)\left(\frac{\partial h}{\partial z} + 1\right)$$

$$q = -D(\theta)\frac{\partial H}{\partial z} - K(\theta)$$

$$\frac{\partial \theta}{\partial t} = \frac{\partial}{\partial z}\left[K(\theta)\frac{\partial H}{\partial z}\right]$$

$$\frac{\partial \theta}{\partial t} = \frac{\partial}{\partial z}\left[D(\theta)\frac{\partial \theta}{\partial z} + \frac{\partial K}{\partial \theta}\cdot\frac{\partial \theta}{\partial z}\right]$$

Nas equações anteriores, sempre que conveniente, $K(\theta)$ pode ser substituído por $K(h)$.

Exemplo 1: Consideramos o fluxo não saturado em equilíbrio dinâmico (*steady-state*), como o indicado na Figura 21. Ele não é saturado porque o solo encontra-se, em ambas as extremidades, sujeito a tensões (sucção ou pressão negativa). Para iniciar um experimento desse tipo, o recipiente de água C é levantado acima do ponto A e, daí, o solo satura, e tem-se o fluxo saturado. Em seguida, o recipiente C é abaixado e espera-se o equilíbrio. A coluna precisa ser perfurada para permitir a aeração, e a evaporação não deve ocorrer. No equilíbrio, que demora a ser atingido:

$$\frac{\partial \theta}{\partial t} = 0 = \frac{\partial}{\partial x}\left[K(h)\frac{\partial h}{\partial x}\right] \quad (25)$$

Para resolver essa equação, é necessário conhecer $K(h)$, que, normalmente, é determinada de forma experimental. No início do capítulo vimos tipos exponenciais de $K(\theta)$ e que podemos, também, ter $K(h)$. Imagine, a título de exemplo, que para o solo em consideração, no intervalo $-30 > h > -100$ cm de água, a relação K *versus* h é dada por:

$$K(h) = \left(1 + \frac{h}{200}\right) \text{cm} \cdot \text{h}^{-1} \quad (26)$$

Por exemplo, no ponto A, $K(-30) = 1-30/200 = 0{,}85$ cm . h^{-1}; no ponto B, $K(-100) = 1 - 100/200 = 0{,}5$ cm . h^{-1} e em um ponto onde $h = -70$, $K(-70) = 1 - 70/200 = 0{,}65$ cm . h^{-1}.

Na prática, faz-se um experimento à parte para determinar $K(h)$. Tendo-se vários valores de K referentes a cada h, pode-se fazer o gráfico de K *versus* h. Por técnicas numéricas pode-se, ainda, adaptar uma equação aos pontos experimentais do gráfico. É dessa forma que se estabeleceu a Equação 26. Substituindo a Equação 26 em 25, temos:

$$\frac{d}{dx}\left[\left(1 + \frac{h}{200}\right)\frac{dh}{dx}\right] = 0 \quad (27)$$

As derivadas parciais ∂ foram substituídas pelas totais (d), porque h é só função de x e não de t.

Precisamos, agora, encontrar a solução da Equação 27, observando as condições do problema. Ele é um pouco mais complicado que no caso do fluxo saturado, em que K era uma constante e a equação diferencial se simplificou em $d^2H/dx^2 = 0$, cuja solução é uma linha reta. De qualquer forma, como 27 é uma equação diferencial de segunda ordem, serão necessárias duas integrações com relação a x.

$$\int \frac{d}{dx}\left[\left(1 + \frac{h}{200}\right)\frac{dh}{dx}\right] dx = C_1$$

em que C_1 é a 1ª constante de integração. Assim, como a integral de uma derivada é a própria função:

$$\left[\left(1 + \frac{h}{200}\right)\frac{dh}{dx}\right] = C_1$$

Separando as variáveis, tem-se:

$$\left(1 + \frac{h}{200}\right) dh = C_1 \cdot dx$$

e, integrando mais uma vez:

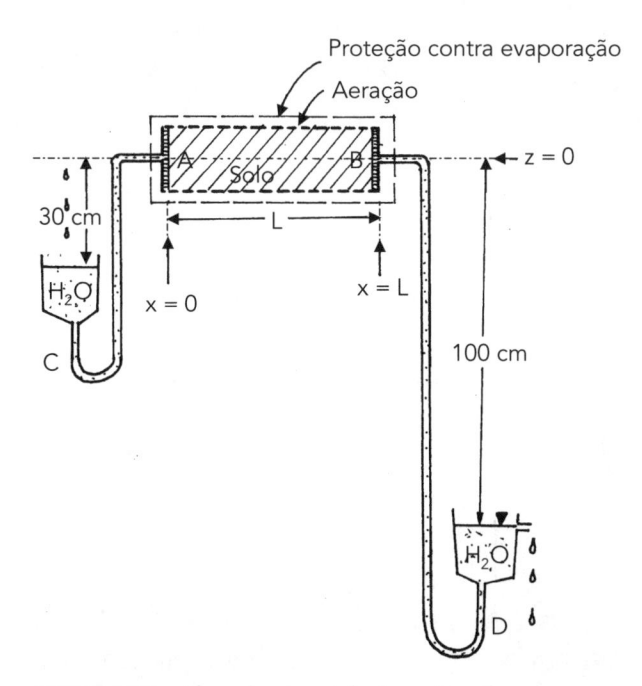

FIGURA 21 Fluxo horizontal não saturado.

$$\int \left(1 + \frac{h}{200}\right) dh = C_1 \int dx + C_2$$

em que C_2 é a segunda constante de integração.

$$\int dh + \frac{1}{200} \int h\, dh = C_1 \int dx + C_2$$

$$h + \frac{h^2}{400} = C_1 x + C_2$$

multiplicando ambos os membros por 400 e adicionando a cada membro $(200)^2$, temos:

$$400h + h^2 + 200^2 = 200^2 + 400C_1 x + 400C_2$$

Como $400C_1$ e $400C_2$ são constantes também e C_1 e C_2 foram incluídas arbitrariamente, elas podem ser consideradas novas constantes:

$$(h + 200)^2 = 200^2 + C_1 x + C_2$$

Tirando a raiz quadrada de ambos os membros e rearranjando-a:

$$h = -200 + \sqrt{200^2 + C_1 x + C_2} \qquad (28)$$

A Equação 28 é a solução geral do problema. A solução particular é obtida determinando-se os valores de C_1 e C_2, utilizando as condições de contorno. Para $x = 0$, $h = -30$ e para $x = L$, $h = -100$, então:

$$-30 = -200 + \sqrt{200^2 + C_1 \cdot 0 + C_2}$$
$$-100 = -200 + \sqrt{200^2 + C_1 \cdot L + C_2}$$

em que:

$$C_1 = \frac{-18.900}{L} \quad \text{e} \quad C_2 = -11.100$$

e a solução particular fica:

$$h = -200 + \sqrt{40.000 - \frac{18.900 x}{L} - 11.100} \qquad (29)$$

Essa equação nos permite determinar h em qualquer ponto da coluna (L > x > 0). Seu gráfico é apresentado na Figura 22 para uma coluna de solo L = 100 cm. Nessa figura verifica-se que o gradiente de potencial matricial (dh/dx) varia ao longo de x. Pela Equação 26, verifica-se, também, que K varia de 0,85 cm $\cdot$ h^{-1} a 0,5 cm $\cdot$ h^{-1} ao longo da coluna. Apesar disso, a densidade de fluxo q é uma constante. Isso porque o decréscimo da condutividade é contrabalanceado por um acréscimo no gradiente. Devido a isso, a densidade de fluxo q tem de ser calculada levando-se em conta a coluna toda:

$$q = -K(h) \frac{dh}{dx}$$

Separando as variáveis e integrando:

$$q \int_0^L dx = -\int_{-30}^{-100} \left(1 + \frac{h}{200}\right) dh$$

$$q[x]_0^L = \left[h + \frac{h^2}{400}\right]_{-30}^{-100}$$

$$qL = -\left[-100 + \frac{(-100)^2}{400}\right] + \left[-30 + \frac{(-30)^2}{400}\right] = 47,25$$

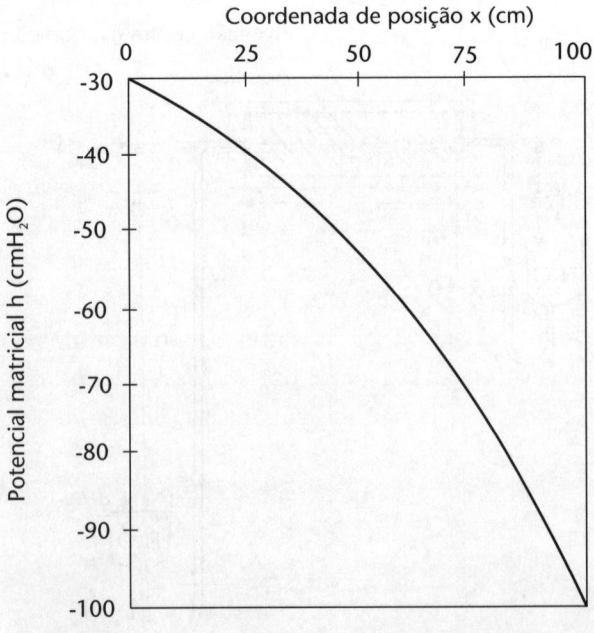

FIGURA 22 Distribuição do potencial matricial na coluna de solo do Exemplo 1.

em que q = 0,4725 cm . h^{-1}, para L = 100 cm, uma vez que L não foi definido.

Exemplo 2: Um solo possui condutividade hidráulica que segue esta equação:

$$K(h) = 2 \cdot e^{0,01 \cdot h} \text{ (cm . dia}^{-1}) \quad (30)$$

em que **e** é a base dos logaritmos neperianos. Dois tensiômetros instalados à mesma profundidade e distantes entre si 20 cm registram: h$_A$ = –350 cmH$_2$O e h$_B$ = –300 cmH$_2$O. Qual a densidade de fluxo de água horizontal entre os tensiômetros?

$$q = -K(h)\frac{dh}{dx}$$

Substituindo o valor de K (Equação 30) e separando as variáveis:

$$q \cdot dx = -2 \cdot e^{0,01 \cdot h} \cdot dh$$

e integrando nos respectivos limites:

$$q \int_0^{20} dx = -2 \int_{-350}^{-300} e^{0,01h} \, dh$$

$$q[x]_0^{20} = -2 \left[0,01 \times e^{0,01h} \right]_{-350}^{-300}$$

em que: q = 3,96 × 10^{-4} cm . dia^{-1}.

Já dissemos que K varia de solo para solo e que seus valores são determinados experimentalmente. A solução de problemas do tipo visto nos dois últimos exemplos depende da função analítica K = K(h). Se esta for muito complicada ou de determinado tipo, a integração não poderá ser realizada analiticamente. Nesse caso, não há solução teórica para o problema, podendo-se porém encontrar uma solução numérica, como será mostrado no Capítulo 14.

As funções K(h), K(θ) ou D(θ) são, geralmente, exponenciais para a maioria dos solos; daí a integração é possível na maioria dos casos. Quando não se possui a expressão analítica dessas funções, métodos de análise numérica podem, ainda, resolver o problema.

Nos dois exemplos vistos anteriormente, a densidade de fluxo é constante, pois se trata de casos de equilíbrio dinâmico. Apesar de θ variar com x, θ não varia com t (∂θ/∂t = 0). O caso mais geral é o de regime transiente, quando o fluxo varia e daí ∂θ/∂t ≠ 0. Daí, a equação diferencial a ser utilizada ser do tipo da Equação 20b, cuja solução será do tipo θ = θ (x,t). Esses problemas são, em geral, muito mais difíceis do ponto de vista matemático, e, na maioria das vezes, não é possível determinar a função de θ = θ (x,t). Alguns exemplos desse tipo de solução serão abordados, com detalhe, no Capítulo 14 da parte aplicada deste volume.

Métodos de laboratório de determinação da condutividade hidráulica e difusividade são vastamente encontrados na literatura e, entre eles destaca-se o de Gardner (1956), que, apesar de bastante antigo, será estudado em mais detalhe a seguir, pois se trata de um ótimo exemplo de aplicação das equações vistas até o momento e nos dá uma ideia de quão complicado pode ser o tratamento analítico desses problemas.

Nesse momento, é oportuno que o leitor tome diante de si o trabalho de Gardner (1956). Gardner utiliza-se de uma simbologia pouco diferente nas equações que vimos aqui, mas o leitor deve reconhecer, imediatamente, suas primeiras equações. Seu método de determinação de K baseia-se na câmara de pressão de Richards descrita no Capítulo 7. Consideremos uma amostra de solo de volume V, seção transversal S e altura L, situada sobre a placa porosa (ver Figura 7 – Capítulo 7). Com uma pressão P$_i$, o sistema encontra-se em equilíbrio e, em seguida, no instante t = 0, a pressão na câmara é elevada de um valor ΔP e a pressão final será P$_f$ = P$_i$ + ΔP. Esse aumento de pressão causa a saída de parte da água do solo até que um novo equilíbrio seja estabelecido. Esse é o procedimento adotado para a determinação da curva de retenção de água no solo e Gardner teve a ideia de utilizar o mesmo procedimento para determinar a condutividade hidráulica, baseando-se no fato de solos mais permeáveis atingirem o equilíbrio mais rapidamente. Para esse processo de fluxo transiente de água que sai do solo por ação de ΔP, no qual θ varia no espaço e no tempo, temos:

$$\frac{\partial \theta}{\partial t} = \frac{\partial}{\partial z}\left[K(\theta)\frac{\partial H}{\partial z}\right] \qquad (31)$$

em que o potencial H é dado por:

$$H = h + z$$

Gardner despreza a componente gravitacional z do potencial da água porque a altura L da amostra é de poucos centímetros e, portanto, desprezível. Isso não quer dizer que z desaparece como coordenada de posição, só desaparece como potencial. Como h é a própria pressão P, a Equação 31 fica:

$$\frac{\partial \theta}{\partial t} = \frac{\partial}{\partial z}\left[K(\theta)\frac{\partial P}{\partial z}\right] \qquad (32)$$

que é a equação (4) do trabalho de Gardner. Essa equação é não linear e de difícil solução analítica, pois depende da forma da equação de $K(\theta)$. Sob certas condições experimentais, pode-se assumir simplificações que linearizam a Equação 32 e tornam possível uma solução. Gardner assume que: 1) para ΔP pequeno, K pode ser considerado constante durante o processo de extração de água do solo e que 2) a curva de retenção (característica) do solo pode ser considerada linear no mesmo intervalo ΔP (Figura 23):

1. K = constante para o intervalo $P_f - P_i = \Delta P$
2. $\theta(P) = a + b \cdot P$, curva de retenção no intervalo $P_f - P_i = \Delta P$

Nessas condições, diferenciando $\theta(P)$ para obter $\partial\theta/\partial t$:

$$\frac{\partial \theta}{\partial t} = \frac{\partial}{\partial t}(a + bP) = b\frac{\partial P}{\partial t}$$

e, fazendo as substituições na Equação 32, teremos:

$$\frac{\partial P}{\partial t} = K\frac{\partial^2 P}{\partial z^2} \qquad (33)$$

na qual K é o valor constante médio da curva $K(\theta)$ no intervalo ΔP e que inclui a constante b, isto é, é um novo K, também constante, uma vez que b é constante.

O próximo passo é resolver a Equação 33. A solução obtida por Gardner foi pelo método clássico das variáveis separáveis (Prevedello e Armindo, 2015). Como a Equação 33 possui uma derivada com relação a t e duas com relação a z, três constantes de integração aparecerão e, com sua determinação, a solução particular do problema é obtida.

Precisamos, então, de três condições particulares do problema, uma com relação ao tempo (condição inicial) e duas com relação a z (as condições

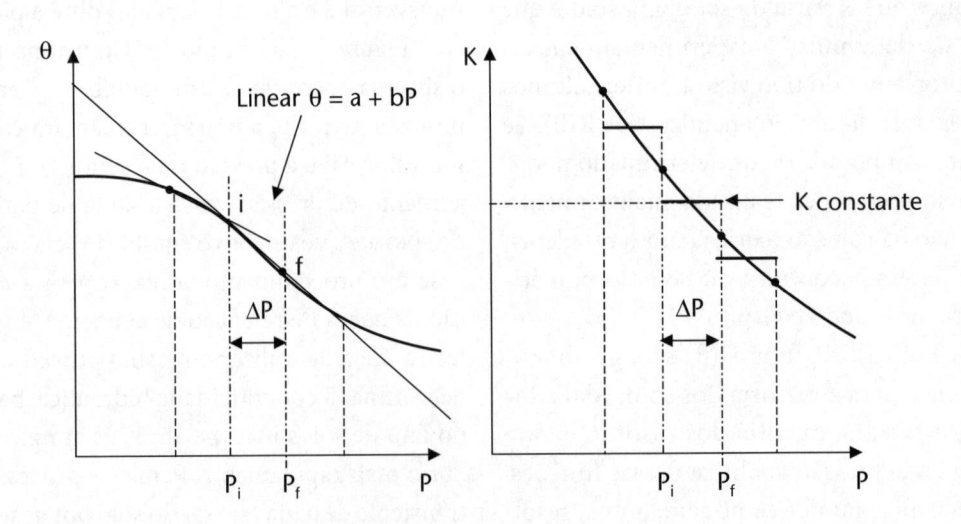

FIGURA 23 Simplificações em Gardner (1956).

de contorno). A solução da Equação 33 será uma equação do tipo P = P(z, t) e, em razão disso, escreveremos as condições na mesma forma:

1ª condição (condição inicial): no início do experimento (t = 0), aplica-se instantaneamente ΔP, portanto, para t = 0, P = ΔP.
Assim:

$$P(z,0) = \Delta P$$

ou há quem escreva essa condição na forma:

$$P = \Delta P; \; z > 0; \; t = 0 \qquad (34)$$

que se lê da seguinte forma: P igual a ΔP para qualquer z maior que zero (dentro do solo), no início do experimento.

2ª condição (condição de contorno): a pressão da água do solo na sua superfície inferior (z = 0) é atmosférica, pois está sempre em contato com a água livre da câmara inferior (ver Figura 7 – Capítulo 7). Assim:

$$P(0, t) = 0$$

o que significa que P = 0 para z = 0 em qualquer tempo t:

$$P = 0; \; z = 0; \; t > 0 \qquad (35)$$

3ª condição (condição de contorno): na parte superior da amostra do solo (z = L) não há densidade de fluxo de água q, como K não é zero, resta o gradiente ser nulo:

$$\left(\frac{\partial P}{\partial z}\right) = 0 \qquad (36)$$

Como já dissemos, a equação diferencial 33 e as condições 34, 35 e 36 constituem um **problema de valor de contorno** PVC que precisa ser resolvido, definindo-se, assim, a solução do problema, que deve ser do tipo P = P (z, t). O resultado final é uma série infinita representada por uma somatória de exponenciais e senos:

$$P(z, t) = \frac{4\Delta P}{\pi} \sum_{n=1}^{\infty} \frac{1}{(2n-1)} \left[e^{\frac{(2n-1)^2 \pi^2 kt}{4L^2}} \right] \cdot \left[\operatorname{sen} \frac{(2n-1)\pi z}{2L} \right] \qquad (37)$$

em que n é um número inteiro que varia de 1 a ∞, isto é, n = 1, 2, 3, ..., ∞.

A Equação 37 é a equação (9) em Gardner (1956). Façamos uma discussão sobre ela. A equação parece complicada, mas, na realidade, é simplesmente uma função do tipo variáveis separadas que nos permite calcular P em qualquer z (ou ponto na amostra de solo na câmara de Richards) em qualquer instante t. Por exemplo: se L = 0,4 cm e quisermos determinar P para z = 0,2 cm e t = 10 s, isto é, calcular P (0,2; 10), é necessário aplicar esses valores de z e t em 8.37, para n variando de 1 a ∞ e, depois, somar todos os resultados. Acontece, porém, que o somatório da Equação 37 é rapidamente convergente e não é necessário variar n bastante. Em alguns casos, dois a três valores de n são suficientes, isto é, n = 1, 2 e 3, pois as demais contribuições à somatória são desprezíveis, isto é, a contribuição no somatório é desprezível para termos de n > 4 e o problema se simplifica.

Entendida a Equação 37, vamos substituí-la na curva de retenção linear assumida acima, para obter a variação da umidade do solo (θ) em função de t e z:

$$\theta = a + \frac{4\Delta P}{\pi} \sum_{n=1}^{\infty} \frac{1}{(2n-1)} \left[e^{\frac{(2n-1)^2 \pi^2 kt}{4L^2}} \right] \cdot \left[\operatorname{sen} \frac{(2n-1)\pi z}{2L} \right] \qquad (38)$$

que é uma função do tipo θ = θ(z, t), com comportamento semelhante a P(z,t).

O conteúdo total de água da amostra W(t) é o produto do armazenamento de água $A_L(t)$, visto no Capítulo 3, pela seção transversal S da amostra:

$$W(t) = S \int_0^L \theta \, dz$$

pois a integral de θ.dz dá cmH$_2$O, que multiplicada por S cm^2, resulta em W cm^3 de água. Assim:

$$W(t) = S \int_0^L \left\{ a + \frac{4\Delta P}{\pi} \sum_{n=1}^{\infty} \frac{1}{(2n-1)} \cdot \left[e^{\frac{(2n-1)^2 \pi^2 kt}{4L^2}} \right] \left[\text{sen} \frac{(2n-1)\pi z}{2L} \right] \right\} dz$$

O resultado dessa integral é:

$$W(t) = aV + \frac{8b\Delta PV}{\pi^2} \sum_{n=1}^{\infty} \frac{1}{(2n-1)^2} \left[e^{\frac{-(2n-1)^2 \pi^2 kt}{4L^2}} \right]$$

O conteúdo inicial de água em t = 0 se simplifica em:

$$W(0) = aV + bV\Delta P$$

pois $e^0 = 1$ e

$$\sum_{n=1}^{\infty} (2n-1)^{-2} \cong \frac{\pi^2}{8}$$

O volume final de água em t = ∞, isto é, no equilíbrio final, será:

$$W(\infty) = aV$$

pois $e^{-\infty} = 0$.

A quantidade total ΔW (∞) de água que sai do solo ao se aplicar ΔP e esperar o novo equilíbrio é:

$$\Delta W(\infty) = W(0) - W(\infty) = bV\Delta P$$

e, então, podemos determinar o valor de b, pois a curva de retenção assumida no início não é conhecida ainda.

$$b = \frac{\Delta W(\infty)}{V\Delta P}$$

Por outro lado, a quantidade de água que saiu até um instante t, igual à ΔW(t), será:

$$\Delta W(t) = W(0) - W(t)$$

ou então:

$$W(t) = W(\infty) \left[1 - \frac{8}{\pi^2} \sum_{n=1}^{\infty} \frac{1}{(2n-1)^2} e^{\frac{-(2n-1)^2 \pi^2 kt}{4L^2}} \right]$$

Como esse somatório também é rapidamente convergente, Gardner desprezou a contribuição dos termos com n > 1, e a equação se simplificou em:

$$W(t) = W(\infty) \left[1 - \frac{8}{\pi^2} e^{\frac{-\pi^2 kt}{4L^2}} \right]$$

que, rearranjando e aplicando logaritmo natural a ambos os membros, resulta em:

$$\ln [W(t) - W(\infty)] = \ln \frac{8 W(\infty)}{\pi^2} - \frac{\pi^2 Kt}{4L^2} \qquad (39)$$

A Equação 39 mostra-nos que o gráfico do logaritmo da diferença W(t) − W(∞), em função do tempo, é linear e que K pode ser calculado a partir do coeficiente angular β. Basta, então, medir W de, tempos em tempos, W(∞) que, na prática, é obtido entre 2 e 7 dias e fazer o gráfico da Figura 24. Só cuidado com as perdas de água por evaporação pois os tempos são longos.

Lembrando que K inclui b, que é igual a ΔW(∞)/V . ΔP, temos:

$$K = \frac{4 L^2 W(\infty) \tan \beta}{\pi^2 V \Delta P}$$

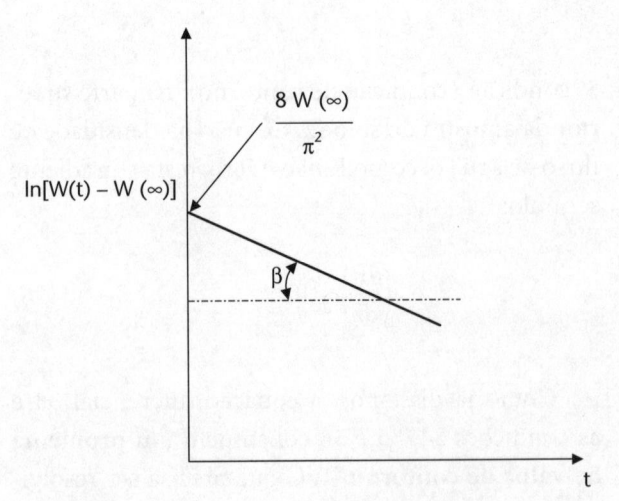

FIGURA 24 Cálculo de K, segundo Gardner (1956).

Este valor de K é para um intervalo ΔP (veja Figura 23) e a mesma operação é repetida para os demais intervalos, obtendo-se assim a curva completa de K. É um processo trabalhoso, que atualmente não é mais feito.

Esse exemplo detalhado do método de Gardner foi aqui apresentado com o propósito de mostrar ao leitor que a solução de equações diferenciais não é assunto simples para quem não é matemático. A solução dada pela Equação 37 exige conhecimento sobre equações diferenciais e, na maioria dos casos, é preciso procurar ajuda com colegas dessa área de ciências exatas. O importante é que o interessado em ciência do solo entenda a "filosofia" do processo e não se preocupe com os detalhes matemáticos. Ele deve reconhecer o "problema de valor de contorno PVC", que no presente caso constitui-se da equação diferencial 33, sujeita às condições 34, 35 e 36, com sua solução 37. A maioria dos trabalhos científicos publicados não apresenta detalhes de solução, mas o leitor precisa compreendê-la. Um livro-texto mais voltado para a matemática das soluções é o de Prevedello e Armindo (2015), cuja leitura é recomendada. Com o avanço da informática, atualmente há programas que resolvem equações diferenciais. Eles têm um banco das soluções clássicas, já conhecidas, de um grande número de equações diferenciais e, caso nenhuma sirva, ele procura uma solução via processos numéricos. O interessado entra com a equação diferencial e o computador apresenta a solução ou indica a impossibilidade de sua obtenção. Um programa desse tipo é o "Maple V" que, frequentemente, é apresentado em novas versões.

Para facilitar a determinação da curva K(θ) ou mesmo em casos da inexistência dessa função, pode-se também utilizar modelos que se baseiam em propriedades físicas de mais fácil determinação (serão vistos no Capítulo 22) e em modelos de curva de retenção (Capítulo 6).

Além do que foi visto, há uma definição de um potencial da água no solo, não abordada no Capítulo 6, denominada **potencial matricial de fluxo** M (*matric flux potential*) para descrever o fluxo de água não saturado em condições em que o potencial gravitacional é desprezível ou nulo. Essa é uma condição comum quando θ é igual ou menor que a capacidade de campo θ_{cc} e as plantas retiram água do solo pelo processo de transpiração. M é definido pela equação:

$$M(h) = \int_{h_{PMP}}^{h} K(h)dh = \int_{\theta_{PMP}}^{\theta} D(\theta)\, d\theta \quad (40)$$

pois Kdh = K(dh/dθ)dθ = Ddθ. Na Equação 40 é fácil verificar que K(h)dh é dM, pois sua integral é M. O potencial matricial de fluxo M é, portanto, uma combinação das características de transmissão de água K(h) no solo com as de retenção de água por forças matriciais h (ou dh). Assim, o fluxo q da equação de Darcy (16) fica igual ao gradiente de M ou do gradiente do potencial de fluxo matricial M:

$$q = \nabla M = \frac{\partial M}{\partial x} \quad (41)$$

É lógico que, se dM = K(h)dh, sua integral é a Equação 40, e que é a área sob a curva K(h) nos limites h e h_{PMP}, como indica a Figura 25. O limite inferior h_{PMP} foi escolhido por ser o limite da água disponível para as plantas. As dimensões de M são mm·d^{-1}·m. Conhecida a função M(h), os fluxos de água q podem ser mais facilmente calculados pela Equação 41. De Jong van Lier et al. (2009) tratam da modelagem da transpiração utilizando o conceito de potencial de fluxo matricial.

MOVIMENTO DA ÁGUA NA PLANTA E NA ATMOSFERA

Da mesma forma que discutimos para o caso da água do solo, a água na planta encontra-se em equilíbrio quando seu potencial total Ψ for o mesmo em todos os pontos do sistema:

$$\Psi_A = \Psi_B = \Psi_C = \ldots$$

Aqui, como há membranas semipermeáveis, utiliza-se Ψ, que inclui a componente osmótica e não H, que não a inclui.

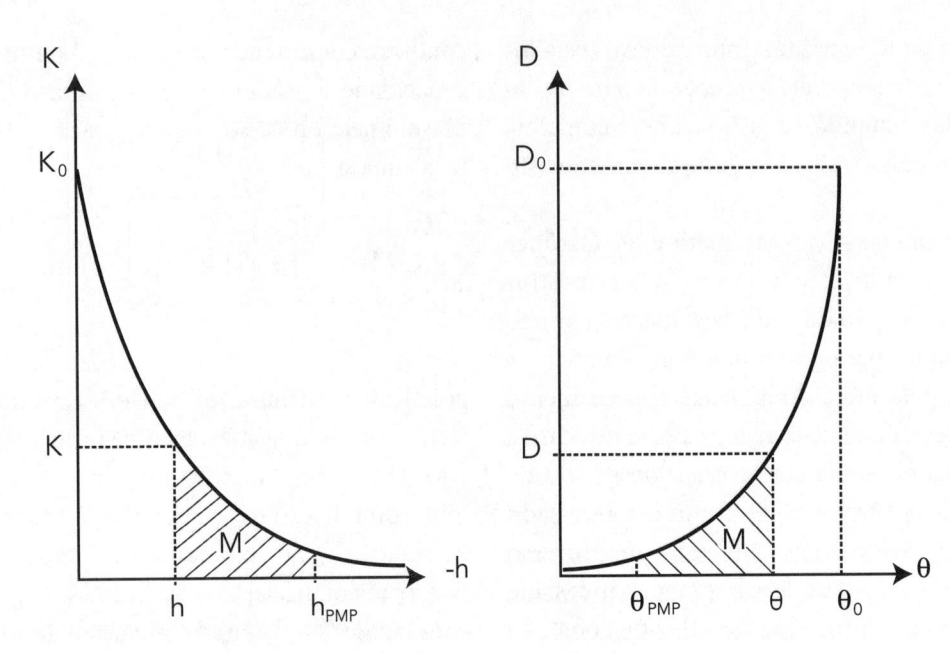

FIGURA 25 Representação gráfica do potencial de fluxo matricial.

Quando há diferença de potencial entre dois pontos, haverá movimento de água. O **fluxo de água na planta** pode também ser descrito pela equação de Darcy (Equação 3), substituindo H por Ψ. Os fisiologistas vegetais, porém, apresentam essa equação de forma diferente, dada a dificuldade de medir gradientes de potencial dentro da planta e, também, no SSPA como um todo.

Se na Equação 16 substituirmos H por Ψ e K por 1/r, em que r é uma **resistividade hídrica** (inverso da condutividade), teremos:

$$q = -K \frac{\partial \Psi}{\partial x} = -\frac{1}{r} \frac{\partial \Psi}{\partial x} \qquad (42)$$

As dimensões de K e r dependem das unidades utilizadas para q e Ψ. A densidade de fluxo é q, em geral, expressa em volume por unidade de área e unidade de tempo, resultando $m \cdot s^{-1}$, $cm \cdot s^{-1}$, $mm \cdot dia^{-1}$, etc. Se Ψ for expresso em carga hidráulica, cm de H_2O, o grad Ψ fica adimensional e K terá as mesmas unidades de q, isto é, $m \cdot s^{-1}$, $cm \cdot s^{-1}$, $mm \cdot dia^{-1}$. Logicamente, a resistividade terá unidades inversas às de K, $s \cdot m^{-1}$, $s \cdot cm^{-1}$ ou $dia \cdot mm^{-1}$.

Se escrevermos 42 em forma de diferenças finitas, teremos:

$$q = -K \frac{\Delta \Psi}{\Delta x} = -\frac{1}{r} \frac{\Delta \Psi}{\Delta x}$$

e, como Δx (caminho percorrido pela água dentro da planta) é tortuoso e difícil de ser medido, ele pode ser incorporado em K ou r, resultando uma condutância ou uma resistência. Assim, os fisiologistas utilizam a Equação 16 ou 42 na forma:

$$q = -K \frac{\Delta \Psi}{\Delta x} = -\frac{1}{r} \frac{\Delta \Psi}{\Delta x}$$

$$q = -\frac{\Delta \Psi}{R}, \text{ sendo } R = r \cdot \Delta x$$

Logicamente, as unidades de R serão $(s \cdot m^{-1}) \cdot m = s$.

Na literatura, este assunto de unidades de resistência hídrica é confuso. Um texto de referência para a questão é o de Nobel (1983). Angelocci (2002) e Taiz et al. (2017) também discutem essas equações.

Em essência, a resistividade r ($s \cdot m^{-1}$) é uma propriedade pontual do meio que está transmitindo a água (da mesma forma como a resistividade do cobre é uma propriedade pontual do meio cobre, para a transmissão de eletricidade). A resistência R (s) é uma propriedade de um "percurso" Δx (assim como a resistência elétrica de um condutor depende de suas dimensões, mesmo que seja de cobre).

A combinação da equação de Darcy com a equação da continuidade a fim de estudar variações no teor de água na planta, como foi feito para o caso do solo, em geral não é feita. Isso porque as variações do teor de água na planta são relativamente pequenas, podendo-se considerar o fluxo saturado, isto é, $\partial\theta/\partial t = 0$. A água perdida por transpiração é reposta pela absorção radicular.

O fluxo de vapor na atmosfera é descrito, também, por equação semelhante à de Darcy. O fenômeno, porém, é mais complexo, pois o vapor move-se em decorrência dos gradientes de potencial Ψ e, também, devido à turbulência atmosférica (ventos). Na verdade, a equação se torna empírica e utiliza-se um coeficiente K_m que inclui todos os processos de transferência do vapor. Neste caso a equação é:

$$q = -K_m \frac{\partial \Psi}{\partial x}$$

para a direção vertical, q vem a ser uma densidade de fluxo médio.

O estudo da transferência de vapor na atmosfera é bastante complexo e não será visto em detalhe aqui. Na atmosfera, os movimentos são turbulentos em virtude da presença do vento e o transporte de água na forma de vapor envolvendo a definição de **perfis de vento**, que são gráficos da velocidade do vento u em função do logaritmo da altura z, dentro e acima de um dossel vegetal. Allen et al. (1998) abordam o assunto em detalhe. No Capítulo 16 voltaremos ao estudo desses fluxos no SSPA.

MOVIMENTO DE ÁGUA EM CANAIS ABERTOS E TUBULAÇÕES

Esse tema é mais voltado para a Hidráulica ou **Mecânica de Fluidos**, mas, como ele faz parte do manejo da água em agricultura, sobretudo na irrigação, faremos uma introdução ao assunto. Nos casos anteriores, de movimento da água no solo e na planta, a velocidade v da água, isto é, sua energia cinética $E_c = mv^2/2$, não foi levada em consideração pelo fato de v ser muito pequeno. Já em canais abertos e tubulações, E_c não pode ser desprezada.

Da mesma forma como fizemos para o potencial da água (Capítulo 6), vamos expressar as energias em termos de alturas ou cargas hidráulicas, isto é, energia por unidade de peso. Nesse caso de canais e tubulações, três energias são as mais importantes:

- **Energia potencial** =

$$\frac{mgh}{mg} = h_g \text{ (m)}: \textbf{altura geométrica};$$

- **Energia de pressão** =

$$\frac{PV}{mg} = \frac{P}{\gamma} = h_p \text{ (m)}: \textbf{altura piezométrica};$$

- **Energia cinética** =

$$\frac{mv^2}{2mg} = \frac{v^2}{2g} = h_c \text{ (m)}: \textbf{altura cinética};$$

em que γ é o peso específico da água, igual ao produto da densidade da água (d = 1.000 kg . m^{-3}) pela aceleração da gravidade (g = 10 m . s^{-2}).

Na tubulação esquematizada na Figura 26, a energia total precisa ser conservada, mas uma forma de energia pode ser transformada em outra. O **teorema de Bernouille** expressa essa conservação para quaisquer pontos no sistema:

Exemplo: Ponto 1 com coordenadas h_1, P_1 e v_1 e ponto 2 (h_2, P_2, v_2).

Já vimos no início deste capítulo que nessa situação as vazões são iguais $Q_1 = Q_2$ e que, quando a seção transversal varia, as velocidades da água são diferentes. Assim, em termos de energia por peso e para líquidos perfeitos, temos:

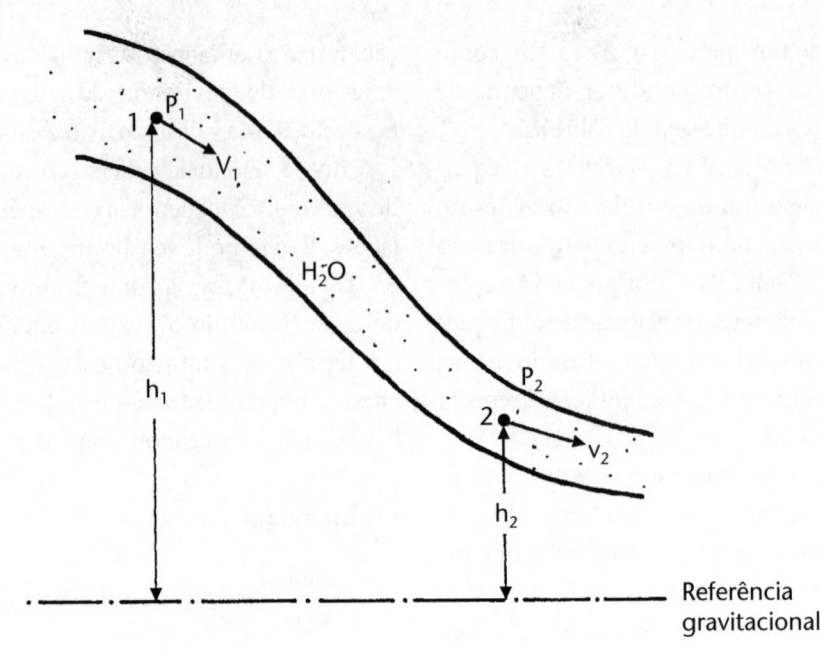

FIGURA 26 Esquema de tubulação com água.

$$h_1 + \frac{P_1}{\gamma} + \frac{v_1^2}{2g} = h_2 + \frac{P_2}{\gamma} + \frac{v_2^2}{2g} \qquad (43)$$

Cabe ressaltar que o **líquido perfeito** não existe na prática, ou seja, na natureza não existe um líquido sem viscosidade e incompressível.

Exemplo 1: Se $P_1 = 200.000$ Pa; $h_1 = 100$ m; $v_1 = 5$ m/s; $P_2 = 300.000$ Pa; $h_2 = 10$ m, qual a velocidade v_2 considerando $\gamma = 1.000$ kg . m^{-3} × 10 m . s^{-2} = 10.000 N . m^{-3} e g = 10 m . s^{-2}. (veja unidades no Capítulo 23).
Solução:

$$100 + \frac{200.000}{10.000} + \frac{(5)^2}{2 \times 10} = 10 + \frac{300.000}{10.000} + \frac{v_2^2}{2 \times 10}$$

onde $v_2^2 = 1.625$ e $v_2 = 40,3$ m/s.

Exemplo 2: Qual a velocidade da água que sai de um orifício no fundo de um recipiente com altura de água h acima do orifício? (Ver Figura 27)
Solução:

- Ponto 1: $h_1 = h$; $P_1 = P_{atm}$; $v_1 = 0$;
- Ponto 2: $h_2 = 0$; $P_2 = P_{atm}$; $v_2 = ?$

$$h_1 + \frac{P_{atm}}{\gamma} + 0 = 0 + \frac{P_{atm}}{\gamma} + \frac{v_2^2}{2g}$$

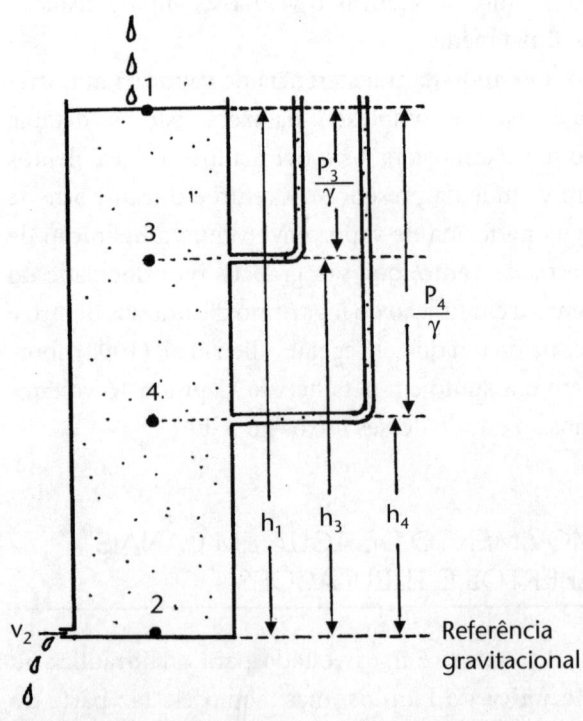

$$v_2^2 = 2gh \text{ e } v_2 = \sqrt{2gh}$$

FIGURA 27 Recipiente com orifício no fundo.

Os pontos 3 e 4 foram incluídos na Figura 27 para que se pudesse visualizar melhor o conceito de altura piezométrica, que em 3 é igual à coluna de água $h_1 - h_3$ e em 4, $h_1 - h_4$.

As aplicações do teorema de Bernouille são numerosas e seu estudo é parte da **Mecânica dos Fluidos**, abordada pela Hidráulica ou Hidrodinâmica. Assim, no aproveitamento da água de uma barragem para produção de energia elétrica, a velocidade da água e a vazão são de importância fundamental para a rotação da turbina. É o caso clássico de transformação de energia potencial em energia elétrica, passando pela cinética. Na prática, entram as forças dissipativas de atrito, entre a água e as paredes do tubo e entre as próprias moléculas de água, o que é medido pela viscosidade. Há, portanto, perdas de carga ao longo de tubulações, como é o caso da irrigação por aspersão, que precisam ser consideradas. Mais detalhes sobre esse assunto podem ser encontrados em Frizzone et al. (2011).

> O movimento de água no solo é descrito pela equação de Darcy-Buckingham, que envolve o gradiente de potencial total da água e a condutividade hidráulica do solo. O gradiente é uma função vetorial que, aplicada a uma função escalar, resulta em uma força que, no caso, é a força que move a água no solo. A condutividade hidráulica do solo é uma medida da propriedade do solo em transmitir água, tem seu valor máximo com o solo na condição saturada, diminuindo exponencialmente à medida que o solo perde água. O divergente é outra função vetorial utilizada na dedução da equação da continuidade, necessária para quantificar variações de umidade no perfil de solo. É mostrada a importância do emprego de equações diferenciais e suas soluções na descrição do movimento da água no solo. A água em canais abertos e tubulações pode ser descrita pela equação de Bernouille, que é assunto da Mecânica de Fluidos.

EXERCÍCIOS

1. Por meio de uma seção transversal de solo de 5 m², passam 22 L de água por dia. Qual a densidade de fluxo de água nesse solo?
2. Considerando a umidade do solo do problema 1, igual a 36% em volume, qual a velocidade da água nos poros do solo?
3. Dentro de uma tubulação de água de seção transversal 20 cm² passam 150 cm³ de água em 8 minutos. Qual a vazão, a densidade de fluxo e a velocidade da água?
4. Por uma coluna de solo de seção transversal de 100 cm² passa uma densidade de fluxo de 1,5 cm · dia⁻¹. Qual a vazão de água?
5. No caso anterior, a coluna de solo sofre um estrangulamento e sua seção transversal passa a 80 cm². Qual a nova densidade de fluxo?
6. Um solo com densidade de fluxo de água 1,5 mm · dia⁻¹ tem umidade 0,421 cm³ · cm⁻³. Qual a velocidade da água no solo?
7. Na questão 27 do Capítulo 6, determine o gradiente de potencial para todos os casos em z = 30 e z = 110 cm.
8. No problema 1, o gradiente de H é 2,2 cm · cm⁻¹. Qual a condutividade hidráulica do solo?
9. No problema anterior, qual a permeabilidade intrínseca do solo?
10. Determinou-se a condutividade hidráulica de um solo em função da umidade e obtiveram-se os seguintes dados:

Umidade θ (cm³ · cm⁻³)	K (cm · dia⁻¹)
0,510 (saturação)	5,42
0,463	1,71
0,405	0,41

0,366	0,157
0,273	0,016
0,214	0,0037

Desenhe os gráficos:

a) K versus θ;
b) log K versus θ, utilizando papel milimetrado comum e depois com papel semilog;
c) ln K versus θ;
d) log K versus (θ – θ₀), θ₀ = umidade de saturação;
e) ln K versus (θ – θ₀);
   – Faça as regressões lineares dos gráficos b, c, d, e. Determine para esse solo as equações de K(θ) nas seguintes formas:
f) $K = K_s \cdot e^{\beta\theta}$, em que K_s é a condutividade hidráulica do solo seco (θ = 0) e β é uma constante do solo;
g) $K = K_0 \cdot e^{-\gamma(\theta - \theta_0)}$, em que K_0 é a condutividade hidráulica do solo saturado e γ uma constante do solo;
h) $K = K_s \cdot 10^{\delta \cdot \theta}$, δ = constante do solo;
i) $K = K_0 \cdot 10^{-\rho(\theta - \theta_0)}$, ρ = constante do solo.

11. Qual o fluxo de água nas profundidades 30 e 60 cm em um solo cujo perfil de umidade é:

Profundidade	Umidade θ (cm³ · cm⁻³)
15	0,320
30	0,341
45	0,375
60	0,396
75	0,420
90	0,452

O solo é o mesmo do problema 10, e sua curva característica é:

Potencial matricial h (cmH₂O)	Umidade θ (cm³ · cm⁻³)
0	0,510
–50	0,501
–100	0,485
–150	0,448
–200	0,407
–250	0,375
–300	0,352
–350	0,326
–400	0,310

12. Com os dados dos problemas 10 e 11, construa o gráfico K versus h.

13. Um solo tem por equação K(θ) a seguinte equação:

$$K(\theta) = 3{,}1 \times 10^{-1} \cdot e^{14{,}5 \cdot \theta} \text{ cm} \cdot \text{dia}^{-1}$$

e sua umidade de saturação θ₀ é 0,511 cm³ · cm⁻³. Determine os parâmetros K_0, α, β e γ das equações a seguir, para o mesmo solo:

$K(\theta) = K_0 \cdot \exp \alpha (\theta - \theta_0)$

$K(\theta) = \beta \cdot 10^{\gamma \cdot \theta}$

14. No esquema de laboratório indicado na Figura 28, determina-se a condutividade hidráulica do solo saturado K_0, variando a carga hidráulica (lâmina) "l" e medindo a vazão Q. A seção transversal do solo é 200 cm².

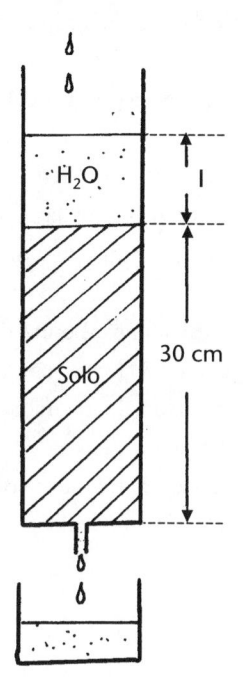

FIGURA 28 Determinação de K_0 em coluna vertical.

l (cm)	Q (cm³ · h⁻¹)
10	19,9
20	25,5
30	30,2

Calcule K_0 para os três valores da lâmina l e também pelo gráfico q versus l. Por que os valores são pouco diferentes?

15. A mesma amostra de solo do problema anterior é colocada na horizontal, conforme esquema da Figura 29. Quais os valores de h_1 e h_2, sabendo-se que Q = 28,8 cm³ · h⁻¹?

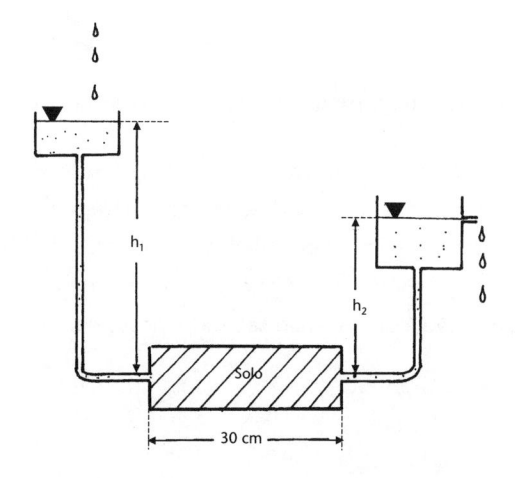

FIGURA 29 Determinação de K_0 em coluna horizontal.

16. Qual o valor da difusividade da água para $\theta = 0{,}475$ cm^3 . cm^{-3} no solo dos problemas 10 e 11?
17. Entre dois pontos no solo, na horizontal, existe um gradiente de potencial total de 1,5 cm $\cdot$ cm^{-1} e um gradiente de umidade de $1{,}7 \times 10^{-3}$ (cm^3 . cm^{-3}) . cm^{-1}. O fluxo de água é 0,26 cm . dia^{-1}. Qual a condutividade hidráulica média nessa região do solo e, também, qual a difusividade da água no solo da mesma região?
18. O mesmo solo da questão 27 do Capítulo 6 possui equação:

$$K(\theta) = 4{,}58 \ .\ \exp[-10(\theta - 0{,}15)] \text{ cm . dia}^{-1}$$

Qual o valor da difusividade D para $\theta = 0{,}450$ cm^3 . cm^{-3}?
19. Em um elemento de volume de solo cúbico (1 cm^3) com fluxo apenas na direção vertical, entra um fluxo de 1,56 mm . dia^{-1} na face superior e sai um fluxo de 1,61 mm . dia^{-1} na face inferior. Qual a variação de umidade em 1 dia no elemento de volume?
20. Para o mesmo solo do exercício 19, em outra situação, entra $q_z = 2{,}43$ mm . dia^{-1} e sai $q'_z = 2{,}32$ mm . dia^{-1}. Sendo θ inicial do elemento de volume igual a 0,341 cm^3 . cm^{-3}, qual a nova umidade após 1 dia?
21. Para o mesmo solo do exercício 19, em outra situação, a umidade do solo no elemento de volume não varia no tempo. Que acontece com o fluxo de água?
22. No esquema da Figura 30, calcular a condutividade hidráulica do solo saturado, cuja seção transversal é de 100 cm^2. Nessa condição, a umidade do solo é 0,511 cm^3 . cm^{-3}.

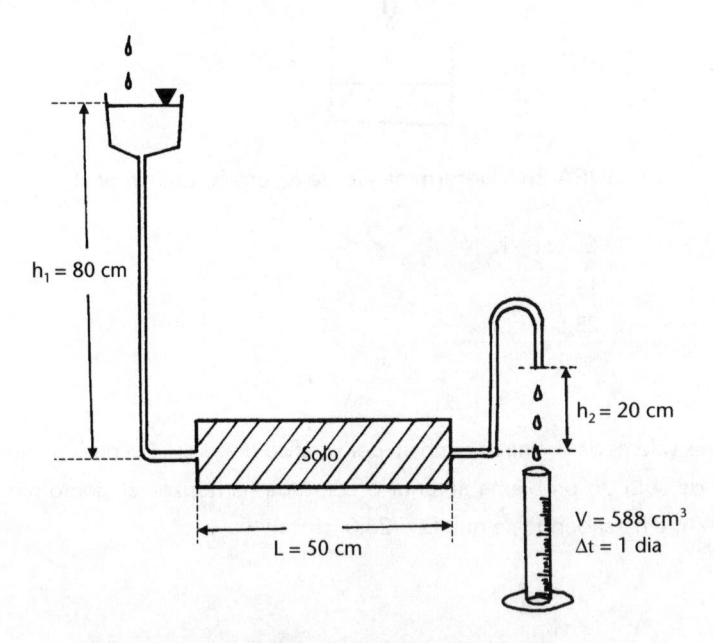

$h_1 = 80$ cm
$h_2 = 20$ cm
$L = 50$ cm
$V = 588$ cm^3
$\Delta t = 1$ dia

FIGURA 30 Determinação de K_0 em coluna horizontal.

23. Para o mesmo solo do problema 22, modificou-se h_1 para 150 cm e h_2 para 0 cm. Nesta nova situação $V = 1.477$ cm^3 em 1 dia. Determine o K_0 e verifique que sua determinação independe de h_1 e h_2.
24. O mesmo solo do problema anterior é submetido a uma sucção média de 110 cmH$_2$0, como indica a Figura 31. Nessa condição o solo tem umidade média de 0,481 cm^3 . cm^{-3}, menor que a saturação que é 0,511 cm^3 . cm^{-3}. Qual a condutividade hidráulica média do solo não saturado, nessa condição, sabendo-se que $V = 138$ cm^3 em 1 semana?

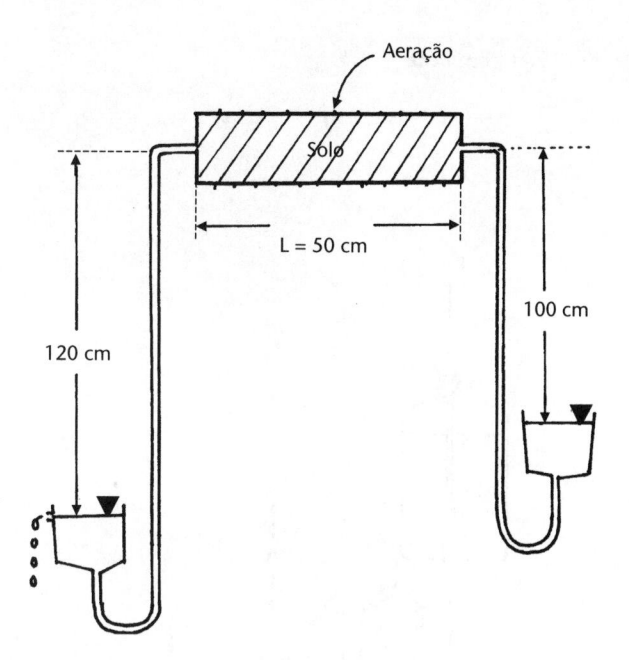

FIGURA 31 Determinação de K(θ) em coluna horizontal.

25. No esquema da Figura 32, determine K_0 do solo e faça o esquema dos potenciais h, z e H em função da altura. O diâmetro interno do solo é 6,5 cm.

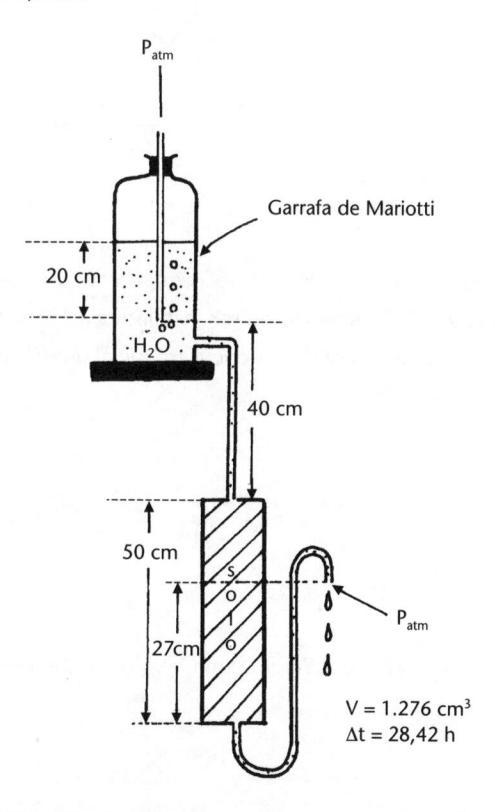

FIGURA 32 Determinação de K_0 em coluna vertical.

26. Em experimento, esquematizado na Figura 33, fez-se medidas de K_0 e obteve-se:
Qual o valor médio de K_0?

h (cm)	V/At (mm · dia⁻¹)
10	22
30	31
45	40,5

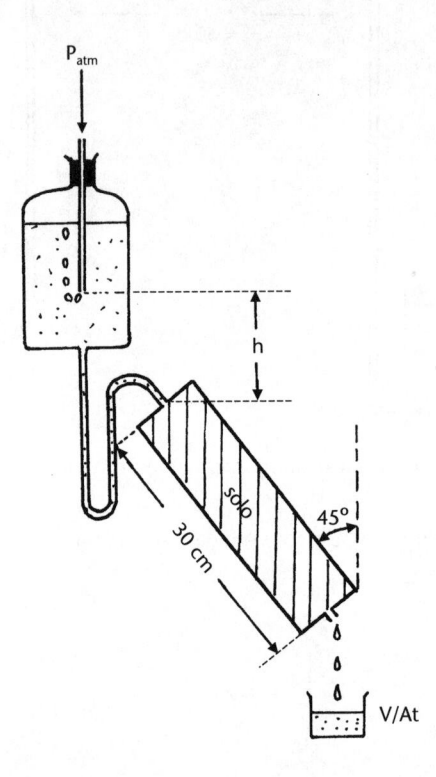

FIGURA 33 Determinação de K_0 em coluna inclinada.

27. Em uma camada profunda de um solo (em torno de 150 cm), a condutividade hidráulica do solo é dada pela equação K(h) = 128,27 exp (0,039 . h). Dois tensiômetros instalados a 135 e 165 cm de profundidade medem o gradiente de potencial. O primeiro tem leitura de potencial matricial de –75 cmH$_2$O e o segundo de –88 cmH$_2$O. Qual o fluxo de drenagem nessa camada?

RESPOSTAS

1. 4,4 mm · dia⁻¹.
2. 12,2 mm · dia⁻¹.
3. Vazão 18,75 cm³ · min⁻¹; densidade de fluxo 0,94 cm · min⁻¹; velocidade da água 0,94 cm · min⁻¹.
4. 150 cm³ . dia⁻¹.
5. 1,875 cm . dia⁻¹.
6. 3,563 cm . dia⁻¹.
7.

z	A	B	C	D	E	F
30	–0,75	–2	+1,25	+140	–15	–3,50
110	0	–0,50	0	–0,45	–0,25	+2

Resultados em cmH_2O/cm solo, ou simplesmente $cm \cdot cm^{-1}$. O sinal – indica fluxo ascendente.

8. $2,0\ mm \cdot dia^{-1}$.
9. Solução: aplicar Equação 9 (por exemplo, para 25°C)

$$k = \frac{K\eta}{\rho_e g} = \frac{0,2\ cm \cdot dia^{-1} \times 0,0089\ g \cdot cm^{-1} \cdot s^{-1}}{86400\ s \cdot dia^{-1} \times 1\ g \cdot cm^{-3} \times 981\ cm \cdot s^{-2}} = 2,1 \times 10^{-11}\ cm^2$$

10. $K(\theta) = 0,0000195 \cdot e^{24,58 \cdot \theta}$; $K_s = 0,0000195$ e $\beta = 24,58$.
    $K(\theta) = 5,42 \cdot e^{-24,58(\theta - 0,51)}$; $K_0 = 5,42$ e $\gamma = 24,58$.
    $K(\theta) = 0,0000195 \cdot 10^{10,68 \cdot \theta}$; $K_s = 0,0000195$ e $\delta = 10,68$.
    $K(\theta) = 5,42 \cdot 10^{-10,68(\theta - 0,51)}$; $K_0 = 5,42$ e $\rho = 10,68$.

11. Faça o gráfico da curva característica e com ela transforme os valores de umidade (para cada profundidade) em potencial matricial. Calcule o potencial total e faça o gráfico em função de z. Nesse gráfico, determine os gradientes de potencial a 30 e a 60 cm, fazendo a tangente à curva no ponto. Os resultados são grad $\Psi_{30} = -3$ cmH_2O/cm solo e grad $\Psi_{60} = -0,8$ cmH_2O/cm solo. Utilizando qualquer uma das equações de $K(\theta)$ do problema anterior, calcule o K nas profundidades 30 e 60 cm, utilizando os respectivos valores de θ. Resulta $K(0,341) = 0,085$ e $K(0,396) = 0,329\ cm \cdot dia^{-1}$. Calcule os fluxos multiplicando K por grad Ψ. Resulta $q_{30} = -2,56\ mm/dia$ e $q_{60} = -3,86\ mm \cdot dia^{-1}$.

12. Em muitas situações é mais conveniente utilizar a curva $K(h)$ em vez de $K(\theta)$. O gráfico pode ser plotado em papel log-log, uma vez que K e h têm um amplo intervalo de variação.

13. $K_0 = 0,512\ cm \cdot dia^{-1}$.
    $\alpha = 14,5$ (adimensional).
    $\beta = 3,1 \times 10^{-4}\ cm \cdot dia^{-1}$.
    $\gamma = 6,28$ (adimensional).

14. K_0 aproximadamente $0,075\ cm \cdot h^{-1}$. Os valores são pouco diferentes em virtude de erros experimentais, sobretudo da medida de Q. Se o experimento for muito longo, devido ao fluxo, a acomodação do solo, a reações anaeróbicas, a temperatura, a qualidade da água etc., o Q não se estabiliza totalmente para um dado l. Se l for muito pequeno, sua medida se torna difícil e a vazão Q pequena. Se l for muito grande, a equação de Darcy pode não ser mais válida;

15. Qualquer valor, desde que a diferença $h_1 - h_2$ seja 58 cm.

16. Calcule K para $\theta = 0,475$ com uma das equações do problema 8.4: $K(0,475) = 2,29\ cm \cdot dia^{-1}$. Na curva característica da Questão 5, calcule $dh/d\theta$ no ponto $\theta = 0,475$. O resultado é: $1.265\ cmH_2O/cm^3 \cdot cm^{-3}$ e $D(0,475) = 2.903\ cm^2 \cdot dia^{-1}$.

17. $K(\theta) = 0,173\ cm \cdot dia^{-1}$ e $D(\theta) = 152,9\ cm^2 \cdot dia^{-1}$.

18. $D(\theta) = 1.470\ cm^2 \cdot dia^{-1}$.

19. $-5,0 \times 10^{-3}\ cm^3 \cdot cm^{-3} \cdot dia^{-1}$ (raciocine com a equação da continuidade, Equação 20a).

20. $\theta = 0,352\ cm^3 \cdot cm^{-3}$.

21. Ou existe equilíbrio e $q = 0$ ou trata-se de caso de equilíbrio dinâmico em que $q_{ze} = q_{zs}$, podendo o valor de q_z ser qualquer um, dentro dos limites da lei de Darcy.

22. $4,90\ cm \cdot dia^{-1}$.
23. $4,92\ cm \cdot dia^{-1}$.
24. $0,49\ cm \cdot dia^{-1}$.
25. $25,77\ cm \cdot dia^{-1}$, Figura 34.

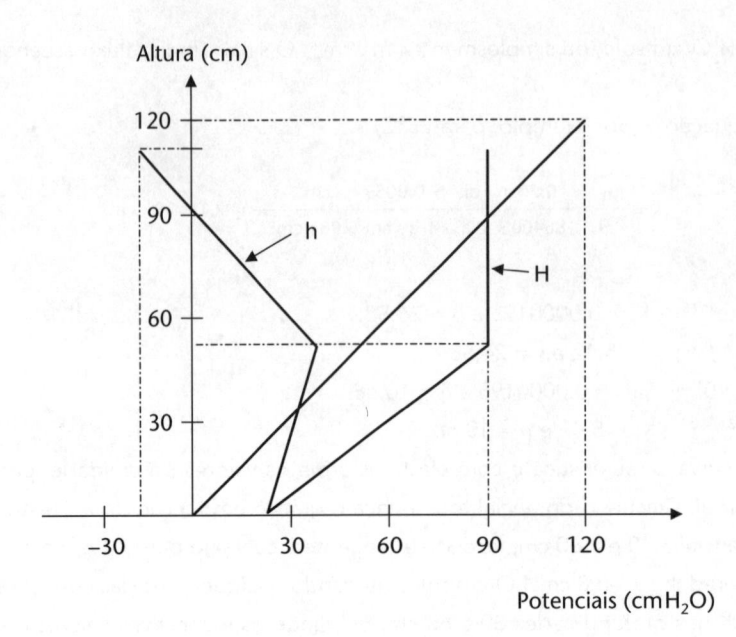

FIGURA 34 Esquema dos potenciais h, z e H em função da altura.

26. 18,24 mm . dia^{-1}.
27. Aplicar a Equação 16 para resolução do exercício.

LITERATURA CITADA

ALLEN, R. G.; PEREIRA, L. S.; RAES, D.; SMITH, M. *Crop evapotranspiration*: guidelines for computing crop water requirements. FAO, Roma, Paper 56, 1998. p. 326.

ANGELOCCI, L. R. *Água na planta e trocas gasosas/energéticas com a atmosfera*: introdução ao tratamento biofísico. Piracicaba, Ed. do Autor, 2002. p. 267.

BUCKINGHAM, E. *Studies of movement of soil moisture*. United States Department of Agriculture Bureau, Soil Bulletin, 38, 1907.

DARCΨ, H. *Les fontaines publique de la Ville de Dijon*. Paris, Victor Dalmont, 1856. p. 592.

DE JONG VAN LIER, Q.; DOURADO-NETO, D.; METSELAAR, K. Modeling of transpiration reduction in van Genuchten–Mualem type soils. *Water Resources Research*, v. 45, p. 1-9, 2009.

FRIZZONE, J. A.; REZENDE, R.; FREITAS, P. S. L. de. *Irrigação por aspersão*. Maringá, Eduem, 2011. p. 271.

GARDNER, W. R. Calculation of capillary conductivity from pressure plate outflow data. *Soil Science Society of America Proceedings*, v. 20, p. 317-20, 1956.

MUALEM, Ψ. A new model for predicting the hydraulic conductivity of unsaturated porous media. *Water Resources Research*, v. 12, p. 513-22, 1976.

NOBEL, P. S. *Biophysical, plant physiology and ecology*. New Ψork, W. H. Freeman & Company, 1983. p. 608.

PREVEDELLO, C. L.; ARMINDO, R. *Física do solo com problemas resolvidos*. 2.ed. rev. e ampl. Curitiba, Celso Luiz Prevedello, 2015. p. 473.

TAIZ, L.; ZEIGER, E.; MØLLER, I. M.; MURPHΨ, A. *Fisiologia e desenvolvimento vegetal*. 6.ed. Porto Alegre, Artmed, 2017. p. 858.

VAN GENUCHTEN, M. Th. A closed-form equation for predicting the conductivity of unsaturated soils. *Soil Science Society of America Journal*, v. 44, p. 892-8, 1980.

9
A água do solo como uma solução nutritiva

A água do solo é uma solução diluída de matéria mineral e orgânica, incluindo os nutrientes, de fundamental importância para o crescimento e desenvolvimento das plantas. Esses materiais, principalmente aqueles na forma iônica, interagem com a fração sólida do solo, pela qual são adsorvidos e liberados por processos físico-químicos complicados. Esses processos que são responsáveis pela nutrição das plantas são discutidos em detalhe chegando aos conceitos fundamentais de capacidade de troca iônica e troca catiônica. A fração argila dos solos é a mais ativa nesses processos e chega a determinar o nível de fertilidade de cada solo.

INTRODUÇÃO

A solução do solo, descrita no Capítulo 3, possui composição variável devido a uma série de processos dinâmicos entre as fases sólida e líquida do solo, adição de insumos, absorção de nutrientes pelas raízes e subsequente transporte para a parte aérea das plantas. Esses processos podem ser resumidos em uma equação genérica do tipo:

$$M \text{ (sólido)} \leftrightarrow M \text{ (solução)} \leftrightarrow \\ \leftrightarrow M \text{ (raiz)} \leftrightarrow M \text{ (parte aérea)} \quad (1)$$

em que M representa um **nutriente** qualquer, como Ca, P, N ou K; M (sólido) representa o nutriente na fase sólida do solo (cristalina, precipitado amorfo, matéria orgânica etc.) ou absorvido à fase sólida e M (solução) o nutriente que se encontra na fase líquida do solo, imediatamente disponível às plantas, como Ca^{2+}, $H_2PO_4^-$, NH_4^+, NO_3^- ou K^+; M (raiz) e M (parte aérea) representam o nutriente absorvido pela raiz e translocado pela planta aos caules, folhas e órgãos reprodutivos. As setas indicam reações em ambos os sentidos, reações estas cuja intensidade depende de constantes de equilíbrio, variáveis de nutriente para nutriente, forma de composto, temperatura, pH e uma série interminável de fatores. O estado de equilíbrio raramente é atingido. Em geral, o sentido predominante do movimento dos nutrientes é do solo para a parte aérea da planta. Qualquer bloqueio na transferência do nutriente, em qualquer uma das fases indicadas pela Equação 1, pode trazer uma deficiência daquele nutriente na planta. Se a velocidade com que determinado nutriente passa de M (sólido) para M (solução) for pequena em relação à absorção e à necessidade da planta, uma deficiência também aparecerá. O estudo detalhado de cada processo físico-químico de transferência indicado pela Equação 1 é bastante extenso, complexo e, em muitos casos, encontra-se ainda em fase de pesquisa. Neste capítulo nos preocuparemos com a caracterização de M (solução) e, em seguida com o movimento dos nutrientes no solo e na planta.

TERMODINÂMICA DE SOLUÇÕES

A fim de descrever nosso sistema M (solução), utilizaremos mais uma vez a função termodinâmica **energia livre de Gibbs**, definida pelas Equações 5, 6 e 8 do Capítulo 6, que envolvem o **potencial químico** μ_i. A substância i, neste caso, é um dado nutriente M e j, todos os outros nutrientes também presentes na solução do solo, inclusive o solvente água. Assim, o potencial químico de uma espécie iônica i é dado por:

$$\mu_i = \left(\frac{\partial G}{\partial n_i}\right)_{P_e, T, y_i, n_j} \quad (2)$$

Se T e P_e forem constantes e não houver nenhuma contribuição de "outros trabalhos", a Equação 8 do Capítulo 6 para a solução do solo fica:

$$dG = \sum_{i=1}^{k} \mu_i dn_i \quad (3)$$

e o índice i representa cada uma das espécies iônicas presentes na solução do solo e outras moléculas inorgânicas e orgânicas. No caso dos nutrientes essenciais às plantas, no início do Capítulo 4 são mostradas as espécies químicas mais importantes.

Considerando as semelhanças entre uma solução aquosa de diferentes espécies químicas e os diferentes gases dentro de uma amostra de ar, foi possível definir o potencial químico μ_i de uma espécie iônica utilizando a **equação dos gases ideais** (Equação 2 do Capítulo 5), da seguinte forma:

$$\mu_i - \mu_o = R T \ln\left(\frac{P_i}{P_o}\right) \quad (4)$$

onde μ_0 é o potencial químico de um estado padrão.

Essa equação nos dá o potencial químico do componente i no sistema, em relação a um estado padrão μ_0. É oportuno chamar a atenção do leitor: se o componente **i** for a água, $\mu_i = \Psi$, a Equação 4 fica idêntica à Equação 7 do Capítulo 6, em que P_i e P_0 são pressões parciais do vapor de água no ar (e_a e e_s, respectivamente).

Para uma solução, a relação P_i/P_0 é denominada **atividade do componente na solução** a_i. Assim:

$$\mu_i - \mu_0 = RT \ln a_i \quad (5)$$

O próprio nome da atividade indica que essa propriedade da solução mostra o quanto "ativo" é o íon na solução, e essa atividade, logicamente, está relacionada à sua energia, isto é, ao potencial químico que é a energia livre de Gibbs.

Para soluções ideais, às quais as soluções diluídas se assemelham, a atividade a_i pode ser considerada igual à concentração C_i, pois nelas há pouca interação entre moléculas ou íons, e, neste caso:

$$\mu_i - \mu_0 = RT \ln C_i \quad (6)$$

o que significa que, quanto maior C_i, mais a energia da solução difere do padrão.

Nas Equações 5 e 6, a_i e C_i vêm "operadas" pelo operador ln. Esse operador, assim como o exponencial (exp ou e), só podem operar sobre elementos adimensionais. Por isso, a_i e C_i, devem ser adimensionais. Assim, assumiu-se que para soluções reais:

$$a_i = \gamma_i C_i \quad (7)$$

em que γ_i é um coeficiente de proporcionalidade de dimensões inversas a C, de tal forma que a_i torna-se adimensional, denominado **coeficiente de atividade** (*activity coefficient*) que depende de uma série de fatores, sobretudo das interações entre componentes.

Nessas condições:

$$\mu_i - \mu_0 = RT \ln(\gamma_i C_i) \quad (5a)$$

É fácil verificar que $\gamma = 1$ para soluções ideais e, desde que γ seja diferente de 1, ele é uma medida de quanto uma **solução real** difere de uma ideal.

Ao estudar a componente osmótica do potencial de água no Capítulo 6, apresentamos a Equação 15, $\Psi_{os} = -RTC$, chamada de **equação de Van't Hoff**. Essa Equação 15, do Capítulo 6, apesar de não ter o logaritmo, pode ser empregada no lugar das Equações 4 ou 5a. É importante notar que, na Equação 15 (Capítulo 6), Ψ_{os} é o potencial osmótico da água devido à inclusão de íons em concentração C. Já a Equação 5a é o inverso, o potencial do íon em solução aquosa. É importante esclarecer essa questão:

a. Potencial osmótico da água em virtude da presença de íons em concentração C:

$$\Psi_{os} = -RTC$$

Se C = 0, não há íons (estado padrão da água), teremos $\Psi_{os} = 0$. Se, por exemplo, tivermos uma solução de NaCl = 10^{-3} M, ela será 10^{-3} M em Na$^+$, então:

$$\Psi_{os} = -0{,}082 \frac{atm \cdot L}{mol \cdot K} \times 300 \, K \times 10^{-3} \frac{mol}{L} =$$
$$= -0{,}0246 \, atm$$

que é o potencial osmótico da água em decorrência da presença de Na$^+$. Nesse caso, como R foi dado em atm . L . mol^{-1} . K^{-1}, C deve ser dado em mol . L^{-1}.

b. Poderíamos, também, usar a Equação 5 para calcular o mesmo potencial osmótico da água decorrente da presença de Na$^+$, considerando o componente i a própria água, isto é, $\Psi_{os} = -R T \ln a_i$. Como não temos a_i, esta pode ser estimada pela **fração molar** N_i, definida por:

$$N_i = \frac{n_i}{n_i + \sum n_j} \qquad (8)$$

em que n_i é o número de moles por litro do componente i e $\sum n_j$ a soma dos moles por litro dos demais componentes j. No exemplo anterior da solução de NaCl, se i for o Na$^+$ (10^{-3} mol . L^{-1}), os demais são: Cl$^-$ (10^{-3} mol . L^{-1}); água (55,5 mol . L^{-1} ou 1.000 g/18 g); H$^+$ e OH$^-$, ambos desprezíveis com 10^{-7} mol . L^{-1} se o pH fosse 7. Assim:

$$N_{Na^+} = \frac{10^{-3}}{10^{-3} + 55{,}5 + 10^{-3}} = 0{,}18 \times 10^{-4}$$

e se i for o solvente, teremos:

$$N_{H_2O} = \frac{55{,}5}{55{,}5 + 2 \times 10^{-3}} = 0{,}9999819$$

É importante frisar as limitações da Equação 6, estabelecida empiricamente por Van't Hoff. Pela própria definição de atividade (Equação 4), a_i varia de 1 (quando $P_i = P_0$) a 0 (quando $P_i = 0$). Por outro lado, C_i pode assumir "qualquer" valor, até maior que 1, por exemplo, 5 mol · L^{-1}. A Equação 5a fica, portanto, muito mais correta quando escrita em termos de fração molar N_i:

$$\mu_i - \mu_0 = R \, T \, \ln(\gamma_i N_i) \qquad (6a)$$

Para o caso do exemplo anterior, considerando $\gamma_i = 1$, o potencial osmótico da água devido à presença de Na$^+$ será:

$$\mu_i - \mu_o = 0{,}082 \frac{atm \cdot L}{mol \cdot K} \times 300 \, K \times \ln 0{,}9999810 =$$
$$= -4{,}4299 \times 10^{-4} \, atm . L . mol^{-1}$$

Ou, para comparar com o resultado anterior, que é dado em atmosferas:

$$-4{,}4299 \times 10^{-4} \frac{atm \cdot L}{mol} \times 55{,}5 \frac{mol}{L} = -0{,}0246 \, atm$$

que é o mesmo resultado obtido no caso (a) com a equação $\Psi_{os} = -RTC$.

Pode-se até demonstrar que as duas equações fornecem resultados iguais. Para o exemplo anterior, se considerarmos apenas i = Na$^+$ e j = H$_2$O, temos:

$$N_i + N_j = 1$$

o que pode ser visto somando os resultados obtidos anteriormente, $N_{Na^+} = 0{,}18 \times 10^{-4}$ com $N_{H_2O} = 0{,}999981$, cujo resultado é 1. Assim:

$$N_j = 1 - N_i$$

cujo ln pode ser dado por uma série,

$$-\ln N_j = -\ln(1-N_i) = N_i + \frac{1}{2}N_i^2 + \frac{1}{3}N_i^3 + \ldots$$

que é infinita, convergente, na qual podemos desprezar os termos de potência maior que 1 quando N_i é muito pequeno (solução diluída). Assim:

$$-\ln N_j = N_i$$

e a Equação 5b se simplifica em:

$$\mu_i - \mu_o = -RTN_i$$

como:

$$N_i = \frac{n_i}{n_i + n_j} \cong \frac{n_i}{n_t} \cong C$$

em que $n_i + n_j = n_t$, e assim:

$$\mu_i - \mu_o = \Psi_{os} = -RTC \qquad (5b)$$

A importância do conceito de atividade de um íon em solução pode ser vista nas Equações 5 a 8. Vê-se nelas, claramente, a relação entre o potencial químico e a atividade, sendo o primeiro uma medida da "energia livre" do componente em questão. A atividade a_i representa a quantidade do íon em questão que é realmente ativa para qualquer processo físico-químico. É oportuno dizer aqui que a planta, ao extrair nutrientes do solo, deve "responder" à atividade de um determinado nutriente na solução do solo e não à sua concentração.

ATIVIDADE DE UMA SOLUÇÃO ELETROLÍTICA

Já definimos a atividade de um íon em solução pela Equação 7. Vejamos, agora, como determinar a **atividade de um sal em solução**.

Seja um sal de equação $M_{v^+}A_{v^-}$. Por exemplo, NaCl, $M = Na^+$; $v^+ = 1$; $A = Cl^-$; $v^- = 1$. Ou $Al_2(SO_4)_3$, $M = Al^{3+}$; $v^+ = 2$; $A = SO_4^{2-}$; $v^- = 3$. Logicamente, para cada mol de sal MA dissolvido e dissociado teremos v^+ mol de M^+ e v^- mol de A^-. O potencial químico do sal é a soma dos potenciais dos cátions e ânions dissociados:

$$M_{v^+}A_{v^-} \longrightarrow v^+ M^+ + v^- A^-$$

$$NaCl \longrightarrow Na^+ + Cl^-$$

$$Al_2(SO_4)_3 \longrightarrow 2\,Al^{3+} + 3\,SO_4^{2-}$$

$$1\frac{mol}{L}\,Al_2(SO_4)_3 \longrightarrow 2\frac{mol}{L}\,Al^{3+} + 3\frac{mol}{L}\,SO_4^{2-}$$

$$RT \ln a_{sal} = v^+ RT \ln a_+ + v^- RT \ln a_-$$

cancelando RT e lembrando que a soma de logaritmos é igual ao logaritmo do produto

$$\ln a_{sal} = \ln[a_+^{v^+} \cdot a_-^{v^-}]$$

e, então:

$$a_{sal} = a_+^{v^+} \cdot a_-^{v^-} \qquad (9)$$

em que:

- a_{sal} = atividade do sal em solução;
- a^+ = atividade do cátion dissociado;
- a^- = atividade do ânion dissociado;
- v^+ = número de cátions na dissociação de uma molécula de sal;
- v^- = número de ânions na dissociação de uma molécula de sal.

Substituindo a Equação 7 em 9, temos:

$$a_{sal} = (\gamma_+ C_+)^{v^+} \cdot (\gamma_- C_-)^{v^-} = \gamma_+^{v^+}\gamma_-^{v^-}C_+^{v^+}C_-^{v^-}$$

Considerando um coeficiente de atividade médio $\gamma_\pm$ que sirva tanto para os ânions como para os cátions, teremos:

$$a_{sal} = \gamma_\pm^v C_+^{v^+} C_-^{v^-} \qquad (10)$$

em que v é a soma de v^+ e v^-.

Seja, por exemplo, uma solução 0,1 M de Na_2SO_4:

$$Na_2SO_4 \longrightarrow 2Na^+ + SO_4^-$$

e é fácil verificar que, por se tratar de um eletrólito forte:

$$C = 0,1M; \; C_+ = 0,2M \; e \; C_- = 0,1M$$
$$v = 3, \; v^+ = 2 \; e \; v^- = 1$$
$$a_{Na_2SO_4} \longrightarrow (\gamma_\pm)^3 \times (0,2)^2 \times (0,1)^1 = (\gamma_\pm)^3 \times 0,004$$

Se γ fosse = 1, teríamos a atividade do sal Na_2SO_4 = 0,004 M. Como γ não é 1, o problema se resume em determinar o coeficiente da atividade médio para Na_2SO_4. Esses coeficientes são de difícil determinação. Podem ser calculados com precisão satisfatória pela teoria de Debye-Huckel, que não será vista aqui.

TEORIA DE DONNAN

A teoria de sistemas de membrana desenvolvida por Donnan e Guggenheim tem sido aplicada extensivamente a **sistemas coloidais** de origem orgânica ou inorgânica, como é o caso encontrado no solo. Esses coloides são superfícies carregadas eletricamente, como os minerais de argila, descritos no Capítulo 3. Também a matéria orgânica apresenta cargas elétricas não balanceadas. Adiante, neste capítulo, estudaremos em detalhes essas superfícies carregadas eletricamente.

Seja o sistema indicado na Figura 1, constituído de duas fases: fase I = água + coloide (argila, p. ex.) + eletrólito; e fase II = água + eletrólito, sendo as fases separadas por **membrana semipermeável**, que impede a passagem de coloide de I para II.

Neste caso, o coloide argila possui carga líquida negativa. Na condição de equilíbrio:

$$a^I_{eletrólito} = a^{II}_{eletrólito}$$

em que os índices superiores indicam a fase. Assim, segundo a Equação 10, podemos escrever a seguinte relação para o eletrólito, que no caso da Figura 1 é o cloreto de sódio:

$$(\gamma_\pm^v)^I (C_+^{v+} C_-^{v-})^I = (\gamma_\pm^v)^{II} (C_+^{v+} C_-^{v-})^{II}$$

ou rearranjando:

$$\frac{(C_+^{v+})^I}{(C_+^{v+})^{II}} = \Omega^{-v} \frac{(C_-^{v-})^{II}}{(C_-^{v-})^I} \qquad (11)$$

na qual Ω^v é a relação entre os coeficientes médios:

$$\Omega^v = \frac{(\gamma_\pm^v)^I}{(\gamma_\pm^v)^{II}}$$

Por outro lado, como cada fase deve também ser eletricamente neutra:

$$N^I_+ = N^I_- \; e \; N^{II}_+ = N^{II}_-$$

em que N é o número de equivalentes do referido íon por unidade de volume (normalidade).

$$N^I_+ = z_+ C^I_+$$
$$N^I_- = |z_-| C^I_- + C_c$$

em que C_c é "concentração" de coloide, também dada em número de equivalente por unidade de volume. A inclusão de C_c na soma das cargas negativas é decorrente do fato de os coloides serem constituí-

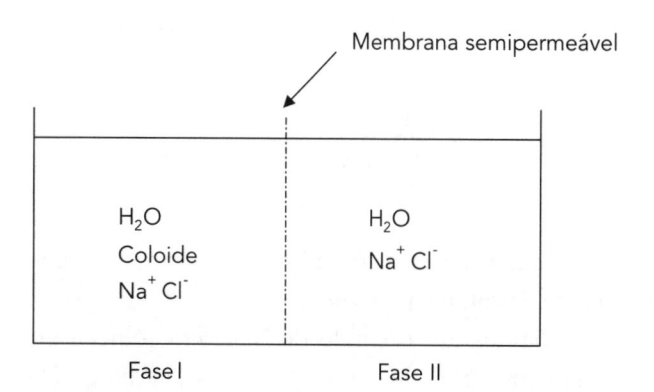

FIGURA 1 Sistema de Donnan.

dos por superfícies cuja carga líquida é negativa, que também têm de ser levadas em conta no balanço de carga. Assim, na fase I:

$$z_+ C_+^I = |z_-| C_-^I + C_c$$

ou rearranjando:

$$C_+^I = \frac{|z_-| C_-^I}{z_+} + \frac{C_c}{z_+} \qquad (12)$$

Substituindo a Equação 12 em 11, teremos:

$$\Omega^{-v}\left[\frac{|z_-| C_-^I}{z_+} + \frac{C_c}{z_+}\right] = \frac{(C_+^{v_+})^{II} (C_-^{v_-})^{II}}{(C_-^{v_-})^I} \qquad (13)$$

que é a relação fundamental do equilíbrio de Donnan. Com ela, pode-se determinar as concentrações dos íons nas duas fases. De grande importância para os sistemas coloidais é saber a relação entre as concentrações de ânions nas fases I e II. Essa relação de ânions normalmente é designada por α:

$$\alpha = \frac{C_-^{II}}{C_-^I} \qquad (14)$$

α fornece uma ideia da repulsão dos ânions da fase coloidal em virtude das cargas de mesmo sinal dos coloides. Valores de α maiores que 1 indicam o que é denominado adsorção negativa, isto é, repulsão de ânions devido à presença de coloide. Além de α, define-se um fator β denominado repulsão aniônica:

$$\beta = \frac{|z_-| (C_-^{II} - C_-^I)}{C_o} \qquad (15)$$

que mede a repulsão dos ânions em termos de quantidade de coloide presente.

Vejamos um exemplo de NaCl em solução no qual temos uma fase II: $N^{II+} = N^{II-} = 500$ meq . L^{-1} em equilíbrio com uma fase I com argila na concentração $C_c = 1.000$ meq . L^{-1}. Neste caso:

$$v^+ = v^- = 1, v = 1 + 1 = 2$$

e a Equação 13 fica:

$$\Omega^2 \left[\frac{1 \times C_-^I}{1} + \frac{C_c}{1}\right] = \frac{(C_+^I)^{II} (C_-^I)^{II}}{(C_-^I)^I}$$

Para soluções diluídas, como Ω é a relação entre dois γ pouco diferentes entre si, pode ser considerado unitário. Assim, rearranjando a equação anterior:

$$(C_-^I)^2 + C_c \cdot C_-^I - C_+^{II} \cdot C_-^{II} = 0$$

que é uma equação do 2º grau em relação à C_-^I. Portanto:

$$C_-^I = \frac{-C_c \pm \sqrt{(C_c)^2 - 4 C_+^{II} \cdot C_-^{II}}}{2}$$

na qual, substituindo os valores de C_c, C_+^{II} e C_-^{II}, lembrando que para íons monovalentes $C = N$, resulta $C_-^I = 207$ meq . L^{-1}. Calculando α, teremos:

$$\alpha = \frac{C_-^{II}}{C_-^I} = \frac{500}{207} = 2,4$$

$$\beta = \frac{|z_-| (C_-^{II} - C_-^I)}{C_o} = 0,29$$

Como:

$$(a_{NaCl})^I = (a_{NaCl})^{II}$$

ou

$$C_+^I \cdot C_-^I = C_+^{II} \cdot C_-^{II}$$

pois, se Ω foi considerado unitário, os valores de γ são iguais e se cancelam. Assim:

$$C_+^I = \frac{C_+^{II} \cdot C_-^{II}}{C_-^I} = \frac{500 \times 500}{207} = 1.207 \text{ meq} \cdot L^{-1}$$

Esse resultado nos mostra que a argila provocou uma "expulsão" do Cl^- e que sua concentração próximo a ela é muito menor (207 meq . L^{-1}) que a de Na^+ (1.207 meq . L^{-1}).

É fácil notar que para eletrólitos com íons bivalentes e trivalentes a solução da Equação 13 se complica extremamente por causa dos expoentes maiores que 2 que apareceriam na solução e apenas soluções numéricas aproximadas são obtidas. Por outro lado, o equilíbrio de Donnan, com exemplos monovalentes, como o visto anteriormente, nos dá uma visão muito boa sobre sistemas coloidais, pelo menos em termos qualitativos. A membrana da Figura 1 é completamente dispensável. Um sistema como o indicado na Figura 2A, que se constitui em uma solução líquida sobrenadando coloide depois de muito tempo de sedimentação é descrito pelas mesmas equações aqui vistas. A concentração catiônica é maior na solução junto ao coloide. Em termos microscópicos, pode-se aplicar a teoria de Donnan a um cristal de argila, constituinte do coloide. A zona perto do cristal (zona de adsorção catiônica) pode ser considerada a fase I e a zona mais afastada do cristal, a fase II (Figura 2B).

Esses fatos demonstram que, mesmo em condições de equilíbrio, a concentração de um íon não é a mesma em todos os pontos do sistema. Isso é um problema sério quando se deseja medir a concentração de um íon no solo. Surgem, então, as perguntas: como amostrar o solo? Em que condições de umidade? Em que ponto? Etc.

DUPLA CAMADA IÔNICA (*IONIC DOUBLE LAYER*)

Denomina-se **dupla camada iônica** o sistema de partículas coloidais carregadas em contato com a solução iônica do solo. Esse sistema é, assim, denominado dada a presença de duas "camadas" de carga, uma negativa – a superfície do coloide (argila) – e a outra constituída pelos cátions adsorvidos. É de grande importância o conhecimento da distribuição desses cátions em torno das partículas coloidais e, também, o conhecimento dos fatores que afetam sua distribuição. A teoria da distribuição das concentrações iônicas nas vizinhanças de partículas carregadas eletrostaticamente foi desenvolvida, a princípio, por Gouy. Em seu modelo, Gouy assume que o cristal de argila pode ser representado por uma superfície plana, infinita, de distribuição homogênea de cargas (Figura 3). Assume, ainda, que a superfície carregada está imersa em uma solução eletrolítica de constante dielétrica uniforme, que a carga da superfície é neutralizada por um excesso de íons de carga de sinal oposto e que todos os íons são tomados como cargas pontuais. Para um sistema desses, o potencial elétrico ao longo de uma direção x perpendicular à superfície carregada é dado pela **equação de Poisson**:

FIGURA 2 Sistemas simplificados de Donnan.

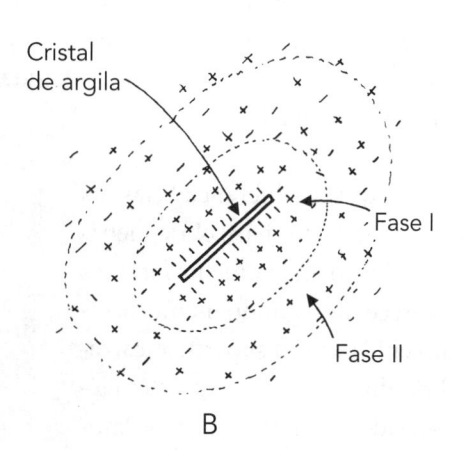

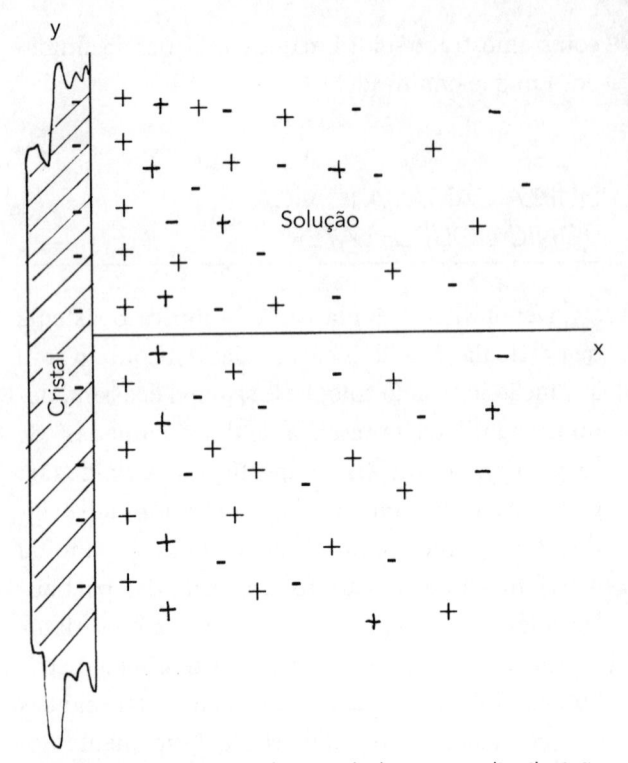

FIGURA 3 Esquema de cristal plano com distribuição homogênea de cargas negativas indicando o eixo x, perpendicular ao plano do cristal, assumida por Gouy.

$$\frac{d^2\Phi}{dx^2} = \frac{4\pi\rho}{D} \quad (16)$$

em que:

- Φ = potencial elétrico;
- x = coordenada de posição;
- ρ = carga líquida em um elemento de volume de solução ao longo de x (cargas positivas menos cargas negativas);
- D = constante dielétrica do meio.

A Equação 16 é uma equação diferencial clássica que pode ser encontrada em textos básicos de Eletricidade. Vejamos a sua solução. Inicialmente faremos o cálculo de ρ que aparece no segundo membro. Os cátions não permanecem "fixos" à superfície carregada, há um equilíbrio dinâmico entre atração elétrica e repulsão em virtude da energia térmica (movimento browniano). A **distribuição de Boltzmann** descreve esse equilíbrio mediante uma função exponencial, cujo expoente é a relação entre "forças" elétricas e térmicas:

$$n_+ = n_o e^{-\frac{z_+ \varepsilon \cdot \Phi}{KT}} \quad (17)$$

$$n_- = n_o e^{-\frac{|z_-| \varepsilon \cdot \Phi}{KT}} \quad (18)$$

em que:

- n_+ = número de cátions/cm³ de solução na direção x;
- n_- = número de ânions/cm³ de solução na direção x;
- n_o = número de cátions que é igual ao de ânions a uma distância "infinita" da partícula carregada, em que $\Phi = 0$ e a partícula carregada não afeta mais a distribuição;
- ε = carga do elétron;
- K = constante de Boltzmann;
- T = temperatura absoluta da solução.

A carga líquida ρ ao longo de x é dada por:

$$\rho = \sum |z_i| \varepsilon n = (z_+ \varepsilon n_+) - (|z_-| \varepsilon n_-) \quad (19)$$

Como perto da superfície negativa n_+ é bem maior que n_-, ρ é positivo. Longe da superfície, $\rho = 0$, pois $n_+ = n_- = n_o$ no seio do líquido. Substituindo as Equações 17 e 18 em 19, temos:

$$\rho = n_o \varepsilon \sum |z_i| e^{-\frac{|z_i| \varepsilon \cdot \Phi}{KT}} \quad (20)$$

que, para o caso particular de $z_+ = z_- = z$, fica:

$$\rho = n_o z \varepsilon \left(e^{-\frac{z \varepsilon \Phi}{KT}} - e^{\frac{z \varepsilon \Phi}{KT}} \right) \quad (21)$$

Fazendo,

$$y = \frac{z \varepsilon \Phi}{KT}$$

pois são todos constantes, 9.21 se simplifica em:

$$\rho = n_o z \varepsilon(e^{-y} - e^y) = 2 n_o z \varepsilon \operatorname{senh} y \quad (22)$$

sendo senh y o seno hiperbólico de y. Substituindo a Equação 22 em 16, temos:

$$\frac{d^2\Phi}{dx^2} = \frac{8\pi z \varepsilon n_o}{D} \operatorname{senh} y \quad (23)$$

A resolução da Equação 23 é trabalhosa e não será vista aqui. A solução final é uma função que nos fornece Φ para qualquer x, isto é, $\Phi(x)$, é:

$$\Phi = \frac{2 K T}{z \varepsilon} \ln \frac{e^{bx} + a}{e^{bx} - a} \quad (24)$$

sendo,

$$b = \sqrt{\frac{8 \pi^2 z^2 \varepsilon^2 n_o}{D K T}} \quad e \quad a = \tanh\left(\frac{z \varepsilon n \Phi_o}{K T}\right)$$

em que Φ_o é o potencial elétrico Φ na superfície do coloide, isto é, o valor de Φ para x = 0; tanh = tangente hiperbólica.

Conhecida a função $\Phi(x)$, pode-se calcular n_+ e n_-, segundo as Equações 17 e 18. Pode-se, também, calcular C_+, C_- e C_o, que são as concentrações molares de cada componente.

Uma análise da Equação 24 nos revela que a espessura x (em Å, Angstrom) da dupla camada iônica aumenta se a concentração da solução do solo (m_o) diminuir. Na Figura 4a tal fato é esquematizado. A espessura da dupla camada pode ser considerada a distância do cristal (x = 0) até o ponto (x = x_L) em que n_+ = n_- = n_o. Vê-se no caso particular da Figura 4a que a espessura é de 50 Å para m_o = 0,05 M e 75 Å para m_o = 0,02 M. Da análise de 24 conclui-se, também, que o potencial Φ_o, na superfície da partícula, aumenta quando m_o aumenta (Figura 4b) e ainda que a espessura da dupla camada depende da valência dos íons (Figura 4c).

Esta teoria foi modificada e ampliada, incluindo uma camada de cátions "fixos", na qual o potencial varia linearmente com x, denominada **camada de Stern**, seguida da camada difusa representada pela Equação 24. Textos especializados de físico-química de solos apresentam mais detalhes sobre o assunto.

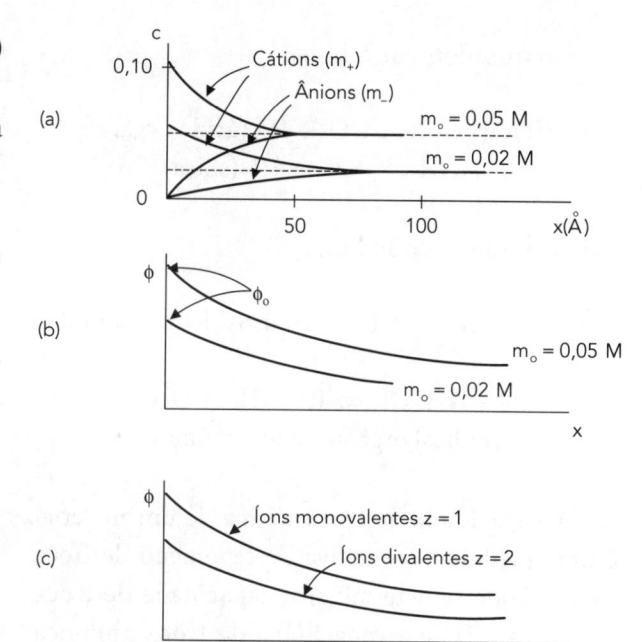

FIGURA 4 Dupla camada iônica de Gouy.

CAPACIDADE DE TROCA IÔNICA

O fenômeno de **troca iônica** ocorre sempre em um sistema em que se encontram superfícies carregadas eletricamente. Até o momento, consideramos somente o caso de argilas apresentando cargas negativas simetricamente distribuídas em sua superfície. No sistema solo-planta, tanto as argilas como a matéria orgânica, os óxidos, a superfície das raízes, os tecidos biológicos etc. apresentam cargas tanto positivas quanto negativas. Essas cargas podem ser permanentes ou não permanentes. As permanentes são as que aparecem principalmente nos cristais de argila, como consequência da substituição isomórfica descrita no Capítulo 3. As cargas não permanentes aparecem sempre que uma superfície apresenta propriedades de ácido ou base fracos. Como os materiais anteriormente indicados apresentam essas propriedades, eles apresentam cargas não permanentes. Estas, logicamente, são dependentes do pH da solução.

Quando uma superfície apresenta cargas negativas em excesso, denomina-se "trocadora de cátions", e quando possui excesso de cargas positivas se denomina "trocadora de ânions". Assim, por exemplo:

São trocadores de cátions:

$$R - COOH \Leftrightarrow R - COO^- + H^+ \text{ (ácido orgânico)}$$
$$-SiOH \Leftrightarrow -SiO^- + H^+ \text{ (sílica)}$$

e são trocadores de ânions:

$$-AlOH \Leftrightarrow -Al^+ + OH^- \quad \text{(hidróxido de alumínio)}$$

$$R - NH_3OH \Leftrightarrow R - NH_3^+ + OH^-$$
(radical orgânico com amônia)

A **capacidade de troca iônica** de um material é uma medida quantitativa do fenômeno de troca iônica. Pode-se determinar a **capacidade de troca catiônica** CTC e a **capacidade de troca aniônica** CTA, sempre expressos em $cmol_c \cdot dm^{-3}$ ou $cmol_c \cdot kg^{-1}$. O subscrito c no mol indica carga.

Como já foi dito, esses valores dependem do número de cargas não permanentes, que depende do pH. Há um pH no qual o número de cargas positivas é igual ao número de cargas negativas, sendo a carga líquida nula. Esse pH caracteriza o **ponto isoelétrico** do sistema.

Uma tentativa para a descrição dessas relações M (sólido) $\Leftrightarrow$ M (solução), da Equação 1, poderia estar baseada em considerações de equilíbrio de troca iônica.

Essa reação de troca iônica pode ser tratada como uma reação química do tipo:

$$(solo - A) + B^- \leftrightarrow (solo - B) + A^+ \quad (25)$$

em que (solo – A) indica um íon A adsorvido a uma partícula carregada de solo. Na condição de equilíbrio, como o potencial químico de cada fase deve ser constante, podemos dizer que

$$[\mu(A^+) + \mu(solo-B)] - [\mu(solo-A) - \mu(B^+)] = 0$$

Aplicando a Equação 5 para cada termo e rearranjando-a, obtém-se:

$$RT \ln\left[\frac{a_{A^+} \cdot a_{solo B}}{a_{B^+} \cdot a_{solo A}}\right] = \mu_o(A^+) + \mu_o(solo - B) -$$

$$- \mu_o(solo - A) + \mu_o(B^+)$$

O segundo membro da equação acima é uma constante, pois é a soma dos potenciais químicos no estado padrão. Assim:

$$RT \ln\left[\frac{a_{A^+} \cdot a_{solo B}}{a_{B^+} \cdot a_{solo A}}\right] = K'$$

ou aplicando anti-ln:

$$\left[\frac{a_{A^+} \cdot a_{solo B}}{a_{B^+} \cdot a_{solo A}}\right] = K \quad (26)$$

O leitor deve verificar que a Equação 26 pode ser aplicada a qualquer reação química para cálculo de constantes de equilíbrio. Essa equação mostra que, na condição de equilíbrio, há uma relação entre as atividades dos diferentes constituintes nas diferentes fases. Se, por exemplo, a planta retira do solo A^+ ou B^-, a reação (Equação 26) sai da condição de equilíbrio. Ela é restabelecida com a passagem de A e/ou B da fase sólida para a fase líquida. Esses íons que "facilmente" passam da fase sólida para a fase líquida são denominados disponíveis (*available*) para a planta. A velocidade dessa passagem depende de K, isto é, varia de nutriente para nutriente, de sua forma química, temperatura, pH, condições de oxirredução etc.

A troca de cátions entre a fase sólida e líquida do solo é um processo reversível. Os cátions "fixos" na superfície das partículas carregadas do solo ou no interior dos cristais de algumas espécies minerais e cátions ligados a certos compostos orgânicos podem ser, reversivelmente, substituídos por aqueles presentes na solução. Em condições normais, um solo, em geral, apresenta-se como trocador de cátions, e a determinação da CTC é de grande importância em estudos de fertilidade do solo e nutrição de plantas.

Muitos métodos foram propostos para a determinação da CTC e, quando aplicados, os valores obtidos podem variar sensivelmente. Algumas razões para isso são a qualidade e a quantidade de minerais e compostos orgânicos presentes nos diferentes solos. Esses métodos podem ser agrupados em diferentes categorias:

a. O solo é "lavado" com uma solução diluída de ácido, por exemplo, HCl. Nesse processo, "todos" os cátions adsorvidos ao solo são trocados por H^+ e passam para o efluente. O efluente é, então, titulado podendo-se determinar, em $cmol_c$, a quantidade de cada cátion que saiu do solo.
b. O solo é equilibrado com uma solução de acetato de bário, cálcio ou sódio e a quantidade de cátions adsorvidos é determinada por técnica apropriada.
c. O solo é lavado com acetato de cálcio a fim de saturá-lo com Ca. Em seguida, ele é equilibrado com uma solução de nitrato de cálcio contendo ^{45}Ca, que é radioativo. Com base nas **relações isotópicas** $^{45}Ca/^{40}Ca$, pode-se determinar a CTC. Detalhes dessas técnicas são encontrados, entre outros, em Jackson et al. (1986) e, em nosso meio, em Van Raij (1987 e 1991) e Malavolta (1979).

A grande dificuldade da aplicação da Equação 26 está na determinação das atividades de A e B na fase sólida do solo. Pela teoria de Donnan pode-se, porém, obter algumas informações sobre o processo de troca. Como visto anteriormente, em um sistema constituído de um cristal de argila envolto por solução (ver Figura 2), a seguinte relação é válida:

$$a^I\text{eletrólito} = a^{II}\text{eletrólito}$$

Chamaremos aqui a fase I de fase adsorvida (fa) e a fase II de fase externa (fe). Para um eletrólito de fórmula química M_nA_m, a equação anterior fica:

$$(a_{MnAm})_{fa} = (a_{MnAm})_{fe}$$

que, de acordo com a Equação 12, pode ser desdobrada em:

$$[(a_M)^n]_{fa}\,[(a_A)^m]_{fa} = [(a_M)^n]_{fe}\,[(a_A)^m]_{fe}$$

que, sendo rearranjada, torna-se:

$$\left[\frac{(a_M)_{fa}}{(a_M)_{fe}}\right]^{1/m} = \left[\frac{(a_A)_{fe}}{(a_A)_{fa}}\right]^{1/n} \qquad (27)$$

A Equação 27 fornece a relação entre as atividades de um íon nas fases externa e adsorvida. Por exemplo, para o caso do eletrólito Na_2SO_4 podemos dizer que a seguinte relação é válida no caso de equilíbrio, sendo m = 1 e n = 2.

$$\frac{(a_{Na})_{fa}}{(a_{Na})_{fe}} = \left[\frac{(a_{SO_4})_{fe}}{(a_{SO_4})_{fa}}\right]^{1/2}$$

Para a solução de um solo, em equilíbrio, podemos dizer, também, que para os nutrientes presentes:

$$\frac{(a_{H^+})_{fa}}{(a_{H^+})_{fe}} = \frac{(a_{K^+})_{fa}}{(a_{K^+})_{fe}} = \frac{(a_{Na^+})_{fa}}{(a_{Na^+})_{fe}} = \left[\frac{(a_{Ca^{2+}})_{fa}}{(a_{Ca^{2+}})_{fe}}\right]^{1/2} = \left[\frac{(a_{Al^{3+}})_{fa}}{(a_{Al^{3+}})_{fe}}\right]^{1/3} =$$

$$= \frac{(a_{OH^-})_{fe}}{(a_{OH^-})_{fa}} = \frac{(a_{Cl^-})_{fe}}{(a_{Cl^-})_{fa}} = \left[\frac{(a_{SO_4^{-2}})_{fe}}{(a_{SO_4^{-2}})_{fa}}\right]^{1/2} = \frac{(a_{H_2PO_4^-})_{fe}}{(a_{H_2PO_4^-})_{fa}} \ldots = D$$

sendo todas as relações iguais entre si, elas só podem ser iguais a uma constante, no caso igual a D, cujo valor depende das propriedades de troca iônica do solo em questão. Essas relações nos permitem, apenas, estudar a atividade de um íon em relação a outro, ambos em solução, e delas apareceram os conceitos de **"potencial de calcário"**, **"potencial de fosfato"**, **"potencial de K-Ca"** etc. Se tomarmos, por exemplo, os íons H^+ e Ca^{2+}, podemos escrever:

$$\frac{[(a_{Ca^{2+}})_{fe}]^{1/2}}{(a_{H^+})_{fe}} = D$$

Aplicando logaritmo a ambos os termos desta equação, obtém-se:

$$\log\left[\frac{1}{(a_{H^+})_{fe}}\right] + \frac{1}{2}\log(a_{Ca^{2+}})_{fe} = \log D =$$
$$= \text{"potencial de calcário"}$$

Utilizando a simbologia clássica:

$$\log\left[\frac{1}{(a_{H^+})_{fe}}\right] = pH$$

$$\log\left[\frac{1}{(a_{Ca^{2+}})_{fe}}\right] = pCa$$

a equação fica:

$$\text{potencial de calcário} = pH - 0{,}5 \cdot pCa \quad (28)$$

Poderíamos também desenvolver, da mesma forma, os "potenciais" de fosfato e de Ca-K usando os íons $H_2PO_4^-$, Ca^{2+} e K.

$$\text{potencial de fosfato} = p[H_2PO_4^-] + 0{,}5 \cdot pCa \quad (29)$$

$$\text{potencial Ca-K} = pK - 0{,}5 \cdot pCa \quad (30)$$

Esses potenciais fornecem a relação entre as atividades de um íon na fase externa, e outro íon, também na fase externa, em forma de logaritmo. Todos envolvem o íon Ca^{2+}, porque esses conceitos foram desenvolvidos por pesquisadores de áreas temperadas, nas quais Ca^{2+} é o íon predominante na solução do solo.

Nesse texto não tratamos, em detalhes, os aspectos aplicados da troca iônica. Trata-se, porém, de assunto de grande implicação prática no que se refere à calagem e à eficiência dos fertilizantes. Detalhes sobre esse assunto mais relacionado com a fertilidade do solo podem ser vistos em Malavolta (2019).

> A água do solo, apesar de ser uma solução diluída de sais minerais e de compostos orgânicos, é fundamental para o crescimento e desenvolvimento das plantas. Quando muito diluída ou com certos nutrientes em falta pode causar deficiências nutricionais nas culturas. As interações entre a solução do solo e a fração sólida do solo são descritas por meio de conceitos termodinâmicos, principalmente a energia livre de Gibbs, utilizada para definir os estados de energia tanto da água como dos solutos. A adsorção e a liberação dos nutrientes pelas argilas é caracterizada pela capacidade de troca iônica CTI ou capacidade de troca catiônica CTC. A extração da solução do solo é uma técnica que permite a determinação da CTI e CTC, que são índices importantes na determinação da fertilidade do solo.

EXERCÍCIOS

1. Qual a atividade de uma solução 3×10^{-5} M de $CaSO_4$, cujo coeficiente de atividade é 0,893?
2. Dada uma solução 2×10^{-2} M de NaOH, a 27°C. Calcule:
    a. a fração molar da água;
    b. a fração molar do NaOH;
    c. o potencial da água pela Equação 6a, considerando $\gamma = 1$;
    d. o potencial da água pela Equação 5b;
    e. o potencial do NaOH pela Equação 6a, considerando $\gamma = 1$;
    f. o potencial do NaOH pela Equação 5b.
3. Qual o valor de v_+ e v_- para o $Al_2(SO_4)_3$?
4. Em um sistema de Donnan (como o da Figura 1), a fase I consta de 1 L de água e 50 g de um solo com CTC de 16 meq/100 g de solo. A fase II também tem volume de 1 L. No equilíbrio mediu-se $N^{II+} = N^{II-} = 300$ meq/L de KCl. Qual a repulsão aniônica do sistema, indicando os valores de α e β?
5. Um extrato de solução de solo apresenta as seguintes concentrações: $[H^+] = 2{,}3 \times 10^{-6}$ M; $[H_2PO_4^-] = 5{,}6 \times 10^{-5}$ M; $[Ca^{2+}] = 7{,}1 \times 10^{-4}$ M; $[K^+] = 3{,}2 \times 10^{-4}$ M. Determinar seus pH, pCa, $pH_2PO_4^-$, pK, potencial de calcário, potencial de fosfato e potencial Ca-K.

RESPOSTAS

1. Pela equação 7: $2{,}679 \times 10^{-5}$ M;
2.
   a. $0{,}9996398$;
   b. $3{,}602 \times 10^{-4}$;
   c. $-8{,}86 \times 10^{-3}$ atm.L/mol ou $-0{,}4919$ atm;
   d. $-0{,}492$ atm;
   e. $-195{,}05$ atm . L/mol ou $-3{,}901$ atm;
   f. não pode ser feito, pois a equação 5b é aproximada e foi desenvolvida para calcular o potencial da água em função da adição de íons;
3. $v_+ = 2$ e $v_- = 3$;
4. Solução:

$$C_-^l = \frac{[-8 \pm (8^2 + 4 \times 300 \times 300)^{1/2}]}{2} = 296 \text{ meq/L}$$

$\alpha = 300/296 = 1{,}0135$ e $\beta = (300 - 296)/8 = 0{,}5$;

5. pH = 5,64; pCa = 3,14; pH_2PO_4 = 4,25; pK = 3,49; potencial de calcário = 4,06; potencial de fosfato = 2,68; potencial de Ca – K = 4,92.

LITERATURA CITADA

JACKSON, M. L.; LIM, C. H.; ZELAZNY, L. W. Oxides, hydroxides, and aluminosilicates. *In*: KLUTE, A. (ed.) *Methods of soil analysis*. Madison, American Society of Agronomy; Soil Science Society of America, 1986. cap. 6, p. 101-50.

MALAVOLTA, E. *Manual de química agrícola*: nutrição de plantas e fertilidade do solo. São Paulo, Agronômica Ceres, 1976. p. 528.

MALAVOLTA, E. *Manual de nutrição mineral de plantas*. 1.ed. reimpr. São Paulo, Agronômica Ceres, 2019. p. 637.

VAN RAIJ, B. *Avaliação da fertilidade do solo*. 3.ed. Piracicaba, Associação Brasileira para a Pesquisa da Potassa e do Fosfato, 1987. p. 142.

VAN RAIJ, B. *Fertilidade do solo e adubação*. São Paulo, Agronômica Ceres, 1991. p. 343.

10

O movimento da solução do solo

> Os nutrientes de qualquer lugar no solo precisam se movimentar para alcançar as raízes e serem absorvidos pelas plantas. Dois processos de transferência de nutrientes são responsáveis por esse movimento: a difusão e a transferência de massa. Um terceiro processo, que não é bem um processo, é chamado de interceptação radicular – trata-se do desenvolvimento radicular que leva as raízes para regiões do solo onde os nutrientes se encontram. A difusão é um processo físico que ocorre nos fluidos, isto é, nos líquidos e gases, em que os materiais dissolvidos são transportados à custa de gradientes de concentração. Na transferência de massa, os materiais são arrastados pela água, principalmente durante a evapotranspiração das plantas. O movimento dos nutrientes pode ser descrito por meio de equações diferenciais e de suas soluções, apresentadas neste capítulo para vários exemplos práticos.

INTRODUÇÃO

De grande importância é a quantificação do movimento dos íons e compostos no solo. A solução do solo é dinâmica, e também se move devido a diferenças de potencial da água e de potencial químico. No Capítulo 9 vimos muito resumidamente a situação dos íons em equilíbrio no solo. Agora vamos nos preocupar com seu transporte. Como veremos em seguida, ainda neste item, uma das forças responsáveis pelo fluxo de íons no solo é o gradiente de atividade. A atividade do íon é avaliada pela energia livre de Gibbs, por meio das Equações 15, do Capítulo 6, e 5, do Capítulo 9, já discutidas anteriormente. O leitor, tendo passado pelos itens do Capítulo 9, deve estar convencido da dificuldade de determinar a atividade de íon em dado ponto no solo. Poderíamos tomar a atividade média do íon em um elemento de volume, mas como medi-la? Há técnicas nas quais o solo é saturado, extraindo-se, em seguida, a solução e medindo-se sua concentração. É óbvio que nessa extração se retira primeiro a solução dos macroporos, menos concentrada, e, conforme o solo seca, mais concentrada é a solução retirada. Por outro lado, é muito difícil retirar do solo toda a água na fase líquida.

Esse problema poderia ser extensamente discutido aqui. É, porém, nossa intenção só chamar a atenção do leitor para a dificuldade de definir e medir a atividade de um íon no solo. Isso se torna necessário porque as equações de fluxo que desenvolveremos a seguir pressupõem a possibilidade da medida da atividade da solução do solo em um ponto. Por último, cumpre dizer que com eletrodos pode-se medir diretamente a atividade de um íon em solução (p. ex., pH mede a atividade do íon H⁺ em solução) e que eletrodos sensíveis a uma série de íons, como Cu^{+2}, Hg^{+2}, Zn^{+2}, NO_3^- etc., já foram desenvolvidos.

O fluxo de íons no solo deve-se, sobretudo, a dois processos: **difusão** e **transferência de massa**. A difusão é o movimento de íons em função do gradiente de atividade, e a transferência de massa é o movimento de íons arrastados pelo fluxo de água. Iniciaremos com o estudo da difusão.

Considerando a solução do solo uma solução diluída, a atividade (a) pode ser substituída pela concentração C. Deve ser frisado, porém, que toda vez que a atividade for significativamente diferente da concentração, deve-se substituir C por **a** em todas as equações que veremos daqui em diante.

DIFUSÃO DE SOLUTOS

O processo de difusão de um soluto em dado meio dá-se devido a diferenças de sua concentração C ao longo de uma direção. Essas diferenças de C são na verdade diferenças de **energia livre de Gibbs**, ou de **potencial químico**, como visto no início do Capítulo 6. A equação fundamental de difusão de solutos é a **equação de Fick**:

$$j_d = - D_o \nabla C \qquad (1)$$

em que j_d é a densidade de fluxo por difusão de um íon (ou composto) pelo processo de difusão em dado meio, isto é, a quantidade que atravessa a unidade de seção transversal por unidade de tempo, por exemplo mg de $NO_3.m^{-2}.dia^{-1}$; D_o é o coeficiente de difusão do componente no meio em consideração (no exemplo anterior, seria o coeficiente de difusão do NO_3 na água); e ∇C é o gradiente de concentração do íon (ver definição de gradiente no Capítulo 8). Note que a equação de Fick é idêntica à equação de Darcy. Em uma dimensão, podemos reescrevê-la:

$$j = - D_o \frac{\partial C}{\partial x} \qquad (2)$$

Essa equação descreve a difusão de uma substância em outra, como a difusão de NaCl em água. Ela nos diz que o soluto se moverá sempre em sentido contrário a um gradiente de concentração, isto é, o soluto se move de pontos de maior concentração para os de menor concentração (daí o sinal negativo nas Equações 1 e 2). Como já dissemos, deveríamos falar em atividade, pois esta é proporcional ao potencial químico, que é a própria energia livre de Gibbs para uma solução simples.

A difusão pode, também, ser vista apenas como um movimento casual das partículas do soluto. Na Figura 1 vemos NaCl se difundindo em água. Tomemos duas camadas infinitesimais a e b, de espessura δ, indicadas nesta figura.

Na difusão ideal, não há direção preferencial de caminhamento das partículas; elas se movem ao acaso por movimentos brownianos. Em dado intervalo de tempo, em média, metade dos íons de a deixam

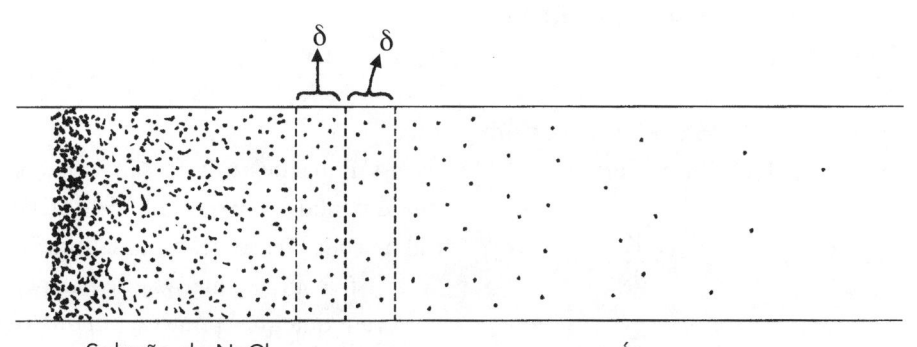

FIGURA 1 Difusão de NaCl em água.

essa região através do plano central e metade dos de b atravessam o mesmo plano em direção oposta. Como a concentração média de a, C_a, é maior do que a de b, C_b, há um fluxo líquido de a para b. Esse é o fluxo de difusão que vai de concentrações maiores para menores. Esse mesmo raciocínio pode ser aplicado para a difusão de um gás em outro, difusão de calor, difusão de água em água etc. O coeficiente de difusão D_o, no nosso exemplo, é o **coeficiente de difusão** do NaCl em água. Esses coeficientes de difusão para numerosos compostos em diferentes solventes são dados em tabelas físico-químicas. Para o caso de difusão de um composto na água do solo, D_o da Equação 2 precisa ser substituído pelo **coeficiente de difusão D no solo**:

$$D = \theta D_o \left(\frac{L}{L_e}\right)^2 \alpha \gamma \quad (3)$$

em que:

- D = coeficiente de difusão de um composto i no solo ($m^2.s^{-1}$);
- D_o = coeficiente de difusão do mesmo composto i na água ($m^2.s^{-1}$);
- θ = umidade do solo (m^3 de $H_2O.m^{-3}$ de solo);
- $(L/L_e)^2$ = tortuosidade, sendo L_e o caminho efetivamente percorrido pelo composto no solo, e L o caminho em linha reta na direção x, fator adimensional;
- α = fator adimensional que leva em conta a viscosidade do meio, a qual, por sua vez, é função de θ;
- γ = fator adimensional que leva em conta a adsorção do composto i, isto é, a distribuição do composto dentro dos poros.

Com essas considerações, para a difusão de um íon no solo, a equação de Fick se transforma em:

$$j_d = -\theta D_o \left(\frac{L}{L_e}\right)^2 \alpha \gamma \cdot \frac{\partial C}{\partial x} = -D \frac{\partial C}{\partial x} \quad (4)$$

A umidade % volume é incluída na equação porque θ mede a área útil ao fluxo, pois o movimento dá-se apenas dentro da solução. Em uma seção transversal de solo A, apenas θA está disponível ao fluxo de solução. Considerações semelhantes foram feitas para a condutividade hidráulica do solo. Para aplicação da Equação 4, D é medido experimentalmente, evitando medidas de L/L_e, α e γ.

Da mesma forma, como foi dito para o fluxo de água no solo, também é muito importante estudar as variações de concentração de um íon em um ponto do solo, em função do tempo, em virtude do processo de difusão. Para isso, é necessária a **equação da continuidade**. O leitor deve, neste momento, recorrer ao Capítulo 8 e verificar como a equação da continuidade foi estabelecida para o fluxo de água. É fácil verificar, pelo mesmo raciocínio lá usado, que, para o caso de íons, em uma dimensão, ela fica:

$$\frac{\partial(\theta C)}{\partial t} = -\frac{\partial j_d}{\partial x} \quad (5)$$

que é equivalente à Equação 20a, do Capítulo 8, para o caso da água. Aqui, θ foi incluído porque no desenvolvimento da equação da continuidade toma-se um elemento de volume ΔV de solo, e a quantidade de íons contida nesse volume é θC. Para esclarecer melhor esse ponto, ver no Capítulo 3 as Equações 25 e 26.

Substituindo a Equação 4 em 5, obtém-se:

$$\frac{\partial(\theta C)}{\partial t} = \frac{\partial}{\partial x}\left(D \frac{\partial C}{\partial x}\right) \quad (6)$$

e, para casos em que D pode ser considerado constante, independente de C:

$$\frac{\partial(\theta C)}{\partial t} = D \frac{\partial}{\partial x}\left(\frac{\partial C}{\partial x}\right) = D \frac{\partial^2 C}{\partial x^2} \quad (6a)$$

As Equações 6 e 6a são equações diferenciais fundamentais para o estudo da difusão de um material no solo. Sua solução é uma função do tipo C = C (x, t), isto é, uma equação que nos permite determinar C em qualquer ponto x, em qualquer instante t.

Um caso particular de importância é o caso no qual a umidade do solo θ é constante. Nessas condições, D realmente é constante e θ pode ser tirado da derivada do primeiro membro. A Equação 6a se simplifica em:

$$\frac{\partial C}{\partial t} = D' \frac{\partial^2 C}{\partial x^2}$$

em que D' = D/θ. Podemos, agora, estabelecer os mesmos casos de equilíbrio como foram estabelecidos para o caso de fluxo de água no solo:

a. fluxo em equilíbrio dinâmico (*steady-state*) ou regime permanente:

$$j_d = \text{constante}$$

$$\frac{\partial C}{\partial x} = \text{constante}; \quad \frac{\partial C}{\partial t} = 0$$

b. fluxo variável ou regime transitório: que é o caso mais geral, no qual se empregam as Equações 5, 6 e 6a:

$$\frac{\partial^2 C}{\partial x^2} = 0 \quad \text{ou} \quad \nabla^2 C = 0$$

c. sem fluxo, equilíbrio termodinâmico:

$$j_d = 0, \text{ e constante no espaço e no tempo}$$

$$\frac{\partial C}{\partial x} = 0$$

$$\frac{\partial C}{\partial t} = 0$$

A título de exemplo, vejamos a solução de um caso de regime transitório.

A um solo de baixada, inundado (θ = θ$_o$, constante) e sem vegetação, adicionou-se o fertilizante KNO$_3$ à superfície; a concentração da água na superfície foi mantida a 0,2 M em NO$_3^-$. Supondo que o NO$_3^-$ não é absorvido nem consumido por microrganismos, determinar a distribuição de NO$_3^-$ no perfil de solo em função do tempo, sendo D' = 1,08 × 10^{-5} cm^2 . s^{-1}.

A equação diferencial é, então:

$$\frac{\partial C}{\partial t} = D' \frac{\partial^2 C}{\partial z^2}$$

sujeita às condições:

1. C = 0,2; z = 0; t > 0 ou C (0, t) = 0,2, o que significa que a concentração é mantida constante e igual a 0,2 M na superfície (z = 0) para qualquer tempo;
2. C = 0; z > 0; t > 0 ou C (z, 0) = 0, o que significa que o solo não possui NO$_3^-$ em qualquer profundidade (z > 0) no início da aplicação do fertilizante. Note que z é considerado positivo de cima para baixo;
3. C = 0; z = ∞; t > 0 ou C (∞, 0) = 0, o que significa que a geometria é semi-infinita, isto é, ela não possui limite inferior para z.

A solução geral dessa equação diferencial não será vista em detalhe aqui. Pode-se demonstrar que ela é:

$$C(z,t) = C \cdot \text{erfc}\left(\frac{z}{\sqrt{4D't}}\right)$$

em que erfc é a **função de erro complementar**. Para compreendê-la, vejamos inicialmente a **função de erro** (erf), definida por uma integral que aparece com frequência na solução de equações diferenciais:

$$\text{erf}(y) = \frac{2}{\sqrt{y}} \int_0^y e^{-y^2} dy \qquad (7)$$

Essa função tem este nome por sua semelhança com a equação da curva normal da estatística, que não deixa de ser uma equação de "erros". A função de erro complementar é dada por:

$$\text{erfc}(y) = 1 - \text{erf}(y) \qquad (8)$$

O leitor não deve se preocupar com a aparente complexidade dessas funções. Na verdade, ela é uma função como qualquer outra: seno, cosseno, logaritmo etc. e, assim como estas, é apresentada em tabelas para valores de y variando de 0 a ∞. A Figura 2 apresenta seu gráfico. Como ela é uma integral, representa a área sob a curva.

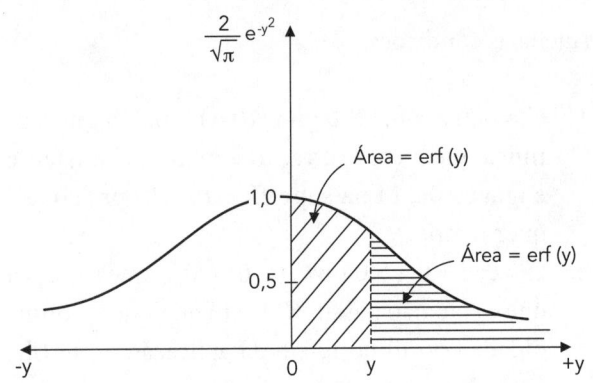

FIGURA 2 Representação gráfica da função de erro erf(y).

No exemplo acima, se desejarmos determinar a concentração de NO_3^- a 10 cm de profundidade depois de um dia (86.400 s), procede-se da seguinte forma:

$$y = \frac{z}{\sqrt{4D't}} = \frac{10}{\sqrt{4 \cdot 1,08 \times 10^{-5} \cdot 86.400}} = 5,16$$

$$\text{erf}(5,16) = \frac{2}{\sqrt{y}} \int_0^{5,16} e^{-y^2} dy = 0,02 \quad \text{(tirado da tabela)} \quad (8a)$$

$$\text{erfc}(5,16) = 1 - \text{erf}(5,16) = 1 - 0,02 = 0,98$$

e, finalmente:

$$C(10, 86400) = 0,2 \cdot \text{erfc}(5,16) = 0,196 \text{ M}$$

O processo de difusão também aparece no movimento da água do solo para a raiz e em muitas outras situações nas quais não aparecem as membranas semipermeáveis.

TRANSFERÊNCIA DE MASSA DE SOLUTOS

Vejamos, agora, o movimento de íons por **transferência de massa**. Como já foi dito, os solutos do solo podem, também, mover-se arrastados pelo fluxo de água. Esse processo é denominado de transferência de massa. Se a densidade de fluxo de água no solo é q (cm^3 de água por cm^2 de seção transversal e por dia), então, qC é a quantidade de soluto transportado. Seja, por exemplo:

$$q = 2 \text{ mm} \cdot \text{dia}^{-1} = 0,2 \frac{cm^3}{cm^2 \cdot dia}$$

$$C = 0,1M \text{ em } NO_3^- = 6,2 \frac{g}{L} = 0,0062 \frac{g}{cm^3}$$

então, o fluxo j_m por transferência de massa será:

$$j_m = qC = 0,00124 \frac{g \text{ de } NO_3^-}{cm^2 \cdot dia} \quad (9)$$

Neste caso, não existe gradiente de concentração. Este é constante. A força motora é o gradiente hidráulico ∇H que está contido na densidade de fluxo de água q que arrasta o íon.

O caso mais comum é haver, simultaneamente, difusão e fluxo de massa. Isso acontece quando a água se move e existem diferenças de concentração. Nesse caso, o fluxo total de íons j_t, devido à difusão e transferência de massa, é dado pela soma algébrica de ambos (Equações 4 + 9):

$$j_t = j_d + j_m = -D \frac{\partial C}{\partial x} + q \cdot C \quad (10)$$

e o balanço das quantidades que entram e que saem de um elemento de volume ΔV (equação da continuidade) é dado por:

$$\frac{\partial (\theta C)}{\partial t} = -\frac{\partial j_t}{\partial x}$$

$$\frac{\partial (\theta C)}{\partial t} = D \frac{\partial^2 C}{\partial x^2} - \frac{\partial}{\partial x} (q \cdot C) \quad (11)$$

Essa equação já é de solução analítica consideravelmente mais complicada. Se q é constante, o problema é menos difícil, mas, em geral, q = q(x, t). Soluções numéricas da Equação 11 podem ser obtidas por métodos numéricos implícitos ou explícitos de diferenças finitas.

Fontes e sumidouros de solutos

Outros fenômenos que afetam o balanço das quantidades que entram e que saem de um elemento de volume ΔV são fenômenos de adsorção de cátions ou ânions e de dissociação de materiais constituintes da fase sólida do solo e atividades microbianas que podem consumir determinados compostos e liberar outros. Se, por exemplo, tivermos um solo pelo qual passa um fluxo de água q e em dado instante adicionarmos Ca^{++} a essa água, o cálcio move-se no solo por difusão e transferência de massa; durante seu movimento, porém, é, ainda, adsorvido por fenômenos de troca iônica descritos no item "Capacidade de Troca Iônica" (Capítulo 9), caracterizando um sumidouro. Nesse caso, a Equação 11 fica:

$$\frac{\partial(\theta C)}{\partial t} = D\frac{\partial^2 C}{\partial x^2} - \frac{\partial}{\partial x}(q \cdot C) \pm \frac{\partial S}{\partial t} \quad (12)$$

em que $\partial S/\partial t$ representa qualquer "**fonte**" ou "**sumidouro**", que leva em consideração a absorção ou liberação do soluto considerado na unidade de tempo dentro do elemento de volume. O sinal de $\partial S/\partial t$ vai depender de cada caso. Em casos de adsorção ou desorção, S é denominada de **isoterma de adsorção** ou desorção e, em geral, é uma função de C. Novamente, dependendo da complexidade da função S, a Equação 12 não possui solução. Em muitos casos, a isoterma de adsorção é linear ou muito próxima a uma linha reta e pode ser substituída por uma regressão linear. Nesse caso:

$$S = a \cdot C + b$$

o que significa que a quantidade adsorvida é proporcional à concentração da solução. Para muitos casos, isto é verdadeiro. Como C é uma função de t, derivando S em função de t, temos:

$$\frac{\partial S}{\partial t} = a\frac{\partial C}{\partial t}$$

e, assim, temos para q e θ constantes:

$$(1 + a)\frac{\partial C}{\partial t} = D'\frac{\partial^2 C}{\partial x^2} - v\frac{\partial C}{\partial x}$$

em que $v = q/\theta$ (ver Equação 6, Capítulo 8) é a velocidade da água no poro e $D' = D/\theta$.

Ou, ainda:

$$\frac{\partial C}{\partial t} = D_1\frac{\partial^2 C}{\partial x^2} - v_1\frac{\partial C}{\partial x} \quad (13)$$

em que:

$$D_1 = \frac{D'}{1+a} \quad e \quad v_1 = \frac{v}{1+a}$$

D_1 é, também, denominado de coeficiente de difusão aparente por muitos autores.

Resumindo essas considerações sobre o fluxo de íons no solo, podemos separar os seguintes casos, para θ constante:

a. apenas difusão:

$$\frac{\partial C}{\partial t} = D'\frac{\partial^2 C}{\partial x^2}$$

b. apenas transferência de massa:

$$\frac{\partial C}{\partial t} = -\frac{\partial}{\partial x}\left(\frac{q \cdot C}{\theta}\right)$$

c. Difusão mais transferência de massa:

$$\frac{\partial C}{\partial t} = D'\frac{\partial^2 C}{\partial x^2} - \frac{\partial}{\partial x}\left(\frac{q \cdot C}{\theta}\right)$$

d. Difusão mais adsorção ou desorção:

$$\frac{\partial C}{\partial t} = D'\frac{\partial^2 C}{\partial x^2} \pm \frac{\partial S}{\partial t}$$

e. Transferência de massa mais adsorção ou desorção:

$$\frac{\partial C}{\partial t} = -\frac{\partial}{\partial x}\left(\frac{q \cdot C}{\theta}\right) \pm \frac{\partial S}{\partial t}$$

f. Geral:

$$\frac{\partial C}{\partial t} = D'\frac{\partial^2 C}{\partial x^2} - \frac{\partial}{\partial x}\left(\frac{q \cdot C}{\theta}\right) \pm \frac{\partial S}{\partial t}$$

Dependendo das condições de cada problema, pode-se desprezar as diferentes "componentes": difusão, transferência de massa, adsorção etc. Por exemplo, se a transferência de massa for muito significativa e o coeficiente de difusão muito pequeno, o fluxo por difusão pode ser desprezado. Em condições de equilíbrio com relação à água, q = 0 e apenas a difusão é o mecanismo importante. Para nutrientes como o fósforo, altamente adsorvido à fração sólida, a componente de adsorção $\partial S/\partial t$ torna-se importantíssima, e para elementos como Cl^-, NO_3^-, ela é desprezível ou nula.

A apresentação dos seis casos anteriores, dos quais "f" é o caso geral, que engloba todos, pode, ainda, se complicar quando o nutriente em questão sofre transformações. É o caso do nitrogênio que, além de sofrer difusão e transferência de massa, pode se transformar por ação enzimática ou microbiológica:

$$Ureia \rightarrow NH_4 \rightarrow NO_3 \rightarrow N_2$$

Em nosso meio, Prevedello e Armindo (2015) é um texto complementar muito bom para os interessados em problemas relativos à dinâmica de solutos no solo.

Deslocamento miscível

Muitos trabalhos apareceram na literatura, como o de Shukla et al. (2002), sobre o tema do **deslocamento miscível** (*miscible displacement*), que envolvem difusão, arraste, adsorção e desorção, e que são ótimos exemplos de aplicação das equações vistas neste capítulo. Por deslocamento miscível entende-se o movimento de fluidos com características distintas que, ao atravessarem um meio poroso (principalmente o solo), se misturam, pois são miscíveis. Para ilustrar a questão, vejamos primeiro o deslocamento de dois fluidos não miscíveis, como o óleo e a água, por uma tubulação, com uma velocidade v (Figura 3).

Se fizermos o gráfico da "concentração" C do óleo, em função do tempo, em um ponto A de coordenada x = L, teremos um gráfico como o da Figura 4.

Durante o intervalo t = 0 e t_1, só água passa por A e a concentração de óleo é 0. Durante $t_2 - t_1$, só óleo passa e C = 100%. Para t > t_2, C volta para zero. Como o fluxo é lento, sem turbulências e os líquidos não são miscíveis, um fluido arrasta (fluxo de massa) o outro como se fosse um pistão (*piston flow*).

Se na tubulação da Figura 2 trocarmos o óleo por uma solução de NaCl, que é miscível em água, teremos o deslocamento miscível, que, no caso de movimento lento, apresentará também a difusão do NaCl na água. O gráfico da Figura 4 se modifica para o da Figura 5.

Por efeito da difusão, antes de t_1, já aparece NaCl no ponto A e, da mesma forma, para t > t_2 ainda se encontra NaCl em A. O gráfico retangular da Figura 3 passa a se configurar como um "sino" (Figura 5), nem sempre simétrico, com um máximo que

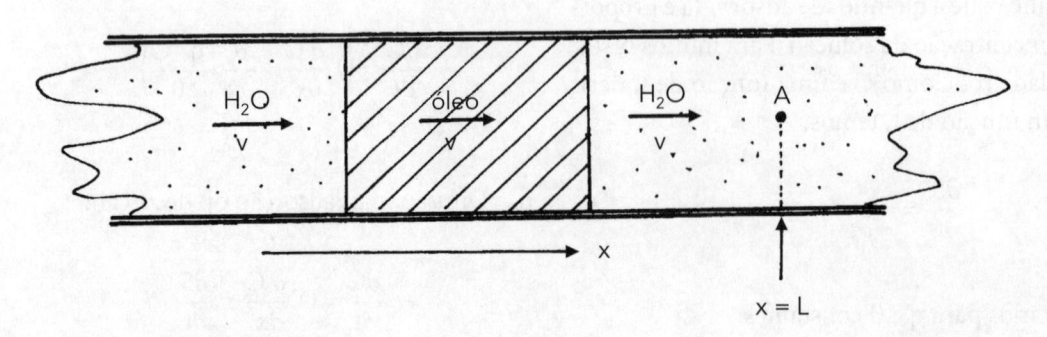

FIGURA 3 Deslocamento não miscível de óleo e água.

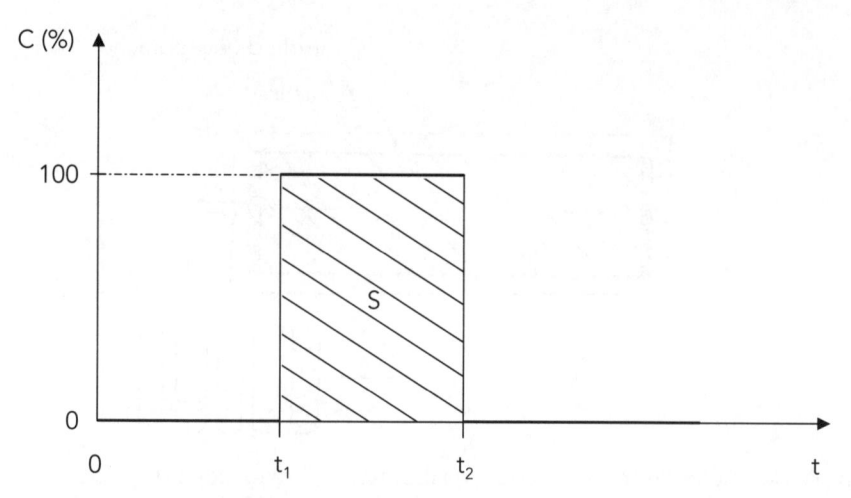

FIGURA 4 Deslocamento não miscível do óleo em função do tempo.

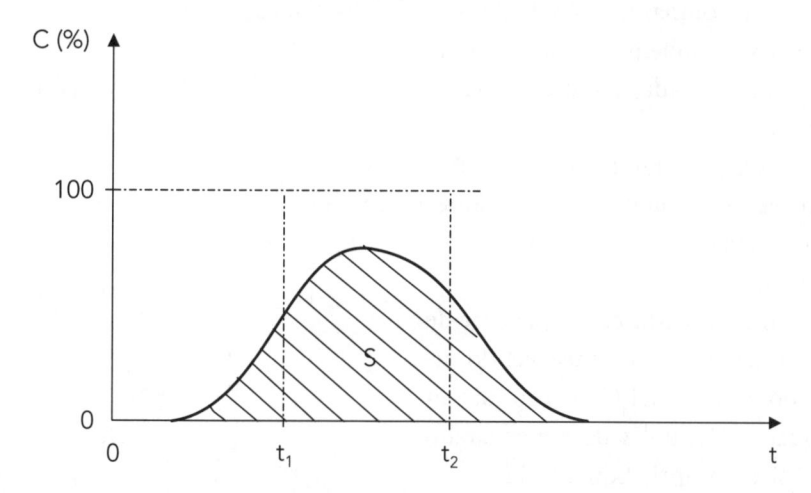

FIGURA 5 Deslocamento miscível de solução de NaCl em água.

não precisa chegar a 100%, pois isso depende de v e do intervalo $t_2 - t_1$. O importante é que as áreas S de ambas as figuras representam o total do segundo fluido. Curvas do tipo da Figura 5 são denominadas *breakthrough curves*, o que poderia ser traduzido por **curvas de transposição**.

No caso de solos, muitas experiências de deslocamento miscível são feitas em colunas de solo de tamanho finito, como indicado na Figura 6.

Exemplo típico seria o caso de uma coluna pela qual passa água em equilíbrio dinâmico e, em dado momento, adiciona-se sulfato de amônio. Nessa condição, em relação à amônia, temos o arraste (fluxo de massa), a difusão, sua adsorção pelas cargas negativas do solo e seu consumo por microrganismos (sumidouros). A equação diferencial a ser utilizada é a 11. No laboratório, amostras de solução são continuamente coletadas (em tubo de ensaio) para a medida da concentração C de saída. Para isto, há trocadores automáticos de amostras (Figura 6).

Muitas vezes, em vez de fazer gráficos de C *versus* t, como na Figura 5, troca-se t pelo volume de poros V_p. Um **volume de poros** corresponde ao volume de fluido que cabe na coluna, isto é, seu volume V multiplicado pela porosidade. Assim, uma coluna de solo de diâmetro 5 cm e comprimento 30 cm tem um volume de 0,589 L, e se a porosidade do solo for 0,55 $m^3 \cdot m^{-3}$, o volume de poros V_p é 0,324 L. O uso de V_p generaliza os resultados do experimento, pois permite a comparação de resultados de

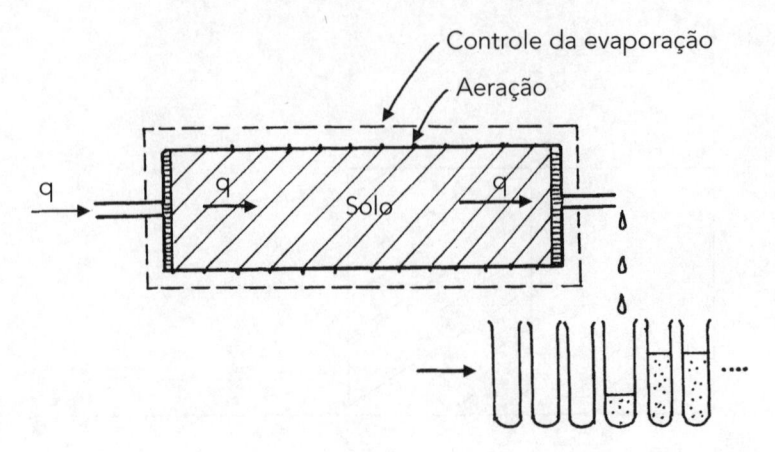

FIGURA 6 Exemplo de coluna de solo utilizada em laboratório para estudos de deslocamento miscível.

pesquisadores que usam colunas de solo de dimensões diferentes. Por isso, também se emprega uma concentração adimensionalizada, como C/C_o ou $(C - C_i)/C_o$ (ver Capítulo 23).

Como a concentração C é também função de x (ou de z, quando na vertical), muitas vezes são apresentados gráficos de C *versus* x, mostrando os locais onde o íon está presente.

O trabalho de Misra e Misra (1977), apesar de mais antigo, trata do deslocamento miscível do nitrato $[Ca(NO_3)_2]$ e do cloreto (NH_4Cl) em condições de campo. Sua equação (1), utilizada em separado para o $N\text{-}NO_3^-$ e o Cl^- é a própria Equação 12:

$$\frac{\partial C}{\partial t} = D\frac{\partial^2 C}{\partial x^2} - V_s\frac{\partial C}{\partial x} - kC$$

na qual x é a coordenada vertical; V_s, a velocidade do soluto nos poros do solo; e k, uma constante de adsorção de primeira ordem (adsorção de NO_3^- e Cl^- por cargas positivas). Consideram a concentração inicial do perfil do solo C_i = constante e por um período t_1 aplicam um pulso de concentração C_o de $N\text{-}NO_3^-$ ou Cl^- na superfície do solo, seguido por água pura. Assim, suas condições de contorno são:

$C - C_i = 0; \quad x \geq 0; \quad t = 0$

$C - C_i = C_o; \quad x = 0; \quad 0 < t < t_1$

$C - C_i = 0; \quad x = 0; \quad t > t_1$

e sua solução para $t > t_1$ é:

$$\frac{C - C_i}{C_o} = P(x, t) - P[x, (t - t_1)]$$

em que

$$P(x, t) = \frac{1}{2}\left\{\exp\left[\frac{x}{2D}(V_s - \sqrt{V_s^2 + 4DK})\right] \cdot \right.$$
$$\cdot \operatorname{erf}\left[\frac{x - t\sqrt{V_s^2 + 4DK}}{\sqrt{4Dt}}\right] +$$
$$+ \exp\left[\frac{x}{2D}(V_s + \sqrt{V_s^2 + 4DK})\right] \cdot$$
$$\left. \cdot \operatorname{erf}\left[\frac{x + t\sqrt{V_s^2 + 4DK}}{\sqrt{4Dt}}\right]\right\}$$

Os dados experimentais de C para NO_3^- e Cl^- se ajustaram bem às curvas teóricas representadas por esta solução. Mais detalhes precisam ser analisados no próprio trabalho.

Shukla et al. (2002) aplicaram a análise inspecional (Tillotson e Nielsen, 1984) na Equação 12 (que é um tipo de escalonamento, ver Capítulo 23) a experimentos de deslocamento miscível com solução idêntica à de Misra e Misra (1977). Utilizando fatores de escala, chegaram a uma equação generalizada, da mesma forma como fizeram Reichardt et al. (1972) para o movimento horizontal da água.

Um texto compreensivo sobre transporte de solutos no solo é o de Ruiz et al. (2010).

A difusão de solutos é o processo pelo qual os materiais, sejam eles minerais, como os nutrientes, sejam eles orgânicos, se movem em uma solução por diferenças de concentração. Assim, eles se movem obedecendo à lei de Fick, passando de regiões de potencial químico maior para menor. O potencial químico é a energia livre de Gibbs do íon em relação à água. As membranas semipermeáveis têm um papel importante no estabelecimento do potencial químico e são mais importantes no movimento dentro da planta. O fluxo de massa é o processo pelo qual os materiais dissolvidos na água são por ela arrastados, tanto no solo como na planta. Ele é diretamente proporcional ao fluxo de transpiração, que é comandado pelo potencial da água, cujo valor diminui drasticamente do solo para a planta e dela para a atmosfera. É o principal processo que leva os nutrientes do solo para a planta. Os materiais dissolvidos, ao se movimentarem, podem ainda ser absorvidos durante a trajetória, ou serem liberados dos sites da matéria sólida do solo e, assim, "fontes e sumidouros" tornam-se importantes no percurso. Equações diferenciais e suas soluções incluem a difusão, o transporte de massa e as fontes e sumidouros. Vários exemplos mostram a complexidade destes processos.

EXERCÍCIOS

1. O coeficiente de difusão de um íon em água é $3,5 \times 10^{-5}$ cm². s⁻¹. Qual o coeficiente de difusão desse íon em um solo no qual $\theta = 0,386$ cm³. cm⁻³; $(L/L_e)^2 = 0,66$; $\alpha = 0,38$ e $\gamma = 0,119$?

2. No solo do exercício 1, atua um gradiente de concentração de 2×10^{-4} M/cm. Qual o fluxo iônico nessa região do solo?

3. Transforme a resposta do exercício anterior em kg . ha⁻¹ . dia⁻¹, considerando o mol igual a 96 g.

4. Em um ponto no solo de umidade $\theta = 0,425$ cm³. cm⁻³, há uma variação de fluxo iônico de 2×10^{-12} mol . cm⁻¹ . s⁻². Qual a variação diária da concentração iônica nesse ponto no solo?

5. No trabalho Misra e Misra (1977), pede-se:
   a. reconhecer cada termo da equação 1;
   b. entender as condições de contorno 2a, 2b e 2c;
   c. entender a solução 3;
   d. entender a Figura 1 em relação à solução 3.

RESPOSTAS

1. Pela Equação 3: $D = 4,03 \times 10^{-7}$ cm².s⁻¹.

2. Pela Equação 4: $j_d = 8,06 \times 10^{-11}$ mol/cm².s⁻¹.

3. 66,8 kg.ha⁻¹.dia⁻¹.

4. $\partial(\theta C)/\partial t = \partial j/\partial x = 2 \times 10^{-12}$ mol/cm².s⁻¹; sendo θ constante e aproximando as derivadas parciais por diferenças finitas, temos: $\theta \Delta C/\Delta t = 2 \times 10^{-12}$ e $\Delta C = 4,06 \times 10^{-7}$ mol/cm³.s⁻¹ ou $4,06 \times 10^{-4}$ M.

5. a) Termo à esquerda: variação da concentração de Cl ou NO_3 no tempo, em dada posição; primeiro termo da direita: difusão do Cl ou NO_3; segundo termo da direita: transporte de massa do Cl ou NO_3, sendo v_s a velocidade da água nos poros do solo; terceiro termo da direita: fonte ou sumidouro de 1ª ordem.

b) Equação 2a: no início, em qualquer posição do perfil não há Cl ou NO_3; 2b: durante o tempo t_1, aplica-se Cl ou NO_3, na concentração C_o, na superfície do solo; 2c: passado t_1, para-se de aplicar Cl ou NO_3 na superfície.

c) A solução 3 nos dá a concentração de Cl ou NO_3 em qualquer profundidade (x) no perfil e em qualquer tempo ($t > t_1$), de uma forma relativa. Para calculá-la basta aplicar o valor de x e de t na equação 3 e calcular o resultado. Cuidado com as unidades!

d) As linhas cheias da Figura 1 são a própria solução 3 para alguns valores fixos de x e t como variável. Portanto, a figura nos dá a variação temporal da concentração de Cl ou NO_3 em algumas profundidades escolhidas.

LITERATURA CITADA

MISRA, C.; MISRA, B. K. Miscible displacement of nitrate and chloride under field conditions. *Soil Science Society of America Journal*, v. 41, p. 496-9, 1977.

PREVEDELLO, C. L.; ARMINDO, R. *Física do solo com problemas resolvidos*. 2.ed. revisada e ampliada. Curitiba, Celso Luiz Prevedello, 2015.

REICHARDT, K.; NIELSEN, D. R.; BIGGAR, J. W. Scaling of horizontal infiltration into homogeneous soils. ***Soil Science Society of America Proceedings***, v. 36, p. 241-5, 1972.

RUIZ, H. A.; FERREIRA, P. A.; ROCHA, G. C.; BORGES JUNIOR, J. C. F. Transporte de solutos no solo. In: JONG VAN LIER, Q. (ed.). *Física do solo*. Viçosa, Sociedade Brasileira de Ciência do Solo, 2010. p. 213-40.

SHUKLA, M. K.; KASTANEK, F. J.; NIELSEN, D. R. Inspectional analysis of convective-dispersion equation and application on measured break-through curves. *Soil Science Society of America Journal*, v. 66, n. 4, p. 1087-94, 2002.

TILLOTSON, P. M.; NIELSEN, D. R. Scale factors in soil science. *Soil Science Society of America Journal*, v. 48, p. 953-9, 1984.

11
Movimento de gases no solo

Os gases do solo representam a atmosfera do solo. Seu estado de energia, dado pela energia livre de Gibbs, é, da mesma forma como para a água e os solutos nela dissolvidos, o critério para definir seu estado de equilíbrio ou de dinâmica. Apesar de sua pressão total permanecer praticamente constante, as pressões parciais podem variar bastante, e sua energia comanda seus movimentos no perfil de solo. Como no solo existem fontes e sumidouros principalmente de O_2 e CO_2 devido à presença de raízes e de microrganismos, suas concentrações podem variar muito, e a tendência é de que a atmosfera do solo se equilibre com a atmosfera superior fora do solo. O resultado é movimento de O_2 para dentro do solo e de CO_2 para fora do solo. Como água e ar ocupam o mesmo espaço poroso do solo, é preciso que as proporções de cada um fiquem equilibradas, sendo o ideal teórico de 25% para cada um dentro do espaço poroso do solo. Essas proporções estão ligadas nos conceitos de umidade do solo e de porosidade livre de água, ambos vistos no Capítulo 3. Esses movimentos de gases se dão pelos processos de difusão e de transferência de massa, e, como foi mencionado há pouco, as fontes e sumidouros exercem um papel fundamental. Assim como para os solutos, equações diferenciais e suas soluções são ferramentas essenciais para quantificar esses movimentos.

INTRODUÇÃO

No estudo da "atmosfera do solo", o conhecimento das leis e princípios que regem o movimento de gases no solo é de grande importância para o desenvolvimento das plantas. Elas e os organismos aeróbicos exigem certos níveis de oxigênio na atmosfera do solo, consumindo O_2 e liberando CO_2. Por causa disso, a atmosfera do solo, em geral, possui concentração menor de O_2 e maior de CO_2 em comparação com a atmosfera acima do solo. Os processos de troca de gases entre a atmosfera superior e a atmosfera do solo (**aeração**), muitas vezes, podem ser limitantes à produção para culturas agrícolas. Isso só não é verdade em raras exceções, como é o caso da cultura do arroz, que se desenvolve de modo adequado em ambiente anaeróbico. Esse assunto já foi brevemente abordado no Capítulo 3. Em nosso meio, pouco ainda tem sido feito em relação à dinâmica de gases no solo.

O estudo físico-analítico dos processos de transferência de gases no solo é bastante complicado. Além da atmosfera superior, de concentração praticamente constante (ver Quadro 1, Capítulo 5), há no solo "fontes" e "sumidouros" (*sources and sinks*) de CO_2, O_2, NH_3, N_2, SO_2 e de uma série de compostos orgânicos voláteis. A renovação do O_2 no solo vem da atmosfera superior por **difusão**, em solução com água ou por fluxo de massa. Quando chove, a entrada de água no espaço poroso do solo expulsa dele certa quantidade de ar, e durante a evaporação ou drenagem do solo o ar é reposto por **fluxo de massa**. O fluxo de massa também é induzido por diferenças de temperatura que provocam correntes de convecção e estabelecem diferenças de pressão. Apesar de todos esses fatores, acredita-se que o processo de difusão seja o principal processo responsável pela transferência de gases no solo.

FLUXO DE GASES NO SOLO

Difusão dos gases

Vejamos o caso da difusão dos gases, assumindo esse processo como o principal responsável pelo fluxo. Apesar de ser um processo casual, como foi visto no Capítulo 10, a **equação de Fick** estabelece que a força responsável pela difusão de um composto ou elemento gasoso é seu gradiente de potencial, medido pela **energia livre de Gibbs**, dada pela Equação 5 (Capítulo 6). Para o caso dos gases, a energia livre de Gibbs é diretamente proporcional à pressão parcial do gás na mistura (ver a definição de pressão parcial no Capítulo 5) e, também, diretamente proporcional à sua concentração. Assim, a densidade de fluxo de um gás por difusão, dada pela **equação de Fick**, é:

$$j_d = -D_o \frac{\partial P}{\partial x} = -D'_o \frac{\partial C}{\partial x} \qquad (1)$$

em que:

- j_d = densidade de fluxo de gás por difusão (volume ou massa de gás por unidade de área e de tempo);
- D_o = coeficiente de difusão, que, para o caso de difusão de compostos no ar ou certo meio homogêneo, é apresentado em tabelas de constantes físicas. Ele é, porém, função da temperatura e praticamente independe de C, podendo ser considerado constante em casos de fluxo isotérmico;
- P = pressão parcial do gás;
- C = concentração do gás;
- $D'_o = a \cdot D_o$, se $P = a \cdot C$, sendo a uma constante de proporcionalidade que depende do gás considerado.

A Equação 1 nos diz que a quantidade difundida de um gás é proporcional ao gradiente de pressão parcial do referido gás, que, por sua vez, é proporcional à sua concentração. É necessário que o leitor entenda a importância do gradiente da pressão parcial do gás nessa questão. A pressão total dos gases é quase sempre a mesma, igual à pressão atmosférica, que varia muito pouco. As pressões parciais, porém, podem variar muito, estabelecendo assim enormes gradientes de pressão parcial, que levam a fluxos consideráveis. Já dissemos que o O_2 é consumido a taxas elevadas no solo, pela ação de microrganismos e de raízes, e, como consequência, sua pressão parcial se reduz bastante em relação à pressão parcial do ar da atmosfera acima do solo. Esse gradiente é responsável pelo fluxo de O_2 para dentro do solo, uma vez que o coeficiente de difusão muda pouco.

Para o caso da **difusão de gases** no solo, como já vimos para o caso de difusão de íons em solução, a área disponível para o fluxo é reduzida, e o caminho a ser percorrido é mais longo. Como o espaço disponível por cm^3 de solo é a porosidade livre de água β (ver Capítulo 3, Equação 30) e o fator de **tortuosidade** é $(L/L_e)^2$ (ver Capítulo 10), a Equação 1, aplicada ao solo, fica:

$$j_d = -D'_o (\alpha - \theta) \left(\frac{L}{L_e}\right)^2 \frac{\partial C}{\partial x} = -D \frac{\partial C}{\partial x} \qquad (2)$$

em que D é o **coeficiente de difusão** do referido **gás** no solo e igual a:

$$D'_o (\alpha - \theta) \left(\frac{L}{L_e}\right)^2$$

Desejando-se estudar a variação da concentração de determinado gás em função do tempo, em dada posição no solo, é novamente necessária a utilização da **equação de continuidade**, introduzida para o caso de fluxo de água no Capítulo 8. Para o caso de gases, a equação de continuidade pode ser escrita da seguinte forma:

$$\frac{\partial(\beta C)}{\partial t} = -\frac{\partial j_d}{\partial x} \quad (3)$$

Para melhor entendimento da Equação 3, ver, também, as Equações 31, 32 e 33 do Capítulo 3. Substituindo a Equação 2 em 3, e lembrando que D pode ser considerado constante para fluxo isotérmico, teremos:

$$\frac{\partial(\beta C)}{\partial t} = D\frac{\partial^2 C}{\partial x^2} \quad (4)$$

Essa é a equação diferencial mais geral de difusão de um gás no solo. Sua aplicação para problemas particulares com determinadas condições de contorno pode resultar em uma solução do tipo C = C (x, t), isto é, uma equação que fornece a concentração em qualquer tempo e ponto no espaço considerado. As mesmas condições de equilíbrio, empregadas nos Capítulos 8 e 10, também podem ser apresentadas aqui:

a. Fluxo em equilíbrio dinâmico (*steady-state*) ou regime permanente: q = constante e, consequentemente, $\partial(\beta C)/\partial t = 0$.
   Nesse caso, a Equação 4 resume-se em:

$$\frac{d^2 C}{dx^2} = 0 \quad \text{ou} \quad \nabla^2 C = 0$$

b. Fluxo variável ou regime transitório: é o caso mais geral em que se utiliza a Equação 4 como foi apresentada.
c. Equilíbrio termodinâmico: não há fluxo. É o caso no qual a energia livre de Gibbs do gás é constante.

Vejamos, agora, um exemplo simplificado do caso (a). Consideremos que a concentração de O_2 na superfície do solo seja igual à da atmosfera e constantemente igual a 20% ($2,8 \times 10^{-4}$ g . cm^{-3}), e que a 30 cm de profundidade exista uma colônia de microrganismos que consome o O_2 tão rapidamente quanto ele consegue se difundir no solo, isto é, a colônia mantém a concentração de O_2 igual a zero a 30 cm. Qual é a distribuição de O_2 no solo e o fluxo pelo qual o O_2 penetra na superfície do solo? O solo possui um valor de D = 0,018 cm^2 . s^{-1}.

A equação diferencial, utilizando a coordenada vertical z, será:

$$\frac{d^2 C}{dz^2} = 0$$

sujeita às condições de contorno:

$$C(0) = 2,8 \cdot 10^{-4}$$
$$C(30) = 0$$

A solução geral será, obviamente, uma linha reta, pois esta satisfaz a condição de que a derivada segunda seja nula:

$$C(z) = a \cdot z + b$$

Aplicando nela as condições de contorno, podemos determinar a e b:

$$C(0) = a \cdot 0 + b = 2,8 \cdot 10^{-4}$$
$$C(30) = a \cdot 30 + b = 0$$

em que:

- $b = 2,8 \cdot 10^{-4}$
- $a = -0,95 \cdot 10^{-5}$

e a solução particular fica:

$$C(z) = -0,95 \cdot 10^{-5} \cdot z + 2,8 \cdot 10^{-4}$$

Essa equação fornece a distribuição de O_2 na camada de solo considerada, isto é, de 0 a 30 cm de profundidade. O fluxo é dado pela Equação 2, e o gradiente pode ser obtido derivando a função anterior:

$$\frac{dC}{dz} = \frac{d}{dz}(-0{,}95 \times 10^{-5} \cdot z + 2{,}8 \times 10^{-4}) = -0{,}95 \times 10^{-5}$$

e, então, segundo a Equação 2:

$$j_d = 0{,}018 \cdot 0{,}95 \cdot 10^{-5} = 0{,}0171 \cdot 10^{-5} \text{ g} \cdot \text{cm}^{-2} \cdot \text{s}^{-1} =$$
$$= 17{,}1 \cdot 10^{-8} \text{ g} \cdot \text{cm}^{-2} \cdot \text{s}^{-1}$$

Vejamos outro exemplo:

Consideremos que a concentração de O_2 seja nula dentro de um perfil de solo (possui somente N_2) com $\beta = 0{,}35 \text{ cm}^3 \cdot \text{cm}^{-3}$, e que, no instante t = 0, coloca-se em contato com sua superfície uma atmosfera de concentração de O_2 constante C_o (20 %). Qual a distribuição de O_2 em função do tempo e da profundidade?

$D = 0{,}035 \text{ cm}^2 \cdot \text{s}^{-1}$.

Neste caso, teremos:

$$\frac{\partial C}{\partial t} = \frac{D}{\beta}\frac{\partial^2 C}{\partial z^2}$$

$C = 0, z > 0, t = 0$

$C = C_o, z = 0, t > 0$

$C = 0, z = \infty, t > 0$ (geometria semi-infinita)

A solução desse problema é idêntica à vista no problema do Capítulo 10. Assim:

$$C(z,t) = C_o \cdot \text{erfc}\left(\frac{z}{\sqrt{4D't}}\right)$$

em que $D' = D/\beta$. O leitor deve verificar a definição de erfc nas Equações 7 e 8 do Capítulo 10.

Dando valores a **z** e **t** no intervalo de interesse, podemos calcular **C** e desenvolver o gráfico apresentado na Figura 1.

É importante lembrar, neste ponto, que ao mesmo tempo que o O_2 se difunde para dentro do solo, o N_2 se difunde para fora. Nesses movimentos de gases, estão sempre presentes correntes de sentidos opostos, porque a pressão total do sistema deve permanecer constante. Por isso, vê-se, frequentemente, na literatura referências à *counter-diffusion*, ou contradifusão.

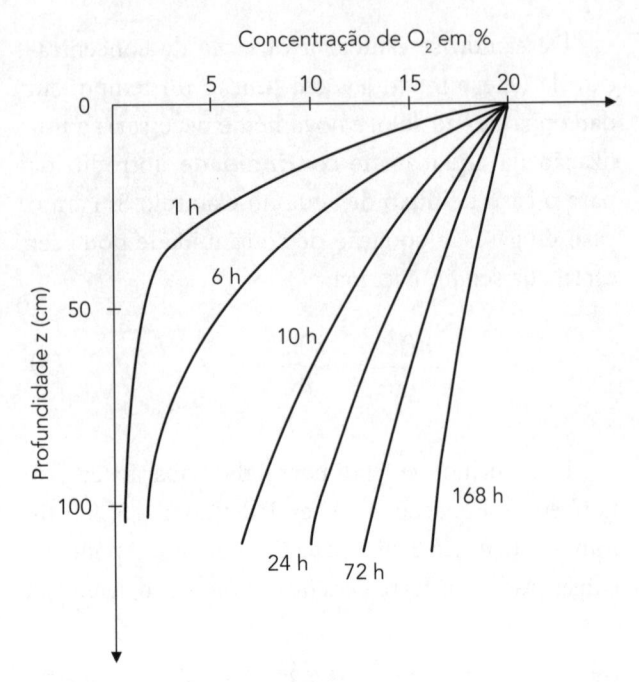

FIGURA 1 Distribuição de O_2 em um solo inicialmente isento de O_2 (instante t = 0), sendo submetido a uma atmosfera de concentração de O_2 constante C_o = 20%.

Fontes e sumidouros de gases

Problemas desse tipo se complicam mais com a presença de "fontes" ou "sumidouros" (*sources* ou *sinks*) do gás em questão. Nesses casos, a Equação 4 pode ser escrita na forma:

$$\frac{\partial(\beta C)}{\partial t} \pm A = D\frac{\partial^2 C}{\partial x^2} \qquad (5)$$

em que **A** representa fontes e/ou sumidouros. A função A pode ser extremamente complicada e impossibilitar a obtenção de uma solução analítica para a Equação 5. Em geral, **A** deve ser uma função de t e de x. Em alguns casos particulares, A pode ser considerado constante, como seria o caso de microrganismos distribuídos de maneira uniforme no solo, consumindo O_2 a uma taxa constante. Imaginemos que isso seja verdade em um perfil de solo de profundidade L, que possui uma camada impermeável em z = L. Nesse caso, em condições de *steady-state*, a Equação 5 se transforma em:

$$\frac{\partial^2 C}{\partial z^2} = \frac{A}{D} \qquad (6)$$

sujeita às condições:

$$C = C_o, \quad z = 0 \qquad (7)$$

$$\frac{dC}{dz} = 0, \quad z = L \qquad (8)$$

A última condição diz que o gradiente dC/dz é nulo em z = L, o que equivale dizer que não há fluxo em z = L ou que há uma camada impermeável em z = L.

Integrando a Equação 6 com relação a z, obtém-se:

$$\frac{dC}{dz} = \frac{A}{D} z + K_1 \qquad (9)$$

Segundo a condição 11.8, dC/dz = 0 em z = L, portanto:

$$\frac{A}{D} \cdot L + K_1 = 0$$

em que:

$$K_1 = -\frac{AL}{D} \qquad (10)$$

Substituindo a Equação 10 em 9 e integrando mais uma vez com relação a z, obtém-se:

$$C = \frac{A}{2D} z^2 - \frac{AL}{D} z + K_2 \qquad (11)$$

segundo a condição 7, $C = C_o$ para z = 0, portanto:

$$C_o = 0 + 0 + K_2$$

e a solução particular do problema fica:

$$C = \frac{A}{2D} z^2 - \frac{AL}{D} z + C_o \qquad (12)$$

A Equação 12 fornece, então, a distribuição de O_2 no perfil de solo (0 – L) para o caso de *steady-state*, isto é, todo o O_2 difundido para o solo é consumido pelos microrganismos. A solução final desse mesmo problema, quando $\partial C/\partial t$ é diferente de zero (fluxo variável), é bem mais complicada. Nesse caso, a Equação 5 fica como está, sujeita às condições:

$$C = 0, \quad z > 0, \quad t = 0$$
$$C = C_o, \quad z = 0, \quad t > 0$$
$$\partial C/\partial z = 0, \quad z = L, \quad t > 0$$

e a solução é:

$$C(z,t) = C_o + \frac{Az}{D}\left(\frac{z}{2} - L\right) + \frac{16AL^2}{\pi^2 D^2} \sum_{n=1}^{\infty} \left[T(t)Z(z) - \right.$$
$$\left. - \frac{4C_o}{\pi} F(t)H(z) \right] \qquad (13)$$

em que T(t) e F(t) são funções exponenciais de t, e Z(z) e H(z), funções senoidais de z.

É oportuno notar que para $t = \infty$ é atingido o *steady-state*; nesse caso, T(t) e F(t) são nulos e a Equação 13 se simplifica na Equação 12.

Fluxo de massa de gases

Além dessas complicações que aparecem devido à presença de fontes ou sumidouros, os gases podem mover-se por **fluxo de massa,** e os problemas se complicam mais ainda. Uma descrição analítica só se torna viável quando o fluxo de massa é constante. Nesse caso, como feito para o caso de solutos e de água (Equação 10, Capítulo 10), a Equação 4 fica:

$$\frac{\partial C}{\partial t} = D \frac{\partial^2 C}{\partial x^2} - \frac{\partial}{\partial x}(v \cdot C) \qquad (14)$$

em que v é a velocidade de deslocamento da massa gasosa no solo.

O caso mais completo é, finalmente, aquele em que há difusão, fontes, absorvedores e fluxo de massa:

$$\frac{\partial C}{\partial t} = D \frac{\partial^2 C}{\partial x^2} + A(x,t) - \frac{\partial}{\partial x}(v \cdot C) \qquad (15)$$

e a solução de problemas desse tipo torna-se extremamente difícil. Na maioria das vezes, apenas soluções numéricas podem ser obtidas.

A título de exemplo, o leitor pode analisar o trabalho de Nielson et al. (1984), que usa equações de difusão para estudar fluxos de radônio em solo, como uma função do espaço poroso disponível. Eles citam uma série de outros trabalhos interessantes. Prevedello e Armindo (2015) e Jury e Horton (2004) também abordam com propriedade o assunto da dinâmica de gases no solo.

Um texto adicional sobre movimento de gases no solo é o de De Jong van Lier (2010).

> O estado de energia dos gases como um todo ou seus componentes também é caracterizado pela função termodinâmica energia livre de Gibbs, e seu estado de movimento é determinado pelo gradiente desse potencial. Nesse caso, a energia livre de Gibbs é proporcional às concentrações e, em geral, utiliza-se o gradiente de concentração como força responsável pelo movimento. O principal processo de transporte de gases é a difusão, regida pela lei de Fick. Os gases também se movem por fluxo de massa, e as fontes e sumidouros assumem grande importância.

EXERCÍCIOS

1. No trabalho de Nielson et al. (1984):
   a) interprete as Equações 1, 2 e 3;
   b) interprete a Equação 6.
2. Para determinar o coeficiente de difusão D de um gás no solo, foi feita a montagem exibida na Figura 2.

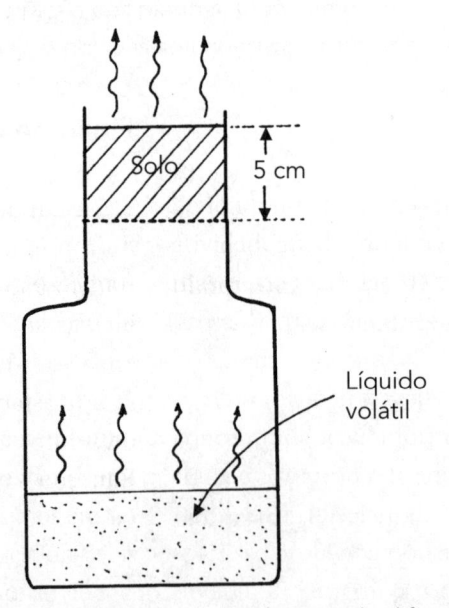

FIGURA 2 Montagem para a determinação do coeficiente de difusão em solos.

A amostra de solo é cilíndrica e tem um diâmetro interno de 3,5 cm. O conjunto é colocado sobre uma balança sensível e, no equilíbrio, verifica-se que o peso diminui 5,3 g por hora. A concentração de vapor do líquido volátil quando saturada é 0,56 g . L^{-1}. Calcular D.

RESPOSTAS

1   a) A Equação 1 equivale à Equação 1 e, portanto, refere-se à difusão do radônio no ar, sem falar em solo; a Equação 2 corrige o j para fluxo no solo. Os autores não são claros e definem P como porosidade total; o correto seria porosidade livre de água β, que representa o espaço poroso livre para difusão gasosa; a Equação 3 já é para fluxo no solo e, por isso, o D da Equação 3 é diferente do D da Equação 1.

    b) O trabalho estuda um modelo de poros do solo utilizando um traçador radioativo natural, o radônio, um gás raro no solo. Ele é produzido a partir dos radioisótopos naturais da série do urânio, encontrados na maioria dos solos, em proporções diferentes. O radônio está em equilíbrio dinâmico, daí o membro da direita da Equação 6 ser zero ($\partial C/\partial t = 0$). O primeiro membro à esquerda é o da difusão do radônio. O segundo é um sumidouro, que representa o decaimento radioativo do radônio. Quando o radônio emite uma partícula, ele se transforma em outro isótopo; assim, a quantidade de radônio diminui (sumidouro). O terceiro membro é a produção de radônio (fonte) a partir dos elementos pais; é, portanto, um aumento da quantidade de radônio. O radônio, sendo radioativo, pode ser detectado com equipamentos especiais, daí sua conveniência. A concentração C é proporcional à sua radioatividade.

2    $j = Q/At = (5,3 \text{ g})/(9,62 \text{ cm}^2 \cdot 3.600 \text{ s}) = 1,53 \cdot 10^{-4} \text{ g} \cdot \text{cm}^{-2} \cdot \text{s}^{-1}$

    $\text{grad } C = (C_s - 0)/L = [(0,00056 - 0) \text{ g} \cdot \text{cm}^{-3}]/(5 \text{ cm}) = 1,12 \cdot 10^{-4} \text{ g} \cdot \text{cm}^{-4}$

    $D = j/\text{grad } C = 1,366 \text{ cm}^2 \cdot \text{s}^{-1}$.

LITERATURA CITADA

DE JONG VAN LIER, Q. (ed.). *Física do solo*. Viçosa, Sociedade Brasileira de Ciência do Solo, 2010.

JURY, W. A.; HORTON, R. *Soil physics*. 6.ed. New Jersey, John Wiley & Sons, 2004.

NIELSON, K. K.; ROGERS, V. C.; GEE, G. W. Diffusion of random through soils: a pore distribution model. *Soil Science Society of America Journal*, v. 48, p. 484-7, 1984.

PREVEDELLO, C. L.; ARMINDO, R. Física do solo com problemas resolvidos. 2.ed. revisada e ampliada. Curitiba, Celso Luiz Prevedello, 2015.

12

Como o calor se propaga no solo

> Em um perfil de solo, dada a rotação constante da Terra, o solo em geral se aquece durante o dia por ação das ondas curtas da radiação solar que atingem sua superfície, e se resfria durante a noite por emissão de ondas longas. Há milênios esse processo se repete diariamente, e o calor se propaga ora para dentro, ora para fora do perfil de solo, em um movimento que se aproxima de uma senoidal, definindo perfis de temperatura. O ar em contato com o solo tem um comportamento semelhante, passando diariamente por valores máximos e mínimos. O principal processo de transferência de calor é o da difusão, regida pela Lei de Fourier, passando de regiões mais quentes para as mais frias. Neste capítulo é mostrado um modelo teórico de difusão de calor no solo, que muito bem explica as distribuições de temperatura que ocorrem em condições de campo.

INTRODUÇÃO

A temperatura do solo é importante fator no crescimento e desenvolvimento vegetal. Muitos esforços foram realizados para variar a temperatura do solo com a finalidade de criar um ambiente favorável às plantas. Diversos tipos de cobertura (*mulch*), como palha, agregados, polietileno etc., foram usados ou para aumentar, ou para estabilizar a temperatura do solo (Oliveira et al., 2001; Strassburger et al., 2009; Bamberg et al., 2011). Também a forma do canteiro pode ser adaptada a fim de aumentar o aquecimento do solo junto às plantas. A irrigação é outro recurso que pode ser utilizado para modificar o comportamento térmico do solo.

A temperatura do solo afeta a germinação das sementes, o desenvolvimento das raízes e da planta, a atividade dos microrganismos, a difusão dos solutos e dos gases, as reações químicas e uma série de processos importantes para o pesquisador da área de ciência do solo. Por outro lado, ela é afetada pela composição mineralógica do solo, pela densidade e umidade, pela cor da superfície do solo, pela estrutura, pela matéria orgânica etc.

Torna-se importante, então, o estudo dos processos de transferência de energia térmica para o solo e dentro do solo, os quais podem ser agrupados em três categorias:

a. **radiação**: processo de transferência de energia por radiações eletromagnéticas, sobretudo na região do visível e infravermelho;
b. **convecção**: processo de transferência por fluxo de massa; e

c. **condução** ou difusão térmica: processo de transferência por difusão de energia de regiões mais "quentes" para regiões mais "frias".

No solo, o processo de transferência por condução é, sem dúvida, o principal processo a ocorrer. Os demais processos podem assumir importância considerável na superfície do solo e na atmosfera. Neste capítulo, estudaremos apenas a **condução de calor**. Uma pequena introdução sobre o processo de radiação já foi apresentada no Capítulo 5. A convecção dá-se em fluidos, em nosso caso, a água e o ar. No caso da água no solo, seu movimento é tão lento que a convecção pode ser desprezada. Já na atmosfera, os movimentos convectivos são de grande importância. Dentre outros textos, Pereira et al. (2002) abordam esse assunto em detalhe.

CONDUÇÃO DE CALOR NO SOLO

A **densidade de fluxo de calor** por condução (Jury; Horton, 2004) é dada pela **equação de Fourier**, que pode ser escrita na forma (já vista no Capítulo 3):

$$q = -K \frac{\partial T}{\partial x} \quad (1)$$

em que:

- q = densidade de fluxo de calor, igual à quantidade de calor (J, cal, erg) por unidade de área (m^2, cm^2) e de tempo (s, minutos, dia). No Sistema Internacional, é recomendado o uso de J . m^{-2} . s^{-1} = W . m^{-2};
- K = **condutividade térmica do solo**, em W . m^{-1} . $°C^{-1}$;
- T = temperatura, em °C;
- x = coordenada de posição, em m, cm.

A Figura 1 ilustra a colocação de termômetros digitais para a medida da temperatura do solo na entrelinha de um canavial (Dourado-Neto et al., 1999; Oliveira et al., 2001).

FIGURA 1 Termômetros digitais de solo utilizados em experimento de cana-de-açúcar.

Da mesma forma como foi visto para o fluxo de água, íons e gases, desejando-se estudar a variação da quantidade de calor em dado ponto no solo, em função do tempo, é novamente necessária a utilização da **equação da continuidade**.

Nesse caso, teremos:

$$\frac{\partial Q}{\partial t} = -\frac{\partial q}{\partial x} \quad (2)$$

em que Q = quantidade de energia térmica contida no elemento de volume.

Em Calorimetria, mostra-se que a quantidade de **calor sensível** ou energia térmica dQ, armazenada ou perdida, por unidade de volume por um material de **calor específico** isobárico c (J . m^{-3} . $°C^{-1}$), quando sua temperatura varia de dT, é dada por:

$$dQ = c \cdot dT \quad (3)$$

em que c é dado pelas Equações 35 ou 36 do Capítulo 3, para o caso do solo.

Substituindo as Equações 3 e 1 em 2, temos:

$$c\frac{\partial T}{\partial t} = \frac{\partial}{\partial x}\left(K\frac{\partial T}{\partial x}\right) \quad (4)$$

que é a equação diferencial geral da **difusão do calor no solo**. Para solos homogêneos, de composição, densidade, umidade e porosidade constantes, a Equação 4 pode ser simplificada, pois K e c podem ser considerados constantes. Assim:

$$\frac{\partial T}{\partial t} = \frac{K}{c}\frac{\partial^2 T}{\partial x^2} \quad (5)$$

em que K/c é, normalmente, simbolizado por D e denominado **difusividade térmica do solo**, já descrita no Capítulo 3. Assim:

$$\frac{\partial T}{\partial t} = D\frac{\partial^2 T}{\partial x^2} \quad (6)$$

As mesmas condições de equilíbrio apresentadas nos capítulos anteriores podem ser reapresentadas:

a. fluxo em equilíbrio dinâmico (*steady-state*): q = constante e, consequentemente, $\partial T/\partial t = 0$. Nesse caso, a Equação 6 se resume em:

$$\frac{\partial^2 T}{\partial x^2} = 0 \quad \text{ou} \quad \nabla^2 T = 0$$

(é importante lembrar que dT/dx não é nulo, pois há fluxo).
b. fluxo variável: é o caso mais geral em que se utiliza a Equação 6, como foi apresentada;
c. equilíbrio térmico: não há fluxo. O gradiente de temperatura $\partial T/\partial x$ ou a condutividade térmica (isolante térmico) são nulos.

Com o objetivo de exemplificar o caso de difusão do calor no solo, passaremos a estudar as variações da temperatura do solo no período dia-noite, nas diferentes profundidades, por meio de um modelo simplificado, que nos dá uma boa ideia do comportamento da temperatura num perfil do solo sem vegetação.

MODELO PARA A DESCRIÇÃO DE VARIAÇÕES DE TEMPERATURA NO SOLO

Consideremos um perfil de solo sem vegetação, homogêneo, de densidade e umidade constantes ao longo de z, exposto à **radiação solar**. Como foi visto no Capítulo 5, a radiação incidente é a global, sendo parte dela refletida pelo solo (ver albedo) e parte absorvida, a qual aquecerá sua superfície. Esse calor é, então, difundido para dentro do solo. A trajetória aparente do Sol com relação à superfície do solo em um dia de equinócio (noite = dia; para nós do Hemisfério Sul, 21 de março e 23 de setembro) pode ser aproximada por uma senoide, desde seu nascer até o poente. Assim, a temperatura T na superfície do solo também pode ser descrita por uma senoide do tipo:

$$T(0, t) = \bar{T} + T_o \operatorname{sen}\omega t \quad (7)$$

em que:

- $\bar{T}$ = temperatura média da superfície do solo em torno da qual a temperatura oscila senoidalmente, igual a 25°C no exemplo da Figura 2;
- T_o = amplitude da oscilação, igual a 10°C no exemplo da Figura 2;
- ω = velocidade angular da Terra (=$2\pi/24$ radianos/hora). Veja que em t = 0 temos sen 0° = 0 e T = $\bar{T}$. Para t = 24 h, sen 2π = 0.

Note-se que na Figura 2 o tempo não coincide com o horário estabelecido, isto é, t = 0 coincide com as 6 h da manhã; t = 6, com o meio-dia; e t = 18, com a meia-noite.

As limitações da Equação 7 para descrever as variações de temperatura na superfície do solo são óbvias: 1) a trajetória aparente do Sol não é uma senoide pura, é uma aproximação, mas muito boa; 2) ela varia com a época do ano e com a latitude; 3) a equação se aplica apenas a dias sem nuvens etc. 4. O solo é nu, plano etc. Mesmo assim, veremos que esse modelo é bem elucidativo para que possamos entender a propagação do calor no solo em condições de campo.

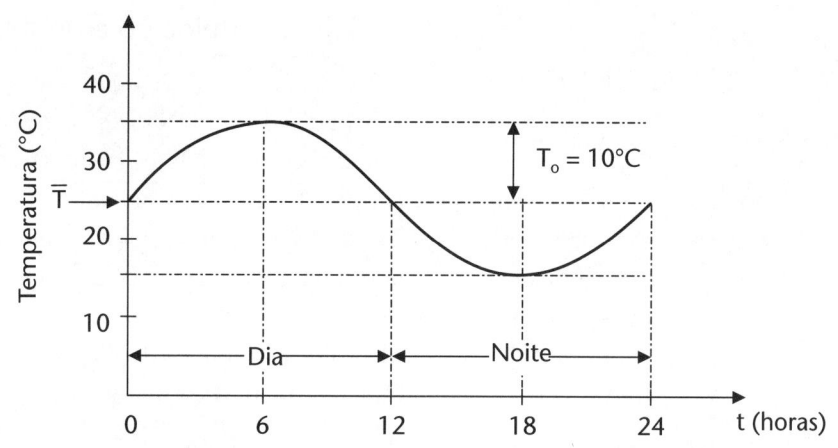

FIGURA 2 Exemplo da temperatura da superfície de um solo em função do tempo. O início dos tempos (t = 0) é tomado como o nascer do Sol.

Consideremos que a uma profundidade teoricamente infinita (na prática cerca de 1 m) a temperatura do solo não varia com o tempo e é igual à $\overline{T}$. Assim:

$$T(\infty, t) = \overline{T} \qquad (8)$$

Isso é observado na prática. Por exemplo, nas adegas subterrâneas onde são armazenados vinhos para maturação, a temperatura é praticamente constante o ano todo.

Uma condição inicial do tipo T(z,0) não é necessária aqui, porque esse problema de valor de contorno (PVC – relembrar no Capítulo 7 o seu significado) não tem início nem fim. O fim de um dia é o começo do outro, e a solução vale para uma sequência de dias.

Consideremos, ainda, que todo transporte de calor no solo se dá apenas por condução; assim, a equação diferencial que rege o fenômeno é:

$$\frac{\partial T}{\partial t} = D \frac{\partial^2 T}{\partial z^2} \qquad (9)$$

A solução da Equação 9, sujeita às condições 7 e 8, é:

$$T(z, t) = \overline{T} + T_o \exp^{(-z\sqrt{\omega/2D})} \cdot \text{sen}\,(\omega t - z\sqrt{\omega/2D}) \qquad (10)$$

Essa solução, também não apresentada aqui, nos diz que a temperatura oscila exponencialmente com a profundidade (o termo exponencial só tem a variável z) e senoidalmente com o tempo e a profundidade. A Equação 10 inclui uma senoide, como a 7. O leitor deve observar que para z = 0 (superfície do solo) ela se reduz à Equação 7, pois exp (0) = 1 e a defasagem $(-z\sqrt{\omega/2D})$ se anula.

Na Equação 10, a amplitude A da senoidal é função só de z, dada por:

$$A(z) = T_o \exp(-z\sqrt{\omega/2D}) \qquad (11)$$

e, como se vê, ela varia exponencialmente com a profundidade e com expoente negativo.

Consideremos que o solo tenha difusividade igual a 5×10^{-3} cm^2 · s^{-1}. Nessas condições:

$$\sqrt{\omega/2D} = \sqrt{\frac{2\pi}{86400 \times 2 \times 5 \times 10^{-3}}} = 0{,}0853$$

e as amplitudes da onda de temperatura para diferentes profundidades podem ser calculadas:

$A(0) = T_o \exp(0) = T_o = 10°C$ (Figura 3)
$A(10) = T_o \exp(-10 \times 0{,}0853) = 4{,}26°C$
$A(20) = T_o \exp(-20 \times 0{,}0853) = 1{,}82°C$
$A(30) = T_o \exp(-30 \times 0{,}0853) = 0{,}77°C$
....
$A(100) = T_o \exp(-100 \times 0{,}0853) = 0{,}0019°C$
$A(\infty) = 0°C$

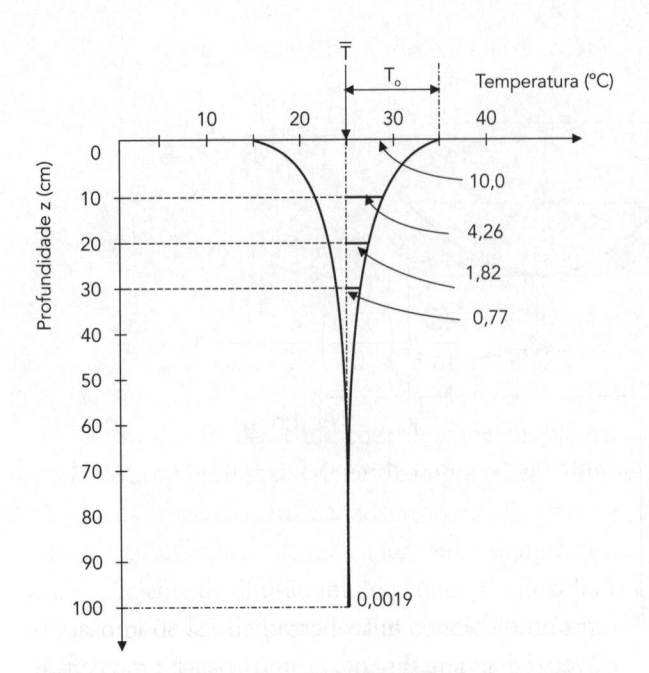

FIGURA 3 Variação da amplitude da onda de temperatura com a profundidade.

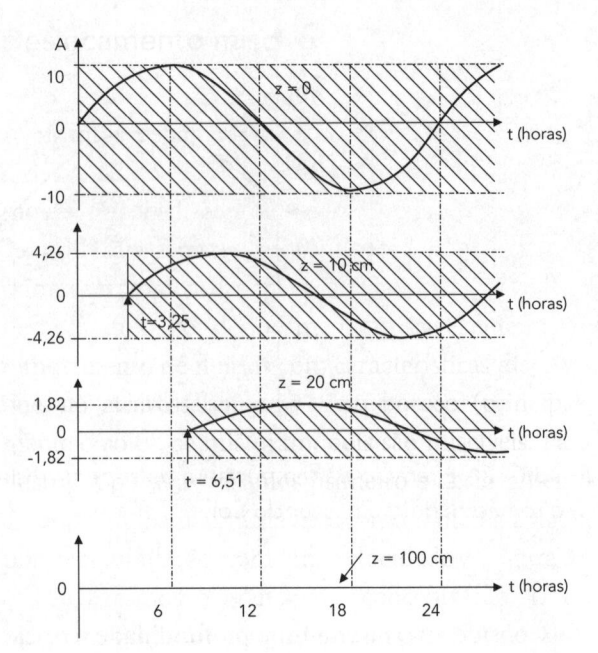

FIGURA 4 Exemplo de evolução da onda de temperatura mostrando a diminuição da amplitude e a defasagem.

Na Figura 4 são apresentados os dados calculados anteriormente, de forma contínua.

Nota-se, então, que as variações mais pronunciadas de T ocorrem nas camadas superficiais do solo. Quando se mede a temperatura do solo, não há lógica em medi-la em muitos pontos a profundidades grandes. Nas proximidades da superfície é necessário tomar mais medidas. Boas escolhas de profundidades para a medida de T seriam 2, 4, 8, 16, 32, 64 cm; 3, 9, 27, 81 cm; 5, 25, 100 cm, se possível com medida na superfície, o que é muito difícil, pois o "bulbo" do termômetro receberia radiação solar direta e como ele é material diferente do solo, essa temperatura poderia não ser representativa.

A parte senoidal da Equação 10 também merece uma discussão. Nela encontramos um seno de uma diferença que envolve espaço e tempo. Esse desconto em ωt é denominado defasagem e indica um atraso no início do seno:

$$\text{sen }(\omega t - z\sqrt{\omega/2D}) \qquad (12)$$

O fator de defasagem $z\sqrt{\omega/2D}$ é tanto maior quanto maior for a profundidade z, pois ω e D são constantes. A onda de temperatura tem, portanto, um atraso que depende de z.

Pela Figura 4, que corresponde à superfície do solo (z = 0), verificamos que para t = 6 horas (início do dia no equinócio) a temperatura na superfície passa pelo máximo. Nesse instante:

$$\text{para } z = 0: \text{ sen }(\omega t - z\sqrt{\omega/2D}) = 1$$

pois sen 90° = sen $\pi/2$ = 1.

Isso é fácil de verificar, pois:

$$\text{sen}\left(\frac{2\pi \cdot 6}{24} - 0\right) = \text{sen }(\pi/2) = 1$$

Vejamos agora à profundidade de 10 cm, fazendo a pergunta: quando a onda de temperatura passa por um máximo?

$$\text{para } z = 10: \text{ o sen}\left(\frac{2\pi \cdot t}{24} - 10 \times 0{,}0853\right)$$

tem de ser = 1 para que seja o máximo, pois sen $\pi/2$ = 1. Assim:

$$\left(\frac{2\pi \cdot t}{24} - 0{,}853\right) = \frac{\pi}{2}$$

da qual, tirando o valor de t, obtém-se 9,25 h (o 25 após a vírgula não corresponde a 25 minutos, mas sim a 0,25 hora), portanto, com um atraso de 3,25 h (idem ao comentário anterior) em relação à superfície. Fazendo o mesmo para z = 20 cm, obtemos um atraso de 6,51 h (idem ao comentário anterior).

Do que acabamos de ver, conclui-se que a onda de temperatura, ao penetrar no solo, tem sua amplitude diminuída com a profundidade e seu máximo sofre um atraso em relação à superfície, também dependendo da profundidade (Figura 4). É por isso que a temperatura a profundidades maiores é constante (condição 8). Nessas profundidades, a amplitude se anula e o máximo de um dia se confunde com o máximo do dia anterior.

Esse modelo, apesar de simplificado, fornece uma boa ideia da propagação da onda de temperatura no solo. Ele também pode ser empregado para determinar a **difusividade térmica do solo** em condições de campo. Aplicando a Equação 11 para duas profundidades, z_1 e z_2, e dividindo uma equação pela outra, teremos:

$$\frac{A(z_1)}{A(z_2)} = \frac{\exp(-z_1\sqrt{\omega/2D})}{\exp(-z_2\sqrt{\omega/2D})}$$

em que, aplicando logaritmo e simplificando, obtém-se:

$$D = \frac{\omega(z_2 - z_1)^2}{2\left[\ln\dfrac{A(z_1)}{A(z_2)}\right]^2} \qquad (13)$$

Portanto, medindo as amplitudes A em duas profundidades, z_1 e z_2, pode-se calcular D. Para isso é preciso fazer medidas de T ao longo do dia para medir as amplitudes.

Por outro lado, em duas profundidades, z_1 e z_2, a onda passará por um máximo em tempos diferentes, t_1 e t_2. Nesse caso, de acordo com a Equação 12:

$$(\omega t_1 - z_1\sqrt{\omega/2D}) = (\omega t_2 - z_2\sqrt{\omega/2D}) = \frac{\pi}{2}$$

ou, simplificando:

$$D = \frac{1}{2\omega}\left(\frac{z_2 - z_1}{t_2 - t_1}\right)^2 \qquad (14)$$

Basta, portanto, medir o intervalo de tempo $(t_2 - t_1)$ entre a passagem do máximo pelas profundidades z_1 e z_2 para se calcular D.

As Equações 13 e 14 representam, portanto, métodos de determinação da difusividade térmica de um solo. Prevedello e Armindo (2015) apresentam vários modelos sobre esse assunto.

Logicamente, esse modelo não se adapta a situações diferentes, como dias nublados, solos com cobertura vegetal ou com cobertura morta. As generalidades, porém, permanecem:

1. a amplitude diminui drasticamente em profundidade; e
2. há um atraso na propagação da onda de calor, tanto maior quanto maior a profundidade.

Para complementar o estudo sobre fluxo de calor no solo, recomendamos o texto de Prevedello e Armindo (2015).

> O processo de difusão é o principal na propagação de calor no solo. Ele se baseia na Lei de Fourier, segundo a qual o fluxo de calor é diretamente proporcional ao gradiente de temperatura e à condutividade térmica do solo. Um modelo teórico baseado na variação senoidal da temperatura do ar explica muito bem as distribuições de temperatura no solo, mostrando que a temperatura máxima diurna ocorre com um atraso quanto maior for a profundidade, que a amplitude da onda de temperatura no solo diminui com a profundidade e que a profundidades da ordem de 1 m a temperatura do solo permanece praticamente constante. Coberturas da superfície do solo, como plástico e resíduos de culturas anteriores deixados na superfície, podem diminuir as amplitudes de temperatura.

EXERCÍCIO

1. Em dado solo nu, mediu-se a temperatura do solo T em um dia limpo às profundidades de 10 e 20 cm, de hora em hora, a partir das 6 h. Os dados estão na tabela a seguir. Faça os gráficos de T *versus* t para as duas profundidades e calcule a difusividade térmica do solo pela amplitude e pelo atraso. A temperatura média do perfil de solo é 29°C.

	T (°C)	
t (hora)	z = 10 cm	z = 20 cm
6	29,1	27,9
7	30,1	28,2
8	31,2	28,5
9	31,9	29,0
10	32,5	29,6
11	32,8	30,1
12	33,1	30,6
13	32,7	31,1
14	32,4	31,4
15	31,9	31,5
16	31,2	31,5
17	30,3	31,3
18	29,0	30,8
19	28,2	30,3
20	27,5	29,6
21	27,0	29,1
22	26,7	28,5

RESPOSTA

1 Para amplitudes A(10) = 4,2°C e A(20) = 2,4°C, tiradas do gráfico, temos, pela Equação 13, D = 0,0106 $cm^2 \cdot s^{-1}$, e para uma defasagem de 3,1 h, também tirada do gráfico, temos, pela Equação 14, D = 0,0051 $cm^2 \cdot s^{-1}$. Vê-se que um valor é o dobro do outro. Explicação: não se trata, neste exemplo, de solo homogêneo, talvez não homogeneamente úmido, caso em que o modelo não descreve bem o processo. Qual é o melhor valor? Não é possível saber. O melhor é calcular o valor médio D = 0,008 $cm^2 \cdot s^{-1}$. Melhor ainda seria repetir o experimento, usar outras profundidades etc.

LITERATURA CITADA

BAMBERG, A. L.; CORNELIS, W. M.; TIMM, L. C.; GABRIELS, D.; PAULETTO, E. A.; PINTO, L. F. S. Temporal changes of soil physical and hydraulic properties in strawberry fields. *Soil Use and Management*, v. 27, p. 385-94, 2011.

DOURADO-NETO, D.; TIMM, L. C.; OLIVEIRA, J. C. M.; REICHARDT, K.; BACCHI, O. O. S.; TOMINAGA, T. T.; CASSARO, F. A. M. State-space approach for the analysis of soil water content and temperature in a sugarcane crop. *Scientia Agricola*, v. 56, n. 4, p. 1215-21, 1999.

JURY, W. A.; HORTON, R. *Soil physics*. 6.ed. New Jersey, John Wiley & Sons, 2004.

OLIVEIRA, J. C. M.; TIMM, L. C.; TOMINAGA, T. T.; CÁSSARO, F. A. M.; BACCHI, O. O. S.; REICHARDT, K.; DOURADO-NETO, D.; CAMARA, G.M.D. Soil temperature in a sugar-cane crop as a function of the management system. *Plant and Soil*, v. 230, n. 1, p. 61-6, 2001.

PEREIRA, A. R.; ANGELOCCI, L. R.; SENTELHAS, P. C. *Agrometeorologia*: fundamentos e aplicações práticas. Guaíba: Agropecuária, 2002.

PREVEDELLO, C. L.; ARMINDO, R. *Física do solo com problemas resolvidos*. 2. ed. revisada e ampliada. Curitiba, Celso Luiz Prevedello, 2015.

STRASSBURGER, A. S.; MARTINS, D. de S.; REISSER JÚNIOR, C.; SCHWENGBER, J. E.; PEIL, R. M. N.; PHILIPSEN, L. C. Sistema de produção do morangueiro: fatores que influenciam o manejo da irrigação. In: TIMM, L. C.; TAVARES, V. E. Q.; REISSER JUNIOR, C.; ESTRELA, C. C. (eds.). *Morangueiro irrigado*: aspectos técnicos e ambientais do cultivo. 1.ed. Pelotas, Editora da Universidade Federal de Pelotas, 2009. p. 30-50.

Parte III

Ciclo da água na agricultura e variabilidade espacial de atributos do solo

Em nossas condições de campo, a água chega à superfície do solo (nas culturas agrícolas ou ecossistemas) sobretudo pelos processos de precipitação pluvial e irrigação. De menor importância (do ponto de vista quantitativo) são o granizo, o orvalho e, pelo menos para as regiões tropicais e subtropicais, a neve. Essa água que entra em contato com as plantas e com o solo é, principalmente, absorvida pelo solo. O processo pelo qual a água penetra pela superfície do solo é denominado infiltração. Dependendo da cobertura vegetal e da inclinação do terreno, parte da água escorre pela superfície do solo. Esse processo é denominado deflúvio superficial, escoamento superficial, enxurrada ou *runoff*. Trata-se de perda de água no que se refere à agricultura, e sua intensidade determina a erosão do solo. Cessado o processo de infiltração, o movimento de água continua dentro do solo, processo denominado redistribuição da água. Se esse movimento atingir profundidades maiores, abaixo da zona radicular das plantas, a água é perdida novamente do ponto de vista agrícola. Esse processo é denominado drenagem profunda ou drenagem interna. Como a água arrasta consigo íons e compostos solúveis há, também, perda de nutrientes. Ao processo de perdas químicas dá-se o nome de lixiviação. Durante a infiltração, redistribuição e drenagem interna, a água é absorvida pelas plantas, nelas se transloca, e a maior parte é devolvida à atmosfera pelo processo de transpiração. As superfícies do solo e dos corpos de água (barragens, rios, lagos etc.) também devolvem água à atmosfera pelo processo de evaporação. Para esses processos, transpiração e evaporação, é necessária a entrada de energia. Ela é necessária para levar a água do estado líquido ao estado de vapor e, obviamente, vem do Sol. Como na maioria dos casos os dois processos ocorrem simultaneamente, utiliza-se o termo evapotranspiração. O vapor d'água na atmosfera entra nos processos de circulação geral e passa a participar da formação de nuvens. Destas ele volta ao sistema na forma de chuva, granizo ou neve, e o ciclo se fecha. Todos os processos mencionados são espontâneos, e a água sempre procura estados de energia menores. Para a continuidade do ciclo, entra a energia solar. É por isso que a água é um recurso renovável. Em situações especiais, porém, o ciclo pode se quebrar ou ser retardado/acelerado, e as consequências agronômicas podem ser imprevisíveis: desertificação, inundações, voçorocas, erosão, extensos períodos de seca etc. Nesta Parte III, de aplicações, veremos detalhes das diferentes partes desse ciclo. Pelos nomes dos capítulos seguintes isso pode ser verificado. Nos últimos capítulos, são ainda apresentados aspectos relevantes sobre as variabilidades das características do sistema, assunto importantíssimo para os interessados em pesquisar o sistema solo-planta-atmosfera, e sobre a análise dimensional das grandezas físicas usadas neste texto.

Deus quer, o homem sonha, a obra nasce

Fernando Pessoa

13

Infiltração da água no solo

> A infiltração da água no solo é uma parte importante do ciclo de água na agricultura, e, por esta razão, iniciamos a Parte III deste texto por ela. Ela pode dar-se em qualquer sentido no solo, dependendo apenas do potencial total da água nas diferentes partes do sistema. Entretanto, do ponto de vista didático, iniciamos nosso estudo pela infiltração horizontal em um solo homogêneo, que é um processo pouco mais simples pelo fato da gravidade não atuar, isto é, o potencial gravitacional. Em seguida abordaremos o processo vertical, mais comum pelo fato de a gravidade estar sempre presente. Equações diferenciais e suas soluções são empregadas para descrever esses processos. É dada uma introdução aos métodos numéricos de solução das equações diferenciais. Aspectos práticos da infiltração da água também são abordados, como a quantificação da água que penetra no solo e sua velocidade de infiltração.

INTRODUÇÃO

A **infiltração da água é** o processo pelo qual a água entra no solo, que perdura enquanto houver disponibilidade de água em sua superfície. Esse processo é de grande importância prática, pois sua taxa ou velocidade muitas vezes determina o deflúvio superficial (*runoff*) ou enxurrada, responsável pelo fenômeno da erosão durante precipitações pluviais. A infiltração determina o balanço de água na zona das raízes e, por isso, o conhecimento do processo e de suas relações com as propriedades do solo é de fundamental importância para o eficiente manejo e conservação do solo e da água. Ótimas revisões sobre o processo de infiltração são apresentadas por Hillel (1998), Brandão et al. (2006) e Bernardo et al. (2019), estas últimas mais voltadas para a hidrologia e irrigação, respectivamente, e Libardi (2012), que mostra que os primeiros modelos do processo de infiltração foram feitos no início do século XX: 1) o de Green e Ampt, de 1911, muito simples, mas que até os dias atuais produz resultados aproximados bastante satisfatórios; 2) a equação de Kostiakov, de 1932, que se assemelha às condições utilizadas por Philip e que serão vistas adiante; 3) a equação de Horton, de 1940, que utilizou um modelo logarítmico. Também Kutilek e Nielsen (1994) e Radcliffe e Simunek (2010) abordam o processo de infiltração.

A fim de estudar o processo analiticamente, tomaremos inicialmente o caso de solos homogêneos, nos quais faremos a distinção entre os diferentes sentidos em que a infiltração pode ocorrer: a infiltração horizontal, na qual o potencial gravitacional não entra em jogo; e a infiltração vertical, em que o potencial gravitacional pode ter participação preponderante. Em seguida, analisaremos o processo em algumas situações de campo, em que ele pode ocorrer nas mais variadas direções.

INFILTRAÇÃO HORIZONTAL EM SOLO HOMOGÊNEO

Para entender o processo da infiltração horizontal em um solo homogêneo, vamos estudá-lo em uma situação controlada de laboratório. Consideremos uma coluna de solo uniforme, de densidade constante, na posição horizontal, de seção transversal constante, comprimento infinito (longa o bastante para terminarmos nossa análise antes de a água alcançar o fim da coluna) e com uma umidade inicial constante θ_i, como a coluna indicada na Figura 1. Essas colunas são montadas como foi descrito no Capítulo 8, para as Figuras 9 e 10, só que neste caso a alimentação da água para o processo de infiltração é feita por um frasco de Mariotte. A vantagem desse frasco é que a água sai dele a uma pressão constante, no caso uma sucção muito pequena h (- h), e suas variações de volume podem ser medidas. O frasco tem um orifício onde atua a pressão atmosférica, pelo qual entra ar à medida que a água sai para o solo. A P_{atm} de fora é balanceada pela pressão interna $P_{atm} - h_L$, de tal forma que a coluna h_L não atua. A sucção h é um pouco maior que o raio da coluna de solo. Se, por exemplo, o raio da coluna for de 2,5 cm, poderíamos usar h = –4 cm. Esta sucção em termos de potencial matricial do solo é muito pequena, considerada desprezível, mas garante que a infiltração se dê praticamente à pressão atmosférica, como é o caso mais comum na natureza. A sucção é importante para que o processo de infiltração ocorra naturalmente, sem que haja vazamentos de água, o que seria mais provável com infiltrações sob carga positiva que causam vazamentos. Se h fosse 0, a metade superior da coluna ficaria sob sucção e a inferior sob pressão levemente positiva, o que poderia levar a pequeno vazamento no encaixe da placa porosa no solo. No instante t = 0 (início do processo de infiltração), a placa porosa de resistência desprezível é conectada ao frasco de Mariotte com saída à pressão constante no nível z = 0 e é colocada em contato com a extremidade da coluna, em x = 0. Nessas condições inicia-se o processo de infiltração, e a extremidade x = 0 da coluna é mantida a uma umidade de saturação θ_0 por todo o tempo de infiltração. θ_0 é a umidade de saturação se a água na placa porosa estiver sob pressão nula ou positiva, e será menor que a umidade de saturação se estiver sob sucção, o que foi feito abaixando o frasco de Mariotte da altura -h, de tal forma que a diferença entre os níveis de entrada da água no solo e o da P_{atm} seja –h. Estudaremos aqui o caso mais comum de infiltração sob carga nula, ou praticamente nula (a altura da coluna em relação à referência z = 0 é desprezível, seu centro está a uma altura h). A água penetrará no solo, e a umidade do solo θ será uma função do ponto considerado x dentro da coluna e do tempo t. Nesse caso, a equação a ser utilizada é a 20b do

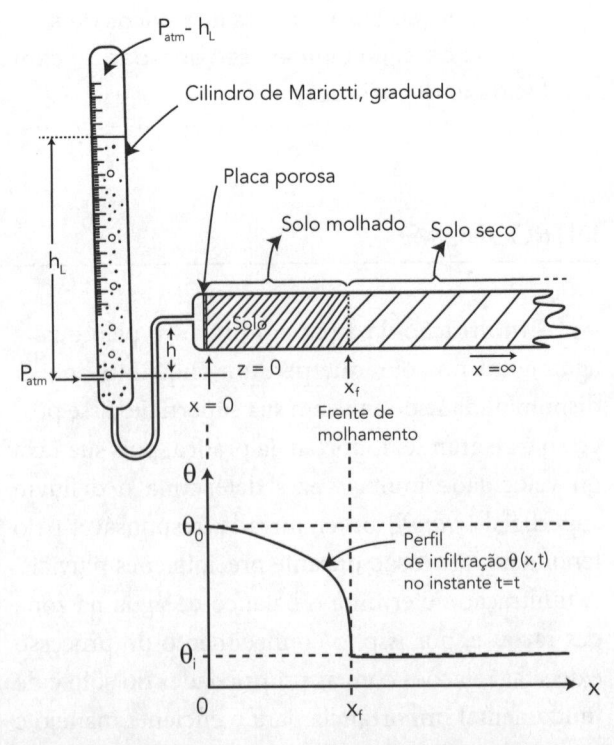

FIGURA 1 Esquema da infiltração horizontal de água em um solo homogêneo de umidade inicial θ_i.

Capítulo 8, que reescreveremos aqui, utilizando a difusividade (Equação 17, Capítulo 8) no lugar da condutividade por tratar-se do caso horizontal, no qual a gravidade não atua:

$$\frac{\partial \theta}{\partial t} = \frac{\partial}{\partial x}\left[D(\theta)\frac{\partial \theta}{\partial x}\right] \quad (1)$$

que estará sujeita às condições:

- $\theta = \theta_i$ para qualquer $x > 0$ em $t = 0$ (inicial)
- $\theta = \theta_0$ para $x = 0$ em qualquer $t \geq 0$ (de contorno)
- $\theta = \theta_i$ para $x = \infty$ em qualquer $t > 0$ (de contorno)

ou simplesmente:

$$\theta(x, 0) = \theta_i \rightarrow \theta = \theta_i,\ x > 0,\ t = 0 \quad (2)$$

$$\theta(0, t) = \theta_0 \rightarrow \theta = \theta_0,\ x = 0,\ t > 0 \quad (3)$$

$$\theta(\infty, t) = \theta_i \rightarrow \theta = \theta_i,\ x = \infty,\ t > 0 \quad (4)$$

A condição 4 se refere à condição semi-infinita, que indica que a solução que procuramos será válida muito antes do infinito, isto é, o experimento da Figura 1 deve ser encerrado antes que a água chegue ao fim da coluna de solo. Uma solução clássica dada a este **problema de valor de contorno** é a de Philip (1955), que não será abordada aqui uma vez que sua extensão para o caso vertical (Philip, 1957) será vista adiante, no caso de infiltração vertical. Nosso problema de infiltração horizontal se resume, então, a encontrar uma função $\theta = \theta(x,t)$ que satisfaça a Equação 1 sujeita às condições 2, 3 e 4, cujo conjunto é um **problema de valor de contorno PVC**. Essa função nos permitirá calcular θ em qualquer ponto da coluna x a qualquer instante t. Essa solução não é fácil e foi obtida apenas para alguns casos nos quais a função $D(\theta)$ é conhecida, e de forma tal que permitisse a solução. Uma das formas para a qual se achou solução é quando D for uma função exponencial de θ. De qualquer forma, uma solução do tipo $\theta(x,t)$ é difícil do ponto de vista matemático, e, por isso, Swartzendruber (1969) sugere que x seja transformada em variável dependente, isto é, procuraremos uma solução da forma:

$$x = x(\theta, t) \quad (5)$$

Na prática, essa transformação não atrapalha em nada. Para a solução $\theta(x,t)$, temos a umidade em qualquer ponto x e tempo t. Para a solução $x = x(\theta, t)$, temos a posição de qualquer umidade θ em um instante qualquer t.

Para fazer essa transformação de variáveis, utilizaremos regras do cálculo elementar, que mostram que, dada a Equação 5, $\partial\theta/\partial t$ e $\partial\theta/\partial x$ são dadas por:

$$-\frac{\partial \theta}{\partial t} = \frac{\partial x}{\partial t}\frac{\partial \theta}{\partial x} \quad (6)$$

sendo o sinal negativo, apesar de estranho, correto. Ele vem da dedução do processo de transformação de variáveis, que pode ser visto em textos de cálculo. Ainda faz parte da transformação:

$$\frac{\partial \theta}{\partial x} = \frac{1}{\partial x / \partial \theta} \quad (7)$$

e, consequentemente, na forma de operador:

$$\frac{\partial}{\partial x} = \frac{1}{\partial x / \partial}$$

Substituindo as Equações 6 e 7 em 1, obtemos:

$$-\frac{\partial x / \partial t}{\partial x / \partial \theta} = \frac{1}{\partial x / \partial}\left[D(\theta)\frac{1}{\partial x / \partial \theta}\right]$$

que, simplificada, se reduz a:

$$-\frac{\partial x}{\partial t} = \frac{\partial}{\partial \theta}\left[\frac{D(\theta)}{\partial x / \partial \theta}\right] \quad (8)$$

sendo a Equação 8 idêntica à Equação 1, apenas x como variável dependente. Além da transformação matemática, é importante compreendermos o significado físico da transformação. Para resolver a Equação 8, usaremos a técnica das variáveis separáveis (Prevedello; Armindo, 2015), já apresentada no Capítulo 8, durante a solução de um problema de Gardner. Seja, então, a solução de 8, dada pelo produto de duas funções:

$$x = \eta(\theta) \cdot T(t) \qquad (9)$$

em que $\eta(\theta)$ é uma função só de θ, e $T(t)$ uma função só de t. Como a Equação 9 é, por hipótese, a solução de 8, ela deve satisfazer 8. Calculemos, então, as derivadas contidas na Equação 8, a partir de 9, e substituamos em 8. Assim:

$$\frac{\partial x}{\partial t} = \eta \frac{dT}{dt}$$

pois, quando derivamos a Equação 9 em relação a t, θ é mantido constante e, consequentemente, η assume um valor constante por ser função só de θ.

Da mesma forma:

$$\frac{\partial x}{\partial \theta} = T \frac{d\eta}{d\theta}$$

e, assim:

$$\eta \frac{dT}{dt} = -\frac{d}{d\theta}\left[D(\theta)\frac{1}{T}\frac{d\theta}{d\eta}\right]$$

Separando as variáveis:

$$T\frac{dT}{dt} = -\frac{1}{\eta}\frac{d}{d\theta}\left[D(\theta)\frac{d\theta}{d\eta}\right] \qquad (10)$$

Como o membro à esquerda é função só de t e o à direita só de θ, e para quaisquer valores de t e θ a igualdade deve ser observada, a única forma adequada é tornar cada membro igual a uma mesma constante. Seja ela **a**.

Assim:

$$T\frac{dT}{dt} = a \qquad (11)$$

e

$$-\frac{1}{\eta}\frac{d}{d\theta}\left[D(\theta)\frac{d(\theta)}{d\eta}\right] = a \qquad (12)$$

A Equação 11 pode ser facilmente integrada para se obter a função $T(t)$:

$$\frac{1}{a}\int TdT = \int dt$$

$$\frac{T^2}{2a} = t + C$$

$$T = \sqrt{2a(t+C)} \qquad (13)$$

que é a procurada função $T(t)$.

A solução da Equação 12 para obter a função $\eta(\theta)$ não é tão simples e será discutida adiante. No momento, veremos como se pode obter $\eta(\theta)$ experimentalmente e tentaremos aprender seu significado.

Substituindo 13 em 9, obtemos:

$$x = \eta(\theta)\sqrt{2a(t+C)} \qquad (14)$$

Como $\eta(\theta)$ é função apenas de θ e ainda não é conhecida, podemos multiplicá-la por qualquer constante sem alterar sua forma geral. Ela será apenas ampliada ou reduzida, dependendo do valor da constante. Por este motivo, agruparemos o fator $\sqrt{2a}$ com $\eta(\theta)$ e chamaremos o produto de $\lambda(\theta)$, que possui as mesmas propriedades de $\eta(\theta)$, isto é:

$$\lambda(\theta) = \sqrt{2a}\,\eta(\theta) \qquad (15)$$

e, assim, a Equação 14 se reduz a:

$$x = \lambda(\theta)(t+C)^{1/2} \qquad (16)$$

Esta é a solução mais geral que podemos obter até o momento. Ela deve, ainda, satisfazer as condições de contorno. Assim, em $x = 0$ em que $\theta = \theta_0$, temos:

$$0 = \lambda(\theta_0)(t+C)^{1/2} \qquad \text{(condição 3)}$$

e como o produto das duas funções é igual a zero, temos que $\lambda(\theta_0) = 0$, pois t não pode ser zero, o que significa que a função $\lambda(\theta)$, que ainda não conhecemos, vale zero na saturação.

Para a condição inicial $t = 0$, temos:

$$x = \lambda(\theta_i)(0+C)^{1/2} \qquad \text{(condição 2)}$$

relembrando que θ_i é o valor inicial de θ ao longo da coluna de solo (Figura 1). Assim:

$$\lambda(\theta_i) = \frac{x}{\sqrt{C}}$$

Para valores finitos de C, $\lambda(\theta_i)$ na equação anterior varia com x, o que é impossível, pois θ_i é constante e assim é $\lambda(\theta_i)$. Assim, as únicas escolhas para C são, então, 0 e ∞, a fim de obter $\lambda(\theta_i)$ constante e independente de x, como requer a condição 2. Para C = ∞, $\lambda(\theta_i) = 0$, e teremos uma solução chamada de trivial, isto é, $\lambda(\theta_i) = \lambda(\theta_0)$, e, portanto, $\theta_i = \theta_0$, o que implica não haver infiltração. Resta, então, a alternativa C = 0, o que implica $\lambda(\theta_i) = \infty$, e a Equação 16 fica:

$$x = \lambda(\theta) t^{1/2} \qquad (17)$$

A Equação 17 é a solução parcial particular do problema de **infiltração horizontal**. Parcial, não final, pois a função $\lambda(\theta)$, também conhecida por **transformação de Boltzmann**, ainda nos é desconhecida. Essa solução nos diz que, na infiltração horizontal, o avanço (x) de umidade θ dentro da coluna é proporcional à raiz quadrada do tempo. A infiltração, portanto, inicia-se rapidamente e diminui com a raiz quadrada do tempo. É um processo desacelerado. Vejamos um exemplo ilustrativo que torne esses fatos mais claros. Consideremos um experimento de infiltração horizontal de água em uma coluna de solo, como indicado na Figura 2. Depois de 1.600 minutos de infiltração, mediu-se a umidade do solo ao longo da coluna de maneira não destrutiva, como é o caso da técnica da absorção de um feixe de radiação gama, descrita no Capítulo 6, e foram obtidos os dados do Quadro 1.

Com os dados do Quadro 1, foi feito o perfil de umidade da Figura 2, que mostra a umidade de saturação θ_0 em x = 0 e a posição x_f da frente de molhamento, cuja umidade é tomada como θ_i. No laboratório, a frente de molhamento é facilmente observada para colunas montadas em recipiente de acrílico transparente, pois o solo molhado da região $0 < x < x_f$ é mais escuro e o resto da coluna $(x > x_f)$ é região do solo seco, mais claro, de umidade θ_i.

QUADRO 1 Valores de θ e x para t = 1.600 minutos, em uma infiltração horizontal e cálculo de λ

x (cm)	θ (cm^3.cm^{-3})	λ
0	0,39	0
32,5	0,38	0,813
47,1	0,36	1,178
54,8	0,34	1,370
61,1	0,32	1,528
66,5	0,30	1,663
69,9	0,28	1,748
71,1	0,26	1,778
73,8	0,23	1,845
74,5	0,21	1,863
75,1	0,17	1,878
75,5	0,10	1,888
76,0	0,02	1,900
80,0	0,02	–
100,0	0,02	–

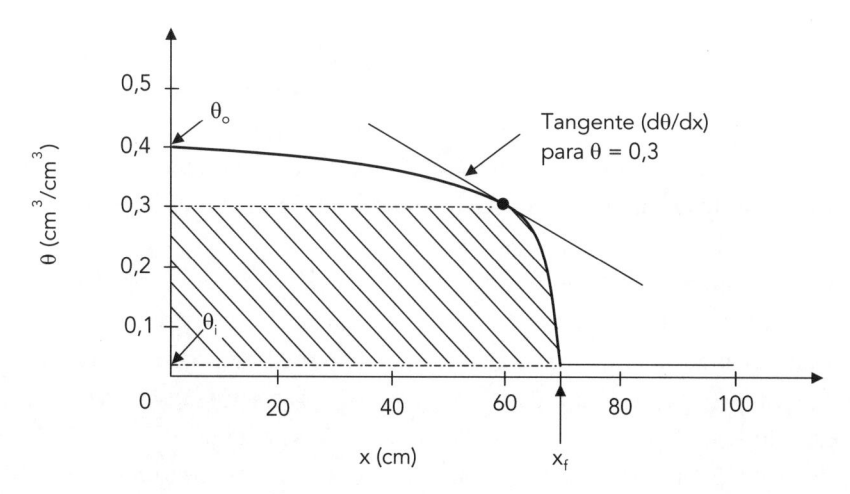

FIGURA 2 Gráfico de θ *versus* x durante infiltração horizontal, para t = 1.600 minutos.

Nosso primeiro passo é estabelecer, experimentalmente, a função $\lambda(\theta)$. Aplicando a solução 17 para o nosso exemplo, temos:

$$\lambda(\theta) = x \cdot t^{-1/2} = \frac{x}{\sqrt{1.600}} = \frac{x}{40}$$

o que significa que os valores de x do Quadro 1, após divididos por 40, fornecem os valores de λ para as respectivas umidades. Assim:

$$\lambda(0,39) = \frac{0}{40} = 0$$

$$\lambda(0,38) = \frac{32,5}{40} = 0,813$$

....

$$\lambda(0,02) = \frac{76}{40} = 1,90$$

Note-se que $\lambda(\theta_i)$ não deu ∞ como previsto, em teoria, anteriormente. É que são difíceis (se não impossíveis) medidas de θ no ponto exato em que a frente de molhamento encontra o solo seco. Nesse pequeno espaço, a curva $\theta(x)$ fica assintótica em x, o que levaria a $\lambda(\theta_i) = \infty$. Experimentalmente, porém, esse detalhe não interessa, e assume-se que $\theta = \theta_i$ em x_f, o que implica que a curva $\theta(x)$ termine de modo abrupto no ponto (θ_i, x_f).

Com os dados obtidos, podemos desenhar o gráfico $\lambda = \lambda(\theta)$. Este é apresentado na Figura 3. É oportuno observar que a função $\lambda(\theta)$ é a curva θ versus x, para t = 1. É fácil verificar isso, pois, para t = 1, a Equação 17 fica:

$$\lambda = x$$

o que significa que θ versus x coincide com θ versus λ para t = 1. Assim, para determinar $\lambda(\theta)$ bastaria determinar $x(\theta)$ para t = 1, mas isso é impossível, experimentalmente, se a unidade de t for segundos ou minutos. Se a unidade de t fosse horas ou dias, seria possível. Vamos ver mais adiante que a curva $\lambda(\theta)$ é a mesma de qualquer perfil de umidade. Se, por exemplo, nossa unidade de tempo fosse 1.600 minutos, o perfil da Figura 2 seria para t = 1 e, assim, representaria a curva $\lambda(\theta)$.

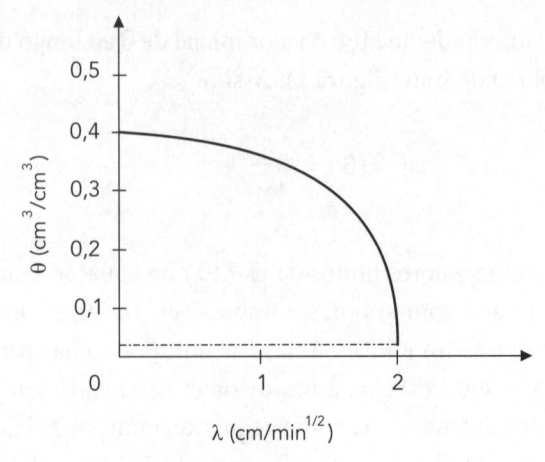

FIGURA 3 Gráfico de θ versus λ para infiltração horizontal.

Por isso, conhecida a curva λ versus θ, o problema está resolvido, e pode-se calcular a umidade θ em qualquer instante t. Por exemplo: se quiséssemos calcular a distribuição da umidade na coluna do exemplo no instante t = 100 minutos (que não foi medida!), teríamos:

$$x = \lambda \cdot t^{1/2} = \lambda \sqrt{100} = 10\lambda \qquad (18)$$

Atribuindo valores arbitrários a x, calcula-se λ a partir de da Equação 18 e determina-se θ por meio da curva $\lambda(\theta)$. Assim:

$$x = 5 \rightarrow \lambda = 0,5 \rightarrow \theta = 0,38$$
$$x = 10 \rightarrow \lambda = 1 \rightarrow \theta = 0,37$$
$$x = 15 \rightarrow \lambda = 1,5 \rightarrow \theta = 0,36$$
....
$$x = 19 \rightarrow \lambda = 1,9 \rightarrow \theta = 0,02$$

Sugerimos ao leitor construir esse perfil completo para t = 100 minutos.

A Equação diferencial 1 e sua solução 17 descreverão o movimento horizontal de água no solo, desde que certas condições sejam observadas:

1. não deve haver rearranjo das partículas do solo durante o processo de infiltração. Por isso, solos que não possuem argilas que se expandem ou contraem são aqueles aos quais esta teoria mais se adapta;
2. o movimento de ar não deve influenciar o movimento de água;

3. as propriedades da água, sobretudo densidade e viscosidade, devem ser as mesmas em quaisquer tempo e posição no solo;
4. as condições experimentais devem ser isotérmicas.

Quando se deseja verificar se um dado solo segue a presente análise teórica, um experimento como o do exemplo anterior é desenvolvido. Se a teoria for satisfatória, a função $\lambda(\theta)$ deve ser unívoca, isto é, independente do instante t em que o perfil de umidade foi determinado. Isso pode ser verificado de duas formas. A primeira é observar o caminhamento da frente de molhamento x_f na coluna e dividir as distâncias pela raiz quadrada dos tempos. Se esses cocientes forem constantes para todos os tempos, eles definirão (segundo a Equação 17) o valor de λ correspondente à umidade θ_i que prevalece na frente de molhamento. Isso significa, também, que o gráfico de x_f *versus* $\sqrt{t}$ deve ser linear. Caso ele comece a se desviar de uma linha reta, a análise matemática aqui apresentada passa a deixar de ser válida. A segunda maneira de determinar se $\lambda(\theta)$ é unívoca, ou seja, a partir de diferentes curvas de distribuição de umidade (ver Figura 2), determinar a curva $\lambda(\theta)$. Se a mesma curva $\lambda(\theta)$ for obtida para perfis de umidade obtidos em diferentes tempos, a curva $\lambda(\theta)$ é unívoca.

Vejamos algo mais sobre o processo de infiltração horizontal. Muitas vezes interessa-nos saber a quantidade de água que penetrou no solo e com que velocidade. Conhecida a distribuição θ *versus* x (Figura 2), é fácil notar que a área sob a curva representa o total de água I que penetrou no solo por unidade de área até o tempo t. Trata-se do **armazenamento de água**, definido no Capítulo 3, pela Equação 18. O leitor deve verificar que fazer a integração $xd\theta$ fornece o mesmo resultado que fazer a integração θdx. Assim:

$$A_L = I = \int_{\theta_i}^{\theta_0} x d\theta = \int_0^{x_f} \theta dx \qquad (19)$$

em que **I** é a **infiltração acumulada**, isto é, o total de água que penetra no solo até o momento t em que o perfil de umidade θ *versus* x foi tomado.

Substituindo a Equação 17 em 19, obtemos:

$$I = t^{1/2} \int_{\theta_i}^{\theta_0} \lambda(\theta) \cdot d\theta \qquad (20)$$

A integral da Equação 20 é a área sob a curva λ *versus* θ (Figura 3) e, como essa curva é unívoca, independente de t, sua integral é uma constante, denominada **sorbtividade** S, sendo, assim:

$$I = S t^{1/2} \qquad (21)$$

o que significa que a **infiltração acumulada** é proporcional à raiz quadrada do tempo. Ela se inicia rapidamente, decrescendo com o tempo.

A **velocidade de infiltração** ou **taxa de infiltração i**, também chamada de velocidade ou **infiltração instantânea**, é definida por:

$$i = \frac{dI}{dt} \qquad (22)$$

e, de acordo com a Equação 21, teremos:

$$i = \frac{d}{dt}(S t^{1/2}) = \frac{1}{2} S t^{-1/2} \qquad (23)$$

Neste exemplo numérico, a área A (ou S) pode ser calculada graficamente (por meio de um planímetro), resultando:

$$S = \int_{0,39}^{0,02} \lambda \cdot d\theta \cong 0,623$$

e, assim:

$$I = 0,623 t^{1/2} \text{ cm}^3 / \text{cm}^2 \text{ ou cm}$$
$$i = 0,312 t^{-1/2} \text{ cm}^3 / \text{cm}^2 \cdot \text{min ou cm/min}$$

Atribuindo valores arbitrários a t, podemos determinar a curva i *versus* t (Figura 4). Esse gráfico mostra que i diminui rapidamente com t. Nesta teoria, para tempos muito curtos, próximos de zero, i tende para ∞, não representando a realidade. Para tempos muito longos ($t \rightarrow \infty$), i tende para zero. Isso porque, depois de longo tempo, a umidade da coluna para valores pequenos de x será praticamente constante, de tal forma que seu gradiente $\partial\theta/\partial x$ será praticamente nulo, e, segundo a equação de Darcy-Buckingham, a densidade de fluxo também será praticamente nula.

Tanto I como i podem ser medidos diretamente no cilindro graduado indicado na Figura 1, e o pesquisador pode, assim, confrontar os dados experimentais com os dados calculados pela teoria.

A Equação 12 não tinha solução nos anos 1950, mas Bruce e Klute (1956) apresentaram um método de determinação da difusividade da água $D(\theta)$ baseado nela. A equação, cuja demonstração pode ser encontrada na terceira edição deste livro, é:

$$D(\theta) = -\frac{1}{2t_j}\left(\frac{dx}{d\theta}\right)\int_{\theta_i}^{\theta} x\,d\theta \qquad (24)$$

Conhecida, então, a curva θ *versus* x (Figura 2) num instante t_j (arbitrário, mas fixo), pode-se determinar a **difusividade do solo** $D(\theta)$, para qualquer θ entre θ_i e θ_0, aplicando a Equação 24. Vejamos um exemplo: calcularemos $D(\theta = 0,3$ cm^3.cm^{-3}) usando a curva θ *versus* x da Figura 2, na qual $t = t_j = 1.600$ minutos. Nesse caso:

$$D(\theta) = D(0,3) = \frac{1}{2\times 1.600}\left(\frac{dx}{d\theta}\right)_{0,3}\int_{0,02}^{0,3} x\,d\theta$$

$dx/d\theta$ é a tangente à curva do ponto $\theta = 0,3$ (note que na Figura 2, θ é ordenada e x a abscissa), que pode ser calculada graficamente, resultando $(dx/d\theta)_{0,3} \cong -190$.

A integral apresentada é a área indicada na Figura 2 e pode ser calculada com o auxílio de um planímetro, resultando 22,5. Assim:

$$D(0,3) = \frac{1}{2\times 1.600}\times(-190)\times 22,5 = 1,42\,\text{cm}^2\cdot\text{min}^{-1}$$

Procede-se da mesma forma para determinar $D(\theta)$ para qualquer outro valor de θ.

Conhecidos $D(\theta)$ e a curva de retenção do referido solo (ver Capítulo 6), pode-se determinar a condutividade hidráulica $K(\theta)$ do solo.

Philip (1955) apresenta uma solução numérica PVC da infiltração horizontal, por diferenças finitas, quando $D(\theta)$ é conhecido, obtendo-se $\lambda(\theta)$, completando, assim, a solução geral do problema de infiltração horizontal. Para sua época (anos 1950), a solução foi bastante longa e difícil, dado que as facilidades de computação eram pequenas. Além do mais, já vimos como se pode determinar $\lambda(\theta)$ experimentalmente, o que não difere muito da técnica de Philip, pois a resposta de uma **solução numérica** é uma tabela de números, e não uma solução analítica. Hoje, o uso de programas de computação, como o MAPLE V, para a solução desses **problemas de valor de contorno** (PVC) resolve a questão.

É importante, ainda, fazermos uma interpretação da **equação da continuidade** (Equação 20, Capítulo 8) à luz do experimento de infiltração que

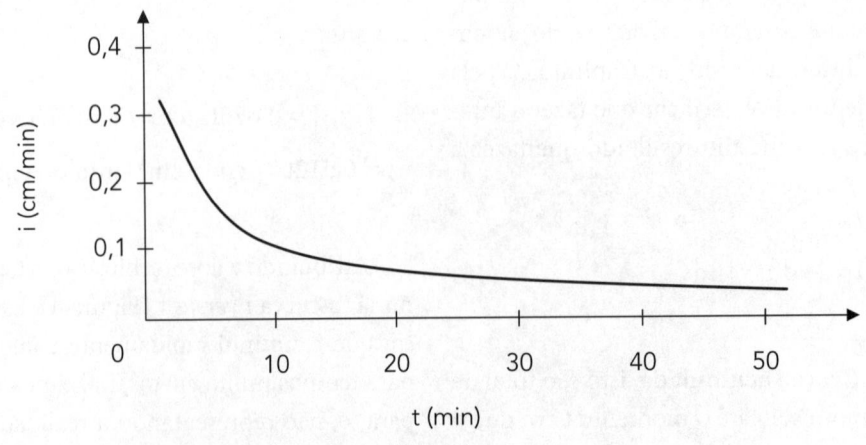

FIGURA 4 Gráfico de i *versus* t para infiltração horizontal.

acabamos de ver. Se o elemento de volume com o ponto genérico M (ver Figura 14, Capítulo 8) for colocado em um ponto intermediário da parte molhada do solo ($0 < x_j \leq x_f$), teremos o caso ilustrado a seguir, e como a umidade em M aumenta no tempo ($\partial\theta/\partial t > 0$), q_e (entrada) > q_s (saída). Como consequência, $\partial q_x/\partial x$ é negativo, isto é, q diminui ao longo de x. Pelo fato de q_e ser maior que q_s, a umidade em M aumenta. É importante, ainda, notar que se $x_j = 0$ (início da coluna de solo), $q_e = q_0 = i$, dado pela Equação 23. Se $x_{j+1} = x_f$, teremos $q_{x+\Delta x} = 0$ (posição da frente de molhamento).

entrada

$$q_e = q_x = D(\theta) \left.\frac{\partial\theta}{\partial x}\right|_j \rightarrow \boxed{M} \rightarrow$$

saída

$$\left(q_x + \frac{\partial q_x}{\partial x}\Delta x\right) = q_s = D(\theta_{j+1}) \left.\frac{\partial\theta}{\partial x}\right|_{j+1}$$

Já vimos que na infiltração horizontal, o gráfico da distância à frente de molhamento x_f *versus* a raiz quadrada do tempo t é uma linha reta que passa pela origem (Equação 17). Na Figura 5, apresentamos esse gráfico para alguns solos. Logicamente, quanto menor o coeficiente angular, mais lento o movimento de água no solo. Essas curvas caracterizam os solos no que se refere ao processo de infiltração horizontal.

INFILTRAÇÃO VERTICAL EM SOLO HOMOGÊNEO

Consideremos a infiltração da água em uma coluna de solo homogêneo montada na posição vertical, de seção transversal constante, densidade constante, de comprimento infinito e com uma umidade inicial θ_i, idêntica à coluna indicada na Figura 1, mas agora na posição vertical conforme mostrado na Figura 6. Essa figura também mostra um perfil típico de umidade, que na Figura 7 é mostrado para três tempos

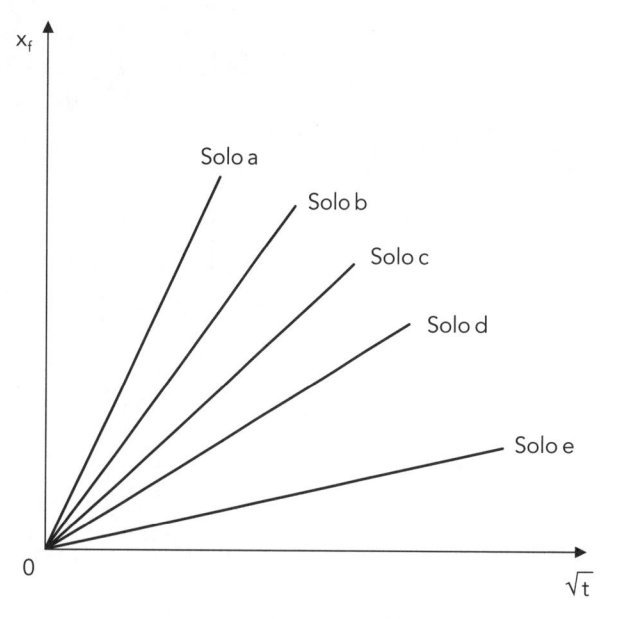

FIGURA 5 Gráfico de x_f *versus* $\sqrt{t}$ para infiltração horizontal.

de infiltração. Esses perfis são típicos, e quanto mais arenoso o solo, ou em geral para tempos longos, mais vertical fica o perfil, e sua frente fica mais abrupta. Por isso, a camada de solo com θ praticamente constante foi denominada **zona de transmissão** (ZT) (que vai aumentando com o passar do tempo); o plano onde a água encontra o solo seco com umidade θ_i, na profundidade z_f, é a frente de molhamento, que também vai avançando com o passar do tempo; e a camada entre z_f e a zona de transmissão (de espessura quase constante, mas que se move no sentido descendente) é denominada **zona de molhamento** (ZM).

Da mesma forma como explicado no caso horizontal, no instante t = 0 uma placa porosa é colocada em contato com o solo em z = 0, e o processo de infiltração se inicia. Nesse caso, a equação a ser usada é a 20 (Capítulo 8), na qual H = h + z, que pode ser reescrita utilizando a difusividade hidráulica D(θ) definida pela Equação 17 do Capítulo 8:

$$\frac{\partial\theta}{\partial t} = \frac{\partial}{\partial z}\left[D(\theta)\frac{\partial\theta}{\partial z}\right] - \frac{\partial K(\theta)}{\partial z} \qquad (25)$$

em que z é a coordenada vertical, tomada positiva de cima para baixo. Essa equação para a geometria em questão estará sujeita às seguintes condições:

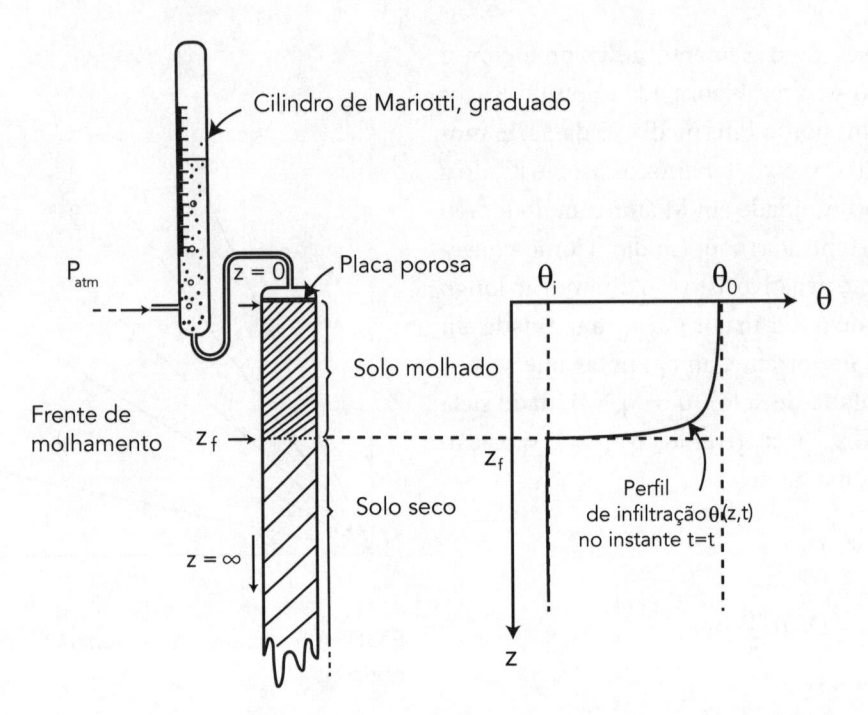

FIGURA 6 Esquema da infiltração vertical de água em solo homogêneo de umidade inicial θ_i.

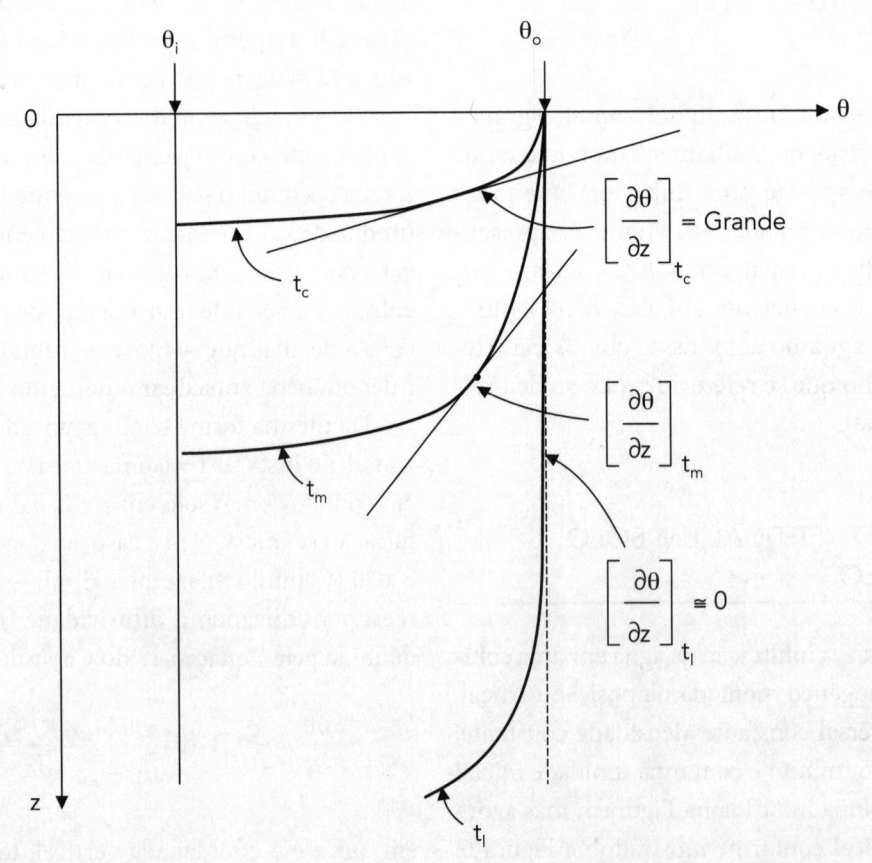

FIGURA 7 Perfis θ versus z para tempo curto (t_c), tempo médio (t_m) e tempo longo (t_l).

$\theta(z, 0) = \theta_i \to \theta = \theta_i, \ z > 0, \ t = 0$ (inicial) \hfill (26)

$\theta(0, t) = \theta_o \to \theta = \theta_o, \ z = 0, \ t \geq 0$ (de contorno) \hfill (27)

$\theta(\infty, t) = \theta_i \to \theta = \theta_i, \ z = \infty, \ t \geq 0$ (de contorno) \hfill (28)

Para facilitar o procedimento de busca por uma solução, examinemos, primeiro, o que acontece para valores pequenos de t = t$_c$, isto é, tempos curtos logo após o início do processo de infiltração. Reescrevendo a Equação 25 na forma:

$$\frac{\partial \theta}{\partial t} = \frac{\partial}{\partial z}\left[D(\theta)\frac{\partial \theta}{\partial z} - K(\theta)\right]$$

vejamos a ordem de grandeza dos fatores dentro dos colchetes. Como t é pequeno (início do processo de infiltração), a ordem de grandeza de $\partial \theta/\partial z$ é bastante grande (θ_0 muito maior que θ_i, para uma distância Δz muito pequena), sendo a derivada teoricamente infinita para t = 0. Isso porque θ na superfície é θ_0, e logo abaixo há solo seco θ_i (ver Figura 7). Além disso, os valores de D(θ) são numericamente muito maiores que os valores de K(θ), para o mesmo θ. Assim, o produto $D(\theta)\partial \theta/\partial z$ é, muitas vezes, maior que K(θ), de tal forma que, nessas condições, K pode ser desprezado com segurança dentro dos colchetes. K para o solo nesses instantes é muito pequeno. Dessa forma, a Equação 27 fica idêntica à 1, usada para a descrição do fluxo horizontal e já resolvida. Por analogia, a solução para o caso vertical durante tempos curtos será, portanto, do mesmo tipo da horizontal, assemelhando-se à Equação 17:

$$z = \lambda(\theta)t^{1/2} \quad \text{(tempos curtos)} \hfill (29)$$

Isso significa que para tempos relativamente curtos o processo de infiltração vertical é idêntico ao horizontal. Esse tempo relativamente curto varia de solo para solo e de sua umidade inicial. No final deste capítulo, o leitor terá maior capacidade de percebê-lo. Em geral, esse tempo curto é mais "longo" para solos de textura fina do que para solos de textura mais grossa. O significado dessa solução (Equação 29) mostra que, para tempos curtos, a ação da gravidade é desprezível e o movimento vertical é idêntico ao horizontal, isto é, o potencial matricial domina o processo. Em termos de gradiente, $\partial h/\partial z \gg \partial z/\partial z$.

Para tempos pouco mais longos, no caso tempos "médios" t = t$_m$, outra solução precisa ser encontrada, pois ambos os termos $D(\theta)\partial \theta/\partial z$ e K(θ) se tornam importantes e nenhum pode ser desprezado. O método das variáveis separáveis, utilizado no caso da infiltração horizontal, não traz solução para a Equação 27 sujeita às condições 28, 29 e 30. Uma solução é obtida assumindo sua forma como uma série infinita, técnica essa bastante comum na solução de equações diferenciais (Prevedello e Armindo, 2015). Seja, então, a solução da Equação 16 – tomando z como variável dependente, como recomenda Swartzendruber (1969) para x no caso da infiltração horizontal:

$$z(\theta, t) = f_0 + f_1 t^m + f_2 t^{2m} + \ldots = \\ = f_0 + \sum_{i=1}^{\infty} f_i t^{im} \hfill (30)$$

em que m é uma constante positiva e os f_i são funções de θ apenas, para i = 1, 2, ...∞. Se essa Equação 30 é proposta como a solução do problema para todos os tempos, ela deverá se transformar na Equação 29 para tempos curtos. Quanto menor t, menor a importância dos últimos termos da série, pois para valores de t menores que 1 (o que depende da umidade escolhida), a potência de t (sendo t < 1) é cada vez menor quanto maior o expoente i. Assim, para t muito pequeno, podemos escrever a Equação 30 desprezando os expoentes maiores que 1:

$$z(\theta, t) = f_0 + f_1 t^m \hfill (31)$$

Comparando a Equação 31 com a 29, duas soluções do mesmo problema, chegamos à conclusão de que $f_o = 0$, $f_1 = \lambda(\theta)$ e m = 1/2. Esse artifício permitiu a determinação de m, e, assim, a Equação 30 pode ser reescrita sem desprezar os termos de expoentes maiores:

$$z(\theta, t) = \lambda(\theta)t^{1/2} + f_2 t + f_3 t^{3/2} + f_4 t^2 + \ldots \hfill (32)$$

Essa é a solução procurada. Novamente, Philip (1957) propõe um método numérico para determinação de $f_2(\theta)$, $f_3(\theta)$, $f_4(\theta)$, ... que, pelas mesmas razões indicadas na condição inicial 2, não será visto aqui. A série da Equação 32, porém, não é convergente para grandes valores de t, e, daí, a solução passa a não ser válida.

Para tempos de infiltração longos $t = t_1$ (Figura 7), o perfil de solo fica com umidade praticamente constante e igual a θ_0, de tal forma que $\partial\theta/\partial z = 0$. Como o solo é homogêneo, K é constante, assumindo valor correspondente a θ_0 e $\partial K_0/\partial z = 0$. Pode-se dizer que para $t = \infty$, o processo de infiltração tende para o equilíbrio dinâmico. Considerando o equilíbrio dinâmico, a equação de Darcy-Buckingham fica:

$$q = K_0 \frac{\partial H}{\partial z} = K_0 \frac{\partial}{\partial z}(h+z) = K_0 \frac{\partial h}{\partial z} + K_0$$

e como θ é constante em relação a z, h também é, ou seja, $\partial h/\partial z = 0$, resultando em:

$$q = K_0 \quad \text{e} \quad \frac{\partial \theta}{\partial t} = 0 \qquad (33)$$

o que significa que o fluxo de infiltração q tende para $K_0 = K(\theta_0)$ para $t = \infty$ e tal fato pode ser utilizado na determinação de K_0, também chamado de **infiltração básica** por alguns autores na literatura, irrigando um solo por tempo suficientemente longo.

Na Figura 8 são apresentadas, de maneira esquemática, as funções $\lambda(\theta)$, $f_2(\theta)$, $f_3(\theta)$ e $f_4(\theta)$ da Equação 32. Da mesma forma como fizemos para a infiltração horizontal, podemos, agora, calcular o total de água I que penetrou no solo:

$$I = \int_{\theta_i}^{\theta_0} z d\theta = \left\{ \left[\int_{\theta_i}^{\theta_0} \lambda(\theta)d\theta \right] t^{1/2} + \left[\int_{\theta_i}^{\theta_0} f_2(\theta)d\theta \right] t + \right.$$
$$\left. + \left[\int_{\theta_i}^{\theta_0} f_3(\theta)d\theta \right] t^{3/2} ... \right\} \qquad (34)$$

É fácil verificar na Equação 34 que as integrais colocadas entre colchetes são, numericamente, iguais às áreas sob as curvas de λ, f_2, f_3, f_4 ... apresentadas na Figura 8. Como essas funções são características de um solo, suas integrais são constantes, e a Equação 34 pode ser reescrita na forma:

$$I = St^{1/2} + Bt + Ct^{3/2} + ... \qquad (35)$$

sendo S a **sorbtividade** e B, C, ... outros coeficientes constantes.

É oportuno, nesse momento, que o leitor volte à Equação 21, da infiltração horizontal, e faça uma comparação com a Equação 35. Como B, C, ... são

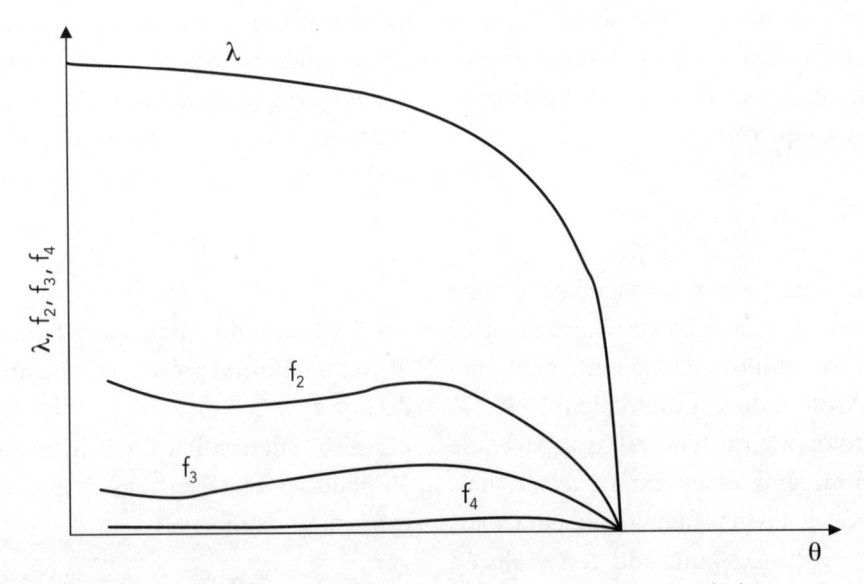

FIGURA 8 Funções $\lambda(\theta)$, $f_2(\theta)$, $f_3(\theta)$ e $f_4(\theta)$ da solução de infiltração vertical em solo homogêneo.

números positivos, vê-se, claramente, que a infiltração vertical é mais rápida que a horizontal. Essa é a contribuição do potencial gravitacional.

A velocidade de infiltração, definida pela Equação 22, será:

$$i = \frac{S}{2} t^{-1/2} + B + \frac{3C}{2} t^{1/2} + \ldots \quad (36)$$

Da mesma forma que na infiltração horizontal, a velocidade de infiltração decresce com o tempo e, como vimos, tende para K_0 para $t = \infty$. Na Figura 9 são apresentados gráficos de i (que é igual ao q da Equação 35) *versus* t para dois solos extremos, um arenoso de alto K_0 e outro argiloso de baixo K_0. Como pode ser verificado nessa figura, a velocidade de infiltração cai rapidamente para um solo arenoso, atingindo um valor constante K_0 superior ao valor que atinge um solo argiloso.

Observando a Equação 36, verifica-se que, dependendo dos valores dos coeficientes S, B, C, ..., há um t* a partir do qual os expoentes positivos de t da Equação 36 não permitem que o fenômeno seja decrescente, como se observa na prática. Para solos arenosos, B, C, D, ... são relativamente grandes (neles a gravidade é importante) em relação a S e, para tempos relativamente longos, a Equação 36 deixa de descrever o fenômeno, passando a prevalecer a equação i = K_0. Para solos argilosos, os coeficientes B, C, D, ... são muito pequenos em comparação com S, de tal forma que a Equação 36 permanece válida para tempos relativamente longos. De qualquer forma, depois de t* teremos i = K_0.

A equação de infiltração de Philip é um dos mais completos modelos existentes para a infiltração vertical. Além deste, há vários outros que podem ser encontrados em publicações na área de irrigação (p.ex., Bernardo et al., 2019), hidrologia (p.ex., Brandão et al., 2006) e física de solos (p.ex., Radcliffe e Simunek, 2010). O mais antigo é o de Green e Ampt (1911), ainda muito utilizado na prática da irrigação para estimar a profundidade atingida pela infiltração. Ele funciona melhor em solos arenosos ou aqueles em que a ZT é grande e a ZM muito estreita, de tal forma que a infiltração pode ser vista como um movimento tipo pistão. No modelo de Green e Ampt a taxa de infiltração i é dada pela equação de Darcy-Buckingham, a única conhecida na época:

$$i = dI/dt = K(H_0 - H_f)/z_f \quad (37)$$

em que I é a infiltração acumulada até um tempo t, K é a condutividade hidráulica da ZT, H_0 a carga hidráulica na entrada da água e H_f a carga hidráulica efetiva na frente de molhamento. Considerando

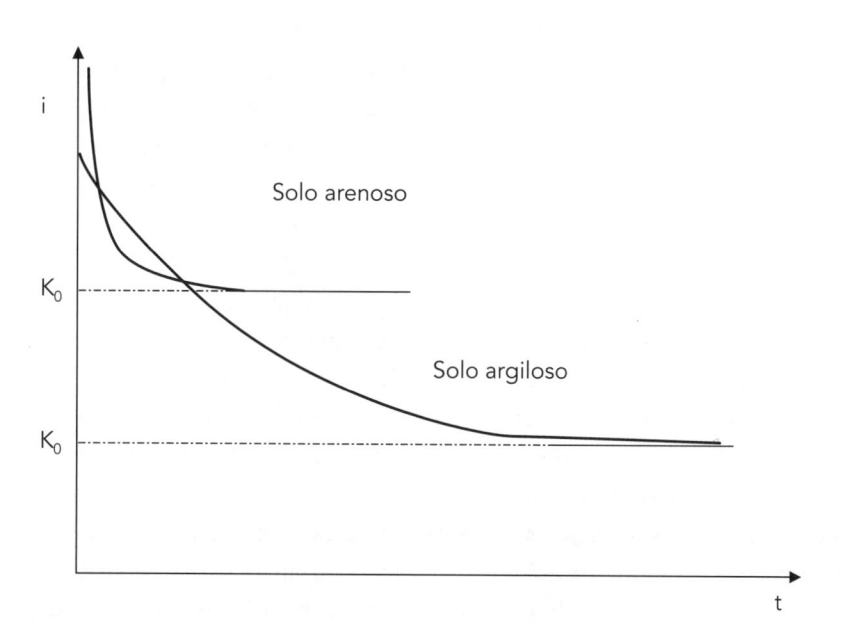

FIGURA 9 Velocidade de infiltração vertical para dois solos de texturas diferentes.

a umidade inicial do solo θ_i e a umidade da ZT θ_t constantes, I será dado pela variação do armazenamento ocasionada pela infiltração, isto é, $I = (\theta_t - \theta_i)z_f$, e a Equação 37 se transforma em:

$$dI/dt = (\theta_t - \theta_i).dz_f/dt = K(H_0 - H_f)/z_f = K(\theta_t - \theta_i).(H_0 - H_f)/I \quad (38)$$

em que dz_f/dt é o avanço da frente de molhamento, obtido derivando $I = (\theta_t - \theta_i)z_f$ em relação a t. Rearranjando a Equação 38, temos:

$$z_f\, dz_f = K[(H_0 - H_f)/(\theta_t - \theta_i)]dt$$

que, integrada, resulta em:

$$z_f^2/2 = K[(H_0 - H_f)/(\theta_t - \theta_i)]t \quad (39)$$

ou

$$z_f = \{2K[(H_0 - H_f)/(\theta_t - \theta_i)]t\}^{1/2} \quad (40)$$

ou, ainda,

$$I = (\theta_t - \theta_i)\{2K[(H_0 - H_f)/(\theta_t - \theta_i)]t\}^{1/2} \quad (41)$$

Mostrando que para este modelo a profundidade de molhamento e a infiltração acumuladas são proporcionais a $t^{1/2}$.

Bernardo et al. (2019) descrevem o modelo mais empregado na prática, dado pela equação:

$$I = At^n \quad (42)$$

Esse modelo é prático, pois com dados de I em função de t pode-se, mediante um gráfico log I versus log t, estimar A e n. A primeira impressão é de que a Equação 42 despreza os valores de B, C, ..., o que não é verdade, pois n será estimado (não é necessariamente 1/2), resultando, em geral, em um valor n > 1/2, como se fosse um valor médio entre 1/2, 1, 3/2, ..., e o novo A é uma combinação de S, B, C, ... da Equação 36. Para a maioria dos solos, os pontos se ajustam bem a uma reta, neste tipo de gráfico.

Aplicando log a ambos os membros da Equação 42, teremos:

$$\log I = \log A + n \log t \quad (42a)$$

sendo, portanto, possível obter A e n por meio dos coeficientes linear e angular do gráfico log I versus log t.

SENTIDO DA INFILTRAÇÃO

A infiltração vertical que acabamos de descrever restringe-se apenas ao movimento da água de cima para baixo, a favor da gravidade. Além desse processo, poderíamos considerar a infiltração vertical ascendente, de baixo para cima, contra a gravidade, comumente denominada **ascensão capilar**. Sua equação diferencial é idêntica à 25, considerando z positivo de baixo para cima. Prevedello et al. (2008) mostram uma solução baseada em meios similares, com exemplos de colunas de solos. Não entraremos aqui nos detalhes de sua solução, mas faremos apenas uma comparação dos gráficos de x_f (em que x é a coordenada de posição da frente de molhamento em qualquer direção) em função de t para infiltração nos três sentidos aqui discutidos (Figura 10).

Para o exemplo da Figura 10, vê-se claramente que, para tempos menores que 25 minutos (a raiz de 25 é 5!), o avanço da frente de molhamento é idêntico para colunas verticais, nas quais a água se move para cima ou para baixo, e para colunas horizontais. Para tempos maiores que 25 minutos, já aparecem diferenças. Por exemplo: se t = 100 minutos, a frente de molhamento encontra-se a 15 cm para o caso vertical para baixo, a 10 cm para o caso horizontal e a 7,5 cm para o caso de ascensão capilar.

No campo, a infiltração pode ocorrer em todos os sentidos. Um caso típico é o da **irrigação por sulcos**. Na Figura 11 esquematiza-se o avanço da frente de molhamento durante a irrigação por sulcos de dois solos inicialmente secos.

Como para o solo argiloso a gravidade torna-se importante apenas depois de certo tempo, a água avança praticamente com a mesma velocidade em todas as direções, e o corte do sulco indicado na Figura 11 mostra um avanço praticamente circular. Já no caso do solo arenoso logo de início a gravidade atua, e o movimento vertical, de cima para baixo, é o mais pronunciado.

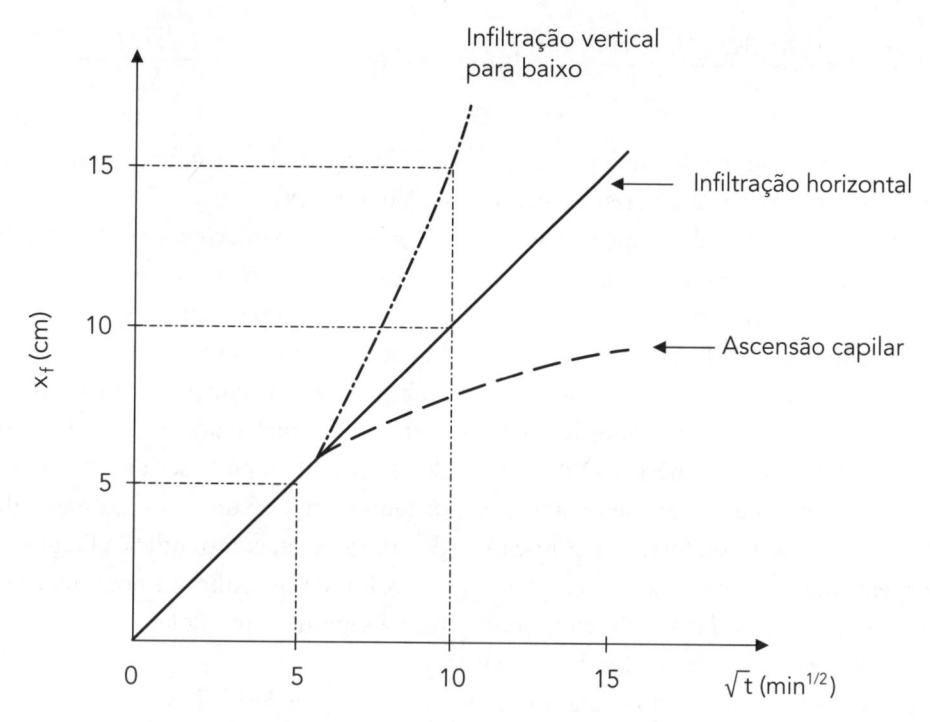

FIGURA 10 Curvas x_f versus $\sqrt{t}$ para um solo homogêneo.

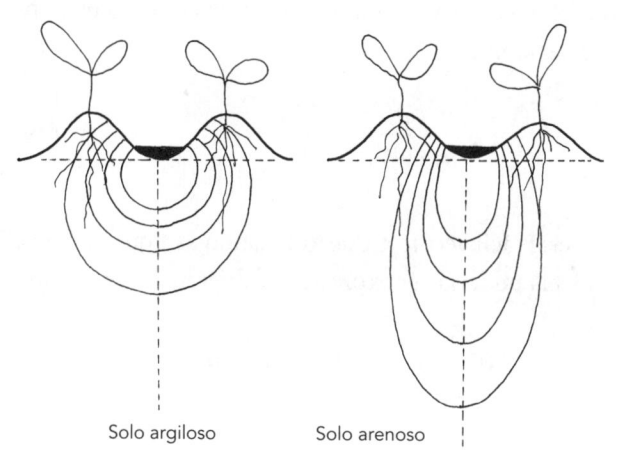

FIGURA 11 Irrigação por sulcos: avanço da frente de molhamento.

Considerações semelhantes poderiam ser feitas para a irrigação por gotejamento e para a "subirrigação" com manilhas porosas.

INFILTRAÇÃO EM SOLO HETEROGÊNEO

Apesar do fato de os mesmos princípios gerais que governam o movimento de água em solos uniformes poderem ser aplicados a solos heterogêneos, a descrição analítica da infiltração em solos heterogêneos é muito mais difícil. Uma séria complicação que surge é o fato de a condutividade hidráulica do solo variar dentro do solo, e ela passa a ser função da coordenada de posição. Esse fato torna muito difícil o exame analítico do problema, quando não impossível, e, como resultado, a maioria das contribuições científicas nessa área se baseia em soluções numéricas das Equações 1 e 27.

Assim, para solos heterogêneos, temos:

$$\frac{\partial \theta}{\partial t} = \frac{\partial}{\partial x}\left[K(x,\theta)\frac{\partial H(x,\theta)}{\partial x}\right] \quad (43)$$

e dada a dependência de K e H da coordenada de posição, nenhuma solução analítica é conhecida até o momento. A Equação 43 pode, porém, ser resolvida numericamente. Embora hoje já estejam à disposição dos pesquisadores programas avançados de soluções de equações diferenciais, em especial a de Richards, é importante ter uma noção exata do que é uma solução numérica e de como ela é obtida. Assim, a Equação 43 pode ser aproximada pelo método das diferenças finitas em:

$$\frac{\theta_i^{j+1}-\theta_i^j}{\Delta t} = \frac{\left[K_{i-1/2}^j(H_{i-1}^j - H_i^j)\right] - \left[K_{i+1/2}^j(H_{i+1}^j - H_i^j)\right]}{(\Delta x)^2} \quad (44)$$

em que os índices inferiores **i** se referem à posição, e os índices superiores **j**, ao tempo. Δt e Δx representam, respectivamente, os incrementos de tempo e posição. Desde que as funções $K(x,\theta)$ e $H(x,\theta)$ sejam conhecidas, durante cada processo de cálculo da Equação 44, os valores apropriados de K e H são utilizados. Em virtude disso, a solução numérica torna-se possível.

Vejamos um exemplo mais completo de como se procede em uma integração numérica. O método numérico de diferenças finitas baseia-se na aproximação das derivadas (parciais ou totais, de primeira ou segunda ordem) que aparecem na equação diferencial, por diferenças finitas. Essas diferenças podem ser obtidas pela expansão de Taylor. Seja $y(x)$ uma função contínua com **n** derivadas contínuas. De acordo com a expansão de Taylor, obtemos:

$$y(x+\Delta x) = y(x) + \Delta x \cdot y'(x) + \frac{(\Delta x)^2}{2!}y''(x) + \ldots \\ + \frac{(\Delta x)^n}{n!}y^{(n)}(x) \quad (45)$$

$$y(x-\Delta x) = y(x) - \Delta x \cdot y'(x) + \frac{(\Delta x)^2}{2!}y''(x) - \ldots + \\ + \frac{(-1)^n(\Delta x)^n}{n!}y^{(n)}(x) \quad (46)$$

A partir da Equação 45, para valores de Δx muito pequenos, podemos obter uma expressão para a derivada primeira $y'(x)$ desde que os termos de ordem superior (superior ou igual a 2) sejam desprezados:

$$y'(x) = \frac{y(x+\Delta x) - y(x)}{\Delta x} \quad (47)$$

Note-se que quanto menor Δx, mais preciso é o valor de $y'(x)$ e que no limite ($\Delta x \to 0$) ele é exato e coincide com a definição clássica de derivada.

Somando as Equações 45 e 46 e desprezando termos de ordem superior ou igual a 3, podemos obter uma expressão para a derivada segunda $y''(x)$:

$$y''(x) = \frac{y(x+\Delta x) - 2y(x) + y(x-\Delta x)}{(\Delta x)^2} \quad (48)$$

Da mesma forma, quanto menor Δx, mais preciso o valor de $y''(x)$.

Essas aproximações de $y'(x)$ e $y''(x)$ por diferenças finitas são utilizadas na solução numérica de equações diferenciais. Vejamos o exemplo da Equação 1 para o caso da infiltração horizontal, que, embora seja uma equação mais simples, serve como exemplo. Como θ é uma função de x e de t, o campo de variação de θ pode ser dividido em pontos equidistantes em x de um valor Δx e equidistantes em t de um valor Δt, como indica a Figura 12.

A fim de simplificar a notação, é comum se utilizar a seguinte simbologia:

$$\theta(x_i, t_j) = \theta_i^j$$

e sempre i para o índice que se refere a <u>x</u> e j a <u>t</u>.

Se na Equação 1 a difusividade D fosse constante, teríamos:

$$\frac{\partial \theta}{\partial t} = D \frac{\partial^2 \theta}{\partial x^2} \quad (49)$$

e seria fácil verificar que, utilizando as Equações 47 e 48, ela poderia ser expressa em diferenças finitas por:

$$\frac{\theta_i^{j+1} - \theta_i^j}{\Delta t} = D \frac{\theta_{i+1}^j - 2\theta_i^j + \theta_{i-1}^j}{(\Delta x)^2}$$

Como na realidade D é uma função de θ, a equação precisa ficar na forma da Equação 1, e como $q = -D(\theta)\partial\theta/\partial x$, ela também pode ser escrita como:

$$\frac{\partial \theta}{\partial t} = -\frac{\partial q}{\partial x} \quad (1a)$$

que, em diferenças finitas, pode ser aproximada por:

$$\frac{\theta_i^{j+1} - \theta_i^j}{\Delta t} = \frac{q_{i-1}^j - q_i^j}{\Delta x} \quad (50)$$

na qual

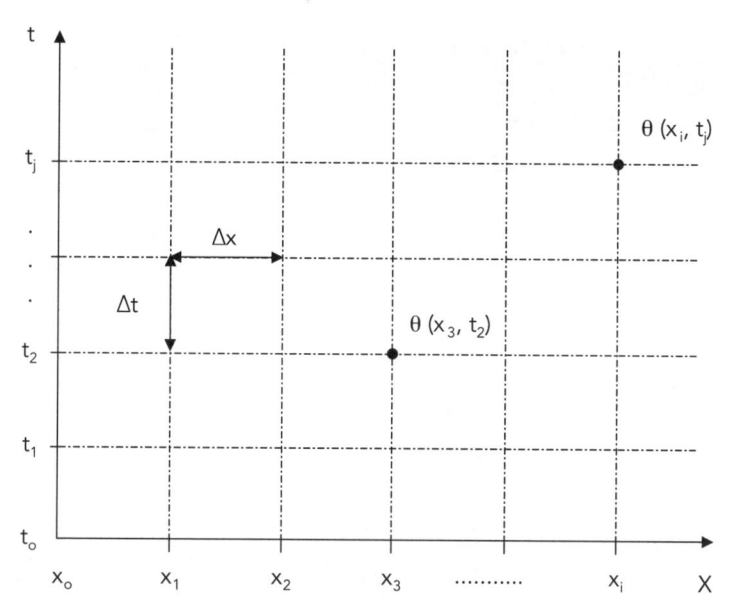

FIGURA 12 Representação de uma função por meio de pontos.

$$q_{i-1}^j = D(\theta_{i-1/2}) \frac{\theta_{i-1}^j - \theta_i^j}{\Delta x} \qquad (51)$$

e

$$q_i^j = D(\theta_{i+1/2}) \frac{\theta_i^j - \theta_{i+1}^j}{\Delta x} \qquad (51a)$$

em que $D(\theta_{i\pm 1/2})$ representa o valor médio de $D(\theta)$ entre $\theta_{i\pm 1}$ e θ_i.

Substituindo 51 e 51a em 50 e explicitando θ_i^{j+1}, temos:

$$\theta_i^{j+1} = \theta_i^j + \left[\frac{\Delta t}{(\Delta x)^2}\right][D_{i-1/2}^j(\theta_{i-1}^j - \theta_i^j) - \\ - D_{i+1/2}^j(\theta_i^j - \theta_{i+1}^j)] \qquad (52)$$

Como foi possível explicitar θ_i^{j+1}, o método se chama explícito (**método explícito de solução numérica**). Vê-se, portanto, pela Equação 52, que, conhecidos θ nas posições i – 1, i e i + 1, no tempo j, é possível calcular θ em i num tempo mais avançado j + 1. Com as condições de contorno e inicial (Equações 2, 3 e 4) podemos iniciar nossos cálculos usando a Equação 52, repetidamente, para i = 1, 2, 3, 4, ..., ∞ e j = 1, 2, 3, 4, ..., ∞. Com os resultados, monta-se uma tabela como a do Quadro 2, elaborada para $\Delta x = 0{,}2$ cm; $\Delta t = 0{,}01$ s; $\theta_0 = 0{,}55$ m³ . m⁻³ e $\theta_i = 0{,}05$ m³ . m⁻³.

Iniciamos os cálculos com θ_1^1 aplicando a Equação 52:

$$\theta_1^1 = \theta_1^0 + \left[\frac{0{,}01}{(0{,}2)^2}\right][D_{0{,}5}^0(\theta_0^0 - \theta_1^0) - D_{1{,}5}^0(\theta_1^0 - \theta_2^0)]$$

$$\theta_1^1 = 0{,}05 + 0{,}25[1{,}2(0{,}55 - 0{,}05) - \\ - 0{,}1(0{,}05 - 0{,}05)] = 0{,}20$$

sendo $D_{0{,}5}^0 = 1{,}2$ a média dos valores de D para $\theta_0 = 0{,}55$ e $\theta = 0{,}05$, o que precisa ser conhecido. É fácil verificar que os cálculos de $\theta_2^1, \theta_3^1, ...$ dão zero. Terminada a linha t_1 (j = 1), inicia-se com a linha t_2 (j = 2), isto é, $\theta_1^2, \theta_2^2, \theta_3^2, ...$ e assim por diante, até preencher o quadro até onde interessa.

Nesses cálculos, exige-se um critério de estabilidade, que nesse caso é $D\Delta t/(\Delta x)^2 \leq 1/2$. Isso quer dizer que as escolhas de Δt e Δx, apesar de arbitrárias, precisam atender à relação mencionada. Vê-se, portanto, que o resultado de uma integração numérica é um quadro (nesse caso, o Quadro 2); para o presente caso, um quadro de θ para valores equidistantes de x e de t. Por isso, as soluções analíticas do tipo θ = θ(x,t) são muito melhores. Com as facilidades computacionais existentes atualmente, é fácil montar um programa que execute a Equação 52 repetidamente, linha por linha.

QUADRO 2 Resultados da integração numérica da Equação 52

t_j	x_i						
	$x_0 = 0$	$x_1 = 0,2$	$x_2 = 0,4$	$x_3 = 0,6$	$x_4 = 0,8$	$x_5 = 1,0$	$x_6 = 1,2$
$t_0 = 0$	0,55	0,05	0,05	0,05	0,05	0,05	0,05
$t_1 = 0,01$	0,55	θ_1^1	θ_2^1	θ_3^1	θ_4^1	θ_5^1	θ_6^1
$t_2 = 0,02$	0,55	θ_1^2	θ_2^2	θ_3^2	θ_4^2		
$t_3 = 0,03$	0,55	θ_1^3	θ_2^3				
$t_4 = 0,04$	0,55						
...							
t_j				θ_{i-1}^j	θ_i^j		
t_{j+1}					θ_i^{j+1}	θ_{i+1}^j	
...							

Solos que se expandem e se contraem (*swelling soils*) com a adição ou a retirada de água podem ser incluídos entre os heterogêneos. Aqui, a análise matemática torna-se ainda mais complicada. No contexto de soluções de equações diferenciais, é importante mencionar a existência de programas de cálculo numérico como o MAXIMA, http://maxima.sourceforge.net/. Além disso, Radcliffe e Simulek (2010) empregam o modelo HYDRUS ao lecionar princípios e aplicações em Física de Solos, abordando os processos de infiltração, evaporação e percolação em solos de várias texturas, além de estratificados. O programa SWAP também é muito utilizado em simulações de balanço hídrico (ver Capítulo 17), cujas componentes infiltração e drenagem profunda são de grande importância. Pinto et al. (2015) utilizam o SWAP em simulações de cultura de café no oeste bahiano.

IMPLICAÇÕES PRÁTICAS AGRONÔMICAS

Vimos que a velocidade de infiltração i diminui relativamente com o tempo, tendendo para zero no caso da infiltração horizontal e tendendo para K_0 (condutividade hidráulica do solo saturado) no caso vertical. Durante uma chuva ou irrigação, se o solo estiver razoavelmente seco no início do processo de infiltração, quase toda a água se infiltra, independentemente da chuva ou da irrigação. Seja, por exemplo, $K_0 = 5$ cm . h^{-1}. Mesmo com intensidade de chuva de 10 cm . h^{-1} (o que é pouco comum), nos primeiros minutos de infiltração, o solo absorve toda a água. Com a diminuição de i com o tempo, pode acontecer que a intensidade da chuva seja maior que a taxa de infiltração do solo **i** e, nesse caso, parte da água escoa pela superfície do solo. É o deflúvio superficial, responsável pela erosão do solo. A chuva não pode ser controlada, mas a irrigação sim. Daí K_0 (chamado de velocidade de **infiltração básica** – VIB – na área de irrigação) ser um parâmetro importante no delineamento de sistemas de irrigação. Pelo processo de aspersão, a intensidade de irrigação não deve ser maior do que K_0, a não ser por curto tempo. Assim, tem-se a segurança de que, mesmo irrigando por longos tempos, não haverá perdas por deflúvio superficial.

Em irrigações por sulcos e por inundação, o caso já é diferente. Como a água precisa escoar para atingir o fim do sulco ou cobrir o tabuleiro, ela precisa inicialmente ser administrada em taxas bem maiores que K_0. Taxas muito grandes causam erosão do solo do fundo e das paredes laterais do sulco, e taxas muito pequenas, perdas por infiltração profunda. Nesses cálculos entra o tipo de solo, a declividade do terreno, o espaçamento entre os sulcos, o comprimento de sulco etc., e o parâmetro mais importante é K_0.

> Separa-se didaticamente o processo de infiltração de água no solo nos sentidos horizontal e vertical em solo homogêneo, para depois estendê-lo para outras direções, incluindo solos heterogêneos. A infiltração horizontal é um processo desacelerado, que é proporcional à raiz quadrada do tempo. A infiltração vertical também é desacelerada, mas de forma pouco menos rápida graças à ação da gravidade. A análise dos processos, feita por meio de equações diferenciais e de suas soluções, leva a conceitos básicos para o manejo da água na agricultura, como a infiltração acumulada, a velocidade de infiltração, a infiltração básica e a condutividade hidráulica saturada do solo em condições de campo. O problema da infiltração de água em solos heterogêneos leva à introdução dos métodos numéricos de solução de equações diferenciais.

EXERCÍCIOS

1   Para dado solo, procedeu-se à infiltração horizontal, e foram obtidos os dados a seguir:
    a. Faça os gráficos de θ versus x;
    b. Faça o gráfico de x_f versus $t^{1/2}$;
    c. Faça o gráfico de λ versus θ;
    d. No papel do item α, desenhe o gráfico de θ versus x para t = 200 min e t = 500 min;
    e. Utilizando o perfil de t = 900 minutos, determine a função $D(\theta)$ pelo método de Bruce e Klute (1956).

x (cm)	θ (cm³ . cm³)		
	t = 100 minutos	t = 400 minutos	t = 900 minutos
0	0,601	0,601	0,601
2	0,585	–	–
4	0,560	0,580	0,590
6	0,523	–	–
8	0,456	0,551	0,570
9	0,390	–	–
10	0,121	0,535	0,559
11	0,101	–	–
12	0,101	0,519	0,550
14	0,101	0,496	–
16	0,101	0,453	–
18	0,101	0,382	0,521
19	0,101	0,320	–
20	0,101	0,120	0,510
21	0,101	0,101	–
22	0,101	0,101	0,490
24	0,101	0,101	0,465
26	0,101	0,101	0,420
28	0,101	0,101	0,315
30	0,101	0,101	0,102

2   Imagine que o total de uma chuva de h cm infiltra totalmente em um solo homogêneo, profundo, de umidade média θ ($cm^3 \cdot cm^{-3}$) que está abaixo da capacidade de campo, que também pode ser expressa por um valor médio θ_{cc} ($cm^3 \cdot cm^{-3}$). Desenvolva uma equação que forneça a profundidade atingida pela chuva.

3   Certo solo tem a seguinte equação de infiltração vertical acumulada I:

$I = 0{,}52 t^{0{,}62}$ (I = cm e t = minutos)

Pede-se:
a) Quantos mm de água infiltraram depois de quatro horas?
b) Qual a equação da velocidade de infiltração instantânea i?
c) Qual o valor de i depois de duas horas?
d) Faça os gráficos de I versus t e i versus t e determine K_0 graficamente.

RESPOSTAS

2   Veja a solução em Reichardt (1987), p. 77.
3   a) 155,5 mm
    b) $i = 0{,}3224\, t^{-0{,}38}$
    c) 0,5 mm . min^{-1}
    d) por volta de 5×10^{-3} mm . min^{-1}

LITERATURA CITADA

BERNARDO, S.; MANTOVANI, E. C.; SILVA, D. D. da; SOARES, A. A. *Manual de irrigação*. 9.ed. Viçosa, Editora UFV, 2019.

BRANDÃO, V. dos S.; CECÍLIO, R. A.; PRUSKI, F. F.; SILVA, D. D. da. *Infiltração da água no solo*. 3.ed. atualizada e ampliada. Viçosa, Editora UFV, 2006.

BRUCE, R. R.; KLUTE, A. The measurement of soil moisture diffusivity. *Soil Science Society of America Proceedings*, v. 20, p. 458-62, 1956.

GREEN, W. H.; AMPT, G. A. Studies in soil physics: I. The flow of air and water through soils. *Journal of Agricultural Science*, v. 4, p. 1-24, 1911.

HILLEL, D. *Environmental soil physics*. San Diego, Academic Press, 1998.

KUTILEK, M.; NIELSEN, D. R. *Soil hydrology*. Cremlingen-Destedt, Catena Verlag, 1994.

LIBARDI, P. L. *Dinâmica da água no solo*. 2.ed. São Paulo, Edusp, 2012.

PHILIP, J. R. Numerical solution of equations of the diffusion type with diffusivity concentration-dependent. *Transactions of Faraday Society*, v. 51, p. 885-92, 1955.

PHILIP, J. R. Numerical solution of equations of the diffusion type with diffusivity concentration-dependent. *Australian Journal of Physics*, v. 10, p. 29-42, 1957.

PINTO, V. M.; REICHARDT, K.; VAN DAM, J.; VAN LIER, Q. DE JONG.; BRUNO, I. P.; DURIGON, A.; DOURADO-NETO, D.; BORTOLOTTO, R. P. Deep drainage modeling for a fertigated coffee plantation in the Brazilian savanna. *Agricultural Water Management*, v. 140C, p. 130-40, 2015.

PREVEDELLO, C. L.; ARMINDO, R. *Física do solo com problemas resolvidos*. 2.ed. revisada e ampliada. Curitiba, Celso Luiz Prevedello, 2015.

PREVEDELLO, C. L.; LOYOLA, J. M. T.; REICHARDT, K.; NIELSEN, D. R. New analytic solution of Boltzmann transform for horizontal infiltration into sand. *Vadose Zone Journal*, v. 7, p. 1170-7, 2008.

RADCLIFFE, D. E.; SIMUNEK, J. *Soil physics with hydrus*: modeling and applications. Boca Raton, CRC Press Taylor & Francis Group, 2010.

REICHARDT, K. *A água em sistemas agrícolas*. São Paulo, Manole, 1987.

SWARTZENDRUBER, D. The flow of water in unsaturated soils. In: SWARTZENDRUBER, D. *Flow through porous media*. Nova York, Academic Press, 1969.

14

Redistribuição da água no solo após a infiltração

> Aqui analisamos o processo de como a água se redistribui no perfil de solo após a chuva ou a irrigação. Esses dois processos molham apenas parte do perfil de solo, geralmente sua camada superior, na qual a água se infiltrou. Após isso, a água se redistribui dentro do perfil, principalmente por ação do potencial gravitacional. Alguns dias após a chuva ou irrigação a água praticamente cessa seus movimentos, e o perfil de solo fica na condição de capacidade de campo. O processo de redistribuição é de difícil descrição analítica, mas é empregado para a determinação da condutividade hidráulica K do solo em condições de campo. Vários métodos de determinação de K são apresentados em detalhe, com exemplos numéricos.

INTRODUÇÃO

Quando cessa a chuva ou a irrigação e a reserva de água da superfície do solo se esgota, o processo de infiltração chega ao fim. O movimento de água dentro do perfil, porém, não para e pode, muitas vezes, persistir por muito tempo. A camada de solo quase ou totalmente saturada não retém toda a água da chuva ou da irrigação. Parte dela se move para baixo, isto é, para camadas mais profundas, sobretudo sob influência do potencial gravitacional, podendo, também, mover-se segundo gradientes de outros potenciais porventura presentes. Esse movimento pós-infiltração é denominado **drenagem interna** ou **redistribuição da água**. Esse processo se caracteriza por aumentar a umidade de camadas mais profundas às expensas da água contida nas camadas superficiais inicialmente umedecidas.

Em alguns casos, a velocidade de redistribuição diminui rapidamente, tornando-se desprezível após alguns dias, de tal forma que se tem a impressão de que o solo retém essa água. Concomitantemente, a água do solo é evaporada na superfície ou retirada do perfil pelas raízes das plantas. Em outros casos, a redistribuição é lenta e pode continuar numa velocidade não desprezível, apesar de diminuir com o tempo, por muitos dias e até mesmo por semanas.

A importância do processo deveria ser autoevidente pelo fato de ele determinar a quantidade de água retirada a cada instante pelas diferentes camadas do perfil de solo, água essa que fica disponível às plantas. A velocidade e a duração do processo determinam a capacidade efetiva de **armazenamento de água do solo**, propriedade de vital importância para suprir a necessidade de água das plantas. Como veremos mais tarde, a **capacidade de campo**, isto é, o armazenamento de água do solo ao fim da drenagem, não é uma quantidade fixa ou uma propriedade estática do solo, mas sim um fenômeno temporário, determinado pela dinâmica do movimento de água no solo.

ANÁLISE DO PROCESSO DE REDISTRIBUIÇÃO

Na ausência de lençol freático, e sendo o solo suficientemente profundo, o perfil típico de umidade no fim do processo de infiltração consiste em uma camada úmida superior e uma zona inferior não molhada, como indicado na Figura 1, para o instante $t_o = 0$ (fim da infiltração e início da redistribuição). A velocidade inicial de redistribuição depende da profundidade da camada molhada na infiltração, bem como da umidade da zona seca mais profunda e da condutividade hidráulica do solo nas diversas umidades. Se a camada inicialmente molhada for pouco profunda e o solo da parte inferior estiver mais seco, os gradientes de potencial serão grandes e a velocidade de redistribuição é relativamente rápida. Por outro lado, se a camada inicialmente molhada for profunda e se o solo abaixo estiver relativamente úmido, o gradiente de potencial matricial será pequeno e o processo de redistribuição é mais lento, ocorrendo, principalmente, sob a influência da gravidade.

Em qualquer um dos casos, a velocidade de redistribuição decresce com o tempo, por duas razões:

a. o gradiente de potencial matricial entre as zonas úmidas e secas diminui à medida que as primeiras perdem e as últimas ganham água; e
b. à medida que a zona úmida perde água, sua condutividade hidráulica cai bruscamente.

Ambos diminuindo com o passar do tempo, o fluxo decresce rapidamente. O avanço da frente de molhamento decresce de maneira análoga. Durante o processo de infiltração ela é bem definida e gradualmente se dissipa durante a redistribuição.

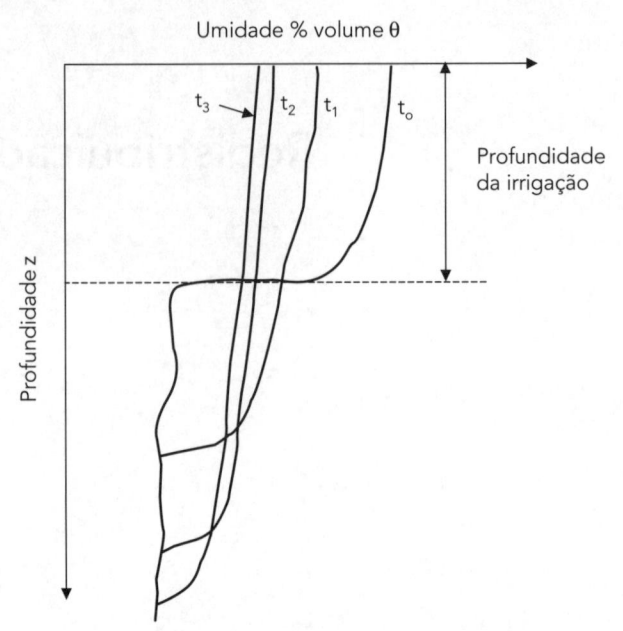

FIGURA 1 Perfil de umidade do solo durante o processo de redistribuição, logo após a irrigação.

O processo de redistribuição envolve histerese. Como a parte superior do solo encontra-se em fase de secamento e a parte inferior em fase de molhamento, a relação entre o potencial matricial "-h" e a umidade do solo "θ" será diferente em função da profundidade e variável com o tempo devido à **histerese**, mesmo em um perfil homogêneo de solo. Esse fato dificulta a análise do processo de redistribuição e torna sua descrição matemática mais complexa.

A equação do fluxo de água em um perfil vertical, já descrita no Capítulo 8, será reescrita aqui:

$$\frac{\partial \theta}{\partial t} = \frac{\partial}{\partial z}\left[K(\theta)\frac{\partial H}{\partial z}\right] = \frac{\partial}{\partial z}\left[K(\theta)\frac{\partial h}{\partial z} - K(\theta)\right] \quad (1)$$

Como a histerese está sempre envolvida, ela deve ser escrita na seguinte forma:

$$\left(\frac{\partial \theta}{\partial t}\right)_{hy}\left(\frac{\partial h}{\partial t}\right)_{hy} = \frac{\partial}{\partial z}\left[K_{hy}(h)\left(\frac{\partial h}{\partial z}\right)_{hy}\right] - \left[\frac{\partial K(h)}{\partial z}\right]_{hy} \quad (2)$$

em que os índices hy indicam a dependência do referido parâmetro à histerese.

A solução analítica da Equação 2, se não é impossível, era complicadíssima na década de 1960, razão pela qual a maioria das contribuições científicas da época baseava-se em soluções numéricas dessa equação. Hoje as ferramentas ficaram tão potentes que sua solução é bem viável.

A fim de exemplificar o processo de redistribuição, examinaremos um caso simplificado, usado para a determinação da condutividade hidráulica do solo no campo, no qual, após cessado o processo de infiltração, não há evaporação (superfície coberta com plástico) ou absorção de água por raízes (sem vegetação) e no qual a histerese é desprezada. Nesse exemplo, o processo de infiltração deve ocorrer por tempo muito longo, até que $i = K_0$ (ver Capítulo 13). Nessa condição, o perfil se encontra molhado em profundidade, e a análise matemática é feita apenas nas camadas superficiais que ficaram saturadas e que durante a redistribuição só perderão água. A Figura 2 ilustra um experimento em que se pode ver a lâmina de água durante o processo de infiltração, enquanto a Figura 3 mostra a fase da redistribuição, já coberta com plástico. Nas condições do experimento, temos:

$$1^a) \ t = 0, z \geq 0, \theta = \theta_o(z) \quad (3)$$

$$2^a) \ t > 0, z = 0, q = -K(\theta)\frac{\partial H}{\partial z} = 0 \quad (4)$$

$$3^a) \ t \geq 0, z = \infty, \theta = \theta_i \quad (5)$$

A primeira condição nos diz que no início da redistribuição a umidade varia com z de acordo com a função $\theta = \theta_0(z)$, que é um perfil de umidade passível de ser medido. Como o processo de infiltração foi suficientemente longo para a camada superior se saturar ou quase chegar à saturação, $\theta(z) =$ constante $= \theta_0$, dependendo, logicamente, da homogeneidade do perfil. A segunda condição nos diz que o fluxo é nulo na superfície durante todo o tempo (cobertura de plástico), e a terceira, que a uma profundidade razoavelmente grande o solo está sempre mais seco, com um teor de água constante θ_i.

Lembrando que a Equação 1 é a derivada de fluxos em relação a z, se integrarmos essa equação em relação a z, obteremos fluxos. Feito isso de 0 a L, sendo L uma camada de profundidade arbitrária escolhida para a determinação de $K(\theta)$, obtemos:

$$\int_0^L \frac{\partial \theta}{\partial t} dz = \left[K(\theta)\frac{\partial H}{\partial z}\right]_L - \left[K(\theta)\frac{\partial H}{\partial z}\right]_0 \quad (6)$$

No segundo membro da Equação 6, o último termo é nulo, de acordo com a segunda condição (4), pois não há fluxo na superfície. Assim:

$$\int_0^L \frac{\partial \theta}{\partial t} dz = K(\theta)_L \left(\frac{\partial H}{\partial z}\right)_L$$

FIGURA 2 Parcelas inundadas para a medida da condutividade hidráulica do solo. À frente, baterias de manômetros de mercúrio dos tensiômetros instalados na parte central.
Fonte: Timm et al., 2000.

FIGURA 3 Parcelas cobertas com plástico para medida da condutividade hidráulica do solo. Ao centro, sonda de nêutrons em posição de medida de umidade do solo.
Fonte: Timm et al., 2000.

e, se estivermos interessados na função $K(\theta)$:

$$K(\theta)_L = \frac{\int_0^L \frac{\partial \theta}{\partial t} dz}{\left(\frac{\partial H}{\partial z}\right)_L} \quad (7)$$

A integral do primeiro membro da Equação 6 representa o fluxo de água que passa pelo plano $z = L$. Isso porque ela deve ser igual ao segundo membro, que é a própria equação de Darcy, isto é, a densidade de fluxo q_L. Se $\partial\theta/\partial t$ for independente de z na camada 0 – L, o que significa que os perfis de umidade para diferentes tempos são paralelos e, usualmente, acontece na prática, $\partial\theta/\partial t$ pode ser tirado do sinal de integração, e a integral fica imediata. Resulta, então:

$$\frac{\partial \theta}{\partial t} L = K(\theta)_L \left.\frac{\partial H}{\partial z}\right|_L \quad (8)$$

O primeiro membro das Equações 6 e 8 é, numericamente, igual à área entre dois perfis consecutivos até a profundidade L (Figura 4). Vejamos um exemplo. Seja o perfil de solo indicado na Figura 4. Para t = 0, a umidade varia com z, mas com boa aproximação, até L = 60 cm, pode ser considerado constante e seu valor médio é $\bar{\theta}_0 = 0{,}40$ cm^3 . cm^{-3}. O mesmo acontece para $t_1 = 24$ h, sendo o valor médio $\bar{\theta}_1 = 0{,}35$ cm^3 . cm^{-3}. $\partial\theta/\partial t$ pode, então, ser aproximado por:

$$\frac{\partial \theta}{\partial t} = \frac{\bar{\theta}_0 - \bar{\theta}_1}{t_0 - t_1} = \frac{0{,}050}{24} = 0{,}002 \text{ cm}^3 \cdot \text{cm}^{-3} \cdot \text{h}^{-1}$$

e, então:

$$\int_0^L \frac{\partial \theta}{\partial t} dz = L \frac{\partial \theta}{\partial t} = 60 \times 0{,}002 = 0{,}120 \text{ cm} \cdot \text{h}^{-1}$$

Calculada a integral, basta dividi-la pelo gradiente de potencial total, como indica a Equação 7, para se obter a condutividade. O valor de K obtido é um valor de K entre as umidades 0,35 e 0,40, isto é, 0,375. Por isso, escrevemos $K(\theta)$ e, no caso de grad H = 1, temos:

$$K(0{,}375) = 0{,}120 \text{ cm} \cdot \text{h}^{-1}$$

Se vários perfis de umidade forem determinados, podem-se calcular valores médios de K para outras umidades.

Hillel et al. (1972) apresentam, em detalhe, uma metodologia de determinação da condutividade hidráulica no campo, baseada na Equação 7.

Como a integral do primeiro membro é igual à variação do **armazenamento de água** A_L no tempo, podemos reescrevê-la na seguinte forma:

$$K(\theta)_L = \frac{\frac{\partial A_L}{\partial t}}{\left(\frac{\partial H}{\partial z}\right)_L} \quad (9)$$

Para a aplicação da técnica por eles sugerida, deve-se medir para vários tempos de drenagem perfis de umidade θ (preferencialmente com sonda de nêutrons, equipamento TDR ou ainda FDR, pelo fato de serem métodos não destrutivos – ver Capítulo 7) e perfis de potencial H (com tensiômetros ou indiretamente, pelo uso de curvas de retenção) para determinar os gradientes $\partial H/\partial z$. Com os dados de $\theta(z,t)$

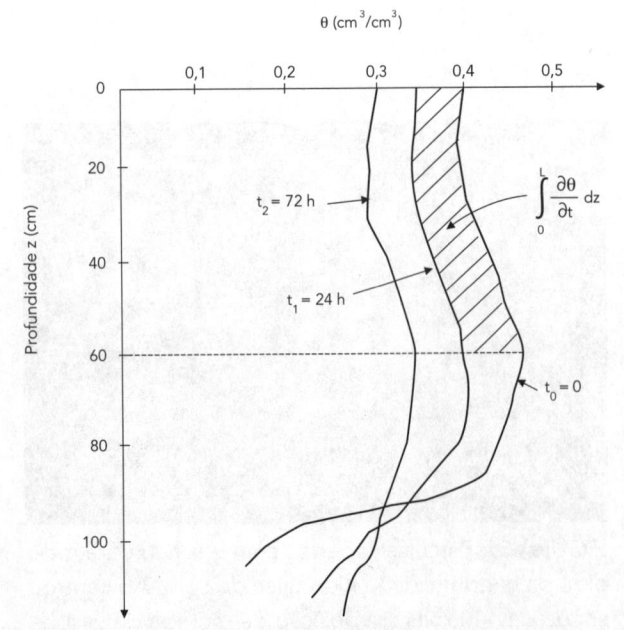

FIGURA 4 Perfis de umidade do solo durante o processo de redistribuição.

e de H(z,t), os autores apresentaram detalhes para o cálculo da função K(θ), o que fez seu trabalho tornar-se um padrão para a determinação da condutividade hidráulica do solo no campo, denominado de **método de Hillel**. No exercício 1 é dado um exemplo completo de cálculo de K(θ). Villagra et al. (1994) adaptaram modelos para descrever as funções $A_L(t)$, $H_L(t)$ e $\theta_L(t)$ e, com isso, facilitaram a aplicação da Equação 7 ou 9. O processo de drenagem interna do solo é desacelerado, e como os valores de A_L, H e θ vão se estabilizando no decorrer do tempo, seus dados experimentais se ajustam muito bem aos seguintes modelos lineares:

$$A_L(t) = a + b \ln t \quad (10)$$

$$H_L(t) = c + d \ln t \quad (11)$$

$$\theta_L(t) = e + f \ln t \quad (12)$$

Por meio de regressões lineares aplicadas aos dados experimentais, se significativas, pode-se estimar os coeficientes a, b, c, d, e, f, observando, logicamente, os sinais de cada um. Assim, o numerador da Equação 9 se simplifica em b/t, e, utilizando diferenças finitas para a determinação do denominador, tem-se:

$$\left(\frac{\partial H}{\partial z}\right)_L = \frac{H_{L+\Delta z}(t) - H_{L-\Delta z}(t)}{2\Delta z} = c' + d' \ln t \quad (13)$$

em que $c'=[(c_2 - c_1)/2\Delta z]$ e $d'=[(d_2 - d_1)/2\Delta z]$, sendo c_1, c_2, d_1 e d_2 os coeficientes das regressões de $H_{L+\Delta z}(t)$ e $H_{L-\Delta z}(t)$. Quanto menor Δz, melhor a estimativa do gradiente na profundidade L. Assim, a Equação 9 pode ser escrita na forma:

$$K(\theta)_t = \frac{a + b \ln t}{c' + d' \ln t} \quad (14)$$

Note-se a nova notação $K(\theta)_t$, uma vez que essa equação nos fornece valores de K para diferentes tempos de drenagem. Acontece que para cada tempo de drenagem prevalece um valor de θ na profundidade de L, dado pela Equação 12. Calculando $K(\theta)_t$ e $\theta_L(t)$ para tempos iguais, obtém-se uma tabela K versus θ,

que dará origem à função K(θ). Baseados na Equação 14, Reichardt et al. (2004) desenvolveram um método paramétrico para a determinação da função K(θ).

Cabe aqui uma consideração sobre o **gradiente hidráulico unitário** (Reichardt, 1993), que é uma hipótese muito empregada durante o processo de redistribuição. Na análise apresentada há pouco, para que o gradiente hidráulico unitário prevaleça durante a drenagem, é preciso que, na Equação 13, tenhamos d' = 0 e c' = 1. Nesse sentido, a presente metodologia ainda permite a verificação experimental da hipótese do gradiente unitário, observando como o gradiente se distancia do valor 1.

O **método de Libardi** et al. (1980) para determinação de K(θ) baseia-se em simplificações da Equação 7. A experiência prática demonstra que K(θ) sempre se aproxima bem de uma exponencial e que uma equação do tipo (ver Capítulo 8)

$$K(\theta) = K_0 \exp[\beta (\theta - \theta_0)] \quad (15)$$

descreve K(θ) para uma grande maioria de solos. Na Equação 15, β é uma constante positiva e θ_0, o valor máximo de θ para o mencionado solo, na referida camada, em condições de campo. θ_0 é bem próximo (ou igual) a θ de saturação, pelo fato de ser muito difícil saturar completamente um perfil de solo em condições de campo. K_0 tem o mesmo significado que no Capítulo 13, ou seja, é a velocidade de infiltração básica, cuja medida na superfície do solo é ilustrada na Figura 5. Esse modelo de K(θ) é o adotado nesse método.

Consideram, também, o gradiente hidráulico unitário ($\partial H/\partial z = 1$) e, consequentemente, $\partial h/\partial z = 0$, o que é razoável, pois θ é praticamente constante em z após infiltração excessiva. Substituindo a Equação 15 em 7, a integral pode ser resolvida, e o resultado final é:

$$\theta_0 - \theta = \frac{1}{\beta} \ln t + \frac{1}{\beta} \ln\left(\frac{\beta K_0}{aL}\right) \quad (16)$$

que indica que a umidade do solo θ (na profundidade L) é uma função linear de ln t, pois $\beta K_0/aL$ é uma constante. Libardi et al. (1980) mostram que o coefi-

FIGURA 5 Medida da condutividade hidráulica do solo saturado K_0 com cilindro instalado dentro de parcela inundada. À frente, tubo de acesso de sonda de nêutrons para medida de umidade do solo.
Fonte: Timm et al., 2000.

ciente **a** é o coeficiente angular da regressão $\bar{\theta} = a\theta + b$, entre θ na profundidade L e θ de 0 a L. Eles verificaram que a umidade média do perfil $\bar{\theta}$ (entre 0 e L) pode, muito bem, ser descrita pela equação linear anterior, em que θ é a umidade em L. Portanto, conhecendo-se **a** e **b** para um dado solo, $\bar{\theta}$ pode ser obtido a partir de medidas de θ em uma profundidade apenas.

Voltando à Equação 16, é fácil verificar que, a partir de gráficos $\theta_0 - \theta$ versus ln t, obtidos durante o processo de redistribuição, pode-se determinar β, pois ele é o coeficiente angular desse gráfico. K_0 pode ser medido na superfície do solo instantes antes do tempo (t = t_0 = 0) tomado como início do processo de redistribuição, quando a infiltração se encontra em equilíbrio dinâmico, isto é, $i = K_0$, ou pode ser calculado a partir do coeficiente linear $(1/\beta)\ln(\beta K_0/aL)$. Um exercício (resolvido), apresentado no final deste capítulo, ilustra o uso desses gráficos.

O método de Libardi foi melhorado por Libardi e Reichardt (2001), incluindo a estimativa de θ_0 para camadas mais profundas a partir de uma medida de θ_0 na superfície do solo.

Em nosso meio, os seguintes trabalhos são aplicações da teoria vista neste capítulo: Reichardt et al. (2004), Silva et al. (2006, 2007, 2009), entre outros.

Forma completamente diferente de cálculo de $K(\theta)$ foi proposta por Sisson et al. (1980), denominado **método de Sisson**, aplicada às mesmas condições experimentais dos métodos descritos há pouco (Hillel et al., 1972 e Libardi et al., 1980), considerando, também, solo homogêneo e o gradiente de potencial total como unitário ($\partial H/\partial z = 1$ ou $\partial h/\partial z = 0$). Nessas condições, a Equação 1 se simplifica em:

$$\frac{\partial \theta}{\partial t} = \frac{\partial K}{\partial z} = \frac{dK}{d\theta}\frac{\partial \theta}{\partial z} \quad (17)$$

pois K não é uma função direta de z, é função de θ, que, por sua vez, é função de z.

Sisson et al. (1980) demonstraram, baseados na teoria de problemas de valor característico, ou problemas de Cauchy, que outro tipo de solução para a Equação 17 pode ser dado por:

$$\frac{z}{t} = \frac{dK}{d\theta} \quad (18)$$

A Equação 18 pode ser vista do seguinte modo: como o solo está drenando a partir de t = 0, as umidades decrescem em função do tempo e da profundidade. Se fixarmos uma dada umidade, esta "se move" dentro do perfil no sentido descendente, como se fosse uma onda, de tal forma que, para uma dada profundidade fixa, as umidades "passam" em diferentes tempos. O tempo é tanto maior quanto menor a umidade. Resumindo, certa umidade θ_j só pode ocorrer em dada profundidade z_j depois de passado um tempo t_j. O quociente z_j/t_j caracteriza θ_j, e a solução diz que ele é igual a $dK/d\theta$ em θ_j. A Figura 6 ilustra a questão.

Em t = t_0 = 0, todo o perfil encontra-se saturado (θ_0). Em t_1, a camada $0 < z < z_1$ secou um pouco, e para $z > z_1$ o solo continua saturado. Em t_2, uma camada maior secou ($0 < z < z_2$), e para $z > z_2$ o solo continua saturado. Vê-se, portanto, que a umidade θ_0 se "desloca" em profundidade, como uma onda. Pela Equação 18, temos para o exemplo da Figura 6 e para a umidade θ_0:

$$\frac{z_1}{t_1} = \frac{z_2}{t_2} = \frac{z_3}{t_3} = \ldots\ldots = \left(\frac{dK}{d\theta}\right)_{\theta_0}$$

O mesmo acontece para qualquer umidade menor que θ_0, porém em "velocidades" cada vez mais lentas. Assim, para uma umidade θ', teremos:

$$\frac{z'_1}{t_1} = \frac{z'_2}{t_2} = \frac{z'_3}{t_3} = \ldots\ldots = \left(\frac{dK}{d\theta}\right)_{\theta'}$$

e para uma umidade menor ainda θ'':

$$\frac{z''_1}{t_1} = \frac{z''_2}{t_2} = \frac{z''_3}{t_3} = \ldots\ldots = \left(\frac{dK}{d\theta}\right)_{\theta''}$$

Dessa forma, obtém-se uma série de valores $dK/d\theta$, para vários θ. Daí, o passo é reconstruir a equação $K(\theta)$ a partir de suas derivadas.

Sisson et al. (1980) apresentam vários exemplos com diferentes modelos para a curva $K(\theta)$. Vejamos um deles, que considera a curva $K(\theta)$ exponencial (Equação 15), como fizeram Libardi et al. (1980). A derivada da Equação 15 é:

$$\frac{dK}{d\theta} = \beta K_0 \exp[\beta(\theta - \theta_0)]$$

e pela Equação 18:

$$\frac{z}{t} = \beta K_0 \exp[\beta(\theta - \theta_0)] \qquad (19)$$

Portanto, se para uma profundidade fixa z^* medirmos θ em função de t, podemos fazer o gráfico de $\ln(z^*/t)$ em função de $(\theta - \theta_0)$ (Figura 7) e, a partir da regressão (que deve ser linear), pode-se determinar β, pois:

$$\ln\left(\frac{z^*}{t}\right) = \ln(\beta K_0) + \beta(\theta - \theta_0) \qquad (20)$$

Vejamos um exemplo. Em certo solo, para $z^* = 50$ cm, mediu-se θ em função de t e obteve-se:

θ (cm³ · cm⁻³)	t (dias)
0,536	0
0,453	1
0,418	2
0,393	4
0,385	7
0,380	10

Nessas condições, temos:

t	z^*/t	$\ln(z^*/t)$	$(\theta - \theta_0)$
1	50	3,9120	-0,083
2	25	3,2189	-0,118
4	12,5	2,5257	-0,143
7	7,143	1,9661	-0,151
10	5	1,6094	-0,155

Dessa regressão linear resulta a equação:

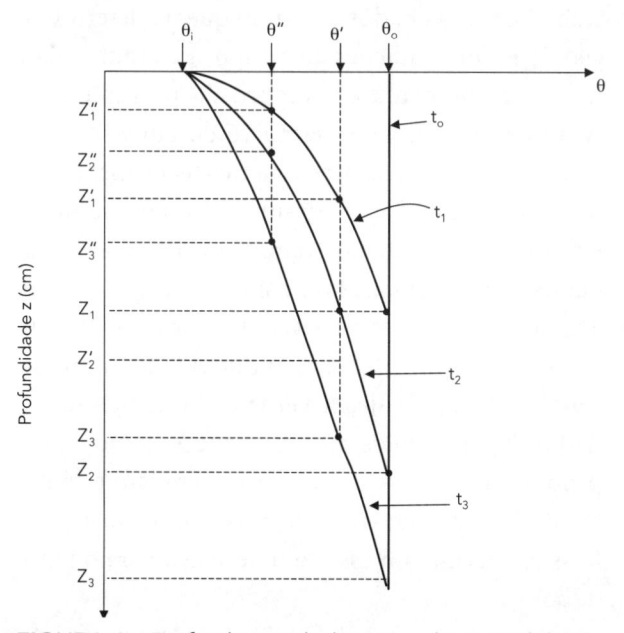

FIGURA 6 Perfis de umidade segundo o modelo de Sisson et al. (1980), durante a drenagem interna de solo homogêneo coberto com plástico.

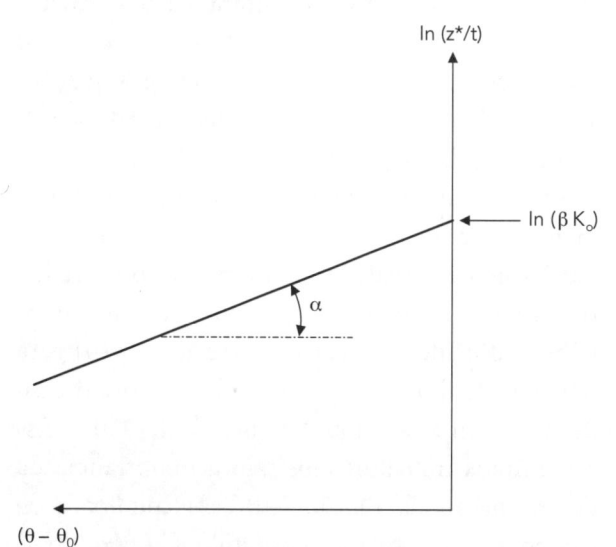

FIGURA 7 Gráfico de $\ln(z^*/t)$ em função de $(\theta - \theta_0)$.

$$\ln\left(\frac{z^*}{t}\right) = 5,5 + 31,94(\theta - \theta_0)$$

e, assim:

$\ln \beta K_0 = 5,5$, resultando $\beta K_0 = 244,69$

$\beta = 31,94$ e $K_0 = \dfrac{244,69}{31,94} = 7,66$ cm.dia^{-1}

e, finalmente, a condutividade hidráulica do solo em questão é dada por (Figura 8):

$$K(\theta) = 7,66 \exp[31,94(\theta - 0,536)]$$

$K(\theta)$ expressa em cm.dia^{-1}.

Como se pode ver, trata-se de um método simples e muito bom, pois fornece valores de $K(\theta)$ compatíveis com outros métodos clássicos. Ele se adapta bem para tensiômetros, quando se tem uma curva de retenção de água representativa do solo em questão. Nesse caso, o tensiômetro é instalado na profundidade z^* e as leituras feitas em vários tempos são convertidas em valores de θ, pela curva de retenção. Sisson (1987) estende esse método para casos de solos estratificados, nos quais $\partial H/\partial z$ não é unitário. É, porém, um trabalho que requer uma leitura mais detalhada e um conhecimento mais aprofundado do ponto de vista matemático.

Bacchi et al. (1991) mostraram que os métodos de Libardi et al. (1980) e de Sisson et al. (1980) são, essencialmente, iguais, ou seja, as Equações 16 e 20 não diferem entre si, considerando a = 1, isto é, solo homogêneo. Ainda, Reichardt (1993) mostra que apesar de funcionar na prática, o gradiente hidráulico unitário (grad H = 1) não pode teoricamente existir durante o processo de redistribuição. Trabalhos mais críticos mostram, também, as dificuldades do uso das relações $K(\theta)$ para medidas de fluxo de água no solo, como é o caso de Reichardt et al. (1998) e Silva et al. (2007). Esses últimos trabalhos mostram a importância da determinação da função $K(\theta)$ em condições de campo. Como mostrou o Capítulo 8, a condutividade hidráulica é uma característica física do solo

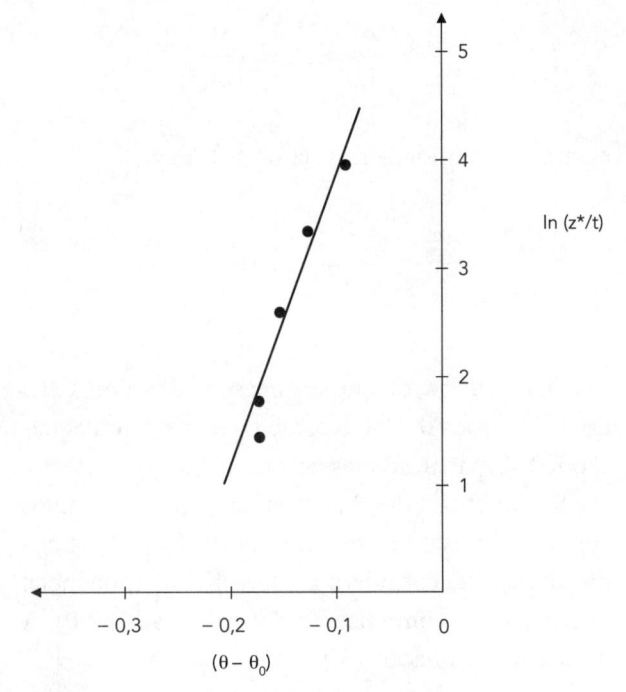

FIGURA 8 Gráfico de ln (z^*/t) em função de ($\theta - \theta_0$) para um exemplo numérico.

e, por isso, sua determinação independe do arranjo experimental. Naquele capítulo foram mostrados exemplos de medidas de K_0 em laboratório, com colunas dispostas em várias situações (horizontal, vertical, ...) resultando sempre o mesmo K_0. Os trabalhos aqui citados mostram que na determinação de K em condições de campo, a condutividade hidráulica aumenta em função da profundidade. A presença do L na Equação 16 de Libardi é uma evidência disso. Trabalhos pioneiros já afirmavam que a condutividade hidráulica do solo aumenta em profundidade e mostraram essa evidência com dados experimentais. Isso contradiz o que foi dito acima, pois, se fosse possível inverter o solo de um campo experimental, a condutividade diminuiria em profundidade. A verdade é que métodos e dados experimentais mostram que K aumenta em profundidade e que a explicação para isso está nas condições de contorno, que, no campo, são específicas e determinam essa característica para o perfil de solo.

Dourado-Neto et al. (2007) apresentam um software para a determinação de $K(\theta)$ para vários desses métodos aqui apresentados, desde que se tenham dados experimentais de campo. Nesse software estão implementados os métodos de determinação de K(θ) de Hillel et al. (1972), Libardi et al. (1980) e Reichardt et al. (2004).

CAPACIDADE DE CAMPO

Desde cedo observou-se que o fluxo de água e a velocidade das variações da umidade do solo decrescem com o tempo após o processo de infiltração. Verificou-se que o fluxo se torna desprezível, ou mesmo cessa, depois de alguns dias. A umidade do solo na qual a drenagem interna praticamente cessa, denominada **capacidade de campo**, foi por longo tempo assumida universalmente como propriedade física do solo, característica e constante para cada solo.

O conceito de capacidade de campo foi derivado originalmente de observações pouco precisas da umidade do solo no campo, quando medidas, e amostragens necessariamente limitavam a precisão e a validade dos resultados. Muitos pesquisadores procuraram explicá-la em termos de um equilíbrio estático. Foi comumente assumido que a aplicação de certa quantidade de água no solo preencheria o déficit até a capacidade de campo, até uma profundidade bem definida, além da qual a água não penetraria. Assim, por exemplo, calcula-se a quantidade de água a ser aplicada por irrigação na base do déficit à capacidade de campo da camada de solo a ser irrigada.

Recentemente, com o desenvolvimento das teorias do movimento da água no solo e com as técnicas experimentais de medida mais precisas, o conceito de capacidade de campo (CC), como definido em sua origem, tem sido considerado arbitrário e não como uma propriedade intrínseca do solo, independentemente do modo de sua determinação. Em 1949, Veihmeyer e Hendrickson (pag. 75) definiram a capacidade de campo como "a quantidade de água retida pelo solo após a drenagem de seu excesso, quando a velocidade do movimento descendente praticamente cessa, o que usualmente ocorre dois a três dias após a chuva ou irrigação, em solos permeáveis de estrutura e textura uniformes". Richards e Wadleigh (1952) discutiram esse conceito e chegaram mesmo a afirmar que "o conceito de capacidade de campo causou mais males do que esclarecimentos". Como se pode julgar quando a redistribuição praticamente cessou ou se tornou desprezível? Obviamente, os critérios para tal determinação são subjetivos, dependendo muitíssimo da frequência e da precisão de medição da umidade do solo. A definição prática de capacidade de campo (teor de água da camada inicialmente umedecida alguns dias após a infiltração) não leva em conta fatores como a umidade do solo antes da infiltração, profundidade de molhamento, quantidade de água aplicada, heterogeneidade do perfil etc.

O processo de redistribuição é, na verdade, contínuo e não mostra interrupções abruptas ou níveis estáticos. Apesar de sua velocidade decrescer com o tempo, o processo continua indefinidamente, e a tendência ao equilíbrio ocorre apenas depois de longo período de tempo.

Os solos aos quais o conceito mais se adapta são os solos de textura grossa, os arenosos, nos quais a condutividade hidráulica decresce rapidamente com a diminuição da umidade do solo e o fluxo torna-se muito pequeno rapidamente. Em solos de textura média e fina, entretanto, o processo de redistribuição pode persistir de maneira apreciável por vários dias e mesmo meses.

A velocidade de saída da água de uma dada camada de um perfil de solo depende de sua textura, condutividade hidráulica e da composição e estrutura do perfil todo, pois a presença de uma camada limitante ao fluxo em qualquer posição dentro do perfil retarda a saída de água de todas as camadas acima. Assim, torna-se claro que a capacidade de armazenamento de água de um solo não está apenas relacionada ao tempo, mas também à composição textural, sequência de camadas de propriedades físicas distintas, umidade inicial etc.

Um exemplo extremo é apresentado no Quadro 1, de um solo com um horizonte B textural, de condutividade hidráulica aproximadamente dez vezes menor que o horizonte superficial. Como pode ser verificado, três irrigações com diferentes lâminas de água, aplicadas ao mesmo solo em idênticas condições iniciais, levam a três valores distintos de capacidade de campo, todos diferentes do resultado de umidade obtido em laboratório a tensão de 1/3 atm (33 kPa), adotada classicamente como CC.

QUADRO 1 Valores de umidade θ e potencial matricial h na capacidade de campo em um solo com um horizonte B textural em três irrigações diferentes com diferentes lâminas de irrigação.

Caso	Umidade θ na capacidade de campo (cm³.cm⁻³)	Potencial matricial h na capacidade de campo (atm)
I	0,25	-0,41
II	0,36	-0,12
III	0,32	-0,38
Laboratório	0,30	-0,33

Apesar de tudo, o conceito de capacidade de campo é um critério prático e útil para o limite superior de água que um solo pode reter. Nessas condições, a capacidade de campo deve, necessariamente, ser determinada no campo, e o interessado deve estar ciente de suas limitações. Na verdade, nenhum método de laboratório serve para sua determinação, pelas razões já discutidas. Os valores dos vários métodos de laboratório que mesmo assim foram propostos, como valores obtidos na placa de pressão a 1/10 ou 1/3 atm, não podem representar a capacidade de campo medida no campo. Esses critérios de laboratório são estáticos, e o processo de redistribuição no campo é, em essência, dinâmico. Como pode uma amostra de 10 g, colocada na placa porosa sob determinada pressão, representar um perfil de solo de camadas heterogêneas? Apenas em algumas circunstâncias ela pode representar o perfil, mas é, fundamentalmente, errado esperar que tal critério seja universalmente válido. No Capítulo 15 continuaremos a discutir esse ponto, incluindo, ainda, a interferência da planta. Muitos autores usam o mesmo conceito de capacidade de campo para solos em vaso, e o denominam **capacidade de vaso**. Quando um solo de um vaso é saturado e depois deixado drenar, mesmo perfurado no fundo, devido à descontinuidade do fundo, a umidade de equilíbrio é muito maior que o valor da umidade na capacidade de campo (θ_{cc}) e não há termos de comparação.

De maneira geral, solos de textura mais fina, com maiores proporções de silte e argila, possuem maior capacidade de armazenagem de água. Como foi discutido no Capítulo 3, o tipo de argila é de grande importância na retenção de água. Argilas do tipo 2:1, como a **vermiculita** e a **montmorilonita**, têm ótimas propriedades de retenção de água, e as do tipo 1:1, como a **caulinita**, têm piores propriedades de retenção de água. Os alfisóis e os oxisóis, que ocupam largas extensões de nosso território, são solos que possuem baixos poderes de absorção de água devido à falta de argilas do tipo 2:1. Como suas propriedades de retenção poderiam ser melhoradas? Esse é um velho problema da Física de Solos que nunca foi resolvido com sucesso total. A adição de matéria orgânica, na forma de adubo verde, de estrume ou de composto, é uma solução. O problema sempre é a quantidade a ser aplicada, que, em geral, é grande, tornando a operação de transporte e incorporação inviável. Porém, para culturas intensivas, de alto valor econômico, essa solução é bem viável. Ela traz ainda a vantagem de aumentar o nível dos nutrientes do solo, em especial N, P e S.

Outra possibilidade de aumentar a capacidade de retenção de um solo é a adição de **condicionadores de solo**, constituídos de emulsões betúmicas ou de minerais, como a vermiculita expandida, encontrada em grande quantidade em minas, praticamente à superfície do solo. Esse mineral primário recebe um tratamento térmico (cerca de 700°C), durante o qual se expande, passando a um volume dez vezes maior. Ele tem as mesmas características do mineral secundário vermiculita, de estrutura 2:1, encontrado no solo e, portanto, quando adicionado ao solo, aumenta sua capacidade de retenção de água. Novamente, o problema é custo, quantidade a ser incorporada etc. Esses materiais são, hoje, bastante empregados em misturas comerciais de substrato para a produção de mudas. Atualmente, resíduos agrícolas têm sido testados no intuito de aumentar a capacidade de um solo de armazenar água, tais como cinza de casca de arroz (CCA). Islabão et al. (2016) conduziram um experimento, em uma área localizada em Capão do Leão (RS), em um argissolo vermelho-amarelo no qual foram aplicadas e incorporadas diferentes doses de cinza de casca de arroz (tratamento sem aplicação de cinza e tratamentos com aplicação de 40, 80 e 120 Mg. ha^{-1}) na camada de 0-10 cm por meio de enxada rotativa no intuito de avaliar o efeito da cinza de casca de arroz sobre atributos físico-hídricos do solo. Os autores concluíram que à medida que se elevou a dose de aplicação da CCA ocorreu uma diminuição da densidade do solo, aumento da porosidade total e da macroporosidade do solo. Não houve, entretanto, um aumento estatisticamente significativo da microporosidade do solo, dos valores de umidade na capacidade de campo (θ_{CC}) e no **ponto de murcha permanente** (θ_{PMP}) na camada avaliada, fato esse que os autores atribuíram ao pouco tempo de condução do experimento. Monteiro et al. (2019, 2020) avaliaram o efeito da retenção de água de substratos para plantas formulados a partir de diferentes proporções de lodo de esgoto (LETE) solarizado e biochar de lodo de esgoto na produção de mudas de alface e de acácia-negra (*Acacia mearnsii*). Os autores usaram o LETE coletado em leitos de secagem de uma Estação de Tratamento de Esgoto aeróbio de Rio Grande (RS), sendo que os tratamentos consistiram de cinco doses de LETE solarizado e cinco doses de Biochar de LETE, combinadas com cinza de casca de arroz e vermiculita em diferentes proporções, e além de dois substratos comerciais utilizados como referência. Foram avaliadas as características físico-hídricas: água facilmente disponível, água tamponante, água remanescente e capacidade de retenção de água e as variáveis de crescimento massa fresca da parte aérea e do sistema radicular de mudas de acácia-negra. Os autores concluíram que o Biochar feito a partir do LETE teve melhor desempenho como componente de substrato quando comparado com o LETE solarizado. Também concluíram que o substrato com 20% de LETE solarizado carbonizado (biochar), 40% vermiculita e 40% cinza de casca de arroz apresentou a melhor condição físico-hídrica para o desenvolvimento de mudas de alface e de acácia-negra quando comparado aos demais tratamentos com LETE solarizado. Mais detalhes sobre o conceito de capacidade de campo podem ser encontrados em Reichardt (1988), que apresenta dois exemplos com dados obtidos no campo.

> O processo de redistribuição da água no solo imediatamente após ao fim da chuva ou de uma irrigação é um processo de difícil descrição analítica, mas que, em casos controlados, é utilizado com sucesso na medida da condutividade hidráulica do solo K. Um desses processos é a drenagem interna utilizada para determinar o K do solo em condições de campo. Os métodos de Libardi e de Sisson são exemplos discutidos em detalhe, que fornecem dados de K principalmente para camadas mais profundas, de difícil acesso, onde se dá a drenagem profunda e a lixiviação do solo. Esses experimentos fornecem a oportunidade de estudar a capacidade de campo de um perfil de solo. A capacidade de campo é um conceito de grande importância para o manejo da água no solo durante seu cultivo. Entretanto, é um conceito controverso, que não pode ser tomado como uma característica universal de um solo.

EXERCÍCIOS

1. Em dado solo, foi feito um experimento de drenagem interna para a determinação da condutividade hidráulica, segundo a metodologia apresentada em Hillel et al. (1972), sendo obtidos os seguintes dados:

   a) Condutividade hidráulica do solo saturado K_0 = 2,2 cm . dia^{-1}, medida durante a infiltração em equilíbrio dinâmico.

   b) Tabela de umidade (cm^3 . cm^{-3}) *versus* tempo (dias), durante o processo de redistribuição.

	Umidade				
Profundidade (cm)	t = 0	t = 1	t = 3	t = 7	t = 15
0	0,500	0,463	0,433	0,413	0,396
30	0,501	0,466	0,432	0,414	0,398
60	0,458	0,405	0,375	0,347	0,307
90	0,475	0,453	0,438	0,423	0,414
120	0,486	0,464	0,452	0,440	0,427

c) Tabela de potencial total (cmH$_2$O) *versus* tempo (dias), durante o processo de redistribuição.

	Potencial total				
Profundidade (cm)	t = 0	t = 1	t = 3	t = 7	t = 15
15	–18	–38	–69	–100	–135
45	–47	–76	–104	–129	–164
75	–76	–105	–135	–163	–200
105	–108	–141	–172	–206	–229
135	–140	–172	–201	–240	–265

Determine as funções K(θ), pelo método de Hillel et al. (1972), para as profundidades 30, 60, 90 e 120 cm.

2 Com os dados anteriores determine K(θ) pelos métodos de Libardi et al. (1980) e de Sisson et al. (1980).

3 Qual seria a capacidade de campo do solo dos problemas anteriores?

RESPOSTAS

1 A equação a ser utilizada é a 7, escrita de forma mais conveniente em 9. Calcule, portanto, $A_L(t_i)$ para L = 30, 60, 90 e 120 e t_i = 0, 1, 3, 7 e 15 dias.

	$A_L(t_i)$ em mm				
L	t = 0	t = 1	t = 3	t = 7	t = 15
30	150,1	139,4	129,5	124,1	119,1
60	291,8	266,8	248,0	234,8	220,2
90	435,2	402,8	377,6	359,3	340,9
120	580,8	540,2	511,2	488,9	466,1

O numerador do segundo membro da Equação 9 é a variação do armazenamento em função do tempo $\partial A/\partial t$. Podemos, então, fazer uma regressão linear $A_L(t_i)$ em função de ln(t_i) para cada profundidade. Como ln(0) = não existe, o primeiro dado não pode ser utilizado na regressão. Se a regressão tiver um R^2 alto (o que geralmente ocorre), teremos uma equação para cada profundidade:

$$A_L(t) = a - b \cdot \ln(t)$$

cuja derivada é $\partial A/\partial t = -b/t$. Teríamos assim os valores dos fluxos q = $\partial A/\partial t$ = –b/t, para qualquer tempo entre 0 e 15 dias.

A outra forma – a que utilizaremos – é empregar diferenças finitas como indica a Equação 9:

$$q = \frac{[A_L(t_{i+1}) - A_L(t_i)]}{[(t_{i+1}) - (t_i)]}$$

Assim, com os dados de $A_L(t_i)$ calculados, podemos elaborar a tabela a seguir:

	q (mm . dia⁻¹)			
L	t = 0,5	t = 2	t = 5	t = 11
30	10,7	5,0	1,4	0,6
60	25,0	9,4	3,3	1,8
90	32,4	12,6	4,6	2,3
120	40,6	14,5	5,6	2,9

O próximo passo é dividir esses valores de q pelos respectivos gradientes $\partial H/\partial z$ ou ($\partial h/\partial z + 1$) para obter os valores de K.

O problema fornece dados de H em função do tempo, obtidos por tensiometria. Note que as profundidades dos tensiômetros são diferentes das medidas de umidade. Isso é proposital. Por exemplo: para calcular o gradiente de H em L = 60, utilizamos os tensiômetros imediatamente acima e abaixo:

$$(\text{grad } H)_{60} = \frac{H_{45} - H_{75}}{30}$$

Como as densidades de fluxos q foram medidas em tempos intermediários, devemos também calcular os gradientes nos mesmos tempos. Uma forma é calcular as médias de H entre t_i e t_{i+1} e construir nova tabela:

	H (cmH$_2$O)			
L	t = 0,5	t = 2	t = 5	t = 11
15	28,0	53,5	84,5	117,5
45	61,5	90,0	116,5	146,5
75	90,5	120,0	149,0	181,5
105	124,5	156,5	189,0	217,5
135	156,0	186,5	220,5	252,5

E calculando os gradientes:

	grad H (cmH$_2$O . cm solo⁻¹)			
L	t = 0,5	t = 2	t = 5	t = 11
30	1,117	1,217	1,067	0,967
60	0,967	1,000	1,083	1,167
90	1,133	1,217	1,333	1,200
120	1,050	1,000	1,050	1,167

e, dividindo as densidades de fluxos q pelos gradientes, obtemos os valores de K:

L	K (mm . dia⁻¹)			
	t = 0,5	t = 2	t = 5	t = 11
30	9,58	4,11	1,31	0,62
60	25,85	9,40	3,05	1,54
90	28,60	10,35	3,45	1,92
120	38,67	14,50	5,33	2,48

Em seguida, para estabelecer as funções K(θ), precisamos saber a que valores de θ correspondem os valores de K que acabamos de calcular. Os dados de θ são para t_i = 0, 1, 3, 7 e 15 dias (quadro de umidade fornecido no problema), e como os valores de K são para t_i = 0,5; 2; 5 e 11, uma forma é calcular as médias. Feito isso, teremos para cada L quatro pares de K e θ, que nos dão os pontos para estabelecer as funções K(θ).

L = 30		L = 60		L = 90		L = 120	
K	θ	K	θ	K	θ	K	θ
9,58	0,483	25,85	0,431	28,60	0,464	38,67	0,475
4,11	0,449	9,40	0,390	10,35	0,445	14,50	0,458
1,31	0,423	3,05	0,361	3,45	0,430	5,33	0,446
0,62	0,406	1,54	0,327	1,92	0,418	2,48	0,433

O próximo passo é tentar regressões lineares de ln(K) *versus* θ para cada L e verificar os valores de R^2. Quando altos, as equações K(θ) serão do tipo exponencial. Ver exemplos no Capítulo 8, que mostram como estabelecer as funções K(θ).

L = 30   ln K = –14,8786 + 35,763 θ R^2 = 0,980
L = 60   ln K = –8,8030 + 28,000 θ R^2 = 0,987
L = 90   ln K = –24,5168 + 60,129 θ R^2 = 0,995
L = 120   ln K = –27,9925 + 66,711 θ R^2 = 0,995

Como os valores de R^2 são muito altos, o comportamento K *versus* θ pode ser considerado exponencial, e as equações são:

L = 30   K(θ) = 3,45 × 10^{-7} exp (35,763 θ)
L = 60   K(θ) = 1,50 × 10^{-4} exp (28,000 θ)
L = 90   K(θ) = 2,25 × 10^{-11} exp (60,129 θ)
L = 120   K(θ) = 6,97 × 10^{-13} exp (66,711 θ)

O problema fornece o valor de K_0 = 2,2 cm · dia⁻¹ medido na superfície do solo, durante a infiltração. Vejamos como esse valor se compara com os valores estimados pelas equações anteriores. Para isso, basta substituir nelas os valores respectivos de $θ_0$ (saturação), que são os valores de θ em t = 0:

L = 30 $θ_0$ = 0,501 cm³ . cm⁻³; K_0 = 18,13 mm . dia⁻¹
L = 60 $θ_0$ = 0,458 cm³ . cm⁻³; K_0 = 55,65 mm . dia⁻¹
L = 90 $θ_0$ = 0,475 cm³ . cm⁻³; K_0 = 57,04 mm . dia⁻¹
L = 120 $θ_0$ = 0,486 cm³ . cm⁻³; K_0 = 83,89 mm . dia⁻¹

Teoricamente, no fim da infiltração (t = 0 para nós), a água se infiltra em equilíbrio dinâmico, e K_0 deveria ser o mesmo em qualquer profundidade. Quem determina K_0 no perfil seria a camada de menor condutividade. Pelas equações, obtivemos valores diferentes de K_0. Isso era de esperar, pois eles foram calculados na redistribuição e, nesse caso, o perfil de menor condutividade afeta menos o perfil todo, sobretudo em nosso caso, em que o perfil de menor condutividade é o superior e as camadas mais profundas drenam mais livremente.

Outro aspecto ainda é o problema das equações de $K(\theta)$ serem exponenciais, o que dá margem a grandes erros em K para muito pequenos erros em θ. Por exemplo, para L = 120, se θ_0 fosse 0,485 em vez de 0,486, isto é, 0,1% menor, o K_0 seria 78,48 em vez de 83,89. Em geral, erra-se 2% em θ. Assim, se θ_0 fosse 0,475 (2% a menos), K_0 seria 40,27, que é menos da metade do valor obtido antes.

2. a) Para Libardi et al. (1980), fazemos as regressões:

$(\theta - \theta_0)$ versus $\ln(t)$ (Equação 16)

$\ln(\theta)$ versus $(\theta_0 - \theta)$ por meio da seguinte expressão:

$$\ln\left[L\frac{\partial \overline{\theta}}{\partial t}\right] = \ln K_0 + \beta(\theta_0 - \theta)$$

No exercício anterior temos todos os dados. As regressões obtidas são:

L = 30 $(\theta - \theta_0) = -0{,}0376 - 0{,}0250 \ln(t)$ $R^2 = 0{,}989$
L = 60 $(\theta - \theta_0) = -0{,}0485 - 0{,}0354 \ln(t)$ $R^2 = 0{,}976$
L = 90 $(\theta - \theta_0) = -0{,}0218 - 0{,}0147 \ln(t)$ $R^2 = 0{,}996$
L = 120 $(\theta - \theta_0) = -0{,}0207 - 0{,}0136 \ln(t)$ $R^2 = 0{,}990$

L = 30 $\ln(\theta) = 3{,}2393 - 37{,}6616 (\theta_0 - \theta)$ $R^2 = 0{,}965$
L = 60 $\ln(\theta) = 3{,}9207 - 26{,}1348 (\theta_0 - \theta)$ $R^2 = 0{,}987$
L = 90 $\ln(\theta) = 4{,}1735 - 58{,}2022 (\theta_0 - \theta)$ $R^2 = 0{,}996$
L = 120 $\ln(\theta) = 4{,}4098 - 64{,}1967 (\theta_0 - \theta)$ $R^2 = 0{,}995$

Como para a Equação 16 o coeficiente linear é $(1/\beta)[\ln(\beta K_0/aL)]$ e o angular é $1/\beta$, obtemos os seguintes valores (considerando a = 1):

L (cm)	β	K_0 (mm/dia)
30	40,000	33,75
60	28,249	83,59
90	68,027	58,29
120	73,529	74,78

e como pela equação o coeficiente linear é $\ln(K_0)$ e o angular o próprio β, temos:

L (cm)	β	K_0 (mm/dia)
30	37,662	25,52
60	26,135	50,46
90	58,202	64,94
120	64,197	82,25

b) Para Sisson et al. (1980), fazemos as regressões:

$\ln(z^*/t)$ versus $(\theta - \theta_0)$ (Equação 19)

Assim:

Para L = 30 (z^* = 30)

t	z^*/t	ln (z^*/t)	$(\theta - \theta_0)$
1	30	3,4012	-0,035
3	10	2,3026	-0,069
7	4,286	1,4554	-0,087
15	2	0,6931	-0,103

Para L = 60 (z^* = 60)

t	z^*/t	ln (z^*/t)	$(\theta - \theta_0)$
1	60	4,0943	-0,053
3	20	2,9957	-0,083
7	8,571	2,1484	-0,111
15	4	1,3863	-0,151

Para L = 90 (z^* = 90)

t	z^*/t	ln (z^*/t)	$(\theta - \theta_0)$
1	90	4,4998	-0,022
3	30	3,4012	-0,037
7	12,857	2,5539	-0,052
15	6	1,7917	-0,061

Para L = 120 (z^* = 120)

t	z^*/t	ln (z^*/t)	$(\theta - \theta_0)$
1	120	4,7875	-0,022
3	40	3,6889	-0,034
7	17,143	2,8416	-0,046
15	8	2,0794	-0,059

As regressões obtidas são:

L = 30 $\ln(z^*/t) = 4,8747 + 39,6139 (\theta - \theta_0)$ $R^2 = 0,989$
L = 60 $\ln(z^*/t) = 5,3961 + 27,5365 (\theta - \theta_0)$ $R^2 = 0,976$
L = 90 $\ln(z^*/t) = 5,9706 + 67,6500 (\theta - \theta_0)$ $R^2 = 0,996$
L = 120 $\ln(z^*/t) = 6,2800 + 72,8108 (\theta - \theta_0)$ $R^2 = 0,990$

Como o coeficiente linear é $\ln(\beta K_0)$ e o angular o próprio β, temos:

L (cm)	β	K_0 (mm/dia)
30	39,614	33,05
60	27,537	80,09
90	67,650	57,91
120	72,811	73,31

A essa altura, o leitor deve ter observado as grandes diferenças dos resultados obtidos para os diferentes métodos. Como exemplo, o quadro seguinte dispõe, lado a lado, os valores obtidos para L = 90 cm:

Método	β	K_0 (mm/dia)
Hillel et al. (1972)	60,13	57,04
Libardi et al. (1980) Teta	68,03	58,20
Libardi et al. (1980) Fluxo	58,20	64,94
Sisson et al. (1980)	67,65	57,91

3. Pelo que foi visto, o melhor critério para definir o estado de capacidade de campo é a análise do fluxo de água. Na solução do Exercício 1 apresentamos um quadro de fluxos, isto é, sua variação no tempo. Naquele quadro, vê-se que, após cinco dias, os fluxos ainda são da ordem de 1 a 6 mm . dia^{-1}, o que é alto em comparação com valores de evapotranspiração que, usualmente, são dessa ordem de grandeza. Para onze dias são menores, mas talvez ainda não desprezíveis. Como temos dados de θ só até quinze dias, tomaria esses valores como a $θ_{CC}$. É importante verificar também que no 15° dia os potenciais matriciais h são da ordem de –100 cmH$_2$O (ou –0,1 atm) para qualquer profundidade. No quadro inicial são dados valores de H, e se deles forem subtraídos os valores do potencial gravitacional z, resta h da ordem de –100. Vê-se que esse solo, após quinze dias de drenagem, está longe do –1/3 de atm. Por isso, para a maioria dos solos, o valor de –1/10 atm para $θ_{CC}$ é mais recomendável que o de –1/3 atm.

LITERATURA CITADA

BACCHI, O. O. S.; CORRENTE, J. E.; REICHARDT, K. Avaliação de dois métodos simples de determinação da condutividade hidráulica do solo. *Revista Brasileira de Ciência do Solo*, v. 15, n. 3, p. 249-52, 1991.

DOURADO-NETO, D.; REICHARDT, K.; SILVA, A. L.; BACCHI, O. O. S.; TIMM, L. C.; OLIVEIRA, J. C. M.; NIELSEN, D. R. A software to calculate soil hydraulic conductivity in internal drainage experiments. *Revista Brasileira de Ciência do Solo*, v. 31, p. 1219-22, 2007.

HILLEL, D.; KRENTOS, V. D.; STYLIANOU, Y. Procedure and test of an internal drainage method for measuring soil hydraulic characteristics in situ. *Soil Science*, v. 114, p. 395-400, 1972.

ISLABÃO, G. O.; LIMA, C.L.R.; VAHL, L.C.; TIMM, L.C.; TEIXEIRA, J.B.S. Hydro-physical properties of a Typic Hapludult under the effect of rice husk ash. *Revista Brasileira de Ciência do Solo*, v. 40, e0150161, 2016.

LIBARDI, P. L.; REICHARDT, K. Libardi's method refinement for soil hydraulic conductivity measurement. *Australian Journal of Soil Research*, v. 3, p. 851-60, 2001.

LIBARDI, P. L.; REICHARDT, K.; NIELSEN, D. R.; BIGGAR, J. W. Simplified field methods for estimating the unsaturated hydraulic conductivity. *Soil Science Society of America Journal*, v. 44, n. 1, p. 3-6, 1980.

MONTEIRO, A.B.; BAMBERG, A.L.; PEREIRA, I. DOS S.; STÖCKER, C.M.; TIMM, L.C. Características físico-hídricas de substratos formulados com lodo de esgoto na produção de mudas de acácia-negra. *Ciência Florestal*, v. 29, n. 3, p. 1428-35, 2019.

MONTEIRO, A.B.; BAMBERG, A.L.; PEREIRA, I. DOS S.; STÖCKER, C.M.; TIMM, L.C. Substrates for seedlings with sewage sludge and biochar. *Revista Ceres*, v. 67, n.6, p. 419-428, 2020.

REICHARDT, K. Capacidade de campo. *Revista Brasileira de Ciência do Solo*, v. 12, n. 3, p. 211-6, 1988.

REICHARDT, K. Unit gradient in internal drainage experiments for the determination of soil hydraulic conductivity. *Scientia Agricola*, v. 50, n. 1, p. 151-3, 1993.

REICHARDT, K.; TIMM, L. C.; BACCHI, O. O. S.; OLIVEIRA, J. C. M.; DOURADO-NETO, D. A parameterized equation to estimate hydraulic conductivity in the field. *Australian Journal of Soil Research*, v. 42, p. 283-7, 2004.

REICHARDT, K.; PORTEZAN-FILHO, O., LIBARDI, P. L.; BACCHI, O. O. S.; MORAES, S. O.; OLIVEIRA, J. C. M.; FALLEIROS, M. C. Critical analysis of the field determination of soil hydraulic conductivity functions using the flux-gradient approach. *Soil and Tillage Research*, v. 48, p. 81-9, 1998.

RICHARDS, L.A.; WADLEIGH, C.H. Soil water and plant growth. In Soil Physical Conditions and Plant Growth. *Agronomy Monograph*, v. 2, p. 73–251, 1952.

SISSON, J. B. Drainage from layered field soils: fixed gradient models. *Water Resources Re-search*, v. 23, n. 11, p. 2071-5, 1987.

SISSON, J. B.; FERGUSON, A. H.; VAN GENUCHTEN, M. Th. Simple method for prediction drainage from field plots. *Soil Science Society of America Journal*, v. 44, p. 1147-52, 1980.

SILVA, A. L.; BRUNO, I. P.; REICHARDT, K.; BACCHI, O. O. S.; DOURADO-NETO, D.; FAVARIN, J. L.; COSTA, F. M. P.; TIMM, L. C. Soil water extraction by roots and Kc for the coffee crop. *Revista Brasileira de Engenharia Agrícola e Ambiental*, v. 13, n. 3, p. 257-61, 2009.

SILVA, A. L.; REICHARDT, K.; ROVERATTI, R.; BACCHI, O. O. S.; TIMM, L. C.; OLIVEIRA, J. C. M.; DOURADO-NETO, D. On the use of soil hydraulic conductivity functions in the field. *Soil and Tillage Research*, v. 93, p. 162-70, 2007.

SILVA, A. L.; ROVERATTI, R.; REICHARDT, K.; BACCHI, O. O. S.; TIMM, L. C.; BRUNO, I. P.; OLIVEIRA, J. C. M.; DOURADO-NETO, D. Variability of water balance components in a coffee crop grown in Brazil. *Scientia Agricola*, v. 63, p. 105-14, 2006.

TIMM, L. C.; OLIVEIRA, J. C. M.; TOMINAGA, T. T.; CÁSSARO, F. A. M.; REICHARDT, K.; BACCHI, O. O. S. Soil hydraulic conductivity measurement on a sloping field. *Revista Brasileira de Engenharia Agrícola e Ambiental*, v. 4, n. 3, p. 480-2, 2000.

VILLAGRA, M. M.; MICHIELS, P.; HARTMANN, R.; BACCHI, O. O. S.; REICHARDT, K. Field determined variation of the unsaturated hydraulic conductivity functions using simplified analysis of internal drainage experiments. *Scientia Agricola*, v. 51, n. 1, p. 113-22, 1994.

15
Evaporação e evapotranspiração

> A evaporação da água dá-se nas interfaces de água, de solo ou de planta em contato com a atmosfera. Como ela é a passagem da água do estado líquido para o gasoso, o processo requer energia, que é fornecida pelo Sol. Nas superfícies de lagos, tanques e rios, sua quantificação é um processo simples de cálculo de energias. A evaporação na superfície do solo fica sujeita às condições internas do solo no que se refere à distribuição de umidade, da condutividade hidráulica, da presença ou não de lençol freático. A evaporação da água pelas plantas, que se dá principalmente pelas folhas, é denominada transpiração, e nesse caso, além dos cálculos energéticos de balanço de energia, entram fatores biológicos (vitais), que afetam o processo. Nas culturas agrícolas, as perdas se dão pelo solo e pela planta, sendo o processo denominado de evapotranspiração. A quantificação da água perdida por evapotranspiração é dado fundamental no manejo da agricultura e da irrigação.

INTRODUÇÃO

O termo evaporação é usado para a passagem da água do estado líquido para o gasoso e, em Agronomia, inclui dois processos distintos. Um para superfícies inanimadas, como a água de um solo úmido ou de um reservatório, barragem ou lago, sendo o processo regido por leis puramente físicas. A esse processo se reserva o termo **evaporação**. Já na evaporação da água através de superfícies vivas, como a de uma planta ou de um animal, fenômenos biológicos limitam as leis físicas. A esse processo se reserva o termo **transpiração**. Quando ambos os processos ocorrem simultaneamente, como em uma cultura vegetal, em que há perda de água pelo solo e pela planta, utiliza-se o termo **evapotranspiração**.

A perda de água do solo por evaporação através de sua superfície ou por transpiração pelas plantas é um parâmetro importante no ciclo hidrológico, em especial nas áreas cultivadas. Lembrando que 1 mm corresponde a 1 L m^{-2}, uma evapotranspiração de 10 mm, comum na floresta amazônica, corresponde a milhões de metros cúbicos de água que passam para a atmosfera, um volume muito maior que a própria vazão na foz do rio Amazonas. Para cada grama de nutrientes absorvido do solo pela planta, centenas de gramas de água precisam ser absorvidos e transpirados. Por essa razão, a transpiração é, com frequência, chamada de evaporação produtiva, a fim de contrastá-la da evaporação do solo, chamada de evaporação não produtiva. Porém, essa evaporação da água pela superfície do solo pode ser, em casos especiais, de grande importância do ponto de vista quantitativo.

O processo físico de evaporação da água é a sua passagem do estado líquido para o gasoso, a temperaturas abaixo do ponto de ebulição da água. Em se tratando de mudança de estado, é um processo que exige energia, no caso o **calor latente de evaporação** L (ver Quadro 1 no Capítulo 2, e não confundir este L com litro), tanto maior quanto mais fria a água. Pereira et al. (1997) apresentam a equação de L em função de T, para T em °C entre 0 e 100, no sistema internacional:

$$L = 2497 - 2{,}37\,T \ (J.g^{-1})$$

Como as quantificações dos processos têm sido feitas por unidade de área, em geral o metro quadrado (m²) ou o hectare (ha), utiliza-se o "**equivalente de evaporação**", que é o valor L expresso em $J \cdot mm^{-1}$ de água evaporada. Dessa forma, a comparação da evaporação com precipitação, irrigação e armazenamento fica facilitada. A massa de 1 g de água pode ser representada por um cubo de 1 cm³ (1 × 1 × 1 cm) com superfície superior de 1 cm². Assim, quando 1 g de água de um reservatório é evaporado, perde-se uma altura de 1 cm, ou 10 mm. Dessa forma, para 10°C < T < 30°C, toma-se o valor médio de L = 2.450 $J \cdot g^{-1}$ (Quadro 1, Capítulo 2), e resulta 245 $J \cdot mm^{-1}$. Essa energia vem da radiação solar, que, por isso, é fator importante no processo. Como foi visto no Capítulo 5, sobre a Atmosfera, a umidade do ar também é importante. Se o **déficit de saturação** é grande, a evaporação é estimulada; se é nulo, o que representa um ar saturado (UR = 100%), o processo de evaporação cessa, ou melhor, entra em equilíbrio dinâmico, no qual o número de moléculas de água que passa para a fase gasosa é igual ao número que retorna. O vento afeta a evaporação, tanto acelerando-a, com a entrada de ar mais seco, como retardando-a, com a entrada de ar mais úmido. A movimentação atmosférica mantém, portanto, um "**poder evaporante**" (Ea), isto é, capacidade de secamento das superfícies, mesmo à sombra, sem a presença de radiação solar. Nesse caso o calor latente L é retirado, por difusão (calor sensível), do ar que circunda a superfície, ou da própria superfície. É por isso que, ao sairmos de um banho de chuveiro, mesmo em um dia quente, sentimos frio. A seguinte expressão é utilizada:

$$Ea = f(u) \cdot d \qquad (1)$$

em que f(u) é uma função empírica da velocidade do vento u e d é o déficit de saturação (Equação 9, Capítulo 5). Esses são os principais fatores físicos que afetam a evaporação. Já na planta, além desses, entram os fatores biológicos, sobretudo o controle dos estômatos.

Neste capítulo será focada, em primeiro lugar, a evaporação da água pela superfície do solo. Faremos a distinção entre dois casos: a evaporação constante, em equilíbrio dinâmico, que ocorre na presença de um lençol freático próximo à superfície do solo, e a evaporação variável, que ocorre em um solo muito profundo, sem a presença de lençol freático nas proximidades da superfície. Em seguida, será abordada a evapotranspiração, muito bem apresentada por Pereira et al. (1997).

EVAPORAÇÃO EM EQUILÍBRIO DINÂMICO

Muitos pesquisadores estudaram a evaporação da água do solo, em condições de equilíbrio dinâmico. Um trabalho clássico (Willis, 1960) que apresenta interessante análise, fazendo uso apenas da **equação de Darcy-Buckingham**, é o que veremos a seguir.

Consideremos uma coluna de solo como a esquematizada na Figura 18 (Capítulo 6), que simula um solo com lençol freático próximo à superfície. Nessa coluna, obviamente, o potencial matricial h é nulo na posição do lençol freático e, na superfície evaporante, pelo fato de o solo estar relativamente seco, h será considerado muito pequeno, isto é, tendendo para -∞. Consideremos, também, que apenas as componentes matricial e gravitacional do potencial total da água têm importância, podendo os gradientes dos outros componentes serem desprezados. Assim, o fluxo constante de água q, dentro da coluna do solo, igual à evaporação na superfície, é dado pela equação de Darcy-Buckingham:

$$q = -K\frac{dH}{dz} = K\frac{dh}{dz} - K \quad (2)$$

em $q = E$ e $H = -h + z$.

Note que os diferenciais são totais, pois trata-se de um caso de equilíbrio dinâmico no qual H é só função de z, e não de t. Os perfis de umidade θ e de potencial H são invariáveis com o tempo. Os dados de K existentes na época, obtidos por uma série de pesquisadores, podiam ser relacionados com o potencial matricial h, na faixa mais úmida do solo, usando uma expressão do tipo:

$$K(h) = \frac{a}{(h^n + b)} \quad (3)$$

em que a, b e n são constantes obtidas por ajuste de dados experimentais à Equação 3. Apesar de termos visto no Capítulo 8 que o melhor modelo para K é o exponencial, essa relação até hoje é válida, na faixa úmida, para vários solos. Solos argilosos têm, usualmente, valores de n em torno de 2, enquanto solos arenosos podem ter n = 4 ou mais, o que significa que para os últimos a condutividade hidráulica decresce mais drasticamente com a umidade que para os primeiros. Imaginemos o caso de um solo para o qual n = 2, ou seja, um solo de textura fina. Assim:

$$K(h) = \frac{a}{(h^2 + b)} \quad (4)$$

Rearranjando a Equação 2, substituindo o valor de K da Equação 4 e separando as variáveis, temos:

$$dz = \frac{dh}{\left[1 + \frac{q(h^2 + b)}{a}\right]}$$

que, integrada de 0 a L em relação a z (pois esse é o campo de variação de z na coluna de solo) e de 0 a ∞ em relação a $-h$ (também o campo de variação de h na coluna), nos fornece:

$$\int_0^L dz = \int_0^\infty \frac{(a/q)dh}{(a/q) + b + h^2} \quad (5)$$

A solução da Equação 5 é simples e foi apresentada na edição anterior deste livro. O resultado, já simplificado, é:

$$q = \frac{a\pi^2}{4L^2} \quad (6)$$

A Equação 6 nos diz que para esses solos mais argilosos a densidade de fluxo q é proporcional ao inverso de L^2. Isso significa que, para esses solos (ou, mais corretamente, para os solos em relação aos quais a Equação 4 é válida), a velocidade de evaporação decresce com o quadrado da profundidade na qual se encontra o lençol freático. Essa é uma informação importante no controle da evaporação mediante a manipulação do lençol freático, em projetos de drenagem.

Consideremos, agora, um outro solo para o qual n = 4, isto é, de textura arenosa. Para esse caso, a Equação 5 fica:

$$\int_0^L dz = \int_0^\infty \frac{(a/q)dh}{(a/q) + h^4} \quad (7)$$

cuja solução nos leva a:

$$q = \frac{\pi^4 a}{64 L^4} \quad (8)$$

o que significa que no caso de um solo arenoso (n = 4), q é proporcional ao inverso de L^4, isto é, a densidade de fluxo decresce muito mais rapidamente que no solo argiloso, no caso de um rebaixamento do lençol freático. Esses dois exemplos, apesar de todas as aproximações, dão ao leitor uma boa ideia do processo de evaporação constante a partir do lençol freático. Obviamente, valores possíveis de n, diferentes de 2 e 4, trazem problemas na integração de equações do tipo 5 e 7, em especial se n for fracionário. Hoje, com o avanço das técnicas de integração, isso já não é problema. Outros exemplos podem ser vistos em Hillel (1998).

EVAPORAÇÃO NA AUSÊNCIA DE LENÇOL FREÁTICO

O processo de evaporação de um solo nu sem lençol freático nas profundidades perto da superfície do solo ocorre em três estágios distintos. O primeiro estágio é caracterizado por uma velocidade de evaporação E constante e independente da umidade do solo (cujo valor é alto), como mostra a Figura 1. Nesse estágio, a evaporação depende das condições reinantes na atmosfera próximo do solo, como energia radiante, velocidade do vento, temperatura e umidade do ar. O primeiro estágio termina quando se estabelece resistência ao fluxo de água na camada superior do solo e a velocidade de evaporação deixa de ser constante, decrescendo com o tempo. No segundo estágio, a velocidade de evaporação E é uma função linear da umidade média do perfil do solo $\bar{\theta}$ e as condições reinantes externamente perdem importância, enquanto condições intrínsecas do solo passam a governar o transporte de água no perfil e, em consequência, a velocidade de evaporação.

Quando a função que correlaciona E com $\bar{\theta}$ começa a perder a linearidade e o solo já se encontra bem seco, inicia-se o terceiro estágio do processo. Esse estágio caracteriza-se por um movimento bastante lento da água, decorrente da baixa condutividade hidráulica do solo, ocorrendo sobretudo na fase de vapor.

A análise matemática dos diversos processos baseia-se na solução da equação geral de fluxo de água:

$$\frac{\partial \theta}{\partial t} = \frac{\partial}{\partial z}\left[K(\theta)\frac{\partial H}{\partial z}\right] \quad (9)$$

sujeita às condições de contorno de cada caso particular.

Um estudo do processo de evaporação de água de solos mais arenosos, usando a técnica de atenuação da radiação gama, descrita no Capítulo 6, é mostrado nas Figuras 2 e 3, com alguns resultados típicos para colunas de solo podzólico vermelho-amarelo (argissolo), série Ibitiruna, de Piracicaba (SP).

Com base nesses gráficos, verifica-se que o primeiro estágio do processo de evaporação da água do solo é tanto mais demorado quanto menor for a velocidade ou taxa de evaporação. Como consequência, baixas velocidades de evaporação esgotam mais a água do solo, isto é, quanto menor a velocidade de evaporação, tanto menor a umidade média do perfil no fim do primeiro estágio. A coluna número 4 (Figura 2) possuía uma camada de agregados de diâmetro entre 1 e 2 mm e, como se pode verificar, essa coluna praticamente não percebeu o primeiro estágio, pelo fato de imediatamente se formar uma crosta seca. Nesse estudo, também se verificou que uma camada de 0 a 5 mm de espessura condicionou a evaporação da água dos solos estudados, após o primeiro estágio.

No terceiro estágio de evaporação, o fluxo de água é bastante lento e uma fração considerável desse fluxo ocorre na forma de vapor. O processo principal responsável pelo movimento de vapor é o de difusão (Capítulos 8 e 10), devido a gradientes de pressão parcial de vapor d'água e_a ou da umidade atual ρ_v, definidos no Capítulo 5. O movimento de vapor torna-se considerável apenas para solos bem secos. Para o fluxo de vapor, podemos escrever, segundo a lei de difusão de Fick:

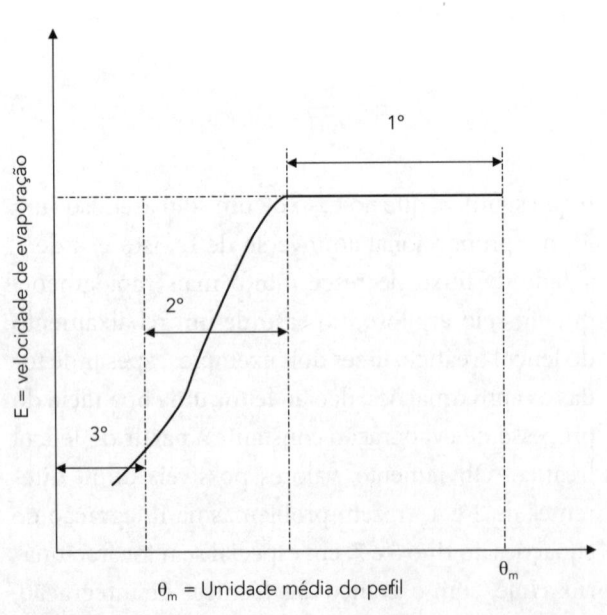

$$j_d = -D_v \frac{de_a}{dx} \quad (10)$$

FIGURA 1 Estágios do processo de evaporação de um solo nu.

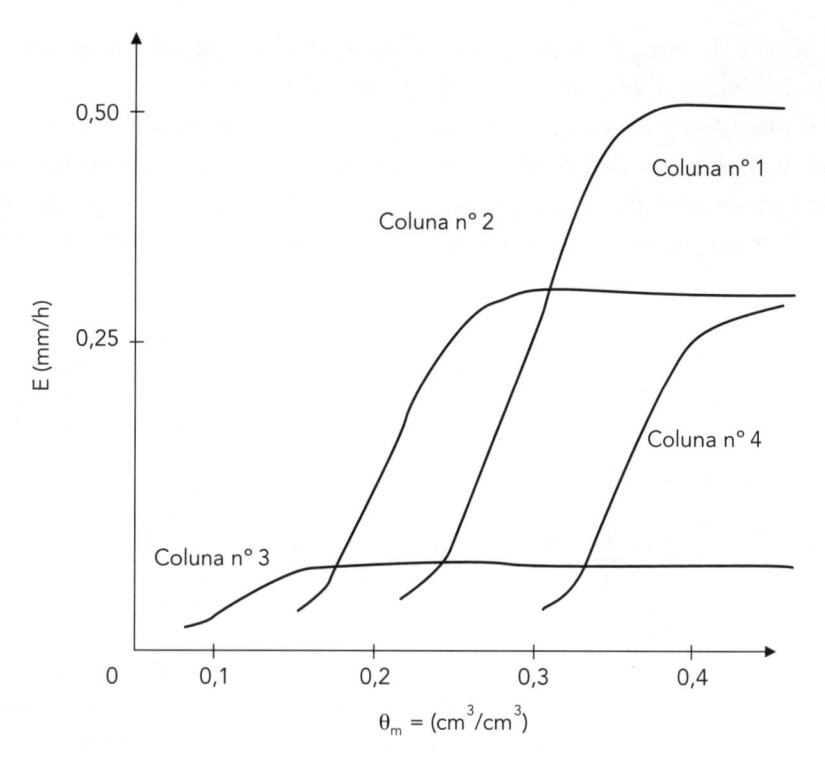

FIGURA 2 Variação da velocidade de evaporação da água do solo em função da umidade média (θ_m) da coluna de solo (solo Ibitiruna [Reichardt, 1968]).

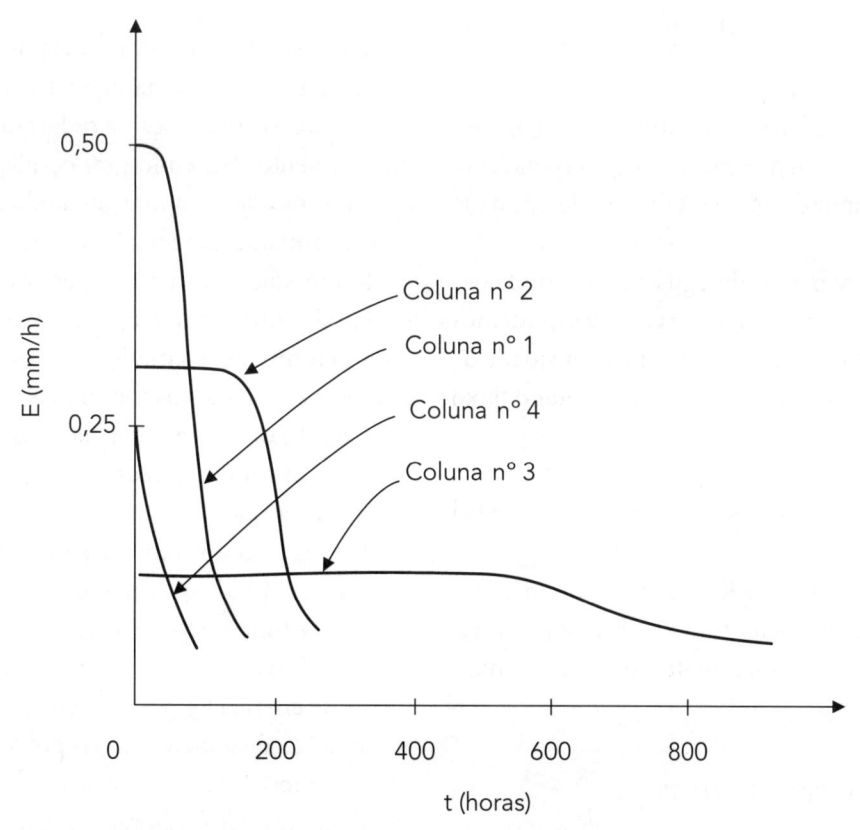

FIGURA 3 Variação da velocidade de evaporação da água do solo em função do tempo (solo Ibitiruna [Reichardt, 1968]).

em que $\dot{J}_d$ é a densidade de fluxo de vapor e D_v, o coeficiente de difusão de vapor em solo. Como e_a é uma função de θ (umidade do solo, que, por sua vez, é uma função de h) e e_0 (pressão de saturação de uma superfície livre de água pura, que, por sua vez, é uma função da temperatura T), podemos então dizer que:

$$\frac{de_a}{dx} = \frac{\partial e}{\partial e_o}\frac{\partial e_o}{\partial T}\frac{\partial T}{\partial x} + \frac{\partial e}{\partial h}\frac{\partial h}{\partial \theta}\frac{\partial \theta}{\partial x} \quad (11)$$

e substituindo a Equação 11 em 10:

$$\dot{J}_d = -D_v \underbrace{\frac{\partial e}{\partial e_o}\frac{\partial e_o}{\partial T}\frac{\partial T}{\partial x}}_{D_{Tv}} - D_v \underbrace{\frac{\partial e}{\partial h}\frac{\partial h}{\partial \theta}\frac{\partial \theta}{\partial x}}_{D_{\theta v}} \quad (12)$$

Como as funções $e = e(T)$ e $\theta = \theta(h)$ são características para dada situação, as derivadas parciais da Equação 12 podem ser agrupadas com D_v, definindo-se novos valores dos coeficientes de difusão:

$$\dot{J}_d = -D_{Tv}\frac{\partial T}{\partial x} - D_{\theta v}\frac{\partial \theta}{\partial x} \quad (13)$$

em que D_{Tv} é o coeficiente de difusão de vapor devido a gradientes de temperatura e $D_{\theta v}$, o coeficiente de difusão de vapor devido a gradientes de umidade do solo.

Como o movimento de água nestas condições se dá simultaneamente em ambas as fases, podemos reunir a Equação 13 com a equação da densidade de fluxo de água na fase líquida q, a fim de obter o fluxo total de água:

$$q_t = \dot{J}_d + q \quad (14)$$

Ainda combinando a Equação 14 com a equação da continuidade (Capítulo 8), obtemos a equação diferencial para movimento de água nas duas fases:

$$\frac{\partial \theta}{\partial t} = \nabla \cdot (D_T \nabla T) + \nabla \cdot (D_\theta \nabla \theta) - \frac{\partial K}{\partial z} \quad (15)$$

em que ∇ é o operador divergente; $D_T = (D_{Tl} + D_{Tv})$ e $D_\theta = (D_{\theta l} + D_{\theta v})$.

A fim de exemplificar a ordem de grandeza das diferentes difusividades, os dados apresentados no Quadro 1 correspondem a um solo argilo-arenoso, não muito úmido, $\theta = 0{,}10$ m^3 . m^{-3}.

QUADRO 1 Difusividades de um solo argilo-arenoso, não muito úmido, $\theta = 0{,}10$ m^3.m^{-3}, extraídos de Philip e Vries (1957)

Difusividades (cm²/dia.°C)	10 °C	20 °C	30 °C
D_{Tv}	$0{,}8 \times 10^{-2}$	$1{,}5 \times 10^{-2}$	$1{,}7 \times 10^{-2}$
D_{Tl}	$0{,}2 \times 10^{-2}$	$0{,}4 \times 10^{-2}$	$0{,}6 \times 10^{-2}$
$D_{\theta v}$	$0{,}6 \times 10^{-5}$	$2{,}0 \times 10^{-5}$	$4{,}0 \times 10^{-5}$
$D_{\theta l}$	0,2	0,4	0,6

Esses dados mostram a importância do fluxo na fase líquida em decorrência do grad θ, pois $D_{\theta l}$ é 100 vezes maior que D_{Tv} e D_{Tl} e, muitas vezes, maior que $D_{\theta v}$.

EVAPORAÇÃO POTENCIAL E REAL

Pode-se definir como **evaporação potencial** aquela que se dá em uma superfície de água, exposta livremente às condições de radiação solar, umidade do ar e vento. Havendo grande disponibilidade de água no solo, sua evaporação também é, comumente, denominada potencial. A evaporação potencial E_p de um solo é a máxima perda de água que um solo pode sofrer, por evaporação, quando submetido a determinadas condições meteorológicas. Não havendo suficiente disponibilidade de água, a evaporação deixa de ser potencial, passando a ser chamada de **evaporação real** E. De maneira geral, podemos dizer que $E \leq E_p$.

Para o caso do solo, durante o primeiro estágio de evaporação visto acima, ocorre E_p. Como já foi dito, esta é função das condições meteorológicas reinantes sobre a superfície evaporante. Se uma quantidade de energia Q_L por unidade de área e de tempo encontra-se disponível para o processo de evaporação na superfície do solo, é fácil verificar que a velocidade ou taxa de evaporação é dada por:

$$E = E_p = \frac{Q_L}{L} \qquad (16)$$

em que L é o calor latente de evaporação. Quando Q_L é dado em J . m^{-2} . dia^{-1} e L em J . L^{-1}, resulta E em mm . dia^{-1}.

EVAPOTRANSPIRAÇÃO POTENCIAL E REAL

Como vimos, a evapotranspiração depende, essencialmente, da energia disponível para o processo de evaporação da água. Assim, havendo água disponível no solo, a evapotranspiração é diretamente proporcional à energia disponível. Por exemplo, para um dia típico em Piracicaba (SP), no qual a radiação líquida Q_L foi de 337 cal . cm^{-2} . dia^{-1}, 5,8 mm de água poderiam ser evaporados. Esse cálculo leva em conta que as 337 cal . cm^{-2} . dia^{-1} foram totalmente absorvidas por uma superfície evaporante e que toda a energia foi utilizada no processo de evaporação. Para uma cultura vegetal, porém, a superfície exposta à radiação não é plana, possui uma área maior que sua projeção sobre o solo e a absorção da radiação não é total. O vento, pela turbulência, e a umidade relativa do ar, pelo potencial do vapor d'água, também interferem no processo, ora acelerando-o, ora restringindo-o.

Com o intuito de padronizar a evapotranspiração de comunidades vegetais, foram fixadas as condições nas quais sua medida deve ser feita. Definiu-se, então, a **evapotranspiração de referência** ET_0 como "a quantidade de água evapotranspirada na unidade de tempo e de área, por uma cultura de baixo porte, verde, cobrindo totalmente o solo, de altura uniforme e sem deficiência de água" (Figura 4). Em nossas condições, utiliza-se uma parcela de grama-batatais (*Paspalum notatum L.*), que, nas regiões tropicais e subtropicais, permanece praticamente verde e em pleno desenvolvimento durante o ano todo, desde que seja irrigada.

Para essa superfície definida, as condições climáticas (energia líquida, vento e umidade relativa) é que determinam o valor de ET_0. Em vista disso, a

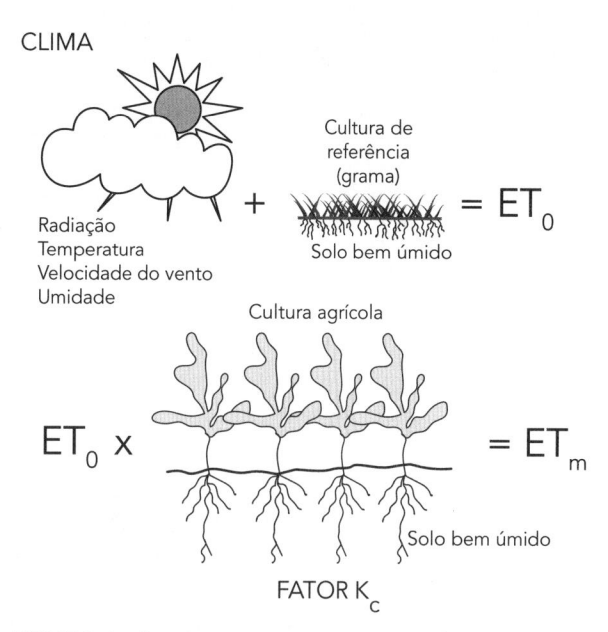

FIGURA 4 Representação esquemática da evapotranspiração de referência (potencial) ET_0 e a evapotranspiração máxima de uma cultura agrícola ET_m (ET_c).

evapotranspiração de referência é tomada como um elemento meteorológico de referência para estudos comparativos de perda de água pela vegetação em diferentes situações e locais.

Devido a diferenças da interface cultura-atmosfera entre a grama-batatais e outras culturas, também em diferentes estádios de desenvolvimento, definiu-se a **evapotranspiração máxima de uma cultura** ET_m, também denominada de evapotranspiração da cultura (ET_c), relacionada à evapotranspiração de referência ET_0, mediante um coeficiente de cultura K_c, já apresentado na Figura 7 (Capítulo 4) para a cultura do milho e com mais detalhe na Figura 5.

$$ET_c = K_c \cdot ET_0 \qquad (17)$$

sendo K_c determinado de modo experimental para diversas culturas, em diferentes estádios de desenvolvimento, pela relação ET_c/ET_0.

A Figura 5 mostra como K_c varia durante o ciclo de uma cultura anual (do tipo arroz de sequeiro, feijão, milho ou soja). No início do estabelecimento da cultura, K_c é pequeno, pois uma pequena fração do solo é coberta pela cultura, que tem um sistema radicular pouco desenvolvido. Com a cultura

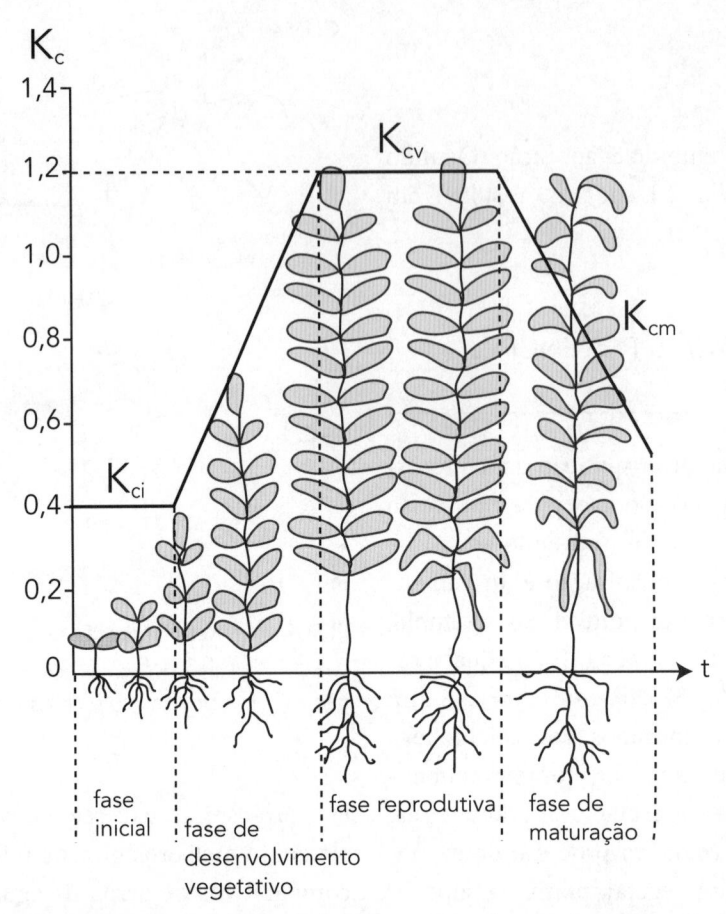

FIGURA 5 Variação do coeficiente de cultura K_c durante o ciclo de uma cultura agrícola anual. K_{ci} = inicial; K_{cv} = vegetativo; K_{cm} = maturação.

em pleno desenvolvimento, o valor de K_c é máximo, podendo mesmo assumir valores maiores que 1. Valores maiores que 1 indicam que a cultura em questão perde mais água que a grama-batatais, ambas submetidas às mesmas condições climáticas. No Quadro 2 encontramos, ainda, valores de K_c para algumas culturas.

A evapotranspiração da cultura ET_c representa, então, a máxima perda de água que certa cultura sofre, em dado estádio de desenvolvimento, quando não há restrição de água no solo. Analisando os dados do Quadro 2, vê-se que K_c varia mais com o estádio de desenvolvimento do que com o tipo de cultura. Isso significa que a perda máxima de água ET_c, para uma dada condição climática, não é muito diferente para uma floresta, cultura de cana ou pastagem. Ela depende, essencialmente, da energia disponível por unidade de área e de tempo.

A **evapotranspiração real ou atual** ET_a é a que realmente ocorre em qualquer situação de umidade de solo. Se houver água disponível no solo e o fluxo de água na planta atender à demanda atmosférica, ET_a será igual a ET_c. Se houver restrição de água no solo e a demanda atmosférica não for atendida, ET_a será menor que ET_c. De forma geral, temos:

$$ET_a \leq ET_c \qquad (18)$$

Como a disponibilidade de água afeta a produtividade, a situação ideal para uma cultura é que ET_a seja igual a ET_c. Toda vez que $ET_a < ET_c$, há restrição de água e a produtividade pode estar sendo afetada. Por isso, ET_c é usada, em projetos de irrigação, para calcular a demanda climática máxima de uma cultura.

A evapotranspiração da cultura ET_c em geral é dada em mm · dia^{-1}, e, se integrada para um mês,

QUADRO 2 Coeficiente médio de cultura para algumas culturas em função do estádio de desenvolvimento

Cultura	Estádio de desenvolvimento			
	I	II	III	IV
Feijão	0,3 – 0,4	0,7 – 0,8	1,05 – 1,2	0,65 – 0,75
Algodão	0,4 – 0,5	0,7 – 0,8	1,05 – 1,25	0,8 – 0,9
Amendoim	0,4 – 0,5	0,7 – 0,8	0,95 – 1,1	0,75 – 0,85
Milho	0,3 – 0,5	0,8 – 0,85	1,05 – 1,2	0,8 – 0,95
Cana-de-açúcar	0,4 – 0,5	0,7 – 1,0	1,0 – 1,3	0,75 – 0,8
Soja	0,3 – 0,4	0,7 – 0,8	1,0 – 1,15	0,7 – 0,8
Trigo	0,3 – 0,4	0,7 – 0,8	1,05 – 1,2	0,65 – 0,75

Estádio I: emergência até 10% do desenvolvimento vegetativo; estádio II: 10% a 80% do desenvolvimento vegetativo; estádio III: 80% a 100% do desenvolvimento vegetativo; estádio IV: maturação

ciclo de cultura ou ano, teremos mm · mês^{-1}, mm · ciclo^{-1} e mm · ano^{-1}. Alguns exemplos para Piracicaba (SP) são:

- verão: 3 a 5 mm · dia^{-1}, com valores máximos de até 8 mm · dia^{-1};
- outono e primavera: 2 a 4 mm · dia^{-1};
- inverno: 1 a 3 mm · dia^{-1}; e
- cultura de milho na primavera/verão: 360 a 600 mm · ciclo^{-1}.

Variação anual média:

JAN	FEV	MAR	ABR	MAI	JUN	
4,1	3,8	3,6	2,6	2,2	2,0	mm/dia
127	107	112	79	68	60	mm/mês
JUL	AGO	SET	OUT	NOV	DEZ	
2,2	2,8	3,2	4,0	4,4	4,2	mm/dia
68	87	96	125	132	131	mm/mês

Total anual: 1.192 mm

MEDIDA DA EVAPOTRANSPIRAÇÃO

Como a diferença entre a evapotranspiração de uma cultura ET_c e a evapotranspiração real ou atual ET_a está apenas na restrição da água do solo, os métodos diretos de medida são os mesmos para ambas. O método direto mais elaborado é o do **evapotranspirômetro** ou **lisímetro**. A Figura 6 mostra esquematicamente um lisímetro de drenagem. Ele consiste de um tanque (de alvenaria, cimento amianto etc.) preenchido com um volume de solo, instalado até uma determinada profundidade, dentro da área na qual será plantada a cultura cuja evapotranspiração se deseja medir. O tanque possui um sistema de drenagem que permite a medida da água que percola pelo solo. Sua área, A, não deve ser menor que 1 m², podendo chegar a 10 m² ou mais. Sua profundidade, h, deve ser grande, de no mínimo 0,5 m, dependendo da cultura, sendo o ideal 1 a 1,2 m para culturas anuais. Ao encher o reservatório com solo, inicia-se com uma camada de cascalho e outra de areia fina. O solo deve ser colocado obedecendo as camadas que ocorrem no perfil. Para fazer uma medida, o solo é molhado, até aparecer água de drenagem no poço de coleta. Depois de 1 a 2 dias, a drenagem cessa, a água do solo encontra-se em equilíbrio. Nessas condições, inicia-se o período de medida, sendo a evapotranspiração mensurada pelo total de água usado pela vegetação em dado período, determinado pela diferença entre as quantidades de água colocada e percolada. O operador precisa adquirir prática, a fim de saber avaliar a quantidade de água a ser posta, para que não haja muita percolação. O cálculo é feito por:

$$ET = I - D \qquad (19)$$

sendo I a água colocada (irrigação) e D a água percolada (drenagem). ET será igual a ET_0, se a cultura for grama-batatais; será igual a ET_c para qualquer outra cultura; e será ET_a, se o período de medida for longo e houver restrição de água.

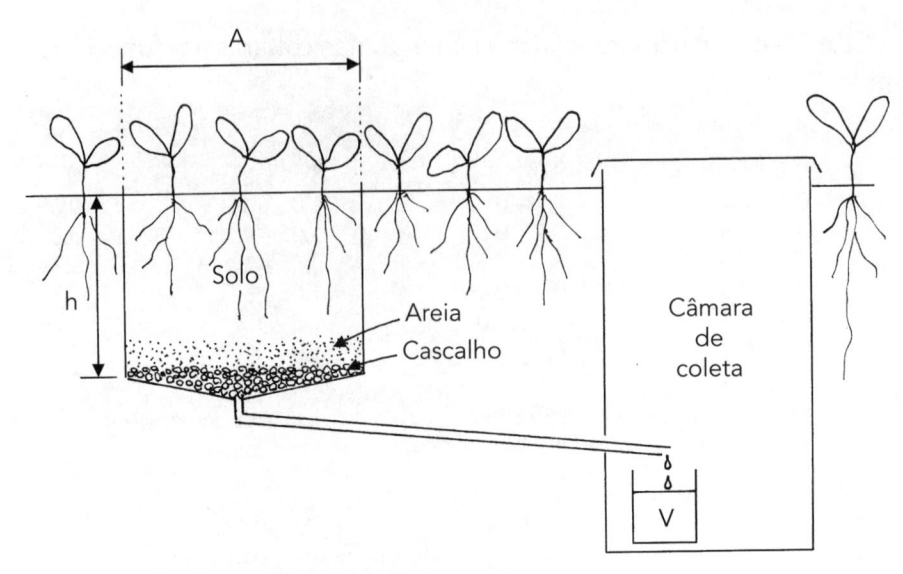

FIGURA 6 Esquema de evapotranspirômetro.

O solo atinge seu armazenamento máximo depois de molhado e de obtido seu equilíbrio (drenagem cessa). Daí por diante, passa a perder água por evapotranspiração. Passados 2 a 5 dias, quando se adiciona água, a quantidade deve ser excessiva para que o armazenamento volte ao valor máximo e a diferença percole. Dessa forma, nem é preciso conhecer o armazenamento máximo.

Vejamos um exemplo a seguir, de um tanque com A = 4 m², plantado com feijão.

Data (8h00)	12 out.	15 out.	18 out.	22 out.	24 out.
Água adicionada (litros)	60	60	60	60	60
Água percolada (litros)	9,5	14,3	12,1	15,8	18,4

Vê-se que dos 60 litros aplicados em 12 de outubro, 14,3 foram drenados até o dia 15 de outubro. Os restantes 60 − 14,3 = 45,7 litros foram evapotranspirados no período de 12 a 15 daquele mês. Como A = 4 m², o total evapotranspirado é 45,7/4 = 11,4 L/m², ou 11,4 mm. Ainda, como o período é de três dias, temos ET_c = 3,8 mm · dia⁻¹. Para os períodos subsequentes, temos ET_c = 4,0; 2,8 e 5,2 mm · dia⁻¹.

Outro método direto é a medida, no campo, do armazenamento de água do solo até uma profundidade L maior que o sistema radicular da cultura, em duas datas consecutivas. Se não houver chuva no período e se o movimento descendente de água não for apreciável, a diferença de armazenamento é uma estimativa da evapotranspiração:

$$ET_a = \frac{[A_L(t_2) - A_L(t_1)]}{(t_2 - t_1)} \quad (20)$$

em que $A_L(t_2)$ e $A_L(t_1)$ são, respectivamente, os armazenamentos de água nos tempos t_2 e t_1. Esse assunto já foi abordado no Capítulo 3, quando foi discutido o conceito de armazenamento de água no solo. O Quadro 9 e a Figura 15, ambos do Capítulo 3, ilustram a questão.

A evapotranspiração de referência ET_0, como a própria definição indica, depende exclusivamente das condições climáticas. Com base nisso, vários métodos denominados indiretos (ou teórico-empíricos) fornecem estimativas de ET_0, empregando apenas dados climáticos. Os métodos de Blaney-Criddle e de Thornthwaite estimam ET_0 a partir de dados de temperatura do ar e de comprimento do dia. Já o método de Penman se vale de dados de radiação solar, vento e umidade do ar.

Entraremos em mais detalhes para três métodos muito utilizados (métodos de Thornthwaite, de Penman e de Penman-Monteith). Para mais informações sobre outros métodos, consulte Pereira et al. (1997) e Allen et al. (1998).

a. Método de Thornthwaite (Thornthwaite, 1948)

O cálculo da evapotranspiração pelo método de Thornthwaite (ET_0) é realizado conforme segue:

$$ET_0 = f \cdot 16 \cdot \left(10 \cdot \frac{Tn}{I}\right)^a \quad (21)$$

em que Tn é a temperatura média do mês n, em °C; I é o índice de calor na região, calculado conforme a Equação 23; f é um fator de correção em função da latitude e do mês do ano, apresentado no Quadro 3; e a é um índice térmico regional, calculado pela Equação 24, logo abaixo. Nesse caso, o resultado da ET_0 será em mm.mês^{-1}, pois a evapotranspiração de referência é calculada para um mês de trinta dias, considerando-se que cada dia tem um fotoperíodo de doze horas. O fator f é importante para a sua correção e transformação em número real de dias do mês. Para a obtenção da ET_0 em escala diária (mm.dia^{-1}), basta dividir o resultado em mm.mês^{-1} pelo número de dias do mês.

QUADRO 3 Fator de correção da evapotranspiração em função do fotoperíodo e do número de dias do mês, para latitude 22° Sul

Mês	f	Mês	f
Janeiro	1,14	Julho	0,94
Fevereiro	1,00	Agosto	0,99
Março	1,05	Setembro	1,00
Abril	0,97	Outubro	1,09
Maio	0,95	Novembro	1,10
Junho	0,90	Dezembro	1,16

Fonte: Thornthwaite (1948); Pereira et al. (2002)

A Equação 21 é utilizada quando $0 \leq Tn < 26{,}5°C$. No caso de $Tn \geq 26{,}5°C$, ET_0 será dada por:

$$ET_0 = -415{,}85 + 32{,}24 \cdot Tn - 0{,}43 \cdot Tn^2 \quad (22)$$

O valor de I depende do ritmo anual da temperatura e integra o efeito térmico de cada mês, sendo preferencialmente calculado com os valores normais de temperatura para o local (Pereira et al., 1997, 2002):

$$I = \sum_{n=1}^{12} (0{,}2 \cdot Tn)^{1{,}514} \quad (23)$$

Da mesma forma que I, a é calculado com as normais climatológicas, sendo esses coeficientes característicos da região e independentes do ano de estimativa. O expoente a é calculado de acordo com a Equação 24:

$$a = 6{,}75 \times 10^{-7} \cdot I^3 - 7{,}71 \times 10^{-5} \cdot I^2 + 1{,}7912 \times 10^{-2} \cdot I + 0{,}49239 \quad (24)$$

Como se vê, o método de Thornthwaite emprega apenas a temperatura do ar como variável temporal. A temperatura do ar, na verdade, engloba a radiação solar, que seria a variável mais importante na intensidade da evapotranspiração. O método ainda hoje é muito utilizado, principalmente quando apenas dados de T são disponíveis, o que ocorre em muitas regiões do globo.

b. Método de Penman (Penman, 1948)

A estimativa da ET_0 pelo método de Penman é dada por:

$$ET_0 = \frac{W \cdot Q_L}{\lambda} + (1 - W) \cdot E_a \quad (25)$$

em que λ é o calor latente de evaporação (MJ.kg^{-1}); W é o fator de ponderação dependente da temperatura do ar, obtido pela Equação 26; Q_L é a radiação líquida (MJ.m^{-2}.d^{-1}) dada pela Equação 17 do Capítulo 5; E_a é o poder de evaporação do ar (MJ.m^{-2}.d^{-1}), obtido pela Equação 1. Assim:

$$W = \frac{\Delta}{\Delta + \lambda} \quad (26)$$

sendo Δ a inclinação (derivada) da curva de pressão de vapor de saturação e temperatura do ar, em kPa.°C^{-1} (Figura 2, Capítulo 5; Equação 1), e λ a constante psicrométrica (ver Equação 10, Capítulo 5), que utiliza o valor da pressão atmosférica (P_{atm}) para seu cálculo e é obtida por:

$$\lambda = 0{,}664742 \times 10^{-3} \cdot P_{atm} \qquad (27)$$

$$\Delta = \frac{4098 \cdot e_s}{\left(T_{med} + 237{,}3\right)^2} \qquad (28)$$

sendo e_s a pressão parcial de saturação de vapor (kPa) (Equação 10 do Capítulo 5). Neste método, f(U) da Equação 1 é dado pela Equação 29:

$$f(U) = m \cdot (a + b\, U_2) \qquad (29)$$

em que m é igual a 6,43 MJ.m^{-2}.d^{-1}.kPa^{-1}; a= 1; b = 0,526 s. m^{-1}; e U_2 é igual à velocidade do vento medida a 2 m da superfície do solo (m. s^{-1}).

Como se pode ver acima, este método, além da temperatura do ar, emprega características do estado de umidade do ar, da radiação solar e da velocidade do vento.

c. Método de Penman-Monteith (Allen et al., 1998)

O cálculo da evapotranspiração pelo método de Penman-Monteith (ET_0) pode ser realizado de acordo com a Equação 30:

$$ET_0 = \frac{0{,}408 \cdot \Delta \cdot (Q_L - G) + \lambda \dfrac{900}{T_{med} + 237{,}16} U_2 \cdot (e_s - e_a)}{\Delta + \lambda\,(1 + 0{,}34\,U_2)} \qquad (30)$$

em que G é a densidade do fluxo de calor por condução no solo (MJ. m^{-2}. d^{-1}) que entra como uma nova variável (veja Capítulo 10). Este método é o mais utilizado atualmente, uma vez que seu cálculo fica bem facilitado com o uso de apenas uma planilha Excel®.

Outra forma indireta de medir a evapotranspiração é por meio de tanques de evaporação. O mais comum é o tanque classe A, padronizado de acordo com o esquema da Figura 7, ilustrada na Figura 8, e o resultado é denominado **evaporação de tanque**. Trata-se de um tanque de folha galvanizada, cheio d'água, colocado sobre um estrado de madeira. O conjunto é, preferencialmente, colocado em área gramada, com bordadura grande.

Com a evaporação, o nível de água no tanque baixa, fornecendo diretamente a altura de água evaporada. A medida da altura de água pode ser feita com régua graduada, sendo, porém, difícil avaliar com precisão a posição do espelho de água em relação à régua. Por isso, há instrumentos especiais para a mensuração, como parafusos micrométricos, sistemas de boia etc. A precisão da medida é importante, pois o nível de água baixa apenas alguns milímetros por dia e o ideal é conseguir medir frações de milímetros.

O tanque não deve ser preenchido com água até a boca para evitar perdas de água com o vento. É norma deixar 5 cm de borda, sendo, portanto, a altura máxima de água de 25 cm. O nível mínimo também não deve ser muito baixo, pois o volume de água no tanque torna-se muito pequeno e a água se

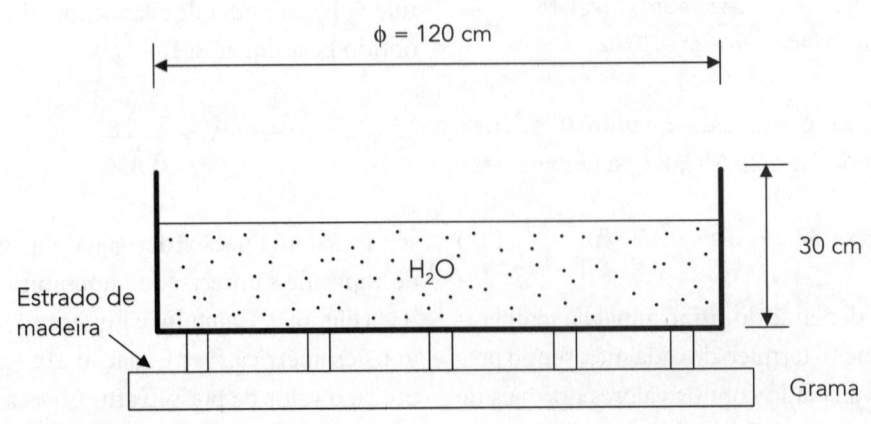

FIGURA 7 Esquema de tanque classe A.

FIGURA 8 Tanque classe A de nível constante sendo reabastecido por um reservatório de água que repõe a quantidade de água evaporada no tanque.

aquece muito, introduzindo um erro na medida. O nível mínimo recomendado é de 20 cm. O tanque tem, portanto, uma altura útil para medidas de 25 – 20 = 5 cm ou 50 mm. Para evaporações de 5 mm · dia^{-1}, a água do tanque dá para dez dias. Normalmente, o tanque é reabastecido uma vez por semana, para que se mantenha o nível máximo. O exemplo apresentado no Quadro 4 mostra a sequência de dados para um tanque classe A, para um período sem chuva.

QUADRO 4 Exemplo de uma sequência de dados para um tanque classe A, para um período sem chuva

Dia	Hora	Leitura (cm)	Evaporação (mm/dia)
5 mar. 85	8h00	25,0	
6 mar. 85	8h00	24,5	5
7 mar. 85	8h00	24,1	4
8 mar. 85	8h00	23,9	2
9 mar. 85	8h00	23,6	3
10 mar. 85	8h00	23,5	1
11 mar. 85	8h00	22,9	6
12 mar. 85	8h00	22,4 (25,0) reabastecido	5
13 mar. 85	8h00	24,7	3
14 mar. 85	8h00	24,1	6

Se houver chuva, o tanque funciona como um pluviômetro e seu nível sobe. Não se deve, porém, confiar nesse dado, porque a bordadura do tanque é muito pequena e pode haver muita perda de água, sobretudo devido ao vento, que, em geral, acompanha a chuva. É comum, portanto, perder a leitura do tanque em dias de chuva. Isso não é um grande problema, pois o dado de evaporação perde sua importância em um dia de chuva.

Uma superfície de água livre como a do tanque classe A perde mais água do que uma cultura. Por isso, os valores de evaporação de tanque ECA devem ser corrigidos. Para isso, usa-se um **coeficiente de tanque** K_p:

$$ET_0 = K_p \cdot ECA \qquad (31)$$

O valor de K_p depende do tamanho da bordadura à qual o tanque está exposto, da umidade relativa do ar e da velocidade do vento. O Quadro 5 fornece valores de K_p.

QUADRO 5 Coeficiente de tanque K_p em função da bordadura, da umidade relativa do ar e do vento

Vento (km/dia)	Bordadura (grama) m	Umidade relativa		
		Baixa < 40%	Média 40-70%	alta > 70%
< 175 Leve	1	0,55	0,65	0,75
	10	0,65	0,75	0,85
	100	0,70	0,80	0,85
	1.000	0,75	0,85	0,85
175-425 Moderado	1	0,50	0,60	0,65
	10	0,60	0,70	0,75
	100	0,65	0,75	0,80
	1.000	0,70	0,80	0,80
475-700 Forte	1	0,45	0,50	0,60
	10	0,55	0,60	0,65
	100	0,60	0,65	0,70
	1.000	0,65	0,70	0,75

O uso do Quadro 5 envolve medidas de vento e de umidade relativa. Quando estas não estão disponíveis, é comum o uso de um valor médio de $K_p = 0,8$. Se os dados de tanque forem utilizados diretamente, o que implica $K_p = 1$, tem-se uma margem de segurança de 20%, aproximadamente, pois, como já dissemos, o tanque sempre perde mais água do que uma cultura.

A evaporação e a transpiração, que, englobadas, representam a evapotranspiração, são os principais processos pelos quais a água de culturas agrícolas retorna para a atmosfera, fechando o ciclo hidrológico. Para os solos em condições mais úmidas, a atmosfera controla os processos devido ao seu potencial, que é muito mais negativo nela. A evaporação da superfície do solo depende muito das condições do perfil, principalmente da presença ou não de um lençol freático e de sua profundidade. A evapotranspiração potencial é definida para uma cultura de grama sem restrições de água, com a qual se pode calcular a evaporação potencial de outra cultura qualquer, por meio de um coeficiente de cultura. A evapotranspiração real ou atual é aquela que ocorre nas condições nas quais a cultura se desenvolve. Dada a sua importância, os métodos de medida direta e indireta são apresentados em detalhe neste capítulo. Dentre os métodos indiretos se encontram os aerodinâmicos, baseados principalmente em dados meteorológicos, entre os quais se destacam o de Thornthwaite e o de Penman-Monteith.

EXERCÍCIOS

1. No esquema da Figura 18, Capítulo 6, imagine um solo argiloso, com n = 2 e a = 2,03 × 10³. A constante a foi estimada de tal forma que, quando aplicada a Equação 7 do Capítulo 13 com L em cm, o resultado de q é mm . dia⁻¹. Calcule q quando o lençol freático está a L = 50, 75 e 100 cm.
2. Repita o Exercício 1 para solo arenoso, com n = 4 e a = 2,06 × 10⁶.
3. As colunas de solo utilizadas por Reichardt (1968), referentes aos gráficos da Figura 2, tinham profundidade de 30 cm. Quantos mm de água foram perdidos no primeiro estágio de evaporação, pelas colunas 1, 2, 3 e 4?
4. O Exercício 3 mostrou que quanto menor E do primeiro estágio, mais água se consegue retirar do solo. Isso não é contraditório?
5. Quantos milímetros de água evaporam em um dia de um tanque classe A que recebeu, nesse mesmo dia, uma energia radiante líquida de 756 cal . cm⁻² . dia⁻¹, que é totalmente utilizada no processo de evaporação? A temperatura média do tanque é de 30°C.

RESPOSTAS

1. 2,00; 0,89 e 0,50 mm . dia⁻¹.
2. 0,50; 0,10 e 0,03 mm . dia⁻¹.
3. Pela Figura 2, Δθ da coluna 1 no primeiro estágio é, aproximadamente, 0,01 cm³ . cm⁻³. Portanto, ΔA = 0,01 × 30 = 0,3 cm = 3 mm. Para as colunas 2, 3 e 4 temos, respectivamente, 6; 9 e 0 mm.
4. Não é contraditório. Apesar de se conseguir retirar mais água com uma E menor, o processo leva muito mais tempo. A Figura 3 mostra esses tempos. A coluna 3, que perdeu mais água, perdeu essa água em cerca de 500 horas, ou vinte dias.
5. 13,02 mm . dia⁻¹.

LITERATURA CITADA

ALLEN, R. G.; PEREIRA, L. S.; RAES, D.; SMITH, M. Crop evapotranspiration – guidelines for computing crop water requirements. Paper 56. Roma, FAO, 1998.

HILLEL, D. *Environmental soil physics*. San Diego, Academic Press, 1998.

PENMAN, H. L. Natural evaporation from open water, bare soil and grass. *Proceedings of Royal Society*, Series A, v. 193, n. 1032, p. 120-45, 1948.

PEREIRA, A. R.; ANGELOCCI, L. R.; SENTELHAS, P. C. *Agrometeorologia*: fundamentos e aplicações práticas. Guaíba, Agropecuária, 2002.

PEREIRA, A. R.; VILLA NOVA, N. A.; SEDIYAMA, G. C. Evapo(transpi)ração. Piracicaba, Fundação de Estudos Agrários Luiz de Queiroz, 1997.

PHILIP, J. R.; deVRIES, D. A. Moisture movement in porous materials under temperature gradients. *Transaction of America Geophysical Union*, v. 38, p. 222-32, 1957.

REICHARDT, K. "Estudo do processo de evaporação da água do solo". 1968. Tese (Livre Docência) – Escola Superior de Agricultura Luiz de Queiroz, Universidade de São Paulo, Piracicaba, 1968.

THORNTHWAITE, C.W. An approach toward a rational classification of climate. *Geographical Review*, v. 38, n. 1, p. 55-94, 1948.

WILLIS, W.O. "Evaporation from layered soil in the presence of a water table". *Soil Science Society of America Proceedings*, v. 24, p. 239-42, 1960.

16

Passagem da água do solo para a planta

> A passagem da água do solo para a planta e dela para a atmosfera é também regida pelo potencial total da água Ψ e, em especial, por seu gradiente, que é a força propulsora deste movimento. O gradiente é uma derivada $d\Psi/dx$ que pode ser aproximado por diferenças finitas $\Delta\Psi/\Delta x$. Δx é o espaço percorrido pela água, que é difícil de ser medido, mas que pode ser incorporado nas equações e permitir uma análise do movimento da água desde o solo até a atmosfera. As equações diferenciais e suas soluções são fundamentais na descrição desses fluxos, muitas vezes exigindo a adoção de outro sistema de coordenadas, o cilíndrico. De importância é a quantificação da água do solo que está disponível para as plantas. É introduzido o conceito de intervalo hídrico ótimo (IHO), que leva em conta as condições do solo no que se refere à penetração de raízes, medidas pelo uso de penetrômetros.

INTRODUÇÃO

As plantas, de maneira geral, absorvem centenas de gramas de água para cada grama de matéria seca acumulada. Elas têm suas raízes mergulhadas no reservatório de água do solo e as folhas sujeitas à ação da radiação solar e do vento, o que as obriga a transpirar incessantemente. Para crescer de modo adequado, elas precisam de uma "economia de água" tal que a demanda feita sobre ela pela atmosfera seja balanceada pelo seu abastecimento por parte do solo. O problema é que a demanda por evaporação devido à atmosfera é, praticamente, constante, ao passo que os processos que adicionam água ao solo, como a chuva, ocorrem apenas ocasionalmente e, em geral, com irregularidade. Para sobreviver nos intervalos entre chuvas, a planta precisa contar com a reserva de água contida no solo. Neste capítulo, veremos, com brevidade, quão eficiente pode ser o solo como um reservatório de água para as plantas; como estas podem retirar a água do solo; até que limite de umidade um solo pode manter o crescimento vegetal e como a taxa de transpiração é determinada pela interação entre a planta, o solo e a atmosfera.

DISPONIBILIDADE DE ÁGUA PARA AS PLANTAS

O conceito de disponibilidade de água para as plantas foi, durante muitos anos, motivo de controvérsia entre pesquisadores. A principal causa da controvérsia é, provavelmente, a falta de uma definição física do conceito. Já no início do século XX pesquisadores afirmaram que a água do solo é igualmente disponível em um intervalo de umidade que vai de um limite superior, a **capacidade de campo** (CC, θ_{CC}, definida no Capítulo 14), até um limite inferior, o **ponto de murcha permanente** (PMP, θ_{PMP}). O PMP foi definido como a umidade do solo na qual uma planta murcha não restabelece turgidez, mesmo quando colocada em atmosfera saturada por doze horas. Comumente, assume-se que essa umidade do solo corresponde a um potencial matricial de –15 atm (–1,5 MPa). Alguns pesquisadores postularam que as funções biológicas das plantas permanecem não afetadas nesse intervalo, variando de maneira abrupta uma vez ultrapassado o limite inferior (curva "a" na Figura 1). Outros encontraram evidências de que a disponibilidade da água às plantas decresce com a diminuição da umidade do solo e que a planta pode sofrer deficiência de água e redução de crescimento antes de alcançar o ponto de murcha (curva "b" na Figura 1). Outros, ainda, não concordando com esses pontos de vista, procuraram dividir o intervalo de **água disponível** em dois intervalos, um de "**água imediatamente disponível**" e outro de "**água decrescentemente disponível**", e procuraram um "ponto crítico" entre a capacidade de campo e o ponto de murcha permanente, como um critério adicional para a definição de água disponível (curva "c" na Figura 1).

Nenhuma dessas escolas conseguiu basear suas hipóteses em uma teoria bem fundamentada. Seus autores tiraram conclusões generalizadas de um número pequeno de experimentos, conduzidos em condições específicas.

O problema tornou-se mais complexo quando se verificou que diferentes plantas respondem de maneira diferente à umidade do solo, o que levou os pesquisadores a reconhecerem que a umidade do solo, por si só, não é um critério adequado para definir disponibilidade de água. Tentou-se resolver o problema correlacionando o estado da água na planta com o estado da água no solo, em termos de seu potencial. Por isso, as "constantes" do solo foram definidas em termos de potencial (–1/3 atm [–33 kPa] para θ_{CC} e –15 atm [–1,5 MPa] para θ_{PMP}), que poderiam, então, ser aplicadas universalmente. Entretanto, apesar de o uso desses conceitos de energia representar um avanço considerável, faltou, ainda, considerar o sistema solo-planta-atmosfera como um sistema contínuo e extremamente dinâmico.

A descrição exata da absorção de água pelas plantas por meio de uma teoria bem fundamentada é muito difícil, dadas as complicações inerentes às relações espaço-tempo envolvidas no processo. As raízes crescem de modo desordenado, nas mais diversas direções e espaçamentos. Os métodos convencionais de medida de θ e Ψ são baseados na amostragem de um volume relativamente grande de solo. Em decorrência dessas e de muitas outras dificuldades, apenas uma análise semiquantitativa do fenômeno era possível.

Na segunda metade do século XX ocorreu uma mudança fundamental na interpretação das relações solo-planta com respeito à água. Com o desenvolvimento do conhecimento teórico do estado termodinâmico da água no solo, na planta e na atmosfera, e com o desenvolvimento das técnicas experimentais, uma interpretação mais sólida pôde ser dada ao problema. Tornou-se cada vez mais claro que, em um sistema dinâmico como este, conceitos estáticos – por exemplo, umidade equivalente, ponto de murcha permanente, umidade crítica, água capilar, água gravitacional e outros – são, geralmente, sem significado, por basearem-se na hipótese de que os processos que ocorrem no campo se dirigem no sentido de estados estáticos.

Esse desenvolvimento nos levou a aprimorar o conceito clássico de água disponível no seu sentido

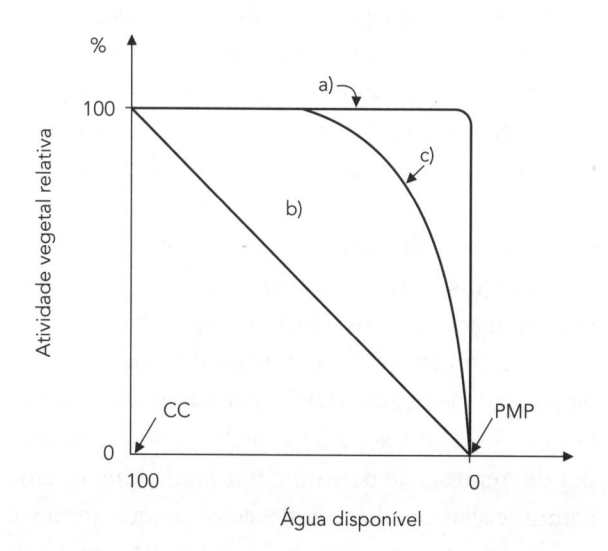

FIGURA 1 Os três critérios clássicos de disponibilidade de água para as plantas.

original. Logicamente, não há diferença qualitativa entre a água retida a diferentes potenciais do solo. Nem é a quantidade de água absorvida pelas plantas só uma função de seu potencial no solo. Essa quantidade depende da habilidade das raízes de absorver a água do solo com que estão em contato, bem como das propriedades do solo no fornecimento e na transmissão dessa água até as raízes, em uma proporção que satisfaça as exigências da transpiração. Vê-se, então, que o fenômeno depende de fatores do solo (condutividade hidráulica, difusividade, relações entre umidade e potencial), da planta (densidade das raízes, profundidade, taxa de crescimento das raízes, fisiologia da raiz, área foliar) e da atmosfera (déficit de saturação, vento, radiação disponível).

Muitos pesquisadores, insistindo na manutenção dos conceitos clássicos envolvidos na disponibilidade de água, argumentam que o desenvolvimento da ciência do solo trouxe o abandono de conceitos úteis, sem os substituir por outros mais exatos. Depois do exposto neste capítulo e nos que o precedem, deve ficar claro para o leitor que é muito difícil encontrar uma forma exata e precisa para a descrição de um fenômeno tão complexo como o da dinâmica da água no sistema solo-planta-atmosfera. Essa dificuldade é inerente ao processo, tão complexo em suas relações espaço-tempo.

Com isso, não se pretende dizer que o problema é sem solução. Cada caso em particular deve ser estudado, levando em conta nossos conhecimentos sobre a dinâmica da água no solo, na planta e na atmosfera. Cada caso pode ter uma solução particular, sendo necessária, muitas vezes, uma série de simplificações racionais. Por exemplo, já no meio do século XX, confirmou-se experimentalmente o efeito de condições dinâmicas sobre a absorção de água das plantas e subsequente transpiração. Denmead e Shaw (1962) mediram taxas de transpiração de plantas de milho cultivadas em vaso e no campo, sob diferentes condições de irrigação e evaporação. Sob condições de evapotranspiração da cultura ET_c da ordem de 3 a 4 mm · dia^{-1}, a taxa de evapotranspiração atual ET_a caiu abaixo da taxa da ET_c, quando valores médios de umidade do solo correspondiam a um potencial de água do solo de aproximadamente −2 atm (ainda bem longe do PMP). Em condições meteorológicas mais extremas, ET_c variando entre 6 e 7 mm · dia^{-1}, a queda de ET_a foi verificada já a umidades do solo correspondentes a potenciais da ordem de −0,3 atm. Por outro lado, para ET_c muito baixo, menor que 1,5 mm · dia^{-1}, nenhuma queda de ET_a foi percebida até potenciais de −12 atm. Um resultado semelhante já foi abordado no Capítulo 15 para solos sem vegetação.

Visando avaliar a relação entre a demanda evaporativa da atmosfera com a disponibilidade de água em duas classes texturais de um Argissolo Bruno-Acinzentado, Monteiro et al. (2018) mediram o potencial da água nos ramos do pessegueiro, cv. Esmeralda, como uma estratégia de manejo de irrigação em um pomar comercial localizada no município de Morro Redondo/Rio Grande do Sul. Foram avaliadas plantas em quatro linhas de pessegueiro, sendo duas irrigadas e duas não irrigadas. O manejo da irrigação foi baseado na reposição da evapotranspiração potencial da cultura (ETm). Monteiro et al. (2018) concluíram que o potencial de água no ramo do pessegueiro apresenta uma relação direta com a demanda evaporativa até o final da colheita dos frutos e uma relação inversa com o armazenamento de água no solo.

O SISTEMA SOLO-PLANTA-ATMOSFERA COMO UM TODO

Com o reconhecimento de que o sistema solo-planta-atmosfera (SSPA) como um todo é um contínuo físico, assumiu-se que a dinâmica da água dentro dele ocorre de forma interdependente nas diferentes partes, com seu fluxo ocorrendo no sentido da diminuição de seu **potencial total da água** Ψ válido tanto no solo, como na planta, como na atmosfera. Pesquisadores das diferentes áreas (fisiologia vegetal, física de solos e meteorologia) expressavam o mesmo potencial Ψ de formas diferentes: déficit de pressão de difusão (DPD), tensão, pressão de vapor etc. Esse fato, somado à medida feita em unidades diferentes, não permitiu, por muito tempo, uma comunicação imediata entre esses pesquisadores e o aparecimento de uma análise do SSPA como um todo. O princípio importante a ser compreendido é que os vários termos usados caracterizam o estado de energia da água nas diferentes partes do sistema, isto é, seu potencial Ψ, e que diferenças em seu valor, de um local para outro, são responsáveis pelo fluxo de água. Esse princípio aplica-se através do solo, da planta e da atmosfera, continuamente.

Como já foi visto no Capítulo 8, o fluxo de água pode ser descrito por:

$$q = \frac{1}{r} \frac{\Delta \Psi}{\Delta x} \quad (1)$$

em que q é a densidade de fluxo (m³ . m⁻² . s⁻¹); ΔΨ (mH$_2$O) é a variação de potencial total (incluindo as componentes que cabem para cada parte do sistema) entre dois pontos separados por Δx (m); r é a resistividade da água no meio, igual ao inverso da condutividade hidráulica K. Δx é difícil de ser medido nas diferentes partes do SSPA. Como medir distâncias de pontos do solo para pontos no sistema radicular, que se desenvolve desordenadamente? Como medir distâncias que a água percorre dentro da planta? E na atmosfera? Uma forma de resolver o problema é incluir Δx na **resistividade**, e a Equação 1 se simplifica em:

$$q = \frac{\Delta \Psi}{R} \quad (2)$$

em que R é, agora, a **resistência** do sistema ao fluxo de água. O leitor deve comparar essa equação com a lei de Ohm, da eletricidade, e verificar que são da mesma natureza. Essa equação nos mostra que o fluxo, em qualquer trecho do sistema, é inversamente proporcional a resistência desse trecho. A trajetória da água inclui seu movimento do solo até as raízes, absorção pelas raízes, transporte nas raízes até os caules e folhas através do xilema, evaporação dos espaços intercelulares das folhas, difusão do vapor através dos estômatos e da cutícula e seu movimento da atmosfera próxima à folha até a atmosfera externa.

A quantidade de água transpirada diariamente é grande com relação à variação do teor de água da planta, de tal forma que o fluxo de água pela planta pode, para curtos intervalos de tempo, ser considerado um processo em equilíbrio dinâmico. Assim, pela Equação 2, com q constante, as diferenças de potencial ΔΨ nas diferentes partes do sistema são proporcionais às respectivas resistências R ao fluxo. A Figura 2 esquematiza o sistema solo-planta-atmosfera, indicando as resistências, da mesma forma como se faz em circuitos elétricos. Nessa figura, R$_s$ representa a **resistência do solo**, uma resistência variável, dependendo de θ, Ψ$_s$ etc., como já foi visto no Capítulo 8, que se referiu ao fluxo de água no solo. R$_{co}$ é a **resistência do córtex radicular**, e R$_x$, a **resistência do xilema**. Essas resistências, apesar de variáveis para longos tempos, também podem ser consideradas constantes para tempos mais curtos, nos quais o crescimento da planta pode ser desprezado. Após o xilema, já na folha, o fluxo de água pode tomar dois caminhos pa-

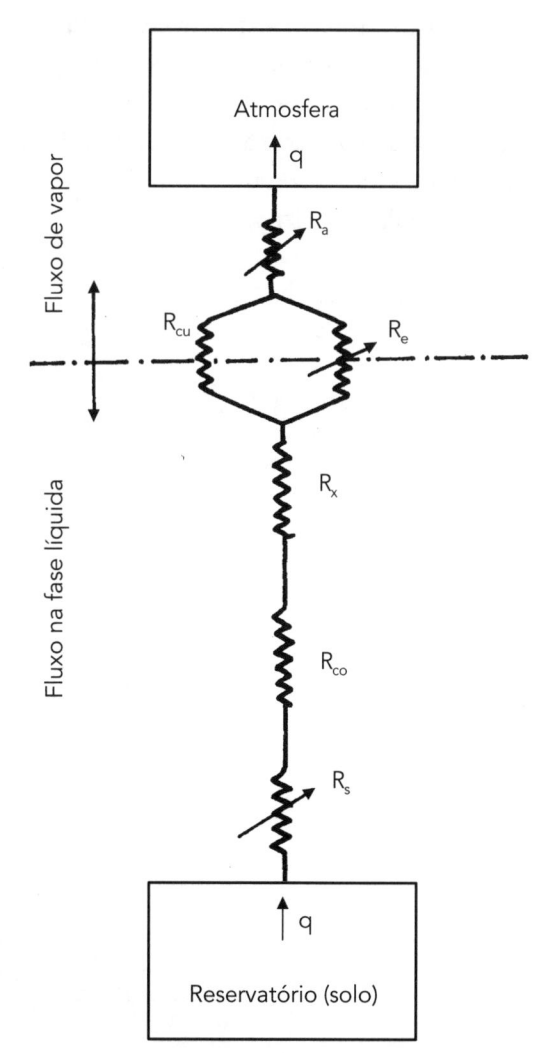

FIGURA 2 Esquema das resistências ao fluxo de água no sistema solo-planta-atmosfera.

ralelos para a atmosfera: ou através da cutícula – **resistência da cutícula** (R_{cu}, considerada constante) –, ou através dos estômatos – **resistência dos estômatos** (R_e), resistência tipicamente variável em decorrência das variações de abertura dos estômatos. Depois da folha, o fluxo de água, já na fase de vapor, encontra a **resistência da atmosfera** R_a, também variável de acordo com turbulência, radiação solar etc.

Como consideramos esse processo um caso de fluxo de equilíbrio dinâmico, q deve ser constante em qualquer ponto. Assim:

$$q = -\frac{\Delta\Psi_s}{R_s} = -\frac{\Delta\Psi_{co}}{R_{co}} = -\frac{\Delta\Psi_x}{R_x} = -\frac{\Delta\Psi_f}{R_f} = -\frac{\Delta\Psi_a}{R_a} \quad (3)$$

em que $\Delta\Psi_f$ e R_f são, respectivamente, a queda de potencial na folha e a **resistência da folha**. Cabe relembrar que o aparecimento do sinal negativo na Equação 3 se deve ao fato de que o fluxo de água ocorre no sentido contrário ao do gradiente hidráulico. Da mesma forma como se procede para resistências em paralelo na eletricidade, temos:

$$\frac{1}{R_f} = \frac{1}{R_{cu}} + \frac{1}{R_e}$$

Valores típicos de $\Delta\Psi$ podem ser vistos na Figura 3 para diferentes condições de umidade do solo e da atmosfera, bem como para diferentes partes da planta.

Se, em uma cultura, as plantas estiverem túrgidas e a energia líquida disponível for utilizada apenas na mudança de fase da água (líquido → vapor), é possível assumir que o fluxo de água na planta ocorre em equilíbrio dinâmico. Isso significa que a taxa de transpiração q é igual ao fluxo de água na planta e igual à absorção pelas raízes:

$$q = -\frac{\Delta\Psi_{solo}}{R_{solo}} = -\frac{\Delta\Psi_{planta}}{R_{planta}} = -\frac{\Delta\Psi_{atmosfera}}{R_{atmosfera}}$$

A ordem de grandeza dessas variações de potenciais, em condições normais, é $\Delta\Psi_{solo} \cong -1$ a -3 atm; $\Delta\Psi_{planta} \cong -1$ a -10 atm e $\Delta\Psi_{atmosfera} \cong -20$ a -500 atm. Daí, conclui-se que a resistência $R_f + R_a$ entre as folhas e a atmosfera pode ser 50 vezes maior que a resistência da planta e do solo. Nas horas mais quentes do dia, quando os estômatos se fecham, essa resistência torna-se ainda maior, resultando numa diminuição da taxa de transpiração.

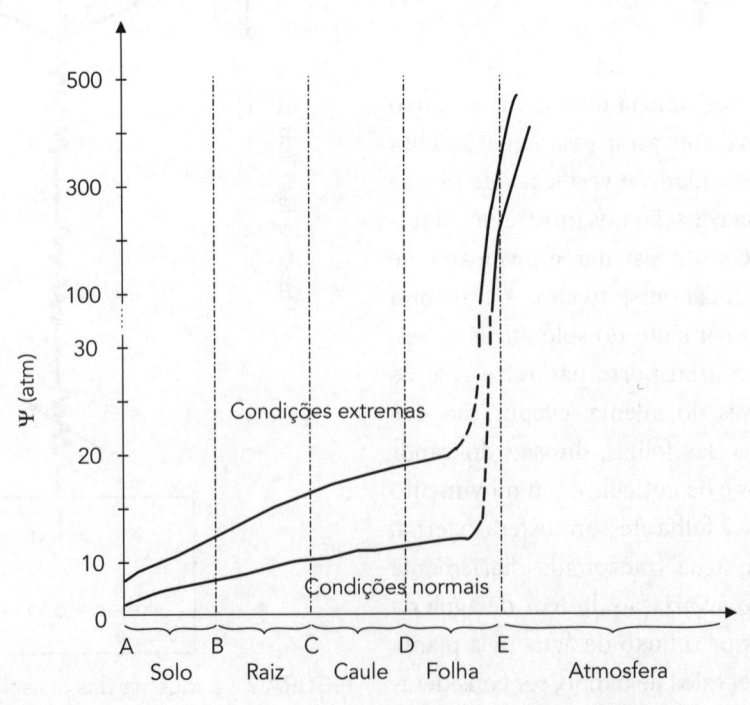

FIGURA 3 Distribuição aproximada dos potenciais no sistema solo-planta-atmosfera.

FLUXO DE ÁGUA DO SOLO PARA AS RAÍZES

No Capítulo 8, estudamos o fluxo de água no solo usando o **sistema cartesiano de coordenadas** (x, y, z) ortogonais, que é revisto no Capítulo 23. A equação da continuidade deduzida é (Equação 20b do Capítulo 8):

$$\frac{\partial \theta}{\partial t} = \nabla \cdot K \nabla H$$

ou

$$\frac{\partial \theta}{\partial t} = \frac{\partial}{\partial x}\left[K(\theta)_x \frac{\partial H}{\partial x}\right] + \frac{\partial}{\partial y}\left[K(\theta)_y \frac{\partial H}{\partial y}\right] + \\ + \frac{\partial}{\partial z}\left[K(\theta)_z \frac{\partial H}{\partial z}\right] \quad (4)$$

Como uma raiz pode ser aproximada por um cilindro de raio "a" e comprimento L, o fluxo de água do solo para as raízes pode ser mais bem descrito no **sistema de coordenadas cilíndrico**, no qual se utilizam as variáveis r, α e z, como indica a Figura 4.

Nesse sistema, r é o raio do cilindro; α é o ângulo entre o plano que contém OM e a coordenada z e um plano de referência zx; e z é a altura (no caso, comprimento da raiz). Um ponto M, caracterizado pelas coordenadas x, y e z no sistema cartesiano ortogonal, caracteriza-se pelas coordenadas r, α e z no sistema cilíndrico. O elemento de volume que no sistema cartesiano é um cubo, neste sistema possui forma "de um pedaço de queijo" (ver Figura 4).

A distância curva rΔα é um arco de círculo e vem de uma simples regra de três:

Círculo completo:
$$2\pi r \text{ (cm)} \rightarrow 2\pi \text{ (radianos)}$$
Incremento de arco de círculo
$$r + \Delta\alpha \rightarrow \Delta\alpha$$

Nesse sistema, poderíamos, como fizemos no Capítulo 8, deduzir a equação da continuidade. O resultado seria:

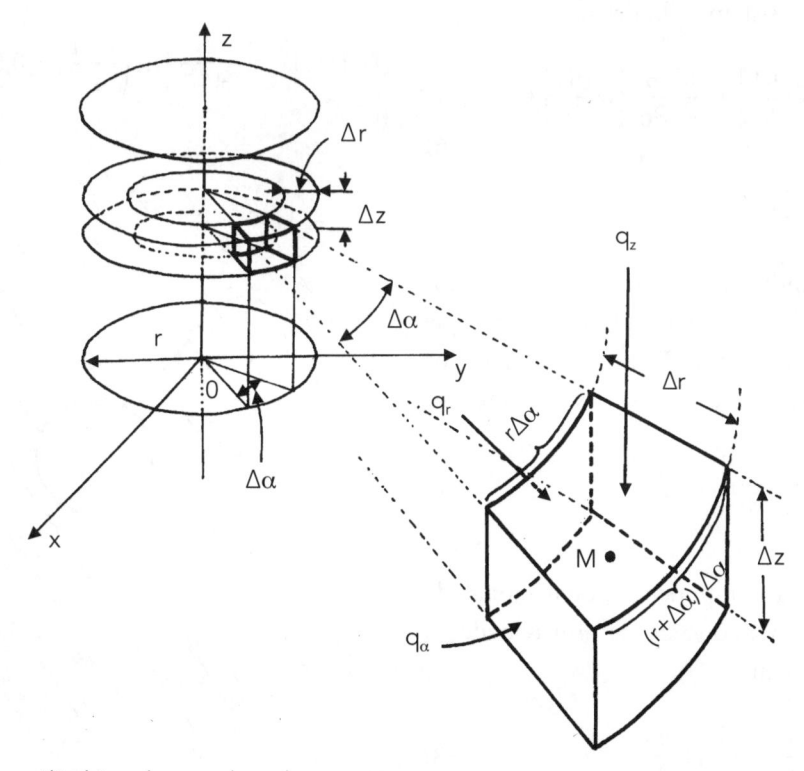

FIGURA 4 Sistema cilíndrico de coordenadas.

$$\frac{\partial \theta}{\partial t} = -\frac{1}{r}\frac{\partial}{\partial r}(r \cdot q_r) - \frac{1}{r}\frac{\partial q_\alpha}{\partial \alpha} - \frac{\partial q_z}{\partial z} \quad (5)$$

Os fluxos nas direções r, α e z, dados pela equação de Darcy-Buckingham nesse sistema, são:

$$q_r = -K_r \frac{\partial H}{\partial r}$$

(fluxo radial, para dentro ou para fora da raiz)

$$q_\alpha = -K_\alpha \frac{\partial H}{\partial (r\alpha)} = -\frac{K_\alpha}{r}\frac{\partial H}{\partial \alpha}$$

(fluxo em círculo, como se fosse em torno da raiz, geralmente inexistente no caso da água)

$$q_z = -K_z \frac{\partial H}{\partial z}$$

(fluxo axial, ao longo da raiz).

Substituindo esses fluxos na Equação 5 e considerando $K_z = K_\alpha = K_r = K$, obtemos a equação geral do fluxo de água no sistema cilíndrico:

$$\frac{\partial \theta}{\partial t} = \frac{1}{r}\frac{\partial}{\partial r}\left[rK\frac{\partial H}{\partial r}\right] + \frac{1}{r^2}\frac{\partial}{\partial \alpha}\left[K\frac{\partial H}{\partial \alpha}\right] + \\ + \frac{\partial}{\partial z}\left[K\frac{\partial H}{\partial z}\right] \quad (6)$$

Se z for escolhido como o eixo da raiz e se tomarmos uma seção transversal da raiz e do solo que a circunda (ver em corte na Figura 5), apenas nos interessa a coordenada r, e a equação se resume em:

$$\frac{\partial \theta}{\partial t} = \frac{1}{r}\frac{\partial}{\partial r}\left[rK\frac{\partial H}{\partial r}\right] \quad (7)$$

que, desprezando a componente gravitacional da água e introduzindo o conceito de difusividade da água, se transforma em:

$$\frac{\partial \theta}{\partial t} = \frac{1}{r}\frac{\partial}{\partial r}\left[rD\frac{\partial \theta}{\partial r}\right] \quad (8)$$

A solução dos problemas que envolvem as Equações 7 e 8 pode, em geral, ser obtida pela técnica das variáveis separáveis, mas não é encontrada de forma direta, caindo geralmente em funções Bessel. Por essa razão, não apresentaremos nenhum caso detalhado. A título de exemplo, vejamos um caso da Equação 7 sujeita às seguintes condições de contorno:

$$(H = H_0) \text{ ou } \theta = \theta_0, r > 0, t = t_0$$

$$q = 2\pi aK \frac{\partial H}{\partial r}, r = a, t > 0$$

$$\theta = \theta_0, r = \infty, t > 0$$

A primeira condição nos diz que, no início, o solo encontrava-se a umidade e potenciais constantes θ_0 e H_0, em qualquer posição. A segunda, que a densidade de fluxo na superfície da raiz é dada pela equação de Darcy-Buckingham, sendo o fator 2π introduzido para se ter o fluxo em torno da seção transversal total da raiz, considerada cilíndrica. A última condição nos diz que a umidade do solo não varia a uma distância razoavelmente grande da raiz. Sua solução é para K e D constantes:

$$H - H_0 = \frac{q}{4\pi\pi}\left[\ln\left(\frac{4Dt}{r^2}\right) - 0{,}57722\right]$$

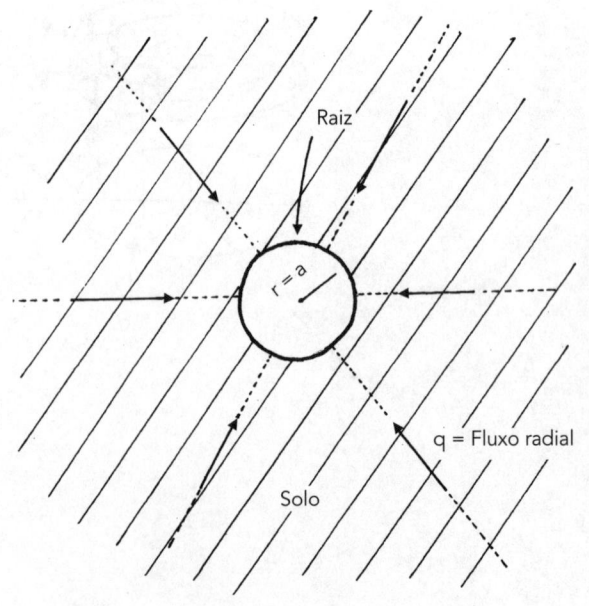

FIGURA 5 Esquema de corte de raiz no solo.

Muitos outros exemplos de uso de coordenadas cilíndricas podem ser encontrados na literatura. A Equação 6 é aqui apresentada mais para deixar o leitor de sobreaviso sobre a existência desse outro sistema de coordenadas. Além desse sistema, há ainda o sistema de coordenadas esféricas, bem menos empregado em aplicações agronômicas. Nesse sistema, o ponto genérico M é caracterizado por dois ângulos e um raio.

Para estudos mais detalhados de fluxo de água na planta, folha e atmosfera circundante, recomendamos novamente o texto de Angelocci (2002). Mencionamos também o trabalho de De Jong van Lier et al. (2009), que trata de fluxos de transpiração do solo para a raiz utilizando o conceito de fluxo matricial.

No que se refere à modelagem no sistema solo-planta-atmosfera, atualmente estão disponíveis excelentes programas, como o SWAP (*Soil Water Atmosphere and Plant*), desenvolvido por van Dam (2000), sendo sua versão 4 publicada em 2017 (Kroes et al., 2017). Esse programa permite simulações de fluxo de água, fluxo de solutos e fluxo de calor no solo e pode ser usado agregando outros modelos para simular a produtividade de culturas. Recentemente, Pinto et al. (2019) estenderam o programa SWAP para simulação de fluxos de água em culturas intercaladas.

ÁGUA DISPONÍVEL E EVAPOTRANSPIRAÇÃO

Vista em termos gerais a complexidade do estudo da absorção de água pelas plantas, vejamos agora aspectos práticos desse assunto, necessários no manejo da água em culturas agrícolas e, principalmente, no planejamento da irrigação. Neste contexto, considera-se como **água disponível** (AD) (frequentemente denominada de **capacidade de água disponível** – CAD – em irrigação), aquela que se encontra no solo entre as umidades θ_{CC} (**capacidade de campo**) e θ_{PMP} (**ponto de murcha permanente**), como é mostrado na parte inferior da Figura 6. O valor a ser adotado como θ_{CC} vai depender do interessado, levando em conta o tipo de solo. São clássicos os valores de θ_{CC} tirados da curva de retenção a potenciais de –1/3 de atm (–333 cm de água ou –33,3 kPa) para solos mais argilosos e de –0,1 atm (–100 cm de água ou –10 kPa) para solos mais arenosos, mas qualquer outro valor medido em condições de campo também pode ser utilizado. Para θ_{PMP} não existe muita controvérsia, utilizando-se o valor da curva de retenção correspondente ao potencial de –15 atm (–150 m de água ou –1,5 MPa). Assim:

$$\text{CAD} = \left(\theta_{CC} - \theta_{PMP}\right) \qquad (9)$$

Para comparação da CAD com dados de precipitação, drenagem, irrigação, evapotranspiração, que são expressos em milímetros, é preciso multiplicar a Equação 9 pela profundidade de solo considerada L, dada em milímetros, uma vez que θ é adimensional. Assim, por exemplo, a diferença (0,250 – 0,125) corresponde a 0,130 $cm^3 cm^{-3}$ e, para uma camada de 30 cm corresponde a 39 mm. Para efeitos de cálculo e de projeto de irrigação, a água entre a saturação θ_s e θ_{CC} não entra como água útil para as plantas, pois é considerada como fortemente afetada pela gravidade, percolando para as camadas mais profundas. Isso é uma limitação, pois, para pequenos eventos de precipitação, em que a infiltração atinge pequenas profundidades, toda a água nesse intervalo fica disponível para as plantas. Em projetos de irrigação também se toma o cuidado de não irrigar até profundidades muito grandes, limitando até a zona radicular principal (denominada de profundidade efetiva do sistema radicular em textos de irrigação), de tal forma que a redistribuição da água pós-irrigação ainda possa ser aproveitada pela planta. Já em irrigações com água de pior qualidade (p. ex., água salina), irriga-se em excesso com o propósito de causar uma lixiviação dos sais para abaixo da zona radicular. Vê-se, assim, que considerar o intervalo $\theta_s - \theta_{CC}$ como água perdida para as plantas pode ser problemático. Já a quantidade de água abaixo do PMP, θ_{PMP}, é em geral muito pequena, e pode com segurança ser considerada não disponível (representada por AND na Figura 6).

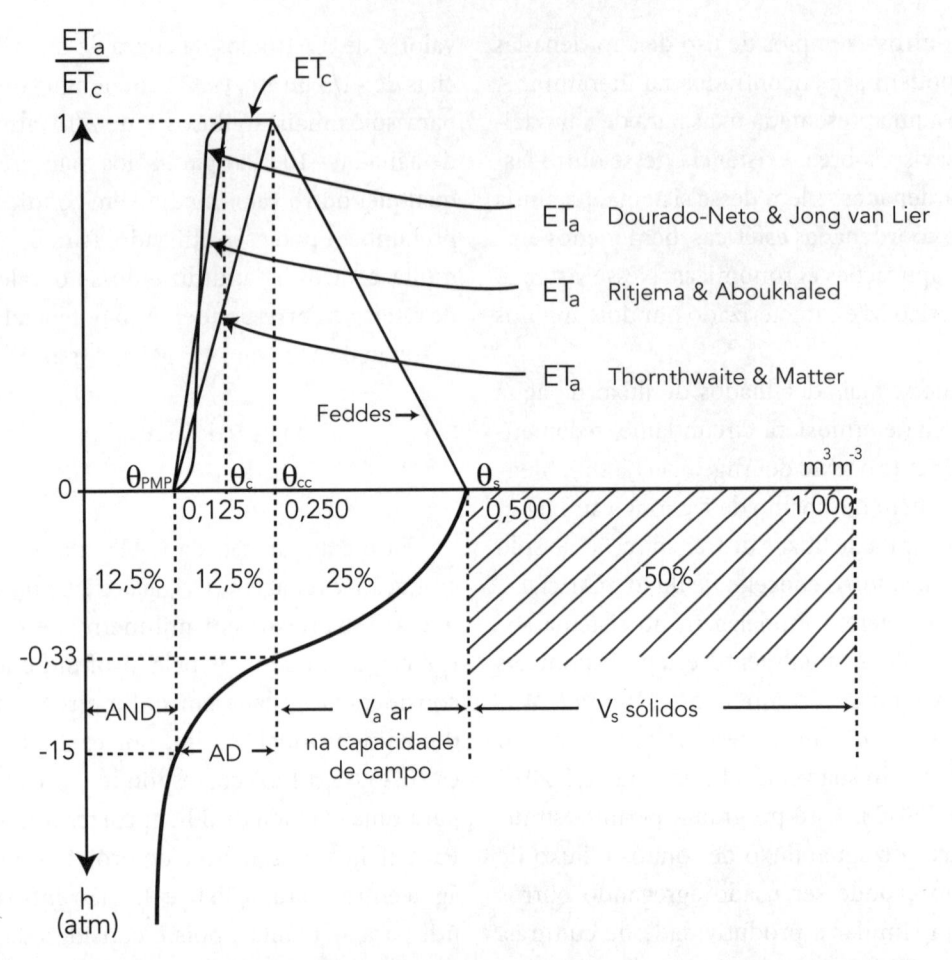

FIGURA 6 Evapotranspiração (ET) justaposta à curva de retenção de água de um solo "ideal".
AD: água disponível no solo; AND: água não disponível no solo; ET_a: evapotranspiração atual; ET_c: evapotranspiração da cultura; θ_c: umidade crítica; θ_{CC}: umidade na capacidade de campo; θ_{PMP}: umidade no ponto de murcha permanente; θ_s: umidade do solo na saturação.

A Figura 6 representa um solo médio, "idealizado", com porosidade 50%, o que resulta em θ_s = 0,500 m³.m⁻³, e que na condição ótima possui uma aeração de 25%, com θ_{CC} = 0,250 m³.m⁻³ e com um θ_{PMP} = 0,125 m³.m⁻³. Para um perfil de solo homogêneo de 1 m de profundidade, sua CAD é de 125 mm. Uma cultura se desenvolvendo nesse solo terá $ET_a = ET_c$ em θ_{CC}, e sua evapotranspiração diminuirá daí para a frente devido a restrições do fluxo de água do solo para a planta, resultante da diminuição de K com θ. Segundo Thornthwaite e Matter (1955), ET_a diminui linearmente até θ_{PMP}, como indicado na parte superior da Figura 6. A redução linear de ET_a até θ_{PMP} foi muito criticada nos anos seguintes, e várias substituições foram propostas. Uma das mais aceitas é a de Ritjema e Aboukhaled (1975), que assumem que a igualdade entre ET_a e ET_c ($ET_a = ET_c$) continua até um valor crítico θ_c, e daí para a frente diminui linearmente até θ_{PMP}, como indicado na Figura 6, em que o valor de θ_c é 0,1875 m³.m⁻³. Dourado-Neto e van Lier (1993), descontentes com a descontinuidade da função $ET_c - ET_a$ nos pontos θ_c e zero, propuseram um modelo que segue um ramo de uma cossenoidal, também mostrado na Figura 6, que dá uma continuidade na curva de ET nos pontos θ_c e zero. Este último trabalho citado discute dez modelos diferentes que descrevem a diminuição de ET_a a partir de θ_c. Mais detalhes sobre esses modelos de redução de ET_a serão abordados no capítulo seguinte, em conjunto com o balanço hídrico.

Feddes et al. (1978) propõem para o conteúdo de água, entre a saturação θ_s e θ_{CC}, uma reta indo de ET_c em θ_{CC} para zero em θ_s. Lembre-se de que a Figura 6 é atemporal, a abscissa é θ, e, assim, a reta de Feddes et al. (1978) apenas indica que qualquer valor de ET é possível nesse intervalo. O valor zero para θ_s indica que na saturação não há oxigênio no solo e as plantas cultivadas não se desenvolvem, exceção feita àquelas do tipo do arroz, cujo sistema radicular recebe O_2 através da parte aérea da planta.

Define-se **deficiência hídrica** (DH, mm dia⁻¹) e índice de satisfação de água (ISNA, mm mm⁻¹) para um certo período de tempo pelas seguintes equações:

$$DH = ET_c - ET_a \quad (10)$$

$$ISNA = \frac{ET_a}{ET_c} \quad (11)$$

Assim, como a evapotranspiração atual ou real (ET_a, mm dia⁻¹) é sempre menor ou igual à evapotranspiração potencial da cultura (ET_c, mm dia⁻¹), a relação ET_a/ET_c é sempre menor ou igual a 1.

Quando ocorre deficiência hídrica, a planta absorve menor quantidade de água do solo do que transpira. Quando essa diferença é acentuada, caracterizada pelo ISNA inferior a 0,5, ocorre **estresse hídrico** (a deficiência hídrica ocasiona o estresse hídrico, que é a resposta da planta à deficiência, como produção de prolina e de etileno, por exemplo) pronunciado, geralmente reduzindo a produtividade da cultura de interesse.

Isso é levado em conta no método da zona agroecológica, de Doorenbos e Kassam (1994), que definiram **produtividade potencial** (P_p, kg ha⁻¹) de uma cultura e a **produtividade atingível (produtividade deplecionada pela água** – P_d, kg ha⁻¹).

A produtividade potencial (P_p) é a produtividade ideal máxima que uma dada cultura poderia atingir, deplecionada pela temperatura, radiação fotossinteticamente ativa (RFA), insolação (teoricamente, a insolação [N, h dia⁻¹] máxima seria o fotoperíodo, que depende da latitude do local e da declinação solar – que depende da época do ano), pressão parcial de dióxido de carbono na fase atmosfera e genótipo (fatores definidores de produtividade).

Em função da temperatura do ar (que nem sempre é a temperatura ótima do genótipo), RFA absorvida, insolação (dependente da nebulosidade), sem restrições de água e de nutrientes e com todas as práticas de manejo otimizadas, temos a P_p da cultura em questão. Por exemplo, para o município de Piracicaba (SP, Brasil), a produtividade ideal máxima da cultura de soja é da ordem de 18.000 kg ha⁻¹ de grãos (com teor de água de 13%), e a produtividade potencial é de 15.000 kg ha⁻¹.

A produtividade atingível (P_d), deplecionada por água e nutrientes (a planta absorve solução diluída – água e nutrientes), e pelos fatores definidores de produtividade (T, RFA, N, CO_2 e genótipo), pode ser calculada pela seguinte equação (Doorenbos; Kassam, 1994):

$$P_d = P_p \prod_{i=1}^{m} \left[1 - Ky_i \left(1 - \frac{ET_{ai}}{ET_{ci}} \right) \right] \quad (12)$$

em que o símbolo $\prod_{i=1}^{m}$ se refere a um produtório (produto de fatores i de 1 a m) e Ky_i se refere ao **coeficiente de sensibilidade à deficiência hídrica** para o i-ésimo período de desenvolvimento da cultura, nas fases vegetativa (m = 1), reprodutiva (m = 2) e de maturação (m = 3).

Os valores de Ky_i geralmente adotados para essas três fases são, respectivamente, 0,2, 0,8 e 1,0 para a cultura de soja (Doorenbos; Kassam, 1994). ET_{ai} e ET_{ci} se referem às evapotranspirações médias dos respectivos períodos. Assim, para o exemplo da soja em Piracicaba, em que se mediu $ET_{a1} = 3$ e $ET_{c1} = 5$; $ET_{a2} = 7$ e $ET_{c2} = 10$; $ET_{a3} = 8$ e $ET_{c3} = 10$ mm dia⁻¹, teremos:

$$P_d = 15.000 \left(1 - 0,2 \left[1 - \tfrac{3}{5}\right]\right) \cdot \left(1 - 0,8 \left[1 - \tfrac{7}{10}\right]\right) \cdot \left(1 - 1,0 \left[1 - \tfrac{8}{10}\right]\right)$$

$$P_d = 15.000 \cdot (0,92) \cdot (0,76) \cdot (0,8) = 8.390 \text{ kg ha}^{-1}$$

Esses resultados são de uma cultura de soja cultivada na safra 2016/2017, sendo a média das produtividades reais e medidas de quatro cultivares de 5.778 kg ha⁻¹. Essa diferença ainda maior é efeito das demais condições (plantas daninhas, pragas, doenças e manejo, principalmente). Com isso, o leitor vê claramente o efeito da DH na produtividade das culturas.

Com o intuito de aprimorar este conceito de disponibilidade de água para as plantas, Silva et al. (2014) apresentam o conceito de *least limiting water range* (LLWR), ou **intervalo hídrico ótimo** (IHO), que é o intervalo de água disponível dentro do qual o desenvolvimento da planta é limitado não só pelo potencial da água, como na CAD, mas por três fatores:

1. o potencial da água no solo;
2. o nível de aeração; e
3. a resistência à penetração de raízes.

Esse conceito tem sido abordado como um índice de qualidade estrutural de solos para crescimento vegetal. Para calcular o IHO, seu limite superior (limite úmido) leva em consideração θ_{CC} e a umidade $\theta_{10\%}$, que é uma umidade que garante 10% de aeração (valor limite abaixo do qual considera-se que as culturas são afetadas pelo nível baixo de O_2 no solo), ambos dependentes da densidade do solo d_s. O limite inferior do IHO leva em consideração θ_{PMP} e a umidade θ_{RP} limitante para penetração radicular (conteúdo de água no solo quando a resistência à penetração atinge 2,0 MPa), também ambos dependentes de d_s. O menor intervalo entre essas quatro umidades é o IHO, que pode ser apresentado na forma de um gráfico de θ *versus* d_s (Figura 7). Daí o nome de *least limiting*, em inglês.

A relação $\theta_{10\%}$ com d_s pode facilmente ser estabelecida por meio da Equação 9 (Capítulo 3), fazendo V_g = 10% e calculado V_s a partir de valores escolhi-

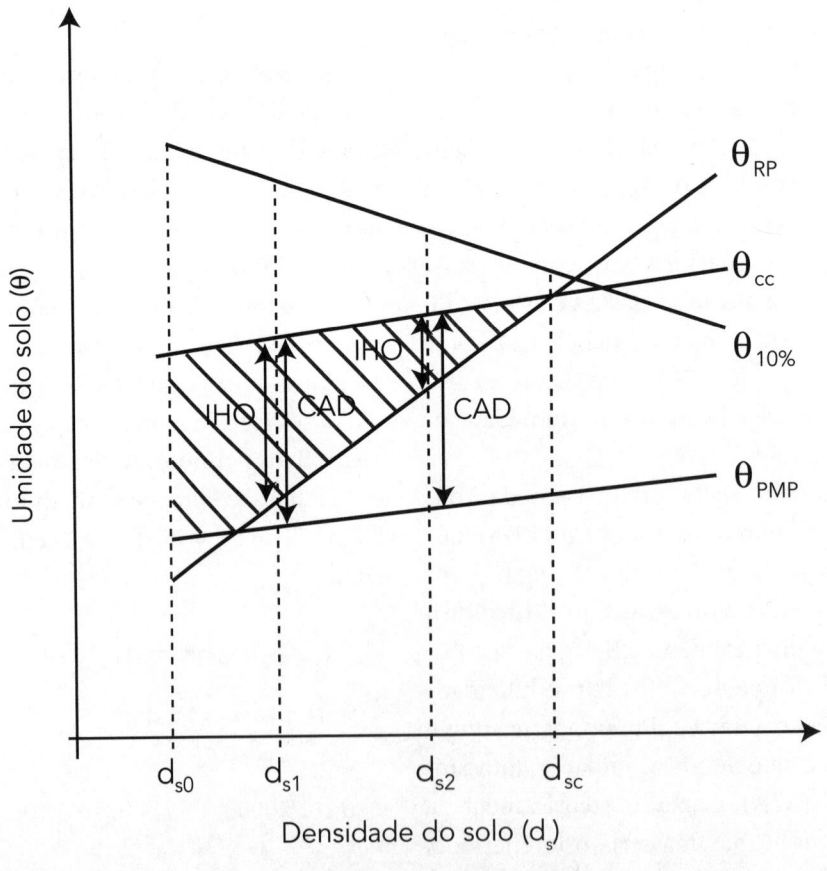

FIGURA 7 Representação esquemática do índice hídrico ótimo (IHO).
CAD: capacidade de água disponível; θ_{RP}: umidade limite para a penetração radicular (conteúdo de água no solo quando a resistência à penetração atinge 2,0 MPa); θ_{cc}: umidade na capacidade de campo; $\theta_{10\%}$: umidade limite para boa aeração; θ_{PMP}: umidade no ponto de murcha permanente; ds_0: densidade mínima limite do solo; d_{s1}: densidade do solo ideal para o manejo; d_{s2}: densidade do solo com problemas de compactação; d_{sc}: densidade crítica.

dos d_s e de d_p. Geralmente, obtém-se uma relação linear. Já as relações θ_{CC} e θ_{PMP} com d_s precisam ser obtidas experimentalmente. É comum encontrarem-se relações levemente crescentes. A relação θ_{RP} com d_s também é experimental, mas trabalhosa, uma vez que RP depende de ambos θ e d_s. Uma vantagem é que os penetrômetros de impacto (Stolf et al., 2012) são de operação simples e rápida (Figura 8). Vamos aproveitar a oportunidade aqui para descrever esse tipo de penetrômetro, também chamado de penetrômetro dinâmico. Eles constituem-se de uma haste com extremidade cônica que penetra no solo pela queda de um êmbolo, como mostra a Figura 8.

A expressão que relaciona o impacto do êmbolo com a resistência do solo foi desenvolvida por Stolf (1991) e reapresentada, em língua inglesa, em Stolf et al. (1998, 2005). A expressão é obtida da energia potencial total máxima disponível no processo de queda do êmbolo, que, no início, percorre uma altura h, gerando uma energia igual a (Mgh), e, ao penetrar no solo numa profundidade x, uma energia igual a $(M + m)gx$:

$$E = Mgh + (M+m)gx \quad (13)$$

Considerando perdas devido ao choque entre M e m, teremos o fator f, que reduz a energia final do êmbolo:

$$f = M/(M + m) \quad (14)$$

assim,

$$E = F x = fMgh + (M+m)gx \quad (15)$$

e, explicitando a força F de penetração:

$$F = fMgh/x + (M+m)g \quad (16)$$

e, dividindo-se pela área A de contato do cone com o solo, obtém-se a resistência do solo RP:

$$RP = fMgh/Ax + (M+m)g/A \quad (17)$$

que é uma equação do tipo Y = a + b/x, em que RP é dado em Newton/m² ou pascal Pa e x em m. Sendo x a penetração em m/impacto, temos que 1/x corresponde a impactos/m. Definindo N como o número de impactos para penetrar 10 cm (1 dm), temos

$$1/x = 10.N \quad (18)$$

resultando

$$R = c + d.N \quad (18a)$$

em que as constantes c e d são próprias de cada penetrômetro, pois envolvem M, m, h e A (Figura 9).

O Quadro 1 mostra, a título de exemplo, oito repetições de medidas com penetrômetro feitas em uma área de cana-de-açúcar (Stolf et al., 2014), enquanto o trabalho de Gomes Junior et al. (2016) contém um exemplo de aplicação. A Figura 10 mostra a representação gráfica dos dados do Quadro 1.

Voltando ao caso do IHO, a Figura 7 representa esquematicamente para duas d_s (d_{s1} e d_{s2}) os respectivos IHO e CAD para um dado solo, e a área indica toda a amplitude dos IHO possíveis em função da densidade deste solo. Vê-se que o conceito de IHO é mais rigoroso quanto à disponibilidade de água em relação à clássica água disponível.

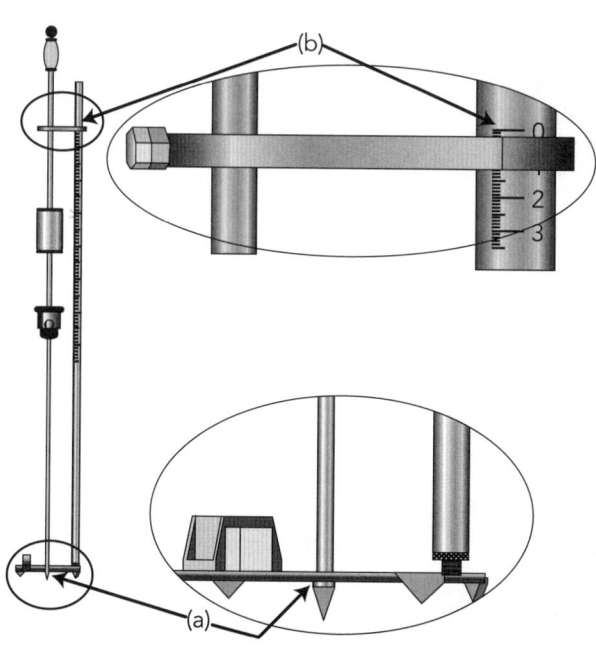

FIGURA 8 Vista de um penetrômetro de impacto mostrando o detalhe da escala milimétrica para as leituras e o cone de penetração.
Fonte: Stolf et al., 2012.

QUADRO 1 Oito repetições de medidas com penetrômetro feitas em uma área de cana-de-açúcar

Prof. em Camadas	Prof. média	Resistência								Média
		1	2	3	4	5	6	7	8	
cm	cm	--------	--------	--------	MPa	--------	--------	--------	--------	
0-5	2,50	2,68	4,69	5,38	4,26	2,95	3,19	6,42	6,07	4,46
5-10	7,50	3,29	8,64	8,95	6,71	6,20	4,29	8,55	6,94	6,70
10-15	12,50	4,79	6,60	7,27	5,99	5,82	4,45	6,81	6,19	5,99
15-20	17,50	5,50	2,98	5,40	5,64	4,06	4,58	5,09	5,35	4,82
20-25	22,50	6,52	2,98	4,86	4,59	3,65	4,38	4,07	4,51	4,45
25-30	27,50	5,70	2,84	4,64	4,08	3,89	3,30	3,62	4,66	4,09
30-35	32,50	4,01	3,87	3,37	3,35	3,31	2,09	3,46	4,29	3,47
35-40	37,50	3,09	4,70	2,87	3,00	2,64	1,82	3,76	3,16	3,13
40-45	42,50	2,93	4,14	2,95	3,25	3,00	1,19	3,50	2,78	2,96
45-50	47,50	2,90	2,90	2,93	3,45	3,18	1,28	2,88	2,56	2,76
50-55	52,50	2,85	2,58	3,15	3,21	2,94	2,13	2,62	2,47	2,74
55-60	57,50	2,74	2,53	2,94	2,87	2,70	2,23		2,15	

Fonte: Stolf et al., 2014.

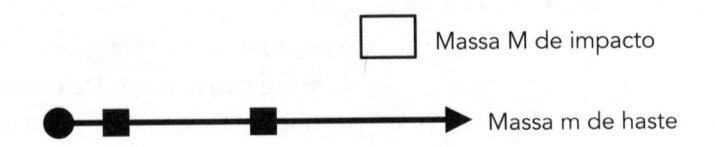

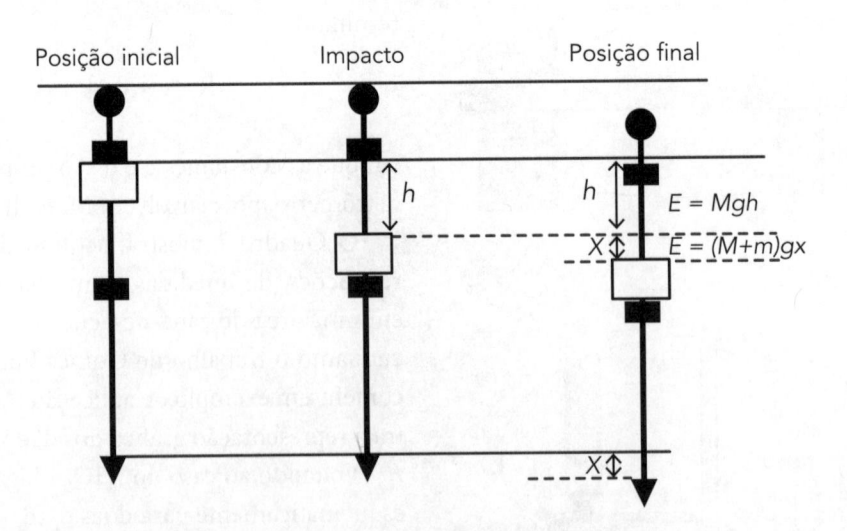

FIGURA 9 Ilustração para o cálculo da fórmula do penetrômetro.
Fonte: Stolf, 1991; Stolf et al., 1998, 2005.

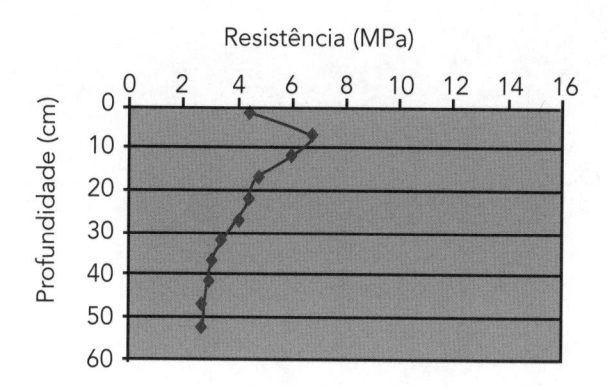

FIGURA 10 Representação gráfica do Quadro 1.

O conceito de IHO é relativamente novo e tem sido aplicado na literatura para diferentes condições de solo e de tipos de manejo, tais como os trabalhos de Silva e Kay (1996, 1997a e 1997b) e Moraes et al. (2009). Exemplo de aplicação do conceito de IHO em uma área de mineração de carvão (Candiota, RS), no intuito de avaliar diferentes tipos de cobertura vegetal durante o processo de reconstrução do solo desta área, é o de Lima et al. (2012).

> O movimento de água no sistema solo-planta-atmosfera pode ser comparado a um circuito elétrico, desde que seja feita uma alteração na equação de Darcy, transformando resistividades em resistências. Foram discutidas as resistências ao fluxo de água, no solo, na planta e na atmosfera. A disponibilidade de água no solo para as plantas depende da demanda atmosférica, a ponto de o fluxo de evapotranspiração ficar limitado mesmo havendo água disponível no solo. São discutidos conceitos de produtividade de culturas agrícolas utilizando o exemplo da cultura de soja. O limite hídrico ótimo IHO é um conceito novo, que melhora a clássica abordagem da água disponível por introduzir fator relacionado ao poder de penetração das raízes no solo. O penetrômetro, instrumento essencial para a determinação do IHO, é descrito em detalhe.

EXERCÍCIOS

1. Certa cultura transpira em equilíbrio dinâmico a uma taxa de 5,5 mm · dia^{-1}. Os potenciais totais foram medidos em vários pontos, e obteve-se:
    a) média no solo: –0,2 atm;
    b) na superfície da raiz: –1,5 atm;
    c) no xilema da raiz: –3 atm;
    d) no xilema da folha: –5 atm;
    e) na folha: –10 atm;
    f) na atmosfera: –220 atm;
    Quais as resistências das diferentes partes do sistema?
2. Como você entende os fluxos q_r, q_α e q_z na Equação 5?
3. Um solo possui umidade, na capacidade de campo, de 0,325 m^3.m^{-3}, e, no ponto de murcha permanente, de 0.205 m^3.m^{-3}. Qual sua capacidade de água disponível até as profundidades de 20, 40 e 60 cm?

RESPOSTAS

1. O valor das resistências depende das unidades utilizadas. Usaremos o Sistema Internacional MKS, como indicado abaixo da Equação 1:
    a) fluxo q = 5,5 mm · dia^{-1} = 6,37 × 10^{-8} m · s^{-1}

b) $\Delta\Psi$ (solo) = $-0{,}2 - (-1{,}5) = 1{,}3$ atm = $13{,}4$ mH$_2$O
c) $\Delta\Psi$ (córtex) = $-1{,}5 - (-3) = 1{,}5$ atm = $15{,}5$ mH$_2$O
d) $\Delta\Psi$ (xilema) = $-3 - (-5) = 2{,}0$ atm = $20{,}7$ mH$_2$O
e) $\Delta\Psi$ (folha) = $-5 - (-10) = 5{,}0$ atm = $51{,}7$ mH$_2$O
f) $\Delta\Psi$ (atmosfera) = $-10 - (-220) = 210$ atm = 2.169 mH$_2$O

e, de acordo com a Equação 3:

$$6{,}37 \times 10^{-8} = \frac{13{,}4}{R_s} = \frac{15{,}5}{R_{co}} = \frac{20{,}7}{R_x} = \frac{51{,}7}{R_f} = \frac{2.169}{R_a}$$

Como resultado, temos: $R_s = 2{,}10 \times 10^8$ s.m^{-1}; $R_{co} = 2{,}43 \times 10^8$ s.m^{-1}; $R_x = 3{,}25 \times 10^8$ s.m^{-1}; $R_f = 8{,}12 \times 10^8$ s.m^{-1}; $R_a = 3{,}40 \times 10^{10}$ s.m^{-1}.

2. Se tomarmos uma raiz como um cilindro, em cujo centro passa o eixo z, como indica a Figura 4:

    O fluxo q_r indica fluxos radiais, por exemplo, de A para B ou de C para D, em direção à raiz. Os fluxos q_a são ao longo de círculos concêntricos, como de A para C ou de B para D. Os fluxos q_z são ao longo da raiz, por exemplo, de A para E ou de B para F.

3. De acordo com a Equação 9:

    AD = $0{,}325 - 0{,}205 = 0{,}120$ m^3.m^{-3}
    AD$_{0-200\,mm}$ = $0{,}120 \times 200 = 24$ mm
    AD$_{0-400}$ mm = 48 mm
    AD$_{0-600}$ mm = 72 mm

LITERATURA CITADA

ANGELOCCI, L. R. *Água na planta e trocas gasosas/energéticas com a atmosfera*: introdução ao tratamento biofísico. Piracicaba, 2002. (Edição do autor)

DE JONG VAN LIER, Q.; DOURADO-NETO, D.; METSELAAR, K. Modeling of transpiration reduction in van Genuchten–Mualem type soils. *Water Resources Research*, v. 45, p. 1-9, 2009.

DENMEAD, O. T.; SHAW, R. H. Availability of soil water to plants as affected by soil moisture content and meteorological conditions. *Agronomy Journal*, v. 54, p. 385-90, 1962.

DOORENBOS, J.; KASSAM, A. H. *Efeito da água no rendimento das culturas*. Trad. H. Gheyu. Campina Grande, UFPB, 1994. 306 p. (Estudos FAO: Irrigação e Drenagem, 33).

DOURADO NETO, D.; DE JONG VAN LIER, Q. Estimativa do armazenamento de água no solo para realização de balanço hídrico. *Revista Brasileira de Ciência do Solo*, v. 17, n. 1, p. 9-15, 1993.

FEDDES, R. A.; KOWALIK, P. J.; ZARADNY, H. Simulation of Field Water Use and Crop Yield. Wageningen, Centre for Agricultural Publishing and Documentation, 1978. (Simulation Monograph, 9)

GOMES JUNIOR, D. G.; STOLF, R.; PERES, J. G.; PINTO, V. M.; REICHARDT, K. Soil physical quality of Brazilian crop management systems evaluated with aid of penetrometer. *Journal of Agricultural Science*, v. 8, p. 120-8, 2016.

KROES, J.G.; VAN DAM, J.C.; BARTHOLOMEUS, R.P.; GROENENDIJK, P.; HEINEN, M.; HENDRIKS, R.F.A.; MULDER, H.M.; SUPIT, I.; VAN WALSUM, P.E.V. 2017. SWAP version 4. Theory description and user manual. Wageningen, Wageningen Environmental Research, Report 2780. 2017 Available at: https://library.wur.nl/WebQuery/wurpubs/fulltext/416321.

LIMA, C. L. R. de; MIOLA, E. C. C.; TIMM, L. C.; PAULETTO, E. A.; SILVA, A. P. Soil compressibility and least limiting water range of a constructed soil under cover crops after coal mining in Southern Brazil. *Soil & Tillage Research*, v. 124, p. 190-5, 2012.

MONTEIRO, A.B.; REISSER JÚNIOR, C.; ROMANO, L.R.; TIMM, L.C.; TOEBE, M. Water potential in peach branches as a function of soil water storage and evaporative demand of the atmosphere. Revista Brasileira de Fruticultura, v. 40, n. 1, e-403, 2018.

MORAES, M. T.; DEBIASI, H.; FRANCHINI, J. C.; SILVA, W. R. *Intervalo hídrico ótimo em diferentes estados de compactação de um latossolo vermelho sob sistema de plantio direto*. Londrina, Embrapa Soja, 2009.

PINTO, V. M.; VAN DAM, J. C.; DE JONG VAN LIER, Q.; REICHARDT, K. Intercropping simulation using the SWAP Model: Development of a 2×1D algorithm. *Agriculture*, v. 9, n. 126, 2019.

RIJTEMA, P. E.; ABOUKHALED, A. Crop water use. In: ABOUKHALED, A.; ARAR, A.; BALBA, A. M.; BISHAY, B. G.; KADRY, L. T.; RIJTEMA, P. E.; TAHER, A. Research on crop water use, salt affected soils and drainage in the Arab Republic of Egypt. Cairo, FAO Regional Office for the Near East, 1975. p. 5-61.

SILVA, A. P.; BRUAND, A.; TORMENA, C. A.; SILVA, E. M. da; SANTOS, G. G.; GIAROLA, N. F. B.; GUIMARÃES, R. M. L.; MARCHÃO, R. L.; KLEIN, V. A. Indicators of soil physical quality: from simplicity to complexity. In: TEIXEIRA, W. G.; CEDDIA, M. B.; OTTONI, M. V.; DONNAGEMA, G. K. (eds.). *Application of soil physics in environmental analysis*: measuring, modelling and data integration. New York: Springer, 2014, chapter 9, p. 201-21.

SILVA, A. P.; KAY, D. B. The sensitivity of shoot growth of corn to the least limiting water range of soils. *Plant and Soil*, v. 184, p. 323-9, 1996.

SILVA, A. P.; KAY, D. B. Effect of soil water content variation on the Least Limiting Water Range. *Soil Science Society of America Journal*, v. 61, p. 884-8, 1997a.

SILVA, A. P.; KAY, D. B. Estimating the Least Limiting Water Range of soils from properties and management. *Soil Science Society of America Journal*, v. 61, p. 877-83, 1997b.

STOLF, R. Teoria e teste experimental de fórmulas de transformação dos dados de penetrômetro de impacto em resistência do solo. *Revista Brasileira de Ciência do Solo*, v. 15, p. 229-35, 1991.

STOLF, R.; CASSEL, D. K.; KING, L. D.; REICHARDT, K. Measuring mechanical impedance in clayey gravelly soils. *Revista Brasileira de Ciência do Solo*, v. 22, n. 2, p. 189-96, 1998.

STOLF, R.; REICHARDT, K., VAZ, C.M.P. Response to "Comments on 'Simultaneous Measurement of Soil Penetration Resistance and Water Content with a Combined Penetrometer–TDR Moisture Probe' and 'A Dynamic Cone Penetrometer for Measuring Soil Penetration Resistance'". *Soil Science Society of America Journal*, v. 69, p. 927-9, 2005.

STOLF, R.; MURAKAMI, J. H.; MANIERO, M. A.; SOARES, M. R.; SILVA, L. C. F. Incorporação de régua para medida de profundidade no projeto do penetrômetro de impacto Stolf. *Revista Brasileira de Ciência do Solo*, v. 36, p. 1476-82, 2012.

STOLF, R.; MURAKAMI, J. H.; BRUGNARO, C.; SILVA, L. G.; SILVA, L. C. F.; MARGARIDO, L. A. C. Penetrômetro de impacto Stolf – Programa computacional de dados em EXCEL-VBA. *Revista Brasileira de Ciência do Solo*, v. 38, p. 774-82, 2014.

THORNTHWAITE, C. W.; MATHER, J. R. The water balance. *Publications in Climatology*, New Jersey, Drexel Institute of Technology, p. 104, 1955.

VAN DAM, J.C. Field-scale water flow and solute transport. SWAP model concepts, parameter estimation, and case studies. 2000. PhD Thesis, Wageningen University, The Netherlands. Available at: https://edepot.wur.nl/121243

17

Balanço hídrico em sistemas agrícolas

O balanço hídrico é uma contabilização da água que entra e que sai do volume de solo explorado por uma cultura, sendo o resultado a condição do conteúdo de água no perfil de solo. Por isso, ele é de grande importância no manejo da água na agricultura. A contabilização pode ser feita por meio dos fluxos de água, resultando um balanço instantâneo, ou de uma forma integrada, utilizando quantidades de água em milímetros. O balanço hídrico pode ser feito com medidas diretas de água no campo, uma forma mais difícil de obtê-lo, mas cujo resultado retrata a situação da água no perfil. O balanço hídrico também pode ser feito de forma indireta, como é o de Thornthwaite e Matter, muito utilizado por se basear em dados meteorológicos de mais fácil acesso e em alguns dados do solo, como a capacidade de campo e o ponto de murcha permanente. Por ele, pode-se determinar períodos de déficit ou de excesso de água pelos quais as culturas passam.

INTRODUÇÃO

Os vários processos que envolvem fluxo de água que descrevemos nos capítulos anteriores, isto é, infiltração, redistribuição, evaporação e absorção pelas plantas, são processos interdependentes, que, na maioria das vezes, ocorrem simultaneamente. Para estudar o ciclo da água em uma cultura, de maneira geral, é necessário considerar o balanço hídrico (BH), que engloba esses processos. O BH nada mais é que o somatório das quantidades de água que entram e saem de um **elemento de volume** de solo num dado intervalo de tempo, sendo resultado a quantidade líquida de água que nele permanece.

O balanço hídrico é, de fato, a própria lei da conservação das massas e está intimamente ligado ao balanço de energia, pois os processos envolvidos requerem energia. O balanço de energia, por sua vez, é a própria lei da conservação da energia. Do ponto de vista agronômico, o balanço hídrico é fundamental, pois ele define as condições hídricas sob as quais uma cultura se desenvolveu ou está se desenvolvendo em cada um dos seus estádios fenológicos.

O BALANÇO

Imaginemos uma cultura qualquer, como as esquematizadas na Figura 1, cujo balanço hídrico desejamos fazer. O primeiro passo é escolher a camada de solo (reservatório de água) que nos interessa avaliar. Geralmente, essa camada deve incluir toda a zona de absorção de raízes, ou, pelo menos, a maior parte dela. Daí a necessidade de se conhecer a distribuição do sistema radicular, em seus diferentes estádios de desenvolvimento. Seja a camada de interesse de profundidade z = L. O valor de L para culturas como feijão e soja pode ser de 0,40 a 0,50 m; para o milho e o algodão, de 0,50 a 0,70 m; para cana-de-açúcar, de 1,0 a 1,5 m; e para culturas perenes ou florestas, pode alcançar alguns metros. Sua escolha é bastante difícil, mas o critério mais adotado é que a camada 0 – L deve incluir 95% ou mais do sistema radicular ativo.

O elemento de volume, no qual o balanço de água é feito, é um prisma de base 1 m² e altura L (m), que é a camada de interesse mencionada acima (Figura 2). Sendo sua secção transversal 1 m², todos os volumes (L) de água que nele entram ou saem representam uma altura de água em milímetros, uma vez que 1 L/m² = 1 mm. Na verdade, a área de 1 m² é "simbólica", pois pode ser qualquer área considerada como um todo, ou seja, 10 m², 1,0 ha, 100 ha. Isso porque o BH envolve alturas de água, que independem da área. Na Figura 2, notam-se também os eixos coordenados x, y, z e as diferentes camadas de solo com suas umidades $\theta_1, \theta_2, ..., \theta_n$. Apesar das três dimensões, o balanço aqui representado é unidimensional, na direção z. Apenas o escoamento superficial, ou *runoff*, é considerado uma perda do total de precipitação ou irrigação, no plano xy.

Iniciaremos com o balanço hídrico instantâneo, no qual as entradas e saídas são medidas em termos de densidades de fluxo (veja equação de Darcy, Capítulo 8), isto é, volumes (L) por área (m²), por tempo (dia), resultando mm . d⁻¹. Essas densidades de fluxo são, na verdade, intensidades, são vetoriais, e aqui são representadas por letras minúsculas: precipitação pluvial p; irrigação i; deflúvio superficial = enxurrada = *runoff* d_s; evapotranspiração q_e; drenagem interna q_z; todos em mm . d⁻¹.

Os fluxos positivos, isto é, que contribuem para o aumento da quantidade de água no elemento de volume, são, sobretudo, p e i. Como já mencionado, parte dessa água pode, porém, ser perdida por deflúvio superficial d_s e é descontada no cálculo dos componentes do balanço. O escoamento superficial vindo de áreas a montante pode constituir adições de água. O fluxo de evapotranspiração q_e contribui para a diminuição da quantidade de água disponível no elemento de volume e; na profundidade z = L (limite inferior da camada considerada), teremos fluxos de água q_z, tanto no sentido de cima para baixo (o caso mais comum) como no sentido de baixo para cima (mais raro), dependendo do gradiente de potencial em L, isto é, $(\partial H/\partial z)_{z=L}$. Esse gradiente determinará a direção do fluxo q_z e, junto com a condutividade hidráulica, determinará sua intensidade q_z.

Assim, podemos escrever o balanço hídrico instantâneo da seguinte forma:

$$p+i \pm d_s - q_e \pm q_z = \int_0^L \left(\frac{\partial \theta}{\partial t}\right) dz \quad (1)$$

o que equivale a dizer que o somatório das densidades de fluxo que entram e que saem do elemento de volume é igual à variação da umidade do solo, representada pela integral do segundo membro. Para entender essa integral, recorra à Equação 19 do Ca-

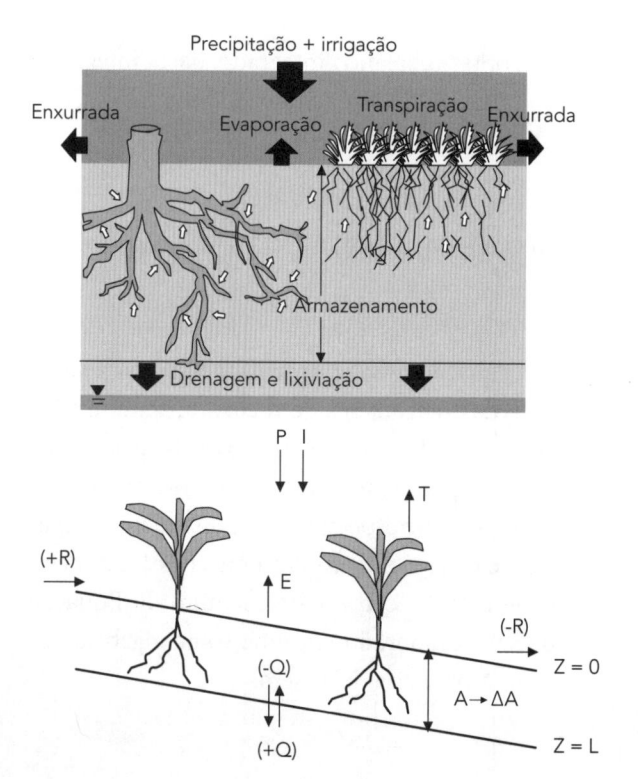

FIGURA 1 Esquema dos componentes do balanço hídrico de uma cultura.

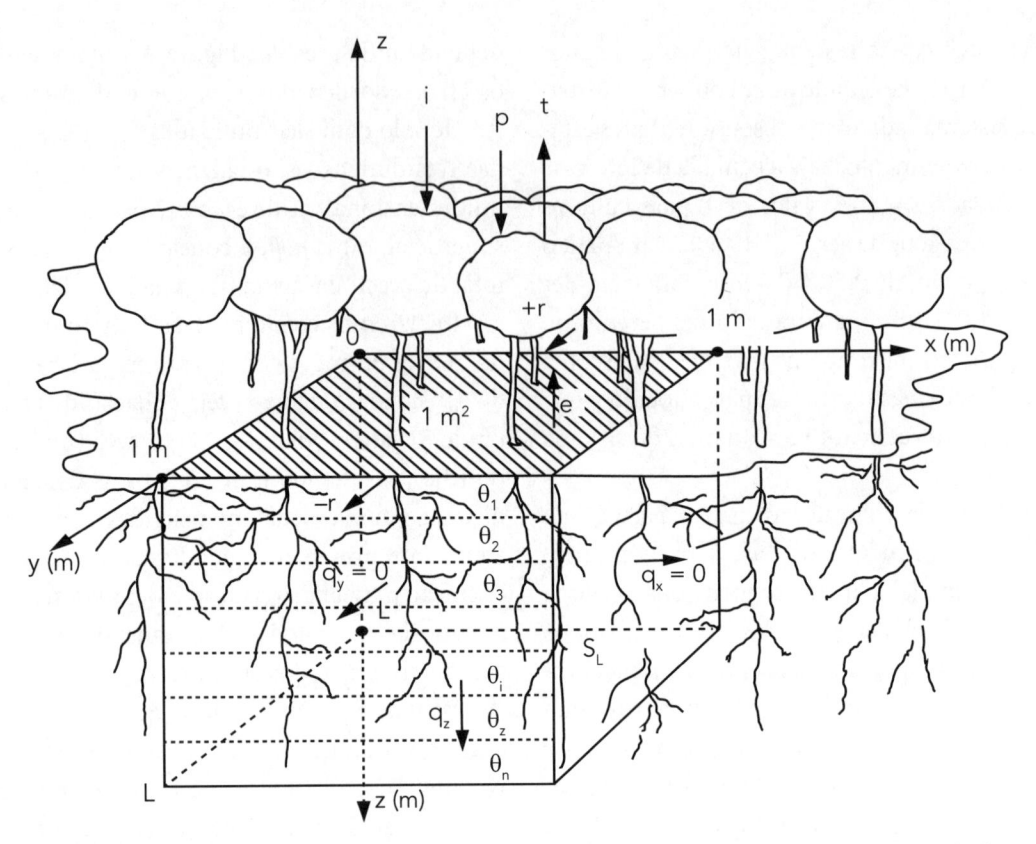

FIGURA 2 Visão esquemática do elemento de volume e dos fluxos que compõem o balanço hídrico.

pítulo 3, sobre armazenamento de água no solo, e à Equação 24 do Capítulo 3, sobre suas variações.

A Equação 1 é o **balanço hídrico instantâneo** com unidades em mm . d^{-1}. O leitor poderia perguntar: se é instantâneo, como milímetros evaporados em um dia? Isto é só questão de unidades. Se dividirmos os valores por 86.400, que é o número de segundos de um dia, teremos o balanço em mm . s^{-1}, o que não faria muito sentido prático, além de 1 s também não ser um instante. Seria como se, no caso da cinemática, falássemos em velocidade instantânea de 50 km h^{-1}. Na prática, o que nos interessa é o **balanço hídrico integrado** ao longo de um certo período ou intervalo de tempo.

O intervalo de tempo Δt é de nossa escolha. Como a dinâmica da água é relativamente lenta, períodos menores que um dia não são viáveis. Para culturas de ciclo curto, Δt pode ser de 3, 7, 10 ou 15 dias. Para culturas de ciclo longo ou perenes, 10, 15 ou 30 dias. Para fins ecológicos, muitas vezes usa-se o semestre ou até o ano.

Para obter o balanço integrado, basta integrar a Equação 1 em função do tempo, no intervalo Δt, que vai de t_i a t_j:

$$\int_{t_i}^{t_j}(p+i\pm d_s - q_e \pm q_z)dt = \int_{t_i}^{t_j}\int_0^L \left(\frac{\partial \theta}{\partial t}\right)dzdt \quad (2)$$

Essa equação nos diz, simplesmente, que a soma algébrica das densidades de fluxos durante um intervalo $\Delta t = t_j - t_i$ é igual às variações da quantidade de água, no mesmo intervalo, dentro do elemento de volume de solo de espessura 0 a L. Estudemos separadamente cada elemento das Equações 1 e 2. Pelas regras de cálculo, o primeiro membro da Equação 2 pode ser desdobrado em uma soma algébrica de integrais. A primeira delas será:

$$\int_{t_i}^{t_j} pdt = P \quad (3)$$

em que p é densidade de fluxo de precipitação, chamada de **intensidade de chuva** pelos meteorologistas, e suas dimensões são L . m^{-2} . dia^{-1} = mm . dia^{-1}. Pluviômetros medem a integral P diretamente, ou **precipitação acumulada**, integrando p no intervalo $t_j - t_i$. Graficamente, a precipitação pluvial ou chuva P é a área sob a curva p *versus* t, e o resultado é em milímetros. A Figura 3 mostra isso, para um dia que choveu das 12h às 20h. Vê-se que p variou bastante nesse intervalo de tempo, com um valor máximo de cerca de 10 mm.h^{-1} às 16h. Com a integral P, essas informações detalhadas são perdidas, podendo-se no máximo calcular a intensidade média $\bar{p} = P/(t_j - t_i) = 40/8 = 5$ mm.h^{-1}. A intensidade de chuva p pode ser obtida em pluviógrafos, que fazem um gráfico semelhante ao da Figura 3.

A segunda integral obtida do desdobramento da Equação 2 é:

$$\int_{t_i}^{t_j} i\, dt = I \qquad (4)$$

As mesmas considerações feitas para p e P podem ser feitas, no caso da irrigação por aspersão, para a **taxa de irrigação** i e para a **irrigação acumulada** I, que, na verdade, é uma chuva artificial. Nesse caso, a intensidade de irrigação i é constante com o tempo, no período de irrigação. Dessa forma, uma irrigação de intensidade i (mm . h^{-1}), aplicada por t (h), resulta em I = i . t (mm). Graficamente, o resultado pode ser visto na Figura 4.

Já para os casos das irrigações por sulco, gotejamento e outras, a determinação de i é mais complicada, mas os conceitos de i e I são os mesmos. Cada método (e sistema) de irrigação apresenta características diferenciadas em termos de consumo de água, distribuição de água no perfil do solo, eficiência de aplicação, mão de obra requerida e possibilidades de parcelamento da área irrigada em talhões, entre outras. Todas essas características influenciam a forma como deve ser manejada a irrigação. Tavares et al. (2007) ainda acrescentam as condições locais e as

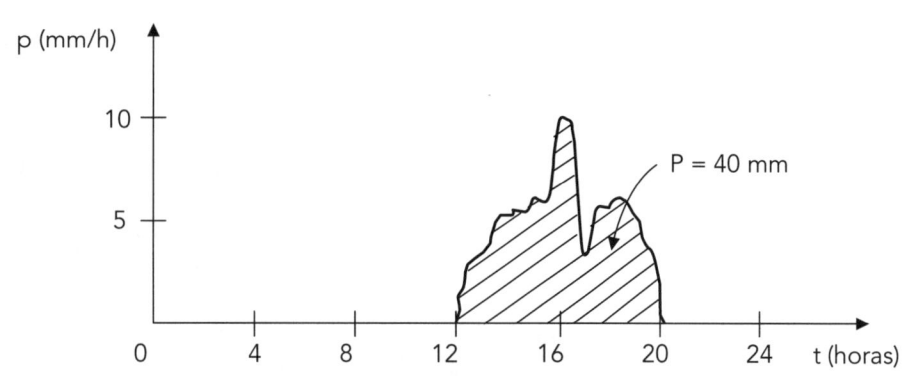

FIGURA 3 Gráfico de p *versus* t para uma chuva de intensidade variável, totalizando 40 mm.

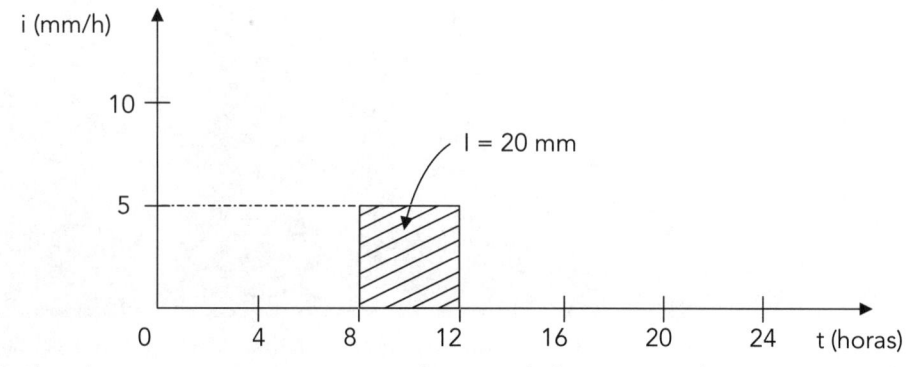

FIGURA 4 Gráfico de uma irrigação por aspersão de intensidade constante de 5 mm . h^{-1}, totalizando 20 mm.

características de comercialização da cultura como fatores que afetam o manejo da irrigação.

A determinação correta da quantidade de água necessária para a **irrigação** é um dos principais parâmetros para que o planejamento, o dimensionamento e o manejo de um sistema de irrigação sejam feitos de forma adequada, bem como para a avaliação das necessidades de captação, armazenamento e condução de água e avaliação das fontes de suprimento disponíveis. Quando a quantidade de água a ser aplicada pela irrigação é superestimada, a consequência são sistemas de irrigação superdimensionados, encarecendo o custo da irrigação por unidade de área. Além disso, o superdimensionamento pode acarretar danos à cultura, lixiviação de nutrientes, elevação do lençol freático na área (problema de drenagem), ocasionando redução de produtividade. Em contrapartida, quando a quantidade é subestimada, haverá uma incapacidade do sistema em irrigar toda a área de projeto. Dessa forma, o manejo da irrigação consiste na definição dos métodos que serão utilizados para responder às duas principais questões da irrigação: 1. quando irrigar; e 2. qual a quantidade de água a ser aplicada. Existem diferentes tipos de manejo de irrigação, sendo um dos principais o baseado no balanço de água no solo. O assunto irrigação é abordado em detalhe por Bernardo et al. (2019).

A terceira integral é o **deflúvio superficial**, ou **enxurrada**, ou *runoff*:

$$\int_{t_i}^{t_j} d_s t = \pm DS \qquad (5)$$

de difícil determinação, pois depende das propriedades do solo e da declividade da superfície. Normalmente, é medida pela coleta da água que escoa de uma dada área, cercada para coletar o fluxo. É positiva quando é uma contribuição proveniente de montante, e negativa quando é uma perda a jusante. Contribuições a montante devem ser evitadas, o que, em geral, é feito por meio de terraceamento. A distância entre terraços varia, sobretudo, com a declividade do terreno e o tipo de solo, sendo um valor médio comum entre 20 e 30 m.

Por isso, o deflúvio superficial, também chamado de **escoamento superficial**, é estudado em **rampas** padrão de 22,4 m de comprimento e 2 m de largura. Elas são cercadas por diques de madeira ou folha metálica (Figura 5), sendo a água que escoa coletada em tanques que possibilitam a medida do seu volume V (L). O valor de DS é V/A mm, sendo A a área da rampa em m². Se, por exemplo, coletou-se em uma rampa de 44,8 m² uma enxurrada de volume 65 L, DS = 65 / 44,8 = 1,45 mm. Essas rampas também são utilizadas para estimar as perdas de solo por erosão. Se, depois de cada evento com enxurrada, os sólidos que foram arrastados para o tanque de coleta forem pesados, pode-se calcular a erosão. Imaginando que 2,24 kg de material sólido tenham sido coletados ao longo

FIGURA 5 Rampas para medida de enxurrada. No interior, veem-se tubos de acesso para sonda de nêutrons e tensiômetros. Ao fundo, tanques de coleta do volume de água do deflúvio superficial.

de um ano de observações em uma rampa de 44,8 m², o valor da erosão equivale a 500 kg . ha⁻¹ . ano⁻¹.

A quarta integral é a **evapotranspiração**:

$$\int_{t_i}^{t_j} q_e dt = -ET \quad (6)$$

O fluxo de **evapotranspiração** q_e é o próprio fluxo de água na superfície do solo (z = 0), somado à **transpiração vegetal**, já discutidos, em detalhe, nos Capítulos 8, 14 e 15. Normalmente, tomam-se valores médios de q_e, que, assumidos constantes, podem ser tirados do sinal de integração, resultando:

$$q_e \int_{t_i}^{t_j} dt = -q_e(t_j - t_i) = -ET$$

isso assumindo que a evapotranspiração não cessa no intervalo $(t_j - t_i)$, o que é razoável para valores médios de q_e.

A quinta integral representa os fluxos de água no limite inferior do elemento de volume, denominados de **drenagem profunda**:

$$\int_{t_i}^{t_j} q_z dt = \pm Q_z \quad (7)$$

que é a parte mais difícil de ser estimada em um balanço hídrico. Ela é o fluxo de água no solo no limite inferior do elemento de volume considerado. O fluxo q_z é dado pela equação de Darcy-Buckingham, aplicada ao fluxo vertical (ver Capítulo 8):

$$q_z = -K(\theta) \left.\frac{\partial H}{\partial z}\right|_L = -K(\theta) \left.\frac{\partial h}{\partial z}\right|_L - K(\theta) \quad (8)$$

Dependendo do sinal e da magnitude do gradiente $\partial H/\partial z$, em z = L, o fluxo pode ser para cima (ascensão capilar) ou para baixo (drenagem profunda), daí os sinais + e − na Equação 7.

Dessa forma, para a estimativa de Q_z, é necessário o conhecimento das características hídricas do solo em z = L, isto é, sua curva de retenção de água h = h(θ) e sua condutividade hidráulica K = K(θ) ou K(h). Quando L é grande (L > 100 cm), o gradiente $(\partial h/\partial z)_{z=L}$ pode não variar muito, tanto em sentido como em magnitude. Nossa experiência em solo terra roxa estruturada (nitossolo) de Piracicaba (Reichardt et al., 1990) é de que esse gradiente, na profundidade de 150 cm, oscila em torno de 1, quase sempre indicando fluxos descendentes. As poucas vezes em que o gradiente indicava fluxo ascendente, a umidade do solo era muito baixa, de tal forma que K(θ) se tornava desprezível. Logicamente, em situações com lençol freático presente, os fluxos ascendentes podem ser consideráveis.

A melhor forma de obter o grad H para a aplicação da equação de Darcy é medir o perfil H(z) ou h(z) com tensiômetros ou hastes TDR (ou, ainda, sonda FDR), obtendo gráficos como o da Figura 19 (Capítulo 6). Para esse exemplo, se L = 100 cm, o gradiente $\partial H/\partial z$ indica a direção do fluxo de água. O grad H é a tangente à curva H(z), que pode ser obtido graficamente ou por diferenças finitas. Nas camadas superiores, 0 < z < 60, há raízes, e, apesar de o grad H indicar fluxos ascendentes, o secamento do solo se dá, sobretudo, por extração radicular.

O caso mais simples seria a medida de grad H apenas em z = L. Nesse caso, tensiômetros ou sondas TDR são instalados em duas profundidades: L − Δz e L + Δz, em que 2Δz é uma distância muito menor que L, mas suficientemente grande para detectar a diferença ΔH. Nesse caso, grad H = ΔH/2Δz. Vejamos um exemplo: seja o caso de um balanço hídrico no qual L = 1,00 m e Δz = 0,10 m. Para isso, instalaram-se tensiômetros em z = 0,90 e 1,10 m, como indica a Figura 6.

Em A:

$$h(A) = -12,6 \times 22,8 + 30 + 90 = -167,3 \text{ cmH}_2\text{O}$$
$$H(A) = -167,3 - 90 = -257,3 \text{ cmH}_2\text{O}$$

Em B:

$$h(B) = -12,6 \times 25,3 + 30 + 110 = -178,8 \text{ cmH}_2\text{O}$$
$$H(B) = -178,8 - 110 = -288,8 \text{ cmH}_2\text{O}$$

Como H(A) > H(B), a água se move de A para B, isto é, representa uma drenagem. O gradiente deu positivo, indicando que o campo potencial de H cresce de B para A. Como a equação de Darcy tem

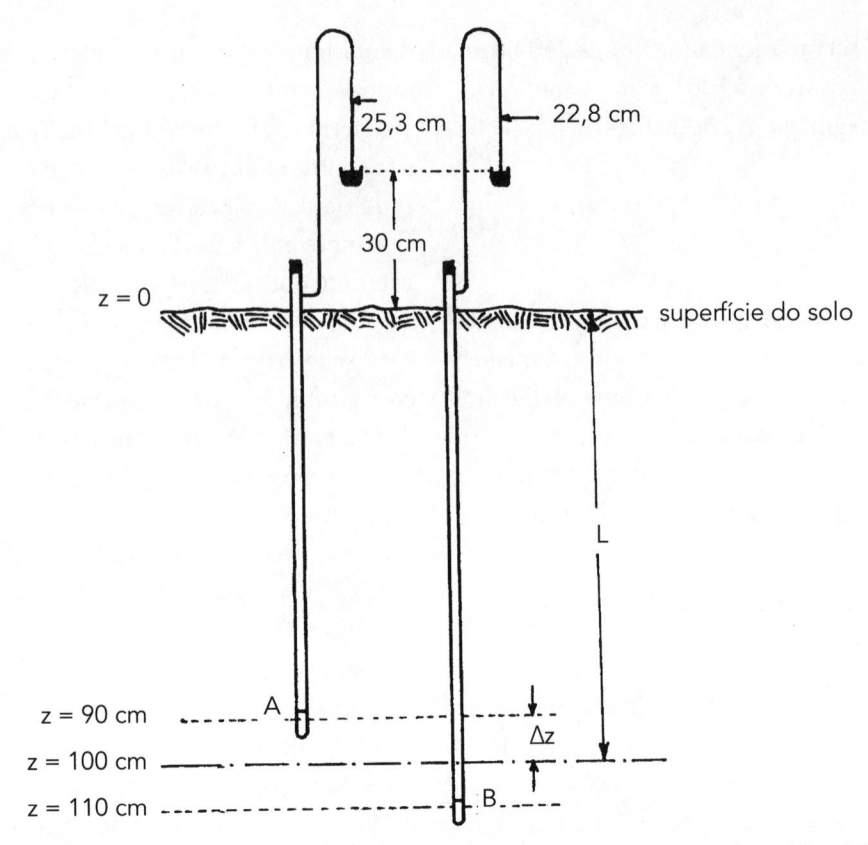

FIGURA 6   Esquema de dois tensiômetros usados para medir o gradiente grad H na profundidade L = 1,00 m.

um sinal negativo, o fluxo q_L será negativo, isto é, uma perda para o balanço (drenagem).

Para esse solo, determinou-se a equação K(h) = 171 . exp (0,036 h) mm . dia^{-1}, na profundidade L = 1,0 m. Como temos h em 0,90 e 1,10, e não em 1,00, utilizaremos a média: h = −173,05 cmH$_2$O. Assim, K = 171 exp [0,036 (−173,05)] = 0,3368 mm . dia^{-1}, e o fluxo de drenagem q_L será:

$$q_L = -K(h)\frac{\partial H}{\partial z} = -0,3368 \times 1,575 =$$
$$= -0,5305 \text{ mm} \cdot \text{dia}^{-1}$$

O ideal é fazer leituras diárias de tensiômetros, e, se o Δt do balanço for de sete dias, teremos sete valores de q_L para o intervalo considerado. Assim, a Equação 7 fica:

$$\int_1^7 q_i dt \cong \sum_{i=1}^7 q_i \Delta t' = q_1 \Delta t' + q_2 \Delta t' + \ldots + q_7 \Delta t' =$$
$$= [q_1 + q_2 + \ldots + q_7]\Delta t'$$

em que Δt' é o intervalo da integração numérica (trapezoidal), tomado igual a um dia. Dividindo e multiplicando por n = 7, temos:

$$Q_L = \overline{q} \cdot 7\Delta t' = \overline{q} \cdot \Delta t$$

se, por exemplo, $\overline{q}$ = 0,5815 mm . dia^{-1}, teremos Q_L = 0,5815 × 7 = 4,0705 mm.

As limitações desse cálculo de Q_z são enormes, em especial para intervalos de tempo Δt = t_j − t_i grandes. Em balanços hídricos, muitas vezes, Δt = 10, 15 ou mesmo 30 dias. Nesse intervalo de tempo, geralmente, não se dispõe de informações completas de como θ variou com z e não se sabe se as estimativas do gradiente e da condutividade são aceitáveis. Para intervalos curtos de tempo, esse cálculo de Q_z já é bem melhor. De qualquer forma, a determinação exata de Q_z é muito difícil, estando esse problema, ainda, em fase de pesquisa. Em muitos balanços hídricos, o termo Q_z é desprezado sem justificativa plausível.

Se não houver evapotranspiração nem adições de água no período $t_j - t_i$, então a variação de armazenamento ΔA_L é igual a Q_z. Se houver evapotranspiração, $Q_z = A_L - ET$. Assim, escolhendo períodos propícios, nos quais alguns componentes do balanço são nulos, pode-se simplificar a determinação de Q_z.

Vejamos, agora, o segundo membro da Equação 2. Trata-se de uma integral dupla, igual à **variação do armazenamento de água** na camada 0-L (veja definição no Capítulo 3), que pode ser compreendida mais facilmente na forma:

$$\int_0^L \left[\int_{t_i}^{t_j} \left(\frac{\partial \theta}{\partial t}\right) dt \right] dz = \Delta A_L \quad (9)$$

A integral entre colchetes nos diz que devemos somar todas as variações de θ com t no período $t_j - t_i$. Como essas variações de θ com t dependem da profundidade z, devemos integrá-las ao longo de z, de 0 a L. O resultado final é a variação de θ no intervalo $t_j - t_i$ na camada 0 a L. O valor dessa integral é igual à área entre os perfis de umidade, medidos em t_i e t_j, até a profundidade L. Esse assunto já foi abordado ao definirmos variações de armazenamento pela Equação 22 do Capítulo 3.

ΔA_L deve ter as mesmas dimensões de P, I, ET e Q_z, isto é, mm de água. Se θ é dado em $m^3 \cdot m^{-3}$ e z em m, qualquer área do gráfico θ *versus* z terá dimensões de m, que, multiplicada por 1.000, se transforma em mm.

Podemos agora reescrever a Equação 1 da maneira mais simplificada, isto é, integrada no tempo Δt, como é apresentada por muitos autores:

$$P + I + DS + ET + Q_z + \Delta A_L = 0 \quad (10)$$

em que o sinal de cada componente depende de ele ser um ganho ou uma perda.

O termo ΔA_L é a variação do armazenamento e, logicamente, pode ser positivo ou negativo, dependendo da magnitude de todos os outros, uma vez que a soma algébrica de todos deve permanecer nula (lei da conservação das massas). Os cinco casos a seguir exemplificam a Equação 10.

1. Um perfil de solo armazena 280 mm de água, e recebe 10 mm de precipitação e 30 mm de irrigação. Ele perde 40 mm por evapotranspiração. Negligenciando o escoamento superficial e o fluxo de água no solo abaixo da zona radicular, qual é o valor do seu novo armazenamento?
2. Uma cultura de soja perde 35 mm por evapotranspiração em um período sem chuva e irrigação. Ela perde 8 mm por drenagem profunda. Qual é a variação no armazenamento?
3. Durante um período chuvoso, uma parcela recebe 56 mm de precipitação, dos quais 14 mm são perdidos por escoamento superficial. O valor da drenagem profunda é de 5 mm. Negligenciando a evapotranspiração, qual é a variação no armazenamento?
4. Calcule a evapotranspiração diária de uma cultura de feijão, em um período de dez dias, que recebeu 15 mm de precipitação e duas irrigações de 10 mm cada uma. No mesmo período, a drenagem profunda foi de 2 mm e a variação no armazenamento de − 5mm.
5. Qual a quantidade de água adicionada a uma cultura por irrigação, sabendo-se que em um período seco sua evapotranspiração foi de 42 mm e a variação no armazenamento foi −12 mm? A umidade do solo estava no valor da capacidade de campo, e não houve escoamento superficial durante a irrigação.

n.	P	+ I	− ET	±DS	±Q_L	=	ΔA_L	Resposta
1	10	30	−40	0	0	=	0	280 mm
2	0	0	−35	0	−8	=	−43	−43 mm
3	56	0	0	−14	−5	=	+37	+37 mm
4	15	20	−38	0	−2	=	−5	−3,8 mm . dia^{-1}
5	0	30	−42	0	0	=	−12	+30 mm

Na prática, os termos que mais nos interessam são ET e ΔA_L. ET para sabermos quanto o solo e a planta perderam por evapotranspiração no intervalo $t_j - t_i$, a fim de repor a água perdida, e ΔA_L para sabermos a disponibilidade de água no solo para as plantas no instante t_j. Por exemplo: desprezando Q_z, medindo P e I e estimando ET por fórmulas teórico-empíricas, pode-se obter ΔA_L sem medir as variações da umidade do solo. Assim procedem os agrometeorologistas. Pereira et al. (1997) discute esse tipo de balanço hídrico. Nele utiliza-se a definição de **capacidade de água disponível** (CAD), geralmente medida em milímetros, calculada por:

$$CAD = (\theta_{CC} - \theta_{PMP}) \cdot L \quad (11)$$

em que L é a profundidade considerada, em mm. Assim, se, para um dado solo, $\theta_{CC} = 0{,}32$ m³ · m⁻³ e $\theta_{PMP} = 0{,}19$ m³ · m⁻³, a CAD para uma camada de 1,2 m é 156 mm. É importante ressaltar que a unidade da CAD é dada pela unidade da profundidade considerada, isto é, se, na Equação 11, L for fornecida em metros, a CAD será dada em metros; se L for fornecida em milímetros, a CAD resultará em milímetros. Considera-se como água disponível (AD) a quantidade, em milímetros, que o solo possui em dado momento. Nesse último exemplo, o solo poderia ter, por exemplo, 95 mm de AD, o que corresponde a 61% da CAD. Em muitos balanços hídricos, na falta de dados disponíveis, considera-se a camada L = 1 m = 1.000 mm e $(\theta_{CC} - \theta_{PMP}) = 0{,}1$ m³ · m⁻³, resultando em uma CAD de 100 mm.

O BALANÇO HÍDRICO DE THORNTHWAITE E MATTER

Thornthwaite e Matter (1955) apresentaram uma metodologia para o cálculo do **balanço hídrico climatológico** que até hoje ainda é a base de diversos balanços, razão pela qual será vista em detalhe. Ela se utiliza de dados meteorológicos que são encontrados na maioria das regiões do globo: temperatura do ar e precipitação, além de uma característica do solo, a CAD (Equação 11). Seu balanço, obviamente, segue a equação 10, despreza I (ou inclui I na precipitação) e engloba DS e Q_z em uma componente denominada de excesso (EXC). Introduz o conceito de **déficit** hídrico (DEF), que aparece quando o solo restringe a evapotranspiração, sendo DEF = ET_c - ET_a. O Quadro 1 é um exemplo ilustrativo, relativo à cidade de Franca (SP), latitude de 21°10'S. Trata-se de um BH mensal, elaborado com as normais climatológicas do local.

Na segunda coluna, após a apresentação dos meses, aparece a temperatura do ar, com a qual se calcula ET_0 pelo método de Thornthwaite (1948), visto na Equação 21 (Capítulo 15), apresentada na terceira coluna. Na quarta está a precipitação P, que caracteriza um tipo de clima com verão chuvoso. A quinta

QUADRO 1 Planilha para o cálculo do balanço hídrico mensal da cidade de Franca (SP)

Mês	T °C	ET_c mm	P mm	P-ET_c mm	NEG ACUM	A_L mm	ΔA_L mm	ET_a mm	DEF mm	EXC mm
Jan.	23,4	117	275	+158	0	125	0	117	0	158
Fev.	23,4	102	218	+116	0	125	0	102	0	116
Mar.	22,9	104	180	+76	0	125	0	104	0	76
Abr.	21,2	79	60	−19	−19	107	−18	78	1	0
Maio	19,3	60	25	−35	−54	81	−26	51	9	0
Jun.	18,2	49	20	−29	−83	64	−17	37	12	0
Jul.	18,4	54	15	−39	−122	47	−17	32	22	0
Ago.	20,6	74	12	−62	−184	29	−18	30	44	0
Set.	22,4	93	48	−45	−229	20	−9	57	36	0
Out.	23,1	107	113	+6	−196	26	+6	107	0	0
Nov.	23,2	108	180	+72	−30	98	+72	108	0	0
Dez.	23,3	117	245	+128	0	125	+27	117	0	101
Ano	21,6	1064	1391	327	–	–	±105	940	124	451

coluna mostra a diferença P – ET$_c$, negativa nos meses de inverno, indicando uma deficiência hídrica que precisa ser suprida pelo solo, ou, em muitos casos, pela irrigação. A sexta coluna é o **negativo acumulado** na camada de interesse L (assim chamado por Camargo [1978]), que será melhor definido adiante. A sétima coluna é o armazenamento de água no solo A$_L$, não o ΔA$_L$ que aparece na Equação 10, que constitui a oitava coluna. Neste exemplo assumiu-se o valor de CAD = 125 mm, e é por isso que A$_L$ = CAD nos meses mais úmidos. Na sequência P > ET$_c$, aparece o excesso EXC, na 11ª coluna. A nona coluna contém ET$_a$ calculada pelo balanço, como veremos a seguir, e a décima, o déficit DEF, definido anteriormente.

Vamos começar o cálculo do balanço no mês de março, no qual temos certeza de que A$_L$ = CAD = 125 mm, pois nos meses anteriores choveu muito. Como P – ET$_c$ é positivo, aparece um EXC = 76 mm (11ª coluna). No mês seguinte, abril, como P – ET$_c$ se torna negativo, começa o consumo da água do solo. Thornthwaite assume que a perda real B da água do solo se dá a uma taxa dB/dt, que é uma função linear do armazenamento, expresso de maneira relativa, isto é, A$_L$/CAD, que varia de 1 a 0, de modo que:

$$\frac{dB}{dt} = k \frac{A_L}{CAD} \quad (12)$$

A Figura 7 mostra a relação dB/dt em função de A$_L$/CAD. Supondo-se que, no fim do período úmido (março) e no começo do período (abril), em que P – ET$_c$ é negativo (–19 mm), o solo esteja na θ$_{CC}$, a perda de água B, no intervalo Δt (30 dias), será dada por:

$$B = CAD - A_L \quad (13)$$

Ou seja, substituindo 13 em 12, temos:

$$\frac{dB}{dt} = k \frac{(CAD - B)}{CAD} \quad (14)$$

Para obter a constante k, vamos nos utilizar da condição inicial, em que A$_L$ = CAD e B = 0. As Equações 12 e 14 ficam:

$$\left.\frac{dB}{dt}\right|_{t=0} = k \quad (15)$$

Em contrapartida, dB/dt em t = 0 também só pode ser a diferença negativa P – ET$_c$ (–19 mm), que vem a ser o primeiro negativo acumulado (ainda não acumulado) **L**, de –19 mm. Não confundir esse L com litro (ele é mantido dessa forma por tradição). Assim:

$$\left.\frac{dB}{dt}\right|_{t=0} = \frac{L}{\Delta t} \quad (12a)$$

Igualando 15 com 12a, tiramos o valor de k:

$$k = \frac{L}{\Delta t} \quad (16)$$

E, introduzindo k na equação geral 14, obtemos:

$$\frac{dB}{dt} = \frac{L}{\Delta t} \frac{(CAD - B)}{CAD} \quad (17)$$

A Equação 17 pode ser integrada separando as variáveis e rearranjando:

$$\int_0^L \left[\frac{1}{CAD - B}\right] dB = \frac{L}{\Delta t \, CAD} \int_0^{\Delta t} dt \quad (18)$$

Ou

$$-\ln(CAD - B)\Big|_0^L = \frac{L}{\Delta t \, CAD} \, t \Big|_0^{\Delta t} \quad (19)$$

que, por várias manipulações, e lembrando que CAD – L = A$_L$, resulta em:

$$A_L = CAD \exp\left[\frac{-L}{CAD}\right] \quad (20)$$

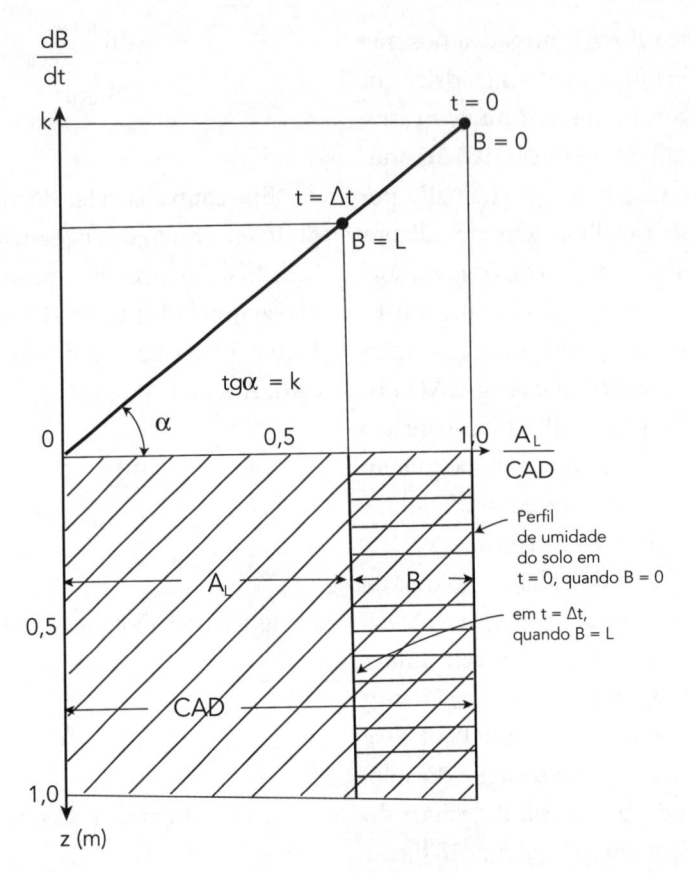

FIGURA 7 Modelo de Thornthwaite.
dB/dt (mm.dia^{-1}): taxa de extração de água; B (mm): quantidade de água extraída em Δt; k: coeficiente de proporcionalidade; A_L (mm): água armazenada disponível que resta depois da retirada de B; L: negativo acumulado; CAD (mm): capacidade de água disponível para um solo de 1 m de profundidade, de umidade constante ao longo de z.

Vê-se que o resultado da variação do armazenamento do solo A_L pelo método de Thornthwaite é exponencial. É o que mostram os dados da coluna 7 da planilha, variando de 125 para 107, 81, 64, 47, 29... O negativo acumulado L, utilizado nas deduções desde a Equação 12a até 20, fica mais claro analisando a sexta coluna do Quadro 1. A ET_a é a soma de P mais a água retirada do solo. Assim, para abril, $ET_a = 60 + 18 = 78$ mm.

Resultados práticos mostram que o modelo linear de Thornthwaite, da variação de ET_a desde θ_{CC} até θ_{PMP}, funciona muito bem para altas demandas atmosféricas ou altos valores de ET_c, da ordem de 8 a 12 mm dia^{-1}. Para taxas mais baixas, a planta consegue retirar água do solo com mais facilidade, e, por isso, Rijtjema e Aboukhaled (1975) sugeriram um fator p que indica até quando ET_a é igual a ET_c, para valores de θ abaixo de θ_{CC}. Este fator p define um valor crítico θ_C entre θ_{CC} e θ_{PMP}, até o qual $ET_a = ET_c$.

Como nas suas equações aparece o fator (1 - p), para p = 0,7, são os primeiros 30% da água disponível em que $ET_a = ET_c$. Para plantas sensíveis ao déficit de água ou para condições de alta demanda atmosférica, utiliza-se p da ordem de 0,7. Para condições intermediárias, p = 0,5, e para plantas tolerantes ou baixas demandas, p = 0,3. Muitas vezes se fala em uma capacidade de **água disponível crítica**, ou **armazenamento crítico** [(1 - p).CAD], que representa a parte da AD de mais difícil retirada pelas plantas.

O método de Thornthwaite e Matter (1955) pode ser adaptado para qualquer método de cálculo de ET_c. Para exemplificar, no caso de Rijtema e Aboukhaled, o armazenamento A_L passa a ser:

$$A_L = (1-p)CAD \exp\left(\frac{\frac{L}{CAD}-p}{(1-p)}\right) \qquad (21)$$

E, para o caso cossenoidal de Dourado-Neto e De Jong van Lier (1993):

$$A_L = (1-p)CAD\left\{1 - \frac{2}{\pi}\arctan\left[\frac{\pi}{2}\left(\frac{\left(\frac{L}{CAD}-p\right)}{(1-p)}\right)\right]\right\} \quad (22)$$

A bibliografia sobre balanço hídrico é extensa. Timm et al. (2002) fizeram uma análise quantitativa e qualitativa das metodologias usadas para estimar os componentes do balanço hídrico em um solo (nitossolo), cultivado com cana-de-açúcar e submetido a diferentes práticas de manejo (1. solo nu; 2. superfície do solo com a presença de palhas e ponteiros, deixados após a colheita da cana; e 3. superfície do solo com a presença dos resíduos da queima da cana antes da colheita) no município de Piracicaba (SP). Os autores concluíram que o escoamento superficial, os fluxos de água nos limites inferiores do volume de solo (z = L = 1,0 m) e as mudanças do armazenamento da água do solo não foram afetados pelas diferentes práticas de manejo, e que o escoamento superficial e os fluxos de água do solo são fortemente afetados pela variabilidade espacial das propriedades físicas do solo.

Uma forma bastante interessante de utilizar o balanço hídrico para acompanhar as variações da umidade do solo em uma cultura em desenvolvimento é o balanço hídrico sequencial (Rolim et al., 1998). Trata-se de uma planilha Excel®, na qual são introduzidos valores correntes de temperatura do ar (para o cálculo de ET_0 por Thornthwaite) e de precipitação (ou irrigação). O programa, então, calcula o armazenamento de água no solo, baseado em uma CAD escolhida. Ele fornece déficits de água e calcula um excesso, que, quando existente, corresponde à soma do escoamento superficial e da drenagem profunda. Bortolotto et al. (2011) utilizaram o balanço hídrico sequencial para a estimativa da drenagem profunda (e lixiviação de N) em cafezal fertirrigado do oeste baiano. Silva et al. (2013) controlaram as condições hídricas em vasos cultivados com pinhão manso, aplicando a metodologia do balanço hídrico sequencial.

Há também programas detalhados que fazem balanços hídricos de culturas, sendo um deles o SWAP. Esse programa exige, além dos dados climáticos, vários dados sobre a planta e sobre as propriedades hídricas do solo. Pinto et al. (2015) mostraram que esse programa também pode ser empregado para simular o balanço hídrico de culturas perenes, como a do café.

Na medida das diferentes componentes do balanço hídrico, sempre entra o problema das variabilidades temporal e espacial (veja Capítulos 20 e 21), amostragem, número de repetições etc. A precipitação, por exemplo, é medida com facilidade por pluviômetros, como se viu no Capítulo 3, mas sabemos, de nosso dia a dia, que pode chover onde estamos e, ao mesmo tempo, não cair um pingo d'água a alguns metros. Por isso, no estabelecimento de balanços hídricos, não se deve utilizar dados de estações meteorológicas distantes e, preferivelmente, medir a precipitação no próprio local. Reichardt et al. (1995) abordam esse assunto, mostrando a variabilidade temporal e espacial da precipitação em uma área de 1.000 ha. A medida da irrigação também apresenta dificuldades, pois sua distribuição nunca é homogênea. Nas irrigações por pivôs, por sulcos, por gotejamento, a variabilidade de local para local pode ser muito grande. A evapotranspiração, se medida por modelos aerodinâmicos, não apresenta problemas sérios de variabilidade. Já no caso de tanques classe A ou lisímetros, seu número e localização podem ser de extrema importância. A enxurrada é muito afetada por pequenas variações de declive, cobertura vegetal, preparo do solo etc. A variabilidade da drenagem profunda acompanha as variabilidades das propriedades hídricas do perfil de solo. É, portanto, necessário que o pesquisador esteja atento a esses problemas, não havendo uma regra geral para amostragens e número de repetições. Cada caso é um caso especial e precisa ser abordado com critério.

Em experimento de café conduzido em Piracicaba (SP), Silva et al. (2006) estudaram a variabilidade dos componentes do balanço hídrico e Timm et al. (2011) analisaram, para a mesma cultura, a série temporal de dois anos de medidas de ET e ΔS.

A Equação 1 pode também ser reescrita separando q_e em duas partes: q_{es} (evaporação da água do solo) e q_{et} (**transpiração das plantas** T).

$$\underbrace{\int_{t_i}^{t_j}(p+i\pm ds-q_{es}\pm q_z)dt}_{P+I\pm DS-E\pm Q_z} - \underbrace{\int_{t_i}^{t_j}\int_0^L\left(\frac{\partial\theta}{\partial t}\right)dzdt}_{\Delta A_z} = \\ = \underbrace{\int_{t_i}^{t_j}\int_0^z r_z dzdt}_{T} \quad (23)$$

em que a integral dupla do segundo membro é a integral de q_{et}, igual a T. Nessa equação, r_z é a razão do decréscimo no tempo da umidade na camada "0-z", devida à atividade radicular. Conhecidos todos os termos do primeiro membro da Equação 23, T pode ser estimado, variando z em intervalos predeterminados Δz, desde $z = 0$ até $z = L$.

Definindo uma razão média de absorção – r_z numa camada 0 – z por:

$$\bar{r}_z = \frac{\int_{t_i}^{t_j} r_z dt}{(t_i - t_j)} \quad (24)$$

pode-se determinar a distribuição da atividade radicular, fazendo cálculos repetidos com as Equações 23 e 24, variando z em intervalos pequenos. Silva et al. (2009) avaliaram por essa técnica o sistema radicular de uma cultura de café.

PRODUTIVIDADE DEPLECIONADA POR ÁGUA

A **produtividade potencial** de uma cultura é determinada por fatores genéticos e pelo grau de adaptação ao ambiente, tendo disponível água e nutrientes, sem limitação por pragas e doenças, durante todos os períodos de desenvolvimento até o amadurecimento (Doorenbos; Kassam, 1994; Heifig, 2002). A disponibilidade hídrica nos períodos de maior demanda pela cultura é imprescindível para alcançar o resultado esperado, pois ela participa de todos os processos metabólicos que vão estabelecer o crescimento e o desenvolvimento, além de determinar o período de crescimento da cultura (Doorenbos; Kassam, 1994). Além disso, a adoção de práticas de manejo que minimizem o impacto dos fatores externos na assimilação de carbono e de nitrogênio na fase reprodutiva é determinante da produtividade de grãos. Esta é a fase em que a cultura apresenta elevada atividade fisiológica, alcançando a máxima taxa de assimilação de carbono e nitrogênio (Fagan, 2007; Taiz et al., 2017).

A **deficiência hídrica** (D, DH ou DEF) é caracterizada quando a ET_a é menor que a ET_c, definida por $D = ET_c - ET_a$, isto é, as restrições do solo impedem a planta de perder o máximo de água. Ela induz adaptações fisiológicas e morfológicas, como o fechamento estomático. Como consequência, ocorre a redução da fotossíntese, afetando o crescimento e a produtividade (Pereira et al., 2002). De acordo com Marin et al. (2000), o modelo de Doorenbos e Kassam (1994) é comumente empregado na estimativa do rendimento de culturas agrícolas em função de determinada condição hídrica. O modelo penaliza a produtividade potencial (Y_0) a partir da deficiência hídrica, função do déficit de evapotranspiração e do coeficiente de sensibilidade ao déficit, resultando em uma **produtividade real** ou **produtividade deplecionada por água** (Y_r). Esse coeficiente, também conhecido por **fator de resposta da cultura** k_y, relaciona a queda de rendimento relativo $(1 - Y_r/Y_0)$ com o déficit da **evapotranspiração relativa** $(1 - ET_a/ET_c)$, sendo ET_c a evapotranspiração da cultura em cada fase de desenvolvimento. Nos períodos específicos de crescimento, de floração e de formação da colheita, a penalização pelo k_y é relativamente grande, enquanto para os períodos vegetativo e de maturação é pequena. Assim, de acordo com Doorenbos e Kassam (1994):

$$Y_r = \left[1 - k_y\left(1 - \frac{ET_a}{ET_c}\right)\right] \cdot Y_0 \quad (25)$$

VISÃO HOLÍSTICA DO SISTEMA DE PRODUÇÃO AGRÍCOLA

Tendo abordado de maneira bastante completa o comportamento da água no sistema solo-planta-atmosfera, vamos apresentar agora uma visão geral sobre o sistema de produção agrícola, necessária para o pesquisador, o modelador e o próprio agricultor. Para isso, discutiremos em detalhe a Figura 8, tomada como exemplo para o caso de uma cultura de milho de ciclo de 120 dias. Ela engloba quatro quadrantes. Os da direita (primeiro e quarto) têm aspectos estáticos, atemporais, sendo o primeiro referente à atmosfera e o quarto ao solo. Os da esquerda (segundo e terceiro) têm aspectos temporais, sendo o segundo referente ao desenvolvimento da parte aérea da planta, afetado pelo solo e pela atmosfera, e o terceiro referente ao desenvolvimento do sistema radicular, afetado pelo solo. O terceiro também inclui informações sobre o clima para não sobrecarregar o segundo.

O quarto quadrante é o gráfico $\theta(h)$ para o trecho da **água disponível** (AD) da curva de retenção de água do solo, já discutida na Figura 6 do Capítulo 16, mostrando o aumento da água disponível do solo em função do desenvolvimento radicular mostrado no terceiro quadrante. Aí aparece o conceito de **profundidade efetiva do sistema radicular**, z_e, aqui considerado crescente até o início do aparecimento dos órgãos reprodutivos, posteriormente mantendo-se constante até o final do ciclo da planta. Assim, considerando a profundidade de semeadura $z_{ei} = 0,1$ m, a $CAD_0 = 12,5$ mm; para um tempo t poderia ser $CAD_t = 62,5$ mm e, após os 60 dias, $CAD_{60-120} = 125$ mm (Figura 8). Em modelagens, é, portanto, importante considerar a CAD como uma variável durante o desenvolvimento da cultura, não uma constante, como vimos no balanço de Thornthwaite e Matter.

O primeiro quadrante é o gráfico $ET(\theta)$, que está amarrado ao quarto quadrante. Foram escolhidos arbitrariamente três valores de ET_c alta, acima de 10 mm.dia^{-1}; ET_c média, da ordem de 5 a 8 mm.dia^{-1}; e ET_c baixa, < que 5 mm.dia^{-1}. Na alta, o método de Thornthwaite é o que mais se adapta ao cálculo de ET_a, que diminui linearmente com θ ou CAD desde a CC (θ_{cc}) até o PMP (θ_{PMP}). Para condições médias ou baixas, os métodos de Rijtema e Aboulkhaled e de Dourado-Neto e De Jong van Lier se adaptam melhor. Neles, aparece o fator p, que amplia o intervalo em que $ET_a = ET_c$, definindo valores da **umidade crítica** θ_c.

O segundo quadrante engloba parâmetros relativos ao desenvolvimento da cultura. Observe que a escala do tempo está invertida, crescendo da direita para a esquerda. As variações temporais do K_c, já discutido na Figura 5 (Capítulo 15), acompanha através de retas o crescimento da cultura. ET_0 depende da evolução do clima, e por isso é apresentado de forma oscilante, mas levemente crescente, uma vez que a temperatura do ar (T_{ar}) e a radiação solar (RS) apresentam essa tendência. ET_c, que é o produto de ET_0 pelo K_c, acompanha o K_c também de forma oscilante. ET_a, que é o que realmente ocorre, é sempre menor ou igual a ET_c, dependendo da precipitação P ou irrigação I. O IAF segue o crescimento foliar, tendendo a diminuir no final do ciclo, quando as folhas mais velhas secam. Hoje já se encontram no mercado sementes de milho *ever green*, que mantém as folhas verdes até o fim do ciclo. De importância também é a **partição de carbono** (pCO_2) para as diferentes partes da planta: raiz, caule, folha e órgãos reprodutivos.

O terceiro quadrante mostra um exemplo de evolução do clima por meio da temperatura do ar (T_{ar}), radiação solar (RS), vento e precipitação.

Os elementos mostrados na Figura 8 são essenciais na modelagem e no manejo da água e dos nutrientes de culturas agrícolas em geral. Com eles, é possível prever épocas de deficiência hídrica para a irrigação e de aplicação de fertilizantes, visando maximizar a produção. Já vimos que a produtividade potencial de uma cultura é determinada por vários fatores, entre os quais se destacam os genéticos (variedade), o grau de adaptação ao ambiente (o que abre a possibilidade de variar o número de plantas por hectare), disponibilidade de água e nutrientes, controle de pragas e doenças, durante todos os períodos de desenvolvimento até o amadurecimento. Vamos retornar ao caso do milho a título de exemplo, para o qual a produtividade potencial é bastante variável. Façamos uma comparação relativa e aproximada da produtividade potencial em três países grandes produtores de milho: Estados Unidos, Argentina e Brasil, utilizando dados médios que cobrem esses países.

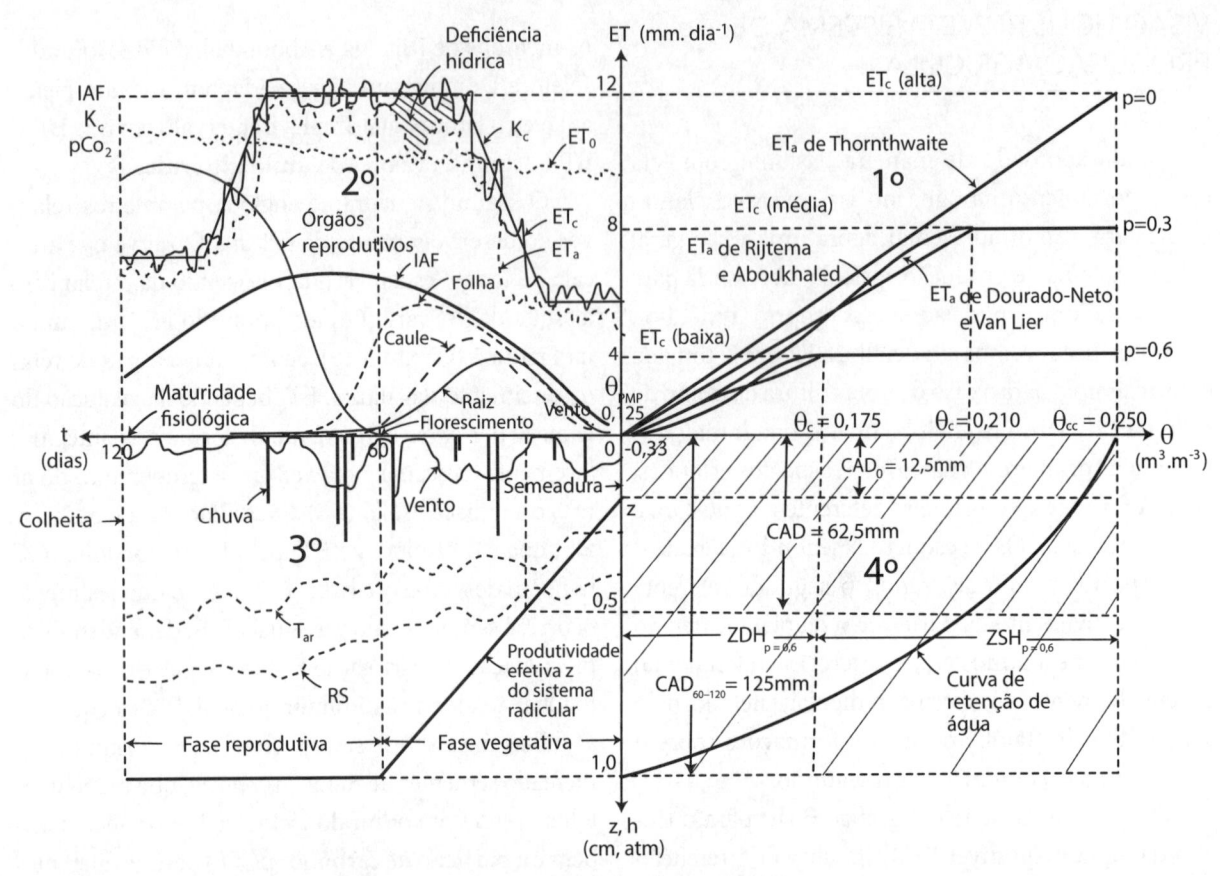

FIGURA 8 Visão holística do desenvolvimento de uma cultura de milho.
IAF: índice de área foliar; K_c: coeficiente de cultura; p: fator de água disponível de Rijtema e Aboukhaled; pCO_2: partição do carbono fotossintético nos diferentes órgãos da planta; ZDH: zona de deficiência hídrica; ZSH: zona de suficiência hídrica.
Fonte: Durval Dourado-Neto (comunicação verbal).

Local	CAD/z_e (mm.cm^{-1})	CTC (mmol$_c$.dm^{-3})	População de plantas por ha × 10^3	Pragas, doenças e ervas daninhas	N (horas)	Produtividade potencial (t.ha^{-1})
Estados Unidos	2,0	300	120	↓	12-15	8-18
Argentina	1,5	120	85	–	10-14	5-13
Brasil	1,0	50	70	↑	11-13	3-10

Nessa comparação, utilizamos dados médios dos solos cultivados por milho, como a disponibilidade de água em termos de CAD/z_e, isto é, mm de AD por cm de solo. Assim, para os três países escolhidos, e para uma camada de 1,0 m, teremos 200, 150 e 100 mm, respectivamente. A CTC em mmol$_c$/dm^3 é muito alta para os solos dos Estados Unidos, média para os da Argentina e muito baixos para o Brasil. Principalmente devido a esses dois fatores, as populações de plantas por hectare podem ser muito diferentes, como indicado acima. Outros fatores, como variedade, controle de pragas, doenças, ervas daninhas, comprimento do dia N (Capítulo 5), também são diferentes nesses países, o que resulta em produtividades potenciais médias muito diferentes. Daí as muito altas produtividades do milho no *Corn Belt* norte-americano.

O balanço hídrico é uma ferramenta essencial para um manejo correto da água em uma cultura agrícola. Ele é o somatório das entradas e das saídas de água em um elemento de volume no perfil de solo, resultando o *status* de água neste volume. As entradas principais são a chuva e a irrigação, e a saída principal é a evapotranspiração. De menor importância são a enxurrada, ou deflúvio superficial, e a drenagem profunda, mas a primeira é causa da erosão hídrica, e a segunda, da lixiviação e da recarga do lençol freático. Pelo balanço hídrico, podemos acompanhar as condições hídricas de uma cultura e tomar decisões relativas ao manejo da água, principalmente no caso da irrigação. São mostradas medidas diretas dos componentes do balanço hídrico e também o balanço hídrico de Thornthwaite e Matter, baseado principalmente em informações climáticas obtidas por estações meteorológicas. É enfatizada uma visão holística do manejo de uma cultura agrícola, baseada também no balanço hídrico.

EXERCÍCIOS

1. A intensidade de uma chuva foi 5 mm · h^{-1} durante 5 minutos, 15 mm · h^{-1} durante 10 minutos e 2 mm · h^{-1} durante 3 minutos. Calcule o total de chuva P pela integral da Equação 3.
2. Um sistema de irrigação funciona por 3 horas a uma taxa de 10 mm · h^{-1}. Qual o total de irrigação I pela integral 4?
3. Em uma rampa utilizada para medir a enxurrada, de dimensões 2 × 22 m, coletaram-se 156 L de água que escoaram pela superfície do solo. A chuva foi de 18,6 mm. Qual a porcentagem da enxurrada em relação à chuva?
4. No problema 3, como entra a integral 5?
5. Em certa cultura, mediu-se a drenagem profunda q_z utilizando as Equações 7, 8, 9 e 10 e chegou-se aos seguintes resultados:

q_z (mm/dia)	Dia
0,3	3 maio 1993
1,2	7 maio 1993
0,8	10 maio 1993
0,3	14 maio 1993
0,1	18 maio 1993

Qual o valor de Q_z no período de 1º a 20 de maio de 1993?

6. Na mesma cultura do problema 5, foram obtidos os seguintes dados de evapotranspiração:

q_e (mm/dia)	Dia
5,6	10 abr. 1993
7,3	11 abr. 1993
6,2	12 abr. 1993
4,1	13 abr. 1993
5,4	14 abr. 1993

Qual o valor de ET no período de 10 a 14 de abril de 1993?

7. Em uma cultura de algodão, foram medidos os componentes do balanço hídrico em três períodos distintos. Sendo $\Delta A_L = A_L(t_f) - A_L(t_i)$, estime ET para esses períodos.

Período A	Período B	Período C
P = 0	P = 33 mm	P = 30 mm
I = 20 mm	I = 0	I = 0
DS = 0	DS = – 5 mm	DS = 0
Q_z = – 1 mm	Q_z = – 2 mm	Q_z = 0
ΔA_L = – 5 mm	ΔA_L = + 3 mm	ΔA_L = 0

8. Em uma cultura de soja, foram feitas observações de umidade do solo e obtiveram-se os seguintes dados (média de dez medidas em pontos distribuídos ao acaso na cultura):

Profundidade (cm)	Umidade ($m^3.m^{-3}$)	
	15 out. 1989	22 out. 1989
0	0,401	0,298
10	0,402	0,305
20	0,410	0,319
30	0,424	0,336
40	0,435	0,375
50	0,449	0,412
60	0,462	0,438
70	0,463	0,455
80	0,461	0,462
90	0,464	0,463
100	0,466	0,466

Aplique a Equação 23 e estime a distribuição radicular da soja nesse período de desenvolvimento. Não houve chuva no período. A cultura cobria completamente o solo, de forma que a evaporação da superfície do solo pode ser desprezada. O solo também se encontra em umidades abaixo da capacidade de campo.

9. No artigo de Timm et al. (2002), quais componentes do balanço hídrico poderiam ser alterados se, por exemplo, o limite inferior de volume de solo considerado fosse z = L = 0,60 m? Faça uma análise qualitativa de cada um dos componentes nessa situação.

10. Faça uma análise crítica sobre as vantagens e as desvantagens da metodologia do balanço hídrico apresentada neste capítulo, quando comparada a outras metodologias de cálculo do balanço hídrico de uma cultura.

RESPOSTAS

1. $P = \int pdt = p_1 \Delta t_1 + p_2 \Delta t_2 + p_3 \Delta t_3 = 5 \times 0{,}083 + 10 \times 0{,}167 + 2 \times 0{,}05 = 2{,}185$ mm.
2. $I = 10 \times 3 = 30$ mm.
3. Da chuva que caiu na área de $2 \times 22 = 44\ m^2$, escoaram 156 L. A "altura" h da enxurrada é calculada como no caso da chuva: h = V/A, portanto, h = 156 L / 44 m^2 = 3,5 mm. A porcentagem da água que cai e escorre é $(3{,}5/18{,}6) \times 100 = 18{,}8\%$.
4. A integral 5 já está embutida nos 156 L que escorreram. Eles não escorreram de uma vez, mas ao longo do tempo. A coleta no recipiente já faz a integração, da mesma forma como um pluviômetro integra a chuva dando o resultado de P.
5. A drenagem do solo é contínua, e as medidas que temos são pontuais ao longo do tempo. Q_z é dado pela integral de q_z no tempo (Equação 7). A melhor forma é fazer uma aproximação:

$$Q_z = \int_{t_i}^{t_f} q_z dt \cong \overline{q}_z(t_f - t_i) = 0,54 \times (21-1) = 10,8 \text{ mm}$$

O valor de $q_z = 0,54$ é a média dos cinco valores dados.

6. ET = 28,6 mm. O raciocínio é idêntico ao do problema anterior.

$$ET = \int_{t_i}^{t_f} q_e dt \cong \overline{q}_e(t_f - t_i) = 5,72 \times (15-10) = 28,6 \text{ mm}$$

7 Utilizando a Equação 10 (cuidado com os sinais!):

ET(A) = 24 mm

ET(B) = 23 mm

ET(C) = 30 mm

8. A Equação 12 se reduz a:

$$\int_{t_i}^{t_f} \int_0^L \left(\frac{\partial \theta}{\partial t}\right) dz dt = \int_{t_i}^{t_j} \int_0^z r_z dz dt = T_z$$

pois p = 0; i = 0; $q_{es} = 0$ e $q_z = 0$. O membro à esquerda representa variações de armazenamento de camadas. Em nosso caso, calcularemos essas variações nas camadas 0-10; 0-20; 0-30; ...; 0-100. Logicamente, quanto mais espessa a camada, maior a variação. O membro à direita pode ser simplificado assumindo que r_z é constante no tempo, o que é razoável. Isso significa que a taxa de extração radicular de água é constante no intervalo $t_f - t_i$, que não deve ser muito mais longo. Mesmo que r_z varie no tempo, poderia ser substituído por um valor médio no tempo, , e este considerado constante. Assim:

$$T_z = \overline{r}_z \cdot z(t_f - t_i)$$

pois

$$\int_0^z dz = z \quad \text{e} \quad \int_{t_i}^{t_f} dt = t_f - t_i$$

Podemos, assim, estimar $\overline{r}_z = \frac{T_z}{z(t_f - t_i)}$, lembrando que T_z é o termo à esquerda que representa as variações de armazenamento. O quadro a seguir ilustra a questão.

Camada (cm)	A_L (mm) 15 out. 1989	22 out. 1989	$\Delta A_L = T_z$ (mm.cm^{-1}.dia^{-1})	r_z
0-10	40,15	30,15	10,00	0,143
0-20	80,87	61,47	19,40	0,139
0-30	122,78	94,35	28,43	0,135
0-40	165,76	130,64	35,12	0,125
0-50	210,08	170,41	40,35	0,115
0-60	255,68	212,83	42,85	0,102
0-70	301,52	257,08	44,44	0,091
0-80	347,29	302,22	45,07	0,080
0-90	393,39	347,67	45,72	0,072
0-100	439,73	393,55	46,18	0,066

Por exemplo: o que representa o valor de r_z = 0,115 mm . cm^{-1} . dia^{-1} para a camada 0-50 cm? Ele quer dizer que a camada 0-50 cm perde, em média, por absorção radicular, 0,115 mm em cada cm a cada dia. Logicamente, a camada inteira perde 0,115 × 50 = 5,75 mm a cada dia e 5,75 × 7 = 40,35 mm nos sete dias.

Mais interessante é definir um $\bar{r}_{zj-zi}$ de camadas sucessivas, isto é, de 0-10; 10-20; 20-30; ...; 90-100 cm. Neste caso, teremos:

Camada (cm)	ΔA_{zj-zi} (mm)	$\bar{r}_{zj-zi}$ (mm.cm^{-1}.dia^{-1})	$\bar{r}_{zj-zi}$ (%)
0-10	10,00	0,143	21,6
10-20	9,40	0,134	20,3
20-30	9,03	0,129	19,5
30-40	6,69	0,096	14,5
40-50	5,23	0,075	11,4
50-60	2,50	0,036	5,4
60-70	1,59	0,023	3,5
70-80	0,63	0,009	1,4
80-90	0,65	0,009	1,4
90-100	0,46	0,006	0,9

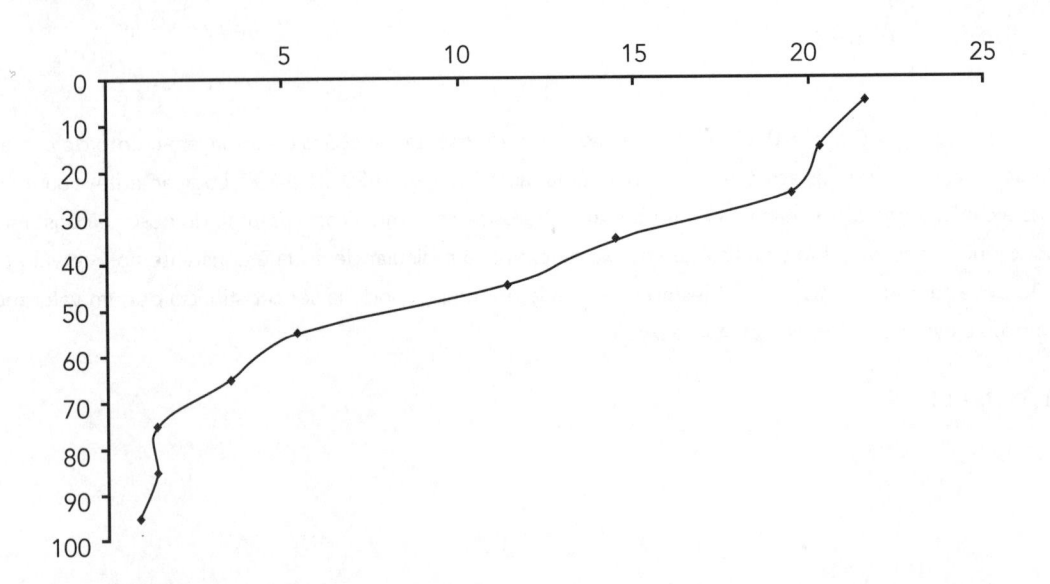

FIGURA 9 Distribuição radicular percentual da soja.

LITERATURA CITADA

BERNARDO, S.; MANTOVANI, E. C.; SILVA, D. D. da; SOARES, A. A. *Manual de irrigação*. 9.ed. Viçosa, UFV, 2019.

BORTOLOTTO, R. P.; BRUNO, I. P.; DOURADO-NETO, D.; TIMM, L. C.; SILVA, A. N.; REICHARDT, K. Soil profile internal drainage for a central pivot fertigated coffee crop. *Revista Ceres*, v. 58, n. 6, p. 723-8, 2011.

CAMARGO, A. P. *Balanço hídrico no Estado de São Paulo*. Campinas, Instituto Agronômico de Campinas, 1978. 28p. (Boletim 116)

DOORENBOS, J.; KASSAM, A. H. *Efeito da água no rendimento das culturas*. Trad. H.R. Ghey; A. A. de Sousa; F. A. V. Damasceno; J. F. de Medeiros. Campina Grande: UFPB, 1994. 306p. (Estudos FAO, Irrigação e Drenagem 33)

DOURADO NETO, D.; DE JONG VAN LIER, Q. Estimativa do armazenamento de água no solo para realização de balanço hídrico. *Revista Brasileira de Ciência do Solo*, v. 17, n. 1, p. 9-15, 1993.

FAGAN, E. B. *A cultura da soja*: modelo de crescimento e aplicação da estrobilurina piraclostrobina. 2007. 83p. Tese (Doutorado em Fitotecnia) – Escola Superior de Agricultura "Luiz de Queiroz", Universidade de São Paulo, Piracicaba, 2007.

HEIFIG, L. C. Plasticidade da cultura da soja (Glycine max (L.) Merril) em diferentes arranjos espaciais. 2002. 85p. Dissertação (Mestrado em Fitotecnia) – Escola Superior de Agricultura "Luiz de Queiroz", Universidade de São Paulo, Piracicaba, 2002.

MARIN, F. R.; SENTELHAS, P. C.; UNGARO, M. R. G. Perda de rendimento potencial da cultura do girassol por deficiência hídrica, no Estado de São Paulo. *Scientia Agricola*, v. 57, n. 1, p. 1-6, 2000.

PEREIRA, A. R.; ANGELOCCI, L. R.; SENTELHAS, P. C. *Agrometeorologia*: fundamentos e aplicações práticas. Guaíba, Agropecuária, 2002.

PEREIRA, A. R.; VILLA NOVA, N. A.; SEDIYAMA, G. C. *Evapo(transpi)ração*. Piracicaba, Fundação de Estudos Agrários Luiz de Queiroz, 1997.

PINTO, V. M.; REICHARDT, K.; VAN DAM, J.; VAN LIER, Q. DE JONG.; BRUNO, I. P.; DURIGON, A.; DOURADO-NETO, D.; BORTOLOTTO, R. P. Deep drainage modeling for a fertigated coffee plantation in the Brazilian savanna. *Agricultural Water Management*, v. 140C, p. 130-40, 2015.

REICHARDT, K.; ANGELOCCI, L. R.; BACCHI, O. O. S.; PILOTTO, J. E. Daily rainfall variability at a local scale (1,000 ha), in Piracicaba, SP, Brazil, and its implications on soil recharge. *Scientia Agricola*, v. 52, n. 1, p. 43-9, 1995.

REICHARDT, K.; LIBARDI, P. L.; MORAES, S. O.; BACCHI, O. O. S.; TURATTI, A. L.; VILLAGRA, M. M. Soil spatial variability and its implications on the establishment of water balances. Congresso Internacional de Ciência do Solo, 14, Kyoto, 1990. In: *Anais*. Kyoto: Sociedade Internacional de Ciência do Solo, 1990. v. 1, p. 41-6.

RIJTEMA, P. E.; ABOUKHALED, A. Crop water use. In: ABOUKHALED, A.; ARAR, A.; BALBA, A. M.; BISHAY, B. G.; KADRY, L. T.; RIJTEMA, P. E.; TAHER, A. *Research on crop water use, salt affected soils and drainage in the Arab Republic of Egypt*. Cairo, FAO Regional Office for the Near East, 1975. p. 5-61.

ROLIM, G. S.; SENTELHAS, P. C.; BARBIERI, V. Planilhas no ambiente Excel para cálculos de balanços hídricos: normal, sequencial, de cultura e de produtividade real e potencial. *Revista Brasileira de Agrometeorologia*, v. 6, p. 133-7, 1998.

SILVA, A. N.; BORTOLOTTO, R. P.; TOMAZ, H. V. Q.; REIS, L. G.; OLINDA, R. A.; HEIFFIG-DEL-ÁGUILA, L. S.; REICHARDT, K. Pot irrigation control through the climatologic sequential water balance. *Revista de Agricultura*, v. 88, p. 101-6, 2013.

SILVA, A. L.; BRUNO, I. P.; REICHARDT, K.; BACCHI, O. O. S.; DOURADO-NETO, D.; FAVARIN, J. L.; COSTA, F. M. P.; TIMM, L. C. Soil water extraction by roots and Kc for the coffee crop. *Revista Brasileira de Engenharia Agrícola e Ambiental*, v. 13, n. 3, p. 257-61, 2009.

SILVA, A. L.; ROVERATTI, R.; REICHARDT, K.; BACCHI, O. O. S.; TIMM, L. C.; BRUNO, I. P.; OLIVEIRA, J. C. M.; DOURADO-NETO, D. Variability of water balance components in a cof-fee crop grown in Brazil. *Scientia Agricola*, v. 63, p. 105-14, 2006.

TAIZ, L.; ZEIGER, E.; MØLLER, I. M.; MURPHY, A. *Fisiologia e desenvolvimento vegetal*. 6.ed. Porto Alegre, Artmed, 2017.

TAVARES, V. E. Q.; TIMM, L. C.; REISSER JUNIOR, C.; MANKE, G.; LEMOS, F. D.; LISBOA, H. Manejo da irrigação. In: TIMM, L. C.; TAVARES, V. E. Q.; REISSER JUNIOR, C.; MORO, M. (eds.). *Manejo da irrigação na cultura do pessegueiro*. Pelotas, Editora da UFPel, 2007. p. 63-110.

THORNTHWAITE, C. W. An approach toward a rational classification of climate. *Geographical Review*, v. 38, n. 1, p. 55-94, 1948.

THORNTHWAITE, C. W.; MATHER, J. R. The water balance. *Publications in Climatology*, New Jersey, Drexel Institute of Technology, p. 104, 1955.

TIMM, L. C.; DOURADO-NETO, D.; BACCHI, O. O. S.; HU, W.; BORTOLOTTO, R. P.; SILVA, A. L.; BRUNO, I. P.; REICHARDT, K. Temporal variability of soil water storage evaluated for a coffee field. *Australian Journal of Soil Research*, v. 49, p. 77-86, 2011.

TIMM, L. C.; OLIVEIRA, J. C. M.; TOMINAGA, T. T.; CÁSSARO, F. A. M.; REICHARDT, K.; BACCHI, O. O. S. Water balance of a sugarcane crop: quantitative and qualitative aspects of its measurement. *Revista Brasileira de Engenharia Agrícola e Ambiental*, v. 6, n. 1, p. 57-62, 2002.

18

Absorção de nutrientes pelas plantas

> Vários fatores, principalmente do solo, influenciam a absorção de nutrientes pelas culturas agrícolas, e conhecê-los é fundamental para a condução dessas culturas. Como vimos, a difusão e o fluxo de massa são os principais processos pelos quais os nutrientes entram nas plantas. Esses processos são influenciados pela umidade e aeração do solo, por sua textura, temperatura e desenvolvimento radicular. O emprego de equações diferenciais e suas soluções é fundamental para muitos casos exemplificados neste capítulo. Da mesma forma como o balanço hídrico, o balanço de nutrientes pode nos dar um retrato das condições nutricionais de uma cultura. Muito disseminado na ciência agronômica está o uso de marcadores de nutrientes para acompanhar o seu percurso desde o solo até a planta e dentro dela estudar sua distribuição. No item final deste capítulo, o emprego de isótopos é discutido em detalhe.

INTRODUÇÃO

Na introdução do Capítulo 9, foram apresentados alguns aspectos da dinâmica da absorção de nutrientes pelas plantas, resumidos na Equação 1. Naquele capítulo, nos preocupamos com a caracterização de M (solução) e com os processos de transferência dos nutrientes no solo. Neste capítulo, desenvolveremos um pouco mais o tema do fluxo de íons do solo para as raízes e faremos uma introdução aos mecanismos de absorção de nutrientes pelas raízes. Mostraremos também como podemos "marcar" os nutrientes com isótopos estáveis e radioativos, para acompanhar sua absorção pelas raízes e seu transporte para a parte aérea da planta.

O MOVIMENTO DE NUTRIENTES DO SOLO À SUPERFÍCIE DAS RAÍZES

A fração sólida do solo, tanto mineral como orgânica, é o reservatório de nutrientes para a planta. Para que a utilização desse reservatório se desenvolva satisfatoriamente, é necessário que a **atividade** de cada nutriente seja adequada na solução do solo. Essa atividade depende, sobretudo, da absorção pelas raízes e de sua "liberação" pela fase sólida. A liberação dos nutrientes da fração sólida do solo é capítulo importante do estudo da fertilidade dos solos. No Capítulo 9, descrevemos os fenômenos de adsorção e troca iônica, e não nos aprofundaremos aqui neste assunto. Vamos apenas chamar a atenção do leitor para o fato de que os nutrientes, em suas diferentes formas, são ligados à fase sólida com diferente energia. Assim, por exemplo, NO_3^- e Cl^- são praticamente livres de adsorção na maioria dos solos que têm excesso de cargas negativas; K^+, Ca^{2+}, Mg^{2+}, NH_4^+ são adsorvidos eletricamente; Fe^{3+} e Cu^{2+} podem formar complexos e quelatos; P pode formar complexos de alta insolubilidade com os óxidos de Al e Fe etc. A taxa de liberação desses íons para a fase líquida depende de todas essas formas de adsorção. Uma vez na fase líquida, cada nutriente pode ser absorvido pelas raízes, dependendo essa absorção de uma série de problemas que serão discutidos mais adiante neste capítulo.

Para ser absorvido pela planta, um nutriente deve encontrar-se na solução do solo, em contato com a superfície ativa do sistema radicular, em uma forma passível de absorção e utilização pela planta. Essa forma "disponível" dos diferentes nutrientes tem sido objeto de atenção dos químicos de solo, sendo extensa a literatura sobre o assunto. De maneira geral, pode-se dizer que os principais fatores que controlam a passagem de M (sólido) para M (solução) (ver Equação 1, Capítulo 9) são solubilidade e potencial de oxirredução. Sposito (1989) é um texto completo sobre esses aspectos físico-químicos do solo.

Uma vez em solução, dois processos são responsáveis pela transferência de um nutriente no solo: difusão e transporte de massa. A difusão compreende o transporte devido a gradientes de potencial químico, medido pela atividade do íon em questão na solução do solo, e o transporte de massa se refere a todo transporte de íons arrastados pelo fluxo de água no solo.

DIFUSÃO DE NUTRIENTES NO SOLO

A equação fundamental da **difusão de um soluto no solo** em dada direção x é a equação de Fick, vista no Capítulo 10:

$$j_d = -\underbrace{\left[\theta D_o \left(\frac{L}{L_e}\right)^2 \alpha \gamma\right]}_{D} \left(\frac{\partial C}{\partial x}\right) \quad (1)$$

em que j_d é a densidade de fluxo de um dado íon no solo por difusão e x é a coordenada de posição medida diretamente no solo. Como já mencionado, a umidade à base de volume θ é incluída na equação porque ela mede a área útil ao fluxo, pois o movimento ocorre apenas dentro da solução. Em uma seção transversal de solo A, apenas "θ.A" é disponível ao fluxo de solução. Os outros fatores mencionados na Equação 1 foram abordados no Capítulo 10.

Assim, por exemplo, se em um ponto P do solo a concentração C_p de NO_3^- é 6,2 mg . L^{-1} e em outro ponto M, distante $\Delta x = 10$ cm de P, a concentração C_M de NO_3^- é 2,9 mg . L^{-1}, haverá um fluxo de NO_3^- de P para M, que poderá ser calculado pela equação de Fick. Seja o coeficiente de difusão D do NO_3^- no solo igual a $0,54 \times 10^{-5}$ $cm^2 . s^{-1}$. O gradiente de concentração $\partial C/\partial x$ pode ser aproximado por diferenças finitas $(C_M - C_p)/\Delta x$, e, assim, teremos:

$$j_d = \frac{-0,54 \times 10^{-5} (2,9 \times 10^{-3} - 6,2 \times 10^{-3})}{10} =$$
$$= 1,78 \times 10^{-8} \text{ mg} \cdot cm^{-2} \cdot s^{-1}$$

Nesse exemplo, P poderia ser um ponto genérico do solo que dista 10 cm de uma raiz absorvente, na qual se encontra M. Por difusão, j_d seria a densidade de fluxo iônico do solo para a raiz.

FLUXO DE MASSA DE NUTRIENTES NO SOLO

O transporte de nutrientes por fluxo de massa, também chamado de fluxo por convecção, depende estritamente do fluxo de água, pois compreende a quantidade de nutrientes arrastados pela água por unidade de seção transversal ao fluxo por unidade de tempo. A densidade de fluxo de água q é descrita, de maneira conveniente, pela equação de Darcy-Buckingham, estudada no Capítulo 8:

$$q = -K(\theta)\left(\frac{\partial H}{\partial x}\right) \quad (2)$$

em que q é a densidade de fluxo de água (L $H_2O \cdot m^{-2} \cdot dia^{-1}$), $K(\theta)$, a condutividade hidráulica do solo (mm . dia^{-1}) e $\partial H/\partial x$, o gradiente de potencial hidráulico (m . m^{-1}).

Conhecida a densidade de fluxo de água q, a densidade de fluxo de massa de nutrientes j_m de um nutriente pode ser calculada pela expressão:

$$j_m = q \cdot C \qquad (3)$$

em que C é a concentração do nutriente na água. Se, por exemplo, o fluxo de água em determinado solo é de 0,2 L . m^{-2} . dia^{-1}, ou 0,2 mm . dia^{-1}, e a concentração de NO_3^- da água é de 6,2 g . L^{-1}, teremos:

$$j_m = 0,2 \times 6,2 = 1,24 \text{ mg de } NO_3^- \cdot cm^{-2} \cdot dia^{-1}$$

Nesse exemplo, se o fluxo de água no solo em direção às raízes, provocado pela demanda evaporativa da atmosfera, fosse q, o fluxo de massa de nitrato seria j_m.

IMPORTÂNCIA RELATIVA DA EXTENSÃO DO SISTEMA RADICULAR COM RESPEITO À ABSORÇÃO DE NUTRIENTES

Os dois processos descritos separadamente acima ocorrem simultaneamente no transporte de nutrientes do solo às plantas. A importância de cada um varia de situação para situação. Além desses processos, a nutrição vegetal ainda é afetada pela extensão do sistema radicular das plantas. A questão pode ser posta da seguinte forma: ou o nutriente se move do solo para a raiz (difusão e transporte de massa), ou a raiz "se dirige" ou cresce para um ponto onde encontra o nutriente (**interceptação radicular**). Com isso, não pretendemos dizer que as raízes têm crescimento dirigido; elas crescem aleatoriamente e, ao crescerem, exploram novos volumes de solo onde os nutrientes se encontram.

A importância relativa da interceptação radicular, da difusão e do fluxo de massa na manutenção de uma concentração adequada de um nutriente próximo das superfícies de absorção das raízes é de determinação difícil. Mesmo para uma dada condição solo-planta, a importância relativa de cada processo varia com a hora do dia e de ponto para ponto dentro do perfil do solo. Barber e Olsen (1968) fizeram os primeiros esforços para determinar a contribuição de cada um desses três processos, partindo de hipóteses bem simplificadas. Alguns de seus exemplos encontram-se no Quadro 1.

INFLUÊNCIA DA CONDIÇÃO FÍSICA DO SOLO SOBRE O TRANSPORTE DE NUTRIENTES

a) Umidade do solo

A umidade do solo varia muito durante o ciclo vegetativo, diminuindo de modo gradual em quantidade enquanto a evapotranspiração prossegue, aumentando abruptamente com a precipitação pluvial ou irrigação. A descrição do regime de água em uma cultura é um problema que requer o conhecimento

QUADRO 1 Importância relativa da interceptação radicular, fluxo de massa e difusão na nutrição do milho em um solo "barrento e fértil"

Nutriente	Necessidade do milho em kg.ha^{-1}	Quantidade fornecida por:		
		Interceptação radicular	Fluxo de massa	Difusão
N	190	2,2	188,0	0
P	39	1,1	2,2	35,8
K	196	4,5	39,2	152,5
Ca	39	67,3	168,2	0
S	22	1,1	21,3	0
Mo	0,01	0,001	0,02	0

Fonte: Barber e Olsen (1968).

de variações de umidade e potencial da água no espaço e no tempo, o que é feito pelo balanço hídrico (Capítulo 17). Da mesma forma, do ponto de vista nutricional, é importante o conhecimento da umidade do solo e do seu potencial matricial. De maneira geral, o maior uso de nutrientes pelas plantas ocorre quando a umidade do solo é mantida tão alta quanto possível, sem, porém, causar problemas de aeração e temperatura.

A umidade do solo, quando adequada, permite uma transpiração potencial pelas plantas; os nutrientes são arrastados por fluxo de massa à superfície radicular e, em muitos casos, arrastados para dentro da raiz até a parte aérea, pelo xilema. O fluxo de massa de nutrientes, diretamente proporcional ao fluxo de água no solo, descrito pela equação de Darcy-Buckingham (Equação 3, Capítulo 8), é extremamente afetado pelas condições de umidade do solo. A condutividade hidráulica $K(\theta)$, que expressa a propriedade físico-hídrica do solo de transmitir água, é função pronunciada da umidade do solo θ. Ela se reduz de forma drástica para diminuições relativamente pequenas de θ; em geral, a relação $K(\theta)$ pode ser expressa por uma equação exponencial. É comum uma redução de K de 100 a 1.000 vezes para um decréscimo de 5% na umidade do solo. Também o gradiente de potencial $\partial \Psi / \partial x$ é importante. Muitas vezes, um gradiente considerável implica um fluxo razoável, apesar de baixa condutividade hidráulica do solo. As raízes, retirando água do solo, diminuem seu potencial ao seu redor, aumentando o gradiente e possibilitando um fluxo adequado de água e nutrientes, mesmo para valores pequenos de K.

Nota-se, então, que o fluxo de massa de nutrientes do solo para as plantas é afetado pela transpiração, que, por sua vez, depende das condições atmosféricas, e também pela umidade do solo, que afeta a condutividade hidráulica do solo e o gradiente de potencial. Com essas variações no espaço e no tempo, torna-se complicada a descrição do fenômeno. Assim, os resultados da maioria das pesquisas sobre o assunto, como os de Barber e Olsen (1968), apresentados no Quadro 1, não podem ser generalizados. Um texto atualizado sobre a dinâmica de nutrientes no sistema solo-planta é o de Havlin et al. (2014), no qual os autores discutem a importância da presença de água disponível no solo para que ocorra o fluxo de massa de nutrientes do solo para as plantas, enfatizando que a disponibilidade dos nutrientes é caracterizada por difusão e fluxo de massa no solo, fatores diretamente relacionados ao conteúdo de água no solo. Além desse tópico, esses autores abordam, ainda, de uma forma aprofundada, aspectos relacionados à fertilidade do solo e à nutrição de plantas. Com o mesmo solo e a mesma planta, em condições diferentes, podem ser obtidos resultados opostos. A umidade do solo também afeta a difusão de nutrientes. O efeito principal é a redução da área disponível ao fluxo, quando θ diminui. Além disso, o caminho efetivo de difusão aumenta com a diminuição de θ, notando-se, ainda, aumentos significativos de viscosidade e adsorção negativa γ.

Em condições de campo, as variações de θ no espaço e no tempo dificultam muito a descrição analítica do fenômeno. Da mesma forma como discutimos para o caso de fluxo de massa, não é fácil fazer generalizações para o caso da difusão de nutrientes. Cada situação em particular deve ser analisada com cuidado, levando em conta a influência de todos os fatores em conjunto.

A umidade do solo afeta, ainda, o desenvolvimento radicular e, com isso, a "interceptação radicular" dos nutrientes. Altos teores de água afetam a aeração do solo, prejudicando o crescimento radicular, e baixos teores de água dificultam o fluxo de água no solo, aumentando seu potencial matricial, a ponto de impedir a absorção de água, prejudicando também o crescimento radicular. De modo indireto, variações da umidade também implicam variações na consistência do solo (propriedades mecânicas), de grande importância na penetração radicular. Veja no Capítulo 16 as considerações feitas com respeito ao uso de penetrômetros.

b) Ar do solo

A importância da aeração do solo na nutrição de uma cultura típica de terras altas está, em geral, relacionada com a atividade de microrganismos e com a respiração radicular. O suprimento de ar no solo é inversamente proporcional ao suprimento de água. Daí o dilema: altos teores de água são benéficos à nutrição, mas podem comprometer a atividade de microrganismos essenciais e a respiração radicular. Trata-se, portanto, de determinar um ponto ótimo entre o suprimento de água e ar às plantas na zona radicular. Na maior parte das vezes, as atenções estão mais voltadas ao suprimento de água, uma vez que os problemas de aeração são, em geral, temporários, passando despercebidos em muitos casos.

A aeração do solo dá-se, sobretudo, por difusão. A equação de difusão de um gás em outro é idêntica à Equação 2 (Capítulo 10), variando apenas a magnitude do coeficiente de difusão. Neste caso:

$$D = (\alpha - \theta) D_o \left(\frac{L}{L_e}\right)^2 \quad (4)$$

em que α é a porosidade total do solo (Equação 12, Capítulo 3) e $(\alpha - \theta)$, a porosidade livre de água β (Equação 30, Capítulo 3).

Em condições de solo não saturado, a água ocupa os poros de menor diâmetro, deixando para a difusão do ar os poros maiores. A relação entre o coeficiente de difusão D de um gás no solo e seu coeficiente de difusão D_o no ar não é grande. Para condições médias de culturas de campo, a relação é da ordem de 0,6 vez $(\alpha - \theta)$.

Estudos dos efeitos da aeração do solo sobre a nutrição vegetal encontram-se em grande número de trabalhos. No campo, qualquer restrição na aeração é, em geral, temporária e de difícil diagnóstico, sendo sua relação com a nutrição bastante complexa. Condições anaeróbicas podem, por exemplo, promover a disponibilidade de Fe, Cu, Mo e Mn. Variações de potencial de oxirredução e pH, resultantes de variações na aeração, aumentam a complexidade do problema.

c) Textura do solo

A análise textural caracteriza um solo do ponto de vista da distribuição dos tamanhos das partículas sólidas que o constituem. Essa distribuição lhe confere porosidade e arranjo de partículas característicos, os quais, por sua vez, determinarão suas propriedades hídricas, como a condutividade hidráulica e a relação entre a umidade θ e o potencial matricial (a curva de retenção de água no solo). Essas propriedades hídricas afetam direta ou indiretamente os processos de absorção de nutrientes, isto é, a difusão, o fluxo de massa e a interceptação radicular. De maneira geral, porém, para um dado sistema solo-planta, as características texturais são praticamente invariáveis com o tempo. Sua influência passa a ser mais indireta, isto é, por variações do teor de água do sistema.

d) Temperatura do solo

A disponibilidade e a absorção dos nutrientes são afetadas pela temperatura do solo em todas as fases da Equação 1 do Capítulo 9. Atividade microbiológica, solubilidade de compostos, coeficientes de difusão, absorção radicular, permeabilidade das raízes, atividade metabólica etc. são todos afetados por variações de temperatura. Estudos que relacionam variações de temperatura com absorção radicular e acúmulo de nutrientes nas plantas são numerosos e diversificados, dificultando uma interpretação global. De maneira geral, as atividades biológicas no solo aumentam com o aumento de temperatura, até um máximo em torno de 30°C. Parece que a absorção de nutrientes tem diferente dependência da temperatura para os diversos nutrientes.

e) Sistema radicular

O tipo de sistema radicular e sua distribuição ao longo do perfil também são fatores de suma importância na absorção de nutrientes, em especial no que se refere à interceptação radicular. As gramíneas, hoje denominadas poáceas, por exemplo, têm um sistema radicular fasciculado, bem distribuído nas camadas superficiais do solo. Dicotiledôneas apresentam sistema radicular pivotante, com raiz principal que pode atingir grande profundidade. Em geral, sua distribuição segue um modelo exponencial que decresce com a profundidade. Além disso, há os casos particulares, como o do café e o da laranja, que proliferam raízes absorventes em torno da saia da copa. Certas plantas do cerrado contam com uma raiz pivotante que alcança alguns metros de profundidade e lhe garantem a sobrevivência em períodos prolongados de seca.

ALGUNS EXEMPLOS DE MOVIMENTO DE NUTRIENTES

Consideremos, de início, o modelo de uma raiz de raio r = a, em um solo de umidade constante, no qual o coeficiente de difusão de um nutriente qualquer é D. A raiz absorve o nutriente, só por difusão, a uma taxa constante, de tal forma que sua concentração na superfície da raiz é C_a. Se o transporte de nutrientes ocorrer apenas por difusão, qual deve ser a concentração da solução do solo C em um ponto qualquer entre A e B, sendo o ponto B localizado na distância média entre duas raízes ativas (ver Figura 1)?

No Capítulo 16, já dissemos que a geometria cilíndrica (ver Figura 4, Capítulo 16) se adapta melhor a problemas desse tipo. Da mesma forma como se fez em tal capítulo para a equação diferencial do movimento da água, podemos escrever a Equação 8 (Capítulo 16) da seguinte forma, utilizando apenas a coordenada r:

$$\frac{\partial(\theta C)}{\partial t} = \frac{1}{r}\frac{\partial}{\partial r}\left(rD\frac{\partial C}{\partial r}\right) \tag{5}$$

Como no segundo membro aparece a derivada em relação a r de um produto de funções de r, isto é, r e $D\partial C/\partial r$, pela regra da cadeia, temos:

$$\frac{\partial(\theta C)}{\partial t} = \frac{1}{r}\left(rD\frac{\partial^2 C}{\partial r^2} + \frac{\partial r}{\partial r}D\frac{\partial C}{\partial r}\right)$$

$$\frac{\partial(\theta C)}{\partial t} = D\left(\frac{\partial^2 C}{\partial r^2} + \frac{1}{r}\frac{\partial C}{\partial r}\right)$$

ou, ainda:

$$\frac{\partial C}{\partial t} = D'\left(\frac{\partial^2 C}{\partial r^2} + \frac{1}{r}\frac{\partial C}{\partial r}\right) \tag{6}$$

em que $D' = D/\theta$.

É oportuno, neste momento, mostrar ao leitor que a Equação 6 (coordenadas cilíndricas) fica idêntica à Equação 6 do Capítulo 10 (coordenadas cartesianas ortogonais) para r tendendo para ∞,

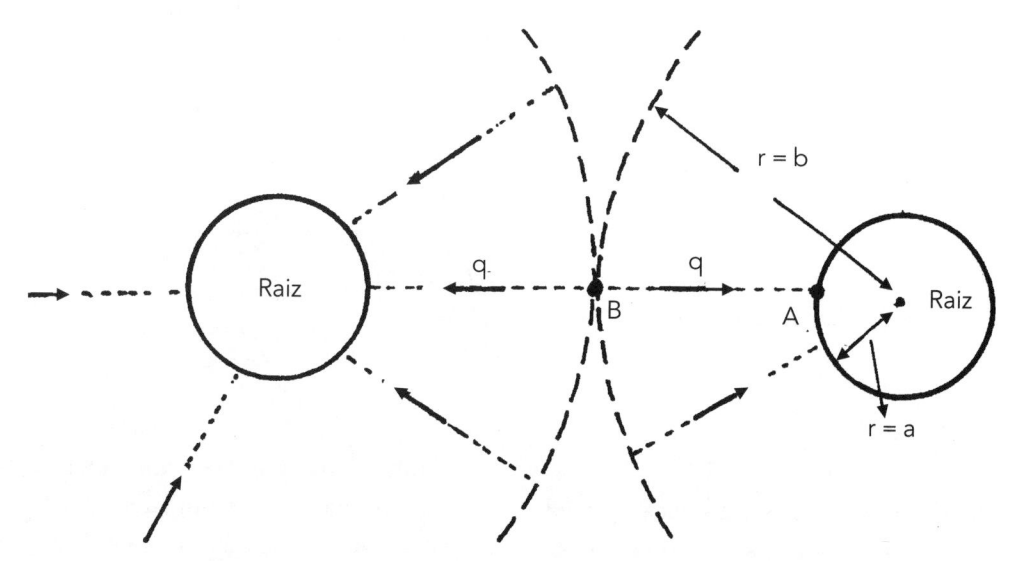

FIGURA 1   Corte transversal de duas raízes.

pois, nesse caso, dois raios próximos se tornam paralelos, e a coordenada r se confunde com x. Se r → ∞, (1/r) = 0, e:

$$\frac{1}{r}\frac{\partial C}{\partial r} = 0 \quad e \quad \frac{\partial C}{\partial t} = D\frac{\partial^2 C}{\partial r^2}$$

Assim, verifica-se que, quando r → ∞, a geometria cilíndrica tende para a cartesiana.

Nosso problema, entretanto, é um caso de geometria tipicamente cilíndrica, em equilíbrio dinâmico, portanto, $\partial C/\partial t = 0$, e a Equação 6 fica:

$$\frac{d^2C}{dr^2} + \frac{1}{r}\frac{dC}{dr} = 0 \qquad (7)$$

sujeita às condições de contorno:

$$r = a, C = C_a \quad e \quad r = b, C = C_b$$

Seja a solução da Equação 7 do tipo:

$$C = k_1 \ln r + k_2 \qquad (8)$$

e, dessa forma, ela tem de satisfazer a Equação 7, que contém uma derivada primeira e uma derivada segunda. Lembrando que a derivada de ln r é 1/r, a derivada da Equação 8 é:

$$\frac{\partial C}{\partial r} = \frac{k_1}{r} = k_1 \cdot r^{-1}$$

e:

$$\frac{d^2C}{dr^2} = -k_1 \cdot r^{-2}$$

e, substituindo esses valores na Equação 7, obtemos:

$$-k_1 \cdot r^{-2} + \frac{1}{r}k_1 \cdot r^{-1} = 0$$

o que confirma que a Equação 8 é a solução geral da Equação 7. A solução particular será obtida utilizando as condições de contorno:

$$C_a = k_1 \ln a + k_2$$
$$C_b = k_1 \ln b + k_2$$

em que:

$$k_1 = \frac{C_a - C_b}{\ln\left(\dfrac{a}{b}\right)}$$

e

$$k_2 = C_a - \frac{C_a - C_b}{\ln\left(\dfrac{a}{b}\right)} \cdot \ln a$$

e a solução particular será:

$$C = \frac{C_a - C_b}{\ln\left(\dfrac{a}{b}\right)} \cdot \ln r + C_a - \frac{C_a - C_b}{\ln\left(\dfrac{a}{b}\right)} \cdot \ln a$$

que pode ser apresentada na forma:

$$C = C_a + \frac{C_a - C_b}{\ln\left(\dfrac{a}{b}\right)} \cdot \ln\left(\frac{r}{a}\right) \qquad (9)$$

De posse de dados de C_a, C_b, a e b, é fácil calcular C para qualquer r entre A e B, como pede o problema. Além de C, poderíamos, ainda, estar interessados no fluxo de entrada de nutrientes da raiz:

$$j_d = -D\frac{\partial C}{\partial r}$$

Como $\partial C/\partial r = k_1/r$, para r = a teremos $\partial C/\partial r = k_1/a$, assim:

$$j_d = -D\frac{k_1}{a}$$

Muitas vezes, é interessante saber a quantidade que penetra na raiz por unidade de comprimento e de tempo. A área de 1 cm de raiz de raio a é $(2\pi a)$ cm^2. Então:

$$j_d = \frac{Q}{A \cdot t} = \frac{Q}{2\pi a \cdot t} = D\frac{k_1}{a}$$

em que:

$$\frac{Q}{t} = 2\pi k_1 D \quad (g \cdot s^{-1} \text{ por cm de raiz})$$

Vejamos agora como o exemplo anterior se aplica a uma cultura de milho, logicamente com uma série de aproximações. Seja uma cultura de milho que em três meses produz 8 t de matéria seca por hectare. A matéria seca desse milho tem, em média, 1,5% de nitrogênio (N). O número de plantas é de 20 mil por hectare, e cada uma possui 900 m de raízes ativas de diâmetro médio de 0,1 cm. Todo N que chega à superfície da raiz é absorvido, por isso, nas equações anteriores, $C_a = 0$, isto é, trata-se de um solo deficiente de N. Assumindo que o único processo que transporta nutrientes até a raiz seja a difusão, calcule a concentração média da solução do solo em g N . cm^{-3}, a uma distância de 5 cm das raízes, para que a absorção das raízes se dê constantemente, sem prejuízo ao crescimento vegetal.

Com os dados apresentados, pode-se de forma aproximada determinar a absorção de N, pelo menos em termos médios:

1. Massa de nitrogênio na cultura = 8.000 × 0,015 = 120 kg N · ha^{-1}

2. kg de N/planta = $\frac{120}{20.000} = 6 \times 10^{-3}$

3. kg de N que penetram/cm de raiz = $\frac{6 \times 10^{-3}}{90.000} = 0,67 \times 10^{-7}$

4. kg de N/cm de raiz .s = $\frac{0,67 \times 10^{-7}}{86.400} = 7,76 \times 10^{-13}$

o que significa que o fluxo de N em cada centímetro de raiz deve ter sido, em média, igual a $7,76 \times 10^{-13}$ g . s^{-1} para que a cultura se estabelecesse e produzisse o que produziu.

Se assumirmos as mesmas condições do problema anterior, a solução será dada pela Equação 9, e o fluxo é dado por:

$$j_d = -D\frac{dC}{dr}$$

e, derivando 9 com relação a r, obtemos o gradiente:

$$\frac{dC}{dr} = 0 + \frac{C_a - C_b}{\ln\frac{a}{b}} \cdot \frac{1}{a} \cdot \frac{1}{r}$$

Assim, o fluxo em r = a é dado por:

$$j_d = -\frac{D(C_a - C_b)}{a^2 \cdot \ln\left(\frac{a}{b}\right)}$$

em que, para 1 cm de raiz de raio a, cuja área é $2\pi a$, temos:

$$\frac{Q}{t} = -\frac{2\pi D(C_a - C_b)}{a \cdot \ln\left(\frac{a}{b}\right)}$$

Utilizando os dados do problema e considerando D = 2×10^{-10} m^2 · s^{-1}, temos:

$$7,76 \times 10^{-13} = -\frac{2\pi \cdot 2 \times 10^{-10}(0 - C_b)}{0,0001 \cdot \ln\left(\frac{0,1}{5}\right)}$$

$$C_b = 2,42 \times 10^{-7} \text{ kg N} \cdot \text{m}^{-3}$$

O leitor deve ter percebido que os exemplos vistos são bastante simplificados e foram apresentados aqui apenas por motivos didáticos, para se obter familiaridade com os conceitos utilizados. São casos de equilíbrio dinâmico. Na maioria das vezes, isso não acontece, e as equações a serem resolvidas podem ser mais complexas, dependendo de cada problema.

ABSORÇÃO DE NUTRIENTES PELAS RAÍZES

No Capítulo 4, dissemos que a entrada dos nutrientes na planta pode ser passiva (por difusão através dos espaços intercelulares) e ativa (por processos metabólicos através das membranas celulares). Na Figura 9 do Capítulo 4, vimos o corte de uma raiz. Quando essa raiz está mergulhada na solução do solo, os nutrientes podem se difundir nos espaços intercelulares, que incluem as paredes celulares. Esse espaço é denominado **espaço externo da raiz** (*outer space* ou *free space*), livre para os processos de difusão e troca iônica entre os íons e os radicais eletricamente carregados das paredes celulares. Ele é separado do **espaço interno da raiz** (*inner space* ou *non free space*) pelas membranas celulares, que são barreiras de permeabilidade seletiva. O espaço interno é acessível apenas por transporte ativo dos nutrientes, transporte esse que exige energia metabólica. As primeiras observações que levaram os pesquisadores a reconhecer esse transporte ativo foram:

1. a absorção de nutrientes depende da temperatura, aproximadamente duplicando para cada 10°C de aumento, da mesma forma como todo o processo metabólico;
2. é necessário oxigênio;
3. o processo é sensível a inibidores (p. ex., CN^-);
4. o processo depende da natureza e da concentração do nutriente (p. ex., K é absorvido mais rapidamente quando fornecido como KCl do que como K_2SO_4); e
5. há interferência de um nutriente na absorção de outro.

O processo de absorção é, muitas vezes, descrito adequadamente pela **equação de Michaelis-Menten**, que se baseia na hipótese dos carregadores. Essa equação pode ser escrita na forma:

$$j = \frac{j_{máx} \cdot C}{K_m + C} \qquad (10)$$

em que:

- j = taxa de absorção de um nutriente em $kg \cdot m^{-2} \cdot s^{-1}$. Muitas vezes emprega-se a unidade $mol \cdot g^{-1} \cdot s^{-1}$, isto é, quantidade absorvida em moles por grama de raiz (à qual corresponde uma superfície) e por unidade de tempo;
- $j_{máx}$ = taxa máxima de absorção;
- K_m = constante de Michaelis-Menten, que fornece uma ideia da afinidade entre o nutriente e o carregador;
- C = concentração da solução da qual o nutriente é absorvido.

Graficamente, o fenômeno é apresentado pela Figura 2a. Vê-se por essa figura que j aumenta com C, mas não linearmente, havendo um $j_{máx}$ para altas concentrações, que não pode ser ultrapassado por restrições biológicas. O valor de K_m para dada planta, em relação à absorção de um dado nutriente, é igual ao valor da concentração para a qual $j = 1/2\, j_{máx}$. Para verificar isso, basta substituir j por $1/2\, j_{máx}$ na Equação 10 e verificar que, nessas condições, $K_m = C$. Suas unidades também são idênticas às unidades de C.

A partir da Equação 10, vê-se que a descrição de absorção de dado nutriente por dada planta depende dos parâmetros $j_{máx}$ e K_m. Estes podem ser obtidos em experimentos em que a absorção j é estudada em função da concentração C, que, tradicionalmente, tem sido feita com plantas ou raízes colocadas em soluções nutritivas de concentração variável. Obtém-se, assim, experimentalmente, uma curva do tipo da Figura 2a. Como ela é assintótica para valores de j próximos à $j_{máx}$, este último torna-se difícil de ser determinado com precisão. Contorna-se o problema plotando 1/j *versus* 1/C, como indica a Figura 2b. Nesse gráfico, a partir da Equação 10, é fácil verificar que:

$$\frac{1}{j} = \frac{K_m}{j_{máx}} \cdot \frac{1}{C} + \frac{1}{j_{máx}}$$

é a equação de linha reta quando 1/j é tomado como variável dependente e 1/C como variável independente. Baseando-se em um gráfico como o indicado na Figura 2b, é muito fácil determinarmos $j_{máx}$ e K_m.

Durante a absorção de vários nutrientes aparecem, ainda, fenômenos de competição, um elemento interferindo ou inibindo a absorção de outro. Em contrapartida, para altas concentrações, tudo indica que outros mecanismos de absorção passam a funcionar, pois j pode ser maior que $j_{máx}$, havendo a

FIGURA 2 Gráficos mais comuns de j *versus* C.

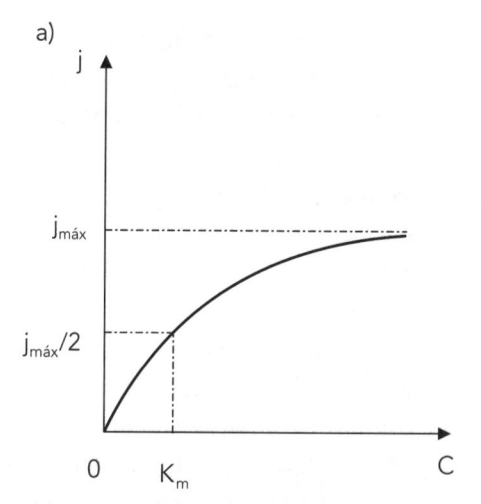

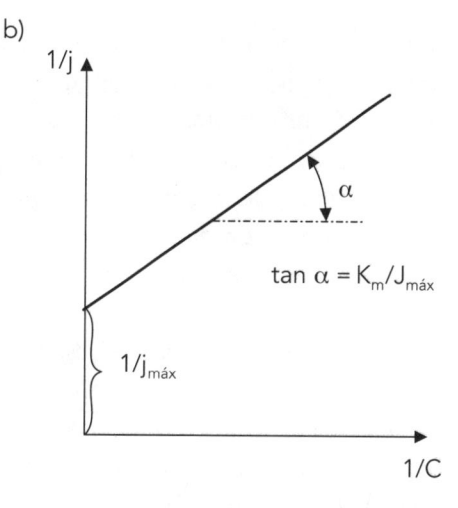

superposição de outra curva semelhante à da Figura 2a, com um segundo $j_{máx}$, para altas concentrações. O assunto é complexo e foge um pouco aos objetivos deste texto.

Para o caso do potássio, Yamada et al. (1982) apresentam aspectos sobre a disponibilidade de K nos solos do Brasil, funções de K na planta, mecanismos de absorção e a nutrição potássica das principais culturas agrícolas do Brasil. É um exemplo de um trabalho que aplica os conceitos vistos neste capítulo. Havlin et al. (2014) aplicam os conceitos aqui vistos também para o potássio e outros elementos.

BALANÇO DE NUTRIENTES

Da mesma forma como fizemos para a água no Capítulo 17, pode-se fazer um balanço de um dado nutriente em uma cultura, que é a contabilidade de todas as adições e subtrações do referido nutriente em uma camada de solo. Balanços são feitos para qualquer nutriente, mas, dada a importância do nitrogênio, a maioria dos trabalhos encontrados na literatura refere-se a esse nutriente. Neste item, vamos apenas introduzir o assunto e falaremos, em especial, do nitrogênio.

Dada uma camada de solo de espessura L (cm), as seguintes componentes do balanço de nitrogênio são importantes:

1. Adição por **fertilizante mineral** (FM). Nesse caso, as formas mais comuns de fertilizante nitrogenado são: ureia, sulfato de amônio, nitrato de amônio, nitrato de sódio etc.
2. Adição por **fertilizante orgânico** (FO). Estercos, adubações verdes, resíduos de culturas anteriores e outros compostos orgânicos são os mais comuns.
3. Adição por **fixação biológica de nitrogênio** atmosférico (FB). As leguminosas – feijão comum, soja, mucuna etc. – possuem a capacidade de, em simbiose com microrganismos (como *Rhizobium* spp.), fixar o nitrogênio atmosférico N_2 e, finalmente, transformá-lo em proteína. Outras plantas, como as gramíneas (poáceas), também podem fixar o N_2 atmosférico por uma associação não simbiótica com microrganismos encontrados no solo.
4. Adição pela chuva (AC). Pequenas (mas não desprezíveis) quantidades de nitrogênio (em geral na forma de amônia) podem ser adicionadas às culturas pelas chuvas. Trata-se de nitrogênio transformado em amônia durante descargas elétricas na atmosfera. Hoje, dependendo da região, a poluição atmosférica pode também contribuir com compostos nitrogenados.
5. Adição pela água de irrigação (AI). Aqui incluímos apenas o N porventura presente na água de irrigação. O caso da fertirrigação pode ser incluído aqui ou no item 1 (FM).

6. **Extração** ou **exportação pelas culturas** (EC). Cada cultura, no final de seu ciclo, possui quantidades razoáveis de nitrogênio. Como os produtos são tirados da área (grãos, frutos, tubérculos, massa verde etc.), eles representam perda de N para o solo. Daí a necessidade da reposição do N por meio de fertilizantes, a fim de manter a produtividade do solo.

   Mesmo os resíduos vegetais, muitas vezes, são queimados na área e, nessas condições, representam perda de nitrogênio. Apenas quando incorporados ao solo é que não são totalmente perdidos.

7. Perdas por **volatilização** (PV). Trata-se da perda de nitrogênio pela passagem do estado sólido para o gasoso. Comumente se dá com fertilizantes; assim, a ureia e o sulfato de amônio podem volatilizar-se, e uma boa proporção pode ser perdida. O pH do solo, a temperatura e a forma de aplicação do fertilizante são os principais fatores que afetam a volatilização.

8. Perdas por **desnitrificação** (PD). Em condições especiais, sobretudo de falta de oxigênio, microrganismos podem suprir suas necessidades de oxigênio usando o íon nitrato (NO_3^-). O resultado final dessa utilização é o N_2, passando por NO_2^-, NO e N_2O.

9. Perdas por **lixiviação** (PL). Nitrogênio pode, também, ser perdido pela parte inferior do elemento de volume, na profundidade L, sendo arrastado pela água na forma de NO_3^-, NH_4^- ou compostos orgânicos humificados. Trata-se do arraste pela drenagem profunda. Uma forma de estimar a lixiviação é pela amostragem da solução do solo por meio de extratores de solução, que consistem em cápsulas porosas submetidas a vácuo (Figuras 3 e 4).

Quando os **extratores de solução** são instalados em solo não saturado, digamos Ψ_m de –100 a –200 cmH_2O, em uma profundidade z = L, eles não se enchem de água, pois estão à pressão atmosférica, isto é, $\Psi = 0$. Ao aplicar um vácuo (por bomba elétrica ou manualmente), todo o interior fica sob vácuo (pontos A, B, C na Figura 3, digamos –1 atm ou –1.000

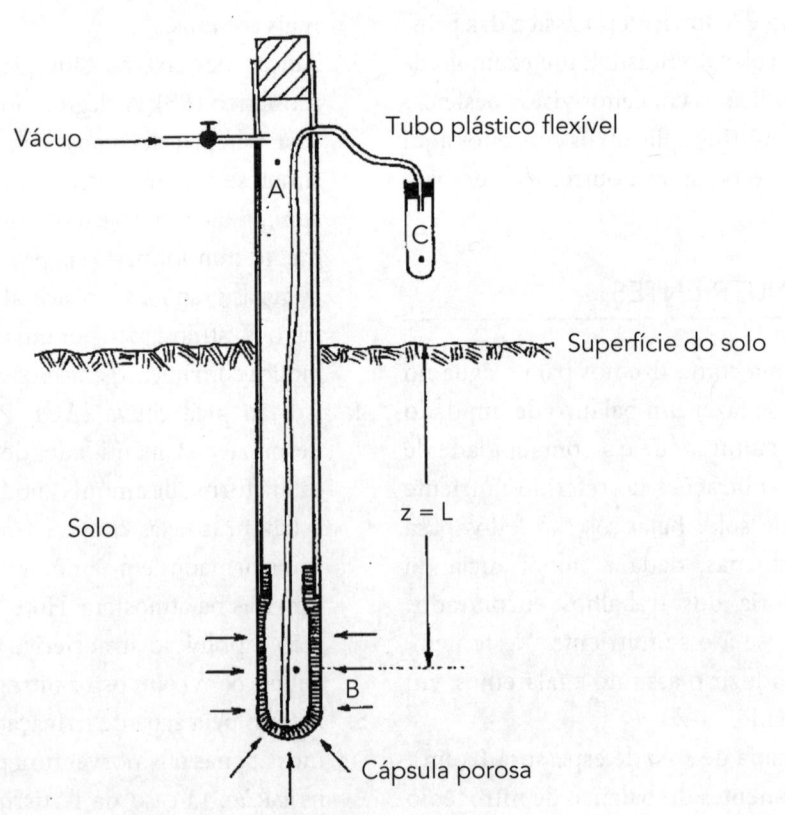

FIGURA 3 Esquema de extrator de solução do solo.

cmH$_2$O), e, devido à diferença de potencial $\Delta\Psi$ entre o interior da cápsula do extrator e o solo, a solução do solo se dirige para a cápsula. O fluxo de solução depende de $\Delta\Psi$ e da umidade do solo, que, por sua vez, determina a condutividade hidráulica do solo. O nível da solução na cápsula eleva-se acima do ponto B e deixa a ponta do tubo plástico flexível imersa na solução. Depois de uma a duas horas de vácuo (dependendo da umidade do solo), o vácuo é desconectado e a pressão atmosférica fica aplicada em A. Como C ainda está sob vácuo, a solução sobe e vai se alojar no tubo de ensaio. É uma solução límpida, pronta para a análise de concentrações iônicas C_i. Como vimos no Capítulo 10, o produto da densidade de fluxo de água q, pela concentração C_i, nos dá a densidade de fluxo de soluto j. Se esses instrumentos forem empregados em conjunto com tensiômetros, como mostrado no Capítulo 17 e na Figura 4 para a determinação da drenagem profunda, pode-se estimar as quantidades de soluto lixiviado.

Da soma algébrica dos nove itens anteriores, resulta o armazenamento (ou sua variação) de nitrogênio (ΔA_N) na camada considerada 0 – L (ver Equação 22, Capítulo 3). Mesmo não havendo adições ou perdas, o nitrogênio nessa camada é extremamente dinâmico. Pelo processo de mineralização, ele passa de orgânico para mineral; por processos de absorção por microrganismos ele pode passar de mineral para a fase orgânica. NO_3^- pode ser adsorvido por cargas positivas no solo e NH_4^+ por cargas negativas. Assim, a quantidade de N disponível para as plantas na solução do solo é bastante variável. Os processos que determinam essa disponibilidade são complexos e interdependentes.

O balanço de nitrogênio (Figura 5) pode, então, ser escrito na forma:

$$FM + FO + FB + AC + AI - EC - - PV - PD - PL \pm \Delta A_N = 0 \quad (11)$$

em que se vê que o número de componentes é bem maior do que no caso do balanço hídrico.

A literatura sobre balanço de nitrogênio ou sobre os diversos componentes do balanço é vasta, e não cabe aqui uma revisão. A título de exemplo, citamos as contribuições dadas por Fenilli et al. (2007b), que avaliaram as perdas de N por volatilização da ureia em cultura de café, e Fenilli et al. (2007a), que apresentam um balanço completo de uma cultura de café conduzida em Piracicaba. Bruno et al. (2011) apresentam dados de absorção de N da ureia durante um ano, em café fertirrigado no oeste baiano. Com os mesmos dados do trabalho anterior, Bruno et al. (2015) apresentam o balanço completo da cultura de café fertirrigada.

FIGURA 4 Tensiômetros instalados em cultura de cana, para a estimativa da drenagem profunda. Ao centro, um extrator de solução do solo utilizado para a medida da lixiviação do nitrogênio.

USO DE ISÓTOPOS EM EXPERIMENTOS DE NUTRIÇÃO DE PLANTAS

Os **isótopos**, tanto estáveis como radioativos, têm sido usados com sucesso como traçadores ou marcadores de seus respectivos elementos. Cada elemento da tabela periódica tem isótopos – átomos da mesma espécie –, se comportando química e bio-

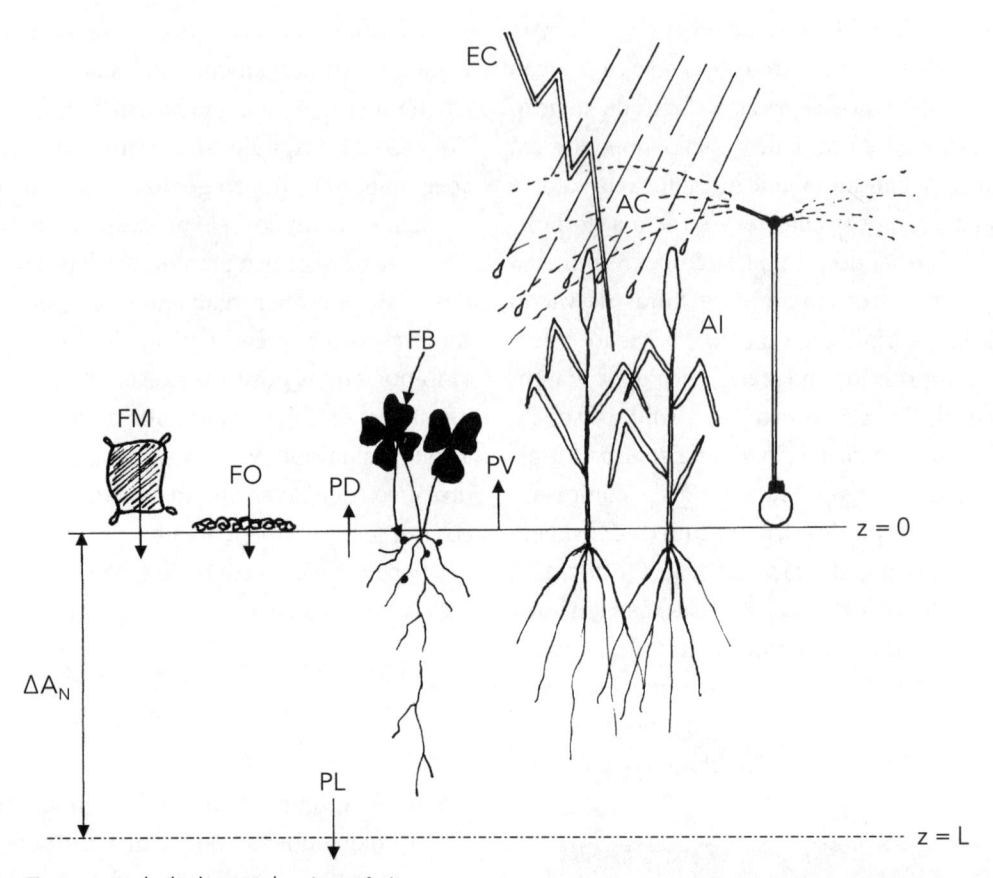

FIGURA 5 Esquema do balanço de nitrogênio.
AC: adição pela chuva e descargas elétricas; AI: adição pela água de irrigação (fertirrigação); EC: extração ou exportação pela cultura; FB: fixação biológica de nitrogênio atmosférico; FM: fertilizante mineral; FO: fertilizante orgânico; PD: perdas por desnitrificação; PL: perdas por lixiviação; PV: perdas por volatilização.

logicamente da mesma forma, diferindo apenas em algumas propriedades físicas. Eles têm no núcleo o mesmo número de prótons (que define o elemento), mas um número diferente de nêutrons, que os faz diferentes em termos de massa. São naturais em sua maioria, estando presentes na natureza desde a formação do planeta Terra; alguns são artificiais, produzidos em laboratório por reações nucleares. Quando estáveis, diferem apenas no peso atômico; quando radioativos, emitem radiações. O importante é que ambos diferem de seus parceiros de uma forma mensurável e podem ser detectados. Os **isótopos estáveis** são detectados por espectrômetros de massa, instrumentos capazes de distinguir pesos atômicos. Os **isótopos radioativos** são detectados por detectores de radiação, que incluem uma série de instrumentos, dependendo do tipo de radiação emitida pelo **radioisótopo**.

Os radioisótopos são isótopos instáveis que procuram sua estabilidade emitindo radiações. Estas podem ser detectadas facilmente e em quantidades mínimas, isto é, em concentrações tão baixas como 10^{-11} (1 para 100 bilhões). Cada radioisótopo tem suas próprias características e emite um ou mais tipos de radiação (em especial radiações α, β^-, β^+, γ e nêutrons), com uma ou mais energias e a uma taxa que depende de sua meia-vida. Como essa taxa decresce exponencialmente com o tempo, definiu-se a **meia-vida** $T_{1/2}$ como o tempo necessário para que qualquer taxa de emissão se reduza à sua própria metade. Dependendo dessas propriedades, cada radioisótopo se apresenta adequado (ou não) para os diferentes usos como traçador. O tipo e a energia da radiação afetam sua detecção. Uma **meia-vida** curta pode limitar seu uso em experimentos de maior duração.

Os radioisótopos são encontrados na natureza, como é o caso do ^{3}H (tritium), ^{14}C, ^{40}K, ^{226}Ra, ^{235}U e outros; alguns são produzidos continuamente por reações nucleares que ocorrem na atmosfera por indução da radiação solar ou cósmica, de tal forma que sua taxa de produção está em equilíbrio com a taxa de **desintegração radioativa**, apresentando, por isso, um teor global constante, como é o caso do ^{14}C; outros têm meias-vidas mais longas que a idade de nosso planeta, estando até hoje presentes no ambiente e constituindo-se de séries radioativas que se iniciam com urânio, tório e actínio, passando, por exemplo, pelo ^{226}Ra, e terminando em algum isótopo do chumbo. A grande maioria dos radioisótopos utilizados como traçadores é, porém, produzida artificialmente em reatores nucleares. O Quadro 2 apresenta os principais radioisótopos usados como traçadores no sistema solo-planta-atmosfera (SSPA).

Para usá-los como traçadores, eles são adicionados ao respectivo isótopo estável, em quantidades que permitam sua detecção até o fim do experimento. Quando possível, devem ser adicionados na mesma forma química em que se apresenta o composto estável, sendo, dessa forma, verdadeiros traçadores. Se um estudo de fósforo envolve o superfosfato, o isótopo radioativo ^{32}P também deve estar presente na forma de superfosfato. Isso às vezes é mais difícil, como no caso de estudos com herbicidas, nos quais o ^{14}C deve ser incorporado na molécula complexa do respectivo agrotóxico.

A intensidade de materiais radioativos é medida em termos de **atividade radioativa** (Bequerel, 1 Bq = 1 desintegração/s; Curie, 1 Ci = 3,7 × 10^{10} desintegrações/s). Como a cada radiação detectada corresponde uma contagem no instrumento de medida, a atividade também é medida em contagens por segundo (cps) ou contagens por minuto (cpm). Além disso, como a atividade medida depende do tamanho da amostra (grandeza extensiva), as atividades também são expressas em termos de atividade específica a_e, que é a atividade por unidade de massa ou volume, isto é, cps . g^{-1}, cpm . µg^{-1}.

O uso de isótopos em experimentos abrange enorme gama de formas, desde a simples presença do traçador em determinado ponto do sistema até seu acompanhamento em estudos dinâmicos. A base da maioria das aplicações está no princípio da diluição isotópica, segundo o qual, "dada uma quantidade constante de radioatividade, a atividade específica é inversamente proporcional ao total do elemento ou substância presente no sistema". Isso significa que, para uma quantidade fixa de ^{40}CaCl$_2$, quanto mais for adicionado de CaCl$_2$ estável, menor será a atividade específica da mistura (quando homogênea). Esse princípio permite, por exemplo, estimar a quantidade de um nutriente em uma planta, que veio do fertilizante aplicado ao solo. Se em um estudo de adubação fosfatada for utilizado superfosfato marcado com ^{32}P, pode-se fazer para o P que se encontra na planta uma distinção entre aquele que

QUADRO 2 Alguns radioisótopos usados como traçadores no SSPA

Isótopo mais abundante	Radioisótopo traçador	Energia da radiação (MeV)		Meia-vida
		Beta	Gama	
Cálcio – 40	^{45}Ca	0,254		153 dias
Carbono – 12	^{14}C	0,156		5720 anos
Césio – 133	^{137}Cs	0,52; 1,18	0,662	30 anos
Cobalto – 59	^{60}Co	0,31	1,17; 1,33	5,27 anos
Estrôncio -88	^{89}Sr	1,47		50,4 dias
Enxofre – 32	^{35}S	0,168		86,7 dias
Hidrogênio – 1	^{3}H	0,0181		12,26 anos
Iodo – 127	^{131}I	0,61; 0,25; 0,85	0,36; 0,08; 0,72	8,05 anos
Magnésio – 24	^{28}Mg	0,45	0,032; 1,35; 0,95	21,3 horas
Manganês – 55	^{52}Mn	0,60	0,94; 1,46	5,7 dias
Fósforo – 31	^{32}P	1,71		14,3 dias
Potássio – 39	^{40}K	1,32	1,46	1,3 × 10^9 anos
Rubídio – 85	^{86}Rb	0,7; 1,77	1,08	18,7 dias
Zinco - 64	^{65}Zn	0,33	1,11	245 dias

vem do adubo e aquele que vem do solo. Nesse caso, define-se o **fósforo derivado do fertilizante** (Pddf), que pode ser calculado pela expressão:

$$\% \, Pddf = \left(\frac{a_e \, do \, ^{32}P \, na \, planta}{a_e \, do \, ^{32}P \, no \, fert.} \right) \times 100 \quad (12)$$

Se um solo é fertilizado com um adubo que contém uma atividade específica a_e = 102.441 cps/μmol P e uma planta é nele cultivado, ela possui duas fontes de P, o adubo marcado e o P nativo do solo, que não é radioativo. É fácil de entender que, se a planta só absorver P do fertilizante, no final sua atividade específica será igual à do fertilizante. Ao contrário, se ela absorver só P do solo, sua atividade específica seria a_e = 0. Como ela absorve de ambos, e de acordo com a disponibilidade de cada um, seu valor de a_e será intermediário. Colhendo a planta e medindo seu a_e, por exemplo, 35.758 cps/μmol P, teríamos: % Pddf = (35.758/102.441) × 100 = 35%, o que significa que, de todo P encontrado na planta, 35% vêm do fertilizante e 65%, do solo. Se a extração total da cultura foi de 15 kg . ha^{-1} de P, 0,35 × 15 = 5,25 kg . ha^{-1} de P vem do adubo e 9,75 vem do solo. A eficiência da adubação foi de (5,25/60) × 100 = 8,75%, se a adubação foi de 60 kg . ha^{-1} de P.

Vê-se, portanto, que, com o uso de marcadores, pode-se estudar a eficiência de adubações, a otimização da aplicação do fertilizante, taxas, épocas, respostas de culturas etc.

Os isótopos estáveis também podem ser empregados com os mesmos propósitos. Nem sempre um certo elemento tem um radioisótopo adequado, e aí se faz uso do isótopo estável, com a vantagem de não ser radioativo. O Quadro 3 apresenta os mais utilizados.

A base do uso dos isótopos estáveis está no conceito de **abundância**. Abundância é a proporção em que os isótopos de um dado elemento aparecem na natureza. O elemento nitrogênio, por exemplo, só possui dois isótopos naturais e estáveis, o ^{14}N e o ^{15}N. A abundância do ^{15}N em uma amostra é:

$$at \, \% \, ^{15}N = \left(\frac{n^{\underline{o}} \, de \, átomos \, ^{15}N}{n^{\underline{o}} \, de \, átomos \, ^{15}N + \, ^{14}N} \right) \times 100 \quad (13)$$

QUADRO 3 Principais isótopos estáveis usados como traçadores no SSPA

Elemento	Isótopo	Abundância
Carbono	^{12}C	99,985
	^{13}C	0,015
Hidrogênio	^{1}H	98,89
	^{2}H	1,11
Nitrogênio	^{14}N	99,635
	^{15}N	0,365
Oxigênio	^{16}O	99,759
	^{17}O	0,037
	^{18}O	0,204
Enxofre	^{32}S	95,0
	^{33}S	0,76
	^{34}S	4,22
	^{36}S	0,014

Como o N é um elemento bastante dinâmico no SSPA, as abundâncias de ^{14}N e ^{15}N são praticamente constantes em qualquer amostra biológica. Seus valores são 99,635% para o ^{14}N (mais abundante) e 0,365% para o ^{15}N. Por isso, as quantidades de ^{15}N em amostras enriquecidas podem ser expressas como o percentual de átomos em excesso sobre a abundância natural de 0,365%.

Processos naturais dinâmicos nos quais o fluxo de compostos nitrogenados é afetado pelo peso atômico discriminam o ^{14}N do ^{15}N. Esse fenômeno é usado no laboratório para enriquecer amostras em ^{15}N. Utilizando baterias de longas colunas de troca iônica, o sulfato de amônia pode ser enriquecido em ^{15}N. Dessa forma, podemos ter esse composto, um fertilizante nitrogenado, enriquecido a altos níveis de ^{15}N. Seja, por exemplo, uma amostra de sulfato de amônio com uma abundância de 10,365% de ^{15}N. Sua abundância em ^{14}N é 89,635% e ela tem 10,000% átomos em excesso de ^{15}N.

Esse fertilizante pode ser utilizado como um traçador em estudos agronômicos. Se um solo é fertilizado com esse material, a cultura nele estabelecida tem à sua disposição duas fontes de nitrogênio: o N nativo do solo, com abundância 0,365%, e o fertilizante com abundância 10,365%. Como a cultura faz uso das duas fontes, na proporção de sua disponibilidade, também podemos calcular o **nitrogênio derivado do fertilizante** (Nddf), dado pela expressão:

$$\%\text{Nddf} = \left(\frac{\text{átomos \%}\ ^{15}\text{N em excesso na planta}}{\text{átomos \%}\ ^{15}\text{N em excesso no fert.}}\right) \times 100 \quad (14)$$

Se, por exemplo, a planta apresentar uma abundância de 7,855%, ela terá um valor de átomos ^{15}N em excesso de 7,855 − 0,365 = 7,490% e Nddf% = (7,490/10,000) × 100 = 65%. Sua interpretação é a mesma do Pddf.

Estudos importantes que utilizaram o ^{15}N como traçador são os de Fenilli et al. (2007a), Fenilli et al. (2007c), Bortolotto et al. (2011) e Bruno et al. (2011).

As leguminosas têm uma terceira fonte de nitrogênio, o N_2 atmosférico, absorvido em simbiose com bactérias *Rhizobium* spp., que formam nódulos em suas raízes. Essa terceira fonte de N é um complicador. Quando se quer fazer uma distinção dessa **fixação biológica de nitrogênio** (FBN), uma das formas é cultivar uma planta não fixadora de N_2 ao lado da leguminosa, no mesmo solo adubado com ^{15}N. Apesar de não ser uma leguminosa, ela deve ter porte e desenvolvimento semelhantes, para que a comparação seja razoável. Em muitos casos, utiliza-se uma poácea (gramínea), como o trigo, a cevada, a aveia, mas com a descoberta da **fixação não simbiótica de nitrogênio** atmosférico pelas poáceas, sobretudo a cana-de-açúcar, a escolha da planta não fixadora deve ser bem pensada. Imaginemos que, no exemplo anterior, a planta tenha sido a cevada, e que plantas de soja cultivadas na mesma situação tivessem uma abundância de 5,136%. A abundância da soja é menor pelo fato de ela ter três fontes de N e, por isso, absorver menos fertilizante marcado. Nesse caso, calcula-se o nitrogênio derivado da atmosfera (Ndda) pela expressão:

$$\%\text{Ndda} = \left\{\left[1 - \left(\frac{\text{átomos \%}\ ^{15}\text{N em excesso na leguminosa}}{\text{átomos \%}\ ^{15}\text{N em excesso na não fixadora}}\right)\right]\right\} \times 100 \quad (15)$$

e, no exemplo, teríamos Ndda% = [1 − (4,771/7,490)] × 100 = 36,6%. Assim, do N contido na soja, 36,6% vieram da atmosfera, e os restantes 63,4% vieram tanto do solo como do fertilizante, em uma proporção que não pode ser calculada e, por certo, diferente daquela da cevada.

O conceito de Nddf pode ser aplicado para qualquer compartimento do N na cultura, desde que cada um seja amostrado em separado. Em um estudo com cana-de-açúcar marcada com ^{15}N, iniciado em 1997 e no qual o traçador pôde ser acompanhado por cinco anos, Basanta et al. (2003) calcularam, separadamente, o Nddf para folhas, palha, colmos, solo e solução do solo, seguindo o "pulso" de fertilizante aplicado à cana-planta, até a terceira soca, conseguindo fazer um balanço do nitrogênio. A palha marcada da cana-planta também foi usada como cobertura, e pôde-se acompanhar sua mineralização ao longo dos anos. Este estudo foi posteriormente comparado com a mineralização de restos de cultura de várias regiões tropicais por Dourado-Neto et al. (2010).

O conceito do **valor A** do solo, que se refere à disponibilidade de nutrientes, sobretudo em relação ao nitrogênio e ao fósforo, também está ligado ao uso de isótopos. Um manual muito bom para essas aplicações de **energia nuclear na agricultura** é Agência Internacional de Energia Atômica (IAEA, 2001).

Outra forma de usar isótopos estáveis como traçadores é por meio de pequenas (mas significativas) variações naturais de **abundância isotópica**. Como já dissemos, processos dinâmicos que ocorrem no SSPA levam à discriminação de isótopos. No primeiro exercício do Capítulo 2 vimos os dezoito tipos de moléculas de água, que diferem apenas em peso. Quando a água de um tanque classe A evapora, esse processo de mudança de fase discrimina os dezoito tipos, e os mais leves evaporam com mais facilidade. Assim, depois de algum tempo, a água que permanece no tanque fica um pouco enriquecida em ^{18}O e ^{2}H. Em outros processos dinâmicos há discriminação do ^{15}N em relação ao ^{14}N, do ^{13}C em relação ao ^{12}C, e assim por diante. Como essas variações de abundância são muito pequenas, uma medida mais sensível é utilizada: a **razão isotópica**, dada em valores δ. Para a relação ^{13}C/^{12}C, por exemplo, o valor de δ é calculado por:

$$\delta^{13}\text{C}\text{\textperthousand} = \left[\left(\frac{^{13}\text{C}/^{12}\text{C na amostra}}{^{13}\text{C}/^{12}\text{C no padrão}}\right) - 1\right] \times 1.000 \quad (16)$$

e os padrões são amostras reprodutíveis e escolhidas internacionalmente. As razões isotópicas mais utilizadas são $^2H/^1H$; $^{13}C/^{12}C$; $^{15}N/^{14}N$ e $^{18}O/^{16}O$ (Quadro 3). As plantas discriminam os isótopos do C no processo fotossintético. As **plantas C3** (ver Capítulo 4) têm valores de $\delta\ ^{13}C\ ^0/_{00}$ na faixa de –11 a –14, ao passo que as **plantas C4**, de –25 a –30 $C^0/_{00}$. Esse fato torna possível o estudo de aspectos interessantes no ciclo do carbono em diferentes ecossistemas, como é feito na comparação do **armazenamento de carbono** (ou **estoque de carbono**) no solo em florestas naturais tropicais (constituídas sobretudo por espécies C4) e em pastagens introduzidas (principalmente com plantas C3). Até diferenças no pastoreio de gado (entre gramíneas e leguminosas) podem ser estudadas pelos valores de $\delta\ ^{13}C$ encontrados em suas fezes.

O uso da relação $\delta\ ^{13}C$ também é bastante útil em estudos do balanço global do carbono na atmosfera. O aumento da concentração de CO_2 no ar atmosférico é uma preocupação em relação às mudanças globais que ocorrem no planeta Terra, incluindo o **efeito estufa**. No balanço do carbono, são importantes as emissões de CO_2 pela queima de combustíveis fósseis e, do ponto de vista agrícola, a mudança de áreas com florestas para pastagens e culturas agrícolas, que também provoca emissões pela queima do estoque de carbono contido nas florestas de forma estável. A retirada de carbono da atmosfera, chamada nesses estudos de **sequestro de carbono**, é feita pela fotossíntese, sobretudo por algas marinhas, florestas, pastagens e culturas agrícolas. O balanço entre emissão e sequestro define os níveis de CO_2 na atmosfera. Cerri et al. (1991) é um exemplo de estudo dessa natureza, e Rosenzweig e Hillel (1998) abordam o assunto de maneira global.

A principal controvérsia sobre as causas do aquecimento global é se os aumentos de temperatura do ar registrados nas últimas décadas são causados por processos naturais ou pela influência antrópica, devido aos aumentos da concentração de CO_2 na atmosfera, causados pela queima do petróleo e do carvão. Kutilek e Nielsen (2010) abordam esse assunto com propriedade, fazendo uma análise das variações de clima desde a Pré-história.

Estudos hidrológicos fazem uso do $\delta\ ^{18}O$ de formas bem variadas. O valor de $\delta\ ^{18}O$ é diferente para a água do mar (tomada como padrão) e para a água doce, a tal ponto que diferentes corpos de água podem apresentar diferenças consistentes. Utilizando essa ferramenta, foi possível medir a proporção em que os rios Solimões e Negro contribuem na formação do rio Amazonas.

> O movimento de nutrientes do solo para a planta é afetado, principalmente, pela umidade do solo, aeração, textura e temperatura. Mediante o uso de equações diferenciais e suas soluções, mostram-se vários exemplos práticos de transferência de nutrientes do solo para a planta. A contabilização das entradas e saídas de um nutriente de um dado sistema consiste em seu balanço, que, quando negativo, indica a possibilidade de deficiências, e, quando positivo, um excesso, que pode ser um desperdício, levando, às vezes, a problemas de toxicidade. Isso é mostrado por meio do balanço de nitrogênio, o principal macronutriente das plantas. Detalha-se, ainda, o emprego de marcadores, como os isótopos, radioativos ou não, o que levou a inúmeras pesquisas científicas que elucidaram questões de fertilidade do solo e de nutrição de plantas.

EXERCÍCIOS

1. Se você tivesse de organizar um exemplo como o da página 319 com uma cultura de feijão, que dados você utilizaria para a produção de matéria seca por hectare, percentual de nitrogênio, número de plantas por hectare, comprimento do sistema radicular e diâmetro médio das raízes? Qual seria o fluxo de nitrogênio por centímetro de raiz por segundo?

2. Em um experimento de absorção radicular, foram obtidos os seguintes resultados:

j (mol.g^{-1}.s^{-1} × 10^{15})	C (mol.L^{-1} × 10^3)
4,6	0,5
7,8	1,0
11,1	2,0
14,6	4,0
17,5	7,0
19,1	10,0
19,6	15,0
19,8	20,0

Faça os gráficos j *versus* C e 1/j *versus* 1/C e estime os valores de K_m e $j_{máx}$.

RESPOSTAS

1. 5.000 kg; 3 %; 125.000; 500 m; 0,05 cm; fluxo de N = 4,63 × 10^{-12} para um ciclo de 60 dias.
2. $j_{máx}$ = 2,2 × 10^{14} mol . g^{-1} . s^{-1} e K_m = 1,89 × 10^{-3} mol . L^{-1}.

LITERATURA CITADA

BARBER, S. A.; OLSEN, R. A. Fertilizer use on corn. In: NELSON et al. (eds.). *Changing Patterns in Fertilizer Use*. Madison, Wisconsin, Soil Science Society of America, Inc., 1968.

BASANTA, M. V.; DOURADO-NETO, D.; REICHARDT, K.; BACCHI, O. O. S.; OLIVEIRA, J. C. M.; TRIVELIN, P. C. O.; TIMM, L. C.; TOMINAGA, T. T.; CORRECHEL, V.; CASSARO, F. A. M.; PIRES, L. F.; MACEDO, J. R. Quantifying management effects on fertilizer and trash nitrogen recovery in a sugarcane crop grown in Brazil. *Geoderma*, v. 116, p. 235-48, 2003.

BORTOLOTTO, R. P.; BRUNO, I. P.; DOURADO-NETO, D.; TIMM, L. C.; SILVA, A. N.; REICHARDT, K. Soil profile internal drainage for a central pivot fertigated coffee crop. *Revista Ceres*, v. 58, n. 6, p. 723-8, 2011.

BRUNO, I. P.; UNKOVICH, M. J.; BORTOLOTTO, R. P.; BACCHI, O. O. S.; DOURADO-NETO, D.; REICHARDT, K. Fertilizer nitrogen in fertigated coffee crop: Absorbtion changes in plant compartments over time. *Field Crops Research*, v. 124, n. 3, p. 369-77, 2011.

BRUNO, I. P.; REICHARDT, K.; BORTOLOTTO, R. P.; PINTO, V. M.; BACCHI, O. O. S.; DOURADO-NETO, D.; UNKOVICH, M. J. Nitrogen balance and fertigation use efficiency in a field coffee crop. *Journal of Plant Nutrition*, v. 38, p. 2055-76, 2015.

CERRI, C. C.; VOLKOFF, B.; ANDREUX, F. Nature and behavior of organic matter in soils under natural forest, and after deforestation, burning and cultivation, near Manaus. *Forest Ecology and Management*, v. 38, p. 247-57, 1991.

DOURADO-NETO, D.; POWLSON, D.; BAKAR, R. A. et al. Multiseason recoveries of organic and inorganic nitrogen-15 in tropical cropping systems. *Soil Science Society of America Journal*, v. 74, p. 139-52, 2010.

FENILLI, T. A. B.; REICHARDT, K.; DOURADO-NETO, D.; TRIVELIN, P. C. O.; FAVARIN, J. L.; COSTA, F. M. P.; BACCHI, O. O. S. Growth, development and fertilizer N-15 recovery by the coffee plant. *Scientia Agricola*, v. 64, p. 541-7, 2007a.

FENILLI, T. A. B.; REICHARDT, K.; TRIVELIN, P. C. O.; FAVARIN, J. L. Volatization losses of ammonia from fertilizer and its reabsorbtion by coffee plants. *Communications in Soil Science and Plants Analysis*, v. 38, p. 1741-51, 2007b.

FENILLI, T. A. B.; REICHARDT, K.; BACCHI, O. O. S.; TRIVELIN, P. C. O.; DOURADO-NETO, D. The 15N isotope to evaluate fertilizer nitrogen absorbtion efficiency by the coffee plant. *Anais da Academia Brasileira de Ciências*, v. 79, p. 767-76, 2007c.

AGÊNCIA INTERNACIONAL DE ENERGIA ATÔMICA (IAEA). *Use of isotope and radiation methods in soil and water management and crop nutrition*. Vienna, International Atomic Energy Agency, 2001. (Training Course Series, 14)

HAVLIN, J. L.; TISDALE, S. L.; NELSON, W. L.; BEATON, J. D. *Soil fertility and fertilizers*. 8.ed. Upper Saddle River (EUA), Prentice Hall, 2014.

KUTILEK, M.; NIELSEN, D. R. *Facts about global warming*. Cremlingen-Destedt, Catena Verlag, 2010.

ROSENZWEIG, C.; HILLEL, D. *Climate change and the global harvest*. New York, Oxford University Press, 1998.

SPOSITO, G. *The chemistry of soils*. New York, Oxford University Press, 1989.

YAMADA, T.; IGUE, K.; MIZILLI, O.; USHERWOOD, N. R. *Potássio na agricultura brasileira*. Londrina, Instituto da Potassa e Fosfato: Instituto Internacional da Potassa, IAPAR, 1982.

19

Erosão, manejo e conservação do solo e da água

> O solo é um patrimônio de cada país e precisa ser preservado em sua condição de máxima produtividade para dar apoio a uma população sempre crescente. A erosão, que representa sua perda em termos de matéria, ou de toneladas de partículas sólidas perdidas por hectare cultivado, por ano, precisa ser controlada. A parte da ciência do solo que estuda essas perdas é o manejo e conservação do solo e da água, que aponta métodos e práticas de manejo que minimizam principalmente a erosão hídrica. No conceito de agricultura sustentável está embutido o conceito de manejo e conservação do solo e da água, que é abordado com detalhe neste capítulo. É dada ênfase no sistema de manejo do plantio direto ou cultivo mínimo, um dos sistemas promissores para uma agricultura sustentável.

INTRODUÇÃO

O solo do ponto de vista agronômico é aquela camada superficial da crosta terrestre na qual são praticados os cultivos agrícolas. Essa camada de solo que demorou milhões de anos para ser formada era há 10 ou 20 mil anos, antes do aparecimento da agricultura, coberta por vegetações naturais, principalmente florestas, arbustos, savanas e permanecia em equilíbrio com a natureza, sendo conservada naturalmente ao longo do tempo. Suas variações em termos de perdas ocorriam somente em razão de eventos naturais, mais intensos ou não, de chuva e de vento. Com o aumento e a expansão das atividades agrícolas, essa superfície de solo foi se tornando mais e mais exposta às intempéries, e suas perdas, por um fenômeno que chamamos de **erosão**, tornaram-se cada vez maiores. À primeira vista nos parece que uma perda de uma camada mínima de solo, digamos de 1 mm, quase imperceptível, não é relevante. Mas, pelo contrário, é uma perda significante de material precioso que, como dissemos, levou milhões de anos para se formar. Um milímetro de altura em um hectare representa um volume de 10 m^3 de solo, que para uma densidade média de solo de 1,35 g cm^{-3}, representa 13,5 toneladas de solo. É uma perda colossal. Daí a importância de controlarmos as perdas de solo e da consagração do termo **conservação do solo**.

Os principais agentes de perda de solo são a água e o vento, daí falarmos em **erosão hídrica** e em **erosão eólica**. Tanto a água (chuva ou irrigação) como o vento são agentes originários da atmosfera e, por isso, a interface solo-atmosfera é de extrema importância no fenômeno da erosão. Assim, cobertura, declividade e estrutura do solo são os principais fatores que afetam o processo, determinando a intensidade das perdas. A quantificação das perdas é difícil e complicada. No Capítulo 17, quando abordamos as medidas do deflúvio superficial DS por meio da Equação 5 já vimos um método direto de medir a erosão hídrica provocada pela enxurrada. Esse é o método mais comum de medida direta, mas ele tem muitas limitações, como o comprimento da rampa, sua declividade e sua cobertura. É trabalhoso e custoso também instalar essas rampas em diferentes condições e locais. Por essa razão é que foram idealizados vários métodos indiretos de estimativa de perdas por erosão.

A erosão eólica é muito incipiente em agricultura normal. Ela está presente apenas em regiões onde prevalecem ventos fortes e frequentes, como é o caso de movimentação de dunas de areia, por exemplo.

EROSÃO

A erosão pode ser entendida como movimentação de solo indesejada, com consequências sobre o cultivo agrícola e, assim sendo, sobre a conservação do solo e da água para futuras gerações. Com chuvas de pouca intensidade e terreno de pequena declividade a erosão quase não aparece, e quando o deflúvio superficial aumenta a água começa a escorrer por caminhos preferenciais que vão provocando o aparecimento de pequenos sulcos. O solo dos sulcos é solo erodido e é transportado pela água declive abaixo. Nesse caso entra também o fator comprimento da rampa, pois quanto mais longa ela for mais longe é levado o material erodido. Ao encontrar uma depressão a água se emposa e os resíduos podem ficar retidos e são denominados de **sedimentos**. Com o enchimento da poça a água encontra novo lugar para escorrer e o processo continua. Por essa razão é que construímos **terraços** ao longo de **curvas de nível** em espaçamentos corretamente calculados. Com chuvas muito intensas os terraços, se mal calculados, podem se romper e assim a água escorre em um volume muito maior, fazendo rasgos profundos no solo arado, que quando maiores são denominados **voçorocas**. Estas exigem muito trabalho de máquinas para serem fechadas. É preciso que o fenômeno de voçoroca seja evitado, para que esses sulcos não se tornem irreversíveis. Em terrenos muito íngremes e de coberturas frágeis, as voçorocas podem ocorrer naturalmente.

A erosão acelerada dos solos é um problema global e, apesar da dificuldade de se calcular com precisão as perdas de solo, sabe-se que a magnitude dessas perdas tem causado sérias consequências econômicas e ambientais para muitos países.

Como já foi dito, a determinação das perdas de solo por erosão, por métodos diretos, é morosa e cara, sendo essa a principal causa do crescente interesse dos pesquisadores pelos **modelos de predição da erosão**. Esses modelos permitem identificar áreas de maior risco e auxiliar na escolha de práticas de manejo mais adequadas. Renard e Mausbach (1990) apresentam breve histórico da evolução desses modelos. Sem dúvida, o modelo mais usado na predição das perdas de solo é a **equação universal de perdas de solo** (*universal soil loss equation* – USLE), empregado em diversas regiões e para diferentes finalidades (Toy; Osterkamp, 1995). Esse modelo foi desenvolvido nos Estados Unidos, em 1954, no *National Runoff and Soil Loss Data Center* (*Agricultural Research Service, University of Purdue*). Wischmeier e Smith (1978) revisaram a equação que evoluiu para o modelo atualmente empregado. A USLE calcula a perda média anual de solo por unidade de área por unidade de tempo A (Mg . ha^{-1} . ano^{-1}) pelo modelo:

$$A = R \cdot K \cdot L \cdot S \cdot C \cdot P \qquad (1)$$

em que: R = fator **erosividade da chuva** (MJ . mm . ha^{-1} . h^{-1} . ano^{-1}); K = fator **erodibilidade do solo** (Mg . ha . h . MJ^{-1} . mm^{-1} . ha^{-1}); L = fator **comprimento da encosta** (adimensional); S = fator **grau de declive** (adimensional); C = fator uso e manejo (adimensional); e P = fator prática conservacionista (adimensional).

Os fatores R, K, L e S são dependentes das condições naturais locais e os fatores C e P são relacionados às formas de ocupação e uso das terras (fatores antrópicos).

O fator **erosividade da chuva** (R) é um índice numérico que representa o potencial da chuva e enxurrada em causar erosão em uma área sem proteção (Bertoni, Lombardi Neto, 1990). Mantidos os outros fatores da USLE constantes, as perdas de solo pelas chuvas são diretamente proporcionais ao produto da energia cinética da chuva pela intensidade máxima em 30 minutos. Esse produto é chamado de **índice de erosão** (IE). Esse método, proposto por Wischmeier e Smith em 1958, é lento e trabalhoso, e requer informações contidas em pluviogramas diários, sendo esses, muitas vezes, escassos ou inexistentes. Lombardi Neto e Moldenhauer (1992) usaram longas séries de dados para Campinas (SP) e encontraram alta correlação entre o valor médio mensal do IE e o valor médio mensal do coeficiente de chuva (p/P), em que p = precipitação média mensal e P = precipitação média anual, ambas em mm. Assim, tornou-se possível o cálculo do fator R sem o uso de pluviogramas.

O fator erodibilidade do solo (K) reflete a perda diferencial que os solos apresentam quando os demais fatores que influenciam a erosão permanecem constantes, sendo influenciado, em especial, pelas características que afetam a capacidade de infiltração e de permeabilidade do solo, sua capacidade de resistir ao desprendimento e ao transporte de partículas pela chuva e pela enxurrada. O índice de erodibilidade do solo é um valor quantitativo determinado experimentalmente. Consiste na taxa de perda de solo por unidade de índice de erosão medida em uma parcela unitária. Dentro dessa parcela os fatores LS, C e P são unitários (= 1) e o fator K é dado pela inclinação da linha de regressão entre o índice de erosão e a perda de solo.

Método indireto consagrado de determinação da **erodibilidade** é o modelo proposto por Wischmeier, Johnson e Cross (1971), baseado nos parâmetros físicos – textura, estrutura e classes de permeabilidade – e na porcentagem de matéria orgânica do solo, combinando-os graficamente em um nomograma. De acordo com esses autores, a erodibilidade tende a aumentar com o aumento no teor de silte. As vantagens do emprego desses modelos são a rapidez na determinação da erodibilidade dos solos, em comparação com métodos diretos convencionais, onerosos e que requerem repetições durante vários anos, além da possibilidade de sua estimativa mediante parâmetros obtidos por análises laboratoriais de fácil execução.

O fator comprimento de rampa e declive (LS) participa da USLE como um componente combinado, apresentando um único valor. O fator LS é a relação esperada de perda de solo por unidade de área em um declive qualquer em relação às perdas de solo correspondentes de uma parcela unitária padrão (Wischmeier; Smith, 1978). A USLE foi concebida para ser aplicada a rampas uniformes, não considerando a deposição de sedimentos ao longo das encostas. No entanto, a topografia da superfície terrestre é extremamente heterogênea e descontínua. O uso de um gradiente médio de comprimento de rampa, considerando-o uniforme, pode subestimar as perdas de solo em declives convexos e superestimar em declives côncavos. Essa é uma das principais limitações da aplicação da USLE em bacias hidrográficas. Alguns métodos que têm sido utilizados na obtenção do fator LS são o Modelo Digital de Elevação do Terreno (MDET), proposto por Hickley, Smith e Jankowski (1994).

O uso e manejo do solo (C) é fator obtido com base na taxa de perda de solo durante um determinado estádio de desenvolvimento da cultura comparado à taxa de perda de solo em uma parcela padrão durante o mesmo período. Para determinação do fator C, são considerados estádios definidos de desenvolvimento das culturas e suas influências na erosão do solo. As práticas de manejo das culturas são variáveis, implicando diferenças nos cálculos para obtenção do fator C. Esses cálculos são válidos para condições específicas em cada região. Essas considerações representam outras limitações do uso da USLE.

O fator práticas conservacionistas (P) representa a relação entre a intensidade esperada de perdas de solo com determinada prática conservacionista e as perdas obtidas quando a cultura está plantada no sentido do declive. O fator P indica o efeito das práticas conservacionistas, como plantio em nível, terraceamento e plantio em faixas na erosão do solo.

A principal vantagem da USLE é ser um modelo composto de um reduzido número de componentes, quando comparada a modelos mais complexos, e por ser bastante conhecida e estudada. Porém, pelo fato de ser um modelo empírico e concebido com base em parcelas unitárias de avaliação da erosão do solo, apresenta várias limitações. Entre elas: necessidade de trabalhar com áreas relativamente homogêneas com relação ao tipo, uso e declividade do solo; a equação deixa implícitos diversos parâmetros e seus efeitos; os cálculos para o fator C são válidos apenas para condições locais; e não consideram áreas de deposição nem a erosão linear. Essas limitações dificultam a aplicação da USLE em escala de bacia hidrográfica e implicam a necessidade de desenvolvimento de uma nova técnica para estimar as perdas de solo por erosão.

Outro modelo de predição de perdas de solo é a RUSLE (*Revised Universal Soil Loss Equation*). Steinmetz et al. (2018) aplicaram a RUSLE com o auxílio de Sistemas de Informações Geográficas (SIG) e sensoriamento remoto em duas bacias hidrográficas agrícolas do sul do Rio Grande do Sul (Bacia do Arroio Pelotas e Bacia do Arroio Fragata). Os autores concluíram que entre todos os fatores da RUSLE, o LS apresentou a distribuição espacial mais próxima quando comparada à perda total anual de solo, sendo um bom indicador de áreas de risco. A perda total anual de solo variou de 0 a mais de 100 t ha^{-1} ano^{-1}, sendo a maioria (cerca de 65% da área total) classificada de leve a moderado níveis de perda de solo. Além disso, mais de 10% da área de estudo apresenta níveis altos a extremamente altos de perda de solo, exigindo intervenções imediatas. Cabe ressaltar que esse estudo foi o primeiro de sua natureza no extremo sul do Brasil, destacando-se como um estudo importante para tomadores de decisão ligados à conservação do solo.

O modelo CREAMS (*Chemical Runoff and Erosion from Agricultural Management Systems*) contém um sofisticado componente erosão, baseado em parte na USLE e em parte no fluxo hidráulico e nos processos de desagregação, transporte e deposição dos sedimentos. Esse modelo permitiu a melhoria da predição das perdas de solo, porém mostrou-se mais complexo, o que dificulta seu emprego em projetos conservacionistas. Em 1985 o Departamento de Agricultura dos Estados Unidos (United States Department of Agricultural – Usda), em cooperação com diversas universidades, iniciou um projeto nacional chamado de *Water Erosion Prediction Project* (Wepp) para desenvolver novas tecnologias para a predição de perdas de solo por erosão hídrica. Na mesma ocasião uma revisão da USLE era iniciada.

No Brasil, a USLE está sendo empregada em projetos de planejamento ambiental e de conservação do solo, porém ainda há grande carência de dados básicos, o que constitui um problema para seu emprego rotineiro. Quanto ao uso de modelos, como RUSLE, CREAMS e Wepp, alguns pesquisadores ainda estão em fase de geração de dados básicos e estudo dos modelos para as condições brasileiras. Outros modelos hidrológicos têm sido desenvolvidos e usados recentemente para predizer variáveis associadas com água, sedimento, transporte de nutrientes etc.

Em condições brasileiras, Santos et al. (2021) conduziram um estudo que objetivou avaliar a influência da variabilidade espacial da condutividade hidráulica do solo saturado (K_{sat}) e da umidade inicial do solo (θ_i) sobre hidrogramas de escoamento superficial direto (ESD) originados de eventos de chuva, com base em simulação hidrológica pelo modelo LISEM (De Roo, Wesseling, Ritsema, 1996) na bacia hidrográfica sanga Ellert (BHSE), no município de Canguçu, localizado no sul do Rio Grande do Sul. Os autores aplicaram a simulação sequencial gaussiana (SSG) (será abordada no Capítulo 20) para analisar a variabilidade espacial da K_{sat} e sua incerteza sobre hidrogramas de ESD originados de eventos isolados de chuva. Posteriormente, os cenários de variabilidade espacial gerados pela SSG foram incorporados no LISEM, juntamente com informações acerca de cinco eventos de precipitação, características da vegetação e do solo, coeficiente de rugosidade Manning, modelo digital de elevação e θi, para simular os hidrogramas de ESD na BHSE. A calibração do LISEM foi realizada por meio do coeficiente de rugosidade de Manning e da θ_i (fator multiplicativo sobre a umidade de saturação). Santos et al. (2021) concluíram que o LISEM foi capaz de representar de forma satisfatória as vazões de pico na BHSE, sendo essas fortemente dependentes da θ_i.

Steimetz (2020) avaliou o impacto das mudanças climáticas sobre as condições hidrológicas de três sub-bacias pertencentes à bacia hidrográfica Mirim-São Gonçalo (BHMSG) localizada no sul do estado do Rio Grande do Sul usando o modelo *Soil and Water Assessment Tool* (SWAT). O modelo foi calibrado e validado para cada sub-bacia, considerando os dados meteorológicos e hidrológicos observados e, posteriormente, esse modelo foi forçado com dados meteorológicos diários simulados para o passado e projetados para o futuro. Essas projeções foram baseadas nos Caminhos Representativos de Concentração (RCPs) 4.5 e 8.5 de quatro modelos climáticos globais pelas projeções de *downscaling* do modelo ETA: *Brazilian Earth System Model* (BESM), *Canadian Earth System Model* (CANESM2), *Hadley Centre Global Environmental Model* (Hadgem2) e *Interdisciplinary Research on Climate* (MIROC5). Em geral, o desempenho do SWAT foi satisfatório na calibração e validação de todas as sub-bacias, bem como na representação dos indicadores hidrológicos analisados nesse estudo. Steinmetz (2020) ressalta que os resultados gerados pelo SWAT podem ajudar os tomadores de decisão a estruturar melhor o gerenciamento dos recursos hídricos, considerando essas mudanças climáticas e hidrológicas esperadas.

Laflen et al. (1997) destacam que em áreas com problemas de erosão de solos, informações quantitativas sobre taxas de perdas de solo e os efeitos de estratégias de conservação, geralmente, não são disponibilizadas. Portanto, os modelos de simulação hidrossedimentológica podem ser usados para avaliar estratégias alternativas para melhoria da gestão ambiental. O estado da arte em simulação hidrossedimentológica está associado às ferramentas dos SIG, as quais fornecem suporte para análise de bacias hidrográficas, como sua delineação física, modelo digital de elevação, definição dos padrões de redes de drenagem, entrada distribuída de dados que alimentam os modelos, como precipitação, atributos hidrológicos do solo e uso do solo.

A maioria dos países em desenvolvimento, como o Brasil, tem escassez de dados em escala de bacias hidrográficas, exceto quando as bacias são monitoradas com fins de pesquisa ou por empresas de geração de energia (Beskow et al., 2009). Portanto, no caso de carência de dados pode ser inviável aplicar modelos hidrológicos complexos que são alimentados com uma grande quantidade de dados. Com o objetivo de superar esse inconveniente, pode ser aconselhável escolher modelos hidrológicos baseados em formulações mais simples, os quais usam uma base de dados reduzida (Beskow, Mello, Norton, 2011). O modelo *Lavras Simulation of Hydrology* (LASH), desenvolvido por Beskow (2009), emprega uma formulação simplificada e foi criado para simular o escoamento em bacias hidrográficas de locais onde existe a carência de dados a respeito de clima, solo e uso do solo.

O modelo LASH foi parte de uma tese de doutorado desenvolvida no Departamento de Engenharia da Universidade Federal de Lavras em parceria com o National Soil Erosion Research Laboratory (NSERL/USDA) – Purdue University, EUA. Ele é similar ao modelo desenvolvido por Mello et al. (2008). A principal diferença é que o LASH se apresenta na forma de *software* e usa uma formulação distribuída, além de contar com um algoritmo computacionalmente eficiente para a realização de calibração automática. Esse novo modelo leva em consideração a variabilidade espacial e temporal de todas as variáveis de entrada usadas nos componentes hidrológicos, de tal forma que ele divide a bacia em células de tamanho uniforme. É um modelo contínuo de simulação classificado como determinístico e de embasamento semiconceitual, que simula os seguintes componentes em incrementos de tempo: evapotranspiração, interceptação foliar, ascensão capilar, disponibilidade de água no solo, escoamento superficial direto, escoamento subsuperficial e escoamento de base.

O LASH foi implementado na linguagem de programação Delphi e fornece uma interface gráfica ao usuário. Tal interface permite ao usuário importar mapas de diferentes SIG, dessa forma facilitando o uso do modelo. Além disso, o LASH conta com uma rotina de calibração, a qual é baseada no algoritmo genético *Shuffled Complex Evolution* (SCE-UA).

Com essa opção os usuários são capazes de calibrar tantos parâmetros quanto necessário. O modelo é dividido em três módulos básicos: (a) seu primeiro módulo é destinado a computar o escoamento superficial direto (DS), escoamento subsuperficial (DSS), escoamento de base (DB) e ascensão capilar (DCR), os quais são drenados da camada de solo considerada no balanço hídrico; (b) o segundo módulo gera o fluxo dentro de cada célula para a rede de drenagem levando em conta o efeito de retardamento por meio do conceito de reservatório linear; (c) no terceiro módulo o LASH emprega o modelo de Muskingham-Cunge com o intuito de propagar os fluxos pela rede de canais. O balanço hídrico é calculado em cada incremento de tempo para cada célula dentro da bacia hidrográfica. A estrutura de simulação é baseada na subdivisão das bacias em que o tamanho do pixel/célula para uma bacia é único para toda a bacia. Essa subdivisão visa a reduzir os problemas associados à variabilidade espacial e é feita com base no modelo digital de elevação de cada bacia, caracterizando-se o comportamento da rede de drenagem. É importante mencionar que essa caracterização fisiográfica é de fundamental importância para a estruturação física do modelo, para avaliação e obtenção dos seus parâmetros de entrada, sejam eles variáveis (como estimativa inicial) ou fixos, como caracterização do dossel, profundidade efetiva do sistema radicular, resistência estomática e aerodinâmica e outros.

Mesmo que a variabilidade espacial das variáveis de entrada do modelo deva ser preferencialmente levada em consideração, os usuários também poderão empregar valores concentrados para representar algumas variáveis, dependendo da quantidade de dados disponíveis. As variáveis de entrada podem ser discretizadas por pixel (LASH na versão 2) ou por sub-bacias (LASH nas versões 1 e 3). Caldeira et al. (2019) realizaram um estudo voltado à análise da discretização espacial sobre a *performance* do modelo LASH. De acordo com os autores, indicadores estatísticos aplicados à calibração e à validação com vazões médias diárias indicaram melhor desempenho da segunda versão do modelo, embora a terceira também tivesse apresentado bons resultados. Para Caldeira et al. (2019), esse fato pode ser atribuído: i) à melhor discretização espacial das variáveis de entrada, especialmente daquelas relacionadas ao solo e uso e cobertura do solo; e ii) à quantificação dos processos hidrológicos quando a bacia é representada de forma distribuída por pixels (segunda versão), comparando-se à semidistribuída por sub-bacias (terceira versão).

Todos os mapas necessários são derivados dos mapas que representam o modelo digital de elevação (MDE), o uso do solo e o tipo de solo. Além dos mapas, o modelo LASH também necessita de dados climáticos e de vazão observada ao longo do tempo. Os seguintes dados climáticos são necessários para o modelo calcular a evapotranspiração diária (mm dia^{-1}) de acordo com a equação de Penman-Monteith (Capítulo 15, Equação 30): temperatura mínima e máxima (°C), umidade relativa do ar (%), velocidade do vento (m s^{-1}) e radiação solar global (MJ m^{-2} dia^{-1}). A precipitação pluvial é uma variável fundamental para a simulação do componente de escoamento superficial direto e também para a atualização no cálculo do balanço hídrico. A vazão observada em cada dia de simulação é necessária, uma vez que o modelo compara a hidrógrafa observada com a simulada para proceder a calibração. Além disso, é necessário informar a variação de algumas variáveis relacionadas ao uso do solo no tempo, por exemplo, índice de área foliar (m^2 m^{-2}), altura (m), albedo (adimensional), resistência superficial (s m^{-1}), profundidade de raízes (mm) e coeficiente de cultura (adimensional). Também é necessário entrar com dados de profundidade do solo, umidade do solo na saturação e no ponto de murcha permanente. Cabe salientar que alguns desses dados referentes ao uso do solo podem ser medidos em campo ou mesmo consultados na literatura. O modelo LASH foi aplicado com sucesso para bacias hidrográficas de diferentes tamanhos no estado de Minas Gerais. No sul do Rio Grande do Sul, o modelo LASH foi aplicado na bacia hidrográfica do Arroio Fragata (Beskow et al., 2016) no intuito de avaliar a sua habilidade de estimar os valores diários de vazão e os diferentes componentes do escoamento total. Os autores concluíram que o comportamento hidrológico da bacia do Arroio Fragata foi adequadamente representado pelo LASH para a estimação do hidrograma diário bem como para a estimação dos valores máximos, mínimos e médios de vazões e da curva de permanência. Concluiu-se que os diferentes componentes do escoamento total foram estimados adequadamente pelo LASH, considerando os diferentes tipos de solos e de usos. Em outro estudo, Caldeira (2019) empregou o modelo LASH para avaliar o impacto das mudanças climáticas sobre a hidrologia de três sub-bacias da bacia hidrográfica transfronteiriça Mirim-São Gonçalo, uma bacia hidrográfica do bioma Pampa, com relevante interesse ambiental, social e econômico. Inicialmente, o modelo foi calibrado e validado para cada sub-bacia ao passo de tempo diário, considerando dados hidrometeorológicos observados, informações de relevo, solo e uso do solo. Em seguida, o LASH foi forçado com dados meteorológicos diários do clima presente modelado (1961 a 2005) e de projeções futuras (2006 a 2099) fundamentadas nos Caminhos Representativos de Concentração (RCP) 4.5 e 8.5, de quatro modelos climáticos globais regionalizados pelo modelo climático regional ETA, disponibilizados pela plataforma Projeta/Inpe, a saber: i) *Brazilian Earth System Model* versão 2.3.1 (BESM); ii) *Canadian Earth System Model* segunda geração (CANESM2); iii) *Hadley Centre Global Environmental Model* versão 2 (HadGEM2-ES); e iv) *Model for Interdisciplinary Research on Climate* versão 5 (MIROC5). As estatísticas de precisão empregadas para avaliar a calibração e validação do modelo LASH para cada sub-bacia indicaram uma representação satisfatória dos indicadores analisados.

Técnica mais sofisticada para estimativa das taxas de perdas de solo é a técnica nuclear do ^{137}Cs. Desde meados de 1970 um modelo baseado na análise de redistribuição do **fallout do ^{137}Cs** vem sendo usado na avaliação das perdas de solo por erosão. O isótopo ^{137}Cs é um dos subprodutos de explosões nucleares de bombas atômicas, os chamados testes nucleares feitos principalmente no Oceano Pacífico e nos desertos ou estepes da Ásia em meados do século XX. Com uma meia-vida relativamente longa (30 anos) o ^{137}Cs permanece na atmosfera por longo tempo e foi distribuído (e continua sendo) em torno do globo terrestre, até mesmo no Hemisfério Sul. A precipitação pluvial traz esse elemento de volta à superfície do solo onde é depositado de forma razoavelmente homogênea ao longo do tempo. Esse processo de deposição é denominado *fallout*. A variabilidade espacial do *fallout* é evidente em escala global, com menores deposições no Hemisfério Sul comparativamente ao Hemisfério Norte, onde se localizou a maioria dos testes nucleares (Estados Unidos e antiga URSS). Em escala regional, alguns poucos dados disponíveis mostram correlação entre a magnitude do *fallout* e os totais anuais de precipitação pluvial. Assume-se que em escala local a deposição tenha ocorrido de maneira uniforme. Estudos básicos demonstram uma rápida e forte adsorção do ^{137}Cs aos minerais de argila do solo, indicando sua pronta fixação nos horizontes superiores logo após sua deposição, e apresentando taxa muito baixa de migração vertical (lixiviação) em solos não perturbados após o *fallout*. Na ausência de translocação lateral ou vertical significativa, o teor de ^{137}Cs no solo permite distinguir locais erodidos, não erodidos e de deposição, com base não somente na forma da distribuição do ^{137}Cs no perfil, mas também pela quantidade total de ^{137}Cs nos pontos de interesse na paisagem.

As diferenças no estoque (ou armazenamento) de ^{137}Cs dos perfis de solo, até a profundidade alcançada pelos implementos agrícolas, em relação ao observado em perfis de referência, não erodidos ou muito pouco erodidos após o *fallout*, permitem avaliar as taxas de perda de solo em condições naturais de erosividade das chuvas no local de amostragem. As atividades de ^{137}Cs podem ser convertidas para taxas de erosão usando o modelo proporcional, conforme metodologia descrita em Walling e Quine (1993). Em nosso meio, destacam-se os trabalhos de Bacchi et al. (2000) e Bacchi, Reichardt e Sparovek (2003), Correchel et al. (2006) e Pires et al. (2009), que empregam essa técnica para avaliação da erosão em uma microbacia hidrográfica da região de Piracicaba (SP).

MANEJO E CONSERVAÇÃO DO SOLO E DA ÁGUA

Pelas razões já apresentadas, a conservação do solo e da água é uma questão de importância nacional. O solo e a água precisam ser preservados para as gerações futuras, mesmo com a evolução dos cultivos em condições controladas como as de estufas e a hidroponia. O cultivo em larga escala nunca vai prescindir do solo. E, paradoxalmente, todo cultivo do solo leva a perdas que levam a modificações dos sistemas naturais. Esses ecossistemas naturais se encontram em equilíbrio físico-químico e biológico por milhares de anos, como Amazônia, Cerrado, Caatinga e Mata Atlântica, que se caracterizam por uma grande diversidade biológica e invariabilidade no tempo. Uma grande parte de nosso território é trabalhada por uma agricultura moderna, desenvolvida por grandes empresas que visam principalmente ao lucro. Na maioria dos casos se trata de monoculturas como a mostrada na Figura 1, que evidencia o contraste entre sistemas naturais e a monocultura, no caso, de milho.

A agricultura inevitavelmente interfere no meio ambiente, mas ela é essencial para a subsistência do *Homo sapiens* no nível atual de civilização. Já na segunda parte do século XX o conceito de **agricultura sustentável** entrou na literatura, conceito esse definido de várias formas. Aqui vamos repetir Reichardt et al. (2009, página 60) que apresentaram a seguinte definição:

> A agricultura sustentável focaliza a produção agrícola obtida pelo emprego do conhecimento científico mais recente e as mais avançadas práticas agrícolas, tendo em mente nenhuma agressão ao meio ambiente, procurando conservá-lo para as futuras gerações, sem perda de competividade e considerando todos aspectos sócio-econômicos e culturais relacionados à humanidade.

O cultivo do solo evoluiu bastante desde os seus primórdios. Hoje sistemas de plantio de alta tecnologia são empregados, procurando atender à definição de agricultura sustentável. Talvez, no momento, o maior desvio dessa definição esteja na aplicação de insumos agrícolas. Mas as perdas de solo também representam um sério problema. Não vamos aqui repetir os conceitos e os métodos de conservação do solo e da água, pois estes podem ser encontrados em detalhe nos textos de Bertoni e Lombardi Neto (1990) e Pruski (2009). Vamos aqui discutir o sistema de **cultivo m**ínimo (CM) ou **plantio direto** (PD), um sistema promissor que quando é viável em certa região, é uma prática das mais avançadas ecologicamente, contemplando de forma muito efetiva a definição de agricultura sustentável descrita (Figura 2).

FIGURA 1 Campo de milho recentemente plantado sob o sistema de cultivo mínimo mostrando ao fundo uma área preservada de Mata Atlântica no estado do Paraná.
Fotografia: João C. M. Sá.

FIGURA 2 Um exemplo de cultivo mínimo que apresentou uma produtividade de 12.000 t. ha^{-1} de grão de milho, muito acima da média nacional.
Fotografia: João C. M. Sá.

O CULTIVO MÍNIMO OU PLANTIO DIRETO

Para todo empreendimento agrícola o solo é o ponto central de atenção, certamente limitado pelas condições climáticas que permitem o cultivo de certas culturas. A manutenção do estado de equilíbrio do solo é fundamental e assim entram as práticas de manejo conservacionistas, minimizando as perdas de solo. Dessa forma o cultivo em nível, a construção de terraços, o manejo correto dos resíduos das culturas, o tráfico de máquinas tornam-se muito importantes para a conservação do solo. Fundamental também é o uso racional da água, tanto aquela já presente no solo como a da chuva e a da irrigação. Assim também, o controle do *runoff* ou enxurrada, da infiltração e da evaporação da água pela superfície do solo são processos que merecem atenção.

Os atributos do solo incluem a qualidade de suas partículas (o que depende da qualidade da rocha original), a quantidade de partículas distribuídas em tamanhos (textura do solo), o arranjo das partículas (estrutura do solo), e eles em conjunto definem a qualidade do solo, que deve ser preservada. A agricultura inevitavelmente transforma os ecossistemas. Ela expõe a superfície do solo com maior intensidade para a ação dos agentes erosivos. Cultivo ao longo do tempo sem cuidados de conservação pode levar à exposição do horizonte B e assim modificar a textura do solo usado no plantio. A matéria orgânica também é essencial para o cultivo agrícola e a transformação de ecossistemas naturais em campos de culturas, em geral, levam a perdas de matéria orgânica (MO). Em resumo, os solos se degradam e passam a ser problemáticos para a agricultura.

Há muito tempo acreditava-se que o solo precisava ser intensamente trabalhado para a semeadura, revirando a camada superficial de uns 30 cm de profundidade, para controlar ervas daninhas, quebrar a estrutura do solo para facilitar as operações de semeadura e a infiltração da água. Nos tempos modernos esse conceito mudou um pouco, também por razões ambientais e de economia de combustível. Assim as práticas agrícolas evoluíram para um **cultivo mínimo** (CM) ou mesmo **cultivo zero** (CZ), as vezes chamado de **plantio direto** (PD). Em termos gerais, essas práticas evitam a aração e a gradagem, deixam os resíduos vegetais da cultura prévia na superfície do solo e o plantio ou semeadura são feitos em um pequeno e estreito sulco que recebe, inclusive, o fertilizante. Em muitos casos é necessária a aplicação de herbicidas para matar as ervas daninhas antes de repicar os resíduos da cultura anterior, o que é uma grande desvantagem do ponto de vista ambiental. Entretanto, são práticas que economizam energia no momento do plantio, protegem a superfície do solo de radiações solares, reduzem a evaporação do solo e consequentemente conservam mais a água disponível para as plantas. Em virtude disso, essas práticas são vistas como conservadoras do ambiente, que quando aplicadas por sequências de ciclos de cultivo representam um melhor uso de nossos recursos naturais de solo e água.

Podemos agora arriscar uma definição dos sistemas CM, CZ ou PD que são diferenciados de manejo agrícola, mais utilizados em cultivos em rodízio:

> Sistemas diferenciados de manejo de culturas anuais sob rodízio, que pretendem diminuir o impacto das operações de cultivo, principalmente de maquinário, restringindo a exportação de resíduos culturais de baixo valor comercial, mantendo-os na superfície do solo após a colheita e instalando a próxima cultura sobre esses resíduos sem revolver o solo. (Reichardt et al., 2009, página 61).

Assim, esses sistemas de cultivo se caracterizam por uma adição de MO ao solo. Quando esses sistemas são adotados em uma área previamente cultivada de forma convencional, nota-se um aumento gradual da MO até atingir um novo patamar mais alto, como ilustrado na Figura 3. No Brasil temos fazendas que utilizam o sistema de PD por mais de 30 anos (Bertol et al., 2001; Tormena et al., 2004). Dependendo da rotação de cultura e de outros cultivos como o da cana-de-açúcar, o solo recebe de 1 a 3 coberturas de resíduo por ano agrícola. Um exemplo de aumento da MO no sistema de PD é apresentado por Costa et al. (2004).

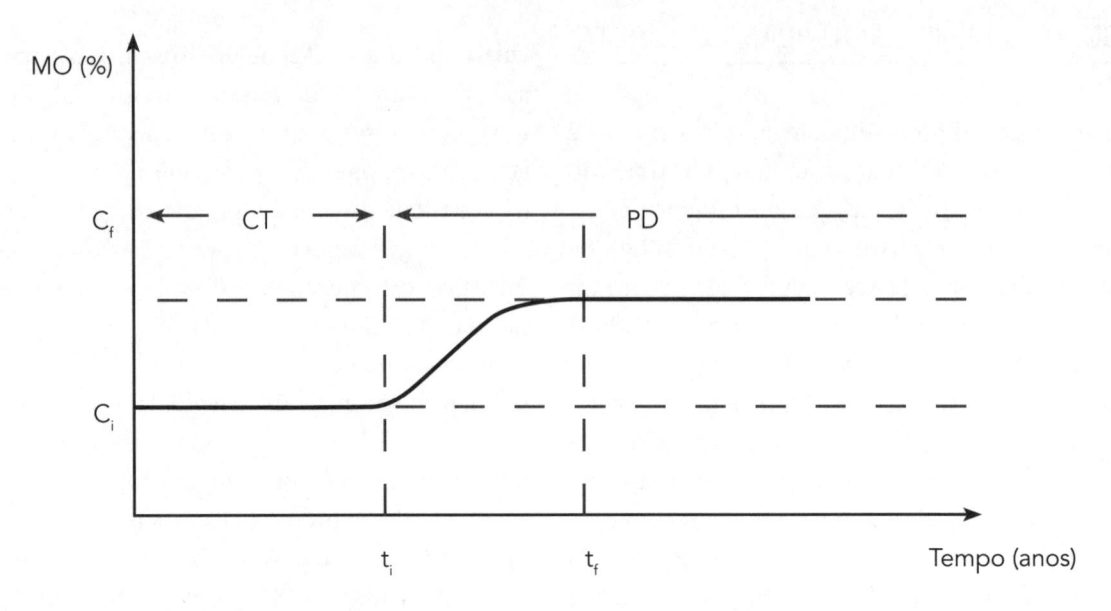

FIGURA 3 Aumento da matéria orgânica (MO) de uma concentração inicial (C_i) durante anos de cultivo tradicional (CT) para uma concentração final (C_f) depois de alguns anos sob plantio direto (PD).

É importante também mencionar outros tipos de cobertura, muito empregados em culturas intensivas como hortas e floricultura. Os efeitos são similares, mas as diferenças entre plásticos e palha são muito grandes.

EFEITO DA MATÉRIA ORGÂNICA FRESCA DEPOSITADA SOBRE O SOLO

A camada de MO depositada sobre o solo, também chamada de **mulch**, atua como uma barreira aos transportes de energia e de matéria entre a atmosfera e o solo, o que não ocorre no CT. Em termos de energia ela interfere no balanço de calor na superfície do solo, afetando a penetração das **ondas curtas** da radiação solar direta e modificando o **albedo** da superfície receptora, modificando assim a intensidade da radiação refletida e a emissão de **ondas longas**. A camada de MO também possui uma baixa **condutividade térmica**, de tal forma que a radiação solar incidente é transportada mais lentamente para a superfície do solo. Como consequência as temperaturas das camadas superiores do solo no PD são em geral menores do que as do CT (Silva, Reichert, Reinert, 2006; Furlani et al., 2008). Essas temperaturas mais brandas, em geral, são uma vantagem do Sistema PD em regiões tropicais e subtropicais nas quais as temperaturas da superfície do solo em CT podem atingir valores altos como 45 a 55°C. Temperaturas mais brandas beneficiam a germinação das sementes e a microfauna do solo. Em certos casos, entretanto, elas podem acelerar o desenvolvimento de espécies indesejadas, mas isso é muito específico e não pode ser generalizado.

Em termos de transferência de massa, nossa discussão focaliza a água (chuva P e irrigação I) e seus efeitos na erosão. O PD apresenta vantagens em relação ao processo de **infiltração** pois nele a água atinge mais lentamente a superfície do solo, minimizando o **escoamento superficial** e, consequentemente, a erosão. A quantidade de água infiltrada aumenta, resultando em maiores valores de umidade do solo θ e armazenamento de água A, conceitos já abordados no Capítulo 3. A cobertura também evita o impacto direto de chuvas intensas na superfície do solo, o que pode provocar um encrostamento de sua superfície. Essa **crosta** modifica a estrutura de uma fina camada (1 a 3 mm) alterando o valor de K_0 (condutividade hidráulica do solo saturado), importante na infiltração da água. Por outro lado, em casos de chuvas muito fracas, a água pode nem chegar a penetrar no solo, molhando só a palha. A camada de palha também reduz significativamente a evaporação E da água pela superfície do solo, pode-se considerar que E = T, a **transpiração**. O resultado também é um aumento da umidade do solo, o que é desejável. Entretanto, esse aumento de umidade tanto no solo como na própria palha podem levar a um aumento de doenças fúngicas. Finalmente, ainda, uma grande vantagem do PD é o controle de ervas daninhas na entrelinha.

Os efeitos do PD podem ainda ser vistos na camada superior do solo. Depois do estabelecimento do sistema PD, ano após ano a MO dos resíduos é degradada e mineralizada, em seguida sendo translocada para dentro do solo pela chuva ou irrigação, passando a fazer parte das diferentes formas de **húmus** (ver Capítulo 3). Com isso há mudanças nas características da camada superior de solo (0 a 0,3 m), como por exemplo na **curva característica** ou **curva de retenção** de água, mostrada na Figura 4.

Como também pode ser visto na Figura 4 os valores de θ na saturação para o PD, igual a θ_{SB}, aumenta em relação ao CT, θ_{SA}. A diferença $[\theta_{SB} - \theta_{SA}]$ depende do tipo de solo e do aumento em MO. Observa-se também que a umidade na **capacidade de campo** θ_{cc} (para h = −33 kPa) também é aumentada, e que para o **ponto de murchamento permanente** θ_{PMP} (for h = -1.500 kPa) praticamente não aparece mudança. Como resultado tem-se um aumento da capacidade de água disponível (CAD), como pode ser visto nos trabalhos de Klein e Camara (2007) e Martorano et al. (2009). Além disso, há uma maior agregação das partículas de solo (Figura 5), diminuindo a **densidade do solo**, aumentando sua **porosidade** α, diminuindo a **resistência à penetração radicular** R_p, aumentando a infiltração de água em decorrência de maiores valores de condutividade hidráulica (Reichert et al., 2009).

Outras melhorias estão relacionadas à fertilidade e biologia do solo. A MO aumenta a disponibilidade de nutrientes, principalmente de N e de P, e promove um ambiente mais favorável à fauna do solo. A quantificação dos benefícios do sistema de cultivo CM é de difícil avaliação em virtude de sua dependência de vários fatores, *e. g.*, tipo de solo, clima, topografia, safra cultivada (ou safras como nas rotações) e práticas agrícolas empregadas. Pode-se, no entanto, generalizar que, nas mesmas condições, o sistema CM sempre apresenta vantagens em relação aos sistemas CT e estas são principalmente

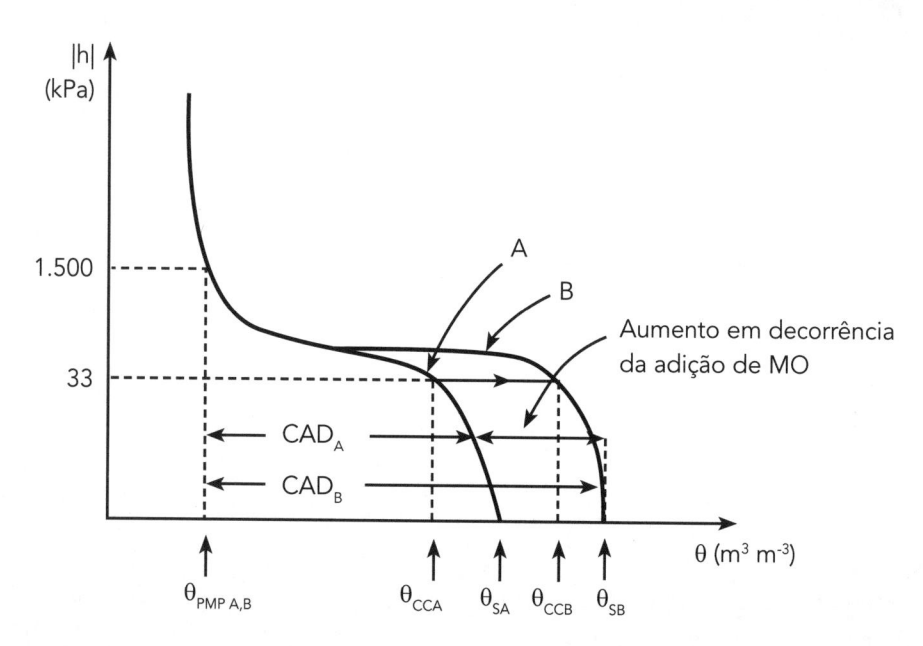

FIGURA 4 Representação esquemática de curvas de retenção de água no mesmo solo: A) cultivado sob cultivo tradicional (CT); B) cultivado sob plantio direto PD.

maiores teores de água no solo e estoques, mais matéria orgânica, melhor aeração, maior condutividade hidráulica que por sua vez aumenta a infiltração de água e um melhor controle da erosão do solo. Isso foi claramente demonstrado na discussão descrita e documentado por várias referências científicas brasileiras. Concluímos que o CM, quando aplicável, atende às necessidades da agricultura atual, sem comprometer as possibilidades das gerações futuras de atender às suas próprias necessidades, dentro dos limites das capacidades de suporte dos ecossistemas. Esse sistema de cultivo preserva o capital da terra para a produção agrícola e é amigável em relação à recarga de água subterrânea.

FIGURA 5   Agregados de solo cultivado por plantio direto (PD).
Fotografia: João C. M. Sá.

> A agricultura, por mais bem praticada que seja, interfere no meio ambiente, principalmente por transformar ecossistemas naturais de alta biodiversidade em vastos campos de monocultura de biodiversidade mínima. A agricultura sustentável é a melhor tentativa para evitar ou minimizar os efeitos do cultivo da terra sobre os impactos no meio ambiente. A avaliação das perdas de solo por erosão é difícil e trabalhosa, tendo por isso sido desenvolvidos vários métodos indiretos de sua medida, que são discutidos neste capítulo. O plantio direto ou cultivo mínimo é uma prática agrícola promissora em regiões onde é possível aplicá-la. Ela minimiza efeitos de temperatura no solo, aumenta a disponibilidade de água para as culturas, aumenta o conteúdo de matéria orgânica, controla a erosão, mas pode intensificar problemas de doenças e pragas.

LITERATURA CITADA

BACCHI, O.O.S.; REICHARDT, K.; SPAROVEK, G. Sediment spatial distribution evaluated by three methods and its relation to some soil properties. *Soil and Tillage Research*, v. 69, p. 117-25, 2003.

BACCHI, O.O. S.; REICHARDT, K.; SPAROVEK, G.; RANIERI, S. B. L. Soil erosion evaluation in a small watershed in Brazil through 137-Cs fallout redistribution analysis and conventional models. *Acta Geologica Hispanica*, v. 35, n. 3-4, p. 251-9, 2000.

BERTOL, I.; BEUTLER, J.F.; LEITE, D.; BATISTELA, O. Physical properties of an Haplumbrept as affected by soil management. *Scientia Agricola*, v. 58, p. 555-60, 2001.

BERTONI, J.; LOMBARDI NETO, F. *Conservação do solo*. São Paulo, Ícone, 1990. p. 355.

BESKOW, S. *LASH model:* A hydrological simulation tool in GIS framework. 2009. 118f. Tese (Doutorado) – Programa de Pós-Graduação em Engenharia Agrícola (área de concentração em Engenharia de Água e Solo), Departamento de Engenharia, Universidade Federal de Lavras. Lavras, 2009.

BESKOW, S.; TIMM, L. C.; TAVARES, V.E.Q.; CALDEIRA, T.L.; AQUINO, L.S. Potential of the LASH model for water resources management in data-scarce basins: A case study of the Fragata River basin, southern Brazil. *Hydrological Sciences Journal*, v. 61, p. 2567-78, 2016.

BESKOW, S.; MELLO, C.R.; NORTON, L.D. Development, sensitivity and uncertainty analysis of LASH model. *Scientia Agricola*, v. 68, p. 265-74, 2011.

BESKOW, S.; MELLO, C.R.; NORTON, L.D.; CURI, N.; VIOLA, M.R.; AVANZI, J.C. Soil erosion prediction in the Grande River, Brazil using distributed modeling. *Catena*, v. 79, p. 49-59, 2009.

CALDEIRA, T.L. *Modelagem do impacto das mudanças climáticas sobre a hidrologia de sub-bacias da bacia hidrográfica transfronteiriça Mirim-São Gonçalo*. 2019. 243f. Tese (Doutorado) – Faculdade de Agronomia Eliseu Maciel, Universidade Federal de Pelotas. Pelotas, 2019.

CALDEIRA, T.L.; MELLO, C.R.; BESKOW, S.; TIMM, L.C.; VIOLA, M. R. LASH hydrological model: An analysis focused on spatial discretization. *Catena*, v. 173, p. 183-193, 2019.

CORRECHEL, V.; BACCHI, O.O.S.; MARIA, I.C.; DECHEN, S.C.F.; REICHARDT, K. Erosion rates evaluated by the 137 Cs technique and direct measurements on long-term runoff plots. *Soil and Tillage Research*, v. 86, p. 199-208, 2006.

COSTA, F.S.; BAYER, C.; ALBUQUERQUE, J.A.; FONTOURA, S.M.V. No-tillage increases soil organic matter in a South Brazilian oxisol. *Ciência Rural*, v. 34, p. 587-9, 2004.

DE ROO, A.P.J.; WESSELING, C.G.; RITSEMA, C.J. LISEM: a single event physically-based hydrologic and soil erosion model for drainage basins: I. Theory, input and output. *Hydrological Processes*, v. 10, p. 1107-17, 1996.

FURLANI, C.E.A.; GAMERO, C.A.; LEVIEN, R.; SILVA, R. P. da; CORTEZ, J.W. Temperatura do solo em função do preparo do solo e do manejo da cobertura de inverno. *Revista Brasileira de Ciência do Solo*, Viçosa, MG, v. 32, p. 375-80, 2008.

HICKLEY, R.; SMITH, A.; JANKOWSKI, P. Slope length calculations from a dem within ARC/Info grid. *Computation, Environmental and Urban System*, v. 18, n. 5, p. 365-80, 1994.

KLEIN, V.A.; CAMARA, R.K. Soybean grain yield and least limiting water range in an oxisol under chiseled no-tillage. *Revista Brasileira de Ciência do Solo*, Viçosa, MG, v. 31, p. 221-227, 2007.

LAFLEN, J.M.; ELLIOT, W.J.; FLANAGAN, D.C.; MEYER, C.R.; NEARING, M.A. WEPP – Predicting water erosion using a process – based model. *Journal of Soil and Water Conservation*, v. 51, p. 97-103, 1997.

LOMBARDI NETO, F.; MOLDENHAUER, W.C. Erosividade da chuva: sua distribuição e relação com as perdas de solo em Campinas (SP). *Bragantia*, Campinas, SP, v. 51, n. 2, p. 189-96, 1992.

MARTORANO, L.G.; BERGAMASCHI, H.; DALMAGO, G.A.; FARIA, R.T. de; MIELNICZUK, J.; COMIRAN, F. Indicadores da condição hídrica do solo com soja em plantio direto e preparo convencional. *Revista Brasileira de Engenharia Agrícola e Ambiental*, Campina Grande, PB, v. 13, p. 397-405, 2009.

MELLO, C.R.; VIOLA, M.R.; NORTON, L.D.; SILVA, A.M.; WEIMAR, F.A. Development and application of a simple hydrologic model simulation for a Brazilian headwater basin. *Catena*, v. 75, p. 235-47, 2008.

PIRES, L.F.; BACCHI, O.O.S.; CORRECHEL, V.; REICHARDT, K.; FILIPPE, J. Riparian forest potential to retain sediment and carbon evaluated by the 137 Cs fallout and carbon isotopic technique. *Anais da Academia Brasileira de Ciências*, Rio de Janeiro, v. 81, p. 271-9, 2009.

PRUSKI, F.F. (ed.). *Conservação de solo e água*. 2. ed. ampl. atual. Viçosa, Editora da UFV, 2009. p. 279.

REICHERT, J.M.; KAISER, D.R.; REINERT, D.J.; RIQUELME, U.F.B. Variação temporal de propriedades físicas do solo e crescimento radicular de feijoeiro em quatro sistemas de manejo. *Pesquisa Agropecuária Brasileira*, Brasília, DF, v. 44, p. 310-319, 2009.

REICHARDT, K.; TIMM, L.C.; SILVA, A.L.; BRUNO, I.P. O SPD mantendo o equilíbrio dinâmico da matéria orgânica. *Visão Agrícola*, Piracicaba, SP, v. 9, p. 59-62, 2009.

RENARD, K.G.; MAUSBACH, M.J. Tools for conservation. In: LARSON, W.E.; FOSTER, G.R.; ALLMARAS, R.R.; SMITH, C.M. (ed.). *Proceedings of soil erosion and productivity workshop*. Minnesota, University of Minnesota, cap. 4, 1990. p. 55-64.

SANTOS, R.C.V. dos; VARGAS, M.M.; TIMM, L.C.; BESKOW, S.; SIQUEIRA, T.M.; MELLO, C.R.; SOARES, M.F.; DE MOURA, M.M.; REICHARDT, K. Examining the implications of spatial variability of saturated soil hydraulic conductivity on direct surface runoff hydrographs. *Catena*, v. 207, p.105693, 2021.

SILVA, V.R. da; REICHERT, J.M.; REINERT, D.J. Soil temperature variation in three different systems of soil management in blackbeans crop. *Revista Brasileira de Ciência do Solo*, Viçosa, MG, v. 30, p. 391-9, 2006.

STEINMETZ, A.A.P. *Impacto das mudanças climáticas sobre as vazões em bacias hidrográficas do Pampa brasileiro*. 2020. 163f. Tese (Doutorado) – Centro de Desenvolvimento Tecnológico, Universidade Federal de Pelotas. Pelotas, 2020.

STEINMETZ, A.A.; CASSALHO, F.; CALDEIRA, T.L.; OLIVEIRA, V.A.; BESKOW, S.; TIMM, L.C. Assessment of soil loss vulnerability in data-scarce watersheds in southern Brazil. *Ciência e Agrotecnologia*, v. 42, p. 575-87, 2018.

TORMENA, C.A.; VIDIGAL FILHO, P.S.; GONÇALVES, A.C.A.; ARAUJO, M.A.; PINTRO, J.C. Influência de diferentes sistemas de preparo do solo nas propriedades físicas de um Latossolo Vermelho distrófico. *Revista Brasileira de Engenharia Agrícola e Ambiental*, Campina Grande, PB, v. 8, p. 65-71, 2004.

TOY, T.J.; OSTERKAMP, W.R. The applicability of RUSLE to geomorphic studies. *Journal of Soil and Water Conservation*, v. 50, p. 498-503, 1995.

WALLING, D.E.; QUINE, T.A. Use of caesium-137 as a tracer of erosion and sedimentation. *In: Handbook for Application of the Caesium-137 Technique*. Exeter, Department of Geography, University of Exeter (UK), UK Overseas Development Administration Research Scheme R4579, 1993. p. 196.

WISCHMEIER, W.H.; JOHNSON, C.B.; CROSS, B.W. A soil erodibility nomograph for farmland and construction sites. *Journal of Soil and Water Conservation*, v. 26, n. 5, p. 189-93, 1971.

WISCHMEIER, W.H.; SMITH, D.D. Predicting rainfall erosion losses – A guide to conservation planning. Washington D.C.: United States Department of Agriculture, 1978. p. 196. (Agricultural Handbook, 537).

20

Variabilidade espacial e temporal de atributos do SSPA: geoestatística clássica e geoestatística baseada em modelos

> Como medidas de parâmetros do solo, da planta e da atmosfera variam de ponto para ponto ou de tempo para tempo, torna-se necessário o emprego da estatística. As variações observadas são devidas à própria heterogeneidade dos sistemas analisados, a erros metodológicos e imprecisão de equipamentos. Por isso não é possível fugir dessa variabilidade e torna-se necessário determinar um valor representativo da variável medida. A estatística cuida dessas metodologias de análise de dados e, neste capítulo, ela é apresentada em diferentes aspectos, para se obter valores que realmente nos tragam valores representativos de cada conjunto de dados. São vistos os procedimentos da chamada Estatística Clássica de Fisher e também a estatística aplicada a dados coletados de forma sistemática, como é o caso de amostragens em transeções e malhas. Nesse último caso, a estatística procura extrair informações embutidas na variabilidade dos dados, que aumentam o conhecimento da variável em estudo.

INTRODUÇÃO

Observações feitas em estudos agronômicos do sistema solo-planta-atmosfera (SSPA) precisam incluir considerações sobre a variabilidade espacial e temporal de atributos de solos e de plantas em condições de campo, além dos parâmetros atmosféricos. O solo e as distribuições das diferentes partes das plantas, dentro e fora do solo, são fundamentalmente heterogêneos. As variações no solo são decorrentes das taxas variáveis que atuaram nos processos de sua formação e das diversas atuações do homem durante seu cultivo. A distribuição radicular e da parte aérea das plantas dependem da espécie e dentro dela do genótipo, das propriedades do solo, das operações de manejo, de pragas e de doenças. Assim, medidas de parâmetros do solo e da planta apresentam, muitas vezes, irregularidades que podem ou não estar distribuídas ao acaso em relação à sua distribuição espacial no campo. Portanto, é importante estabelecer critérios para definir espaçamento entre as amostras a serem mensuradas, definindo o número necessário de observações para que o valor médio obtido caracterize o local avaliado. Classicamente, procura-se alcançar esses objetivos por meio das mais diversas técnicas estatísticas aplicadas sobre dados obtidos, sem levar em conta sua distribuição espacial no campo.

Frequentemente, áreas e/ou solos homogêneos são escolhidos sem um critério bem definido de homogeneidade, nos quais parcelas são distribuídas ao acaso para evitar o efeito de irregularidades porventura existentes. Experimentos em blocos ao acaso, fatoriais, entre outros, são assim planejados e, na análise dos dados, se a análise de variância mostra um componente residual relativamente pequeno (comparado com os demais componentes), conclusões podem ser tiradas sobre diferenças entre tratamentos, interações etc. Se a componente residual da variância for relativamente grande, o que normalmente é indicado por um alto coeficiente de variação, os resultados do experimento ficam comprometidos. A causa desse resultado pode ser a alta variabilidade do solo ou outros efeitos externos não controlados.

Outra forma de planejar experimentos, considerada relativamente nova na área de ciências agrárias, é considerar a distribuição espacial das medidas. Esta utiliza técnicas não tão recentes importadas da Geoestatística e da Análise de Séries Temporais e Espaciais, sendo que essa última será estudada no Capítulo 21. Textos para um primeiro contato com esses métodos são os de Journel e Huijbregts (1978), Isaaks e Srivastava (1989), Goovaerts (1997), Nielsen e Wendroth (2003), Webster e Oliver (2007), Yamamoto e Landim (2013) e Shumway e Stoffer (2017), e revisões sobre variabilidade espacial em solos são dadas por Reichardt, Vieira e Libardi (1986), Wendroth *et al.* (1997), Vieira (2000), Si (2008), entre outros textos.

A estatística clássica ou "casual", muitas vezes chamada de Estatística de Fisher, e o método das variáveis regionalizadas ou "espacial", chamada simplesmente de geoestatística, se complementam. Uma não exclui a outra e perguntas respondidas por uma muitas vezes não podem ser respondidas pela outra. Ambas podem ser usadas dentro de uma "poderosa" classe de modelos estatísticos denominada de Modelos Lineares Mistos (Robinson, 1991; Lark, Cullis, Welham, 2006; Slaets, Boeddinghaus, Piepho, 2021) que podem ser integrados com estruturas de covariância espacial da Geoestatística (Stroup, 2002), conforme será visto mais adiante neste capítulo.

Na experimentação agronômica é fundamental a metodologia de amostragem, tanto de solo como de planta ou de atmosfera. Na **"estatística clássica"** recomenda-se a **amostragem casual**, por sorteio, distribuída aleatoriamente dentro do sistema geralmente assumido como homogêneo, sendo que as posições de coleta, isto é, coordenadas dos locais amostrados não são levadas em conta na análise estatística. Já na técnica das variáveis regionalizadas emprega-se a **amostragem regionalizada**, na qual as posições de coleta e consequentemente as coordenadas dos locais amostrados participam da análise estatística que se preocupa bastante com amostragens vizinhas. Nesse caso, a amostragem é feita ao longo de uma **transeção** (*transect*) em intervalos equidistantes, denominados em inglês *lag*, que poderiam ser chamados de **espaçamento**; ou em **malha** (**grid**), também com espaçamento fixo; ou, ainda, em posições quaisquer, mas de coordenadas conhecidas.

Para revisar as ferramentas da estatística clássica e apresentar as ferramentas usadas na análise de variáveis regionalizadas, aplicaremos conceitos de ambas a um mesmo conjunto de dados, apresentados no Quadro 1, com dados coletados ao longo de uma transeção espacial. Trata-se de 30 dados de umidade do solo θ ($m^3 \cdot m^{-3}$) e de argila **a** (%), medidos nas mesmas amostras, coletadas em um campo razoavelmente homogêneo, com espaçamento de 5 m, portanto, em uma transeção de 150 m de comprimento.

MÉDIA, VARIÂNCIA, DESVIO-PADRÃO E COEFICIENTE DE VARIAÇÃO

Na estatística clássica, que se baseia principalmente na distribuição normal, cada medida em um ponto de amostragem x_i é tomada como uma variável aleatória $Z(x_i)$, independentemente das demais $Z(x_j)$, que totalizam n medidas, tal que: i = 1, 2,...n, j = 1, 2,...n e i ≠ j. O conjunto de todos os elementos amostrais é denominado de $\overline{Z}$.

Em uma nova amostragem, qual seria o valor mais esperado de Z? Ele estará em torno do valor mais provável, que é a **média** $\overline{Z}$, também denominada **esperança** de Z, dada pela expressão:

$$\overline{Z} = \left(\sum_{i=1}^{n} z_i\right) \cdot n^{-1} \qquad (1)$$

Além da média, outras medidas de posição são a moda (Mo) e a mediana (Md). Elas auxiliam na análise exploratória do conjunto de dados, pois se $\overline{Z}$ = Mo = Md, a distribuição é considerada simétrica.

A **moda** (Mo) representa o valor mais provável (mais frequente) do conjunto de dados Z e a **mediana** (Md) é o valor de Z para o qual a probabilidade de ocorrência é 0,5 [$P(Z=z_i) = 0,5$] ou que divide a curva de distribuição de probabilidades em duas áreas de tamanho igual.

Além das medidas de posição, podemos obter medidas de dispersão, que indicam a variabilidade

QUADRO 1 À esquerda dados de umidade do solo θ ($m^3.m^{-3}$) e de argila a (%) coletados ao longo de uma transeção de 150 m em espaçamento de 5 m. À direita, dados de umidade ordenados e posições p no conjunto ordenado indicando os quartis Q

Distância	Umidade θ	Argila a	Posição p		Umidade θ ordenada
5	0,39	36,5	1		0,35
10	0,38	35	2		0,355
15	0,385	35	3		0,36
20	0,375	35,5	4		0,36
25	0,385	34	5		0,36
30	0,36	33	6		0,37
35	0,35	32,5	7		0,37
40	0,37	34,5	p_1 8	Q_1	0,37
45	0,375	37	9		0,37
50	0,375	37,5	10		0,37
55	0,385	37	11		0,37
60	0,4	38	12		0,375
65	0,39	36	13		0,375
70	0,395	38,5	14		0,375
75	0,38	37,5	p_2 15	Q_2	0,375
80	0,385	35	16		0,375
85	0,37	35	17		0,38
90	0,39	34	18		0,38
95	0,37	35	19		0,38
100	0,37	34	20		0,38
105	0,36	33	21		0,385
110	0,37	35	22		0,385
115	0,38	35,5	p_3 23	Q_3	0,385
120	0,375	36	24		0,385
125	0,37	36	25		0,385
130	0,385	35,5	26		0,39
135	0,375	35	27		0,39
140	0,36	33,5	28		0,39
145	0,355	32,5	29		0,395
150	0,38	34,5	30		0,4

existente nas informações coletadas. Os desvios ($z_i - \bar{z}$) são medidas de dispersão, mas como são positivos e negativos, sua soma tende a zero e por consequência sua média também. A **variância** (s^2) de Z evita esse problema, pois ela é o valor médio dos quadrados dos desvios:

$$s^2 = \left[\sum_{i=1}^{n}(z_i - \bar{z})^2\right] \cdot (n-1)^{-1} \quad (2)$$

O somatório é dividido por (n-1) pelo fato de se perder um grau de liberdade (viés estatístico) e a unidade de medida obtida é o quadrado da unidade mensurada [exemplos: m², (%)², (cm³. cm⁻³)²]. Assim, como o que nos interessa é o valor médio dos desvios, basta extrair a raiz quadrada da variância, obtendo-se o **desvio-padrão** (s).

Uma medida de dispersão ainda bastante utilizada quando existe interesse em comparar variabilidade de diferentes conjuntos de dados é o **coeficiente de variação** (CV). Ele é definido como a relação entre a média e a estimativa do desvio-padrão de um conjunto de dados. Se dividirmos o desvio-padrão s pela média $\bar{Z}$ temos a proporção da magnitude das diferenças casuais das observações em relação ao valor médio. Assim, se o desvio-padrão de uma amostragem é 20, para um valor médio calculado de 200, vemos que a magnitude das diferenças casuais é 10%. Esse é o CV da amostragem que é dado pela expressão:

$$CV(\%) = \left(\frac{s}{\bar{z}}\right) \quad (3)$$

As vantagens do CV sobre as demais medidas de dispersão (desvio-padrão, variância, amplitude) são as seguintes:

- O CV não possui unidade de medida; e
- O CV é uma medida relativa, ou seja, que relaciona a estimativa do desvio-padrão(s) de um conjunto de dados com a sua respectiva média aritmética.

Em função da facilidade de cálculo do CV, ele tem sido indiscriminadamente utilizado para comparar variabilidade de diferentes variáveis mesmo elas tendo diferentes ordens de magnitude. Isso, segundo Webster (2001), não seria adequado. O mesmo autor destaca que ele pode ser utilizado para comparar variações em dois conjuntos de dados desde que a variável seja a mesma como, por exemplo: variabilidade de um conjunto de dados de pH de um Nitossolo comparada com a de pH de um Argissolo.

Para os dados do Quadro 1, temos:

Variável	Média	s^2	s	CV (%)
θ	0,376	0,000141	0,01189	3,2
a	35,2	2,4954	1,5797	4,5

É importante ressaltar que s^2 e s acompanham as unidades das variáveis em estudo, sendo a unidade da variância elevada ao quadrado. De acordo com a classificação proposta por Wilding e Drees (1983), a dispersão dos dados em torno da média em ambos os conjuntos é classificada como baixa (CV ≤ 15%), ou seja, os dados apresentam baixa variabilidade em torno da média ao longo da transeção nesse caso.

Para uma população inteira ou completa, nos referimos ao valor médio como **média esperada ou verdadeira** μ, e como na realidade fazemos uma amostragem da população, que praticamente nunca é completa, nos referimos à **estimativa da média** $\hat{\mu}$ ou apenas $\bar{Z}$, como fizemos neste exemplo, o que também se aplica à variância e ao desvio-padrão:

- σ^2 = variância esperada ou populacional; s^2 = estimativa da variância;
- σ = desvio-padrão esperado ou populacional; s = estimativa do desvio-padrão.

Como neste capítulo nos restringiremos a amostragens nunca completas, abandonaremos os símbolos μ, σ^2 e σ.

QUARTIS E MOMENTOS

Os **quartis** são três medidas que dividem um conjunto de dados ordenado quanto à magnitude em quatro partes iguais, como também mostrado no

Quadro 1. Eles servem para construir gráficos em caixa (*box plot*) para a identificação de dados discrepantes (na maioria das vezes por erro de medida) e também para corroborar com a avaliação de que os dados tendem ou não à normalidade. São eles:

- Primeiro quartil (Q_1): valor que separa 25% dos valores de Z inferiores a Q_1 e 75% superiores. Essa medida ocupa a posição (p_1) dentro do conjunto ordenado.
- Segundo quartil (Q_2): valor que separa 50% dos valores de Z inferiores a Q_2 e 50% superiores. Ele corresponde à mediana de um conjunto de dados.
- Terceiro quartil (Q_3): 75% dos valores são inferiores e 25% são superiores a essa medida.

A determinação dos quartis, primeiramente, consiste em ordenar os dados e, em seguida, determinar a posição (p_k, tal que k = 1, 2, 3) do quartil no conjunto de dados ordenado. Existem dois casos diferentes para determinação de p_k:

- 1º caso: o número de dados (n) é impar
- Para Q_1

$$p_1 = \frac{n+1}{4} \qquad (4)$$

- Para Q_2

$$p_2 = \frac{2(n+1)}{4} \qquad (5)$$

- Para Q_3

$$p_3 = \frac{3(n+1)}{4} \qquad (6)$$

- 2º caso: o número de dados é par
- Para Q_1

$$p_1 = \frac{n+2}{4} \qquad (7)$$

- Para Q_2

$$p_2 = \frac{2n+2}{4} \qquad (8)$$

- Para Q_3,

$$p_3 = \frac{3n+2}{4} \qquad (9)$$

Para os dados de umidade do Quadro 1 com n = 30, portanto par, temos p_1 = 8; p_2 = 15,5 e p_3 = 23 e, respectivamente, Q_1 = 0,385; Q_2 = 0,370 e Q_3 = 0,375. Para casos em que p não for um número inteiro, o quartil será a média aritmética dos dois valores que ocupam as posições correspondentes ao menor e ao maior inteiro mais próximos de p. Por exemplo, se p = 5,5, o quartil será a média dos valores que ocupam as posições 5 e 6. Assim, para nosso exemplo com p_2 = 15,5, Q_2 é a média de $z_{(15)}$ e $z_{(16)}$, isto é: 0,370.

Os **momentos** (m_r) são medidas calculadas com o intuito de analisar as distribuições de conjuntos de dados. O momento de ordem r centrado num valor b é dado por

$$m_r = \frac{\Sigma(z_i - b)^r}{n} \qquad (10)$$

De especial interesse são os momentos de ordem r (em nosso caso 1, 2, 3 e 4) centrados na média (b = $\bar{z}$) que são dados por

$$m_r = \frac{\Sigma(z_i - \bar{z})^r}{n} \qquad (11)$$

Exemplos:
Para r = 1,

$$m_1 = \frac{\Sigma(z_i - \bar{z})^1}{n} = 0 \qquad (11a)$$

que foi a já discutida média dos desvios, cujo valor é zero.
Para r = 2,

$$m_2 = \frac{\Sigma(z_i - \bar{z})^2}{n} = \text{variância populacional} \qquad (11b)$$

já apresentada na Equação 2, com "n − 1" pelo fato de perdermos um grau de liberdade. Não entraremos aqui na questão dos graus de liberdade, uma vez que esse assunto é bem discutido em textos de estatística, tais como Pimentel-Gomes (2000).

Para r = 3,

$$m_3 = \frac{\sum (z_i - \bar{z})^3}{n} \quad (11c)$$

que é utilizado para verificar a assimetria de uma distribuição por meio do coeficiente a_3, que veremos logo a seguir.

Para r = 4,

$$m_4 = \frac{\sum (z_i - \bar{z})^4}{n} \quad (11d)$$

que é utilizado para avaliar o grau de achatamento de uma distribuição por meio do coeficiente a_4 mostrado a seguir.

AMPLITUDE TOTAL E INTERQUARTÍLICA

A **amplitude total** (at) de um conjunto de dados fornece uma ideia de dispersão dos valores da variável em questão e consiste na diferença entre o maior (Ls) e o menor (Li) valores de um conjunto de dados, ou seja, no seu cálculo são utilizados apenas os dois valores mais extremos de um conjunto de dados. Também por essa razão é extremamente influenciada por valores discrepantes (Piana; Machado; Selau, 2009). Assim, temos

$$at = Ls - Li \quad (12)$$

A amplitude total é utilizada quando apenas uma ideia rudimentar da variabilidade dos dados é suficiente já que se trata de uma medida pouco precisa.

Uma medida pouco utilizada, mas que não sofre influência de valores discrepantes é a denominada amplitude interquartílica (q). Ela é a diferença entre o terceiro quartil (Q_3) e o primeiro quartil (Q_1). Assim temos

$$q = Q_3 - Q_1 \quad (13)$$

A medida q corresponde ao intervalo entre 50% das unidades amostrais centrais (maiores que 25% e menores que 75%, quando ordenados).

ASSIMETRIA E CURTOSE

O **coeficiente de assimetria** (a_3) informa se a maioria dos valores de um conjunto de dados se localiza à esquerda, ou à direita da média, ou se estão uniformemente distribuídos em torno da média aritmética. Ele indica o grau e a direção do afastamento da simetria e é obtida utilizando o segundo (m_2) e o terceiro momentos (m_3) centrados na média. Assim temos

$$a_3 = \frac{m_3}{m_2 \sqrt{m_2}} \quad (14)$$

A classificação da distribuição quanto à simetria baseia-se no valor de a_3:

- Se $a_3 < 0$, a distribuição é classificada como assimétrica negativa, ou seja, a maioria dos valores são maiores ou se localizam à direita da média aritmética;
- Se $a_3 = 0$, a distribuição é classificada como simétrica, indicando que os valores estão uniformemente distribuídos em torno da média aritmética;
- Se $a_3 > 0$, a distribuição é classificada como assimétrica positiva, i.e., a maioria dos valores são menores ou se localizam à esquerda da média aritmética.

O **coeficiente de curtose**, denotado por a_4, indica o grau de achatamento de uma distribuição. O achatamento indica dados mais dispersos, sendo sua variabilidade maior em torno da média. Ao contrário, quanto menos achatada, isto é, pico mais agudo, menos dispersos são os dados e a variabilidade menor. O achatamento é calculado por meio do segundo (m_2) e quarto momentos (m_4) centrados na média. Assim temos

$$a_4 = \frac{m_4}{(m_2)^2} - 3 \qquad (15)$$

- Se $a_4 < 0$, a distribuição é classificada como platicúrtica, ou seja, maior achatamento;
- Se $a_4 = 0$, a distribuição é classificada como mesocúrtica, indicando achatamento médio;
- Se $a_4 > 0$, a distribuição é classificada como leptocúrtica, *i.e.*, menor grau de achatamento.

Quanto mais simétrica a distribuição, mais os coeficientes a_3 e a_4 se aproximam de zero. Para o conjunto de dados de umidade do Quadro 1 os valores dos coeficientes a_3 e a_4 são de $-0,159$ e $-0,382$, respectivamente. Logo a distribuição dos valores de umidade é classificada como assimétrica negativa ($a_3 < 0$) e platicúrtica ($a_4 < 0$). Webster e Oliver (2007) comentam que para superar as dificuldades quando os dados se afastam da distribuição normal é necessária, muitas vezes, uma transformação dos valores medidos da variável para uma nova escala na qual a distribuição se torna próxima à normal. Exemplos de transformações comumente utilizadas são a logarítmica, a raiz quadrada, dentre outras. Webster (2001) discute as dificuldades encontradas quando a distribuição dos dados se afasta da normal. Entretanto, existem controvérsias com relação ao uso de transformações da variável medida para uma nova escala na análise geoestatística já que os resultados não serão apresentados na escala original de medição dos dados. Dessa forma, uma retrotransformação (*back-transformation*) dos dados deverá ser realizada, o que exige bastante atenção do pesquisador. Maiores detalhes sobre este tópico podem ser encontrados em Webster e Oliver (2007).

IDENTIFICAÇÃO DE VALORES DISCREPANTES

Um **valor discrepante (*outlier*)** é uma observação que parece ser suspeita ao pesquisador por sua magnitude ser bem diferente das demais. Dessa forma, quando um valor discrepante num conjunto de dados é encontrado, a sua origem deve ser investigada. Muitas vezes, os valores discrepantes, de fato, fazem parte do conjunto de dados. Todavia, eventualmente, esses valores podem ser oriundos de erros de aferição ou do registro de dados. Uma cuidadosa inspeção nos dados e nas eventuais causas da ocorrência do(s) valor(es) discrepantes é sempre uma providência necessária antes que qualquer atitude seja tomada em relação a esses dados. Para a identificação de valores discrepantes num conjunto de dados, utilizamos duas medidas, denominadas limite inferior (CI) e limite superior (CS). Esses são calculados como

$$CI = Q_1 - 1,5q \quad e \quad CS = Q_3 + 1,5q \qquad (16)$$

Assim, com base em CI e CS, são considerados valores discrepantes as observações de Z que estiverem fora do intervalo $[Q_1 - 1,5q; Q_3 + 1,5q]$. Valores menores que CI são denominados discrepantes inferiores e os maiores que CS são os discrepantes superiores.

GRÁFICO EM CAIXA

O **gráfico em caixa** (*box plot*) agrega uma série de informações a respeito da distribuição de um conjunto de dados, tais como posição, dispersão, assimetria e dados discrepantes (Piana; Machado; Selau, 2009). Para a sua construção, consideramos um retângulo onde estarão representados os quartis (Q_1 e Q_3) e a mediana (Md). Com base no retângulo, para cima e para baixo, seguem linhas, denominadas bigodes, que vão até os valores adjacentes. O(s) menor(es) e o(s) maior(es) valor(es) não discrepantes de um conjunto de dados são considerados adjacentes inferior(es) e superior(es), respectivamente. Eles não ultrapassam a cerca superior (CS) e a inferior (CI). Os valores discrepantes recebem uma representação individual por meio de uma letra ou símbolo. Assim, obtemos uma figura que representa muitos aspectos relevantes de um conjunto de dados, como podemos observar na Figura 1. O Quadro 2 apresenta um resumo do gráfico em caixa para os dados de umidade do solo Quadro 1.

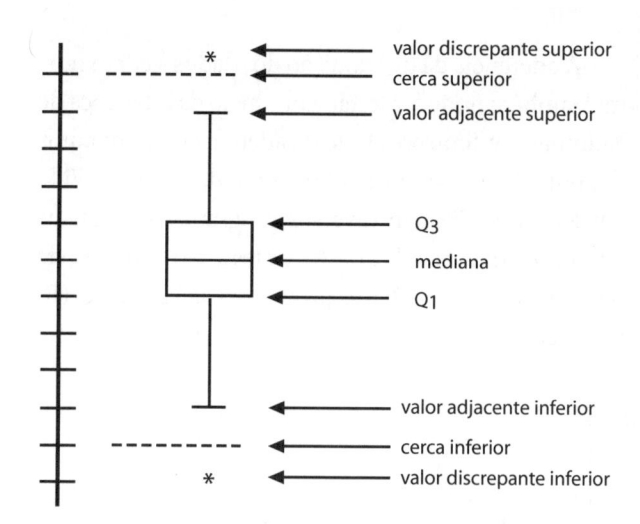

FIGURA 1 Esquema de um gráfico em caixa (*box plot*).

QUADRO 2 Resumo do gráfico em caixa (*box plot*) para os dados de umidade do solo do Quadro 1

Resumo do gráfico em caixa	Umidade do solo (m³.m⁻³)
Valor adjacente inferior (mínimo valor)	0,350
Q_1	0,370
Md	0,375
Q_3	0,385
Valor adjacente superior (máximo valor)	0,400
Amplitude interquartílica (q)	0,015
Cerca inferior	0,348
Cerca superior	0,408
Número de discrepantes inferiores	0
Número de discrepantes superiores	0

A posição central dos valores é dada pela mediana (Md = Q_2) e a dispersão pela amplitude interquartílica (q). As posições relativas da mediana e dos quartis e o formato dos bigodes dão uma noção da simetria e do tamanho das caudas da distribuição.

DISTRIBUIÇÃO NORMAL DE FREQUÊNCIA

Muitos atributos do sistema solo-planta-atmosfera seguem a **distribuição normal de frequência** que é considerada uma das mais importantes distribuições na teoria estatística.

Assumindo que a variável aleatória Z_i segue a distribuição normal, há uma função $h(z_i)$ tal que:

$$h(z_i) = \frac{1}{s\sqrt{2\pi}} \cdot \exp\left[\frac{-(z_i - \bar{z})^2}{2s^2}\right] \quad (17)$$

denominada equação da **curva normal** (*normal probability density function*). O valor de h para cada z é proporcional à probabilidade de Z (variável aleatória) ocorrer dentro das n observações. A curva h(z) versus z é dada na Figura 2A.

Trata-se de uma curva simétrica parecida com um sino, com valor máximo correspondente a $\bar{z}$, assintótico em relação ao eixo z para ambos os lados. A integral da curva de $-\infty$ a z_i é a **probabilidade de ocorrência** dos valores de z e, para o intervalo de z igual a $(-\infty, +\infty)$ que inclui todos os valores, a probabilidade total de ocorrência é 1 ou 100%. Sendo a curva simétrica, a probabilidade dos intervalos $(-\infty, \bar{z})$ e $(\bar{z}, +\infty)$ é 0,5 ou 50%. Pode-se verificar que os dois pontos de inflexão ocorrem em $z_i = \bar{z} - s$ e $z_j = \bar{z} + s$ e que a probabilidade de ocorrência de um valor de z cair entre esses pontos de inflexão é 0,6827 ou 68,27%. Por isso, uma das formas mais comuns de expressar a dispersão dos dados é dada pela expressão $\bar{z} \pm s$. Nesse caso, apenas 31,73% dos dados estão fora desse intervalo. Como a curva normal é simétrica, a moda e a mediana são iguais à média, o que não é verdade para outros tipos de distribuição, como mostra a Figura 2B para a distribuição log-normal.

A curva normal da Figura 2A é teórica e mostra os **valores esperados** de Z. Quanto mais os **valores observados** se aproximarem dos esperados, melhor o ajuste à curva normal. Os dados observados normalmente são agrupados em classes e apresentados na forma de histograma sobreposto à curva normal. A Figura 3 mostra a curva teórica e o **histograma** dos dados de θ do Quadro 1.

Há várias maneiras de se verificar se um conjunto de dados segue a curva normal. Uma dessas é feita por um **gráfico de probabilidade acumulada** (*fractile or normal diagram*) que, para os valores esperados, é uma linha reta crescente. A probabilidade acumulada é a integral da Equação 17 de $-\infty$ a z_i, e escolhendo valores crescentes de z_i obtém-se uma reta. Quanto mais os dados observados se ajustarem a essa linha, melhor o ajuste. A Figura 4 mostra esse gráfico para os valores de θ do Quadro 1. Existe um papel próprio com escala ajustada para que o interessado possa entrar diretamente com os dados sem fazer as integrais. Em alguns softwares computacionais, esse gráfico é denominado *qqplot*.

A aderência da distribuição dos dados à curva normal também pode ser testada por meio da estatística de Kolmogorov-Smirnov, teste de aderência Qui-quadrado, teste de Anderson-Darling, teste de Shapiro-Wilk, entre outros. Existem diversos programas estatísticos em que é possível aplicar estes testes a um conjunto de dados de interesse. Alguns programas são gratuitos (R, por exemplo) e outros são pagos (p. ex., Genstat e SAS).

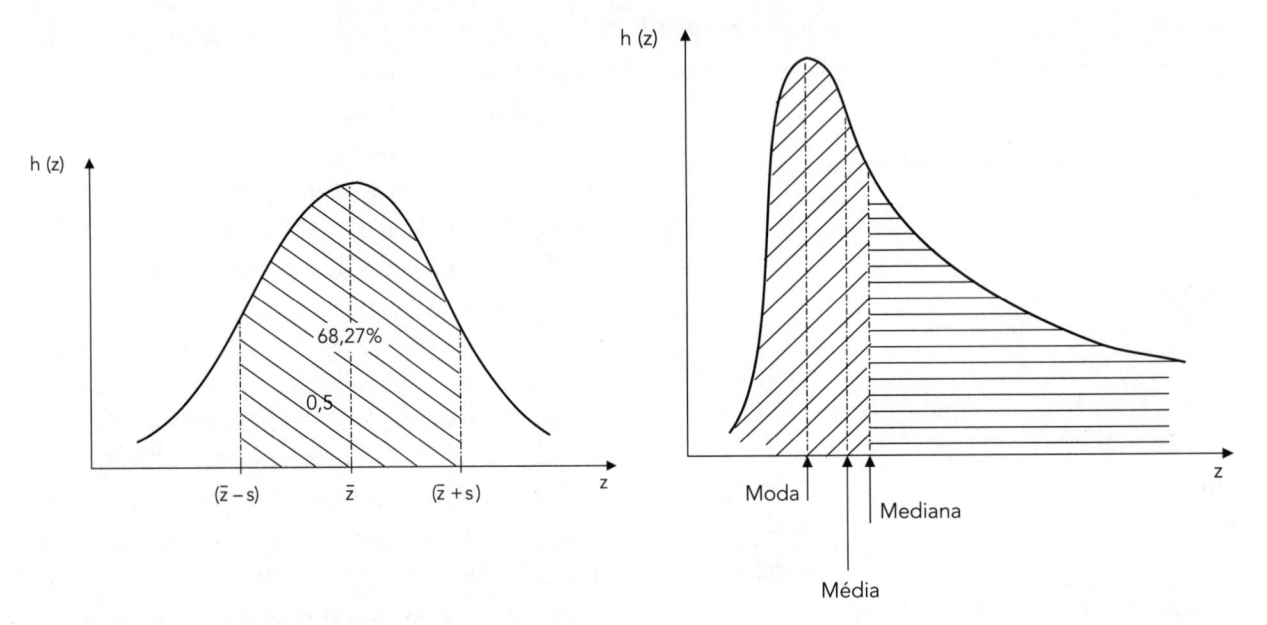

FIGURA 2 A. Esquema da curva normal. B. Esquema da distribuição log-normal.

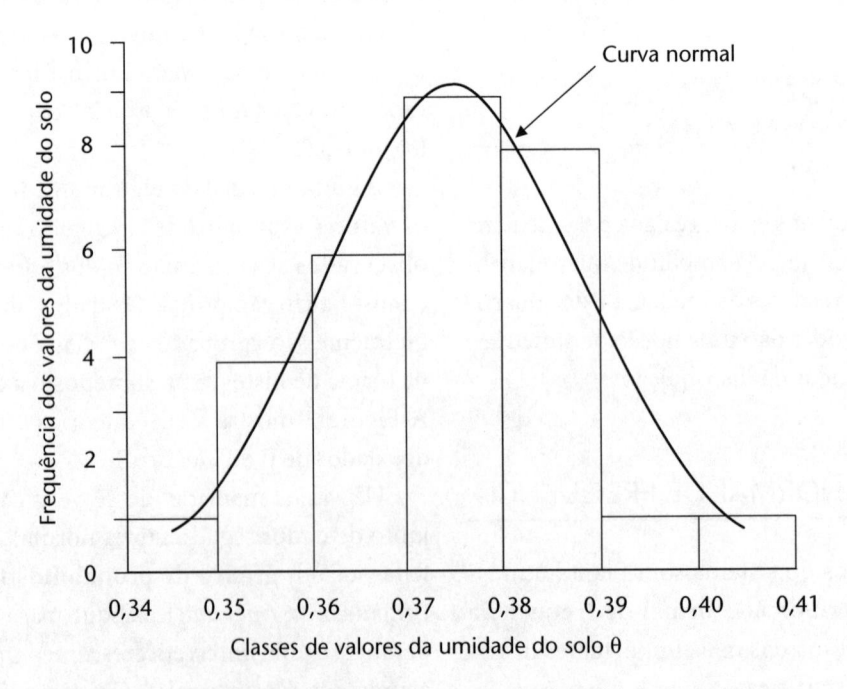

FIGURA 3 Curva normal e histograma dos dados de umidade do solo do Quadro 1.

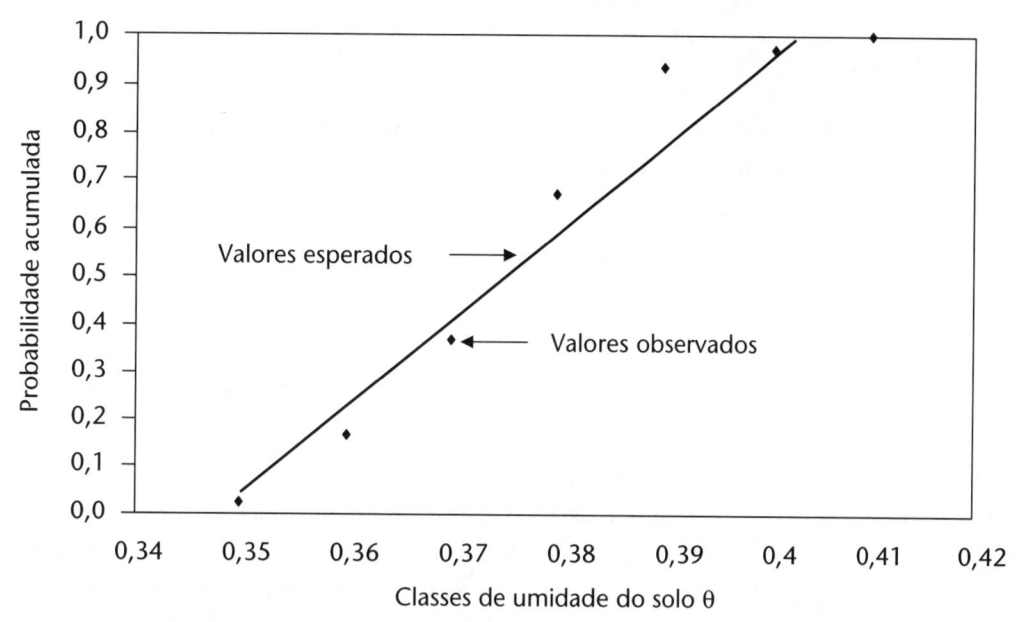

FIGURA 4 Probabilidade acumulada dos dados de umidade do solo do Quadro 1.

Quando os dados não se ajustam à curva normal, a população deve pertencer a outra distribuição. Muitas vezes são feitas transformações dos dados que levam a um ajuste à curva normal. Um caso comum em Física de Solos é a transformação da variável Z em ln (Z), e a curva obtida chama-se **curva log-normal**. Ela é uma distribuição assimétrica e, por isso, além da média definida pela Equação 1, aparecem a moda e a mediana. A Figura 2B esquematiza essa distribuição que, por exemplo, descreve dados de condutividade hidráulica do solo.

É importante notar que na distribuição normal: média = moda = mediana e também que a média de Z é diferente da média de ln (Z). Em soluções práticas, é difícil a decisão do uso da média, moda ou mediana. No caso da condutividade hidráulica K, por exemplo, poderia se admitir que a moda, que representa o valor mais provável, melhor representa a sua distribuição em uma área experimental. Acontece, porém, que alguns valores de K extremamente altos e que tornam a distribuição assimétrica podem ter um papel muito importante nos locais onde foram medidos, a ponto de neles provocarem uma drenagem muito mais pronunciada, que não seria aquela representada pela moda.

Muitas outras distribuições podem ser usadas para o ajuste de dados, como as distribuições beta e gama, com aplicações em precipitação pluvial (Marques et al., 2014; Murshed et al., 2018), vazões máximas (Cassalho et al., 2018) e a distribuição generalizada de valores extremos, com aplicações no estudo da velocidade máxima do vento (Hosking, 1984; Gusella, 1991).

De fundamental importância é, ainda, a **curva normal reduzida**. Se a variável aleatória Z_i da distribuição normal (Equação 17) for transformada em uma variável $z_{NR} = (z_i - \bar{z})/s$, a nova distribuição passa a se chamar reduzida e se simplifica em:

$$h(z_i) = \frac{1}{\sqrt{2\pi}} \exp\left(\frac{-1}{2z_{NR}^2}\right) \quad (17a)$$

cuja integral é 0,5 para o intervalo $(-\infty, 0)$ e 1 para $(-\infty, +\infty)$. Como para qualquer população seu resultado é esse, ela é usada para a confecção de tabelas de probabilidade, as quais podem ser encontradas em textos de estatística. A transformação de Z_i em z_{NR} é uma adimensionalização (ver Capítulo 23), e é fácil notar que z_{NR} é uma medida relativa dos desvios d = $z_i - \bar{z}$, em relação ao desvio-padrão s.

Outra transformação interessante é a apresentada no Capítulo 21 proposta por Hui et al. (1998), que faz $\bar{z} = 0,5$ para qualquer conjunto de dados.

COVARIÂNCIA

No caso de duas variáveis aleatórias Z e Y, com alguma relação de dependência, sua **covariância (C)** passa a ter grande importância. Ela é definida por:

$$C = \frac{1}{n}\left[\sum_{i=1}^{n}(z_i - \bar{z})(y_i - \bar{y})\right] \qquad (18)$$

Há covariância entre duas variáveis Z e Y se existir alguma relação entre essas variáveis. O gráfico de seus pares z_i, y_i mostrado na Figura 5A, elaborado para os dados do Quadro 1, ilustra a questão. Na Equação 18, n é o número de pares z_i, y_i usados no cálculo de C. Nesse caso igual ao número de observações de Z e Y.

Para umidade, nos 1º e 3º quadrantes ($\theta_i > \bar{\theta}$) e as diferenças ($\theta_i - \bar{\theta}$) são positivas. Nos 2º e 4º essas diferenças são negativas. Para argila, nos quadrantes 1º e 2º ($a_i < \bar{a}$) e as diferenças ($a_i - \bar{a}$) são negativas e, nos 3º e 4º, positivas. Ao fazer o somatório dos produtos das diferenças da Equação 18, para todos os pares, vê-se que estes são positivos para os quadrantes 2º e 3º e negativos para os quadrantes 1º e 4º. Assim, se os pontos se distribuírem igualmente nos quatro quadrantes, C tende para zero e as variáveis não estão correlacionadas. Quanto maior C (sem considerar o sinal), maior a correlação, dados que essas medidas são diretamente proporcionais. Essa avaliação é feita pelo **coeficiente de correlação** r, dado por:

$$r = \frac{C(Z, Y)}{\sqrt{s_z \cdot s_y}} \qquad (19)$$

Na prática utiliza-se tanto r (coeficiente de correlação) como r^2 (coeficiente de determinação). Para nossos dados de θ e a, r = 0,7037 e r^2 = 0,4952 (Figura 5B).

Vimos de forma muito resumida a aplicação dos conceitos mais utilizados na estatística clássica. Além disso, essa estatística faz uso de delineamentos experimentais (blocos casualizados, inteiramente casualizados, fatoriais etc.) nos quais médias de tratamentos são comparadas entre si por testes de significância, como F, t, Duncan etc. Um texto completo sobre o assunto é o de Pimentel-Gomes (2000). É oportuno relembrar que as posições ou locais nos quais as amostragens foram feitas não participam da análise. O quadro estatístico que se obtém é generalizado sobre a área de coleta das variáveis, perdendo-se os detalhes da variabilidade local.

AUTOCORRELOGRAMA

Faremos agora uma introdução à análise de variáveis regionalizadas, mostrando alguns dos conceitos mais utilizados, aplicados aos dados do Quadro 1. O primeiro conceito é o da **autocorrelação**, que leva à construção do **autocorrelograma**. A Equação 18 da correlação de duas variáveis aleatórias Z e Y torna-se uma autocorrelação se Y for trocado pelo próprio Z, mas em outra posição dentro da transeção. Como se trata de uma correlação entre uma variável e ela mesma em outra posição, o processo é denominado autocorrelação.

Assim, para as variáveis Z_i (na posição x_i) e Z_{i+j} [na posição (x_{i+j}), distante de i de jh, em que h é o espaçamento (*lag distance*) e j = 0, 1, 2, 3, ..., n-1] as Equações 18 e 19 se transformam em:

$$C(j) = \frac{1}{(n-j)}\left[\sum_{i=1}^{n-j}(z_i - \bar{z})(z_{i+jh} - \bar{z})\right] \qquad (18a)$$

$$r(j) = \frac{C(j)}{s^2} \qquad (19a)$$

A autocorrelação é, portanto, uma correlação entre vizinhos; entre primeiros vizinhos para j = 1 [$z(x_1)$ com $z(x_2)$, $z(x_2)$ com $z(x_3)$, $z(x_4)$ com $z(x_5)$, ... $z(x_i)$ com $z(x_{i+1})$]; entre segundos vizinhos para j = 2 [$z(x_1)$ com $z(x_3)$, $z(x_2)$ com $z(x_4)$, ... $z(x_i)$ com $z(x_{i+2})$], e assim por diante. Na verdade, as coordenadas de amostragem da variável Z não entram na análise, mas sua posição na transeção e sua ordenação são importantes. Pode-se verificar que para j = 1 perde-se um par na correlação, para j = 2 perdem-se 2 pares e, assim, com o aumento de j o número de pares indicado na somatória da Equação 18a diminui e equivale ao índice superior da somatória: n − j. Na Equação 19a aparece apenas o cociente s^2 por que s_z = s e s_y = s, cujo produto é s^2. No cálculo da autocorrelação é assumido que os dois primeiros momentos (média e variância) da distribuição do conjunto de dados são invariantes sobre translação, *i.e.*, existe uma suposição de estacionariedade dos dados.

Se aplicarmos a Equação 19a para valores de j = 0, 1, 2, ... k (com k menor que n), obteremos r(0), r(1), r(2), ..., r(k). O valor de r(0) é 1, pois correlaciona-se o mesmo elemento $z(x_i)$ com $z(x_i)$. Se houver correlação entre vizinhos, teremos valores de r(1), r(2), ..., r(k), proporcionais a essas correlações, mas sempre menores que 1. Para vizinhos muito distantes, espera-se que a correlação diminua tendendo para zero. O gráfico de r(j) em função de j (ou de jh) também é denominado **autocorrelograma**. Ele expressa, portanto, a variação da autocorrelação em função da distância que separa os dados. Se r(j) decresce rapidamente para zero, a variável Z não é autocorrelacionada e seus valores z_i podem ser considerados independentes, o que, aliás, é exigido pela estatística clássica. Se r (j = 5) ainda for significativo (o que pode ser avaliado por meio de testes de probabilidade), isso

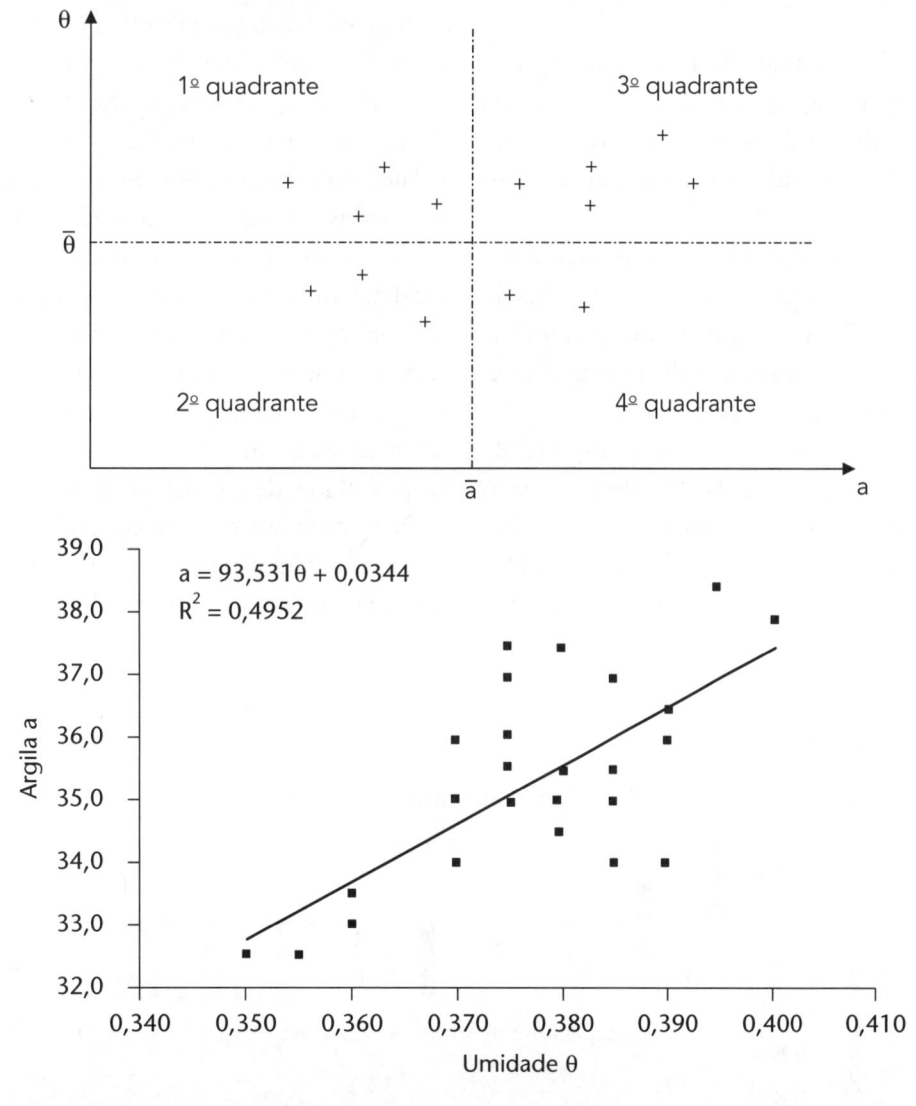

FIGURA 5 A. Correlação entre a umidade do solo e o conteúdo de argila. B. Diagrama de dispersão dos dados de umidade do solo e o conteúdo de argila (Quadro 1), com valor do coeficiente de determinação r^2 = 0,4952.

significa que até o quinto vizinho (distante de 5h) ainda há autocorrelação. O próximo passo é o cálculo dos intervalos de confiança de r para verificar se ele é significativo ou não, e, dessa forma, definir o comprimento jh no qual existe a dependência espacial entre as observações adjacentes da variável em estudo. Uma forma de determinar o intervalo de confiança IC de autocorrelação é usar a função de probabilidade acumulada p (por exemplo, a função p é igual a ± 1,96 para 95% de probabilidade) (Davis, 1986) e o número de observações (n). Dessa forma:

$$IC = \pm \frac{p}{\sqrt{n}} = \pm \frac{1,96}{\sqrt{n}} \qquad (20)$$

O autocorrelograma dos dados de θ do Quadro 1 é apresentado na Figura 6. Pode-se notar que as observações adjacentes de umidade do solo são espacialmente correlacionadas em 1 *lag* (j=1) ou 5 m (jh= 1x5 = 5 m).

Na prática, os autocorrelogramas podem assumir formas variadas, dependendo da variabilidade espacial da variável. Para pequenos ou grandes valores de j, r(j) pode até assumir valores negativos e, com o aumento de j, voltar a ser positivo.

Nas últimas décadas, a variabilidade espacial de atributos do solo, da planta e da atmosfera tem sido estudada por meio da Geoestatística Clássica. Recentemente, um "novo olhar" baseado em modelos (*Model-based Geostatistics*) tem chamado a atenção dos pesquisadores na área de ciências agrárias. Isso se deve à possibilidade de que em muitos casos um processo espacial aleatório pode ser considerado como um modelo linear com erros aleatórios correlacionados em que as correlações entre os erros e qualquer tendência na média do processo depende da sua posição no espaço. Relembrando que todo o processo estocástico possui um componente aleatório, mas nem todo processo aleatório é um processo estocástico.

A Geoestatística Clássica se baseia no ajuste de um modelo matemático (semivariograma teórico) a um semivariograma empírico (semivariograma experimental). Já na Geoestatística baseada em modelos, o problema é formulado com base em um modelo estatístico, o que permite a estimação da função covariância pelos métodos estatísticos formais, especificamente os métodos de máxima verossimilhança. Enquanto a abordagem Geoestatística baseada em modelo lida adequadamente com as dependências nos dados considerando o modelo estatístico assumido, a abordagem clássica é limitada pela gama de modelos matemáticos disponíveis para o ajuste do semivariograma empírico. Ambas as abordagens fornecem soluções similares do ponto de vista de **krigagem** quando a variável em estudo segue aproximadamente um processo Gaussiano (distribuição de probabilidade normal – Equação 17).

Um processo estocástico Z(x) é dito Gaussiano se, para qualquer valor positivo de n (número de observações de Z) e qualquer número de pontos

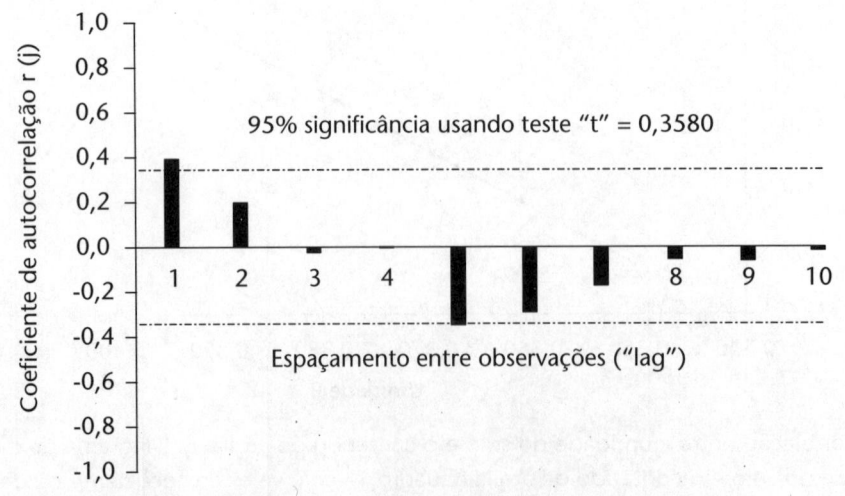

FIGURA 6 Autocorrelograma dos dados de umidade do solo θ (Quadro 1).

no espaço $x_1, x_2, \ldots x_n$, a distribuição conjunta de $Z(x_1), Z(x_2), \ldots, Z(x_n)$ é uma distribuição Gaussiana Multivariada. Um aspecto relevante de processos Gaussianos é que os dois primeiros momentos estatísticos (Equações 11a e 11b) determinam a caracterização completa da distribuição, de modo que a **estacionariedade** de segunda ordem é equivalente a uma estacionariedade forte para processos Gaussianos.

Visto de forma bastante resumida a principal diferença entre a Geoestatística Clássica e a Geoestatística Baseada em Modelos, e a definição de processos Gaussianos, veremos a seguir os principais conceitos e ferramentas da Geoestatística Clássica e da Geoestatística Baseada em Modelos [principalmente, na classe de modelos Gaussianos lineares mistos (*Gaussian linear mixed models*], para o estudo da variabilidade espacial dos atributos do solo, da planta e da atmosfera.

GEOESTATÍSTICA CLÁSSICA

Conforme dito anteriormente, a variabilidade espacial de atributos do solo, da planta e da atmosfera tem sido estudada por meio da Geoestatística Clássica, a qual se baseia na estimativa de um modelo empírico de **semivariograma** (denominado de semivariograma experimental) e em um ajuste de um modelo matemático (denominado de semivariograma teórico) ao semivariograma experimental, para posterior elaboração dos mapas de variabilidade por meio do interpolador geoestatístico de krigagem.

A seguir serão vistas, de forma bastante resumida, as principais ferramentas da geoestatística clássica.

SEMIVARIOGRAMA

O estudo da variabilidade espacial dos atributos do solo ou da planta ou da atmosfera, quando a amostragem é feita em uma transeção espacial (*i.e.*, em uma dimensão ou sentido) ou em malha (*i.e.*, em duas dimensões ou sentidos), seja regular ou irregular, requer o uso da chamada Geoestatística. Essa ideia surgiu na África do Sul, quando Krige, em 1951, trabalhando com dados de concentração de ouro em amostras de solo/rocha (geológicas), concluiu que não conseguia encontrar sentido nos valores das variâncias dos dados, se não fosse levada em conta a distância entre suas posições. Matheron (1963) baseando-se nessas observações, desenvolveu uma teoria, a qual ele chamou de "Teoria das Variáveis Regionalizadas". Ela contém os fundamentos da Geoestatística (Journel; Huijbregts, 1978) e se baseia no fato de que a diferença dos valores de uma dada variável medida em dois pontos do campo depende da distância entre eles. Assim, a diferença entre os valores do atributo medido em dois pontos mais próximos no espaço deve ser menor do que a diferença entre os valores medidos em dois pontos mais distantes. Portanto, cada valor carrega consigo uma forte similaridade dos valores de sua vizinhança, ilustrando a continuidade espacial.

Uma variável é dita regionalizada quando sua variabilidade é distribuída no espaço. A teoria Geoestatística é baseada no conceito de função randômica (FR), *i.e.*, no entendimento de que cada ponto no espaço não apresenta um único valor, mas sim uma distribuição de probabilidade de ocorrência de valores (Yamamoto; Landim, 2013). Quando ferramentas da Geoestatística são usadas na análise da variação espacial dos dados, algumas hipóteses de trabalho são assumidas, principalmente a hipótese intrínseca. Uma função randômica $Z(x)$ é intrínseca quando a esperança matemática existe e não depende da posição no espaço amostral (estacionariedade de primeira ordem) e quando os incrementos $[Z(x) - Z(x+h)]$ para todos os vetores h tem uma variância finita que não depende da posição no espaço. A hipótese intrínseca pode ser vista como a limitação da estacionariedade de segunda ordem para os incrementos da FR $Z(x)$. Dessa forma, estacionariedade de segunda ordem implica que a hipótese intrínseca foi atendida, mas o inverso não é verdadeiro (Journel; Huijbregts, 1978).

A estacionariedade de segunda ordem pressupõe a existência da estacionariedade de primeira ordem e a existência de uma covariância que depende da distância de separação jh. De acordo com Journel e Huijbregts (1978), a estacionariedade da covariância implica estacionariedade da variância e do semivariograma (será visto mais tarde neste capítulo).

Cabe ressaltar que quando estamos analisando a variabilidade dos dados ao longo de uma transeção (ou seja, em uma dimensão espacial), o espaçamento h é tratado como um escalar sendo caracterizado somente pelo seu módulo. Quando estamos analisando em uma malha, seja regular ou irregular (*i.e.*, em duas dimensões), h é um vetor sendo caracterizado pelo seu módulo, direção e sentido.

Uma etapa fundamental que antecede a análise geoestatística é a realização de uma criteriosa análise exploratória dos dados (estatística descritiva clássica, *i.e.*, cálculo das medidas de posição, de dispersão, momentos, histograma, gráfico *normal plot*, gráfico em caixa). Deve-se verificar a normalidade dos dados, a existência de dados discrepantes e, caso a normalidade não seja satisfeita, se há a necessidade da sua transformação. A maneira de como efetuar esses cálculos já foi apresentada anteriormente.

Incluindo vizinhos na variância (s^2) (Equação 2) obtém-se a **semivariância** (γ), dada por:

$$\gamma(jh) = \frac{1}{2\,N(h)} \sum_{i=1}^{N(h)} [z(x_i) - z(x_{i+jh})]^2 \qquad (21)$$

em que $\gamma(jh)$ é o valor da semivariância experimental dos pares de dados em função da distância jh (que será referida simplesmente como h, comumente adotada na literatura geoestatística); $z(x_i)$ e $z(x_{i+h})$ são os valores medidos da variável Z nas posições x_i e x_{i+h}, respectivamente; N(h) é o número de pares de valores $z(x_i)$ e $z(x_{i+h})$ separados pelo vetor h. A Equação 21 é conhecida na literatura como o estimador de semivariância clássico de Matheron. Cabe ressaltar que o cálculo da semivariância experimental usando a equação 21 é bastante afetado pela presença de dados discrepantes (*outliers*) no conjunto de dados. Dessa forma, outros estimadores têm sido propostos para calcular a semivariância experimental nessa situação. Um exemplo é o estimador robusto de Cressie e Hawkins (1980). Maiores detalhes sobre esse tópico podem ser encontrados em Webster e Oliver (2007), que apresentam e discutem os efeitos da presença de dados discrepantes sobre o estimador de Matheron e sugerem outros estimadores robustos para o cálculo da semivariância experimental.

Note-se que a variância s^2 é a média do quadrado do desvio de z em relação à média $\bar{z}$ e que a semivariância γ é feita em relação a vizinhos. Para h = 0, $z(x_i) - z(x_i) = 0$ e $\gamma(0) = 0$. Para h = 1, 2, 3, ..., temos $\gamma(1), \gamma(2), \gamma(3), ..., \gamma(k)$ cujos valores são crescentes até que os vizinhos $z(x_i)$ e $z(x_{i+h})$ sejam tão distantes a ponto de não apresentarem dependência e $\gamma(k)$ tende (ou não) para s^2 que é uma estimativa da variabilidade de uma população de observações independentes. O gráfico de γ em função da distância h é denominado **semivariograma experimental**.

O semivariograma experimental é ajustado a um modelo matemático que proporcione a máxima correlação possível com os pontos calculados com base na Equação 21. O modelo ajustado é chamado de modelo teórico do semivariograma ou também denominado **semivariograma teórico**. O ajuste de um modelo teórico ao semivariograma experimental é um dos aspectos mais importantes das aplicações da Teoria das Variáveis Regionalizadas (Geoestatística). No entanto, essa pode ser uma das maiores fontes de ambiguidade e polêmica nas aplicações, visto que todos os cálculos da Geoestatística Clássica dependem do modelo de semivariograma teórico ajustado e seus respectivos parâmetros. Por isso, se a qualidade de ajuste do modelo não for satisfatória com base em algum procedimento estatístico que a avalie, todos os cálculos seguintes estarão comprometidos.

A etapa de ajuste do modelo matemático ao semivariograma experimental é de grande importância, pois pode influenciar os resultados posteriores. O modelo ajustado deve-se aproximar ao máximo da descrição do fenômeno no campo, sendo que a verificação do melhor ajuste do modelo teórico ao semivariograma experimental pode ser realizada pelo procedimento de **validação cruzada**. De forma resumida, esse procedimento consiste em estimar um valor da variável por meio da krigagem (será vista mais adiante) para cada um dos locais onde se tem um valor medido da variável. Dessa forma, é construído um gráfico de dispersão entre os valores estimados e medidos da variável. Maiores detalhes sobre esse procedimento podem ser encontrados em Vieira (2000), Guimarães (2004) e Webster e Oliver (2007).

A Figura 7 apresenta um exemplo de um semivariograma experimental e um teórico (e respectivos parâmetros) com características muito próximas do esperado. O seu padrão representa o que, intuitivamente, se espera de dados de campo, isto é, que as diferenças $[z(x_i) - z(x_{i+h})]$ cresçam à medida que h, a distância que os separa, cresce.

Os parâmetros do semivariograma teórico podem ser observados diretamente na Figura 7, tal que:

- **Alcance** a (*Range*): distância dentro da qual as observações da variável apresentam-se correlacionadas espacialmente.
- **Patamar** $C+c_0$ (*Sill*): é o valor da semivariância correspondente ao seu alcance (a). Deste ponto em diante, considera-se que não existe mais dependência espacial entre as observações da variável, porque a variância da diferença entre pares de observações {Var $[z(x_i) - z(x_{i+h})]$} torna-se invariante com a distância.
- **Efeito Pepita** c_0 (*Nugget effect*): por definição, $\gamma(h=0)=0$. Entretanto, na prática, à medida que a distância h tende para 0 (zero), $\gamma(h)$ se aproxima de um valor positivo chamado Efeito Pepita (c_0). O valor de c_0 revela a descontinuidade do semivariograma para distâncias menores do que a menor distância entre as observações. Parte dessa descontinuidade pode ser também devida a erros de medição ou da variabilidade de pequena escala não captada pela amostragem. Pode também ser o resultado de uma escolha não muito adequada do *lag* ao fazer as amostragens de campo.
- **Contribuição C**: é a diferença entre o patamar ($C+c_0$) e o Efeito Pepita (c_0).

Cabe ressaltar novamente que o ajuste de um modelo teórico ao semivariograma experimental é um dos aspectos mais importantes da Geoestatística Clássica. Existem programas comerciais [por exemplo, o software GS+ (Robertson, 2008)] e softwares livres [por exemplo, os softwares R (R Core Team, 2016) e SGeMS (Remy; Boucher; Wu, 2009)] que possuem rotinas implementadas para fazer o ajuste de semivariogramas. Como regra, quanto mais simples puder ser o modelo ajustado melhor. Além disso, não se deve dar importância excessiva a pequenas flutuações que podem ser artifícios referentes a um pequeno número de dados. A condição para o ajuste de modelos a dados experimentais é que ele represente a tendência de $\gamma(h)$ em relação a h e que o modelo tenha positividade definida condicional. De maneira geral, um modelo é positivamente condicional se $\gamma(h) \geq 0$ e $\gamma(-h) = \gamma(h)$, qualquer que seja h (Journel, Huijbregts, 1978).

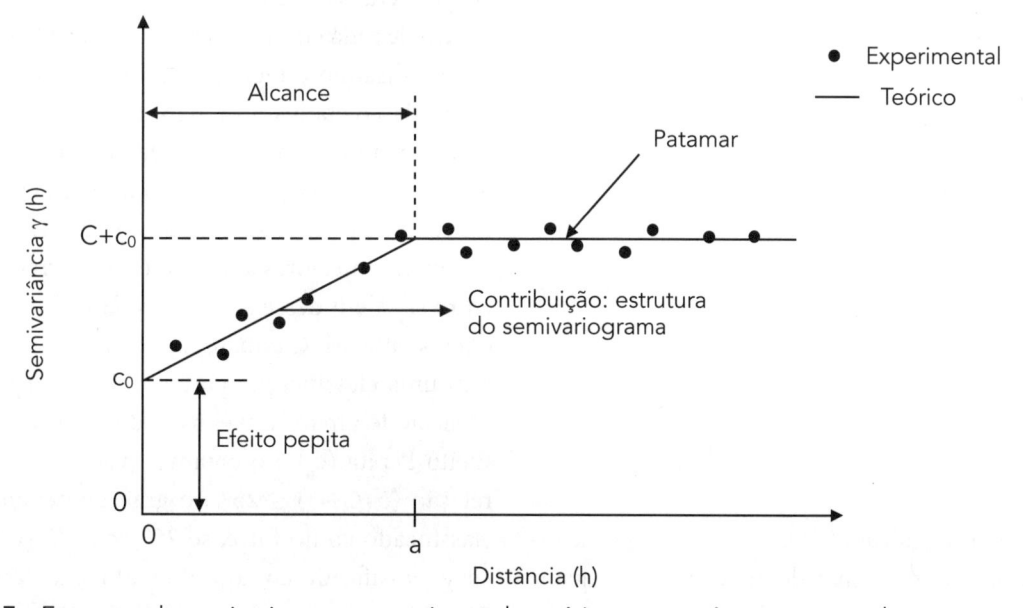

FIGURA 7 Esquema de semivariograma experimental e teórico e os parâmetros que o descrevem.

Com base nos parâmetros do semivariograma definidos anteriormente, os principais modelos de semivariogramas utilizados na geoestatística são (Nielsen; Wendroth, 2003):

a. Modelos com patamar definido
Efeito Pepita puro

$$\gamma(h) = \begin{cases} 0 & \text{em } h = 0 \\ c_0 + C & \text{em } h > 0 \end{cases} \quad (22)$$

Linear

$$\gamma(h) = \begin{cases} c_0 + \dfrac{Ch}{a} & \text{em } 0 \leq h \leq a \\ c_0 + C & \text{em } h > a \end{cases} \quad (23)$$

Esférico

$$\gamma(h) = \begin{cases} c_0 + C\left[\dfrac{3h}{2a} - \dfrac{1}{2}\left(\dfrac{h}{a}\right)^3\right] & \text{em } 0 \leq h \leq a \\ c_0 + C & \text{em } h > a \end{cases} \quad (24)$$

Exponencial

$$\gamma(h) = c_0 + C\,[1 - \exp(-h/a)] \ \text{em } h \geq 0 \quad (25)$$

Gaussiano

$$\gamma(h) = c_0 + C\,\{1 - \exp[-(h/a)^2]\} \ \text{em } h \geq 0 \quad (26)$$

b. Modelos sem patamar definido
Linear

$$\gamma(h) = c_0 + mh \quad \text{em } h \geq 0 \quad (27)$$

Potência

$$\gamma(h) = c_0 + mh^\alpha \quad \text{em } h \geq 0; \ 1 < \alpha < 2 \quad (28)$$

Nielsen e Wendroth (2003) salientam que semivariogramas com patamar definido ocorrem quando a variância do conjunto de dados permanece constante em todo o domínio espacial amostrado, enquanto semivariogramas sem patamar definido ocorrem quando a variância dentro do domínio espacial não é constante. Guimarães (2004) ressalta que o semivariograma sem patamar definido indica que: i) a hipótese intrínseca não foi atendida e, provavelmente, estamos diante de um fenômeno com capacidade infinita de dispersão; ii) a máxima distância h entre os pontos amostrais não foi capaz de exibir toda a variância dos dados e provavelmente existe tendência dos dados para determinada direção. Se for verificada a tendência, remove-se esta e verifica-se se a variável resíduo apresenta semivariograma com patamar (hipótese intrínseca). Essa pode ser uma das soluções a ser adotada para retirar a tendência de comportamento da variável em questão. Outra alternativa é trabalhar com a hipótese de tendência nos dados originais. Vale ressaltar que a primeira alternativa é a mais simples e a mais utilizada.

O semivariograma dos dados de argila do Quadro 1 é apresentado na Figura 8.

Cabe ressaltar que a Figura 8 apresenta o semivariograma experimental e teórico para dados coletados ao longo de uma transeção espacial, ou seja, em uma dimensão. No caso em que os dados forem coletados em uma malha experimental (em duas dimensões) e usando o software GS+, por exemplo, o valor médio de semivariância experimental em função da distância ponderada de separação entre os pares de vizinhos dentro de cada classe de distância é calculado.

Analisando a Figura 8 se verifica que os dados de argila coletados ao longo da transeção espacial de 150 m apresentam dependência espacial e que ela pode ser descrita pelo modelo esférico com um alcance de 30,6 m, ou seja, dados de argila separados a distâncias inferiores a 30,6 m estão correlacionados entre si. Além desse alcance os dados são independentes entre si. Cambardella et al. (1994) propuseram uma classificação para o grau de dependência espacial de uma variável baseada na relação entre o Efeito Pepita (c_0) e o patamar ($C+c_0$), a saber: se a relação ($c_0/C+c_0$) ≤ 25%, o grau de dependência é classificado como forte; se 25% < ($c_0/C+c_0$) ≤ 75%, ele é classificado como moderado; e se ($c_0/C+c_0$) > 75%, ele é classificado como fraco. Dessa forma, o

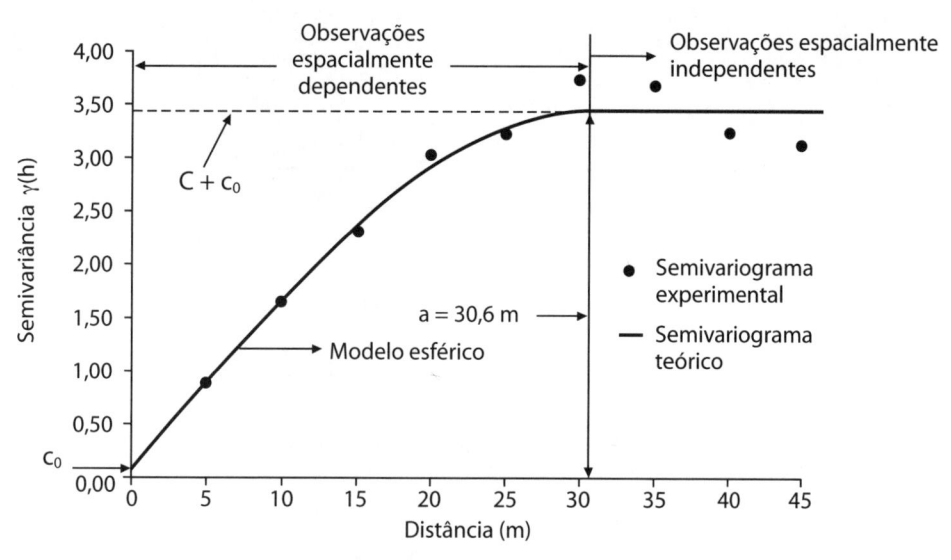

FIGURA 8 Semivariograma experimental e teórico dos dados de argila do Quadro 1.

grau de dependência da variável argila é igual a 2,6% [100*(0,09)/(3,446)], indicando que a dependência espacial é forte.

Na Figura 9 são apresentados exemplos de semivariogramas experimentais e teóricos extraídos de Parfitt (2009) e Parfitt et al. (2009). Esses autores aplicaram ferramentas geoestatísticas para estudar o comportamento de 31 atributos químicos, físicos e microbiológicos determinados na camada de 0-0,20 m de profundidade de um solo de várzea situado em Pelotas (RS). Foi estabelecida uma malha de 100 pontos (10 x 10) georreferenciados na área experimental onde foram coletadas amostras de solo, nos mesmos pontos, antes e depois de sua sistematização. Maiores detalhes sobre o trabalho podem ser encontrados em Parfitt (2009). Parfitt et al. (2013, 2014) usaram ferramentas da geoestatística para avaliar os efeitos da sistematização nos atributos físicos e químicos do solo de várzea na mesma área experimental. Estabeleceram também as relações entre a magnitude de cortes e aterros e a dos atributos do solo por meio de regressões lineares simples após a sistematização. Bitencourt et al. (2016) agruparam os atributos físico-químicos da mesma área, antes e após a sistematização, em grupos homogêneos usando análise multivariada em cluster, reduzindo a dimensionalidade dos grupos usando análise de componentes principais e comparando os mapas de distribuição espacial dos componentes principais com os individuais dos principais atributos físicos (densidade do solo) e químicos (matéria orgânica) usando ferramentas da Geoestatística Clássica. Timm et al. (2020) avaliaram os impactos da sistematização sobre indicadores de qualidade físico-hídrica do solo (densidade do solo, macroporosidade, diâmetro médio ponderado, curva de retenção de água no solo, capacidade de água disponível, índice de estabilidade estrutural, capacidade de campo relativa) determinados na mesma malha experimental estabelecida por Parfitt (2009) por meio de ferramentas da Estatística Clássica e da Geoestatística.

A Figura 9A ilustra um exemplo do chamado modelo Efeito Pepita puro, *i.e.*, os dados da variável capacidade de água disponível não apresentam uma estrutura de dependência espacial dentro da malha experimental adotada (10 x 10 m). É importante mencionar novamente que quando estamos analisando a variabilidade dos dados ao longo de uma transeção (ou seja, em uma dimensão espacial), o espaçamento h é um escalar sendo caracterizado somente pelo seu módulo. Dessa forma, o semivariograma é unidimensional e nada pode ser dito sobre anisotropia (Guimarães, 2004). Entretanto, quando estamos analisando em uma malha (i.e, em duas dimensões), h é um vetor sendo caracterizado pelo seu módulo, direção e sentido. Nesse caso, o semivariograma depende também da magnitude, da direção e do sentido de h.

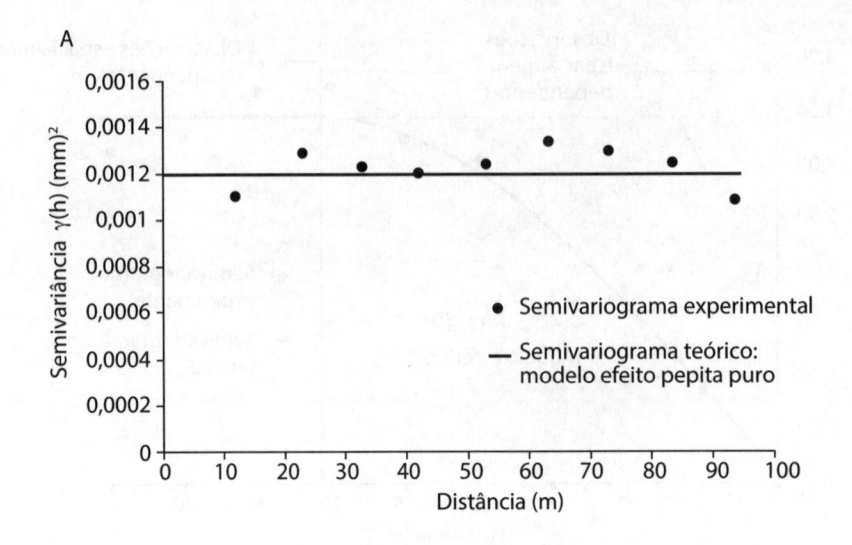

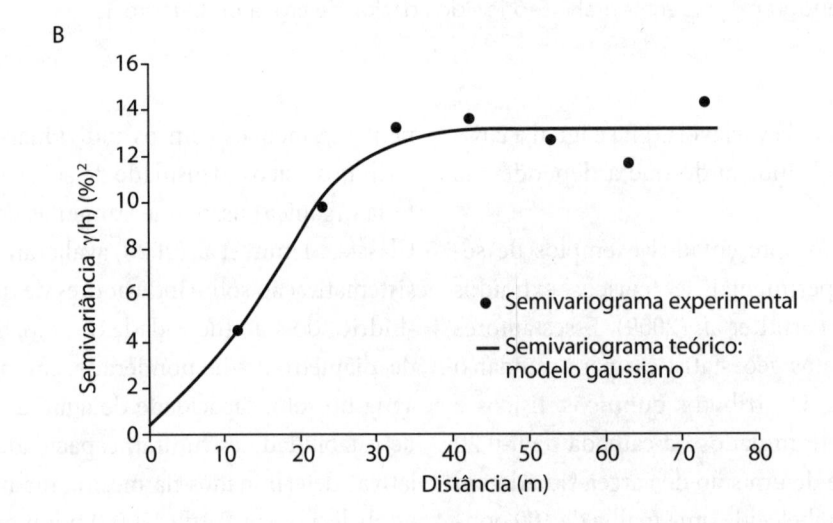

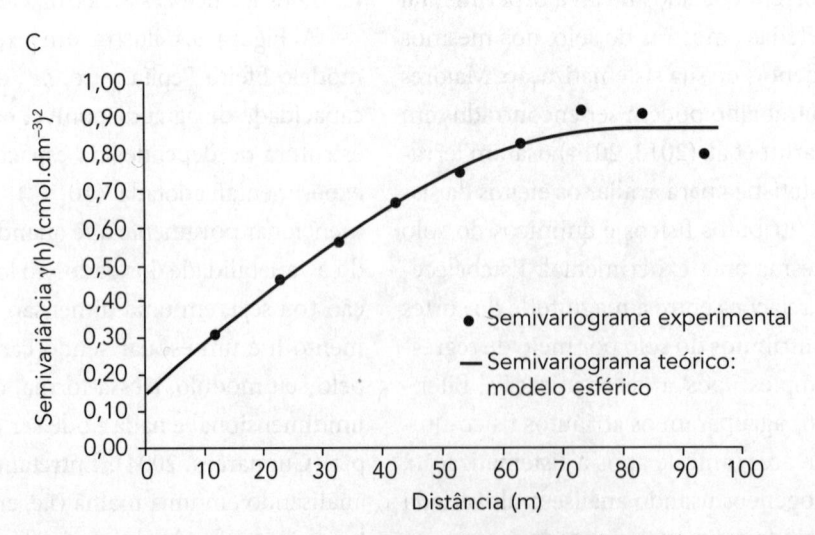

FIGURA 9 Exemplos de semivariogramas experimentais e teóricos de atributos do solo extraídos de Parfitt (2009) e Parfitt et al. (2009). (A) variável Capacidade de Água Disponível; (B) variável Areia; e (C) variável Capacidade de Troca Catiônica.

Quando o semivariograma é idêntico para qualquer direção de h ele é chamado de **semivariograma isotrópico** e quando não é idêntico é chamado de **semivariograma anisotrópico**. Anisotropia é usualmente classificada, para modelos com patamar definido, como geométrica, zonal e combinada. A identificação de sua existência e do seu tipo pode ser avaliada pela construção dos semivariogramas direcionais que indicam a variação no alcance, no patamar ou em ambos os parâmetros, respectivamente (Isaaks; Srivastava, 1989).

As principais direções de h que são usadas para a construção dos semivariogramas direcionais são 0° (na direção X), 90° (na direção Y), 45° e 135° (nas duas diagonais principais). Entretanto, o fenômeno anisotrópico pode ocorrer em outras direções. Como exemplo, a Figura 10 mostra os semivariogramas direcionais experimentais, construídos de 10° em 10° com ângulo de tolerância de 40°, para dados de fósforo P (20.10A) e potássio K (20.10B) no intuito de identificar a existência ou não de anisotropia. A Figura 20.10A indica que, do ponto de vista prático, os dados de P possuem um comportamento isotrópico, enquanto os de K possuem um comportamento anisotrópico (Figura 20.10B). Maiores detalhes sobre esse estudo podem ser encontrados em Bitencourt et al. (2015).

A anisotropia pode influenciar na forma da janela de estimação usada no processo de interpolação, fornecendo um peso maior para pontos localizados mais próximos da direção de maior continuidade espacial do fenômeno em estudo. Dessa forma, afetando a variância da krigagem (Guedes; Opazo-Uribe; Ribeiro Junior, 2013). Por essa razão, quando a influência da anisotropia na variabilidade espacial dos atributos é considerada, os mapas tenderão a apresentar maior precisão. Guedes, Opazo-Uribe e Ribeiro Junior (2013) avaliaram a influência de incorporar a anisotropia geométrica na construção de mapas temáticos de dados simulados de alguns atributos químicos do solo. Os autores concluíram que existem relevantes diferenças nos mapas temáticos quando a anisotropia geométrica é considerada.

Quando o objetivo for o de comparar a estrutura de variabilidade espacial do mesmo atributo do solo ao longo do tempo, Vieira et al. (1997) propuseram a aplicação da técnica de escalonamento de semivariogramas, na qual cada valor de semivariância experimental é dividido pelo fator de escala mais adequado (variância amostral ou patamar do modelo teórico ajustado). Diversos trabalhos têm sido publicados usando a técnica de escalonamento para comparar estruturas de variabilidade espacial de diferentes atributos do solo coletados em uma mesma malha experimental. Um exemplo é o trabalho de Bitencourt et al. (2015) que usaram a técnica de escalonamento de semivariogramas para comparar a estrutura de variabilidade espacial de atributos físico-químicos do solo (conteúdo de argila, pH em H_2O, carbono orgânico, teores de fósforo, potássio, sódio, cálcio, magnésio, alumínio e acidez potencial). Esses dados foram coletados em uma camada superficial (0-0,20 m) de uma unidade de mapeamento de Gleissolo em escala de reconhecimento com as estruturas de variabilidades dos mesmos atributos considerando três subunidades de Gleissolo em uma escala semidetalhada. Bitencourt et al. (2015) concluíram que o comportamento espacial dos atributos pH em H_2O e sódio foram similares na unidade e nas subunidades de mapeamento, independentemente do fator (variância dos conjuntos de dados ou o patamar do semivariograma) usado para escalonar os semivariogramas.

Se o interesse for de avaliar a estrutura de dependência espacial entre duas variáveis coletadas em uma malha experimental ou ao longo de uma transeção espacial, podemos também calcular o **semivariograma cruzado** entre duas variáveis que tem como objetivo descrever a sua variação espacial e/ou temporal simultânea. O estimador de Matheron para calcular a semivariância cruzada (semivariograma experimental) entre duas variáveis Z_u e Z_v nas posições x_i e x_{i+h} é dado por:

$$\gamma^M_{Z_u, Z_v}(h) = \frac{1}{2N(h)} \sum_{i=1}^{N(h)} [z_u(x_i) - z_u(x_i + h)]^2 \cdot [z_v(x_i) - z_v(x_i + h)] \quad (29)$$

em que $\gamma^M_{Z_u, Z_v}$ é o valor da semivariância cruzada entre as variáveis Z_u e Z_v em função do vetor h, N(h) é o número de pares de valores $z_u(x_i)$ e $z_u(x_{i+h})$ e de va-

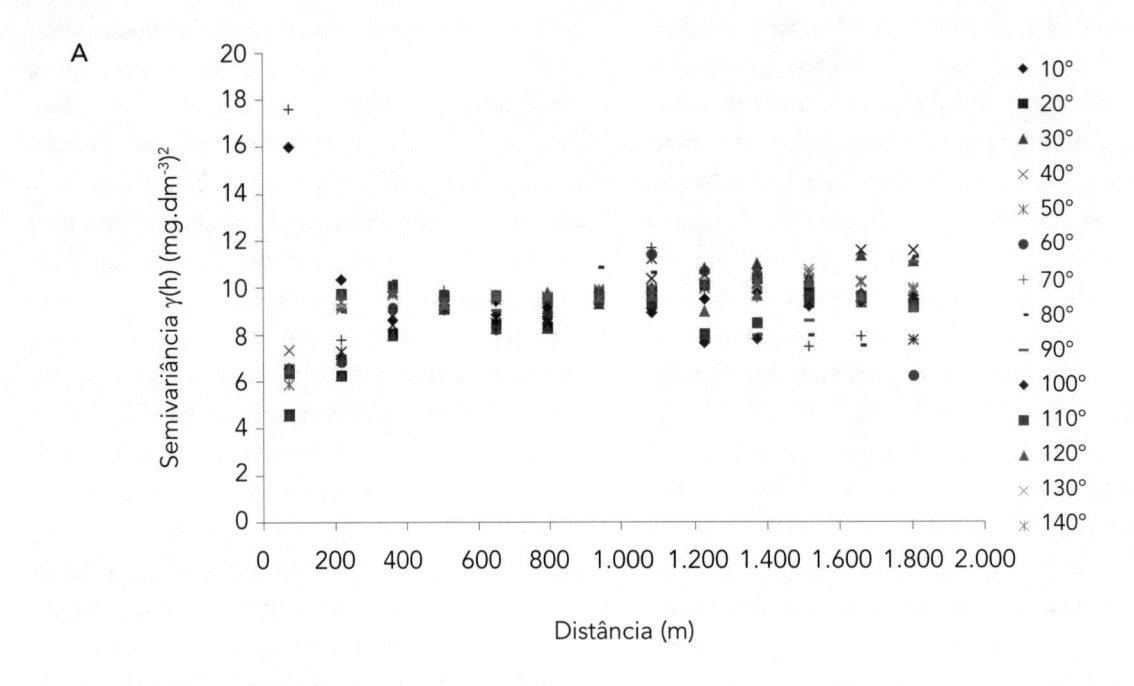

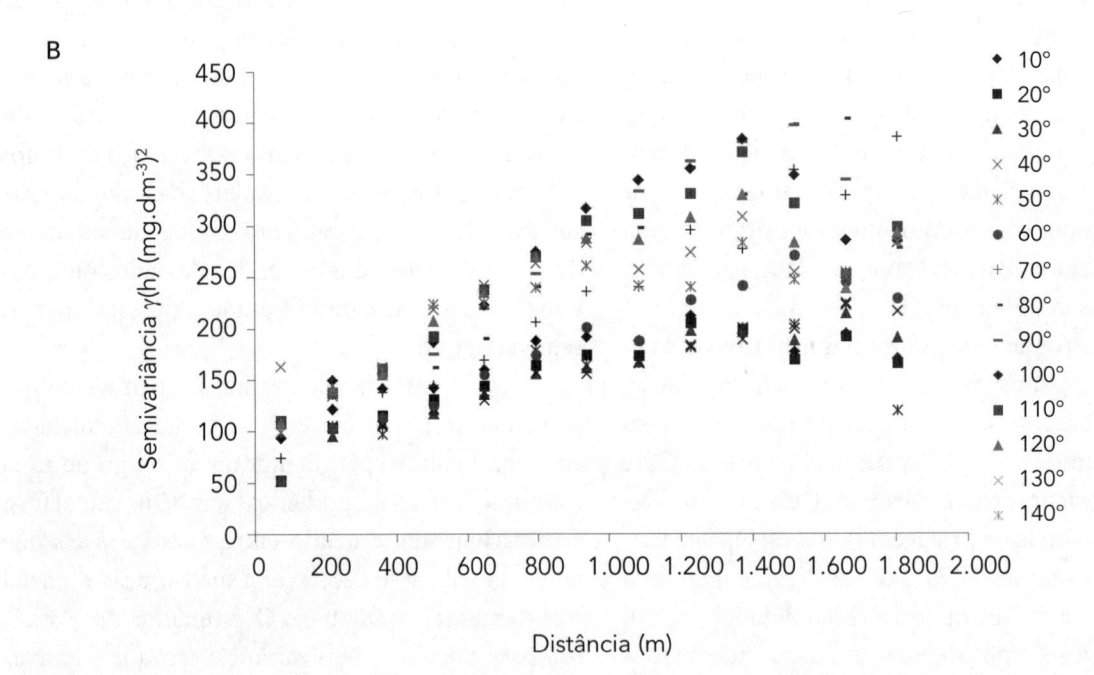

FIGURA 10 Semivariogramas direcionais ilustrando um fenômeno isotrópico (A) e anisotrópico (B).

lores $z_v(x_i)$ e $z_v(x_{i+h})$ separados pelo vetor h, e $z_u(x_i)$ e $z_u(x_{i+h})$ e $z_v(x_i)$ e $z_v(x_{i+h})$ são os valores medidos da variável Z_u e Z_v nas posições x_i e x_{i+h}, respectivamente. Cabe ressaltar que o semivariograma cruzado só é calculado usando as informações existentes para posições geográficas coincidentes, ou seja, as duas variáveis têm de ser, necessariamente, amostradas nos mesmos locais. Um semivariograma cruzado com características que podem ser identificadas como ideais teria aparência do semivariograma simples (de uma única variável, ou seja, patamar definido, semivariância crescente para pequenas distâncias), porém, com significados diferentes, pelo simples fato de envolver o produto das diferenças de duas variáveis diferentes (Guimarães, 2004). Os modelos utilizados para o semivariograma cruzado são os mesmos já vistos anteriormente para o semivariograma simples. Recentemente, Soares et al. (2020) aplicaram a técnica de semivariância cruzada para avaliar a estrutura de dependência espacial entre a condutividade hidráulica do solo saturado e densidade do solo, porosidade total, macro e microporosidade, altitude e tipo de uso do solo em escala de bacia hidrográfica.

Os textos de Journel e Huijbregts (1978), Goovaerts (1997), Vieira (2000), Webster e Oliver (2007) e Yamamoto e Landim (2013) apresentam um estudo mais aprofundado e em detalhes sobre semivariogramas isotrópicos e anisotrópicos e sobre semivariogramas cruzados.

GEOESTATÍSTICA BASEADA EM MODELOS

O termo **Geoestatística Baseada em Modelos** foi proposto por Diggle e colaboradores em 1998. O intuito era de apresentar uma abordagem para problemas geoestatísticos baseada na aplicação de métodos estatísticos "formais" (e não empíricos) assumindo explicitamente um modelo estocástico (Diggle; Ribeiro Junior, 2007).

Cressie (1993) foi quem propôs um modelo estatístico que decompunha os dados espacializados (por exemplo, uma dada variável Y do SSPA) em um componente determinístico ou de tendência (média da variável em estudo), chamado de variação de larga escala (componente não estocástico), e um erro aleatório com média zero (ε). A componente determinística [$\mu(x)$] é comumente função da posição no espaço e provavelmente de outras variáveis explicativas. A componente aleatória $\varepsilon(x)$ pode incluir um processo aleatório $Z(x)$ espacialmente correlacionado com média zero, o qual Cressie (1993) denomina de variação em pequena escala, e um processo ruído branco [$\eta(x)$ – resíduos da variável Y], espacialmente não correlacionado com média zero matematicamente. O modelo proposto por Cressie (1993) pode ser representado por:

$$Y(x) = \mu(x) + \varepsilon(x) = \mu(x) + Z(x) + \eta(x) \qquad (30)$$

Na maioria das aplicações da estatística clássica se considera que a área experimental é homogênea. Relembrando que as ferramentas da Estatística Clássica de Fisher (chamada Estatística Frequentista) usadas para análise de dados (modelos de regressão, análise de variância Anova etc) dispõem de delineamentos experimentais (delineamento inteiramente casualizados, blocos casualizados, experimentos fatoriais etc.) e pressupõem que os resíduos $\eta(x)$ da variável em estudo são independentes entre si. Essa suposição é justificada com base no conceito de aleatoriedade das observações, *i.e.*, os resíduos $\eta(x)$ são considerados independentes e identicamente distribuídos (IID).

A Geoestatística Baseada em Modelos se baseia principalmente na classe de modelos Gaussianos Lineares Mistos (*Gaussian Linear Mixed Models*) aplicados ao estudo da variabilidade espacial dos atributos do solo, da planta e da atmosfera, *i.e.*, dados distribuídos no espaço de forma regionalizada, ou seja, com coordenadas conhecidas.

Modelos Lineares Mistos (MLM) são uma classe particular de Modelos Lineares Generalizados que contém efeitos fixos e aleatórios (Isik; Holland; Maltecca, 2017). Melhor dizendo, um MLM é um modelo que possui componentes que permanecem constantes sob uma amostragem repetida (efeitos fixos) e outros componentes que variam randomicamente seguindo alguma distribuição de probabilidade (efeitos aleatórios). A distinção entre efeitos fixos e aleatórios frequentemente depende do interesse do pesquisador. Por exemplo, no trabalho de Bitencourt et al. (2015) as diferentes classes de Gleisolos poderiam ser tratadas como efeitos fixos, enquanto o valor medido de carbono orgânico, por exemplo, em cada um dos 403 pontos da malha experimental podem ser tratados como efeitos aleatórios, *i.e.*, cada observação é um evento associado a uma distribuição de probabilidade (por exemplo, distribuição normal). O mesmo raciocínio poderia ser adotado com relação ao trabalho de Parfitt et al. (2013, 2014), no qual as classes Planossolo e

Gleisolo podem ser tratadas como efeitos fixos e o valor medido de densidade do solo ou outra variável medida em cada um dos 100 pontos amostrais, antes ou após a sistematização, como efeitos aleatórios. Por outro lado, os pesquisadores que trabalham com estatística Bayesiana para analisar Modelos Mistos poderiam argumentar que na realidade todos os efeitos são randômicos (Isik; Holland; Maltecca, 2017). Outros exemplos de efeitos fixos e aleatórios podem ser encontrados em Stefanova, Smith e Cullis (2009).

No contexto da aplicação da Análise de Séries Temporais e Espaciais, um modelo autorregressivo de primeira ordem [AR(1)] tem sido comumente usado para modelar os resíduos η em uma dimensão no espaço e um método de máxima verossimilhança restrita (REML) para estimar os parâmetros do modelo (Resende, 2002). O coeficiente de autocorrelação r(h) (Equações 18 e 19) entre as variáveis aleatórias $Z(x_i)$ e $Z(x_{i+h})$ de um modelo autorregressivo de ordem 1 [AR(1)] é uma função potência da distância entre as observações da variável, tal que $r[Z(x_i), Z(x_{i+h})] = r^{|h|}$, sendo que x_i e x_{i+h} são as coordenadas espaciais e "r" é o coeficiente de autocorrelação, conforme visto anteriormente. Entretanto, o modelo [AR(1)] pode também ser usado para estudar a variabilidade espacial em duas dimensões considerando processos $[AR(1)_L \otimes AR(1)_C]$ separáveis em duas direções: linhas (L) e colunas (C) (Gilmour; Cullis; Verbyla, 1997; Haskard, 2007; Stefanova; Smith; Cullis, 2009). Relembrando que o símbolo ⊗ representa o operador de um produto Kronecker (Isik; Holland; Maltecca, 2017). Recordemos o uso do operador de um produto Kronecker. Supondo que tem-se as matrizes A e B e deseja-se obter o produto Kronecker delas, ou seja, A⊗B. No operador de um produto Kronecker, cada elemento da primeira matriz é multiplicado pelos elementos da segunda matriz.

$$A = \begin{bmatrix} 4 & 3 \\ 6 & 8 \end{bmatrix}, \quad B = \begin{bmatrix} 1 & 2 \\ 3 & 5 \end{bmatrix}$$

Logo,

$$A \otimes B = \begin{bmatrix} 4 * \begin{bmatrix} 1 & 2 \\ 3 & 5 \end{bmatrix} & 3 * \begin{bmatrix} 1 & 2 \\ 3 & 5 \end{bmatrix} \\ 6 * \begin{bmatrix} 1 & 2 \\ 3 & 5 \end{bmatrix} & 8 * \begin{bmatrix} 1 & 2 \\ 3 & 5 \end{bmatrix} \end{bmatrix}$$

$$= \begin{bmatrix} 4\times1 & 4\times2 & 3\times1 & 3\times2 \\ 4\times6 & 4\times5 & 3\times3 & 3\times5 \\ 6\times1 & 6\times2 & 8\times1 & 8\times2 \\ 6\times3 & 6\times5 & 8\times3 & 8\times5 \end{bmatrix}$$

$$A \otimes B = \begin{bmatrix} 4 & 8 & 3 & 6 \\ 12 & 20 & 9 & 15 \\ 6 & 12 & 8 & 16 \\ 18 & 30 & 24 & 40 \end{bmatrix}$$

Em qualquer Modelo Linear Misto, seja Gaussiano ou não Gaussiano, podem ser identificados três componentes principais: a equação do modelo, as esperanças matemáticas e a matriz de variância-covariância para os efeitos aleatórios e todas as suposições referentes ao modelo. Por exemplo, o sistema matricial de **Krigagem** (Equação 34), será visto mais adiante, representa um sistema linear de equações em que sua solução deve satisfazer a restrição imposta pela Equação 33 para encontrar os N+1 pesos λ e o multiplicador de Lagrange μ.

Henderson (1990) apresenta um modelo Gaussiano Linear Misto que contém efeitos fixos e aleatórios da seguinte forma:

$$y = Xb + Zu + e \qquad (31)$$

em que "y" é um vetor aleatório de dimensões n x 1 contendo as n observações da variável de interesse, denominada variável resposta; "b" é um vetor de efeitos fixos desconhecidos, de dimensões p × 1; "X" é uma matriz conhecida para os efeitos fixos, de dimensões n × p; "Z" é uma matriz conhecida para os efeitos aleatórios, de dimensões n × q, "u" é um vetor de efeitos aleatórios (não conhecidos) de dimensão q × 1, sendo que u ~ MVN(0,G), e "e" é um vetor de resíduos correlacionados de dimensões n × 1, sendo que e ~ MVN(0,R). Relembrando que MVN significa que os vetores "u" e "e" seguem uma distribuição normal multivariada.

A covariância espacial Cov entre "$e(x_i)$" e "$e(x_{i+h})$" pode ser modelada por alguma função de correlação espacial {$r[(x_i),(x_{i+h})]$ – Equação 19} ou de semivariograma, para i = 1, 2, 3, ...n, i.e., por algum dos modelos de semivariogramas teóricos apresentados nas Equações 24, 25 ou 26, ou ainda pela classe de modelos de correlação espacial de Matérn (Haskard; Cullis; Verbyla, 2007).

Se for assumido que "e" representa um processo espacial Gaussiano com média zero e matriz de covariância R, então os efeitos aleatórios do modelo (Equação 31) são originados com base em uma grande população da variável (teorema do limite central), as medidas de locação (esperança matemática) e de dispersão (matriz de variância-covariância) desses efeitos precisam ser definidas. Considerando que as observações da variável y e que os erros são normalmente distribuídos, as esperanças matemáticas de "u", "e" e "y" são (Isik; Holland; Maltecca, 2017):

$$E(u) = 0$$
$$E(e) = 0$$
$$E(y) = E(Xb + Zu + e)$$
$$= E(Xb) + E(Zu) + E(e)$$
$$= XE(b) + ZE(u) + E(e)$$
$$= Xb + 0 + 0$$
$$E(y) = Xb$$

As variâncias de "u" e "e" são:

$$V = Var\begin{pmatrix} u \\ e \end{pmatrix} = \begin{pmatrix} G & 0 \\ 0 & R \end{pmatrix}$$

As estruturas de G e R podem ser complexas, mas de uma maneira mais simples e como exemplo pode-se escrever que $G = I\sigma_u^2$ e $R = I\sigma_e^2$, sendo I a matriz identidade. Assumindo que a covariância entre o vetor dos efeitos aleatórios e o vetor de erros seja igual a zero [Cov(u,e) = 0], tem-se que:

$$Var(y) = Var(Xb + Zu + e)$$
$$= Var(Zu + e)$$
$$= ZVar(u)Z' + Var(e) + ZCov(u,e) + Cov(e,u)Z'$$
$$Var(y) = ZGZ' + R$$

$$Cov(y,u) = ZGZ'$$
$$Cov(y,e) = R$$

Os resíduos contidos no vetor "e" na Equação 31 foram assumidos como correlacionados por alguma função de variância-covariância o que não é comumente assumido na estatística clássica. Esta pressupõe que os resíduos são independentes e identicamente distribuídos (IID), *i.e.*, e ~ N(0, σ^2I). Vejamos um exemplo simples em que é ilustrada essa questão. Supondo que para uma dada variável Y (por exemplo, produtividade da cultura) tem-se um desenho experimental causalizado com 3 linhas e 4 colunas:

Linhas	Colunas			
	1	2	3	4
1	y_{11}	y_{12}	y_{13}	y_{14}
2	y_{21}	y_{22}	y_{23}	y_{24}
3	y_{31}	y_{32}	y_{33}	y_{44}

Considerando esse arranjo experimental, na experimentação baseada em Fisher, a variância dos resíduos "e" é definida com a seguinte estrutura:

$$Var(e) = \sigma^2 \cdot \begin{bmatrix} 1 & 0 & 0 & 0 & 0 & 0 & 0 & 0 & 0 & 0 & 0 & 0 & 0 & 0 \\ 0 & 1 & 0 & 0 & 0 & 0 & 0 & 0 & 0 & 0 & 0 & 0 & 0 & 0 \\ 0 & 0 & 1 & 0 & 0 & 0 & 0 & 0 & 0 & 0 & 0 & 0 & 0 & 0 \\ 0 & 0 & 0 & 1 & 0 & 0 & 0 & 0 & 0 & 0 & 0 & 0 & 0 & 0 \\ 0 & 0 & 0 & 0 & 1 & 0 & 0 & 0 & 0 & 0 & 0 & 0 & 0 & 0 \\ 0 & 0 & 0 & 0 & 0 & 1 & 0 & 0 & 0 & 0 & 0 & 0 & 0 & 0 \\ 0 & 0 & 0 & 0 & 0 & 0 & 1 & 0 & 0 & 0 & 0 & 0 & 0 & 0 \\ 0 & 0 & 0 & 0 & 0 & 0 & 0 & 1 & 0 & 0 & 0 & 0 & 0 & 0 \\ 0 & 0 & 0 & 0 & 0 & 0 & 0 & 0 & 1 & 0 & 0 & 0 & 0 & 0 \\ 0 & 0 & 0 & 0 & 0 & 0 & 0 & 0 & 0 & 1 & 0 & 0 & 0 & 0 \\ 0 & 0 & 0 & 0 & 0 & 0 & 0 & 0 & 0 & 0 & 1 & 0 & 0 & 0 \\ 0 & 0 & 0 & 0 & 0 & 0 & 0 & 0 & 0 & 0 & 0 & 1 & 0 & 0 \\ 0 & 0 & 0 & 0 & 0 & 0 & 0 & 0 & 0 & 0 & 0 & 0 & 1 & 0 \\ 0 & 0 & 0 & 0 & 0 & 0 & 0 & 0 & 0 & 0 & 0 & 0 & 0 & 1 \end{bmatrix}$$

Matriz identidade I

Nesse exemplo, a variância para os efeitos dos resíduos foi assumida como uma matriz de correlação (nesse caso, a matriz de identidade I) escalonada pela variância σ^2.

Por outro lado, se partirmos da premissa de que parcelas próximas tendem a ter efeito ambiental similar, pode ser assumida uma estrutura de correlação (*i.e.*, uma função de variância-covariância) espacial [AR(1), Exponencial, Gaussiano, Esférico etc.) para os resíduos "e" do Modelo Linear Misto (Equação 31). Essa dependência pode ser modelada no sentido da linha e/ou da coluna, assumindo iguais ou diferentes estruturas em cada sentido. Nesse caso, a estrutura da matriz R não será uma matriz identidade, sendo que seus elementos fora da diagonal principal não serão iguais a zero como visto no exemplo apresentado. Os valores desses elementos dependerão da função de variância-covariância assumida entre os resíduos. Vejamos alguns exemplos com diferentes estruturas de correlação espacial para os resíduos.

Assumindo que a estrutura de correlação espacial dos resíduos do experimento mostrado (3 linhas e 4 colunas) seja IID tanto no sentido da linha como da coluna, a matriz de variância-covariância dos resíduos "e" será escrita da seguinte forma:

$$R = \sigma^2 \, \Sigma_l \otimes \Sigma_c$$
$$R = \sigma^2 \, IID \otimes IID$$

$$= \sigma^2 \begin{bmatrix} 1 & 0 & 0 \\ 0 & 1 & 0 \\ 0 & 0 & 1 \end{bmatrix} \otimes \begin{bmatrix} 1 & 0 & 0 & 0 \\ 0 & 1 & 0 & 0 \\ 0 & 0 & 1 & 0 \\ 0 & 0 & 0 & 1 \end{bmatrix} = \sigma^2 \begin{bmatrix} 1 & 0 & 0 & 0 & 0 & 0 & 0 & 0 & 0 & 0 & 0 & 0 \\ 0 & 1 & 0 & 0 & 0 & 0 & 0 & 0 & 0 & 0 & 0 & 0 \\ 0 & 0 & 1 & 0 & 0 & 0 & 0 & 0 & 0 & 0 & 0 & 0 \\ 0 & 0 & 0 & 1 & 0 & 0 & 0 & 0 & 0 & 0 & 0 & 0 \\ 0 & 0 & 0 & 0 & 1 & 0 & 0 & 0 & 0 & 0 & 0 & 0 \\ 0 & 0 & 0 & 0 & 0 & 1 & 0 & 0 & 0 & 0 & 0 & 0 \\ 0 & 0 & 0 & 0 & 0 & 0 & 1 & 0 & 0 & 0 & 0 & 0 \\ 0 & 0 & 0 & 0 & 0 & 0 & 0 & 1 & 0 & 0 & 0 & 0 \\ 0 & 0 & 0 & 0 & 0 & 0 & 0 & 0 & 1 & 0 & 0 & 0 \\ 0 & 0 & 0 & 0 & 0 & 0 & 0 & 0 & 0 & 1 & 0 & 0 \\ 0 & 0 & 0 & 0 & 0 & 0 & 0 & 0 & 0 & 0 & 1 & 0 \\ 0 & 0 & 0 & 0 & 0 & 0 & 0 & 0 & 0 & 0 & 0 & 1 \end{bmatrix}_{12 \times 12}$$

1. Assumindo que a estrutura de correlação espacial dos resíduos do experimento seja IID no sentido da linha e AR1 no sentido da coluna com coeficiente de correlação ρ. Dessa forma, a matriz de variância-covariância dos resíduos "e" será escrita da seguinte forma:
$R = \sigma^2 \cdot IID \otimes AR(1)$,
sendo que:

$$AR(1) = \begin{bmatrix} 1 & \rho & \rho^2 & \rho^3 & \cdots & \rho^{n-1} \\ \rho & 1 & \rho & \rho^2 & \cdots & \rho^{n-2} \\ \rho^2 & \rho & 1 & \rho & \cdots & \rho^{n-3} \\ \cdot & \cdot & \cdot & \cdot & & \cdot \\ \cdot & & & & & \cdot \\ \rho^{n-1} & \rho^{n-2} & \rho^{n-3} & \cdots & & 1 \end{bmatrix}$$

Teremos que Var (e) será

$$= \sigma^2 \begin{bmatrix} 1 & 0 & 0 \\ 0 & 1 & 0 \\ 0 & 0 & 1 \end{bmatrix} \otimes \begin{bmatrix} 1 & \rho_c & \rho_c^2 & \rho_c^3 \\ \rho_c & 1 & \rho_c & \rho_c^2 \\ \rho_c^2 & \rho_c & 1 & \rho_c \\ \rho_c^3 & \rho_c^2 & \rho_c & 1 \end{bmatrix}$$

$$= \sigma^2 \begin{bmatrix} 1 & \rho_c & \rho_c^2 & \rho_c^3 & 0 & 0 & 0 & 0 & 0 & 0 & 0 & 0 \\ \rho_c & 1 & \rho_c & \rho_c^2 & 0 & 0 & 0 & 0 & 0 & 0 & 0 & 0 \\ \rho_c^2 & \rho_c & 1 & \rho_c & 0 & 0 & 0 & 0 & 0 & 0 & 0 & 0 \\ \rho_c^3 & \rho_c^2 & \rho_c & 1 & 0 & 0 & 0 & 0 & 0 & 0 & 0 & 0 \\ 0 & 0 & 0 & 0 & 1 & \rho_c & \rho_c^2 & \rho_c^3 & 0 & 0 & 0 & 0 \\ 0 & 0 & 0 & 0 & \rho_c & 1 & \rho_c & \rho_c^2 & 0 & 0 & 0 & 0 \\ 0 & 0 & 0 & 0 & \rho_c^2 & \rho_c & 1 & \rho_c & 0 & 0 & 0 & 0 \\ 0 & 0 & 0 & 0 & \rho_c^3 & \rho_c^2 & \rho_c & 1 & 0 & 0 & 0 & 0 \\ 0 & 0 & 0 & 0 & 0 & 0 & 0 & 0 & 1 & \rho_c & \rho_c^2 & \rho_c^3 \\ 0 & 0 & 0 & 0 & 0 & 0 & 0 & 0 & \rho_c & 1 & \rho_c & \rho_c^2 \\ 0 & 0 & 0 & 0 & 0 & 0 & 0 & 0 & \rho_c^2 & \rho_c & 1 & \rho_c \\ 0 & 0 & 0 & 0 & 0 & 0 & 0 & 0 & \rho_c^3 & \rho_c^2 & \rho_c & 1 \end{bmatrix}$$

2. Assumindo que a estrutura de correlação espacial dos resíduos do experimento seja AR(1) no sentido da linha e AR(1) no sentido da coluna, com o valor do coeficiente de correlação igual a ρ_l e ρ_c, respectivamente. Dessa forma, a matriz de variância-covariância dos resíduos "e" será escrita da seguinte forma:
$R = \sigma^2 \cdot [AR(1) \otimes AR(1)]$,
Teremos que a R será:

$$= \sigma^2 \begin{bmatrix} 1 & \rho_l & \rho_l^2 \\ \rho_l^2 & 1 & \rho_l \\ \rho_l & \rho_l & 1 \end{bmatrix} \otimes \begin{bmatrix} 1 & \rho_c & \rho_c^2 & \rho_c^3 \\ \rho_c & 1 & \rho_c & \rho_c^2 \\ \rho_c^2 & \rho_c & 1 & \rho_c \\ \rho_c^3 & \rho_c^2 & \rho_c & 1 \end{bmatrix}$$

$$= \sigma^2 \begin{bmatrix} 1 & \rho_c & \rho_c^2 & \rho_c^3 & \rho_l & \rho_l\rho_c & \rho_l\rho_c^2 & \rho_l\rho_c^3 & \rho_l^2 & \rho_l^2\rho_c & \rho_l^2\rho_c^2 & \rho_l^2\rho_c^3 \\ \rho_c & 1 & \rho_c & \rho_c^2 & \rho_l\rho_c & \rho_l & \rho_l\rho_c & \rho_l\rho_c^2 & \rho_l^2\rho_c & \rho_l^2 & \rho_l^2\rho_c & \rho_l^2\rho_c^2 \\ \rho_c^2 & \rho_c & 1 & \rho_c & \rho_l\rho_c^2 & \rho_l\rho_c & \rho_l & \rho_l\rho_c & \rho_l^2\rho_c^2 & \rho_l^2\rho_c & \rho_l^2 & \rho_l^2\rho_c \\ \rho_c^3 & \rho_c^2 & \rho_c & 1 & \rho_l\rho_c^3 & \rho_l\rho_c^2 & \rho_l\rho_c & \rho_l & \rho_l^2\rho_c^3 & \rho_l^2\rho_c^2 & \rho_l^2\rho_c & \rho_l^2 \\ \rho_l & \rho_l\rho_c & \rho_l\rho_c^2 & \rho_l\rho_c^3 & 1 & \rho_c & \rho_c^2 & \rho_c^3 & \rho_l & \rho_l\rho_c & \rho_l\rho_c^2 & \rho_l\rho_c^3 \\ \rho_l\rho_c & \rho_l & \rho_l\rho_c & \rho_l\rho_c^2 & \rho_c & 1 & \rho_c & \rho_c^2 & \rho_l\rho_c & \rho_l & \rho_l\rho_c & \rho_l\rho_c^2 \\ \rho_l\rho_c^2 & \rho_l\rho_c & \rho_l & \rho_l\rho_c & \rho_c^2 & \rho_c & 1 & \rho_c & \rho_l\rho_c^2 & \rho_l\rho_c & \rho_l & \rho_l\rho_c \\ \rho_l\rho_c^3 & \rho_l\rho_c^2 & \rho_l\rho_c & \rho_l & \rho_c^3 & \rho_c^2 & \rho_c & 1 & \rho_l\rho_c^3 & \rho_l\rho_c^2 & \rho_l\rho_c & \rho_l \\ \rho_l^2 & \rho_l^2\rho_c & \rho_l^2\rho_c^2 & \rho_l^2\rho_c^3 & \rho_l & \rho_l\rho_c & \rho_l\rho_c^2 & \rho_l\rho_c^3 & 1 & \rho_c & \rho_c^2 & \rho_c^3 \\ \rho_l^2\rho_c & \rho_l^2 & \rho_l^2\rho_c & \rho_l^2\rho_c^2 & \rho_l\rho_c & \rho_l & \rho_l\rho_c & \rho_l\rho_c^2 & \rho_c & 1 & \rho_c & \rho_c^2 \\ \rho_l^2\rho_c^2 & \rho_l^2\rho_c & \rho_l^2 & \rho_l^2\rho_c & \rho_l\rho_c^2 & \rho_l\rho_c & \rho_l & \rho_l\rho_c & \rho_c^2 & \rho_c & 1 & \rho_c \\ \rho_l^2\rho_c^3 & \rho_l^2\rho_c^2 & \rho_l^2\rho_c & \rho_l^2 & \rho_l\rho_c^3 & \rho_l\rho_c^2 & \rho_l\rho_c & \rho_l & \rho_c^3 & \rho_c^2 & \rho_c & 1 \end{bmatrix}$$

Supondo que $\rho_l = 0{,}5$ e $\rho_c = 0{,}6$, teremos que a matriz R será igual a:

$$R = \sigma^2 \begin{bmatrix} 1{,}00 & 0{,}60 & 0{,}36 & 0{,}22 & 0{,}50 & 0{,}30 & 0{,}18 & 0{,}11 & 0{,}25 & 0{,}15 & 0{,}09 & 0{,}05 \\ 0{,}60 & 1{,}00 & 0{,}60 & 0{,}36 & 0{,}30 & 0{,}50 & 0{,}30 & 0{,}18 & 0{,}15 & 0{,}25 & 0{,}15 & 0{,}09 \\ 0{,}36 & 0{,}60 & 1{,}00 & 0{,}60 & 0{,}18 & 0{,}30 & 0{,}50 & 0{,}30 & 0{,}09 & 0{,}15 & 0{,}25 & 0{,}15 \\ 0{,}22 & 0{,}36 & 0{,}60 & 1{,}00 & 0{,}11 & 0{,}18 & 0{,}30 & 0{,}50 & 0{,}05 & 0{,}09 & 0{,}15 & 0{,}25 \\ 0{,}50 & 0{,}30 & 0{,}18 & 0{,}11 & 1{,}00 & 0{,}60 & 0{,}36 & 0{,}22 & 0{,}50 & 0{,}30 & 0{,}18 & 0{,}11 \\ 0{,}30 & 0{,}50 & 0{,}30 & 0{,}18 & 0{,}60 & 1{,}00 & 0{,}60 & 0{,}36 & 0{,}30 & 0{,}50 & 0{,}30 & 0{,}18 \\ 0{,}18 & 0{,}30 & 0{,}50 & 0{,}30 & 0{,}36 & 0{,}60 & 1{,}00 & 0{,}60 & 0{,}18 & 0{,}30 & 0{,}50 & 0{,}30 \\ 0{,}11 & 0{,}18 & 0{,}30 & 0{,}50 & 0{,}22 & 0{,}36 & 0{,}60 & 1{,}00 & 0{,}11 & 0{,}18 & 0{,}30 & 0{,}50 \\ 0{,}25 & 0{,}15 & 0{,}09 & 0{,}05 & 0{,}50 & 0{,}30 & 0{,}18 & 0{,}11 & 1{,}00 & 0{,}60 & 0{,}36 & 0{,}22 \\ 0{,}15 & 0{,}25 & 0{,}15 & 0{,}09 & 0{,}30 & 0{,}50 & 0{,}30 & 0{,}18 & 0{,}60 & 1{,}00 & 0{,}60 & 0{,}36 \\ 0{,}09 & 0{,}15 & 0{,}25 & 0{,}15 & 0{,}18 & 0{,}30 & 0{,}50 & 0{,}30 & 0{,}36 & 0{,}60 & 1{,}00 & 0{,}60 \\ 0{,}05 & 0{,}09 & 0{,}15 & 0{,}25 & 0{,}11 & 0{,}18 & 0{,}30 & 0{,}50 & 0{,}22 & 0{,}36 & 0{,}60 & 1{,}00 \end{bmatrix}$$

O leitor pode observar que no exemplo anterior, a estrutura da matriz R não é uma matriz identidade, já que seus elementos fora da diagonal principal não são iguais a zero e sim dependem da função de variância-covariância que foi assumida entre os resíduos. Nesse exemplo foi assumida uma estrutura de um AR(1) na linha e na coluna com um coeficiente de correlação $\rho_l = 0{,}5$ no sentido da linha e um $\rho_l = 0{,}6$ no sentido da coluna. De acordo com Isik, Holland e Maltecca, (2017), o uso do produto direto de Kronecker é útil para o entendimento de como os modelos estatísticos são ajustados usando o software ASReml (Gilmour et al., 2015) ou ASReml-R (Butler et al., 2017) porque ele permite ao usuário especificar os componentes do produto direto, que é a maneira mais simples de representar essa estrutura em termos de conjunto de fatores. O ASReml-R é um pacote estatístico bastante completo e com várias potencialidades na área de modelos lineares mistos, entretanto, não é um *software* livre.

Pelo fato de que o coeficiente de correlação variar de –1 a +1, ou seja, nunca é maior que 1, a covariância resultante entre as observações decresce com o aumento da distância entre elas, dessa forma o coeficiente de correlação pode ser elevado a altos valores de potências. O leitor também deve ficar atento ao valor da distância de separação entre as observações, pois ele afeta as potências dos coeficientes de correlação dos elementos da matriz R (premissa de que parcelas distantes tendem a ter menor correlação do que parcelas mais próximas).

Na maioria das situações práticas existe algum nível de variabilidade espacial dos atributos do solo entre e nas parcelas experimentais, mesmo antes da implantação do experimento no campo. Depois de implantado o experimento, uma variação adicional entre as unidades experimentais pode ocorrer devido ao manejo adotado, como, por exemplo, a fertilização e a irrigação não serem aplicadas igualmente entre as parcelas. As correlações entre os resíduos podem também ser originadas pelo fato de que as medições nas unidades experimentais que foram realizadas em tempos próximos tendem a ser mais similares quando comparadas às que foram realizadas em intervalos de tempos mais espaçados.

Até agora exemplificamos como seria a estrutura da matriz R de variância-covariância dos resíduos "e" da Equação 31, entretanto, o mesmo raciocínio poderia ser adotado caso os efeitos aleatórios em "u" (Equação 31) fossem correlacionados na matriz de variância-covariância G.

Nossa intenção aqui não foi de esgotar o assunto, mas sim fazer uma introdução sobre o uso de Modelos Lineares Mistos em estudos de variabilidade espacial dos atributos do SSPA para que o leitor possa se familiarizar com o tema. O assunto é extremamente extenso e tem recebido bastante atenção dos pesquisadores da área de ciências agrárias e de outras áreas do conhecimento. Maiores detalhes sobre o assunto podem ser encontrados, por exemplo, em Haskard (2007), Diggle e Ribeiro Júnior (2007), Isik, Holland e Maltecca, (2017), Slaets, Boeddinghaus e

Piepho (2021), dentre outros textos. Cabe ressaltar o trabalho de Haskard (2007), bastante interessante pelo fato de modelar a variabilidade espacial de atributos do solo usando Modelos Lineares Mistos, considerando a presença de anisotropia e a classe de modelos de correlação espacial de Matérn, não muito usada ainda na área de ciências agrárias.

Krigagem ordinária – um método de interpolação geoestatística

Um método de interpolação tem como função realizar inferências para os pontos não amostrados com base nos dados observados ao longo da malha na área experimental. Existem métodos de interpolação determinísticos, tais como: método poligonal, triangulação e inverso do quadrado das distâncias, dentre outros. Entretanto, esses métodos não estimam o erro associado a cada valor interpolado, o que pode ser obtido por meio do interpolador geoestatístico denominado de **krigagem**, em inglês *kriging* (Webster; Oliver, 2007).

O semivariograma é a ferramenta da geoestatística que permite verificar e modelar a dependência espacial de uma variável conforme visto anteriormente. Uma aplicação imediata do semivariograma é a utilização de informações geradas por ele na interpolação, ou seja, na estimativa de dados e, posterior, mapeamento da variável (Journel; Huijbregts, 1978). O interpolador que utiliza o semivariograma em sua modelagem é chamado de krigagem.

A krigagem é considerada o melhor método de interpolação linear não tendencioso e com variância mínima, pois considera os parâmetros do semivariograma (Nielsen; Wendroth, 2003). Nenhum outro método de interpolação é baseado na variância mínima entre as amostras. Na realização da interpolação por krigagem são atribuídos pesos aos valores dos pontos amostrais, sendo que esses pesos variam em função da distância que separa o ponto a ser estimado e o ponto de valor conhecido. Os pesos são atribuídos considerando-se o modelo do semivariograma. O valor do ponto desconhecido é então calculado pela solução de um sistema de matrizes (Journel; Huijbregts, 1978; Isaaks; Srivastava, 1989).

Para a aplicação da krigagem assume-se que: sejam conhecidas as realizações da variável $Z(x_i)$ [$z(x_1)$, $z(x_2)$... $z(x_n)$] da variável aleatória Z nas posições x_i, i =1, 2,... n e que o semivariograma da variável já tenha sido corretamente determinado. Dessa forma, o objetivo é de determinar z^* na posição x_0 de interesse, na qual não se tem medida.

O valor estimado $z^*(x_0)$ é dado por:

$$z^*(x_0) = \sum_{i=1}^{N} \lambda_j z(x_i) \qquad (32)$$

em que: N é o número de pontos medidos da variável Z envolvidos na estimativa de $z^*(x_0)$ e λ_j são os pesos associados a cada valor medido $z(x_i)$.

Se existe dependência espacial (constatada no semivariograma da variável), os pesos λ_j são variáveis de acordo com a distância entre o ponto a ser estimado $z^*(x_0)$ e os valores $z(x_i)$ envolvidos nas estimativas.

A melhor estimativa de $z^*(x_0)$ é obtida quando:

a. o estimador é não tendencioso

$$E[\{z^*(x_0) - z(x_0)\}]$$

b. a variância da estimativa é mínima

$$\text{Var}[z^*(x_0) - z(x_0)] = \text{mínima}$$

Para que z^* seja uma estimativa não tendenciosa de z, a soma dos pesos dos pontos amostrados tem que se igualar a 1 (Vieira, 2000; Nielsen; Wendroth, 2003).

$$\sum_{j=1}^{N} \lambda_j = 1 \qquad (33)$$

E para obter a variância mínima sob a condição de $\Sigma \lambda_j = 1$ aplica-se o multiplicador de Lagrange para a dedução das equações e o sistema de krigagem resultante será:

$$\sum_{j=1}^{N} \lambda_j \gamma[z(x_i), z(x_{i+h})] + \mu = \gamma[z(x_i), z(x_0)], j = 1 \text{ a } N, i = 0,1,2,...n \quad (34)$$

em que μ é o multiplicador de Lagrange.

O sistema matricial composto por N+1 equações (Equação 34) é resolvido para encontrar os N+1 pesos λ e o multiplicador de Lagrange μ (Nielsen; Wendroth, 2003). A variância mínima de cada estimativa é calculada por meio da seguinte expressão:

$$\sigma^2_{z^*(x_0)} = \mu + \sum_{j=1}^{N} \lambda_j \gamma[z(x_1), z(x_0)] \qquad (35)$$

Em notação matricial, chamando de [A] a matriz das semivariâncias dos valores amostrados envolvidos na estimativa de $z^*(x_0)$; [λ] a matriz coluna que contém os pesos λ_j e o multiplicador de Lagrange μ, e [b] a matriz coluna das semivariâncias entre os valores amostrados e o ponto a ser estimado, têm-se:

$$[A] \cdot [\lambda] = [b] \qquad (36)$$

e, portanto:

$$[\lambda] = [A]^{-1} [b] \qquad (37)$$

sendo que $[A]^{-1}$ é a matriz inversa das semivariâncias [A].

A variância da estimativa $\sigma^2_{z^*(x_0)}$, em notação matricial, é dada por:

$$\sigma^2_{z^*(x_0)} = [\lambda][b]^t \qquad (38)$$

sendo que a matriz $[b]^t$ é a matriz transposta de [b].

As matrizes [A], [b], e [λ], são escritas da seguinte forma:

$$[A] = \begin{bmatrix} \gamma[z(x_1),z(x_1)] & \gamma[z(x_1),z(x_2)] & \cdots & \gamma[z(x_1),z(x_N)] & 1 \\ \gamma[z(x_2),z(x_1)] & \gamma[z(x_2),z(x_2)] & \cdots & \gamma[z(x_2),z(x_N)] & 1 \\ \vdots & \vdots & & \vdots & \vdots \\ \gamma[z(x_N),z(x_1)] & \gamma[z(x_N),z(x_2)] & \cdots & \gamma[z(x_N),z(x_N)] & 1 \\ 1 & 1 & \cdots & 1 & 0 \end{bmatrix};$$

$$[b] = \begin{bmatrix} \gamma[z(x_1),z(x_0)] \\ \gamma[z(x_2),z(x_0)] \\ \vdots \\ \gamma[z(x_N),z(x_0)] \\ 1 \end{bmatrix}; \quad [\lambda] = \begin{bmatrix} \lambda_1 \\ \lambda_2 \\ \vdots \\ \lambda_N \\ \mu \end{bmatrix}$$

(39)

É oportuno relembrar que o valor da semivariância para $\gamma(x_1,x_1)$... $\gamma(x_N,x_N)$ corresponde ao valor da semivariância entre os pares de valores da variável x separados por um *lag* h igual a zero e por isso a diagonal principal é igual a zero ou igual ao valor do Efeito Pepita.

Algumas questões devem ser ressaltadas sobre o sistema de matrizes para a realização da krigagem:

a. a matriz [A] é simétrica;
b. os valores que aparecem nas matrizes [A] e [b] são consequências do multiplicador de Lagrange; e
c. o sistema deve ser resolvido para cada estimativa de z* e para cada variação do número de amostras envolvido na estimativa.

Para um maior entendimento passo a passo da sequência de cálculos do método de interpolação por krigagem ordinária é apresentado um exemplo baseado no semivariograma esférico ajustado (Figura 8) para os dados de argila (Quadro 1).

Foi medido o conteúdo de argila do solo em pontos de uma transeção experimental de 150 m, espaçados de 5 em 5 m (Quadro 1). Se deseja estimar o valor do conteúdo de argila de um ponto na distância de 12,5 m. Os conteúdos de argila medidos foram 36,5%, 35,0%, 35,0% e 35,5% nos pontos x_1, x_2, x_3 e x_4, respectivamente (Figura 11).

Distância d entre os pares de dados:

$d[z(x_1), z(x_2)] = d[z(x_3), z(x_4)] = 5$ m ou 1 *lag*;
$d[z(x_1), z(x_3)] = d[z(x_2), z(x_4)] = 10$ m ou 2 *lags*;
$d[z(x_1), z(x_4)] = 15$ m ou 3 *lags*;
$d[z(x_1), z(x_0)] = d[z(x_4), z(x_0)] = 7,5$ m;
$d[z(x_2), z(x_0)] = d[z(x_3), z(x_0)] = 2,5$ m,

Pelo modelo esférico do semivariograma:

$$\gamma(h) = 0,09 + 3,356 \left[\frac{3h}{61,2} - \frac{1}{2}\left(\frac{h}{30,6}\right)^3 \right] \text{ em } 0 \leq h \leq a$$

(Figura 8), tais distâncias correspondem às seguintes semivariâncias:

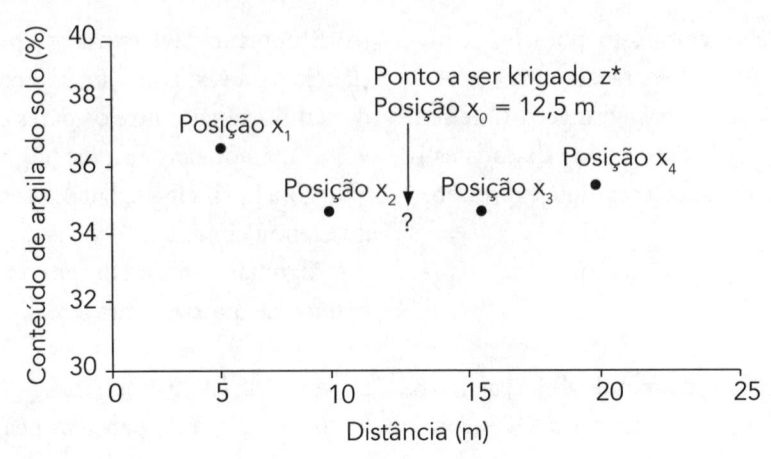

FIGURA 11 Conteúdos de argila do solo em quatro diferentes pontos x e o ponto x_0 no qual se deseja estimar o conteúdo de argila.

γ (h=2,5 m) = 0,50 %^{2}
γ (h=5,0 m) = 0,91 %^{2}
γ (h=7,5 m) = 1,30 %^{2}
γ (h=10 m) = 1,68 %^{2}
γ (h=15 m) = 2,36 %^{2}

Desse modo, pode-se construir o sistema de equações (em analogia ao sistema 39) para estimativa por krigagem ordinária do ponto x_0:

$$[A] = \begin{bmatrix} \gamma[z(x_1),z(x_1)] & \gamma[z(x_1),z(x_2)] & \gamma[z(x_1),z(x_3)] & \gamma[z(x_1),z(x_4)] & 1 \\ \gamma[z(x_2),z(x_1)] & \gamma[z(x_2),z(x_2)] & \gamma[z(x_2),z(x_3)] & \gamma[z(x_2),z(x_4)] & 1 \\ \gamma[z(x_3),z(x_1)] & \gamma[z(x_3),z(x_2)] & \gamma[z(x_3),z(x_3)] & \gamma[z(x_3),z(x_4)] & 1 \\ \gamma[z(x_4),z(x_1)] & \gamma[z(x_4),z(x_2)] & \gamma[z(x_4),z(x_3)] & \gamma[z(x_4),z(x_4)] & 1 \\ 1 & 1 & 1 & 1 & 0 \end{bmatrix} ;$$

$$[b] = \begin{bmatrix} \gamma[z(x_1),z(x_0)] \\ \gamma[z(x_2),z(x_0)] \\ \gamma[z(x_3),z(x_0)] \\ \gamma[z(x_4),z(x_0)] \\ 1 \end{bmatrix} ; [\lambda] = \begin{bmatrix} \lambda_1 \\ \lambda_2 \\ \lambda_3 \\ \lambda_4 \\ \mu \end{bmatrix}$$

$$\begin{bmatrix} 0,09 & 0,91 & 1,68 & 2,36 & 1 \\ 0,91 & 0,09 & 0,91 & 1,68 & 1 \\ 1,68 & 0,91 & 0,09 & 0,91 & 1 \\ 2,36 & 1,68 & 0,91 & 0,09 & 1 \\ 1 & 1 & 1 & 1 & 0 \end{bmatrix} \begin{bmatrix} \lambda_1 \\ \lambda_2 \\ \lambda_3 \\ \lambda_4 \\ \mu \end{bmatrix} = \begin{bmatrix} 1,30 \\ 0,50 \\ 0,50 \\ 1,30 \\ 1 \end{bmatrix}$$

[A]　　　　　　[λ]　　[b]

o qual é resolvido segundo:

$$[\lambda] = [A]^{-1} [b]$$

em que a matriz $[A]^{-1}$ é a matriz inversa de $[A]$. Uma revisão sobre operação com matrizes é apresentada em Yamamoto e Landim (2013).

$$[A]^{-1} = \begin{bmatrix} -0,6156 & 0,5981 & -0,0162 & 0,0336 & 0,4617 \\ 0,5981 & -1,1949 & 0,6129 & -0,0162 & 0,0383 \\ -0,0162 & 0,6129 & -1,1949 & 0,5981 & 0,0383 \\ 0,0336 & -0,0162 & 0,5981 & -0,6156 & 0,4617 \\ 0,4617 & 0,0383 & 0,0383 & 0,4617 & -1,2301 \end{bmatrix}$$

Resultando:

$$[\lambda] = \begin{bmatrix} -0,003195 \\ 0,503195 \\ 0,503195 \\ -0,003195 \\ 0,00781 \end{bmatrix}$$

Como pode ser visto no resultado da matriz de pesos [λ], foram encontrados valores negativos de λ_1 e λ_4. Yamamoto (2010) cita que Journel e Rao, em 1996, interpretaram os pesos da krigagem ordinária como probabilidade condicional (λ_j, j = 1, 2,....., N). Essa interpretação só é possível se todos os pesos da krigagem ordinária forem positivos e com soma igual a 1 (Equação 33). Portanto, isso significa que se um peso negativo for encontrado, este deve ser substituído. O algoritmo para substituição de pesos negativos, proposto por Journel e Rao (Yamamoto, 2010) consiste em adicionar uma constante (C), igual ao módulo do maior peso negativo, a todos os pesos. Em seguida, os pesos são normalizados (τ_j) novamente para soma igual a 1, segundo a expressão:

$$\tau_j = \frac{\lambda_j + j}{\sum_{j=1}^{N}(\lambda_j + C)} \quad \text{para } j = 1,2,3,....N$$

em que $C = |\lambda_j|$ é o maior peso negativo em módulo. Dessa forma, Yamamoto (2010) menciona que o algoritmo elimina apenas a amostra com maior peso negativo em módulo e, caso existam mais amostras com pesos negativos, os seus pesos serão substituídos pela adição da constante C. A estimativa da krigagem ordinária, após a correção dos pesos negativos, no ponto não amostrado x_0, torna-se:

$$z^*(x_0) = \sum_{j=1}^{N} \tau_j z(x_j) \quad (32a)$$

Para o nosso exemplo:

λ_j	C	$\lambda_j + C$	τ_j
-0,003195	0,003195	0	0
0,503195		0,50639	0,5
0,503195		0,50639	0,5
-0,003195		-2,8E-16	0
0,007814			

Aplicando a Equação 32a teremos que:

$$z^*(x_0 = 12{,}5\,m) = (0 \times 36{,}5) + (0{,}5 \times 35{,}0)$$
$$+ (0{,}5 \times 35{,}0) + (0 \times 35{,}5) = 35{,}0\,\%$$

Isso significa que $z(x_1)$ e $z(x_4)$ têm peso igual a 0 e $z(x_2)$ e $z(x_3)$ têm peso igual a 0,5 na estimativa de $z^*(x_0)$. A variância associada a tal estimativa (Equação 35),

$$\sigma^2_{z^*(x_0)} = (0 \times 1{,}30) + (0{,}5 \times 0{,}5) + (0{,}5 \times 0{,}5)$$
$$+ (0 \times 1{,}30) + 0{,}007814 = 0{,}507814\,(\%)^2$$

ou de forma matricial apresentada na Equação 38:

$$\sigma^2_{z^*(x_0)} = \begin{bmatrix} 0 \\ 0{,}5 \\ 0{,}5 \\ 0 \\ 0{,}007814 \end{bmatrix} \times [1{,}30\ \ 0{,}5\ \ 0{,}5\ \ 1{,}30\ \ 1\ ] = 0{,}507814\,(\%)^2$$

$$[\lambda] \quad \cdot \quad [b]^t \quad = \sigma^2_{z^*(x_0)}$$

Assim, o conteúdo de argila estimado na distância de 12,5 metros é de 35% com um desvio-padrão (lembrando que é igual à raiz quadrada da variância) de ±0,713%. Pode-se notar que os dois pontos vizinhos contribuíram com igual peso na estimativa do novo ponto, o que é correto já que os dois se localizam a uma mesma distância desse ponto. Por escolha do exemplo, $z(x_0)$ foi igual à média de $z(x_2)$ e $z(x_3)$, mas em geral isso não acontece. Se a pergunta fosse calcular $z(x_0)$ para 11,0 m, provavelmente apareceria uma contribuição maior de $z(x_2)$.

Existem outros tipos de krigagem além da krigagem ordinária, como: simples, universal, log-normal, em blocos, indicatriz e disjuntiva. Maiores detalhes sobre esses tipos podem ser encontrados nos textos de Journel e Huijbregts (1978), Isaaks e Srivastava (1989), Goovaerts (1997) e Webster e Oliver (2007), dentre outros.

A determinação de variáveis, em alguns estudos, pode ser de custo elevado e de difícil metodologia podendo comprometer o estudo da sua variabilidade temporal ou espacial. Entretanto, se a variável de custo elevado e/ou de difícil determinação apresentar correlação espacial com outra variável de simples determinação e/ou de baixo custo pode-se fazer a sua estimativa usando informações de ambas expressas no semivariograma cruzado (Equação 29), por meio de uma técnica denominada de **cokrigagem** (*cokriging*). Uma aplicação recente de semivariogramas (Equação 21), semivariogramas cruzados (Equação 29), krigagem (Equação 32) e cokrigagem em nosso meio é o trabalho de Soares et al. (2020). Os autores usaram dados de porosidade total, macro e microporosidade, densidade do solo e uso do solo coletados em 179 pontos de uma malha experimental estabelecida na bacia Sanga Ellert localizada no sul do estado do Rio Grande do Sul, como variáveis auxiliares na elaboração do mapa da condutividade hidráulica do solo saturado (Ksat) por meio da co-krigagem. Compararam os mapas de Ksat gerados pela co-krigagem com os mapas individuais gerados pela krigagem. Soares et al. (2020) concluíram que a técnica de semivariograma cruzado e posterior cokrigagem quando comparada com o semivariograma individual de Ksat e posterior krigagem propiciou uma melhor qualidade do mapa de Ksat na bacia em estudo. Maiores detalhes dessa técnica podem ser encontrados em Olea (1999) e Vieira (2000), dentre outros textos geoestatísticos já anteriormente citados.

Simulação geoestatística – simulação sequencial gaussiana

Embora a krigagem faça uma boa estimativa local do parâmetro estudado e seja um estimador muito utilizado, ela tende a suavizar a variabilidade espacial do atributo, *i.e.*, superestimativa dos valores baixos e subestimativa dos valores altos. Como consequência, a krigagem não reproduz adequadamente as estatísticas espaciais do conjunto amostral usado para fazer as estimativas em pontos não amostrados (Deutsch; Journel, 1997; Zhao et al., 2017). Dessa forma, o procedimento de inferência do fenômeno espacial não pode ser realizado com exatidão, já que não é possível concluir de forma correta sobre a distribuição e variabilidade espaciais do atributo em estudo (Yamamoto; Landim, 2013). O efeito de suavização é um erro considerável quando se trata de representar padrões de valores de atributos extremos (Goovaerts, 1997), como é, por exemplo, o caso da condutividade hidráulica do solo saturado, a qual apresenta distribuição de frequência log-normal, exemplificada na Figura 2B. Para resolver o problema da suavização da Krigagem, a simulação sequencial gaussiana foi a solução adotada pela Geoestatística (Olea, 1999). A Figura 12 ilustra, como exemplo, valores de um atributo Z estimados pela Krigagem (Figura 12A) e um mapa usando simulação no qual são apresentadas as distribuições de frequências do atributo simulado Z (Figura 12B).

A simulação sequencial geoestatística não apresenta os inconvenientes mencionados, uma vez que reproduz, de forma satisfatória, as estatísticas dos dados amostrais, tais como a média, o histograma e o semivariograma, além de permitir modelar a incerteza associada à estimativa da variável em estudo (Deutsch; Journel, 1997). A reprodução do histograma e do semivariograma amostrais é conhecida na Geoestatística como precisão global. Já quando não se reproduz o histograma e o semivariograma amostrais, tem-se apenas a precisão local (caso da krigagem).

A ideia básica da simulação geoestatística é gerar um conjunto de representações equiprováveis da distribuição espacial dos valores do atributo em estudo e usar as diferenças entre os mapas simulados como uma medida de incerteza. A avaliação da incerteza acerca dos valores do atributo em estudo é uma etapa preliminar para avaliar o risco envolvido em qualquer processo de tomada de decisão (Boluwade; Madramootoo, 2015; Kim et al., 2019) para avaliar a incerteza e delinear áreas de risco à salinidade em escala de campo (Zhao et al., 2017), para simular a condutividade hidráulica do solo saturado em escala de bacia hidrográfica, usando todos os campos simulados de Ksat no modelo SWAP e determinar as lâminas de água para irrigação, considerando também diferentes dados climáticos de diferentes modelos climáticos (Melo, 2015; Siqueira et al., 2019; Santos et al., 2021a), para avaliar a propagação dos erros de estimativa da condutividade hidráulica do solo saturado na simulação do escoamento superficial direto usando o modelo Lisem (Hu et al., 2015; Santos et al., 2021b), entre outras aplicações.

A simulação sequencial consiste em condicionar a estimativa de uma variável Z em uma posição x a toda informação disponível na vizinhança de x, incluindo valores observados e também valores previamente simulados. Portanto, o termo sequencial deriva do fato de que o conjunto de dados condicionante é progressivamente atualizado conforme os valores são simulados.

De acordo com Goovaerts (1997), os seguintes passos são adotados para a simulação sequencial:

1. definição de um caminho aleatório entre os nós;
2. para cada nó, encontrar os dados vizinhos mais próximos, incluindo os dados originais e valores de nós previamente simulados;

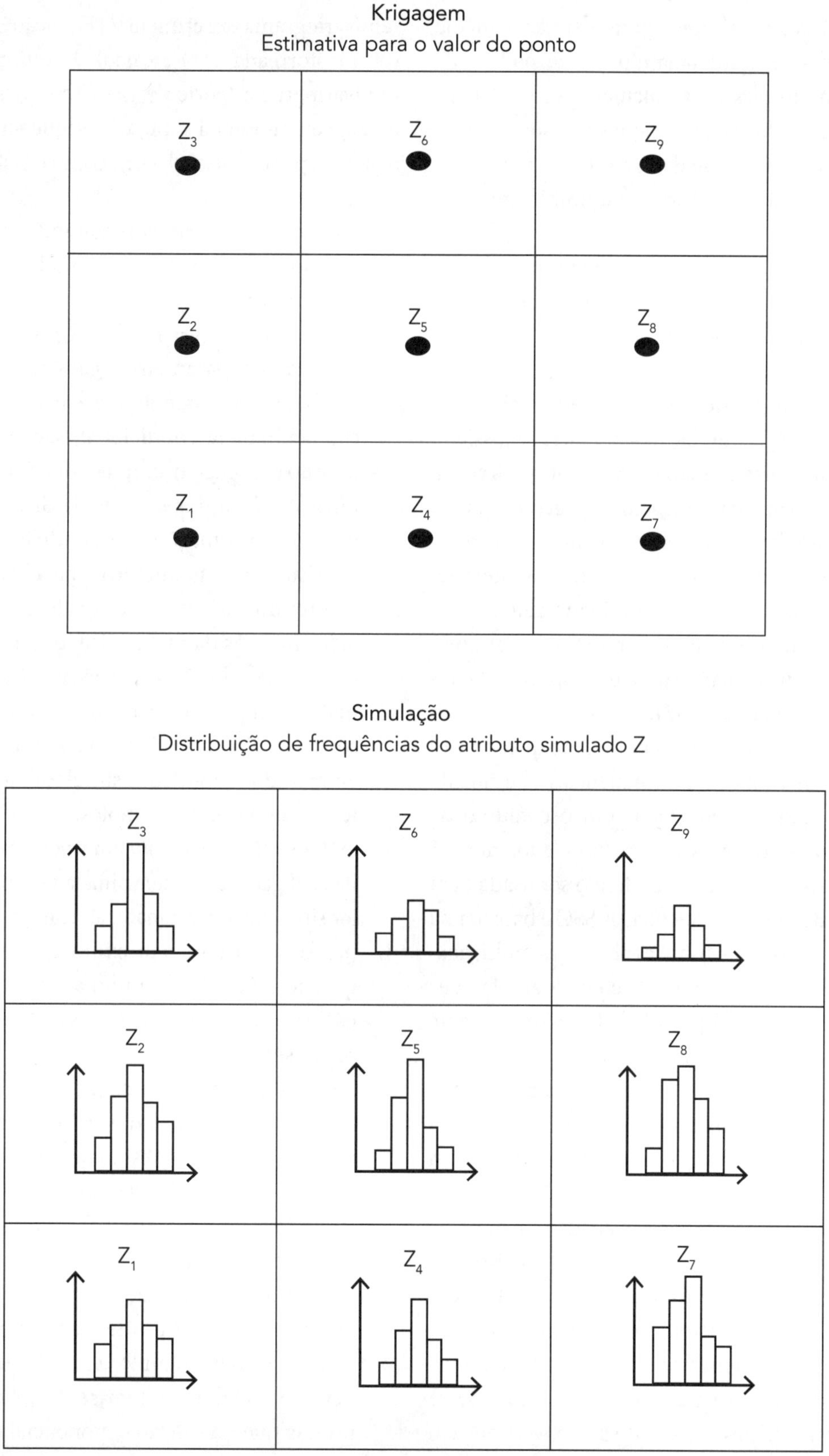
Krigagem
Estimativa para o valor do ponto
Z3
Z6
Z9
Z2
Z5
Z8
Z1
Z4
Z7
Simulação
Distribuição de frequências do atributo simulado Z
Z3
Z6
Z9
Z2
Z5
Z8
Z1
Z4
Z7

FIGURA 12 Ilustração de um mapa estimado pela krigagem (A) e um mapa usando simulação no qual são apresentadas as distribuições de frequências do atributo simulado Z (B). O valor estimado do atributo Z na krigagem (mapa em A) é tomado como a média de cada distribuição gaussiana no mapa em B.

3. usar a krigagem simples para estimar a média da distribuição gaussiana e o desvio-padrão da krigagem simples para calcular o erro. Relembrando que a krigagem simples pressupõe que a média do conjunto de dados é conhecida e considerada constante em todo o domínio amostral (Yamamoto; Landim, 2013);
4. adicionar o valor simulado ao conjunto de dados;
5. ir ao próximo nó e repetir até que todos os nós tenham sido visitados.

Entre os métodos de simulação sequencial mais utilizados, tem-se a simulação sequencial gaussiana (SSG), a qual utiliza a média e o desvio-padrão da distribuição normal da krigagem para gerar a forma da distribuição das incertezas associadas à estimativa em um determinado ponto amostral (Siqueira et al., 2019). A razão de ser denominada gaussiana é pela necessidade que os dados amostrais sejam primeiramente transformados para um espaço gaussiano normal (Goovaerts, 1997).

O método SSG é baseado no fato de que, no i-ésimo nó, a distribuição de frequências acumulada condicional (ccdf) é modelada com o conjunto de dados original e todos os valores simulados nos i-1 nós visitados anteriormente, podendo ser usada para a simulação de nós subsequentes. A SSG é baseada na aplicação do modelo de funções aleatórias multigaussianas, que é o modelo paramétrico mais amplamente usado porque possui propriedades extremamente convenientes, tornando simples a inferência dos parâmetros da distribuição de frequências acumulada condicional (ccdf). O método SSG começa com uma identificação da distribuição normal da variável em estudo. Para isso, a normalidade (Figura 2A, Equação 17) da distribuição de dados é avaliada por meio de um teste de aderência, por exemplo, teste de Kolmogorov-Smirnov, já anteriormente mencionado. Se o conjunto de dados não for normalmente distribuído, ele deverá ser transformado para atingir a normalidade. Os dados originais (ou transformados) da variável $Z(x)\{[z(x_i), i = 1, ..., n]\}$ são convertidos em valores $y(x)\{[y(x_i), i = 1, ..., n]\}$, que são os escores da distribuição normal, com média zero $\{E[Y(x)] = 0\}$ e variância unitária $\{Var[Y(x)] = 1\}$. Logo após, o semivariograma experimental (Equação 21) da variável transformada $Y(x)$ é calculado e um modelo de semivariograma teórico $\gamma_Y(h)$ (Equações 24, ou 25, ou 26) será usado na simulação sequencial gaussiana realizada para a variável $Y(x)$, como é visto a seguir:

1. um caminho aleatório visitando cada nó x' é definido, sendo cada nó da malha visitado apenas uma vez;
2. em cada nó x'_j (j = 1, 2,..., N nós) da malha simulada, os parâmetros gaussianos (média e variância), que definem a função de distribuição acumulada condicional, são determinados usando a krigagem simples com o modelo de semivariograma dos escores da distribuição normal. As informações de condicionamento (n) consistem em um número especificado n(x') dos escores normais $y(x_i)$ e dos valores $y^{(l)}(x'_j)$ simulados nos nós da malha visitados anteriormente ("l" indica o l-ésima realização). Cada nó x'_j da malha simulada possui uma ccdf gaussiana associada a ele, condicionada ao número de dados amostrados e aos dados simulados anteriormente usando krigagem simples;
3. extrai-se aleatoriamente um valor simulado $y^{(l)}(x'_j)$ da ccdf gaussiana determinada no nó x'_j e esse valor simulado é adicionado ao conjunto de dados;
4. prossegue-se para o próximo nó da malha simulada ao longo do caminho aleatório e repete-se os passos ii e iii até que todos os N nós da malha sejam simulados;
5. ao final da simulação sequencial gaussiana são obtidos os conjuntos dos valores simulados $\{y^{(l)}(x'_j), j = 1, ..., N\}$ que estão no domínio da distribuição gaussiana. Desse modo, os valores simulados devem ser retrotransformados para a escala original da variável $Z(x)$, aplicando a função inversa de transformação dos dados gaussianos que depende do tipo de transformação usada, ou seja, se, por exemplo, a função logaritmo neperiano foi adotada, tem-se de aplicar a função inversa que é a função exponencial e;
6. o conjunto resultante de valores simulados $[z^{(l)}(x'_j), j = 1, 2, ..., N]$ representa uma realização l (l = 1, 2, ..., L) da função aleatória $[Z(x_j)]$ nos

N nós x'$_j$. Qualquer número L de realizações [z$^{(l)}$(x'$_j$), j = 1,2,..., N], l = 1, 2,..., L, pode ser obtido repetindo L vezes todo o processo sequencial com possíveis caminhos diferentes para visitar os N nós. O procedimento de simulação gera, em cada nó x'$_j$, uma distribuição de L valores que pode ser usada para uma aproximação numérica da ccdf. Ao gerar várias realizações, o tempo computacional pode ser reduzido consideravelmente, mantendo o mesmo caminho aleatório para todas as realizações. No entanto, existe o risco de gerar realizações muito semelhantes. Portanto, é melhor usar um caminho aleatório (*random path*) diferente para cada realização (Goovaerts, 1997).

Em vez de um mapa das melhores estimativas locais (krigagem), o SSG gera um mapa ou uma realização l de valores z, ou seja, [z$^{(l)}$(x'$_j$), j = 1, ..., N, x$_i$ € $\Re^d$, d = 2 dimensões], que reproduz estatísticas consideradas mais importantes para o problema em questão. Os requisitos típicos para esse mapa simulado são os seguintes:

1. os valores simulados z$^{(l)}$(x$_i$) devem honrar os valores amostrados z(x$_i$);

$$z^{(l)}(X_i) = z(x_i) \qquad \forall x = x_i, \alpha = 1, ...,$$
n (n = números de pontos amostrais)

Dessa forma, a realização l é considerada condicional aos valores originais dos dados (Goovaerts, 1997);
2. o histograma de valores simulados em cada realização l reproduz satisfatoriamente o histograma dos dados amostrais; e
3. o modelo teórico de semivariograma do conjunto de dados original é reproduzido por cada modelo simulado de semivariograma gerado por cada realização l.

Avaliações das incertezas locais e globais da variável em estudo por meio da SSG

A ideia básica é gerar um conjunto de L representações equiprováveis da distribuição espacial da variável Z em estudo e usar as diferenças entre os L mapas simulados como uma medida de incerteza (Goovaerts, 2001), ou seja, o conjunto de L realizações [z$^{(l)}$(x'$_j$), j = 1,2,..., N], l = 1, 2,..., L, fornecerá uma medida visual e quantitativa da incerteza espacial da variável em estudo.

Suponha que [F(z(x$_0$); z|(n)] seja a distribuição de frequência acumulada condicional modelando a incerteza sobre o z desconhecido [z(x$_0$)]. Em vez de gerar um único valor estimado z*(x$_0$) da ccdf, é possível extrair uma série de L valores simulados z$^{(l)}$(x$_0$), l = 1, 2, ... L. Cada valor z$^{(l)}$(x$_0$) representa uma saída possível da variável aleatória Z(x$_0$) modelando a incerteza local de x$_0$. A ccdf correspondente a cada local é definida como a aproximação numérica de um conjunto de simulações alternativas prováveis geradas pelo método SSG (Zhao; Tumarbay; Xue, 2017). A probabilidade de que o valor da variável em estudo é menor que um limite crítico (z$_c$) em x$_0$ pode ser calculada como (Goovaerts, 1997):

$$F[z(x_0); z_c |(n)] = \text{Prob}[z(x_0) < z_c |(n)|] = \frac{n(x_0)}{L}$$

em que n(x$_0$) representa o número de simulações em que o valor da variável Z no local x é menor que o seu valor limite determinado (z$_c$), n é a informação de condicionamento para a construção da ccdf dos valores simulados e L é o número total de realizações para simular z(x$_0$). A notação "|(n)" expressa condicionamento às informações locais, ou seja, n dados nas vizinhanças. O problema de determinar a distribuição de frequências acumulada condicional (ccdf) no local x$_0$ se reduz ao de estimar os poucos parâmetros correspondentes, isto é, a média e a variância da expressão analítica. Cada ccdf [F(z(x$_0$); z$_c$|(n)]) fornece uma medida de incerteza local, uma vez que está relacionada a um local específico x$_0$.

A incerteza espacial global (ou de múltiplos pontos) expressa a incerteza que prevalece em conjunto em vários locais (Goovaerts, 1997). Em vez de gerar um único valor estimado z(x$_0$), como é o caso da krigagem visto anteriormente, da ccdf, um conjunto de L realizações z$^{(l)}$(x$_0$) (l=1, 2,...L) em qualquer local específico pode ser gerado. Isso é feito usando a ccdf de um ponto [F(z(x_0); z|(n)]) que modela a incerteza nesse local. Cada $z^{(l)}(x_0)$ representa uma possível realização da função aleatória Z(x_0) modelando a incerteza no local x_0. Suponha que uma região denominada "A" tenha sido classificada como "potencial geradora de escoamento superficial direto" com base na ccdf de um ponto único. Existem J locais x_{0j}, j=1, 2..., J dentro da região "A". A probabilidade, pelo menos k (≤J) localizações com valores simulados da variável Z que não excedam o z_c (o valor limite de Z), pode ser usada para avaliar a confiança da região "A" declarada como "potencial geradora de escoamento superficial direto". Quando k é igual a J, os valores simulados da variável em todos os locais (x_{01}, x_{02}, x_{03}, ..., x_{0k}) na região "A" devem ser menores que o dado limite. A probabilidade conjunta de que Z valoriza z(x_{01}), z(x_{02}), z(x_{03}), ..., z(x_{0k}) no local denominado de "potencial geradora de escoamento superficial direto" é menor que z_c é calculada por (Goovaerts, 1997):

$$\text{Prob}[z(x_{01}) < z_c, z(x_{02}) < z_c, ..., z(x_{0k}) < z_c | n] = \frac{n(x_{01}, x_{02}, ..., x_{0k})}{L}$$

em que n(x_{01}, x_{02},... x_{0k}) é o número de realizações nas quais todos os valores simulados da variável Z em k locais x_{01}, x_{02},... x_{0k} estão abaixo do valor limite fornecido z_c e L é o número total de realizações.

Exemplo de aplicação de simulação sequencial gaussiana usando dados de Ksat em escala de bacia hidrográfica

O exemplo a seguir foi extraído dos trabalhos de doutorado de Santos et al. (2021a,b). Os autores aplicaram o método de simulação sequencial gaussiana usando dados de condutividade hidráulica do solo saturado (Ksat) (extraídos de Soares, 2018) no intuito de avaliar a influência da variabilidade espacial da Ksat sobre hidrogramas de escoamento superficial direto (ESD) originados de eventos de chuva, com base em simulação hidrológica pelo modelo LImburg Soil Erosion Model (Lisem) na bacia hidrográfica sanga Ellert (BHSE), no município de Canguçu, sul do Rio Grande do Sul (Figura 13).

Uma malha experimental de 106 pontos espaçados de 100 m na direção oeste por 75 m na direção sul foi estabelecida na BHSE no início do trabalho de campo (Soares, 2018). Posteriormente, para melhor modelar a estrutura da variabilidade espacial dos atributos em estudo, em especial a Ksat, foram coletadas, adicionalmente, 78 amostras de solo em uma área específica da bacia hidrográfica da BHSE, espaçada de 25 m em ambas as direções, totalizando 184 pontos de amostragem (Figura 13). Em função de problemas com cinco amostras no laboratório foram usados 179 pontos no estudo. O software ArcGIS foi utilizado para estabelecer a malha de amostragem e obter as coordenadas UTM de cada ponto (Environmental Systems Research Institute, Redlands, CA).

Em cada ponto amostral da malha experimental, os valores de condutividade hidráulica do solo saturado foram determinados na camada de 0-20 cm do solo. Maiores detalhes sobre os procedimentos de amostragem e metodologia usada na determinação de Ksat podem ser vistos em Soares (2018).

O conjunto de dados de Ksat foi submetido a uma análise exploratória calculando média, variância, coeficiente de variação, assimetria, coeficiente de variação e curtose da distribuição. O teste de Kolmogorov-Smirnov (no nível de significância de 5%) foi aplicado para avaliar a normalidade da distribuição dos dados originais, indicando que os dados seguiam uma distribuição log-normal. Dessa forma, o logaritmo natural (ln) foi aplicado aos dados de Ksat para obter a distribuição normal.

Foram calculados os semivariogramas experimentais para os dados de Ksat, usando a Equação 21, para oito direções diferentes, cada uma variando em 22,5° (direções de 0°; 22,5°; 45°; 67,5°; 90°; 112,5°; 135° e 157,5°), para verificar a presença ou não de anisotropia dos dados K_{sat} na área de estudo. Os semivariogramas experimentais de Ksat nas oito direções foram ajustados aos modelos de semivariograma teórico esférico (Equação 24), exponencial (Equação 25) e gaussiano (Equação 26). O melhor modelo teórico de semivariograma foi escolhido visualmente. Com base nisso, foram obtidas as direções de maior e me-

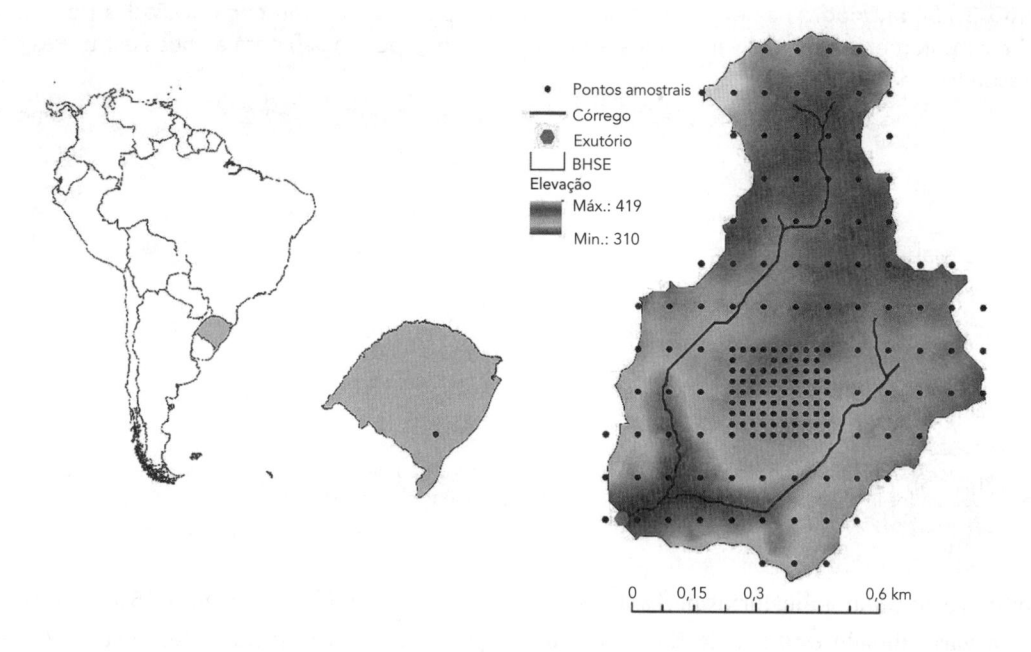

FIGURA 13 Localização, topografia, hidrografia e pontos de amostragem da bacia hidrográfica sanga Ellert (BHSE), no município de Canguçu, sul do Rio Grande do Sul. Fonte: extraída de Soares (2018).

nor continuidade espacial, e um modelo de blocos foi gerado para toda a área experimental (Quadro 3). A direção da maior e menor continuidade espacial do semivariograma foi usada para limitar o raio de busca na grade da amostra para realizar a simulação.

A direção de maior continuidade espacial de Ksat foi de 135º e a menor de 45º, ambas perpendiculares entre si, sendo o modelo exponencial mais bem visualmente ajustado aos semivariogramas experimentais entre os três modelos teóricos avaliados (Quadro 3). Duas estruturas de variabilidade espacial foram utilizadas durante o processo de ajuste do modelo exponencial, no qual foram obtidos seus parâmetros (c_0 = efeito pepita, c_0 + C = patamar) para cada estrutura espacial. A primeira estrutura apresentou Efeito Pepita de 0,1, contribuição de 0,70 e alcance de 69,0 m, enquanto a segunda estrutura apresentou uma contribuição de 0,93 e alcance de 126,0 m, utilizando o mesmo Efeito Pepita (Quadro 3). A equação do modelo teórico de semivariograma que foi ajustada às duas estruturas de semivariograma experimental foi $\gamma(h) = 0{,}1 + 0{,}7 \cdot \text{Exp}(69m) + 0{,}93 \cdot \text{Exp}(126m)$.

Conforme dito anteriormente, o conceito "sequencial" refere-se ao processo de usar um caminho aleatório para visitar cada nó da malha simulada na aplicação da SSG até que todos os "nós" tenham sido simulados. É recomendável usar um caminho aleatório diferente para cada realização ou campo aleatório. Neste estudo, foram realizadas simulações com diferentes números de sementes aleatórias. No entanto, os resultados não foram melhores do que quando a mesma semente foi considerada para cada caminho aleatório gerado. Nussbaumer et al. (2018) demonstraram que considerar um caminho constante no início do processo de visita dos nós a serem simulados na malha permite ganhos computacionais substanciais com boa precisão de simulação. A SSG foi realizada em uma malha simulada de 1.020 × 1.350 m (pixel de 15 × 15 m) o que totalizou 3.553 pontos simulados, em que o valor simulado correspondeu ao centroide do pixel. Cem realizações (L = 100) foram usadas nesse estudo, portanto, 100 mapas simulados de Ksat, 100 histogramas simulados de Ksat e 100 semivariogramas de Ksat foram gerados com base no método SSG. Todas as análises estatísticas e geoestatísticas clássicas foram realizadas usando os softwares GSLib (Deutsch; Journel, 1997) e SGeMS (Remy; Boucher; Wu, 2009).

QUADRO 3 Semivariogramas experimentais direcionais para as oito direções avaliadas por Santos et al. (2021a) e os parâmetros do semivariograma teórico (modelo exponencial) para as duas estruturas de variabilidade espacial adotadas

Direção	c_0	c_0+C*	Alcance* (m)	c_0+C**	Alcance**(m)
0°			90,0		100,0
22,5°			27,0		54,0
45°			70,0		110,0
67,5°			22,5		85,5
90°	0,10	0,70	72,0	0,93	103,5
112,5°			40,5		90,0
135°			69,0		126,0
157,5°			63,0		90,0

c_0: Efeito Pepita; c_0+C: patamar; * e **: referem-se a valores de contribuição para a primeira e a segunda estrutura de variabilidade espacial dos dados lnKsat, melhor modelados pelo modelo exponencial, respectivamente.

O número de campos aleatórios necessários para capturar a variabilidade espacial de Ksat foi determinado analisando-se o desvio-padrão acumulado, conforme mais campos aleatórios iam sendo gerados. Quando se observou a estabilidade no valor do desvio-padrão, determinou-se então o número de campos aleatórios que seriam utilizados na análise de incertezas e variabilidade espacial de Ksat com base na SSG. O desvio-padrão para o primeiro campo gerado (Simulação 1) foi calculado usando os valores retrotransformados do espaço gaussiano para o espaço amostral, conforme já abordado. Em seguida, o próximo desvio-padrão foi calculado por meio da acumulação do primeiro e do segundo campos gerados, e assim por diante até o cálculo do desvio-padrão acumulado para todos os campos aleatórios simulados. A Figura 14 apresenta os valores dos desvios-padrão acumulados em função do número de realizações no qual foi possível identificar o número de realizações (campos) necessário para capturar a variabilidade da variável da Ksat. Pode-se observar que 100 campos (realizações) aleatórios foram suficientes para uma SSG adequada, uma vez que, o desvio-padrão acumulado dos valores simulados estabilizou em torno de 100 realizações (Figura 14). Isso significa que a precisão geral da simulação K_{sat} foi alcançada quando 100 realizações aleatórias foram geradas.

Não é intuito dos autores apresentarem todos os 100 semivariogramas teóricos simulados durante a SSG já que ficaria maçante ao leitor. Como exemplo, são apresentados na Figura 15 os semivariogramas teóricos de seis campos simulados aleatoriamente (campo simulado 1, 6, 10, 20, 75 e 100) e o semivariograma teórico ajustado aos dados de Ksat (Quadro 3). Pode-se observar que os semivariogramas simulados flutuam em torno do modelo de semivariograma dos dados de Ksat. Tais discrepâncias entre estatísticas de realização e modelo são denominadas flutuações ergódicas (Goovaerts, 2001). A Figura 15 mostra que a simulação 20 produziu as maiores flutuações na reprodução do modelo de semivariograma teórico de Ksat quando comparado aos outros cinco modelos simulados de semivariograma. Essas flutuações na reprodução do modelo de semivariograma teórico dos dados amostrais de Ksat podem indicar indiretamente grande incerteza sobre as estatísticas da amostra (Melo, 2015). A Figura 15 também mostra que visualmente a estrutura de variabilidade espacial dos dados de Ksat foi reproduzida satisfatoriamente por todos os seis campos gerados, simulando campos equiprováveis e indicando que a SSG pode ser eficiente na geração de outros campos simulados equiprováveis de Ksat na área estudada. Segundo Deutsch e Journel (1997), a reprodução do histograma e do semivariograma dos dados amostrais da variável em estudo é conhecida como precisão global em geoestatística.

A Figura 16 mostra que o histograma dos dados amostrais de Ksat (Figura 16A) foi reproduzido satisfatoriamente pelos histogramas dos campos simulados 1, 6, 10, 20, 75 e 100 (Figura 20.16B a G).

A Figura 17 mostra, como exemplo, os mapas simulados de distribuição espacial de Ksat para as simulações 1, 6, 10, 20, 75 e 100. As 100 realizações geradas pela SGS foram suficientes para se obter um resultado estável (Figura 14), no entanto, não é prático avaliar estatísticas de cada amostra gerada em cada realização (Zhao et al., 2017). Embora não mostrado neste momento, todos os 100 mapas simulados de Ksat foram similares em geral, mas com detalhamentos diferentes, como pode ser observado neste exemplo apresentado na Figura 17.

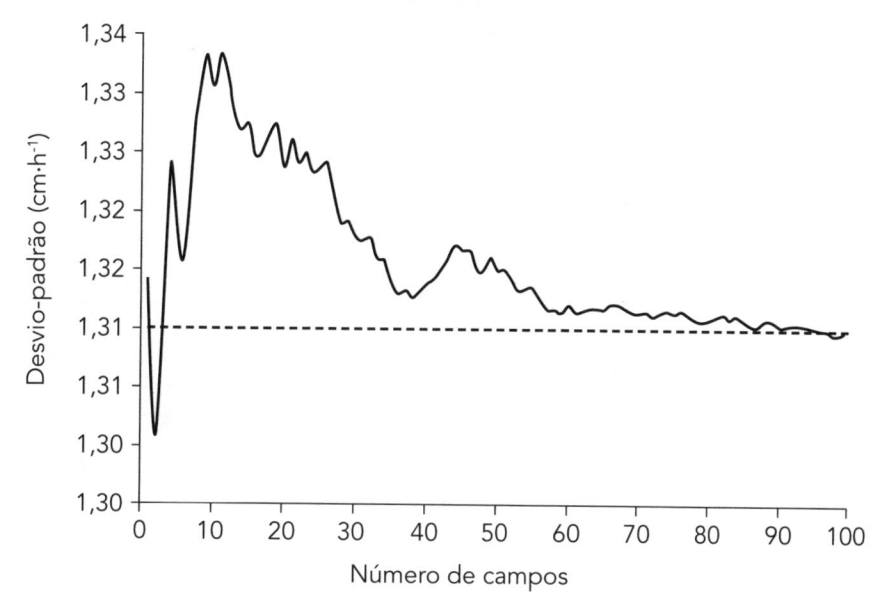

FIGURA 14 Desvio-padrão dos valores de Ksat em função do número de campos aleatórios usados na simulação sequencial gaussiana.
Fonte: adaptada de Santos et al. (2021a).

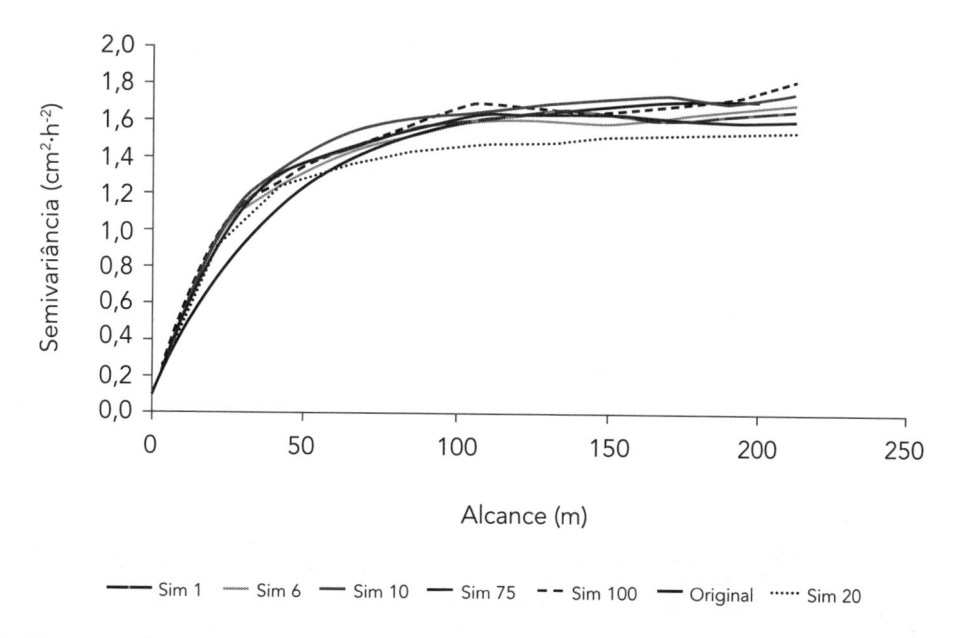

FIGURA 15 Comparação entre os semivariogramas teóricos dos dados amostrais de Ksat e os semivariogramas teóricos dos seis campos equiprováveis simulados, usados como exemplo.
Fonte: adaptada de Santos et al. (2021a).

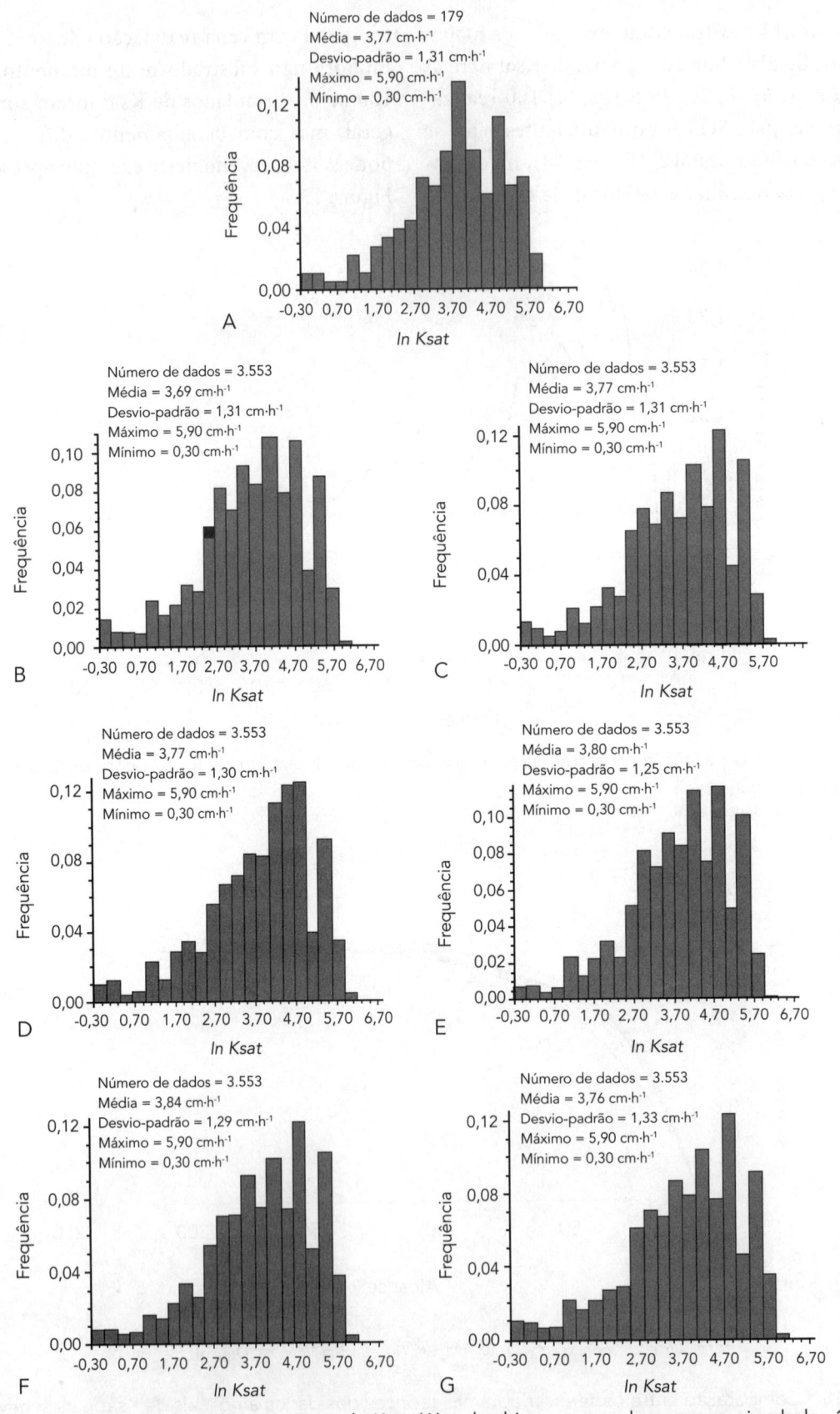

FIGURA 16 Histograma dos dados amostrais de Ksat (A) e dos histogramas dos campos simulados 1 (B), 6 (C), 10 (D), 20 (E), 75 (F) e 100 (G).

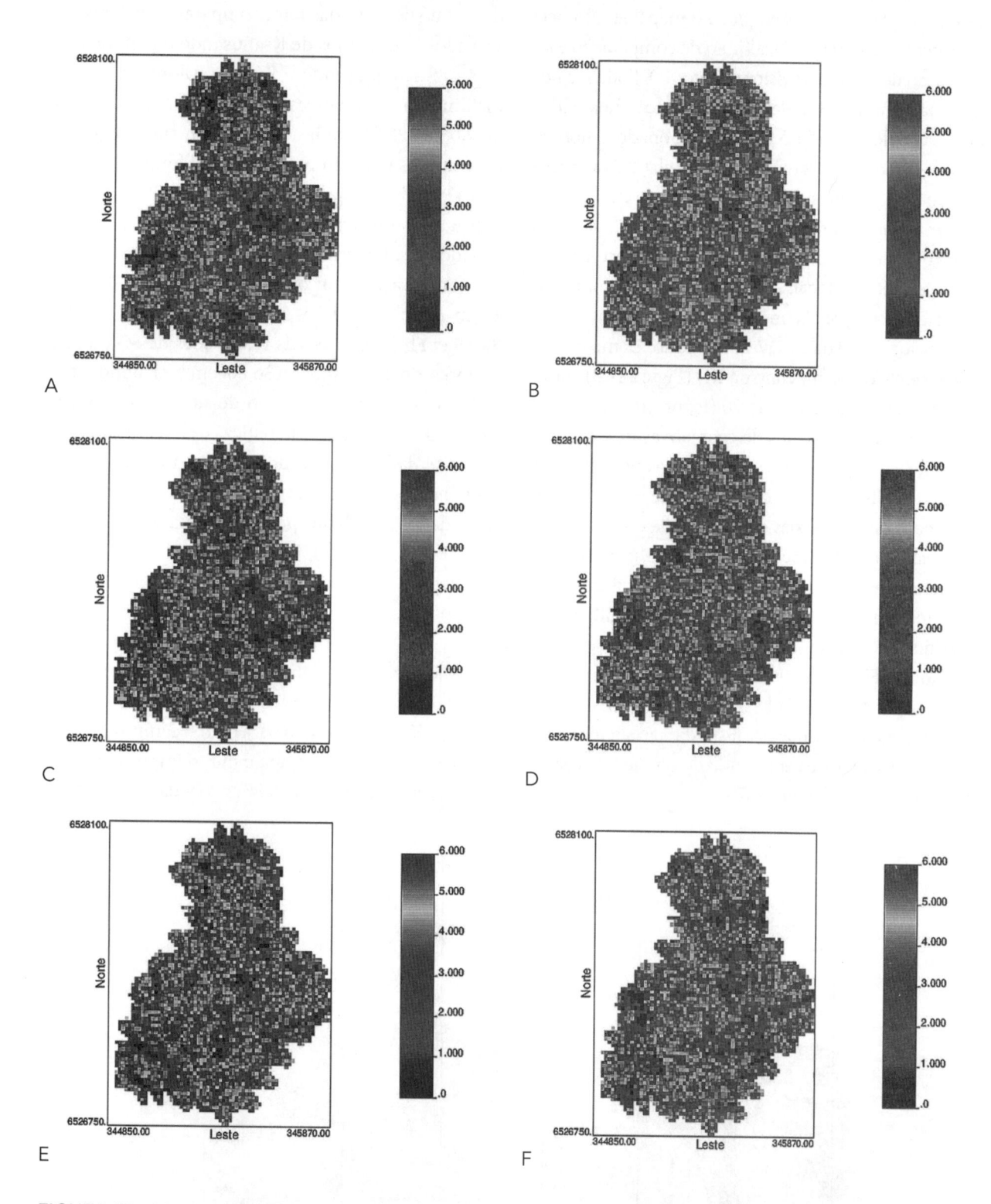

FIGURA 17 Mapas simulados de distribuição espacial de Ksat referentes aos campos simulados 1 (A), 6 (B), 10 (C), 20 (D), 75 (E) e 100 (F).

Veja a figura colorida em https://conteudo-manole.com.br/cadastro/solo-planta-atmosfera-4aedicao.

A Figura 18 mostra o mapa simulado pela realização 20 na SSG, como exemplo, e o mapa gerado pela krigagem ordinária (KO), a título de comparação e de aplicação do conteúdo visto no item KO. Pode ser notado na Figura 18B o efeito de suavização nos dados de Ksat pelo método KO, já mencionado anteriormente. Isso ocorre segundo Santos et al. (2021a), principalmente, porque a krigagem envolve o BLUE (*Best Linear Unbiased Estimator*), que exige que a variação do erro seja mínima. Além disso, a KO fornece estimativas de precisão local, sem considerar as propriedades estatísticas globais (média, variância, histograma e semivariograma) da variável em estudo. Comparando visualmente o desempenho da KO (Figura 18B) com a SSG em relação à realização 20 (Figura 18A), pode-se observar que, em termos de estimativas de Ksat, não há efeito de suavização na SSG, apenas na krigagem. Chilès e Delfiner (2012) enfatizam que quanto maior o número de realizações da variável de estudo, maior a probabilidade de a média de suas realizações convergir para o resultado da estimativa por krigagem. No entanto, uma representatividade mais detalhada da distribuição espacial de Ksat foi produzida pela realização 20 (Figura 18A). Dessa forma, o método SSG gerou um mapa simulado que pode ser considerado uma representação mais realista da variabilidade espacial de Ksat na área em estudo do que aquela gerada pelo método KO (Figura 18B).

O Quadro 4 apresenta os resultados das medidas estatísticas usadas para comparar os valores observados e simulados de Ksat usando o método SSG e os estimados usando a KO. Os valores mínimo e máximo das estimativas de Ksat usando KO foram de 2,06 e 228,75 cm.h^{-1}, respectivamente, enquanto os mínimos e máximos observados foram de 0,76 e 376,43 cm.h^{-1}, respectivamente. Como se pode observar, os valores mínimo e máximo foram superestimados e subestimados pelo KO, respectivamente, em comparação com os dados observados de Ksat. Além disso, os valores do desvio-padrão (76,91 a 83,15 cm.h^{-1}) para as seis realizações de SGS foram maiores do que aquele (36,60 cm.h^{-1}) obtido por KO, o que confirma o efeito de suavização do método KO. As medidas estatísticas descritivas do conjunto de dados observados de Ksat foram bastante semelhantes às medidas descritivas de cada conjunto de dados simulados pela SSG (Quadro 4).

Análise das incertezas locais e globais da Ksat por meio da SSG

A Figura 19 apresenta o mapa de distribuição espacial dos valores de desvio-padrão dos dados simulados de Ksat em cada nó para os 100 campos gerados no método SSG. Esse mapa é muito importante para analisar as incertezas locais envolvidas no método

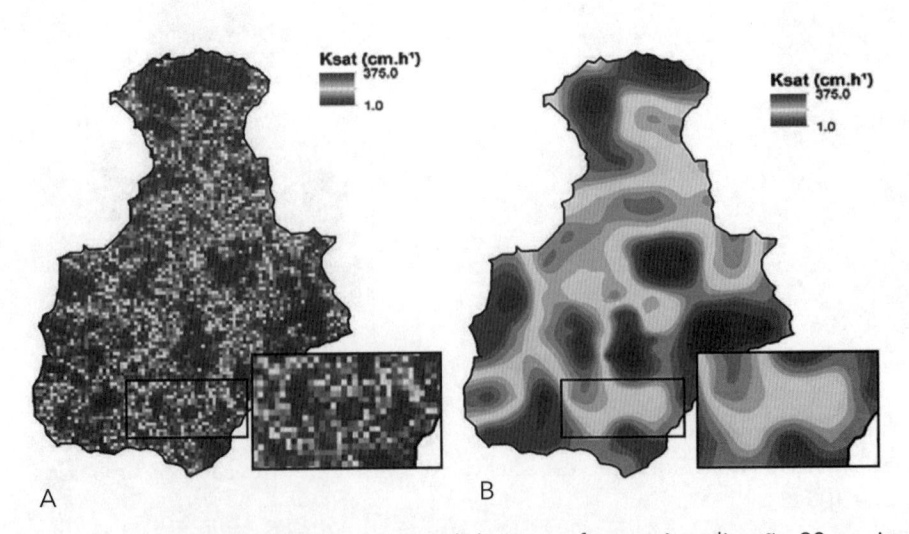

FIGURA 18 Mapa simulado de distribuição espacial de Ksat referente à realização 20 na simulação sequencial gaussiana (A) e mapa de Ksat gerado pela krigagem ordinária (B).

Veja a figura colorida em https://conteudo-manole.com.br/cadastro/solo-planta-atmosfera-4aedicao.

SSG, sendo indispensável qualificá-lo como uma ferramenta para o mapeamento da Ksat e sua aplicação a um modelo de simulação hidrológica, por exemplo (Santos et al., 2021b). Os menores valores de desvio-padrão foram observados na área da bacia hidrográfica onde ocorreu o adensamento amostral, cujo espaçamento foi de 25 m x 25 m. Nota-se que o uso de um adensamento pode ser, em alguns casos como no estudo de Santos et al. (2021a), indispensável para o estudo da estrutura de variabilidade espacial da Ksat em pequena escala, reduzindo as incertezas da interpolação e melhorando a qualidade do modelo de semivariograma. O método de simulação sequencial gaussiana pode capturar esse efeito. Santos et al. (2021b) descreve algumas aplicações do mapa apresentado na Figura 19 do ponto de vista hidrológico. Cabe aqui indicar ao leitor uma em que ele sugere que locais onde o desvio-padrão é menor, os valores de Ksat são mais confiáveis para serem usados em uma classificação de grupo hidrológico no método CN-S-CS. Dessa forma, seria possível a construção de intervalos de possibilidades, levando a reduzir a incerteza relacionada à parametrização dos modelos hidrológicos. Portanto, em modelos hidrológicos (como o

QUADRO 4 Estatísticas descritivas dos conjuntos de dados observados e simulados da condutividade hidráulica do solo saturado (Ksat, cm.h^{-1}) na malha experimental da bacia hidrográfica da Sanga Ellert (o número total de pontos amostrais foi de 179; o número total de pontos na malha simulada usando a simulação sequencial gaussiana (SSG) foi de 3.553 e o número de pontos usados na estimativa de Ksat via krigagem ordinária (KO) foi de 3.512

Ksat	Mín.	Máx.	Média	Mediana	DP
Observados	0,76	376,43	81,15	52,65	80,69
KO (estimados)	2,06	228,75	51,95	41,48	36,60
Sim 20	0,74	375,03	79,82	54,60	76,91
Sim 1	0,74	375,03	75,90	49,40	77,49
Sim 6	0,74	375,03	80,88	54,60	79,24
Sim 10	0,74	375,03	80,56	54,60	80,09
Sim 75	0,74	375,03	80,39	54,60	83,15
Sim 100	0,74	375,03	81,31	54,60	80,92

Sim = simulação usando SSG; Mín. e Máx.: valores mínimo e máximo dos dados Ksat, respectivamente; DP: desvio-padrão.

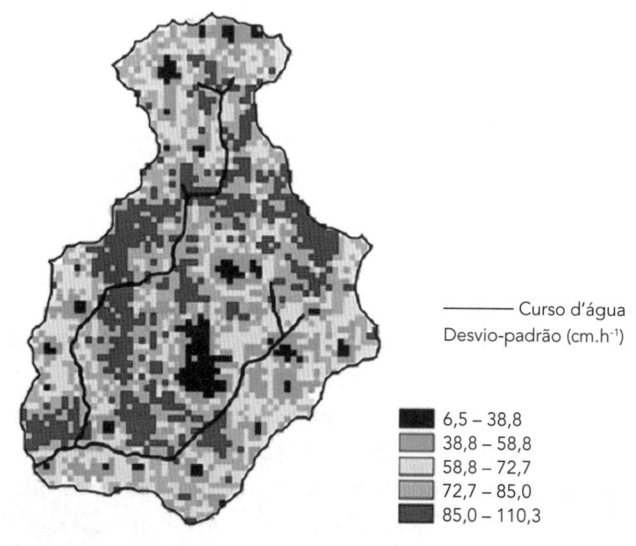

FIGURA 19 Mapa de distribuição espacial dos valores de desvio-padrão usando os dados simulados de Ksat para a BHSE usando o método de simulação sequencial gaussiana.
Veja a figura colorida em https://conteudo-manole.com.br/cadastro/solo-planta-atmosfera-4aedicao.

LISEM, por exemplo) que consideram a Ksat como uma variável de entrada ou usam uma técnica numérica para calibrá-la, o uso do mapa de desvio-padrão pode ser promissor, reduzindo a incerteza quanto ao uso desse atributo do solo na estrutura dos modelos.

Para determinar as incertezas globais da Ksat foram escolhidos os valores referentes a 5% e a 95% de probabilidade de não excedência dos valores simulados, representando, desta forma, um cenário mais favorável e outro mais desfavorável ao fluxo de água no solo, por exemplo (Figura 20). Os percentis de 5% e 95% para os dados médios dos campos de Ksat simulados pela SSG foram, respectivamente, de 72,93 e 85,89 $cm.h^{-1}$, tendo uma incerteza de 12,96 $cm.h^{-1}$ para tais percentis (Figura 20). Sendo assim, pode-se afirmar com 90% de certeza com base nos valores médios dos campos simulados que a condutividade hidráulica do solo saturado varia entre 72,93 e 85,89 $cm.h^{-1}$ na área em estudo. Melo (2015) encontrou uma incerteza de 20,56 $cm\ dia^{-1}$ para os dados de Ksat referentes aos percentis de 5 e 95% em uma bacia hidrográfica localizada na região noroeste do Rio Grande do Sul.

Como dito no início deste tópico, a intenção dos autores é de dar ao leitor uma introdução ao assunto de simulação sequencial gaussiana com um exemplo de aplicação. Maiores detalhes dessa técnica podem ser encontrados em Deutsch e Journel (1997), Goovaerts (1997) e Yamamoto e Landim (2013), dentre outros textos geoestatísticos.

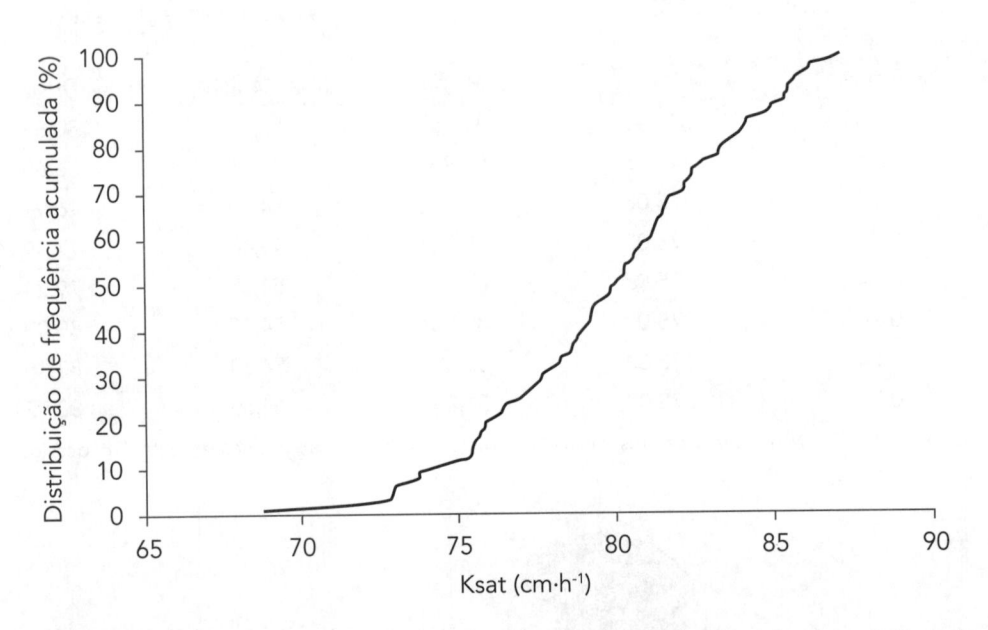

FIGURA 20 Distribuição de frequência acumulada em função dos valores médios dos campos simulados de Ksat pela simulação sequencial gaussiana.

> Foi mostrado que a Estatística de Fisher aplicada a dados coletados de forma aleatória dentro de uma área ou dentro de um intervalo de tempo pode também ser aplicada a dados coletados de forma sistemática, como é o caso das transeções e das malhas. São introduzidos conceitos importantes como covariância, autocorrelograma e o semivariograma da geoestatística clássica. Aspectos conceituais da geoestatística baseada em Modelos Gaussianos Lineares Mistos foram apresentados. Também foram discutidos métodos geoestatísticos de interpolação de dados que permitem a construção de mapas com maior precisão.

EXERCÍCIOS

1. Em uma área experimental foi estabelecida uma malha de amostragem de 10 m x 10 m, totalizando 100 pontos amostrais (maiores detalhes sobre a área experimental e a malha estabelecida se encontram no trabalho de Parfitt et al., 2009; 2013; 2014). Em cada ponto amostral, foram coletadas amostras de solo com estrutura não preservada e preservada, na camada de 0-0,20 m de profundidade, onde foram determinados os teores de areia e os valores de microporosidade (micro) (aqui considerado como os valores do conteúdo de água no solo retidos na tensão ≥ 6 kPa), os quais são apresentados no quadro a seguir:

Ponto	x	y	areia %	micro %	Ponto	x	y	areia %	micro %
1	0	90	46	28	51	50	90	44	27
2	0	80	45	29	52	50	80	48	28
3	0	70	43	34	53	50	70	45	31
4	0	60	44	34	54	50	60	39	32
5	0	50	45	34	55	50	50	40	35
6	0	40	43	35	56	50	40	38	36
7	0	30	43	36	57	50	30	40	33
8	0	20	42	36	58	50	20	42	33
9	0	10	42	35	59	50	10	41	33
10	0	0	41	34	60	50	0	41	32
11	10	90	48	31	61	60	90	44	28
12	10	80	47	33	62	60	80	48	28
13	10	70	44	29	63	60	70	48	28
14	10	60	44	28	64	60	60	47	18
15	10	50	43	30	65	60	50	39	31
16	10	40	44	36	66	60	40	40	32
17	10	30	43	37	67	60	30	42	32
18	10	20	41	35	68	60	20	45	30
19	10	10	41	35	69	60	10	44	29
20	10	0	42	33	70	60	0	41	31
21	20	90	46	29	71	70	90	48	28
22	20	80	48	27	72	70	80	49	29
23	20	70	47	31	73	70	70	51	27
24	20	60	46	30	74	70	60	48	29
25	20	50	44	31	75	70	50	40	32
26	20	40	44	33	76	70	40	43	33
27	20	30	44	36	77	70	30	47	28
28	20	20	43	36	78	70	20	49	30
29	20	10	42	32	79	70	10	52	29
30	20	0	42	33	80	70	0	47	31
31	30	90	50	28	81	80	90	48	28
32	30	80	48	28	82	80	80	52	26
33	30	70	49	28	83	80	70	51	28

34	30	60	48	27	84	80	60	53	28
35	30	50	48	28	85	80	50	46	31
36	30	40	46	33	86	80	40	47	30
37	30	30	45	28	87	80	30	49	28
38	30	20	46	33	88	80	20	54	28
39	30	10	44	31	89	80	10	49	30
40	30	0	43	31	90	80	0	50	27
41	40	90	48	28	91	90	90	49	31
42	40	80	47	29	92	90	80	51	27
43	40	70	46	28	93	90	70	49	38
44	40	60	46	27	94	90	60	53	30
45	40	50	46	33	95	90	50	52	32
46	40	40	42	31	96	90	40	51	29
47	40	30	43	33	97	90	30	52	31
48	40	20	43	30	98	90	20	54	28
49	40	10	45	30	99	90	10	52	31
50	40	0	47	30	100	90	0	49	34

Pede-se:
1. Faça a análise clássica estatística de cada série determinando média, desvio-padrão, variância, coeficiente de variação (CV), coeficientes de assimetria e de curtose.
2. Calcule os semivariogramas experimentais e teóricos com respectivos parâmetros de ajustes (c_0: Efeito Pepita; c_0+C: patamar; a: alcance) para cada variável, o grau de dependência espacial (GDE de acordo com Cambardella et al., 1994) e verifique a qualidade do ajuste do semivariograma por meio do procedimento de validação cruzada.
3. É possível elaborar o mapa de cada variável por meio da técnica de krigagem? Se sim, faça o mapa de distribuição espacial para cada variável?

RESPOSTAS

1.

Atributo	Média	Desvio-padrão	Variância	CV(%)	Coeficiente de assimetria	Coeficiente de curtose
areia	46	3,741	13,992	8,1	0,19	-0,67
micro	31	3,095	9,577	10,0	-0,26	1,55

2.

Atributo	Modelo	c_0	c_0 + C	a (m)	r^2	SQR	GDE (%)	Validação cruzada	
								r^{2*}	CR
areia	Gaussiano	0,31	14,17	33,3	0,98	1,27	2,2	0,78	0,91
micro	Gaussiano	4,81	9,62	41,7	0,97	0,33	50,0	0,36	0,92

c_0: Efeito Pepita; c_0+C: patamar; a: alcance; r^2: coeficiente de determinação; SQR: soma dos quadrados dos resíduos; GDE = grau de dependência espacial [c_0/(c_0+C)]*100; r^{2*} e CR: coeficiente de determinação e coeficiente angular da regressão linear, respectivamente, referentes à validação cruzada.

3. Sim, é possível.

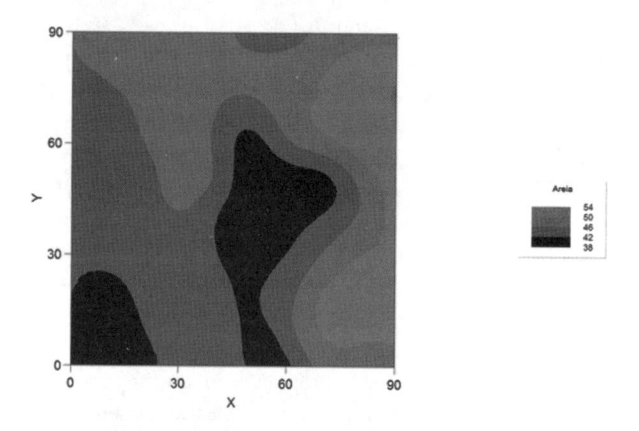

3.1. Mapa de distribuição espacial do teor de areia

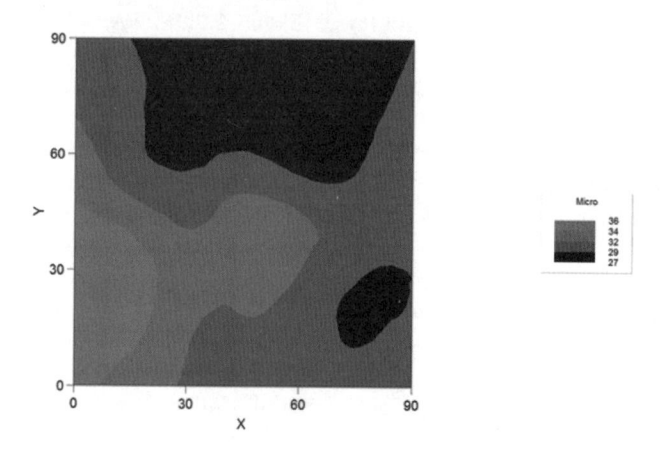

3.2. Mapa de distribuição espacial dos valores de microporosidade do solo

LITERATURA CITADA

BITENCOURT, D.G.B.; TIMM, L.C.; GUIMARÃES, E.C.; PINTO, L.F.S.; PAULETTO, E.A.; PENNING, L.H. Spatial variability structure of the surface layer attributes of Gleysols from the Coastal Plain of Rio Grande do Sul. *Bioscience Journel*, v. 31, p. 1711-21, 2015.

BITENCOURT, D.G.B.; BARROS, W.S.; TIMM, L.C.; SHE, D.; PENNING, L.H.; PARFITT, J.M.B.; REICHARDT, K. Multivariate and geostatistical analyses to evaluate lowland soil levelling effects on physico-chemical properties. *Soil & Tillage Research*, v. 156, p. 63-73, 2016.

BOLUWADE, A.; MADRAMOOTOO, C.A. Geostatistical independent simulation of spatially correlated soil variables. *Computers & Geosciences*, v. 85, p. 3-15, 2015.

BUTLER, D.G.; CULLIS, B.R.; GILMOUR, A.R.; GOGEL, B.J.; THOMPSON, R. *ASReml-R Reference Manual version 4*. Hemel Hempstead (England), VSNI International Ltd, p. 176, 2017.

CAMBARDELLA, C.A.; MOORMAN, T.B.; NOVAK, J.M.; PARKIN, T.B.; KARLEN, D.L.; TURCO, R.F.; KONOPKA, A.E. Field-scale variability of soil properties in Central Iowa soils. *Soil Science Society of America Journal*, v. 58, p. 1501-11, 1994.

CASSALHO, F.; BESKOW, S.; MELLO, C.R.; MOURA, M.M.; KERSTNER, L.; ÁVILA, L.F. At-site flood frequency analysis coupled with multiparameter probability distributions. *Water Resources Management*, v. 32, p. 285-300, 2018.

CHILÈS, J.P.; DELFINER, P. *Geostatistics*: modeling spatial uncertainty. 2.ed. Hoboken (New Jersey): John Wiley & Sons Inc., 2012. p. 699.

CRESSIE, N.A.C. *Statistics for spatial data*. New York, John Wiley & Sons Inc., 1993. p. 900.

CRESSIE, N.; HAWKINS, D.M. Robust estimation of the variogram: I. *Mathematical Geology*, v. 12, n. 2, p. 115-25, 1980.

DAVIS, J.C. *Statistics and data analysis in geology*. 2.ed. New York, John Wiley & Sons, 1986. p. 646.

DEUTSCH, C.V.; JOURNEL, A.G. *GSLIB*. Geostatistical software library and user's guide. 2.ed. New York, Oxford University Press, 1997. p. 369.

DIGGLE P.J.; RIBEIRO JUNIOR, P.J. *Model-based Geostatistics*. New York, Springer, 2007. p. 228.

GILMOUR, A.R.; CULLIS, B.R.; VERBYLA, A.P. Accounting for natural and extraneous variation in the analysis of field experiments. *Journal of Agricultural, Biological, and Environmental Statistics*, v. 2, p. 269-73, 1997.

GILMOUR, A.R.; GOGEL, B.J.; CULLIS, B.R.; WELHAM, S.J.; THOMPSON, R. *ASReml User Guide Release 4.1 Functional Specification*. Hemel Hempstead, VSN International Ltd, 2015. p. 346.

GOOVAERTS, P. *Geostatistics for natural resources evaluation*. New York, Oxford University Press Inc., 1997. p. 483.

GOOVAERTS, P. Geostatistical modelling of uncertainty in soil science. *Geoderma*, v. 103, p. 3-26, 2001.

GUEDES, L.P.C.; OPAZO-URIBE, M.A.; RIBEIRO JUNIOR, P.J. Influence of incorporating geometric anisotropy on the construction of thematic maps of simulated data and chemical attributes of soil. *Chilean Journal of Agricultural Research*, v. 73, n. 4, p. 414-23, 2013.

GUIMARÃES, E.C. *Geoestatística básica e aplicada*. Uberlândia, Faculdade de Matemática-Universidade Federal de Uberlândia, 2004. p. 77.

GUSELLA, V. Estimation of extreme winds from short-term records. *Journal of Structural Engineering*, v. 117, p. 375-90, 1991.

HASKARD, K.A. *An anisotropic Matern spatial covariance model:* REML estimation and properties. 2007. 197f. Thesis (Ph.D.) – School of Agriculture and Wine Biometrics. The University of Adelaide. Adelaide, Australia, 2007.

HASKARD, K.A.; CULLIS, B.R.; VERBYLA, A.P. Anisotropic Matern correlation and spatial prediction using REML. *Journal of Agricultural, Biological and Environmental Statistics*, v. 12, p. 147-60, 2007.

HENDERSON, C.R. Statistical methods in animal improvement: Historical overview. *In*: GIANOLA, P.D.D.; HAMMOND, D.K. (ed.). *Advances in statistical methods for genetic improvement of livestock, advanced series in agricultural sciences*. Berlin, Springer, 1990. p. 2-14.

HOSKING, J.R.M. Testing whether the shape parameter is zero in the generalized extreme-value distribution. *Biometrika*, v. 71, p. 367-74, 1984.

HU, W.; SHE, D.; SHAO, M.A.; CHUN, K.P.; SI, B. Effects of initial soil water content and saturated hydraulic conductivity variability on small watershed runoff simulation using LISEM. *Hydrological Sciences Journal*, v. 60, p. 1137-54, 2015.

HUI, S.; WENDROTH, O.; PARLANGE, M.B.; NIELSEN, D.R. Soil variability – Infiltration relationships of agroecosystems. *Journal of Balkan Ecology*, v. 1, p. 21-40, 1998.

ISAAKS, E.H.; SRIVASTAVA, R.M. *Applied geostatistics*. New York, Oxford University Press, 1989. p. 561.

ISIK, F.; HOLLAND, J.; MALTECCA, C. *Genetic data analysis for plant and animal breeding*. Cham (Switzerland), Springer, p. 400, 2017.

JOURNEL, A.G.; HUIJBREGTS, C.H.J. *Mining geoestatistics*. New York, Academic Press Inc., 1978. p. 600.

KIM, H.R.; KIM, K.H.; YU, S.; MONIRUZZAMAN, M.; HWANG, S.H.; LEE, G.T.; YUN, S.T. Better assessment of the distribution of As and Pb in soils in a former smelting area, using ordinary co-kriging and sequential Gaussian cosimulation of portable X-ray fluorescence (PXRF) and ICP-AES data. *Geoderma*, v. 341, p. 26-38, 2019.

LARK, R.M.; CULLIS, B.R.; WELHAM, S.J. On spatial prediction of soil properties in the presence of a spatial trend: The empirical best linear unbiased predictor (E-BLUP) with REML. *European Journal of Soil Science*, v. 57, p. 787-99, 2006.

MARQUES, R.F.P.V.; MELLO, C.R.; SILVA, A.M.; FRANCO, C.S.; OLIVEIRA, A.S. Performance of the probability distribution models applied to heavy rainfall daily events. *Ciência & Agrotecnologia*, v. 38, p. 335-42, 2014.

MATHERON, G. Principles of Geostatistics. *Economic Geology*, v. 58, p. 1246-66, 1963.

MELO, T.M. *Simulação estocástica dos impactos das mudanças climáticas sobre as demandas de água para irrigação na região Noroeste do Rio Grande do Sul*. 2015. 133f. Tese (Doutorado em Recursos Hídricos e Saneamento Ambiental) – Programa de Pós-Graduação em Recursos Hídricos e Saneamento Ambiental. Instituto de Pesquisas Hidráulicas. Universidade Federal do Rio Grande do Sul. Porto Alegre, 2015.

MURSHED, M.D.S.; SEOB, Y.A.; PARKC, J-S.; LEE, Y. Use of beta-P distribution for modeling hydrologic events. *Communications for Statistical Applications and Methods*, v. 25, p. 15-27, 2018.

NIELSEN, D.R.; WENDROTH, O. Spatial and temporal statistics – sampling field soils and their vegetation. *Cremlingen-Desdedt*, Catena-Verlag, p. 416, 2003.

NUSSBAUMER, R.; MARIETHOZ, G.; GRAVEY, M.; GLOAGUEN, E.; HOLLIGER, K. Accelerating Sequential Gaussian Simulation with a constant path. *Computers & Geosciences*, v. 112, p. 121-32, 2018.

OLEA, R.A. *Geostatistics for engineers and earth scientists*. New York, Springer, p. 303, 1999.

PARFITT, J.M.B. *Impacto da sistematização sobre atributos físicos, químicos e biológico em solos de várzea*. 2009. 92f. Tese (Doutorado em Solos) – Programa de Pós-Graduação em Agronomia. Faculdade de Agronomia Eliseu Maciel. Universidade Federal de Pelotas. Pelotas, 2009.

PARFITT, J.M.B.; TIMM, L.C.; PAULETTO, E.A.; SOUSA, R.O. de; CASTILHOS, D.D.; ÁVILA, C.L. de; RECKZIEGEL, N.L. Spatial variability of the chemical, physical and biological properties in lowland cultivated with irrigated rice. *Revista Brasileira de Ciência do Solo*, Viçosa, MG, v. 33, n. 4, p. 819-30, 2009.

PARFITT, J.M.B; TIMM, L.C.; REICHARDT, K.; PINTO, L.F.S.; PAULETTO, E.A.; CASTILHOS, D.D. Chemical and biological attributes of a lowland soil affected by land leveling. *Pesquisa Agropecuária Brasileira*, Brasília, DF, v. 48, n. 11, p. 1489-97, 2013.

PARFITT, J.M.B; TIMM, L.C.; REICHARDT, K.; PAULETTO, E.A. Impacts of land levelling on lowland soil physical properties. *Revista Brasileira de Ciência do Solo*, v. 38, n. 1, p. 315-26, 2014.

PIANA, C.F. de B.; MACHADO, A. de A.; SELAU, L.P.R. Estatística Básica. Pelotas, Departamento de Matemática e Estatística/Instituto de Física e Matemática/Universidade Federal de Pelotas, p. 119, 2009. (Apostila Didática).

PIMENTEL-GOMES, F. *Curso de estatística experimental*. 14.ed. Piracicaba, Degaspari, 2000. p. 477.

R CORE TEAM. *R:* A language and environment for statistical computing. Vienna, R Foundation for Statistical Computing. 2016. Disponível em: http://www.R-project.org/. Acesso em: 1 ago. 2021.

REICHARDT, K.; VIEIRA, S.R.; LIBARDI, P.L. Variabilidade espacial de solos e experimentação de campo. *Revista Brasileira de Ciência do Solo*, Viçosa, MG, v. 10, n. 1, p. 1-6, 1986.

REMY, N.; BOUCHER, A.; WU, J. *Applied Geostatistics with SGeMS*. 1.ed. New York, Cambridge University Press, 2009. p. 264.

RESENDE, M.D.V. de. Efeitos fixos ou aleatórios de repetições no contexto dos modelos mistos no melhoramento de plantas perenes. Curitiba: Embrapa Florestas, 2002. p. 23.

ROBERTSON, G.P. *GS*: Geostatistics for the environmental sciences. Plainwell (Michigan-EUA), Gamma Design Software, p. 172, 2008.

ROBINSON, G.K. That BLUP is a good thing – The estimationof random effects. *Statistical Science*, v. 6, p. 15-51, 1991.

SANTOS, R.C.V. dos; SOARES, M.F.; TIMM, L.C.; SIQUEIRA, T.M.; MELLO, C.R.; BESKOW, S.; KAISER, D.R. Spatial uncertainty analysis of the saturated soil hydraulic conductivity in a subtropical watershed. *Environmental Earth Sciences*, v.80, p.1 - 15, 2021a.

SANTOS, R.C.V. dos; VARGAS, M.M.; TIMM, L.C.; BESKOW, S.; SIQUEIRA, T.M.; MELLO, C.R.; SOARES, M.F.; DE MOURA, M.M.; REICHARDT, K. Examining the implications of spatial variability of saturated soil hydraulic conductivity on direct surface runoff hydrographs. *Catena*, v. 207, p.105693, 2021b.

SHUMWAY, R.H.; STOFFER, D.S. *Time series analysis and its applications with R examples*. 4.ed. New York, Springer, 2017. p. 562.

SI, B.C. Spatial scaling analyses of soil physical properties: A review of spectral and wavelet methods. *Vadose Zone Journal*, v. 7, n. 2, p. 547-62, 2008.

SIQUEIRA, T.M.; LOUZADA, J.A.; PEDROLLO, O.C.; CASTRO, N.M.R. Soil physical and hydraulic properties in the Donato stream basin, RS, Brazil. Part 2: Geostatistical simulation. *Revista Brasileira de Engenharia Agrícola e Ambiental*, Campina Grande, PB, v. 23, p. 675-80, 2019.

SLAETS, J.I.F.; BOEDDINGHAUS, R.S.; PIEPHO, H.-P. Linear mixed models and geostatistics for designed experiments in soil science: two entirely different methods or two sides of the same coin ? *European Journal of Soil Science*, v. 72, p. 47-68, 2021.

SOARES, M.F. Variabilidade espacial dos atributos físico-hídricos e do carbono orgânico do solo de uma bacia hidrográfica de cabeceira em Canguçu – RS. 2018. 101f. Dissertação (Mestrado em Recursos Hídricos) – Programa de Pós-Graduação em Recursos Hídricos. Universidade Federal de Pelotas. Pelotas, 2018.

SOARES, M.F.; CENTENO, L.N.; TIMM, L.C.; MELLO, C.R.; KAISER, D.R.; BESKOW, S. Identifying covariates to assess the spatial variability of saturated soil hydraulic conductivity using robust cokriging at the watershed scale. *Journal of Soil Science and Plant Nutrition*, v. 20, p. 1491-502, 2020.

STEFANOVA, K.T.; SMITH, A.B.; CULLIS, B.R. Enhanced diagnostics for the spatial analysis of field trials. *Journal of Agricultural, Biological, and Environmental Statistics*, v. 14, p. 392-410, 2009.

STROUP, W.W. Power analysis based on spatial effects mixed models: A tool for comparing design and analysis strategies in the presence of spatial variability. *Journal of Agricultural Biological and Environmental Statistics*, v. 7, p. 491-511, 2002.

TIMM, L.C.; PIRES, L.F.; CENTENO, L.N.; BITENCOURT, D.G.B.; PARFITT, J.M. B.; CAMPOS, A.D.S. Assessment of land levelling effects on lowland soil quality indicators and water retention evaluated by multivariate and geostatistical analyses. *Land Degradation & Development*, v. 31, p. 959-74, 2020.

VIEIRA, S.R. Geoestatística em estudos de variabilidade espacial do solo. In: NOVAIS, R.F.; ALVAREZ, V.H.; SCHAEFER, C.E.G.R. (ed.). *Tópicos em ciência do solo*. Viçosa, Sociedade Brasileira de Ciência do Solo, v. 1, 2000. p. 1-54.

VIEIRA, S.R.; TILLOTSON, P.M.; BIGGAR, J.W.; NIELSEN, D.R. Scaling of semivariograms and the kriging estimation of field-measured properties. *Revista Brasileira de Ciência do Solo*, v. 21, n. 4, p. 525-33, 1997.

WEBSTER, R.; OLIVER, M.A. *Geostatistics for environmental scientists*. 2.ed. Chichester (England), John Wiley & Sons Ltd., 2007. p. 315.

WEBSTER, R. Statistics to support soil research and their presentation. *European Journal of Soil Science*, v. 52, p. 331-40, 2001.

WENDROTH, O.; REYNOLDS, W.D.; VIEIRA, S.R.; REICHARDT, K.; WIRTH, S. Statistical approaches to the analysis of soil quality data. In: GREGORICH, EG.; CARTER, M. R. (ed.). *Soil quality for crop production and ecosystem health*. Amsterdam, Elsevier Science, 1997. p. 247-76.

WILDING, L.P.; DREES, L.R. Spatial variability and pedology. In: WILDING, L.P.; SMECK, N.E.; HALL, G.F. (ed.). *Pedogenesis and soil taxonomy*: Concepts and interactions. New York, Elsevier, 1983. p. 83-116.

YAMAMOTO, J.K. Cálculo de mapas de probabilidade diretamente dos pesos da krigagem ordinária. *Revista do Instituto de Geociências*, São Paulo, v. 10, n. 1, p. 3-14, 2010.

YAMAMOTO, J.K; LANDIM, P.M.B. *Geoestatística*: conceitos e aplicações. São Paulo, Oficina de Textos, 2013. p. 215.

ZHAO, Y.; LEI, J.; TUMARBAY, H.; XUE, J. Using sequential Gaussian simulation to assess the uncertainty of the spatial distribution of soil salinity in arid regions of Northwest China. ***Arid Land Research and Management***, v. 32, p. 20-37, 2017.

21

Variabilidade espacial e temporal de atributos do SSPA: análise no domínio da frequência ou do espaço (ou do tempo)

A medida de qualquer variável dentro do SSPA, no espaço ou no tempo, nos leva a observar uma grande variabilidade nos dados obtidos. A explicação das variações desses dados pode estar nos processos que atuam sobre a variável mensurada ou estar em nossa metodologia de medida da variável. É difícil separar essas causas que afetam uma medida, e por isso é que métodos de medida são frequentemente aprimorados para minimizar seu efeito no valor final e para que a variabilidade observada seja principalmente devida àquela variável propriamente dita. Por exemplo, a medida da densidade de um solo varia com o método empregado e também nas diferentes posições no campo, tanto no espaço (de lugar para lugar) como no tempo (se em uma mesma posição o solo é compactado). A ferramenta mais comum para entender e mesmo quantificar essas variações nos dados obtidos é a estatística, com suas médias, desvios-padrão, testes de significância etc. Além de uma análise estatística, este capítulo mostra ao leitor que os cientistas descobriram como se aproveitar dessa variabilidade das características do SSPA e dela retirar informações muito importantes, o que no passado nem se cogitava fazer. Portanto, leitor, vá em frente neste capítulo, cuja matemática não é das mais simples, e que por essa razão foi deixado para o final do livro.

INTRODUÇÃO

Se a distribuição temporal e espacial dos atributos do sistema solo-planta-atmosfera (SSPA) for levada em consideração em estudos agronômicos, vimos no Capítulo 20 que as ferramentas da Geoestatística podem ser usadas para um melhor entendimento da relação entre esses atributos, bem como mapear sua distribuição espacial e temporal. Neste capítulo veremos outra forma de planejar experimentos em Agronomia, que utiliza técnicas importadas da Análise de Séries Temporais. Textos para um primeiro contato com essa técnica são os de Shumway (1988), Nielsen e Wendroth (2003),

Shumway e Stoffer (2017), Morettin e Toloi (2020) e revisões sobre sua aplicação em estudos agronômicos são dadas por Wendroth et al. (2014) e Timm et al. (2014). É oportuno ressaltar novamente que a técnica clássica de Fisher (chamada de estatística frequentista), a técnica das variáveis regionalizadas (Geoestatística) e a técnica de Análise de Séries Temporais que será vista neste capítulo se complementam. Uma não exclui a outra e perguntas respondidas por uma muitas vezes não podem ser respondidas pela outra.

Já foi dito no capítulo anterior que na experimentação agronômica é fundamental a metodologia de amostragem, tanto de solo como de planta ou de atmosfera. Foi enfatizado que na **"estatística clássica ou de Fisher"** recomenda-se a **amostragem casual**, por sorteio, distribuída aleatoriamente dentro do sistema, sendo que as coordenadas dos locais amostrados não são levadas em conta na análise estatística. Já na técnica das variáveis regionalizadas emprega-se a **amostragem regionalizada**, na qual as coordenadas dos locais amostrados são de importância na análise estatística que se preocupa bastante com amostragens vizinhas. Nesse caso, a amostragem é feita ao longo de uma **transeção** (*transect*) em intervalos equidistantes, denominados em inglês *lag*, que poderia ser chamada de **espaçamento**; ou em **malha** (*grid*), também com espaçamento fixo; ou, ainda, em posições quaisquer, mas de coordenadas conhecidas. Na Análise de Séries Temporais emprega-se a amostragem em tempos equidistantes que poderia ser chamado de "transeções temporais" em analogia às transeções espaciais já abordadas no Capítulo 20. Dessa forma, várias ferramentas estatísticas (média, variância, desvio-padrão, coeficiente de variação, quartis, gráfico em caixa, coeficientes de assimetria e de curtose, distribuição de probabilidades, função de covariância e função de autocorrelação) já apresentadas no capítulo anterior são de utilidade na Análise de Séries Temporais. Dessa forma, as ferramentas da estatística clássica e de autocorrelação aplicadas aos conjuntos de dados do Quadro 1 do Capítulo 20 também são válidas neste capítulo e obviamente não serão apresentadas novamente. Baseando-se nos conjuntos de dados de umidade do solo θ ($m^3.m^{-3}$) e de argila **a** (%) já apresentados no Quadro 1 (Capítulo 20), será introduzido o conceito de função de crosscorrelação (ou também chamada de correlação cruzada).

CROSSCORRELOGRAMA

Com a noção de autocorrelação (Capítulo 20), a correlação simples (Z com Y) dada pela Equação 18 (Capítulo 20), pode ser estendida para os vizinhos. Assim, aparece o **crosscorrelograma** ou **correlograma cruzado**, que correlaciona duas variáveis em posições diferentes, isto é, correlação $Z(x_i)$ com $Y(x_{i+h})$:

$$r_c(h) = C\,[Z(x_i), Y(x_{i+h})]\left(\sqrt{s_z^2 \cdot s_y^2}\right)^{-1} \qquad (1)$$

O crosscorrelograma torna mais consistente a correlação entre Z e Y, pois ele também se vale de vizinhos. A Figura 1 apresenta o crosscorrelograma entre dados de θ e a do Quadro 1 do Capítulo 20.

É oportuno notar que as correlações entre $Z(x_i)$ e $Z(x_{i+h})$ são idênticas às de $Z(x_{i+h})$ e $Z(x_i)$, por isso o autocorrelograma da Figura 6 (Capítulo 20) foi apresentado apenas para h positivo. No caso do crosscorrelograma, a correlação entre $Z(x_i)$ e $Y(x_{i+h})$ é diferente de $Y(x_{i+h})$ e $Z(x_i)$ e, por isso, ele é apresentado como na Figura 1.

SÉRIES TEMPORAIS E ESPACIAIS: DEFINIÇÃO E EXEMPLOS

Há uma grande classe de fenômenos (físicos, químicos e biológicos) cujo processo observacional e a consequente quantificação numérica produzem uma sequência de dados distribuídos no tempo ou no espaço. A sequência de dados ordenados segundo o parâmetro tempo é denominada **série temporal**. São exemplos de séries temporais:

1. valores mensais de umidade relativa do ar em um dado local;
2. valores diários de vazões em uma dada seção de controle de uma bacia;

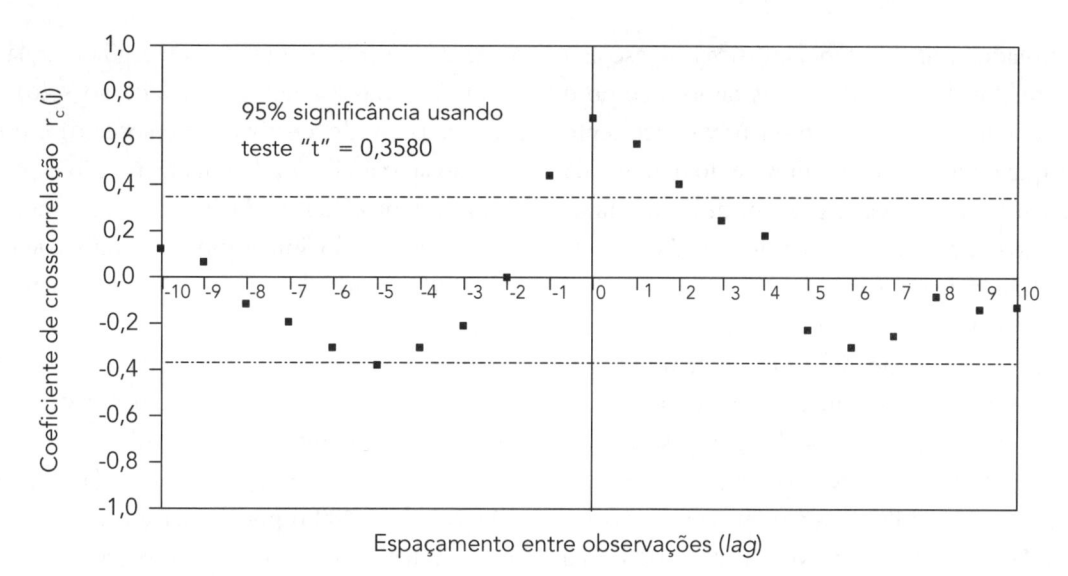

FIGURA 1 Crosscorrelograma entre os dados de umidade do solo θ e de argila a (Quadro 1 do Capítulo 20).

3. dados de produção anual de cana-de-açúcar em uma dada área; e
4. conteúdo anual de carbono orgânico do solo em um dado local.

Da mesma forma, uma sequência de dados dispostos em ordem espacial é denominada **série espacial**. Alguns exemplos são:

1. valores de condutividade hidráulica do solo saturado coletados ao longo de uma transeção;
2. valores de umidade do solo coletados ao longo de uma linha de cultura de milho;
3. dados de produção de cana-de-açúcar medidos ao longo de uma faixa; e
4. valores de densidade do solo medidos ao longo de uma transeção.

As séries temporais podem ser discretas ou contínuas, sendo a forma mais simples de conceituá-las dada por $Z(t_i)$, i = 1, 2, ..., n, compostas de um conjunto de observações discretas, observadas em tempos equidistantes $t_i - t_{i-1} = \alpha$ que apresentam dependência serial entre elas. Mesmo que uma série seja obtida continuamente durante um intervalo de tempo de amplitude T, o que é feito por instrumentos de registro contínuo, será necessário transformá-la em uma série discreta, por meio de amostragem em intervalos de tempo equiespaçados α. O intervalo de tempo entre as observações sucessivas é determinado, algumas vezes, pelo pesquisador, mas em muitas situações ele é determinado pela disponibilidade dos dados, sendo que, quanto menor possível o intervalo de amostragem maior será o número de observações e, consequentemente, melhor a análise dos dados. De acordo com Tukey (1980), os objetivos básicos em mente quando se analisa uma série temporal são:

a. modelagem do fenômeno sob consideração;
b. obtenção de conclusões em termos estatísticos; e
c. avaliação da adequação do modelo em termos de previsão.

Em toda a investigação que envolve a metodologia estatística, um dos primeiros cuidados a se tomar na análise de uma série é o planejamento amostral e a preparação dos dados. Dependendo dos objetivos da análise, vários problemas com as observações podem ocorrer e medidas devem ser tomadas para evitá-los ou, pelo menos, amenizá-los. Entre essas medidas podemos citar: planejamento, estacionariedade, transformações, observações perdidas e irregulares, *outliers* e registros curtos.

Os modelos usados para descrever séries temporais são processos estocásticos, isto é, processos controlados por leis probabilísticas. A escolha desses modelos depende de vários fatores, como o comportamento do fenômeno ou o conhecimento anterior que temos de sua natureza e do objetivo da análise. Do ponto de vista prático, depende, também, da existência de métodos de estimação e da disponibilidade de *softwares*.

Uma série temporal pode ser analisada de duas maneiras: (i) análise no domínio do tempo e (ii) análise no domínio da frequência. Em ambos os casos, o objetivo é construir modelos para a série com propósitos determinados. No primeiro caso, o objetivo da análise é identificar os modelos para as componentes estacionárias (variáveis aleatórias) e não estacionárias (função média), sendo que, nesse caso, os modelos propostos são **modelos paramétricos** (com número finito de parâmetros). Entre os modelos paramétricos temos, por exemplo, os modelos AR (autorregressivo), modelos MA (média móvel), os modelos ARMA (autorregressivo média móvel), modelos ARIMA (autorregressivo integrado média móvel) e modelos de **Espaço de Estados** (*State-Space models*). Já no segundo caso, os modelos propostos são modelos não paramétricos e consistem em decompor a série dada em componentes de frequência, em que a existência do espectro é a característica fundamental. Entre os modelos não paramétricos podemos citar a análise espectral, em que são estudados fenômenos que envolvem periodicidade dos dados, tendo, portanto, numerosas aplicações em todas as áreas da ciência.

Si (2008) apresenta uma revisão sobre ferramentas estatísticas que têm sido usadas para analisar a escala de variabilidade espacial e/ou temporal de propriedades físicas do solo. Entre elas, menciona que a análise em *wavelets* (*wavelet analysis*) possibilita a análise de uma série espacial (ou temporal) em ambos os domínios. Várias aplicações dessa ferramenta na área de ciência do solo e em outras áreas do conhecimento têm sido publicadas na literatura, dentre elas podemos citar: Biswas et al. (2013) e Hu e Si (2021). No Brasil, Centeno et al. (2020a) avaliaram, em diferentes escalas de variabilidade espacial, o relacionamento entre a condutividade hidráulica do solo saturado (Ksat) e atributos do solo (carbono orgânico do solo, conteúdos de argila e areia, densidade do solo e macroporosidade do solo), topográficos (altitude, declividade e aspecto) e tipos de usos do solo ao longo de uma transeção espacial de 15 km estabelecida na Bacia do Arroio Fragata, sul do Rio Grande do Sul, usando as análises de *wavelet coherence* e *multiple wavelet coherence*. Centeno et al. concluíram que as variações de macroporosidade em diferentes escalas de variabilidade e de domínios espaciais podem ser usadas para descrever as variações de Ksat ao longo da transeção.

Nos textos de Torrence e Compo (1998) e Percival e Walden (2006) podem ser encontrados maiores detalhes sobre a análise em *wavelets* e suas aplicações em Análise de Séries Temporais.

Quando estamos interessados em fazer a análise de uma série no domínio do tempo, uma das suposições mais frequentes é que essa série é estacionária, ou seja, se desenvolve no tempo aleatoriamente, no qual as propriedades estatísticas (média e variância) não variam, refletindo alguma forma de equilíbrio estável. Porém, a maior parte das séries que encontramos na prática apresenta alguma forma de não **estacionariedade** (média e variância variam) necessitando ou não, dessa forma, de uma transformação dos dados originais já que a maioria dos procedimentos de análise estatística de séries temporais supõe que estas sejam estacionárias. Entretanto, existem procedimentos estatísticos que são aplicados quando a série é não estacionária, tais como a análise em *wavelets* (Si, 2008) já mencionada anteriormente. Exemplos de uma série estacionária e não estacionária são apresentados na Figura 2.

A definição de séries temporais apresentada anteriormente, apesar de simples, evidencia de certa forma a "Análise de Séries Temporais" como área bem definida na Estatística, visto que estamos claramente descartando os dados independentes e identicamente distribuídos (estatística clássica), comumente usados nos diversos modelos estatísticos (Souza, 1989).

Como mencionado, até recentemente, pesquisadores ligados à área agronômica estudavam a variabilidade das propriedades do solo por meio da estatística clássica (análise de variância ANOVA, média,

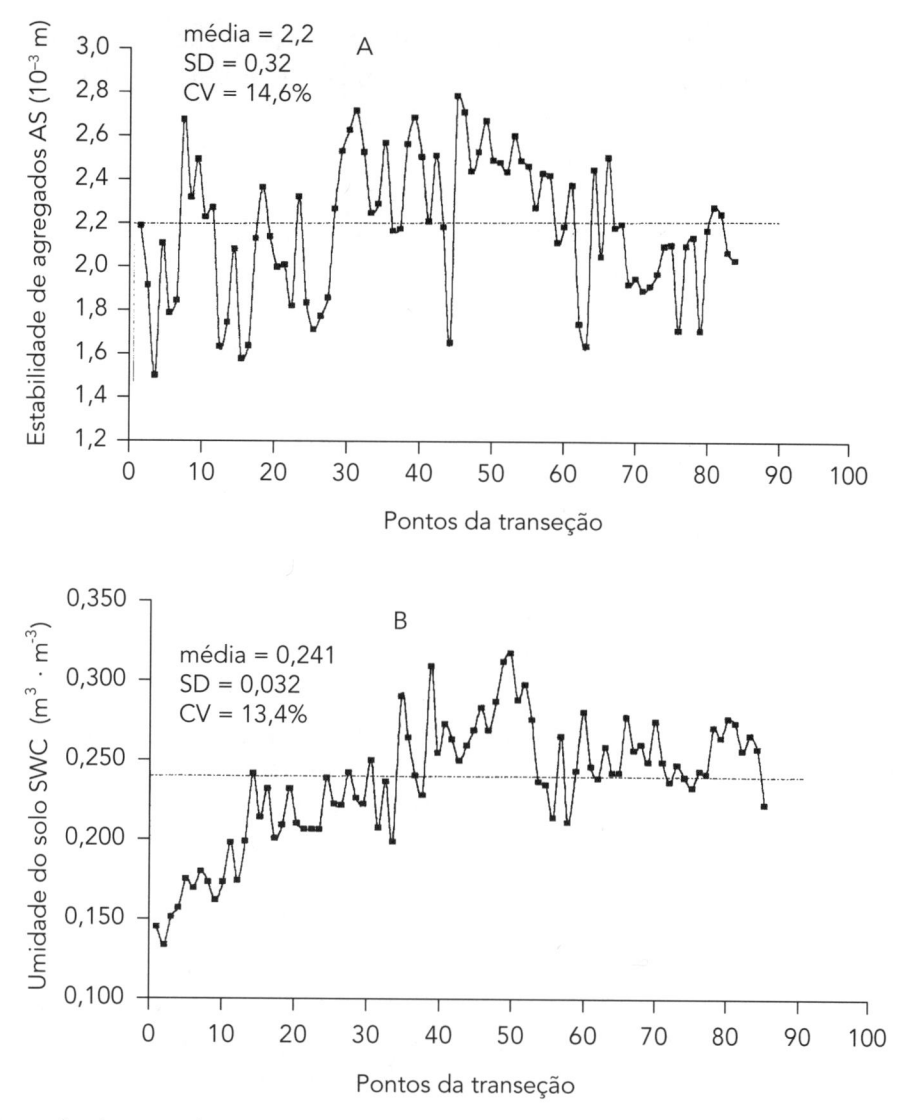

FIGURA 2 Exemplo de uma série estacionária (A) e não estacionária (B) ao longo de uma transeção espacial em uma área cultivada com cana-de-açúcar.

coeficiente de variação, análise de regressão etc.), que pressupõe que as observações de uma dada propriedade são independentes entre si, desconsiderando-se sua localização na área. Nesse caso, os experimentos são conduzidos para minimizar o impacto da variabilidade espacial ou temporal, sendo, portanto, ignorado o fato de que as observações podem ser espacialmente (ou temporalmente) dependentes. Entretanto, tem sido enfatizado que observações adjacentes de dada propriedade do solo não são completamente independentes e que essa variabilidade espacial deve ser considerada na análise estatística dos dados. Nielsen e Alemi (1989) comentam que as observações dentro e entre os tratamentos podem não ser independentes entre si, o que torna o arranjo experimental no campo inadequado.

A variabilidade espacial das propriedades dos solos pode ocorrer em diferentes níveis, podendo estar relacionada a vários fatores: variação do material de origem, clima, relevo, organismos e tempo, ou seja, de processos genéticos de formação do solo e/ou efeitos de técnicas de manejo dos solos decorrentes de seus usos agrícolas. Ferramentas estatísticas, como autocorrelogramas, crosscorrelogramas, **análise espectral, análise em *wavelets*,** modelos autorregressivos AR, modelos médias móveis MA (bastante usados em estudos de análise de séries temporais de número de pessoas infectadas por COVID-19 nos dias de hoje), modelos ARIMA, modelos de espaço de estados etc., têm sido utilizadas para estudar a variabilidade espacial dos atributos do solo e podem, potencialmente, levar a um manejo que propicie melhor entendimento dos processos de interação solo-planta--atmosfera (Bazza, Shumway, Nielsen, 1988;; Dourado-Neto et al., 1999; Timm et al., 2000,, 2003a, 2003b, , 2004, 2006, 2011; Awe et al., 2015; Ogunwole et al., 2014a, 2014b; She et al., 2014, 2017; Aquino et al., 2015; Zhang et al., 2019; Centeno et al., 2020b; Marzvan et al., 2021; Silva et al., 2021; Panziera et al., 2022). Uma breve introdução sobre análise espectral será vista no item a seguir. Um maior aprofundamento sobre esse tema pode ser encontrado em Nielsen e Wendroth (2003), Shumway e Stoffer (2017), Morettin e Toloi (2020), dentre outros textos. Questão importante está relacionada ao número de amostras necessário para que determinado atributo seja representativo de determinada área. Segundo Warrick e Nielsen (1980), quando um atributo do solo segue a distribuição normal e as amostras são independentes, é possível calcular o número de amostras necessário em futuras amostragens, para que se obtenha previsão com um nível de probabilidade desejado, usando a seguinte expressão:

$$N = \frac{t^2 \cdot s^2}{d^2} \quad (2)$$

em que N é o número de amostras necessário em futuras amostragens, o valor de t é obtido por meio da distribuição t *student*, com infinitos graus de liberdade e probabilidade dada por (1 − β/2), sendo β o nível de confiança desejado. O desvio-padrão dos n dados conhecidos de amostragens anteriores é representado por s, e d é a variação aceitável em torno da média.

Exemplo: Sabe-se que em uma área a umidade média do solo θ no ponto de murcha permanente PMP é 9,5% à base de volume, calculada com um desvio-padrão s = 3,1%. Em nova amostragem, quantas medidas (N) devem ser feitas para que 95% delas estejam dentro de um intervalo d correspondente a 15% da média?

Solução: Para um nível de 5% de probabilidade, o valor de t para GL = ∞ é 1,96; 15 % da média = 0,15 x 9,5 = 1,4

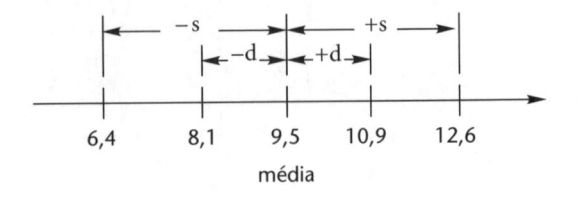

$$N = \frac{(1,96)^2 \times (3,1)^2}{(1,4)^2} = 19 \text{ medidas}$$

Nessa abordagem do problema, o procedimento de amostragem adequado para a caracterização do comportamento de um atributo do solo Z, em determinada área, consiste em realizar amostragem aleatória, supondo a independência dos dados. A intensidade de amostragem dependerá da variabilidade do atributo na área, assim como do nível de precisão desejado em torno da média e da quantidade de recursos financeiros que se dispõe no projeto, uma vez que o custo de cada amostragem depende do atributo a ser medido.

A preocupação com a variabilidade espacial e mais recentemente com a variabilidade temporal dos atributos do SSPA é expressa em diversos trabalhos de pesquisadores ligados à área agronômica. Até recentemente, estudos mais minuciosos dessa variabilidade revelaram as limitações dos métodos clássicos da estatística de Fisher. Em geral, as hipóteses de normalidade e independência dos dados não são testadas e, além disso, a independência tem de ser assumida *a priori*, antes de se amostrar. Toda a variabilidade apresentada pelos valores da variável é atribuída ao resíduo, ou seja, a fatores não controlados. O uso de ferramentas estatísticas que levam em consideração a estrutura de dependência espacial e/ou temporal entre as observações tem contribuído para que seja adotado melhor manejo das práticas agrícolas, bem como dos impactos causados por essas práticas no meio ambiente. Recentemente, Slaets, Boeddinghaus e Piepho (2021) apresentam aplicações na área de ciência do solo de uso integrado de ferramentas da Geoestatística, Análise de Séries Espaciais e ANOVA por meio de modelos lineares mistos (Henderson, 1990), que é bastante promissor de acordo com os autores.

ANÁLISE ESPECTRAL

Em muitas séries temporais e espaciais, os valores do atributo observado oscilam em torno de um valor médio evidenciando um processo periódico ou um comportamento cíclico que, de tempos em tempos (ou espaços em espaços) retomam valores passados (ou anteriores). A temperatura mínima anual de Piracicaba, por exemplo, atinge valores abaixo de zero, provocando geada, a cada 7 a 10 anos. Se a densidade do solo for medida ao longo de uma transeção perpendicular às linhas da cultura, a cada n-ésima entrelinha aparecerá um adensamento provocado por veículos utilizados no cultivo e na colheita. Para essas séries, o autocorrelograma (conforme visto no Capítulo 20, Figura 6, é um gráfico que representa o coeficiente de autocorrelação r em função da distância h) também apresenta comportamento cíclico, lembrando uma cossenoide que oscila em torno do eixo h, com valores ora positivos, ora negativos, muitas vezes dentro do nível não significativo. Fazendo a integral a seguir para valores crescentes da frequência f:

$$S(f) = 2\int_0^\infty r(h)\cos(2\pi \cdot f \cdot h)dh \quad (3)$$

O gráfico de S em função de f (**função espectral** ou ***power spectrum*** em inglês) nos fornece o espectro da variabilidade da variável em estudo (relembre que a frequência é o inverso do período ou comprimento de onda), ou seja, a área total (não esquecer que integral representa uma área!!) abaixo do gráfico de S em função de f é igual a variância do conjunto de dados. Si (2008) cita que a análise espectral transforma valores da variável no domínio do espaço para o domínio da frequência. Como resultado, a variância total da variável é dividida em escalas de frequências espaciais, o que permite a identificação das escalas espaciais dominantes no espectro de variabilidade da variável. O mesmo autor ainda destaca que devido ao fato de que muitos padrões de comportamento espacial serem uma combinação de variações em diferentes escalas, a análise espectral divide a variância total em diferentes escalas espaciais definidas pela frequência f (*i.e.*, altas frequências = pequena escala de variação e baixas frequências = grande escala de variação). Exemplo esquemático de espectro de variabilidade de um atributo Z é o da Figura 3, na qual se verifica a presença de dois picos: um para $f_1 = 0,083$ m^{-1} e outro para $f_2 = 1,25$ m^{-1}. Isso significa que a variável em estudo a cada $1/f_1 = 12$ m e a cada $1/f_2 = 0,8$ m apresenta valor máximo, que é o reflexo de operações de manejo feitas a cada 0,8 m (p. ex., linha de plantio) e a cada 12 m (passagem de veículo).

A Figura 4 mostra que, visualmente, os espectros S(f) (Equação 3) de variabilidade espacial da condutividade hidráulica do solo saturado (expressa como ln Ksat) (Figura 4A) e da macroporosidade do solo (Figura 4B) possuem vários picos similares de frequência. Ksat e macroporosidade foram medidas em 100 pontos amostrais equidistantemente espaçados ao longo de uma transeção espacial de 15 km estabelecida na Bacia Hidrográfica do Arroio Fragata, sul do Rio Grande do Sul (Aquino, 2014).

Foi visto que quando estamos interessados em avaliar a estrutura de correlação espacial entre duas variáveis, a função de crosscorrelação (Equação 1) pode ser usada. Da mesma forma, podemos estar interessados em avaliar se os espectros de variabilidade de dois atributos do solo (ou da planta ou da atmosfera) coletados no domínio do tempo ou do espaço são ou não correlacionados entre si. Nielsen e Wendroth (2003) citam que essa análise consiste de dois componentes: o **cospectrum** e o *quadrature spectrum*. De maneira similar ao uso do coeficiente de autocorrelação [r(h)] na Equação 3, o coeficiente de crosscorrelação $r_c(h)$ é usado para dividir a covariância total entre duas variáveis Y e Z coletadas ao longo do espaço ou do tempo. A função *cospectrum* [Co(f)] é dada por (Wendroth et al., 2014):

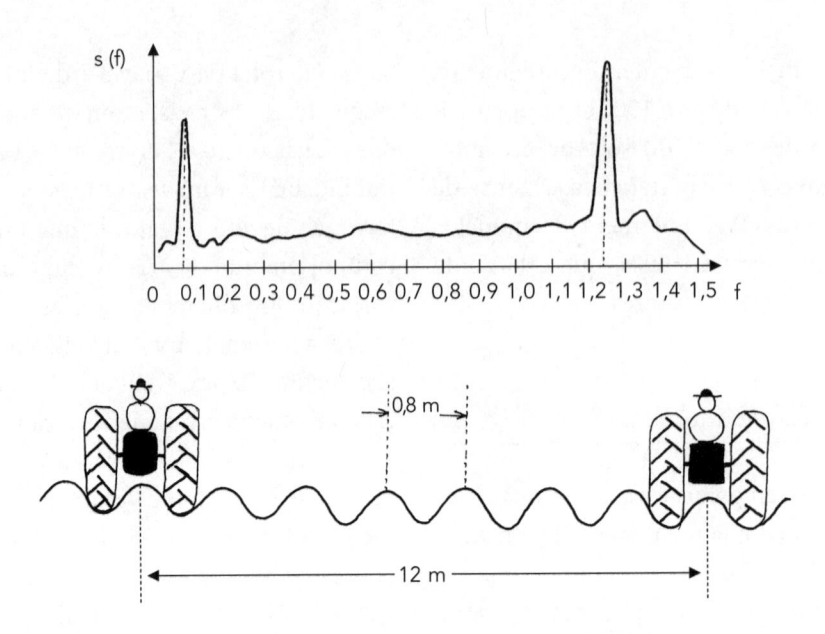

FIGURA 3 Ilustração do espectro de variabilidade de um atributo Z que recorre em intervalos iguais no espaço.

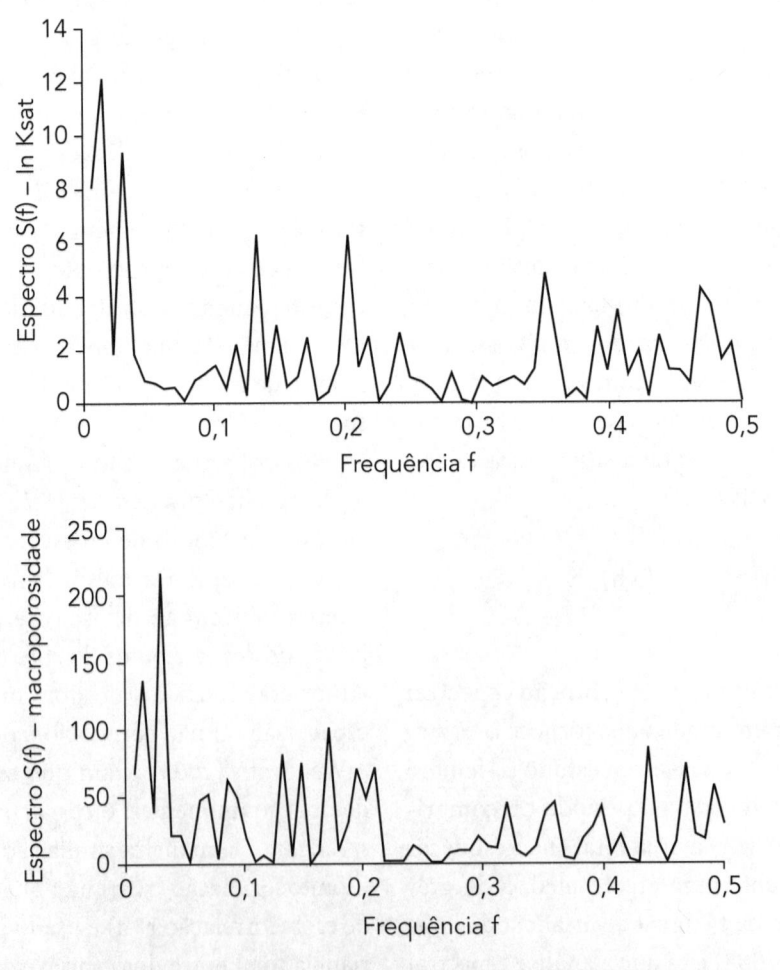

FIGURA 4 Espectros individuais de frequência S(f) da condutividade hidráulica do solo saturado (expressa como ln Ksat) (A) e macroporosidade do solo (B) medidas ao longo de uma transeção espacial de 15 km estabelecida na Bacia Hidrográfica do Arroio Fragata, sul do Rio Grande do Sul.

$$Co(f) = 2\int_0^\infty r_c(h)\cos(2\pi \cdot f \cdot h)dh \quad (4)$$

em que Co é o valor do *cospectrum* em função da frequência f.

O ***quadrature spectrum*** [Q(f)] é uma medida da contribuição das diferentes frequências na covariância total entre as variáveis Y e Z quando todas as variações cíclicas de um conjunto de observações são defasadas em um quarto de período. Segundo Nielsen e Wendroth (2003), Q(f) é importante porque identifica o *lag* de defasagem entre dois conjuntos de dados que são correlacionados na mesma frequência. É dado por (Nielsen; Wendroth, 2003):

$$Q(f) = 2\int_0^\infty r'_c(h)\sin(2\pi \cdot f \cdot h)dh \quad (5)$$

em que $r'_c = 0{,}5\,[r_c(h>0) - r_c(h<0)]$. Pelo fato de que o seno é uma função ímpar já que $[r_c(-h) = -r_c(h)]$, esse processo de subtração reforça quaisquer variações cíclicas descritas pela função seno e elimina variações cíclicas descritas pela função cosseno (Nielsen; Wendroth, 2003).

Por meio das Equações 3, 4 e 5 pode ser calculada a função (*squared*) **coherency** [Coh(f)], que é uma medida quantitativa da correlação entre duas variáveis Y e Z para uma dada frequência f. Ela é calculada por (Chatfield, 2004):

$$Coh(f) = \frac{Co^2(f) + Q^2(f)}{S_y(f) \cdot S_z(f)} \quad (6)$$

em que $S_Y(f)$ e $S_Z(f)$ são as funções espectrais das variáveis Y e Z, respectivamente, calculadas por meio da Equação 3. Valores de Coh(f) variam de 0 a 1 e podem ser interpretados como uma medida do grau de correlação entre Y e Z similarmente ao coeficiente de determinação r^2 no caso de uma regressão linear entre Y e Z, ou seja, se Y e Z são fortemente correlacionados para um dado valor de frequência f, a magnitude de Coh(f) se aproxima de 1, e se eles não são correlacionados se aproxima de 0. A significância do valor de Coh(f) para um dado nível de probabilidade p (Coh_p) é definido aproximadamente por:

$$Coh_p = \sqrt{1 - p^{1/(df-1)}} \quad (7)$$

em que df na equação acima é o número de graus de liberdade. A Figura 5 prova que ln Ksat e macroporosidade do solo são significativamente correlacionadas ao longo da transeção espacial de 15 km em vários valores de frequência, entretanto não é possível saber onde é que estão localizados os picos de frequência coincidentes entre elas ao longo da transeção. Será visto mais adiante que a Análise em *Wavelets* propicia isso.

As funções S(f) (Equação 3) e Coh(f) (Equação 6) requerem que a(s) variável(is) seja(m) estacionária(s) de segunda ordem (o conceito de estacionariedade já foi apresentado no Capítulo 20) e descrevem o comportamento global médio da(s) variável(is) e não local (Oliveira, 2007; Si, 2008). Frequentemente, duas séries que apresentam comportamentos locais espaciais completamente diferentes podem manifestar comportamentos globais médios similares. Dessa forma, o comportamento local espacial de cada série ou das duas séries em conjunto é perdido usando as funções S(f) e Coh(f). Essa é uma grande vantagem da Análise em *Wavelets* quando comparada a essas duas funções, como será visto e exemplificado adiante para o leitor.

Como o interesse aqui não é esgotar o assunto, aspectos teóricos em maiores detalhes sobre análise espectral e suas aplicações na área de ciências agrárias podem ser encontrados em Nielsen e Wendroth (2003), Chatfield (2004), Wendroth et al. (2014), Shumway e Stoffer (2017), dentre outros textos. Aplicação interessante é a de Bazza, Shumway e Nielsen (1988), que trata do uso da análise espectral em duas dimensões no espaço.

ANÁLISE EM *WAVELETS*

Para o leitor ter uma melhor compreensão da **análise em *Wavelets***, é necessário que façamos uma sucinta revisão sobre séries de Fourier, transformada de Fourier e transformada janelada de Fourier. A literatura em inglês sobre o assunto é bastante extensa (por exemplo, Chatfield, 2004; Nielsen; Wendroth,

2003; Shumway; Stoffer, 2017, entre outros), mas no Brasil não se tem muitos textos publicados, exceção são os de Oliveira (2007) e Morettin e Tolloi (2018), que abordam o assunto com um enfoque estatístico. Nossa intenção é despertar no leitor da área de ciências agrárias e áreas afins o interesse pelo assunto e convidá-lo a entrar nesse mundo fascinante das *Wavelets*, descrevendo os principais referenciais teóricos para sua compreensão e apresentando exemplos de aplicação com base em séries espaciais coletadas em experimentos desenvolvidos pelos autores e colaboradores.

SÉRIES DE FOURIER

É importante relembrar ao leitor que uma função periódica de período T (relembrando que o período corresponde ao tempo de um comprimento de onda e que é o inverso da frequência) é tal que $f(x)=f(x+T)$, para todo x no domínio da função. Esse período T é um intervalo no qual a curva se repete. Essa função periódica não precisa ser necessariamente contínua. Exemplos de funções periódicas contínuas são as funções seno e cosseno (Figura 6), ambas com período 2π.

As **séries de Fourier** podem ser descritas como ferramentas matemáticas empregadas para análise de funções periódicas arbitrárias. Na série de Fourier, é realizada a decomposição da função periódica em uma soma de funções senos e cossenos, sendo que estas se distinguem entre si em amplitude [corresponde à altura da onda, *i.e.*, sendo a distância entre o ponto de equilíbrio (repouso) da onda até sua crista], frequência (número de ciclos que a onda realiza em um segundo) e fase (define a direção de propagação da onda) (Figura 6). Em síntese, as séries de Fourier podem ser definidas como um sinal representado pela soma de componentes em uma base de funções ortogonais (duas funções f e g são chamadas de ortogonais se o seu produto interno $\langle f,g \rangle$ é zero para $f \neq g$), como, por exemplo, as funções senos e cossenos. Uma função periódica f(t) qualquer (contínua ou não) de período T, pode ser escrita por meio de uma série infinita de termos de funções senos e cossenos, que é conhecida como expansão em séries de Fourier, sendo expressa como segue:

$$f(t) = \frac{1}{2}a_0 + \sum_{(n=1)}^{\infty} [a_n \cos(n\omega_0 t) + b_n \sin(n\omega_0 t)] \quad (8)$$

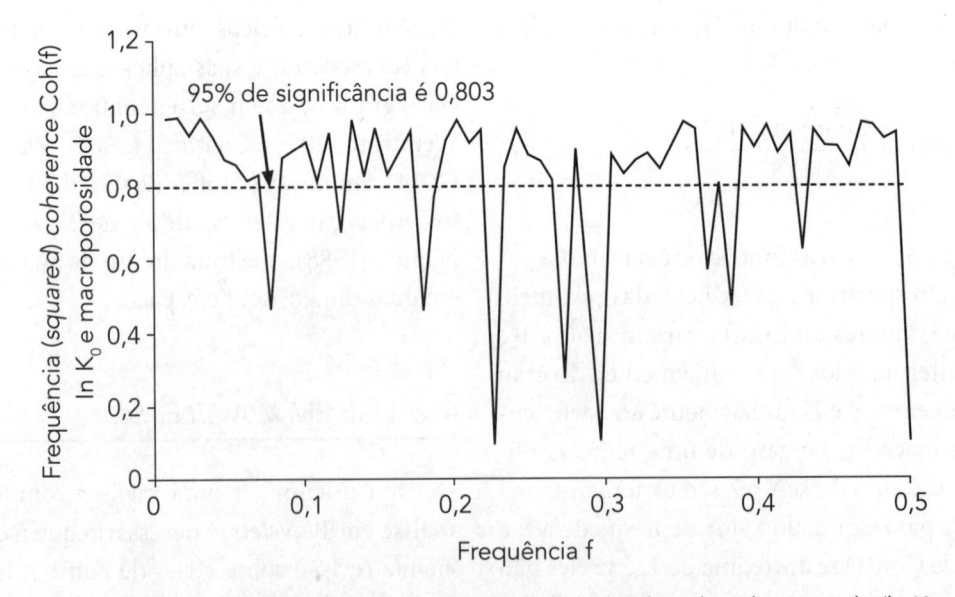

FIGURA 5 Função (*squared*) *Coherence* entre a condutividade hidráulica do solo saturado (ln Ksat) e a macroporosidade do solo medidas ao longo de uma transeção espacial de 15 km, indicando que as duas variáveis são significativamente correlacionadas em diferentes frequências ao longo da transeção.

em que $\omega_0 = \frac{2\pi}{T}$ é a frequência angular fundamental, t é o tempo de propagação da função, n= 1, 2, ... ∞, a_0, a_n e b_n são as amplitudes das ondas, conhecidas como coeficientes de Fourier, definidos como: $a_n = \frac{2}{T}\int_{-T/2}^{T/2} f(t)\cos(n\omega_0 t)\,dt$, $b_n = \frac{2}{T}\int_{-T/2}^{T/2} f(t)\sin(n\omega_0 t)\,dt$ e $a_0 = \frac{2}{T}\int_{-T/2}^{T/2} f(t)\,dt$. Esses coeficientes são obtidos usando o fato que as funções senos e cossenos são ortogonais.

$$\int_{-\frac{T}{2}}^{\frac{T}{2}} \cos(n\omega_0 t)\cdot\cos(m\omega_0 t)\,dt = \begin{cases} \frac{T}{2}, & n=m \\ 0, & n\neq m \end{cases}$$

$$\int_{-\frac{T}{2}}^{\frac{T}{2}} sen(n\omega_0 t)\cdot sen(m\omega_0 t)\,dt = \begin{cases} \frac{T}{2}, & n=m \\ 0, & n\neq m \end{cases}$$

$$\int_{-\frac{T}{2}}^{\frac{T}{2}} \cos(n\omega_0 t)\cdot sen(m\omega_0 t)\,dt = \{0 \text{ para todo } m \text{ e } n\}$$

Forma exponencial das séries de Fourier

Os termos das séries de Fourier podem ser representados por funções exponenciais complexas, por meio da "identidade de Euler" $e^{i\cdot\theta} = \cos(\theta) + i\cdot sen(\theta)$, com $i = \sqrt{-1}$, i sendo o número imaginário. As funções $\cos(n\omega_0 t)$ e $sen(n\omega_0 t)$ (Equação 8) podem ser apresentadas como $\cos(n\omega_0 t) = \frac{e^{i\omega_n t} + e^{-i\omega_n t}}{2}$ e $sen(n\omega_0 t) = \frac{e^{i\omega_n t} - e^{-i\omega_n t}}{2i}$ Os coeficientes tornam-se $C_n = \frac{1}{T}\int_{-T/2}^{T/2} f(t)\,e^{-i\cdot n\cdot\omega_0 t}\,dt = \frac{1}{2}(a_n - ib_n)$. Substituindo na forma normal da série obtém-se $f(t) = C_0 + \sum_{n=1}^{\infty} C_n e^{i\cdot n\cdot\omega_0 t} + \sum_{n=1}^{\infty} C_{-n} e^{-i\cdot n\cdot\omega_0 t}$, que pode ser escrita como um único somatório, em uma forma mais compacta (Equação 9).

$$f(t) = \sum_{n=0}^{\infty} C_n e^{i\cdot n\cdot\omega_0 t} \quad (9)$$

cujos coeficientes passam a ser $C_n = \frac{1}{T}\int_{-T/2}^{T/2} f(t)\,e^{-i\cdot n\cdot\omega_0 t}\,dt$. Estes podem ser diretamente obtidos usando a ortogonalidade $\int_{-\frac{T}{2}}^{\frac{T}{2}} e^{i\cdot n\cdot\omega_0 t}\,e^{-i\cdot m\cdot\omega_0 t}\,dt = \begin{cases} T, & n=m \\ 0, & n\neq m \end{cases}$.

Transformada de Fourier

A série de Fourier é uma ferramenta utilizada para representar funções periódicas, contudo quando o interesse é representar funções não periódicas (função que não tem um período e não é constante), utiliza-se a transformada de Fourier (TF). A TF é uma ferramenta útil que possibilita determinar a contribuição de cada função, seno e cosseno, contida em um sinal. Uma função, real ou complexa, tem como transformada de Fourier a Equação 10.

$$F(\omega) = \mathcal{F}\{f(t)\} = \int_{-\infty}^{\infty} f(t)\,e^{-i\omega t}\,dt \quad (10)$$

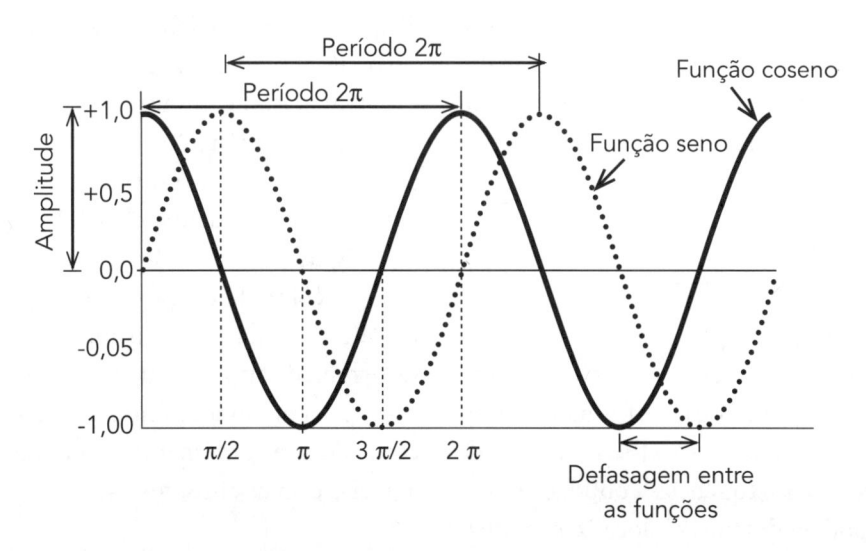

FIGURA 6 Exemplos de funções periódicas contínuas (funções seno e coseno) ilustrando a amplitude e a defasagem entre as duas funções, ambas com período 2π.

Vale ressaltar que a TF, neste capítulo, transforma uma função temporal f(t) [ou uma função espacial f(x)] para o domínio da frequência F(ω). O caminho inverso também é verdade, ou seja, a função [ou f(x)] pode ser obtida, por meio da função f(t) pela transformada inversa de Fourier (Equação 11).

$$f(t) = \mathcal{F}^{-1}\{F(\omega)\} = \frac{1}{2\pi} \int_{-\infty}^{\infty} F(\omega) e^{i\omega t} \, d\omega \qquad (11)$$

Nos exemplos apresentados neste capítulo, em que as séries espaciais (ou temporais) foram coletadas em experimentos de campo (ou seja, dados reais e não simulados), aplica-se a transformada discreta de Fourier e não a sua versão contínua. Atualmente, aplica-se a transformada rápida de Fourier (conhecida como *Fast Fourier Transform* ou somente FFT na literatura) para a transformação de um sinal discreto no seu domínio original para uma representação no domínio da frequência e vice-versa de uma forma bastante rápida (Oliveira, 2007).

A TF, apesar de viabilizar a representação no domínio da frequência de uma função contida no tempo (ou espaço), ocasiona a perda de informações ao determinar os coeficientes no domínio da frequência, uma vez que não é possível informar quando um determinado evento ocorreu, uma vez que, as TFs não identificam a posição no tempo ou no espaço que uma determinada frequência (ou amplitude) ocorreu. Uma das formas de se manterem essas informações no tempo é por meio da transformada de Fourier Janelada (TFJ). Dessa forma, a série de dados em estudo é dividida em segmentos de períodos fixos e em seguida aplicada à TF.

ANÁLISE EM *WAVELETS*

Após a apresentação, de uma forma bastante resumida, dos conceitos referentes às séries de Fourier, transformada de Fourier e transformada janelada de Fourier, vimos que a TF e a TJF são capazes de descrever as diferentes frequências contidas em um sinal, mas não podem descrever a localização espacial (ou temporal) dessas frequências. Dessa forma, em meados de 1982, Jean Morlet e Alex Grossman, cientes das limitações supracitadas ao aplicar-se a TF e a TJF em séries temporais, desenvolveram uma função matemática base ψ que possuísse energia finita, e que fosse totalmente capaz de se dilatar ou se comprimir, eliminando assim o problema da TJF. Sendo assim, os dois pesquisadores criaram as bases matemáticas da análise em *Wavelets*, com ênfase nas representações de sinais por "blocos construtivos", os quais Morlet e Grossman chamaram de "*ondelette*" (em francês), referindo-se às "pequenas ondas"; daí teve origem o termo em inglês "*Wavelets*" (vamos adotar esse termo em consonância com a literatura internacional), assim como o termo "ondaletas" em português (Morettin, 1999).

A **Wavelet** é uma função capaz de decompor e assim descrever ou representar outra função (ou uma série de dados), originalmente descrita no domínio do tempo (ou do espaço), de forma que essa série de dados possa ser analisada em diferentes escalas de frequência e de tempo (ou de espaço). Essa função é manipulada por um processo de translação (*i.e.*, movimentos ao longo do eixo do tempo ou do espaço) e de dilatação e contração (*i.e.*, movimentos em diferentes escalas de frequência) para transformar o sinal original em outra forma que se desdobra ao longo do tempo (ou espaço) e da escala de frequência (Addison, 2017). A Figura 7 apresenta um exemplo dos processos de dilatação e translação de um sinal. Essas versões dilatadas e transladadas da *Wavelet* "mãe" são denotadas por $\psi\left(t - \frac{b}{a}\right)$ no tempo ou $\psi\left(x - \frac{b}{a}\right)$ no espaço.

A dilatação e contração da *Wavelet* são reguladas pelo parâmetro "a" e o movimento da *Wavelet* ao longo do eixo x (ou t, dependendo do domínio em estudo) é regulado pelo parâmetro de translação "b" (Figura 7).

A escolha da função *Wavelet* geradora (chamada *Wavelet* "mãe" ou em inglês *mother*) para uma determinada aplicação depende da natureza do processo a ser analisado. Entre as *Wavelets* "mães" mais conhecidas e comumente usadas na área de ciências agrárias e áreas afins, têm-se.

1. *Wavelet* de Haar – é a primeira e mais simples *Wavelet* conhecida. Basicamente, é uma se-

quência de funções quadradas que foram reescalonadas, contudo, possui a desvantagem de não ser contínua (*Wavelet* discreta). Sendo assim, tem sido utilizada para reconhecimentos de padrões, e para compactação de imagens, sendo definida pelo sistema a seguir:

$$\psi(t) = \begin{cases} 1 & 0 \le t < \frac{1}{2} \\ -1 & \frac{1}{2} \le t < 1 \\ 0 & \text{para outros casos} \end{cases} \quad (12)$$

Sua representação gráfica é mostrada na Figura 8.

2 *Wavelet* gaussiana – muito empregada devido à sua elevada regularidade, sendo esta a primeira derivada da função gaussiana, definida pela equação:

$$\psi(t) = \frac{\partial^n}{\partial t^n} e^{\frac{-t^2}{2}} \quad (13)$$

Todas as derivadas da função Gaussiana podem ser empregadas como *Wavelet* "mãe". A representação da *Wavelet* Gaussiana é mostrada na Figura 9.

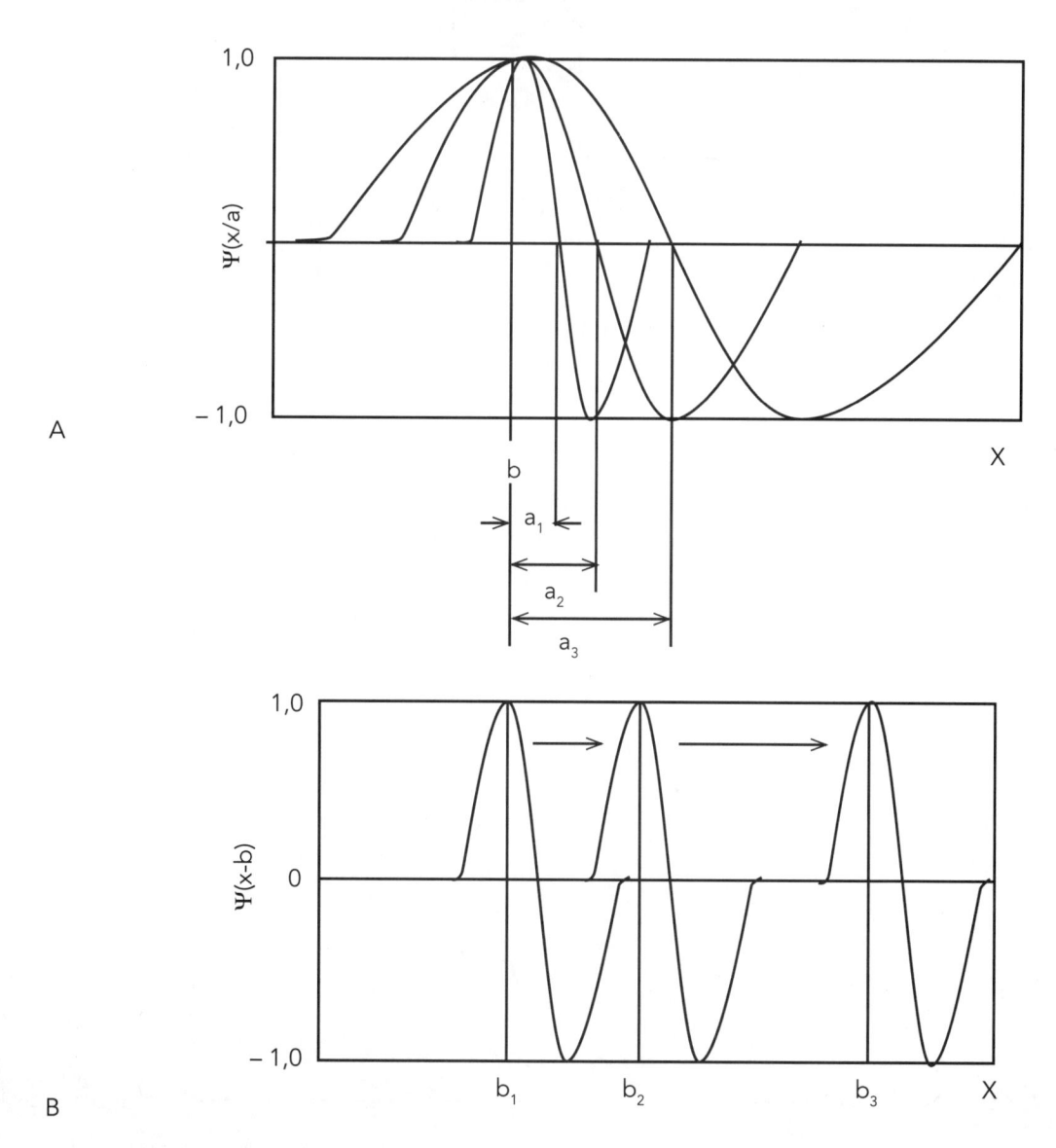

FIGURA 7 Ilustração de um processo de dilatação (A) ($a_1 = a_2/2$; $a_3 = a_2 \times 2$) e de translação (deslocamento para a posição b_1, b_2 e b_3) da *Wavelet* (B).

3 *Wavelet* Chapéu Mexicano – é a segunda derivada da função gaussiana, definida como:

$$\psi(t) = (1 - t^2)e^{\frac{-t^2}{2}} \qquad (14)$$

A Figura 10 ilustra a representação de um sinal pela *Wavelet* Chapéu Mexicano, que tem sido amplamente usada na análise de sinais geofísicos.

4. *Wavelet* de Morlet – é composta por uma exponencial complexa (seno e cosseno) atenuada por uma amplitude gaussiana. Ela tem sido comumente usada na área de ciências agrárias e áreas afins devido à sua flexibilidade e aplicabilidade para diversas situações (será visto um exemplo completo de aplicação mais adiante). É dada por:

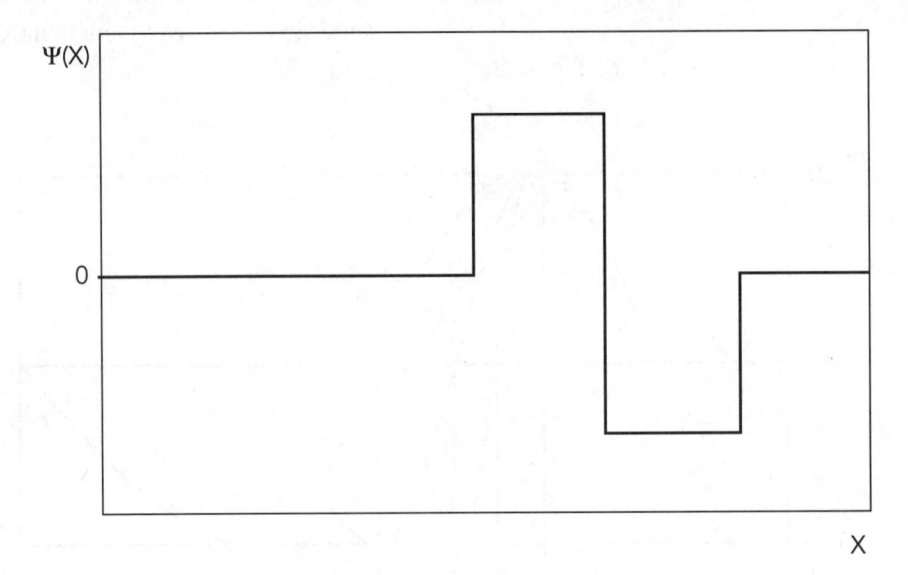

FIGURA 8 Representação do sinal de uma *Wavelet* de Haar.

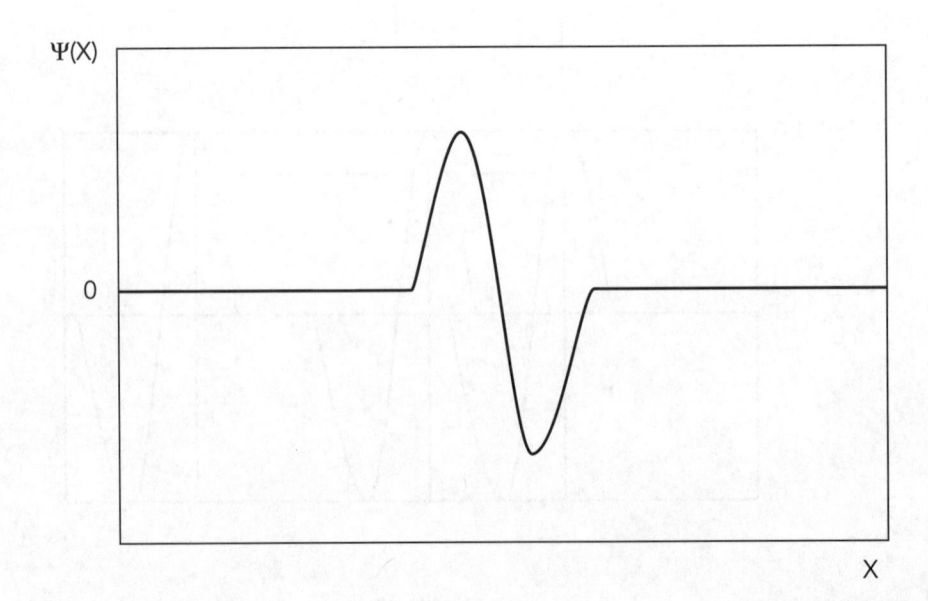

FIGURA 9 Representação de um sinal pela *Wavelet* Gaussiana (primeira derivada de uma função Gaussiana).

$$\psi(t) = \pi^{\frac{1}{4}} e^{-i \omega_0 \cdot t} e^{-\frac{t^2}{2}} \qquad (15)$$

em que ω_0 é a frequência central (ou fundamental) da *Wavelet* "mãe". O fator $\pi^{\frac{1}{4}}$ é a constante de normalização. O termo $e^{-i \omega_0 \cdot t}$ representa a parte imaginária e o termo $e^{-\frac{t^2}{2}}$ a parte gaussiana da *Wavelet* de Morlet. A Figura 11 ilustra a representação gráfica de uma *Wavelet* de Morlet.

Para que uma função possa ser classificada como uma *Wavelet* (representada por ψ), ela deve satisfazer a duas propriedades distintas, a saber:
1ª – A função *Wavelet* deve ter energia finita (Equação 16), *i.e.*:

$$E = \int_{-\infty}^{+\infty} |\psi(t)|^2 < \infty \qquad (16)$$

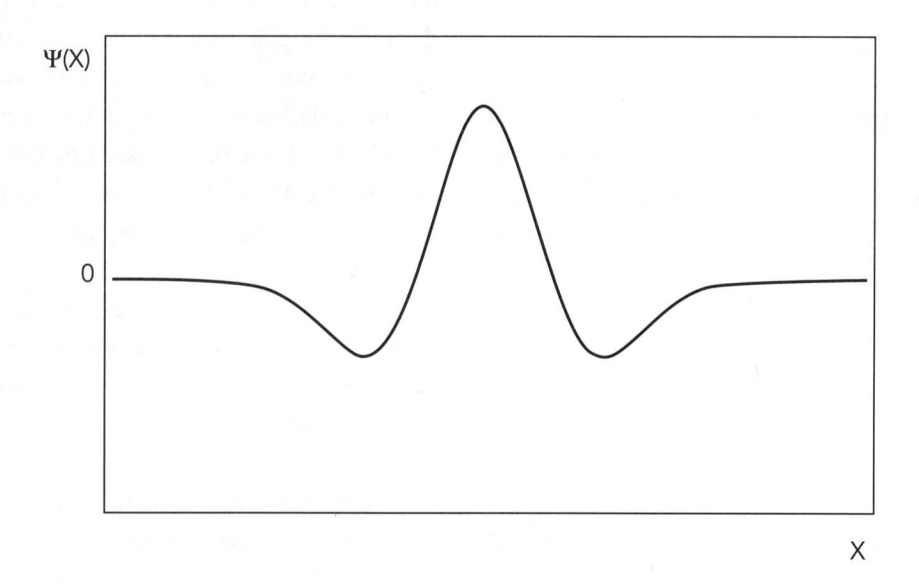

FIGURA 10 Representação de um sinal pela *Wavelet* Chapéu Mexicano (derivada segunda da função Gaussiana).

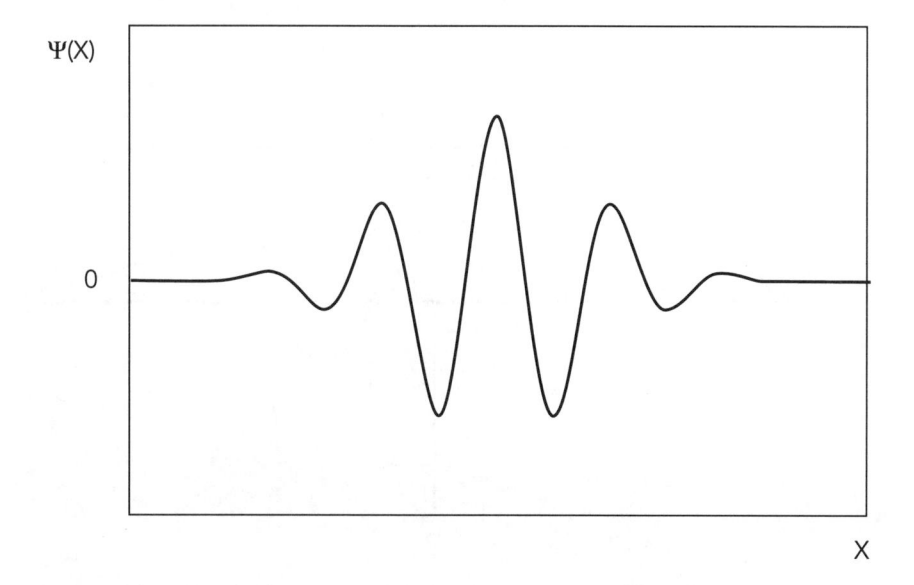

FIGURA 11 Representação de um sinal pela *Wavelet* de Morlet (parte real).

em que E é a energia de uma função ψ(t) [ou ψ(x)] igual à integral de sua magnitude ao quadrado. Se ψ(t) é uma função complexa (p. ex., *Wavelet* de Morlet, Equação 15), a magnitude deve ser encontrada usando as partes reais e complexas da função. Essa propriedade é equivalente a dizer que ψ(t) é quadraticamente integrável.

2ª – A função *Wavelet* deve ter média igual a zero (Equação 17), ou seja:

$$\int_{-\infty}^{+\infty} \psi(t)dt = 0 \qquad (17)$$

Essa condição é conhecida como condição de "admissibilidade". Isso garante a transformada inversa da função. As funções senos e cossenos satisfazem a propriedade (2), mas não a 1ª propriedade.

Transformada em *Wavelet*

A Figura 12 mostra uma visão esquemática da **transformada em *Wavelet*** em que basicamente é feita a quantificação da energia do local onde a *Wavelet* selecionada coincidiu com o sinal observado da série de dados. A *Wavelet* de escala "a" está centralizada na localização "b" no eixo do tempo, neste exemplo, e é sobreposta a um sinal arbitrário. Nos segmentos de tempo em que a *Wavelet* e o sinal possuem sinais iguais (A e B) a contribuição é positiva na Equação 18, enquanto em segmentos que eles possuem sinais contrários (D, C e E) a contribuição é negativa na Equação 18. Se a contribuição for positiva o valor da transformada é alto e se for negativa o valor é baixo. O valor da transformada é calculado em várias posições ao longo do sinal (valores de b) e para várias escalas da *Wavelet*. Dessa forma, o valor da transformada é apresentado em um gráfico bidimensional que representa a correlação entre a *Wavelet* (em várias escalas e posições) e o sinal observado. Em síntese, é por meio desse processo que a transformada de *Wavelet* seleciona estruturas coerentes em um sinal de tempo (ou espaço) em várias escalas. Esse processo é repetido ao longo de um intervalo de escalas até todas as estruturas coerentes dentro do sinal, do maior para o menor, serem distinguidas.

Matematicamente, a transformada em *Wavelet* pode ser interpretada como uma convolução do sinal observado com uma função *Wavelet* "mãe" escolhida pelo pesquisador, ou seja, uma multiplicação da função chamada *Wavelet* com o sinal espacial ou temporal a ser estudado. Entende-se por convolução todas as transformações lineares que são invariantes por translação.

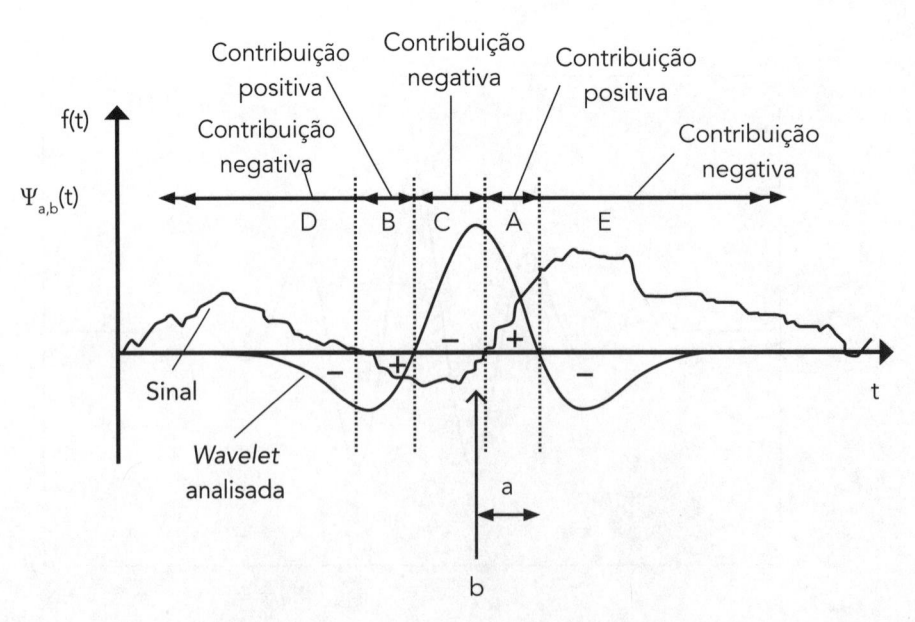

FIGURA 12 Ilustração das regiões onde a *Wavelet* e o sinal observado se relacionam.
Fonte: adaptada de Addison (2017).

A transformada em *Wavelets* (W) de um sinal contínuo pode ser definida como a convolução de uma série espacial Y_j de comprimento n (j = 1, 2, 3, ...n) ao longo de uma transeção espacial com pontos equiespaçados em um intervalo de distância δx, e pode ser calculada como (Grinsted; Moore; Jevrejeva, 2004; Centeno et al., 2020a):

$$W^y(a,b) = \sqrt{\frac{\delta x}{a}} \sum_{j=1}^{N} Y_j \psi\left[(j-b)\frac{\delta x}{a}\right] \quad (18)$$

em que $W^y(a,b)$ são os coeficientes da *Wavelet* na escala "a" e posição "b". A função ψ é a *Wavelet* "mãe".

Transformada cruzada em *Wavelets* (*cross-Wavelet*)

A transformada cruzada em *Wavelet* (*cross-Wavelet*) é usada para identificar regiões coincidentes de energia entre dois sinais no domínio da transformada bem como para determinar a fase relativa entre eles. Quando a *Wavelet* de Morlet (Equação 15) é usada como *Wavelet* "mãe", a transformada em *Wavelet* produz números complexos para um sinal real. Neste caso, a fase relativa entre dois sinais representados pelas variáveis Y e Z é calculada como:

$$\emptyset(a,b) = \tan^{-1}\{\text{Im}[W^{y,z}(a,b)]/\text{Re}[W^{y,z}(a,b)]\} \quad (19)$$

em que Im e Re representam a parte imaginária e real de $W^{y,z}(a, b)$, respectivamente (Si; Zeleke, 2005).

Antes de calcular a transformada cruzada entre duas séries espaciais (Y e Z), temos que calcular os coeficientes $W^y(a,b)$ e $W^z(a,b)$ das transformadas individuais de cada variável, usando a equação 18. Após isso, a transformada cruzada pode ser calculada como $|W^{y,z}(a,b)| = |W^y(a,b) \cdot \overline{W^z(a,b)}|$ em que $\overline{W^z}$ é o complexo conjugado de W^z. O ângulo de fase local da transformada cruzada pode ser interpretado como a diferença local em fase das transformadas individuais dos sinais no domínio do espaço (Si; Zeleke, 2005; Addison, 2017). No intuito de examinar localmente a relação entre dois sinais no plano bidimensional da transformada, o estimador quadrático *Wavelet coherence* [$R^2(a,b)$] pode ser calculado como (Grinsted; Moore; Jevrejeva, 2004):

$$R^2(a,b) = \frac{|S(s^{-1} W^{y,z}(a,b))|^2}{S(s^{-1}|W^z(a,b)|^2) \cdot S(s^{-1}|W^y(a,b)|^2)} \quad (20)$$

em que S é um operador local de suavização no espaço e na escala da *Wavelet* que pode ser calculado como:

$$S(W) = S_{escala}(S_{espaço}(W(a,b))) \quad (21)$$

em que S_{escala} e $S_{espaço}$ se referem às suavizações locais ao longo da escala e no domínio do espaço da *Wavelet*, respectivamente.

Multiple Wavelet coherence

A *Multiple Wavelet coherence* (MWC) é baseada em uma série de auto- e cross-*Wavelet* espectros em diferentes escalas no domínio espacial (ou temporal) para uma variável tomada como resposta e outras variáveis tomadas como explicativas (Hu; Si, 2016). Assumindo uma variável resposta Y e outras variáveis Z [$Z = (Z_1, Z_2, ..., Z_q)$] como preditoras, a MWC elevada ao quadrado [$\rho_m^2(a,b)$] na escala "a" e posição "b" pode ser calculada como:

$$\rho_m^2(a,b) = \frac{\vec{W}^{y,z}(a,b) \vec{W}^{z,z}(a,b)^{-1} \overline{\vec{W}^{y,z}(a,b)}}{\vec{W}^{y,y}(a,b)} \quad (22)$$

em que $\vec{W}^{y,z}(a,b)$, $\vec{W}^{z,z}(a,b)$, e $\vec{W}^{y,y}(a,b)$ é a matriz dos espectros suavizados da transformada cruzada entre a variável Y e as variáveis preditoras Z, a matriz dos espectros suavizados da transformada individual e da transformada cruzada entre as múltiplas variáveis preditoras Z e o espectro suavizado da *Wavelet* individual da variável resposta Y, respectivamente. O termo $\overline{\vec{W}^{y,z}(a,b)}$ é complexo conjugado de $\vec{W}^{y,z}(a,b)$. Quando somente uma variável preditora (por exemplo, Z_1) é incluída em Z, a Equação 22 se torna a Equação 20 (*Wavelet coherence*) (Grinsted; Moore; Jevrejeva, 2004).

Exemplo de aplicação de análise em *Wavelets* usando atributos físico-hídricos do solo em escala de bacia hidrográfica

O exemplo a seguir foi extraído do artigo de Centeno et al. (2020a), que avaliaram as relações espaciais entre a condutividade hidráulica do solo saturado (Ksat) e atributos básicos do solo (carbono orgânico, conteúdos de argila e areia, densidade do solo e macroporosidade), atributos topográficos (elevação, declividade e aspecto) e tipos de uso do solo ao longo de uma transeção espacial de 15 km estabelecida na Bacia do Arroio Fragata (BHAF), localizada no sul do Rio Grande do Sul (Figura 13), usando os métodos *Wavelet coherence* e *Multiple Wavelet coherence*.

Foram demarcados 100 pontos amostrais, equiespaçados de 150 m, ao longo da transeção espacial, sendo que em cada ponto amostral foram determinados os atributos do solo na camada de 0-20 cm do solo, os topográficos e o tipo de uso. Maiores detalhes sobre os procedimentos de amostragem e metodologia usada na determinação de todas as variáveis podem ser encontrados em Centeno (2020) e Centeno et al. (2020a).

Primeiramente, todos os conjuntos de dados foram submetidos a uma análise exploratória calculando média, variância, coeficiente de variação, assimetria, coeficiente de variação e curtose da distribuição. O teste de Kolmogorov-Smirnov (no nível de significância de 5%) foi aplicado para avaliar a normalidade da distribuição dos dados originais. O coeficiente de correlação de Spearman foi calculado para avaliar inicialmente a relação entre a Ksat e os demais atributos em estudo.

A *Wavelet* individual de cada variável foi calculada para quantificar e caracterizar cada espectro $W^Y(a,b)$ ao longo da transeção espacial usando a Equação 18. Para examinar a correlação entre a Ksat e os demais atributos em diferentes escalas e posições ao longo da transeção, a função *Wavelet coherence* foi calculada usando a Equação 20. Após, a função *Multiple Wavelet coherence* (Equação 22) foi usada para investigar a relação múltipla entre Ksat e os demais atributos em diferentes escalas e posições ao longo da transeção.

Neste estudo, Centeno et al. (2020a) usaram a *Wavelet* de Morlet (Equação 15) como *Wavelet* "mãe", pois é uma função simétrica complexa que preserva o componente real e imaginário dos coeficientes da *Wavelet* (Biswas; Si, 2011). Para avaliar se os coeficientes da *Wavelet* associados a cada escala e posição foram significativos, um teste de significância conhecido como ruído vermelho (*red noise*), ao nível de 5% de significância, foi adotado. Resumidamente, se o valor

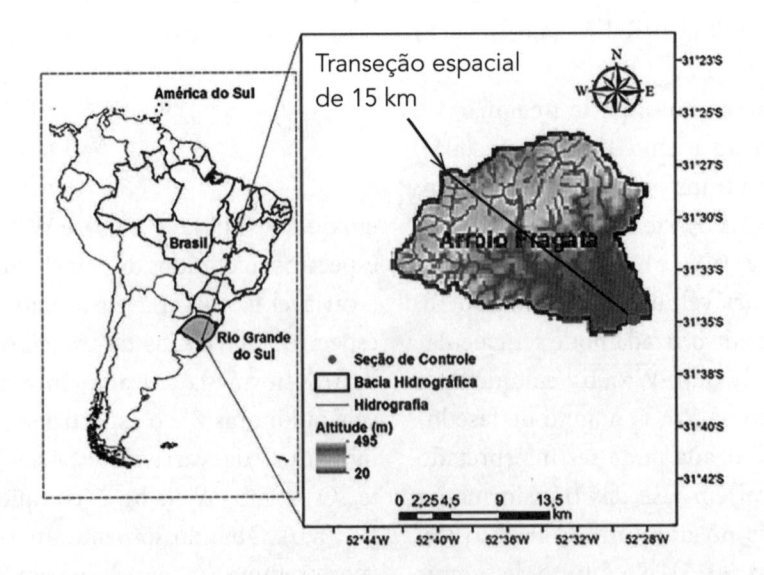

FIGURA 13 Localização da bacia hidrográfica do arroio Fragata (BHAF), à montante da seção de Passo dos Carros (BHAF-PC) e ilustração da transeção espacial de 15 km estabelecida na BHAF.
Veja a figura colorida em https://conteudo-manole.com.br/cadastro/solo-planta-atmosfera-4aedicao.

do espectro de energia da *Wavelet* individual de uma série espacial em uma dada escala fica dentro do intervalo de confiança de 95%, significa que nessa escala e posição o valor do espectro de energia não é significativamente diferente de um ruído vermelho de fundo (*background red noise*) (Si; Zeleke, 2005; Si, 2008).

Primeiramente, o espectro individual de energia (transformada de *Wavelets*) da Ksat e dos demais atributos foi calculado usando a Equação 18. A fase relativa local entre Ksat e as demais variáveis foi calculada usando a Equação 19. A partir disso, a função *Wavelet coherence* entre Ksat e as demais variáveis foi calculada usando as Equações 20 e 21. Para examinar se os coeficientes da função *Wavelet coherence* associados a cada escala e posição foram significativos ao nível de 5% de significância, teste estatístico ruído vermelho foi novamente adotado.

A função *Multiple Wavelet coherence* (Equação 22) foi usada para avaliar a relação múltipla entre Ksat e os demais atributos em diferentes escalas e posições ao longo da transeção espacial de 15 km estabelecida na BHAF.

Os códigos para calcular os espectros individuais (*Wavelet power spectrum*) de cada variável e os espectros bivariados (*Wavelet coherency*) entre Ksat e as demais variáveis foram gentilmente fornecidos por Grinsted, Moore e Jevrejeva (2004). O código para calcular a função MWC foi gentilmente fornecido por Hu e Si (2016).

Não é intuito dos autores apresentarem todos os resultados do artigo de Centeno et al. (2020a) já que ficaria maçante ao leitor. Como exemplos, são apresentados abaixo alguns resultados.

A Figura 14 apresenta, como exemplo, os espectros individuais de energia (*Wavelets*) da Ksat (Figura 14A), macroporosidade (Figura 14B), elevação (Figura 14C) e tipo de uso do solo (Figura 14D). As linhas sólidas grossas na Figura 14 indicam onde os coeficientes da *Wavelet* associados a cada escala e posição foram significativos ao nível de 5% de significância, enquanto as linhas sólidas finas indicam o cone de influência (COI), *i.e.*, os efeitos de borda podem distorcer o espectro da variável fora do COI. Analisando a Figura 14A verifica-se que a Ksat mostrou valores altos e significativos de variância (valores altos de energia) nas posições localizadas a 8,5-10,0 km e 14 km distantes do ponto inicial da transeção localizado na seção de controle da BHAF. Altos valores de variâncias de Ksat também foram encontrados nas escalas de 450-750 m e de 600-950 m nas posições localizadas a 8,5-10,0 km e 14 km distantes do ponto inicial da transeção. O *Wavelet spectrum* da variável macroporosidade (Figura 14B) indica que em escalas pequenas (300-450 m), valores altos de energia da variável macroporosidade foram exibidos em posições que foram distantes de 7,0-9,0 km e em torno de 14,0 km do início da transeção espacial. Os espectros individuais da Ksat e da macroporosidade apresentaram comportamento coincidente nas escalas de 300-450 m em posições localizadas a partir do meio para o final da transeção espacial. A Figura 14C mostra que o espectro individual da variável elevação apresentou valores altos e significativos da variância nas escalas de 400-2.500 m nas posições localizadas a 10,5 km a partir do início da transeção. O espectro individual da variável tipo de uso do solo (Figura 14D) apresentou comportamento similar ao da variável Ksat (Figura 14A) nas escalas menores em posições localizadas do meio para o final da transeção.

Os resultados da função *Wavelet coherency* entre a Ksat e a macroporosidade, e a elevação, e o tipo de uso do solo são apresentados na Figura 15. As linhas sólidas grossas na Figura 15 indicam onde os coeficientes da *Wavelet coherence* associados a cada escala e posição foram significativos ao nível de 5% de significância, enquanto as linhas sólidas finas indicam o cone de influência (COI), *i.e.*, os efeitos de borda podem distorcer o espectro da variável fora do COI. As setas apontando para direita significam que as variáveis estão em fase (correlação positiva), enquanto setas para esquerda indicam que elas apresentam uma correlação negativa (Figura 15). Pode ser observado que houve uma alta e significativa correlação entre Ksat e elevação nas escalas de 2.400-4.800 m nas posições distantes de 4,0-12,0 km do início da transeção espacial, indicando que a covariância entre elas é significativamente diferente do ruído vermelho nessas escalas ao nível de 5% de significância (Figura 15A). Em todas as escalas ao longo da transeção espacial, uma alta e significativa

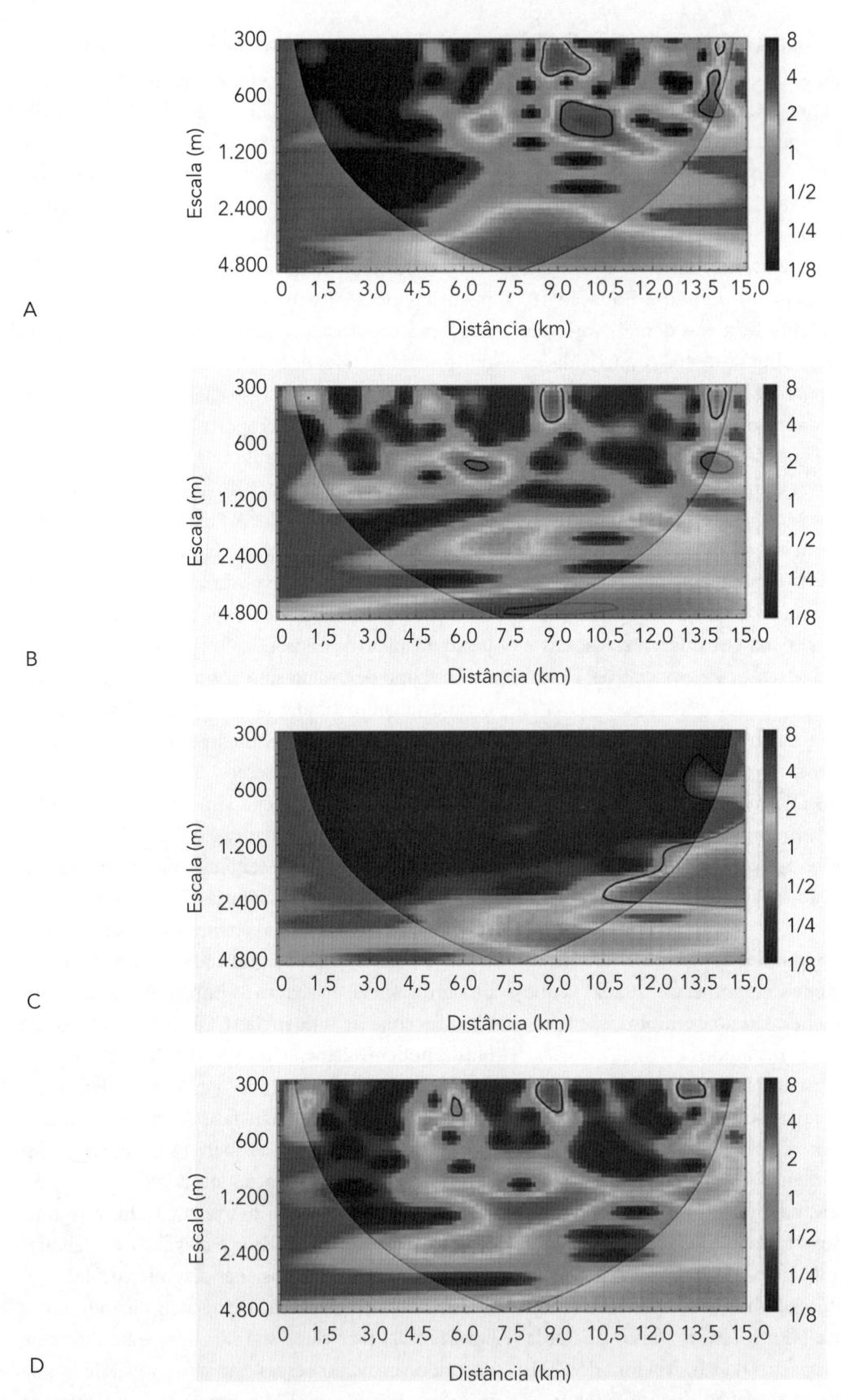

FIGURA 14 *Wavelets* individuais das variáveis Ksat (A), macroporosidade (B), elevação (C) e tipo de uso do solo (D) ao longo da transeção espacial de 15 km estabelecida na Bacia Hidrográfica do Arroio Fragata.
Veja a figura colorida em https://conteudo-manole.com.br/cadastro/solo-planta-atmosfera-4aedicao.

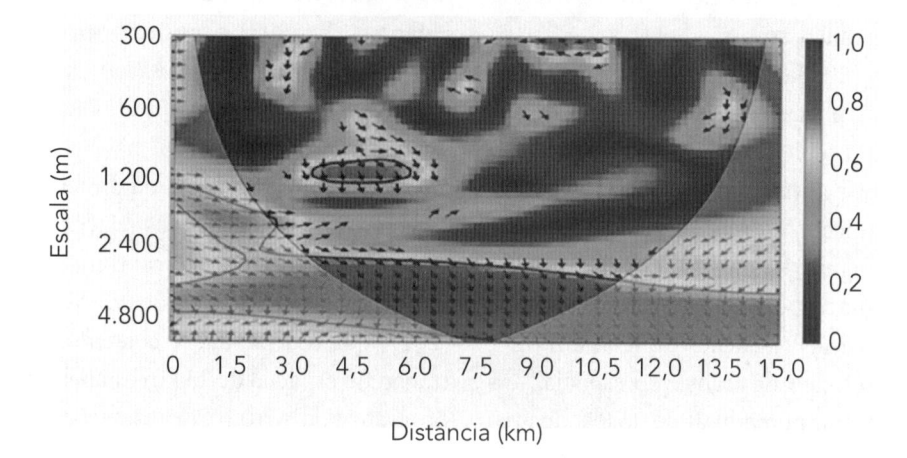

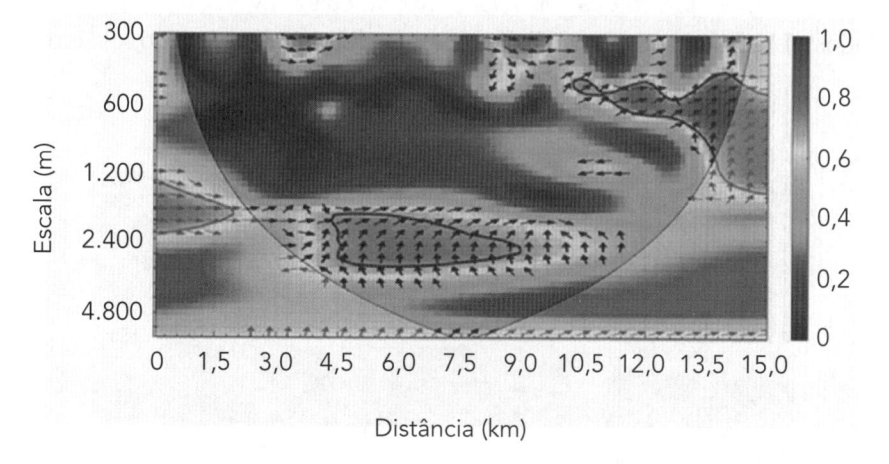

FIGURA 15 *Wavelet coherence* entre as variáveis Ksat e macroporosidade (A), Ksat e elevação (B) e Ksat e tipo de uso do solo (C) ao longo da transeção espacial de 15 km estabelecida na Bacia Hidrográfica do Arroio Fragata.

Veja a figura colorida em https://conteudo-manole.com.br/cadastro/solo-planta-atmosfera-4aedicao.

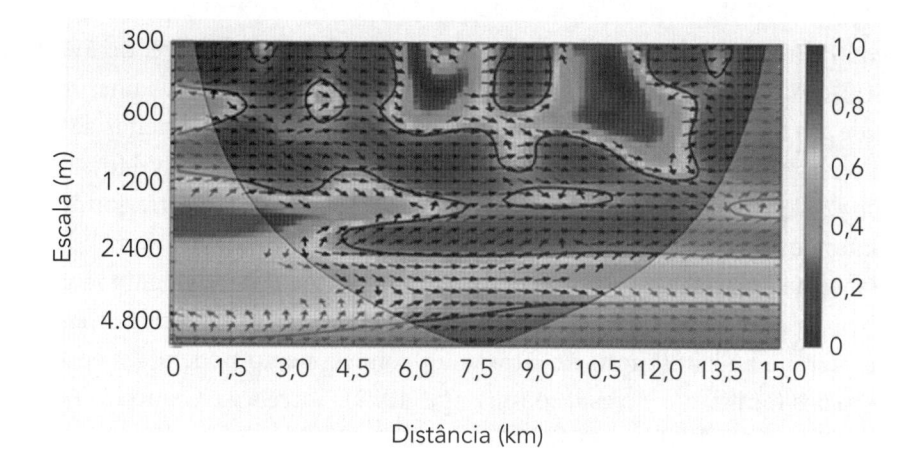

correlação foi encontrada entre a Ksat e a macroporosidade (Figura 15B). A função *Wavelet coherence* entre a Ksat e tipo de uso do solo (Figura 15C) mostra que existem altas e significativas covariâncias entre elas na escala de 420-1.000 m e de 1.600-2.500 m em posições distantes de 10,5-14,0 km e de 4,5-9,0 km do início da transeção espacial.

Uma das principais vantagens da análise em *Wavelets* é que ela permite a identificação de escalas específicas e aspectos localizados no espaço (ou no tempo) das variáveis em estudo (Figura 14), bem como da relação bivariada entre elas (Figura 15). Como mencionado anteriormente, a transformada de Fourier não permite isso.

Centeno et al. (2020a) também avaliaram se as variações de Ksat em diferentes escalas e no domínio do espaço poderiam ser mais bem explicadas incluindo um maior número de variáveis explanatórias usando a função *Multiple Wavelet coherence* (Equação 22). A Figura 16 mostra, como exemplo, a combinação da macroporosidade e do tipo de uso do solo para explicar as variações de Ksat em diferentes escalas e ao longo da transeção espacial, indicando que existe um percentual de 53,9% de área significativa entre Ksat, macroporosidade e tipo de uso do solo. As linhas sólidas grossas na Figura 16 indicam onde os coeficientes da *Multiple Wavelet coherence* associados a cada escala e posição foram significativos ao nível de 5% de significância, enquanto as linhas sólidas finas indicam o cone de influência (COI), *i.e.*, os efeitos de borda podem distorcer o espectro da variável fora do COI.

A intenção dos autores foi de introduzir o tópico Análise em *Wavelets* para o leitor de forma resumida. Um aprofundamento teórico sobre Análise em *Wavelets* e suas aplicações em diferentes áreas do conhecimento podem ser encontrados em Farge (1992), Torrence e Compo (1998), Weeks (2011), Addison (2017), entre outros textos.

Outros métodos, como, por exemplo, o *Empirical Mode Decomposition* (EMD) desenvolvido por Huang et al. (1998), e, posteriormente, o *Multivariate Empirical Mode Decomposition* (MEMD) (Rehman, Mandic, 2010) têm sido usados na análise de séries espaciais estacionárias (ou não) e lineares (ou não) em dados coletados em uma dimensão no intuito de caracterizar e quantificar as relações entre esses tipos de dados em diferentes escalas no espaço. Um exemplo de aplicação do método MEMD é o de She et al. (2017) que usaram dados coletados ao longo de uma transeção espacial de 25 km estabelecida na Bacia Hidrográfica do Arroio Pelotas, seção de controle Ponte Cordeiro de Farias, localizada no sul do Rio Grande do Sul (Oliveira, 2013). She et al. (2017) usaram o MEMD para investigar as correlações entre dois atributos físico-hidráulicos do solo (conteúdo de água no

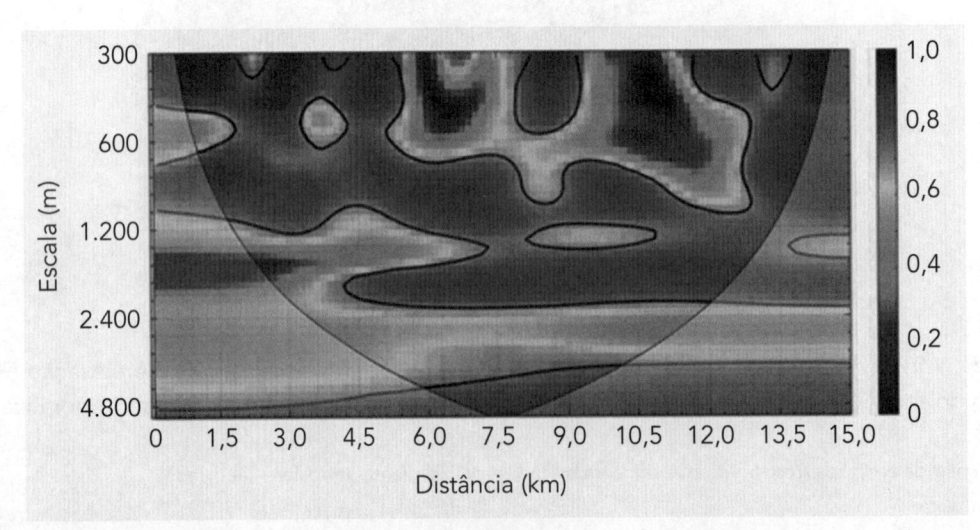

FIGURA 16 *Multiple Wavelet coherence* entre as variáveis Ksat, macroporosidade e tipo de uso do solo ao longo da transeção espacial de 15 km estabelecida na Bacia Hidrográfica do Arroio Fragata.
Veja a figura colorida em https://conteudo-manole.com.br/cadastro/solo-planta-atmosfera-4aedicao.

solo na capacidade de campo e condutividade hidráulica do solo saturado) e atributos do solo (densidade do solo e carbono orgânico) e topográficos (altitude e declividade) em diferentes escalas espaciais. She et al. (2017) decompuseram a variação global dos dois atributos físico-hidráulicos em seis funções intrínsecas de acordo com a escala de ocorrência, demonstrando a importância de levar em consideração a escala de dependência espacial quando o objetivo é o de examinar a distribuição de Ksat na bacia em estudo.

Recentemente, Huang et al. (2017) e Zhu et al. (2020) desenvolveram e aplicaram o método EMD usando variáveis do solo, atributos topográficos e tipos de usos do solo coletados em duas dimensões no espaço (método 2D-MED). Os algoritmos para aplicação do 2D-MED foram desenvolvidos no *software* R, o que é uma vantagem por ser de livre acesso à comunidade científica. O método parece bastante promissor no intuito de caracterizar e quantificar as relações bidimensionais entre esses tipos de dados em diferentes escalas no espaço.

Um maior aprofundamento sobre os aspectos teóricos relacionados aos métodos de decomposição empírica pode ser encontrado em Huang et al. (1998), Rehman e Mandic (2010) e mais recentemente em Flandrin (2018).

A FORMULAÇÃO EM ESPAÇO DE ESTADOS (*STATE-SPACE APPROACH*)

O modelo em **espaço de estados** de um processo estocástico estacionário ou não é baseado na propriedade de sistemas markovianos que estabelece a independência do futuro do processo em relação ao seu passado, dado o estado presente.

A formulação de um modelo em espaço de estados é uma forma de representar um sistema linear (ou não) por meio de um sistema de duas equações dinâmicas. Para o caso de um sistema linear teremos:

- 1ª) a forma pela qual o vetor das observações $Y_j(x_i)$ do processo é gerado em função do vetor de estado $Z_j(x_i)$, denominada **equação das observações** (Equação 23);

- 2ª) a evolução dinâmica do vetor de estado não observado $Z_j(x_i)$, denominada **equação de estado** ou do sistema (Equação 24).

De forma analítica temos:

$$Y_j(x_i) = M_{jj}(x_i)Z_j(x_i) + v_{y_j}(x_i) \quad (23)$$

$$Z_j(x_i) = \phi_{jj}Z_j(x_{i-1}) + u_{z_j}(x_i) \quad (24)$$

A **matriz de observação** M_{jj} na Equação 23 origina-se do seguinte conjunto de equações de observações:

$$Y_1(x_i) = m_{11}Z_1(x_i) + m_{12}Z_2(x_i) + \ldots + m_{1j}Z_j(x_i) + v_{y_1}(x_i)$$
$$Y_2(x_i) = m_{21}Z_1(x_i) + m_{22}Z_2(x_i) + \ldots + m_{2j}Z_j(x_i) + v_{y_2}(x_i)$$
$$\vdots$$
$$Y_j(x_i) = m_{j1}Z_1(x_i) + m_{j2}Z_2(x_i) + \ldots + m_{jj}Z_j(x_i) + v_{y_j}(x_i)$$

podendo ser escrita na forma matricial:

$$\begin{bmatrix} Y_1(x_i) \\ Y_2(x_i) \\ \vdots \\ Y_j(x_i) \end{bmatrix} = \underbrace{\begin{bmatrix} m_{11} & m_{12} & \ldots & m_{1j} \\ m_{21} & m_{22} & \ldots & m_{2j} \\ \vdots & \vdots & & \vdots \\ m_{j1} & m_{j2} & \ldots & m_{jj} \end{bmatrix}}_{M_{jj}} \times \begin{bmatrix} Z_1(x_i) \\ Z_2(x_i) \\ \vdots \\ Z_j(x_i) \end{bmatrix} + \begin{bmatrix} v_{y_1}(x_i) \\ v_{y_2}(x_i) \\ \vdots \\ v_{y_j}(x_i) \end{bmatrix}$$

A **matriz de transição** (ou **matriz dos coeficientes**) ϕ_{jj} na Equação 24 origina-se do seguinte conjunto de equações de estado:

$$Z_1(x_i) = \phi_{11}Z_1(x_{i-1}) + \phi_{12}Z_2(x_{i-1}) + \ldots + \phi_{1j}Z_j(x_{i-1}) + u_{z_1}(x_i)$$
$$Z_2(x_i) = \phi_{21}Z_1(x_{i-1}) + \phi_{22}Z_2(x_{i-1}) + \ldots + \phi_{2j}Z_j(x_{i-1}) + u_{z_2}(x_i)$$
$$\vdots$$
$$Z_j(x_i) = \phi_{j1}Z_1(x_{i-1}) + \phi_{j2}Z_2(x_{i-1}) + \ldots + \phi_{jj}Z_j(x_{i-1}) + u_{z_j}(x_i)$$

ou na forma matricial:

$$\begin{bmatrix} Z_1(x_i) \\ Z_2(x_i) \\ \vdots \\ Z_j(x_i) \end{bmatrix} = \underbrace{\begin{bmatrix} \phi_{11} & \phi_{12} & \ldots & \phi_{1j} \\ \phi_{21} & \phi_{22} & \ldots & \phi_{2j} \\ \vdots & \vdots & & \vdots \\ \phi_{j1} & \phi_{j2} & \ldots & \phi_{jj} \end{bmatrix}}_{\phi_{jj}} \times \begin{bmatrix} Z_1(x_{i-1}) \\ Z_2(x_{i-1}) \\ \vdots \\ Z_j(x_{i-1}) \end{bmatrix} + \begin{bmatrix} u_{z_1}(x_i) \\ u_{z_2}(x_i) \\ \vdots \\ u_{z_j}(x_i) \end{bmatrix}$$

O vetor de observação $Y_j(x_i)$ é relacionado ao vetor de estado $Z_j(x_i)$ pela matriz de observação $M_{jj}(x_i)$ e por um erro (ou ruído) de observação $vY_j(x_i)$ (Equação 23). Isso significa que valores observados Y_j (que podem ser quaisquer variáveis como a condutividade hidráulica do solo saturado, umidade do solo θ, pH, matéria orgânica, densidade do solo etc. medidas ao longo de uma transeção de n pontos espaçados do *lag* h, isto é, $x_i - x_{i-1} = h$) não são tomados como verdadeiros, mas são considerados medida indireta de Y_j, refletindo o verdadeiro estado da variável Z_j (valor não observado da variável) adicionado a um erro de observação v_{yj}. Por outro lado, o vetor de estado $Z_j(x_i)$ na posição x_i é relacionado ao mesmo vetor na posição x_{i-1} por meio da matriz dos coeficientes de estado $\phi_{jj}(x_i)$ (matriz de transição) e um erro (ou ruído) associado ao estado $u_{Zj}(x_i)$ com a estrutura de um modelo autorregressivo de primeira ordem. É assumido que $v_{yj}(x_i)$ e $u_{Zj}(x_i)$ são normalmente distribuídos, independentes e não correlacionados entre si para todas as defasagens.

As Equações 23 e 24 contêm perturbações (ou ruídos) distintas, uma sendo associada às observações (Equação 23) e a outra ao estado (Equação 24). Kalman (1960), usando uma formulação em espaço de estados, desenvolveu um filtro recursivo ótimo para estimação em sistemas lineares dinâmicos estocásticos, sendo atualmente conhecido na literatura como **Filtro de Kalman** (FK) (ver Figura 17). Segundo Gelb (1974), um estimador ótimo é um algoritmo computacional que processa as observações para deduzir uma estimativa mínima (de acordo com algum critério de otimização) do erro do estado de um sistema utilizando: (i) conhecimento da dinâmica das observações e do sistema; (ii) assumindo inferências estatísticas aos ruídos associados às observações e aos associados ao estado; e (iii) conhecimento da condição inicial da informação. Resumindo, dado o sistema dinâmico de equações que descreve o comportamento do vetor de estado e das observações, os modelos estatísticos que caracterizam os erros observacionais e do estado e a condição inicial da informação, o filtro de Kalman faz a atualização sequencial do vetor de estado **no espaço (ou tempo)** x_{i-1} para o espaço (ou tempo) x_i. De fato, pode-se argumentar que o FK é, em essência, solução recursiva (solução que permite processamento sequencial das observações) para o método original dos quadrados mínimos de Gauss. Contudo, cabe salientar que é necessário o uso de outro algoritmo [p. ex., o algoritmo de máxima verossimilhança (EM), amplamente discutido por Shumway e Stoffer (2017)] para que junto com o FK seja solucionado o problema das observações contaminadas por ruídos, ou seja, presença de parâmetros de incerteza (Gelb, 1974).

De acordo com o objetivo do estudo envolvendo a metodologia de espaço de estados pode-se ter diferentes tipos de estimativas: (a) quando o tempo (ou espaço) no qual uma estimativa é desejada coincide com o último dado observado (t ou x = n), o problema é dito de filtragem; b) quando o tempo (ou espaço) de interesse se situa dentro de todo o conjunto de dados observados, ou seja, todo o conjunto de dados observados é utilizado para estimar o ponto de interesse (t ou x < n), o problema é dito de suavização; e (c) quando o tempo (ou espaço) de interesse se situa além do último dado observado (t ou x > n), o problema é dito de predição (*forecast* em inglês).

A formulação em espaço de estados pode ser usada para a interpolação espacial de dados, não requerendo a condição de **estacionariedade dos dados** (condição vista no Capítulo 20), ou seja, a série em estudo pode não ser estacionária (Shumway; Stoffer, 2017).

Até então, o sistema de equações lineares dinâmicas (Equações 23 e 24), que descreve a formulação de espaço de estados, foi apresentado de forma geral. Entretanto, o objetivo deste texto é apresentar o uso da formulação de espaço de estados sob duas abordagens diferentes: a primeira apresentada em Shumway (1988) e Shumway e Stoffer (2017) que vem sendo empregada por vários pesquisadores na área de ciências agrárias, dando ênfase à equação de evolução de estado do sistema (Equação 24), e a segunda apresentada em West e Harrison (1997), que ainda tem sido pouco explorada na área de ciências agrárias em que é dada ênfase maior na equação das observações (Equação 23). Pretende-se alcançar tal objetivo ilustrando exemplos de aplicação na área de ciências agrárias na qual tais abordagens têm sido utilizadas.

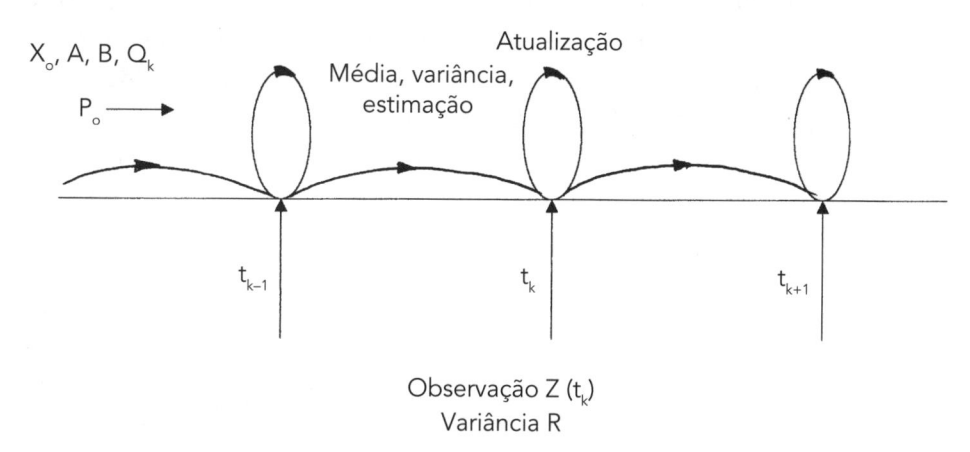

FIGURA 17 Exemplo de aplicação do filtro de Kalman a sistemas não lineares.
Fonte: extraída de Katul et al. (1993).

ESPAÇO DE ESTADOS – ABORDAGEM CLÁSSICA

A abordagem clássica foi primeiramente descrita em Shumway (1988) e mais recentemente em Shumway e Stoffer (2017) e dá maior ênfase na **equação de evolução de estado** do sistema em que a matriz dos coeficientes de transição ϕ (Equação 24) é uma matriz de dimensão multivariada j x j que indica a medida espacial da associação linear entre as variáveis de interesse. Esses coeficientes são otimizados por um procedimento recursivo, usando algoritmo tipo filtro de Kalman (Shumway; Stoffer, 2017) em que o método da máxima verossimilhança é usado junto com o algoritmo de maximização da média de Dempster, Laird e Rubin (1977). Nesse caso, as Equações 23 e 24 são resolvidas assumindo valores iniciais para a média e a variância de cada variável e para as matrizes: de covariância do ruído das observações R; de covariância do ruído associado ao vetor de estado Q; dos coeficientes de transição ϕ; e de observação M. Shumway (1988) considera a matriz M unitária (identidade). Dessa forma, a Equação 23 torna-se:

$$Y_j(x_i) = Z_j(x_i) + V_{y_j}(x_i) \qquad (23a)$$

o que significa que Y difere de Z apenas por um erro.

No desenvolvimento do *software Applied Statistical Time Series Analysis* (ASTSA) usado para a análise de séries temporais (espaciais), a matriz M foi fixada durante todos os passos da estimativa da variável. Isso mostra a maior ênfase de sua abordagem na equação de evolução de estado e não na equação das observações. Mais detalhes podem ser encontrados em Shumway (1988). Mais recentemente, Shumway e Stoffer (2017) criaram um pacote no *software* R (R Core Team, 2016), disponibilizando os códigos (*scripts*) para a análise de Séries Temporais, inclusive a abordagem em espaço de estados. Silveira et al. (2019) reescreveram e traduziram os códigos em R para a linguagem Python, denominando o programa de *ASTSApy*. A ilustração a seguir apresenta a tela inicial do *ASTSApy*, na qual se podem observar as diferentes configurações e opções para obter a matriz dos coeficientes de estado (Equação 24) bem como as estimativas das variáveis em estudo e o respectivo desvio-padrão em cada ponto amostral.

Ilustraremos algumas aplicações dessa abordagem em um experimento conduzido em uma área cultivada com cana-de-açúcar localizada em Piracicaba/SP. O experimento de campo com a cultura de cana-de-açúcar, com o espaçamento entre linhas de 1,4 m, foi instalado de acordo com delineamento experimental em blocos ao acaso com quatro tratamentos e quatro repetições por tratamento, sendo que cada repetição foi subdividida em faixas de 1 m (*lag* = 1 m), compondo, no total, uma transeção de 84 parcelas, incluídas as bordaduras colocadas nas extremidades e entre cada tratamento. A Figura 18 mostra o esquema experimental utilizado.

No total foram plantadas 15 linhas de cana-de-açúcar com 100 m de comprimento cada uma. O tratamento T1 recebeu adubo marcado com N-15 no plantio e no primeiro corte (novembro/1998) recebeu palha não marcada do tratamento T2 que foi adubado com o mesmo adubo, não marcado. O tratamento T2 recebeu no primeiro corte palha marcada de T1. O tratamento T3 foi usado para a produção de palha não marcada, sendo a superfície do solo mantida sem palha, ou seja, nu. O tratamento T4 recebeu o mesmo adubo marcado que foi aplicado em T1, porém a cana-de-açúcar foi queimada antes da colheita, permanecendo os resíduos da queima sobre a superfície do solo. Esses tratamentos foram baseados na tendência de troca das práticas de manejo da cana-de-açúcar, substituindo a tradicional queima da cana pela colheita da cana crua, em que a cobertura vegetal é deixada na superfície do solo.

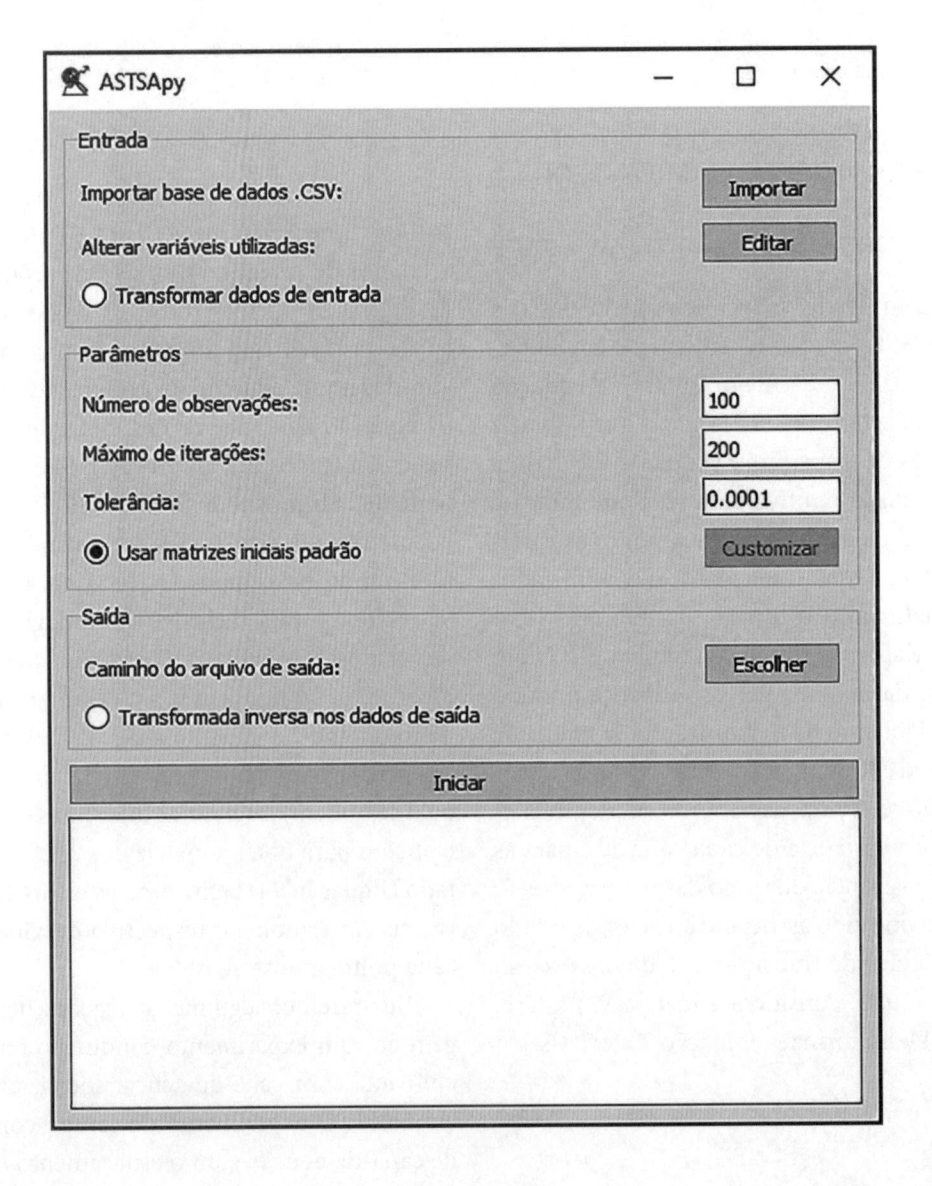

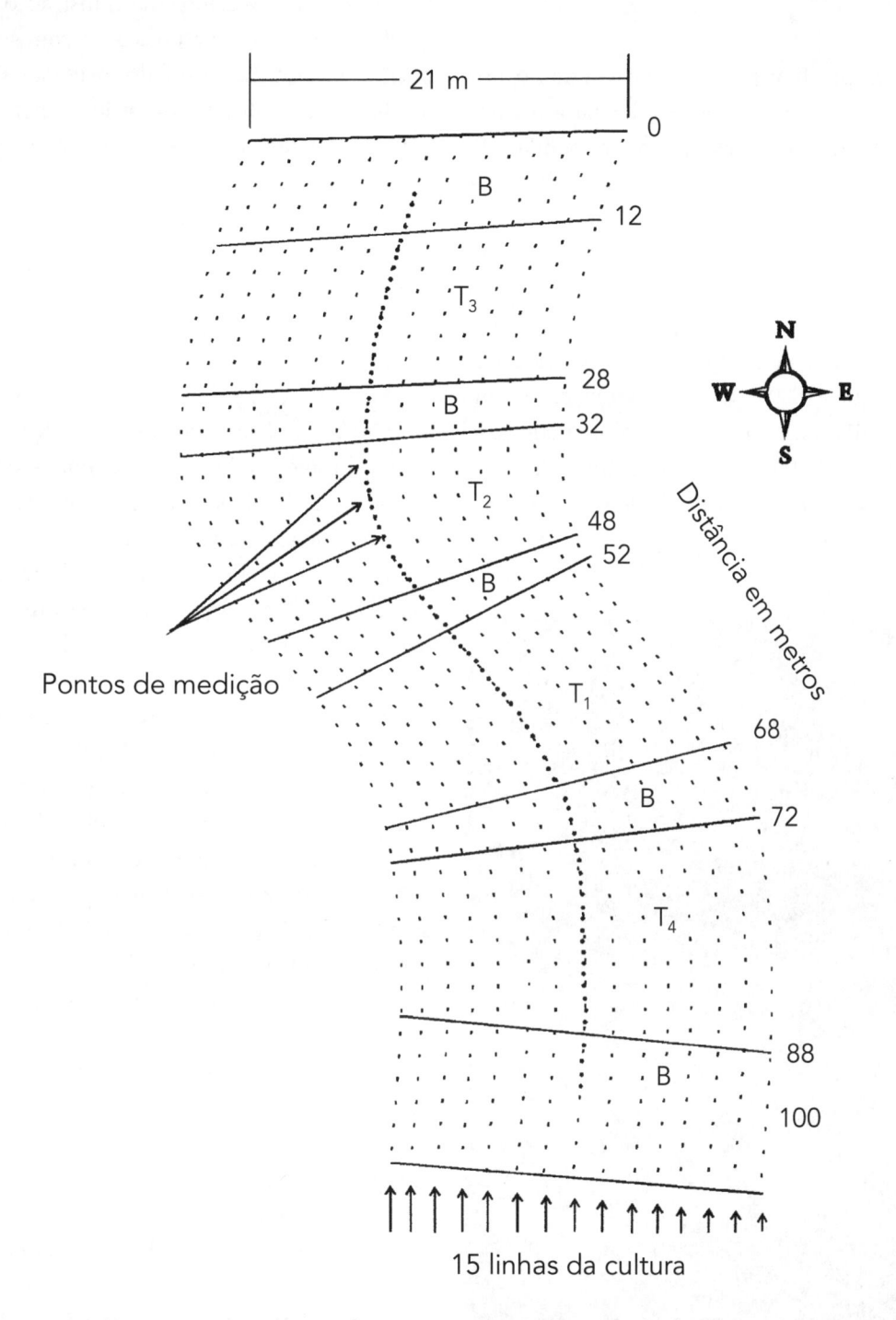

FIGURA 18 Esquema da área experimental cultivada com cana-de-açúcar mostrando as 15 linhas da cultura, localizada em Piracicaba/SP.
Fonte: Oliveira et al. (2001).

a) Análise do comportamento da umidade e da temperatura do solo

Esse exemplo tem por objetivo ilustrar o uso da metodologia de espaço de estados para melhor entendimento do comportamento da umidade e da temperatura do solo no experimento de cana-de-açúcar descrito. A umidade do solo θ na faixa de 0-0,15 m, ao longo dos 84 pontos da transeção espacial, foi medida empregando sonda de superfície nêutron-gama (Figura 19). Simultaneamente, a temperatura do solo foi medida nas profundidades de 0,03; 0,06 e 0,09 m na mesma transeção, com termômetro digital, sendo que o valor médio das três profundidades foi usado neste estudo. A análise foi executada com o auxílio do *software* ASTSA (Shumway, 1988).

FIGURA 19 Sonda nêutron-gama utilizada para medida da umidade e densidade do solo ao longo de uma transeção, em experimento de cana-de-açúcar.
Fonte: Dourado-Neto et al. (1999).

Por meio da Equação 24, pode-se verificar que a matriz dos coeficientes de transição ϕ_{jj} relaciona o vetor de estado Z_j na posição x_i com seu valor na posição x_{i-1}. Quando os dados originais são normalizados [$z_j(x_i)$] antes da aplicação da metodologia de espaço de estados, a magnitude dos coeficientes ϕ torna-se diretamente proporcional à contribuição de cada variável na estimativa de $Z_j(x_i)$. Para isso, foi usada a seguinte transformação:

$$z_j(x_i) = \frac{Z_j(x_i) - (\bar{Z}_j - 2s)}{4s} \qquad (25)$$

Os dados observados de umidade θ e temperatura T do solo usados nesse exemplo são mostrados na Figura 20; ambas as variáveis apresentam variação acentuada ao longo da transeção.

Analisando em conjunto as Figuras 18 e 20, percebe-se claramente o efeito da presença da cobertura vegetal na superfície do solo (T1 e T2) com valores mais altos de umidade do solo e mais baixos de temperatura do solo. Essa variação acentuada entre os valores é decorrência do fato de a colheita da cana ter sido realizada no mês de outubro de 1998 e as medidas, no dia 20 de novembro do mesmo ano, ou seja, a cana soca apresentava pequeno porte, não cobrindo a superfície do solo e expondo-a às adversidades climáticas de forma mais acentuada. A regressão linear mostrada na Figura 21 ($R^2 = 0,4493$) demonstra que a umidade do solo está inversamente relacionada com a temperatura do solo.

As Figuras 22A e B apresentam os autocorrelogramas da umidade do solo (22A) e da temperatura do solo (22B). Analisando essas figuras, pode-se verificar que tanto a umidade do solo como a temperatura apresentam dependência espacial de até 8 *lags*, ao nível de 5% de significância pelo teste t. Isso indica que há dependência espacial, nesse caso de até 8 m entre as observações adjacentes de ambas variáveis.

O crosscorrelograma entre a umidade do solo e a temperatura do solo é apresentado na Figura 23, mostrando a forte dependência espacial entre essas variáveis até a distância de 6 m, em ambas as direções neste caso.

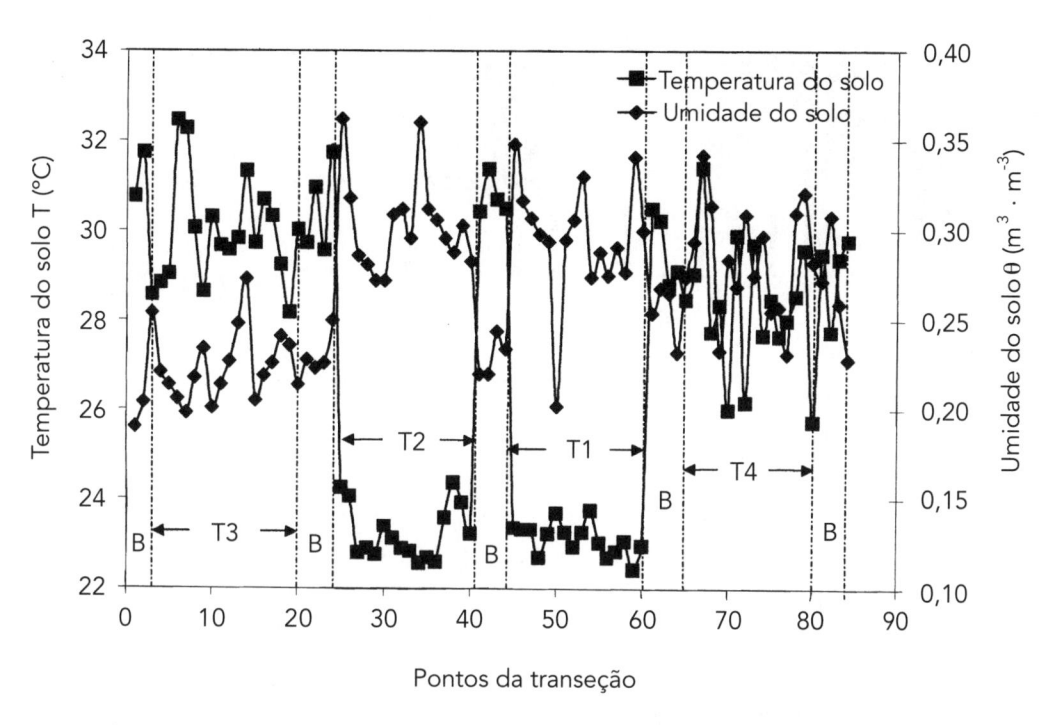

FIGURA 20 Dados observados de umidade do solo e temperatura do solo ao longo da transeção espacial dos 84 pontos.

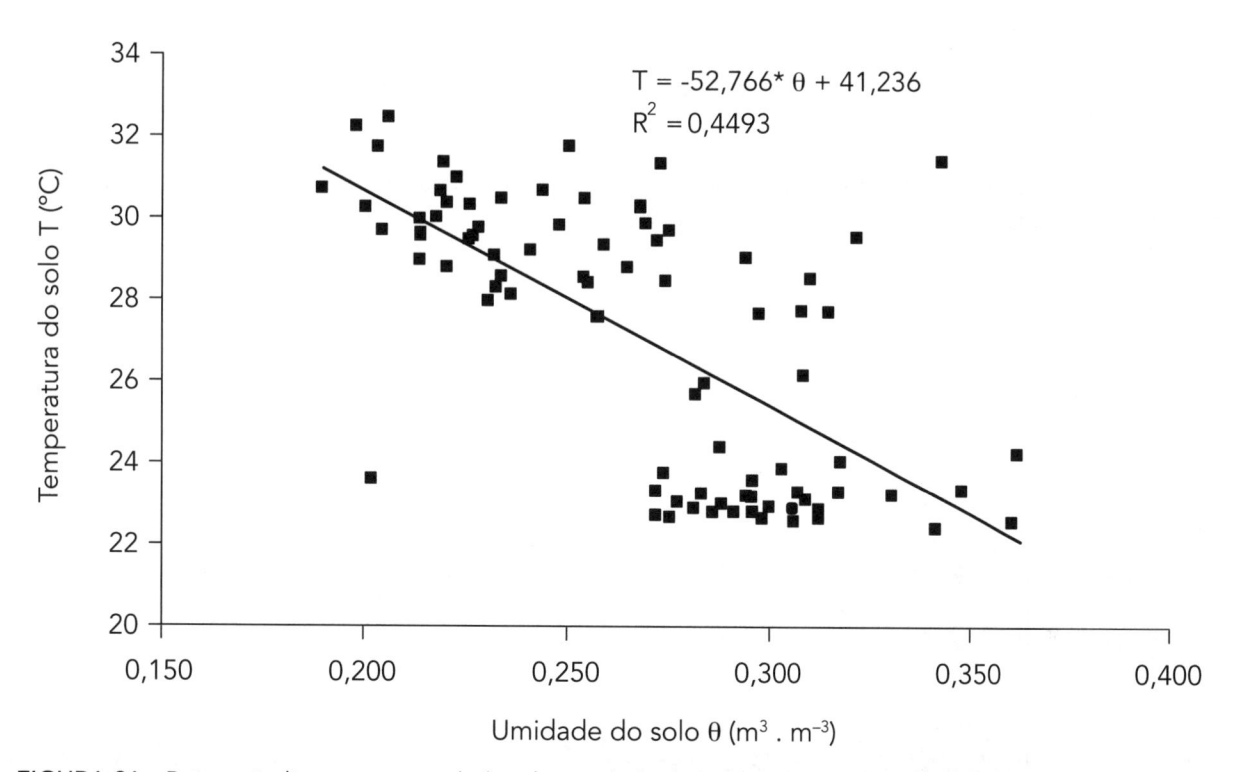

$$T = -52,766 * \theta + 41,236$$
$$R^2 = 0,4493$$

FIGURA 21 Regressão linear entre os dados de umidade do solo e temperatura do solo.

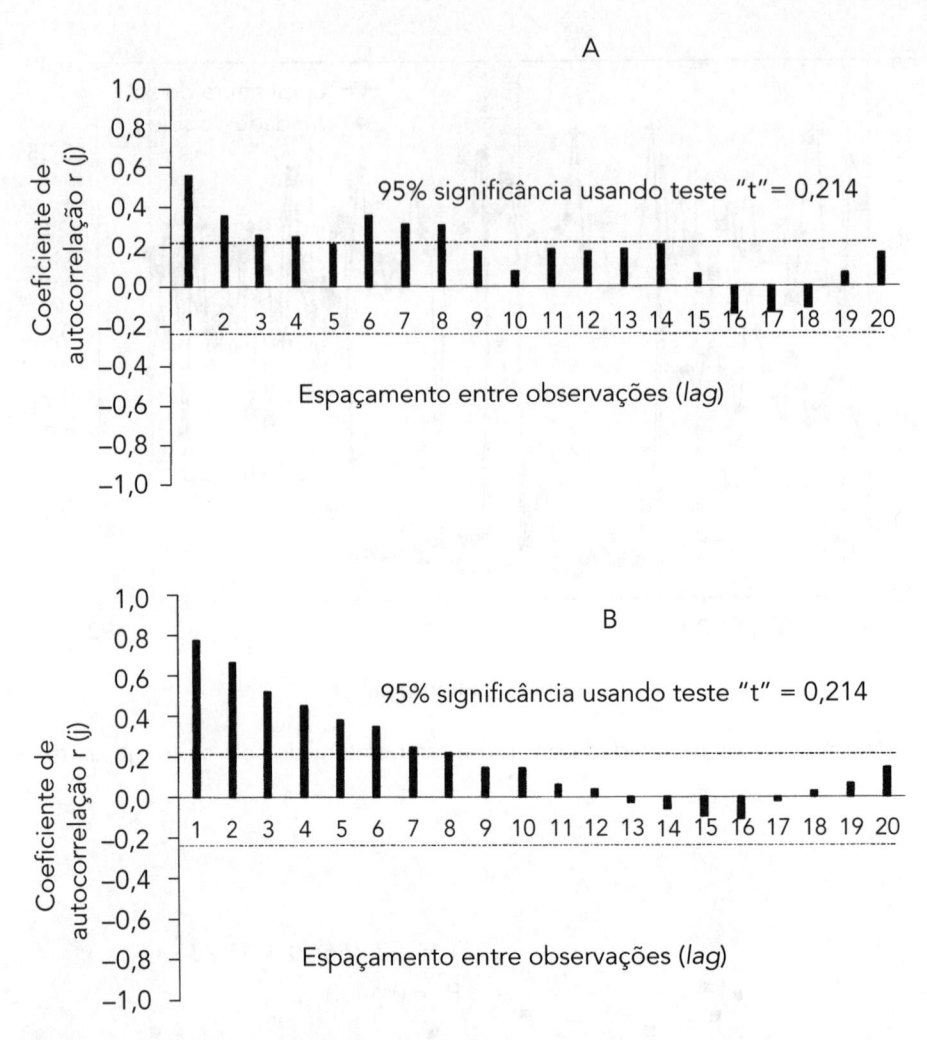

FIGURA 22 Autocorrelogramas da umidade do solo (A) e temperatura do solo (B), indicando a autodependência espacial de cada variável com as observações adjacentes.

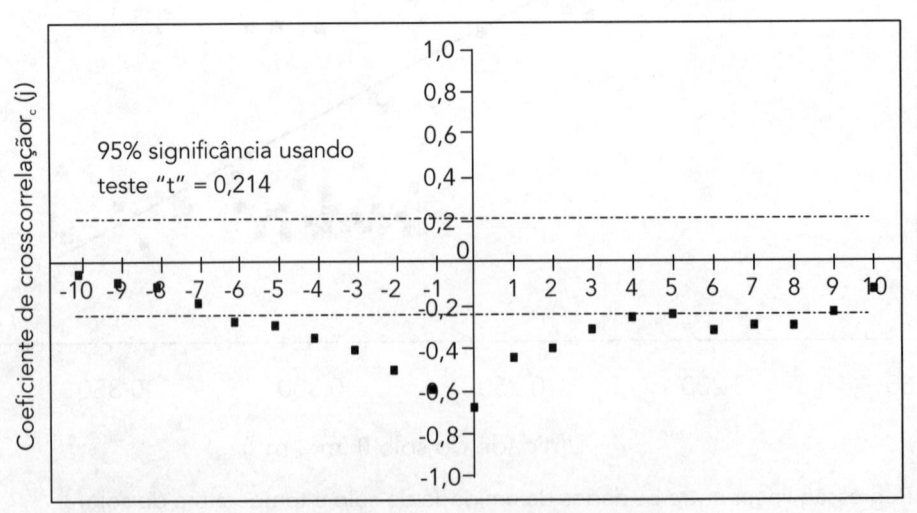

FIGURA 23 Crosscorrelograma entre a umidade do solo e a temperatura do solo, indicando a forte dependência espacial entre essas variáveis.

Os resultados da aplicação da abordagem de espaço de estados, justificada pelas Figuras 22A, 22B e 23, nos dados $z_j(x_i)$ (transformados pela Equação 25) de umidade θ e temperatura T do solo são mostrados nas Figuras 24 e 25, respectivamente. Para esse exemplo, a Equação 24 torna-se:

$$(\theta)_i = 0,8810(\theta)_{i-1} + 0,1148 T_{i-1} + u_{(\theta)i} \quad (24a)$$

e

$$T_i = 0,0615(\theta)_{i-1} + 0,9272 T_{i-1} + u_{Ti} \quad (24b)$$

ou na forma de matriz:

$$\begin{pmatrix} \theta_i \\ T_i \end{pmatrix} = \begin{pmatrix} 0,8810 & 0,1148 \\ 0,0615 & 0,9272 \end{pmatrix} \times \begin{pmatrix} \theta_{i-1} \\ T_{i-1} \end{pmatrix} + \begin{pmatrix} u_{(\theta)i} \\ u_{Ti} \end{pmatrix} \quad (24c)$$

Nas Figuras 24 e 25, os valores observados da variável são representados pelo símbolo quadrado. Já os valores estimados da variável por meio do modelo de espaço de estados (Equações 24a e b) são representados pela linha do meio. Os valores estimados mais e menos o desvio-padrão da estimativa em cada posição i são representados pelas linhas superior e inferior correspondendo à área que o modelo apresentou bom desempenho. Convém salientar que os desvios-padrão são estimados para cada posição i.

Examinando a Equação 24a, pode-se verificar que a umidade do solo na posição i-1 contribui com 88,5% na estimativa da umidade na posição i, enquanto a temperatura do solo no ponto i-1 contribui somente com 11,5%. A contribuição relativa de cada variável na posição i-1 para sua estimativa na posição i foi calculada dividindo seu coeficiente na equação de estado pela soma de todos os coeficientes de estado das variáveis na posição i-1.

Analisando a Equação 24b, verifica-se que a umidade do solo na posição i-1 contribui com 6,2% na estimativa da temperatura do solo na posição i, o que significa que a contribuição do primeiro vizinho é maior no caso da temperatura (93,8%) quando comparado ao da umidade do solo (88,5%).

As Figuras 26A e B mostram a regressão linear entre os valores observados e estimados de umidade do solo (Figura 26A) e valores observados e estimados de temperatura do solo (Figura 26B), sendo obtido $R^2 = 0,9063$ para a umidade e 0,9587 para temperatura, ou seja, o modelo teve melhor desempenho nas estimativas da temperatura do solo.

É importante ressaltar que nesse exemplo, analisado com um modelo de primeira ordem, poderia também ser analisado com modelos de ordem superior. Hui et al. (1998) usaram um modelo de segunda ordem relacionando a taxa de infiltração de água na posição x_i com a taxa de infiltração e condutividade

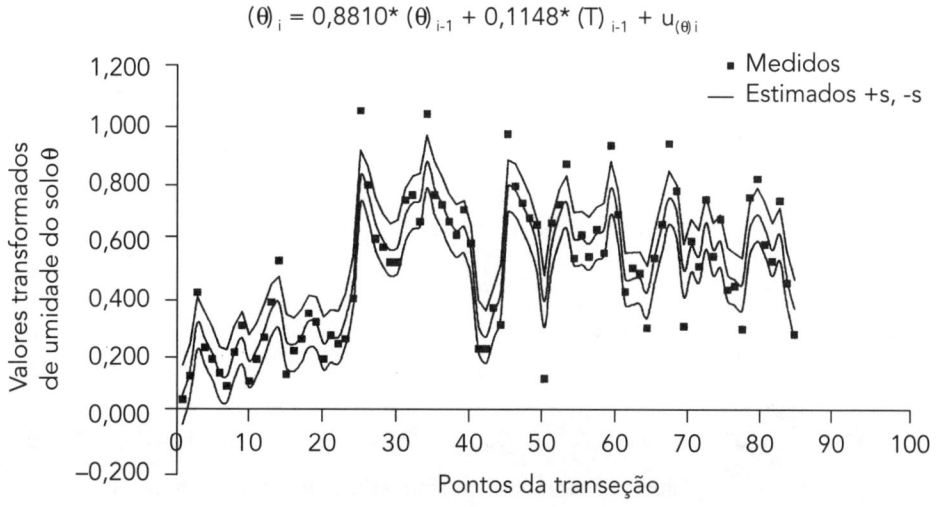

FIGURA 24 Análise de espaço de estados aplicada aos dados transformados (Equação 25) de umidade do solo.

$$(T)_i = 0{,}0615^* \, (\theta)_{i-1} + 0{,}9272^* \, (T)_{i-1} + u_{(T)i}$$

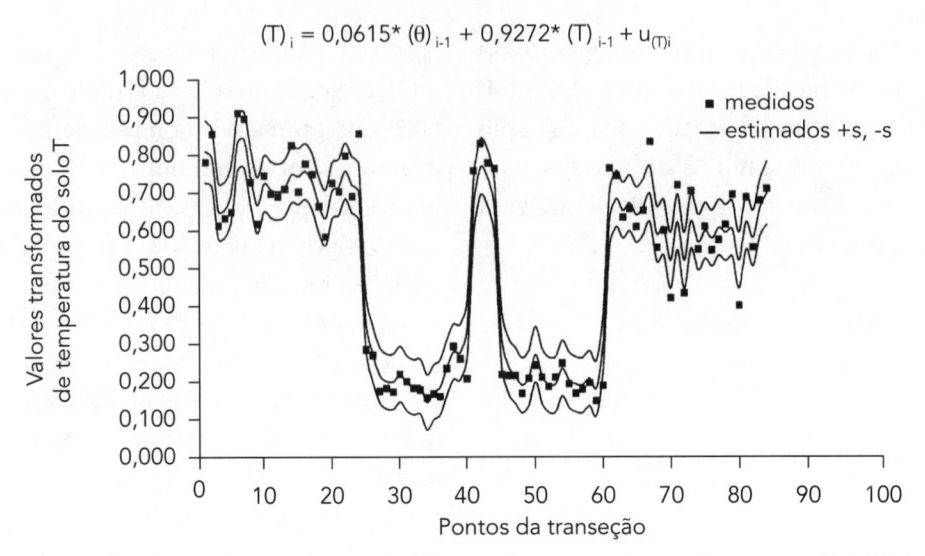

FIGURA 25 Análise de espaço de estados aplicada aos dados transformados (Equação 26) de temperatura do solo.

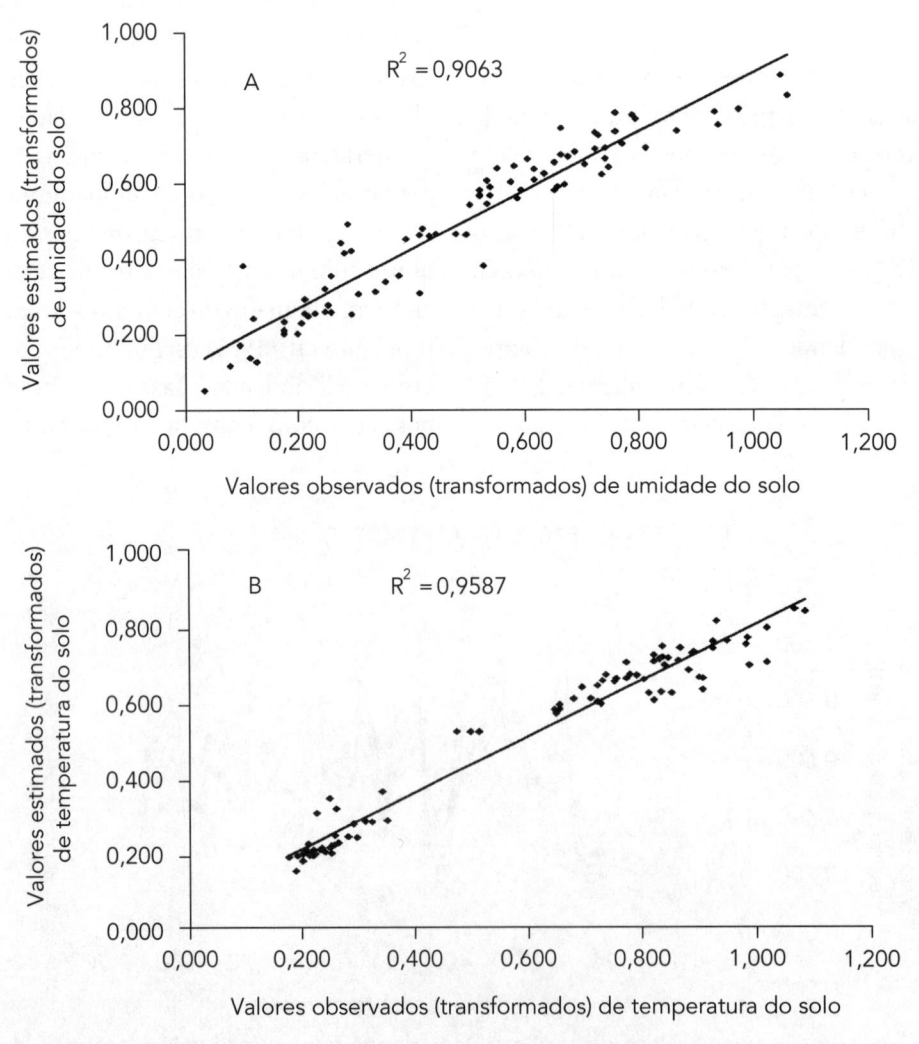

FIGURA 26 Regressão linear entre os valores observados e estimados de: (A) umidade do solo; e (B) temperatura do solo.

elétrica do extrato na posição x_{i-1} e com a taxa de infiltração no segundo vizinho x_{i-2}. Nesse exemplo foi usado um sistema de duas variáveis (umidade do solo e temperatura do solo), mas poderíamos empregar um sistema relacionando mais variáveis, como, por exemplo, produtividade de cana-de-açúcar, número de colmos por metro, declividade do terreno, altitude, condutividade hidráulica do solo saturado, conteúdo de argila, densidade do solo, carbono orgânico e microtopografia da superfície do solo, como veremos nos exemplos a seguir.

Esse exemplo (extraído de Dourado-Neto et al., 1999) foi a primeira aplicação da metodologia de espaço de estados no Brasil usando séries espaciais, tendo como objetivo a introdução dessa abordagem na literatura de ciência do solo da América Latina, como ferramenta para melhor entendimento das variáveis do sistema solo-planta-atmosfera.

b) Avaliação da relação entre propriedades físicas e químicas do solo

Esse segundo exemplo (extraído de Timm et al., 2004) ilustra a aplicação da abordagem de espaço de estados em quatro séries espaciais (umidade do solo θ, matéria orgânica OM, conteúdo de argila CC e estabilidade de agregados AS) coletados ao longo da mesma transeção dos 84 pontos na mesma área experimental de cana-de-açúcar. A umidade do solo foi medida como descrito anteriormente, durante a estação seca (6 de setembro de 1999). Para a determinação de OM, CC e AS foram coletadas amostras deformadas de solo na faixa de 0-0,15 m de profundidade ao longo da mesma transeção experimental. Após longo período sem chuva, esperava-se que houvesse relação entre a umidade do solo e as outras variáveis. Da mesma forma como no exemplo anterior, os dados foram transformados por meio da Equação 25 antes da utilização do *software* ASTSA.

A distribuição espacial dos valores de umidade do solo ao longo da transeção é mostrada na Figura 27A com coeficiente de variação CV = 13,4%, indicando que a variabilidade dos dados em relação à média é relativamente pequena, embora a flutuação ponto a ponto pareça ser grande quando comparada à variação total dos dados ao longo da transeção. Embora o efeito dos tratamentos não seja visualmente percebido, pode-se verificar de modo claro tendência de aumento do valor da umidade do solo ao longo da transeção. A função de autocorrelação, calculada por meio da Equação 19a (Capítulo 20), para a umidade do solo é apresentada na Figura 27B. Analisando essa figura, verifica-se que há forte estrutura de correlação espacial até 14 *lags* (nesse caso 14 m), ao nível de 5% de probabilidade usando o teste t (Equação 20 – Capítulo 20), fato esse esperado em virtude da tendência espacial nos dados (Figura 27A).

As Figuras 28A e 28B mostram a distribuição espacial dos valores de matéria orgânica ao longo da transeção dos 84 pontos e o autocorrelograma desses dados, respectivamente. O valor do CV é de 7,8%, ainda que a dependência espacial alcance 10 *lags* (10 m). Nesse caso, observa-se que os valores de OM manifestam tendência de decréscimo ao longo da transeção (Figura 28A).

A variação espacial do conteúdo de argila CC e sua função de autocorrelação ACF são mostradas nas Figuras 29A e 29B, respectivamente, refletindo também a presença de tendência espacial ao longo da transeção. As variações ponto a ponto são também grandes quando comparadas com a variação total de CC ao longo da transeção (CV = 8,7%). Esse comportamento, segundo Nielsen e Wendroth (2003), é mais bem identificado quando são usadas ferramentas estatísticas que consideram as tendências locais de comportamento, que não é o caso da estatística clássica.

Analisando as Figuras 27A, 28A e 29A, pode-se verificar que a distribuição espacial das observações de umidade do solo, matéria orgânica e conteúdo de argila manifestam tendência ao longo da transeção. Essa tendência causa forte dependência espacial de cada variável como evidenciado pela função de autocorrelação nas Figuras 27B, 28B e 29B. As Figuras 30A e 30B apresentam a variabilidade espacial e a autocorrelação para as observações de estabilidade de agregados ao longo da transeção. Ao contrário das outras três séries de dados, a estabilidade de agregados não tem uma tendência, e manifesta dependência espacial até 3 m (Figura 30B).

Tradicionalmente, a maioria das investigações agronômicas tem usado técnicas de amostragem ao acaso assumindo que as amostras são independentes entre si. Dessa forma, as análises de estatística clássica são usadas, como análise de variância (Anova) e análises de regressão, para descrever as trocas observadas dentro e entre diferentes tratamentos. Nos casos em que as observações dentro e entre tratamentos não são independentes, Nielsen e Alemi (1989) afirmam que o desenho experimental no campo não propicia a aplicação da análise estatística clássica. Nesse estudo, tais análises foram usadas para determinar como os dados de umidade do solo medidos ao longo da transeção são descritos pelas equações clássicas de regressão.

Devido à tendência de comportamento ao longo do espaço de três das quatro séries estudadas, espera-se que as variáveis sejam relacionadas entre si. Não levando em consideração as posições das observações, não mais do que 55% da variância da umidade do solo é explicada pela análise de regressão linear e múltipla usando qualquer combinação das séries observadas. No Quadro 1 pode-se notar que o melhor resultado da regressão foi obtido usando as séries de matéria orgânica, conteúdo de argila e estabilidade de agregados, e o pior é obtido usando apenas estabilidade de agregados. Empregando as séries de conteúdo de argila e estabilidade de agregados foi obtido um coeficiente de determinação (R^2) próximo àquele em que se usa as três séries como variáveis dependentes.

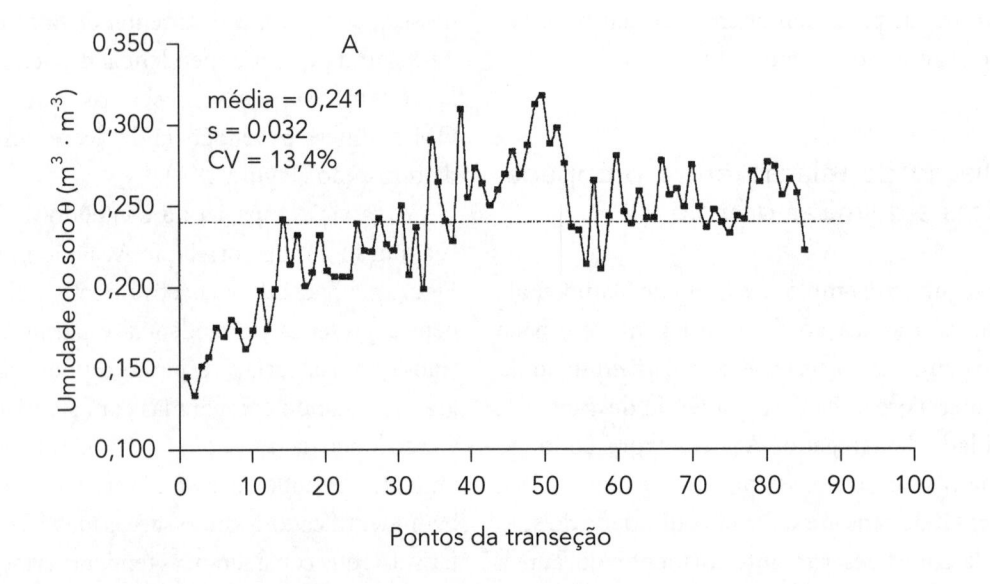

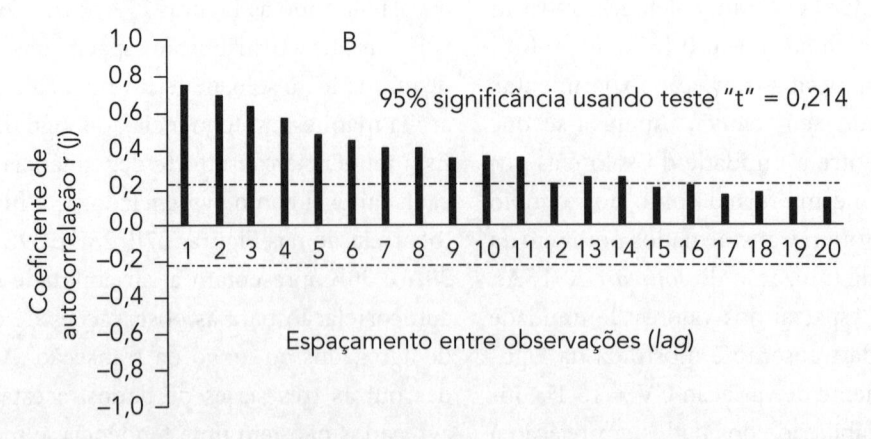

FIGURA 27 (A) Distribuição da umidade do solo θ, metro a metro, ao longo dos 84 pontos da transeção, no dia 06.09.1999; (B) Função de autocorrelação ACF para os dados de umidade do solo de (A).

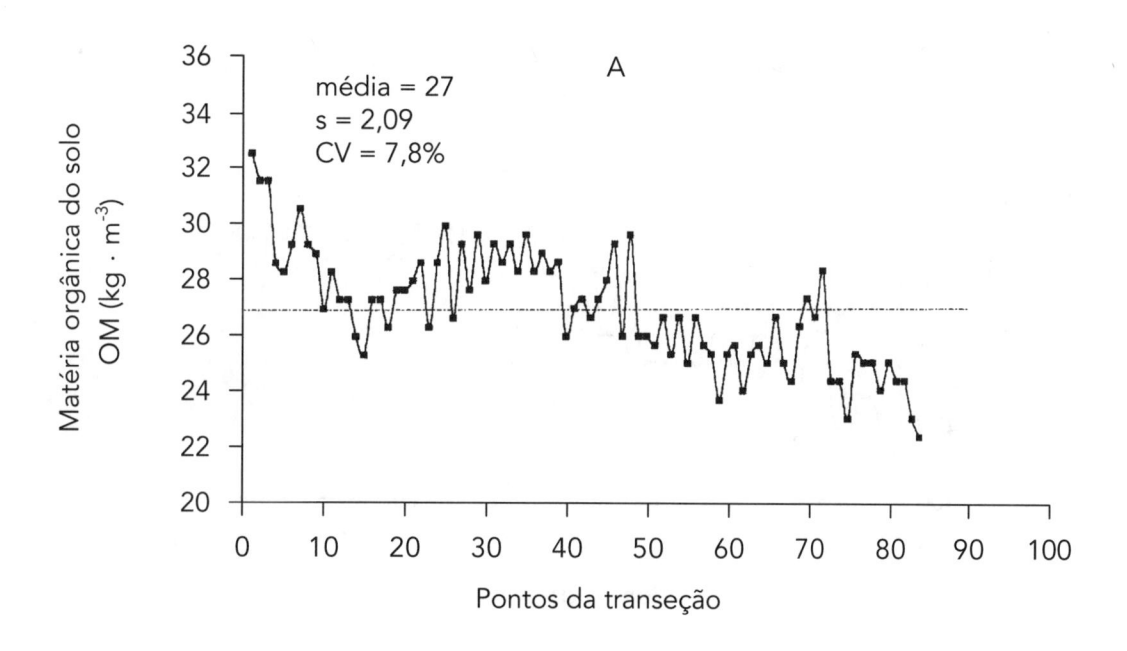

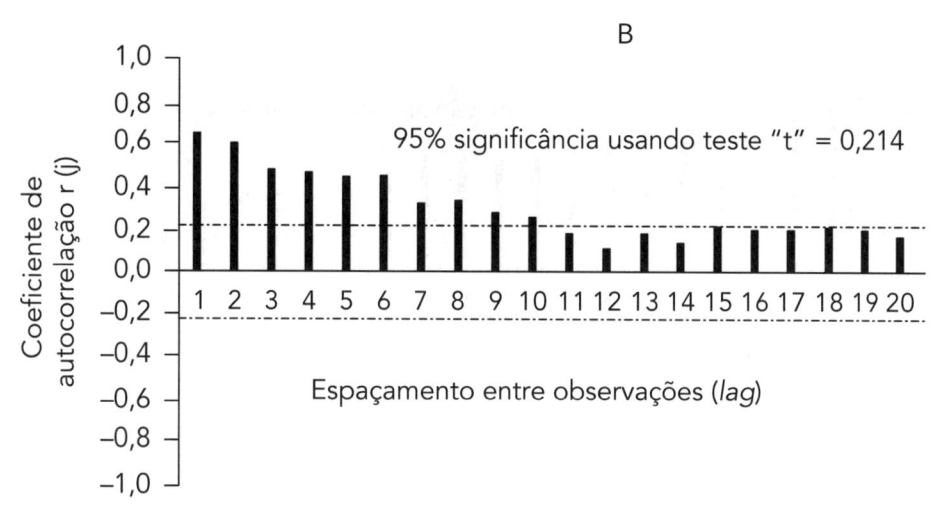

FIGURA 28 (A) Distribuição da matéria orgânica do solo OM, metro a metro, ao longo dos 84 pontos da transeção; (B) Função de autocorrelação ACF para os dados de matéria orgânica do solo de (A).

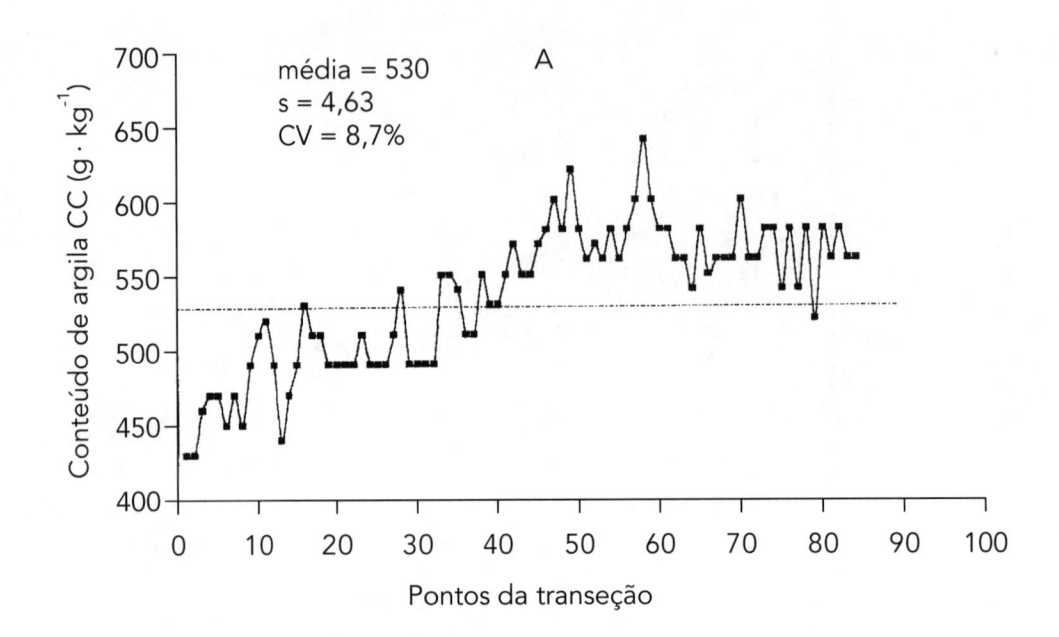

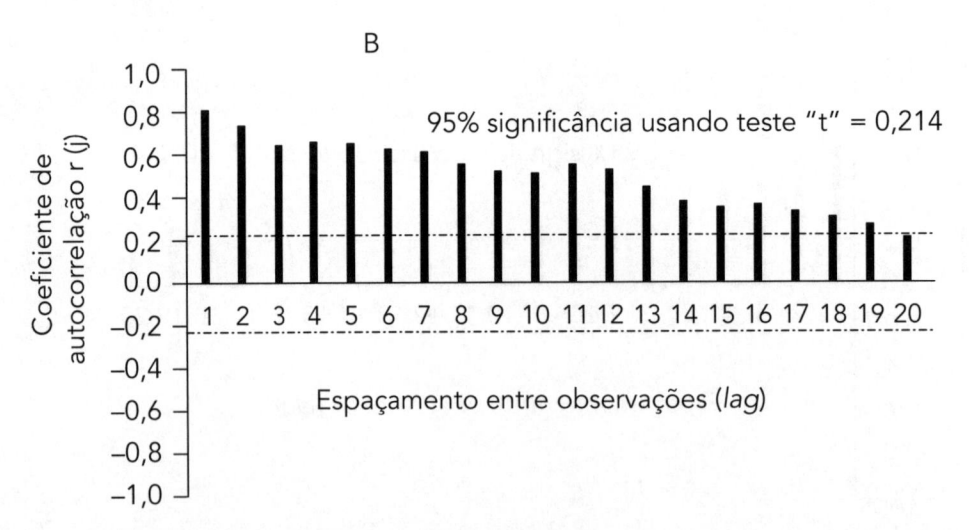

FIGURA 29 (A) Distribuição do conteúdo de argila CC, metro a metro, ao longo dos 84 pontos da transeção; (B) Função de autocorrelação ACF para os dados de conteúdo de argila de (A).

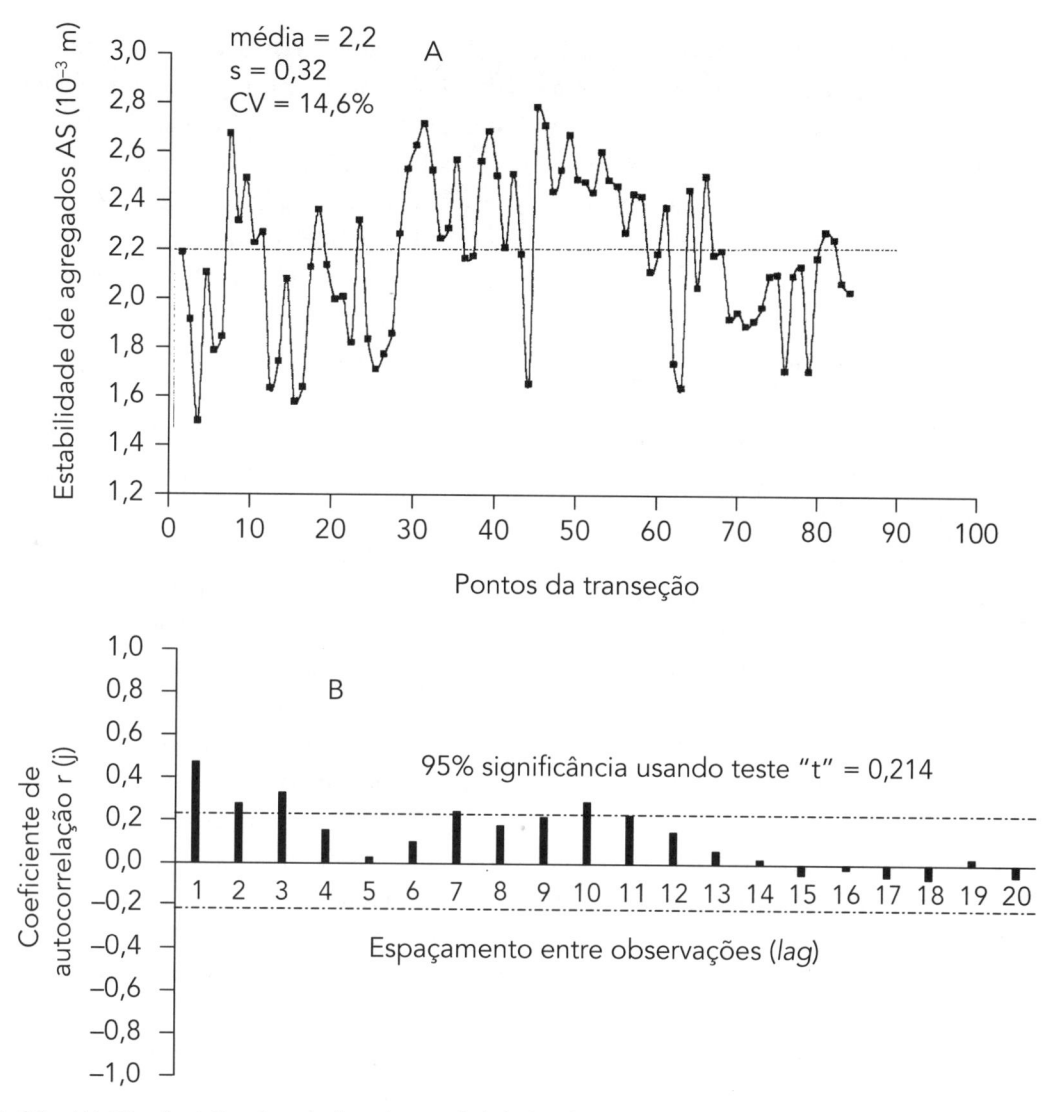

FIGURA 30 (A) Distribuição dos dados de estabilidade de agregados AS, metro a metro, ao longo dos 84 pontos da transeção; (B) Função de autocorrelação ACF para os dados de estabilidade de agregados de (A).

QUADRO 1 Regressão linear e múltipla usando as quatro séries de observações

Equação	R^2
Regressão múltipla	
θ = − 0,073 − 0,00128*MO + 0,000591*CC + 0,0150*AS	0,544
θ = − 0,096 − 0,000322*MO + 0,000645*CC	0,534
θ = 0,397 − 0,00942*MO + 0,0448*AS	0,321
θ = − 0,124 + 0,000632*CC + 0,0122*AS	0,542
Regressão linear	
θ = 0,474 − 0,0087*MO	0,205
θ = − 0,109 + 0,000655*CC	0,534
θ = 0,159 + 0,375*AS	0,082

Essas análises clássicas de regressão são baseadas nas hipóteses de que cada série manifesta uma média constante ao longo da transeção e ignora a crosscorrelação espacial local na transeção. Pelo fato de as observações de AS manifestarem apenas uma autocorrelação espacial local e não apresentarem tendência de correlação com as outras séries foi encontrado o menor valor de R^2.

Para verificar que o uso da análise de séries temporais conduz a uma informação adicional sobre a variabilidade espacial dos atributos do solo e, junto com a análise de estatística clássica (média, desvio-padrão e coeficiente de variação) propicia melhor manejo do solo buscando um uso racional dos recursos naturais, prosseguiu-se com o estudo calculando a estrutura espacial de correlação entre as séries por meio de crosscorrelogramas (Equação 1). Os crosscorrelogramas apresentados nas Figuras 31A e 31B mostram a forte dependência espacial entre a umidade do solo e a matéria orgânica e conteúdo de argila, respectivamente, do que entre a umidade do solo e a estabilidade de agregados (Figura 31C). Com tais magnitudes para as funções de crosscorrelação é reconhecido o potencial para descrever as distribuições das séries ao longo da transeção usando a análise de espaço de estados. Inicialmente, na presença das tendências notadas anteriormente, foi avaliado quão bem a aplicação da análise de séries temporais pode descrever a série de umidade do solo usando várias combinações entre as séries de OM, CC e AS. Cada série foi transformada por meio da Equação 25.

A Figura 32A apresenta a análise de espaço de estados aplicada a θ, OM, CC e AS com o símbolo quadrado representando os valores medidos de umidade do solo. A linha do meio representa os valores estimados de θ usando a equação de estado. As linhas superior e inferior representam os limites de confiança considerando mais ou menos dois desvios-padrão, respectivamente. Pode-se verificar, por meio da equação de estado na figura, que a umidade do solo na posição x_{i-1} contribui com aproximadamente 85,7% na estimativa da umidade no ponto x_i, enquanto OM, CC e AS na posição x_{i-1} contribuem com 6,6, 5,5 e 2,2%, respectivamente. A Figura 32B indica que esse modelo de espaço de estados usando todas as quatro séries descreve a umidade do solo ($R^2 = 0,797$) melhor do que o equivalente usando a equação de regressão múltipla ($R^2 = 0,544$).

As Figuras 33A e 33B apresentam a análise de espaço de estados aplicada à umidade do solo sem a série de estabilidade de agregados. Comparando com os gráficos na Figura 32, a contribuição da umidade do solo na posição x_{i-1} é menor, os limites de confiança são maiores e R^2 é maior (0,836).

O Quadro 2 mostra que as equações de espaço de estados descrevem a umidade do solo melhor do que qualquer equivalente equação de regressão clássica (Quadro 1).

Examinando os resultados do Quadro 2, verifica-se que o melhor desempenho de todas as equações de espaço de estados foi usando o conteúdo de argila e a estabilidade de agregados. Para essa equação, a contribuição da umidade do solo na posição i-1 foi a menor e R^2 foi o maior, ou seja, as variações locais e regionais de CC e AS ao longo da transeção foram as mais importantes variações relacionadas à distribuição espacial de θ.

As tendências espaciais (notadas nas Figuras 27A, 28A e 29A) foram removidas utilizando regressão polinomial de segunda ordem em cada uma das séries. Subtraindo essas tendências de cada respectiva série de observações, foram obtidos os resíduos ao longo da transeção (Figuras 34A, 35A e 36A). As funções de autocorrelação desses resíduos (Figuras 34B, 35B e 36B) revelam que a dependência espacial ao longo da transeção persiste no mínimo de 2 *lags* após retirada a tendência, isto é, as observações ainda estão relacionadas às observações adjacentes.

Análises adicionais não revelaram crosscorrelações espaciais entre as séries após a remoção da tendência nas séries de umidade do solo, matéria orgânica e conteúdo de argila.

Os resultados apresentados nos Quadros 1 e 2 revelaram que as variações espaciais de OM, CC e AS são significativamente relacionadas às variações de θ ao longo da transeção. Devido ao fato de essas equações de espaço de estados serem empíricas, sabe-se que as variações espaciais das séries são relacionadas entre si, mas temos de identificar o porquê

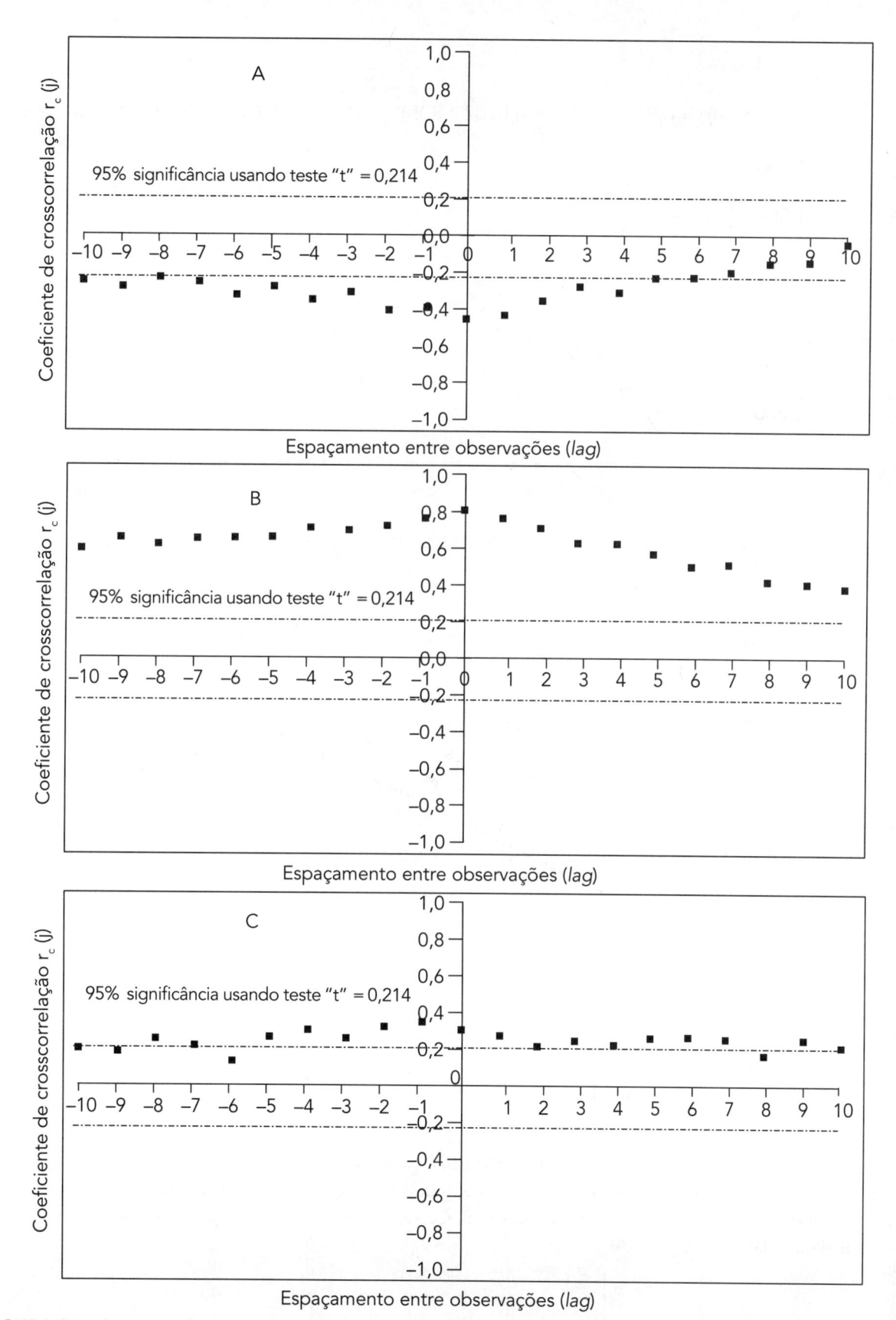

FIGURA 31 Crosscorrelogramas entre: (A) umidade do solo e a matéria orgânica; (B) umidade do solo e conteúdo de argila; e (C) umidade do solo e estabilidade de agregados.

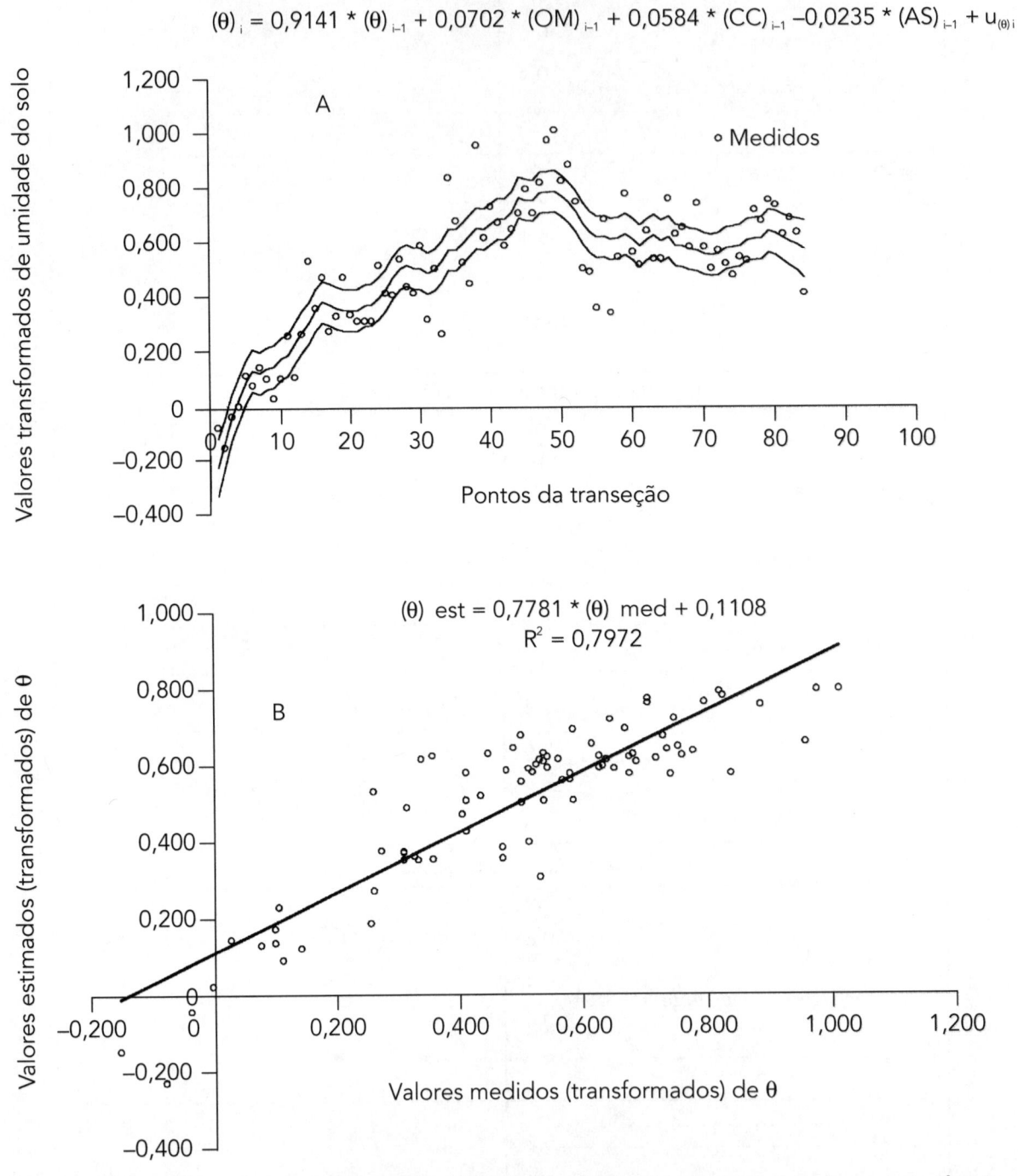

$$(\theta)_i = 0{,}9141 * (\theta)_{i-1} + 0{,}0702 * (OM)_{i-1} + 0{,}0584 * (CC)_{i-1} - 0{,}0235 * (AS)_{i-1} + u_{(\theta)i}$$

$$(\theta)\,est = 0{,}7781 * (\theta)\,med + 0{,}1108$$
$$R^2 = 0{,}7972$$

FIGURA 32 (A) Análise de espaço de estados aplicada à umidade do solo na posição i como uma função da umidade do solo, de matéria orgânica do solo, de conteúdo de argila e de estabilidade de agregados na posição i-1 (séries transformadas usando Equação 25); B) Correlação entre os valores transformados estimados e medidos de umidade do solo de (A).

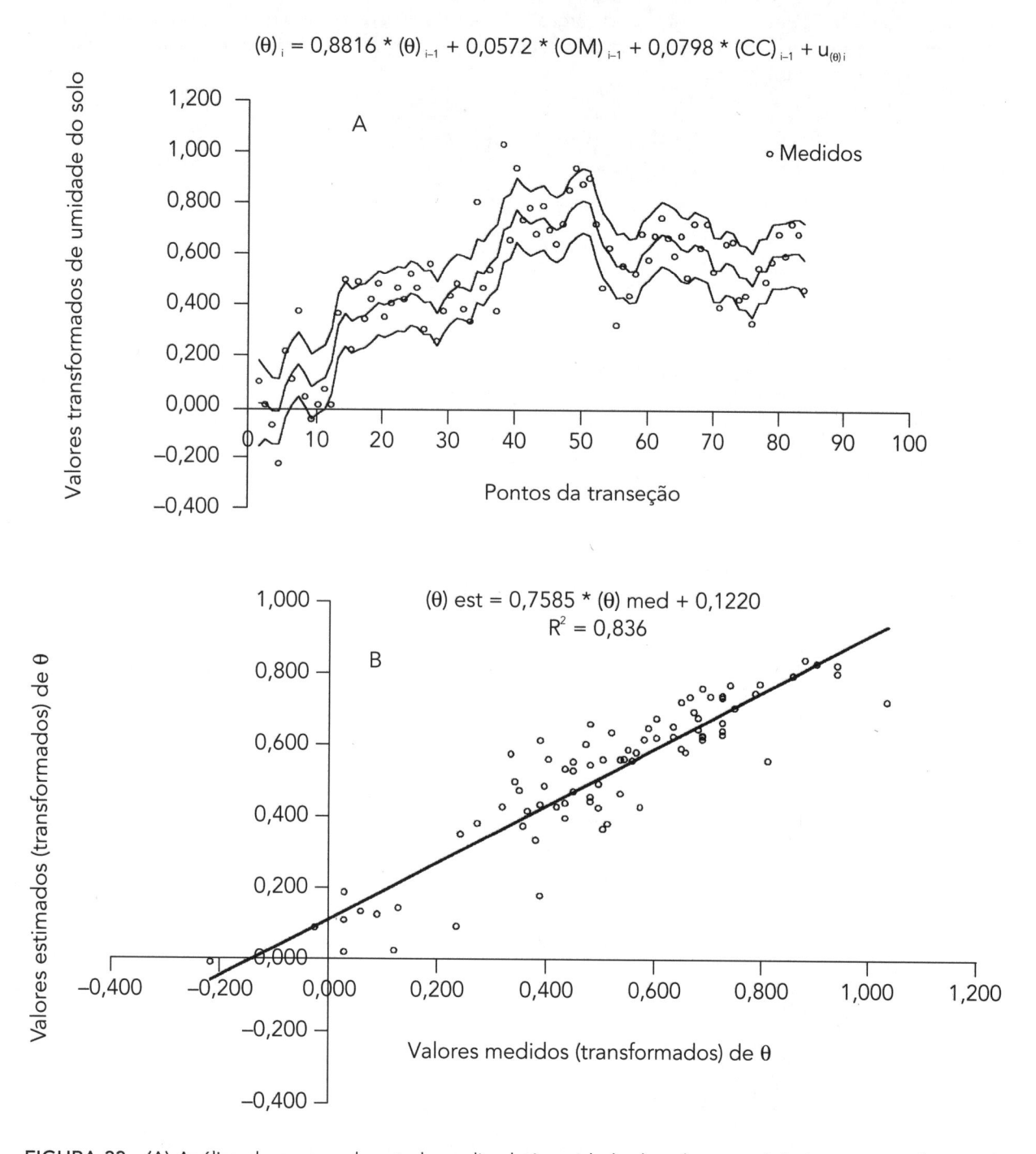

FIGURA 33 (A) Análise de espaço de estados aplicada à umidade do solo na posição i como uma função da umidade do solo, de matéria orgânica do solo e de conteúdo de argila na posição i-1 (séries transformadas usando Equação 25); B) Correlação entre os valores transformados estimados e medidos de umidade do solo de (A).

QUADRO 2 Equações de espaço de estados de umidade do solo (Figura 25A) usando os dados de matéria orgânica do solo (Figura 26A), conteúdo de argila (27A) e estabilidade de agregados (28A), e valores do coeficiente de regressão linear R^2 entre os valores estimados e medidos de θ. Todas as observações foram transformadas usando Equação 25.

Equação	R^2
$\theta_i = 0{,}914*\theta_{i-1} + 0{,}070*MO_{i-1} + 0{,}058*CC_{i-1} - 0{,}024*AS_{i-1} + w_i$	0,797
$\theta_i = 0{,}882*\theta_{i-1} + 0{,}057*MO_{i-1} + 0{,}080*CC_{i-1} + w_i$	0,836
$\theta_i = 0{,}971*\theta_{i-1} + 0{,}061*MO_{i-1} - 0{,}014*AS_{i-1} + w_i$	0,803
$\theta_i = 0{,}768*\theta_{i-1} + 0{,}146*CC_{i-1} - 0{,}096*AS_{i-1} + w_i$	0,907
$\theta_i = 0{,}961*\theta_{i-1} + 0{,}053*MO_{i-1} + w_i$	0,854
$\theta_i = 0{,}900*\theta_{i-1} + 0{,}100*CC_{i-1} + w_i$	0,887
$\theta_i = 0{,}924*\theta_{i-1} + 0{,}083*AS_{i-1} + w_i$	0,882

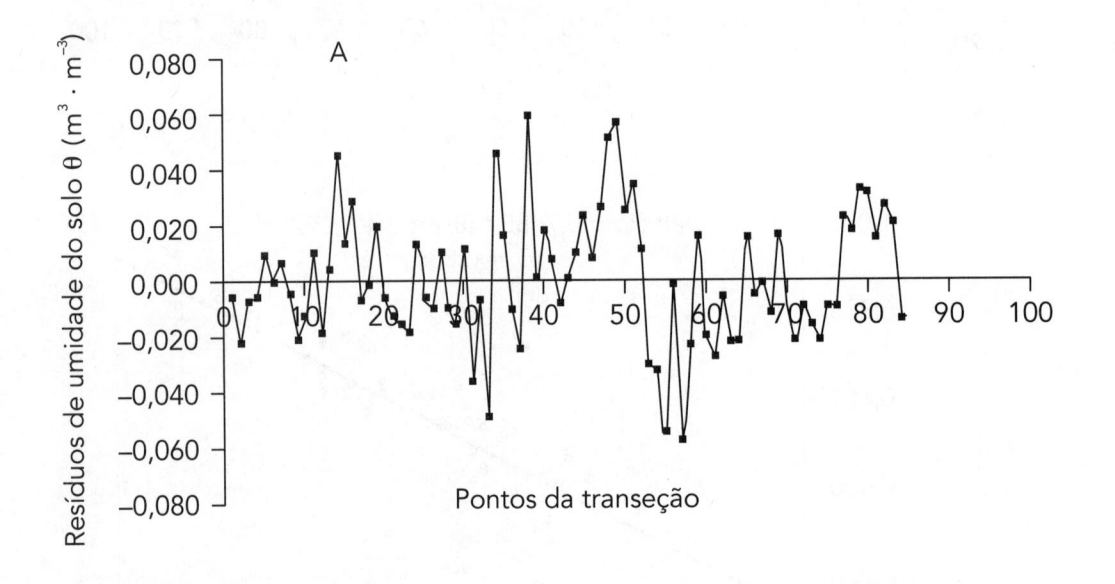

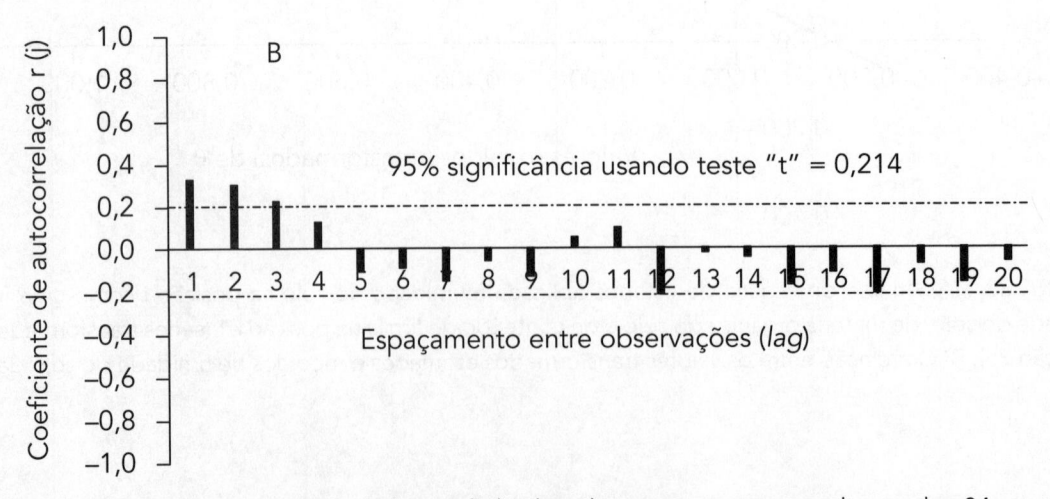

FIGURA 34 (A) Distribuição dos resíduos de umidade do solo, metro a metro, ao longo dos 84 pontos da transeção; (B) Função de autocorrelação ACF para os resíduos de umidade do solo (A).

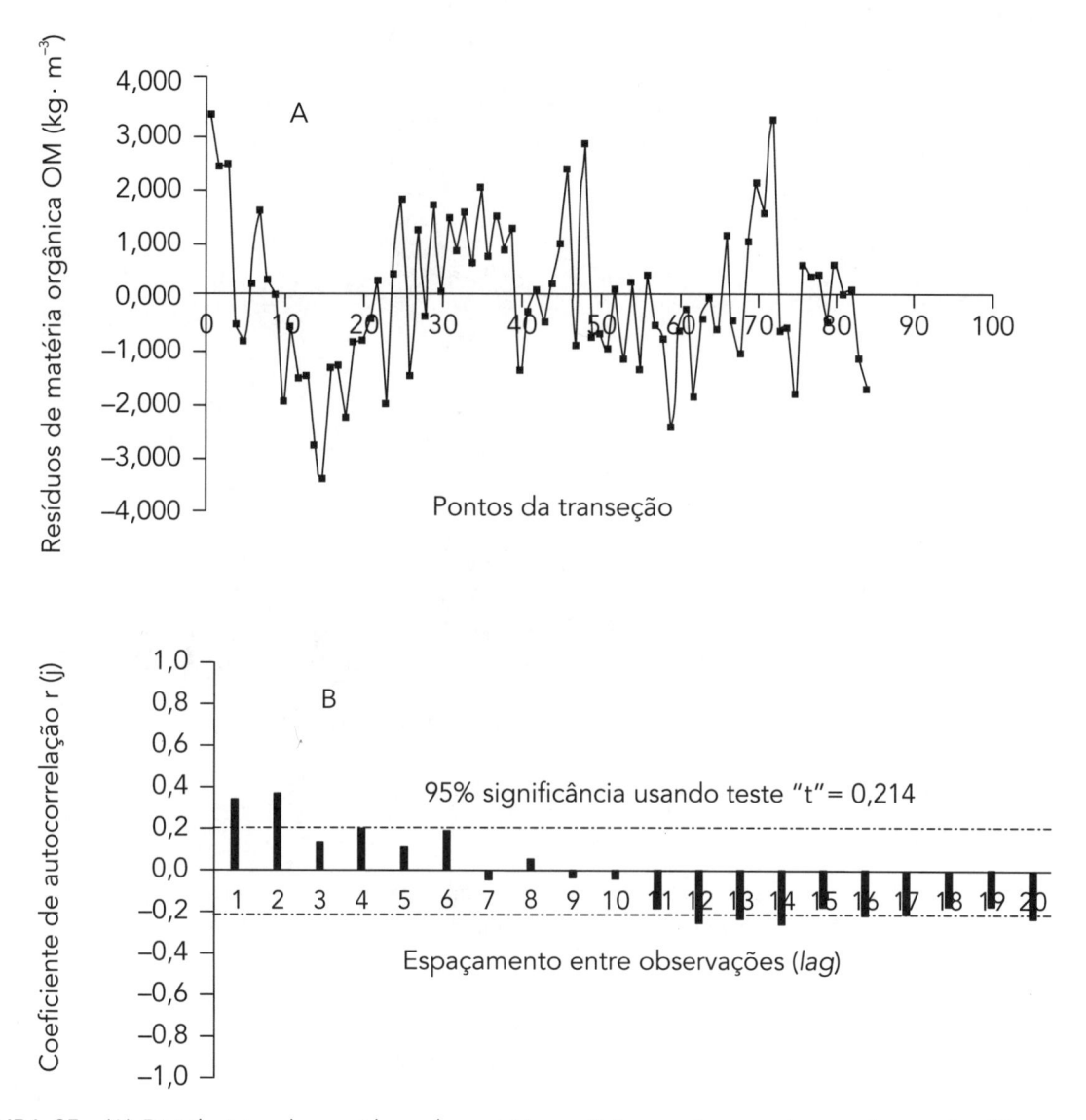

FIGURA 35 (A) Distribuição dos resíduos de matéria orgânica, metro a metro, ao longo dos 84 pontos da transeção; (B) Função de autocorrelação ACF para os resíduos de matéria orgânica (A).

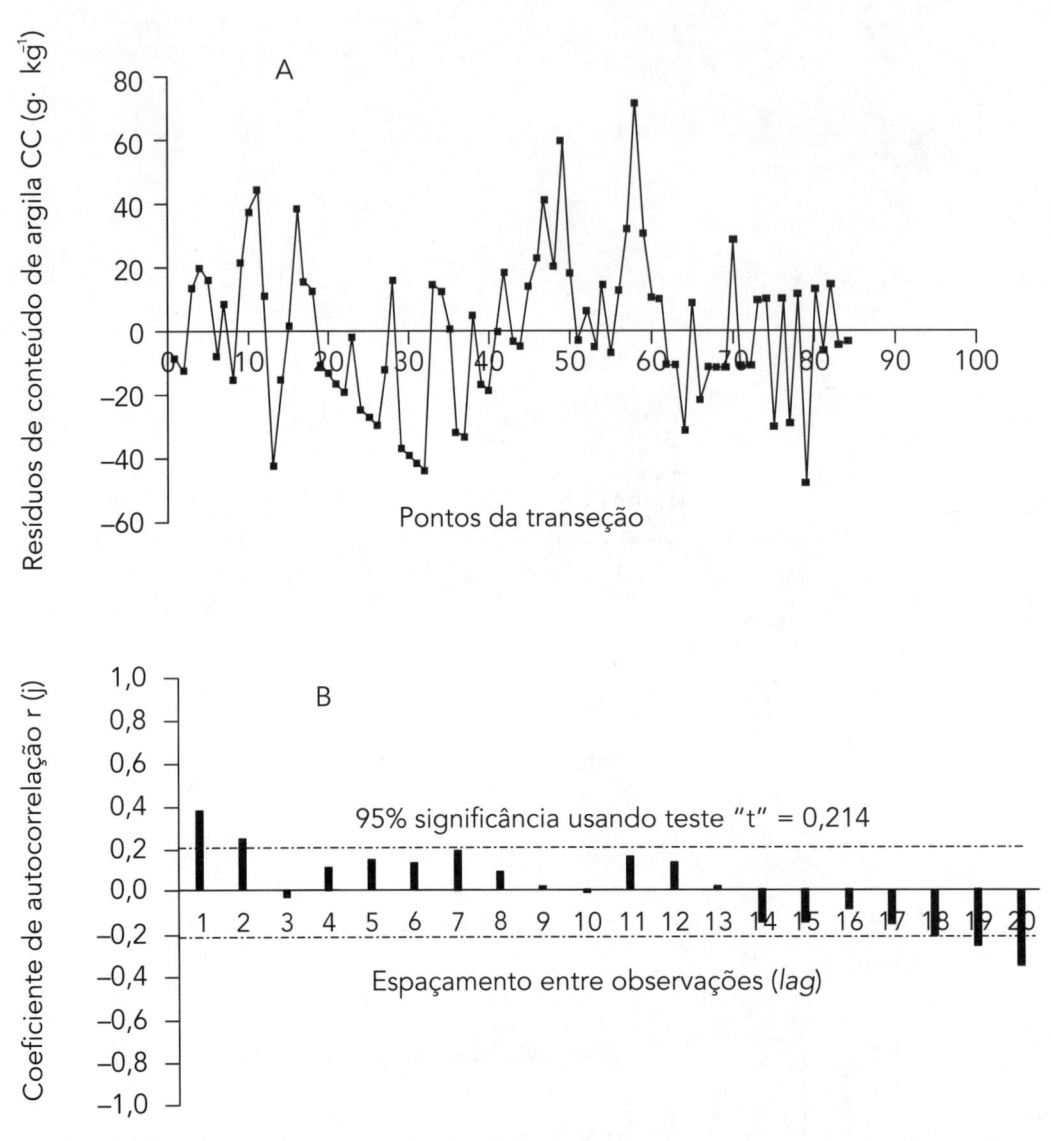

FIGURA 36 (A) Distribuição dos resíduos de conteúdo de argila, metro a metro, ao longo dos 84 pontos da transeção; (B) Função de autocorrelação ACF para os resíduos de conteúdo de argila (A).

de elas serem relacionadas, *i.e.*, como as leis físicas e químicas podem ser incorporadas nas equações de espaço de estados permitindo seleção mais rigorosa das variáveis de entrada, fornecendo explicação mais realística das variações locais e regionais dos processos que ocorrem ao nível de campo.

c) Avaliação do sistema solo-planta

Esse terceiro exemplo (extraído de Timm et al., 2003a) ilustra a aplicação da metodologia de espaço de estados para avaliar o mesmo sistema solo-planta descrito anteriormente, usando seis variáveis medidas ao longo dos 84 pontos da transeção. O número de colmos NCS por metro de linha de cana (Figura 37A) é relacionado com propriedades químicas do solo – conteúdo de fósforo (P) (Figura 38A), cálcio (Ca) (Figura 39A), magnésio (Mg) (Figura 40A) e com propriedades físicas – conteúdo de argila (CC) (Figura 29A) e estabilidade de agregados (AS) (Figura 30A). Com o objetivo de avaliar a estrutura de correlação espacial das observações, ou seja, se elas foram monitoradas em uma distância suficiente para identificar sua representatividade espacial, foi calculada a função de autocorrelação ACF de NCS (Figura 37B), P (Figura 38B), Ca (Figura 39B) e Mg (Figura 40B). Usando o teste t (Equação 20 – Capítulo 20) ao nível de 5% de probabilidade, verifica-se que a estrutura de autocorrelação de NCS é de 10 *lags* (Figura 37B) associada com sua tendência espacial mostrada na Figura 37A. Já as Figuras 38B, 39B e 40B mostram que a dependência espacial das observações adjacentes de P, Ca e Mg é significativa até 6 *lags* (6 m nesse estudo). Os autocorrelogramas das observações de CC e AS podem ser encontrados nas Figuras 29B e 30B.

A função de crosscorrelação CCF (Equação 1) para analisar a estrutura de correlação espacial entre o número de colmos NCS e: i) P (Figura 41A); ii) Ca (Figura 41B); iii) Mg (Figura 41C); iv) CC (Figura 41D); e v) AS (Figura 41E) mostra uma fraca dependência espacial entre NCS e P e NCS e Ca. O crosscorrelograma da Figura 41D mostra que a dependência espacial entre o número de colmos e o conteúdo de argila é mais forte do que a entre o número de colmos e o conteúdo de magnésio (Figura 41C). Resultados similares foram encontrados para a crosscorrelação entre o número de colmos e a estabilidade de agregados (Figura 41E).

Baseada nas magnitudes da função de autocorrelação ACF e de crosscorrelação CCF, a equação de estado do sistema (Equação 24) foi usada em 31 diferentes combinações das variáveis em estudo para avaliar o comportamento do modelo com respeito às estimativas dos valores observados. Os resultados são apresentados no Quadro 3.

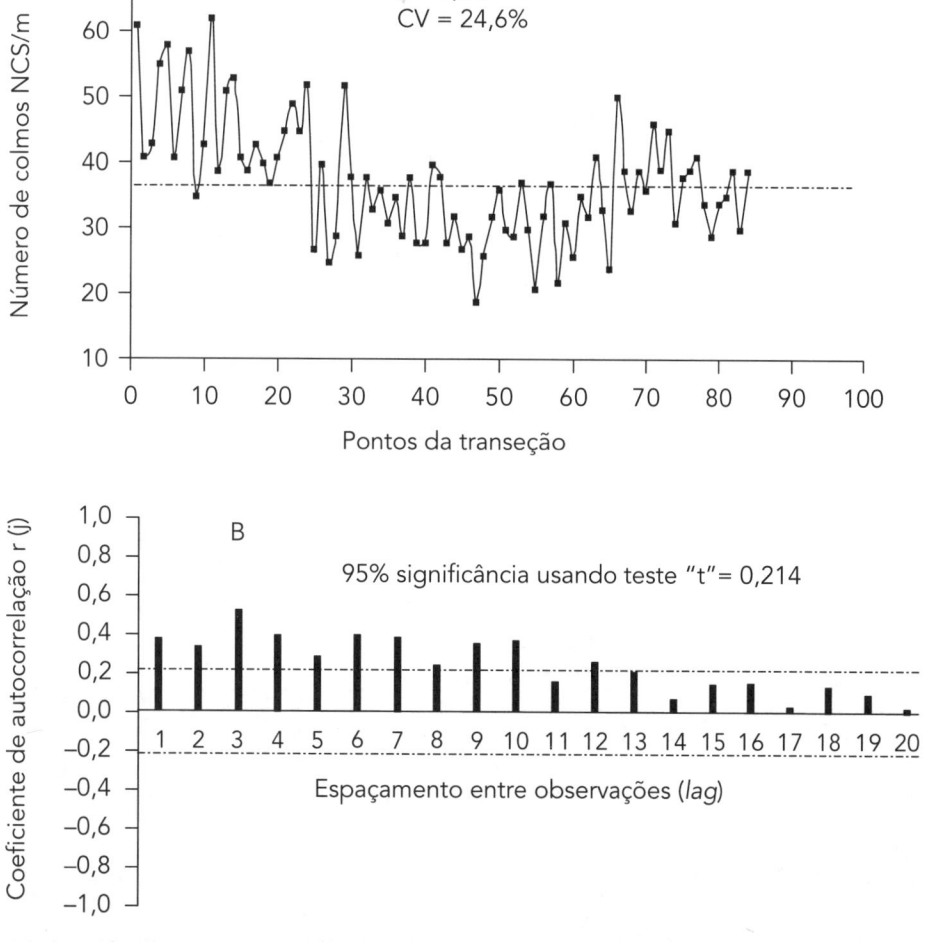

FIGURA 37 (A) Distribuição do número de colmos NCS por metro de linha de cana, metro a metro, ao longo dos 84 pontos da transeção; (B) Função de autocorrelação ACF para os dados de NCS de (A).

O número de colmos NCS estimado com todas as variáveis usadas na análise de espaço de estados é mostrado na Figura 42. A tendência geral de NCS é capturada pela análise, mas não a variação local dos dados. Analisando a figura, verifica-se que muitos valores observados de NCS caem fora da área correspondente aos limites inferior e superior da estimativa e valor de R^2 é somente de 0,502 (Quadro 3). Valores de NCS e das outras variáveis na posição x_{i-1} contribuem com 87% e entre ± 10 e 30%, respectivamente, na estimativa de NCS na posição x_i. Como resultado, o filtro de Kalman KF exclui muitos valores medidos de NCS da área estreita correspondente aos limites inferior e superior das estimativas derivado do uso das seis variáveis na equação de estado.

Nas Figuras 41A e 41B verificou-se que P e Ca manifestaram fraca estrutura espacial de crosscorrelação com NCS; dessa forma, P e Ca foram omitidos na análise de espaço de estados na Figura 43. Embora a área correspondente aos limites de confiança seja ligeiramente maior do que na Figura 42, os resultados da análise de espaço de estados permanecem praticamente os mesmos, ou seja, a tendência geral de comportamento de NCS é capturada, mas sua variação local não.

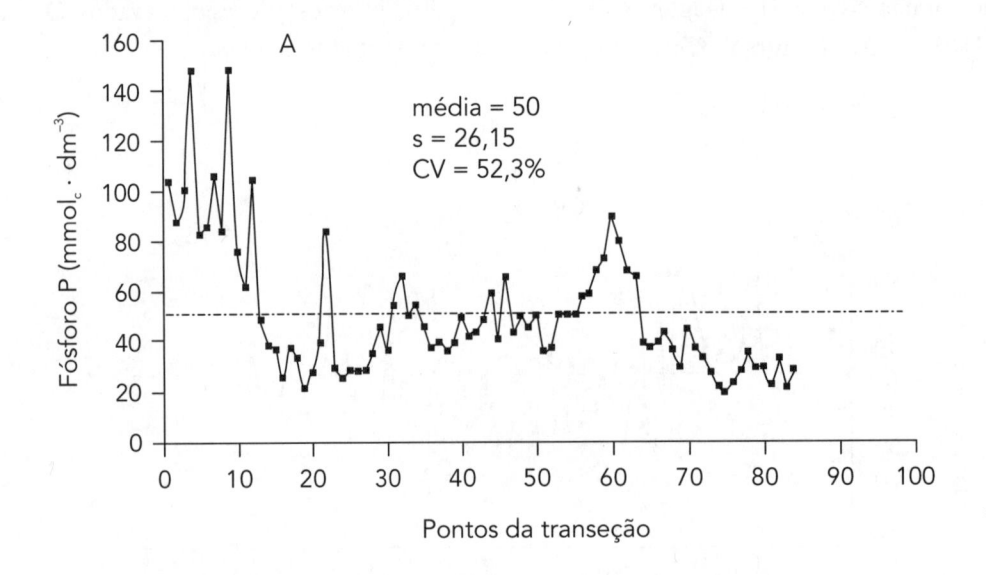

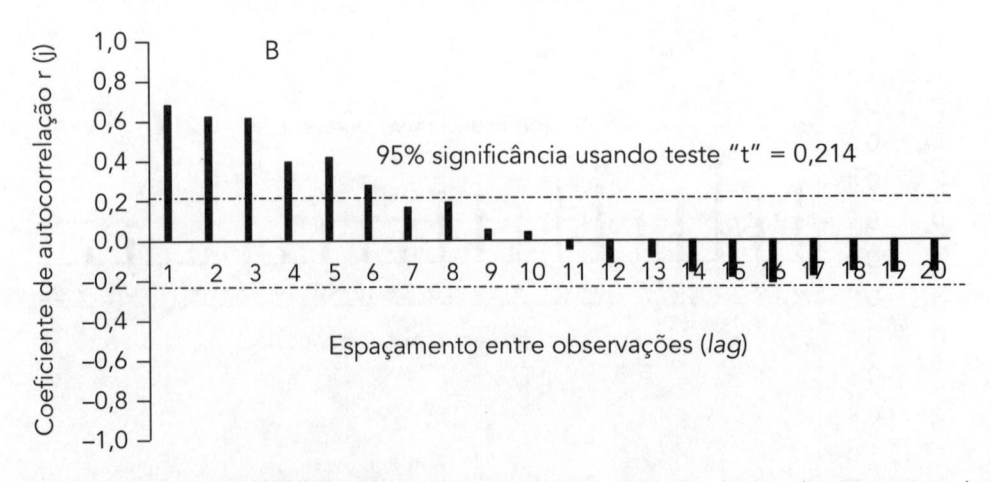

FIGURA 38 (A) Distribuição do conteúdo de fósforo (P), metro a metro, ao longo dos 84 pontos da transeção; (B) Função de autocorrelação ACF para os dados de P de (A).

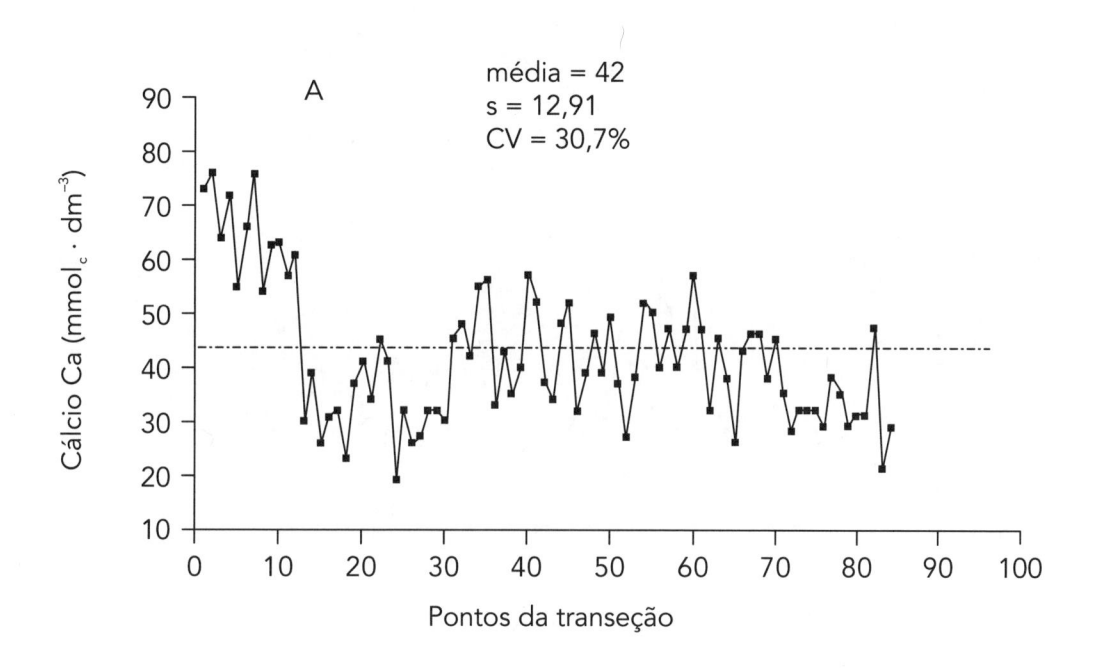

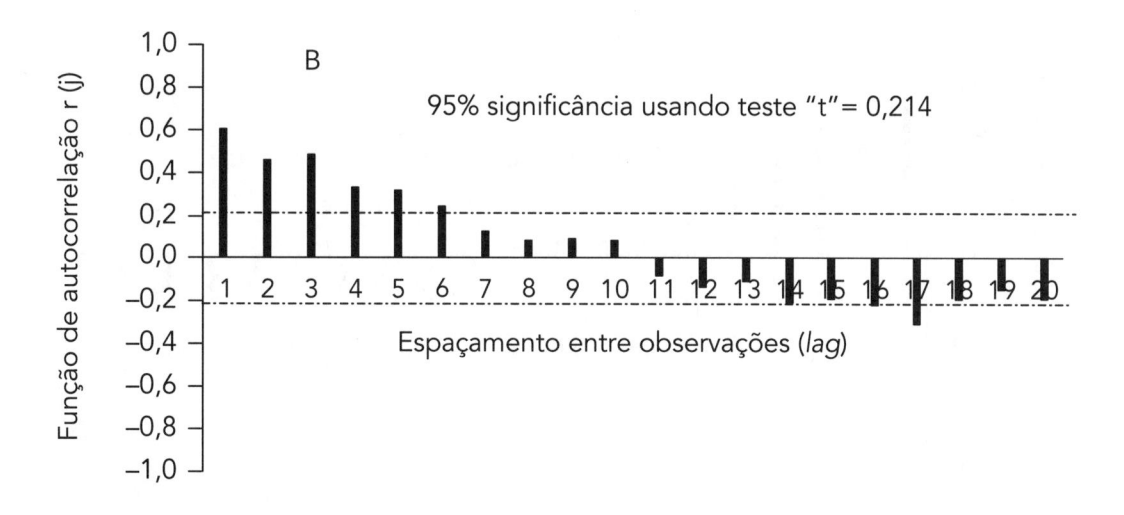

FIGURA 39 (A) Distribuição espacial dos dados de cálcio (Ca), metro a metro, ao longo dos 84 pontos da transeção; (B) Função de autocorrelação ACF para os dados de Ca de (A).

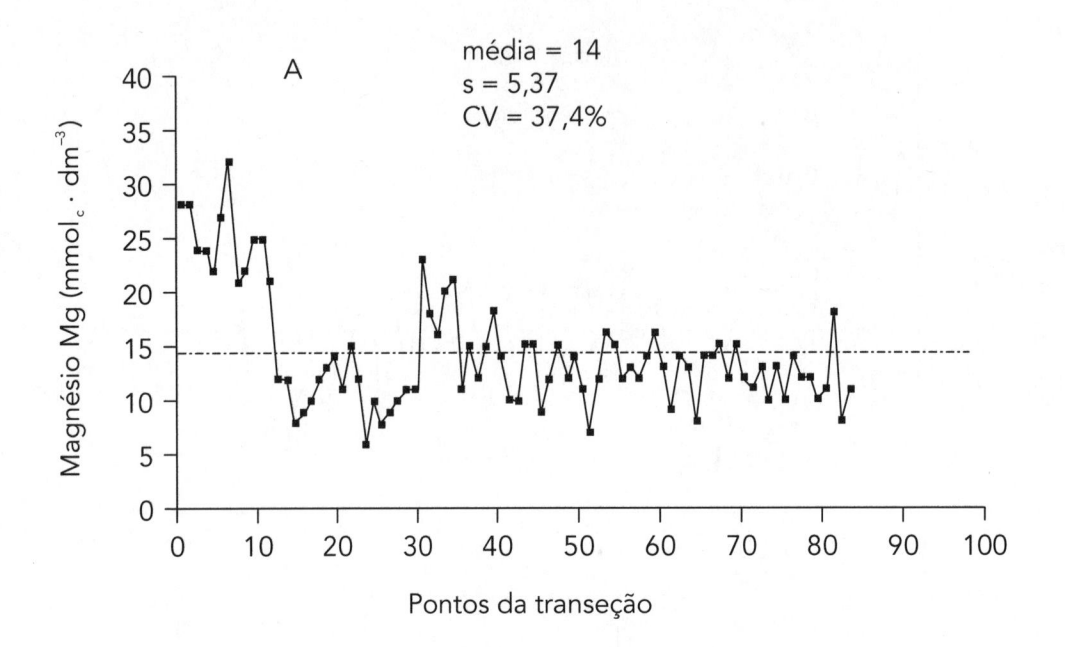

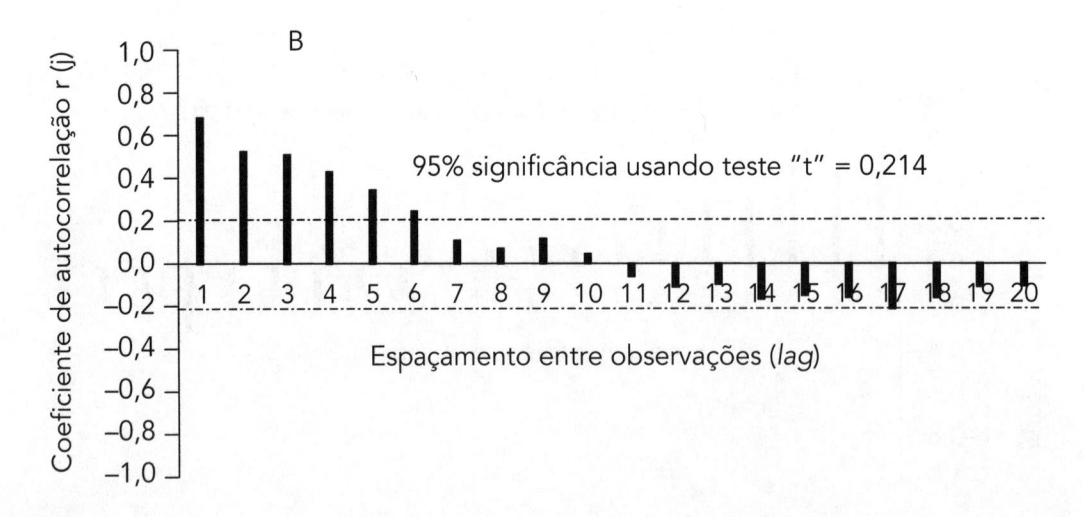

FIGURA 40 (A) Distribuição espacial dos dados de magnésio (Mg), metro a metro, ao longo dos 84 pontos da transeção; (B) Função de autocorrelação ACF para os dados de Mg de (A).

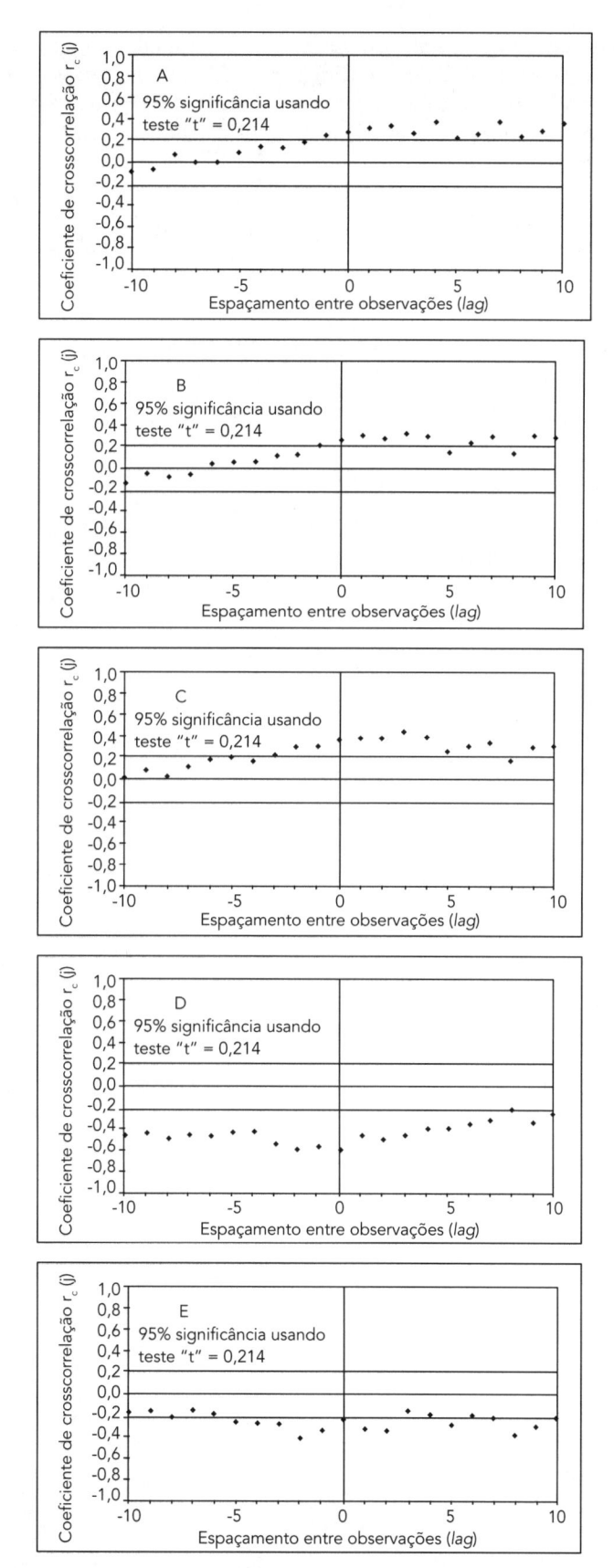

FIGURA 41 Função de crosscorrelação entre número de colmos NCS e: (A) Fósforo (P); (B) Cálcio (Ca); (C) Magnésio (Mg); (D) Conteúdo de argila (CC); e (E) Estabilidade de agregados (AS).

QUADRO 3 Equações de espaço de estados do número de colmos NCS (Figura 35A) usando os dados de conteúdo de fósforo (P) (Figura 36A), de cálcio (Ca) (Figura 37A), de magnésio (Mg) (Figura 38A), de conteúdo de argila (CC) (Figura 27A) e estabilidade de agregados (AS) (Figura 28A) e valores de R^2 obtidos por meio de uma regressão linear entre os valores observados e estimados de NCS. Todas as observações foram transformadas usando a Equação 25

Equação	R^2
$NCS_i = 0,857 NCS_{i-1} - 0,106 P_{i-1} + 0,026 Ca_{i-1} + 0,267 Mg_{i-1} + 0,163 CC_{i-1} - 0,221 AS_{i-1} + u_{NCSi}$	0,502
$NCS_i = 0,876 NCS_{i-1} + 0,098 P_{i-1} - 0,144 Ca_{i-1} + 0,133 Mg_{i-1} + 0,0286 CC_{i-1} + u_{NCSi}$	0,532
$NCS_i = 0,971 NCS_{i-1} - 0,005 P_{i-1} + 0,148 Ca_{i-1} - 0,108 Mg_{i-1} - 0,016 AS_{i-1} + u_{NCSi}$	0,502
$NCS_i = 0,898 NCS_{i-1} + 0,352 P_{i-1} - 0,279 Ca_{i-1} + 0,040 CC_{i-1} - 0,028 AS_{i-1} + u_{NCSi}$	0,521
$NCS_i = 0,817 NCS_{i-1} - 0,094 P_{i-1} + 0,314 Mg_{i-1} + 0,165 CC_{i-1} - 0,218 AS_{i-1} + u_{NCSi}$	0,579
$NCS_i = 0,785 NCS_{i-1} - 0,197 Ca_{i-1} + 0,420 Mg_{i-1} + 0,159 CC_{i-1} - 0,182 AS_{i-1} + u_{NCSi}$	0,521
$NCS_i = 0,951 NCS_{i-1} + 0,068 P_{i-1} + 0,048 Ca_{i-1} - 0,079 Mg_{i-1} + u_{NCSi}$	0,483
$NCS_i = 0,920 NCS_{i-1} + 0,050 P_{i-1} + 0,002 Ca_{i-1} + 0,018 CC_{i-1} + u_{NCSi}$	0,488
$NCS_i = 0,902 NCS_{i-1} + 0,250 P_{i-1} - 0,192 Ca_{i-1} + 0,027 AS_{i-1} + u_{NCSi}$	0,483
$NCS_i = 0,926 NCS_{i-1} + 0,069 P_{i-1} - 0,025 Mg_{i-1} + 0,019 CC_{i-1} + u_{NCSi}$	0,508
$NCS_i = 0,968 NCS_{i-1} + 0,123 P_{i-1} - 0,084 Mg_{i-1} - 0,018 AS_{i-1} + u_{NCSi}$	0,457
$NCS_i = 0,925 NCS_{i-1} + 0,095 P_{i-1} + 0,082 CC_{i-1} - 0,115 AS_{i-1} + u_{NCSi}$	0,503
$NCS_i = 0,879 NCS_{i-1} - 0,012 Ca_{i-1} + 0,097 Mg_{i-1} + 0,027 CC_{i-1} + u_{NCSi}$	0,503
$NCS_i = 0,937 NCS_{i-1} + 0,160 Ca_{i-1} - 0,094 Mg_{i-1} - 0,018 AS_{i-1} + u_{NCSi}$	0,489
$NCS_i = 0,959 NCS_{i-1} + 0,056 Ca_{i-1} + 0,062 CC_{i-1} - 0,088 AS_{i-1} + u_{NCSi}$	0,512
$NCS_i = 0,918 NCS_{i-1} + 0,103 Mg_{i-1} + 0,099 CC_{i-1} - 0,134 AS_{i-1} + u_{NCSi}$	0,494
$NCS_i = 0,942 NCS_{i-1} - 0,039 P_{i-1} + 0,087 Ca_{i-1} + u_{NCSi}$	0,472
$NCS_i = 0,946 NCS_{i-1} + 0,127 P_{i-1} - 0,085 Mg_{i-1} + u_{NCSi}$	0,489
$NCS_i = 0,912 NCS_{i-1} + 0,058 P_{i-1} + 0,019 CC_{i-1} + u_{NCSi}$	0,526
$NCS_i = 0,923 NCS_{i-1} + 0,062 P_{i-1} + 0,004 AS_{i-1} + u_{NCSi}$	0,477
$NCS_i = 0,938 NCS_{i-1} + 0,148 Ca_{i-1} - 0,097 Mg_{i-1} + u_{NCSi}$	0,491
$NCS_i = 0,923 NCS_{i-1} + 0,050 Ca_{i-1} + 0,018 CC_{i-1} + u_{NCSi}$	0,524
$NCS_i = 0,929 NCS_{i-1} + 0,065 Ca_{i-1} - 0,003 AS_{i-1} + u_{NCSi}$	0,446
$NCS_i = 0,904 NCS_{i-1} + 0,063 Mg_{i-1} + 0,023 CC_{i-1} + u_{NCSi}$	0,530
$NCS_i = 0,914 NCS_{i-1} + 0,060 Mg_{i-1} + 0,015 AS_{i-1} + u_{NCSi}$	0,492
$NCS_i = 0,972 NCS_{i-1} + 0,035 CC_{i-1} - 0,018 AS_{i-1} + u_{NCSi}$	0,478
$NCS_i = 0,915 NCS_{i-1} + 0,073 P_{i-1} + u_{NCSi}$	0,510
$NCS_i = 0,924 NCS_{i-1} + 0,065 Ca_{i-1} + u_{NCSi}$	0,501
$NCS_i = 0,920 NCS_{i-1} + 0,068 Mg_{i-1} + u_{NCSi}$	0,501
$NCS_i = 0,958 NCS_{i-1} + 0,030 CC_{i-1} + u_{NCSi}$	0,528
$NCS_i = 0,962 NCS_{i-1} + 0,026 AS_{i-1} + u_{NCSi}$	0,528

$$(NCS)_i = 0{,}8571*(NCS)_{i-1} - 0{,}1055*(P)_{i-1} + 0{,}0262*(Ca)_{i-1} + 0{,}2665*(Mg)_{i-1} + 0{,}1625*(CC)_{i-1} - 0{,}2214*(AS)_{i-1} + u_{(NCS)i}$$

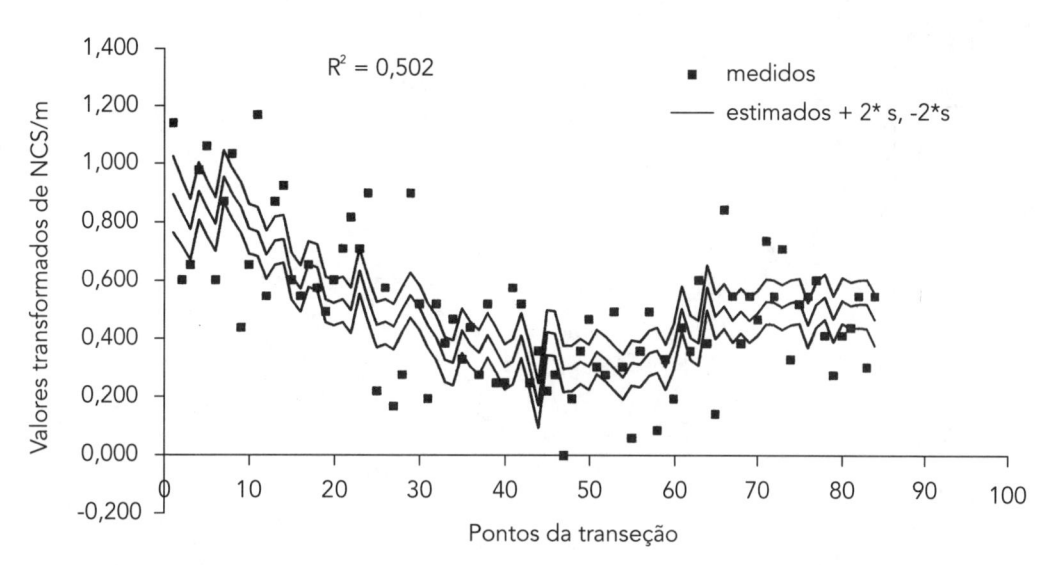

FIGURA 42 Análise de espaço de estados aplicada ao número de colmos NCS na posição i em função do número de colmos, conteúdo de fósforo, cálcio, magnésio, conteúdo de argila e estabilidade de agregados na posição i-1. Todos os dados foram transformados usando a Equação 25. A linha do meio representa as estimativas do modelo de espaço de estados. O desvio-padrão s é estimado ponto a ponto.

A maior faixa de crosscorrelação espacial entre NCS e as outras cinco variáveis foi obtida com o conteúdo de argila CC (Figura 41D). A análise de espaço de estados usando somente o conteúdo de argila com NCS é apresentada na Figura 44. O valor de R^2 aumentou ligeiramente (= 0,528), com apenas 3,1% da estimativa de NCS vindo do valor vizinho de conteúdo de argila.

Nesse exemplo, verificou-se que as variações locais do número de colmos não foram descritas adequadamente por esse modelo de espaço de estados usando qualquer combinação das variáveis medidas. Dessa forma, a causa das variações de NCS permanece não conhecida, o que poderia ser solucionado usando outras variáveis ou a seleção de um modelo diferente.

Como dito anteriormente, a abordagem de espaço de estados pode ser usada na interpolação espacial ou temporal de dados. Nesse exemplo, o modelo de espaço de estados descrito pelas Equações 23a e 24 foi usado na interpolação espacial dos dados de NCS em dois cenários diferentes: 1) quando duas das quatro observações de NCS não foram consideradas na estimativa, ou seja, somente usando 50% das observações de NCS e todas as séries completas de P, Ca, Mg, CC e AS (84 pontos cada uma) (Figura 45A); e 2) quando três das quatro observações de NCS não foram consideradas na estimativa, ou seja, somente usando 25% das observações de NCS e todas as séries completas de P, Ca, Mg, CC e AS (84 pontos cada uma) (Figura 45B). Segundo Wendroth et al. (2001), isso acarreta troca no peso de contribuição das diferentes variáveis para a estimativa de NCS devido à dependência do número de dados disponíveis para a atualização via FK. Quando 50% das observações de NCS estão disponíveis, o passo de atualização torna-se possível apenas nas posições em que o NCS está disponível, ou seja, de duas em duas posições. Já quando 25% das observações de NCS estão disponíveis, o passo de atualização torna-se possível somente de quatro em quatro posições. Essa é a razão pela qual a largura do intervalo de confiança é maior quanto menor o número de dados disponíveis para a estimativa de NCS (Figura 45C).

$$(NCS)_i = 0{,}9183^* (NCS)_{i-1} + 0{,}1033^*(Mg)_{i-1} + 0{,}0992^*(CC)_{i-1} - 0{,}1338^*(AS)_{i-1} + u_{(NCS)i}$$

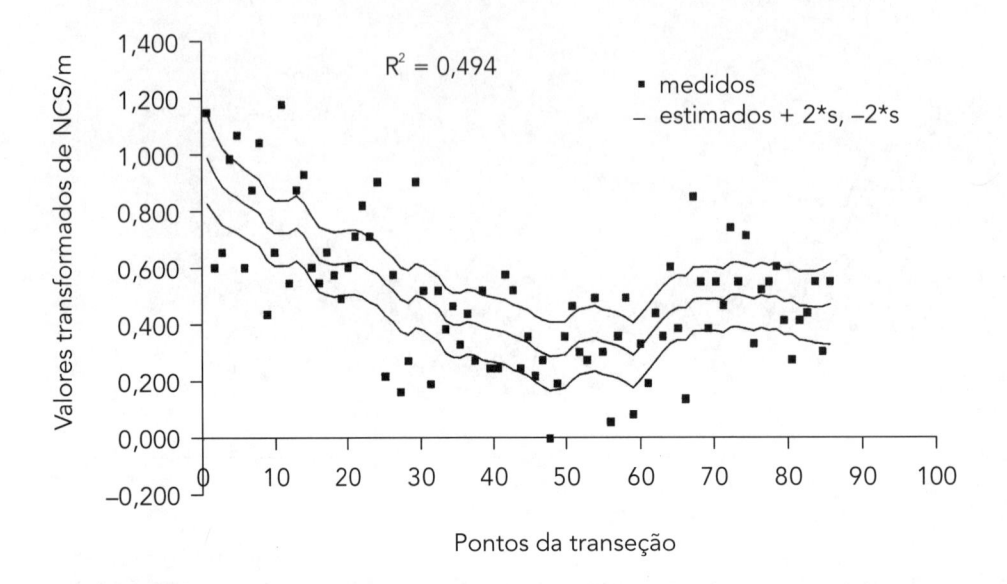

FIGURA 43   Análise de espaço de estados aplicada ao número de colmos NCS na posição i em função do número de colmos, magnésio, conteúdo de argila e estabilidade de agregados na posição i-1. Todos os dados foram transformados usando a Equação 25. A linha do meio representa as estimativas do modelo de espaço de estados. O desvio-padrão s é estimado ponto a ponto.

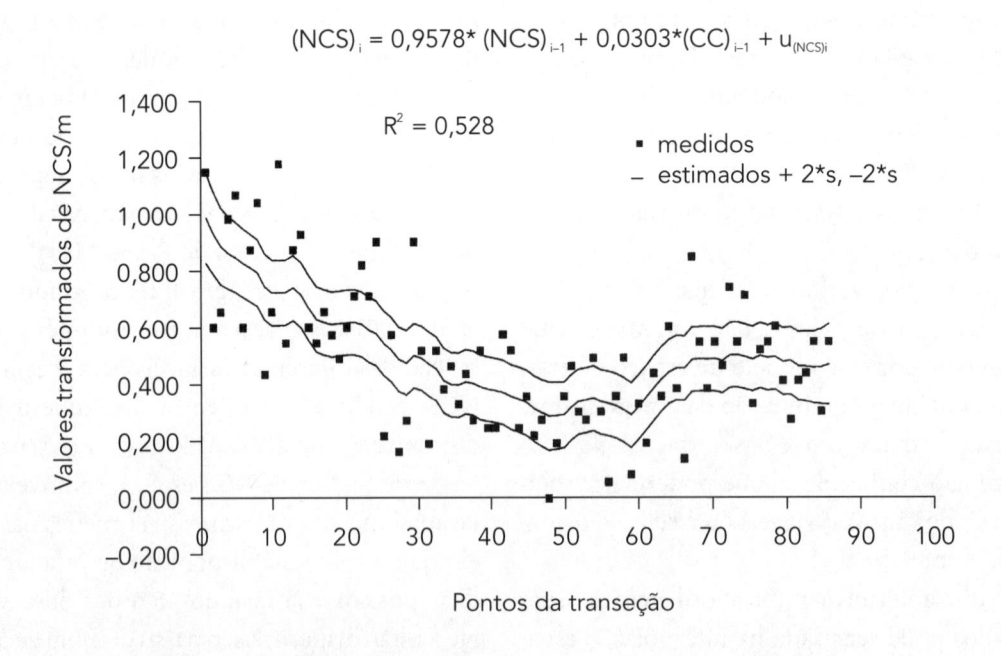

$$(NCS)_i = 0{,}9578^* (NCS)_{i-1} + 0{,}0303^*(CC)_{i-1} + u_{(NCS)i}$$

FIGURA 44   Análise de espaço de estados aplicada ao número de colmos NCS na posição i em função do número de colmos e do conteúdo de argila na posição i-1. Todos os dados foram transformados usando a Equação 25. A linha do meio representa as estimativas do modelo de espaço de estados. O desvio-padrão s é estimado ponto a ponto.

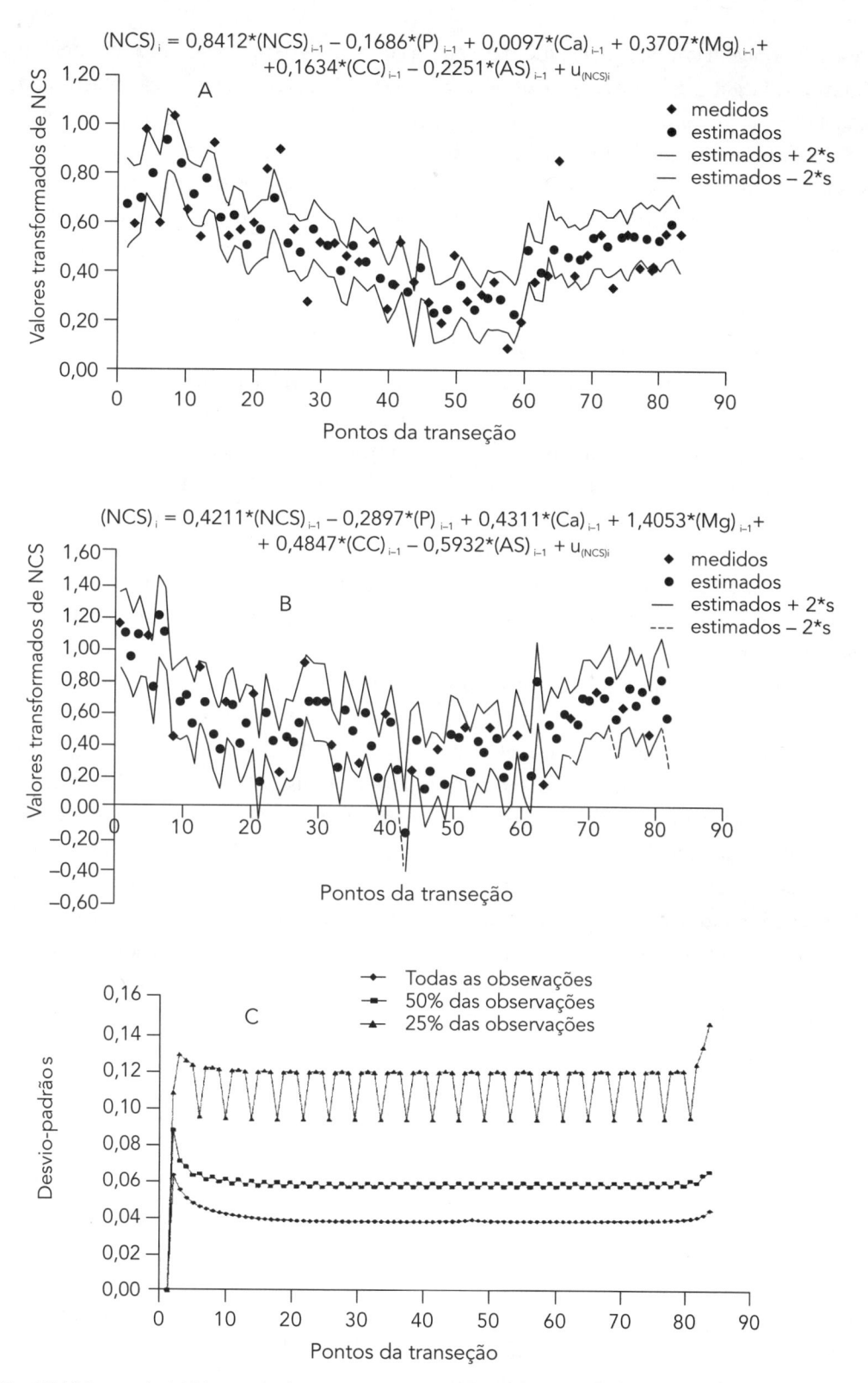

FIGURA 45 (A) Valores de NCS estimados usando o modelo de espaço de estados quando 50% das observações de NCS estão disponíveis; (B) Valores de NCS estimados usando o modelo de espaço de estados quando 25% das observações de NCS estão disponíveis; (C) Comportamento do desvio-padrão ao longo dos 84 pontos da transeção quando todas as observações de NCS são incluídas nas estimativas de NCS usando o modelo de espaço de estados; com 50% das observações (dados de A); e com 25% das observações (dados de B).

Embora a abordagem em espaço de estados descrita em Shumway (1988) venha da Análise de Séries Temporais, ela tem sido aplicada com sucesso para avaliar a variabilidade espacial de atributos do solo coletados ao longo de transeções espaciais (p. ex., Timm et al., 2003a; Ogunwole et al., 2014a, 2014b; Yang; Wendroth, 2014; Zhang et al., 2019). Entretanto, algumas aplicações dessa abordagem podem ser encontradas também para dados coletados em malhas experimentais, tais como: Stevenson et al. (2001), Liu, Shao e Wang (2012), She et al. (2014) e Aquino et al. (2015).

Uma aplicação da abordagem em espaço de estados, descrita por Shumway (1988) e Shumway e Stoffer (2017), em séries coletadas ao longo do tempo (séries temporais) foi apresentada por Timm et al. (2011). Os autores aplicaram o modelo de espaço de estados para a avaliação da relação temporal (*State-time analysis*) entre os componentes do balanço hídrico (precipitação [P], evapotranspiração [ET] e armazenamento de água no solo [S]) em uma cultura de café estabelecida em uma área experimental em Piracicaba/SP. A aplicação dos modelos de *State-time* mostrou que as estimativas de S em um tempo t dependeram mais das medições de precipitação (52%) do que das de ET (28%) e S (20%) em um tempo t-1. As análises também mostraram que as estimativas de ET no tempo t foram mais dependentes das medições de ET (59%) do que P (30%) e S (9%) em um tempo t-1. Cabe ressaltar que esta é a primeira aplicação da análise de *State-time* na literatura de ciências agrárias da América Latina como ferramenta para um melhor entendimento das relações temporais das variáveis do sistema solo-planta-atmosfera. Outra aplicação da abordagem em espaço de estados em dados coletados ao longo do tempo foi a de Awe et al. (2015) que a aplicaram no intuito de avaliar o armazenamento de água no solo em uma área cultivada com cana-de-açúcar e com a presença de resíduos vegetais sobre a superfície do solo. Awe et al. (2015) monitoraram o armazenamento de água no solo e o potencial matricial nas camadas de solo de 0-10 cm, 10-20 cm e 40-60 cm usando sensores de reflectometria no domínio do tempo e tensiômetros, respectivamente. Também foi monitorada diariamente a precipitação por meio de pluviômetros e calculada a evapotranspiração real da cultura a partir de dados coletados em uma estação meteorológica. Os autores compararam o desempenho dos modelos em espaço de estados em estimar o armazenamento de água no solo com os equivalentes construídos por meio de modelos clássicos de regressão lineares e concluíram que os primeiros tiveram melhor desempenho em estimar o armazenamento de água no solo ao longo do tempo em todas as combinações avaliadas usando o logaritmo do potencial matricial, evapotranspiração real da cultura e precipitação como covariáveis nas equações.

Recentemente, Centeno et al. (2020b) aplicaram conjuntamente, em escala de bacia hidrográfica, a abordagem em espaço de estados e a análise de componentes principais no intuito de identificar os fatores e quantificar as relações entre a condutividade hidráulica do solo saturado (Ksat) com atributos do solo (frações argila e areia, densidade do solo, macroporosidade e carbono orgânico), topográficos (altitude e declividade) e tipo de uso do solo ao longo da mesma transeção espacial de 15 km na Bacia Hidrográfica do Arroio Fragata apresentada na Figura 13. Centeno et al. (2020b) concluíram que as variações locais de Ksat foram predominantemente descritas pelas variações locais da macroporosidade na área em estudo. Entretanto, dados de macroporosidade (indicador indireto da estrutura do solo) não são facilmente disponíveis em bancos de dados de atributos do solo. Dessa forma, os autores sugerem que o tipo de uso do solo possa ser potencialmente usado como uma variável representativa da estrutura do solo para descrever as variações de Ksat em escala de bacia hidrográfica, já que atualmente é uma informação facilmente obtida por meio de imagens de satélite.

ESPAÇO DE ESTADOS – ABORDAGEM BAYESIANA

A formulação bayesiana apresentada em West e Harrison (1997), e originalmente publicada por Harrison e Stevens (1976), tem sido ainda pouco explorada na área agronômica. Nesse caso, também é usada formulação paramétrica geral na qual as observações se relacionam linearmente com os parâmetros (Equação 23), que possuem evolução dinâmica segundo um passeio aleatório (Equação 24) com a possibilidade de incorporação das incertezas associadas ao próprio modelo e aos parâmetros do modelo. As probabilidades do modelo e de seus parâmetros são continuamente atualizadas no tempo/espaço usando o teorema de Bayes (Cantarelis, 1980). Entretanto, o seu uso prático não correspondeu ao esperado, em particular para usuários sem conhecimento profundo de estatística em virtude da dificuldade de estabelecer valores (ou a lei de variação) para os parâmetros "$v_j(x_i)$" e "$u_j(x_i)$" (Souza, 1989). Para tornar essa abordagem mais acessível, Ameen e Harrison (1984) usaram **fatores de desconto** (correspondentes à taxa de perda de informação no tempo/espaço, isto é, à perda de relevância das observações com o evoluir do tempo/espaço, significando que as informações mais recentes são mais relevantes no processo de modelagem) para calcular a matriz de covariância dos parâmetros de ruído "$u_j(x_i)$". Quanto menor o fator de desconto, menos importância é dada às informações anteriores. Dessa forma, o uso desses fatores assegura que a influência estocástica na evolução dos parâmetros (Equação 24) não seja mais diretamente explicitada pelo ruído "$u_j(x_i)$", mas, sim, por uma relação que estabelece apenas a evolução determinística de $Z_j(x_i)$, ficando a aleatoriedade do processo garantida pela matriz de descontos. Um texto mais completo sobre o uso de fatores de desconto nos modelos de previsão bayesianos pode ser encontrado em West e Harrison (1997). Um exemplo completo de aplicação da abordagem de espaço de estados descrita em West e Harrison (1997) pode ser encontrada na 3ª edição do livro dos autores e na 1ª edição do livro em inglês.

> Para extrair informações valiosas da variabilidade espacial e temporal de dados obtidos em condições de campo no SSPA, é preciso considerar esquemas de amostragem da referida variável lá no campo. Para a Estatística comumente designada por estatística de Fisher, é fundamental que a amostragem seja casual ou randômica, com um número grande de repetições. A teoria exige que os dados obtidos sejam completamente independentes, que não tenha havido nenhuma influência de um dado sobre o outro, isto é, entre vizinhos. Ficou evidente neste capítulo que, para extrair informações adicionais às médias e desvios-padrão, é preciso que a amostragem seja feita não de forma randômica, mas de forma especial e bem definida. Daí surgem os transetos (*transects*) e as malhas (*grids*), em cujos dados foi possível aplicar várias ferramentas estatísticas novas, como o autocorrelograma, o semivariograma, a análise de Espaço-Estado (*State-Space*), *Wavelets* e várias outras que, realmente, nos trazem informações novas, importantes, que não podem ser obtidas por meio da estatística de Fisher.

EXERCÍCIOS

1. Em uma área cultivada com cana-de-açúcar em um Nitossolo foram coletadas, em uma transeção espacial de 84 pontos, quatro séries espaciais em um determinado dia: a) Umidade do solo θ ($m^3.m^{-3}$); b) Matéria orgânica do solo MO ($kg.m^{-3}$); c) Conteúdo de argila CA ($g.kg^{-1}$); e d) Estabilidade de agregados EA (mm). Os dados medidos encontram-se no quadro a seguir, que constituem parte do que foi visto neste capítulo. Pede-se:
   a) Faça uma análise qualitativa de cada série quanto à presença de tendência e "outliers";
   b) Faça a análise clássica estatística de cada série determinando média, desvio-padrão, variância e coeficiente de variação;

c) Verifique a normalidade dos dados de cada série por meio de histogramas e gráfico normal *plot*. Existe a necessidade de transformação dos dados?;
d) Calcule os autocorrelogramas e semivariogramas de cada série, verificando se existe semelhança entre essas ferramentas e se existe dependência espacial entre observações adjacentes de cada série;
e) Calcule os crosscorrelogramas entre todas as quatro séries. Existe crosscorrelação entre as variáveis?;
f) Com base no que foi exposto teoricamente neste capítulo, é possível aplicar a metodologia de espaço de estados para estudar a relação entre estas séries? Se sim, entre quais séries?

Pontos	θ	MO	CA	EA	Pontos	θ	MO	CA	EA
1	0,144	33	430	2,19	43	0,265	27	550	2,18
2	0,132	32	430	1,91	44	0,275	27	550	1,65
3	0,151	32	460	1,50	45	0,290	28	570	2,78
4	0,157	29	470	2,11	46	0,275	29	580	2,70
5	0,176	28	470	1,79	47	0,294	26	600	2,43
6	0,170	29	450	1,84	48	0,320	30	580	2,52
7	0,181	31	470	2,67	49	0,326	26	620	2,66
8	0,174	29	450	2,32	50	0,295	26	580	2,48
9	0,162	29	490	2,49	51	0,305	26	560	2,47
10	0,174	27	510	2,23	52	0,282	27	570	2,43
11	0,200	28	520	2,27	53	0,241	25	560	2,59
12	0,175	27	490	1,63	54	0,239	27	580	2,48
13	0,201	27	440	1,74	55	0,217	25	560	2,46
14	0,246	26	470	2,08	56	0,271	27	580	2,27
15	0,217	25	490	1,58	57	0,214	26	600	2,42
16	0,236	27	530	1,64	58	0,248	25	640	2,41
17	0,203	27	510	2,13	59	0,287	24	600	2,10
18	0,212	26	510	2,37	60	0,251	25	580	2,18
19	0,236	28	490	2,14	61	0,243	26	580	2,37
20	0,213	28	490	2,00	62	0,264	24	560	1,73
21	0,209	28	490	2,01	63	0,247	25	560	1,63
22	0,209	29	490	1,82	64	0,247	26	540	2,44
23	0,209	26	510	2,32	65	0,284	25	580	2,04
24	0,243	29	490	1,83	66	0,262	27	550	2,50
25	0,226	30	490	1,71	67	0,266	25	560	2,17
26	0,225	27	490	1,77	68	0,254	24	560	2,19
27	0,247	29	510	1,85	69	0,281	26	560	1,91
28	0,230	28	540	2,26	70	0,254	27	600	1,94
29	0,226	30	490	2,53	71	0,241	27	560	1,88
30	0,255	28	490	2,62	72	0,252	28	560	1,90
31	0,210	29	490	2,71	73	0,244	24	580	1,96
32	0,241	29	490	2,52	74	0,237	24	580	2,09

33	0,201	29	550	2,24	75	0,248	23	540	2,09
34	0,297	28	550	2,29	76	0,246	25	580	1,70
35	0,270	30	540	2,57	77	0,277	25	540	2,09
36	0,245	28	510	2,16	78	0,270	25	580	2,13
37	0,232	29	510	2,17	79	0,283	24	520	1,70
38	0,317	28	550	2,56	80	0,280	25	580	2,16
39	0,260	29	530	2,68	81	0,262	24	560	2,27
40	0,279	26	530	2,50	82	0,272	24	580	2,23
41	0,269	27	550	2,20	83	0,263	23	560	2,06
42	0,255	27	570	2,51	84	0,226	22	560	2,02

RESPOSTAS

As respostas do Exercício podem ser encontradas em Timm et al. (2004).
TIMM, L.C.; REICHARDT, K.; OLIVEIRA, J.C.M.; CASSARO, F.A.M.; TOMINAGA, T.T.; BACCHI, O.O.S.; DOURADO-NETO, D.; NIELSEN, D.R. "State-space approach to evaluate the relation between soil physical and chemical properties". Revista Brasileira de Ciência do Solo, v. 28, p. 49-58, 2004.

LITERATURA CITADA

ADDISON, P.S. *The illustrated wavelet transform handbook*: introduction theory and applications in science, engineering, medicine and finance. 2.ed. Boca Raton, CRC Press, 2017. p. 446.

AMEEN, J.R.M.; HARRISON, P.J. Discount weighted estimation. *Journal of Forecasting*, v. 3, p. 285-96, 1984.

AQUINO, L.S. *Modelagem hidrológica na região sul do Rio Grande do Sul utilizando os modelos SWAT e LASH*. 2014. 96f. Tese (Doutorado em Agronomia) – Programa de Pós-Graduação em Agronomia. Faculdade de Agronomia Eliseu Maciel. Universidade Federal de Pelotas, Pelotas, 2014.

AQUINO, L.S.; TIMM, L.C.; REICHARDT, K.; BARBOSA, E.P.; PARFITT, J.M.B.; NEBEL, A.L.C.; PENNING, L.H. State-space approach to evaluate effects of land levelling on the spatial relationships of soil properties of a lowland area. *Soil & Tillage Research*, v. 145, p. 135-47, 2015.

AWE, G.O.; REICHERT, J.M.; TIMM, L.C.; WENDROTH, O. Temporal processes of soil water status in a sugarcane field under residue management. *Plant and Soil*, v. 387, p. 395-411, 2015.

BAZZA, M.; SHUMWAY, R.H.; NIELSEN, D.R. Two-dimensional spectral analyses of soil surface temperature. *Hilgardia*, v. 56, p. 1-28, 1988.

BISWAS, A.; SI, B.C. Application of continuous wavelet transform in examining soil spatial variation: a review. *Mathematical Geosciences*, v. 43, p. 379-96, 2011.

BISWAS, A.; CRESSWELL, H.P.; CHAU, H.W.; ROSSEL, R.A.V.; SI, B.C. Separating scale-specific soil spatial variability: a comparison of multi-resolution analysis and empirical mode decomposition. *Geoderma*, v. 209-10, p. 57-64, 2013.

CANTARELIS, N.S. An investigation into the properties of Bayesian forecasting models. 1980. Tese (Ph.D.) – School of Industrial and Business Studies, Warwick University, Inglaterra, Warwick, 1980.

CENTENO, L.N. Modelos de espaço de estados e análise em *wavelets* no estudo do relacionamento entre atributos físico-hídricos do solo e atributos topográficos em escala de bacia hidrográfica. 2020. 198f. Tese (Doutorado) – Programa de Pós-Graduação em Recursos Hídricos, Centro de Desenvolvimento Tecnológico, Universidade Federal de Pelotas, Pelotas, 2020.

CENTENO, L.N.; HU, W.; TIMM, L.C.; SHE, D.; FERREIRA, A. da S.; BARROS, W. S.; BESKOW, S.; CALDEIRA, T.L. Dominant control of macroporosity on saturated soil hydraulic conductivity at multiple scales and locations revealed by Wavelet analyses. *Journal of Soil Science and Plant Nutrition*, v. 20, p. 1686-702, 2020a.

CENTENO, L.N.; TIMM, L.C.; REICHARDT, K.; BESKOW, S.; CALDEIRA, T.L.; OLIVEIRA, L.M. de; WENDROTH, O. Identifying regionalized co-variate driving factors to assess spatial distributions of saturated soil hydraulic conductivity using multivariate and state-space analyses. *Catena*, v. 191, p. 1-14, 2020b.

CHATFIELD, C. *The analysis of time series:* an introduction. 6.ed. Boca Raton, Chapman & Hall/CRC, 2004. p. 333.

DEMPSTER, A.P.; LAIRD, N.M.; RUBIN, D.B. Maximum likelihood from incomplete data via the EM algorithm. *Journal of the Royal Statistics Society Series B*, v. 39, p. 1-38, 1977.

DOURADO-NETO, D.; TIMM, L.C.; OLIVEIRA, J.C.M.; REICHARDT, K.; BACCHI, O.O.S.; TOMINAGA, T.T.; CASSARO, F.A.M. State-space approach for the analysis of soil water content and temperature in a sugarcane crop. *Scientia Agricola*, v. 56, n. 4, p. 1215-21, 1999.

FARGE, M. Wavelet transforms and their applications to turbulence. *Annual Review of Fluid Mechanics*, v. 24, p. 395-458, 1992.

FLANDRIN, P. *Explorations in time-frequency analysis*. Padstow Cornwall, Cambridge University Press, 2018. p. 226.

GELB, A. *Applied optimal estimation*. Cambridge: Massachusetts Institute of Technology Press, 1974. p. 374.

GRINSTED, A.; MOORE, J.C.; JEVREJEVA, S. Application of the cross wavelet transform and wavelet coherence to geophysical time series. *Nonlinear Processes in Geophysics*, v. 11, p. 561-6, 2004.

HARRISON, P.J.; STEVENS, C.F. Bayesian forecasting (with discussion). *Journal Royal Statistical Society*, Series B, v. 38, n. 3, p. 205-67, 1976.

HENDERSON, C.R. Statistical methods in animal improvement: Historical overview. *In*: GIANOLA, P.D.D.; HAMMOND, D.K. (ed.). *Advances in statistical methods for genetic improvement of livestock, advanced series in agricultural sciences*. Berlin, Springer, 1990. p. 2-14.

HU, W.; SI, B. Multiple wavelet coherence for untangling scale-specific and localized multivariate relationships in geosciences. *Hydrology and Earth System Sciences*, v. 20, p. 3183-91, 2016.

HU, W.; SI, B. Improved partial wavelet coherency for understanding scale-specific and localized bivariate relationships in geosciences. *Hydrology and Earth System Sciences*, v. 25, p. 321-31, 2021.

HUANG, N.E.; SHEN, Z.; LONG, S.R.; WU, M.C.; SHIH, H.H.; ZHENG, Q.; YEN, N-C.; TUNG, C.C.; LIU, H.H. The empirical mode decomposition and the Hilbert spectrum for nonlinear and non-stationary time series analysis. *Proceedings of the Royal Society London A*, v. 454, p. 903-95, 1998.

HUANG, J.; WU, C.; MINASNY, B.; ROUDIER, P.; MCBRATNEY, A.B. Unravelling scale- and location-specific variations in soil properties using the 2-dimensional empirical mode decomposition. *Geoderma*, v. 307, p. 139-49, 2017.

HUI, S.; WENDROTH, O.; PARLANGE, M.B.; NIELSEN, D.R. Soil variability – Infiltration relationships of agroecosystems. *Journal of Balkan Ecology*, v. 1, p. 21-40, 1998.

KALMAN, R.E. A new approach to linear filtering and prediction theory. *Transactions ASME Journal of Basic Engineering*, v. 8, p. 35-45, 1960.

KATUL, G.G.; WENDROTH, O.; PARLANGE, M.B.; PUENTE, C.E.; FOLEGATTI, M.V.; NIELSEN, D.R. Estimation of in situ hydraulic conductivity function from nonlinear filtering theory. *Water Resources Research*, v. 29, p. 1063-70, 1993.

LIU, Z.P.; SHAO, M.A.; WANG, Y.Q. Estimating soil organic carbon across a large-scale region: a state-space modeling approach. *Soil Science*, v. 177, p. 607-18, 2012.

MARZVAN, S.; ASADI, H.; TIMM, L.C.; REICHARDT, K.; DAVATGAR, N. Evaluating the tillage management direction efects on soil attributes by space series analysis (case study: a semiarid region in Iran). *Environmental Earth Sciences*, 80:735, 2021.

MORETTIN, P. A. *Ondas e ondaletas:* da análise de Fourier à análise de ondaletas. São Paulo: Editora da Universidade de São Paulo, 1999. p. 276.

MORETTIN, P.A.; TOLOI, C.M.C. *Análise de séries temporais:* modelos lineares univariados. v. 1. 3.ed. São Paulo, Edgard Blücher Ltda., 2018. p. 474,

MORETTIN, P.A.; TOLOI, C.M.C. *Análise de séries temporais:* modelos multivariados e não lineares. v. 2. 1.ed. São Paulo, Edgard Blücher Ltda., 2020. p. 284.

NIELSEN, D.R.; ALEMI, M.H. Statistical opportunities for analyzing spatial and temporal hetero-geneity of field soils. *Plant and Soil*, v. 115, p. 285-96, 1989.

NIELSEN, D.R.; WENDROTH, O. *Spatial and temporal statistics* – sampling field soils and their vegetation. Cremlingen-Desdedt, Catena-Verlag, 2003. p. 416.

OGUNWOLE, J.O.; TIMM, L.C.; UGWU-OBIDIKE, E.O.; GABRIELS, D.M. State-space estimation of soil organic carbon stock. *International Agrophysics*, v. 28, p. 185-94, 2014a.

OGUNWOLE, J.O.; OBIDIKE, E.O.; TIMM, L.C.; ODUNZE, A.C.; GABRIELS, D.M. Assessment of spatial distribution of selected soil properties using geospatial statistical tools. *Communications in Soil Science and Plant Analysis*, v. 45, p. 2182-200, 2014b.

OLIVEIRA, H.M. de. *Análise de Fourier e Wavelets:* sinais estacionários e não estacionários. Recife, Editora Universitária/UFPE, 2007. p. 342.

OLIVEIRA, L.M. de. Relação entre Atributos do solo aplicando a abordagem em Espaços de Estados em duas Bacias Hidrográficas na Região Sul do RS. 2013. 77f. Dissertação (Mestrado em Agronomia) – Programa de Pós-Graduação em Agronomia, Faculdade de Agronomia Eliseu Maciel, Universidade Federal de Pelotas, Pelotas, 2013.

OLIVEIRA, J.C.M.; TIMM, L.C.; TOMINAGA, T.T.; CÁSSARO, F.A.M.; BACCHI, O.O.S.; REICHARDT, K.; DOURADO-NETO, D.; CAMARA, G.M.D. Soil temperature in a sugar-cane crop as a function of the management system. *Plant and Soil*, v. 230, n. 1, p. 61-6, 2001.

PANZIERA, W.; LIMA, C.L.R. de; TIMM, L.C.; AQUINO, L.S.; BARROS, W.S.; STUMPF, L.; ANJOS E SILVA; S.D. dos; MOURA-BUENO, J.M.; DUTRA JUNIOR, L.A.; PAULETTO, E.A. Investigating the relationships between soil and sugarcane attributes under different row spacing configurations and crop cycles using the state-space approach. *Soil & Tillage Research*, v. 217, 105270, 2022.

PERCIVAL, D.B.; WALDEN, A.T. *Wavelet methods for Time Series Analysis*. Cambridge, Cambridge University Press, 2006. p. 622,

R CORE TEAM. *R:* A language and environment for statistical computing. Vienna, R Foundation for Statistical Computing, 2016.

REHMAN, N.; MANDIC, D.P. Multivariate empirical mode decomposition. *Proceeding of the Royal Society Series A*, v. 466, p. 1291-302, 2010.

SHE, D.; XUEMEI, G.; JINGRU, S.; TIMM, L.C.; HU, W. Soil organic carbon estimation with topographic properties in artificial grassland using a state-space modeling approach. *Canadian Journal of Soil Science*, v. 94, p. 503-14, 2014.

SHE, D.; QIAN, C.; TIMM, L.C.; BESKOW, S.; WEI, H.; CALDEIRA, T.L.; OLIVEIRA, L.M. de. Multi-scale correlations between soil hydraulic properties and associated factors along a Brazilian watershed transect. *Geoderma*, v. 286, p. 15-24, 2017.

SHUMWAY, R. H. *Applied statistical time series analyses*. Englewood Cliffs, Prentice Halll, 1988. p. 379.

SHUMWAY, R.H.; STOFFER, D.S. *Time series analysis and its applications with R examples*. 4.ed. New York, Springer, 2017. p. 562.SI, B.C. Spatial scaling analyses of soil physical properties: A review of spectral and wavelet methods. *Vadose Zone Journal*, v. 7, n. 2, p. 547-62, 2008.

SILVA, T.P.; CENTENO, L.N.; LIMA, C.L.R.DE; NUNES, M.C.M.; HOLTHUSEN, D.; TIMM, L.C. Investigating spatial relationships of soil friability and driving factors through co-regionalization with state-space analysis in a subtropical watershed. *Soil & Tillage Research*, v.212, p.105028, 2021.

SILVEIRA, N.B. da; MAZZARO, R.V.; CENTENO, L.N.; CALDEIRA, T.L.; AQUINO, L.S.; TIMM, L.C. Modelos de espaço de estado, gerados em *software* livre, para estimativa da condutividade hidráulica do solo saturado na escala de bacia hidrográfica. In: CIC/UFPEL, 28.ed. 2019, Pelotas. Anais [...]. Pelotas, UFPel, 2019. v.1. p. 1-4

SI, B.C.; ZELEKE, T.B. Wavelet coherency analysis to relate saturated hydraulic properties to soil physical properties. *Water Resources Research*, v. 41, p. 1-9, 2005.

SLAETS, J.I.F.; BOEDDINGHAUS, R.S.; PIEPHO, H-P. Linear mixed models and geostatistics for designed experiments in soil science: two entirely different methods or two sides of the same coin? *European Journal of Soil Science*, v. 72, p. 47-68, 2021.

SOUZA, R.C. Modelos estruturais para previsão de séries temporais: abordagens clássica e bayesiana. In: Colóquio Brasileiro de Matemática, 17.ed. 1989, Rio de Janeiro. Anais [...]. Rio de Janeiro, Instituto de Matemática Pura e Aplicada do CNPq, 1989. p. 171.

STEVENSON, F.C.; KNIGHT, J.D.; WENDROTH, O.; VAN KESSEL, C.; NIELSEN, D.R. A comparison of two methods to predict the landscape-scale variation of crop yield. *Soil and Tillage Research*, v. 58, p. 163-81, 2001.

TIMM, L.C.; FANTE JÚNIOR, L.; BARBOSA, E.P.; REICHARDT, K.; BACCHI, O.O.S. Interação solo-planta avaliada por modelagem estatística de espaço de estados. *Scientia Agricola*, v. 57, n. 4, p. 751-60, 2000.

TIMM, L.C.; REICHARDT, K.; OLIVEIRA, J.C.M.; CÁSSARO, F.A.M.; TOMINAGA, T.T.; BACCHI, O.O.S.; DOURADO-NETO, D. Sugarcane production evaluated by the state-space approach. *Journal of Hydrology*, v. 272, p. 226-37, 2003a.

TIMM, L.C.; BARBOSA, E.P.; SOUZA, M.D.; DYNIA, J.F.; REICHARDT, K. State-space analysis of soil data: An approach based on space-varying regression models. *Scientia Agricola*, v. 60, n. 2, p. 371-6, 2003b.

TIMM, L.C.; REICHARDT, K.; OLIVEIRA, J.C.M.; CASSARO, F.A.M.; TOMINAGA, T.T.; BACCHI, O.O.S.; DOURADO-NETO, D.; NIELSEN, D.R. State-space approach to evaluate the relation between soil physical and chemical properties. *Revista Brasileira de Ciência do Solo*, v. 28, p. 49-58, 2004.

TIMM, L.C.; GOMES, D.T.; BARBOSA, E.P.; REICHARDT, K.; DE SOUZA, M.D.; DYNIA, J.F. Neural network and state-space models for studying relationship among soil properties. *Scientia Agricola*, v. 63, p. 386–395, 2006.

TIMM, L.C.; DOURADO-NETO, D.; BACCHI, O.O.S.; HU, W.; BORTOLOTTO, R.P.; SILVA, A.L.; BRUNO, I.P.; REICHARDT, K. Temporal variability of soil water storage evaluated for a coffee field. *Australian Journal of Soil Research*, v. 49, p. 77-86, 2011.

TIMM, L.C.; REICHARDT, K.; LIMA, C.L.R. de; AQUINO, L.A.; PENNING, L.H.; DOURADO-NETO, D. State-space approach to understand Soil-Plant-Atmosphere relationships. In: TEIXEIRA, W.G.; CEDDIA, M.B.; OTTONI, M.V.; DONNAGEMA, G.K. (ed.). *Application of Soil Physics in Environmental Analysis*: measuring, modelling and data integration. New York, Springer, 2014. Cap. 5, p. 91-129.

TORRENCE, C.; COMPO, G.P. A practical guide to wavelet analysis. *Bulletin of American Meteorological Society*, v. 79, p. 61-78, 1998.

TUKEY, J.W. Can we predict where "Time Series" should go next?. In: BRILLINGER, D.R.; TIAO, G.C. (ed.). *Directions in Time Series*. Hayward, Institute of Mathematical Statistics, 1980. p. 1-31.

WARRICK, A.W.; NIELSEN, D.R. Spatial variability of soil physical properties in the field. In: HILLEL, D. (ed.). *Applications of soil physics*. New York, Academic Press, 1980. p. 319-44.

WEEKS, M. *Digital signal processing*: using MATLAB and Wavelets. 2.ed. Massachusetts, Jones and Bartlett Publishers, 2011. p. 492.

WENDROTH, O.; YANG, Y.; TIMM, L.C. State-space analysis in Soil Physics. In: TEIXEIRA, W.G.; CEDDIA, M.B.; OTTONI, M.V.; DONNAGEMA, G.K. (ed.).

Application of Soil Physics in Environmental Analysis: measuring, modelling and data integration. New York, Springer, 2014. Cap. 3, p. 53-74.

WENDROTH, O.; JÜRSCHIK, P.; KERSEBAUM, K.C.; REUTER, H.; VAN KESSEL, C.; NIELSEN, D.R. Identifying, understanding, and describing spatial processes in agricultural landscapes – four case studies. *Soil and Tillage Research*, v. 58, p. 113-27, 2001.

WEST, M.; HARRISON, J. *Bayesian forecasting and dynamic models*. 2.ed. Londres, Springer-Verlag, 1997. p. 681.

ZHANG, X.; WENDROTH, O.; MATOCHA, C.; ZHU, J. Estimating soil hydraulic conductivity at the field scale with a state-space approach. *Soil Science*, v. 184, p. 101-11, 2019.

ZHU, H.; SUN, R.; BI, R.; LI, T.; JING, Y.; HU, W. Unraveling the local and structured variation of soil nutrients using two-dimensional empirical model decomposition in Fen River Watershed, China. *Archives of Agronomy and Soil Science*, v. 66, p. 1556-69, 2020.

YANG, Y.; WENDROTH, O. State-space approach to field-scale bromide leaching. *Geoderma*, v. 217-218, p. 161-72, 2014.

22

Inteligência artificial no SSPA: seu uso em funções de pedotransferência

A determinação de atributos hidráulicos do solo no campo ou laboratório demanda tempo, procedimentos e equipamentos de alto custo. Nesse sentido, as funções de pedotransferência (FPTs) surgem como uma alternativa, a estimativa de atributos do solo com base em outros atributos mais facilmente determinados, menos onerosos e disponíveis na maioria dos bancos de dados de solo. Neste capítulo são apresentadas as diferentes classificações de FPTs e suas aplicações mais recentes no SSPA. Também são destacadas as diferentes técnicas de desenvolvimento das FPTs usando inteligência artificial, em especial as redes neurais artificiais (RNAs).

INTRODUÇÃO

Embora não formalmente reconhecido e denominado até 1989, o conceito de **Função de Pedotransferência** (FPT – *Pedotransfer Function*) vem sendo aplicado para estimar atributos do solo que consomem muito tempo e utilizam equipamentos complexos e caros na sua determinação. O termo "Função de Pedotransferência" foi definido por Bouma (1989) como sendo a "conversão dos dados que dispomos naqueles que precisamos" (*translating data we have into what we need*), ou seja, transformar dados que fazem parte da análise corriqueira em laboratórios de solos (p. ex.: conteúdos de argila, areia e silte, pH, carbono orgânico do solo, cor do solo, densidade do solo) em atributos, principalmente os atributos físico-hídricos do solo, que dispendam maior tempo e custo na sua determinação (p. ex.: conteúdo da água no solo na capacidade campo ou no ponto de murcha permanente, condutividade hidráulica do solo, curva de retenção de água no solo).

Zhang e Schaap (2019) citam que muitas FPTs têm sido desenvolvidas para uma gama de objetivos e aplicações ao longo das últimas décadas, envolvendo desde aplicações em pequena escala até esforços para atender às necessidades dos pesquisadores em modelagem climática de escala regional e global. Revisões e textos nesse sentido são apresentados em Wösten, Pachepsky e Rawls (2001), Pachepsky e Rawls (2004), Vereecken et al. (2010) e van Looy et al. (2017). Wösten, Pachepsky e Rawls (2001) revisaram FPTs para estimar atributos hidráulicos do solo, incluindo a curva de retenção de água no solo (CRAS) e a condutividade hidráulica do solo; Pachepsky e Rawls (2004) publicaram um texto bastante completo sobre a teoria que envolve esse assunto bem como exemplos de diferentes FPTs desenvolvidas em diferentes partes do mundo. Os autores ressaltaram que o desenvolvimento de novas FPTs é tarefa árdua e que seria mais sensato o uso de funções já desenvolvidas. Contudo, uma dada FPT não deveria ser extrapolada além da região geomórfica ou tipo de solo para o qual ela foi desenvolvida; Vereecken et al. (2010) revisaram FPTs desenvolvidas para estimar os parâmetros do modelo de Mualem-van Genuchten (Mualem, 1976; van Genuchten, 1980) mundialmente usado para a descrição da CRAS; Van Looy et al. (2017) revisaram FPTs desenvolvidas para aplicações em processos biogeoquímicos (movimento do carbono orgânico e a dinâmica de nutrientes em diferentes escalas espaciais), de transporte de água, de solutos e de calor no solo.

A maior parte das FPTs disponíveis na literatura usa a textura do solo, densidade do solo e a matéria orgânica do solo como variáveis explanatórias, sendo que outros atributos são raramente usados (Vereecken et al., 1989; Wösten; Pachepsky; Rawls, 2001; Weynants; Vereecken; Javaux, 2009; De Lannoy et al., 2014). Muitas FPTs desenvolvidas têm sido avaliadas nas últimas décadas, dentre elas: Zhang et al. (2019) avaliaram o desempenho de sete FPTs para estimar a condutividade hidráulica do saturado; Da Silva et al. (2017) avaliaram o desempenho das FPTs Splintex e Rosetta para estimar a variabilidade espacial de alguns atributos hidráulicos do solo (capacidade de água disponível, capacidade de campo, ponto de murcha permanente etc.) usando ferramentas da Geoestatística (Capítulo 20); Nebel et al. (2010) avaliaram oito FPTs para estimar a retenção de água no solo; Cornelis et al. (2001) compararam nove PTFs para estimar a curva de retenção de água no solo; Wagner et al. (2001) avaliaram a performance de oito FPTs para estimar a condutividade hidráulica de solo não saturado. Tietje e Tapkenhinrichs (1993) e Kern (1995) avaliaram diferentes FPTs para estimar a retenção de água; Tietje e Hennings (1996) testaram FPTs para estimar a condutividade hidráulica do solo; Imam et al. (1999) compararam três FPTs para calcular a capacidade de retenção de água em solos inorgânicos.

DESENVOLVIMENTO DE FUNÇÕES DE PEDOTRANSFERÊNCIA NO BRASIL

No Brasil ainda são escassas as referências sobre resultados de pesquisa em funções de pedotransferência. Barros e van Lier (2014) revisaram o estado da arte em FPTs no Brasil e fizeram sugestões para o desenvolvimento de trabalhos nesse assunto. Botula, van Ranst e Cornelis (2014) revisaram, de forma mais ampla, o uso de FPTs para estimar a retenção de água de solos nos trópicos úmidos, incluindo o Brasil, mencionando que dentre as 35 publicações encontradas na literatura sobre FPTs, 91% eram com base em um enfoque empírico e somente 9% em um enfoque semifísico.

Arruda, Zullo Junior e Oliveira (1987) publicaram um trabalho pioneiro no Brasil desenvolvendo equações de regressão para estimar a água disponível com base na textura do solo. Van den Berg et al. (1997), Tomasella e Hodnett (1998) e Tomasella; Hodnett e Rossato (2000) desenvolveram funções de pedotransferência para estimar a curva de retenção de água do solo usando as equações de Brooks e Corey (1964) e de van Genuchten (1980). Giarola, Silva e Imhoff (2002) desenvolveram regressões múltiplas para estimar o conteúdo de água na capacidade de campo e no ponto de murcha permanente e a água disponível em função dos teores de argila, silte e óxidos de Fe e de Al. Silva et al. (2008) desenvolveram FPTs para estimar, simultaneamente, a curva de retenção de água do solo e a curva de resistência à penetração, usando a densidade do solo, a análise granulométrica e o teor de carbono orgânico como variáveis preditoras.

Recentemente, Ottoni et al. (2018) construíram uma base de dados físico-hídricos de diferentes solos brasileiros (HYBRAS), disponíveis para o desenvolvimento de FPTs, a qual contém dados de 445 perfis do solo com 1.075 amostras, sendo representativos de uma ampla faixa de solos brasileiros. Os autores usaram essa base de dados com o intuito de comparar a acurácia de estimação da retenção de água no solo usando FPTs desenvolvidas para as condições de clima no Brasil e de clima temperado. Ottoni et al. (2018) concluíram que, de forma geral, as FPTs desenvolvidas para as condições do Brasil tiveram melhor desempenho que os modelos desenvolvidos nas regiões de clima temperado, especialmente para solos mais intemperizados e de textura fina, mostrando que a retenção de água nos solos intemperizados difere dos solos de clima temperado, devido às diferenças na estrutura dos poros que resulta do seu conteúdo de argila e natureza mineralógica.

Em escala regional, Reichert et al. (2009) e Michelon et al. (2010) desenvolveram FPTs usando modelos de regressão múltipla para estimar a retenção de água do solo e a capacidade de água disponível em diversas regiões do estado do Rio Grande do Sul. Os autores criaram um banco de dados composto por diferentes classes de solos e horizontes, incluindo curvas de retenção de água no solo, matéria orgânica, argila, silte, areia, densidade do solo e densidade de partículas.

FUNÇÕES DE PEDOTRANSFERÊNCIA PARA ESTIMAÇÃO DA CURVA DE RETENÇÃO DE ÁGUA NO SOLO

A **curva de retenção de água no solo** (CRAS) descrita no Capítulo 6 – relaciona o conteúdo de água no solo (θ) com o potencial matricial do solo (h) – é um atributo extremamente importante para a modelagem do movimento de água e solutos no solo em condições de não saturação (Lin, 2003). A CRAS também tem sido usada como um indicador indireto da qualidade física do solo. Tradicionalmente, ela é determinada em laboratório usando membranas e placas de pressão. Porém, essa determinação torna-se impraticável para a maior parte dos problemas de pesquisa em larga escala ou quando se tem um número grande de amostras porque ela consome muito tempo e requer equipamentos complexos e caros (Botula; van Ranst; Cornelis, 2014). Baseado nisso, têm-se procurado alternativas para estimar a CRAS indiretamente por meio de atributos do solo facilmente encontrados em banco de dados de solos, tais como: conteúdos de areia, argila e silte, carbono orgânico, densidade do solo, dentre outros.

Porém, muitas vezes, a determinação da CRAS mediante o uso das FPTs não é objetivo principal, mas visa a fornecer dados de entrada essenciais para serem utilizados em modelos de simulação em estudos agrícolas, hidrológicos e ambientais (Minasny; Hartemink, 2011; Nguyen et al., 2015; Beskow et al., 2016). Consequentemente, a estimativa imprecisa desse atributo do solo pode influenciar a qualidade geral dos resultados de todo o processo de modelagem (Botula et al., 2012).

Tipos de funções de pedotransferência para estimar a CRAS

Wösten, Pachepsky e Rawls (2001) e Pachepsky e Rawls (2004) distinguiram três diferentes tipos de FPTs para estimar atributos hidráulicos do solo:

1. Tipo 1 – estimação de atributos hidráulicos baseada em modelo de estrutura do solo: são exemplos deste tipo de FPT os modelos apresentados por Bloemen (1980) e Arya e Paris (1981) nos quais a curva de retenção de água foi estimada com base na distribuição do tamanho de partículas, densidade do solo e densidade de partículas;
2. Tipo 2 – estimação de um ponto da curva de retenção de água do solo (denominada de FPT pontual): neste tipo de FPT são usadas equações clássicas de regressão que estimam pontos específicos de interesse da curva de retenção de água do solo (Gupta; Larson, 1979; Rawls; Brakensiek; Saxton, 1982; Ahuja; Naney; Williams, 1985, entre outros). Consequentemente essas funções têm a seguinte forma:

$$\theta_h = a^*areia + b^*silte + c^*argila + d^*mat\acute{e}ria\ org\hat{a}nica + .. + x^*vari\acute{a}vel\ X$$

em que: θ_h é o valor da umidade volumétrica do solo no potencial matricial h; a, b, c, d e x são os coeficientes do modelo de regressão múltipla. A variável X é qualquer outro atributo básico do solo facilmente obtido em banco de dados de solo;

3. Tipo 3 – estimação de parâmetros usados para descrever os atributos hidráulicos do solo (denominada de FPT paramétrica): neste tipo as FPTs são relações funcionais que transformam atributos do solo disponíveis (p. ex.: textura, estrutura, matéria orgânica do solo etc.) em atributos do solo não disponíveis (p. ex.: curva de retenção de água no solo). Em contraste ao tipo 2, FPTs do tipo 3 usualmente estimam parâmetros dos modelos que descrevem a relação completa entre o conteúdo de água no solo-potencial matricial-condutividade hidráulica do solo, sendo este tipo mais simples e direto do que o tipo 2. Os resultados dessas FPTs podem ser diretamente aplicáveis em simulação de modelos hidrológicos, por exemplo. Geralmente, têm sido desenvolvidas FPTs para estimar os parâmetros dos modelos de Brooks e Corey (1964) e de Mualem-van Genuchten (Mualem, 1976; van Genuchten, 1980) para estimar a curva de retenção de água no solo, amplamente aceitos e usados na literatura.

Haghverdi, Cornelis e Ghahraman (2012) desenvolveram uma FPT denominada de função de pedotransferência pseudocontínua. Essa FPT pseudocontínua é capaz de determinar a CRAS quase contínua sem usar nenhuma função hidráulica do solo, ou seja, esse tipo de FPT permite estimar o conteúdo de água no solo em qualquer potencial matricial desejável, sem a necessidade de usar uma equação específica como, por exemplo, a de Mualem-van Genuchten. Nessa abordagem pseudocontínua o logaritmo natural do potencial matricial é considerado como um parâmetro de entrada, permitindo assim aumentar o número de amostras no conjunto de dados de treinamento por um fator igual ao número de pares de potenciais matriciais utilizados para determinar a CRAS no conjunto de dados (Botula; van Ranst; Cornelis, 2014). Contudo, existe apenas um parâmetro de saída, gerando o conteúdo de água (θ) no potencial matricial predefinido (h), quer dizer, diferentes valores do potencial matricial produzem diferentes valores do conteúdo de água. Ao utilizar uma ampla gama de potenciais matriciais como parâmetros de entrada, será estimada uma faixa correspondente de conteúdo de água e obtida uma curva (pseudo) contínua (Haghverdi; Cornelis; Ghahraman, 2012).

O tipo de FPT pseudocontínua pode ser muito útil para a melhoria e o desenvolvimento de FPTs baseadas em inteligência artificial, mais especificamente usando redes neurais artificiais (RNAs), quando o pesquisador possui um número limitado de amostras de solos ou em regiões que apresentam um escasso banco de dados de solos. Esse último, bastante comum na maioria dos países em desenvolvimento. Dessa forma, a FPT pseudocontínua mostra-se como uma ferramenta potencial no desenvolvimento de FPTs para estimação da CRAS.

O uso de técnicas de **inteligência artificial** para desenvolver FPTs tem aumentado ao longo dos últimos anos, principalmente a aplicação do algoritmo de aprendizado de máquina de RNAs. As principais tipologias de FPTs desenvolvidas a partir de **redes neurais artificiais** são apresentadas na Figura 1.

TÉCNICAS DE APRENDIZADO DE MÁQUINA NA GERAÇÃO DE FUNÇÕES DE PEDOTRANSFERÊNCIA

As **redes neurais artificiais** vêm sendo usadas com sucesso no desenvolvimento de FPTs. Elas são uma técnica de aprendizado de máquina, que se baseiam no processamento de dados, para modelar as relações entre os atributos físico-hidráulicos do solo (dados de saída) e outros atributos básicos do solo (dados de entrada) (Zhao et al., 2016). As RNAs são uma tentativa de desenvolver um modelo que funciona de maneira semelhante ao cérebro humano, compreendendo uma rede densa de conexões entre os dados de entrada, os neurônios dispostos nas camadas ocultas e os dados de saída (Melo; Pedrollo, 2015), conforme ilustrado na Figura 1.

O processo de desenvolvimento de uma RNA inicia com a determinação da arquitetura (treinamento da RNA), em que se escolhe o número de camadas e de neurônios em cada camada, para ajustar os seus parâmetros livres. Essa arquitetura não pode ser montada antes do treinamento, já que se procura a obtenção de um modelo geral para a solução de um determinado problema, mediante tentativas e erros durante o treinamento, sendo dependente da complexidade do problema (Soares et al., 2014).

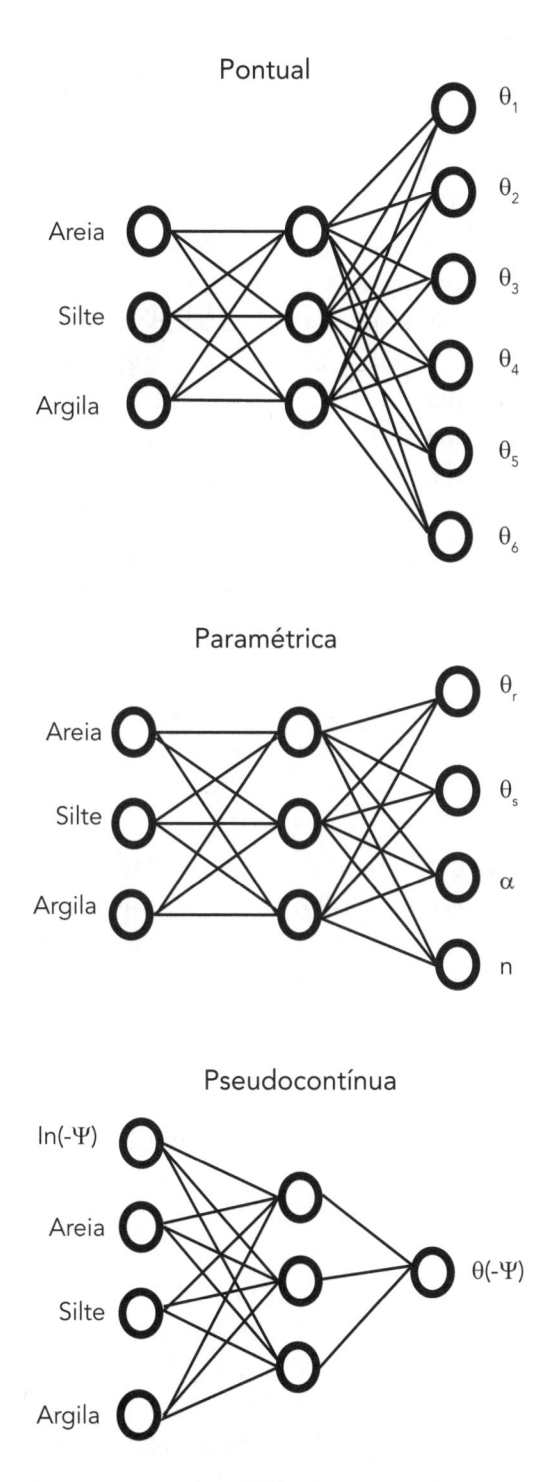

FIGURA 1 Principais tipologias de redes neurais artificiais usadas para o desenvolvimento de funções de pedotransferência pontuais, paramétricas e pseudocontínuas.
Fonte: adaptada de Haghverdi, Cornelis e Ghahraman, 2012.

Aprendizado de máquina para o desenvolvimento de modelos

Aprendizado de máquina (AM) é um campo central da inteligência artificial (IA). O objetivo do AM é transmitir à máquina certos conceitos, na forma de exemplos, com uma precisão adequada para que ela tenha a capacidade de converter os exemplos em conhecimentos, mediante algoritmos e técnicas de aprendizado automático (Ertel, 2017).

Geralmente, os algoritmos de AM enquadram-se em quatro categorias: aprendizado supervisionado, aprendizado não supervisionado, aprendizado semissupervisionado e aprendizado por reforço, sendo os dois primeiros mais encontrados na literatura. O aprendizado supervisionado requer a apresentação de exemplos rotulados de classe conhecidas, ou seja, o objetivo é aprender as relações que existem entre os exemplos e seus rótulos (entradas – saídas). Por outro lado, no aprendizado não supervisionado a prévia estruturação dos exemplos ou dados por parte do usuário não é necessária, podendo os dados de treinamento estarem sem rótulos ou mesmo usar exemplos cujas classes não são conhecidas (Aggarwal, 2018). Dentro da categoria aprendizado supervisionado, os algoritmos mais importantes são: a indução de árvores de decisão (classificação), as redes neurais artificiais (classificação + aproximação) e as máquinas de vetores de suporte (SVM). Já na categoria não supervisionado, os mais importantes são: algoritmo do vizinho mais próximo, algoritmo do vizinho mais distante e o agrupamento k-means (*k-means clustering*) (Ertel, 2017).

Durante o desenvolvimento de modelos usando técnicas de AM, os algoritmos recebem uma grande quantidade de exemplos, com base nos quais aprendem mediante a exploração das relações existentes entre os exemplos apresentados. No instante que um determinado algoritmo recebe a informação de um exemplo que até então não tinha sido visto por ele, ele consegue realizar a aproximação do problema apresentado, processo conhecido como generalização. Com base nisso, os modelos aproximados pelos algoritmos sempre precisam ser testados em relação à sua capacidade de generalização mediante a apresentação de dados desconhecidos, evitando-se assim problemas de sobreajuste do modelo.

Generalização, otimização e avaliação dos modelos desenvolvidos usando aprendizado de máquina

Conhecendo-se que a meta do AM é desenvolver modelos que tenham bom desempenho com dados nunca antes vistos, então se faz necessário avaliar o seu potencial de generalização. A relação entre a otimização e generalização é uma relação fundamental no aprendizado de máquina, no qual a otimização se refere ao processo de ajuste de um modelo para conseguir o melhor desempenho possível sobre o conjunto de dados de treinamento (o aprendizado), enquanto a generalização se refere ao desempenho do modelo que foi treinado em dados nunca antes vistos (conjunto de dados de teste) (Chollet, 2020).

Conjuntos de treinamento, validação e teste

Durante a avaliação de modelos é imprescindível que os dados sejam divididos em três conjuntos: treinamento, validação e teste. Com base nos dados do conjunto de treinamento se realiza o treino, sendo a avaliação do modelo feita com os dados do conjunto de validação. Uma vez que o modelo estiver pronto (treinado e avaliado), ele é testado com o conjunto teste. Durante o desenvolvimento de um modelo sempre é necessário ajustar a sua configuração, por exemplo, em uma rede neural é possível escolher o número de camadas, neurônios, as funções de ativação, as taxas de aprendizado, métodos de otimização e seus parâmetros, entre outros (chamados de hiperparâmetros do modelo), realizando-se os ajustes da rede utilizando como sinal *feedback* o desempenho da rede nos dados do conjunto de validação (Aggarwal, 2018).

O ajuste do modelo é uma forma de aprendizado na qual se busca uma boa configuração dentro de um espaço de parâmetros. Contudo, o ajuste da configuração do modelo baseado no seu desempenho no conjunto de validação pode resultar rapidamente em sobreajuste (*overfitting*) do conjunto de validação, mesmo que o modelo nunca tenha sido treinado diretamente sobre ele. No final do treinamento, o modelo pode ter um bom desempenho unicamente sobre os dados de validação, porque foi otimizado para essa situação, sendo assim, é necessária a avaliação do desempenho do modelo com dados novos, nunca antes vistos por ele (conjunto de dados de teste), obtendo-se o real desempenho do modelo e o seu grau de generalização (Aggarwal, 2018).

Apesar de a divisão dos dados em conjuntos de treinamento, validação e teste parecer uma tarefa simples, existem algumas técnicas avançadas para fazer essa divisão, e, sobretudo, podem ser muito úteis quando há pouca quantidade de dados disponíveis. Entre essas técnicas encontram-se os mais clássicos métodos de **avaliação de modelos**: método de validação hold-out "*hold-out method*", validação cruzada (*cross validation* ou *k-fold validation*) e a validação cruzada k vezes (*k-fold cross validation*) (Raschka, 2018).

Bias (viés) e variância

Muitos estudos utilizam os termos **bias** e variância ou o termo conjunto "*bias-variance trade-off*" para avaliar o desempenho de um modelo, afirmando que uma alta variância é proporcional ao *overfitting* e um alto *bias* é proporcional ao ajuste insuficiente (*underfitting*). O *bias-variance trade-off* estabelece que o erro ao quadrado de um algoritmo de AM pode ser particionado em três componentes: o *bias*, a variância e o ruído (Raschka, 2018).

O *bias* é expresso como a diferença entre o valor estimado e o valor observado (Raschka, 2018). Mesmo se um modelo tiver acesso a uma fonte infinita de dados de treinamento, o *bias* não poderá ser removido (Aggarwal, 2018). A variância é causada pela incapacidade do modelo em aprender todos os seus parâmetros de uma maneira estatisticamente robusta. Uma variância alta se manifesta pelo *over-fitting* específico aos dados de treinamento em questão. Assim, a variância é definida como a diferença entre o valor estimado ao quadrado e o valor observado ao quadrado. Por último, o ruído é causado pelos erros inerentes nos dados (Aggarwal, 2018; Raschka, 2018).

Um algoritmo deve possuir um equilíbrio entre o *bias* e a variância, não podendo ter um *bias* muito elevado porque pode apresentar uma maior taxa de erro no conjunto de teste. Também não deve ter uma variância alta, uma vez que o algoritmo pode levar em consideração os ruídos e os dados aleatórios, aprendendo muitas particularidades do conjunto de treino (Aggarwal, 2018; Raschka, 2018).

O objetivo do *bias-variance trade-off* é quantificar o erro esperado do algoritmo em termos de *bias*, variância e ruído, podendo ser o erro do modelo quantificado pelo erro quadrado médio (MSE) entre os valores estimados e observados, porém definido sobre os exemplos do conjunto teste. A Figura 2 ilustra o comportamento do viés (*bias*) e da variância à medida que a complexidade do modelo aumenta, na qual claramente é ilustrado que existe um ponto de complexidade ótimo do modelo em que seu desempenho é otimizado (Aggarwal, 2018; Raschka, 2018).

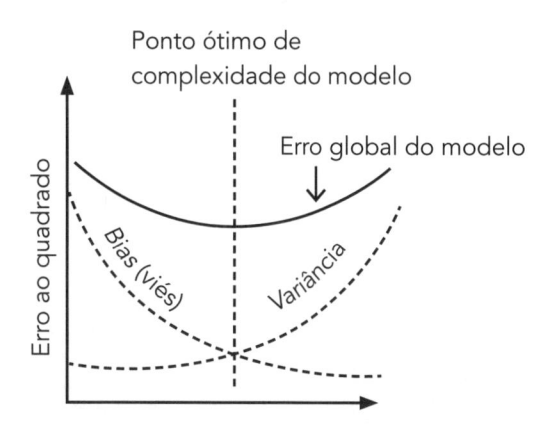

FIGURA 2 Ilustração do comportamento entre o *bias* (viés) e a variância apresentando o ponto ótimo de complexidade do desempenho de um modelo.
Fonte: adaptada de Aggarwal, 2018.

Sobreajuste (*overfitting*) e subajuste (*underfitting*) do modelo

Durante o aprendizado ou treinamento de um algoritmo, precisa-se realizar o controle entre os valores estimados e observados. Esse é o trabalho da função de perda (*loss function*), a qual considera as estimações do algoritmo e o verdadeiro alvo, calculando uma pontuação das distâncias entre eles e capturando o desempenho do determinado algoritmo (Chollet, 2020).

No início do treinamento, a otimização e a generalização estão correlacionadas: quanto menor perda nos dados de treinamento, menor perda nos dados de teste, indicando que o modelo sofre um **subajuste (*underfitting*)** e ainda há um processo a ser feito sobre os dados de treinamento (Figura 3). Porém, após certo número de iterações sobre os dados de treinamento, a generalização para de melhorar e as métricas de validação são interrompidas, começando o modelo a sofrer um sobreajuste (*overfitting*), ou seja, o modelo está começando a aprender padrões específicos para os dados de treinamento, porém errôneos ou irrelevantes quando são apresentados novos dados (Chollet, 2020).

Um modelo treinado com uma grande quantidade de dados naturalmente vai generalizar melhor, no entanto, frente à carência de dados, uma segunda opção é modular a quantidade de informação que o modelo pode armazenar ou adicionar algumas restrições em relação às informações que ele pode armazenar (Chollet, 2020).

Do mesmo modo, existem outras estratégias para a mitigação do *overfitting* e maximizar a generalização, além dessas contribuírem para avaliar o desempenho dos modelos de aprendizado de máquina (Aggarwal, 2018). Não obstante, o *overfitting* não é o único obstáculo presente na avaliação dos modelos, destacando-se também o *underfitting*, porém de mais fácil identificação, já que um modelo que apresenta *underfitting* não se desempenha bem, nem no conjunto de treinamento nem no conjunto de teste, sendo as taxas de erro semelhantes entre eles, indicando que o modelo tem um alto *bias* e sendo necessário melhorar o seu desempenho pelo ajuste dos parâmetros do algoritmo. Por outro lado, um modelo que produz um *overfitting* pode ser usualmente reconhecido pela alta precisão do conjunto de treinamento, mas com baixa precisão no conjunto teste, indicando que o modelo tem pequeno viés, sendo necessário deixar livre ao algoritmo para conseguir generalizar melhor (Raschka, 2018; Chollet, 2020).

A avaliação do desempenho dos modelos pode ser feita mediante diferentes medidas estatísticas sobre um conjunto teste pré-determinado, poden-

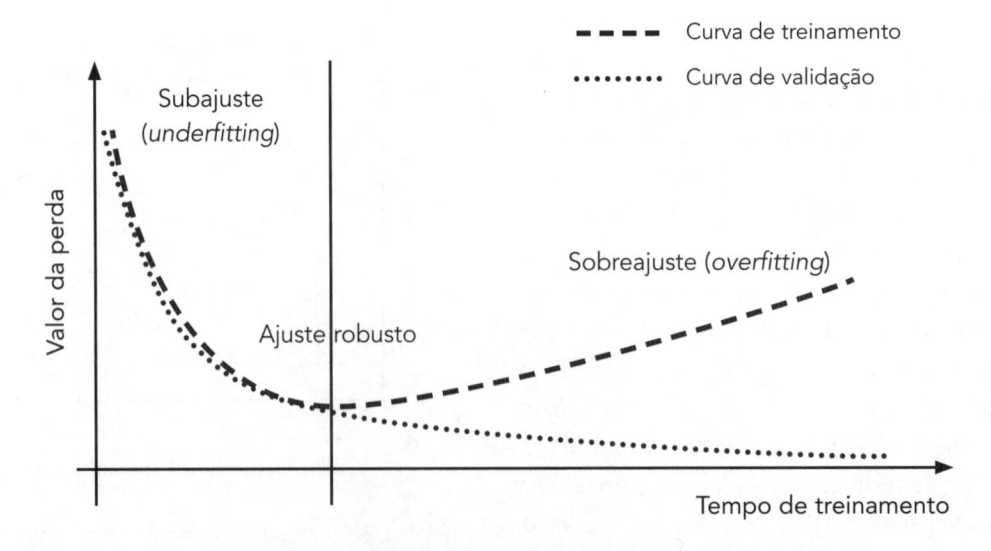

FIGURA 3 Ilustração do subajuste (*underfitting*) e do sobreajuste (*overfitting*) do modelo em relação ao erro de treinamento e teste.
Fonte: adaptada de Chollet, 2020.

do essas métricas serem específicas para o modelo e para o conjunto de dados. Nesse sentido, as medidas são direcionadas a capturar a precisão da estimativa, estabelecendo-se se um modelo tem bom ou ruim desempenho na generalização (Raschka, 2018).

Muitos algoritmos de AM têm a capacidade de adaptar a complexidade do modelo aprendido à complexidade dos dados de treinamento, porém na presença de ruídos o problema de *overfitting* pode ser potencializado (Mitchell, 1997). De fato, o *overfitting* é possível mesmo quando os dados de treinamento não apresentam ruído, especialmente quando números pequenos de exemplos são associados ao algoritmo. Diante disso, muitas técnicas, procuram otimizar a complexidade do modelo, tal que os erros de aproximação ou classificação sejam minimizados quando se apresente um conjunto de dados desconhecidos (conjunto teste). Entre os tipos de algoritmos de aproximação de funções mais populares no aprendizado supervisionado, encontram-se as redes neurais artificiais (RNAs), as quais serão apresentadas a seguir.

GENERALIDADES DAS REDES NEURAIS ARTIFICIAIS

RNAs foram desenvolvidas para simular o comportamento do sistema nervoso de organismos biológicos na realização de tarefas de aprendizado, mediante o uso de unidades computacionais (neurônios) que têm a capacidade de aprender, com base nas informações do ambiente em que está operando, de forma similar aos neurônios humanos (Aggarwal, 2018; Carvalho, 2019).

Arquitetura básica de uma rede neural artificial

A definição da arquitetura de uma RNA é um parâmetro importante na sua concepção, já que restringe o tipo de problema a ser tratado pela rede. A arquitetura de uma RNA pode ser definida pelos seguintes parâmetros: (i) número de camadas da rede (*perceptron* ou *multilayer perceptron*), (ii) número de neurônios em cada camada, (iii) tipo de conexão entre neurônios (*Feedforward* ou *Recurrent*) e (iv) topologia da rede (Braga; Carvalho; Ludermir, 2007).

Nas redes neurais de uma única camada, um conjunto de entradas é mapeado diretamente para uma saída usando uma variação generalizada de uma função linear, a qual é comumente chamada de *perceptron* (Figura 4) e que só consegue resolver problemas linearmente separáveis (Aggarwal, 2018).

No caso das **redes de múltiplas camadas (*Multilayer perceptron*)**, os neurônios são organizados na forma de camadas, nas quais as camadas de entrada e saída são separadas por um grupo de camadas ocultas (Figura 5), com a capacidade de solucionar problemas não lineares e mais complexos (Aggarwal, 2018).

Nas redes do tipo *feedforward* (também chamadas de acíclicas) o sinal é sempre propagado para frente, no sentido da entrada para saída, sendo que os neurônios de uma camada não estão ligados entre si ou aos neurônios da camada anterior, bem como as informações de saída não realimentam as entradas da rede (Figura 6). Nas redes recorrentes (também chamadas de cíclicas) existe a realimentação dos dados de entrada em função dos valores de saída, ou seja, um dado da saída anterior pode influenciar o próximo dado de entrada (Figura 7). Nesse tipo de rede também há a possibilidade dos neurônios de uma mesma camada apresentarem ligações entre si ou com neurônios de camadas não consecutivas.

O *PERCEPTRON*: REDE DE CAMADA ÚNICA E O SEU MODELO MATEMÁTICO

O *perceptron* é conhecido como a rede neural mais simples, a qual contém uma única camada de entrada e um nó de saída, como exemplificado na Figura 4A. Considerando uma situação na qual cada exemplo de treinamento é da forma $(\bar{X},y)$, em que cada $\bar{X} = [x_1, x_2, ..., x_d]$ contém variáveis de características d (entradas), e $y \in \{-1, +1\}$ contém o valor observado da variável de classe binária (saídas) (Aggarwal, 2018). O valor observado se refere ao fato de que é disponibilizada parte do conjunto de dados de treinamento, sendo o objetivo de estimar a classe da variável para os casos em que ela é não observada.

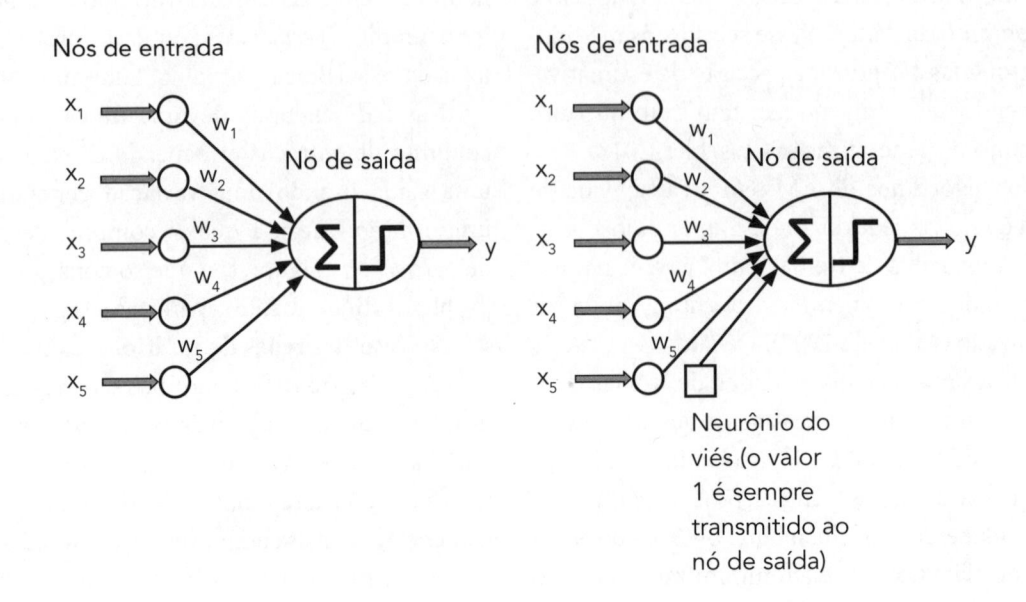

FIGURA 4 A) Arquitetura de um *perceptron* sem viés; B) Arquitetura de um *perceptron* com viés, ilustrando os nós de entrada, nó de saída e neurônio de viés. x_1, x_2, x_3, x_4, x_5 = variáveis de entrada; y = variável de saída (resposta); Σ = função somatório é a soma das entradas dos neurônios multiplicada pelos pesos correspondentes (w_1, w_2, w_3, w_4, w_5).
Fonte: adaptada de Aggarwal, 2018.

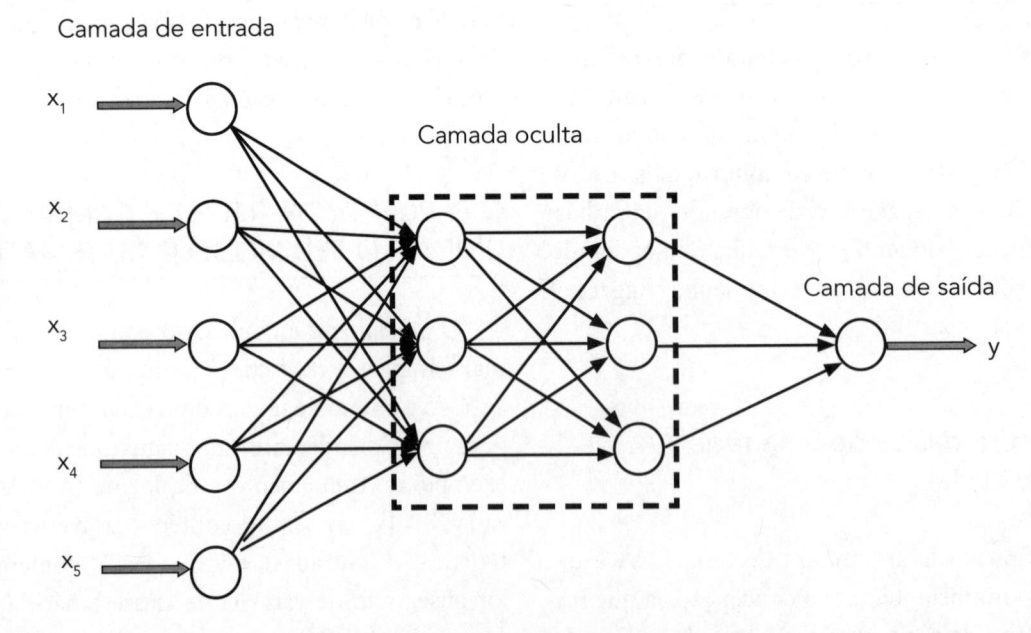

FIGURA 5 Ilustração de arquitetura de uma rede neural artificial de múltiplas camadas (*Multilayer perceptron*): camada de entrada, camada oculta e camada de saída.
Fonte: adaptada de Aggarwal, 2018.

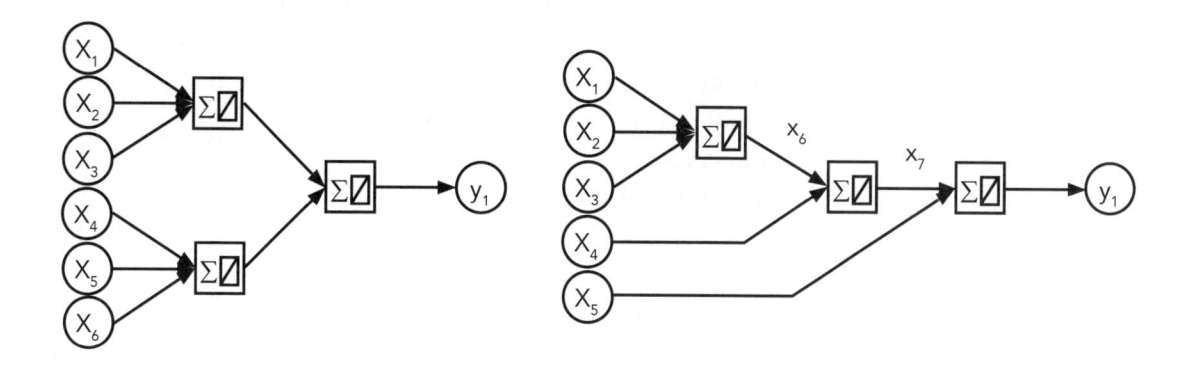

FIGURA 6 Exemplo de arquiteturas de redes neurais artificiais *feedforward*.
Fonte: adaptada de Soares, 2013.

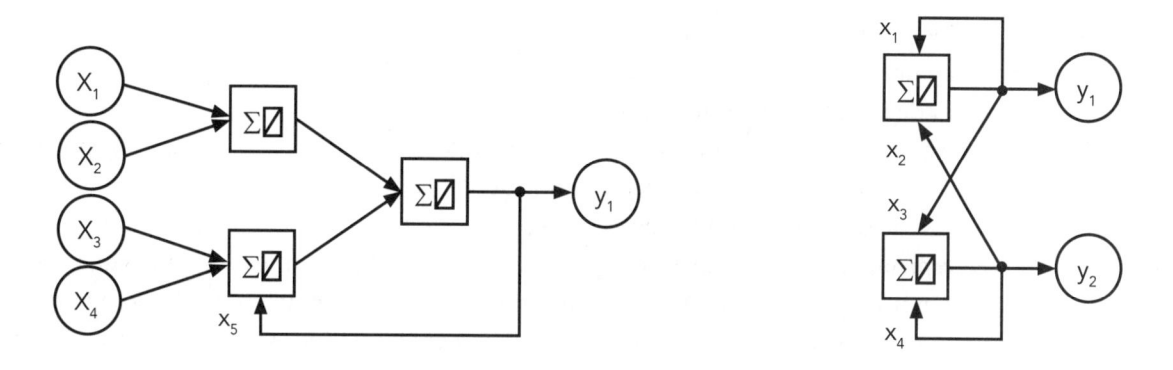

FIGURA 7 Exemplo de arquiteturas de redes neurais artificiais recorrentes.
Fonte: adaptada de Soares, 2013.

A camada de entrada contém d nodos que transmitem as d características $\bar{X} = [x_1, x_2, ..., x_d]$ com conexões de peso $\bar{W} = [w_1, w_2, ..., w_d]$ para um nó de saída. Porém, a camada de entrada não realiza nenhum cálculo por si só. A função linear $\bar{W} \cdot \bar{X} = \sum_{i=1}^{d} w_i x_i$ é calculada no nó de saída. Seguidamente, o sinal desse valor real é usado para estimar a variável resposta $\hat{y}$, sendo calculada pela Equação 1 (Aggarwal, 2018):

$$\hat{y} = \text{sinal}\{\bar{W}.\bar{X}\} = \text{sinal}\{\sum_{j=1}^{d} w_j x_j\} \quad (1)$$

Assim, a função sinal atribui um valor real entre +1 ou −1, a qual é apropriada para uma classificação binária e serve como função de ativação. A função de ativação é a responsável pelo ajuste de saída do neurônio em uma amplitude preestabelecida. Frente a isso, diferentes funções de ativação podem ser usadas para simular diferentes tipos de modelos que são utilizados no aprendizado de máquina. Cabe ressaltar que o *perceptron* tem duas camadas, embora a camada de entrada não execute nenhum cálculo, ela somente transmite os valores das características. Portanto, a camada de entrada do *perceptron* não é incluída na contagem do número de camadas, tendo assim uma única camada computacional e considerado uma rede de camada única (Aggarwal, 2018).

Em algumas configurações de redes para casos de análises binárias, existe uma parte invariável da estimação, comumente denominada de *bias* (viés), a qual não pode ser capturada pela abordagem do *perceptron* apresentada na Equação 1 e na Figura 4A, sendo necessário incorporar o *bias* como uma variável adicional "*b*", permitindo capturar a parte invariável da estimação, como o apresentado na Equação 2 e na Figura 4B; em outras palavras, o *bias* corresponde a um neurônio ou entrada especial que serve para aumentar os graus de liberdade, permitindo ao *perceptron* conseguir uma melhor aproximação da função dos exemplos de treinamento apresentados, podendo ser considerado como um ajuste fino da rede (Aggarwal, 2018).

$$\hat{y} = \text{sinal}\{\bar{W} \cdot \bar{X} + b\} = \text{sinal}\left\{\sum_{j=1}^{d} w_j x_j + b\right\} \quad (2)$$

O *bias* pode ser incorporado como o peso de uma conexão, utilizando um neurônio de *bias*, o qual é obtido por meio da adição de um neurônio que sempre transmite um valor de 1 para o nó de saída (Figura 4B). Assim, o peso da conexão que conecta o neurônio do *bias* ao nó de saída fornece a variável *bias*. O **algoritmo *perceptron*** foi projetado de forma geral para minimizar o número de classificações incorretas, ou seja, o seu objetivo é minimizar o erro de estimação. Portanto, o seu objetivo pode ser escrito em forma de mínimos quadrados em relação a todos os exemplos de treinamento de um determinado conjunto "*D*" de dados, contendo pares de características-rótulos (Equação 3) (Aggarwal, 2018).

$$\text{Minimização}_{\bar{W}} L = \Sigma_{(\bar{X},y) \in D} (y-\hat{y})^2 = \Sigma_{(\bar{X},y) \in D} (y-\text{sinal}\{\bar{W} \cdot \bar{X}\}^2) \quad (3)$$

Esse tipo de função objetivo de minimização apresentada na Equação 3 é também chamada de função de perda (*loss function*). Embora a função objetivo (Equação 3) seja definida sobre todos os dados de treinamento, o algoritmo de treinamento de redes neurais funciona alimentando cada conjunto de dados de entrada $\bar{X}$ na rede um por um (ou pequenos grupos de exemplos) para criar a estimação $\hat{y}$. Todos os pesos são então atualizados, com base no valor do erro $E(\bar{X}) = (y - \hat{y})$. Especificamente, quando o ponto de dados $\bar{X}$ é alimentado na rede, o vetor de peso $\bar{W}$ é atualizado da forma como o apresentado na Equação 4, em que o parâmetro α regula a taxa de aprendizagem da rede neural, método conhecido como gradiente descendente (Aggarwal, 2018).

$$\bar{W} \Leftarrow \bar{W} + \alpha (y - \hat{y})\bar{X} \quad (4)$$

O algoritmo *perceptron* percorre repetidamente (ciclos) todos os exemplos de treinamento em ordem aleatória e ajusta de forma iterativa os pesos até que a convergência seja atingida. Um único ponto de dados de treinamento pode ser percorrido várias vezes, sendo cada ciclo conhecido como uma época. Conhecendo-se que o *perceptron* otimiza alguma função desconhecida com o uso do método do gradiente descendente, ele pode escrever-se em termos de erro $E(\bar{X}) = (y - \hat{y})$, como segue:

$$\bar{W} \Leftarrow \bar{W} + \alpha E(\bar{X})\bar{X} \quad (5)$$

O algoritmo básico do *perceptron* pode ser considerado um método estocástico de gradiente descendente, que implicitamente minimiza o erro quadrático da estimação, executando atualizações do gradiente descendente com relação aos pontos de treinamento escolhidos aleatoriamente. O pressuposto é que a rede neural percorre os pontos em ordem aleatória durante o treinamento e altera os pesos com o objetivo de reduzir o erro de estimação nesse ponto. Desse modo, nas Equações 4 e 5 é possível concluir que atualizações diferentes de zero são feitas nos pesos somente quando y ≠ ŷ, o que ocorre apenas quando acontecem erros na estimação. No mesmo sentido, durante o gradiente descendente estocástico de pequenos grupos "*mini-batches*", as atualizações referentes à Equação 5 são implementadas sobre um subconjunto escolhido aleatoriamente dos pontos de treinamento *S* (Equação 6) (Aggarwal, 2018):

$$\bar{W} \Leftarrow \bar{W} + \alpha \Sigma_{\bar{X} \in S} E(\bar{X})\bar{X} \quad (6)$$

O tipo de modelo proposto no *perceptron* é um modelo linear, no qual a equação $\bar{W} \cdot \bar{X} = 0$ define um hiperplano linear, em que $\bar{W} = (w_1, w_2, ..., w_d)$ é um vetor de dimensão *d* que é normal ao hiperplano.

O valor de $\overline{W}.\overline{X}$ é positivo para valores de $\overline{X}$ de um lado do hiperplano e negativo para valores de $\overline{X}$ do outro lado. Esse tipo de modelo desempenha-se particularmente bem quando os dados são linearmente separáveis. A Figura 8 exemplifica dados linearmente separáveis e inseparáveis (Aggarwal, 2018).

A Figura 8A mostra que o *perceptron* é um bom algoritmo na classificação dos conjuntos de dados, quando estes são linearmente separáveis, e, por outro lado, ele tende a apresentar um desempenho ruim em conjuntos de dados como o apresentado na Figura 8B, mostrando a limitação inerente à modelagem de um *perceptron*, sendo necessário o uso de arquiteturas neurais mais complexas (Aggarwal, 2018).

Com o passar do tempo, os pesquisadores realizaram mais ajustes no modelo original do *perceptron*, sendo a principal modificação a adição de uma função que determina o estado de ativação da saída do neurônio conhecido como função de ativação, a qual recebe o resultado do somatório do produto de cada entrada pelos seus pesos respectivos, gerando um único valor que poder ser a resposta da rede neural ou ser usado como entrada para um próximo neurônio (Haykin, 2008; Soares, 2013). Assim, o modelo de *perceptron* ficou modificado como um modelo de neurônio base para os projetos de RNAs, o qual é composto por três elementos básicos, o conjunto de sinapses ou conexões, a junção aditiva (função somatório) e a função de ativação, estas duas últimas localizadas antes do neurônio de saída, como o representado na Figura 9.

O conjunto de sinapses é caracterizado pelos produtos entre os sinais de entrada e os pesos sinápticos, referidos ao terminal da entrada da sinapse. A junção aditiva refere-se ao somatório do conjunto de sinapses e constitui um combinador linear. A função de ativação vai receber o resultado da junção aditiva e tem a função de restringir a amplitude de saída do neurônio, limitando o intervalo permissível de amplitude do sinal de saída do neurônio a um valor finito, que normalmente é normalizada no intervalo unitário [0, 1] ou [–1, –1]. Assim, a escolha da função de ativação deve ser feita de acordo com o problema a ser solucionado pela rede neural (Soares, 2013).

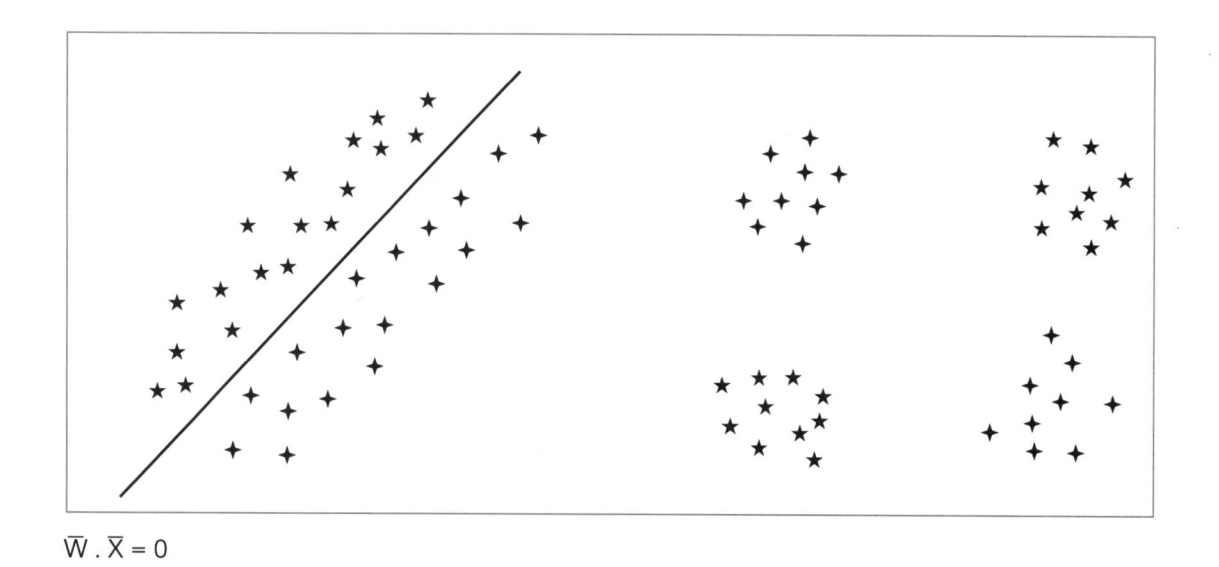

$\overline{W}.\overline{X} = 0$

A) Linearmente separáveis

B) Linearmente não separáveis

FIGURA 8 Exemplos de dados linearmente separáveis e linearmente não separáveis em duas classes.
Fonte: adaptada de Aggarwal, 2018.

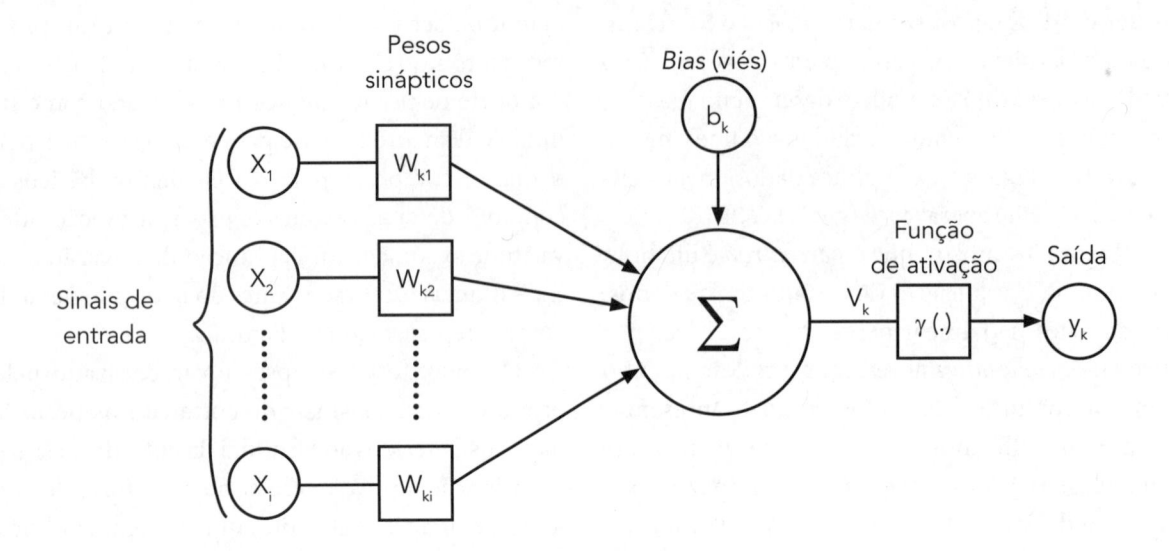

FIGURA 9 *Perceptron* modificado: modelo base de um neurônio para projetos de redes neurais artificiais.
Fonte: adaptada de Soares, 2013.

REDES DE MÚLTIPLAS CAMADAS (*MULTILAYER PERCEPTRON*) E MODELO MATEMÁTICO

Frente às limitações que têm as redes de camada única (*perceptron*) para a solução de problemas que não são linearmente separáveis, surgiram as redes neurais de múltiplas camadas "*multilayer*" que têm mais de uma camada computacional, contendo camadas intermediárias entre as camadas de entrada e de saída que comumente são chamadas de camadas ocultas (*hidden layers*), devido a que os cálculos desempenhados não são visíveis para o usuário. A arquitetura específica das redes *multilayer* é chamada de alimentação para frente "*Feedforward*", porque as camadas sucessivas se alimentam uma na outra na direção *forward* (da entrada para a saída), em que se pressupõe que todos os nós em uma camada estão conectados aos da camada seguinte (Aggarwal, 2018).

Similar ao *perceptron*, neurônios de *bias* podem ser tanto nas camadas ocultas como nas de saída, como o representado na Figura 10, na qual se ilustram redes que contêm três camadas (duas ocultas e uma de saída), tendo em conta que a camada de entrada normalmente não é contada, porque essa simplesmente transmite os dados e nenhum cálculo é realizado nela.

Se uma rede neural tiver $p_1, p_2, ..., p_k$ unidades em cada uma de suas k camadas, então as representações do vetor (coluna) dessas saídas, denotadas por $\bar{h}_1, \bar{h}_2, ..., \bar{h}_k$ têm dimensionalidades $p_1, p_2, ..., p_k$. Portanto, o número de unidades em cada camada é chamado de dimensionalidade dessa camada.

Os pesos das conexões entre a camada de entrada e a primeira camada oculta estão contidos em uma matriz W_1 com dimensão $d \times p_1$, enquanto os pesos entre a r-ésima camada oculta e a (r+1)-ésima oculta são denotados pela matriz $p_r \times p_{r+1}$ denotada por W_r. Se a camada de saída contém "o" nós, então a matriz final W_{k+1} é de dimensão $p_k \times o$. O vetor de entrada com dimensão d é transformado nas saídas usando as seguintes equações recursivas:

$$\bar{h}_1 = \phi(W_1^T \bar{X}) \quad \text{(entrada para camada oculta)} \quad (7)$$

$$\bar{h}_{p+1} = \phi(W_{p+1}^T \bar{h}_p) \ \forall_p \in \{1...k-1\} \\ \text{(oculta para camada oculta)} \quad (8)$$

$$\bar{o} = \phi(W_{k+1}^T \bar{h}_k) \ \text{(oculta para camada de saída "}o\text{")} \quad (9)$$

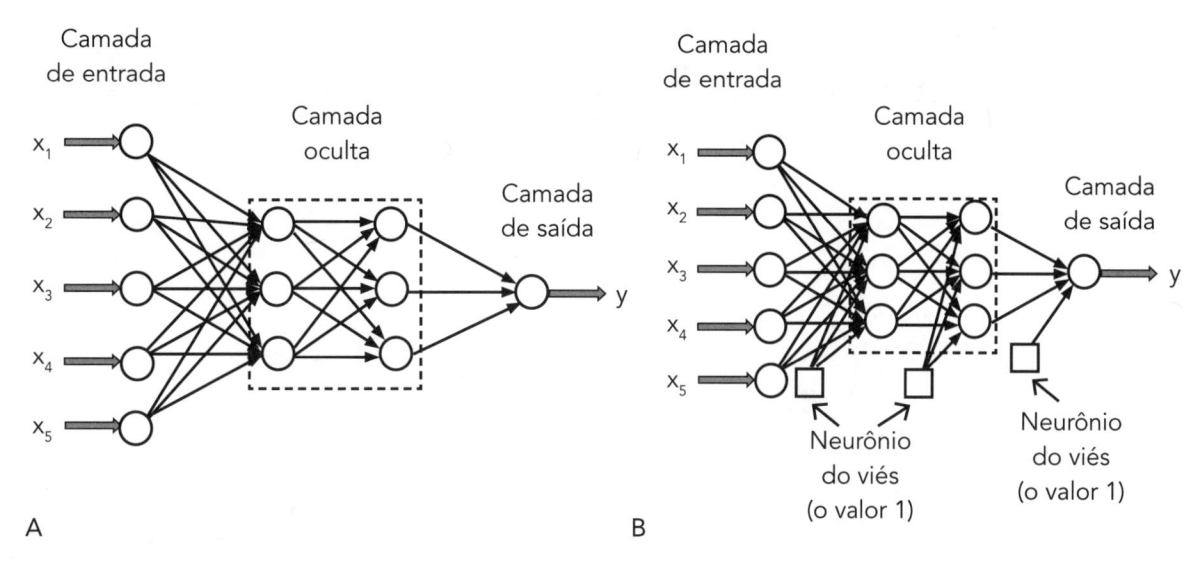

FIGURA 10 Arquitetura básica de uma rede *feedforward* com duas camadas ocultas e uma única camada de saída, ilustrando uma rede sem neurônios de viés (A) e com neurônios de viés (B).
Fonte: adaptada de Aggarwal, 2018.

FUNÇÕES DE ATIVAÇÃO, NÓS DE SAÍDA E FUNÇÃO DE PERDA (*LOSS FUNCTION*)

A escolha da **função de ativação** é uma parte fundamental do desenho de uma rede neural. A escolha da função de ativação depende da variável objetivo a ser estimada. Por exemplo, se é desejado estimar a probabilidade de uma classe binária, faz sentido usar a função sigmoide para ativar o nó de saída, já que a estimativa ŷ indica a probabilidade que o valor observado y da variável dependente ser 1. O uso de funções de ativação não lineares torna-se importante quando se parte do *perceptron* de camada única para as arquiteturas de múltiplas camadas. Diferentes tipos de funções não lineares, tais como a função sinal, sigmoide, ou tangente hiperbólica podem ser usados em várias camadas. A função de ativação é representada pelo símbolo ϕ.

$$\hat{y} = \phi(\overline{W} \cdot \overline{X}) \quad (10)$$

Portanto, um neurônio calcula duas funções dentro do nó. Isso explica por que o símbolo Σ e ϕ foram colocados dentro do neurônio. A partição (*break up*) dos cálculos do neurônio gera dois valores separados conforme pode ser visto na Figura 11.

O valor calculado dentro do **neurônio** antes de aplicar a função de ativação ϕ(·) será referido como o valor de pré-ativação, enquanto o valor calculado após a aplicação da função de ativação será referido como o valor de pós-ativação. Assim, a saída do neurônio é sempre o valor de pós-ativação, embora as variáveis de pré-ativação sejam frequentemente usadas em diferentes tipos de análises, como por exemplo nos cálculos do algoritmo de retropropagação "*backpropagation*".

A função de ativação ϕ(·) mais básica é a identidade ou ativação linear, a qual não fornece não linearidade (Equação 11).

$$\phi(v) = v \text{ (função identidade ou linear)} \quad (11)$$

A função de ativação linear é frequentemente utilizada no nó de saída, quando o objetivo é um valor real. No início do desenvolvimento das redes neurais artificiais, as funções de ativação mais clássicas foram as funções sinal (*sign*, Equação 12), sigmoide (*sigmoid*, Equação 13) e a tangente hiperbólica (*tanh*, Equação 14), como segue:

$$\phi(v) = sinal(v) \quad \text{(função sinal)} \quad (12)$$

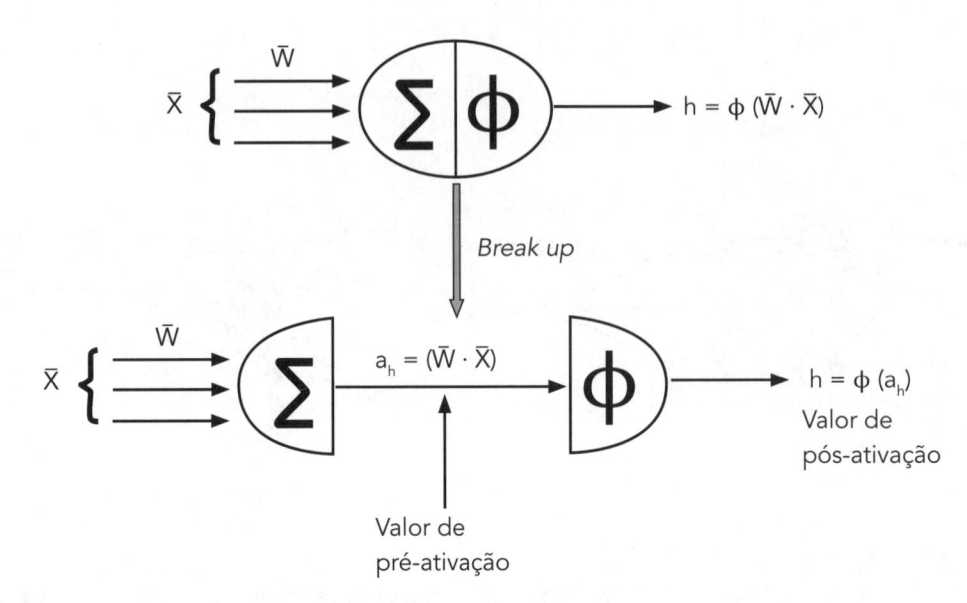

FIGURA 11 Valores de pré-ativação e pós-ativação dentro de um neurônio. Apresentando a ruptura "*break up*", o valor de pré-ativação e o valor de pós-ativação.
Fonte: adaptada de Aggarwal, 2018.

$$\phi(v) = \frac{1}{1 + e^{-v}} \quad \text{(função sigmoide)} \quad (13)$$

$$\phi(v) = \frac{e^{2v} - 1}{e^{2v} + 1} \quad \text{(função tanh)} \quad (14)$$

Enquanto a função de ativação sinal pode ser usada para aproximar saídas binárias no momento da estimação, sua não diferenciabilidade impede seu uso para criar a função perda (*loss function*) no período treinamento. A função sigmoide gera um valor entre (0, 1), o qual é útil na realização de cálculos que devem ser interpretados como probabilidades. Ela também é útil em gerar resultados probabilísticos e na construção de funções de perdas derivadas dos modelos de máxima verossimilhança (Aggarwal, 2018).

A **função *tanh*** tem uma forma similar à da função sigmoide, exceto que ela é reescalada horizontalmente e verticalmente convertida/reescalada para [−1,1]. As funções sigmoides e *tanh* são relacionadas como segue:

$$\tanh(h) = 2 \times \text{sigmoide}(2v) - 1 \quad (15)$$

A função *tanh* é preferível à sigmoide quando se deseja que as saídas dos cálculos sejam positivas e negativas, uma vez que a sua maior inclinação (devido ao alongamento) e centralização da média com relação ao sigmoide facilita o treinamento. Embora as funções sigmoides e *tanh* tenham sido ferramentas historicamente escolhidas para a incorporação da não linearidade nas RNAs, nos últimos anos várias funções de ativação linear por segmentos (*piecewise*) tornaram-se mais populares nas redes modernas, como a *ReLU* (equação 22.16) e *hard tanh* (Equação 17), devido à facilidade no treinamento com essas funções nas redes neurais de várias camadas.

$$\phi(v) = \max\{v, 0\} \\ [\textit{Rectified Linear Unit (ReLU)}] \quad (16)$$

$$\phi(v) = \max\{\min[v,1], -1\} \quad (\textit{hard tanh}) \quad (17)$$

As representações das funções de ativação mais populares são apresentadas na Figura 12. O uso de uma função de ativação não linear permite aumentar o potencial de modelagem de uma rede, em relação a um *perceptron*.

(A) Identidade   (B) Sinal   (C) Sigmoide

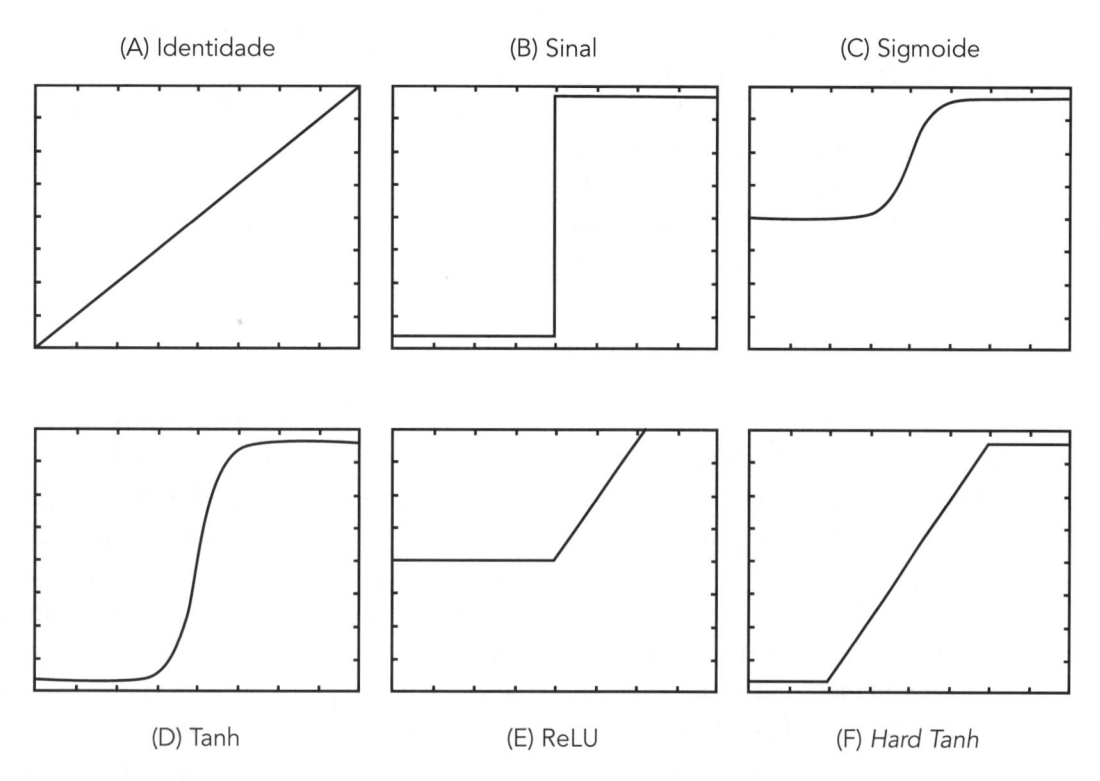

(D) Tanh   (E) ReLU   (F) *Hard Tanh*

FIGURA 12 Representações gráficas das funções de ativação mais usadas.
Fonte: adaptada de Aggarwal, 2018.

Escolha da função perda

A escolha da **função perda (*loss*)** é fundamental para definir as saídas de uma forma sensível à aplicação em questão. Seu objetivo é medir e avaliar quão bem o algoritmo utilizado está desempenhando-se no conjunto de treinamento. Entre as funções *loss* mais populares no aprendizado de máquinas atualmente usadas encontram-se o erro quadrado médio (MSE), *loss* de probabilidade (*likelihood loss*) e *loss* de *cross-entropy* (ou log *loss*) (Brownlee, 2019).

A função MSE é a mais fácil de entender, implementar e geralmente funciona bem na maioria dos algoritmos de aprendizado, o qual considera a relação entre o somatório das diferenças quadráticas entre os valores estimados ŷ e observados (y) e o número de dados n (Equação 18). O seu resultado é sempre positivo independentemente do sinal dos valores observados e estimados, sendo o seu valor perfeito 0,0.

$$MSE = \frac{\sum_{i=1}^{n}(y - \hat{y})^2}{n} \quad (18)$$

Tomando como exemplo o treinamento de uma rede neural com base em um determinado conjunto de dados de treino e teste, é possível que dada a natureza estocástica do algoritmo, seus resultados específicos possam variar. Assim, a *loss* MSE durante os ciclos de treinamento (épocas) pode ser representada como na Figura 13 para os conjuntos de treino e teste (Brownlee, 2019).

Como pode ser observado na Figura 13, o modelo convergiu razoavelmente rápido e o desempenho do treino e do teste permaneceu equivalente, portanto, o comportamento do desempenho e da convergência do modelo sugerem que o MSE é uma boa correspondência para a rede neural que está aprendendo um determinado problema (Brownlee, 2019).

O objetivo do treinamento nas redes é encontrar os pesos e *biases* (viés) que minimizem a função *loss*. Porém, para a representação gráfica da função *loss* em função dos pesos seria necessário visualizar múltiplas dimensões, com o objetivo de analisar os muitos pesos e *biases* na rede. Já que é difícil visualizar mais do que três dimensões, pode-se assumir, para fins de exemplo, que a rede precisa encontrar dois valores de pesos, então a terceira dimensão pode ser usada para representar a função *loss* em função dos pesos, como o mostrado na Figura 14 (Campbell, 2017).

Antes do treinamento da rede, os pesos e *biases* são inicializados aleatoriamente, de modo que a função perda será provavelmente alta, provocando que a rede tenha uma quantidade de parâmetros errados. Assim, o objetivo é encontrar o ponto mais baixo da função perda, e então ver quais são os valores de pesos correspondentes para essa minimização do erro. Na Figura 14 pode ser visto onde é o ponto de início dos pesos e a sua respectiva perda quando inicializado o treinamento, além de observar o ponto mais baixo da perda e os seus correspondentes valores de pesos, porém essa visualização na vida real não é tão fácil porque a rede não tem uma boa visão geral da função perda, apenas podendo-se saber qual é a perda atual, os pesos e *biases* atuais (Campbell, 2017).

Diante disso, a procura do ponto mais baixo da função *loss* é feita pelo uso da técnica chamada de gradiente descendente, na qual se procura a direção que tem a inclinação mais íngreme, dando-se passos graduais nessa direção, cuidando para não dar passos muitos grandes ou muitos pequenos. Portanto, em termos de função *loss* da rede neural pode-se encontrar a direção da inclinação mais acentuada para baixo "gradiente descendente" na qual se deem pequenos passos pelo incentivo dos pesos nessa mesma direção. Inicialmente, a função *loss* terá um valor alto e a rede fará estimações incorretas (Figuras 14 e 15), mas à medida que os pesos são ajustados e a função perda diminui, a rede começa a melhorar e respostas mais corretas são dadas, conforme o ilustrado na Figura 15. Nessa figura é possível visualizar a descida da função *loss* à medida que se desce na paisagem (*landscape*), melhorando as estimações da rede, assim como sua confiança (Campbell, 2017).

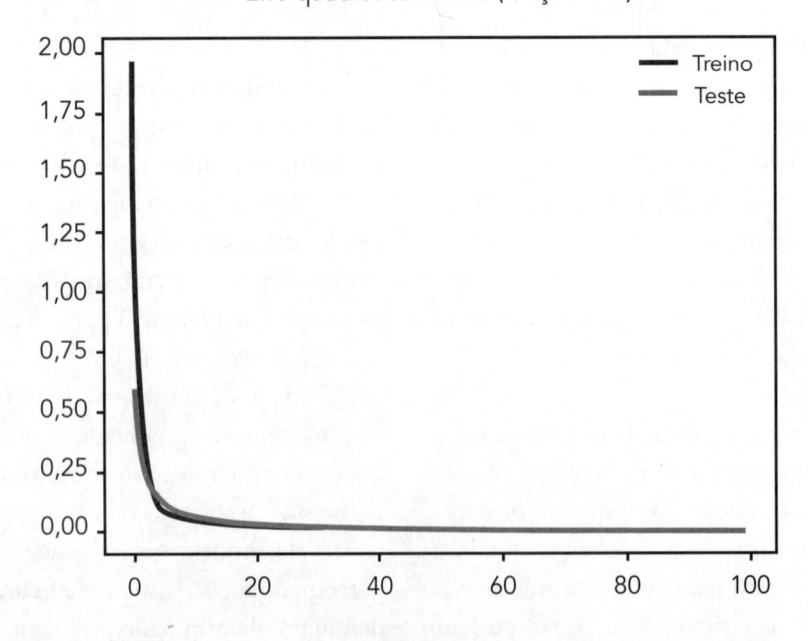

FIGURA 13 Exemplo do comportamento da função perda MSE em função das épocas de treinamento de uma rede neural artificial. Representando o erro quadrático médio dos conjuntos treino e teste.
Fonte: adaptada de Brownlee, 2019.

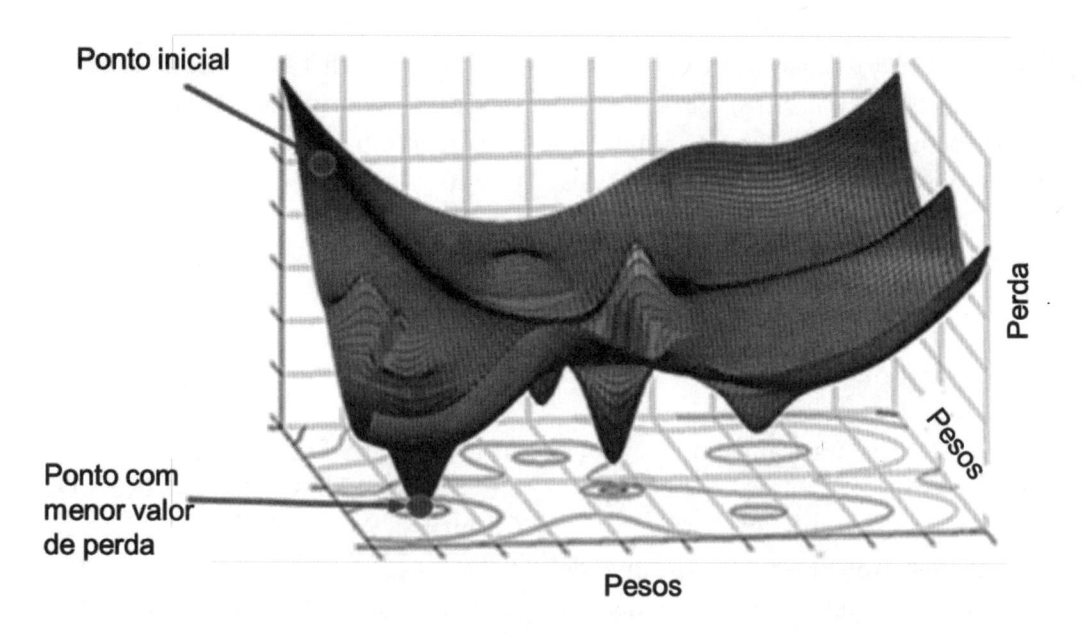

FIGURA 14 Exemplificação da perda em função do ajuste dos pesos, ilustrando o ponto aleatório de início dos pesos e da perda e o ponto com menor valor de perda a que se quer chegar.
Fonte: adaptada de Campbell, 2017.

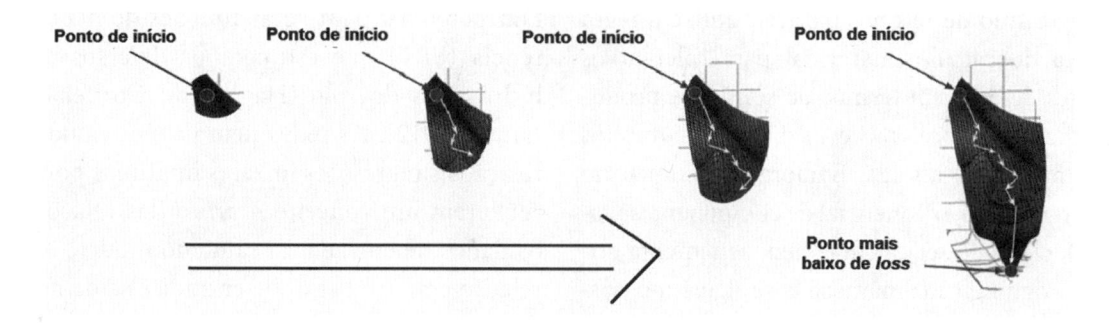

FIGURA 15 Comportamento do gradiente descendente durante o treinamento da rede neural, apresentando o ponto de início dos pesos de forma aleatória até a chegada no ponto mais baixo de *loss*.

Treinamento das redes neurais e modelos de aprendizagem

O processo de treinamento das redes neurais de camada única é relativamente direto, porque o erro ou função *loss* pode ser calculado como uma função direta dos pesos, permitindo calcular facilmente o gradiente. Contudo, os modelos de aprendizagem estão vinculados ao ajuste dos pesos das redes, os quais podem ser feitos mediante diferentes tipos de regras de aprendizado. Entre as regras de aprendizado mais comuns encontram-se o aprendizado por correção do erro, o aprendizado baseado em memória e o aprendizado competitivo, as quais fazem parte dos elementos básicos dos projetos arquitetônicos das redes neurais artificiais.

Por outro lado, nas redes de múltiplas camadas o problema é que a função *loss* é uma função de composição complexa dos pesos nas camadas anteriores, em que o gradiente de uma função de composição é calculado utilizando o algoritmo de retropropagação (*backpropagation algorithm*), o qual é o método mais conhecido para o treinamento das redes de múltiplas camadas (Aggarwal, 2018). Em síntese, o processo de treinamento nesses tipos de arquiteturas baseia-se no ajuste dos parâmetros da rede e dos pesos das conexões entre as unidades de processamento, mediante um processo iterativo que armazena no final o conhecimento que a rede obteve sobre o ambiente no qual está funcionando (Soares, 2013).

Treinamento da rede neural com *backpropagation*

Por meio do desenvolvimento do algoritmo de retropropagação o treinamento de redes neurais com camadas intermediárias foi possível, permitindo o uso em grande extensão do *perceptron* de múltiplas camadas para a solução de diversos problemas de classificação e identificação, conhecida hoje em dia como arquitetura do tipo *multilayer perceptron* (MLP) (Mitchell, 1997).

O algoritmo de retropropagação utiliza a regra da cadeia do cálculo diferencial para calcular os gradientes de erro em termos de somas de produtos do gradiente local sobre os diversos caminhos desde um nó para a saída. Embora esse somatório tenha um número exponencial de componentes (caminhos), ele pode ser calculado eficientemente utilizando programação dinâmica. Esse algoritmo possui duas fases principais, conhecidas como as fases de *forward* (para frente) e *backward* (para atrás). A primeira é necessária para calcular os valores de saída e as derivadas locais em vários nós, e a segunda é necessária para acumular os produtos desses valores locais em todos os caminhos desde o nó até a saída (Deisenroth; Faisal; Ong, 2020).

Na fase *forward* as entradas para um exemplo de treinamento são inseridas na rede neural, resultando em uma cascata de cálculos para frente através das camadas, usando o conjunto atual de pesos. A saída final estimada pode ser comparada com o exemplo de treinamento, e a derivada da função *loss* em relação à saída é calculada. Assim, a derivada dessa função perda precisa ser calculada com respeito aos pesos em todas as camadas na fase *backward* (Deisenroth; Faisal; Ong, 2020). Durante a fase *backward* o principal objetivo é aprender o gradiente da função perda em relação aos diferentes pesos pelo uso da regra da cadeia do cálculo diferencial, sendo os gradientes utilizados para atualizar os pesos, uma vez que os gradientes são aprendidos na direção para trás, começando desde o nó de saída (Deisenroth; Faisal; Ong, 2020).

APLICAÇÕES DE REDES NEURAIS ARTIFICIAIS NA ÁREA DE CIÊNCIAS AGRÁRIAS

O uso de redes neurais artificiais na ciência do solo tem aumentado nos últimos anos com o objetivo de melhorar as estimações dos atributos do solo já que permitem um melhor desempenho em relação aos algoritmos tradicionais, tais como a regressão linear múltipla (Soares et al., 2014; Pereira et al., 2018; Pham et al., 2019). As RNAs apresentam potencial para gerar funções de pedotransferência (FPT) que estimem os diversos atributos hidráulicos do solo (Haghverdi; Cornelis; Ghahraman, 2012). As redes neurais têm vantagem em relação às regressões lineares múltiplas porque não requerem um conceito *a priori* das relações entre os dados de entrada e a saída do modelo, porém a relação entre os dados de entrada e saída na RNA é de difícil interpretação por causa das caixas-pretas (camadas ocultas) das redes neurais (Schaap; Leij; van Genuchten, 2001; Botula; van Ranst; Cornelis, 2014). Essa ótima relação, possivelmente não linear, que relaciona os parâmetros de entrada com os de saída, é obtida pela implementação automática de procedimentos de calibração iterativos, assim, a rede neural consegue extrair a máxima quantidade de informação dos dados (Schaap; Leij; van Genuchten, 2001).

Devido à importância da curva de retenção de água no solo (CRAS) para muitas aplicações na agricultura, engenharia e o manejo e conservação dos recursos naturais, muitos pesquisadores priorizaram a estimação da água no solo mediante o uso de técnicas de inteligência artificial como as redes neurais artificiais. Koekkoek e Booltink (1999) utilizaram RNAs para estimar a retenção de água no solo em vários potenciais matriciais (0, –100 e –15,000 hPa) com base nos bancos de dados de solos da Escócia e Holanda considerados solos de clima temperado, utilizando três combinações de variáveis de entrada com os atributos texturais, densidade do solo e matéria orgânica para estimar o conteúdo volumétrico de água no solo. Os autores concluíram que as redes neurais foram melhores na estimativa do conteúdo de água no solo que os modelos de regressão. Schaap, Leij e van Genuchten (2001) desenvolveram o programa Rosetta que implementa cinco FPTs hierárquicas (cinco níveis de entrada de dados) a partir de RNAs para a estimação dos parâmetros de van Genuchten (1980) e a condutividade hidráulica do solo saturado. Os cinco níveis de entrada de dados do Rosetta são: o mais simples (Modelo 1) usa a média de parâmetros hidráulicos ajustados dentro de uma classe textural de solo baseada no triângulo textural do USDA e os outros quatro modelos usam progressivamente mais dados de entrada, começando com as frações areia, silte e argila (Modelo 2); adicionando dados medidos de densidade do solo (Modelo 3) e dos conteúdos de água retidos na tensão de 33 kPa (Modelo 4) e na de 1.500 kPa (Modelo 5). O banco de dados utilizado na geração do Rosetta é formado de três bancos de dados de solos com a maioria das amostras variando de solos em clima temperado a tropical da América do Norte e Europa. Nesse programa são implementadas cinco funções de pedotransferência baseadas em modelos de redes neurais combinadas com o método de *bootstrap*, permitindo assim estimar as incertezas nos valores estimados dos atributos hidráulicos estimados.

Minasny e McBratney (2002) desenvolveram um pacote neural chamado "*Neuropack*" para desenvolver FPTs utilizando RNAs, o qual consiste em dois programas: *Neuropath* e *Neuroman*, ambos com uma interface amigável com o usuário apesar de usar algoritmos robustos. O *Neuropath* permite construir uma rede neural geral de camada única que pode modelar qualquer relação entre entradas e saídas ou desenvolver FPTs baseadas no método de *bootstrap* que estimam pontos de retenção de água em um ciclo de calibração, validação e predição. O programa *Neuroman* é uma rede neural que desenvolve FPTs paramétricas mediante a combinação de RNAs e o método *bootstrap*.

Haghverdi, Cornelis e Ghahraman (2012) estabeleceram um novo enfoque de geração de FPTs conhecidas como pseudocontínuas para estimar a retenção de água no solo com base em uma RNA, a qual tem um desempenho contínuo porque é capaz de estimar o conteúdo de água em qualquer potencial matricial desejável sem a necessidade de usar uma equação específica, na qual o potencial matricial é considerado um parâmetro de entrada, permitindo aumentar o número de amostras no conjunto de dados de treinamento com um fator igual ao número de potenciais matriciais utilizados para determinar a CRAS em um conjunto de dados. As amostras de solo dos bancos de dados utilizados por Haghverdi, Cornelis e Ghahraman (2012) foram originadas de solos do norte e nordeste do Iran (clima subtropical a tropical) e solos da Austrália pertencentes ao banco de dados *Neuropack* com predominância de climas desérticos e semiáridos.

Em nosso meio Timm et al. (2006) avaliaram a relação entre variáveis de determinação mais cara, trabalhosa e demorada (p. ex., nitrogênio total do solo) e outras de determinação mais barata e rápida (p. ex. carbono orgânico do solo, pH etc.) usando modelos de redes neurais *feedforward* (Figura 16) e recorrente (*recurrent*) (Figura 17) e de espaço de estados (Shumway, 1988; West; Harrison, 1997), que foram abordados no Capítulo 21.

Soares et al. (2014) propuseram uma metodologia para a estimativa da CRAS para solos do estado do Rio Grande do Sul, por meio do uso de redes neurais artificiais. Os autores criaram um banco de dados com informações de textura e estrutura dos solos do estado do Rio Grande do Sul. Diferentes arquiteturas de redes neurais foram treinadas, variando os números de neurônios na camada de entrada e na camada intermediária. Soares et al. (2014) concluíram que o uso de redes neurais, para estimativa da curva de retenção de água no solo, é uma ferramenta com alta capacidade preditiva da CRAS.

Apesar do expressivo desenvolvimento de RNAs para estimar a CRAS, as RNAs têm sido raramente utilizadas para estimar os atributos do SSPA em condições de clima subtropical. Devido a isso, se faz necessário aprimorar as pesquisas nessas condições climáticas que contribuam com a redução das incertezas geradas quando se estima a água no solo com base em FPTs de outras condições climáticas, como são as desenvolvidas para climas temperados e tropicais.

Nossa intenção aqui não foi de esgotar o assunto, mas sim fazer uma introdução sobre o uso de inteligência artificial, principalmente de redes neurais artificiais, em estudos de desenvolvimento de funções de pedotransferência para estimativa de atributos do

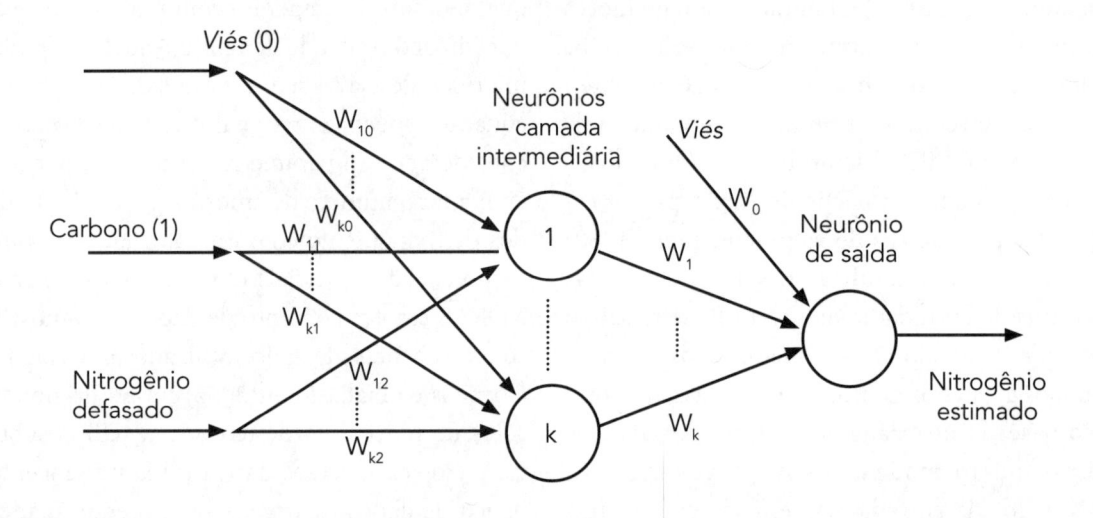

FIGURA 16   Esquema de uma rede neural *feedforward* usada por Timm et al. (2006).

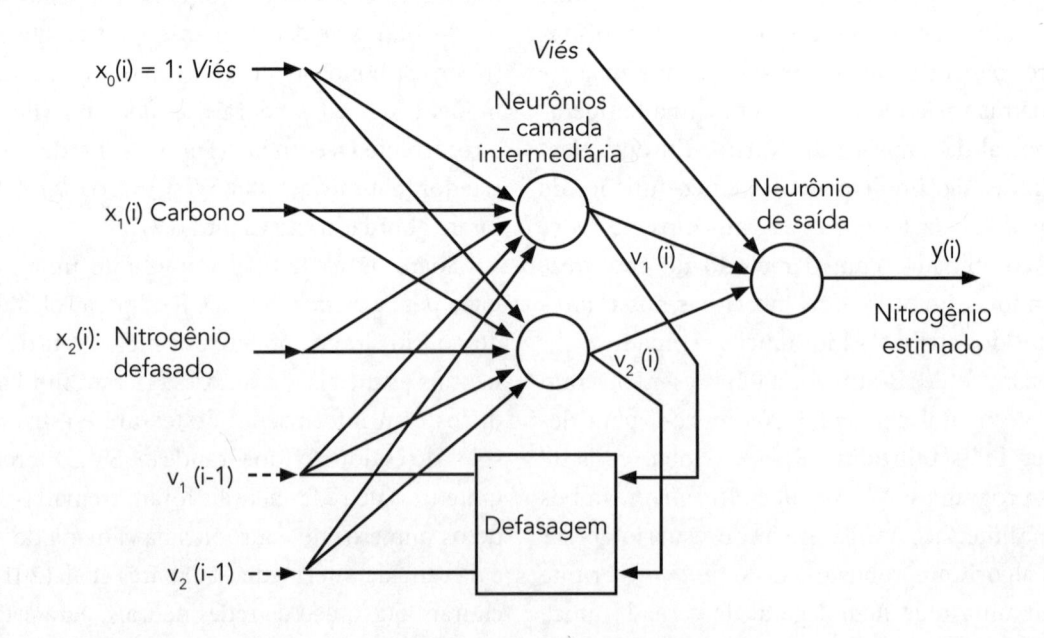

FIGURA 17   Esquema de uma rede neural recorrente usada por Timm et al. (2006).

SSPA para que o leitor possa se familiarizar com o tema. O assunto é extremamente extenso e tem recebido bastante atenção dos pesquisadores da área de ciências agrárias e de outras áreas do conhecimento. Exemplos de textos com os fundamentos conceituais, princípios operacionais e métodos de modelagem com redes neurais artificiais são apresentados em Haykin (2008), Witten et al. (2017), Watt, Borhani e Katsaggelos (2020), dentre outros. Em nosso meio, Braga, Carvalho e Ludermir (2007) apresentam um texto sobre redes neurais artificiais contendo seus conceitos fundamentais e apresentando aplicações práticas de redes neurais.

> Mostrou-se que as redes neurais artificiais (RNAs) podem ser aplicadas na geração de modelos de funções de pedotransferência (FPTs), que apresentam melhor estimação e acurácia em relação aos modelos estatísticos tradicionais. Neste capítulo, o leitor foi convidado a entrar no mundo da inteligência artificial e suas aplicações no sistema solo-planta-atmosfera. De forma didática, foram apresentados os conceitos de *perceptron* e *multilayer perceptron* e suas arquiteturas, redes *feedforward* e recorrente de tal forma que os leitores (não especialistas em redes neurais) tenham um primeiro contato com essas ferramentas que têm recebido a atenção dos profissionais ligados à área de ciências agrárias e áreas afins. Por fim, foram apresentados vários trabalhos recentemente publicados na literatura brasileira que já fazem uso de RNAs para o desenvolvimento de FPTs.

LITERATURA CITADA

AGGARWAL, C.C. *Neural Networks and Deep Learning*. Cham, Springer, 2018.

AHUJA, L.R.; NANEY, J.W.; WILLIAMS, R.D. Estimating soil water characteristics from simpler properties or limited data. *Soil Science Society of America Journal*, v. 49, p. 1100-5, 1985.

ARRUDA, F.B.; ZULLO JUNIOR, J.; OLIVEIRA, J.B. Parâmetros de solo para o cálculo da água disponível com base na textura do solo. *Revista Brasileira de Ciência do Solo*, Viçosa/MG, v. 11, p. 11-5, 1987.

ARYA, L.M.; PARIS, J.F. A physicoempirical model to predict the soil moisture characteristic from particle-size distribution and bulk density data. *Soil Science Society of America Journal*, v. 45, p. 1023-30, 1981.

BARROS, A.H.C.; VAN LIER, Q. de J. Pedotransfer functions for Brazilian soils. In: TEIXEIRA, W.G.; CEDDIA, M.B.; OTTONI, M.V.; DONNAGEMA, G.K. (ed.). *Application of Soil Physics in Environmental Analysis*: Measuring, modelling and data integration. New York, Springer, 2014, chapter 6. p. 131-62.

BESKOW, S.; TIMM, L.C.; TAVARES, V.E.Q.; CALDEIRA, T.L.; AQUINO, L.S. Potential of the LASH model for water resources management in data-scarce basins: A case study of the Fragata River basin, southern Brazil. *Hydrological Sciences Journal*, v. 61, p. 2567-78, 2016.

BLOEMEN, G.W. Calculation of hydraulic conductivities from texture and organic matter content". *Zeitschrift fur Pflanzenernährung und Bodenkunde*, v. 143, p. 581-605, 1980.

BOTULA, Y.D.; CORNELIS, W.M.; BAERT, G.; VAN RANST, E. Evaluation of pedotransfer functions for predicting water retention of soils in Lower Congo (D.R. Congo). *Agricultural Water Management*, v. 111, p. 1-10, 2012.

BOTULA, Y.D.; VAN RANST, E.; CORNELIS, W.M. Pedotransfer functions to predict water retention for soils of the humid tropics: a review. *Revista Brasileira de Ciência do Solo*, Viçosa/MG, v. 38, n. 3, p. 679-98, 2014.

BOUMA, J. Using soil survey data for quantitative land evaluation. *Advances in Soil Science*, v. 9, p. 177-213, 1989.

BRAGA, A.P.; CARVALHO, A.P. de L.F.; LUDERMIR, T.B. Redes Neurais Artificiais: teoria e aplicações. 2.ed. Rio de Janeiro, LTC, 2007. p. 248.

BROOKS, R.H.; COREY, A.T. Hydraulic properties of porous media. *Hydrology Paper 3*, Colorado State University, Fort Collins, p. 1-27, 1964.

BROWNLEE, J. How to choss loss functions when training deep learning neural networks. 2019. Disponível em: https://machinelearningmastery.com/how-to-choose-loss-functions-when-training-deep-learning-neural-networks/. Acesso em: 3 ago. 2021.

CAMPBELL, R. *Demystifying deep neural nets*. 2017. Disponível em: https://medium.com/@RosieCampbell/demystifying-deep-neural-nets-efb726eae941. Acesso em: 3 ago. 2021.

CARVALHO, L. de A. *Redes Neurais Artificiais para modelagem de altos-fornos*. 2019. 157f. Tese (Doutorado) – Programa de Pós-Graduação em Engenharia de Materiais, Universidade Federal de Ouro Preto. Ouro Preto, 2019.

CHOLLET, F. Fundamentals of machine learning. In: *Deep Learning with Python*. 2. ed. Shelter Island, NY, Manning Publications Co., 2020. p. 93116.

CORNELIS, W.M.; RONSYN, J.; VAN MEIRVENNE, M.; HARTMANN, R. Evaluation of pedotransfer functions for predicting the soil moisture retention curve. *Soil Science Society of America Journal*, v. 65, p. 638-48, 2001.

DA SILVA, A.C.; ARMINDO, R.A.; BRITO, A.S.; SCHAAP, M.G. Splintex: A physically-based pedotransfer function for modeling soil hydraulic functions. *Soil & Tillage Research*, v. 174, 261-72, 2017.

DEISENROTH, M.P.; FAISAL, A.A.; ONG, C.S. *Mathematics for machine learning*. Cambridge, Cambridge University Press, 2020.

DE LANNOY, G.J.M.; KOSTER, R.D.; REICHLE, R.H.; MAHANAMA, S.P.P.; LIU, Q. An updated treatment of soil texture and associated hydraulic properties in a global land modeling system. *Journal of Advances in Modeling Earth Systems*, v. 6, p. 957-79, 2014.

ERTEL, W. *Introduction to Artificial Intelligence*. 2.ed. Oxford, Springer, 2017.

GIAROLA, N.F.B.; SILVA, A.P.; IMHOFF, S. Relações entre propriedades físicas e características de solos da região sul do Brasil. *Revista Brasileira de Ciência do Solo*, v. 26, p. 885-93, 2002.

GUPTA, S.C.; LARSON, W.E. Estimating soil water characteristic from particle size distribution, organic matter percent, and bulk density. *Water Resources Research*, v. 15, p. 1633-5, 1979.

HAGHVERDI, A.; CORNELIS, W.M.; GHAHRAMAN, B. A pseudo-continuous neural network approach for developing water retention pedotransfer functions with limited data. *Journal of Hydrology*, v. 442-443, p. 46-54, 2012.

HAYKIN, S. *Neural Networks and Learning Machines*. 3.ed. New Jersey, Prentice Hall, 2008. p. 936.

IMAM, B.; SOROOSHIAN, S.; MAYR, T.; SCHAAP, M.G.; WÖSTEN, J.H.M.; SCHOLES, R.J. Comparison of pedotransfer functions to compute water holding capacity using the van Genuchten model in inorganic soils. Toulouse (França), IGBP-DIS Report to IGBP-DIS Soil Data Tasks. *IGBP-DIS Working Paper*, n. 22, 1999.

KERN, J.S. Evaluation of soil water retention models based on basic soil physical properties. *Soil Science Society of America Journal*, v. 59, p. 1134-41, 1995.

KOEKKOEK, E.J.W.; BOOLTINK, H. Neural network models to predict soil water retention. *European Journal of Soil Science*, v. 50, p. 489-95, 1999.

LIN, H. Hydropedology: bridging disciplines, scales and data. *Vadose Zone Journal*, v. 2, p. 1-11, 2003.

MELO, T.M. de; PEDROLLO, O.C. Artificial neural networks for estimating soil water retention curve using fitted and measured data. *Applied and Environmental Soil Science*, v. 2015, p. 1-16, 2015.

MICHELON, C.J.; CARLESSO, R.; DE OLIVEIRA, Z.B; KNIES, A.E., PETRY, M.T.; MARTINS, J.D. Funções de pedotransferência para estimativa da retenção de água em alguns solos do Rio Grande do Sul. *Ciência Rural*, v. 40, p. 848-53, 2010.

MINASNY, B.; HARTEMINK, A.E. Predicting soil properties in the tropics. *Earth-Science Reviews*, v. 106, p. 52-62, 2011.

MINASNY, B.; MCBRATNEY, A.B. The neuro-m method for fitting neural – network parametric pedotransfer function. *Soil Science Society of America Journal*, v. 66, p. 352-61, 2002.

MITCHELL, T.M. *Machine Learning*. 1.ed. New York, McGraw-Hill Science/Engineering/Math, 1997.

MUALEM, Y. A new model for predicting the hydraulic conductivity of unsaturated porous media. *Water Resources Research*, v. 12, p. 513-22, 1976.

NEBEL, A.L.C.; TIMM, L.C.; CORNELIS, W.; GABRIELS, D.; REICHARDT, K.; AQUINO, L.S.; PAULETTO, E.A.; REINERT, D.J. Pedotransfer functions related to spatial variability of water retention attributes for lowland soils. *Revista Brasileira de Ciência do Solo*, Viçosa/MG, v. 34, p. 669-80, 2010.

NGUYEN, P.M.; LE, K.V.; BOTULA, Y.D.; CORNELIS, W.M. Evaluation of soil water retention pedotransfer functions for Vietnamese Mekong Delta soils. *Agricultural Water Management*, v. 158, p. 126-38, 2015.

OTTONI, M.V.; OTTONI, T.B.F.; SCHAAP, M.G.; LOPES-ASSAD, M.L.R.C.; ROTUNO, O.C.F. Hydrophysical Database for Brazilian Soils (HYBRAS) and pedotransfer functions for water retention. *Vadose Zone Journal*, v. 17, p. 1-17, 2018.

PACHEPSKY, Y.A.; RAWLS, W.J. (ed.). Development of Pedotransfer functions in soil hydrology. Amsterdam, Elsevier, 2004. v. 30. p. 512.

PEREIRA, T. dos S.; ROBAINA, A.D.; PEITER, M.X.; TORRES, R.R.; BRUNING, J. The use of artificial intelligence for estimating soil resistance to penetration. *Engenharia Agrícola*, v. 38, n. 1, p. 142-8, 2018.

PHAM, K.; KIM, D.; YOON, Y.; CHOI, H. Analysis of neural network based pedotransfer function for predicting soil water characteristic curve. *Geoderma*, v. 351, p. 92-102, 2019.

RASCHKA, S. Model Evaluation, Model Selection, and Algorithm Selection in Machine Learning. *Machine Learning*, arXiv:1811.12808, p. 49, 2018.

RAWLS, W.J.; BRAKENSIEK, D.L.; SAXTON, K.E. Estimation of soil water properties. *Transaction of ASAE*, v. 25, p. 1316-20, 1982.

REICHERT, J.M.; ALBUQUERQUE, J.A; KAISER, D.R.; REINERT, D.J.; URACH, F.L.; CARLESSO, R. Estimation of water retention and availability in soils of Rio Grande do Sul. *Revista Brasileira de Ciência do Solo*, Viçosa/MG, v. 33, p. 1547-60, 2009.

SCHAAP, M.G.; LEIJ, F.J.; VAN GENUCHTEN, M.T. ROSETTA: a computer program for estimating soil hydraulic parameters with hierarchical pedotransfer functions. *Journal of Hydrology*, v. 251, p. 163-76, 2001.

SHUMWAY, R.H. Applied statistical time series analyses. Englewood Cliffs: Prentice Hall, 1988. p. 379.

SILVA, A.P.; TORMENA, C.A.; FIDALSKI, J.; IMHOFF, S. Funções de pedotransferência para as curvas de retenção de água e de resistência do solo à penetração. *Revista Brasileira de Ciência do Solo*, Viçosa/MG, v. 32, p. 1-10, 2008.

SOARES, F.C.; ROBAINA, A.D.; PEITER, M.X.; RUSSI, J.L.; VIVAN, G.A. Redes neurais artificiais na estimativa da retenção de água do solo. *Ciência Rural*, v. 44, p. 293-300, 2014.

SOARES, F.C. Uso de diferentes metodologias na geração de funções de pedotransferência para a retenção de água em solos do Rio Grande do Sul. 2013. 200f. Tese (Doutorado em Engenharia Agrícola) – Programa de Pós-Graduação em Engenharia Agrícola, Centro de Ciências Rurais, Universidade Federal de Santa Maria, Santa Maria, 2013.

TIETJE, O.; HENNINGS, V. Accuracy of the saturated hydraulic conductivity prediction by pedotransfer functions compared to the variability within FAO textural classes. *Geoderma*, v. 69, p. 71-84, 1996.

TIETJE, O.; TAPKENHINRICHS, M. Evaluation of pedotransfer functions. *Soil Science Society of America Journal*, v. 57, p. 1088-95, 1993.

TIMM, L.C.; GOMES, D.T.; BARBOSA, E.P.; REICHARDT, K.; SOUZA, M.D.; DYNIA, J.F. Neural network and state-space models for studying relationships among soil properties. *Scientia Agricola*, v. 63, p. 386-95, 2006.

TOMASELLA, J.; HODNETT, M.G. Estimating soil water characteristics from limited data in Brazilian Amazonia. *Soil Science*, v. 163, p. 190-202, 1998.

TOMASELLA, J.; HODNETT, M.G.; ROSSATO, L. Pedotransfer functions for the estimation of soil water retention in Brazilian soils. *Soil Science Society of America Journal*, v. 64, p. 327-38, 2000.

VAN DEN BERG, M.; KLAMT, E.; VAN REEUWIJK, L.P.; SOMBROEK, W. G. Pedotransfer functions for the estimation of moisture retention characteristics of Ferralsols and related soils. *Geoderma*, v. 78, p. 161-80, 1997.

VAN GENUCHTEN, M. Th. A closed-form equation for predicting the conductivity of unsaturated soils. *Soil Science Society of America Journal*, v. 44, p. 892-8, 1980.

VAN LOOY, K.; BOUMA, J.; HERBST, M.; et al. Pedotransfer Functions in Earth System Science: Challenges and Perspectives. *Reviews of Geophysics*, v. 55, p. 1199-256, 2017.

VEREECKEN, H.; MAES, J.; FEYEN, J.; DARIUS, P. Estimating the soil moisture retention characteristic from texture, bulk density, and carbon content. *Soil Science*, v. 148, p. 389-403, 1989.

VEREECKEN, H.; WEYNANTS, M.; JAVAUX, M.; PACHEPSKY, Y.; SCHAAP, M.G.; VAN GENUCHTEN, M.Th. Using pedotransfer functions to estimate the van Genuchten-Mualem soil hydraulic properties: A review. *Vadose Zone Journal*, v. 9, p. 795-820, 2010.

WAGNER, B.; TARNAWSKI, V.R.; HENNINGS, V.; MÜLLER, U.; WESSOLEK, G.; PLAGGE, R. Evaluation of pedo-transfer functions for unsaturated soil hydraulic conductivity using an independent data set. *Geoderma*, v. 102, p. 275-97, 2001.

WATT, J.; BORHANI, R.; KATSAGGELOS, A.K. *Machine Learning Refined*: Foundations, algorithms, and applications. 2.ed. New York, Cambridge University Press, 2020. p. 574.

WEST, M.; HARRISON, J. *Bayesian forecasting and dynamic models*. 2.ed. Londres, Springer-Verlag, 1997. p. 681.

WEYNANTS, M.; VEREECKEN, H.; JAVAUX, M. Revisiting Vereecken pedotransfer functions: Introducing a closed-form hydraulic model. *Vadose Zone Journal*, v. 8, p. 86-95, 2009.

WITTEN, I.H.; FRANK, E.; HALL, M.A.; PAL, C.J. *Data Mining*: practical machine learning tools and techniques. 4.ed. Cambridge, Morgan Kaufmann, 2017. p. 621.

WÖSTEN, J.H.M.; PACHEPSKY, Y.A.; RAWLS, W.J. Pedotransfer functions: Bridging the gap between available basic soil data and missing soil hydraulic characteristics. *Journal of Hydrology*, v. 251, p. 123-50, 2001.

ZHANG, Y.; SCHAAP, M.G. Estimation of saturated hydraulic conductivity with pedotransfer functions: A review. *Journal of Hydrology*, v. 575, p. 1011-30, 2019.

ZHANG, X.; ZHU, J.; WENDROTH, O.; MATOCHA, C.; EDWARDS, D. Effect of macroporosity on pedotransfer function estimates at the field scale. *Vadose Zone Journal*, v. 18, p. 1-15, 2019.

ZHAO, C.; SHAO, M.; JIA, X.; NASIR, M.; ZHANG, C. Using pedotransfer functions to estimate soil hydraulic conductivity in the Loess Plateau of China. *Catena*, v. 143, p. 1-6, 2016.

23

Análise dimensional, escalonamento e fractais aplicados aos conceitos de solo, planta e atmosfera

> A análise dos processos físico-químicos que ocorrem no SSPA e em qualquer ramo da ciência exige que cada elemento de um sistema em análise seja quantificado por meio de grandezas que tenham coerência entre si, e a análise dimensional é a ferramenta apropriada para isso. O escalonamento é uma ferramenta que se utiliza da análise dimensional com o intuito de generalizar teorias e experimentos, que pode ser utilizada com vantagem em vários casos. O estudo de fractais envolve as coordenadas utilizadas na descrição de sistemas utilizando um número fracionado de coordenadas, o que é muito útil e vantajoso em muitos casos específicos.

INTRODUÇÃO

A **análise dimensional** refere-se ao estudo das dimensões que caracterizam as grandezas físicas, como massa, força e energia, e se estendem para todos os campos da ciência, em nosso caso a ciência do solo, da planta e da atmosfera. A Mecânica Clássica baseia-se em três **grandezas fundamentais**, com dimensões M, L e T, a **massa** M, o **comprimento** L e o **tempo** T. Da combinação destas, surgem as **grandezas derivadas**, como o volume, a velocidade e a força, de dimensões L^3, LT^{-1} e MLT^{-2}, respectivamente. Nas outras áreas da Física, são definidas outras quatro grandezas fundamentais, entre elas a **temperatura** θ e a **corrente elétrica** I.

Para introduzir a importância do assunto da análise dimensional, vejamos um exemplo clássico da literatura romântica:

Dean Swift, em *As aventuras de Gulliver* descreve as viagens imaginárias de Lemuel Gulliver aos reinos de Liliput e Brobdingnag. Nesses dois lugares a vida era perfeitamente idêntica à dos homens normais, mas suas dimensões geométricas eram diferentes. Em Liliput, os homens, as casas, o gado, as árvores eram doze vezes menores do que no país de Gulliver, e em Brobdingnag era tudo doze vezes maior. O homem de Liliput era um modelo geométrico de Gulliver em escala 1:12, e o homem de Brobdingnag era um modelo em escala 12:1 (Figura 1).

Pode-se chegar a interessantes constatações a respeito desses dois reinos fazendo uma análise dimensional. Muito antes de *As aventuras de* Gulliver terem sido escritas, Galileu já afirmara que os modelos ampliados ou reduzidos de homens não poderiam ser como somos. O corpo humano é constituído de

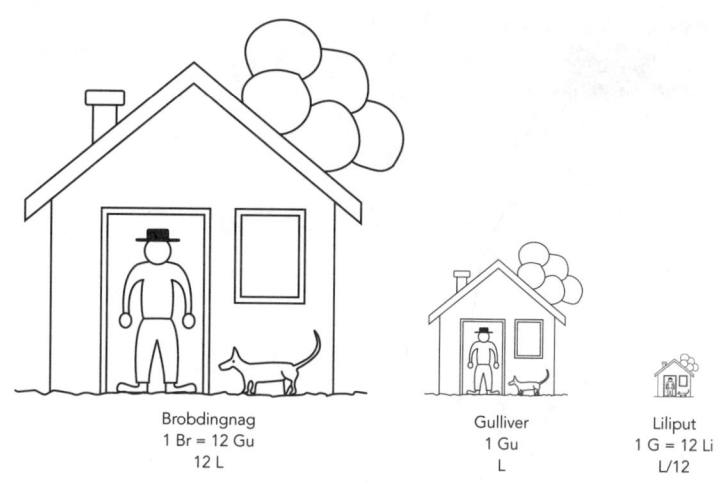

FIGURA 1 Visão esquemática dos reinos de Brobdingnag e Liliput em comparação a Gulliver.

colunas, tirantes, ossos e músculos. O peso do corpo que a estrutura (esqueleto) deve sustentar é proporcional ao seu próprio volume, isto é, a L^3, ao passo que a resistência de um osso à compressão ou de um músculo à tração é proporcional a uma área, isto é, L^2.

Comparemos Gulliver com o gigante de Brobdingnag, que tem cada uma de suas dimensões lineares 12 vezes maiores (Figura 2). A resistência de suas pernas seria $12^2 = 144$ vezes maior do que a de Gulliver, o seu peso $12^3 = 1.728$ vezes maior. A relação resistência/peso do gigante seria 12 vezes menor do que a de Gulliver. Para sustentar seu próprio peso, teria de fazer um esforço equivalente ao que teríamos de fazer para carregar 11 homens às costas.

Galileu tratou com clareza esses problemas usando argumentos que refutam a possibilidade da existência de gigantes de aspecto normal. Se quiséssemos manter em um gigante a mesma proporção de membros que em um homem normal, seria preciso usar um material mais duro e forte para constituir os ossos ou seria necessário admitir um aumento de sua resistência em comparação com a de um homem de estatura normal. Por outro lado, se o tamanho de um corpo for diminuído, sua resistência não diminuiria na mesma proporção; quanto menor o corpo maior sua resistência relativa. Assim, um cachorrinho poderia, provavelmente, carregar sobre as costas dois ou três cachorrinhos de seu próprio tamanho; já um elefante não poderia carregar nem sequer outro elefante de seu próprio tamanho.

Analisemos agora um problema dos liliputianos (Figura 3), 12 vezes menores que Gulliver. O calor que um corpo vivo perde para o ambiente se dá, sobretudo, através da pele. Esse fluxo de calor é proporcional à área de superfície recoberta pela pele, isto é, à L^2, desde que sejam mantidas constantes a temperatura do corpo, as características da pele etc. Essa energia dissipada, assim como a energia gasta nos movimentos, provém dos alimentos ingeridos. Portanto, a quantidade mínima de alimento a ser consumido por um corpo seria proporcional a L^2. Se um homem como Gulliver pudesse se alimentar durante um dia com, digamos, um frango, um pão e uma fruta, um liliputiano necessitaria de um volume de alimento $(1/12)^2$ vezes menor. Mas um frango, um pão e uma fruta, reduzidos à escala de seu mundo, teriam um volume $(1/12)^3$ vezes menor. Portanto, para suprir suas necessidades ele precisaria de uma dúzia de frangos, uma dúzia de pães e uma dúzia de frutas por dia e sentir-se tão bem alimentado como Gulliver, se alimentando com um de cada deles.

Os liliputianos deveriam ser um povo irriquieto e faminto. Essas qualidades se encontram em muitos mamíferos pequenos, como os ratos. É interessante notar que não há animais de sangue quente muito menores que os ratos, talvez porque, de acordo com as leis de escala discutidas, esses animais seriam obrigados a ingerir uma quantidade tão grande de alimentos que se tornaria impossível a sua obtenção ou, mesmo, a sua digestão em tempo hábil.

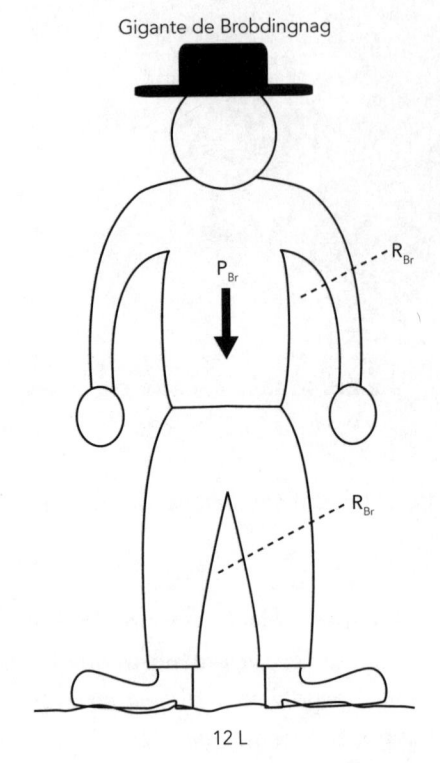

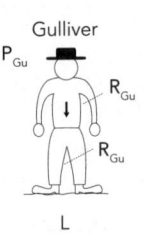

FIGURA 2 Comparação entre o gigante de Brobdingnag e Gulliver. $1\ R_{Br} = 144\ R_{Gu}$; $1\ P_{Br} = 1.728\ P_{Gu}$; $R_{Br}/P_{Br} = R_{Gu}/12\ P_{Gu}$.

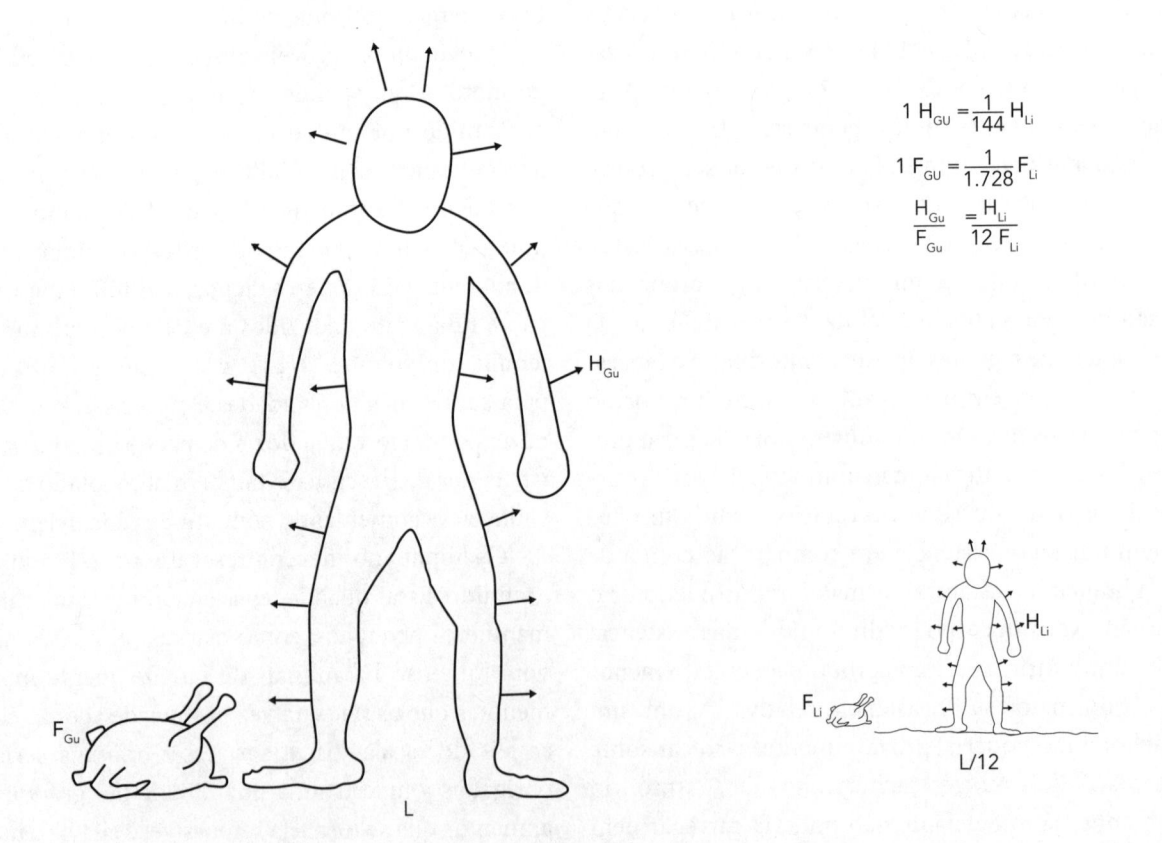

$$1\ H_{Gu} = \frac{1}{144} H_{Li}$$

$$1\ F_{Gu} = \frac{1}{1.728} F_{Li}$$

$$\frac{H_{Gu}}{F_{Gu}} = \frac{H_{Li}}{12\ F_{Li}}$$

FIGURA 3 Comparação entre anão de Liliput e Gulliver.

De tudo o que vimos, é importante frisar que, embora Brobdingnag e Liliput sejam modelos geométricos de nosso mundo, não poderiam ser modelos físicos e biológicos, pois não encontraríamos ali completa semelhança física como nos fenômenos naturais. Para viabilizar os modelos, seria preciso que as variáveis fossem ajustadas convenientemente. No caso de Brobdingnag, por exemplo, o gigante poderia muito bem sustentar seu peso, mesmo possuindo a estrutura dos humanos, se estivesse vivendo em um planeta em que a aceleração gravitacional fosse 1/12 g.

GRANDEZAS FÍSICAS E ANÁLISE DIMENSIONAL

Os parâmetros que caracterizam os fenômenos físicos se relacionam por meio de leis, em geral, quantitativas, nas quais eles comparecem como medidas das grandezas físicas. A medida de uma grandeza resulta da comparação desta com outra do mesmo tipo, denominada unidade. Assim, uma grandeza (G) é dada por dois fatores, em que um é a razão entre os valores das grandezas consideradas ou medidas (M) e o outro é a unidade (U). Dessa forma, quando escrevemos V = 50 m^3, a razão entre as grandezas é 50, a grandeza considerada é o volume V e a unidade, o m^3. Uma grandeza G pode, portanto, ser generalizada pela expressão:

$$G = M(G) \cdot U(G)$$

sendo M(G) a **medida** de G e U(G) a unidade de G. Além disso, utiliza-se o **símbolo dimensional** da grandeza G, uma combinação das grandezas fundamentais, simbolizadas por letras maiúsculas. Alguns exemplos, usando as grandezas fundamentais MLT (massa, comprimento, tempo) são mostrados a seguir.

Grandeza	Símbolo dimensional
Área	L^2
Velocidade	LT^{-1}
Força	MLT^{-2}
Pressão	ML^{-1}T^{-2}
Vazão	L^{3}T^{-1}

Sistemas de unidades contêm unidades fundamentais e derivadas estabelecidas de forma coerente. O **sistema internacional de unidades** SI é coerente e é o único sistema de unidades legal no Brasil. As sete unidades fundamentais desse sistema e seus respectivos padrões são:

a. Massa (M), quilograma (kg): é a massa do protótipo internacional do quilograma, construído em platina irradiada, conservado no Bureau Internacional de Pesos e Medidas em Sèvres, França;
b. Comprimento (L), metro (m): é o comprimento igual a 1.650.763,73 comprimentos de onda da radiação correspondente à transição entre os níveis 2p$_{10}$ e 5d$_5$ do átomo ^{86}Kr, no vácuo;
c. Tempo (T), segundo (s): é a duração de 9.192.631.770 períodos de radiação correspondente à transição entre os dois níveis hiperfinos do estado fundamental do ^{133}Cs;
d. Corrente elétrica (I), Ampère (A): é a intensidade de uma corrente elétrica constante mantida em dois condutores paralelos, retilíneos, de comprimento infinito, de seção circular desprezível e situados a distância de 1 m no vácuo, que produz, entre esses condutores, uma força igual a 2 × 10^{-7} Newton por metro de comprimento;
e. Temperatura termodinâmica (θ), Kelvin (K): é a fração 1/273,16 da temperatura termodinâmica do ponto triplo da água;
f. Intensidade luminosa (Iv), candela (cd): é a intensidade luminosa, na direção perpendicular, de uma superfície de 1/600.000 m^2 de um corpo negro à temperatura de solidificação da platina sob pressão de 101.325 N · m^{-2};
g. Quantidade de matéria (N), mol (mol): é a quantidade de matéria de um sistema contendo tantas unidades elementares quantos átomos existentes em 0,012 kg de ^{12}C.

As grandezas físicas são grandezas que se relacionam entre si de tal forma que ocorrem os mesmos tipos de relações com as unidades dessas grandezas, pois essas são valores particulares daquelas. Assim, por exemplo, se considerarmos a 2ª Lei de Newton, podemos escrever:

$$F = m \cdot a$$

em que F é a força que atua sobre uma massa m de uma partícula, com a consequente aceleração **a**. Para as unidades dessas grandezas, podemos escrever que:

$$U(F) = U(m) \times U(a)$$

em que U(F), U(m) e U(a) são as unidades de força, massa e aceleração, respectivamente.

A equação anterior, que relaciona símbolos dimensionais, é dimensional e os expoentes de m e de a, respectivamente, 1 e 1, definem a dimensão da força em relação à massa e à aceleração. De forma geral, se G é uma grandeza que tem expoentes **a** em relação a X, **b** em relação a Y, **c** em relação a Z etc., podemos escrever:

$$G = kX^a \cdot Y^b \cdot Z^c \ldots$$

em que k é uma constante adimensional.

Uma equação física verdadeira deve ser homogênea em relação aos expoentes de cada membro da equação, a fim de que representem as relações que realmente existem entre as grandezas consideradas. Esse critério representa uma condição necessária para que toda equação física seja verdadeira e é denominado **princípio da homogeneidade dimensional**:

"Uma equação física não pode ser verdadeira se não for dimensionalmente homogênea."

Se, por exemplo, não tivéssemos certeza da fórmula F = m · a, poderíamos fazer a prova. Pelo menos precisamos admitir que F é uma função de m e de a. Assim:

$$G = kX^a \cdot Y^b \quad \text{ou} \quad F = k\, m^a \cdot a^b$$

como F tem dimensões MLT^{-2}, o segundo membro também deve ter dimensões MLT^{-2} pelo critério de homogeneidade, isto é:

$$MLT^{-2} = kM^a \cdot (LT^{-2})^b$$

lembrando que as dimensões de **a** são LT^{-2}. Assim: $MLT^{-2} = k\, M^a \cdot L^b \cdot T^{-2b}$. Daí vê-se que as únicas possibilidades são k = 1; a = 1 e b = 1, resultando $MLT^{-2} = MLT^{-2}$ e, consequentemente, F = m . a. Vejamos mais um exemplo: como seria a equação do espaço S percorrido por um corpo em queda livre a partir do repouso, admitindo-se que S é função do peso do corpo p (uma força!), da aceleração da gravidade g e do tempo t. Nesse caso:

$$S = k \cdot p^a \cdot g^b \cdot t^c$$
$$L = k(M \cdot L \cdot T^{-2})^a \cdot (L \cdot T^{-2})^b \cdot (T)^c$$
$$L = k \cdot M^a \cdot L^{(a+b)} \cdot T^{(-2a-2b+c)}$$

e assim: a = 0; (a + b) = 1; b = 1; (−2a − 2b + c) = 0; c = 2, para que o segundo membro também tenha dimensões L. Finalmente:

$$S = k \cdot p^0 \cdot g^1 \cdot t^2 = \frac{1}{2} g \cdot t^2$$

que é a fórmula bem conhecida da queda dos corpos, na qual k = 1/2. Note-se que assumimos erroneamente que S é uma função de p e como não é, apareceu a potência zero: $p^0 = 1$.

Os produtos de variáveis P são quaisquer produtos das variáveis que envolvem um fenômeno, cada uma elevada a um expoente inteiro. Acabamos de ver que a queda dos corpos envolve S, g e t. Com essas variáveis podemos fazer vários produtos dimensionais P_i, como:

$P_1 = S^2 \cdot t^{-2} \cdot g$,
com dimensões $L^2 \cdot T^{-2} \cdot L \cdot T^{-2} = L^3 \cdot T^{-5}$
$P_2 = S^0 \cdot t^2 \cdot g$,
com dimensões $1 \cdot T^2 \cdot L \cdot T^{-2} = L$
$P_3 = S^{-3} \cdot t^4 \cdot g$,
com dimensões $L^{-3} \cdot T^4 \cdot L \cdot T^{-2} = L^{-2} \cdot T^2$
$P_4 = S^{-2} \cdot t^4 \cdot g^2$,
com dimensões $L^{-2} \cdot T^4 \cdot (L \cdot T^{-2})^2 = L^0 \cdot T^0 = 1$

Toda vez que um produto escolhido é adimensional, como foi P_4, esse é chamado de **produto adimensional**, simbolizado por π, no caso, $P_4 = \pi_4$. Pelo

Teorema dos π, dadas n grandezas dimensionais $G_1, G_2, ..., G_n$, obtidas por produtos de k grandezas fundamentais, se um fenômeno pode ser expresso por uma função $F(G_1, G_2, ..., G_n) = 0$, ele também pode ser descrito por uma função $\phi(\pi_1, \pi_2, ..., \pi_{n-k}) = 0$, isto é, por um número menor de variáveis. Em Mecânica dos Fluidos, por exemplo, ao estudar o escoamento de um líquido em torno de um obstáculo fixo, temos as seguintes variáveis:

$G_1 = \rho$, massa específica do líquido;
$G_2 = v$, velocidade do líquido;
$G_3 = D$, diâmetro do obstáculo;
$G_4 = \mu$, viscosidade do líquido;
$G_5 = F$, força sobre o obstáculo.

que descrevem o fenômeno por uma equação do tipo $F(G_1, G_2, G_3, G_4, G_5) = 0$, que envolve cinco variáveis. Como as k fundamentais são três, o mesmo fenômeno pode ser descrito por uma função $\phi(\pi_1, \pi_2) = 0$, com duas variáveis apenas. Isso significa que de cinco variáveis G, passamos a $5 - 3 = 2$ variáveis π, o que simplifica a descrição do fenômeno. Nesse caso, os dois produtos adimensionais mais adequados são:

$$\pi_1 = \frac{\rho . v . D}{\mu} \rightarrow M^0L^0T^0 = 1 \rightarrow \textbf{Número de Reynolds}$$

$$\pi_2 = \frac{F}{\rho/2v^2D^2} \rightarrow M^0L^0T^0 = 1 \rightarrow \textbf{Coeficiente de arraste}$$

(h)

Além desses, o número de Bond é importante em Física de Solos, no balanço entre forças gravitacionais e matriciais (Ryan; Dhir, 1993).

SEMELHANÇA FÍSICA

O problema abordado na introdução sobre os reinos de Liliput e Brobdingnag é de **semelhança física**. Sempre que se trabalha com modelos de objetos em escalas diferentes, é necessário que haja semelhança física entre o modelo (protótipo, em geral menor) e o objeto real em estudo. Dependendo do caso, falamos em semelhança cinemática, que envolve relações de velocidade e de aceleração entre o modelo e o objeto ou em semelhança dinâmica, que envolve relações entre as forças que atuam no modelo e no objeto. Na análise de semelhança são utilizados produtos adimensionais π, como os "números" de Euler, de Reynolds, de Froude e de Mach. Assim, para objeto e protótipo, temos:

Objeto:
$F(G_1, G_2, ...,G_n) = 0 \rightarrow \phi(\pi_1, \pi_2, ...,\pi_{n-k}) = 0$

Protótipo:
$F(G'_1, G'_2, ...,G'_n) = 0 \rightarrow \phi(\pi'_1, \pi'_2, ...,\pi'_{n-k}) = 0$

sendo que os G_i podem ser diferentes dos G'_i. Só haverá semelhança física entre o objeto e o protótipo, se $\pi_1 = \pi'_1; \pi_2 = \pi'_2; ...; \pi_{n-k} = \pi'_{n-k}$. Em nosso exemplo de fluido em torno de obstáculo para haver semelhança entre o objeto e um possível protótipo, teríamos:

Número de Reynolds do objeto =
Número de Reynolds do protótipo

Coeficiente de arraste do objeto =
Coeficiente de arraste do protótipo

Essa análise de semelhança é muito usada em hidrodinâmica, máquinas etc. e não tem muita aplicação em nosso sistema solo-planta-atmosfera. Exceção é o trabalho de Shukla, Kastanek e Nielsen (2002), que emprega os produtos adimensionais π em um trabalho de deslocamento miscível de solutos em solos.

GRANDEZAS ADIMENSIONAIS

São grandezas obtidas por meio de produtos adimensionais π, que possuem um valor numérico k, cuja dimensão é 1:

$$M^0L^0T^0K^0 = 1$$

Além dos casos já vistos, é comum o aparecimento de grandezas adimensionais por meio da relação entre duas grandezas G_1 e G_2 de mesma dimensão: $G_1/G_2 = \pi$. É o caso do próprio número π = 3,1416....., resultado da divisão do comprimento πD de qualquer círculo (dimensão L) pelo respectivo diâmetro D (dimensão L).

No SSPA, várias grandezas são adimensionais por natureza e são representadas em porcentagem (%) ou partes por milhão (ppm, em desuso hoje). As umidades u, θ e as porosidades α, β definidas no Capítulo 3, Equações 14, 15, 12, 30, respectivamente, são exemplos de grandezas π. Lá foi dito que é importante manter as relações das unidades (kg . kg^{-1}, m^3 . m^{-3}) para que possa ser vista a diferença entre elas.

Importante é a **adimensionalização** de grandezas, com objetivo determinado. O caso mais simples é dividir a grandeza por ela mesma, em duas condições diferentes. Por exemplo, experimentos em colunas de solo são muito comuns e cada pesquisador usa um comprimento diferente L m (obs.: este L não é o L da unidade fundamental comprimento). Como comparar ou generalizar resultados? Se a coordenada x ou z (distância ao longo da coluna) for dividida pelo comprimento máximo L, aparece uma nova variável adimensional X = x/L, com a vantagem de que, para qualquer comprimento L, em x = 0, X = 0; em x = L, X = 1, variando, portanto, no intervalo 0 a 1, o que é uma grande vantagem.

Esse mesmo procedimento pode ser utilizado para grandezas que já são adimensionais, como a umidade do solo θ. Se dividirmos $(\theta - \theta_s)$ pelo seu intervalo de variação $(\theta_0 - \theta_s)$, em que θ_s e θ_0 são as umidades residual quando seco e de saturação, respectivamente, teremos uma nova variável $\Theta = (\theta - \theta_s)/(\theta_0 - \theta_s)$, cujo valor é $\Theta = 0$ para $\theta = \theta_s$ (solo seco) e $\Theta = 1$ para $\theta = \theta_0$ (solo saturado). Assim, para qualquer solo, Θ varia de 0 a 1 e comparações podem ser feitas mais adequadamente.

Dividir uma variável G por seu valor máximo $G_{máx}$ (ou seu intervalo de variação) é uma técnica muito empregada. Por exemplo, na Figura 2 (modelo sigmoidal para acúmulo de matéria seca) do Capítulo 4, tanto a ordenada y como a abscissa x poderiam ser adimensionalizadas por y = MS/MS$_{máx}$ e x = GD/GD$_{máx}$, e a Figura 1 (Capítulo 4) ficaria generalizada, abrindo a possibilidade de comparar curvas de crescimento de diferentes culturas.

PRINCIPAIS GRANDEZAS NO SISTEMA SOLO-PLANTA-ATMOSFERA

Neste item listaremos as principais grandezas físico-químicas utilizadas na descrição do sistema solo-planta-atmosfera (SSPA), indicando sua fórmula dimensional e unidade no sistema internacional SI. Como já foi dito, o uso do SI é obrigatório, mas, mesmo assim, apresentaremos outras unidades em uso rotineiro pela comunidade científica agronômica. Para comprimento, por exemplo, a unidade é o metro (m), mas em muitos casos, para que os valores não fiquem muito pequenos ou grandes, lança-se mão dos múltiplos e submúltiplos, o que é permitido: km, mm, µm, nm etc. Estritamente proibido é o uso de unidades fora do sistema métrico, como a polegada (*inch*), a milha, o angstrom (Å). Nos submúltiplos do m, o uso do centímetro (cm), é problemático pelo fato de pertencer a outro sistema, o CGS, e ser um submúltiplo da ordem 10^{-2}. Mesmo assim, por conveniência, ele é muito usado, inclusive neste texto.

QUADRO 1 Múltiplos e submúltiplos do Sistema Internacional

Fator	Prefixo	Símbolo
10^{18}	exa-	E
10^{15}	peta-	P
10^{12}	tera-	T
10^{9}	giga-	G
10^{6}	mega-	M
10^{3}	quilo-	k
10^{-3}	mili-	m
10^{-6}	micro-	µ
10^{-9}	nano-	n
10^{-12}	pico-	p
10^{-15}	fento-	f
10^{-18}	atto-	a

No caso do tempo, a unidade é o segundo (s) e apenas os submúltiplos pertencem ao sistema decimal, como o µs, ns etc. Os múltiplos são raramente utilizados, como ks, Ms. Usa-se mais os múltiplos derivados de nosso "calendário": ano, mês, dia, hora e minuto. Em nosso caso, como as culturas agrícolas seguem o calendário, essas unidades serão muito empregadas, sobretudo, o dia. Outro fator que leva a seu uso é o movimento relativamente lento da água, cuja velocidade (ou taxa) fica mais bem descrita em mm . dia^{-1} do que em m . s^{-1}. Por exemplo, uma taxa típica de evapotranspiração é:

$$5 \text{ mm} \cdot \text{dia}^{-1} = \frac{5 \times 10^{-3} \text{m}}{86.400 \text{s}} = 5,79 \times 10^{-8} \text{ m} \cdot \text{s}^{-1}$$

No caso da massa, a unidade é o kg, que já é um múltiplo do grama (g). De qualquer forma, pode-se usar múltiplos e submúltiplos como Mg, mg, μg etc. Novamente, o uso do grama é problemático por pertencer ao CGS. Mesmo assim, seu uso é, muitas vezes, conveniente e, por isso, é muito utilizado neste texto. No Quadro 1 são apresentados os múltiplos e submúltiplos mais usados do Sistema Internacional (SI).

O Quadro 2 apresenta as principais grandezas empregadas no SSPA, com suas **fórmulas dimensionais**. Com elas é facilitada a transformação de unidades. Por exemplo, vamos transformar Newtons (força MLT^{-2}) em dinas:

$$1 \text{ N} = \frac{1 \text{kg} \times 1 \text{ m}}{1 \text{s}^2} = \frac{10^3 \text{g} \times 10^2 \text{ cm}}{1 \text{s}^2} = \quad (1)$$
$$= 10^5 \text{ g} \cdot \text{cm} \cdot \text{s}^{-2} = 10^5 \text{d}$$

A grandeza fundamental mol refere-se à quantidade e equivale ao número de Avogadro: $6,02 \times 10^{23}$. Essa quantidade é usada para quantificar substâncias químicas. Assim, 1 mol de qualquer substância corresponde à massa de $6,02 \times 10^{23}$ unidades dessa substância. Dizemos que 1 mol de $CaCl_2$ equivale a 75,5 g desse sal, e essa massa contém $6,02 \times 10^{23}$ moléculas de $CaCl_2$, ou de íons de Ca^+ e o dobro de Cl^-. Uma solução 1M (um molar) possui 75,5 g de $CaCl_2$ por litro de solução, e equivale a uma solução 1N (um normal ou um equivalente por litro) em cálcio e 2N em cloro. Na avaliação de concentrações iônicas (ver Quadro 2) se utilizava a unidade meq/100 g de solo, que foi hoje alterada para $cmol_c \cdot dm^{-3}$ ou $cmol_c \cdot kg^{-1}$. Equivale, portanto, a um número de moles de carga do elemento considerado, por unidade de volume ou de massa de solo. Note-se que a massa de solo não equivale a seu volume, a diferença está na densidade do solo d_s, que implica um fator que varia de solo para solo, da ordem de 1,5. Na avaliação dessa grandeza, um método recomenda o uso de um volume (cachimbo) de solo seco peneirado por peneira de 2 mm e, outro, o uso de uma massa de solo, digamos 50 g.

O mol também é usado para quantificar feixes de radiações, assim, por exemplo, um feixe de $6,02 \times 10^{23}$ fótons de comprimento de onda 555 nm (cor amarela) tem uma energia de $21,56 \times 10^4$ J, e equivale a 1 einstein dessa radiação.

QUADRO 2 Grandezas, dimensões e unidades mais utilizadas no SSPA

Grandeza	Nome	Dimensão	Unidade SI	Outras unidades e múltiplos
Massa	kilograma	M	kg	Mg; mg; μg
Comprimento	metro	L	m	km; cm; mm; μm
Tempo	segundo	T	s	min; h; d; ano
Área	metro quadrado	L^2	m^2	ha (1 ha = 10.000 m^2)
Volume	metro cúbico	L^3	m^3	L (litro), mL, μL
Frequência	hertz	T^{-1}	Hz	cps; cpm
Umidade % massa	u	MM^{-1}	kg.kg^{-1}	g.g^{-1}; %
Umidade % volume	θ	L^{3}L^{-3}	m^3.m^{-3}	cm^3.cm^{-3}; %
Porosidade total do solo Porosidade livre de água	α β	L^{3}L^{-3}	m^3.m^{-3}	cm^3.cm^{-3}; %
Densidade do solo Densidade das partículas Densidade de fluido	d_s d_p d	ML^{-3}	kg.m^{-3}	Mg.m^{-3}; g.cm^{-3}

(Continua)

QUADRO 2   Grandezas, dimensões e unidades mais utilizadas no SSPA (*continuação*)

Grandeza	Nome	Dimensão	Unidade SI	Outras unidades e múltiplos
Densidade de fluxo de nutrientes, íons, gases	j	$ML^{-2}T^{-1}$	$kg.m^{-2}.s^{-1}$	$mg.cm^{-2}.d^{-1}$ $kg.ha^{-1}.ano^{-1}$
Densidade de fluxo de água; de chuva; de irrigação; de evapotranspiração; condutividade hidráulica	q p i q_{et} $K(\theta)$	$L^3L^{-2}T^{-1}$	$m^3.m^{-2}.s^{-1}$ $(m.s^{-1})$	$mm.d^{-1}$ $mm.h^{-1}$
Difusividade da água no solo	$D(\theta)$	L^2T^{-1}	$m^2.s^{-1}$	$cm^2.s^{-1}$
Fluxo ou vazão	Q	L^3T^{-1}	$m^3.s^{-1}$	$L.h^{-1}$
Altura de água: chuva, lâmina d'água, armazenamento de água no solo	P I A_L	L	m	cm; mm
Força	newton	MLT^{-2}	N	kgf, dina
Pressão	pascal	$ML^{-1}T^{-2}$	$Pa = N.m^{-2}$	$b = d.cm^{-2}$; atm
Trabalho Energia Calor	joule	ML^2T^{-2}	$J = N.m$	erg = d.cm; cal (1 cal = 4,18 J)
Potência	watt	ML^2T^{-3}	$W = J.s^{-1}$	$cal.min^{-1}$
Densidade de fluxo de calor ou energia radiante	q	MT^{-3}	$J.s^{-1}.m^{-2}$ ou $W.m^{-2}$	$cal.cm^{-2}.min^{-1}$
Potencial da água ψ	energia/V energia/M energia/peso	MLT^{-2} LT^{-2} L	$J.m^{-3} = Pa$ $J.kg^{-1}$ $J.N^{-1} = m$	atm $erg.g^{-1}$ mH_2O; $cm\ H_2O$; mmHg
Temperatura	Kelvin	θ	K	°C; °F; °R
Calor específico	c	$L^2T^{-2}\theta^{-1}$	$J.kg^{-1}.K^{-1}$	$cal.g^{-1}.°C^{-1}$
Calor latente	L	L^2T^{-2}	$J.kg^{-1}$	$cal.g^{-1}$
Capacidade calorífica	C	$ML^2T^{-2}\theta^{-1}$	$J.K^{-1}$	$cal.°C^{-1}$
Entropia	S	$ML^2T^{-2}\theta^{-1}$	$J.K^{-1}$	$cal.°C^{-1}$
Velocidade	v	LT^{-1}	$m.s^{-1}$	$km.h^{-1}$
Aceleração	a	LT^{-2}	$m.s^{-2}$	
Deslocamento angular	ângulo plano ângulo sólido		rad sr	grau °
Velocidade angular	ω	T^{-1}	$rad.s^{-1}$	$grau°.h^{-1}$
Gradiente de temperatura	grad T	θL^{-1}	$K.m^{-1}$	$°C.cm^{-1}$
Gradiente de potencial da água	grad Ψ	$L.L^{-1}$	$m.m^{-1}$	$cm\ H_2O.cm^{-1}$
Condutividade térmica	K	$MLT^{-3}\theta^{-1}$	$J.m^{-1}.K^{-1}$ $(W.m^{-1}.K^{-1})$	$cal.cm^{-1}.°C^{-1}$
Difusividade térmica	D_T	L^2T^{-1}	$m^2.s^{-1}$	$cm^2.s^{-1}$
Condutividade elétrica da água	K		$s.m^{-1}$	$mmho.cm^{-1}$
Viscosidade absoluta		$ML^{-1}T^{-1}$	$N.m^{-2}.s^{-1}$	
Viscosidade cinemática		L^2T^{-1}	$m^2.s^{-1}$	
Tensão superficial	σ	MT^{-2}	$J.m^{-2} = N.m^{-1}$	
Quantidade	mol	N	mol	mmol, µmol
Carga elétrica	coulomb		$C = A.s$	

(*Continua*)

QUADRO 2 Grandezas, dimensões e unidades mais utilizadas no SSPA (*continuação*)

Grandeza	Nome	Dimensão	Unidade SI	Outras unidades e múltiplos
Concentração de elemento químico no solo		NL^{-3} NM^{-1}	$cmol_c.dm^{-3}$ $cmol_c.kg^{-1}$	meq/100g
Permeabilidade intrínseca	k	L^2	m^2	cm^2
Tortuosidade		LL^{-1}	$m.m^{-1}$	$cm.cm^{-1}$
Matéria seca vegetal	MS	ML^{-2} MM^{-1}	$kg.m^{-2}$ $kg.kg^{-1}$	$kg.ha^{-1}$; $Mg.ha^{-1}$; $g.g^{-1}$; %

SISTEMAS DE COORDENADAS

O sistema coordenado mais comum é o cartesiano ortogonal da Geometria Euclidiana, no qual as três dimensões lineares x, y, z são dispostas perpendicularmente entre si, como foi feito para a equação da continuidade (Equação 20, Capítulo 8). Esse sistema envolve três coordenadas de dimensão L, resultando: comprimento L (x, y ou z), área L^2 (xy, xz ou zy) e volume L^3 (xyz). Os expoentes de L indicam a "dimensão", isto é, dimensão 1 = linear; dimensão 2 = plano; dimensão 3 = volume, e não são admitidas dimensões fracionárias como 1,6 ou 2,4. Como veremos a seguir no item Geometria Fractal e Dimensão Fractal, as dimensões fractais são fracionárias, para as quais fica difícil sua visualização em termos do que estamos acostumados a ver: linha, plano, volume. Até a quarta dimensão L^4 fica bastante "virtual" à nossa percepção. Na Física Moderna, Einstein utiliza quatro dimensões: x, y, z, t ou até mais.

No sistema de três dimensões, a posição de um ponto fica plenamente definida pelas três coordenadas lineares x, y, z, isto é, só há um ponto A no espaço com coordenadas x_A, y_A, z_A. Além desse sistema, temos vários outros, alguns de utilidade na descrição do SSPA. No sistema cilíndrico, um ponto B no espaço é definido por duas coordenadas lineares (altura z e um raio r) e uma coordenada angular α. No Capítulo 16, Figura 4, esse sistema é esquematizado. No sistema esférico, um ponto C no espaço é definido por uma coordenada linear (raio r) e dois ângulos β e γ. Quando o objeto em estudo é esférico, esse sistema de coordenadas é vantajoso.

ESCALAS E ESCALONAMENTO

Já falamos em escalas no início deste capítulo ao apresentar o problema de semelhança física entre o objeto em estudo e o modelo. Mapas também são elaborados em escala, por exemplo, em uma escala 1:10.000, 1 cm^2 de papel pode representar 10.000 m^2 no campo, isto é, 1 ha. Grandezas que possuem diferenças em escala não podem ser simplesmente comparadas. Como vimos, há o problema da semelhança física; mas, e se quisermos fazer a comparação sem mudar a escala de cada um? Uma das técnicas propostas é a do **escalonamento** (ou *scaling*), muito empregada em Física de Solos. A técnica foi introduzida na Ciência do Solo por Miller e Miller (1956), pelo conceito de meios similares aplicado ao fluxo "capilar" de fluidos em meios porosos. Segundo eles, dois meios M_1 e M_2 são similares quando as grandezas que descrevem os processos físicos que neles ocorrem diferem por um fator linear λ, denominado comprimento microscópico característico, e que relaciona suas características físicas. A melhor forma de visualizar o conceito é considerar M_2 como uma fotografia ampliada de M_1 por um fator λ (Figura 4). Para esses meios, o diâmetro D de uma partícula de um estaria relacionado ao outro pela relação: $D_2 = \lambda D_1$. A superfície A dessa partícula por: $A_2 = \lambda^2 A_1$ e seu volume V por $V_2 = \lambda^3 V_1$ (Figura 5). Nessas condições, se conhecermos o fluxo de água em M_1, seria possível estimá-lo em M_2, baseando-se em λ? Utilizando meios porosos artificiais (microesferas de vidro) de diversas dimensões foi possível obter resultados sobre curva de retenção e condutividade hidráulica desses meios, que sustentavam muito bem a teoria dos meios similares.

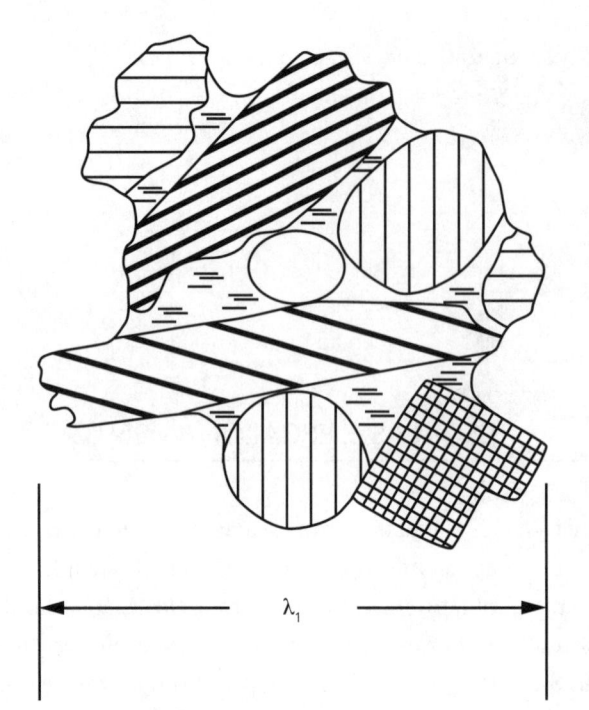

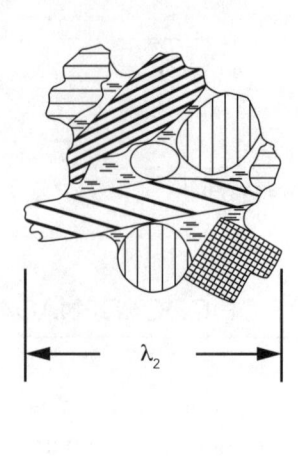

FIGURA 4 Exemplo clássico de similaridade entre dois meios porosos.

$r_1 = 3$ cm $\qquad r_2 = 4,5$ cm

$A_1 = \pi\, r_1^2 = 28,27$ cm^2 $\qquad A_2 = \pi\, r_2^2 = 63,62$ cm^2

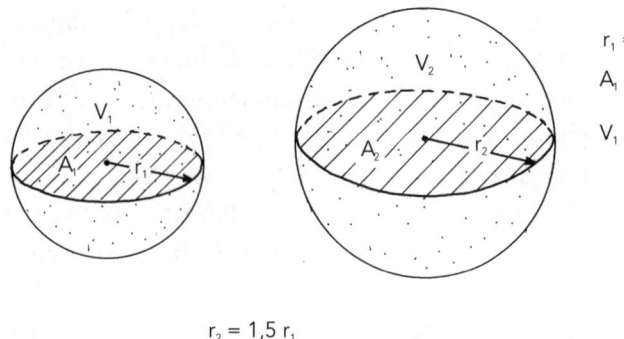

$V_1 = \dfrac{3\pi\, r_1^3}{4} = 63,62$ cm^3 $\qquad V_2 = \dfrac{3\pi r_2^3}{4} = 214,71$ cm^3

$\dfrac{A_2}{A_1} = 2,25 \to \sqrt{2,25} = 1,5 \quad$ ou $\quad A_2 = (1,5)^2\, A_1$

$\dfrac{V_2}{V_1} = 3,37 \to \sqrt[3]{3,37} = 1,5 \quad$ ou $\quad V_2 = (1,5)^3\, V_1$

$r_2 = 1,5\, r_1$

FIGURA 5 Esferas perfeitamente similares.

Em seguida, não apareceram na literatura contribuições que levassem adiante esse conceito. Mais de dez anos depois, Reichardt, Nielsen e Biggar (1972) retomaram o tema, obtendo sucesso, mesmo com meios porosos naturais, isto é, solos de diferentes texturas. Basearam-se no fato de que solos podem ser considerados meios similares, cada um com seu fator λ que, inicialmente, não sabiam como determinar. Tomaram para teste a infiltração horizontal, abordada no Capítulo 13, cujo PVC é repetido aqui:

$$\theta = \theta_i,\ x > 0,\ t = 0 \tag{1}$$

$$\theta = \theta_o,\ x = 0,\ t > 0 \tag{2}$$

$$\frac{\partial \theta}{\partial t} = \frac{\partial}{\partial x}\left[D(\theta)\frac{\partial \theta}{\partial x} \right] \tag{3}$$

em que $D(\theta) = K(\theta) \cdot dh/d\theta$ (Figura 6).

Como para qualquer solo, a solução deste PVC é do mesmo tipo: $x = \phi(\theta) \cdot t^{1/2}$, na qual $\phi(\theta)$ depende das características de cada meio poroso, não seria possível obter uma solução generalizada para todos os meios (considerados similares), desde que se conhecesse o λ característico de cada um? O procedimento que utilizaram foi o de adimensionalizar todas as variáveis, usando também a teoria dos meios similares aplicada a i solos, cada um com seu $\lambda_1, \lambda_2, \ldots \lambda_i$. A umidade θ e a coordenada x foram apenas adimensionalizadas, como já foi visto anteriormente neste capítulo:

$$\Theta = \frac{(\theta - \theta_i)}{(\theta_0 - \theta_i)} \quad (4)$$

$$X = \frac{x}{x_{máx}} \quad (5)$$

Com relação ao potencial matricial h, este foi considerado apenas o resultado de forças capilares, isto é, $h = 2\sigma/\rho g r$ (Equação 18, Capítulo 6) ou $hr = 2\sigma/\rho g$ = constante. Se cada solo i fosse constituído de capilares de raio r_i e se o comprimento característico λ_i fosse proporcional ao raio r_i, teríamos:

$$h_1 r_1 = h_2 r_2 = \ldots = h_i r_i = \text{constante}$$

Se escolhermos entre os i solos um solo padrão para o qual $\lambda^* = r^* = 1$ (um μm, ou qualquer outro valor), a constante acima fica igual a $h^* r^* = h^*$, que seria o potencial matricial h^* do solo padrão (Figura 7). Pela análise dimensional mostrada anteriormente, podemos ainda tornar h^* adimensional:

$$h^* = \frac{\lambda_1 \rho g h_1}{\sigma} = \frac{\lambda_2 \rho g h_2}{\sigma} = \ldots = \frac{\lambda_i \rho g h_i}{\sigma} \quad (6)$$

Com relação à condutividade hidráulica K, como ela é proporcional à área (λ^2) disponível para o fluxo (k = permeabilidade intrínseca, L^2), temos pelo mesmo raciocínio $K = k\rho g/\eta$ (Equação 9, Capítulo 8) ou $K/k = \rho g/\eta$ = constante:

$$\frac{K_1}{k_1} = \frac{K_2}{k_2} = \ldots = \frac{K_i}{k_i} = \text{constante}$$

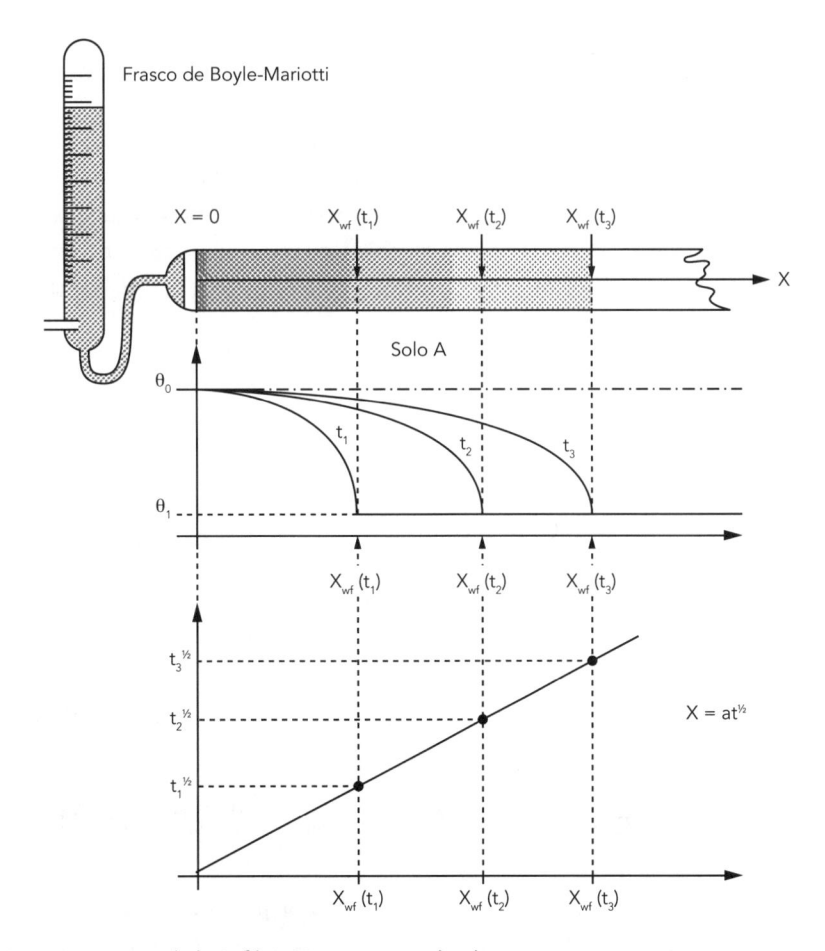

FIGURA 6   Arranjo experimental de infiltração com resultados.

$r_1 = 0,1$ mm $r_2 = 0,15$ mm $r_3 = 0,2$ mm

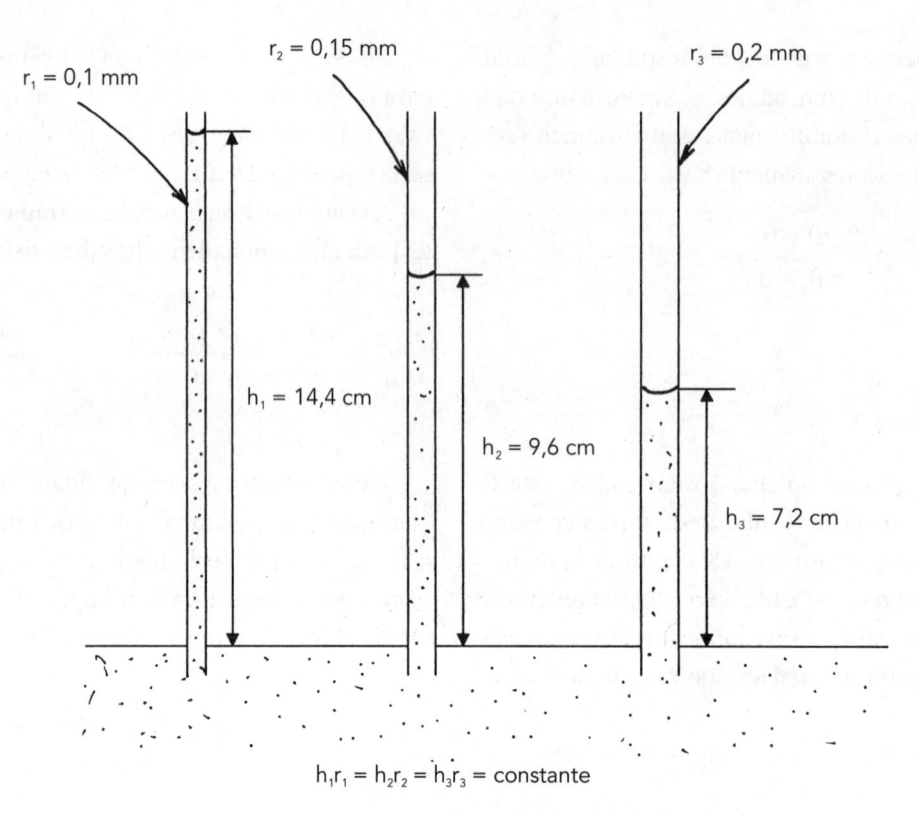

$h_1 = 14,4$ cm $h_2 = 9,6$ cm $h_3 = 7,2$ cm

$h_1 r_1 = h_2 r_2 = h_3 r_3 = $ constante

$14,4 \times 0,1 = 9,6 \times 0,15 = 7,2 \times 0,2 = 1,44$

FIGURA 7 Capilares similares imersos em água.

$$K^* = \frac{\eta K_1}{\lambda_1^2 \rho g} = \frac{\eta K_2}{\lambda_2^2 \rho g} = \ldots = \frac{\eta K_i}{\lambda_i^2 \rho g} \quad (7)$$

em que K^* é a condutividade hidráulica do solo padrão, assumindo $\lambda^* = r^* = k^* = 1$ (Figura 8).

Pela definição de $D = K \cdot dh/d\theta$, pode-se verificar que a difusividade do solo padrão D^* é dada por:

$$D^* = \frac{\eta D_1}{\lambda_1 \sigma} = \frac{\eta D_2}{\lambda_2 \sigma} = \ldots = \frac{\eta D_i}{\lambda_i \sigma} \quad (8)$$

De todas as variáveis da Equação 3, falta adimensionalizar o tempo. Se isso for feito de forma a tornar a Equação 3 adimensional, teríamos um tempo t^* para o solo padrão, dado por:

$$t^* = \frac{\lambda_1 \sigma t_1}{\eta (x_{1máx})^2} = \frac{\lambda_2 \sigma t_2}{\eta (x_{2máx})^2} = \ldots = \frac{\lambda_i \sigma t_i}{\eta (x_{imáx})^2} \quad (9)$$

Nessas condições, o leitor pode verificar que substituindo θ por Θ, t por t^*, x por X e D por D^* na Equação 3, obtém-se a equação diferencial adimensional do solo padrão, que difere dos demais por fatores de escalonamento λ_i, ocultos na Equação 10, mas que estão nas definições de t^* e D^*:

$$\frac{\partial \Theta}{\partial t^*} = \frac{\partial}{\partial X}\left[D^*(\Theta)\frac{\partial \Theta}{\partial X}\right] \quad (10)$$

sujeita às condições:

$$\Theta = 0, X \geq 0, t^* = 0 \quad (11)$$

$$\Theta = 1, X = 0, t^* > 0 \quad (12)$$

cuja solução, por analogia à Equação 17 do Capítulo 13, é:

$$X = \phi^*(\Theta) \cdot (t^*)^{1/2} \quad (13)$$

É oportuno analisar a Equação 9 dos tempos adimensionais à luz de semelhança física e dos reinos de

Liliput e Brobdingnag, que mostra que para comparar solos diferentes (mas considerados meios similares), seus tempos precisam ser diferentes e dependentes de λ, que é um comprimento. Poderíamos até sugerir que esse fato contribui para explicar como na Física Moderna o tempo entra como uma quarta coordenada, junto com x, y e z. Por analogia ao que foi feito com h e K, podemos escrever:

$$t_1\lambda_1 = t_2\lambda_2 = \ldots\ldots = t_i\lambda_i = \frac{t^*\eta(x_{máx})^2}{\sigma} = \text{constante}$$

Estabelecida a teoria, Reichardt, Nielsen e Biggar (1972) procuraram formas de medir λ para os diferentes solos. O "ovo de Colombo" surgiu quando perceberam que, se as retas x_f *versus* $t^{1/2}$ (ver Figura 5, Capítulo 13) características para cada solo i devem se reduzir a uma única reta X_f *versus* $t^{*1/2}$ segundo a Equação 13, os fatores que fazem a sobreposição das retas poderiam ser os próprios λ_i. Sabemos que retas que passam pela origem $y = a_i \cdot x$ podem ser rebatidas umas sobre as outras pela relação a_i/a_j dos respectivos coeficientes angulares, como exemplificado na Figura 9. Como a reta em questão envolve raiz quadrada, a relação a ser utilizada é:

$$\frac{\lambda_i}{\lambda^*} = \left(\frac{a_i}{a^*}\right)^2 \qquad (14)$$

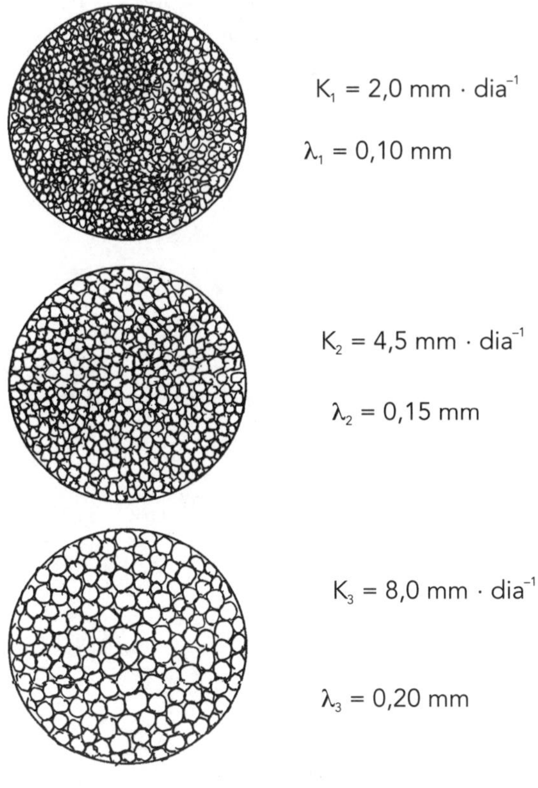

e com essa relação Reichardt, Nielsen e Biggar (1972) determinaram os valores de λ_i para cada solo, tomando como padrão, arbitrariamente, o de infiltração mais rápida, para o qual postularam $\lambda^* = 1$. Dessa forma, quanto mais lenta a infiltração do solo i, tanto menor seu λ_i. Esse procedimento de determinar um λ relativo como um **fator de escalonamento** e não um comprimento microscópico característico, como sugeriram Miller e Miller (1956), facilitou a parte experimental e abriu as portas para o uso do escalonamento em várias outras áreas da Física de Solos. Finalizando, Reichardt, Nielsen e Biggar (1972) conseguiram escalonar perfeitamente D(θ) e com restrições h(θ) e K(θ), isso porque os solos não são verdadeiramente meios similares. O fato de conseguirem escalonar D(θ) levou Reichardt e Libardi (1973) a estabelecer uma equação geral para a determinação de D(θ) de um solo, sendo conhecido apenas o coeficiente linear a_i de sua curva x_f *versus* $t^{1/2}$, obtido em um experimento de infiltração horizontal:

$$D(\Theta) = 1,462\ 3\ 10^{-5}\ a_i^2 \exp(8,087 \cdot \Theta) \qquad (15)$$

Ainda, Reichardt, Libardi e Nielsen (1975) apresentaram um método de determinação de K(Θ) por meio de a_i; Bacchi e Reichardt (1988) usaram o escalonamento para avaliar a eficácia de métodos de determinação de K(θ), e Shukla, Kastanek e Nielsen (2002) escalonaram experimentos de deslocamento

$K_1 = 2,0\ mm \cdot dia^{-1}$
$\lambda_1 = 0,10\ mm$

$K_2 = 4,5\ mm \cdot dia^{-1}$
$\lambda_2 = 0,15\ mm$

$K_3 = 8,0\ mm \cdot dia^{-1}$
$\lambda_3 = 0,20\ mm$

$$\frac{K_1}{\lambda_1^2} = \frac{K_2}{\lambda_2^2} = \frac{K_3}{\lambda_3^2} = \text{constante}$$

$$\frac{2}{(0,10)^2} = \frac{4,5}{(0,15)^2} = \frac{8}{(0,20)^2} = 200$$

FIGURA 8 Meios similares com respectivas condutividades.

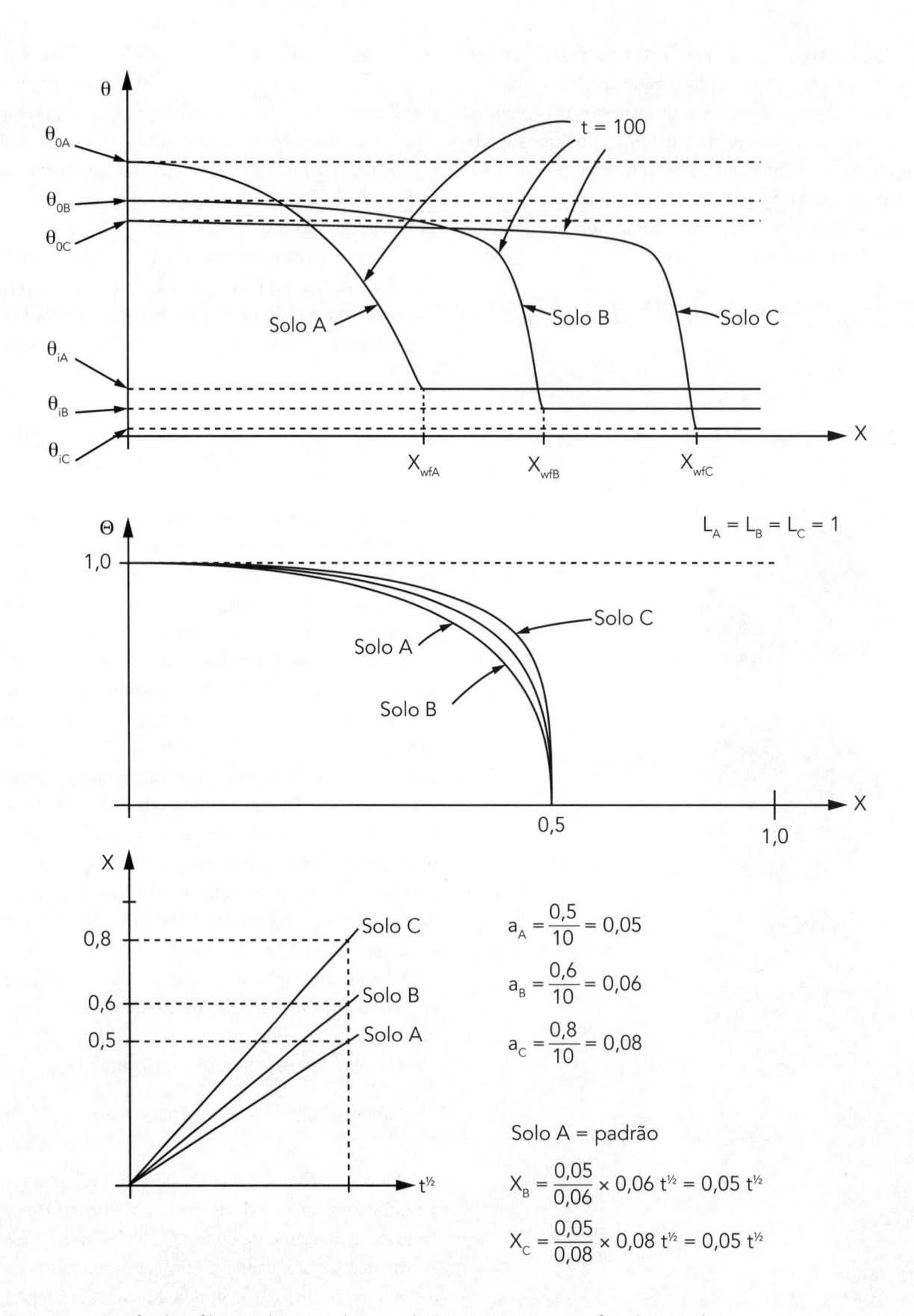

FIGURA 9 Perfis de infiltração horizontal para solos A, B e C e seus perfis relacionados.

$L_A = L_B = L_C = 1$

$a_A = \dfrac{0,5}{10} = 0,05$

$a_B = \dfrac{0,6}{10} = 0,06$

$a_C = \dfrac{0,8}{10} = 0,08$

Solo A = padrão

$X_B = \dfrac{0,05}{0,06} \times 0,06\, t^{½} = 0,05\, t^{½}$

$X_C = \dfrac{0,05}{0,08} \times 0,08\, t^{½} = 0,05\, t^{½}$

miscível. Além disso, a técnica do escalonamento foi muito empregada em estudos de variabilidade espacial de solos, assumindo um λ característico para cada ponto de uma transeção (Figura 10). Uma boa revisão sobre escalonamento foi feita por Tillotson e Nielsen (1984), Kutilek e Nielsen (1994) e Nielsen, Hopmans e Reichardt (1998). Sadeghi et al. (2011) apresentaram uma nova forma de escalonamento para solos dissimilares.

GEOMETRIA FRACTAL E DIMENSÃO FRACTAL

A **geometria fractal**, ao contrário da euclidiana, admite dimensões fracionárias. O termo **fractal** é definido em Mandelbrot (1982), proveniente do adjetivo latino *fractus*, cujo verbo *frangere* significa quebrar, criar fragmentos irregulares. Etimologicamente, o termo fractal é o oposto do termo álgebra (do árabe *jabara*), que significa juntar, ligar as partes. Segundo Mandelbrot, fractais são objetos não topológicos, ou seja, objetos para os quais sua dimensão é um número real não inteiro, que excede o valor da dimensão topológica. Para objetos chamados topológicos, ou de formas geométricas euclidianas, a dimensão é um número inteiro (0 para um ponto, 1 para qualquer curva, 2 para qualquer superfície, 3 para volumes). A dimensão que Mandelbrot denominou **dimensão fractal** é uma medida do grau de irregularidade do objeto considerado em todas as escalas de observação. A dimensão fractal está relacionada à rapidez com que a medida estimada do objeto aumenta enquanto a escala de medida diminui. A propriedade de autossimilaridade ou escalonamento dos objetos é um dos conceitos centrais da geometria fractal e permite melhor entendimento do conceito de **dimensão fractal**. Um objeto normalmente considerado unidimensional (Figura 11), como um segmento de reta, pode ser dividido em N partes idênticas, de tal forma que cada parte é um novo segmento de reta representado em uma escala r = 1/N do segmento original, de modo que $Nr^1 = 1$.

De forma semelhante, um objeto bidimensional (Figura 12), como uma área quadrada em um plano, pode ser dividido em N áreas quadradas idênticas em uma escala da área original, de modo que $Nr^2 = 1$.

Tal escalonamento pode ser estendido para objetos tridimensionais (Figura 13) e a relação entre o número de fragmentos semelhantes (N) e sua escala em relação ao objeto original (r) pode ser generalizada por $Nr^D = 1$, em que D define a dimensão de similaridade ou dimensão fractal.

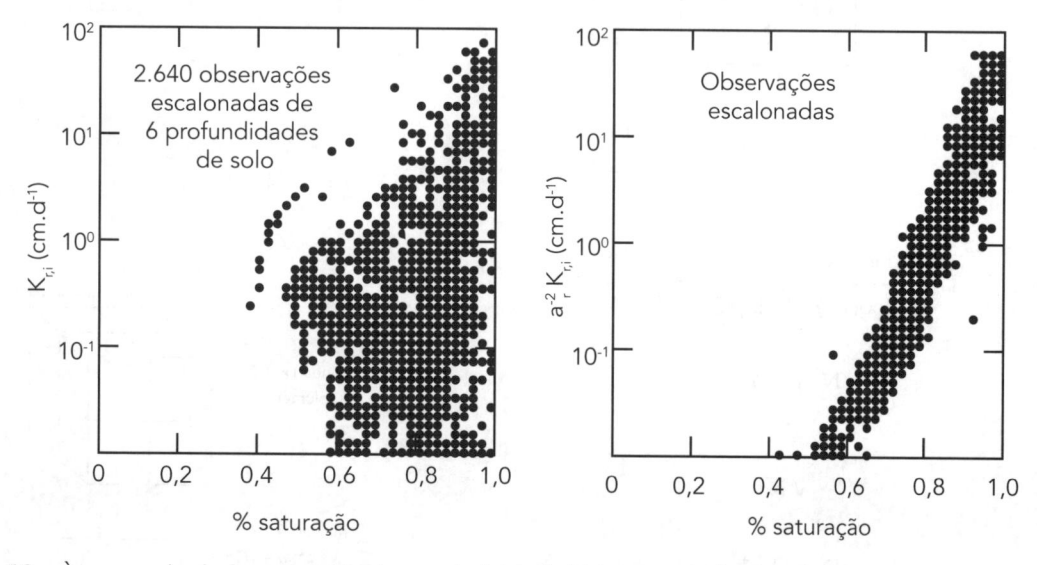

FIGURA 10 À esquerda dados originais de condutividade hidráulica; à direita, dados escalonados com fatores representativos de locais no campo. Saturação no "eixo x" expressa em % saturação.

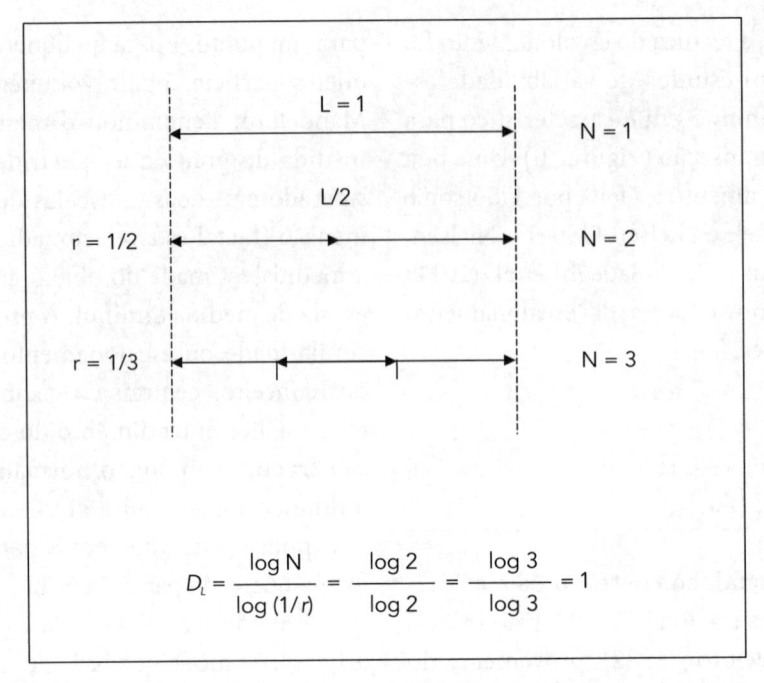

FIGURA 11 Generalização da relação $N \cdot r^D = 1$, para o caso $D = 1$, isto é, $N \cdot r^1 = 1$.

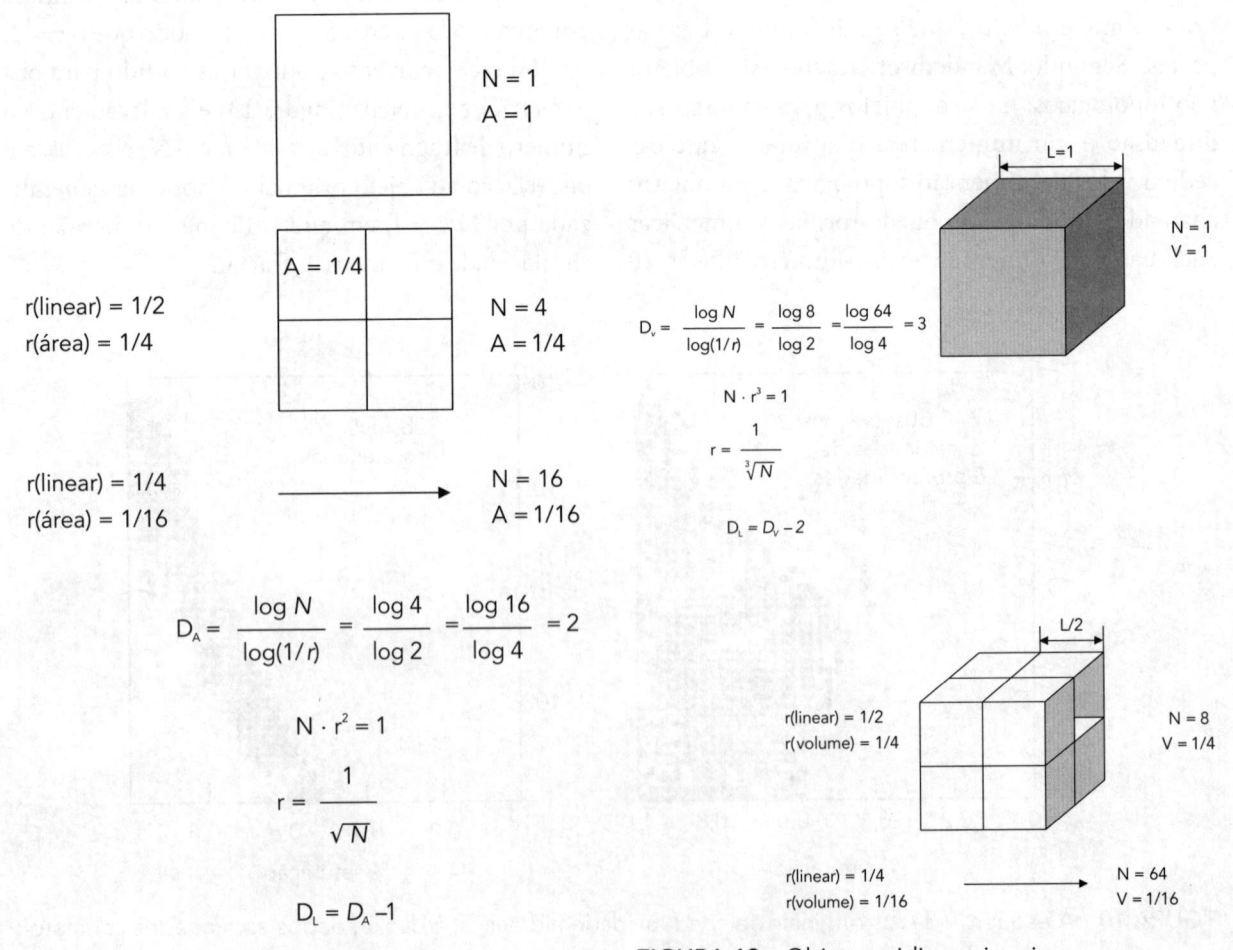

$$D_L = \frac{\log N}{\log(1/r)} = \frac{\log 2}{\log 2} = \frac{\log 3}{\log 3} = 1$$

FIGURA 12 Objetos bidimensionais.

$$D_A = \frac{\log N}{\log(1/r)} = \frac{\log 4}{\log 2} = \frac{\log 16}{\log 4} = 2$$

$$N \cdot r^2 = 1$$

$$r = \frac{1}{\sqrt{N}}$$

$$D_L = D_A - 1$$

FIGURA 13 Objetos tridimensionais.

$$D_v = \frac{\log N}{\log(1/r)} = \frac{\log 8}{\log 2} = \frac{\log 64}{\log 4} = 3$$

$$N \cdot r^3 = 1$$

$$r = \frac{1}{\sqrt[3]{N}}$$

$$D_L = D_v - 2$$

Portanto, as formas geométricas euclidianas, com dimensões 0, 1, 2 e 3, com as quais estamos mais familiarizados, podem ser vistas como casos particulares das numerosas formas e dimensões que ocorrem na natureza. A Figura 14, adaptada de Barnsley et al. (1988), conhecida como curva de Von Koch, é construída de forma iterativa ou recursiva, partindo-se de um segmento de reta (a) dividido em três partes iguais e o segmento central substituído por dois segmentos iguais, formando parte de um triângulo equilátero (b). No estágio seguinte cada um desses quatro segmentos é dividido novamente em três partes e cada uma é substituída por quatro novos segmentos de comprimento igual a 1/3 do original e dispostos de acordo com o mesmo padrão apresentado em (b), e assim sucessivamente. A partir do estágio b, em cada mudança de estágio o comprimento total L da figura aumenta de um fator 4/3, o número N de elementos semelhantes ao do estágio a aumenta de um fator de quatro e suas dimensões estão em escala r = 1/3 do estágio precedente. Em cada estágio a figura pode ser dividida em N elementos semelhantes, tal que $N \cdot r^D = 1$, em que D é chamada de dimensão fractal do objeto. Essa curva apresenta dimensão fractal aproximada D = 1,26, que é maior que 1 e menor que 2, o que significa que preenche mais o espaço do que uma simples linha (D = 1) e menos que uma área euclidiana de um plano (D = 2).

Formas e estruturas altamente complexas e irregulares, comuns na natureza, podem ser reproduzidas com riqueza de detalhes mediante procedimentos semelhantes, indicando que por trás de uma aparente desordem dessas formas, estruturas e processos dinâmicos que ocorrem na natureza, há alguma regularidade capaz de ser mais bem entendida. Físicos, astrônomos, biólogos e cientistas em muitas outras áreas vêm desenvolvendo nas últimas décadas uma nova abordagem para tratar a complexidade da natureza, denominada "Teoria do Caos", e que matematicamente define a casualidade gerada por sistemas dinâmicos determinísticos simples. Tal abordagem permite a descrição de certa ordem em processos dinâmicos que anteriormente eram definidos como completamente aleatórios.

Com o indispensável auxílio dos computadores, a geometria fractal vem tomando vulto nas mais diversas áreas do conhecimento, incluindo-se as artes, como nova ferramenta de trabalho para o melhor entendimento da natureza. A pesquisa agronômica, que trata basicamente de processos e objetos da natureza, acompanha essa tendência e

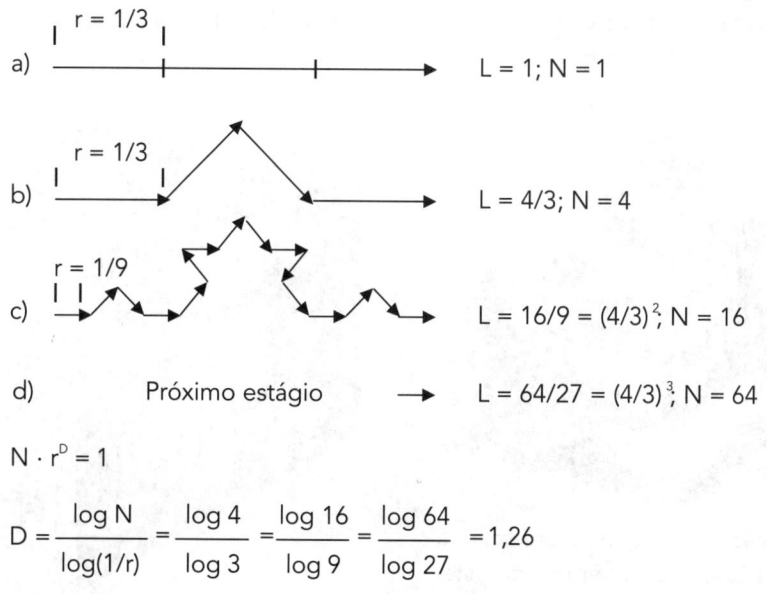

$$N \cdot r^D = 1$$

$$D = \frac{\log N}{\log(1/r)} = \frac{\log 4}{\log 3} = \frac{\log 16}{\log 9} = \frac{\log 64}{\log 27} = 1,26$$

FIGURA 14 Curva de Von Koch.
Fonte: Barnsley et al. (1988).

vem aplicando essa nova abordagem em diversas situações, como no estudo dos processos dinâmicos que ocorrem no solo (movimento de água, gases e solutos), estrutura dos solos, arquitetura e desenvolvimento das plantas, processos de drenagem em bacias hidrográficas etc.

A Figura 15, extraída de Barnsley et al. (1988), mostra uma imagem gerada por computação gráfica, mediante sistemas de funções iterativas (IFS), que simula de forma bastante realista uma planta. As possibilidades de simulações de objetos da natureza são ilimitadas, sendo de grande utilidade na caracterização morfológica e funcional de suas formas e estruturas.

Modelos fractais que simulam a estrutura do solo (Figura 16) têm sido largamente estudados e testados contra as características e propriedades reais de diferentes tipos de solo. A característica fractal demonstrada por alguns atributos do solo tem permitido o seu estudo mediante novas abordagens fisicamente fundamentadas, que passam a ocupar o espaço de tratamentos puramente empíricos até então aplicados.

Vamos agora esclarecer em mais detalhe as Figuras 11 a 14. Ao medirmos um comprimento L, que pode ser um segmento de reta, uma curva, o contorno litorâneo de um mapa, usamos como unidade uma régua linear de "tamanho" $\in$, menor que L. Se $\in$ couber N vezes em L, temos:

$$L(r) = N(r)\, r, \text{ em que } r = \frac{\in}{L}$$

Escrevemos L(r) porque um comprimento tortuoso L, medido com a régua linear, depende do tamanho da régua, pois "arcos" são medidos retilineamente. Quanto menor a régua, melhor a medida. Na Figura 11, L é uma reta e não se perde por tortuosidade. No primeiro caso, L = 1, N = 1 e r = 1, isto é, a régua é o próprio L. Se a régua for a metade de L, teremos N = 2 e r = 1/2. Se for um terço N = 3 e r = 1/3.

Pode-se demonstrar que:

$$Nr^D = 1 \tag{16}$$

em que D é a dimensão geométrica. Na geometria euclidiana, D = 1 (linha); D = 2 (plano); D = 3 (volume). Aplicando logaritmo a ambos os membros da Equação 16, temos:

$$N = r^{-D}, \text{ ou } \log N = -D \cdot \log r,$$

ou ainda log N = D . log (1/r) e assim:

$$D = \frac{\log N}{\log(1/r)} \tag{17}$$

Na Figura 11 utilizamos o símbolo D_L para dimensão linear e nela pode se ver que pela Equação

FIGURA 15 Simulação da imagem de uma planta gerada por computação gráfica, por meio de sistemas de funções iterativas (IFS).
Fonte: Barnsley et al. (1988).

FIGURA 16 Simulações da matriz do solo.

17, a medida é linear: $D_L = 1$, concordando com a geometria euclidiana.

Na Figura 12 medimos objetos bidimensionais, isto é, áreas e a dimensão euclidiana é $D_A = 2$, sendo $D_L = D_A - 1$. Para objetos tridimensionais (volumes), a dimensão euclidiana é $D_v = 3$, sendo $D_L = D_v - 2$ (Figura 13).

A Equação 16 também admite dimensões fracionárias, denominadas de **dimensões fractais**, que aparecem quando medimos contornos L tortuosos, áreas A e volumes V irregulares. Na Figura 14, a tortuosidade é mostrada de forma progressiva em: a) é dado um comprimento básico L_0; em b) é acrescentado 1/3 de L_0 e para caber no mesmo espaço é feita a montagem mostrada. Se a régua for de comprimento L_0, ela não mede L_1, que é 4/3 L_0; em c) para cada trecho de b, é feita a mesma montagem e um comprimento maior $L_2 = 16/9\ L_0$, que não seria observado com uma régua de comprimento L_0.

Pela Equação 17 resulta a dimensão D = 1,26...., maior que 1 e menor que 2 da geometria euclidiana. Não é linha reta nem área, é uma "linha tortuosa".

No caso da Figura 14, se acrescentarmos duas partes, teremos:

$$D = \frac{\log 6}{\log 3} = 1,63$$

e se acrescentarmos quatro partes:

$$D = \frac{\log 7}{\log 3} = 1,77$$

ou ainda, acrescentando seis partes:

$$D = \frac{\log 9}{\log 3} = 2$$

isto é, $D = D_A = 2$, o que significa que a tortuosidade é tão grande que a "curva" tende para uma área.

Em Física de Solos, como o caminho percorrido pela água, percorrido pelos íons e gases, e como a distribuição de partículas e, consequentemente, de poros são todos tortuosos, os conceitos fractais parecem ser uma boa opção para modelagem, como ilustra a Figura 9. Nessa linha Tyler e Wheatcraft (1989) mediram a dimensão fractal volumétrica do solo pela distribuição de partículas (Capítulo 3) pelo coeficiente angular de gráficos log N *versus* log R, sendo N o número de partículas de raio menor que R. Mais tarde, Tyler e Wheatcraft (1992) reconheceram a dificuldade de medir o número de partículas N e utilizaram massa de partículas, em forma adimensional M (R < R_i)/M_t e raios também de forma adimensional R_i/R_t.

Bacchi e Reichardt (1993) empregaram esses conceitos na modelagem de curvas de retenção de água, estimando o comprimento de poros L_i, que correspondem a uma dada classe textural, pela expressão empírica de Arya e Paris (1981): $L_i = 2R_i N_i^\alpha$, em que $2R_i$ é o diâmetro das partículas da classe i e N_i o número de partículas da mesma classe. Bacchi, Reichardt e Villa Nova (1996) compararam o uso de distribuições de partículas e distribuições de poros na obtenção D_v e estudaram seus efeitos em dados de condutividade hidráulica de solos.

Ainda em nosso meio, Guerrini (1992, 2000) aplicou a geometria fractal com sucesso na agronomia. Para os interessados em geometria fractal, o texto básico é o de Mandelbrot (1982).

> A análise dimensional das coordenadas que descrevem um sistema é uma operação necessária em qualquer estudo físico-químico desse sistema. Ela organiza as dimensões de cada componente possibilitando assim a aplicação correta de procedimentos analíticos. É apresentada uma tabela extensa com a maioria das grandezas utilizadas no SSPA, com suas dimensões mais utilizadas, sempre dando ênfase no sistema internacional de umidades. A técnica do escalonamento de variáveis é apresentada para alguns casos especiais de física de solos, em que ela se mostra extremamente vantajosa. Os fractais fazem parte de um campo restrito na abordagem de sistemas, mas que quando podem ser aplicados nos dão uma visão diferente de vários sistemas naturais.

EXERCÍCIOS

1. No exemplo da Figura 5, mostre que a superfície das esferas também está relacionada por similaridade.
2. A tensão superficial é dada como força por unidade de comprimento ou energia por unidade de área. Demonstre que as duas formas têm a mesma dimensão.
3. Sabendo que a condutividade hidráulica é uma função da permeabilidade intrínseca k (cm^2 ou m^2), da densidade de fluidos ρ (g . cm^{-3} ou kg . m^{-3}), da aceleração da gravidade g (cm . s^{-2} ou m . s^{-2}) e da viscosidade do fluido η (g . cm^{-1} . s^{-1} ou kg . m^{-1} . s^{-1}), determine a função K = K (k, ρ, g, η).
4. Na Equação 9, mostre que t* é adimensional.
5. Qual a relação entre cal . cm^{-2} . min^{-1} e W . m^{-2}?
6. Como adimensionalizar K(θ)?
7. Na equação N . r^D = 1, mostre que D = log N / log (1/r).

RESPOSTAS

1. $4\pi R^2_2 = 4\pi(1,5 R_1)^2$
2. $MT^{-2} = MT^{-2}$
3. $K = k\rho g / \eta$
4. $t^* = \pi$
5. 1 cal . cm^{-2} . min^{-1} = W . m^{-2}
6. $\pi = K(\theta)/K_0$, quando $K(\theta) = K_0$, $\pi = 1$; quando $K(\theta) = 0$, $\pi = 0$

LITERATURA CITADA

ARYA, L.M.; PARIS, J.F. A physicoempirical model to predict the soil moisture characteristic from particle-size distribution and bulk density data. *Soil Science Society of America Journal*, v. 45, p. 1023-30, 1981.

BACCHI, O.O.S.; REICHARDT, K. Escalonamento de propriedades hídricas na avaliação de métodos de determinação da condutividade hidráulica. *Revista Brasileira de Ciência do Solo*, v. 12, n. 3, p. 217-23, 1988.

BACCHI, O.O.S.; REICHARDT, K. Geometria fractal em física de solo. *Scientia Agricola*, v. 50, n. 2, p. 321-5, 1993.

BACCHI, O.O.S.; REICHARDT, K.; VILLA NOVA, N.A. Fractal scaling of particle and pore size distributions and its relation to soil hydraulic conductivity. *Scientia Agricola*, v. 53, p. 356-61, 1996.

BARNSLEY, M.F.; DEVANEY, R.L; MANDELBROT, B.B.; PEITGEN, H.O.; SAUPE, D.; VOSS, R.F. *The science of fractal images*. New York, Springer-Verlag, 1988. p. 312.

GUERRINI, I.A. Uma abordagem não-convencional para a infiltração da água no solo. 1992. 158f. Tese (Livre-Docência) – Instituto de Biociências, Unesp, Botucatu, 1992.

GUERRINI, I.A. *Caos e fractais*: apostila didática. 4.ed. Botucatu, Unesp, 2000. p. 86.

KUTILEK, M.; NIELSEN, D.R. *Soil hydrology*. Cremlingen-Destedt, Catena Verlag, 1994. p. 370.

MANDELBROT, B.B. *The fractal geometry of nature*. New York, W.H. Freeman and Company, 1982. p. 468.

MILLER, E.E.; MILLER, R.D. Physical theory of capillary flow phenomena. *Journal Applied of Physics*, v. 27, p. 324-32, 1956.

NIELSEN, D.R.; HOPMANS, J.; REICHARDT, K. An emerging technology for scaling field soil water behavior. In: SPOSITO, G. (ed.). *Scale dependence and scale invariance in hydrology*. 1.ed. New York, Cambridge University Press, 1998. p. 136-66.

REICHARDT, K.; LIBARDI, P.L. A new equation for the estimation of soil water diffusivity. In: FAO/IAEA Symposium on Isotopes and Radiation Techniques in Studies of Soil Physics, Irrigation and Drainage in Relation to Crop Production. Vienna, Austria, p. 45-51, 1973.

REICHARDT, K.; LIBARDI, P.L.; NIELSEN, D.R. Unsaturated hydraulic conductivity determination by a scaling technique. *Soil Science*, v. 120, n. 3, p. 165-8, 1975.

REICHARDT, K.; NIELSEN, D.R.; BIGGAR, J.W. Scaling of horizontal infiltration into homogeneous soils. *Soil Science Society of America Proceedings*, v. 36, p. 241-5, 1972.

RYAN, R.G.; DHIR, V.K. The effect of soil-particle size on hydrocarbon entrapment near a dynamic water table. *Journal of Soil Contamination*, v. 2, p. 59-92, 1993.

SADEGHI, M.; GRAHRAMAN, B.; DAVARY, K.; HASHEMINIA, S.M.; REICHARDT, K. Scaling to generalize a single solution of Richards' equation for soil water redistribution. *Scientia Agricola*, v. 68, p. 582-91, 2011.

SHUKLA, M.K.; KASTANEK, F.J.; NIELSEN, D.R. Inspectional analysis of convective-dispersion equation and application on measured break-through curves. *Soil Science Society of America Journal*, v. 66, n. 4, p. 1087-94, 2002.

TILLOTSON, P.M.; NIELSEN, D.R. Scale factors in soil science. *Soil Science Society of America Journal*, v. 48, p. 953-9, 1984.

TYLER, W.S.; WHEATCRAFT, S.W. Application of fractal mathematics to soil water retention estimation. *Soil Science Society of America Journal*, v. 3, p. 987-96, 1989.

TYLER, W.S.; WHEATCRAFT, S.W. Fractal scaling of soil particle-size distributions: analysis and limitations. *Soil Science Society of America Journal*, v. 56, p. 362-9, 1992.

24
Epílogo

À guisa de conclusão e encerramento deste texto cabe um paralelo entre as **ciências exatas** aqui utilizadas para descrever o sistema solo-planta-atmosfera, que são cartesianas, previsíveis, e as **ciências humanas**, que envolvem o amor, o cheiro, a saudade, a inveja, a arte, consideradas inexatas, de difícil quantificação, quase sempre imprevisíveis. A carreira acadêmica de um indivíduo envolve aspectos exatos interligados aos humanos e cada um, seja estudante, pesquisador ou professor, evolui de acordo com seu caminho único, com acertos e tropeços, para conquistar seu lugar no mundo científico. O caminho é longo, no qual cada um desenvolve seus próprios recursos para uma autoafirmação e chegada a um destino que nunca chega.

Daniel Hillel (1987) conseguiu formular um modelo interessante para descrever o que chama de "fluxo do desenvolvimento científico" por meio da interação de processos abordados pelas ciências exatas, interligados por aqueles abordados pelas ciências humanas. A figura a seguir, adaptada desse autor, ilustra esse fluxo, imaginando um pesquisador que, no início de sua carreira acadêmica, toma seu veleiro e a partir de um ponto A navega no Rio da Ciência, contra a correnteza e o vento, na direção do desenvolvimento científico.

À margem direita do Rio da Ciência está o Barranco da Teoria, onde são tratados principalmente aspectos teóricos, e à esquerda, o Barranco dos Dados ou da Prática, onde prevalece a experiência científica. Para o leitor não versado na arte de velejar, é importante alertá-lo de que a única alternativa para velejar contra o vento é o zigue-zague, que em nosso cenário é de um barranco para o outro. Ele parte do ponto A, passando por B, C,... rumo a Z (no infinito que nunca alcança). Nós podemos considerar que Einstein, Freud, Newton e tantos mais alcançaram Z, mas na verdade cada um deles é que precisa fazer seu próprio julgamento. Nessa caminhada o pesquisador vai passando por obstáculos, desvios de rota voluntários ou não, entrando em afluentes, igarapés ou batendo em rochas. A navegação do Barranco dos Dados para o Barranco da Teoria simboliza os **processos indutivos** que, com base em alguns dados experimentais e particulares, levam ao estabelecimento de generalizações e conclusões gerais. Do Barranco da Teoria para o Barranco dos Dados são implementados os **processos dedutivos**, que levam uma teoria a sua verificação, validação ou prova por meio de observações experimentais.

A trajetória ideal é a indicada pelas setas de linhas cheias em zigue-zague, sem encontros ou tropeços nos obstáculos e sem desvios de rota. Poucos conseguem segui-la, cada um está à mercê de seu destino e faz sua própria trajetória. Alguns se perdem no Rio dos Diabos, outros no Oceano Azul e

Profundo, alguns batem na Rocha, outros não abandonam o Campo do Trabalho Forçado. Em paralelo entram os aspectos humanos, indicados por setas tracejadas, que na maioria das vezes se contrapõem à trajetória principal. Podem ser sabedorias convencionais que retardam processos, administração institucional que às vezes interrompem trajetórias, revisões negadas por pares, concursos que não dão certo, barreiras familiares e muito mais. O importante é que, ao fazer seu caminho driblando os mais variados obstáculos, o velejador consiga contribuir com sua parcela para o desenvolvimento científico. Durante a caminhada é importante estar aberto para mudanças de rumo, para inovações, para parcerias e colaborações. O pior obstáculo que se faz (mesmo a si próprio) é a resistência às mudanças. Nunca se sabe se o que hoje nos parece mal é em definitivo mal para sempre.

O **tempo** é uma coordenada fundamental no modelo de desenvolvimento científico descrito acima, tanto nas ciências exatas como nas humanas. Nas primeiras, mais baseadas na razão e na lógica, Albert Einstein certamente representa os cientistas que mais contribuíram na definição do tempo t, reconhecendo-o como a quarta dimensão, ao lado das coordenadas espaciais x, y, z, e mostrando que sua interligação é tão intensa a ponto de fazer o tempo se "encolher" ou se "dilatar" com a velocidade rela-

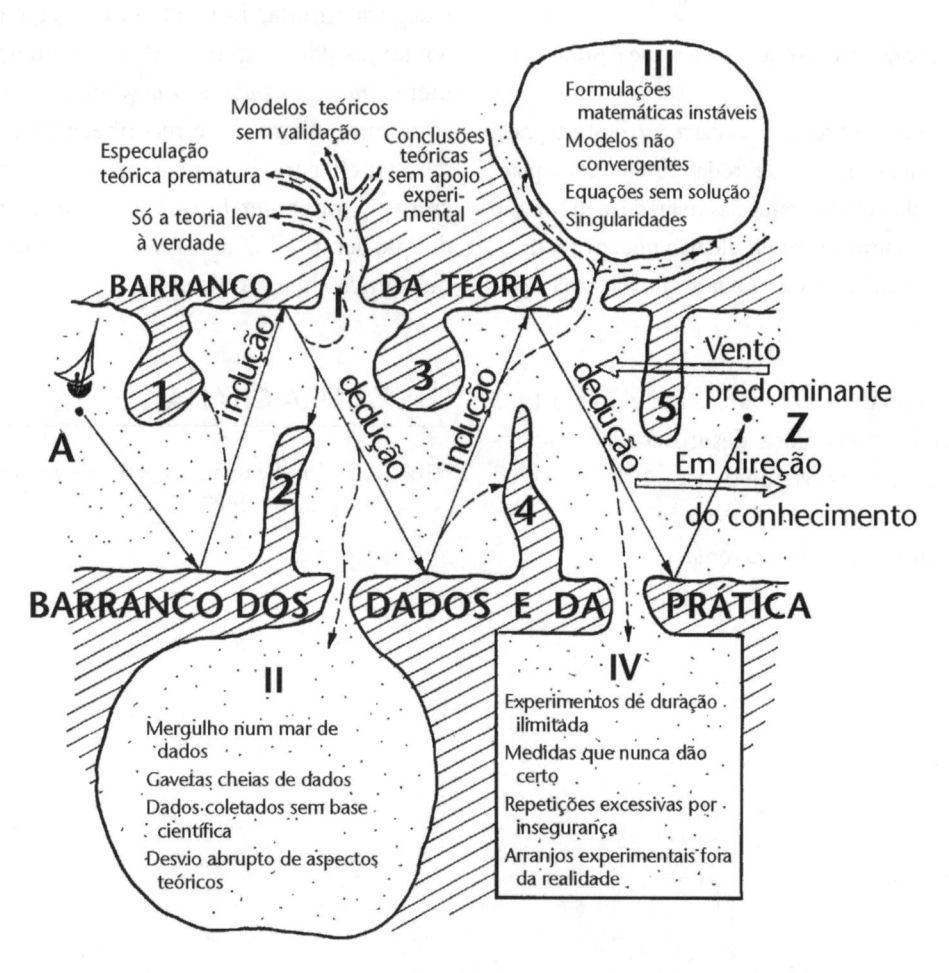

FIGURA 1 Fluxo do desenvolvimento científico. Desvios de Rota: I. Rio dos Diabos; II. Oceano Azul e Profundo; III. A Rocha; IV. Campo do Trabalho Forçado; Barreiras de Percurso: 1. Sabedorias Convencionais; 2. Administração Institucional; 3. Agências Financiadoras; 4. Políticas de Publicação e Revisão por Pares; 5. Comissões de Julgamento, Concursos, Doenças, Barreiras Familiares, Aposentadoria etc.
Fonte: adaptada de Hillel (1987).

tiva entre objeto e observador. Tudo demonstrado por teorias e equações bem fundamentadas, mas de difícil compreensão para um simples mundano. Nas ciências humanas, que também envolvem a emoção, escolhemos Chico Buarque de Holanda como representante da interpretação amorosa e poética do tempo. Na maioria de seus versos o tempo se sobressai, se não diretamente, pelo menos como pano de fundo; Chico mostra como ele passa por nossas vidas enquanto tudo acontece, evidencia seu caráter efêmero, que muitas vezes nos leva a perder "bondes" do tempo. "A banda", "Olé-olá", "Carolina" e "Roda viva" são bons representantes de seus poemas. Impressiona-nos como este último retrata muito bem o modelo de Hillel já visto, principalmente neste trecho:

> [...] A gente quer ter voz ativa, *no nosso destino mandar*,
> Mas eis que chega a roda viva e carrega o destino pra lá
> Roda mundo, roda-gigante, roda moinho, roda pião
> O tempo rodou num instante nas voltas do meu coração
> *A gente vai contra a corrente* até não poder resistir
> Na volta do barco é que *sente o quanto deixou de cumprir* [...]

Outro trecho de "Carnaval", já incluído em 1985 em uma versão precursora deste livro, se encaixa perfeitamente em nossos objetivos:

> [...] Era uma canção, *um só cordão*,
> E uma vontade
> *De tomar a mão*
> *De cada irmão* pela cidade
> No Carnaval, *esperança*
> *Que gente longe* viva na lembrança
> *Que gente triste* possa entrar na dança
> *Que gente grande* saiba ser criança [...]

Com este livro, pretendemos *tomar a mão de cada irmão* pelo árduo caminho do desenvolvimento científico, para, *em um cordão*, avançar pouco a pouco, capítulo por capítulo, pelo sistema solo-planta-atmosfera e, ao final, "no Carnaval", estarmos maduros, prontos para liderar a fronteira dos conhecimentos, *na esperança de que gente longe* tenha seus feitos reconhecidos, *de que gente triste*, insegura, tímida, dê a volta por cima, reaja e consiga ter forças para seguir na dança acadêmica e, finalmente, *na esperança de que gente grande*, aquela que conseguiu afirmação e reconhecimento, que considera ter chegado bem próximo ao ponto Z, saiba ser criança, sorrir, ser humilde e tolerante, consciente de que sempre há algo mais a ser aprendido, que o fim nunca chega ao fim.

LITERATURA CITADA

HILLEL, D. On the tortuous path of research. *Soil Science*, v. 143, p. 304-5, 1987.

Índice remissivo

A

absorção
    ativa de água 64
    de água da raiz 63
absortividade 76
abundância 326
    isotópica 327
acamamento das plantas 83
adimensionalização 484
aeração 205
    do solo 45
agentes poluidores 4
agricultura sustentável 7
água 183
    imediatamente disponível 277
albedo 79, 340
alcance 359
aluminossilicatos 27
amostragem
    casual 345, 394
    regionalizada 345, 394
amplitude total 349
análise
    dimensional 478
    em *Wavelets* 397
    espectral 397
    mecânica do solo 20
anatomia vegetal 63
anemômetros 83
anisotrópico 155
aprendizado de máquina 458
aquecimento global 6
argila 27
armazenamento
    crítico 302
    de água 36, 229, 246
        do solo 243
    de sal 43
ascensão capilar 236
atenuação
    da radiação 129
        gama 133

atividade
    de um sal em solução 184
    do componente na solução 182
    radioativa 325
autocorrelação 354
autocorrelograma 354
avaliação
    de modelos 459
    visual do solo 24

B

balanço
    de ondas curtas 80
    de ondas longas 80
    de radiações 80
    hídrico
        climatológico 300
        instantâneo 294
        integrado 294
banda de Cáspari 63
bias 459
biodiversidade 2
blocos
    de gesso 131
    de resistência elétrica 131

C

calor 90
    específico 213
    latente de evaporação 262
    sensível 213
camada de Stern 189
capacidade
    de água disponível 283, 300
    de campo 106, 244, 251, 277, 283, 341
    de troca aniônica 190
    de troca catiônica 28, 190
    de troca iônica 190
    de vaso 252
caulinita 27, 252
ciências
    exatas 500

humanas 500
classe textural 20
classificação de solos, 48
coeficiente
    de assimetria 349
    de atenuação 76
    de correlação 354
    de cultura 62
    de curtose 349
    de difusão 196
    de interceptação de radiação 81
    de tanque 273
    de variação 347
coherency 401
cokrigagem 373
compactação do solo 30, 45
componente
    de pressão 97
    gravitacional 98
    matricial 100
composição química da atmosfera 68
comprimento do dia 79
condicionadores de solo 252
condução 213
    de calor 213
condutividade
    elétrica da água 5
    hidráulica 146, 159
      do solo 144
      do solo saturado 146
    térmica 340
      do solo 213
conservação do solo 331
constante
    dielétrica do meio 137
    solar 75, 78
    térmica 82
consumidores 2
convecção 212
coordenadas termodinâmicas 90
correlograma cruzado 394
corrente elétrica 478
córtex 63
covariância 354
créditos de carbono 6
crescimento
    de plantas 60
    relativo 83
crosscorrelograma 394
crosta 340
cultivo
    mínimo 338
    zero 339
curva(s)
característica da água no solo 103
    de retenção 103, 341
      da água do solo 95, 455
    de transposição 201
    log-normal 353
    normal reduzida 353

cutícula 64

D

decompositores 2
deficiência hídrica 304
déficit de saturação 262
    do ar 72
deflúvio superficial 296
demanda bioquímica (ou biológica) de oxigênio 4
densidade
    aparente 29
    das partículas 29
    de fluxo de água 153
    de fluxo de calor 213
    do solo 29, 128, 341
    global do solo 29
    real do solo 29
derivada parcial 41
derivadas da curva 58
desenvolvimento de plantas 60
desintegração radioativa 325
deslocamento miscível 200
desmatamento 7
desnitrificação 322
desvio-padrão 347
diferencial
    exato 91
    não exato 91
difusão 206
    de gases 206
    de um soluto no solo 313
    e transferência de massa 195
difusividade
    da água no solo 152
    do solo 230
    hidráulica 152
    térmica do solo 48, 217
dimensões fractais 497
disponibilidade de água 276
distribuição
    de Boltzmann 188
    normal de frequência 351
domínio da frequência 135
drenagem
    interna 243
    profunda 297
dupla camada iônica 27, 187

E

eclíptica 78
ecossistema , 2
efeito
    estufa 6, 76, 80
    Peltier 127
    Pepita 359
elemento de volume 153, 292
elementos essenciais 54
emissividade 76
energia

cinética 89
interna 90
livre de Gibbs 182, 195, 206
nuclear na agricultura 327
enxurrada 296
equação
    da continuidade 154, 213, 230
    das observações 415
    de continuidade 207
    de Darcy 160
    de Darcy-Buckingham 141, 262
    de estado dos gases ideais 69
    de evolução de estado 417
    de Fick 195, 206
    de Fourier 47, 213
    de Michaelis-Menten 320
    de Poisson 187
    de Richards 126
    de Tétens 71
    de Van't Hoff 33, 100, 183
    dos gases ideais 182
    universal de perdas de solo 332
equilíbrio
    dinâmico 2, 113
    termodinâmico 156
equivalente de evaporação 262
erodibilidade 333
erosão
    eólica 331
    hídrica 331
erosividade da chuva 333
escalonamento 487
escoamento superficial 296, 340
espaçamento 345, 394
Espaço de Estados (State-Space models) 396, 415
espaço
    externo da raiz 320
    interno da raiz 320
esperança 345
estabilidade em água dos agregados 24
estacionariedade 357, 396
    dos dados 416
estádios 60
    de desenvolvimento 61
estado padrão 95
estatística clássica 345, 394
estimativa da média 347
estômatos 55, 64
estresse hídrico 285
estrutura do solo 24
eutroficação 4
evaporação 261
    de tanque 272
    potencial 266
    real 266
evapotranspiração 261, 297
    de referência 267
    máxima de uma cultura 267
    real ou atual 268
    relativa 304

evapotranspirômetro 269
exportação pelas culturas 322
extração 322
extratores de solução 322

F

fallout 337
    do 137Cs 337
fator de resposta da cultura 304
fatores
    de desconto 447
    de formação do solo 18
feixe de radiação gama 129
fertilizante 5
    mineral 321
    orgânico 321
filtro de Kalman 416
fixação
    biológica de nitrogênio 321
    não simbiótica de nitrogênio 327
floema 63
fluxagem de tensiômetro 123
fluxo
    de água
        não saturado 160
        na planta 170
        no solo 156
    de massa 206, 209
fósforo derivado do fertilizante 326
fotoperiodismo 79
fotoperíodo 79
fração
    gasosa do solo 20, 44
    líquida do solo 20, 33
    mineral do solo 27
    molar 183
    sólida do solo 20
função
    de ativação 467
    de pedotransferência 453
    de perda 460
    de ponto 91
    espectral 399
    perda (loss) 469
    tanh 468
    termodinâmica 90

G

gases do efeito estufa 6
gás ideal 69
Geoestatística Baseada em Modelos, 365
geometria fractal 493
global change 6
gradiente
    de potencial 143
    hidráulico unitário 247
gráfico
    de probabilidade acumulada 351
    em caixa 350

psicrométricos 71
grandeza(s)
 derivadas 478
 escalar 143
 extensiva 96
 fundamentais 478
 intensivas 96
 vetorial 141
grau de saturação relativa 35
graus-dia 81

H

histerese 104
histograma 351
horizonte
 A do solo 19
 B do solo 19
 C do solo 19
 D do solo 19
 do solo 19
húmus 341

I

identidade de Euler 403
índice de erosão 333
infiltração 340
 acumulada 229
 básica 234
 horizontal 227
 instantânea 229
integração
 analítica 38
 numérica 38
integral definida 38
inteligência artificial 456
interceptação radicular 314
intervalo hídrico ótimo 286
ionosfera 69
íons 183
irrigação 296
 acumulada 295
 por gotejamento 237
 por sulcos 236
isótopos 323
 estáveis 324
 radioativos 324

K

krigagem 356, 366, 370

L

lag 345
lei
 de Beer 129
 de Beer-Lambert 76
 de Dalton 70
 de Henry 46
 de Kirchhoff 76
 de Stephan-Boltzmann 73, 80
 de Wien 75
 dos cossenos 78
líquido perfeito 172
lisímetro 269
lixiviação 322

M

macroporos 30
 do solo 30
macroporosidade 106
malha (*grid*) 345, 394
massa específica 70
 das partículas 29
 do solo 29
matéria orgânica 25
mecânica
 de fluidos 171
 de solos 48
média esperada ou verdadeira 347
mediana 346
meia-vida 324
membrana semipermeável 185
método
 de Hillel 247
 de Libardi 247
 de Sisson 248
 explícito de solução numérica 239
 trapezoidal 39
micelas 27
microporos 30
 do solo 30
microporosidade 106
minerais
 1:1 27
 2:1 27
 de argila 27
moda 346
modelo(s)
 de acúmulo de fitomassa 58
 de predição da erosão 332
 paramétricos 396
 sigmoide 58
moderação de nêutrons 131
molhamento 104
momentos 348
montmorilonita 27, 252
mudanças globais 6
Multilayer perceptron, 461

N

negativo acumulado 301
neurônio 467
nitrogênio derivado do fertilizante 326

O

ondas
 curtas 340

eletromagnéticas 73
longas 340
operador vetorial 143

P

parênquima lacunoso 64
partição de carbono 62, 305
patamar 359
penetrômetro 24, 46
perceptron 461
perfil
    de umidade 38
    do solo 19
permeabilidade intrínseca do solo 144
picnômetros 30
placa de pressão de Richards 124
plantas CAM 56
plantio direto 338
poder
    evaporante 262
    refletor 79
poluição
    atmosférica 5
    da água , 4
    do solo 5
ponto
    de murcha permanente 106, 253, 277, 283, 341
    de orvalho 72
    isoelétrico 190
porosidade 44, 341
    do solo 30
    total 30
potencial(is)
    da água no solo 120
    hidráulico 141
    matricial 103
        de fluxo 169
    mátrico 95
    osmótico 33
    químico 182, 195
    térmico 96
    termodinâmicos 92
    total 141
        da água 90, 95, 278
pressão(ões)
    máxima de vapor 71
    osmótica 33
    parcial 46, 70
        atual de vapor 71
        de saturação de vapor 71
primeira derivada 59
primeiro princípio da termodinâmica 90
princípio da homogeneidade dimensional 482
probabilidade de ocorrência 351
problema de valor de contorno 158, 167, 225, 230
processos
    dedutivos 500
    indutivos 500
produtividade
    atingível 285
    deplecionada pela água 285, 304
    potencial 285, 304
    real 304
produto adimensional 482
produtores 2
profundidade efetiva do sistema radicular 305
Protocolo de Quioto 6
psicrômetro de solo 127

Q

quadrature spectrum 401
qualidade estrutural do solo 24
quartis 347
quebra-ventos 84

R

radiação 212
    de onda curta 75
    de onda longa 75
    difusa 79
    direta 79
    do céu 79
    fotossinteticamente ativa 55
    gama 129
    global 73
    solar 214
radioisótopo 324
rampas 296
razão isotópica 327
redes de múltiplas camadas , 461
redes neurais artificiais 456
redistribuição da água 243
reflectometria de micro-ondas 134, 135
regime
    permanente 156
    transiente 156
relação C/N 26
relações isotópicas 191
resistência
    à penetração radicular 341
    da atmosfera 280
    da cutícula 280
    do córtex radicular 279
    dos estômatos 280
    do solo 279
    do xilema 279
    mecânica do solo 46
resistividade hídrica 170
respiração 56
runoff 296

S

secamento 104
sedimentos 332
segundo princípio da termodinâmica 91
semivariância 358
semivariograma 357
    anisotrópico 363
    cruzado 363

experimental 358
 isotrópico 363
 teórico 358
sequestro de carbono 6, 328
séries de Fourier 402
série temporal 394
sistema(s)
 cartesiano de coordenadas 281
 coloidais 185
 de coordenadas cilíndrico 281
 internacional de unidades 481
 solo-planta-atmosfera 2
solstício
 de inverno 79
 de verão 79
solução(ões)
 geral 157
 ideais 182
 particular 157
 real 182
sonda
 de capacitância 135
 de nêutrons 131
 gama-nêutron de superfície 129
sorbtividade 229, 234
sublimação 13
substâncias
 inorgânicas 2
 isomórfica 189
substituições isomórficas 27

T

taxa
 de assimilação de carbono 56
 de infiltração 229
 de irrigação 295
 de respiração 56
temperatura 478
 do ar 70
 do ponto de orvalho 72
tempo 501
tensão
 da água no solo 103
 superficial 13
 da água 13, 101
tensiômetros 100
 de polímero 124
teorema de Bernouille 171
termodinâmica 88
termosfera 69
terraços 332
textura do solo 20
tomografia computadorizada 134
tortuosidade 143, 206
trabalho(s)
 gravitacional 94
 matricial 94
 mecânico 90
 químicos 94

transeção 345, 394
transformação de Boltzmann 227
transformada em *Wavelet* 408
transmissividade 76
 atmosférica 77
transpiração 261, 341
 vegetal 297
troca iônica 28, 189
tropopausa 69
troposfera 68
tubo capilar 101

U

umidade
 atual do ar 72
 crítica 305
 de saturação do ar 72
 do solo 131
 relativa do ar 72
underfitting 460
unidades
 térmicas 81
 tomográficas 134

V

validação cruzada 358
valor(es)
 discrepante (*outlier*) 350
 esperados 351
 observados 351
vapor-d'água na atmosfera 90
variação do armazenamento de água 299
variância 347
velocidade de infiltração 229
 básica 240
ventos alísios 83
vermiculita 27, 252
viscosidade
 absoluta 15
 cinemática 15
 dinâmica 15, 21
voçorocas 332
volatilização 322
volume
 de poros 201
 específico 70

W

Wavelet 404

X

xilema 63

Z

zona
 de molhamento 231
 de transmissão 231